Meyers Taschen-Lexikon Biologie

Band 3

Meyers Taschen-Lexikon Biologie

in 3 Bänden

Herausgegeben und bearbeitet
von Meyers Lexikonredaktion
2., überarbeitete und ergänzte Auflage

Band 3:
Re – Zz

B.I.-Taschenbuchverlag
Mannheim/Wien/Zürich

Redaktionelle Leitung:
Karl-Heinz Ahlheim
Redaktionelle Bearbeitung der 1. Auflage:
Franziska Liebisch, Dipl.-Biol., und Dr. Erika Retzlaff
Redaktionelle Bearbeitung der 2. Auflage:
Dr. Erika Retzlaff

CIP-Titelaufnahme der Deutschen Bibliothek
Meyers Taschenlexikon Biologie: in 3 Bd./hrsg. u. bearb.
von Meyers Lexikonred. [Red. Leitung: Karl-Heinz Ahlheim].
Mannheim; Wien; Zürich: BI-Taschenbuch-Verl.
ISBN 3-411-02970-6 kart. in Kassette
ISBN 3-411-01990-5 (gültig für d. 1. Aufl.)
NE: Ahlheim, Karl-Heinz [Hrsg.]
Bd. 3. Re - Zz. - 2., überarb. u. erg. Aufl. - 1988
ISBN 3-411-02973-0

Lizenzausgabe mit Genehmigung
von Meyers Lexikonverlag, Mannheim

Satz: Bibliographisches Institut (DIACOS Siemens) und
Mannheimer Morgen Großdruckerei und Verlag GmbH
Druck: Klambt-Druck GmbH, Speyer
Einband: Großbuchbinderei Lachenmaier, Reutlingen
Printed in Germany
Gesamtwerk: ISBN 3-411-02970-6
Band 3: ISBN 3-411-02973-0

Re

Reafferenzprinzip, in der Sinnesphysiologie ein Regelprinzip zur Kontrolle und Rückmeldung eines Reizerfolges an das Zentralnervensystem. Von der für eine Bewegungsfolge von einem übergeordneten nervösen Zentrum ausgehenden Erregung (Efferenz) wird in bestimmten untergeordneten Zentren eine sog. Efferenzkopie hergestellt, die in Wechselwirkung mit der vom Erfolgsorgan (Effektor) kommenden, afferenten Rückmeldung (Reafferenz) über den Bewegungserfolg tritt. Damit können Bewegungsabfolgen, die von anderen übergeordneten Zentren oder von außen beeinflußt werden, kontrolliert und geregelt werden.

Reaktion [lat.], in der *Physiologie* und *Psychologie* Bez. für eine Änderung des Organismuszustands (z. B. des Muskeltonus, Kreislaufs; auch auf endokrine Veränderungen bezogen) oder des (individuellen oder kollektiven) Verhaltens, jeweils in Abhängigkeit bzw. als Funktion äußerer und/oder innerer Reize.

◆ (bedingte R.) svw. ↑ bedingter Reflex.

Reaktionszeit, die zw. Reiz und Reaktion verstreichende Zeitspanne *(Latenz)*. Einfache Reaktionen (z. B. Tastendruck auf Lichtreiz) haben eine R. von 0,15 bis 0,3 Sekunden.

Rebe, Kurzbez. für ↑ Weinrebe.

Rebendolde (Wasserfenchel, Oenanthe), Gatt. der Doldengewächse mit rd. 30 fast weltweit verbreiteten Arten; zweijährige oder ausdauernde Stauden mit zwittrigen, weinartig riechenden Blüten. Eine bekannte Art ist der in stehenden und seichten Gewässern Europas und Asiens verbreitete **Wasserfenchel** (Oenanthe aquatica) mit bis 1,5 m hohem, dickem Stengel, gefiederten Luftblättern und haarfein geschlitzten Wasserblättern.

Rebengewächse, svw. ↑ Weinrebengewächse.

Rebenschildlaus ↑ Napfschildläuse.

Rebenstecher (Zigarrenwickler, Byctiscus betulae), in Europa verbreiteter, etwa 8 mm langer Afterrüsselkäfer mit blauem oder grünem Metallglanz; frißt an Knospen und Blättern von Weinreben und verschiedenen Laubgehölzen.

Rebhuhn [zu althochdt. rephuon „rotbraunes, scheckiges Huhn"] ↑ Feldhühner.

Reblaus (Viteus vitifolii), bis etwa 1,4 mm große, gelbe bis bräunl., sehr schädl. werdende Blattlaus (Fam. Zwergläuse), die, aus N-Amerika kommend, heute in allen Weinbaugebieten der Erde verbreitet ist. In wärmeren Gebieten zeigt die R. Generationswechsel zw. oberird. und unterird. lebenden Generationen: Die sog. *Wurzelläuse (Radicicolae)* erzeugen im Spätherbst durch Jungfernzeugung geflügelte ♀♀ *(Sexuparae;* Ausbreitungsformen), aus deren Eiern ♂♂ und ♀♀ *(Sexuales)* hervorgehen. Aus den befruchteten, am oberird. Holz abgelegten, überwinternden Eiern schlüpft im Frühjahr die *Fundatrixgeneration (Maigallenlaus)*. Durch Saugen an den Blättern verursacht sie, wie auch ihre Nachkommen *(Gallicolae)*, erbsengroße Gallen (*Maigallen* bei der Maigallenlaus). Nach Abwandern im Herbst an die Wurzeln entstehen dort (durch die Wurzelläuse) die *Wurzelgallen*, bohnenförmige, kleine *Nodositäten* an den jungen Wurzeln, knotige *Tuberositäten* an älteren Wurzeln. Die befallenen Pflanzen gehen dadurch zugrunde. Wurzelläuse können sich auch ausschließl. durch Jungfernzeugung vermehren. In Deutschland sind (mit Ausnahme der wärmeren südwestl. Gebiete) nur Wurzelläuse verbreitet. - R.befall ist meldepflichtig. Die Bekämpfung ist gesetzl. verfügt.

Rebsorten, die Sorten der Edelrebe (↑ Weinrebe).

Rechtshändigkeit, erbl. bedingte Bevorzugung der rechten Hand (eigtl. der gesamten rechten Körperhälfte, d. h. auch insbes. des rechten Fußes). Bei Rechtshändern ist das motor. Sprachzentrum speziell auf der linken Gehirnseite ausgebildet. - ↑ auch Linkshändigkeit.

Recon [Kw.], Einheit der genet. ↑ Rekombination. Ein R. ist die kleinste Menge genet. Materials, die durch einen Rekombinationsprozeß ausgetauscht werden kann.

Redie [nach F. Redi], aus einer ↑ Sporozyste hervorgehendes Larvenstadium der Saugwürmer; lebt in einem Zwischenwirt und erzeugt die ↑ Zerkarien.

Redoxpotential [Kw. aus **Red**uktion und **Ox**idation], i. w. S. das Normalpotential eines Redoxsystems (Redoxpaars) gegenüber einer Wasserstoffelektrode, i. e. S. die Normalpotentiale in Lösung befindl. Redoxpaare. Ordnet man die R. nach steigendem Wert an, erhält man eine der ↑ Spannungsreihe entsprechende Reihenfolge. Je negativer das Potential eines Redoxpaars ist, desto stärker wirkt die reduzierte Form des Redoxpaars reduzierend; je positiver das Potential ist, desto stärker oxidierend wirkt die oxidierte Form des Redoxpaars. Das R. eines oxidierend wirkenden Systems wird daher auch *Oxidationspotential*, das eines reduzierend wirkenden Systems *Reduktionspotential* genannt.

Redoxreaktion (Reduktions-Oxidations-Reaktion), die stets gekoppelt auftretenden Vorgänge von Oxidation und Reduktion durch Elektronenabgabe (Oxidation) des sog. Reduktionsmittels und Elektronenaufnahme (Reduktion) des sog. Oxidationsmittels gemäß:

$$\text{Red} \underset{\text{Reduktion}}{\overset{\text{Oxidation}}{\rightleftarrows}} \text{Ox} + n\,e^-.$$

Da bei chem. Reaktionen keine freien Elektronen auftreten, ist die Oxidation eines Redoxsystems stets von der Reduktion eines anderen Redoxsystems begleitet, z. B.:

$$Pb^{2+} \rightarrow Pb^{4+} + 2e^- \quad \text{Oxidation}$$
$$2\,Fe^{3+} + 2\,e^- \rightarrow 2\,Fe^{2+} \quad \text{Reduktion}$$
$$Pb^{2+} + 2\,Fe^{3+} \rightarrow Pb^{4+} + 2\,Fe^{2+} \quad \text{Redoxprozeß}$$

Welche Oxidations- und Reduktionsprozesse ablaufen, hängt vom Oxidations- bzw. Reduktionsvermögen der Systeme ab, das quantitativ durch das ↑ Redoxpotential erfaßt wird.

Reduktion [lat.], in der *Genetik* die Verringerung der Chromosomenzahl auf die Hälfte im Verlauf der Meiose.

◆ in der *Stammesgeschichte* die Rückbildung von Organen zu bedeutungslosen rudimentären Organen; z. B. beim Menschen die R. der Schwanzwirbel und der Muskeln der Ohrmuschel.

Reduktionsteilung, svw. ↑ Meiose.

Reduzenten [lat.] (Destruenten) ↑ Nahrungskette.

Reflex [frz., zu lat. reflexus „Zurückbeugen"], über das Zentralnervensystem ablaufende, unwillkürl.-automat. Antwort des Organismus auf einen äußeren oder inneren ↑ Reiz. Der Weg, den die Erregung beim Ablauf eines R. von der Einwirkungsstelle eines Reizes (dem Rezeptor) bis zum Erfolgsorgan (Effektor) unter vorgegebenen Bahnen im Zentralnervensystem zurücklegt, ist der **Reflexbogen.** Im einfachsten Fall (z. B. beim Patellarsehnenreflex) besteht er aus dem Rezeptor, dem zuführenden Nerv, einer Schaltstelle im Zentrum, dem abführenden Nerv und dem Erfolgsorgan. Die R. befähigen den Organismus zur raschen und sicheren Einstellung auf Veränderungen der Umweltbedingungen sowie zum wohlkoordinierten Zusammenspiel aller Körperteile, mit dem Vorteil einer Entlastung der bewußten (höheren) Funktionen des Zentralnervensystems durch das sich auf vergleichsweise niederem Niveau abspielende unbewußt-automat. Reflexgeschehen.
Bei ↑ Eigenreflexen (z. B. Patellarsehnen-R., Achillessehnen-R.) liegen Rezeptoren und Effektoren im gleichen, bei *Fremdreflexen* (z. B. Bauchdecken-R., Hornhaut-R.) in verschiedenen Erfolgsorganen. - Neben den *angeborenen R.* (Automatismen) gibt es *erworbene R.*, die entweder erst mit zunehmender Reifung des Zentralnervensystems auftreten oder erlernt werden müssen (↑ bedingter Reflex). Im Ggs. zu letzteren setzen alle anderen R. keinen Lernvorgang voraus, ihre R.bögen sind „angeboren" *(unbedingte R.)*.

Reflexologie [lat./griech.], die Lehre von den Reflexen.

Refraktärzeit [lat./dt.] (Refraktärphase, Erholungsphase), Bez. für diejenige Zeitspanne nach einem gesetzten Reiz, in der eine erneute Reizung ohne Reaktion bleibt.

Refugialgebiete [lat./dt.] (Rückzugsgebiete), größere oder kleinere (*Kleinrefugien*, z. B. Moor) geograph. Gebiete, die durch begünstigte Lage (z. B. klimat. während des Pleistozäns; *Glazialrefugien*) oder durch Abgeschlossenheit (z. B. durch Meere wie Australien oder die Galapagosinseln) zu einer natürl. Überlebensregion für Tier- und Pflanzenarten wurden.

Regelblutung (Regel), svw. ↑ Menstruation.

Regelung [lat.], Vorgang in einem abgegrenzten System, bei dem eine oder mehrere physikal., [verfahrens]techn. oder andere Größen, die *Regelgrößen x*, fortlaufend von einer Meßeinrichtung erfaßt und durch Vergleich ihrer jeweiligen Istwerte mit Sollwerten bestimmter vorgegebener *Führungsgrößen w* auf diese Werte gebracht (im Sinne einer Angleichung) und dann auf ihnen gehalten werden. Der hierzu nötige Wirkungsablauf vollzieht sich im Ggs. zur Steuerung in einem geschlossenen, als **Regelkreis** bezeichneten Wirkungskreis, der im allg. eingeteilt wird in die *Regelstrecke* mit den zu beeinflussenden Teilen des Systems und der Regelgröße *x* als Ausgangsgröße, die *Stelleinrichtung (Stellglied)* zur unmittelbaren Beeinflussung der Regelstrecke gemäß der an ihrem Eingang einwirkenden sog. *Stellgröße y* und die *Regeleinrichtung* als Gesamtheit der Systemglieder zur Beeinflussung der Regelstrecke über die Stelleinrichtung (ihre Ausgangsgröße ist die Stellgröße), wozu in techn. Anlagen insbes. der Regler, aber auch die Meßeinrichtung samt Meßgrößenumformer, der Sollwertgeber (mit der Führungsgröße *w* am Eingang) und ein die *Regelabweichung* $e = w - x$ feststellendes Vergleichsglied gehören. Man unterscheidet die *selbsttätige* oder *automat. R.* als die eigentl. R., bei der alle Vorgänge im Regelkreis selbsttätig ausgeführt werden, und die *nichtselbsttätige R. (Hand-R.)*, bei der die Aufgabe mindestens eines Regelkreisgliedes vom Menschen übernommen wird. - Regelgrößen können z. B. Temperaturen, Drücke, Konzentrationen, Drehzahlen in techn. Anlagen sein, aber auch z. B. der Blutdruck und die Herzschlagfrequenz im menschl. Organismus. Die R. als Verfahren *(R.technik)* löst eine oder beide der folgenden

Aufgaben: 1. Ausregelung störender äußerer Einflüsse *(Störgrößen z)*, die an der Regelstrecke oder auch an der Regeleinrichtung angreifen; 2. *Folge-R.* der Regelgröße bei zeitl. Änderung der Führungsgröße. Dazu muß die Regelgröße gemessen und mit dem vorgeschriebenen Sollwert verglichen werden, sodann muß im Falle einer Abweichung geeignet eingegriffen werden, um die Abweichung zu beheben.

Regenbogenfisch (Großer R., Melanotaenia nigrans), bis 10 cm langer Knochenfisch (Fam. Ährenfische) in stehenden und fließenden Süßgewässern O- und S-Australiens; Rücken gelbl. bis olivgrün, Körperseiten stark irisierend; ♀ blasser gefärbt; Warmwasseraquarienfisch.

Regenbogenforelle ↑Forellen.

Regenbogenhaut (Iris) ↑Auge.

Regenbremsen (Chrysozona), artenreiche Gatt. zieml. großer Fliegen (Fam. Bremsen); Flügel mit weißl. Flecken oder Bändern. In M-Europa kommt als einzige Art die **Blinde Fliege** (Gewitterfliege, Regenbremse i. e. S., Chrysozona pluvialis) vor: bis 11 mm lang, aschgrau, mit hell marmorierten Flügeln und großen, purpurfarbenen Augen.

Regeneration [lat.], Ersatz verlorengegangener oder beschädigter Organe oder Organteile; findet sich bes. häufig bei Pflanzen und niederen Tieren und setzt nicht differenzierte Zellen voraus.

Regenkuckucke (Coccyzinae), Unterfam. 20–45 cm langer, scheuer Kuckucke mit acht Arten, v.a. in den USA, in M- und S-Amerika; ziehen ihre Jungen meist selbst groß; u.a. der 33 cm lange **Gelbschnabelkuckuck** (Coccyzus americanus), braun mit weißl. Unterseite und langem, schwarz und weiß gezeichnetem Schwanz; Schnabel gelb.

Regenpfeifer (Charadriidae), nahezu weltweit verbreitete Fam. lerchen- bis taubengroßer Watvögel mit fast 70 Arten auf sumpfigen Wiesen, Hochmooren und an sandigen Ufern; kräftige, schnell fliegende, im Flug häufig melod. pfeifende, kontrastreich gefärbte Vögel mit zieml. großen Augen und kurzem Schnabel. Zu den R. gehören u.a. ↑Kiebitz, ↑Steinwälzer und die meist kleineren, vielfach auf dem Boden rennenden *Echten R.* (Charadriinae; mit 40 Arten). Bekannt sind: **Flußregenpfeifer** (Charadrius dubius), etwa 15 cm groß, mit hellbrauner Oberseite, weißer Unterseite und schwarzem Brustband, Beine gelb. **Goldregenpfeifer** (Pluvialis apricaria), etwa 28 cm groß, oberseits braun, goldgelb gefleckt. **Mornellregenpfeifer** (Eudromias morinellus), etwa drosselgroß, mit (beim ♂) dunkelbrauner Oberseite, graubrauner Brust, rostrotem Bauch, weißer Kehle und weißem Überaugen- und Bruststreif; ♀ intensiver gefärbt.

Regenpfeiferartige, svw. ↑Watvögel.

Regenwald, immergrüner Wald in ganzjährig feuchten Gebieten der Tropen (trop. R.), der Subtropen (subtrop. R.) und der frostfreien Außertropen (temperierter R.). Der **trop. Tieflandregenwald** ist sehr artenreich, meist mit drei (selten fünf) Baumstockwerken: das oberste besteht aus 50–60 m hohen Baumriesen, das mittlere aus 30–40 m hohen Bäumen, deren Kronen ein geschlossenes Kronendach bilden, das untere erreicht 15 m Höhe (z.T. Jungwuchs); eine Krautschicht fehlt weitgehend. Der **trop. Gebirgsregenwald** in 1 000–2 000 m Höhe ist die höher gelegene Entsprechung des Tiefland-R., etwas artenärmer, mit nur zwei Stockwerken, bis 30 m hohen Bäumen und hohem Anteil (über 50 % der Blütenpflanzen) an Sträuchern und Kräutern sowie vielen Epiphyten (v.a. Orchideen). Der **subtrop. Regenwald** ähnelt physiognom. dem trop. Tiefland-R., weist aber wenig Lianen und Epiphyten auf; Baumfarne sind häufiger, auch Koniferen (z.B. Kopalfichte) treten auf. Der **temperierte Regenwald** wird nur von wenigen Arten gebildet (Scheinbuchen; Baumfarne als Strauchstockwerk; manchmal, nach weitgehender Vernichtung durch Waldbrände, wird er von Eukalypten überragt); er tritt v.a. in S-Chile und am südlichsten O-Fuß der Anden sowie in S-Victoria (Australien), auf Tasmanien und Neuseeland auf.

Regenwürmer, zusammenfassende Bez. für einige Fam. bodenbewohnender, zwittriger Ringelwürmer (Ordnung Wenigborster), darunter v.a. die trop. und subtrop. *Megascolecidae* (mit dem bis 3 m langen austral. **Riesenregenwurm,** Megascolides australis) und die mit rd. 160 Arten weltweit verbreiteten *Lumbricidae* (davon mehr als 30 Arten einheimisch); Länge etwa 2–30 cm; vorwiegend in feuchten Böden, unter Laub oder im Moder. R. graben bis 2 m (ausnahmsweise 10 m) tiefe Gänge in den Boden. Die Begattung der R.

Regenwürmer. Querschnitt

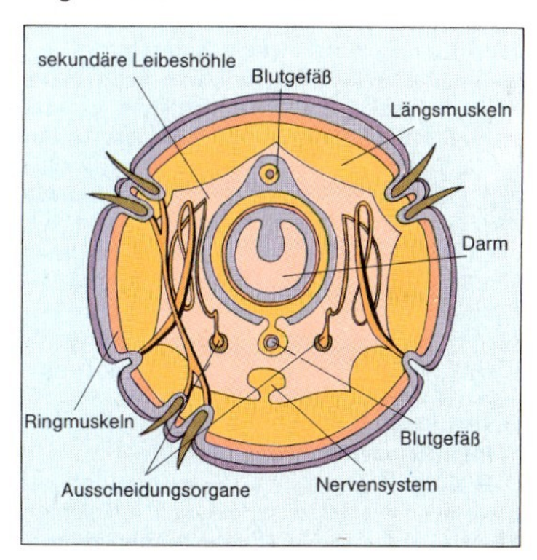

erfolgt wechselseitig, indem sie ihr Clitellum (↑Gürtelwürmer) aneinanderlegen. Die Ablage der Eikokons erfolgt ebenso wie die Begattung in den Gangsystemen. - R. ernähren sich von sich zersetzendem organ. Material, wozu sie abgestorbene Blätter in ihre Gänge ziehen; unverdaubare Erde wird in Kottürmchen an der Röhrenmündung abgesetzt. Kälte- und Trockenperioden überstehen die R. eingerollt in einem Ruhestadium am unteren Röhrenende. Bei längerem Regen verlassen sie oft wegen Erstickungsgefahr ihre Gänge und verenden durch Lichteinwirkung an der Oberfläche. - R. sind als Humusbildner sowie für die Durchmischung, Lockerung und Lüftung des Bodens von großer Bedeutung. - In Deutschland kommt neben dem **Mistwurm** (Eisenia foetida, 6–13 cm lang, mit purpurfarbener, roter oder brauner Querbinde auf jedem Segment) bes. der bis 30 cm lange **Gemeine Regenwurm** (Tauwurm, Lumbricus terrestris) vor: schmutzig rot, unterseits heller; bevorzugt lehmige Böden.

regressiv [lat.], rückschrittlich, rückläufig; rückbildend (von biolog. Vorgängen gesagt).

Regulationseier, im Ggs. zu den ↑Mosaikeiern Eizellen (z. B. von Seeigeln, Amphibien, Säugern, auch des Menschen), deren Zytoplasma noch keine determinierten Bezirke aufweist. Die Determination der späteren Furchungszellen bzw. embryonaler Zellgruppen des Keims wird schrittweise vollzogen. Schädigungen kann ein solcher **Regulationskeim** weitgehend ausgleichen, so daß sich noch ein vollständiger Organismus entwikkeln kann.

Reh ↑Rehe.

Rehbock (Bock) ↑Rehe.

Rehe (Capreolus), Gatt. der Trughirsche mit der einzigen Art **Reh** (Capreolus capreolus; drei Unterarten) in Europa und Asien; etwa 100–140 cm körperlange, 60–90 cm schulterhohe Tiere, im Sommer leuchtend rotbraun, im Winter braungrau; Jungtiere mit weißgelber Tüpfelzeichnung (Tarntracht); in der Afterregion mit hellem Spiegel; ♂♂ mit bis dreiendigem Geweih; heute beim heim. Rehwild starke Einkreuzung osteurop. und asiat. R. mit stärkeren Geweihen; Brunst der heim. R. im Hochsommer; Tragzeit (wegen Keimruhe des Embryos) bis 9 Monate; meist zwei Jungtiere. - R. sind nacht- und tagaktive, oft wenig scheue Tiere. Sie leben in kleinen Gruppen („Sprüngen"), zeitweise auch einzeln, im Winter in größeren Rudeln. In der Jägersprache heißt das ♂ **Rehbock,** das ♀ **Ricke** oder **Geiß,** das Junge **Kitz** (♂ Bockkitz, ♀ Geiß- oder Rickenkitz).

Rehling, svw. ↑Pfifferling.

Rehpinscher ↑Zwergpinscher.

Reich (Regnum), oberste systemat. Kategorie der Lebewesen: *Pflanzenreich* (Regnum phytale) und *Tierreich* (Regnum animale).

Reife, in der *Botanik* (bzw. im *Pflanzenbau*) Zustand genuß-, verwendungs- oder lagerungsfähiger Früchte und Samen von Kultur- und Wildpflanzen. Bei den einzelnen Kulturpflanzenarten unterscheidet man verschiedene Stadien der R., z. B. bei Getreide die Milchreife, Gelb- und Vollreife, beim Obst die Genußreife, Pflück- (oder Baumreife) und Lagerreife.

◆ in der menschl. *Individualentwicklung* das mittlere Lebensalter; gekennzeichnet dadurch, daß die Suche nach allg. Lebensidealen und Zielen i. d. R. abgeschlossen ist und an ihre Stelle die Erfüllung einer Aufgabe bzw. die Bewältigung der Lebensanforderungen vorrangig wird (↑auch Entwicklung).

Reifeperiode ↑Entwicklung.

Reifeteilung (Reifungsteilung), die beiden aufeinanderfolgenden Kernteilungen (erste und zweite R.), von denen eine eine mitotische ist, die andere dagegen eine Reduktionsteilung darstellt. Die R. führt zur Bildung von Geschlechtszellen oder Sporen (↑Meiose).

Reifpilz (Runzelschüppling, Zigeuner, Rozites caperata), auf sandigen Böden vorkommender Blätterpilz; der bis 12 cm breite, ockerfarbene Hut und der Stiel sind feinflokkig bereift; Lamellen lehmgelb; dicker Stiel mit weißl., häutigem Ring; Fleisch blaß holzfarben, fest und saftig; vorzügl., stellenweise häufiger Speisepilz.

Reifungsteilung, svw. ↑Reifeteilung.

Reifweide ↑Weide (Pflanzengatt.).

Reiher [zu althochdt. reigaro, eigtl. „Krächzer"] (Ardeidae), fast weltweit verbreitete Fam. etwa taubengroßer bis 1,4 m körperlanger Stelzvögel mit rd. 65 Arten an Süßgewässern (seltener Meeresküsten) und in Sümpfen; gut fliegende, z. T. auch segelnde Vögel mit relativ schlankem Körper, langem Hals, langem, spitzem Schnabel und langen Beinen. Die R. ernähren sich v. a. von Fischen, Lurchen, Insekten und Mäusen. Viele Arten brüten in großen Kolonien, vorwiegend im Schilf, aber auch auf Bäumen. - Hierher gehören u. a.: ↑Purpurreiher; ↑Kahnschnabel; **Fischreiher** (Graureiher, Ardea cinerea), etwa 90 cm groß, oberseits grau, unterseits weiß, an Süßgewässern großer Teile Eurasiens, mit weißem Kopf und Hals (letzterer vorn fein schwarz gezeichnet), langem, gelbem Schnabel, schwarzem Hinteraugenstreif und schwarzem Federschopf; Teilzieher, deren nördl. Populationen bis nach Afrika ziehen; **Seidenreiher** (Egretta garzetta), etwa 55 cm lang, weiß, an Süß- und Brackgewässern Afrikas, S-Europas (bes. Donaudelta und S-Spanien), S-Asiens und Australiens, mit schwärzl. Schnabel, dunklen Beinen und gelben Zehen; Teilzieher; **Silberreiher** (Edelreiher, Casmerodius albus), etwa 90 cm lang, weiß, in schilfreichen Landschaften der wärmeren alt- und neuweltl. Regionen (nördlichste europ. Brutgebiete: Neusiedler See, Donaudelta), Schnabel entweder schwarz mit gelber Basis (Sommer) oder einheitl. gelb (Winter); mit schwärzl. Beinen und Zehen. - Abb. S. 10.

Reiherschnabel (Erodium), Gatt. der Storchschnabelgewächse mit rd. 75 Arten in den gemäßigten Zonen Eurasiens und im Mittelmeergebiet; meist Kräuter, selten Halbsträucher, mit gezähnten, gelappten oder fiedriggeschlitzten Blättern und regelmäßigen Blüten. Die bekannteste Art ist der rotviolett oder rosa blühende **Schierlingsreiherschnabel** (Erodium cicutarium), ein häufig vorkommendes Unkraut an Wegen und auf Sandäckern.

Rein, Hermann, * Mitwitz (Landkr. Kronach) 8. Febr. 1898, † Göttingen 14. Mai 1953, dt. Humanbiologe. - Prof. in Freiburg, Göttingen, ab 1952 auch Direktor des Heidelberger Max-Planck-Instituts für medizin. Forschung; Arbeiten bes. über Sinnesorgane, Blutkreislauf und Herz; Verfasser des Standardwerks „Einführung in die Physiologie des Menschen" (1936).

Reineclaude [rɛ:nə'klo:də], svw. Reneklode (↑ Pflaumenbaum).

reine Linien, Bez. für die durch geschlechtl. Vermehrung gewonnene reinerbige Nachkommenschaft von Selbstbefruchtern.

reinerbig, svw. ↑ homozygot.

Reinkultur, eine auf oder in einem Nährboden gezüchtete Bakterienkultur oder Kultur von Pilzen, einzelligen Algen und Protozoen, die auf ein Individuum oder sehr wenige Individuen einer Art oder eines Stamms zurückgeht. Die Einheitlichkeit der R. ist bed. für Forschungszwecke, z. B. in der Genetik oder Physiologie, und für die techn. Mikrobiologie (z. B. Herstellung von Antibiotika, Enzymen, Säuren und Vitaminen).

Reinzucht, in der prakt. *Tierzüchtung* seit Mitte des 19. Jh. übl. Zuchtmethode der Auslesezüchtung. I. w. S. versteht man unter R. die Paarung ausgelesener Tiere gleicher Rasse, i. e. S. die Paarung ausgelesener, von den gleichen Elterntieren abstammender Tiere der gleichen Rasse mit dem Ziele größerer Erbgleichheit und Leistung.

◆ in der *Genetik* die Paarung erbreiner und erbgleicher Individuen; nur in der Pflanzenzüchtung bei Selbstbefruchtern (↑ reine Linien) möglich.

Reinzuchthefen, svw. ↑ Kulturhefen.

Reis [griech.-lat.] (Oryza), Gatt. der Süßgräser mit rd. 20 Arten in allen wärmeren Ländern. Die wirtsch. bedeutendste und bekannteste Art ist *Oryza sativa* (R. im engeren Sinne), eine bis 1,50 m hohe, einjährige Kurztagpflanze mit langen, breiten Blättern und bis 30 cm langer Rispe mit einblütigen Ährchen, letztere mit großen, kahnförmigen, harten Deckspelzen (**Reisschalen**); im Ggs. zu den meisten anderen Gräsern sind sechs Staubblätter vorhanden. Der R. ist ein Büschelwurzler, d. h., er hat keine Hauptwurzel, sondern ein ausgeprägtes Faserwurzelnetz. Weiterhin neigt er zur ↑ Bestockung und bildet zahlr. Nebenhalme aus. Die Früchte sind ↑ Karyopsen, deren miteinander verwachsene Frucht- und Samenschale zusammen mit der Aleuronschicht das weiß- bis violettgefärbte **Silberhäutchen** bilden. - Neben Mais und Sorghumhirse ist R. die wichtigste Getreidepflanze der Tropen und z. T. auch der Subtropen, denn für mehr als die Hälfte der Menschen ist er (obwohl nicht backfähig) das Hauptnahrungsmittel. Von den Formenkreisen des R. (bekannt sind rd. 5 000 Formen, von denen etwa 1 400 kultiviert werden) sind die wirtsch. wichtigsten der mit künstl. Bewässerung im Terrassenfeldbau oder mit natürl. Überstauung (Ausnutzung des Monsunregens) in den Niederungen angepflanzte **Sumpfreis** *(Wasser-R.)* sowie die anspruchslosen Sorten des **Bergreises** *(Trocken-R.)*, die bis in Höhen von 2 000 m angebaut werden und nur das Regenwasser benötigen. - Vom Einsetzen der Gelbreife an wird der R. von Hand oder maschinell geerntet. Zur weiteren Verarbeitung kommt der gedroschene R. in R.mühlen, wo er für den Handel entspelzt wird *(geschälter Reis)*. In den Verbrauchsländern wird der R. in Spezialmühlen geschliffen (Entfernen des Silberhäutchens), poliert oder gebürstet (geglättet). Die hierbei anfallenden äußeren Schichten sind als *R.kleie* ein nahrhaftes Futtermittel. Mit der Entfernung des Silberhäutchens verliert der R. Eiweiß und Fett sowie wichtige Vitamine, v. a. B_1. Eine einseitige Ernährung mit poliertem R. führt zu Beriberi. Aus R.abfällen (z. B. Bruch-R.) wird u. a. *R.stärke* gewonnen, die in der Lebensmittel-, Textil- und Kosmetikind. verarbeitet wird. Weiterhin werden aus R. alkohol. Getränke wie Arrak und Reiswein hergestellt. Das *R.stroh* wird in den Anbauländern als Viehfutter und Streu genutzt. Auch Körbe, Teppiche, Hüte und Stricke sowie Zigarettenpapier werden daraus hergestellt. - Die Welternte an R. betrug 1985 472,6 Mill. Tonnen.

Geschichte: Der vermutl. im trop. Südasien heim. R. wurde schon im 4. Jt. v. Chr. in Thailand und im 3. Jt. v. Chr. in S-China in Monokultur angebaut. Im frühen 1. Jt. v. Chr. gelangten Kenntnisse des R.anbaus von Indien über Persien zum Zweistromland, wo ihn die Griechen während des Alexanderzugs (4. Jh. v. Chr.) übernahmen. Die Araber verbreiteten den R.anbau im 8. Jh. von Syrien nach Ägypten, N-Afrika, Sizilien und Spanien, von wo er im 16. Jh. in Italien und S-Frankr. bekannt wurde.

🕮 *Wilhelmy, H.: R.anbau u. Nahrungsspielraum in Südostasien. Kiel 1975. - Schormüller, J.: Lehrb. der Lebensmittelchemie. Bln. u. a. ²1974. - Schütt, P.: Weltwirtschaftspflanzen. Bln. u. Hamb. 1972.*

Reisetauben, svw. ↑ Brieftauben.

Reisfink (Padda oryzivora), etwa 15 cm langer Singvogel (Fam. Prachtfinken); auf Java und Bali beheimatet, von dort nach S-Asien und O-Afrika eingebürgert; Oberseite und Brust perlgrau, Bauch gelblichbraun, Kopf schwarz mit weißen Wangen und rosafarbenem Schnabel; kann durch scharenweises Einfallen in Reisfeldern schädl. werden.

Reiskäfer (Calandra oryzae), weltweit verschleppter, in den Tropen und Subtropen heim., 2,5–3,5 mm langer flugfähiger Rüsselkäfer; Körper mattbraun, mit vier undeutl. roten Flecken auf den Flügeldecken; kann an Nahrungsvorräten (im Freien auch an Reis und Mais) schädlich werden.

Reismehlkäfer (Tribolium), Gatt. der Schwarzkäfer mit weltweit verschleppten, an Vorräten aller Art schädl. Arten; in M-Europa vier 3–5 mm große, schwarzbraune, braun- oder rostrote Arten.

Reismelde (Hirsenmelde, Reisspinat, Quinoa, Chenopodium quinoa), in den Hochanden kultiviertes Gänsefußgewächs, dessen gelbl. Samen zu Mehl verarbeitet werden; die Blätter werden als Gemüse und Salat gegessen.

Reissner-Membran [nach dem dt. Anatomen E. Reissner, * 1824, † 1878] ↑ Gehörorgan.

Reisspinat, svw. ↑ Reismelde.

Reißzähne (Dentes lacerantes), zw. den Lückenzähnen und den Höckerzähnen des Gebisses der Raubtiere stehende, durch ihre Größe und Scharfkantigkeit auffallende Zähne: im Oberkiefer jederseits der letzte Vorbackenzahn, im Unterkiefer jederseits der erste Backenzahn. R. haben Scherenwirkung.

Reistanreks (Oryzorictinae), Unterfam. etwa 4–13 cm körperlanger, spitzmausähnl. Borstenigel mit rd. 25 Arten, v. a. in feuchten Wäldern und in Sümpfen Madagaskars; Fell nicht borstig.

Reitgras (Calamagrostis), Gatt. der Süßgräser mit rd. 200 Arten auf der Nordhalbkugel; Pflanzen mit zahlr. kurzen oder die Deckspelzen überragenden Haaren in den eine Ähre bildenden Blüten. In Deutschland kommen von den Alpen bis ins Tiefland neun Arten vor, und zwar meist in Wäldern, Gebüschen, an moorigen Stellen und Ufern.

Reiz (Stimulus), jede Veränderung außerhalb *(Außen-R.)* oder innerhalb *(Organ-R.)* eines Organismus, die eine Erregung auslöst bzw. eine Empfindung verursacht oder eine Reaktion (z. B. einen Reflex) bewirkt. Unter den verschiedenen R.arten unterscheidet man: mechan., therm., chem., osmot., elektr., opt. und akust. Reize. Die Fähigkeit, auf R. zu reagieren, ist eine Grundeigenschaft lebender Systeme (↑ Erregbarkeit). Die für ein Sinnesorgan gemäße Form des R. wird als ↑ adäquater Reiz bezeichnet. Von einem *unterschwelligen R.* spricht man, wenn die R.energie zur Auslösung einer Erregung nicht ausreicht (↑ Reizschwelle). Überschreitet der R. eine bestimmte Intensität, wird er als Schmerz empfunden (Schmerzschwelle).

Reizaufnahme, (Rezeption) bei Menschen und Tieren die Aufnahme der als Reiz wirkenden Energie durch die Rezeptoren der Sinneszellen bzw. anderer erregbarer Strukturen mit dem sich anschließenden Vorgang der Umwandlung in eine Erregung.
◆ (Suszeption) bei Pflanzen chem.-physikal. Zustandsänderungen in reizempfindl. Zellsystemen, die dem Erregungsprozeß mit seinen physiolog. Abläufen (Bewegungen u. a.) vorangehen; verursacht durch Einwirkung adäquater äußerer Energien oder Aktionsströme durch Ionenverlagerungen.

Reizbarkeit, svw. ↑ Erregbarkeit.

Reizbewegungen, Bewegungsreaktionen von Pflanzen oder Pflanzenteilen auf Außenreize und auf Innenreize.

Reizker [slaw., eigtl. „der Rötliche"], svw. ↑ Milchlinge.

Reizleitung, unkorrekte Bez. für Erregungsleitung (im klin. Sprachgebrauch häufig im Sinne von Afferenz von der Peripherie zum Zentralnervensystem benutzt).

Reiher. Von links: Fischreiher, Seidenreiher, Silberreiher

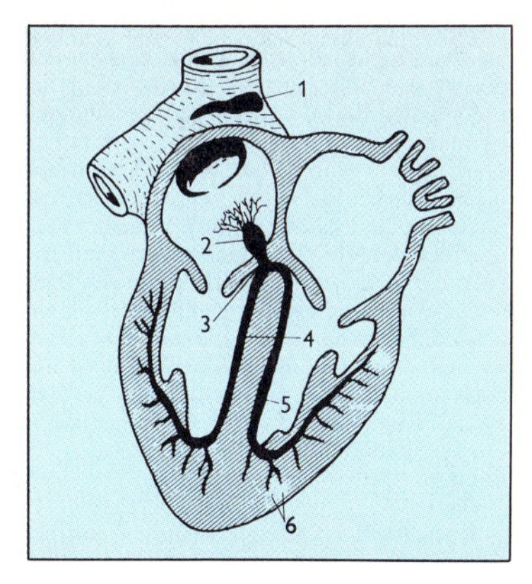

Reizleitungssystem im menschlichen Herzen.
1 Sinusknoten, 2 Aschoff-Tawara-Knoten, 3 His-Bündel, 4 und 5 rechter und linker Tawara-Schenkel, 6 Purkinje-Fasern

Reizleitungssystem (Erregungsleitungssystem), die aus umgewandelten, bes. glykogenhaltigen Muskelfasern bestehende, für die Überleitung und Ausbreitung der Erregung zuständige Verbindung zw. dem rechten Vorhof und den beiden Kammern des Herzens. Die normalerweise im Sinusknoten entstehende Erregung gelangt über die Vorhofmuskulatur zum Aschoff-Tawara-Knoten und von diesem über das His-Bündel, die beiden Kammerschenkel des R. *(Tawara-Schenkel)* und deren Ausläufer, die *Purkinje-Fasern*, zur Arbeitsmuskulatur der Herzkammern. Ist das R. geschädigt, kommt es zu Störungen der Erregungsleitung.

Reizschwelle, (absolute R.) derjenige Wert auf einem Reizkontinuum, unterhalb dessen kein Reiz mehr wahrgenommen wird oder keine Reaktion mehr erfolgt.

◆ (relative R., Unterschiedsschwelle) Wahrnehmungsschwelle, von der an zwei nur wenig verschieden starke Reize vom selben Sinnesorgan nicht mehr als gleich empfunden werden.

Reizsummation, Anstieg der Reizwirkung durch wiederholte Reizung derselben Rezeptoren über einen bestimmten Zeitraum hinweg (v.a. wenn ein Einzelreiz nicht ausreicht, eine Reaktion oder einen Reflex auszulösen). Schlüsselreize können sich in ihrer Wirkung gegenseitig verstärken (sog. **Reizsummenphänomen**).

Rekombination, die Neukombination der Gene, wodurch bei einem Nachkommen verschiedene einzelne Eigenschaften der Eltern in einer neuen Konstellation in Erscheinung treten. Diese *genet. R.* ist ein bed. Evolutionsfaktor. Oft sind in einer Zelle mehrere R.mechanismen nebeneinander verwirklicht. - Der einfachste Vorgang einer R. ist die Zufallsverteilung ganzer Chromosomen bzw. Kopplungsgruppen von Genen während der Reduktionsteilung der Meiose. Die eigtl. genet. R. führt dagegen zu einem Genaustausch (Crossing-over, ↑Faktorenaustausch) zw. den Chromosomen. Sie erfolgt meist, d.h. bei der *allg. R.*, zw. ausgedehnten Bereichen übereinstimmender DNS-Abschnitte, also zw. homologen DNS-Bereichen. Von der allg. R. besteht die Vorstellung, daß primär Einzelstrangbereiche zw. homologen DNS-Doppelstrangmolekülen ausgetauscht werden. Diese hybriden Doppelstrangbereiche können einzelne ungepaarte Basen *(Heteroduplexstrukturen)* enthalten, und zwar dort, wo sich in einem Gen die beiden Allele der Eltern-DNS-Moleküle voneinander unterscheiden. Diese Heteroduplexstrukturen werden dann von Reparaturenzymen der Zelle „erkannt" und aufgelöst, wobei aus einem der beiden DNS-Stränge ein Stück entfernt und anschließend nach der Matrize des anderen DNS-Stranges neu synthetisiert wird. Dabei kommt es zu einer Übertragung genet. Information von dem einen Strang auf den anderen *(Konversion)*.

Rekrete [lat.], in den pflanzl. Stoffwechsel nicht eingehende, sondern nach ihrer Aufnahme sofort unverändert (z.B. in Dauergeweben) abgelagerte mineral. Ballaststoffe (z.B. Silicium, das die Zellwand mineralisiert).

Rektalblase ↑Rektum.

Rektum [lat.], (Mastdarm) bei Wirbeltieren (einschließl. Mensch) ↑Darm.

◆ bei wirbellosen Tieren, v.a. den Insekten, der meist kurze Endabschnitt des (ektoderma-

Ren. Karibu

len) Enddarms; ist meist zur *Rektalblase (Kloakenblase)* erweitert oder als unpaarer Blindsack *(Rektalampulle, Rektalsack)* ausgebildet.

Relaxin [lat.], aus mehreren Polypeptiden zusammengesetztes, vom Gelbkörper gebildetes Peptidhormon, das vor einer Geburt den Gebärmutterhals erweitert und die Symphyse des Schambeins lockert.

Releaserfaktoren [rɪˈli:zər; engl./lat.] (R-Faktoren, Releasingfaktoren, Freisetzungsfaktoren, Freisetzungshormone), im Hypothalamus (↑Gehirn) gebildete Neurosekrete (Peptidhormone), die über das Pfortadersystem der Hypophyse zum Hypophysenvorderlappen gelangen und dort die Produktion und Freigabe der Hypophysenvorderlappenhormone steuern. - ↑auch Geschlechtshormone, ↑Hormone.

Reminiszenz [lat.], das Wiederauftreten von Gedächtnisinhalten ohne äußeren (z. B. assoziierter Reiz, Hinweis) oder inneren (z. B. willentl. Erinnern) Anlaß.

Remontanten [lat.-frz.], mehrmals im Jahr blühende Zierpflanzen.

Remontantnelke (Dianthus caryophyllus var. semperflorens), Bez. für eine wahrscheinl. von der Gartennelke und der strauchigen Baumnelke (Dianthus suffruticosus) abstammende, mehrfach im Jahr blühende Sortengruppe der Gartennelke; erstmals in Frankr. um 1835 gezüchtet; heute weitgehend durch die Edelnelke verdrängt.

Remontantrosen, Bez. für eine im 19. Jh. züchter. entwickelte Rosenklasse. Von den rd. 4000 in dieser Zeit entstandenen Sorten sind heute nur noch rd. 100 Sorten in Kultur.

Remonten [lat.-frz.], in der Tierzüchtung Bez. für die nach phänotyp. Merkmalen zur Weiterzucht ausgewählten Individuen einer Rasse; früher speziell die von Remontierungskommissionen zur Ergänzung des Pferdebestands des dt. Heeres aufgekauften jungen Pferde.

REM-Phase [engl. rɛm; Abk. für: **r**apid **e**ye **m**ovement „schnelle Augenbewegung"] ↑Schlaf.

Ren [rɛn, re:n; skand.] (Rentier, Rangifer tarandus), großer Trughirsch v. a. in den Tundren- und Waldgebieten N-Eurasiens und des nördl. N-Amerika (einschließl. Grönland); Körperlänge bis über 2 m, Schulterhöhe 1,0–1,2 m, Fell dicht und lang, dunkel- bis graubraun, auch (bes. bei gezähmten Tieren) hell oder gescheckt, im Winterkleid sehr viel heller als im Sommer; ♂ und ♀ mit starkem, zieml. unregelmäßig verzweigtem Geweih (beim ♀ schwächer als beim ♂), Enden oft schaufelförmig. Das R. tritt in großen Rudeln auf, die jahreszeitl. weite Wanderungen durchführen. Das **Nordeurop. Ren** (Rangifer tarandus tarandus) ist heute großenteils halbzahm und wird in großen Herden gehalten. Es dient den nord. Nomaden als Zug- und Tragtier, als Fleisch-, Milch-, Fell- und Lederlieferant. Im sö. Kanada lebt das **Karibu** (Rangifer tarandus caribou), mit bes. großer Schaufelbildung.

Geschichte: Während der Würmeiszeit drang das R. bis nach M-Europa vor. Es war Hauptjagdbeute der Eiszeitmenschen, denen es nicht nur Fleisch und Felle, sondern auch Geweihe für die Herstellung von Werkzeugen und Waffen lieferte. Aus dieser Zeit sind zahlr. Schnitzereien, Felsbilder und Wandmalereien erhalten. Mit dem Abschmelzen des Eises in M-Europa zog sich das R. auf sein heutiges Verbreitungsgebiet zurück. Erste Nachweise für eine Domestikation des R. als Zugtier stammen aus dem 3. Jt. v. Chr. - Abb. S. 11.

Ren (Mrz. Renes) [lat.], svw. ↑Niere.

Reneklode [frz., eigtl. Reine („Königin") Claude (nach der Gemahlin des frz. Königs Franz I.)] ↑Pflaumenbaum.

Renette (Reinette) [frz.], Sammelbez. für verschiedene hochwertige Apfelsorten (z. B. Champagnerrenette; ↑auch Apfelsorten [Übersicht, Bd. 1, S. 48 ff.]).

Renin [lat.], in bestimmten Zellen der Nierenrinde gebildetes eiweißspaltendes Enzym (Protease), das aus einer Eiweißfraktion des Blutplasmas das Hormon ↑Angiotensin freisetzt.

Renken, svw. ↑Felchen.

Rennin [engl.], svw. ↑Labferment.

Rennmäuse (Wüstenmäuse, Gerbillinae), Unterfam. etwa maus- bis rattengroßer, langschwänziger Nagetiere (Fam. Wühler) mit über 100 Arten, v. a. in wüstenartigen Trockenlandschaften Afrikas, Vorder- und Zentralasiens; vorwiegend nachtaktive, sich tagsüber in unterird. Baue verkriechende Tiere, die bei Verfolgung in weiten, känguruhartigen Sprüngen flüchten. Neben der wichtigsten Gatt. *Gerbillus* gehört hierher die knapp rattengroße **Ind. Rennmaus** (Tatera indica), die neben pflanzl. auch tier. Nahrung (z. B. Eier, Jungvögel, junge Nagetiere) vertilgt.

Renntier, falsche Schreibung für Rentier (↑Ren).

Rennvögel (Wüstenläufer, Cursoriinae), Unterfam. der Regenpfeiferartigen mit zehn Arten in wüsten- und steppenartigen Landschaften der Alten Welt; bis 25 cm lange, schnell laufende Vögel, die sich v. a. von Insekten ernähren und die mit Ausnahme des ↑Krokodilwächters oberseits sandfarben bis braun, unterseits heller gefärbt sind.

Rentier, svw. ↑Ren.

Rentierflechte (Cladonia rangiferina), polsterbildende Art der ↑Becherflechten auf trockenen Heide- und Waldböden; in nord. Ländern v. a. Nahrung für Rens im Winter.

Reoviren [Reo, Abk. für engl.: **r**espiratory **e**nteric **o**rphan], bei Säugetieren (einschl. Mensch) die Atemwege und das Darmsystem (i. a. symptomlos) besiedelnde RNS-Viren.

Reparaturenzyme (Repairenzyme), Enzyme, die Schäden in der Struktur der DNS und RNS reparieren (z. B. Nukleasen, DNS-Ligase, DNS-Polymerase, RNS-Polymerase).

Reparaturmechanismen der DNS, Ausbesserungsvorgänge an Fehlstellen im DNS-Molekül, d. h. an Stellen ohne komplementäre Basenpaarung oder/und mit einer Unterbrechung in einem der beiden DNS-Stränge, durch Reparationsenzyme. Bei der **Photoreparatur** macht ein durch Licht von 410 nm Wellenlänge aktiviertes Flavoproteid-Enzym die Brückenbildung in den fehlerhaften Pyrimidindimeren rückgängig. Bei der **Exzisionsreparatur** wird neben den Pyrimidindimeren „eingeschnitten" und durch Entfernen von, einschließl. schadhaften, Nukleotiden der Reparaturbereich zur Lücke durch Exo-DNasen erweitert, diese wird durch Synthese durch DNS-Polymerasen aufgefüllt, anschließend wird die letzte Bindung durch DNS-Ligase geschlossen. Die **Strangaustauschreparatur** setzt an den aufgetrennten beiden DNS-Elternsträngen an, wobei die replizierten Tochterstränge als Kopie für die Fehlstellen dienen.

Replikation [lat.], svw. ↑Autoreduplikation (↑auch DNS-Replikation).

Replikon [lat.-engl.], Einheit der genet. Replikation. Ein R. ist ein DNS-Molekül (bei einigen Viren aus RNS), das zu seiner ident. Verdopplung über eine spezif. Start- und Endstelle verfügt.

Repressor [lat.], in der Genetik Bez. für ein von einem Regulatorgen transkribiertes Proteinmolekül, dessen Aufgabe in der (negativen) Regulation von Genaktivitäten besteht.

Reproduktion, svw. ↑Fortpflanzung.

reproduktive Phase, zeitl. begrenzter Abschnitt im Lebenszyklus eines Lebewesens, der der (geschlechtl.) Fortpflanzung dient.

Reptilien [lat.-frz.] (Kriechtiere, Reptilia), seit dem Oberkarbon bekannte, heute mit über 6000 Arten weltweit verbreitete Klasse 0,04–10 m langer Wirbeltiere; wechselwarme, lungenatmende Landbewohner, die (im Unterschied zu den Lurchen) durch stark verhornte Körperschuppen und -schilder weitgehend vor Austrocknung geschützt und meist von Gewässern unabhängig sind (ausgenommen einige sekundär zum Wasserleben übergegangene Gruppen); Hauptvorkommen in den Tropen und Subtropen; Hinterhaupt mit nur einem Gelenkhöcker; Gliedmaßen voll ausgebildet oder (wie bei Schlangen) völlig rückgebildet; Entwicklung ohne Metamorphose (keine Larven); legen meist Eier mit pergamentartiger oder verkalkter Schale; z. T. lebendgebärend (z. B. Kreuzotter); wegen unvollständiger Trennung der Herzkammern keine Trennung von arteriellem und venösem Blut im Kreislauf; bes. hoch entwickelter Gesichts- und Geruchssinn (↑Jacobson-Organ). Sie ernähren sich meist von tier., z. T. auch von pflanzl. Kost. 4 Ordnungen: Schildkröten, Brückenechsen, Krokodile, Schuppenkriechtiere. - Abb. S. 14.

Reseda [lat.] (Resede, Wau), größte Gatt. der R.gewächse mit rd. 50 Arten in Europa, N- und O-Afrika bis Indien; Kräuter, deren Blüten drei oder mehr Staubblätter aufweisen. Der oberständige Fruchtknoten ist oft an der Spitze offen. Bekannte Arten sind: **Gartenresede** (Reseda odorata), bis 60 cm hoch. Blüten grünlichgelb mit roten Staubbeuteln, wohlriechend; **Färberwau** (Gelbkraut, Färberresede, Reseda luteola) bis etwa 1 m hoch, blaßgelbe, vierzählige Blüten; lieferte früher den gelben Farbstoff *Luteolin*. - Abb. S. 15.

Resedafalter (Pontia daplidice), bis 4,5 cm spannender Tagschmetterling (Fam. ↑Weißlinge) in offenen Landschaften NW-Afrikas sowie der südl. und gemäßigten Regionen Eurasiens; Flügeloberseiten weißl. mit braunen Flecken (bes. an den Vorderflügelspitzen), Flügelunterseiten grün gefleckt; Raupen fressen an Reseda und verschiedenen Kreuzblütlern; in Deutschland nur an trockenen, sandigen, sonnigen Biotopen bodenständig, sonst aus dem Süden einwandernd.

Resedagewächse (Resedengewächse, Resedaceae), Fam. der Zweikeimblättrigen in Afrika und im europ. Mittelmeergebiet; mit sechs Gatt. und rd. 70 Arten; meist Kräuter, selten Sträucher mit schraubig angeordneten, einfachen oder geteilten Blättern und kleinen, drüsenähnl. Nebenblättern sowie in Trauben oder Ähren stehenden zygomorphen Blüten; bekannteste Gatt. ↑Reseda.

Reservat (Reservation) [lat.], zur Überlebensregion bestimmtes, kleineres oder größeres geograph. Gebiet, in dem bestimmte Tier- und/oder Pflanzenarten vor der Ausrottung durch den Menschen geschützt sind.

Reservestoffe, im pflanzl. und tier. Organismus in Zellen bzw. in bes. Speichergeweben oder -organen angereicherte, dem Stoffwechsel vorübergehend entzogene Substanzen, die vom Organismus bei Bedarf in den Stoffwechsel eingeschleust werden; z. B. Öle und Fette, Polysaccharide, auch Eiweiße.

Resistenz [lat.], (im Unterschied zur erworbenen ↑Immunität) die angeborene Widerstandsfähigkeit eines Organismus gegenüber schädl. äußeren Einwirkungen, wie z. B. extreme Witterungsverhältnisse oder Krankheitserreger bzw. Schädlinge und deren Gifte. Krankheitserreger und Schädlinge können selbst wiederum resistent gegen Arznei- bzw. Schädlingsbekämpfungsmittel sein. Bei der *passiven R.* verhindern mechan., chem. oder therm. Sperren das Eindringen oder Wirksamwerden eines Schadfaktors. Bei der *aktiven R.* werden entsprechende Abwehrmaßnahmen beim angegriffenen Organismus ausgelöst (z. B. über Phagozyten oder über die Bildung von Hemmstoffen). Die R. von Krankheitserregern und Schädlingen (z. B. ge-

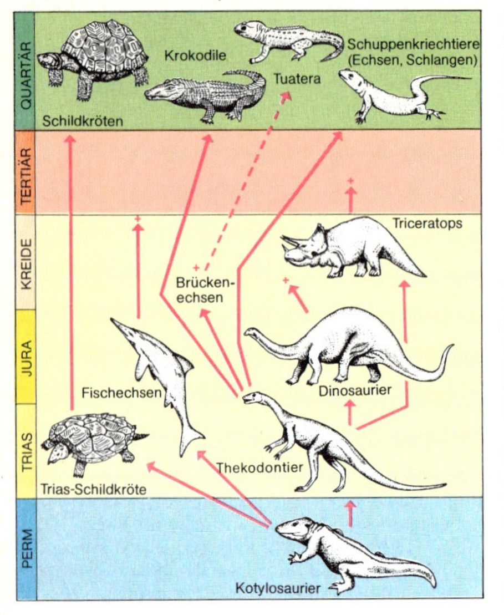

Reptilien. Stammbaum

genüber Antibiotika bzw. Insektiziden) beruht auf einem Selektionsvorgang, nicht auf einer Anpassung oder Gewöhnung des Parasiten an die Giftstoffe. Bei der R. gegenüber Pflanzenschutzmitteln ist neben der *Verhaltens-R.* (der Schädling kommt auf Grund seines Verhaltens weniger intensiv mit dem Wirkstoff in Kontakt) und der *morpholog. bedingten R.* (z. B. durch stärkere Körperbehaarung, größere Undurchlässigkeit der Kutikula) am bedeutungsvollsten die *physiolog. bedingte R.* (z. B. verstärkte Ausscheidung, verstärkter enzymat. Abbau, verstärkte Inaktivierung durch Anlagerung des Wirkstoffs an Reservestoffe wie Lipide). - Da die R. vererbt wird, ist sie bes. in der Pflanzenzüchtung ein wichtiges Züchtungsziel.

Resistenzfaktoren (R-Faktoren), DNS-Partikel von Bakterien, die außerhalb des Bakterienchromosoms vorkommen können und ihren Trägern Resistenz gegen ein oder mehrere Antibiotika verleihen. Die R. wurden 1959 in Japan entdeckt, sind aber mittlerweile zu einem medizin. Problem geworden, da ihre Übertragung z. B. von harmlosen Darmbakterien auf virulente Keime möglich ist, die dadurch behandlungsresistent werden. Da die Entstehung und Verbreitung von R. durch Gabe von Antibiotika gefördert werden, kann eine unkrit. Antibiotikatherapie, insbes. aber die Verfütterung von Antibiotika an Schlachttiere, schwerwiegende Folgen haben. - ↑auch Plasmid.

Resorption [lat.], Bez. für die Aufnahme flüssiger oder gelöster Substanzen in das Zellinnere. I. e. S. wird meist darunter die *enterale R.*, d. h. die Aufnahme der aufbereiteten und enzymat. in Bruchstücke zerlegten Nahrung aus dem Darm verstanden. *Parenterale R.* erfolgt durch die Haut und die inneren Oberflächen (außer Darm).

Respiration [lat.], svw. äußere ↑Atmung.

Respirationsorgane ↑Atmungsorgane.

respiratorischer Quotient ↑Atmung.

Respirationstrakt, svw. ↑Luftwege.

Restiogewächse [lat./dt.] (Restionaceae), Fam. der Einkeimblättrigen mit rd. 40 Arten in annähernd 30 Gatt. auf der S-Halbkugel, v. a. Australien und S-Afrika; meist ausdauernde, an trockenen Standorten rasig wachsende, grasähnl. Kräuter mit Rhizomen und meist eingeschlechtigen, mehrblütigen Ährchen in Rispen; größte Gatt. Seilgras.

Restitution [lat.], bei Lebewesen eine Form der Regeneration als natürl. Ersatz von meist im Jahreszyklus verlorengegangener Körpersubstanz (insbes. Federn, Haare, Geweih).

◆ in der *Genetik* die Wiederherstellung der vor Eintritt eines Chromosomen- oder Chromatidenbruchs bestandenen Struktur von Chromosomen bzw. Chromatiden durch Wiedervereinigung der freien Bruchflächen.

Restluft ↑Atmung.

Restriktionsenzyme, von Bakterien gebildete Enzyme (DNasen), die doppelsträngige DNS an spezif. Stellen zu spalten vermögen. R. dienen der Zerstörung fremder, in die Zellen eingedrungener DNS (z. B. von Viren). Wegen ihrer hohen Spaltungsspezifität sind sie wertvolle Hilfsmittel bei der Strukturaufklärung von Nukleinsäuren und werden häufig in genchirurg. Experimenten eingesetzt, bei denen für Genneukombinationen z. B. DNS-Stücke aus zwei verschiedenen Organismen zusammengefügt werden.

Restvolumen ↑Atmung.

Retardation (Retardierung) [lat.], anthropolog. Bez. für die Hemmung oder Verlangsamung der körperl. und/oder geistigen Individualentwicklung, z. B. Verzögerung des Körperwachstums oder der Intelligenzentfaltung gegenüber Altersgenossen bei sog. Spätentwicklern. R. kann durch Gehirn-, Drüsen- oder Stoffwechselerkrankungen, Mangelernährung oder ungünstige Sozialverhältnisse bedingt sein. Darüber hinaus werden als R. auch die generelle Verzögerung der Entwicklung, insbes. die allmähl. Verschiebung der körperl., seel. und sozialen Reife des Menschen und die dadurch bedingten relativ langen Phasen von Kindheit und Jugend bezeichnet.

Rete [lat. „Netz"], [Blut]gefäßgeflecht; bes. von einer Anhäufung netzartiger verzweigter Arterien oder Venen.

Reticulum [lat.], svw. Netzmagen (↑Magen).

retikuläres Bindegewebe [lat./dt.], das bindegewebige, innig mit Blut- und Lymphbahnen verbundene Grundgerüst lymphat. Organe (Milz, Lymphknoten, Thymus) und des Knochenmarks; es bildet auch die Bindegewebsschicht der Darmschleimhaut und begleitet Blutgefäße.

retikuloendotheliales System [lat./griech.] (retikulohistiozytäres System), Abk. RES, Bez. für eine Gruppe i. d. R. an bestimmten Stellen im menschl. und tier. Körper lokalisierter, funktionell zusammengehörender, mit Lymphe und zirkulierendem Blut in engem Kontakt stehender Zellen des Bindegewebes und des Endothels; auch innerhalb von Blutgefäßen. Diese Zellen haben die Fähigkeit zur Phagozytose und Speicherung geformter Substanzen (z. B. Bakterien, Zelltrümmer, Pigment) sowie zur Bildung von Immunkörpern. Das r. S. spielt daher eine wichtige Rolle bei der Abwehr von Schadstoffen und Endoparasiten, außerdem bei der Blutkörperchenbildung.

Retikulozyten [lat./griech.] (Proerythrozyten), fast reife rote Blutkörperchen im Knochenmark und (zu 1 %) im zirkulierenden menschl. Blut. In R. ist die Hämoglobinsynthese noch nicht ganz abgeschlossen. Eine Erhöhung der R.zahl im Blut bedeutet erhöhten Ausstoß unreifer Blutkörperchen als Antwort z. B. auf einen Blutverlust.

Retikulumzellen [lat.], sternförmig durch Fortsätze zu einem Raumgitter miteinander verbundene Zellen des retikulären Bindegewebes, die einem Netzwerk verzweigter, sie versteifender Retikulinfasern eng anliegen. Die R. können phagozytieren und Substanzen (v. a. Fette und Lipide) speichern und so z. B. zu Fettzellen werden.

Retina [lat.], svw. Netzhaut (↑ Auge).

Retinella [lat.] ↑ Glanzschnecken.

Reseda. a Gartenresede; b Färberwau

Retinol [lat.], svw. Vitamin A_1 (↑ Vitamine).

Retraktoren [lat.] (Zurückzieher, Rückzieher, Rückziehmuskeln, Musculi retractores), Muskeln, die vorgestreckte bzw. ausgestülpte Organe wieder zurückziehen.

Retroviren [lat.], von einer zweiten Proteinhülle (Kapsid) umhüllte RNS-Viren, die eine reverse Transkriptase besitzen und damit an RNS-Matrizen DNS synthetisieren lassen. Man unterscheidet *Onkoviren*, zu denen die viel untersuchten RNS-Viren unter den Tumorviren gehören, *Spuma-* und *Lentiviren*. Beim Menschen ist 1980 die erste Gruppe von R. entdeckt worden, exemplifiziert durch das HTLV-Virus (human-T-cell leukemia virus).

Rettich [zu lat. radix „Wurzel"], (Hederich, Raphanus) Gatt. der Kreuzblütler mit rd. 10 Arten in Europa und im Mittelmeergebiet; einjährige oder ausdauernde Kräuter mit meist leierförmigen Grundblättern, rötl., gelben oder weißl. Blüten, ein- oder zweigliedrigen Schoten und spindelig dünner oder rübenförmig verdickter Wurzel; bekannte Arten sind Acker-R. (↑ Hederich) und Garten-R. (R. im engeren Sinne).

◆ (Garten-R., Raphanus sativus) vermutl. aus Vorderasien stammende Kulturpflanze mit weißen oder rötl. Blüten, kurzen, ungegliederten, nicht aufspringenden Schoten und eßbarer Rübe. Häufig angebaute Unterarten sind: **Gewöhnl. Gartenrettich** (Speise-R., Radi, Raphanus sativus var. niger), mit großer, weißfleischiger, außen verschieden gefärbter (meist weißer, roter oder schwarzer) Rübe (als *Sommer-* oder *Winter-R.* angepflanzt); **Ölrettich** (Raphanus sativus var. oleiformis), mit verholzter, ungenießbarer Wurzel, wird wegen seiner ölergiebigen Samen als Ölpflanze v. a. in O- und SO-Asien sowie in S-Europa oder in Form von Hybriden mit bis 1,50 m langer Wurzel zur Bodenerschließung und Sicherung gegen Bodenerosion in Weinbergen (1/4 der schweizer. Rebfläche) angebaut; **Radieschen** (Monatsrettich, Raphanus sativus var. radicula), mit kleiner, rundl., rotgefärbter, eßbarer Hypokotylknolle. - Der scharfe Geschmack des R. ist auf die schwefelhaltigen äther. Öle zurückzuführen. **Rettichsaft** wird in der Volksmedizin gegen Gallenkrankheiten und (mit Zucker) gegen Husten verwendet. **Geschichte:** Der vermutl. vom Acker-R. abstammende Garten-R. ist in Kleinasien heimisch. Von dort kam er spätestens im 3. Jt. v. Chr. nach Ägypten, wo er seit dem 2. Jt. v. Chr. zur Ölgewinnung angebaut wurde. Griechen und Römern war er in mehreren Sorten als Gemüse bekannt. Während der röm. Kaiserzeit wurde der R. auch nördl. der Alpen zum Anbau empfohlen.

Rettichfliege (Große Kohlfliege, Hylemyia floralis, Phorbia floralis), in Eurasien verbreitete, 6–8 mm lange, gelbgraue Fliege (Fam. Blumenfliegen), deren weiße Larven in den Wurzeln v.a. von Kohl- und Rübenpflanzen, Rettich und Radieschen minieren.

Reusenschnecken (Nassariidae), Fam. etwa 2–3 cm langer Schnecken (↑Vorderkiemer) mit zahlr. Arten in allen Meeren mit dickwandiger, spitzkegelförmiger Schale. R. graben sich im Schlamm ein, so daß nur der Atemsipho herausragt. Hierher gehört u.a. die in europ. Meeren verbreitete **Netzreuse** (Hinia reticulata), die sich v.a. von Würmern, Weichtieren und Aas ernährt.

Revertase (RNS-abhängige DNS-Polymerase) ↑Transkriptasen.

Revier [frz.-niederl., zu lat. ripa „Ufer"], ein begrenztes Gebiet (innerhalb des von der Natur vorgeschriebenen Lebensraumes), das Tiere als ihr eigenes Territorium betrachten und daher entsprechend markieren (↑Markierverhalten) und verteidigen. Die Anwesenheit eines R.besitzers schließt i.d.R. die Anwesenheit artgleicher (gelegentl. auch artfremder) Konkurrenten (insbes. gleichgeschlechtl. Artgenossen) aus. - ↑Territorialverhalten.

rezent, in der erdgeschichtl. Gegenwart lebend; von Pflanzen- und Tierarten gesagt. - Ggs. ↑fossil.

Rezeption [lat.], in der *Sinnesphysiologie* svw. Reizaufnahme (durch Rezeptoren).

Rezeptor [lat.], die für den Empfang bestimmter Reize empfindl. Zellen (Sinneszellen) bzw. Organe (Rezeptionsorgane); i.e.S.: auf spezif. Wirkstoffe (Enzyme, Hormone, Antikörper u.a.) zu einer Reaktion befähigte Stellen (bes. Moleküle) einer Körperzelle. Nach Art der adäquaten Reize unterscheidet man u.a. Chemo-, Osmo-, Thermo-, Mechano-, Photo-, Phono-R, nach Lage im Organismus ↑Exterorezeptoren und **Enterorezeptoren** (im Körperinnern).

Rezessivität [lat.], in der Genetik das Vorkommen eines allelen Gens, das im heterozygoten Zustand nicht manifest wird, weil es vom anderen (dominanten) Allel (↑Dominanz) unterdrückt wird; nur wenn (bei ↑Homozygotie) zwei rezessive Allele zusammenkommen, wird die R. als Merkmal erkennbar - ↑auch Mendel-Regeln.

reziproke Kreuzung (reziproke Paarung, wechselseitige Kreuzung), bei genet. Kreuzungsversuchen und in der Kreuzungszüchtung die Paarung eines ♂ des einen mit dem ♀ des anderen Genotyps (z.B. zwei verschiedene Rassen bzw. Sorten, auch Arten) und umgekehrt, wobei **reziproke Bastarde** entstehen (z.B. Maulesel–Maultier).

Reziprozitätsgesetz, in der *Genetik* svw. Uniformitätsregel (↑Mendel-Regeln).

Rhabarber [italien., zu mittellat. rheu barbarum, eigtl. „fremdländ. Wurzel"] (Rheum), Gatt. der Knöterichgewächse mit rd. 40 Arten in den gemäßigten Gebieten Asiens; ausdauernde Stauden mit dickem Rhizom und fleischigen Wurzeln, großen, ganzen oder gelappten Blättern mit starken Blattrippen und starken Blattstielen; Blattgrund als Scheide (Ochrea) zum Schutz des Blatts in der Knospe ausgebildet; bleibt nach der Blattentfaltung als tütenförmige Röhre an der Blattstielbasis zurück; Blüten weißl., rötl. oder gelblichgrün, in großen Rispen. Die Blattstiele der auch in M-Europa angepflanzten Arten *Rheum rhabarbarum* und *Rheum rhaponticum* werden (geschält, in Stücke geschnitten und mit Zucker gekocht) zu Kompott und Marmelade verarbeitet und auch zur Obstweinherstellung verwendet. Die einen hohen Oxalsäuregehalt aufweisenden Blätter sollten nicht verzehrt werden. Die Rhizome und Wurzeln einiger anderer Arten werden in Asien als Abführmittel sowie gegen Magen- und Darmkatarrh verwendet. Einige Arten (z.B. *Rheum alexandrae* und *Rheum nobile*) werden als Zierpflanzen kultiviert.
Geschichte: Im 3.Jt. v.Chr. war Rheum palmatum in China ein Arzneimittel, das wahrscheinl. durch die Araber im 6.Jh. n.Chr. im Mittelmeergebiet bekannt wurde.

Rhabdomer [griech.] ↑Facettenauge.

Rhabdoviren [griech./lat.], RNS-Viren mit lipidhaltiger Außenhülle und einsträngiger RNS. Zu den R. gehören rd. 30 Viren, u.a. das Tollwutvirus.

Rheinisch-Deutsches Kaltblut ↑Belgier.

Rheinischer Krummstiel ↑Apfelsorten (Übersicht Bd. 1, S. 50).

Rheinischer Winterrambour ↑Apfelsorten (Übersicht Bd. 1, S. 50).

Rheinmücke (Augustmücke, Oligoneuriella rhenana), 9–15 mm lange, v.a. im Gebiet des Rheins und seiner Nebenflüsse häufige Eintagsfliege mit grauweiß getrübten Flügeln; Larven entwickeln sich in Gewässern; Imagines fliegen im August.

Rheinschnaken, Bez. für einige Arten der Stechmücken, die in Auwäldern des Rheins (v.a. zw. Karlsruhe und Mannheim) in Massen auftreten und dem Menschen sehr lästig werden; vorherrschend sind *Aedes vexans* und *Aedes sticticus*, die ihre Eier an den Rändern von Tümpeln, überfluteten Wiesen und stehenden Altrheinarmen ablegen; Larven schlüpfen, wenn die schlüpfreifen Eier vom Hochwasser überflutet werden; erfolgreiche Bekämpfungsversuche durch Einsatz von Lipiden.

Rheobase [griech.], die minimale Intensität eines langdauernden elektr. Reizes (Gleichstrom), die gerade noch zur Reaktion einer biolog. Struktur (z.B. Nerv, Muskel) führt. Die R. hängt ebenso wie die Chronaxie vom physiolog. Zustand des betrachteten Objekts ab und ist wie diese ein Maß für die Erregbarkeit.

rheobiont (rheotypisch) [griech.], nur in strömenden [Süß]gewässern lebend; gesagt von Tieren (z.B. Bachforelle).

Rheotaxis [griech.], in Richtung einer Strömung orientierte aktive Bewegung bei Lebewesen; meist als *positive R.* (gegen die Strömung gerichtet; verhindert das Abgedriftetwerden in Fließgewässern), seltener als *negative R.* (mit der Strömung schwimmend) auftretend.

rheotypisch, svw. ↑rheobiont.

Rhesusaffe [nlat./dt.] ↑Makaken.

Rhesusfaktor (Rh-Faktor) ↑Blutgruppen.

Rhesussystem (Rh-System) ↑Blutgruppen.

rhexigen [griech.], durch Zerreißen von Zellen infolge ungleich verteilten Wachstums entstanden; z. B. die Markhöhlen vieler Pflanzen. - ↑Interzellularen entstehen dagegen meist **lysigen** (durch Auflösung von Zellwänden).

Rh-Faktor, svw. Rhesusfaktor (↑Blutgruppen).

Rhinanthus [griech.], svw. ↑Klappertopf.

Rhinobatoidei [griech.], svw. ↑Geigenrochen.

Rhinoceros [griech.], svw. Panzernashorn (↑Nashörner).

Rhinocerotidae [griech.], svw. ↑Nashörner.

Rhinoviren [griech./lat.], Bez. für die Schnupfenviren: säurelabile, humanpathogene, in Gewebekultur züchtbare RNS-Viren; Erreger harmloser Erkältungskrankheiten im Nasen-Rachen-Raum. Da eine Infektion keine nachhaltige Immunität hinterläßt, ist eine wirksame Impfung nicht möglich.

Rhinozerosse [griech.], svw. ↑Nashörner.

Rhipidistier [griech.] ↑Quastenflosser.

Rhizobium [griech.], bekannte Bakteriengatt. der Fam. Rhizobiaceae mit sechs Arten (u. a. die ↑Knöllchenbakterien des Klees, der Lupine, der Bohne).

Rhizodermis [griech.] ↑Exodermis.

Rhizom [griech.] (Wurzelstock, Erdsproß), unterird. oder dicht unter der Bodenoberfläche waagerecht oder senkrecht wachsende, Nährstoffe speichernde (jedoch nicht zur Assimilation befähigte), ausdauernde Sproßachse vieler Stauden; mit sproßbürtigen Wurzeln, farblosen Niederblättern und Knospen; letztere dienen z. T. dem Weiterwachsen des R. selbst, z. T. der Ausbildung der meist einjährigen oberird. Laub- und Blütentriebe. R. wachsen (während mehrerer Vegetationsperioden) an der Spitze unbegrenzt weiter, die älteren Teile sterben allmähl. ab.

Rhizophyten [griech.], svw. ↑Wurzelpflanzen.

Rhizopoda [griech.], svw. ↑Wurzelfüßer.

Rhizopodien [griech.] (Retikulopodien, Myxopodien, Wurzelfüßchen, Netzfüßchen), dünne, wurzel- bis netzartig verästelte, stark veränderl. Scheinfüßchen (Pseudopodien), v. a. bei Foraminiferen, seltener bei Schalamöben.

Rhizopogon [griech.] (Bartrüffel, Wurzeltrüffel), Gatt. der Bauchpilze mit knolligen, meist mit von Myzelfasern umhüllten unterird. Fruchtkörpern. In sandigen Kiefernwäldern kommen die **Gelbl. Barttrüffel** (R. luteolus) und die **Rötende Barttrüffel** (R. rubescens) mit weißen, im Alter und bei Berührung ziegelbraunrot werdenden Fruchtkörpern vor; bis 5 cm Durchmesser; eßbar.

Rhizosphäre [griech.], die Wurzeln höherer Pflanzen unmittelbar umgebende Bodenzone; charakterisiert durch eine große Zahl sehr aktiver Mikroorganismen (v. a. Pilze, Bakterien).

Rhodeländer (Rote Rhodeländer), Rasse bis 3,5 kg schwerer Haushühner aus den USA; wetterharte, rotbraun befiederte Tiere; typ. Zwierasse (Fleisch- und Legerasse).

Rhodesgras [engl. roudz; nach C. Rhodes] ↑Gilbgras.

Rhododendron [griech., eigtl. „Rosenbaum"] ↑Alpenrose.

Rhodophyceae [griech.], svw. ↑Rotalgen.

Rhodoplasten [griech.] ↑Rotalgen.

Rhodopsin [griech.] (Sehpurpur, Erythropsin), lichtempfindl. roter Sehfarbstoff in den Stäbchen der Augen von landbewohnenden Wirbeltieren (einschl. des Menschen) und der Meeresfische (bei Süßwasserfischen tritt ein ähnl., als *Porphyropsin* bezeichneter Farbstoff auf); wichtig für das Dämmerungssehen. R. wird durch Licht zersetzt in das gelbe, dem Vitamin A nahe verwandte Karotinoid *Retinal* und das Protein *Opsin;* bei Dunkelheit findet ein Wiederaufbau zu R. statt, wobei das Vitamin A dem Blut entnommen wird (daher tritt bei Vitamin-A-Mangel Nachtblindheit auf). Bestimmte halophile Bakterien (z. B. Halobacterium halobium) besitzen ein dem R. ähnl. lichtabsorbierendes Chromoproteid **(Bakterio-R.),** das als lichtgetriebene Protonenpumpe ATP-Bildung bewirkt.

RHS, Abk. für: **r**etikulo**h**istiozytäres **S**ystem (svw. ↑retikuloendotheliales System).

Rh-System, svw. Rhesussystem (↑Blutgruppen).

Rhynchocephalia (Rhynchozephalen) [griech.], svw. ↑Brückenechsen.

Rhytidom [griech.] ↑Borke.

Ribes [arab.] ↑Stachelbeere.

Riboflavin [Kw.] (Ovoflavin, Lactoflavin, Laktoflavin, Vitamin B_2), intensiv gelb gefärbte Substanz mit Vitamincharakter, die als Bestandteil der Wirkgruppen (prosthet. Gruppen) wasserstoffübertragender Enzyme in der Zellatmung große Bed. hat; kommt in Hefe, pflanzl. Zellen, im Eigelb, in Leber und Niere sowie in der Milch vor. - ↑auch Vitamine.

Ribonukleasen [Kw.] ↑RNasen.

Ribonukleinsäure [Kw.] ↑RNS.

ribosomale RNS [Kw.] ↑RNS.

Ribosomen [Kw.] (Palade-Körner, Palade-Granula), aus Nukleinsäuren und Proteinen bestehende Partikel, die in allen Zellen vorkommen und für die ↑Proteinbiosynthese verantwortl. sind. Die R. kommen einzeln oder zu *Polysomen* zusammengefaßt entweder frei im Plasma oder an Membranen des ↑endoplasmatischen Retikulums gebunden vor. Die R. der Prokaryonten (Bakterien, Blaualgen) haben einen Durchmesser von etwa 18 nm und eine Masse von $2{,}8 \cdot 10^6$ Dalton ($1\,\text{Dalton} = 1{,}6601 \cdot 10^{-27}\,\text{kg}$). Die R. der Eukaryonten dagegen haben einen Durchmesser von etwa 20–22 nm und Massen bis $4 \cdot 10^6$ Dalton. Die R. aller Organismen bestehen aus zwei Untereinheiten, die man mit ihrem bei der Ultrazentrifugation gemessenen und in Svedberg-Einheiten (S) angegebenen Sedimentationskoeffizienten bezeichnet. Aufgabe der R. ist es, nach Zusammentreten mit einer Messenger-RNS (m-RNS) die in dieser enthaltene Information zu entziffern (Translation) und dann die Proteinbiosynthese entsprechend vorzunehmen.

Richet, Charles [frz. riˈʃɛ], * Paris 26. Aug. 1850, † ebd. 4. Dez. 1935, frz. Physiologe. - Prof. in Paris; arbeitete bes. über die Physiologie der Muskeln und Nerven; entdeckte die Anaphylaxie („Anaphylaxie", 1911); erhielt 1913 den Nobelpreis für Physiologie oder Medizin.

Richtachsen (Euthynen), in der Anatomie bzw. Morphologie bestimmte gerade Linien, die als Haupt- und Nebenachsen derart durch den tier. (auch den menschl.) Körper gelegt werden, daß alle Teile des Körpers bestimmte regelmäßige Lagebeziehungen zu den Achsen haben und sich nach ihnen orientieren lassen. Wichtige R. sind: Längsachse, Querachse und Dorsiventralachse.

Richtungshören ↑Gehörorgan.

Richtungssehen ↑Auge.

Ricinus, svw. ↑Rizinus.

Ricke ↑Rehe.

Rickettsia ↑Rickettsien.

Rickettsien, Bakterien der Ordnung *Rickettsiales:* eine heterogene Gruppe von meist intrazellulär parasitierenden Stäbchen und Kokken. Fam.: Rickettsiaceae, Bartonellen, Anaplasmataceae.

◆ Bakterien der Gatt. *Rickettsia* (und der nahe verwandten Gatt. Rochalimaea und Coxiella) mit 12 Arten; gramnegative, unbewegl. Stäbchen, rd. 800 nm groß; Zellparasiten, die im allg. nur in Gewebekultur oder im angebrüteten Hühnerei kultivierbar sind. Die R. leben in Warmblütern und in Gliederfüßern und können Infektionskrankheiten (Rickettsiosen) verursachen. - Benannt sind die R. nach dem amerikan. Pathologen H. T. Ricketts (* 1871, † 1910), der sie 1909 entdeckte.

Riechepithel (Riechschleimhaut), flächige Anordnungen von Riechzellen sowie Stütz- und Drüsenzellen im ↑Geruchsorgan der Wirbeltiere.

Riechgruben, während der Keimesentwicklung der Wirbeltiere als paarige, grubenförmige Einsenkung im vordersten Bereich der Medullarrinne (↑Medullarrohr) entstehende erste Anlage der ↑Geruchsorgane.

◆ allg. Bez. für Riechzellen bzw. Geruchsorgane tragende Einsenkungen an der Körperoberfläche bei verschiedenen Wirbellosen.

Riechhaare (Sensilla trichodea), dünnwandige Sinneshaare als ↑Geruchsorgane der Gliederfüßer (bes. bei Insekten untersucht), deren Chitinoberfläche für das Eindringen der Duftmoleküle von zahlr. feinen Poren (Durchmesser etwa 10 nm) durchsetzt ist.

Riedböcke. Grays Wasserbock (links) und Hirschantilope

Riechhärchen ↑Geruchsorgane.

Riechkegel ↑Geruchsorgane.

Riechkolben (Bulbus olfactorius), vorderster Abschnitt des ↑Riechlappens bzw. Riechhirns des Gehirns der Wirbeltiere; kolbenartige Verdickung im Anschluß an die *Riechbahn* jeder Seite; steht über Nervenfäden mit dem Riechnerv und dem Riechepithel der Geruchsorgane in direkter Verbindung.

Riechlappen (Lobus olfactorius), das Riechhirn bzw. der Paläopalliumanteil des Vorderhirns (Endhirns) der höheren Säugetiere (einschl. Mensch) in Form eines (rudimentären) paarigen Hirnlappens, der die Riechbahn und den Riechkolben mit einschließt.

Riechnerv ↑Gehirn.

Riechorgane, svw. ↑Geruchsorgane.

Riechplatte (Porenplatte, Sinnesplatte, Sensilla placodea), neben ↑Riechhaaren oder an deren Stelle bei Insekten (v. a. bei Haut- und Gleichflüglern und bei Käfern) vorkommendes, den Riechhaaren nach Rückbildung des Haarteils entsprechendes Geruchsorgan; besteht aus einer flachen oder gewölbten, runden oder ovalen, oft mit bes. Verdünnungszonen ausgestatteten, sklerotisierten oder membranösen Chitinplatte, die (bei einem Durchmesser von 12 µm) bis 4000 Poren für das Eindringen der Duftmoleküle aufweisen kann.

Riechschleimhaut, svw. ↑Riechepithel.

Riechsinn, svw. ↑Geruchssinn.

Riechstäbchen ↑Geruchsorgane.

Riechstoffe, svw. ↑Duftstoffe.

Riedböcke (Wasserböcke, Reduncinae), Unterfam. reh- bis hirschgroßer Antilopen mit 8 Arten v. a. in Savannen und Wäldern Afrikas; nur die ♂ mit Hörnern. Hierher gehören u. a.: **Grays Wasserbock** (Weißnacken-Moorantilope, Abok, Kobus megaceros), Schulterhöhe etwa 80–100 cm, ♂ mit sehr langen (bis etwa 85 cm), weit ausladenden, S-förmig nach hinten oben geschwungenen Hörnern; ♂ dunkelbraun mit weißer Unterseite und weißem Streifen längs der Nakkenmitte, der sich auf der Schulter zu einem großen, rundl. Fleck erweitert; ♀♀ rötlichbraun mit weißer Unterseite; Hufe relativ lang und weit spreizbar; v. a. in sumpfigen Gebieten des nördl. O-Afrika; **Hirschantilope** (Wasserbock, Kobus ellipsiprymnus), bis 2,2 m körperlang und bis 1,3 m schulterhoch, v. a. in Savannen und Wäldern (bes. in Wassernähe) Afrikas südl. der Sahara; Fell strähnig, meist braun, ♂ mit maximal 1 m langen, deutl. geringelten, nach hinten aufwärts geschwungenen Hörnern; **Litschiwasserbock** (Litschimoorantilope, Hydrotragus leche), etwa 1,3–1,8 m körperlang, oberseits rot- bis schwarzbraun, unterseits weiß; v. a. in wasserreichen und sumpfigen Landschaften S-Afrikas; ♂ mit langen, leierförmig geschwungenen Hörnern; **Moorantilope** (Schwarzfuß-M., Kobantilope, Adenota kob), etwa 1,2–1,8 m körperlang, oberseits goldockerfarben bis dunkelbraun, unterseits weißl.; v. a. in Steppen und Savannen W- und Z-Afrikas (bes. in Gewässernähe); mit weißer Augen- und Ohrenregion, schwärzl. Streifen auf der Vorderseite der Beine; **Großer Riedbock** (Redunca arundinum), Körperlänge etwa 1,2–1,6 m, Schulterhöhe 65–105 cm, Körper braun mit weißer Bauchseite, ♂ mit mäßig langen, geschwungenen, spitzen Hörnern; in S-Afrika; **Kleiner Riedbock** (Riedbock, Isabellantilope, Redunca redunca), Körperlänge 115–145 cm, Schulterhöhe 65–90 cm, Körper oberseits rötlich-braun, unterseits weiß, ♂ mit kurzen, kräftigen, hakenförmig nach vorn gebogenen Hörnern; im trop. Afrika.

Riedgräser (Sauergräser, Rietgräser, Halbgräser, Cyperaceae), Fam. der Einkeimblättrigen mit rd. 3700 Arten in etwa 70 Gatt. auf der ganzen Erde, v. a. aber in den gemäßigten Gebieten; grasartige Kräuter mit meist deutlich dreikantigen, selten durch Knoten gegliederten Stengeln; Blätter schmal, überwiegend mit geschlossenen Scheiden; in ährchenartigen Teilblütenständen stehende, zu traubigen, ährigen, kopfigen oder rispigen Blütenständen vereinte, kleine Blüten ohne Blütenhülle, die in den Achseln von Spelzen stehen; Frucht eine einsamige, freie oder von einem Fruchtschlauch umschlossene Nuß. Die wichtigsten der in Deutschland vorkommenden rund 150 Arten sind die Vertreter der Gatt. Wollgras, Segge, Schuppenried und Sumpfried.

Riementang (Himanthalia elongata), mehrjährige Braunalge aus der unteren Gezeitenzone der nordatlant. Felsküsten vom Nordkap bis Spanien. Aus dem 3–5 cm großen, trichterförmigen, festsitzenden, ausdauernden Basalteil entspringen zwei bis drei riemenförmige, gabelig verzweigte, bis 3 m

Riesenkaktus

lange Thallusbänder, an denen die zweihäusig verteilten Geschlechtsorgane sitzen.

Riemenzunge (Bocksorchis, Himantoglossum), Gatt. der Orchideen mit 6 Arten im Mittelmeergebiet und in M-Europa; in W- und SW-Deutschland nur die **Bocksriemenzunge** (Himantoglossum hircinum), 30–90 cm hohe Staude mit oft stark verlängertem, reichblütigem Blütenstand; Blüten mit weißem oder grünlichweißem, innen purpurn oder grün gestreiftem Helm und dreilappiger Lippe, deren Mittellappen bis 5 cm lang wird und leicht gedreht ausgebildet ist.

Riesenalk (Pinguinus impennis), im 19. Jh. ausgerotteter, bis etwa 80 cm langer, flugunfähiger, oberseits schwarzer, unterseits weißer Alk auf Felseninseln des N-Atlantiks.

Riesenbachling (Rivulus harti), bis 10 cm langer Eierlegender Zahnkarpfen in den Süßgewässern des nördl. S-Amerika; langgestreckt, Körper vorwiegend grünlichbraun mit roten Punkten an den Körperseiten.

Riesenbastkäfer (Dendroctonus micans), in Fichtenwäldern Europas bis Sibiriens verbreiteter, in Deutschland größter heim., 7–9 mm langer, schwarzbrauner, gelbl. behaarter Borkenkäfer.

Riesenbeutler (Diprotodontidae), ausgestorbene, seit dem Miozän bis zum Holozän Australiens bekannte Fam. der Beuteltiere; nashorngroße, plumpbeinige Pflanzenfresser mit verlängerten Schneidezähnen.

Riesenbofist (Lycoperdon giganteum), den Stäublingen zugeordneter Bofist mit dem größten bekannten Fruchtkörper: weißl., unregelmäßige Kugel (Durchmesser bis 50 cm, Gewicht bis 15 kg), bes. im Sept. auf stark stickstoffhaltigen, feuchten Böden vorkommend; jung eßbar.

Riesenbromelie (Puya raimondii), Charakterpflanze der Hochanden Perus (noch in 4 000 m Höhe) aus der Fam. der Ananasgewächse; stattl., bis 4 m hohe Schopfbäume mit langen, schmalen Blättern und bis 5 m langen, dicht mit grünlichweißen Blüten besetzten Blütenständen.

Riesenchromosomen, durch wiederholte Chromosomenverdopplung ohne folgende Trennung der Tochterchromosomen entstehende polytäne Chromosomen. Nach 9–10 Verdopplungsschritten liegen hundert bis tausend Chromatidenfäden gebündelt nebeneinander. Der Durchmesser nimmt dabei 10 000fach, die Länge 70- bis 110fach zu. R. bilden auch während der ↑ Interphase gut sichtbare Strukturen. Nicht selten sind die Schwesterchromosomen gepaart, so daß nur ein haploider Chromosomensatz zu erkennen ist. R. kommen in den Zellkernen von Speicheldrüsen und anderen Organen von Zweiflüglern (u. a. Taufliege), in den großen Kernen der Ziliaten, in den Samenanlagen vieler Blütenpflanzen und sogar bei der Maus vor. Außer der Größe machen zwei auffallende Kennzeichen die R. für die Forschung interessant: Sie zeigen ein *Banden-* oder *Querscheibenmuster*, das durch die nebeneinanderliegenden Chromomeren entsteht. Da diese Chromosomenabschnitte gleichermaßen funktionelle Einheiten darstellen, können Daten der Genetik, z. B. über Chromosomenaberrationen, mit dem zytolog. Bild verglichen werden. Die andere Besonderheit ist die sichtbare *Entspiralisierung* einzelner Abschnitte des Riesenchromosoms. Diese Stellen erscheinen wie aufgebläht und werden als Puffs bezeichnet. An ihnen wird intensiv RNS synthetisiert.

Riesenechsen, svw. ↑ Dinosaurier.

Riesenfaultiere (Gravigrada), Überfam. ausgestorbener, sehr großer, plumper, zottig behaarter Säugetiere, die vom oberen Paläozän bis zum Ende des Pleistozäns in S-Amerika und einigen Teilen N-Amerikas lebten; schwerfällige, bodenbewohnende Pflanzenfresser der Savannen und Steppen; mit starken Hinterbeinen, kräftigem Stützschwanz und zu Greif- und Graborganen umgebildeten Vorderbeinen. Hierher gehört u. a. das elefantengroße, bis 7 m lange **Megatherium.**

Riesenflorfliegen (Kalligramma), seit der unteren Trias bekannte, im oberen Jura (Malm) ausgestorbene Gattung bis 8 cm langer, schmetterlingsähnl. ↑ Netzflügler. Bes. gut erhaltene Exemplare wurden in den Solnhofer Plattenkalken gefunden, von denen *Kalligramma haeckeli* eine Spannweite von etwa 25 cm aufweist; ist neben der Riesenlibelle (↑ Libellen) eines der größten bis heute bekannten Insekten.

Riesenflugbeutler (Riesengleitbeutler, Schoinobates volans), großer Kletterbeutler im östl. Australien; Körperlänge knapp 50 cm, Schwanz etwa körperlang; Fell lang, dicht und wollig; Färbung sehr variabel: schwarz bis braun oder weißl., Unterseite gelb bis weiß; mit großer, behaarter Flughaut; kann über 100 m weit gleiten; Baumbewohner; ernährt sich ausschließl. von Eukalyptusblättern und -knospen.

Riesengleitbeutler, svw. ↑ Riesenflugbeutler.

Riesengleitflieger (Pelzflatterer, Hundskopfgleiter, Kaguan, Kolugo, Dermoptera), Ordnung nachtaktiver, baumbewohnender Säugetiere mit nur zwei rezenten Arten (Philippinengleitflieger und Temminckgleitflieger).

Riesengoldrute ↑ Goldrute.

Riesengürteltiere ↑ Gürteltiere.

◆ (Glyptodonten, Glyptodontoidea) ausgestorbene Überfam. großer Säugetiere, die vom Eozän bis zum Pliozän in S- und N-Amerika lebten; Gesamtlänge bis über 4 m, Schädel wuchtig mit stumpfer Schnauze; Körper mit aus Knochenplatten bestehendem Panzer; Pflanzenfresser; am bekanntesten ist der bis 2,5 m lange **Glyptodon.**

Riesenhai (Cetorhinus maximus), bis 14 m langer und rd. 4 t schwerer Haifisch im nördl. Atlantik (einschließl. Nordsee), auch im westl. Mittelmeer; Körper schwarzgrau, mit kleinen, helleren Flecken. Der R. schwimmt sehr langsam und ernährt sich v. a. von kleineren Krebsen. Dem Menschen wird er nicht gefährlich.

Riesenhanf ↑Faserhanf.

Riesenholzwespe ↑Holzwespen.

Riesenhonigbiene ↑Honigbienen.

Riesenhutschlange, svw. ↑Königskobra.

Riesenkaktus (Riesensäulenkaktus, Saguaro, Carnegiea), Gatt. der Kaktusgewächse mit der einzigen Art *Carnegiea gigantea* in Arizona, Kalifornien und Mexiko; Stämme bis 12 m hoch und bis 60 cm dick, kandelaberförmig verzweigt, mit 12 bis 14 stumpfen Rippen; Blüten langröhrig (10–12 cm), weiß, mit breitem Saum. Das getrocknete Fruchtfleisch wird von den Indianern als Nahrungsmittel verwendet. - Abb. S. 19.

Riesenkänguruhs (Macropus), Gatt. großer Känguruhs in Australien und Tasmanien; größte rezente Beuteltiere; hochspezialisierte Grasfresser; Bewohner offenen Geländes (rasche Springer, auf kurzen Strekken bis fast 90 km/Std., Sprungweite auf der Flucht bis über 10 m); Schwanz sehr muskulös, beim Springen als Steuer, beim Sitzen als Stütze dienend. Angegriffen können R. mit den Hinterbeinen wuchtige, sehr gefährl. Tritte austeilen. Man unterscheidet drei Arten: **Rotes Riesenkänguruh** (Macropus rufus), Körperlänge bis 1,6 m, ♀ meist grau, ♂ zimtfarben bis leuchtend braunrot, Bauch meist weiß, Schwanzlänge 65–100 cm; **Graues Riesenkänguruh** (Macropus giganteus), Körperlänge etwa 85 (♀) bis 140 cm (♂), graubraun bis rötlichgrau, Unterseite weißl., Schwanzlänge 75–100 cm; **Bergkänguruh** (Wallaruh, Macropus robustus), Körperlänge etwa 75 (♀) bis 140 cm (♂), Schwanzlänge 60–90 cm, Färbung schwarzgrau bis rotbraun (mit weißl. Unterseite). - Abb. S. 22.

Riesenkraken (Riesentintenfische, Riesenkalmare, Architeuthis), Gatt. der Kopffüßer (Unterordnung Kalmare) mit mehreren sehr großen, in einigen hundert Metern Tiefe den Meeresboden bewohnenden Arten; größte nachgewiesene Körperlänge 6,6 m bei 1,2 m Rumpfdurchmesser und rd. 10 m Armlänge; Augen bis knapp 40 cm im Durchmesser. R. werden vom Pottwal gejagt.

Riesenkratzer ↑Kratzer.

Riesenkröte, (Südamerikan. R.) svw. ↑Agakröte.

◆ (Kolumbian. R., Blombergs Kröte, Bufo blombergi) erst seit 1951 bekannte, maximal über 20 cm lange Kröte im nördl. S-Amerika; Körperseiten dunkelbraun gefärbt, Oberseite scharf abgesetzt, hellbraun.

Riesenkürbis ↑Kürbis.

Riesenlibellen ↑Libellen.

Riesenmammutbaum ↑Mammutbaum.

Riesenmuscheln (Zackenmuscheln, Tridacnidae), Fam. 10–135 cm langer Muscheln (Ordnung Blattkiemer), v. a. in Flachwasserzonen des Ind. und Pazif. Ozeans; entweder im Sand eingegrabene oder an Korallenriffen lebende Tiere mit dicken, wellig gerippten Schalenklappen und einzelligen Algen (Zooxanthellen) im Mantel als Symbionten für zusätzl. Sauerstofferwerb; am bekanntesten die im Sand eingegrabene, bis 250 kg schwere, auch dem Menschen gefährl. werdende **Mördermuschel** (Tridacna gigas): Gerät man (z. B. mit einem Bein) zwischen die sich schließenden Schalenklappen, so kann man sich nur durch Zerschneiden des mächtigen Schließmuskels wieder befreien.

Riesennager (Capybaras, Wasserschweine, Hydrochoeridae), Fam. der Nagetiere (Überfam. Meerschweinchenartige) mit der einzigen Art *Capybara* (Hydrochoerus hydrochaeris); in großen Teilen S-Amerikas; Körperlänge 1–1,3 m, Schulterhöhe etwa 50 cm; Körper plump, mit kurzem Hals. Die R. leben gesellig in dichten Wäldern in Gewässernähe; gute Schwimmer und Taucher.

Riesenotter ↑Otter.

Riesenpanda, svw. ↑Bambusbär.

Riesenpassionsblume ↑Passionsblume.

Riesenrafflesie (Rafflesia arnoldii), auf den Wurzeln einer Klimmeart schmarotzende Art der Gatt. Rafflesie auf Sumatra; Aasblume ohne Laubblätter; die tellerförmig ausgebreitete, fünfteilige, ziegelrot und weiß gescheckte, eingeschlechtige Blüte ist aufgeblüht bis fast 1 m groß und etwa 6 kg schwer; größte Einzelblüte auf der Erde.

Riesenregenwurm ↑Regenwürmer.

Riesensalamander (Cryptobranchidae), Fam. großer bis sehr großer Schwanzlurche in N-Amerika und O-Asien; erwachsen ohne Kiemen, aber zeitlebens mit anderen larvalen Merkmalen; Kopf sehr flach und breit, mit weiter Maulspalte und winzigen Augen, Körper breit und abgeflacht, Schwanz seitl. zusammengedrückt, Haut glatt und schleimig; ♂♂ treiben Brutpflege. Die R. leben in Bächen und Flüssen und verlassen nie das Wasser. - Man unterscheidet drei Arten: **Jap. Riesensalamander** (Andrias japonicus; im westl. Japan; in klaren, schnellfließenden Bächen; bis über 1,5 m lang, graubraun mit schwärzl. Fleckung; größte lebende Lurchart); **Chin. Riesensalamander** (Andrias davidianus; im westl. China; der vorigen Art sehr ähnlich); **Schlammteufel** (Hellbender, Cryptobranchus alleganiensis; im östl. N-Amerika, bis 70 cm lang, grau bis gelblichbraun oder schwarz).

Riesensäulenkaktus, svw. ↑Riesenkaktus.

Riesenkänguruhs. Bergkänguruh

Riesensaurier, svw. ↑Dinosaurier.

Riesenschildkröten (Elefantenschildkröten), Bezeichnung für zwei inselbewohnende Arten der Landschildkröten: **Galapagosriesenschildkröte** (Testudo elephantopus), mit etwa 10 Unterarten auf den Galápagosinseln; Panzerlänge bis 1,1 m, dunkelbraun bis schwarz, ohne Nackenschild; Öffnungen des Panzers sehr weit, bei einigen Unterarten vorn sattelförmig aufgewölbt (was den Tieren das Abweiden von Büschen und ähnl. ermöglicht), Weichteile können nur unvollständig im Panzer geborgen werden; kam früher in Massen auf den Inseln vor; starker Bestandsrückgang; heute unter strengem Schutz; **Seychellenriesenschildkröte** (Testudo gigantea), heute nur noch in drei Unterarten auf Mahé (in Gefangenschaft) und auf den Aldabra Islands (dort offensichtl. nicht unmittelbar von der Ausrottung bedroht); Panzerlänge bis über 1,2 m, der Galapagosriesenschildkröte sehr ähnlich, jedoch mit Nackenschild; nachgewiesenes Höchstalter 180 Jahre (in Gefangenschaft).

Riesenschlangen (Boidae), in den Tropen und Subtropen weit verbreitete (in Europa nur im äußersten SO vorkommende) Fam. kleiner bis sehr großer (maximal rd. 10 m langer), ungiftiger Schlangen mit verschiedenen, auf eine relativ nahe Verwandtschaft mit den Echsen hindeutenden Merkmalen (z. B. paarige Lungen, Reste aller drei Beckenknochen, Reste der Hinterextremitäten als Sporne beiderseits der Kloakenöffnung); überwiegend Bodenbewohner, die ihre Beutetiere (bis zur Größe eines Wildschweins oder Rehs) durch Umschlingen und Erdrücken töten (werden dem Menschen allerdings selten gefährlich). Die meisten der rd. 65 Arten gehören systematisch zu den Boaschlangen und Pythonschlangen.

Riesenschnauzer, in Deutschland gezüchtete Hunderasse; kräftige, dem Schnauzer ähnl., aber bis 70 cm schulterhohe Hunde; Behaarung straff, dicht drahtig, meist schwarz oder in „Pfeffer und Salz"; Gebrauchshund.

Riesenscholle, svw. Heilbutt (↑Schollen).

Riesenschuppentier ↑Schuppentiere.

Riesenschwingel ↑Schwingel.

Riesentiefseeassel ↑Asseln.

Riesentintenfische, svw. ↑Riesenkraken.

Riesentrappe ↑Trappen.

Riesenträuschling ↑Träuschling.

Riesentukan ↑Pfefferfresser.

Riesenwaldschwein (Meinertzhagen-Waldschwein, Hylochoerus meinertzhageni), großes Schwein in Regenwaldgebieten Afrikas (verbreitet von Liberia bis O-Afrika); Körperlänge 1,5–1,8 m, Schulterhöhe bis 1,1 m; Färbung schiefergrau; mit langer, schwarzer, mehr oder minder spärl. Behaarung; jederseits eine große Gesichtswarze unter dem Auge; wurde erst 1904 entdeckt.

Riesenwanzen (Belostomatidae), Fam. bis über 10 cm langer Wanzen mit rd. 100 fast ausschließl. trop. und subtrop. Arten; Wasserbewohner; breiter, abgeflachter Körper; erstes Beinpaar zu Greifzangen entwickelt, zweites und drittes Beinpaar zu Schwimmbeinen umgewandelt. Die R. ernähren sich räuber. vorwiegend von Fischen und Lurchen.

Riesenwuchs ↑Gigasform.

Riesenzellen, bes. große Zellen, v. a. die Knochenmarks-R.; auch die großen, mehrkernigen Zellen, die bei Zellteilungsstörungen (z. B. durch Mitosegifte) entstehen.

Riesling, erstmals Anfang des 15. Jh. erwähnte Rebsorte; wahrscheinl. direkter Nachkömmling einer heim. Wildrebe. Beeren klein und kugelig, hellgelb. Wertvolle Rebsorte; ihre spritzigen Weine zeichnet eine feine Säure aus. R. ist frosthart, treibt spät aus, reift spät und bevorzugt Südlagen. Man unterscheidet in der BR Deutschland nach der Herkunft: Rhein-R., Mosel-R. und Rheingauer R.; der R.anbau ist über die ganze Welt verbreitet.

Rietgräser, svw. ↑Riedgräser.

Riffbarsche, svw. ↑Korallenbarsche.

Riffelbeere, svw. ↑Preiselbeere.

Rind ↑Rinder.

Rinde [zu althochdt. rinta, eigtl. „Abgerissenes"] (Kortex, Cortex), bei *Pflanzen* Sammelbez. für die äußeren Gewebeschichten von Sproßachse und Wurzel, bei letzterer durch die Endodermis gegen die inneren Gewebe abgegrenzt. Anatomisch sind zu unterscheiden: **primäre Rinde:** Gewebekomplex zw. äußerer Epidermis und den peripheren Leitbündeln, aus R.parenchym und darin eingelagertem Festigungsgewebe bestehend; **sekundäre Rinde** *(Bast)*: Die in Sproß und Wurzel nach Beginn des sekundären Dickenwachstums vom Kambium nach außen abgegebenen Gewebeschichten, bestehend aus den Phloemteilen der Leitbündel, zwischengeschaltetem Parenchym und Festigungsgeweben; Begrenzung nach außen durch tertiäres Abschlußgewebe (↑ Borke).

◆ in der *Anatomie* die äußere, vom ↑ Mark sich unterscheidende Schicht bestimmter Organe, z. B. der Nieren *(Nieren-R.)*, des Gehirns *(Kleinhirn-, Großhirnrinde)*.

Rindenkäfer (Colydiidae), mit rd. 1 600 Arten v. a. in warmen Ländern verbreitete Käferfam., davon in Deutschland rund 30 (1,5–7 mm lange) Arten; Körper langgestreckt, walzenförmig und dunkel oder bunt gefärbt; leben v. a. an und in alten, morschen Stämmen; Vorratsschädling.

Rindenkorallen (Hornkorallen, Gorgonaria), Ordnung der Korallen mit rd. 1 200 Arten; bilden große, manchmal bis 3 m lange Kolonien, die mehr oder minder verästelt peitschenförmig lang oder auch fächerartig ausgebildet sein können; das Stockinnere hat eine feste Skelettachse.

Rindenläuse (Staubläuse, Holzläuse, Flechtlinge, Psocoptera), mit über 1 000 Arten weltweit verbreitete Ordnung kleiner, etwa 1 mm bis wenige Millimeter (selten bis 1 cm) langer Insekten mit kauenden Mundwerkzeugen und langen, fadenförmigen Fühlern. Die beiden Flügelpaare überdecken in Ruhe den Körper dachförmig; oft (v. a. bei den ♀♀) sind die Flügel stark rückgebildet. Viele Arten haben Spinndrüsen. Die R. leben v. a. auf Blättern und Baumrinde, wo sie den Algen- und Pilzbewuchs abfressen, manche kommen auch in Gebäuden vor (z. B. die ↑ Bücherläuse).

Rindenparenchym, Grundgewebe im Bereich der pflanzl. Rinde; kann bei mächtiger Entwicklung Speicherfunktionen übernehmen, z. B. Nährstoffspeicherung in Rüben und Knollen, Wasserspeicherung bei Sukkulenten.

Rindenpilze, Ständerpilze der Gatt. *Corticium* mit einfacher, ungegliederter Fruchtschicht auf der Ober- und Unterseite des krustenförmigen, flachen Fruchtkörpers. Die R. wachsen auf Kernholz oder Rinde, seltener auf dem Boden. Bekannte häufige Arten sind der **Eichenrindenpilz** (Corticium quercinum) mit grauvioletten, warzigen Fruchtkörpern auf berindeten, toten Eichen- und anderen Laubgehölzzweigen sowie der **Rindensprenger** (Corticium comedens), unter der Rinde von toten Laubgehölzen wachsend; der Fruchtkörper tritt als dünne gelbgraue Kruste zw. der aufgeplatzten Rinde hervor.

Rindenwanzen (Aradidae), weltweit verbreitete, über 400 Arten umfassende Fam. v. a. unter der Rinde, in Holzspalten und

Ringelnatter

Baumschwämmen lebender Landwanzen mit 22 einheim., 3–10 mm langen Arten; Körper meist schwarz bis braun, stark abgeplattet, mit verbreitertem Hinterleib und oft verkürzten Flügeln. Die R. saugen vorwiegend an Pflanzen und an Pilzfäden unter morscher Rinde.

Rinder [zu althochdt. (h)rint, eigentlich „Horntier"] (Bovinae), Unterfam. etwa 1,6–3,5 m langer, 150–1 350 kg schwerer Paarhufer (Fam. Horntiere) mit 9 Arten, v. a. in Wäldern und Grassteppen Amerikas und der Alten Welt (nur in S-Amerika und Australien gab es urspr. keine Wild-R.); seit dem jüngeren Tertiär bekannte Wiederkäuer mit breitem Schädel, unbehaartem, feuchtem „Flotzmaul" und (im ♂ und ♀ Geschlecht) Hörnern (bei ♂♂ im allg. stärker entwickelt). Von den Sinnesorganen sind Geruchs- und Gehörsinn am besten ausgebildet, ihr Augensinn läßt sie Farben (Blau, Rot, Grün, Gelb) erkennen. Zu den R. gehören neben Büffeln, Bison, Wisent u. a. die *Stirnrinder (Bos)* mit Jak, Gaur und Auerochse. - ↑ auch Hausrind.
Geschichte: Das Rind ist das wichtigste Haustier und das älteste Milch- und Arbeitstier für den Menschen. Die Rassen des Hausrinds stammen v. a. vom Auerochsen ab, der zus. mit dem Wisent seit der letzten Zwischeneiszeitphase in Europa verbreitet war; als wichtiges Jagdtier erscheint er auf vielen Felsbildern. Die Ausgrabungen von Çatal Hüyük lassen erkennen, daß die ältesten Domestikationsversuche um 6500 v. Chr. anzusetzen sind; um die gleiche Zeit sind Stierkulte und Fruchtbarkeitsriten entstanden. In der ägypt. Mythologie war der Stier Symbol der Kraft. Die Himmelsgöttin Hathor wurde in Gestalt einer Kuh oder einer Frau mit Kuhgehörn

(wie zuweilen auch die Göttin Isis) dargestellt. Der Stier Apis wurde als Sinnbild des Mondes gesehen. Einen Höhepunkt des Stierkults stellt die minoische Kultur Kretas und Mykenes dar. - Durch Kolumbus kamen die R. in die Neue Welt. Sie breiteten sich hier rasch aus und kamen über die Antillen auch nach Mexiko, Brasilien und Argentinien. Im Jahre 1788 wurden die ersten R. aus Großbrit. nach Australien gebracht.

Rinderbandwurm (Taeniarhynchus saginatus), 4–10 m langer Bandwurm mit rd. 1 000–2 000 Proglottiden; Kopf ohne Hakenkranz; erwachsen im Darm des Menschen (Endwirt), Finnen (7–9 mm lang) in der Muskulatur des Rindes (Zwischenwirt); Infektion des Endwirts durch rohes bzw. nicht durchgebratenes Fleisch.

Rinderbremsen (Tabanus), Gatt. bis 25 mm langer, maximal 5 cm spannender Fliegen (Fam. Bremsen) mit rd. 40 Arten in Eurasien; größte mitteleurop. Fliegen, zu denen neben der **Pferdebremse** (Tabanus sudeticus, bis 25 mm lang, mit großen kupferbraunen Augen und schwarzbraunem, weißl. gezeichnetem Hinterleib) v. a. die 10–24 mm lange **Gemeine Rinderbremse** (Tabanus bovinus, mit bunt schillernden Facettenaugen und braungrauen Flügeln am dunkel und gelbl. gezeichneten Körper) gehört.

Rinderdasselfliegen (Rinderbiesfliegen), Bez. für zwei fast weltweit verschleppte Arten etwa 11–15 mm langer ↑Hautdasseln, die bes. an Rindern schädl. werden können (Abnahme der Milch- und Fleischproduktion, Hautschäden); hummelähnl. behaarte Insekten, von denen am bekanntesten die **Große Rinderdasselfliege** (Hypoderma bovis) ist, deren ♀♀ v. a. an den Hinterbeinen und am Bauch der Rinder ihre Eier ablegen. Die Larven bohren sich durch die Haut, wandern über den Blutkreislauf in 6–8 Monaten ins Unterhautbindegewebe, wo sie Dasselbeulen erzeugen.

Rindermörder (Fächerlilie, Giftbol, Boophone toxicaria), in den Steppen des südl. Afrika weit verbreitete, mit der Hakenlilie nahe verwandte Art der Amaryllisgewächse; mit mächtiger, etwa 30 cm dicker Zwiebel; Blätter etwa 30 cm lang, kahl, blaugrün; die leuchtend roten, in Dolden stehenden Blüten entwickeln sich zu einem riesigen, kugeligen Fruchtstand (oft für Trockensträuße verwendet). Da die Zwiebeln zahlr. Alkaloide enthalten, dienen sie zur Bereitung von Pfeilgift.

Rinderzecke (Boophilus bovis), 1–2 mm (bei ♀♀ 7 bis über 10 mm) große, graubraune, dunkel gezeichnete Zecke in N-Amerika und Mexiko; saugt Blut an Rindern, Pferden, Mauleseln, Ziegen und Schafen, zeitweilig auch am Menschen; Überträger des Texasfiebers.

Rindsauge ↑Ochsenauge.

Ringchromosomen, ringförmige DNS- oder RNS-Moleküle bei Bakterien oder Viren, die das Chromosom dieser Organismen darstellen.
◆ durch ein Crossing-over (↑Faktorenaustausch) innerhalb eines linearen Chromosoms entstandenes ringförmiges Chromosom, das an seiner Ringschlußstelle oft Teile verloren hat, also defekt ist (z. B. bei Einwirkung von Mutagenen).

Ringdrossel (Turdus torquatus), etwa amselgroße, (mit Ausnahme eines breiten, weißen Vorderbrustrings) schwarze (♂) oder bräunl. (♀) Drossel, v. a. in lichten Nadelwäldern und auf alpinen Matten der Hochgebirge Europas und Vorderasiens.

Ringelblume, (Gilke, Marienrose, Calendula) Gatt. der Korbblütler mit rd. 20 Arten, v. a. im Mittelmeergebiet und in Vorderasien; einjährige oder ausdauernde Kräuter mit wechselständigen Blättern und gelben Blütenkörbchen. Beliebte Zierpflanzen *(Gartenringelblume)*.
◆ volkstüml. Bez. für den Löwenzahn.

Ringelgans ↑Gänse.

Ringelnatter (Natrix natrix), rd. 1 m (♂) bis 1,5 m (♀) lange Wassernatter, v. a. an dicht bewachsenen Gewässerrändern Europas, NW-Afrikas und W-Asiens; Körper graugrün, einfarbig oder mit in Längsreihen angeordneten schwarzen Flecken; meist am Hinterkopf jederseits ein halbmondförmiger weißer bis gelber, schwarz gesäumter Fleck. Die R. schwimmt und taucht gut. Sie ernährt sich vorwiegend von Lurchen und Fischen. Sie beißt (auch angegriffen) nur selten zu, entleert jedoch als Abwehrreaktion ihre Stinkdrüsen. Geschützt. - Abb. S. 23.

Ringelrobben (Pusa), Gatt. bis 1,4 m langer Robben mit drei Arten im Nordpolarmeer (südl. bis England, auch in der Ostsee) und in einigen osteurop. und asiat. Binnenseen; Färbung meist braun mit weißl. Ringflecken am Rücken (*Eismeerringelrobbe*, Pusa hispida) oder hellbraun mit dunkelbraunen Flekken (*Kaspirobbe* [Pusa caspica] im Kasp. Meer bzw. *Baikalrobbe* [Pusa sibirica] v. a. im Baikalsee). R. werden wegen ihres Fells stark verfolgt.

Ringelschleichen (Anniellidae), Fam. etwa 20 cm langer, oberseits dunkler, unterseits hellerer, lebendgebärender Schleichen mit zwei Arten in Kalifornien; leben v. a. von Kerbtierlarven.

Ringelspinner (Malacosoma neustria), paläarkt. verbreiteter, 30–35 mm spannender, dunkel- bis hellbrauner Nachtfalter (Fam. Glucken) mit zwei hellen Querbinden am Vorderflügel. Die Eier werden im Sommer spiralig um junge Zweige von Obst- u. a. Laubbäumen gelegt; Raupen sind Fraßschädlinge.

Ringeltaube ↑Tauben.

Ringelwürmer (Gliederwürmer, Anneliden, Annelida), Tierstamm (Stammgruppe Gliedertiere) mit rd. 8 700, wenige Millimeter bis 3 m langen Arten im Meer, im Süßwasser oder im Boden, einige leben ektoparasitisch. Der Körper der meisten R. ist wurmförmig langgestreckt und aus vielen weitgehend gleichen Segmenten aufgebaut, die äußerl. als Ringe erkennbar sind. Die häufig zwittrigen R. haben eine sekundäre Leibeshöhle, ein geschlossenes Blutgefäßsystem und einen Hautmuskelschlauch. Man unterscheidet ↑Vielborster, ↑Wenigborster und ↑Blutegel.

Ringhalskobra (Ringhalsotter, Haemachatus haemachatus), 80–100 cm lange, lebendgebärende Giftnatter in S-Afrika; Oberseite schwärzl., mit helleren Flecken, Unterseite überwiegend schwarz, mit weißen Querbändern am Vorderkörper; Schuppen gekielt (im Ggs. zu allen anderen Kobras).

Ringmuskel (Sphinkter, Musculus sphincter), ringförmiger Muskel zur Verengung oder zum Verschluß röhrenförmiger Hohlorgane, v. a. im Bereich des Darmtrakts, z. B. am Magenpförtner und als Afterschließmuskel.

Rippen (Costae), knorpelige bis größtenteils knöcherne, spangenartige, paarige Skelettelemente des Brustkorbs, die seitl. an die Wirbelsäule anschließen. - Der menschl. Brustkorb besteht aus 12 paarigen R., von denen die oberen sieben direkt an das Brustbein gehen *(echte R., Brustbein-R.)*, im Unterschied zu den restl. fünf *(falsche R.)*. Von ihnen legen sich die Knorpel der 8. bis 10. R. jeweils an den Knorpel der vorhergehenden an und bilden den *Rippenbogen (Bogen-R.)*. Die beiden letzten R.paare enden frei *(freie Rippen)*.

Rippenatmung ↑Atmung.

Rippenfarn (Blechnum), Gatt. der Tüpfelfarngewächse mit rd. 200 Arten, v. a. in den Tropen und Subtropen der Südhalbkugel; terrestr. Farne mit meist kräftigem, kriechendem, zuweilen auch aufsteigendem, bis 1 m langem Rhizom und fast stets gefiederten Blättern. Einzige einheim. Art ist der in den gemäßigten Gebieten der Nordhalbkugel verbreitete **Gemeine Rippenfarn** (Blechnum spicant) mit überwinternden, tief fiederspaltigen, linealförmig gefiederten, aufrechten Wedeln; vorwiegend in feuchten, schattigen Fichten- und Eichen-Birken-Wäldern. - Einige Arten sind dekorative Zimmerpflanzen.

Rippenfell (Pleura costalis), das die Brustwand, das Zwerchfell und das Mittelfell überziehende Brustfell.

Rippenquallen (Kammquallen, Ktenophoren, Ctenophora), Klasse der Hohltiere (Stamm Aknidarier) mit rd. 80 etwa 5 mm bis 1,5 m langen, rein marinen Arten; glasartig durchsichtig, bilateral-symmetr., zwittrig; ohne Nesselkapseln, mit Klebzellen an den Tentakeln zum Planktonfang. Zu den R. gehört u. a. die Gatt. **Venusgürtel** (Cestus).

Rippensame (Pleurospermum), Gatt. der Doldengewächse mit rd. 25 Arten zw. Amur und Kaukasus; in den Gebirgen Europas nur der bis über 1 m hohe **Österreichische Rippensame** (Pleurospermum austriacum): mit gefurchtem, röhrigem Stengel, dunkelgrünen, glänzenden, stark gefiederten Blättern und 12- bis 20strahligen Blütendolden.

Rippentang (Alaria), Gatt. der Braunalgen mit rd. 20 Arten im Nordpolarmeer und im Nordpazifik. Die bekannteste Art ist der **Eßbare Flügeltang** (R. i. e. S., Alaria esculenta), eine bis 7 m lange, festsitzende, bandförmige Braunalge in den unteren Gezeitenbereichen der Felsküsten N- und W-Europas.

Rispe ↑Blütenstand.

Rispelstrauch (Myricaria), Gatt. der Tamariskengewächse mit rd. 10 Arten in S-Europa, M-Asien, China und Sibirien; sommergrüne Sträucher oder Halbsträucher mit kleinen, schuppenartigen dachziegelartig anliegenden Blättern; in Deutschland an Flüssen der Alpen und des Alpenvorlandes nur der 1–2 m hohe (auch als Zierstrauch angepflanzte) **Deutsche Rispelstrauch** (*Dt. Tamariske*, Myricaria germanica) mit rutenförmigen, graubraunen Zweigen und blaßroten Blüten in Trauben.

Rispenfarn (Osmunda), Gattung der Königsfarngewächse mit 14 Arten in den gemäßigten und trop. Gebieten; Pflanzen mit kurzem, unterird. Stamm und ein- oder zweifach gefiederten Blättern in dichter Krone. Die bekannteste Art dieser dekorativen Freilandfarne ist der **Königsfarn** (Osmunda regalis) mit bis 2 m hohen Wedeln.

Rispengras, (Poa) Gatt. der Süßgräser mit rd. 300 Arten in den gemäßigten Zonen der Nord- und Südhalbkugel sowie in den Gebirgen der Tropen und Subtropen; einjährige oder ausdauernde Gräser mit zwei- bis sechsblütigen Ährchen, die in einer lockeren Rispe angeordnet sind. Neben einigen alpinen Arten sind mehrere einheim. Arten als Futter- bzw. Rasenpflanzen wichtig, u. a. das **Wiesenrispengras** (Poa pratensis; mit grünen bis dunkelvioletten Ährchen) und das **Rauhe Rispengras** (Poa trivialis; mit bis 20 cm langer Rispe). Weitere häufig vorkommende einheim. Arten sind das **Hainrispengras** (Poa nemoralis; Blüten zu 1–5 in grünl. Ährchen an aufrechter Rispe) sowie das fast weltweit verbreitete, niedrige, fast ganzjährig blühende, in Unkraut- und Trittpflanzengesellschaften vorkommende **Einjährige Rispengras** (Poa annua).

◆ Sammelbez. für eine Gruppe der Gräser, deren Blütenstand eine Rispe darstellt, z. B. Knäuelgras, Perlgras.

Rißpilze (Inocybe), Gatt. der Lamellenpilze mit 80 bis 100, meist giftigen, schwer zu unterscheidenden Arten. Tödl. giftig ist der **Ziegelrote Rißpilz** (Ziegelroter Faserkopf, Mairißpilz, Inocybe patoullardii), der schon von Ende Mai an bevorzugt auf kalkhaltigen Böden an Wald- und Straßenrändern und

Mähnenrobbe

in Parkanlagen verbreitet ist; Hut längsfaserig, jung weißl., später ziegelbraunrötl., 3–9 cm im Durchmesser; Fleisch weißl., rötl. anlaufend. Sehr giftig ist ebenfalls der **Kegelige Rißpilz** (Inocybe fastigiata), in Laub- und Nadelwäldern, Juni bis Okt., mit gelbbräunl., kugelig-geschweiftem Hut und blaßgelben Lamellen.

Rist, Fußrücken bzw. Oberseite der Handwurzel.

Ritterfalter (Ritter, Papilionidae), weltweit verbreitete Fam. bis 23 cm spannender Tagfalter mit rd. 600 v. a. in den Tropen beheimateten und oft sehr farbenprächtigen Arten (in M-Europa sechs Arten). Zu den R. gehören u. a. ↑Apollofalter, ↑Schwalbenschwanz, ↑Segelfalter.

Ritterling (Tricholoma), Gatt. großer, dickfleischiger Lamellenpilze mit weißen Sporen und am Stiel ausgebuchteten Lamellen; zahlr. Arten, darunter gute Speisepilze, z. B. ↑Grünling, ↑Mairitterling.

Rittersporn (Delphinium), Gatt. der Hahnenfußgewächse mit rd. 400 Arten in der nördl. gemäßigten Zone, in Vorder- und M-Asien sowie in den Gebirgen des trop. Afrika; Stauden oder einjährige Pflanzen mit dreiteiligen bis handförmig gelappten Blättern und zygomorphen, gespornten Blüten mit blumenblattartig gefärbtem Kelch. Einheim. Arten sind der **Feldrittersporn** (Acker-R., Delphinium consolida), ein 20–40 cm hohes, weitverbreitets Ackerunkraut mit azurblauen Blüten, sowie der seltene, in lichten Gebirgswäldern wachsende **Hohe Rittersporn** (Delphinium elatum) mit stahlblauen Blüten. Als Zierpflanzen bekannt sind die zahlr. Varietäten und Sorten des *Gartenritterspornis*, u. a. der 40–60 cm hohe **Einjährige Gartenrittersporn** mit blauviolett, rosafarbenen oder weiße Blüten in Trauben und der 1,2–1,8 m hohe **Staudenrittersporn** mit großen, oft halb gefüllten Blüten.

Ritterstern (Hippeastrum), Gatt. der Amaryllisgewächse mit 60–70 Arten in Savannen oder period. trockenen Waldgebieten des subtrop. und trop. Amerika; Zwiebelpflanzen mit röhrigem Schaft und großen, trichterförmigen, gestielten Blüten in einer Dolde. Der R., die „Amaryllis" der Gärtner, ist in zahlr. Sorten als Topfpflanze weit verbreitet.

Ritterwanze (Spilosthetus equestris), in Europa und W-Asien verbreitete, etwa 11 mm lange, schlanke, lebhaft schwarz, rot und weiß gezeichnete Wanze (Fam. Langwanzen).

Ritterwanzen, svw. ↑Langwanzen.

Rivularia [lat.], Gatt. der Blaualgen mit rd. 20 mehrzelligen, fadenförmigen, z. T. verzweigten Arten im Meer- und Süßwasser.

Rivulus [lat.], svw. ↑Bachlinge.

Rizinus (Ricinus) [lat.], Gatt. der Wolfsmilchgewächse mit der formenreichen, nur in Kultur in allen wärmeren Gebieten bekannten Art **Christuspalme** (Wunderbaum, Ricinus communis); beheimatet im trop. Afrika oder in Indien; bis 3 m hohe, halbstrauchige, in den Tropen auch baumartige (über 10 m hoch) Pflanzen mit großen, gestielten, handförmigen, viellappigen Blättern und einhäusigen Blüten in bis 20 cm langen Blütenständen; Früchte walnußgroße Kapseln mit bohnengroßen, bunt gefleckten, giftigen Samen. Die Samen enthalten etwa 50% Rizinusöl sowie viel Eiweiß und Rizin. Die heutigen Hauptanbaugebiete sind Brasilien, Indien und China, wo die Pflanzen etwa 3 bis 4 Jahre lang beerntet werden. - Bereits in den alten Hochkulturen zur Ölgewinnung angebaut.

RNA [Abk. für engl.: **r**ibo**n**ucleic **a**cid], svw. ↑RNS.

RNasen (Abk. für: **R**ibo**n**ukle**asen**), die RNS hydrolyt. spaltende Enzyme (Hydrolasen) mit relativ kleiner Molekülmasse und großer Hitzestabilität. Eine RNase aus Rinderpankreas war das erste Enzym, dessen Aminosäurefrequenz aufgeklärt wurde.

RNS (RNA), Abk. für: **R**ibo**n**uklein**s**äure (engl. ribonucleic acid); im Zellkern, den Ribosomen und im Zellplasma aller Lebewesen vorkommende Nukleinsäure. Im Ggs. zur ↑DNS liegt die RNS nicht in Form von Doppelsträngen vor (außer in Viren), enthält den Zucker Ribose und anstatt der Pyrimidinbase Thymin Uracil. Man unterscheidet drei Arten von RNS: die **Messenger-RNS** (m-RNS) wird an der DNS synthetisiert und dient als Matrize bei der Proteinbiosynthese. Die in den Ribosomen lokalisierte **ribosomale RNS** (r-RNS), die den größten Teil der RNS darstellt, besteht entsprechend den beiden Untereinheiten eines Ribosoms aus zwei RNS-Arten mit unterschiedlicher Molekülmasse (400 000 und 1,7 Mill.) und Basensequenz. Die aus nur 80 Nukleotiden bestehende **Transfer-RNS** (t-RNS) dient bei der Proteinbiosynthese als Überträger für die Aminosäuren. Ihr (durch intramolekulare Basenpaarung) aufgefaltetes Molekül besitzt eine stets aus der Basensequenz Zytosin-Zytosin-Adenin bestehende Anheftungsstelle für die Aminosäure und ein bestimmtes Nukleotidtriplett (Anticodon), das zu einem Nukleotidtriplett der m-RNS (Codon) auf Grund der Basenpaarung komplementär ist. Bei einigen Viren ist eine ein- oder doppelsträngige RNS (virale RNS) Träger der genet. Information.

🕮 *Saenger, W.: Principles of nucleic acid structure. Bln. u. a 1983. - Guschlbauer, W.: Nucleic acid structure. Bln. u. a. 1976.*

RNS-Polymerasen (RNA-Polymerasen), Enzyme, die die Polymerisation von Ribonukleotiden zu RNS katalysieren; sind für die ident. Vermehrung der genet. Substanz und die Realisierung der Erbinformation von großer Bed. (↑Genregulation).

RNS-Viren, Viren, deren genet. Information in einer RNS enthalten ist: Arbo-, Myxo-, Picorna-, Reo-, Rhabdoviren, einige Tumor- (die Leukoviren) und Insektenviren sowie sämtl. Pflanzenviren, einige Bakteriophagen.

Robben [niederdt.] (Flossenfüßer, Pinnipedia), Ordnung etwa 1,4–6,5 m langer Säugetiere mit rd. 30 Arten in überwiegend kalten Meeren, selten in Binnenseen (v. a. Baikal- und Kaspirobbe, ↑Ringelrobben); ausgezeichnete Schwimmer und Taucher, überwiegend Fischfresser; Körper stromlinienförmig, mit dicker Speckschicht und kurzem, meist dicht anliegendem Haarkleid; Schwanz stummelförmig, Extremitäten flossenartig, Nasen- und Ohröffnungen verschließbar. Die R. leben meist gesellig. Das Wasser wird zur Paarung, zum Haarwechsel u. oft auch zum Schlafen verlassen. Die Pelze zahlr. Arten (Seal) sind sehr gefragt, so daß durch starke Bejagung die Bestände einiger Arten bedroht sind. Zu den R. zählen ↑Seehunde, ↑Walroß und die 13 Arten umfassende Fam. **Ohrenrobben** (Otariidae) mit kleinen Ohrmuscheln und verlängerten, flossenförmigen Extremitäten, die es ihnen ermöglichen, sich an Land watschelnd fortzubewegen (↑Pelzrobben und ↑Seelöwen). Im Küstengebiet S-Amerikas kommt die meist dunkelbraune **Mähnenrobbe** (Patagon. Seelöwe, Otaria byronia) vor; ♂ sehr viel stärker und größer (bis 2,5 m lang) als ♀; ♂ mit mähnenähnl. verlängerten Nackenhaaren. In antarkt. Gewässern lebt der **Seeleopard** (Hydrurga leptonyx); bis 4 m lang, oberseits grau mit schwarzen Flecken, unterseits heller; Kopf relativ lang.

Robinie [...i-ɛ; nach dem frz. Botaniker J. Robin, * 1550, † 1629], (Robinia) Gatt. der Schmetterlingsblütler mit rd. 20 Arten in N-Amerika einschließl. Mexiko; sommergrüne Bäume oder Sträucher mit wechselständigen, unpaarig gefiederten Blättern; Nebenblätter oft als kräftige Dornen ausgebildet; Blüten weiß bis lila oder purpurrosa, meist duftend, in hängenden Trauben; Zierbäume.

◆ (Falsche Akazie, Scheinakazie, Robinia pseudoacacia) aus N-Amerika, in Europa eingebürgert und vielfach verwildert; bis 25 m ho-

Roggen (Secale cereale)

Rohrammer

Teichrohrsänger

her Baum mit tief rissiger Borke, Dornen und duftenden, weißen Blüten in langen Trauben.

Rocambole [frz.] ↑Perlzwiebel.

Roccella [rɔ'tʃɛla; italien.], Gatt. der Strauchflechten mit rd. 30 Arten auf Felsen der gemäßigten und wärmeren Meeresküsten; verschiedene Arten liefern (und lieferten schon im Altertum) wichtige Farbstoffe, z. B. Lackmus und Orseille.

Rochen [niederdt., eigtl. „der Rauhe"] (Rajiformes), Ordnung bis über 6 m langer, mit den stark verlängerten Brustflossen bis fast 7 m (im Durchmesser) großer Knorpelfische (Unterklasse Elasmobranchii) mit rd. 350 fast ausschließl. im Meer lebenden Arten; Körper scheibenförmig abgeflacht, mit schlankem, deutl. abgesetztem Schwanz (zuweilen mit einem Giftstachel); Mund, Nasenöffnungen sowie Kiemenspalten stets auf der Körperunterseite; Spritzlöcher hinter den Augen auf der Kopfoberseite. Viele R. legen von Hornkapseln umgebene und mit Haftfäden versehene Eier ab, andere R. sind lebendgebärend. - Zu den R. gehören neben den ↑Zitterrochen noch ↑Sägerochen, ↑Geigenrochen, ↑Adlerrochen, ↑Teufelsrochen und die rd. 90 Arten umfassende Fam. **Stechrochen** (Stachel-R., Dasyatidae). Im Atlantik und Mittelmeer kommt der bis 2,5 m lange **Gewöhnl. Stechrochen** (Dasyatis pastinaca, volkstüml. Feuerflunder) vor; oberseits gelbl. bis grüngrau; Giftstachel auf der Schwanzmitte. Ferner die **Echten Rochen** (Rajidae), eine artenreiche, auf der Nordhalbkugel verbreitete Familie. Eierlegende Arten sind: **Glattrochen** (Raja batis), 1–1,5 m lang, an den europ. W-Küsten von N-Norwegen über Island bis Gibraltar sowie im westl. Mittelmeer, auch in der westl. Ostsee; Oberseite grünlichbraun mit dunkler Marmorierung, Dornen auf dem Schwanz; kommt als Seeforelle in den Handel. **Nagelrochen** (Keulen-R., Raja clavata), bis 1,1 m lang, oberseits braun, hell gefleckt, unterseits weiß; im N-Atlantik, Mittelmeer und Schwarzen Meer; mit 2 kleinen Rückenflossen kurz vor der Schwanzspitze und zahlr. großen Dornen auf der Körperoberfläche. Als **Sternrochen** bezeichnet man: 1. Raja radiata, etwa 60–100 cm lang, an den Küsten N-Europas und N-Amerikas; Oberseite dunkelbraun mit kleinen, hellen Flecken und (wie auch am Schwanz) kräftigen Dornen; 2. Raja asterias, bis etwa 1 m lang, im Mittelmeer; Oberseite gelblichgrau mit kleinen, braunen und weißen Flecken, 1–3 Stachelreihen an der Schwanzoberseite und (beim ♂) je einer Dornenreihe an den Seiten der Brustflossenansätze.

Rodentia [lat.], svw. ↑Nagetiere.

Rogen, Bez. für die Eier in den Eierstöcken der ♀ Fische *(Rogner)*.

Roggen (Secale), Gatt. der Süßgräser mit fünf Arten im östl. Mittelmeergebiet und in den daran angrenzenden östl. Gebieten sowie in Südafrika. Die wichtigste, als Getreidepflanze angebaute Art ist *Secale cereale* (R. im engeren Sinn) mit Hauptanbaugebieten in N-Europa und Sibirien von 50° bis 65° n. Br. Der R. hat 65–200 cm lange Halme und eine 5–20 cm lange, vierkantige Ähre aus einzelnen, meist zweiblütigen Ährchen. Die 5–9 mm lange Körnerfrucht löst sich bei der Reife leicht aus den Spelzen. - Fast die Hälfte des R. wird als Viehfutter verwendet. Der als Grünfutter abgemähte R. sowie die als Viehfutter verwendeten Körner werden als *Futter-R.* bezeichnet. Angebaut wird v. a. *Winter-R.*, da er gegenüber dem *Sommer-R.* bessere Erträge bringt. Weitere wirtschaftl. Bed. hat der R. als Brotgetreide. Das Stroh dient teilweise zur Herstellung von Matten, Papier und Zellstoff. - Die *Welternte an R.* betrug 1985 33,3 Mill. t; davon entfielen auf: UdSSR 16 Mill. t, Polen 7,6 Mill. t, BR Deutschland 1,8 Mill. t, DDR 2,5 Mill. t.

Geschichte: Der R. stammt vom anatol. Wildroggen ab, der in der jüngeren Steinzeit als Unkraut nach W kam, wo er die Klimaverschlechterung der Nacheiszeit besser überstand als die Edelgetreide. Seit der Hallstattzeit wurde R. vermutl. in M-Europa angebaut. Den Germanen diente der R. als wichtiges Brotgetreide. Sowohl Slawen als auch Kelten übernahmen den R.anbau aus M-Europa. - Abb. S. 27.

Rogner ↑Rogen.

Rohr, Bez. für verschiedene Pflanzen mit auffällig langen Halmen bzw. Sprossen (z. B. Rohrkolben, Schilfrohr).

Rohrammer (Rohrspatz, Emberiza schoeniclus), etwa 15 cm langer Singvogel (Unterfam. Ammern), v. a. in Röhrichten und Sümpfen großer Teile Eurasiens; mit schwarzem Kopf und Hals, weißl. Nacken und ebensolcher Unterseite; Rücken und Flügel schwarz gefleckt auf braunem Grund; Bodennest in Grashorsten oder zw. Schilf und Gras. - Abb. S. 27.

Rohrdommeln (Botaurus), fast weltweit verbreitete Gatt. bis etwa 80 cm langer, überwiegend braun gefärbter Reiher (Unterfam. Dommeln) mit 5 Arten an schilfreichen Gewässern. In M-Europa kommt die **Große Rohrdommel** (Botaurus stellaris) vor: etwa 80 cm lang, hellbraun mit dunkelbraunen Längsbinden, grünl. Beinen und schwarzer Kopfplatte.

Röhrenblüten, die radiären, regelmäßig fünfzähligen Einzelblüten der ↑Korbblütler.

Röhrenkassie ↑Kassie.

Röhrenknochen ↑Knochen.

Röhrenläuse (Aphididae), weltweit verbreitete, artenreichste Fam. der Blattläuse mit in M-Europa mehreren 100 Arten, die auf dem Rücken zwei lange, wachsausscheidende Drüsenröhren haben; meist mit Wirtspflanzen- und Generationswechsel. Viele Arten können entweder durch Saugen von Säften oder als Überträger pflanzl. Viruskrankheiten an Kulturpflanzen schädl. werden, z.B. die 2–3 mm große, grüne **Hopfenblattlaus** (Phorodon humuli) und die **Pflaumenblattläuse** (2–3 mm groß, meist hellgrün bis gelblich).

Röhrenmäuler (Solenostomidae), Fam. bis 15 cm langer Knochenfische (Unterordnung Büschelkiemer); mit 6 Arten in Seegraswiesen des trop. Indopazifiks; Körper sehr langgestreckt, seitl. zusammengedrückt, mit stark verlängerter, röhrenförmiger Schnauze, großen Knochenplatten, büschelförmigen Kiemen.

Röhrenpilze, svw. ↑Röhrlinge.

Röhrenschaler, svw. ↑Kahnfüßer.

Röhrenschildläuse (Ortheziidae), weltweit verbreitete Fam. etwa 1–4 mm langer Schildläuse mit rd. 50 Arten, davon 5 in M-Europa. Die ♀♀ tragen ihre Eier bis zum Schlüpfen in einem röhrenförmigen, aus Wachsplättchen bestehenden Eisack umher. In M-Europa verbreitet ist die **Gewächshaus-Röhrenschildlaus** (Orthezia insignis) mit drei schwarzgrünen Streifen zw. den weißen Wachsplättchenreihen des Körpers bei Larven und ♀♀.

Röhrenwürmer, svw. ↑Sedentaria.

Röhrenzähner, (Tubulidentata) Ordnung der Säugetiere mit der einzigen rezenten Art ↑Erdferkel.

◆ (Solenoglypha) die Vipern und Grubenottern umfassende Gruppe der Giftschlangen; Giftzähne mit röhrenförmigem, geschlossenem Giftkanal, in Ruhe nach unten geklappt, können beim Öffnen des Maules aufgerichtet werden.

Rohrglanzgras (Phalaris arundinacea), etwa 1–2 m hohe, ausdauernde Glanzgrasart in Europa, Asien und N-Amerika; mit kriechender Grundachse und bis fast 2 cm breiten Blättern. Verschiedene Gartenformen mit weiß, weißrot oder gelb gebänderten Blättern.

Rohrkäfer (Donacia), Gatt. der Schilfkäfer mit rd. 20 einheim., 5–13 mm langen Arten; Körper abgeflacht, bockkäferähnl., metall. glänzend, mit braunrotem Halsschild und braungelben Flügeldecken; Imagines leben in der Nähe von Süßgewässern, Larven entwickeln sich an untergetauchten Wasserpflanzen.

Rohrkatze (Sumpfluchs, Felis chaus), etwa 60–75 cm lange (einschließl. Schwanz bis 1,10 m messende), hochbeinige Kleinkatze in dicht bewachsenen Landschaften Ägyptens, Vorderasiens und S-Asiens; Färbung gelbgrau bis rotbraun mit (bei älteren Tieren fast ganz verschwindender) dunkler Querstreifung und kurzen Haarpinseln an den Ohrspitzen.

Rohrkolben (Typha), einzige Gatt. der einkeimblättrigen Pflanzenfam. **Rohrkolbengewächse** (Typhaceae) mit rd. 15 fast weltweit verbreiteten Arten. Bekannte einheim. Arten sind der **Breitblättrige Rohrkolben** (Typha latifolia; mit 1–2,5 m hohem Sproß, 10–20 mm breiten Blättern, 2–3 cm dicken Kolben und dicht auf dem ♀ Blütenstand aufsitzendem ♂ Blütenstand) und der **Schmalblättrige Rohrkolben** (Typha angustifolia; 1–1,5 m hoch; ♀ Blütenstand deutl. von ♂ getrennt; Blätter bis 10 mm breit; Kolben rotbraun; oft bestandbildend in Sümpfen, Teichen und an Flußufern).

Röhrlinge (Röhrenpilze, Boletaceae), Ständerpilze der Ordnung Lamellenpilze; mit 46 in Deutschland heim. Arten; meist große, dickfleischige Hutpilze, auf deren Hutunterseite sich eine leicht vom Hutfleisch ablösende Röhrenschicht (im Ggs. zu den Porlingen) mit der Fruchtschicht befindet. Die meisten R. sind gute Speisepilze (u. a. Butterpilz, Rotkappen, Steinpilz, Maronenröhrling), wenige sind ungenießbar (Gallenröhrling) oder giftig (Satanspilz). Charakterist. ist bei vielen R. die Blaufärbung des Fruchtfleisches nach Verletzung. - Früher wurden die R. in der Gatt. *Boletus* zusammengefaßt und zu den Porlingen gestellt.

Rohrratten (Borstenferkel, Grasschneider, Thryonomyidae), Nagetierfam. mit mehreren Arten in Afrika, südl. der Sahara; Körper plump, etwa 35–60 cm lang, mit großem Kopf und kurzem, etwa 7–25 cm langem Schwanz; Fell bräunl., borstenartig, ohne Unterwolle; leben v.a. im Schilfgürtel längs der Flußläufe; werden gejagt, Fleisch schmackhaft.

Rohrsänger (Acrocephalus), Gatt. bis etwa 20 cm langer, unauffällig gefärbter, geschickt kletternder Grasmücken mit 18 Arten in Schilfdickichten (auch in Getreidefeldern) Eurasiens, Afrikas, Australiens und Polynesiens; bauen häufig napfförmige Nester, die an Schilfhalmen befestigt werden; Zugvögel, die bis ins trop. Afrika ziehen. In M-Europa kommen vor: **Schilfrohrsänger** (Bruchweißkehlchen, Acrocephalus schoenobaenus), etwa 12 cm lang, oberseits bräunl., dunkel längsgestreift, unterseits gelblichweiß; mit weißem Überaugenstreif. **Drosselrohrsänger** (Acrocephalus arundinaceus), etwa 19 cm lang, Oberseite rötlichbraun mit hellem Überaugenstreif, Unterseite bräunlichweiß, **Teichrohrsänger** (Acrocephalus scirpaceus), etwa 13 cm lang, oberseits braun, unterseits weiß. **Seggenrohrsänger** (Acrocephalus paludicola), etwa 13 cm lang, auf unscheinbar grünlichbrauner Grundfärbung schwarz gezeichnet. **Sumpfrohrsänger** (Acrocephalus palustris), bis 13 cm lang, oberseits braun, unterseits gelblichweiß. - Abb. S. 27.

Rohrschwirl ↑Schwirle.

Rohrspatz, svw. ↑Rohrammer.

Rohrweihe ↑Weihen.

Rollschwanzaffen, svw. Kapuziner (↑Kapuzineraffen).

Rollwespen (Tiphiidae), weltweit verbreitete Fam. meist einfarbig schwarzer, schlanker Wespen mit fast 100 Arten (davon in Deutschland vier); Imagines häufig auf Blüten, rollen sich bei Störungen zusammen.

Römische Kamille ↑Hundskamille.

Römischer Ampfer (Röm. Spinat, Französ. Spinat, Schildampfer, Rumex scutatus), Ampferart in den Gebirgen N- und S-Europas, in Deutschland v. a. im Süden, an trokkenen, meist kalkreichen Standorten; mit blaugrünen, meist rundlich-herzförmigen oder geigenförmigen Blättern; bes. in S-Europa als Blattgemüse kultiviert.

Römischer Salat ↑Lattich.

Römischer Spinat, svw. ↑Römischer Ampfer.

Rosazeen [lat.], svw. ↑Rosengewächse.

Rose [lat.] (Rosa), Gatt. der Rosengewächse mit über 100 sehr formenreichen Arten und zahllosen, in den verschiedensten Farben blühenden, z. T. angenehm duftenden, teilweise stachellosen Gartenformen. Die Wildarten kommen v. a. in den gemäßigten und subtrop. Gebieten der Nordhalbkugel, in Afrika bis Äthiopien, in Asien bis zum Himalaja und zu den Philippinen vor. Es sind meist sommergrüne, aufrechte oder kletternde Sträucher mit meist stacheligen Zweigen und unpaarig gefiederten Blättern. Ihre Blüten sind weiß oder zeigen verschiedene Rotabstufungen. Sie stehen an den Enden kurzer Seitenzweige, einzeln oder in Blütenständen; der Stempel ist in der krugförmigen Blütenachse, die bei der Reife zu einer ↑Hagebutte wird, eingeschlossen. Zu den wichtigsten rd. 20 einheim. Wildarten gehören u. a.: ↑Apfelrose; **Feldrose** (Kriech-R., Rosa arvensis), in lichten Laubmischwäldern, an Waldrändern und in Hecken in Süddeutschland, S-Europa und der Türkei; kriechender oder kletternder Strauch mit langen, gebogenen Zweigen, die mit hakenförmigen Stacheln besetzt sind; Blüten weiß. **Heckenrose** (Rosa corymbifera), bis 2,5 m hohe, in Gebüschen wachsende Wild-R. Europas; Strauch mit kräftigen, gekrümmten Stacheln und unterseits schwach behaarten Blättern (im Ggs. zur ähnl. Hunds-R.); Blüten rosa bis weiß; Früchte (Hagebutten) orangerot, eiförmig, 15–20 mm lang. **Hundsrose** (Rosa canina), in Hecken, Laubwäldern und an Wegrändern in Europa; bis 3 m hoher Strauch mit bogig überhängenden Zweigen und kräftigen, gekrümmten Stacheln; Blüten rosafarben bis weiß. **Samtrose** (Unbeachtete R., Rosa sherardii), in S.Frankr. und M-Europa; 0,5–2 m hohe, gedrungene, dickästige R. mit bläulichgrünen, unterseits wolligfilzig behaarten Blättern, leuchtend rosafarbenen Blüten und weichstacheligen Hagebutten. **Weinrose** (Rosa rubiginosa), bis 2 m hoher Strauch mit hakig gebogenen Stacheln, rundl., nach Äpfeln duftenden Fiederblättchen und rosafarbenen Blüten. **Zimtrose** (*Mairose*, Rosa majalis), in Auwäldern M-Europas; bis 1,5 m hoher Strauch mit rotbraunen Zweigen und kurzen, gebogenen Stacheln; Blüten leuchtend rot. Eine wichtige Stammart der heutigen Garten-R. ist die seit langem kultivierte **Essigrose** (Rosa gallica); wächst meist in Laubwäldern und auf trockenen Wiesen in M- und S-Europa sowie in W-Asien; bis 1,5 m hoher Strauch, dessen junge Triebe dicht mit Stacheln besetzt sind; Blüten einzeln, etwa 6 cm groß, hellrot bis purpurfarben; Früchte kugelig, ziegelrot, mit Drüsen und Borsten besetzt. Die **Zentifolie** (Provence-R., Rosa centifolia) ist ein bis 2 m

Essigrose

Rose. Gloria Dei

hoher Strauch mit beiderseits behaarten, schlaffen Blättern und zu mehreren zusammenstehenden, gefüllten, nickenden, wohlriechenden Blüten in verschiedenen Rottönen oder in Weiß. Eine Zuchtform davon ist die **Moosrose** mit rosafarbenen Blüten; das moosartige Aussehen erhält sie durch die stark gefiederten Kelchblätter sowie die Stacheln und Öldrüsen. Ebenfalls eine Zuchtform ist die vermutl. aus Kleinasien stammende **Damaszenerrose** (Rosa damascena); bis 2 m hoch, mit kräftigen, gekrümmten Stacheln, unterseits behaarten Fiederblättchen, bestachelten Blattstielen und rosa bis roten, auch rot und weiß gestreiften, gefüllten Blüten. Im 18. Jh. waren zahlr. Sorten der Essig-R., der Zentifolie, der Damaszener-R. sowie der um 1780 eingeführten ↑Chinesischen Rose und der **Weißen Rose** (Rosa alba; bis 2 m hoher Strauch mit unterschiedl. großen, hakenförmigen Stacheln und meist gefüllten, duftenden, weißen Blüten) in Kultur. Zu Beginn des 19. Jh. nahm die R.züchtung durch Kreuzungen der Gartensorten großen Aufschwung. 1824 wurde die **Teerose** (Rosa odorata) von China nach Großbrit. eingeführt; immergrüne oder halbimmergrüne Kletter-R. mit langen Trieben und hakenförmigen Stacheln; Blüten einzeln oder zu wenigen, weiß, blaßrosafarben oder gelbl., halb gefüllt oder gefüllt, 5–8 cm im Durchmesser, mit starkem, teeartigen Duft. Die Tee-R. ist eine der Ausgangsformen der *Teehybriden*, die als Treib- und Schnittblumen große Bed. haben. Eine der bekanntesten Sorten ist *Gloria Dei* mit hellgelben, rosafarben überhauchten, leicht duftenden Blüten. Weiter entstanden die **Remontantrosen,** von deren urspr. 4 000 in Frankr. entstandenen Sorten noch rd. 100 in Kultur sind; meist von kräftigem Wuchs, mit meist vielen Stacheln und weißen, rosafarbenen oder roten, gefüllten, duftenden Blüten. Um 1810 dann die **Noisette-Kletterrosen** mit roten hakenförmigen Stacheln und gelben, weißen oder rosafarbenen Blüten. Bekannteste ist **Maréchal Niel** mit goldgelben, dichtgefüllten Blüten mit Teerosenduft. In der 2. Hälfte des 19. Jh. dann die **Polyantharosen** von meist niedrigem, buschigem Wuchs mit zahlr. kleineren Blüten. Kreuzungen der Polyantha-R. mit Teehybriden werden als **Floribunda-Rosen** (mit großen, edelrosenähnl. Blüten) bezeichnet. Weiterhin von gärtner. Bed. sind die **Strauchrosen** (2–3 m hohe, dichte Büsche bildende R.arten bzw. -sorten, v. a. der Zentifolie und der ↑Dünenrose) und **Kletterrosen.** Letztere beinhalten eine umfangreiche Gartenrosengruppe. Mit ihren langen Trieben sind sie zur Pflanzung an Spalieren und Pergolen gut geeignet. - Die Vermehrung aller Sorten und Formen erfolgt durch Okulation. Als Unterlage wird meist die Zuchtform „Edel-Canina" der Hunds-R. verwendet. Häufig auftretende *Pilzkrankheiten* der R. sind: Echter Mehltau, Falscher Mehltau und Schwarzfleckigkeit. Durch Grauschimmel werden Schäden an Stengeln und Blüten verursacht. Saugende *tier. Schädlinge* sind z. B. Blattläuse, Spinnmilben und R.zikaden. Die Larven der Rosenblattwespe werden durch Blattfraß schädlich. Wurzelschädlinge sind v. a. die Larven der Dickmaulrüßler.

Geschichte: Die R. ist wahrscheinl. in Persien heim. und kam im 7. Jh. v. Chr. nach Griechenland und Italien. Den Germanen dagegen war nur die Wilde R. bekannt. Als Symbol der Liebe und als Sinnbild der Frau war die R. schon seit der Antike bekannt und fand daher in Kunst und Literatur weite Verbreitung. In M-Europa wird die R. zunächst als Heilpflanze geführt. Seit dem 10. oder 11. Jh. ist sie auch als Gartenzierpflanze bekannt. R.wasser (Rosenöl) war im frühen MA eines der ersten Destillationsprodukte. R.extrakte wurden für Salben, Parfüms, Sirup und Zucker verwendet. Die Anzahl der Zuchtsorten stieg von vier im 13. Jh. auf rd. 5 000

Roter Neon

Mitteleuropäischer Rothirsch

Sorten am Ende des 19. Jh. an. - Zahlr. Adelsgeschlechter führen die R. als Wappenblume.
🕮 *Krüssmann, G.: Rosen, Rosen, Rosen. Bln. u. Hamb. [2]1986. - Jaehner, I.: Die schönsten Rosen in Gärten u. Haus. Mchn. 1980 - Manz, I.: Rosen. Arten, Pflanzung, Pflege. Niedernhausen 1978. - Woessner, D.: Gartenrosen. Stg. 1978. - Genders, R.: Die R. Zürich [2]1977. - Kordes, W.: Das Rosenbuch. Karlsruhe [11]1977.*

Rosenapfel, svw. Danziger Kantapfel (↑Apfelsorten; Übersicht Bd. 1, S. 48).

Rosenapfelbaum (Dillenie, Dillenia), Gatt. der Dilleniengewächse mit rd. 60 Arten im südl. Asien; Bäume, selten Sträucher, mit meist großen, parallel-fiedernervigen, lederartigen Blättern und fünfzähligen Blüten. Die bekannteste, als Blattpflanze in Warmhäusern beliebte Art ist der **Ind. Rosenapfelbaum** (Dillenia indica) mit großen, weißen Blüten und apfelgroßen, grünen, eßbaren Früchten.

Rosenblattwespe (Rosenbürstenhornwespe, Nähfliege, Arge rosae), in Europa, Vorderasien und Sibirien verbreitetes, 7–10 mm langes, gelbl., blattwespenähnl. Insekt (Hautflügler). Die ♂♂ weisen bürstenartig behaarte Fühler auf. Die Eiablage erfolgt in die Spitzen von Rosenjungtrieben, die daraufhin verkümmern. Die Larven werden durch Blattfraß schädlich.

Rosenbürstenhornwespe, svw. ↑Rosenblattwespe.

Roseneibisch, (Hibiscus syriacus) sommergrüne, bis 3 m hohe Eibischart in China und Indien; mit eiförmig-rhomb., 5–10 cm langen, dreilappigen Blättern und einzelnen, achselständigen, breitglockigen Blüten. Neben der violett blühenden Stammart sind zahlr. Gartenformen mit weißen, rosafarbenen, violetten oder tiefblauen, einfachen oder gefüllten Blüten als beliebte Ziersträucher bekannt.

◆ (Chinarose, Chin. R., Hibiscus rosa-sinensis) wahrscheinl. aus China stammende, heute in allen trop. und subtrop. Gebieten als Gartenpflanze kultivierte und teilweise verwilderte Eibischart; 2–5 m hoher Strauch oder kleiner Baum mit eirunden, lang zugespitzten Blättern, langen Blütenstielen und 10–15 cm breiten, rosaroten Blüten.

Roseneule ↑Eulenspinner.

Rosengallwespe (Gemeine R., Diplolepis rosae), in Europa und Amerika verbreitete, 3–4 mm große, überwiegend schwarze Gallwespe, die ihre Eier in Blattknospen bes. der Hundsrose ablegt; Larvenfraß bewirkt Entwicklung der Knospe zum ↑Schlafapfel.

Rosengewächse (Rosazeen, Rosaceae), formenreiche zweikeimblättrige Pflanzenfam. mit rd. 3 000 Arten in etwa 100 Gatt.; fast weltweite Verbreitung; in Deutschland heim. sind rd. 200 formenreiche Arten in etwa 25 Gatt.; meist Bäume, Sträucher oder Stauden, mit zusammengesetzten oder einfachen Blättern mit Nebenblättern; Blüten radiär, meist mit fünfzähliger Blütenhülle und zahlr. Staubblättern; zahlr. Kultur- und Zierpflanzen. - Die große Formenfülle der R. läßt sich u. a. nach der unterschiedl. Gestaltung ihrer Früchte in die folgenden Unterfam. gliedern: 1. **Spiräengewächse:** meist mit vielsamigen Balgfrüchten, z. B. beim Spierstrauch und Geißbart; 2. **Rosoideae:** mit einsamigen Nüßchen oder Steinfrüchten, die oft zu Sammelfrüchten vereinigt sind; z. B. bei der Kerrie, bei der Gatt. Rubus mit Brombeere und Himbeere, bei der Erdbeere sowie bei der Rose; 3. **Apfelgewächse:** mit Scheinfrüchten wie beim Apfelbaum, Birnbaum, bei der Eberesche, Quitte, Mispel und beim Weißdorn; 4. **Mandelgewächse:** mit einsamigen Steinfrüchten; z. B. bei der Gatt. Prunus mit Pflaumenbaum, Mandelbaum, Süßkirsche und Sauerkirsche.

Rosenkäfer (Cetoniinae), v. a. in wärmeren Ländern verbreitete Unterfam. der Skarabäiden (Gruppe Blatthornkäfer); 0,7–12 cm lange, häufig metall. glänzende Käfer; viele trop. Arten tragen auf dem Kopf Hörner und Gabeln. In Deutschland kommt u. a. der etwa 1,4–2 cm große **Gemeine Rosenkäfer** (Goldkäfer, Cetonia aurata) vor; oberseits metall. grün, unterseits kupferrot; schädl. durch Abfressen der Staubgefäße in Rosenkulturen.

Rosenkohl, Wuchsform des Gemüsekohls, bei dem die im Knospenstadium verbleibenden Achselknospen (Rosen) als Gemüse verwendet werden.

Rosenlorbeer ↑Oleander.

Rosenpaprika, 1. als Gemüse verwendete Kultursorte des Paprikas; 2. (relativ mildes) Gewürz, das aus den Früchten dieser Kultursorte gewonnen wird.

Rosenwurz ↑Fetthenne.

Rosette [lat.-frz. „Röschen"], Blattanordnung der *Rosettenblätter;* an der Sproßbasis einer Pflanze meist dichtgedrängt stehende Blätter (grundständige Blätter).

Rosettenpflanzen, Pflanzen mit unterdrückter Streckung der Internodien (↑Internodium) des Laubsprosses; die Blätter liegen dichtgedrängt dem Boden auf (Rosette).

Rose von Jericho, svw. ↑Jerichorose.

Rosmarin [zu lat. ros marinus, eigtl. „Meertau"], (Rosmarinus) Gatt. der Lippenblütler mit der einzigen Art *Echter Rosmarin* (Rosmarinus officinalis) im Mittelmeergebiet; Charakterpflanze der trockenen Macchie; immergrüner, 60–150 cm hoher Halbstrauch mit 2–3 cm langen, schmalen, am Rand umgerollten, ledrigen Blättern von würzigem Geruch; mit bläul. oder weißl. Blüten in kurzen, achselständigen Trauben. Die Blätter werden als Küchengewürz sowie zur Herstellung von Parfüm verwendet. - *Geschichte:* Der R. war bei den Griechen eine vielseitige Heilpflanze, bei den Römern wurde er für Räucherungen und religiöse Riten verwendet. Nördl. der Alpen erlangte er erst im späten MA größere

Bed. als Heilmittel und zur Abwehr böser Geister. Um 1500 war das destillierte Öl in Apotheken erhältlich.

◆ (Wilder R.) svw. Sumpfporst (↑Porst).

Rosmarinheide (Lavendelheide, Gränke, Sumpfrosmarin, Andromeda), Gatt. der Heidekrautgewächse mit nur zwei Arten: in den Hoch- und Zwischenmooren von N-Deutschland und im Alpenvorland nur die **Polei-Rosmarinheide** (Echte R., Andromeda polifolia), ein 10–30 cm hoher Halbstrauch mit weit kriechenden Ausläufern, aufsteigenden Zweigen und immergrünen, unterseits blau- bis weißgrün bereiften, ledrigen, schmalen, am Rand umgerollten Blättern; Blüten nickend, in endständiger Doldentraube, mit hellrosafarbener Krone.

Roßameisen (Riesenameisen, Camponotus), Gatt. 6–14 mm langer (Arbeiterinnen), als Geschlechtstiere über 20 mm messender Ameisen (Fam. Schuppenameisen) mit mehreren braun und schwarz gezeichneten Arten in Wäldern und an Waldrändern Amerikas, Afrikas und Eurasiens. In Eurasien kommen zwei Arten am häufigsten vor: **Holzzerstörende Roßameise** (Camponotus ligniperda; v.a. in Baumstrünken, Wurzeln und morschem Holz) und **Breitköpfige Roßameise** (Camponotus herculeanus; auch in gesundem Holz).

Roßkäfer (Geotrupes), auf der Nordhalbkugel verbreitete Gatt. der Mistkäfer; mit sieben dunkel gefärbten Arten in M-Europa; bohren (im Unterschied zum ↑Pillendreher) unter den Exkrementen von Pflanzenfressern bis 3 m tiefe, verzweigte Erdgänge, in die sie Exkremente als Larvennahrung eintragen. In Deutschland am häufigsten sind **Frühlingsroßkäfer** (Geotrupes vernalis) und der bis 24 mm lange, metall. blau und grün glänzende **Waldroßkäfer** (Geotrupes stercorarius).

Roßkartoffel ↑Sonnenblume.

Roßkastanie (Aesculus), Gatt. der Roßkastaniengewächse mit rd. 25 Arten in N-Amerika, SO-Europa und O-Asien; sommergrüne Bäume oder Sträucher mit gegenständigen, handförmig geteilten Blättern und zygomorphen, zu vielen in aufrechten, endständigen Rispen („Kerzen") angeordneten Blüten; Frucht eine ledrige Kapsel mit einem bis drei großen Samen mit breitem Nabelfleck. Die wichtigsten Arten sind: **Pavie** (Rotblühende Kastanie, Aesculus pavia), Baum oder Strauch mit hellroten Blüten in lockeren Rispen und eirunden Früchten und **Weiße Roßkastanie** (Gemeine R., Aesculus hippocastanum), bis 20 m hoher Baum mit weißen, rot und gelb gefleckten, in aufrechten Rispen stehenden Blüten und bestachelten Kapselfrüchten. Extrakte aus den Blättern werden medizin. bei Durchblutungsstörungen verwendet.

Roßkastaniengewächse (Hippocastanaceae), zweikeimblättrige Pflanzenfam. mit rd. 30 Arten in zwei Gatt. in den gemäßigten Gebieten der Nordhalbkugel, in Amerika auch südl. des Äquators; meist sommergrüne Bäume und Sträucher mit fingerförmig geteilten Blättern und in Rispen oder Wickeltrauben stehenden, großen Blüten mit ungleichen Kronblättern; wichtigste Gatt. ↑Roßkastanie.

Rostpilze (Uredinales), weltweit verbreitete Ordnung der Ständerpilze mit mehr als 5 000 ausschließl. auf Pflanzen parasit. lebenden Arten; Erreger der Rostkrankheiten. Viele R. besitzen in ihrem Entwicklungsgang mit Kernphasen- und Generationswechsel einen obligaten Wirtswechsel zw. der haploiden und der Paarkernphase: Haploide *Basidiosporen* infizieren im Frühjahr die Blätter der ersten Wirtspflanze und bilden Pyknidien (pustelartiger oder krugförmiger Myzelkörper unter der Epidermis der Blattoberfläche), die Pyknosporen abgliedern. Letztere gelangen auf die Empfängnishyphen eines verschiedengeschlechtl. Pyknidiums, wobei es zur Fusion der Kerne kommt (Beginn der Paarkernphase). Das paarkernige Myzel bildet auf der Blattunterseite in den bereits vorhandenen Äzidienanlagen (becherförmige Sporenlager) paarkernige Äzidiosporen, die, durch Wind verbreitet, den zweiten Wirt über die Spaltöffnungen infizieren. Hier entstehen die einzelligen Sommersporen *(Uredosporen)*, die die weitere Ausbreitung des R. bewirken. Gegen Ende der pflanzl. Vegetationsperiode werden in bes. Lagern zweizellige, dickwandige Wintersporen *(Teleutosporen)* gebildet, aus denen sich nach der Winterruhe unter Reduktionsteilung zweimal vier *Basidiosporen* entwikkeln. Verkürzte Entwicklungszyklen ergeben sich durch Unterdrückung von Sporenformen.

Rostrote Alpenrose ↑Alpenrose.

Rostrum [lat. „Schnabel"], in der Anatomie und Morphologie Bez. für schnabelartige bzw. spitz zulaufende Fortsätze an Organen oder Körperabschnitten; auch Bez. für den Schnabel der Vögel.

Rotalgen (Rhodophyceae), Klasse der Algen mit über 4 000 überwiegend marinen Arten (nur etwa 180 Arten im Süßwasser) in Die Zellen der R. sind durch das in den *Rhodoplasten* enthaltene Phykoerythrin rot bis violett gefärbt. Der Thallus ist fast immer vielzellig und sitzt mit einer Haftscheibe oder mit Haftfäden am Untergrund fest. Die ungeschlechtl. Vermehrung erfolgt durch unbewegl. Sporen, die geschlechtl. durch Oogamie. Von den 2 Unterklassen der R. sind nur die Florideen wichtig, da einige Arten industriell genutzt werden. Sie werden zur Herstellung von Agar-Agar verwendet oder dienen (v.a. in O-Asien) als Nahrungsmittel. Einige Arten (z.B. Irländ. Moos) liefern Drogen.

Rotangpalmen (Calamus), Gatt. der Palmen mit rd. 200 Arten v.a. im ind.-malaiischen Florengebiet; mit dünnem, manchmal bis 100 m langem Stamm und großen Fiederblättern, deren Spindel oft in einen peitschenförmigen Strang mit gekrümmten Haken ausläuft. Mehrere Arten, v.a. die in Indien wachsende **Echte Rotangpalme** (Calamus rotang) sowie die auch kultivierte Art *Calamus caesius*, sind wichtige Nutzpflanzen. Ihre Stämme liefern Peddigrohr. Die glänzende Außenschicht der Stämme wird als Flechtmaterial für Stühle, Körbe und Matten verwendet.

Rotatoria [lat.], svw. ↑Rädertiere.

Rotauge, svw. ↑Plötze.

Rotbarsch, (Großer R., Goldbarsch, Sebastes marinus) bis 1 m langer, lebendgebärender Knochenfisch (Fam. Drachenköpfe) im N-Atlantik; Körper leuchtend zinnoberrot, Bauchseite heller; Speisefisch.
◆ (Kleiner R., Sebastes viviparus) meist 20–30 cm langer Knochenfisch (Fam. Drachenköpfe); zinnoberrot, mit hellerer Bauchseite und undeutl. dunklen Querbändern am Rükken; lebendgebärend; überwiegend in Küstennähe; wirtsch. unbedeutend.

Rotbauchunke (Tieflandunke, Bombina bombina), etwa 4,5 cm großer Froschlurch (Gatt. Feuerkröten) in O- und im nördl. M-Europa; Oberseite schwarzgrau bis graubraun mit dunklerer Fleckung, Bauchseite blauschwarz mit sehr unregelmäßigen ziegelroten bis orangegelben Flecken und zahllosen kleinen, weißen Punkten; v.a. im Flachland in kleinen Wasseransammlungen. Geschützt.

Rotbrasse (Pagellus erythrinus), bis 60 cm langer Knochenfisch (Fam. Brassen) im Atlantik, Mittelmeer und Schwarzen Meer; Rücken lachs- bis ziegelrot, ebenso wie die silberglänzenden Körperseiten mit blauen Punkten; über dem Auge ein blauer Fleck; Speisefisch.

Rotbuche (Fagus sylvatica), einzige in M-Europa heim. Buchenart; bis 30 m hoher, bis 1,5 m stammdicker Baum mit glatter, grauer Rinde; Blätter spitz-eiförmig, oberseits glänzend dunkelgrün, unterseits hellgrün, im Herbst rötlichbraun; ♂ Blüten in kugeligen, hängenden Kätzchen, ♀ Blüten zu zweien in aufrechten Köpfchen; Blütenstände erscheinen zus. mit den Blättern; Früchte ↑Bucheckern.

Rotdorn (Blutdorn), Kulturform des Zweigriffligen Weißdorns; mittelhoher Strauch oder kleiner Baum mit leuchtend karmesinroten, gefüllten Blüten; oft als Alleebaum gepflanzt.

Röte (Rubia), Gatt. der R.gewächse mit rd. 40 Arten im Mittelmeergebiet, in Asien, Afrika, M- und S-Amerika; ausdauernde Kräuter mit kreuzgegenständigen Blättern und gelblichgrünen Blüten in rispenähnl. Blütenständen. Die bekanntesten, früher zur Farbstoffgewinnung angebauten Arten sind der **Ostind. Krapp** (Rubia cordifolia) und die bis 80 cm hohe **Färberröte** (Krapp, Rubia tinctorum), aus der früher Alizarin hergestellt wurde.

Rote Bete, svw. ↑Rote Rübe.

rote Blutkörperchen ↑Blut.

Rötegewächse (Rubiaceae, Rubiazeen), zweikeimblättrige Pflanzenfam. mit rd. 7 000 Arten in etwa 500 Gatt. mit weltweiter, bes. aber trop. Verbreitung; Bäume, Sträucher oder Kräuter mit gegenständigen, ganzrandi-

Heiderotkappe

Rotkehlchen

Hausrotschwanz

gen Blättern und oft in großen, verschiedenartigen Blütenständen angeordneten Blüten. Zu den R. gehören als Nutz- und Kulturpflanzen u.a. Kaffeepflanze, Brechwurzel, Chinarindenbaum, Yohimbinbaum sowie Gambir und Röte. Als Zierpflanzen werden z. B. Gardenie und Porzellansternchen kultiviert. Einheim. Gatt. sind u.a. Ackerröte und Labkraut.

Rote Johannisbeere ↑Johannisbeere.

Rote Liste, im Naturschutz ein Verzeichnis der gefährdeten Tier- und Pflanzenarten mit Angabe des Gefährdungsgrades.

Rötelnvirus (Rubellavirus), Erreger der Röteln; kugeliges Virus von ca. 50–85 nm Durchmesser mit Außenhülle und einsträngiger RNS. Es kann in menschl. und tier. Gewebekulturen gezüchtet und durch aktive Immunisierung bekämpft werden.

Rötender Schirmling (Safranschirmling, Lepiota rhacodes), dem Parasolpilz sehr ähnl. Blätterpilz, v.a. an den Rändern von Nadelwäldern; Hut in jungem Stadium kaum geschuppt; charakterist. safrangelbe bis ziegelrote Verfärbung bei Anschnitt oder Bruch; jung guter Speisepilz.

Roter Hartriegel (Blutweide, Cornus sanguinea), 1 bis 5 m hohe, strauchige Hartriegelart an Waldrändern und in Laubmischwäldern im gemäßigten Europa; einjährige Zweige im Herbst und Winter blut- oder braunrot; Blätter breit-ellipt. oder eiförmig, im Herbst rot; Blüten weiß, streng duftend; Steinfrüchte blauschwarz.

Roter Neon (Cheirodon axelrodi), etwa 3–4 cm langer Salmler (Gatt. Neonfische) aus dem Rio Negro; Rücken grünlichbraun, von der durchgehend leuchtend roten Bauchseite durch ein grünlichblaues Längsband getrennt; beliebter Warmwasseraquarienfisch. - Abb. S. 31.

Rote Rübe (Rahne, Rote Bete, Salatbete, Salatrübe), in zahlr. Sorten angebaute Varietät der Gemeinen Runkelrübe mit verschieden gestalteter (u.a. kegelförmig oder abgeplattet), locker dem Erdboden aufliegender, fleischiger, weicher, durch Anthozyane dunkelrot gefärbter Rübe. Die R. R. ist eine zweijährige Pflanze, die im ersten Jahr die fleischige Wurzel und eine Blattrosette, im zweiten Jahr dann einen bis mehr als 1 m hohen, rispig verzweigten Blütenstand ausbildet. - Etwa seit dem 13. Jh. ist die R. R. in Europa als Küchenpflanze bekannt. Sie wird meist (gekocht, in Würfel oder Scheiben geschnitten) als Salat verwendet und zu Saft verarbeitet.

Roter Trierer ↑Apfelsorten, Bd. 1, S. 50.

Roter von Rio (Hyphessobrycon flammeus), gut 4 cm langer, vorwiegend einfarbig roter Süßwasserfisch (Fam. Salmler) in Gewässern der Umgebung Rio de Janeiros; Bauchflossen und Afterflosse schwarz gesäumt, hinter den Kiemendeckeln je zwei parallele schwarze Querbinden; beliebter Warmwasseraquarienfisch.

Rotes Ordensband ↑Eulenfalter.

Rote Spinne, Bez. für mehrere zeitweise rote Spinnmilben, die durch Massenauftreten im Garten-, Wein- und Obstbau schädl. werden; z. B. **Gemeine Spinnmilbe** (Bohnenspinnmilbe, Tetranychus urticae) an Weinreben und vielen Gemüsearten.

Rotfeuerfische, Bez. für die Gatt. *Pterois* und *Dendrochirus* der Knochenfische (Fam. Drachenköpfe), v.a. an Korallenriffen des Ind. und westl. Pazif. Ozeans; am bekanntesten der **Eigentl. Rotfeuerfisch** (Pterois volitans): 20–30 cm lang, zinnoberrot, mit rotbrauner und weißl. Querbänderung, auffallend großen, flügelartig verbreitertern Brustflossen und Giftdrüsen am Grund jedes Rükkenflossenstrahls; Seewasseraquarienfisch.

Rotflossensalmler (Aphyocharax rubripinnis), bis etwa 5 cm langer, gestreckter Salmler, v.a. im Flußgebiet des Paraná und des Río de la Plata (Argentinien); gelb- bis graugrüner Schwarmfisch mit starkem Silberglanz und größtenteils blutroten Flossen; Warmwasseraquarienfisch.

Rotforelle, svw. ↑Wandersaibling.

Rotfuchs ↑Füchse.

Rotfußfalke (Abendfalke, Falco vespertinus), bis 30 cm langer geselliger Falke, v.a. in offenen Landschaften des Balkans sowie der gemäßigten Regionen O-Europas und Asiens; ♂ einfarbig schwärzlichgrau, mit orangeroten Beinen, ♀ unterseits bräunl., oberseits grau gebändert.

Rothalsbock (Schwanzbock, Schmalbock, Leptura rubra), 12–18 mm langer Bockkäfer in Europa; mit beim ♂ schwarzem Halsschild und gelbbraunen Flügeldecken (beim ♀ sind beide hellrot).

Rothalsgans ↑Gänse.

Rothalstaucher ↑Lappentaucher.

Rothirsch (Edelhirsch, Cervus elaphus), in Europa, einem kleinen Rückzugsgebiet im westl. N-Afrika, in Asien und N-Amerika weitverbreitete Hirschart von etwa 165–265 cm Länge und rd. 75–150 cm Schulterhöhe; ♂ mit vielendigem, oft mächtigem Geweih und fast stets deutl. Halsmähne; rd. 25 Unterarten, darunter die als **Marale** bezeichneten 2 Unterarten *Kaukasushirsch* (Geweih wenig verzweigt; im Kaukasus, Kleinasien, N-Iran) und *Altaimaral* (Geweih stark verzweigt; in M-Sibirien). Beide sind sehr groß, im Sommer kräftig rotbraun, im Winter dunkel schiefergrau; Geweih stark entwickelt, Spiegel gelb. In der Mandschurei bis zum Amurgebiet kommt der **Isubra** vor; mit hellem Spiegel, ♂ mit weit ausladendem Geweih. Etwa 120–130 cm Schulterhöhe hat der in Kaschmir lebende **Hangul;** Fell im Winter dunkelbraun, im Sommer heller; mit breit ausladendem Geweih. Als **Wapiti** (Elk) werden mehrere (insbes. die nordamerikan.) Unterarten bezeichnet; im S sehr klein, im N ungewöhnl. groß, ♂♂ bis rd. 300 cm lang; mit langen

Enden am großen Geweih. Der **Mitteleurop. Rothirsch** (Cervus elaphus hippelaphus) ist etwa 180–250 cm lang und hat eine Schulterhöhe von etwa 100–150 cm; Geweih meist stark entwickelt, bis über 1 m ausladend, selten mit mehr als 16 Enden; Winterfell graubraun, Sommerfell rötlichbraun; Jungtiere rotbraun mit weißl. Flecken. Der Mitteleurop. R. lebt in Rudeln, außerhalb der Paarungszeit nach Geschlechtern getrennt (mit Ausnahme der die ♀♀ begleitenden Jungtiere). Zur Brunstzeit (Ende Sept. bis Anfang Okt.) erkämpfen sich die starken ♂♂ („Platzhirsche") einen Harem aus mehreren ♀♀. Die Wurfzeit liegt Ende Mai bis Anfang Juni (im allg. ein Junges). - Abb. S. 31.

Rothörnchen (Tamiasciurini), Gattungsgruppe der Hörnchen mit fünf Arten in O-Asien und N-Amerika, darunter das **Hudsonhörnchen** (Chickaree, Tamiasciurus hudsonicus) v. a. in Nadelwäldern N-Amerikas; bis 20 cm lang; mit fast ebenso langem, buschigem Schwanz; Fell rotbraun (im Winter blasser), weiße Bauchseite im Sommer durch schwarzes Band abgesetzt.

Rothuhn ↑Feldhühner.

Rothunde (Cuon), Gatt. der Hundeartigen mit der einzigen Art **Rothund** (Asiat. Wildhund, Cuon alpinus); weit verbreitet v. a. in den Wäldern Sibiriens, Chinas, Vorder- und Hinterindiens, Sumatras und Javas; Gestalt schäferhundähnl.; Länge 85–110 cm, Schulterhöhe 40–50 cm, Schwanz etwa 40–50 cm lang, zieml. buschig; Färbung je nach Unterart rostrot, gelblichbraun bis gelblichgrau, Brust und Bauchseite weiß; verfolgt seine Beute (v. a. Huftiere) in kleinen oder größeren Gruppen mäßig schnell, aber ausdauernd; von der Ausrottung bedroht.

Rotkappen (Leccinum), derbe, festfleischige und wohlschmeckende, bis 25 cm große Röhrlinge mit 7–20 cm breitem, trockenem, dickfleischigem Hut; Huthaut den Rand weit überragend, lappig; Stiel weißl., mit dunkleren Schuppen, Warzen und Streifen; Vorkommen Juni bis Oktober. Man unterscheidet **Dunkle Rotkappe** (Leccinum testaceoscabrum), meist unter Birken; mit orangegelbem bis gelbbraunem Hut, leicht grauen Röhren, schwärzl. beschupptem Stiel und blau bis grünl. sich verfärbendem Fleisch; **Espenrotkappe** (Leccinum aurantiacum) mit dunkelrotem bis fuchsig-orangebraunem Hut, grauweißl. Röhren, rotbraun beschupptem Stiel und lila bis schwarz sich verfärbendem Fleisch; **Heiderotkappe** (Leccinum rufescens) mit im Vergleich zur Espen-R. hellerer Hutfarbe und dunkleren bis olivfarbenen Röhren und schwärzl. beschupptem Stiel. - Abb. S. 34.

Rotkehlchen (Erithacus rubecula), etwa 15 cm langer, oberseits brauner Singvogel (Fam. Drosseln) in unterholzreichen Wäldern, Parkanlagen und Gärten NW-Afrikas und Eurasiens (bis W-Sibirien); mit orangeroter Kehle und Brust sowie weißl. Bauch; brütet in einem Bodennest; Teilzieher. - Abb. S. 34.

Rotklee, svw. Wiesenklee (↑Klee).

Rotkohl, svw. ↑Blaukraut.

Rotkopfwürger ↑Würger.

Rotkraut, svw. ↑Blaukraut.

Rötling (Rhodophyllus), artenreiche Gatt. der Lamellenpilze mit rötl. bis lachsfarbenen Lamellen und eckigen Sporen; viele giftige Arten, z. B. der gruppenweise in Fichtenwäldern wachsende **Frühlingsgiftrötling** (Dunkler Gift-R., Rhodophyllus vernus), ein dunkelbrauner Pilz mit kegeligem, 5 cm breitem Hut, graurötl. Lamellen und dünnem Stiel.

Rotluchs ↑Luchse.

Rotrückenfasan ↑Fasanen.

Rotrückenwürger, svw. ↑Neuntöter.

Rotschenkel ↑Wasserläufer.

Rotschwänze (Rotschwänzchen, Phoenicurus), Gatt. der Drosseln mit vielen Arten, die durch rostroten Schwanz gekennzeichnet sind; in M-Europa kommen nur vor: **Gartenrotschwanz** (Phoenicurus phoenicurus), etwa 14 cm lang, v. a. in lichten Wäldern, Parkanlagen und Gärten Europas, Vorderasiens und der gemäßigten Region Asiens; ♂ und ♀ mit rostrotem Bürzel und ebensolchem Schwanz; ♂ mit orangeroter Brust, grauem Oberkopf und Rücken, schwarzer Kehle und weißer Stirn; ♀ oberseits graubraun, unterseits gelblichbraun; zieht im Herbst nach Afrika. **Hausrotschwanz** (Phoenicurus ochruros), in Europa, Vorder- bis Z-Asien; ♂♂ grauschwarz mit weißem Flügelspiegel, ♀♀ graubraun, seitl. mit rostrotem Schwanz und Bürzel; Teilzieher. - Abb. S. 34.

Rotschwingel ↑Schwingel.

Rotte, Abbau organ. Materialien v. a. durch Mikroorganismen (Bakterien, Pilze) bei der Kompost- und Mistbereitung **(Verrottung).**

Rotwolf, Unterart des ↑Wolfs.

Rotwurm (Luftröhrenwurm, Roter Luftröhrenwurm, Syngamus tracheae), in der Luftröhre von Hühnervögeln parasitierender (blutsaugender) Fadenwurm. Die Larven entwickeln sich bes. in Schnecken oder Regenwürmern, die – von den Vögeln gefressen – sich über die Blutbahn im Körper ausbreiten.

Rotzahnspitzmäuse (Soricinae), Unterfam. der Spitzmäuse mit mehr als 80 Arten in Eurasien, in N-, M- und im nördl. S-Amerika; Zähne mit dunkelrostroten bis rötlichgelben Spitzen. Zu den R. gehören u. a. **Waldspitzmaus** (Sorex araneus; Körperlänge 6–9 cm; Schwanzlänge 3–6 cm; Färbung variabel, oberseits dunkel- bis schwarzbraun, Bauchseite grauweiß), **Wasserspitzmaus** (Neomys fodiens; an und in stehenden Süßgewässern, Körperlänge etwa 10 cm, Schwanzlänge 5–8 cm, Oberseite dunkel schiefergrau, Unterseite meist weißl.) und **Zwergspitzmaus** (Sorex minutus; Körperlänge 5–7 cm, Höchstgewicht 7 g; graubraun mit hellgrauer Bauchseite).

Rotzbarsch, svw. ↑Kaulbarsch.

Rotzunge, (Hundzunge, Glyptocephalus cynocephalus) etwa 30–50 cm großer, langgestreckter Plattfisch im nördl. Atlantik; Oberseite rötl. bis graubraun; Speisefisch. ◆ (Echte R., Limande, Microstomus kitt) etwa 50–60 cm langer Plattfisch im europ. N-Atlantik bis zur westl. Ostsee; Oberseite gelbbraun bis rot, mit dunkler Marmorierung; Speisefisch.

Roux, Wilhelm [frz. ru], * Jena 9. Juni 1850, † Halle/Saale 15. Sept. 1924, dt. Anatom. - Direktor des Inst. für Entwicklungsgeschichte und Entwicklungsmechanik in Breslau; arbeitete v.a. über die Kausalfaktoren in der Morphologie und begründete die (von ihm Entwicklungsmechanik genannte) Entwicklungsphysiologie.

r-RNS, Abk. für: **r**ibosomale **RNS** (↑RNS).

Rüben, fleischig verdickte Speicherorgane bei zweikeimblättrigen Pflanzenarten, an deren Aufbau Hauptwurzel (Pfahlwurzel) und ↑Hypokotyl in wechselnden Anteilen beteiligt sind.

Rübenaaskäfer (Blitophaga), holarkt. verbreitete Gatt. der Aaskäfer mit zwei in Europa durch Blattfraß an Rübenpflanzen schädl. Arten: **Brauner Rübenaaskäfer** (Bukkelstreifiger R., Blitophaga opaca; 9–12 mm lang, schwarz, oberseits fein goldbraun behaart) und **Schwarzer Rübenaaskäfer** (Runzeliger R., Blitophaga undata; 11–15 mm lang, schwarz, fast unbehaart und mit runzeligen Flügeldecken).

Rübenfliegen (Runkelfliegen), Bez. für zwei Arten holarkt. verbreiteter, 6–7 mm großer, schlanker, stubenfliegenähnl. Fliegen. Die Larven werden v.a. durch Minieren in Blättern bzw. durch Blattfraß an Futter- und Zuckerrüben, Spinat und Mangold schädlich.

Rübengras, svw. ↑Rübsen.

Rübenkohl, svw. ↑Rübsen.

Rübenpflanzen, ↑hapaxanthe Pflanzen mit Rüben als Speicherorganen. Zu den R. gehören zahlr. Gemüse- (z.B. Möhre, Rettich) und Futterpflanzen (z.B. Runkelrübe)

Rübenwanzen (Meldenwanzen, Piesmidae), weltweit verbreitete Fam. kleiner Landwanzen mit rd. 30 meist paläarkt. verbreiteten Arten, davon vier in M-Europa; Körper abgeplattet und mit kurzen Beinen; Schildchen sehr klein; Deckflügel mit Gitterstruktur; Pflanzensauger, v.a. an Melde und Rübenpflanzen; als Schädling bekannt die **Rübenblattwanze** (Piesma quadrata), 2,5–3,5 mm lang, graubraun, überträgt eine viröse Kräuselkrankheit.

Rübenweißling, svw. Kleiner Kohlweißling (↑Kohlweißling).

Rubiazeen [lat.], svw. ↑Rötegewächse.

Rüblinge (Collybia), Gatt. der Lamellenpilze mit rd. 40 dünnstieligen, kleinen bis mittelgroßen, meist braunen, zähen, dünnfleischigen Arten in den Wäldern Eurasiens und N-Amerikas. In M-Europa u.a.: **Gefleckter Rübling** (Collybia maculata), bis 10 cm hoch, weißl., auf dem Hut rosarot gefleckt, bitter schmeckend; **Samtfußrübling** (Winterrübling, Winterpilz, Collybia velutipes), bis 8 cm hoch, büschelig von Okt. bis Mai an abgestorbenem Laubholz wachsend, Hut honiggelb, in der Mitte rotbraun, Lamellen gelbl., eßbar.

Rubner, Max, * München 2. Juni 1854, † Berlin 27. April 1932, dt. Physiologe. - Prof. in Marburg und Berlin; grundlegende Arbeiten über Wärmehaushalt, -abgabe und -schutz des menschl. Organismus, Arbeits- und Ernährungsphysiologie. Er wies u.a. darauf hin, daß das Gesetz von der Erhaltung der Energie auch für Stoffwechselvorgänge Gültigkeit hat.

Rübsen (Rübsaat, Rübenkohl, Rübengras, Brassica rapa), aus M- und S-Europa stammende Art des Kohls mit blaugrün bereiften, stengelumfassenden Blättern und gelben Blüten in lockeren Trauben; Schotenfrüchte. R. wird in den beiden Formengruppen Öl-R. und Wasserrübe kultiviert. Die **Ölrübse** (Rübenraps, Brassica rapa var. silvestris) wird in mehreren Kulturformen einjährig als *Sommer-R.* oder überwinternd als *Winter-R.* angebaut. Die etwa 30–35% Öl enthaltenden Samen werden ähnl. wie die des ↑Raps verwendet. Die **Wasserrübe** (Stoppel-, Brach-, Halm-, Herbst-, Saatrübe, Weiße Rübe, Brassica rapa var. rapa) ist zweijährig mit langgestreckter Wurzel- oder rundl. Hypokotylrübe; überwiegend als Viehfutter verwendet (90% Wasser, 0,7% Kohlenhydrate, 0,9% Eiweiß).

Rübsenblattwespe (Kohlrübenblattwespe, Runkelrübenblattwespe, Athalia rosae), in Eurasien, S-Afrika und N-Amerika verbreitete, 6–8 mm große, rotgelbe, schwarz gezeichnete Blattwespe; Larven werden durch Blattfraß an Rübsen, Senf, Raps, Kohl u.a. Kreuzblütlern schädlich.

Rubus [lat.], vielgestaltige Gatt. der Rosengewächse mit mehr als 700 Arten in elf Untergatt.; v.a. auf der Nordhalbkugel, jedoch auch in trop. Bergländern sowie in Australien und Neuseeland; niederliegende oder kletternde Kräuter oder Sträucher mit meist weißen, rosa- oder purpurfarbenen Blüten in endständigen Rispen oder in Doldentrauben und roten, schwarzen oder gelben Beeren (Sammelsteinfrüchte). Zahlr. Wild- und Kulturpflanzen werden genutzt, z.B. die Brombeere, die Himbeere und die Moltebeere.

Ruchgras (Geruchgras, Riechgras, Anthoxanthum), Gatt. der Süßgräser mit rd. 20 Arten in Eurasien und im Mittelmeergebiet mit einblütigen Ährchen (mit nur zwei Staubgefäßen) in einer Rispe. Die bekannteste einheim. Art ist das **Gemeine Ruchgras** (Wohlriechendes R., Anthoxanthum odoratum) in lichten Wäldern, auf Wiesen und Weiden; mehrjähriges Horstgras mit 15–25 cm hohen Halmen und 2–10 cm langer Scheinähre; spaltet beim Verwelken das den charakterist. Heugeruch bedingende Kumarin ab.

Rücken [zu althochdt. rucki, eigtl. „der Gekrümmte"] (Dorsum), die dem Bauch gegenüberliegende Seite (Dorsalseite) des tier. und menschl. Körpers. Bei den *Säugetieren* im allg. gilt als R. die obere (beim Menschen die hintere), von Nacken und Becken begrenzte Rumpfwand. Beim *Menschen* ist der R. der tragkräftigste Körperteil. Er erstreckt sich vom Dornfortsatz des siebten Halswirbels und den beiden Schulterblattregionen, einschl. der hinteren Teile des Schultergelenks, bis zu den Konturen des Steißbeins (in der R.mittellinie) und den beiden Darmbeinkämmen und ist durch das Vorhandensein großer, flächiger Rückenmuskeln ausgezeichnet. Die Achse des R. und den wichtigsten R.teil bildet die Wirbelsäule, über deren Dornfortsätzen die mediane *R.furche* verläuft, die unten von der flachen Kreuzbeinregion abgelöst wird. In ihr liegt das *Sakraldreieck* mit Spitze in der Gesäßfurche und Basis zw. den beiden hinteren oberen Darmbeinstacheln, über denen die Haut grübchenförmig eingezogen ist. Bei der Frau ist die Haut auch über dem Dornfortsatz des fünften (letzten) Lendenwirbels eingedellt, so daß sich bei ihr das Sakraldreieck nach oben zur *Lendenraute (Michaelis-Raute)* erweitert; die Rautenbreite zeigt die Beckenweite an.

Rückenflosse (Pinna dorsalis), in Einbis Mehrzahl vorkommende unpaare, dorsomediane Flosse bei im Wasser lebenden Wirbeltieren, bes. bei den Fischen (wird bei Haien und Walen auch **Finne** genannt). Die R. dient allg. der Stabilisierung der Körperlage und der Steuerung der Bewegung, durch Aufspreizen vorhandener Hartstrahlen auch der Abwehr von Feinden.

Rückenmark (Medulla spinalis), bei allen Wirbeltieren (einschließl. Mensch) ein in Körperlängsrichtung im Wirbelkanal (↑Wirbel) verlaufender ovaler oder runder Strang, der mit seinen Nervenzellen und -fasern einen Teil des Zentralnervensystems darstellt und gehirnwärts am Hinterhauptsloch in das verlängerte Mark (↑auch Gehirn) übergeht. Das R. wird embryonal als ↑Medullarrohr angelegt.

Beim *Menschen* läßt sich das R. in folgende, kontinuierl. ineinander übergehende **Rückenmarkssegmente** gliedern: 8 Halssegmente (Zervikalsegmente), 12 Brustsegmente (Thorakalsegmente), 5 Lendensegmente (Lumbalsegmente), 5 Kreuzbeinsegmente (Sakralsegmente) und 1–2 Steißbeinsegmente (Kokzygealsegmente). Da das R. auf Grund des stärkeren Wachstums der Wirbelsäule während der Individualentwicklung nur bis zur Höhe des 2.–3. Lendenwirbels reicht, wo es in einen bindegewebigen **Endfaden** (Filum terminale) übergeht, der in Höhe des 2. Kreuzbeinwirbels ansetzt, liegen die R.segmente jeweils höher als die entsprechenden Spinalnerven. - Rings um den sehr engen, mit Liquor gefüllten **Zentralkanal** des R. (*R.kanal*, Canalis centralis) ist die **graue Substanz** im Querschnitt in der Form eines H oder eines Schmetterlings angeordnet, deren beide dorsale Schenkel bzw. Zipfel die *Hinterhörner*, die beiden ventralen die *Vorderhörner* bilden, zw. denen noch kleine *Seitenhörner* liegen. Die graue Substanz wird von den Nervenzellkörpern gebildet. Am größten sind die motor. multipolaren Ganglienzellen der Vorderhörner, deren Neuriten (Vorderwurzelfasern) die vorderen Wurzeln der Spinalnerven mit efferenten (motor.) Fasern bilden. In den Seitenhörnern liegen die vegetativen (sympath.) Ganglienzellen, in den Hinterhörnern jene Ganglienzellen, die von den hinteren Wurzeln her mit sensiblen Nervenfasern (Hinterwurzelfasern) verbunden sind. Kurz vor der Vereinigung mit der vorderen erscheint die hintere Wurzel jeder Seite durch eine Anhäufung von Nervenzellen zu einem eiförmigen **Spinalganglion** (Ganglion

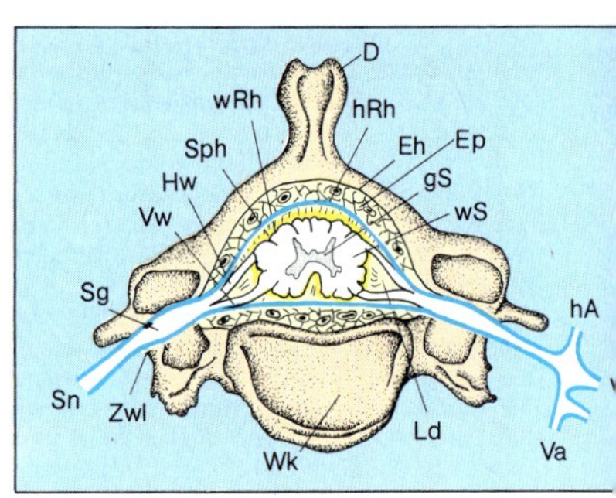

Rückenmark (Querschnitt).
D Dornfortsatz, Eh Endorhachis,
Ep Epiduralraum, gS graue Substanz, hA hinterer Ast,
hRh harte Rückenmarkshaut,
Hw Hinterwurzel, Ld Ligamentum denticulatum, Sg Spinalganglion,
Sn Spinalnerv, Sph Spinnwebhaut,
vA vorderer Ast, Va Verbindungsast,
Vw Vorderwurzel, Wk Wirbelkörper,
wRh weiche Rückenmarkshaut,
wS weiße Substanz,
Zwl Zwischenwirbelloch

spinale) aufgetrieben. Vorder- und Hinterwurzelfasern vereinigen sich zu den R.nerven (↑Spinalnerven), die den Wirbelkanal durch das **Zwischenwirbelloch** (Foramen intervertebrale) verlassen. - Die graue Substanz wird von der weißen Substanz, dem *Markmantel*, umschlossen. Die **weiße Substanz** besteht aus Nervenfasern, die zus. eine Reihe (aus der

Peripherie) aufsteigender und (aus dem Gehirn) absteigender Leitungsbahnen bilden (afferente bzw. efferente Leitungsbahnen). Die größte efferente Bahn ist die für die willkürl. Bewegungen zuständige paarige *Pyramidenseitenstrangbahn* (↑Pyramidenbahn). Die absteigenden Bahnen des ↑extrapyramidalen Systems leiten unwillkürl. Bewegungsimpulse und Impulse für den Muskeltonus aus dem Hirnstamm rückenmarkwärts zu den motor. Vorderhornzellen. Zu den afferenten Bahnen gehören die sensiblen **Hirnstrangbahnen.** Sie erhalten ihren Erregungszustrom nicht nur von der Epidermis bzw. den Druck- und Berührungsrezeptoren her, sondern auch aus den die Tiefensensibilität (Lage- und Bewegungsempfindungen) betreffenden kleinen „Sinnesorganen" der Muskeln, Sehnen und Gelenke. Im Seitenstrang ziehen die **Kleinhirnseitenstrangbahnen** aufwärts, die dem Kleinhirn u. a. Meldungen aus den Muskeln und Gelenken zur Erhaltung des Körpergleichgewichts vermitteln. Im Vorderteil des Seitenstrangs schließl. laufen u. a. zwei Stränge des *Tractus spinothalamicus* gehirnwärts, die die Schmerz- und Temperatur- bzw. die Tastempfindungen zur Schaltstelle im Thalamus leiten. Das R. dient jedoch nicht einfach nur als Leitungs- und Umschaltapparat zw. Körperperipherie und Gehirn. Vielmehr sind in den sog. Eigenapparat des R. eine Reihe unwillkürlicher nervaler Vorgänge, die **Rükkenmarksreflexe,** eingebaut; die Schaltzellen der entsprechenden Reflexbögen liegen in der grauen Substanz.

Das mit der **weichen Rückenmarkshaut** (Pia mater spinalis) verbundene R. ist eingebettet in die Gehirn-R.-Flüssigkeit (Zerebrospinalflüssigkeit, Liquor) des Subarachnoidalraums (Cavum subarachnoidale) unter der **Spinnwebhaut** des R. (Arachnoidea spinalis), aufgehängt v. a. jederseits durch ein Band (Ligamentum denticulatum). Auf die Spinnwebhaut, dieser dicht anliegend, folgt die **harte Rückenmarkshaut** (Dura mater spinalis), die von der Auskleidung *(Endorhachis)* des Wirbelkanals durch den als Polster wirkenden, mit halbflüssigem Fett, Bindegewebe, Venengeflechten und Lymphgefäßen ausgefüllten **Epiduralraum** (Cavum epidurale) getrennt ist. Die harte R.haut bildet einen in sich geschlossenen, unten in den Endfaden übergehenden Sack *(Durasack, Duralsack).*

Ruderfrösche.
Javanischer Flugfrosch

Rückenmarkshäute ↑Rückenmark.

Rückenmarkskanal ↑Rückenmark.

Rückenmarksnerven, svw. ↑Spinalnerven.

Rückenmarkssegmente ↑Rückenmark.

Rückenmuskeln (Musculi dorsi), neben tieferliegenden, längsverlaufenden Muskeln v. a. die breiten, flächenhaften, oberflächl. dorsalen Muskeln des Körperstamms bzw. Rumpfs, v. a. der ↑Kapuzenmuskel und der **breite Rückenmuskel** (Musculus latissimus dorsi): oberflächl. liegende Muskelplatte, die von den unteren Brust- und den Lendenwirbeln sowie dem Darmbeinkamm zur Vorderseite des Oberarmknochens verläuft und den Arm an den Rumpf und nach rückwärts zieht sowie ihn nach innen dreht; beim Hängen an den Armen (v. a. bei hangelnden Tieren wie den Affen) trägt er das Becken und damit den ganzen Rumpf.

Rückenschwimmer (Wasserbienen, Notonectidae), weltweit verbreitete Fam. der Wasserwanzen mit mehr als 150 Arten, davon sechs 10–16 mm lange, schwimm- und flugfähige Arten in Deutschland; Rücken dachförmig gekielt; schwimmen mit der Bauchseite nach oben und führen unter den Flügeln und v. a. mit Hilfe zweier Haarreihen am Hinterleib Atemluft mit. - R. können mit ihrem Rüssel den Menschen sehr schmerzhaft stechen.

Rückgrat, die Höckerreihe der ↑Dornfortsätze; auch svw. ↑Wirbelsäule.

Rückkopplung (Feedback), die ↑Regelung eines Vorganges im menschl. (tier.) Körper über Rückkopplungsmechanismen nach dem Prinzip eines Regelkreises; z. B. ↑Blutdruck, Wirkungen von ↑Hormonen u. a.

Rückkreuzung, Kreuzung von Individuen der ersten Tochtergeneration mit Individuen der Elterngeneration; dient z. B. dazu, festzustellen, ob ein dominantes äußeres Merkmal homo- oder heterozygot angelegt ist.

Rückzugsgebiete, in der *Ökologie* ↑Refugialgebiete.

Rudbeck, Olof [schwed. ˌrʉːdbɛk], latinisiert Olaus Rudbeckius, * Västerås 1630, † Uppsala 17. Sept. 1702, schwed. Naturforscher und Universalgelehrter. - Entdeckte 1651 die Bed. der Lymphgefäße und widerlegte Galens Lehrmeinung von der Rolle der Leber bei der Blutbildung.

Rudbeckia (Rudbeckie) [nach O. Rudbeck], svw. ↑Sonnenhut.

Rüde, das ♂ der Hundeartigen und Marder.

Rudel, Bez. für eine Herde von ↑Hirschen oder ↑Hunden.

Ruderalpflanzen [zu lat. rudus „Geröll, Schutt"] (Schuttpflanzen), meist unscheinbar blühende Pflanzen, die sich auf Bauschutt, Häuserruinen, Schotteraufschüttungen, Müllplätzen, an Wegrainen, Mauerfüßen und ähnl. Orten angesiedelt haben. Sie gehören einheim. und eingeschleppten, auch spontan eingedrungenen Arten an, sind ↑Kulturfolger und zeichnen sich durch Anpassungsfähigkeit, große Lebenszähigkeit und starke Vermehrung aus (z. B. viele Arten von Knöterich-, Gänsefuß- und Malvengewächsen).

Ruderenten ↑Enten.

Ruderfrösche (Flugfrösche), artenreiche Fam. 2–8 cm langer, oft sehr bunter, laubfroschähnl. Froschlurche, v. a. in Regenwäldern u. Savannen Afrikas, Madagaskars u. SO-Asiens (einschl. der Sundainseln); mit meist großen Haftscheiben an Zehen- und Fingerenden, zw. denen sich bei einigen Arten (z. B. beim **Javan. Flugfrosch** [Rhacophorus reinwardtii]: 7,5 cm groß, oberseits grün, unterseits gelb; auf Java, Borneo) großflächige Häute ausspannen, die die Tiere zu kurzen Gleitflügen von Baum zu Baum befähigen. - Abb. S. 39.

Ruderfüßer (Pelecaniformes, Steganopodes), seit dem Oligozän bekannte, heute mit über 50 Arten in allen warmen und gemäßigten Regionen verbreitete Ordnung mittelgroßer bis sehr großer Wasservögel; gut fliegende, oft auch ausgezeichnet segelnde, jedoch an Land recht unbeholfene Tiere mit langen Flügeln und kurzen Beinen, bei denen alle vier Zehen durch Schwimmhäute verbunden sind *(Ruderfuß)*. - Zu den R. rechnet man Tropikvögel, Fregattvögel, Pelikane, Tölpel, Kormorane und Schlangenhalsvögel.

Ruderfußkrebse (Kopepoden, Copepoda), Unterklasse meist 0,5 bis wenige mm großer Krebstiere mit rd. 4 000 Arten in Meeren und Süßgewässern, auch an feuchten Landbiotopen (z. B. Moospolster, wasserbenetzte, algenbewachsene Felsen); z. T. Parasiten (bes. an Fischen), z. T. freilebende Arten; im letzteren Fall ist der Körper langgestreckt, in zwei Abschnitte gegliedert; Entwicklung über die Larvenstadien Nauplius und Metanauplius. Viele freilebende Arten haben als Fischnahrung große Bedeutung.

Ruderschnecken (Gymnosomata), Ordnung 2–40 mm langer, schalenloser Meeresschnecken (Überordnung Hinterkiemer); räuberisch lebende Tiere, deren Fuß durch breite, dem Schwimmen dienende Schwimmlappen gekennzeichnet ist.

Ruderwanzen (Wasserzikaden, Corixidae), mit über 200 Arten in stehenden Gewässern weltweit verbreitete Fam. der Wasserwanzen, darunter in M-Europa 35 (2–15 mm lange) Arten. R. rudern mit den abgeflachten, borstenbesetzten Hinterbeinen im Wasser; sie können auch fliegen. In M-Europa kommt häufig die **Europ. Ruderwanze** (Corixa punctata) vor; bis 15 mm lang, oberseits schwarzgrün, dunkel quergestreift.

Rudiment [lat.], nicht mehr vollständig ausgebildetes, verkümmertes, teilweise oder gänzl. bedeutungslos gewordenes Organ bei einem Lebewesen (wichtiger Hinweis in bezug auf die Stammesgeschichte). **Rudimentäre Organe** sind z. B. beim Menschen die Schwanzwirbel, der Wurmfortsatz des Blinddarms, die Muskeln der Ohrmuscheln.

Ruffini-Körperchen (Ruffini-Endkolben) [nach dem italien. Biologen A. Ruffini, * 1864, † 1929], vermutl. Thermo- oder auch druck- und zugempfindl. Mechanorezeptoren in den unteren Schichten der Haut (v. a. in den Beugeseiten der Gliedmaßen), in der Mundschleimhaut, den Augenlidern, der Regenbogenhaut, dem Ziliarkörper und in der harten Hirnhaut.

Ruhekleid, Bez. für die (in bezug auf Färbung, Hautkammbildungen) schlicht aussehende Körperdecke der ♂♂ vieler Tiere zw. den Paarungs- bzw. Brutzeiten, wenn während dieser ein bes. ↑Hochzeitskleid ausgebildet wird, wie dies bei vielen Fischen, Amphibien und den meisten Vögeln der Fall ist.

Ruhemauser ↑Mauser.

Ruhestadien (Ruheperioden), bei vielen Lebewesen Zeiten mit stark verminderter Stoffwechseltätigkeit derart, daß die Aktivität ruht und das Wachstum bzw. die Entwicklung unterbrochen sind. Dabei können niedere Temperaturen oder/und bes. Lichtverhältnisse (niedere Lichtintensität, kurze tägl. Beleuchtungsdauer), auch bes. hohe Temperaturen bzw. Trockenheit, zusätzlich auch hormonelle Einflüsse (z. B. bei der ↑Diapause) von Bed. sein. R. bei Pflanzen sind u. a. Winterruhe, bei Tieren Kältestarre und Winterschlaf. - ↑auch Dauerstadien.

Ruhetonus, Spannungszustand der quergestreiften Muskulatur im Zustand körperl. Ruhe. Der R. ist für die Körperhaltung verantwortl., er wird vom Zentralnervensystem gesteuert und kann durch Narkotika und Muskelrelaxanzien ausgeschaltet werden.

Ruheumsatz, svw. ↑Grundumsatz.

Ruhramöbe ↑Entamoeba.

Ruhrkraut (Gnaphalium), weltweit verbreitete Gatt. der Korbblütler mit rd. 150 Arten; weißgrau-filzige oder wollig behaarte Kräuter mit wechselständigen, ganzrandigen Blättern; Blüten in von weiß, gelb oder rötlich gefärbten Hüllblättern umgebenen, vielblütigen Köpfchen mit ♀ Rand- und zwittrigen Scheibenblüten. Wichtigste einheim. Art ist auf kalkarmen Böden das **Waldruhrkraut** (Gnaphalium silvaticum).

Rührmichnichtan ↑Springkraut.

Ruhrwurz ↑Flohkraut.

Ruländer (Grauer Burgunder, Grauer

Mönch, Pinot gris, Malvoisie, Tokay d'Alsace), helle Rebsorte, die nährstoffreiche Böden und beste Lagen beansprucht; wenig säurebetonte, körperreiche Weine.

Rumex [lat.], svw. ↑Ampfer.

Ruminantia [lat.], svw. ↑Wiederkäuer.

Rumpf (Körperstamm, Truncus), äußerl. meist wenig gegliederte Hauptmasse des Körpers der Wirbeltiere (einschl. Mensch), bestehend aus Brust, Bauch und Rücken; nicht zum R. gehören also Kopf, Hals, Gliedmaßen und Schwanz.

Rundblättrige Glockenblume ↑Glockenblume.

Rundblättriger Sonnentau ↑Sonnentau.

Rundmäuler (Cyclostomata, Zyklostomen), einzige rezente Klasse fischähnl. Wirbeltiere (Überklasse ↑Kieferlose) mit knapp 50, etwa 15–100 cm langen Arten in Meeres- und Süßgewässern; Körper aalförmig, mit unbeschuppter, schleimdrüsenreicher Haut und knorpeligem Skelett, bei dem die ↑Chorda dorsalis weitgehend erhalten bleibt; am Vorderdarm 5 bis 15 Paar rundl., meist offene Kiemenspalten. Man unterscheidet die beiden Unterklassen ↑Inger und ↑Neunaugen.

Rundmorchel, svw. Speisemorchel (↑Morchel).

Rundohriger Waldelefant ↑Elefanten.

Rundwürmer, svw. ↑Schlauchwürmer.

Runkelrübe, (Beta) Gatt. der Gänsefußgewächse mit etwa 12 Arten vom Mittelmeergebiet bis Vorderindien und Zentralasien; ein-, zwei- oder auch mehrjährige Kräuter mit aus Wurzeln und Hypokotyl gebildeten ↑Rüben; Blüten zu mehreren in Knäueln, die einfache oder zus.gesetzte Ähren bilden; die wirtsch. wichtigste Art ist die **Gemeine Runkelrübe** (Beta vulgaris), mit verdickter Pfahlwurzel, breit-eiförmigen Blättern und bis 1 m hohem Blütenstand; Unterarten sind der **Mangold** (Beta vulgaris convar. vulgaris), mit schwach verdickter Wurzel und großen, hellgrünen Blättern (werden als Gemüse gegessen) und die **Meerstrandrübe** (Wilde Rübe, Beta vulgaris ssp. maritima), mit spindelförmiger, verholzter dünner Wurzel; Stammpflanze der Kulturrüben.

◆ (Futterrunkel, Futterrübe, Dickrübe, Dickwurz, Burgunderrübe, Beta vulgaris convar. crassa var. crassa) in mehreren Sorten als Viehfutter angebaute, zweijährige Kulturform der Gemeinen R.; entwickelt im ersten Jahr eine überwiegend aus Hypokotyl bestehende, weit aus dem Boden ragende, gelb-, weiß- oder rotfleischige, verschieden gestaltete, kohlenhydratreiche Rübe; Verwendung als Wintersaftfutter für Rinder und Schweine.

Ruprechtskraut ↑Storchschnabel.

Rüssel [zu althochdt. ruozzen „wühlen"] (Proboscis), die bis zur Röhrenform verlängerte, muskulöse, sehr bewegl., als Tastorgan (auch Greiforgan) dienende Nasenregion bei verschiedenen Säugetieren, z. B. Elefanten, Tapiren, Schweinen, Spitzmäusen. - Als R. werden auch durch Muskulatur oder Blutdruck bewegbare, ausstreckbare bzw. ausstülpbare Partien am Kopfende von Schnurwürmern, Kratzern, Vielborstigen Ringelwürmern, Egeln, Schnecken und Insekten (z. B. bei der Stubenfliege; als *Stech-R.* z. B. bei Blattläusen, Stechmücken; nur als *Saug-R.* v. a. bei Schmetterlingen) bezeichnet.

Rüsselbären, svw. ↑Nasenbären.

Rüsselegel (Rhynchobdellodea), Überfam. der ↑Blutegel mit mehr als 150, wenige mm bis 30 cm langen Arten im Süßwasser und im Meer; Stechrüssel ausstülpbar; leben ektoparasit. an Wirbeltieren und Wirbellosen; u. a. ↑Fischegel.

Rüsselkäfer (Rüßler, Curculionidae), weltweit verbreitete, mit rd. 45 000 (0,3–7 cm langen) Arten umfangreichste Fam. der Käfer, deren Kopf vorn rüsselartig vorgezogen ist und am Ende kurze, kauende Mundwerkzeuge trägt; Körper meist mit harter Kutikula; Fühler bei den meisten Arten gewinkelt; fliegen nur gelegentl., manche Arten ohne Flugvermögen. - R. versenken ihre Eier gewöhnl. in Pflanzengewebe, wozu sie mit dem Rüssel Löcher bohren; andere Arten legen die Eier in die Erde oder in kunstvoll gerollte Blattwickel (z. B. der Birkenstecher) ab. - Die madenförmigen Larven fressen im Innern von Pflanzen (z. B. Stengel, Knospen, Früchte, Holz), die Larven mancher Arten sind Blattminierer oder Gallenerzeuger, einige leben an Wurzeln in der Erde. Zahlr. R. können an Pflanzen und Vorräten schädl. werden, z. B. ↑Blütenstecher, ↑Kornkäfer, ↑Kiefernrüßler.

Rüsselratten (Petrodromus), Gatt. der ↑Rüsselspringer mit sechs Arten in Afrika.

Rüsselspringer (Rohrrüßler, Macroscelididae), Fam. der Insektenfresser mit rd. 20 Arten in Afrika; Körperlänge etwa 10–30 cm, Schwanz knapp körperlang; Rumpf gedrungen; Schnauze röhrenförmig verlängert, mit biegsamem, bewegl. Rüssel; Augen und Ohren auffallend groß; stark verlängerte Hinterbeine befähigen die R. zu hüpfender Fortbewegung und weiten Sprüngen; überwiegend tagaktiv. R. zählen zu den höchstentwikkelten Insektenfressern. - Zu den R. gehören u. a. Elefantenspitzmäuse und Rüsselratten.

Rüsseltiere (Proboscidea), bes. während der pleistozänen Eiszeiten nahezu weltweit verbreitete, heute weitgehend ausgestorbene Ordnung der Säugetiere von der Größe eines Zwergflußpferds bis rd. 4 m Schulterhöhe; mit Ausnahme der ursprünglichsten Formen Nase zu einem Rüssel verlängert; meist mit mächtigen (bei Mammuten bis zu 5 m langen) Stoßzähnen im Oberkiefer, bei anderen Arten auch im Unterkiefer. Ausgestorben sind u. a. Mammute, Mastodon, Dinotherium. Die einzige rezente Fam. bilden die ↑Elefanten.

Rüsselwanzen (Spitzwanzen, Aelia), paläarkt. verbreitete Gatt. der Schildwanzen mit drei (7–12 mm langen, strohfarbenen) einheim. Arten mit dunklen Längsstreifen; Kopf nach vorn leicht rüsselförmig verlängert; bekannteste schädl. Art ist die **Getreidespitzwanze** (Spitzling, Aelia acuminata), etwa 9 mm groß, graugelb, bräunl. punktiert mit dreieckigem Kopf; bohrt Grassamen an.

Rüsselwürmer (Priapswürmer, Priapulida), Stamm 2–200 mm langer, wurmförmiger Tiere mit zehn Arten in Meeren; Vorderende mit Längsreihen von Haken besetzt, einstülpbar; Schlund ausstülpbar, mit Zähnen bewaffnet; getrenntgeschlechtlich.

Russischer Desman [dt./schwed.] (Wychuchol, Bisamrüßler, Moschusbisam, Bisamspitzmaus, Desmana moschata), großer ↑ Bisamrüßler in der sw. UdSSR; Körperlänge bis 20 cm; mit muskulösem, etwa ebenso langem Schwanz; Fell sehr dicht und weich, glänzend, rötlichbraun, unterseits silberweiß; liefert begehrtes Pelzwerk *(russ. Bisam, Silberbisam)*.

Russischer Windhund, svw. ↑ Barsoi.

Rüßler, svw. ↑ Rüsselkäfer.

Rußtaupilze (Capnodiaceae), Fam. nichtparasit. Schlauchpilze (Ordnung Pseudosphaeriales); mit dunklem Myzel, wachsen, begünstigt durch Honigtau, oberflächl. auf Blättern, auch auf Früchten (**Rußtau**) und können die Assimilation behindern.

Rüster [zu mittelhochdt. rust „Ulme"], svw. ↑ Ulme.

Rutaceae [lat.], svw. ↑ Rautengewächse.

Rute, im *Obstbau* Bez. für einen Langtrieb an Obstgehölzen und Beerensträuchern, insbes. den Sproß von Himbeere und Brombeere.
◆ svw. ↑ Penis (bei Tieren).
◆ wm. Bez. für: 1. den Schwanz des Hundes und den glatten (nicht buschigen; Lunte) Schwanz von Haarraubwild; 2. das männl. Glied von Schalenwild, Raubwild und Hund (bei letzteren auch *Fruchtglied* genannt).

Rutenpilze (Phallales), Ordnung der Bauchpilze mit in der Jugend eiförmig-geschlossenen Fruchtkörpern *(Teufelseier)*. Bei der Reife streckt sich der Zentralstrang, durchbricht die Außenhülle und trägt an seiner Spitze dann die Sporenmasse (↑ Gleba). Man unterscheidet die Gatt. *Phallus, Dictyophora* und *Mutinus*.

Rutilismus [zu lat. rutilus „rötlich"] (Rothaarigkeit), die natürl. Rotfärbung des menschl. Haares, bedingt durch einen Defekt an einem bestimmten (bisher noch nicht bekannten) Faktor in der Pigmentbildung (↑ Melanine), der einem einfach rezessiven Erbgang unterliegt. R. kommt - in unterschiedl. Verteilung - bei allen Menschenrassen vor, zeigt sich jedoch bei den dunkelhäutigen Rassen häufig nur als schwacher Rotschimmer des Haars. Bes. deutl. ist R. bei den hellfarbigen Europiden erkennbar.

Rutin [zu griech.-lat. ruta „Raute" (nach dem häufigen Vorkommen in Rautengewächsen)] (Vitamin P) ↑ Vitamine.

Rüttelflug ↑ Fortbewegung.

S

Saaterbse (Pisum sativum), Art der Gatt. Erbse mit den Kulturformen ↑ Ackererbse, ↑ Gartenerbse, **Markerbse** (Runzelerbse, Pisum sativum convar. medullare, mit viereckigen, trockenen Samen; werden unreif als Gemüse gegessen) und **Zuckererbse** (Pisum sativum convar. axiphium; die süßschmeckenden Hülsen und Samen werden unreif als Gemüse gegessen).

Saateule (Wintersaateule, Agrotis segetum), etwa 4 cm spannender, von Europa ostwärts bis Japan verbreiteter Eulenfalter mit graubraunen Vorder- und weißl. Hinterflügeln; Raupen glänzend grau, als Erdraupen tagsüber versteckt; fressen an Wurzeln und Blättern krautiger Pflanzen und Gräser; können bes. an Getreide schädlich werden.

Saatgans (Anser fabalis), fast 90 cm lange, dunkelgraue Gans auf Grönland und in N-Eurasien (↑ Gänse).

Saatgerste ↑ Gerste.

Saathafer ↑ Hafer.

Saatkrähe (Corvus frugilegus), rd. 45 cm langer, schwarzer, kolonieweise brütender Rabenvogel in Europa (ohne Skandinavien und Mittelmeerländer) und in großen Teilen Asiens; unterscheidet sich von der sehr ähnl. Rabenkrähe v. a. durch die unbefiederte, grauweiße Schnabelbasis (bei erwachsenen Tieren) und den schlankeren, spitzeren Schnabel; Teilzieher.

Saatplatterbse ↑ Platterbse.

Saatschnellkäfer (Humusschnellkäfer, Agriotes), Gatt. der Schnellkäfer mit zehn 6–15 mm langen einheim. Arten; Larven einiger Arten als Drahtwürmer schädl. an Wurzeln und Knollen verschiedener Kulturpflanzen (z. B. Getreide, Kartoffel- und Gemüsepflanzen); häufig ist u. a. der **Feldhumusschnellkäfer** (Gestreifter S., Agriotes lineatus): 8–10 mm lang, bräunl., grau behaart, mit gelbl. Flügeldecken.

Saatweizen ↑Weizen.

Saatwicke (Futterwicke, Ackerwicke, Vicia sativa), Wickenart in Europa, W-Asien und N-Afrika; 30–90 cm hoch, mit behaartem, vierkantigem Stengel und behaarten Blättern mit Ranken an der Blattspitze; Blüte rotviolett, einzeln oder zu zweien in den Blattachseln; Hülsenfrucht höckrig und kurzhaarig; als Grünfutterpflanze angebaut.

Sabadille [span., letztl. zu lat. cibus „Nahrung"] (Schoenocaulon, Sabadilla), Gatt. der Liliengewächse mit nur 9 Arten in N- und M-Amerika; Zwiebelgewächse mit grundständigen, linealförmigen Blättern und kleinen, in dichter, langer, endständiger Ähre an blattlosem Schaft angeordneten Blüten. Die als **mex. Läusesamen** (Semen Sabadillae) bekannten, bis 5 mm großen, kastanienbraunen Samen der Art *Schoenocaulon officinale* enthalten bis zu 4% Alkaloide und sind giftig (auch in dem als Hausmittel gegen Kopfläuse angewandten essigsauren Auszug: *Läuseessig, Sabadillessig*).

Säbelantilope ↑Spießbock.

Säbelschnäbler (Recurvirostridae), Fam. etwa 40–50 cm langer, schlanker, hochbeiniger Wasservögel mit sieben Arten an Meeresstränden und Salzseen der Alten und Neuen Welt; schnell und gewandt fliegende, vorwiegend schwarz und weiß gefiederte Vögel mit langem, schlankem, gerade verlaufendem oder aufwärts gebogenem Schnabel. In Europa kommt neben dem fast 40 cm langen, rotbeinigen **Stelzenläufer** (Strandreiter, Himantopus himantopus) noch der **Eurasiat. Säbelschnäbler** (Recurvirostra avosetta) vor: etwa 45 cm lang, schwarz und weiß gefärbt; brütet in Bodennestern; Zugvogel.

Säbelzahnkatzen (Säbelzahntiger, Säbeltiger), Bez. für zwei ausgestorbene, seit dem Oligozän bis zum Pleistozän bekannte Unterfamilien der Katzen; weitverbreitete Raubtiere von der Gestalt und Größe eines starken Tigers; untere Eckzähne verkümmert, obere 15–20 cm lang, säbelförmig *(Säbelzähne)*.

Säbler (Sicheltimalien, Säblertimalien, Pomatorhinini), Gatt.gruppe bis etwa 30 cm langer, vorwiegend brauner Singvögel (Unterfam. Timalien) mit rd. 30 Arten, v. a. in SO-Asien; Schnabel lang, türkensäbelförmig abwärts gekrümmt; z. T. Stubenvögel, z. B. der **Himalajasäbler** (Pomatorhinus montanus): etwa 25 cm lang; mit dunkelgrauem Oberkopf, breitem, weißem Augenstreif und weißer Unterseite.

Saccardo, Pier Andrea [italien. sak'kardo], * Treviso 23. April 1845, † Padua 12. Febr. 1920, italien. Botaniker. - 1879 Prof. in Padua. In seinem Hauptwerk „Sylloge fun-

Saatkrähe

Saiga

Säbelschnäbler. Stelzenläufer

gorum omnium hucusque cognitorum" (18 Bde., 1882–1906; später erweitert auf 25 Bde., 1882–1932) beschrieb S. systemat. alle damals bekannten Pilze (rd. 70000).

Saccharide [zaxa...; griech.], svw. ↑ Kohlenhydrate.

Saccharomycetaceae [zaxa...; griech.], svw. ↑ Hefepilze.

Sackmotten (Sackträgermotten, Futteralmotten, Coleophoridae), Fam. schmalflügeliger, etwa 10–15 mm spannender, oft metall. glänzender Schmetterlinge mit zahlr. Arten, v. a. in Eurasien, davon rd. 100 Arten in Deutschland; Raupen meist monophag, anfangs minierend, später in einem aus Gespinst oder aus Material der Futterpflanze bestehenden, artspezif. geformten Sack mit offenem Hinterende, Vorderende auf der Futterpflanze festgesponnen; einige Arten sind gebietsweise sehr schädl., z. B. ↑ Lärchenminiermotte.

Sackspinnen (Clubionidae), verbreitete Fam. nachtaktiver Jagdspinnen mit rd. 1500 Arten, davon über 60 Arten (2–15 mm lang) in Deutschland; verfertigen als Unterschlupf oder zur Eiablage an Pflanzen (z. B. zw. Blättern, in Grasbüscheln) sackförmige Nester. Der Biß der in wärmeren Gegenden Deutschlands (z. B. Rheinland) vorkommenden **Dornfingerspinne** (Chiracanthium punctorium; 15 mm lang; grünlich) verursacht beim Menschen heftige, stundenlang anhaltende Schmerzen (u. U. Ohnmacht und Kreislaufkollaps).

Sackträger (Sackspinner, Psychidae), mit rd. 800 Arten weltweit verbreitete Schmetterlingsfam., rd. 100 Arten in Deutschland; ♂♂ stets schwärzl. oder bräunl. geflügelt (Spannweite etwa 12–24 mm); ♀♀ flügellos, oft madenähnl., mit rückgebildeten Augen und Gliedmaßen; Raupen in artspezif., mit Pflanzenteilchen oder Sand verkleideten Gespinstsäcken.

Sadebaum [lat./dt.] ↑ Wacholder.

Saflor [arab.] (Carthamus), Gatt. der Korbblütler mit rd. 25 Arten, verbreitet vom Mittelmeergebiet bis Z-Asien; steife Kräuter mit gezähnten oder fiederspaltigen, am Rand stacheligen Blättern und gelben, purpurfarbenen oder blauen Blüten in einzelnen oder in zu mehreren zusammengefaßten Blütenköpfchen; bekannteste Art ist der **Färbersaflor** (Färberdistel, Carthamus tinctorius), bis 80 cm hoch, mit gelben bis orangeroten Röhrenblüten (früher zum Färben von Seide verwendet); liefert S.öl (Distelöl), das als mehrfach ungesättigtes Speiseöl verwendet wird.

Safran [pers.-arab.] (Echter Safran) ↑ Krokus.

◆ (Gewürzsafran) Bez. für die getrockneten, aromat. riechenden Blütennarben des Echten Safrans; enthalten als färbende Substanz Karotinoide, v. a. den gelben Farbstoff Krozin, ferner geschmackgebende äther. Öle und den Bitterstoff *Safranbitter* (Pikrokrozin, ein Glucosid des Dehydrozitrals). S. wird als Gewürz sowie als Lebensmittelfarbstoff (in der Antike auch als Heil- und Färbemittel) verwendet.

Safranwurzel (Safranwurz), svw. ↑ Gelbwurzel.

Saftkugler (Glomeridae), Fam. rollasselähnl. Doppelfüßer mit vierzehn 2,5 bis 20 mm großen einheim. Arten (verbreitetste und artenreichste einheim. Gatt. *Glomeris*); können sich bei Gefahr zu einer Kugel zusammenrollen und durch Schlitze in den Intersegmentalhäuten Flüssigkeit zur Abwehr von Feinden ausscheiden.

Saftmale, kontrastierende bzw. durch kräftigere Farbgebung hervortretende Zonen vieler Blütenkronen zur Anlockung der bestäubenden Insekten; als Farbflecke (Schlundflecke bei Kastanie u. a.), Farbtüpfel (Fingerhut) oder Strichmuster (Storchschnabel) meist in Beziehung zu nektarführenden Blütenbereichen stehend.

Saftzeit, die artspezifisch verschiedene, witterungsabhängig einsetzende und unterschiedl. lange anhaltende Zeit der Saftbewegung in Bäumen nach dem Vegetationsbeginn.

Sägebock (Gerber, Prionus coriarius), schwarzbrauner, bis 4 cm langer ↑ Bockkäfer in Eurasien und N-Afrika; mit lederartigen, gerunzelten Flügeldecken und dicken, stark gesägten Fühlern; fliegt in der Dämmerung an Waldrändern und auf Lichtungen.

Sägefische, svw. ↑ Sägerochen.

Sägehaie (Pristiophoridae), Fam. bis 1,5 m langer, schlanker Haifische mit vier Arten in den Meeren um S-Afrika und Australien; ovovivipare oder lebendgebärende Knorpelfische mit schwertförmig verlängerter sägerochenähnl. Schnauze und seitl. gelegenen Kiemen; Bodenbewohner.

Sägehornbienen (Melittidae), artenarme Fam. solitärer Bienen (in M-Europa zwölf meist dunkle, spärl. behaarte Arten); ♂♂ mit einseitig verdickten Fühlergliedern; Beinsammler mit starker Behaarung an Schienen und erstem Fußglied der Hinterbeine zum Polleneintragen; Brutnester im Boden. Bekannte Gatt. sind die **Hosenbienen** (Dasypoda, 12–17 mm groß) und die **Schenkelbienen** (Macropis; verdickte Hinterschenkel).

Sägemuskel (Serratus, Musculus serratus), Bez. für drei paarige, sägezahnartig gezackte, flache, unterhalb des breiten Rückenmuskels bzw. des ↑ Kapuzenmuskels verlaufende Rückenmuskelverbände des Menschen; fungieren durch Anhebung bzw. Senkung der Rippen als Atemhilfsmuskeln, wirken ferner z. T. mit an der Fixierung und Bewegung des Schulterblatts und damit auch an der Anhebung des Arms.

Sägenaht (Sutura serrata), eine Schädelnaht mit sägeartig ineinander verzahnten Rändern.

Säger (Mergus), Gatt. bis gänsegroßer Enten mit rd. zehn Arten auf Süßgewässern N-Eurasiens und Kanadas; ausgezeichnet tauchende, vorwiegend Fische fressende Vögel mit langem, dünnem, seitl. gezähntem, vorn meist hakig gekrümmtem Schnabel; brüten nicht selten in Höhlen; Zugvögel. - In Europa kommt u. a. der **Gänsesäger** (Mergus merganser) vor: bis 70 cm groß, ♂ mit schwarzem Rücken, weißer Unterseite, rotem Schnabel, ♀ mit grauem Rücken.

Sägerochen (Sägefische, Pristidae), Fam. bis über 10 m langer, ovoviviparer Rochen mit sechs Arten in trop. und subtrop. Meeren (z. T. auch in Brack- und Süßgewässern); unterscheiden sich von den sonst recht ähnl. Sägehaien v. a. durch die etwas breitere, von oben nach unten zusammengepreßte Form, durch die Verschmelzung der Brustflossen mit den Kopfseiten und durch die Kiemenspalten auf der Körperunterseite; Bodenbewohner mit ähnl. Lebensweise wie die Sägehaie.

Sägetang (Fucus serratus), charakterist. Braunalgenart in der Gezeitenzone der Felsenküsten des Nordatlantiks; Thallus olivbraun, lederartig, bis 50 cm lang, bandförmig, am Rand gesägt, gabelig verzweigt; in Büscheln an (während der Ebbe) trockenfallenden Klippen.

Sägewespen (Hoplocampa), Gatt. der Blattwespen mit zahlr. Arten, davon neun in M-Europa; Larven im Inneren der Früchte von Rosengewächsen; oft schädlich, z. B. ↑Apfelsägewespe.

Sagittalrichtung [lat./dt.], beim menschl. Körper die Richtung von vorn (ventral) nach hinten (dorsal).

Sagittaria [lat.], svw. ↑Pfeilkraut.

Sagopalme (Metroxylon), Gatt. der Palmen mit rd. 30 Arten im Malaiischen Archipel, auf Neuguinea und auf den Fidschiinseln; mittelhohe (bis maximal 15 m hohe) Fiederpalmen mit langen Ausläufern. Einige Arten, v. a. die *Echte S.* (Metroxylon laeve) und die Art *Metroxylon rumphii*, liefern Sago. Die Blätter werden als Baumaterial verwendet.

Saiblinge (Salvelinus), Gatt. etwa 0,1–1 m langer, farbloser bis bunter Lachsfische in kühlen, sauerstoffreichen Süßgewässern (z. T. auch in Meeren) der nördl. Nordhalbkugel und der Alpen und Voralpen; Gestalt heringsförmig, mit weit gespaltener Maulöffnung und weißer Bandzeichnung am Vorderrand der Brust-, Bauch- und Afterflossen sowie am Unterrand der Schwanzflosse; von allen Süßwasserfischen am weitesten in arkt. Gebiete vorgedrungen; auf Spitzbergen von wirtsch. Bed.; man unterscheidet in Europa den ↑Bachsaibling vom ↑Seesaibling.

Saiga [russ.] (Saigaantilope, Saiga tatarica), bis 1,4 m lange, im Sommer oberseits graugelbl., unterseits weißl., im Winter weißl. Antilope (Unterfam. *Saigaartige* [Saiginae]) in den Steppen der südl. UdSSR; ♂ mit leicht gekrümmtem, bernsteinfarbenem, etwa 25 cm langem Gehörn; ernähren sich von (z. T. sehr salzhaltigen) Pflanzen. - Abb. S. 43.

Saisondimorphismus [zɛˈzõː], in der *Zoologie* ein auf Modifikationen beruhender ↑Dimorphismus, bei dem ein und dieselbe Tierart im Verlauf eines Jahres in zwei verschieden gestalteten, auch unterschiedl. gezeichneten und gefärbten Generationen in Erscheinung tritt (z. B. als Frühjahrs- und Sommer- bzw. Sommer- und Herbstgeneration), bedingt v. a. durch den Unterschied in bezug auf Tageslängen, Lichtintensitäten und Temperatureinflüsse während der Entwicklungszeit; v. a. bei Schmetterlingen. - Abb. S. 46.

◆ (Saisondiphyllismus, Pseudo-S.) in der *Botanik* Bez. für den jahreszeitl. alternierenden Wechsel von am gleichen Standort wachsenden, in Wuchsform und Blütezeit unterschiedl., aber genet. fest gegeneinander abgegrenzte Populationen (Klein- oder Unterarten einer Sammelart) als Frühjahrs- oder Sommerform (gestreckte Hauptsprosse, wenige sterile Seitensprosse) bzw. als Herbstform (gestauchte, reich verzweigte und reichblütige Sproßsysteme), z. B. bei den Pflanzengatt. Enzian und Augentrost.

Saitenwürmer (Pferdehaarwürmer, Nematomorpha), Klasse der Schlauchwürmer mit mehr als 200, wenige cm bis maximal über 1 m langen, extrem dünnen (Durchmesser unter 1 mm bis höchstens 3 mm), getrenntgeschlechtigen Arten im Süßwasser (v. a. in Gräben, dort oft zu Knäueln vereinigt), auch in Küstengewässern; Darm stark rückgebildet. Die winzigen, einen mit drei Stiletten versehenen, ausstülpbaren Rüssel besitzenden Larven gelangen in die Leibeshöhle von Wasserinsekten und deren Larven, auch von Landinsekten und von Krebsen und deren Jugendstadien, wo sie Nahrung über die Haut aufnehmen und bis zur Geschlechtsreife verbleiben.

sakral [lat.], in der *Anatomie* für: zum Kreuzbein gehörig, die Kreuzbeingegend betreffend.

Sakralwirbel ↑Wirbel.

Salamander [griech.], Bez. für bestimmte Gruppen bzw. Arten der Schwanzlurche, i. e. S. für die *Land-S. (Echte S., Erdmolche)* mit im Querschnitt rundem Schwanz, die, erwachsen, mit Lungen ausgestattet sind und meist an Land leben. Ihre Entwicklung erfolgt i. d. R. (Ausnahme z. B. Alpen-S.) im Wasser, wobei die Larven über Büschelkiemen atmen. Zu den Echten S. gehören u. a. ↑Feuersalamander, ↑Alpensalamander und ↑Brillensalamander. Letzterer leitet durch Rückbildung der Lungen über zu den ↑Lungenlosen Salamandern, von denen verschiedene Arten keine Metamorphose mit im Wasser lebenden, Kiemen tragenden Larven mehr aufweisen. - ↑auch Molche.

Salamandra [griech.], Gatt. der

Schwanzlurche (Gruppe Salamander) mit ↑Feuersalamander und ↑Alpensalamander als einzigen Arten.

Salamandrina [griech.], svw. ↑Brillensalamander.

Salanganen [malai.] (Collocalia), Gatt. 10–16 cm langer, unscheinbar grau oder braun gefärbter Segler (Unterfam. Stachelschwanzsegler) mit über 15 Arten in S-Asien, auf den Sundainseln und den Inselgruppen Polynesiens. S. bauen an steilen Wänden großer Felshöhlen napfförmige Nester ausschließl. oder überwiegend aus schnell erhärtendem Speichel. Diese Vogelnester („ind. Vogelnester") werden, nach Quellenlassen in Wasser, sorgfältigem Reinigen und Kochen mit Kalbfleisch und Hühnerbrühe, bes. in China als Delikatesse (**Schwalbennestersuppe**) gegessen.

Salat [zu italien. insalata (herba) „eingesalzenes (Salatkraut)" (von lat. sal „Salz")], svw. Kopfsalat (↑Lattich).

Salatschnellkäfer ↑Schnellkäfer.

Salatzichorie (Treibzichorie, Brüsseler Zichorie, Chicorée, Chichorium intybus var. foliosum), nur in Kultur bekannte Varietät der Gemeinen Wegwarte, die bes. in Belgien, aber auch in den Niederlanden, Italien und im übrigen Mitteleuropa angebaut wird. Urspr. als Heilpflanze und Zaubermittel benutzt, wird die S. seit dem 16. Jh. als Frischsalat und Kochgemüse verwendet.

Salbaum [Hindi/dt.] (Saulbaum, Shorea robusta), hohe Bäume in Vorderindien mit ganzrandigen, ledrigen, immergrünen Blättern und dauerhaftem, festem Holz, das als

Saisondimorphismus. a Entwicklung der saisondimorphen Generationen des Landkärtchenfalters; b Frühjahrs-, c Sommergeneration

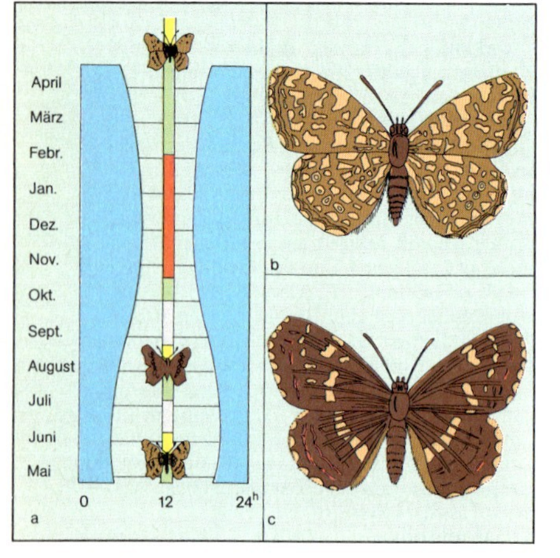

Vielblütiges Salomonsiegel

Bauholz sowie für die Produktion eines wertvollen Harzes verwendet wird. Neben dem Teakbaum ist der S. der forstl. wichtigste Baum Vorderindiens; er bildet am Fuß des Himalaja sowie im N ausgedehnte Wälder.

Salbei [letztl. zu lat. salvus „gesund"] (Salvia), Gatt. der Lippenblütler mit rd. 500 Arten, v. a. in den Tropen und Subtropen, nur wenige Arten auch in den gemäßigten Gebieten; Kräuter, Halbsträucher oder Sträucher mit zweilippigen Blüten, die je 2 Staubblätter mit je einem Pollenfach und einem hebelartigen Bestäubungsmechanismus enthalten; Bestäubung durch Bienen, Hummeln oder Vögel. Die bekanntesten, in Deutschland vorkommenden Arten sind der gelbblühende **Klebrige Salbei** (Salvia glutinosa) in den Alpen und im Alpenvorland und der **Wiesensalbei** (Salvia pratensis, 30–60 cm hoch, behaarte Stengel, blau-violette runzelige Blüten). Mehrere Arten und ihre Sorten sind beliebte Zierpflanzen, z. B. der für Sommerbeete vielfach verwendete **Feuersalbei** (Scharlach-S., Salvia splendens) mit langen, scharlachfarbenen Blüten. Als Heil- und Gewürzpflanze wird der **Gartensalbei** (Echter S., Salvia officinalis) kultiviert: bis 70 cm hoch, stark aromat. duftend, mit graufilzigen, immergrünen Blättern und violetten Blüten. Die Blätter enthalten äther. Öl, Gerb- und Bitterstoffe und werden medizin. bei Magen- und Darmstörungen und für Mundspülungen verwendet; auch Küchengewürz.

Salicaceae [lat.], svw. ↑Weidengewächse.

Salinenkrebschen (Salzkrebschen, Artemia salina), nahezu weltweit verbreiteter, bis 1,5 cm langer, farbloser bis rötl. Kiemenfußkrebs, v. a. in Salzgärten, in Deutschland auch in Abwässern des Kalibergbaus; Eier sehr trockenresistent; die aus ihnen schlüpfenden Naupliuslarven sind Zierfischfutter.

Salix [lat.] ↑ Weide.

Saller, Karl, * Kempten (Allgäu) 3. Sept. 1902, † München 15. Okt. 1969, dt. Anthropologe. - Prof. in München; bed. Arbeiten zur Humangenetik, Eugenik, Stammesgeschichte, Rassenkunde und Konstitutionslehre.

Salm [lat.], svw. ↑ Lachs.

Salmler [zu lat. salmo „Salm, Lachs"] (Characidae), mit den Karpfenfischen eng verwandte Fam. kleiner bis mittelgroßer Knochenfische mit fast 1 200 Arten in den Süßgewässern der trop. und subtrop. Regionen Amerikas und Afrikas; meist beschuppte, stets eine Fettflosse aufweisende Schwarmfische, die sich z. T. von Pflanzen, z. T. auf räuber. Weise ernähren; z. T. Warmwasseraquarienfische.

Salmonellen (Salmonella) [nach dem amerikan. Pathologen und Bakteriologen D. E. Salmon, * 1850, † 1914], Gatt. der ↑ Enterobakterien mit 11 Arten und zahlr. ↑ Serotypen; begeißelte Stäbchen, die im Darmsystem von Menschen und Tieren sowie im Boden und in Gewässern leben und die Salmonellenerkrankungen hervorrufen.

Salmonidae (Salmoniden) [lat.], svw. ↑ Lachsartige.

Salomonsiegel [nach König Salomo] (Salomonssiegel, Weißwurz, Polygonatum), Gatt. der Liliengewächse mit rd. 30 Arten in den gemäßigten Gebieten der Nordhalbkugel; ausdauernde Pflanzen mit weißl. Rhizom mit siegelartigen Narben der abgestorbenen oberird. Sprosse, eiförmig-lanzettl. Blättern und glöckchenartigen, grünlichweißen Blüten in den Blattachseln; Blumenkronblätter miteinander verwachsen; Früchte als Beeren ausgebildet. In Deutschland kommen vor: **Vielblütiges Salomonsiegel** (Polygonatum multiflorum, in Laub- und Mischwäldern, 30–100 cm hoch, mit nickenden, weißen, an der Spitze grünl. Blüten) und **Echtes Salomonsiegel** (Weißwurz, Polygonatum odoratum, 15–50 cm hoch, Blüten glockig, weiß, grün gesäumt, duftend).

Salpen [griech.] (Thaliacea), Klasse 0,1–10 cm langer, meist freischwimmender Meerestiere (Unterstamm Manteltiere) mit rd. 40 tonnenförmigen, glasig durchsichtigen oder blaßbläul. bis gelbl. gefärbten Arten; Körper fast ausschließl. ohne Chorda dorsalis; Ein- und Ausströmöffnung einander gegenüberliegend, verschließbar. S. ernähren sich mit Hilfe eines langen Kiemendarms durch filtrierende Aufnahme von Mikroorganismen. Bei S. gibt es einen Wechsel zw. Geschlechtstieren *(Gonozoiden)* und sich durch Sprossung ungeschlechtl. fortpflanzenden Individuen *(Oozoiden);* letztere bilden häufig Stöcke. Die Gonozoiden bleiben auch nach Loslösung vom „Sprossungsstreifen" des Oozoids durch Haftpapillen vereinigt und können *S.ketten* bis zu 25 m Länge bilden. - Man unterscheidet Feuerwalzen, Tonnensalpen und Eigentl. Salpen (Salpida).

Salpeterpflanzen, svw. ↑ Nitratpflanzen.

Salpeterstrauch (Nitraria schoberi), in den Salzwüsten S-Rußlands und Asiens wachsende, 2–3 m hohe, strauchige Art der Jochblattgewächse mit längl.-spatelförmigen, büschelig stehenden Blättern und gelblichgrünen Blüten in lockeren Blütenständen. Aus den Blättern und jungen Zweigen wurde früher Soda gewonnen. Die Früchte sind eßbar.

Saltatoria [lat.], svw. ↑ Heuschrecken.

saltatorische Erregungsleitung [lat./dt.] ↑ Nervenzelle.

Saluki [arab.] (Pers. Windhund), aus Iran stammende Rasse bis 65 cm schulterhoher Windhunde mit langem, schmalem Kopf; Fell kurzhaarig und glatt; nur Hängeohren, Läufe und Rute mit langer, weicher Behaarung; in allen Farben, v. a. in Grau oder Schwarz, mit lohfarbenen Abzeichen; einer der schnellsten Windhunde.

Salvia [lat.], svw. ↑ Salbei.

Salweide ↑ Weide.

Salzaster ↑ Aster.

Salzbaum, svw. ↑ Salzbusch.

Salzbusch (Salzbaum, Senfbaum, Zahnbürstenbaum, Salvadora persica), strauchig oder baumförmig wachsendes Gewächs, verbreitet in den Buschsteppen von NW-Indien bis Vorderasien, NW-Afrika und SW-Afrika; mit erbsengroßen, scharf aromat. schmecken-

Samenanlage (schematisch)

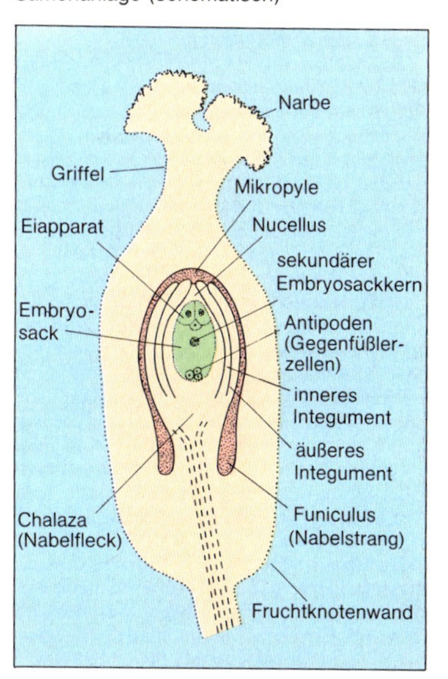

den, eßbaren Beerenfrüchten. Aus der Asche des S. kann Salz gewonnen werden. Die Zweigstücke mit aufgefasertem Ende werden im Orient als Zahnbürste verwendet.

Salzgras (Andel, Strandsalzschwaden, Puccinellia maritima), 20–30 cm hohes, sich ausläuferartig ausbreitendes Süßgras der Gatt. *Salzschwaden* (Puccinellia; rd. 40 Arten) an den Meeresküsten Europas; Ährchen violett, meist vier- bis sechsblütig, 6–10 mm lang, während der Fruchtzeit in meist zusammengezogenen Rispen; v.a. an den Küsten der Nordsee wichtige Pionierpflanze auf häufig überfluteten, salzreichen Seeschlickböden; ausgedehnte Bestände bildend *(Andelwiesen).*

Salzkrebschen, svw. ↑Salinenkrebschen.

Salzmelde (Halimione), Gatt. der Gänsefußgewächse mit rd. 100 Arten in Amerika, in den Mittelmeerländern sowie in Vorder- und Zentralasien, v. a. in Wüsten und Steppen oder an Küsten. Auf den salzhaltigen Schlickböden der Nord- und Ostseeküsten kommen die **Portulaksalzmelde** (Halimione portulacoides; mit meist gegenständigen Blättern) und die **Gestielte Salzmelde** (Halimione pedunculata; mit meist wechselständigen Blättern) vor.

Salzmiere (Fettmiere, Salzblume, Honkkenya), Gatt. der Nelkengewächse mit der einzigen Art **Strandsalzmiere** (Honckenya peploides) an den Küsten W- und N-Europas sowie N-Asiens und N-Amerikas; ausdauernde, sukkulente, gelbgrüne Pflanzen mit kriechender Grundachse, fleischigen, bis etwa 20 cm hoch aufsteigenden Stengeln, fleischigen, dicht ansitzenden, kahlen Blättern in vier Reihen und weißen Blüten.

Salzpflanzen (Halophyten), Pflanzen, die an salzreichen Standorten (z. B. Meeresküsten, Ränder von Salzpfannen in Steppen und Wüstengebieten und von Salzquellen) wachsen. Dem hohen Salzgehalt des Bodenwassers haben sich die S. durch Aufnahme entsprechend hoher NaCl-Mengen in den Zellsaft angepaßt. Manche S. scheiden über Drüsen hochkonzentrierte Salzlösungen aus (z. B. Tamariske). Viele S. sind stark sukkulent.

Salzwiesen, aus verschiedenen Salzpflanzen gebildete, meist großflächige Pflanzengesellschaften im Verlandungsgebiet flacher Meeresküsten oberhalb der mittleren Hochwassergrenze, landeinwärts auf die Quellerwiesen folgend; z. B. an der Nordsee in Wassernähe als *Andelwiese,* in der Übergangszone Watt/Marsch bei seltener Überflutung als *Strandnelkenwiese* (mit Strandnelke, -wegerich, Salzbinse, -schwingel, Grasnelke u. a.).

Sambare [Hindi] (Pferdehirsche), Name dreier zur Untergatt. *Rusa* zusammengefaßter Arten 1,0 bis 2,7 m langer, brauner bis schwärzl. Hirsche: ↑Mähnenhirsch, ↑Sambarhirsch und **Philippinensambar** (Cervus [Rusa] marianus; darunter der Philippinenhirsch als kleinste Unterart); in Wäldern und Bambusdickichten S-Asiens und der Sundainseln.

Sambarhirsch (Ind. S., Ind. Pferdehirsch, Cervus [Rusa] unicolor), bis 2,7 m langer, hochbeiniger, meist schwärzl. Hirsch in den Wäldern S-Asiens und der Großen Sundainseln.

Samen (Semen), svw. ↑Sperma.

◆ ein nach der Befruchtung im Verlauf der Samenentwicklung aus einer S.anlage entstehendes Verbreitungsorgan der S.pflanzen, das einzeln oder in Mehrzahl bei den Nacktsamern frei auf der S.schuppe der Zapfen, bei den Bedecktsamern im Fruchtknoten eingeschlossen liegt. Der S. besteht aus einem vorübergehend ruhenden Embryo, der meist in Nährgewebe eingebettet ist oder selbst Reservestoffe speichert und stets von einer S.schale umgeben ist. Die S.ruhe wird nach der S.verbreitung bei geeigneten Außenbedingungen durch die ↑Keimung beendet.

Samenanlage (Ovulum), auf den Samenschuppen der Nacktsamer bzw. den Fruchtblättern der Bedecktsamer gebildetes, mit ihnen durch den **Funiculus** (ein von einem Gefäßbündel durchzogenes Stielchen, mit dem die S. an der Plazenta befestigt ist) verbundenes ♀ Fortpflanzungsorgan der Samenpflanzen, aus dem nach der Befruchtung (↑auch doppelte Befruchtung) im Zuge der Samenentwicklung der ↑Samen hervorgeht. Die S. ist etwa 1 mm groß und eiförmig und besteht aus dem (einem Makrosporangium der Farnpflanzen gleichartigen) Gewebekern, dem **Nucellus,** der von am Grunde der S. (Chalaza) entstehenden Hüllen (Integumenten) umgeben ist. Die Integumente lassen am gegenüberliegenden Pol eine Öffnung (**Mikropyle**) für den Eintritt des Pollenschlauches frei. Im Nucellus befindet sich der **Embryosack,** der sich zum ♀ Gametophyten entwikkelt, an dem sich schließl. die Eizelle bzw. der Eiapparat bilden. - Abb. S. 47.

Samenblase (Samenleiterblase, Vesicula seminalis), bei vielen *Wirbellosen* (z. B. bei Platt- und Ringelwürmern, Weichtieren, Gliederfüßern) als Erweiterung oder Aussackung des Samenleiters ausgebildeter Teil der ♂ Geschlechtsorgane; dient zur Speicherung reifer Spermien, auch zur Aufbewahrung unreifer Spermien bis zur Reife.

◆ bei *Säugetieren* (einschl. Mensch) eine als Drüsenorgan ausgebildete Aussackung der beiden Samenleiter; ihr alkal. Sekret regt (zus. mit dem der Prostata) die Samenzellen zu Eigenbewegungen an und reinigt nach der Ejakulation die Harn-Samen-Röhre von Resten des Ejakulats. Beim Menschen liegt die S. *(Bläschendrüse)* in Form eines vielfach gewundenen, eng zusammengedrängt liegenden, 10–20 cm langen, muskulösen Drüsenschlauchs unterhalb der Harnblase.

◆ svw. ↑Samentasche.

Samenerguß, svw. ↑Ejakulation.

Samenfarne (Lyginopteridatae, Pteridospermae), Klasse der Fiederblättrigen Nacktsamer, die im Karbon formenreich auftraten und bereits im Jura wieder ausstarben. Die farnähnl. S. besaßen schon sekundäres Dikkenwachstum und Samen, aber keine Blüten. Die Samenanlagen und Pollen traten an bestimmten Blattabschnitten auf.

Samenkäfer (Muffelkäfer, Bruchidae), weltweit verbreitete Käferfam. mit rd. 1 200 (einheim. rd. 25), durchschnittl. 1,5–5 mm langen, eirunden Arten; Flügeldecken meist graubraun, weißgefleckt; Larven in Pflanzensamen; z. T. Vorratsschädlinge, z. B. Bohnenkäfer.

Samenkapsel, svw. ↑Kapselfrucht.

Samenleiter (Ductus deferens, Vas deferens), vom Hoden (bei Säugern incl. Mensch vom Nebenhoden) ausgehender, oft mit einer ↑Samenblase versehener, schlauchförmiger, meist paariger Gang als Ausführungsgang für die Spermien. Bei den Wirbeltieren gehen die S. aus den beiden Urnierengängen hervor und münden meist in einer Kloake. Bei (fast allen) Säugetieren münden die zuerst in den beiden ↑Samensträngen verlaufenden S. auf dem Samenhügel in die Harnröhre, die dann Harn-Samen-Röhre genannt wird. Beim Mann sind die S. rd. 50 cm lang. Der durch ringförmige Muskulatur kontraktionsfähige Endabschnitt der S. (*Ausspritzungsgang, Spritzkanälchen*, Ductus ejaculatorius) dient der Ejakulation des Samens. - Abb. Bd. 2, S. 183.

Samenmantel (Arillus), bei verschiedenen Pflanzen ein die Samenschale umhüllendes Gewebe unterschiedl. Herkunft, Form und Farbe; dient oft der Samenverbreitung.

Samenpaket, svw. ↑Spermatophore.

Samenpflanzen (Spermatophyten, Blütenpflanzen, Anthophyten, Phanerogamen, höhere Pflanzen), Abteilung des Pflanzenreichs mit den höchstentwickelten ↑Kormophyten, die durch Blüten- und bes. durch Samenbildung charakterisiert sind. S. haben einen Generationswechsel mit stark reduzierten, unselbständigen Gametophyten und bes. an das Landleben angepaßten (Wind- und Insektenbestäubung mit Pollen) Sporophyten. Die S. werden in ↑Nacktsamer und ↑Bedecktsamer eingeteilt. Gegenwärtig sind rd. 250 000 Arten in etwa 300 Fam. bekannt.

Samenruhe, Zeitspanne zw. der Reife des Samens und dem Beginn seiner Keimfähigkeit.

Samenschale (Testa), aus den ↑Integumenten der Samenanlage hervorgehende, den Embryo und das Endo- bzw. Perisperm umgebende Schutzhülle der Pflanzensamen.

Samenschuppe (Fruchtschuppe), schuppenförmige Bildung in der Achsel der Deckschuppe bei Nadelhölzern; urspr. als bis zu einem Fruchtblatt (mit Samenanlagen) rückgebildete ♀ Blüte aufzufassen. Die S. vergrößert sich bei der Zapfenbildung und bildet mit der Deckschuppe zus. die charakterist. Zapfenschuppe der Zapfen der Nadelhölzer.

Samenstrang (Funiculus spermaticus), jederseits des Leistenkanals von der Bauchwand zum Hoden verlaufender, bindegewebiger, Gefäße und Nerven enthaltender muskulöser Strang, in dessen Innern der ↑Samenleiter zum Leistenkanal aufsteigt.

Samentasche (Samenblase, Receptaculum seminis), Anhangsorgan der ♀ Geschlechtswege bei vielen wirbellosen Tieren (z. B. Saug- und Ringelwürmer, Schnecken, Spinnen, Insekten): blasen- bis sackfömiges Organ zur Aufnahme und Speicherung des bei der Begattung aufgenommenen Samens. Das Vorhandensein einer S. ermöglicht aufgrund einer einmaligen Begattung eine oftmalige Eibefruchtung über längere Zeit.

Samenverbreitung, der Transport reifer Samen einzeln (bei Öffnungsfrüchten) oder zus. mit der Frucht (bei Schließfrüchten) zur Vermehrung und Ausbreitung einer [Samen]pflanzenart. Die S. erstreckt sich bei Selbstverbreitung (↑Autochorie) nicht über die unmittelbare Nähe des Standortes der Mutterpflanze hinaus, oder sie erfolgt unter Mitwirkung bes. Flug-, Schwimm-, Haft- oder Lockeinrichtungen (z. B. ↑Elaiosom, ↑Samenmantel) über größere Strecken (Fernverbreitung; ↑Allochorie).

Samenzellen, im Ggs. zur Eizelle (↑Ei) die männl. Geschlechtszellen, die bei den Tieren und dem Menschen als Spermatozoen (↑Spermien), bei den Pflanzen als Spermatozoiden bezeichnet werden.

Sämling, Jungpflanze, die aus einem Samen gezogen wurde.

Sammelfrüchte ↑Fruchtformen.

Sammetblume (Hoffartsblume, Samtblume, Stinkende Hoffart, Studentenblume, Tagetes), Gatt. der Korbblütler mit über 30 Arten in den wärmeren Gebieten Amerikas; meist streng duftende, ästige Kräuter mit meist fiedrig geteilten Blättern; Blütenköpfchen einzeln und lang gestielt oder in dichten Doldentrauben angeordnet; Zungenblüten gelb, orangefarben oder braunrot gescheckt. Zahlr., auch gefüllte Sorten, v. a. der mex. **Großen Sammetblume** (Tagetes erecta) und der **Kleinen Sammetblume** (Tagetes patula), sind als einjährige Sommerblumen beliebt.

Sammetgras (Hasenschwanzgras, Samtgras, Lagurus), Gräsergatt. mit der einzigen Art *Lagurus ovatus* im Mittelmeergebiet; einjähriges, 20–40 cm hohes, weich behaartes Gras mit flachen Blättern; Blütenstand eine ovale bis längl. Scheinähre mit langfedrigwollig behaarten Hüllspelzen und herausragenden Deckspelzengrannen; Ziergras.

Sammetmilbe, svw. Scharlachmilbe (↑Laufmilben).

Sammetmuscheln, svw. ↑Samtmuscheln.

Samojede

Samojede (Samojedenspitz, Samojedenhund), Rasse der Nordlandhunde der Alten Welt; bis 60 cm schulterhoher Hund mit starker, weicher und langer Behaarung (sehr viel Unterwolle); Kopf keilförmig, wolfskopfähnl., mit kleinen, dreieckigen Stehohren; buschige, über den Rücken gerollte Rute; Farben: Reinweiß bis Gelb und Braunweiß oder Schwarzweiß; Schlittenhund, auch Haus-, Hüte- und Wachhund.

Samtblume, svw. ↑Sammetblume.

Samtfalter (Rostbinde, Hipparchia semele), bis 6 cm spannender Augenfalter, verbreitet von W-Europa bis Armenien; Flügel rostbraun, mit je zwei schwarzen, weiß gekernten Flecken auf den Randbinden.

Samtfußkrempling ↑Kremplinge.

Samtmalve, svw. ↑Schönmalve.

Samtmilbe, svw. Scharlachmilbe (↑Laufmilben).

Samtmuscheln (Sammetmuscheln, Glycimeridae), Fam. meerbewohnender Muscheln (Ordnung Fadenkiemer); Schalen dick, fast kreisförmig, 6–8 cm groß, mit stark haarig ausgefaserter Oberschicht. Am bekanntesten sind: **Gemeine Samtmuschel** (Glycimeris glycimeris; Schalen schmutzigweiß mit bräunl. Streifung; im SO-Atlantik und Mittelmeer) und **Echte Samtmuschel** (Glycimeris pilosa; Schalen braun; im westl. Mittelmeer; bevorzugen Sandböden).

Samtrose ↑Rose.

Samuelsson, Bengt [schwed. ˌsɑːmʉəlsɔn], * Halmstad 21. Mai 1934, schwed. Biochemiker. - Professor in Stockholm; klärte die Struktur der Prostaglandine auf und war an der Entdeckung der mit diesen verwandten Leukotriene beteiligt. S. erhielt mit K. Bergström und J. Vane 1982 den Nobelpreis für Physiologie oder Medizin.

Sandaale (Tobiasfische, Spierlinge, Sandlanzen, Ammodytidae), Fam. aalförmiger Knochenfische (Ordnung Barschartige) mit mehreren Arten an sandigen Küsten der nördl. Meere und des Ind. Ozeans; mit sehr langer Rücken- und Afterflosse, langem, zugespitztem Kopf und nahezu (bis völlig) unbeschuppter Haut; Schwarmfische, die bei Gefahr blitzschnell im Sand verschwinden. An dt. Küsten kommen zwei Arten vor: **Großer Sandaal** (Großer Tobiasfisch, Ammodytes lanceolatus; etwa 30 cm lang) und **Kleiner Sandaal** (Ammodytes tobianus; bis 20 cm lang).

Sandarakzypresse [griech.], (Schmuckzypresse, Callitris) Gatt. der Zypressengewächse mit rd. 15 Arten in Australien, Tasmanien und Neukaledonien; immergrüne Bäume oder Sträucher mit kurzen, aufrechten, gegliederten Zweigen, die fast ganz von den kleinen, schuppenartigen, zu dreien in Quirlen angeordneten Blättern bedeckt sind; Zapfen kugelig, eiförmig oder kegelig.

◆ (Gliederzypresse, Tetraclinis articulata) Zypressengewächs in N-Afrika und auf Malta; immergrüner Baum mit schachtelhalmähnl. gegliederten Sprossen und vierreihig angeordneten, winzigen Schuppenblättchen; Zapfen kugelig. Das aus der Rinde ausfließende wohlriechende **Sandarakharz** wird als Räuchermittel und zur Lackherstellung verwendet.

Sandbienen, svw. ↑Grabbienen.

◆ (S. im engeren Sinne, Andrena) Gatt. der Grabbienen mit fast 130 einheim., 10–14 mm langen Arten; Färbung oft gelb bis rötl. mit weißen Partien; legen einfache Nester in Sandböden an.

Sandboas (Eryx), Gatt. bis 1 m langer Boaschlangen mit mehreren Arten in Steppen und Wüsten SO-Europas, N-Afrikas, SW-Asiens und Indiens; im Sand unterird. wühlende Reptilien mit (vom Rumpf) nicht abgesetztem Kopf. Die Art **Sandschlange** (Eryx jaculus) wird bis 80 cm lang; sie ist auf gelbl. bis rötlichgrauem Grund dunkel gezeichnet; einzige europ. Riesenschlange.

Sandbüchsenbaum (Hura), Gatt. der Wolfsmilchgewächse mit nur zwei Arten im trop. Amerika; Bäume mit giftigem Milchsaft, einhäusigen Blüten und Kapselfrüchten, deren Einzelteile sich bei der Reife mit lautem Platzen von der Mittelsäule lösen.

Sandbutt, svw. Flunder (↑Schollen).

Sanddollars (Clypeasteroidea), Ordnung ovaler bis nahezu kreisrunder, scheibenförmig abgeflachter Seeigel mit zahlr. Arten in den Flachwasserzonen aller Meere, bes. der trop. und subtrop. Regionen (z. B. ↑Clypeaster); Stacheln äußerst kurz, samtartig (dicht); Mund zentral auf der Unterseite; Durchmesser durchschnittl. 5–10 cm.

Sanddorn (Haffdorn, Seedorn, Hippophae), Gatt. der Ölweidengewächse mit je einer Art in Europa und in Asien; sommergrüne Bäume oder Sträucher mit dornigen Kurztrieben, schmalen Blättern und zweihäusigen Blüten. In Deutschland kommt auf Küstendünen, an Flußufern und Seen der bis zum Kaukasus und bis nach O-Asien verbreitete **Echte Sanddorn** (Gemeiner S., Hippophae rhamnoides) vor. Dieser bis 6 m hohe Strauch oder Baum hat glänzend-silberschilfrige Blätter, in kugeligen Blütenständen angeordnete Blüten und ovale, 6–8 mm lange, saftige, orangegelbe Früchte. Die an Vitamin C reichen Früchte werden zu Saft, Marmelade und zu Vitaminpräparaten verarbeitet. - Wegen der Bildung von Wurzelausläufern sowie wegen des Besitzes von Strahlenpilzen in den Wurzelknöllchen ist der Echte S. wichtig für die Primärbesiedlung lockerer, sandiger Rohböden.

Sandelbaum [arab.-griech.-italien./dt.] (Santalum), Gatt. der Leinblattgewächse mit rd. 20 Arten in Malesien, Australien, auf Hawaii und in O-Indien; kahle, halbparasit. (Wurzelparasiten) Bäume oder Sträucher mit großen, ledrigen oder fleischigen Blättern und großen Blütenrispen. Der in Malesien, auf den Kleinen Sundainseln und in Indien kultivierte **Weiße Sandelbaum** (Santalum album; mit etwa 25 cm dickem Stamm und gegenständigen, ledrigen Blättern) liefert Sandelholz und Sandelöl.

Sandfelchen ↑Felchen.

Sandfloh ↑Flöhe.

Sandflughuhn ↑Flughühner.

Sandglöckchen (Jasione), Gatt. der Glockenblumengewächse mit rd. zehn Arten im Mittelmeergebiet und in Europa; ausdauernde oder zweijährige Kräuter mit ungeteilten, wechselständigen Blättern und meist blauen Blüten in endständigen, von Hüllblättern umgebenen Köpfchen. Von den beiden einheim. Arten wird v.a. das **Ausdauernde Sandglöckchen** (Jasione perennis; mit blaulila Blütenköpfchen) für Stein- und Heidegärten als Zierpflanze verwendet.

Echter Sanddorn. Zweig mit Früchten

Sandgräber (Bathyergidae), Fam. 8 bis 30 cm langer, kurzschwänziger, plumper Nagetiere mit zehn Arten in offenen und geschlossenen Landschaften Afrikas, südl. der Sahara; unterird. lebende, unterschiedl. gefärbte Tiere mit rückgebildeten Augen und Ohren und sehr langen Schneidezähnen. - Zu den S. gehören u.a. **Graumulle** (Cryptomys, 10–25 cm lang, oft mit weißem Fleck auf dem Kopf) und **Nacktmull** (Heterocephalus glaber, fast nackt, rosafarben, 8–9 cm lang).

Sandhafer ↑Hafer.

Sandhaie (Carchariidae), Fam. bis 4 m langer, zieml. schlanker Haifische mit zwei Arten in Flachwasserzonen der trop. und subtrop. Meere; mit zwei Rückenflossen und fünf Kiemenspalten vor jeder Brustflosse. - Zu den S. gehören der **Schildzahnhai** (Carcharias ferox, bis etwa 4 m lang, im östl. Atlantik und im Mittelmeer, graue Oberseite mit schwarzen Flecken) und der **Echte Sandhai** (Sandtiger, Tigerhai, Carcharias taurus, fast 3 m lang, an der afrikan. Atlantikküste und im Karib. Meer; durch graue Fleckung auf gelbl. Grund gut dem sandigen Untergrund angepaßt; kann dem Menschen gefährl. werden).

Sandheuschrecken (Ödlandschrecken, Oedipoda), Gatt. v.a. auf trockenem, sandigem Ödland vorkommender Feldheuschrekken, einheim. mit zwei 1,6–2,4 cm großen, bräunl. bis grauen Arten vertreten; Hinterflügel zinnoberrot oder blau mit dunkler Binde.

Sandhohlzahn (Saathohlzahn, Gelber Hohlzahn, Galeopsis segetum), einjährige Art des Hohlzahns im westl. Europa; 10–45 cm hohe Pflanze mit meist verzweigten Stengeln, seidenhaarigen, keilförmigen Blättern und großen, 20–30 mm langen, gelblichweißen Blüten mit dunklem Fleck auf der Unterlippe.

Sandkatze (Saharakatze, Sicheldünenkatze, Wüstenkatze, Felis margarita), bis 55 cm lange, einschl. Schwanz bis 90 cm messende Kleinkatze in den Wüsten N-Afrikas und SW-Asiens; nachtaktives, sich von kleinen Nagetieren, Eidechsen und Kerbtieren ernährendes, sandgelbes bis hell gelbgraues Raubtier mit sehr breitem Kopf, großen, breiten, spitzen Ohren, blassen Querstreifen und schwarzer Schwanzspitze.

Sandkiefer, svw. Waldkiefer (↑Kiefer).

Sandklaffmuschel ↑Klaffmuscheln.

Sandknotenwespe ↑Knotenwespen.

Sandkraut (Arenaria), Gatt. der Nelkengewächse mit rd. 160 Arten von weltweiter Verbreitung, v.a. in den kühleren und gemäßigten Gebieten der Nordhalbkugel und in den Gebirgen S-Amerikas; meist kleine, niederliegende oder aufrechte Kräuter oder Halbsträucher mit weißen oder roten, einzeln oder zu mehreren stehenden Blüten.

Sandläufer ↑Eidechsen.

Sandlaufkäfer (Sandläufer, Tigerkäfer, Cicindelidae), mit rd. 1400 Arten v.a. in sandigen Landschaften weltweit verbreitete Fam.

8–70 mm langer Käfer, die sich räuber. von anderen Gliederfüßern ernähren; Färbung meist grün, blau oder kupferrot schimmernd, häufig weiß gefleckt; Larven in meist selbstgegrabenen Erdröhren.

Sandmücken (Sandfliegen, Pappatacimücken, Phlebotominae), bes. in trop. und subtrop. Gebieten weit verbreitete Unterfam. etwa 2,5 mm langer Schmetterlingsmücken; gelbl., stark behaarte Blutsauger; bekannteste Gattung ↑Phlebotomus; Larven an Exkrementen und faulenden organ. Substanzen.

Sandmuschel ↑Klaffmuscheln.

Sandotter (Sandviper, Hornotter, Vipera ammodytes), bis 90 cm lange, für den Menschen sehr giftige Viper, v.a. in trockenen, steinigen und felsigen, spärl. von Büschen bestandenen Landschaften S-Österreichs, der Balkanhalbinsel und SW-Asiens; mit dunkler Zickzackbinde auf dem Rücken und hornförmigem Aufsatz auf der Schnauzenspitze.

Sandpflanzen (Psammophyten), an das Leben auf trockenen Standorten angepaßte Pflanzen; sind meist licht- und wärmeliebend (hohe Bodentemperaturen), durch Wasser- und Nährstoffmangel im Substrat langsam wachsend. Kennzeichnend sind: weit verzweigtes Wurzelsystem, reiche Ausläuferbildung, stark ausgebildetes Festigungsgewebe, kleine Blätter, z.T. Sukkulenz.

Sandschrecke (Blauflügelige S., Sphingonotus caerulans), 1,5–2,2 cm lange, wärmeliebende, gut fliegende Feldheuschrecke, v.a. auf Sandböden Europas bis zum Kaukasus und in Kleinasien; bräunlichgrau bis schwarzblau mit blaßblauen Hinterflügeln.

Sandsegge ↑Segge.

Sandstrohblume ↑Strohblume.

Sandtiger, svw. Echter Sandhai (↑Sandhaie).

Sandviper, svw. ↑Sandotter.

Sandwespen, svw. ↑Grabwespen.

◆ (S. i.e.S., Ammophila) Gatt. der Grabwespen, einheim. mit drei bis 3 cm langen schwarzen, rot gezeichneten Arten mit langgestieltem Hinterleib; Nektarsauger; auf sandigen stark besonnten Wegen, legen Brutröhren im Sand an.

Sandwurm, svw. ↑Köderwurm.

Sangarind [amhar./dt.], Sammelbez. für verschiedene zebuähnl. afrikan. Rassen des Hausrindes mit meist seitwärts gerichteten Hörnern und mehr oder minder stark entwickeltem Höcker auf dem Vorderrücken.

Sanger [engl. 'sæŋə], Frederick, * Rendcomb (Gloucestershire) 13. Aug. 1918, brit. Biochemiker. - Ab 1951 am Medical Research Council in Cambridge; Arbeiten bes. über die Struktur und Synthese von Proteinen und Nukleinsäuren; erhielt 1858 – insbes. für die Aufklärung der Struktur des Insulins – und 1980 – insbes. für die Aufklärung der Reihenfolge der Nukleotide in der DNS – den Nobelpreis für Chemie (zus. mit P. Berg und W. Gilbert).

Sanikel (Sanicula) [mittellat.], Gatt. der Doldengewächse mit rd. 40 fast weltweit (v.a. im westl. N-Amerika) verbreiteten, staudigen Arten. In Deutschland kommt zerstreut in Laub- und Mischwäldern die in Eurasien und S-Afrika heim. Art **Gewöhnl. Sanikel** (Europ. S., Heildolde, Scharnikel, Sanicula europaea) mit langgestielten, handförmigen, fünf- bis siebenteiligen, überwiegend grundständigen Blättern vor; Blüten weiß oder rötl., in kleinen Döldchen. Die Blätter und Rhizome enthalten Saponine, Bitter- und Gerbstoffe.

San-José-Schildlaus [span. saŋxo'se] (Quadraspidiotus perniciosus), vermutl. aus Ostasien (Amur-Gebiet) stammende, über Kalifornien (bei San Jose, span. San José) weltweit verschleppte Deckelschildlaus (in Europa seit 1927, in der BR Deutschland seit 1946); Rückenschild des ♀ 2–2,5 mm breit, rundl., hell- bis dunkelgrau, der des ♂ kleiner, langgestreckt-oval; ♀ lebendgebärend, bringt pro Generation (in Deutschland 2–3 Generationen) bis über 100 Larven zur Welt, die (wie die geflügelten ♂♂) ortsbewegl. sind; saugt an Laubgehölzen, v.a. an verholzten Teilen (auch Früchten) von Obstgehölzen; bilden bei Massenbefall grauen, krustigen Überzug, so daß jüngere Bäume oft absterben; sehr gefährl. Schädling; Bekämpfung mit Insektiziden.

Sansevieria [nach dem italien. Gelehrten R. di Sangro, Fürst von San Severo, * 1710, † 1771], svw. ↑Bogenhanf.

Saponaria [lat.], svw. ↑Seifenkraut.

Saponine [lat.], in zahlr. Pflanzen enthaltene oberflächenaktive, in wäßriger Lösung seifenartige Glykoside; z.T. stark giftig.

Sapotengewächse [indian.-span./dt.] (Sapotaceae) ↑Seifenbaumgewächse.

Sapotillbaum [indian.-span./dt.], (Breiapfel, Manilkara zapota, Achras zapota) Seifenbaumgewächs in M-Amerika; bis 20 m hoher Baum mit 6–7 cm großen, eiförmigen bis kugeligen Früchten **(Breiäpfel)**; in den Tropen häufig kultiviert.

◆ (Cochilsapote, Casimiroa edulis) Rautengewächs in Mexiko und Guatemala; großer Baum mit bis 8 cm großen, eßbaren Steinfrüchten **(weiße Sapoten)**.

saprob [zu griech. saprós „faul"], in der Hydrobiologie für: faulend, verschmutzt, durch Abfallstoffe verunreinigt (von Wasser).

Saprobionten [griech.] (Saprobien, Fäulnisbewohner), heterotrophe Lebewesen an Standorten mit faulenden bzw. verwesenden Substanzen. Man unterscheidet die Saprozoen als tier. S. von den Saprophyten (pflanzl. S.). Von bes. Interesse in der Hydrobiologie und zur Beurteilung der Wasserqualität sind die saproben Mikroorganismen der unterschiedl. stark verunreinigten Gewässer. Man unterteilt diese S. in *Poly-S.* (leben in sehr stark verschmutzten Gewässerzonen), *Meso-S.* (finden sich in mittelstark verschmutzten Gewässerbereichen) und *Oligo-S.*

(vertragen nur einen geringfügigen Verschmutzungsgrad).

Saprophyten [griech.] (Fäulnispflanzen, Humuspflanzen, Moderpflanzen), pflanzl. Fäulnisbewohner (↑Saprobionten), die ihren Nährstoffbedarf, da sie nicht oder nicht ausreichend zur Photosynthese befähigt sind, ganz oder teilweise aus toter organ. Substanz (v. a. Humus) decken. S. sind Pilze, einige Blütenpflanzen und Bakterien.

Saprozoen [griech.], tier. Fäulnisbewohner (↑Saprobionten), die vorwiegend von sich zersetzender organ. Substanz, v. a. von Kadavern und Exkrementen, leben, wie z. B. die Leichen- und Kotfresser (Nekro- bzw. Koprophagen; Aaskäfer, Aasfliegen, Dungkäfer, Mistkäfer, Kotfliegen u. a.). In verrottender Pflanzensubstanz finden sich u. a. Regenwürmer, Fadenwürmer, Enchyträen, Nacktschnecken, bestimmte Milbenarten, Pilzmükkenlarven, Kollembolen (Springschwänze). Manche S. leben auch räuber. von anderen S. und deren Eiern und Larven oder von ↑Saprophyten, wie z. B. bakterienfressende Einzeller (v. a. Wimper- und Rädertierchen).

Sarcococca [griech.] (Fleischbeere), Gatt. der ↑Buchsgewächse mit nur wenigen Arten in SO-Asien; immergrüne Sträucher mit lederartigen Blättern und kleinen, weißen Blüten sowie schwarzen oder dunkelroten Steinfrüchten.

Sarcophagidae [griech.], svw. ↑Fleischfliegen.

Sarcoptidae [griech.], svw. ↑Krätzmilben.

Sarcosporidia (Sarkosporidien) [griech.], Klasse bis 5 cm langer, schlauchförmiger Sporentierchen; parasitieren in Muskelzellen vieler Säugetiere (beim Menschen selten), mancher Vögel und Reptilien. Die von Bindegewebe des Wirts umhüllten Schläuche (**Miescher-Schläuche**) sind durch zahlr. Scheidewände in Kammern unterteilt, in denen sich die „Sporen" entwickeln.

Sardellen [lat.-italien.] (Engraulidae), mit den Heringen eng verwandte Fam. der Knochenfische mit rd. 100 Arten in Meeren (einige Arten auch in Brack- und Süßgewässern) der trop. und gemäßigten Regionen; kleine, etwa 10–20 cm lange, sehr schlanke Schwarmfische, die von Frühjahr bis Sept. laichen; viele Arten (z. B. zu Anchovis verarbeitet) von wirtsch. Bed., bes. die ↑Anchoveta und die **Europ. Sardelle** (An[s]chovis, Engraulis encrasicholus): v. a. im Mittelmeer, Schwarzen Meer und an den atlant. Küsten der Alten Welt (von der Nordsee bis W-Afrika); Körper mit Ausnahme des dunkelgrünen Rückens silbrigglänzend; ernährt sich vorwiegend von tier. Plankton. Die Europ. Sardelle unternimmt oft weite Wanderungen entlang den Küsten.

Sardine [lat.-italien.], (Pilchard, Sardina pilchardus) etwa 15–25 cm langer, vorwiegend bläulichsilbern schillernder ↑Heringsfisch an den Küsten W- und SW-Europas, im Mittelmeer und Schwarzen Meer; Schwarmfisch; zieht zum Ablaichen zu Beginn des Winters ins offene Meer; wichtiger Speisefisch; Jungfische kommen (in Öl gekocht) als „Ölsardinen" in den Handel.
◆ Bez. für mehrere trop., mit dem Pilchard eng verwandte Arten der Heringsfische, von denen einige (z. B. die *Jap. S.* [Sardinops melanosticta] und *Pazif. S.* [Sardinops caerulea]) wirtsch. wichtig sind (Verarbeitung zu S.öl und S.mehl).

Sargassofisch [portugies./dt.] (Histrio histrio), bis knapp 20 cm langer, auf braunem Grund gelbl. und weiß gezeichneter Knochenfisch (Fam. Antennenfische) im treibenden Seetang des wärmeren Atlantiks (Sargassosee), des östl. Ind. Ozeans und des westl. Pazifiks; bizarr gestalteter, tangähnl. aussehender Fisch.

Sargassum [portugies.], svw. ↑Beerentang.

Sarkomeren [griech.] ↑Muskeln.

Sarkoplasma [griech.] ↑Muskeln.

Sarrazenie [vermutl. nach dem kanad. Botaniker Sarrazin, 17. Jh.] (Schlauchpflanze, Wasserkrug, Sarracenia), Gatt. der Schlauchpflanzengewächse mit neun Arten auf schwarzen, sandigen Humusböden in den feuchten, sumpfigen Präriegebieten des östl. N-Amerika; stengellose Stauden mit insektenfangenden Schlauchblättern; Blüten nikkend, einzelnstehend, auf blattlosem Schaft, mit fünf ledrigen, grünen, abstehenden, bleibenden Kelch- und fünf roten oder gelben, bald abfallenden Kronblättern; z. T. als Schnitt- und Topfpflanze kultiviert.

Saruskranich [Sanskrit/dt.] ↑Kraniche.

Sassaby [...bi; afrikan.] ↑Leierantilopen.

Sassafrasbaum [span./dt.] (Sassafras), Gatt. der Lorbeergewächse mit nur zwei Arten in N-Amerika und in O-Asien. Die wichtigste Art ist der im östl. N-Amerika verbreitete **Echte Sassafrasbaum** (Fenchelholzbaum, Nelkenzimtbaum, Sassafras albidum), ein 12–20 m, in seiner Heimat auch bis 30 m hoher Baum mit Wurzelausläufern und überwiegend drei-, aber auch zwei- oder einlappigen oder ganzrandigen, sich im Herbst orange- und scharlachrot verfärbenden Blättern; Blüten grünlichgelb, zweihäusig; Früchte erbsengroß, schwarz, mit fleischigem, rotem Stiel. Das Holz der Wurzel *(Sassafrasholz, Fenchelholz)* und die Wurzelrinde enthalten viel äther. Öl (*Sassafrasöl*, gelb bis rötl., aromat. riechend, enthält bis zu 80% Safrol; in der Seifenind. verwendet). Sassafrasholz wird in der Volksmedizin als Bestandteil blutreinigender und harntreibender Mittel (u. a. Tees) verwendet.

Satsuma [nach der Satsumahalbinsel] ↑Mandarine.

Sattelgelenk ↑Gelenk.

Sattelrobbe ↑Seehunde.

Sattelstorch (Afrika-S., Ephippiorhynchus senegalensis), mit rd. 1,30 m Höhe größter Storch in Sümpfen und an Seen des trop. Afrika; schwarz und weiß gefärbt; am Schnabel ein sattelförmiger Aufsatz.

Sattler (American Saddle Horse, Kentukky Saddle Horse, Virginia-Saddler), in den USA (v.a. aus kanad. Stuten und engl. Vollbluthengsten) gezüchtete, sehr beliebte Hauspferderasse; lebhafte, elegante, bis 165 cm schulterhohe und kompakt gebaute Reitpferde (teils als Wagenpferde benutzt); Farbschläge: Braune, Füchse und Rappen (selten mit Abzeichen).

Saturnidae [lat.], svw. ↑Augenspinner.

Satyrhühner (Tragopane, Tragopaninae), Unterfam. etwa 50–70 cm langer, farbenprächtiger, mit weißer Perlzeichnung versehener Hühnervögel (Fam. ↑Fasanenartige); mit 5 Arten in den Urwäldern des Himalaja und der Gebirge Südostasiens.

Satyridae [griech.], svw. ↑Augenfalter.

Sau, das zuchtreife ♀ Hausschwein.
◆ wm. Bez. für ein Stück Schwarzwild.

Saubohne ↑Pferdebohne.

Saudistel, svw. ↑Gänsedistel.

Sauerampfer, (Großer S., Großer Ampfer, Rumex acetosa) 0,3–1 m hohe, in Eurasien und N-Amerika verbreitete Ampferart; Staude mit längl.-ellipt., säuerl. schmeckenden Blättern, rötl. Blütenstand und rotgestielten Früchten; häufig auf nährstoffreichen Wiesen. Die Wildart sowie der kultivierte Garten-S. werden für Salate und als Suppengewürz verwendet.
◆ (Kleiner S., Kleiner Ampfer, Rumex acetosella) 10–40 cm hoher Ampfer in den nördl. und gemäßigten Gebieten; Staude mit spießförmigen Blättern und rötl. Blütenstand; oft massenhaft auf sauren, meist sandigen Böden.

Sauerdorn (Berberitze, Berberis), Gatt. der Sauerdorngewächse mit rd. 500 Arten in Eurasien, N- bis SO-Afrika und in Amerika; immergrüne oder sommergrüne Sträucher mit einfachen Blättern, die an den Langtrieben meist zu Dornen umgewandelt sind; Blüten einzeln, gelb, mit sechs kronblattartigen ↑Honigblättern; Frucht eine ein- bis mehrsamige, rote bis schwarze, säuerl. schmeckende Beere. Die bekannteste Art ist die ↑Berberitze.

Sauerdorngewächse (Berberitzengewächse, Berberidaceae), zweikeimblättrige Pflanzenfam. mit fast 700 Arten in 14 Gatt., v.a. in den gemäßigten Gebieten der Nordhalbkugel; meist Kräuter, seltener Sträucher und Bäume, mit zusammengesetzten oder einfachen Blättern; Blüten in Blütenständen oder einzelnstehend, mit doppelter Blütenhülle; Beeren- oder Kapselfrüchte. Einheim. ist nur die ↑Berberitze.

Sauergräser, svw. ↑Riedgräser.

Sauerkirsche (Weichselkirsche, Prunus cerasus), im Kaukasus und in Kleinasien wild oder verwildert vorkommende Kirschenart, auf der Nordhalbkugel in vielen Varietäten und Sorten als Obstbaum kultiviert; Wildform strauchig; in Kultur bis 3 m hoher Baum. Die roten Früchte *(Sauerkirschen)* enthalten reichl. Fruchtsäuren. Die wichtigsten Varietäten der S. sind: **Schattenmorelle** (Strauchweichsel): mit kleinen, sauren, schwarzroten Früchten; **Glaskirsche** (Amarelle, Baumweichsel): vermutl. aus einer Kreuzung mit der Süßkirsche entstanden und daher mit nur mäßig sauren Früchten; **Morelle** (Süßweichsel) und die für die Herstellung von Maraschino verwendete **Maraskakirsche:** v.a. in SO-Europa gepflanzt. - S. werden als Einmachobst verwendet sowie zu Marmelade oder Saft verarbeitet. Hauptanbaugebiete sind Europa und N-Amerika.

Sauerklee (Oxalis), Gatt. der S.gewächse mit rd. 850 sehr vielgestaltigen und weitverbreiteten Arten, v.a. in den Anden, in Brasilien und in Südafrika; meist krautige, überwiegend ausdauernde Pflanzen mit stark oxalsäurehaltigen, drei- oder mehrzählig gefingerten, Schlafbewegungen ausführenden Blättern oder mit blattartig verbreitertem Blattstiel; Blüten in Trugdolden oder einzelnstehend, oft gelb, weiß oder rot. Bekannt sind neben dem einheim. **Waldsauerklee** (Oxalis acetosella; 8–15 cm hoch, Blüte weiß mit roten Adern und einem gelben Fleck am Grund) als Zierpflanzen noch zwei Arten des ↑Glücksklees.

Sauerkleegewächse (Oxalidaceae), Pflanzenfam. mit knapp 1 000 Arten in acht Gatt., v.a. in den Tropen und Subtropen der Südhalbkugel, verschiedene Gatt. auch in den gemäßigten Gebieten der Nordhalbkugel; meist Kräuter mit Zwiebeln, Wurzelstöcken oder Knollen; Blätter meist gefiedert oder gefingert, zu Reizbewegungen fähig; Kapsel- oder (selten) Beerenfrüchte.

Sauerstoffkreislauf ↑Stoffkreislauf.

Säugetiere (Säuger, Haartiere, Mammalia), weltweit verbreitete, höchstentwickelte Klasse der Wirbeltiere mit rd. 4 250 Arten von etwa 5 cm bis über 30 m Länge und einem Gewicht von etwa 3 g (kleinste Spitzmaus- und Nagetierarten) bis weit über 100 t (Blauwal); die Jungen werden von der Mutter mit in bes. Milchdrüsen erzeugter Milch gesäugt. Mit Ausnahme der eierlegenden ↑Kloakentiere sind alle S. lebendgebärend. - Die S. sind gleichwarm („Warmblüter"), ledigl. bei Winterschläfern (z. B. Fledermäuse, Igel, Hamster) kann die Körpertemperatur zeitweise stark herabgesetzt werden. Alle S. atmen durch Lungen. Körper- und Lungenkreislauf einschließl. Herzkammer und -vorkammer sind getrennt. - Die Haut der S. ist drüsenreich und fast stets behaart (weitgehend haarlos sind Wale, Seekühe und Elefanten). - Das Gebiß ist stark differenziert. Meist findet ein einmaliger Zahnwechsel vom Milch- zum Dauergebiß statt. - Fast alle S. haben zwei

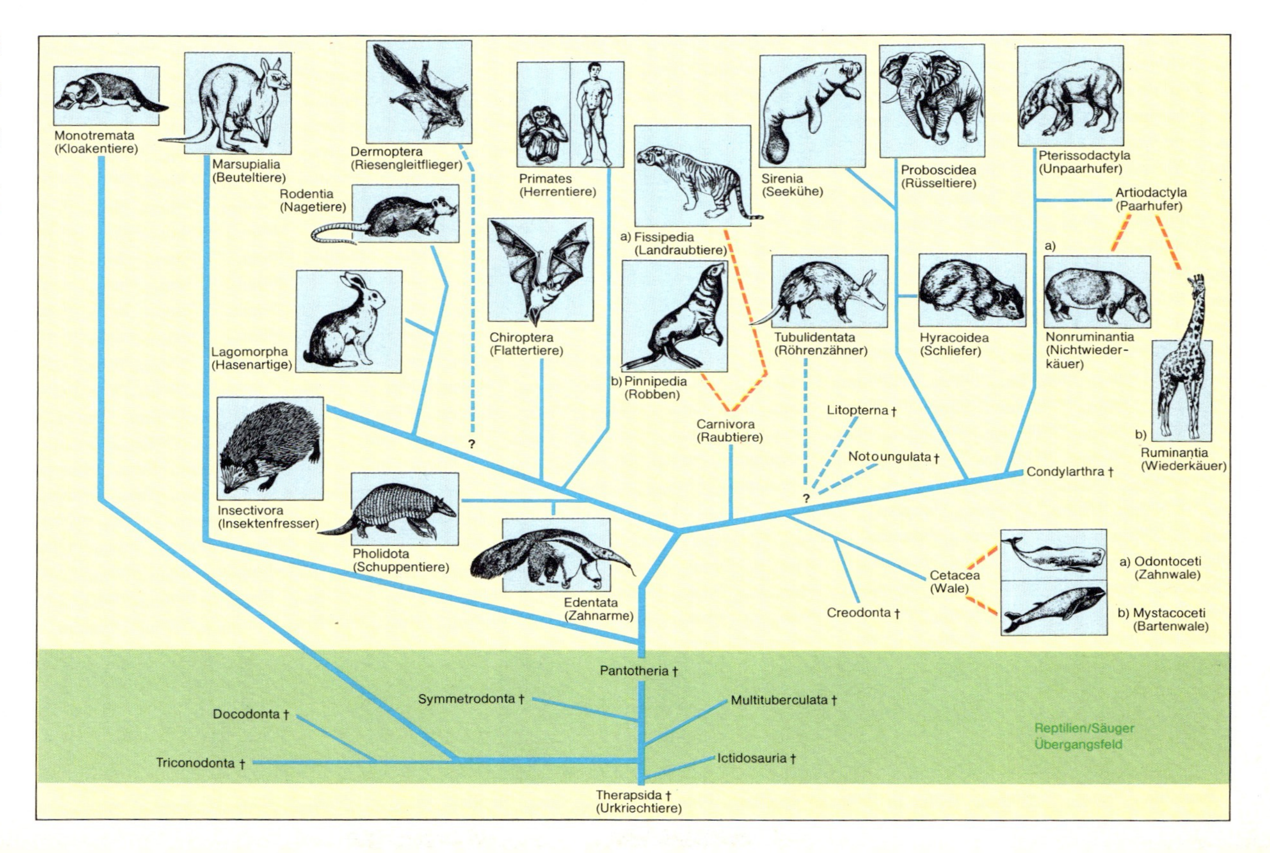

Säugetiere. Stammbaum

Extremitätenpaare (mit Ausnahme der Wale und Seekühe); das vordere Paar kann zu Flügeln umgestaltet sein (Flattertiere). - Die Leibeshöhle der S. ist durch das Zwerchfell in Brust- und Bauchhöhle getrennt. Die Geschlechtsorgane sind paarig entwickelt; die Hoden werden zeitweilig (während der Brunst) oder ständig aus dem Körperinneren in einen Hodensack verlagert. - Die Sinnesorgane der S. sind meist sehr hoch entwickelt, ebenso das Gehirn. Die Hirnrinde ist oft stark gefurcht.

Stammesgeschichtl. haben sich die S. parallel zu den Vögeln aus Kriechtiervorfahren entwickelt. Die ältesten Säugetierfunde stammen aus der oberen Trias (vor rd. 200 Mill. Jahren). Erst vor etwa 70 Mill. Jahren, zu Beginn des Tertiärs, setzte mit dem drast. Niedergang der seinerzeit höchstentwickelten Kriechtierfauna die Eroberung der Erdoberfläche durch einen Seitenzweig (↑Pantotheria) der S. ein. Viele Gruppen der S. sind inzwischen ausgestorben. Heute leben noch 19 Ordnungen: Kloakentiere, Beuteltiere, Insektenfresser, Riesengleitflieger, Flattertiere, Herrentiere, Zahnarme, Schuppentiere, Hasenartige, Nagetiere, Wale, Raubtiere, Robben, Röhrenzähner, Elefanten, Schliefer, Seekühe, Unpaarhufer und Paarhufer.

🕮 *Thenius, E.: Grundzüge der Faunen- u. Verbreitungsgesch. der S. Stg. ²1980. - Thenius, E.: Die Evolution der S. Stg. 1979. - Niethammer, J.: S. Biologie u. Ökologie. Stg. 1979. - Austin, C./Short, R.: Fortpflanzungsbiologie der S. Dt. Übers. Bln. 1976–81. 5 Bde.*

Saugfische (Schildfische, Scheibenbäuche, Gobiesociformes, Xenopterygii), Ordnung schlanker Knochenfische mit rd. 50, nur selten über 10 cm langen Arten in der Gezeitenzone fast ausschließl. warmer Meere. Die brustständige, oft zweiteilige Saugscheibe dient vorwiegend zum Anheften an den Untergrund. - Zu den S. gehört u.a. der Ansauger.

Sauginfusorien (Suctoria, Saugtierchen), Ordnung der Wimpertierchen im Meer und Süßwasser; nur Jugendstadien freibewegl. und bewimpert; ohne Zellmund; Aufnahme der Beutetiere (Protozoen) mit Saugtentakeln.

Säugling, das ↑Kind im ersten Lebensjahr.

Zu den nächstverwandten Säugetieren nimmt der menschl. S. eine Sonderstellung ein. Im Ggs. zu neugeborenen Herrentieren, die als Nestflüchter bei der Geburt schon ähnl. Körperproportionen wie Erwachsene aufweisen und eine weitgehende Beherrschung ihrer arteigenen Motorik zeigen, weicht das menschl. Kind bei der Geburt in seinen Körperproportionen erhebl. von denen des Erwachsenen ab und erwirbt erst am Ende seines ersten Lebensjahrs u.a. die Fähigkeit der (artkennzeichnenden) zweibeinigen Fortbewegung.

Die Besonderheit der *menschl. Säuglingszeit* besteht v.a. darin, daß in ihr wesentl. Reifeprozesse ablaufen, die bei anderen Herrentieren noch in die Embryonalzeit fallen. So erfolgt die Massen- und Größenzunahme beim menschl. S. etwa ebenso rasch wie noch in der letzten Zeit der in der Gebärmutter ablaufenden Entwicklung, während sich nach der S.zeit das Wachstumstempo merkl. verlangsamt. Von weittragender Bed. ist für die psych. Entwicklung des Menschen, daß das erste Lebensjahr bereits in zunehmender Auseinandersetzung mit der sozialen Umwelt verläuft. In dieser Zeit werden alle wichtigen psych. Funktionen ausgebildet und (gegen Ende der S.zeit) die Wesensmerkmale des Menschen, wie aufrechte Körperhaltung, Anfänge der Wortsprache sowie des Denkens und Handelns, erworben. Das Neugeborene ist ein noch rein reflektor. und instinktiv sich verhaltendes, weitgehend verschwommen erlebendes und ganz auf seine leibl. Vorgänge und Gefühle ausgerichtetes Wesen. Im 2.–3. Monat beginnt jedoch schon die spontane Hinwendung des S. zur Umwelt (erkennbar zunächst am Lächeln, später auch am Betätigungstrieb bei der Nachahmung und am Spiel). Mit der vollen Ausbildung der Augen bzw. des Gesichtssinns wird der sinnl. Nahraum zum Fernraum erweitert; es beginnt das sog. Schaualter des Kindes. Im 5. Lebensmonat etwa erreicht der S. durch zunehmende Koordinierung der Großhirnzentren und Sinnesleistungen und der damit zus.hängenden Steuerung seiner Bewegungen das sog. Greifalter. Unwillkürl. Nachahmung, das (freudige) Erkennen von Bezugspersonen, das Erstaunen über Fremde treten im 7. Monat auf. Ab dem 6. Monat setzt sich der S. aus der (vom 3. Monat an bevorzugten) Bauchlage auf und kann mit Unterstützung sitzen. Im 7. Monat beginnt er, sich von der Stelle zu bewegen, kann im 8. Monat bereits frei sitzen, kriechen und sich an Gegenständen hochziehen, im 10. Monat schon mit Unterstützung stehen und im 11. Monat sich zum Sitzen selbständig aufrichten. Er läßt im 12. Monat während des Stehens immer wieder eine Hand los und macht an Unterstützungsflächen seine ersten Schritte. Gegen Ende der S.zeit ist das menschl. Kind zu einfachen Intelligenzleistungen fähig: es setzt Objekte gegenseitig in Beziehung, sucht bereits erkannte Gegenstände, organisiert seine Bewegungen entsprechend den gemachten Erfahrungen. Ab da beginnt es in seiner geistigen Entwicklung die höchstentwickelten Tiere rasch zu überholen. - Von großer - wenn auch wiss. noch nicht ausreichend geklärter - Bedeutung ist die Beziehung zw. Mutter und S.; die Mutter beschwichtigt bei Beunruhigung, stimuliert die Aktivität, „belohnt" Erfolge, verbietet und „bestraft" aber auch.

🕮 *Spitz, R. A.: Vom S. zum Kleinkind. Dt.*

Übers. Stg. [6]1980. - Schetelig, H.: Entscheidend sind die ersten Lebensjahre. Freib. 1980. - Herzka, H. S.: Gesicht u. Sprache des S. Basel 1979. - ↑auch Kind.

Saugmagen, zur Aufnahme und Speicherung von flüssiger Nahrung dienende Ausstülpung oder Erweiterung des Vorderdarms verschiedener wirbelloser Tiere.

Saugmilben, svw. ↑Schorfmilben.

Saugnapf, scheiben-, schalen-, napf- oder grubenförmiges Haftorgan an der Körperoberfläche verschiedener Tiere, z. B. bei Bandwürmern, Saugwürmern, Blutegeln, Tintenfischen, Stachelhäutern, Fischen (Saugschmerlen, Saugbarben).

Saugorgane, bei Tieren als ↑Saugnäpfe zum Sichansaugen dienende Haftorgane oder Organe, mit deren Hilfe flüssige Nahrung eingesaugt wird (Saugrüssel, Saugmagen).
◆ bei Pflanzen dem Festhaften an Gegenständen oder anderen Pflanzen oder dem Einsaugen von Wasser und Nährstoffen dienende Organe. S. sind u. a. die **Haustorien** (Saugwurzeln), mit denen die Schmarotzerpflanzen in die Wirtspflanzen eindringen und diesen Wasser und Nährstoffe entziehen.

Saugschmerlen (Gyrinocheilidae), Fam. der Knochenfische mit drei kleinen Arten in SO-Asien; Körper langgestreckt, barbenähnl., mit unterständiger, zu einer Saugscheibe umgebildeter Mundöffnung, mit der sie sich in schnellfließenden Gewässern am Grund festheften.

Saugtierchen, svw. ↑Sauginfusorien.

Saugwürmer (Trematoden, Trematoda), Klasse etwa 0,5–10 mm (maximal bis 1 m) langer Plattwürmer mit über 6 000 (ausschließl. parasitischen) Arten; fast stets flach abgeplattet, farblos; Epidermis im Erwachsenenstadium unbewimpert, mit Kutikula; überwiegend Zwitter mit kompliziert gebauten Geschlechtsorganen und Saugnäpfen oder Haken zur Befestigung am Wirt; Wirts- und Generationswechsel sehr verbreitet. Man unterscheidet zwei Ordnungen: Monogenea und Digenea (darunter bekannte Parasiten, wie z. B. Leberegel, Pärchenegel).

Säulenkaktus (Cereus), Gatt. der Kaktusgewächse mit rd. 40 Arten in S-Amerika; hochwüchsige, oft baum- oder strauchförmige Kakteen mit stark gerippten Sprossen und großen, langröhrigen, bei Nacht sich entfaltenden Blüten. Mehrere Arten und Formen sind beliebte, schnellwachsende und mehrmals jährl. blühende Kakteen für Gewächshäuser oder als Kübelpflanzen, u. a. der **Mandacaro** (Cereus jamacaru), der **Felsenkaktus** (Cereus peruvianus var. monstrosus) und der **Orgelkaktus** (Cereus gemmatus).

Säulenzypresse ↑Zypresse.

Saumfarn (Pteris), Gatt. der Tüpfelfarngewächse mit knapp 300 Arten v. a. in den Tropen und Subtropen; vielgestaltige Erdfarne mit gebüschelten, gefiederten bis zerteilten, krautigen oder ledrigen Blättern und ununterbrochen längs des Randes angeordneten Sporangienhäufchen, die durch den trockenhäutigen, umgeschlagenen Rand bedeckt sind. Als Zierpflanze beliebt ist der bis in das Mittelmeergebiet vorkommende **Kretische Saumfarn** (Pteris cretica).

Saumnarbe (Lomatogonium), Gatt. der Enziangewächse mit zehn Arten auf der Nordhalbkugel, u. a. in Hochgebirgen und bis in die Arktis; in Deutschland, sehr selten (Berchtesgadener Alpen), nur das **Tauernblümchen** (Lomatogonium carinthiacum), eine bis 15 cm hohe, einjährige Pflanze mit vierkantigen Stengeln, eirunden bis längl. Blättern und fünfteiligen, blaßblauen oder weißen Blüten.

Saumquallen, svw. ↑Hydromedusen.

Saumzecken, svw. ↑Lederzecken.

Säure-Base-Gleichgewicht, Bez. für das durch physiolog. Regelungsprozesse (↑Homöostase) eingestellte, durch den biolog. neutralen pH-Wert 7,38–7,43 des Blutplasmas bzw. 7,28 der Zellen gekennzeichnete Gleichgewicht der in den Körperflüssigkeiten enthaltenen Säuren und Basen. Zur Konstanthaltung des **Säure-Base-Haushalts** tragen die Puffereigenschaften des Blutes und der Gewebe, der Gasaustausch in der Lunge und die Ausscheidungsmechanismen der Niere bei. Der Säure-Base-Haushalt wird beeinflußt durch Diabetes mellitus, Erbrechen, übermäßige Aufnahme von Basen und Säuren mit der Nahrung, Schwerstarbeit, übermäßige oder zu schwache Atmung sowie Funktionsstörungen von Lunge und Niere.

saurer Regen, v. a. mit Schwefeldioxid und Stickstoffoxiden (die aus der Verbrennung fossiler Energiestoffe stammen) angereicherter Niederschlag; Folgen des s. R. sind Übersäuerung von Seen (führt zum sog. Fischsterben) und Böden (führt als eine der komplexen Ursachen zum sog. Waldsterben).

Sauria [griech.] ↑Echsen.

Saurier [zu griech. saũros „Eidechse"], in der Zoologie Bez. für die Echsen (Eidechsen, Warane, Leguane, Geckos usw.). In der Paläontologie Bez. für die fossilen und rezenten Reptilien. Die geolog. ältesten Reptilien sind die ↑Kotylosaurier (Stammreptilien). Ihre ersten Vertreter kennt man seit dem oberen Unterkarbon. Sie stehen zw. den fossilen Amphibien und Reptilien, weshalb ihre Zuordnung zu den Reptilien oft schwierig ist. Wie und wann die für die Reptilien charakterist. Merkmale (beschuppte, drüsenarme Haut, beschalte Eier, innere Befruchtung, Unabhängigkeit vom Wasser) entwickelt wurden, ist fossil nicht zu belegen. Die Kotylosaurier haben ein Schädeldach ohne Schläfendurchbrüche. Ihre Nachfahren sind die Schildkröten. Alle anderen S. haben entweder eine oder zwei Schläfenöffnungen. Sie sind das entscheidende Kriterium für die Systematik der Reptilien.

S. mit einer Schläfenöffnung sind die marinen Ichthyo- oder Fisch-S., die Pflasterzahn-S. und noch einige weniger gut bekannte Gruppen. Fast alle anderen Reptilien weisen zwei Schläfenöffnungen auf, von denen die untere bei den Echsen und Plesio-S. zurückgebildet ist. S. mit zwei Schläfengruben sind seit dem Oberkarbon mit den Eosuchiern oder „Frühechsen" bekannt. Diese Gruppe entwickelte erstmals in der Geschichte der Wirbeltiere auch fliegende Formen. Von den Eosuchiern lassen sich die Brückenechsen, die Thekodontier, die Flug-S. und durch Reduktion bzw. Abänderung des unteren Schläfenbogens die Ruder- oder Plesio-S. einerseits und die Echsen andererseits herleiten. Die fast nur in der Trias vorkommenden Thekodontier betrachtet man als die Ursprungsgruppe der Krokodile, Vögel und Dino-S. Wegen ihrer sonderbaren Formen und z. T. gigant. Größe sind die Dino-S. die bekanntesten S. Von den Reptilien mit zwei Schläfengruben des Permokarbons, die jedoch mit den Eosuchiern nicht näher verwandt sind, führt eine eigenständige Entwicklung über Pelyko-S. und säugetierähnl. Reptilien zu den Säugetieren. Dino-S., Paddel-S., Flug-S. und Fisch-S. sterben mit Ende der Kreidezeit nachkommenlos aus. Für die Klärung dieses als „großes Sauriersterben" bezeichnete Ereignis wurden auf ird. (z. B. Klimaänderung), auf außerird. (z. B. Supernova-Explosion) oder auf biolog. Ursachen (z. B. Degeneration) basierende Hypothesen entwickelt.

📖 *Kuhn, O.: Die dt. S. Krailling 1968. - Augusta, J./Burian, Z.: S. der Urmeere. Dt. Übers. Prag [4]1967. - Huene, F. R. Frhr. v.: Die S.welt u. ihre geschichtl. Zusammenhänge. Jena [2]1954.*

Saurischier (Saurischia) ↑ Dinosaurier.

Sauromorphen [griech.] (Sauromorpha, Sauropsiden, Sauropsida), Bez. für einen der beiden (phylogenet.) Hauptäste, die sich im oberen Karbon aus einer Gruppe primitiver Saurier (↑ Kotylosaurier) abgespalten haben; aus ihm entwickelten sich der Großteil der Saurier und alle Reptilien und Vögel.

Savaku [indian.], svw. ↑ Kahnschnabel.

Savanne [indian.-span.], Vegetationsformation der wechselfeuchten Tropen mit geschlossenem Graswuchs sowie mit in Abständen voneinander wachsenden Holzgewächsen.

Saxaul [russ.] (Salzsteppenstrauch, Haloxylon), Gatt. der Gänsefußgewächse mit rd. zehn Arten in Asien und im östl. Mittelmeergebiet; knorrige Holzgewächse der Sand- und Salzwüsten mit zylindr., scheinbar blattlosen, gegliederten Zweigen.

Saxifraga [lat.], svw. ↑ Steinbrech.

Saxifragaceae [lat.], svw. ↑ Steinbrechgewächse.

Scaphidiidae [griech.], svw. ↑ Kahnkäfer.

Scaphopoda [griech.], svw. ↑ Kahnfüßer.

Scarabaeus [...ˈbɛːʊs; griech.-lat.] ↑ Pillendreher.

Schaben (Blattaria, Blattariae, Blattodea), seit dem Karbon bekannte, heute mit rd. 3 500 Arten weltweit, v. a. in den Tropen, verbreitete Ordnung 0,2–11 cm langer Insekten (nur etwa 20 Arten einheim., einige davon eingeschleppt); Körper längl.-oval, stark abgeflacht, von meist bräunl. bis dunkelbrauner Farbe; Kopf unter dem großen schildförmigen Halsschild verborgen, mit beißend-kauenden Mundwerkzeugen und langen, borstenförmigen Antennen; Hinterflügel häutig, unter den lederartigen Vorderflügeln zusammengefaltet; von Käfern durch die Schwanzborsten leicht zu unterscheiden. S.

Saurier. Stammbaum

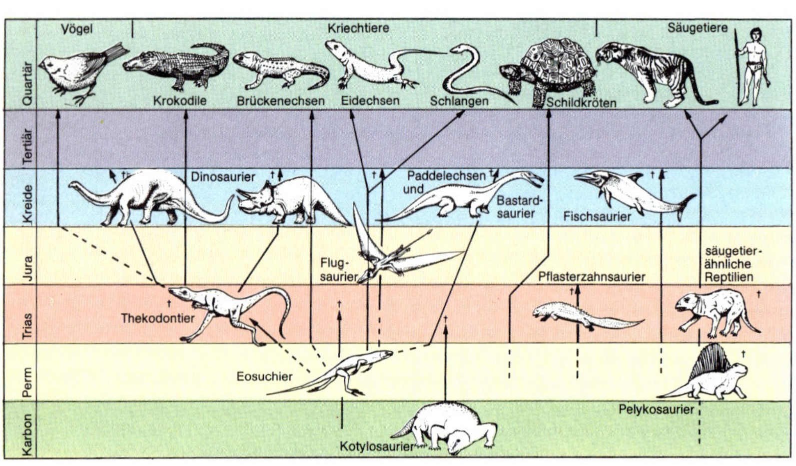

sind i. d. R. dämmerungsaktive, sehr flink laufende Allesfresser, die meisten Arten bevorzugen jedoch pflanzl. Kost. Einige Arten sind als Pflanzen- und Vorratsschädlinge oder auch als Krankheitsüberträger bekannt. Die Fortpflanzung erfolgt zweigeschlechtl., nur bei der Gewächshausschabe durch Jungfernzeugung. Die Eier werden in harten, gekammerten Eitaschen abgelegt, die vom ♀ oft bis zum Schlüpfen der Larven am Hinterende herumgetragen werden. Man unterscheidet 14 Fam., davon wichtig die *Blattidae* (mit der eingeschleppten und in Gebäuden oft sehr lästigen **Küchenschabe [Kakerlak]** sowie der Amerikan. und Austral. Schabe der Gatt. Periplaneta), *Blattellidae* (mit der Hausschabe) und *Ectobiidae* (mit der im Freien lebenden Waldschabe).

Schabenartige (Blattopteroidea, Blattoidea), Überordnung der Insekten, die Fangheuschrecken, Schaben und Termiten umfaßt. Charakteristisch für die S. ist die Bildung von Eitaschen *(Ootheken).*

Schabrackenhyäne ↑Hyänen.

Schabrackenschakal ↑Schakale.

Schabrackentapir ↑Tapire.

Schachbrettblume (Schachblume, Kiebitzei, Fritillaria meleagris), bis 30 cm hohe, geschützte Art der Gatt. Fritillaria, verbreitet im gemäßigten Europa bis zum Kaukasus; Pflanzen mit rinnenförmigen, wechselständigen Blättern, nickenden Blüten und schachbrettartig purpurrot und weißl. gefleckten Blütenhüllblättern; als Zierpflanze kultiviert.

Schachtelhalm (Equisetum), einzige rezente Gatt. der Schachtelhalmgewächse mit rd. 30 Arten, verbreitet von den Tropen bis in die kühlen Gebiete; ausdauernde Pflanzen mit Erdsprossen und aufrechten, meist nur einjährigen, einfachen oder verzweigten Halmen; Blätter klein, zähnchenartig, in Quirlen stehend; Sporangienstände am Ende der grünen Halme oder am Ende weißlichbräunlicher, unverzweigter Triebe. Die häufigsten der etwa zehn einheim. Arten sind Ackerschachtelhalm und Waldschachtelhalm.

Schachtelhalmartige (Equisetales), Ordnung der Klasse Schachtelhalme mit den ausschließl. paläozoischen Kalamiten und den Schachtelhalmgewächsen.

Schachtelhalme (Equisetinae, Sphenopsida), Klasse der Farnpflanzen mit überwiegend fossilen Arten, deren Entwicklung bereits im Devon beginnt und die durch die wirtelige Stellung der Äste und Blätter charakterisiert ist.

Schachtelhalmgewächse (Equisetaceae), Fam. der Schachtelhalmartigen mit mehreren seit dem Karbon bekannten fossilen Gatt. und der rezenten Gatt. Schachtelhalm.

Schädel (Kranium, Cranium), der Teil des Skeletts, der die knöcherne (oder knorpelige) Grundlage des Kopfes beim Menschen und bei den Wirbeltieren bildet und der beim Menschen und den meisten Wirbeltieren über Gelenkhöcker bewegl. mit der Wirbelsäule verbunden ist. Der S. umschließt das ↑Gehirn

Schädel. Ansicht des menschlichen Schädels von vorn (1) und von der Seite (2). 3 Schädelbasis des Menschen

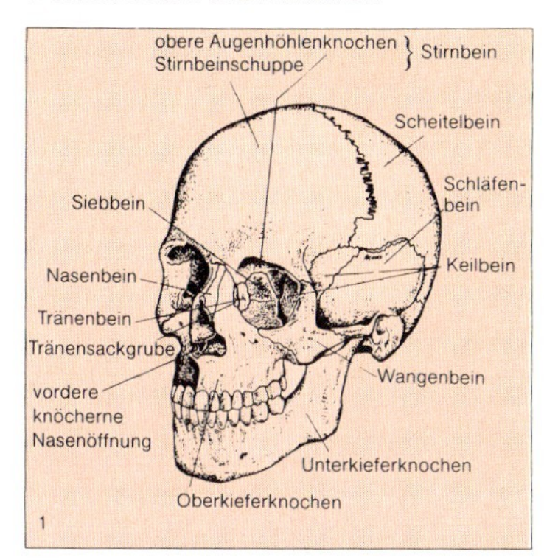

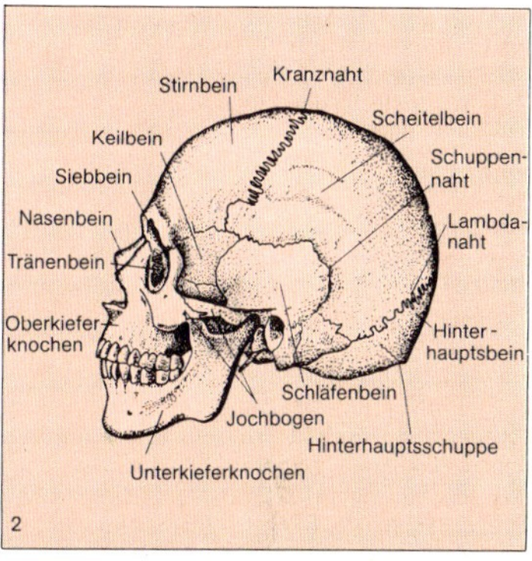

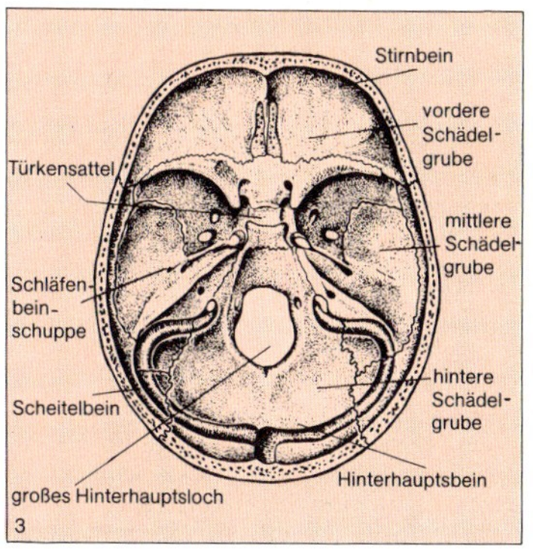

und die großen Sinnesorgane des Kopfes (Augen, Gehör- und Geruchsorgane) sowie den Anfangsteil des Atmungs- und Verdauungstraktes. Man unterscheidet Hirn-S. und Gesichts-S.; letzterer ging aus dem Viszeralskelett (↑ Kiemenbögen) der niederen Wirbeltiere hervor. Urspr. Ausbildungsform des S. war das ganz aus Deckknochen bestehende *Dermatocranium* (bei primitiven, fossilen Wirbeltieren ein den ganzen Kopf umschließender Hautknochenpanzer). Während der stammesgeschichtl. Entwicklung kamen noch Ersatzknochen hinzu. Im Verlauf der Individualentwicklung gehen dem ganz aus Knochen bestehenden *Knochenschädel* (Osteocranium) das *Desmocranium* (als erste bindegewebige S.anlage) und der embryonal bei allen Wirbeltieren angelegte, bei Haien und Rochen erhalten bleibende *Knorpelschädel* (Chondrocranium) voraus.
Der menschl. S. besteht (ohne die 2mal 3 Gehörknöchelchen und das Zungenbein) aus 23 Einzelknochen, die - mit Ausnahme des Unterkiefers - fest miteinander verzahnt sind, obwohl dazwischenliegende Nähte (↑ Schädelnähte) und Knorpelfugen eine Abgrenzung der einzelnen S.knochen ermöglichen. Die wichtigsten Knochen des **Hirnschädels** (Gehirn-S., Neurocranium, Cranium cerebrale), der das Gehirn als Gehirnkapsel umschließt: Das *Stirnbein* bildet die oberen Ränder der beiden Augenhöhlen und die paarige Stirnhöhle. Auf beiden S.seiten befindet sich je ein *Scheitelbein*. Die 2 Scheitelbeine bilden den wesentl. Teil des aus mehreren, über die S.nähte miteinander verbundenen, etwa 5 mm dicken, platten S.knochen zusammengesetzten *Schädeldachs*. Ebenfalls beidseitig liegt je ein *Schläfenbein*, das das Gehör- und Gleichgewichtsorgan enthält. Im *Hinterhauptsbein* (Okziptale, Os occipitale), ein den hintersten Abschnitt des S. bildender einheitl. Knochen, liegen das *Hinterhauptsloch*, durch welches das Rückenmark verläuft, und die *Hinterhauptshöcker*, ein paariger Gelenkhöcker, an dem die Halswirbelsäule ansetzt. Das *Keilbein* steht mit allen Knochen des Gehirn-S. und den meisten Knochen des Gesichts-S. in Verbindung. Es besitzt eine Grube, in die die Hypophyse eingebettet ist. Als Skelettgrundlage der Nase dient das am Stirnbein gelegene *Siebbein*. - Der **Gesichtsschädel** (Viszeralschädel, Splanchnocranium, Cranium viscerale) besteht aus den Knochen des *Nasenskeletts* (2 Nasenbeine, 2 untere, selbständige Muschelbeine, ein Pflugscharbein), dem paarigen Tränenbein an den Augenhöhlen, den beiden Wangen- und Gaumenbeinen sowie 2 Oberkieferknochen und einem Unterkieferknochen. - Die **Schädelbasis** (Schädelgrund, Basis cranii) bildet den Boden des Hirn-S. und das Dach des Gesichts-S.; sie setzt sich zus. aus Hinterhauptsbein, Felsenbein, Keilbein, den die Augen umschließenden Teilen des Stirnbeins und dem Siebbein. Nach der *Schädelhöhle* zu läßt sie sich in 4 grubenartige Vertiefungen unterteilen: eine vordere Schädelgrube, der das Stirnbein aufliegt, 2 durch den sog. **Türkensattel** (Sella turcica) voneinander getrennte mittlere Schädelgruben als Unterlage für die beiden Schläfenlappen des Gehirns und eine hintere Schädelgrube, der das Kleinhirn und der Hauptteil des Hirnstamms aufliegen.
Von großer anthropolog. Bed. ist das *S.volumen (S.kapazität)* des Gehirn-S., da es Rückschlüsse auf das Gehirnvolumen von Vor-, Ur-, Früh- und Altmenschen sowie (im Vergleich damit) von Menschenaffen zuläßt. Entsprach das Gehirnvolumen der Urmenschen (Australopithecinae) mit wenig über 500 cm^3 noch stark dem des Gorillas (etwas unter 500 cm^3), so lag es bei den Frühmenschen (z. B. Pithecanthropus: 775–950 cm^3; Sinanthropus: 900–1 100 cm^3) schon wesentl. höher. Beim heutigen Menschen beträgt das S.volumen durchschnittl. 1 450 cm^3 im männl. und 1 300 cm^3 im weibl. Geschlecht.
🕮 *Henschen, F.: Der menschl. S. in der Kulturgesch. Bln. u.a. 1966.*

Schädeldach ↑ Schädel.

Schädellehre, (Kraniologie) Lehre vom Bau des Schädels; Teilgebiet der Anatomie bzw. Osteologie.
◆ (Kraniometrie) Lehre vom Messen und von den Maßen (speziell den Indizes, z. B. Längen-Breiten-Index) des menschl. Schädels; Teilgebiet der Anthropometrie. Das Meßinstrumentarium besteht aus dem *Bandmaß*, das v.a. zur Abnahme von Bögen verwendet wird, dem *Tasterzirkel*, einem bewegl. Stahlwinkel mit ausgeschweiften Armen, an deren Enden Tastknöpfe sitzen *(Kraniometer)*, für Schädelstrecken, insbes. [größte] Schädellänge und -breite, und dem *Gleitzirkel*, einer Art Schublehre mit Noniusablesung, für kleinere Strecken (etwa bei Zähnen) oder Strecken mit morpholog. eindeutig festliegenden Punkten (z. B. Schädelnahtkreuzungen).

Schädellose (Akranier, Leptokardier, Acrania, Cephalochordata, Leptocardii), Unterstamm der Chordatiere mit 13 etwa 4–7,5 cm langen, ausschließl. meerbewohnenden Arten; Körper fischähnl., seitl. abgeplattet, durchscheinend; mit einer den gesamten Körper durchziehenden Chorda dorsalis; ohne Wirbelsäule, ohne Schädel und ohne Extremitäten; einzige Fam. ↑ Lanzettfischchen.

Schädelnähte (Suturae cranii), starre Verbindungen der Schädelknochen untereinander nach Abschluß ihres Wachstums in Form einer glatten Naht, einer *Schuppennaht* (die abgeschrägten Knochenränder überlappen sich) oder einer *Sägenaht* (mit sägeartig ineinander verzahnten Rändern). In bezug auf das menschl. Schädeldach, bei dem sich die S. erst im 3. Lebensjahr völlig schließen, unterscheidet man *Kranznaht* (quer im Schädeldach verlaufende, zackige Verwachsungslinie zw. Stirnbein und den beiden Scheitelbeinen), ↑Lambdanaht, *Pfeilnaht* (in der Mittellinie des Schädeldachs zw. den beiden Scheitelbeinen von vorn nach hinten verlaufend), *Schuppennaht* (zw. dem Schädel- und Scheitelbein jeder Schädelseite gelegen) und *Stirnnaht* (zw. den beiden das Stirnbein zusammensetzenden Schädelknochen; verschwindet i. d. R. im 5. bis 6. Lebensjahr).

Schädeltiere (Kranioten, Craniota), mit knorpeligem oder knöchernem Schädel ausgestattete ↑Chordatiere; veraltete Bez. für ↑Wirbeltiere.

Schädlinge, zusammenfassende Bez. für tier. Organismen, die dem Menschen direkt oder indirekt (z. B. an Pflanzen, Vorräten und Nahrungsmitteln) wirtschaftl. Schaden zufügen. Zu den S. zählen zahlr. Insekten, Spinnentiere (v. a. Milben), Schlauchwürmer (v. a. Fadenwürmer) sowie einige Weichtiere, von den Säugetieren v. a. verschiedene Nagetiere.

Schadorganismen, zusammenfassende Bez. für die Gruppe der Schädlinge, Schadpflanzen (Schmarotzer, Unkräuter und Ungräser) und Krankheitserreger (Pilze und Bakterien).

Schaf ↑Hausschaf, ↑Schafe.

Schafchampignon [ˌʃampɪnjõ] ↑Champignon.

Schafe (Ovis), Gatt. in Trupps oder Herden lebender Wiederkäuer mit 2 Arten (Dickhornschaf, Wildschaf) und zahlr. Unterarten, v. a. in Gebirgen S-Europas, Asiens und N-Amerikas; Körperlänge etwa 110–200 cm, Schulterhöhe rd. 60–125 cm (♂♂ deutl. größer als ♀♀); ohne Kinnbart, mit flacher Stirn und (im ♂ Geschlecht) oft mächtigen, gewundenen Hörnern. Das **Dickhornschaf** (Ovis canadensis, Körperlänge etwa 120–190 cm, Schulterhöhe etwa 80–100 cm) lebt in Rudeln in Gebirgsregionen O-Asiens und N-Amerikas; Körper massig, ♂♂ mit kräftigen, bis 90 cm langen, seitl. des Kopfes schneckenförmig aufgewundenen Hörnern, Fell meist schwarzbraun, Schwanz und Hinterteil hell gefärbt. Das **Wildschaf** (Ovis ammon, Körperlänge 110–200 cm, Schulterhöhe 60–125 cm) ist in Asien und S-Europa heim.; ♂♂ mit starken, bogig oder schneckenförmig nach hinten gekrümmten Hörnern; wichtige Unterarten sind ↑Argali und ↑Mufflon. - ↑auch Hausschaf.

Geschichte: Neben Haushund und -ziege gehört das Hausschaf zu den ältesten Haustieren. Noch vor der Entwicklung des Ackerbaus ist es in den Steppen SW-Asiens domestiziert worden (9. Jt. v. Chr.); von dort gelangte es etwa um 2000 v. Chr. über Persien und Mesopotamien nach Europa. Die *Schafzucht* sicherte nicht nur die Fleischversorgung, sondern lieferte v. a. Fett als tier. Rohstoff. Die Verarbeitung der Schafwolle gewann mit der von Spanien kommenden Zucht feinwolliger Merinoschafe rasch an Bedeutung und hat sich bis in unsere Zeit als wichtiger Wirtschaftsfaktor erhalten.

In der *Bibel* sind Widder und Lämmer die Opfertiere des Alten Bundes. Im neutestamentl. Sinne wird das Leiden Christi mit dem friedl. und geduldigen Verhalten der S. verglichen. Deshalb wurde das Schaf in der christl. Kunst als Lamm Gottes zum Hauptmotiv.

📖 *Schwintzer, L.: Das Milchschaf. Stg. [5]1983. - Behrens, H.: Lehrb. der Schafkrankheiten. Bln. u. Hamb. [2]1979. - Hdb. der Schafzucht u. Schafhaltung. Hg. v. H. Doehner. Bln u. Hamb. [1-2]1941–54. 4 Bde.*

Schäferhunde, zusammenfassende Bez. für verschiedene Rassen und Schläge des Haushundes, die urspr. nur als Hütehunde eingesetzt wurden, später dann zunehmend auch als Schutz- und Begleithunde Verwendung fanden. In verschiedenen Ländern wurden Standardtypen herausgezüchtet, die dann häufig nach dem Herkunftsland bzw. Hauptzuchtort benannt wurden. In Deutschland ist es v. a. der ↑Deutsche Schäferhund, bekanntere engl. S. sind ↑Bobtail und Collie (↑Schottischer Schäferhund).

Schafgarbe (Feldgarbe, Garbe, Achillea), Gatt. der Korbblütler mit über 100 Arten auf der N-Halbkugel, v. a. in der Alten Welt; Stauden, selten Halbsträucher, mit meist stark geteilten Blättern und kleinen, aus nur wenigen Zungen- und zahlr. röhrigen Scheibenblüten bestehenden Blütenköpfchen. In Deutschland kommen rd. 10 vielgestaltige Arten vor, u. a.: **Gemeine Schafgarbe** (Gachel, Achillea millefolium; mehrjährig, aufrecht, bis 80 cm hoch, mit 2–3fach gefiederten Blättern, Blütenköpfchen [mit weißen oder rosafarbenen Zungenblüten und gelbl. Scheibenblüten] in dichten Doldenrispen stehend); **Schwarze Schafgarbe** (Achillea atrata; ausdauernd, 5–30 cm hoch, mit doppelt fiederspaltigen Blättern und 3–15 weißen Blütenköpfchen in einfacher Doldentraube); **Sumpfschafgarbe** (Achillea ptarmica; bis 100 cm hohe Staude mit lanzettförmigen, fein gesägten Blättern und großen Blütenköpfchen mit weißen Zungenblüten und grünlichweißen Scheibenblüten); **Weiße Schafgarbe** (Weißer Speik, Steinraute, Achillea clavenae; 5 bis 30 cm hohe Staude mit fiederteiligen, filzig behaarten Blättern, Blütenköpfchen mit weißen Zungen- und gelblichweißen Scheibenblüten in Doldentrauben, Hüllblätter schwarz berandet). - In der Volksmedizin wird aus den Blüten ein Tee zubereitet, der gegen Leber- und Magenleiden getrunken wird.

Schafhaut, svw. ↑Amnion.

Schafporling (Schafeuter, Polyporus ovinus), auf dem Boden wachsender, meist in Gruppen auftretender weißl. bis gelblichgrauer Pilz (Saftporling), v. a. in Nadelwäldern des Gebirges; mit bis 10 cm breitem Hut, sehr kleinen, weißen, sich leicht gelbl. verfärbenden Poren, kurzem, dickem, oft zentralem Stiel und weißem, in jungem Zustand nußartig schmeckendem Fleisch.

Schafschwingel (Festuca ovina), sehr formenreiche, zwölf Kleinarten umfassende Sammelart des Schwingels in Eurasien, N-Afrika und N-Amerika; ausdauernde Horstgräser mit borstenförmigen, bläul. bereiften oder grünen Blättern und kleinen Ährchen; überwiegend in Magerrasen. Als Ziergras wird v.a. der heute meist als eigene Art beschriebene **Blauschwingel** (Festuca ovina var. glauca, mit vier- bis achtblütigen Ährchen in einer bis 8 cm langen Rispe) häufig angepflanzt.

Schaft, svw. Federkiel (↑Vogelfeder). ◆ langer, blattloser Blütenstiel.

Schakale [Sanskrit-pers.-türk.], zusammenfassende Bez. für 3 Arten (Goldschakal, Schabrackenschakal und Streifenschakal) der ↑Hundeartigen in SO-Europa, Asien und Afrika, überwiegend in trockenen, offenen Gebieten; Körper relativ schlank und hochbeinig, bis etwa 90 cm lang; Schwanz buschig, bis etwa 35 cm lang. - S. sind scheu und überwiegend nachtaktiv. Sie ernähren sich von Kleintieren, Aas und Abfällen, auch von pflanzl. Kost, jagen aber gelegentl. auch (oft gemeinsam) mittelgroße Säugetiere (bis etwa Schafgröße). Der **Goldschakal** (Wolfsschakal, Canis aureus) ist im nördl. und mittleren Afrika, von SO-Europa bis S-Asien verbreitet; Körperlänge 70–85 cm, Schulterhöhe 45–50 cm, Färbung rot- bis goldbraun oder graugelb, bes. am Rücken schwärzl. meliert. Der **Schabrackenschakal** (Canis mesomelas) ist in O- und S-Afrika weit verbreitet; Körperlänge bis 90 cm, Färbung überwiegend hell rostrot, mit scharf abgesetzter, schiefergrauer Rückenseite; auffallend spitze Schnauze und große Ohren. Der **Streifenschakal** (Canis adustus) ist in fast ganz Afrika verbreitet; Körperlänge 80 bis 90 cm, Färbung überwiegend braungrau, an jeder Körperseite ein schräger, heller Streifen.

Schalamöben (Thekamöben, Testacea), Ordnung der Amöben, überwiegend im Süßwasser, v.a. in Mooren; bilden im Unterschied zu den ↑Nacktamöben Schalen aus organ. Grundsubstanz (nicht selten Chitin). Häufige Vertreter der S. sind die **Kapseltierchen** (Arcella vulgaris) mit flacher, gewölbter Schale, in Süßwasser und in feuchten Böden.

Schalenhaut (Schalenhäutchen, Membrana testae), die die innere Wandung der Schale des Vogeleies auskleidende, aus zwei Schichten bestehende, am stumpfen Eipol eine Luftkammer einschließende *Eihaut.*

Schalenkrebse, seltenere Bez. für Muschelkrebse.

Schalenobst, Handelsbez. für hart- und trockenschalige genießbare Früchte; v.a. Erdnüsse, Edelkastanien, Haselnüsse, Paranüsse, Süßmandeln und Walnüsse.

Schalenweichtiere (Konchiferen, Conchifera), Unterstamm 1 mm bis 6,60 m körperlanger Weichtiere mit rd. 125 000 Arten in Meeres- und Süßgewässern sowie am Festland. Die S. besitzen meist eine Mantelhöhle und ein bis zwei den Körper teilweise oder völlig umhüllende Schalen; diese können auch stark rückgebildet sein oder völlig fehlen. Fünf Klassen: Napfschaler, Schnecken, Kahnfüßer, Muscheln und Kopffüßer.

Schalenwild (geschaltes Wild), wm. Bez. für alle wiederkäuenden Wildarten (z. B. Reh- und Rotwild, Gemse) und Wildschweine, deren Hufe bzw. Klauen als *Schalen* bezeichnet werden.

Schalenzwiebel ↑Zwiebel.

Schallblase, paarige (bei Kröten und Laubfröschen unpaare) Ausstülpung der Mundhöhle als schallverstärkender Resonator bei ♂ Froschlurchen (entsprechen den Kehlsäcken der Säuger); z.T. beim Quaken äußerl. erkennbar (z. B. Wasserfrosch).

Schally, Andrew [engl. 'ʃælı], * Wilno (Polen) 30. Nov. 1926, amerikan. Biochemiker. - U.a. Prof. in New Orleans. Wie R. Guillemin extrahierte S. Releaserfaktoren (RF), gewann sie jedoch im Unterschied zu Guillemin aus dem Hypothalamus von Schweinen. Er isolierte 1971 (noch vor Guillemin) und synthetisierte eine Substanz (LH-RF), die die Ausscheidung von luteinisierendem Hormon (LH) bewirkt. Erhielt (zus. mit R. S. Yalow und Guillemin) 1977 den Nobelpreis für Physiologie oder Medizin.

Schalotte [frz., nach der Stadt Ashqelon (Askalon) in Israel] (landschaftl.: Schlotte, Aschlauch, Eschlauch, Allium ascalonicum), 15–80 cm hohe, vermutl. aus Vorderasien stammende Kulturart des Lauchs mit „Stökken" aus zahlr. länglich-eiförmigen, von gold- bis braungelben Häuten umgebenen Zwie-

Schabrackenschakal

beln; Stengel stielrund; Blütenstand kugelig, mit bläul. bis rosafarbenen oder weißl. Blüten;

Scham (Vulva, Pudendum femininum), die äußeren Geschlechtsorgane der Frau.

Schamadrossel [Hindi/dt.] (Copsychus malabaricus), bis über 25 cm lange, langschwänzige Drossel, verbreitet von Indien bis zu den Sundainseln; ♂ (mit Ausnahme des weißen Bürzels) oberseits blauschwarz, unterseits rotbraun; ♀ unscheinbarer gefärbt; wegen seines ausgezeichneten Gesangs beliebter Käfigvogel.

Schambehaarung, die Behaarung der Schamgegend; sie bildet sich erst mit Beginn der Pubertät als sekundäres Geschlechtsmerkmal aus.

Schambein ↑Becken.

Schambeinfuge ↑Becken.

Schamberg (Schamhügel, Venusberg, Venushügel, Mons pubis, Mons veneris), bei der Frau eine durch ein verstärktes Unterhautfettpolster bedingte hügelartige Erhebung oberhalb der Scham; ist nach der Geschlechtsreife mit Schamhaaren bedeckt.

Schamfuge ↑Becken.

Schamgegend (Regio pubica, Pubes), Gegend der äußeren (♂ oder ♀) Geschlechtsteile.

Schamhügel, svw. ↑Schamberg.

Schamkrabben (Calappidae), Fam. mittelgroßer Krabben mit großen, breit abgeflachten Scheren, die vor dem Vorderrand des Carapax gehalten werden und diesen vorn verdecken; leben großenteils im Sand eingegraben im Küstenbereich.

Schamlaus, svw. ↑Filzlaus.

Schamlippen (Labien, Labia pudendi, Einz. Labium), zwei mehr oder weniger wulstige, sehr tastempfindl. Hautfaltenpaare der äußeren weibl. Geschlechtsorgane: 1. Die beiden vorn (oben) in den Schamberg übergehenden, den Hodensackhälften beim Mann homologen, bes. wulstigen **großen Schamlippen** (*äußere S.*, Labia majora [pudendi]) umgrenzen die *Schamspalte* (Rima pudendi). Ihre verhornte und (nach der Pubertät) außen behaarte Epidermis ist reich an Talg-, Schweiß- und Duftdrüsen und von einem bindegewebigen Polster (v.a. Fettgewebe) unterlagert. 2. Die beiden den Scheidenvorhof einschließenden **kleinen Schamlippen** (*innere S.*, *Nymphen*, Nymphae, Labia minora [pudendi]) liegen unter den großen Schamlippen. Im oberen (vorderen) Winkel oberhalb der Harnröhrenmündung, in dem sie (unter Bildung der Kitzlervorhaut und des -frenulums) zusammenlaufen, liegt der ↑Kitzler. Sie sind lappenartig und besitzen kein Fettgewebe. Ihre (haarfreie) Schleimhaut ist reich an Talgdrüsen. Bei geschlechtl. Erregung vergrößern Schwellkörper die S. und sondern die ↑Bartholin-Drüsen eine Flüssigkeit ab, die das Eindringen des männl. Gliedes erleichtern. - Bei Hottentotten und Buschmännern, auch bei verschiedenen Negervölkern Afrikas, bei einigen nord- und südamerikan. Indianerstämmen und manchen Völkern Asiens und Ozeaniens sind die kleinen S. in Form einer mehr oder weniger lang nach unten herabhängenden **Hottentottenschürze,** einer (angeborenen) Rasseneigentümlichkeit, stärker vergrößert. Bei Hottentotten erreichen die kleinen S. (nicht zuletzt durch Manipulationen) eine Breite von 15 bis 18 cm. - Abb. Bd. 2, S. 183.

Schaumzikaden. Vom Kuckucksspeichel (teilweise entfernt) umgebene Larve der Wiesenschaumzikade

Schamspalte ↑Schamlippen.

Schantungkohl [nach der chin. Prov. Schantung] (Chinakohl, Brassica pekinensis), aus dem nördl. China stammende, dort wie auch in den USA und in Europa angebaute Art des Kohls; mit hellgrünen, am Rand krausen, urspr. locker gestellten, bei den heutigen Kulturformen jedoch zu bis 50 cm langen, kegelig zugespitzten Riesenknospen zusammengefaßten Blättern; Kopf unmittelbar der Erde aufsitzend; Strunk fehlend; Verwendung als Salat oder Gemüse.

Schararaka [indian.] ↑Lanzenottern.

Scharben, svw. ↑Kormorane.

Scharbockskraut (Feigwurz, Ranunculus ficaria), bis 15 cm hohe, ausdauernde Art der Gatt. Hahnenfuß in Europa und im Orient; mit z.T. fleischigen, keulenförmigen Wurzeln; Stengel niederliegend bis aufsteigend, mit rundl.-herzförmigen, lackglänzenden Blättern (in den Achseln oft mit Brutknöllchen) und gelben Blüten; häufig in Laubmischwäldern von März bis Mai blühend und dann oberirdisch absterbend. - Das frische, scharf schmeckende Kraut des S. enthält viel Vitamin C.

Scharfer Hahnenfuß ↑Hahnenfuß.

Scharlachmilbe ↑Laufmilben.

Scharlachsalbei, svw. Feuersalbei (↑Salbei).

Scharlachschildlaus, svw. ↑Koschenillelaus.

Scharniergelenk (Winkelgelenk, Ginglymus) ↑Gelenk.

Scharnierschildkröten (Asiat. Dosenschildkröten, Cuora), Gatt. der Sumpfschildkröten mit fünf rund 20 cm langen Arten in S- und SO-Asien; Rückenpanzer hochgewölbt, Bauchpanzer durch Quergelenk bewegl., jedoch nicht vollständig verschließbar; meist bunt gezeichnet; leben z. T. weitgehend an Land.

Scharrtier, svw. ↑Erdmännchen.

Scharte (Serratula), Gatt. der Korbblütler mit rd. 70 Arten in Eurasien und N-Afrika; Stauden mit z. T. unterseits weißfilzigen Blättern; Blütenköpfchen nur mit Röhrenblüten. Die einzige einheim. Art ist die **Färberscharte** (Serratula tinctoria) mit bis 1 m hohen Stengeln und doldig gehäuften Blütenköpfchen mit purpurfarbenen Blüten; auf Moorwiesen und in lichten Wäldern; liefert einen gelben Farbstoff (früher zum Färben verwendet).

Schattenbaumarten (Schattenholzarten), Waldbaumarten, die den Schatten der älteren Bäume langfristig ertragen können; v. a. langsamwüchsige Arten wie Tanne, Buche, Fichte, Eibe und Linde. Die Schattentoleranz ist stark von Umweltfaktoren abhängig und nimmt stets mit sinkendem Nährstoffangebot und steigendem Alter ab.

Schattenblätter, Anpassungsform der Laubblätter verschiedener Pflanzen an schattige Standorte: großflächige, dünne Blätter mit schwächerer Entwicklung von Kutikula, Festigungsgewebe und Mesophyll als bei ↑Sonnenblättern der gleichen Pflanze (z. B. bei Bäumen).

Schattenblume (Maianthemum), Gatt. der Liliengewächse mit nur drei Arten in den gemäßigten Gebieten der Nordhalbkugel; Stauden mit dünnem, kriechendem Rhizom und kleinen, weißen Blüten in einfacher, endständiger Traube. In Deutschland kommt in nährstoffarmen Laub- und Nadelwäldern die **Zweiblättrige Schattenblume** (Maianthemum bifolium) vor: mit nur zwei Stengelblättern und glänzenden, roten, kugeligen Beeren; als Bodendecker in Parks verwendet.

Schattenmorelle ↑Sauerkirsche.

Schattenpflanzen, Pflanzen mit geringem Lichtanspruch; z. B. Sauerklee.

Schaufel ↑Geweih.

Schaufelkopfbarsche ↑Glasbarsche.

Schaufelrüßler ↑Löffelstöre.

Schaumkraut (Cardamine), Gatt. der Kreuzblütler mit rd. 100 Arten in den gemäßigten und kühleren Gebieten der Erde; ein-, zwei- oder mehrjährige Kräuter mit einfachen oder fiederteiligen Blättern und weißen, rötl. oder violetten Blüten; in Deutschland 9 Arten heimisch, u. a. ↑Bitterkresse und **Wiesenschaumkraut** (Gauchblume, Cardamine pratensis), 20–60 cm hohe Staude mit 3- bis 11zählig gefiederten Blättern und hellila oder rosafarbenen Blüten in dichten Doldentrauben.

Schaumkresse (Cardaminopsis), Gatt. der Kreuzblütler mit zehn Arten in den gemäßigten Zonen der Nordhalbkugel; zwei- oder mehrjährige Kräuter mit rosettenförmigen Grundblättern und sitzenden oder kurzgestielten Stengelblättern; Blüten weiß, rosa oder violett. In Deutschland kommen drei Arten vor: an Felsen oder auf Schuttplätzen die violett blühende **Sandschaumkresse** (Cardaminopsis arenosa) und die weiß blühende **Felsenschaumkresse** (Cardaminopsis hispida), auf feuchten Wiesen die weiß blühende **Wiesenschaumkresse** (Cardaminopsis halleri).

Schaumzikaden (Cercopidae), rd. 3 000 Arten umfassende, weltweit verbreitete Fam. der ↑Zikaden von selten mehr als 1,5 cm Körperlänge; erwachsene S. oft käferartig, mit derben, bei der einheim. **Blutzikade** (Cercopis sanguinea) lebhaft rot-schwarzen Vorderflügeln, zwei Punktaugen am Kopf und drehrunden Hinterschienen; Pflanzensauger; Larven sitzen in Schaumklümpchen *(Kuckucksspeichel)*, die durch Ausblasen der Atemluft in die flüssigen, Wachsseifen enthaltenden Exkremente entstehen. Die häufigste einheim. Art ist die 5–6 mm große, ungewöhnl. variabel gefärbte **Wiesenschaumzikade** (Philaenus spumarius); sie saugt an krautigen Gewächsen. - Abb. S. 63.

Schecken [letztl. zu frz. échec „Schach" (nach dem Muster des Schachbretts)], Bez. für gescheckte Tiere, Rassen oder Rassengruppen der Haussäugetiere; z. B. beim Hauspferd (nach der übrigen Fellfarbe): Braun-, Rot- und Rappschecken.

Scheckenfalter, Gattungsgruppe bis 4,5 cm spannender Tagfalter (Fam. Edelfalter) mit zahlr., z. T. schwer unterscheidbaren Arten in Europa; Flügel oberseits rotgelb, mit schwarzer Gitterzeichnung bzw. Scheckung, unterseits (im Unterschied zu den *Perlmutterfaltern*) ohne Silberflecke.

Scheibenbäuche, (Lumpfische, Cyclopteridae) Fam. etwa 10 bis 50 cm langer Knochenfische mit etwa 150 Arten an Küsten und in der Tiefsee der nördl. Meeresregionen; Körper meist plump, gedrungen, Haut schuppenlos, mit Knochenplättchen; Bauchflossen fast stets zu einer breiten Saugscheibe verwachsen. Die bekannteste Art ist der etwa 30 (♂) bis 50 cm (♀) lange **Seehase** (Meerhase, Cyclopterus lumpus) an den Küsten des N-Atlantiks; dunkelgrau bis schwärzl., Bauch hell; der Rogen kommt als Kaviarersatz (dt. Kaviar) in den Handel.

◆ svw. ↑Saugfische.

Scheibenblumengewächse (Cyclanthaceae), Fam. der Einkeimblättrigen mit rd. 180 Arten in 11 Gatt. im trop. Amerika; ausdauernde Kräuter oder Stauden mit gestielten, mehr oder weniger zweispaltigen Blättern und getrenntgeschlechtigen Blüten in kolbenähnl. Blütenständen, die von zwei bis elf Blütenscheiden umhüllt sind. Bekannte Gatt. ↑Kolbenpalme.

Scheibenpilze, (Diskomyzeten, Discomycetales) Unterklasse der Schlauchpilze mit offenem, schüsselförmigem Fruchtkörper (Apothecium). Zu den S. gehören die Becherpilze mit den Morcheln und Lorcheln und die Trüffel.

◆ (Helotiales) Schlauchpilzordnung mit mehreren tausend, hauptsächl. saprophyt. Arten (z. B. **Reisigbecherling,** Helotium citrinum; glänzend gelb), deren einwandiger Askus einen kompliziert gebauten Apikalapparat zur aktiven Sporenausschleuderung besitzt. Sehr gefährl. Parasiten sind ↑ Botrytis und die Erreger der Moniliakrankheit.

Scheibenquallen, svw. ↑ Scyphozoa.

Scheibensalmler (Myleinae), Unterfam. bis 80 cm langer, scheibenförmig seitl. zusammengedrückter Knochenfische (Fam. Salmler) mit zahlr. Arten in Süßgewässern S-Amerikas; häufig silbrig glänzende Fische mit kantigem Bauchrand, langer Afterflosse und kleinen Brustflossen; z. T. Warmwasseraquarienfische.

Scheibenzüngler (Discoglossidae), Fam. der Froschlurche in Eurasien und NW-Afrika; Haut glatt oder warzig; Zunge breit, scheibenförmig, ist am Mundboden angewachsen und kann nicht aus dem Mund geklappt werden. Man unterscheidet vier Gatt., u. a. *Alytes* (mit der einheim. ↑ Geburtshelferkröte), die ↑ Unken und *Discoglossus* (S. i. e. S.): drei Arten im Mittelmeergebiet, z. B. der **Gemalte Scheibenzüngler** (Discoglossus pictus) in Gewässern SW-Europas und NW-Afrikas: 7–8 cm lang, rötl., braun, grau, mit dunkleren, oft hell gesäumten Flecken.

Scheide (Vagina), bei *Tier* und *Mensch* der letzte, nach außen in eine Kloake oder in einen Urogenitalsinus bzw. einen S.vorhof mündende Abschnitt der inneren weibl. Geschlechtsorgane; meist muskulös-elast. Hohlorgan zur Aufnahme des Penis bei der Kopulation, als Ausführungsgang für die Eier bzw. als Geburtsgang (Gebärkanal) für die Jungen (bei Viviparie) sowie (bei den Primaten) zur Ableitung des Menstruationsbluts. Die *S. der Frau* schließt sich an die Gebärmutter in Form eines 8–11 cm langen, häutig-muskulösen, elast., von Schleimhaut ausgekleideten Gangs an. Da sich vordere und rückwärtige Wand der S. berühren, umschließen sie einen H-förmigen Spalt, der eine Erweiterung ohne größere Verspannung gestattet. Während der Schwangerschaft lockert sich die S. auf und wird für den Durchtritt des Kindes dehnungsfähig. Das primär alkal. *S.sekret* stammt aus Drüsen des Gebärmutterhalskanals; hinzu kommen abgestoßene, zerfallende Epithelien und aus diesen freigesetztes Glykogen. Letzteres ist wichtig für die Milchsäurebildung durch die Tätigkeit der Döderlein-Stäbchen. Das (außerhalb des Zeitpunkts der Ovulation) saure S.milieu ist ein wirksamer Schutz gegen eindringende Infektionskeime. - Abb. Bd. 2, S. 183.

Scheidenbakterien (Chlamydobakterien, Chlamydobacteriales), Ordnung fadenbildender Wasserbakterien, meist mit Hülle; z. B. ↑ Brunnenfaden u. a. ↑ Eisenbakterien.

Scheidenmuscheln (Messermuscheln, Solenidae), Fam. bis 20 cm langer Muscheln mit mehreren Arten im O-Atlantik, Mittelmeer und Schwarzen Meer; vorwiegend in Sandböden eingegraben lebende Tiere mit langen, schmalen, weißl. bis rosafarbenen Schalen, die einer Messerscheide ähneln. Hierher gehört die *Große Scheidenmuschel* (Messerscheide, Solen vagina; bis 12 cm lang).

Scheidenschnäbel (Chionididae), Fam. etwa 40 cm langer, taubenförmiger, weißer Watvögel mit zwei Arten auf antarkt. Inseln und Klippen; mit kurzem, hohem Schnabel, dessen basaler Teil zusätzl. von einer dickeren, hornigen Scheide bedeckt ist; bauen Bodennester.

Scheidewände, svw. ↑ Septen.

Scheinakazie ↑ Robinie.

Scheinbeere, svw. ↑ Gaultheria.

Scheinbockkäfer (Engdeckenkäfer, Oedemeridae), Fam. schlanker, bis 20 mm großer Käfer mit meist metall. glänzender Oberseite; Körper bockkäferähnl.; Flügeldecken oft hinten klaffend; Fühler lang und dünn; mit knapp 1 000 Arten weltweit verbreitet; Larven v. a. in morschem Holz.

Scheinbuche (Südbuche, Nothofagus), Gatt. der Buchengewächse mit knapp 50 Arten in den südl. Anden, in Australien, Neuseeland, Tasmanien, Neukaledonien und Neuguinea; sommer- oder immergrüne Bäume oder Sträucher mit buchenähnl. Blättern. Die in Deutschland winterharte Art *Nothofagus antarctica* wird z. T. angepflanzt.

Scheindahlie, svw. ↑ Zweizahn.

Scheindolde ↑ Blütenstand.

Scheineller (Klethra, Clethra), einzige rezente Gatt. der zweikeimblättrigen Pflanzenfam. **Scheinellergewächse** (Clethraceae) mit rd. 30 Arten in den Tropen und Subtropen; sommergrüne oder (in den Tropen überwiegend) immergrüne Bäume oder Sträucher mit wechselständigen, meist gesägten Blättern und weißen, duftenden Blüten in Trauben oder Rispen.

Scheinfrüchte ↑ Fruchtformen.

Scheinfüßchen (Pseudopodien), der Fortbewegung, i. d. R. auch der Nahrungsaufnahme dienende, formveränderl., rückbildbare Protoplasmaausstülpungen bei vielen einzelligen Organismen, v. a. bei Schleimpilzen und Wurzelfüßern. Bei den Wurzelfüßern werden verschiedene Ausbildungsformen unterschieden: Achsenfüßchen (↑ Axopodien), Fadenfüßchen (*Filopodien;* sehr lang, fadenartig dünn), Lappenfüßchen (*Lobopodien;* lappenartig geformt) und Wurzelfüßchen (*Rhizopodien;* wurzel- bis netzartig verästelt). Die Art der durch S. bewirkten (aktiven) Fortbewegung kann ein Abrollen, Wälzen, Schreiten, Spannen oder Gleiten darstellen.

Scheingeißbart, svw. ↑Astilbe.

Scheinkastanie (Goldkastanie, Castanopsis), Gatt. der Buchengewächse mit rd. 100 Arten in SO-Asien, S-China und im pazif. N-Amerika. Eine bekannte, auch in M-Europa angepflanzte Art ist **Castanopsis chrysophylla,** ein großer Strauch oder kleiner Baum mit ganzrandigen,lederartigen, oberseits glänzenden, gelblichgrünen, unterseits mit goldgelben Schuppen bedeckten Blättern.

Scheinmalve (Malvastrum), Gatt. der Malvengewächse mit rd. 80 Arten in S-Afrika und in Amerika; kleine Sträucher oder Kräuter mit verschieden gestalteten Blättern und kurzgestielten, roten oder gelben Blüten. Unter dem volkstüml. Namen **Fleißiges Lieschen** bekannt ist die südafrikan. Art **Malvastrum capense,** ein über 1 m hoher Strauch mit längl.-eiförmigen, dreilappigen Blättern und dunkelroten Blüten; wird als reichblühende Zimmerpflanze kultiviert.

Scheinmohn (Keulenmohn, Meconopsis), Gatt. der Mohngewächse mit knapp 50 Arten in Eurasien und Amerika; ein- oder zweijährige Pflanzen mit gelbem Milchsaft, ungeteilten, gelappten oder zerschlitzten Blättern und gelben, blauen oder violetten Blüten.

Scheinquitte (Zierquitte, Feuerquitte, Scharlachquitte, Chaenomeles), Gatt. der Rosengewächse mit nur wenigen Arten in O-Asien; Sträucher mit dornigen Zweigen, wechselständigen, gekerbten oder auch gesägten Blättern und zu mehreren zusammenstehenden Blüten. Eine bekannte Art ist die **Jap. Quitte** (Jap. Zierquitte, Chaenomeles japonica), ein bis 1 m hoher, dichter Strauch mit ziegelroten oder weißen, bis 3 cm breiten Blüten.

Scheinrüßler (Pythidae), Fam. 2–16 mm großer Käfer mit rd. 300 Arten, v.a. in den Subtropen und Tropen; nützl., von morschem Holz, Pilzen oder auch Insektenlarven (Borkenkäfer) lebende, laufkäferähnl. Tiere mit rüsselartig verlängertem Kopf.

Scheinschmarotzer, svw. ↑Epiphyten.

Scheinzwitter, svw. ↑Intersex.

Scheinzwittertum (Scheinzwittrigkeit), svw. ↑Intersexualität.

Scheinzypresse (Chamaecyparis), Gatt. der Zypressengewächse mit sechs Arten in N-Amerika und Japan; immergrüne Bäume (selten Sträucher) mit abgeflachten Zweigen und schuppen- oder auch nadelförmigen Blättern; kugelige, im ersten Jahr reifende Zapfen; zahlr. Gartenformen.

Scheitel, (Vertex) in der *tier.* und *menschl. Anatomie* und *Morphologie* Spitze eines Organs, der höchstgelegene (mittlere) Teil der Schädelkalotte; i. e. S. der höchstgelegene mediane Teil des Schädelgewölbes bzw. des Kopfes. - ↑auch Apex.

◆ (Scheitelregion) Bez. für die äußerste Spitze der pflanzl. Vegetationskörper (bei Lagerpflanzen) bzw. -organe (bei Sproßpflanzen); Sitz der für das Längenwachstum, primäre

Schelladler

Dickenwachstum und für Teile des Flächenwachstums verantwortl. meristemat. Zellen (↑auch Bildungsgewebe). Der S. ist bei Algen, Moosen sowie auf den Sproß-, Wurzel- und Blattspitzen der meisten Farne als einzelne ↑Scheitelzelle, bei Bärlappen und Samenpflanzen als meist mehrschichtige Gruppe von ↑Initialzellen ausgebildet.

Scheitelauge, (Parietalauge, Parapinealauge, Medianauge) bei verschiedenen Reptilien (z. B. Tuatera, Eidechsen, Schleichen, Warane, Leguane) unter der (lichtdurchlässigen) Haut und dem **Scheitelloch** (Parietalforamen, Foramen parietale) des Schädels nach oben gerichtetes, unpaares, everses (ausgestülptes) Blasenauge mit Linse, Glaskörper und Sehzellen; kann noch Helligkeit wahrnehmen. - ↑Pinealorgane.

◆ (Scheitelozelle, Stirnauge, Stirnocellus) allg. Bez. für die bei Gliederfüßern vorn oben am Kopf in Mehrzahl ausgebildeten Punktaugen; i. e. S. nur Bez. für die beiden hinteren der bei den Insekten in Dreizahl am Kopf zw. den Antennen gelegenen Punktaugen, im Unterschied zum davorliegenden (unpaaren) *Stirnauge* i. e. S. (Frontalauge, Stirnocellus).

Scheitelbein (Parietale, Os parietale) ↑Schädel.

Scheitellappen ↑Gehirn.

Scheitelloch ↑Scheitelauge.

Scheitelorgane, svw. ↑Pinealorgane.

Scheitelozelle ↑Scheitelauge.

Scheitelzelle, teilungsfähige (meristemat.) Einzelzelle an der Spitze der Vegetationskörper der Lagerpflanzen sowie an den Spitzen der Sproßachsen und Wurzeln der meisten Farne. Die S. gibt durch ständige Segmentierung nach einer, zwei oder drei Raumrichtungen Tochterzellen ab, aus denen durch Differenzierung der gesamte Pflanzenkörper entsteht.

Schelladler (Aquila clanga), bis etwa 75 cm langer, dunkelbrauner Greifvogel (Gatt. Adler), v. a. an bewaldeten Seen und Sümpfen der gemäßigten Region Eurasiens (von der ČSSR ostwärts); mit meist weißen, erst im Flug sichtbar werdenden Oberschwanzdecken und relativ kleinem Kopf; baut seinen Horst meist auf hohe Bäume.

Schellenblume (Becherglocke, Adenophora), Gatt. der Glockenblumengewächse mit rd. 70 Arten in M- und O-Europa und im gemäßigten Asien; Stauden mit ganzrandigen oder grob gezähnten Blättern und meist blauen, selten weißen, glockenförmigen, nikkenden Blüten in Trauben oder Rispen. Einheim. in O-Deutschland und Bayern auf feuchten Wiesen und in Auwäldern ist die 0,3–1 m hohe **Lilienblütige Schellenblume** (Adenophora liliiflora) mit wohlriechenden, blaßblauen bis lilafarbenen Blüten.

Schellfisch [zu niederdt. schelle „Hülse, Schale" (nach dem muschelig blätternden Fleisch)] ↑ Dorsche.

Schenkel, bei Spinnentieren und Insekten das 3. Beinglied (Femur) zw. Schenkelring und Schiene.

◆ bei den vierfüßigen Wirbeltieren (Tetrapoden) der Ober- und Unter-S. der Vorder- und Hintergliedmaßen (↑ Bein); bei den Menschenaffen und dem Menschen bezieht sich die Bez. nur auf die Hintergliedmaßen.

◆ (Crus; Mrz. Crura) in der *Anatomie* allg. Bez. für den schenkelartigen Teil eines Körperteils oder Organs. I. e. S. bedeutet Crus svw. Unterschenkel (beim Menschen).

◆ Bez. für die drei und mehr Jahre alten Seitentriebe erster Ordnung der Weinrebe.

Schenkelbeuge (Leistenbeuge) ↑ Leiste.

Schenkelwespen (Chalcididae), sehr artenreiche Fam. kleiner bis mittelgroßer ↑ Erzwespen; Körper meist schwarz-gelb oder schwarz-rot gezeichnet; mit vergrößerten und stark verdickten Hinterschenkeln, deren Unterseite gesägt oder gezähnt ist, sowie mit bogenförmig gekrümmten Hinterschienen.

Schere (Chela), Struktur am Ende von Mundgliedmaßen oder Beinen bei verschiedenen Gliederfüßern zum Ergreifen und Zerkleinern der Beute und zur Verteidigung, wobei das letzte Extremitätenglied durch Muskelkraft gegen die seitl. zugespitzte Verlängerung des vorletzten Extremitätenglieds bewegt werden kann. S. finden sich v. a. am ersten und zusätzl. (bei den Skorpionen und Afterskorpionen) am zweiten Mundgliedmaßenpaar vieler Spinnentiere sowie an den Brustbeinen (Thorakopoden) verschiedener höherer Krebse (v. a. bei Zehnfußkrebsen), bei denen v. a. das erste Pereiopodenpaar (z. T. sehr große, kräftige) S. tragen kann, die rechts und links in Gestalt und Größe oft unterschiedl. sind.

Scherenasseln (Tanaidacea, Anisopoda), Ordnung der höheren Krebse (Überordnung Ranzenkrebse) mit rd. 250 meist nur wenige mm großen, fast ausschließl. meerbewohnenden Arten (davon eine Art in der Ostsee); zweites Thoraxbein mit auffallend großen Scheren.

Scherenfüßer, svw. ↑ Fühlerlose.

Scherengebiß, Gebißeigentümlichkeit im Bereich der Schneidezähne bei Insektenfressern und Raubtieren (Brechscherengebiß) zum Zerteilen, Knochenbrechen, Schneiden und Reißen der Nahrung; bei Haushunden auch als Rasseneigentümlichkeit.

Scherenschnäbel (Rynchopidae), Fam. bis fast 50 cm langer, oberseits brauner bis schwarzer, unterseits weißer Möwenvögel mit drei Arten, v. a. an großen Flüssen und Seen Afrikas, Indiens und S-Amerikas; vorwiegend dämmerungsaktive, seeschwalbenähnl. Vögel mit langem, gelbem oder orangefarbenem, seitl. zusammengedrücktem Schnabel, dessen Unterschnabel stark verlängert ist.

Schermaus, Name zweier dunkelbrauner Wühlmausarten, v. a. an Gewässern und in Kulturlandschaften großer Teile Eurasiens: **Ostschermaus** (Mollmaus, Wasserratte, Große Wühlmaus, Reutmaus, Arvicola terrestris; bes. in O-Europa; bis maximal 20 cm körperlang; überwiegend tagaktiv; kann in Kulturland schädl. werden); **Westschermaus** (Arvicola amphibius; in W-Europa; etwas größer als die vorige Art, sonst sehr ähnl.; schwimmt und taucht sehr gut).

Scheuchzer, Johann Jakob, * Zürich 2. Aug. 1672, † ebd. 23. Juni 1733, schweizer. Naturforscher. - Ab 1710 Stadtarzt in Zürich; unternahm eine systemat. naturgeschichtl. Erforschung der Schweiz in geograph., minera-

Schilddrüse. Frontalansicht der menschlichen Schilddrüse (a); vergrößerte Darstellung von Follikelgruppen in der aktiven Phase (b) und in der Ausschwemmungsphase (c)

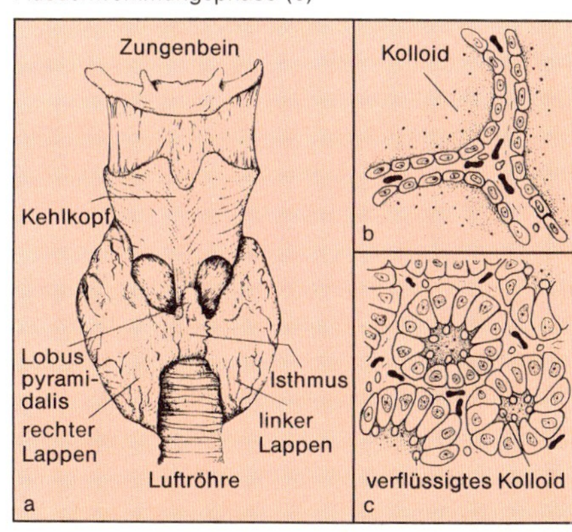

log., botan. und zoolog. Hinsicht („Naturgeschichte des Schweizerlandes", 1746). S. schrieb das erste Werk über fossile Pflanzen („Herbarium diluvianum", 1709) und wurde damit zum Begründer der Paläobotanik.

Scheuchzeria palustris [nach J. J. Scheuchzer] ↑Blumenbinse.

Scheufliegen (Helomyzidae), Fam. kleiner bis mittelgroßer, häufig gelbrot gefärbter Fliegen mit zahlr. Arten in Eurasien, davon mehrere Dutzend Arten in Deutschland; Imagines und Larven ernähren sich vorwiegend von Nektar und verwesenden organ. Substanzen.

Scheurebe [nach dem dt. Züchter G. Scheu, *1879, †1949], aus einer Kreuzung von Silvaner und Riesling hervorgegangene, stark wüchsige Rebsorte mit früh reifenden Trauben; Erträge mit hohem Mostgewicht. Die Weine sind voller und kräftiger als Rieslingweine, haben ein vielfältiges, würziges Bukett und sind lange Zeit lagerfähig.

Schichtrindenpilze (Schichtpilze, Lederpilze, Stereum), Gatt. der Ständerpilze (Ordnung Aphyllophorales), deren Vertreter meist auf abgestorbenem Laub leben; mit rd. 70 Arten, darunter gefährl. Holzschädlinge; konsolenartige bis lappige, dünnhäutige, oft lebhaft gefärbte, mehrschichtige Fruchtkörper, deren Oberseite haarig-filzig ist. Zu den S. gehört u.a. der **Blutende Schichtpilz** (Stereum sanguinolentum; auf Nadelhölzern; Erreger der Braunfäule).

Schiefblatt (Begonie, Begonia), Gatt. der Schiefblattgewächse mit rd. 800 Arten, v.a. in den trop. und subtrop. Gebieten Afrikas, Amerikas und Asiens; Kräuter oder Halbsträucher mit Knollen oder Rhizomen, meist unsymmetr. („schiefen") vielgestaltigen Blättern und einhäusigen weißen, roten oder gelben Blüten; Zuchtformen oft gefüllt; durch Sproß- oder Blattstecklinge leicht zu vermehren (↑Adventivsprosse). Als Zierpflanzen bes. beliebt sind die **Knollenbegonien** (Begonia tuberhybrida), Blüten zw. 2,5 und 20 cm groß, rot, lachsfarben oder gelb, auch gefüllt.

Schiefblattgewächse (Begoniengewächse, Begoniaceae), Pflanzenfam. mit fünf Gatt. in den Tropen und Subtropen; krautige oder halbstrauchige Pflanzen mit meist unsymmetr. („schiefen") Blättern und einhäusigen Blüten in oft trugdoldigen, immer achselständigen Blütenständen; zur Adventivknospenbildung an Blättern, Sprossen oder Knollen befähigt.

Schiefteller (Achimenes), mit der Gloxinie nah verwandte Gatt. der Gesneriengewächse mit rd. 25 Arten, verbreitet von Mexiko bis zum trop. S-Amerika; meist unverzweigte, häufig zottig behaarte Kräuter mit gegenständigen Blättern und achselständigen, einzelnen oder gebüschelt stehenden, roten bis violetten oder weißl. Blüten mit enger Kronröhre, die sich zu einem schiefstehenden, breiten Teller erweitert; beliebte Topfzierpflanzen.

Schienbein [zu mittelhochdt. schinebein, eigtl. „spanförmiger Knochen"] ↑Bein.

Schienbeinknöchel ↑Knöchel.

Schienenechsen (Tejuechsen, Teiidae), sehr formenreiche Fam. der Echsen mit rd. 200 etwa 10–140 cm langen Arten, verbreitet vom mittleren N-Amerika bis nach S-Amerika (meist in trop. Gebieten); Gestalt meist eidechsenartig, auch schlangenähnl., mit rückgebildeten Gliedmaßen; oft lebhaft gezeichnet; große Schuppenplatten der Bauchseite meist regelmäßig schienenartig angeordnet.

Schienenkäfer (Eucnemidae), mit rd. 1 600 Arten weltweit verbreitete Fam. der Käfer (davon in Deutschland rd. 15 Arten), die sich durch einen nach vorn stark verbreiterten Halsschild auszeichnen; ähneln sehr den ↑Schnellkäfern, einige Arten vermögen auch hochzuschnellen; Larven fressen im Holz kranker und abgestorbener Laubbäume.

Schierling (Conium), Gatt. der Doldenblütler mit einer Art in S-Afrika und der Art **Gefleckter Schierling** (Flecken-S., Conium maculatum) in Eurasien; 1–2 m hohes Kraut an Hecken, Zäunen und Gräben; mit kahlem, fein gerilltem, bläul. bereiftem Stengel und dreieckigen, zwei- bis vierfach fiederschnittigen, weichen, schlaffen Blättern. Die ganze Pflanze enthält das Gift ↑Koniin. - Im antiken Athen wurde u. a. Sokrates mit einem S.sproßsaft enthaltenden Trank („S.becher") hingerichtet.

Schiffchen (Karina, Carina), meist kahnförmiger, aus den beiden vorderen, häufig am Rand verwachsenen Blütenblättern gebildeter Blütenteil der Schmetterlingsblüte.

Schiffsbohrmuscheln (Teredinidae), Fam. meerbewohnender, bis 1 m langer Muscheln (Ordnung Blattkiemer) mit mehreren Arten an allen Küsten der Erde; Körper wurmförmig, mit stark rückgebildeten, auf den Vorderkörper beschränkten und zu einem Raspelapparat umgebildeten Schalenklappen; übriger Körper von einer dünnen Kalkschicht umgeben; werden durch ihre mechan. Bohrtätigkeit in untergetauchtem Holz, von dessen Zellulose und Hemizellulose sie sich weitgehend ernähren, an Hafenbauten, Deichanlagen und Schiffen sehr schädlich. Die häufigste Art der S. ist der Schiffsbohrwurm.

Schiffsbohrwurm (Bohrwurm, Pfahlbohrwurm, Pfahlwurm, Gemeine Schiffsbohrmuschel, Teredo navalis), etwa 20–45 cm lange Schiffsbohrmuschel in allen Meeren; zwittrige Tiere mit sehr hoher Vermehrungsrate (mehrere Mill. Eier pro Jahr); werden durch ihre Bohrgänge im Holz von Schiffen und Hafenanlagen sehr schädlich.

Schiffshalter (Echeneidae), Fam. etwa 20–100 cm langer Barschfische mit rd. zehn

Arten in warmen und gemäßigten Meeren; Körper langgestreckt, auf der Oberseite des abgeflachten Kopfes eine große, ellipt. Saugscheibe mit auffälligen Querlamellen (umgewandelte erste Rückenflosse); Schwimmblase fehlt; saugen sich am Untergrund, oft an bewegl. Gegenständen, fest (Schiffe, Wale, große Fische oder Meeresschildkröten); ernähren sich v.a. von Kleintieren. Zu den S. gehört u.a. der **Kopfsauger** (Echeneis naucrates), bis 1 m lang, nur in trop. Meeren; Rücken und Bauchseite bräunlich.

Schiga (Shiga), Kijoschi, * Sendai 18. Dez. 1870, † Tokio 25. Jan. 1957, jap. Bakteriologe. - Prof. in Tokio und Seoul; entdeckte 1898 zus. mit dem dt. Bakteriologen Walther Kruse (* 1864, † 1943) die Shiga-Kruse-Bakterien. 1900 gelang ihm die Darstellung und Anwendung eines Dysenterieserums.

Schiitakepilz [jap./dt.] (Shiitakepilz, Pasaniapilz, Tricholomopsis edodes), den Ritterlingen nahestehender, auf morschem Laubholz wachsender, mittelgroßer Pilz; rötlichbrauner, bis 10 cm breiter, oft dunkel beschuppter Hut; Stiel hellocker, mit dünnem, weißem Ring; Lamellen weiß bis hellocker, dichtgedrängt stehend, gegabelt; Fleisch weißl. und fest; begehrter Speisepilz.

Schilbeidae, svw. ↑ Glaswelse.

Schilddrüse (Glandula thyreoidea), endokrine Drüse (Hormondrüse; ↑ auch Nebenschilddrüse) im Halsbereich aller Wirbeltiere (einschließ. Mensch); unpaar oder (seltener) paarig (z.B. bei einigen Amphibien und Vögeln), meist zweilappig oder zweigeteilt. Die Gewebsstruktur der S. besteht aus in Bindegewebe eingelagerten, reichlich mit Blutkapillaren und Nervennetzen versorgten *S.follikeln.* In der „Stapelphase" sind diese Follikel prall mit dem von den Epithelzellen produzierten gallertigen *Kolloid,* das die S.hormone bzw. deren chem. Vorläufer gespeichert enthält, gefüllt. In der „tätigen Phase" („Ausschwemmungsphase") nimmt das einschichtige Follikelepithel an Höhe stark zu, während sich das Kolloid verflüssigt, um dann über die Epithelzellen (durch Rückresorption) von den Blutgefäßen aufgenommen zu werden.
Neben *Thyreocalcitonin* (↑ Calcitonin; ein Produkt der parafollikulären Zellen zw. den Follikeln) bildet die S. mindestens vier stoffwechselaktive Jodverbindungen, darunter v.a. die Hormone T_3 *(Trijodthyronin)* und T_4 *(Tetrajodthyronin, Thyroxin),* die in den Follikeln, an Protein gebunden, als *Thyreoglobulin* vorliegen. Hauptwirkung von T_3 und T_4 ist die Beeinflussung (Steigerung) des Energie-, d.h. Grundumsatzes (sog. kalorigene Wirkung), des Eiweiß-, Kohlenhydrat-, Fett-, Wasser- und Mineralstoffwechsels, der Atmung und des Kreislaufs; außerdem besteht ein Einfluß auf das Nervensystem (bis zur Übererregbarkeit und Konzentrationsschwäche), das Wachstum und (z.B. bei Amphibien) die Metamorphose. Die Tätigkeit der S. wird vom Hypophysenvorderlappen (Adenohypophyse) durch das *thyreotrope Hormon* (TTH oder TSH) gesteuert. Die Wirkung des thyreotropen Hormons besteht darin, daß es die Epithelzellen der S.follikel zur Abgabe von proteolyt. Lysosomenenzymen anregt; diese spalten dann unter Bildung der S.hormone T_3 und T_4 das im Kolloid der Stapelphase vorliegende Thyreoglobulin. Im Blut ist die Hauptmenge der S.hormone an Trägerproteine gebunden, wobei die Bindungsaffinität für T_3 geringer ist als für T_4, so daß T_3 (etwa 5mal) aktiver ist als T_4, andererseits jedoch in weit geringerem Maße abgesondert wird.
Beim *Menschen* liegt die 18–60 g (im Mittel 25–30 g) schwere, aus zahllosen bis 0,5 mm großen Follikeln bestehende S. mit zwei Lappen der Luft- und Speiseröhre und dem Kehlkopf seitl. an; die Lappen stehen unterhalb des Kehlkopfs über den vor der Speiseröhre gelegenen *[Schilddrüsen]isthmus* miteinander in Verbindung. Die S. ist die größte Hormondrüse des menschl. Körpers. Als Jodspeicher beträgt ihr Jodgehalt 0,007–0,18%. Der für die S.tätigkeit notwendige tägl. Jodbedarf wird auf 0,1–0,2 mg geschätzt. Neben der arteriellen Blutversorgung durch vier größere, in ein dichtes Kapillarennetz zwischen den Follikeln überleitenden Arterien fällt die starke Versorgung mit autonomen Nerven auf. - Abb. S. 67.

Schildechsen ↑ Gürtelechsen.

Schildfarn (Polystichum), weltweit verbreitete Farngatt. mit mehr als 200 Arten; meist größere Erdfarne mit kriechenden oder kurzen, aufrechten Rhizomen und gefiederten Blättern. Die bekannteste der vier einheim. Arten ist der in den Alpen auf Kalkschutt und in Felsspalten vorkommende **Lanzenschildfarn** (Polystichum lonchitis): mit derben, überwinternden Blättern, die auf der Unterseite stern- oder schildförmige Spreuschuppen tragen.

Schildfüßer (Caudofoveata), Klasse etwa 3–140 mm langer Stachelweichtiere mit rd. 50 Arten in allen Meeren; Körper wurmförmig langgestreckt, ohne Schale; mit beschuppter Kutikula; von der ursprüngl. Gleitsohle der Weichtiere ist nur ein Grabplattenrest erhalten. Die S. leben in Sandböden eingegraben und ernähren sich von organ. Abfall und Kleinstorganismen.

Schildkäfer (Cassidinae), Unterfam. der Blattkäfer mit zahlr. Arten in den Tropen und gemäßigten Regionen, davon fast 30 Arten in Deutschland; Halsschild und Flügeldecken der 3–11 mm großen, ovalen S. überragen schildförmig den Kopf bzw. Körper; Färbung grün, gelb oder bräunl., bei trop. Arten prächtiger Gold- oder Silberglanz.

Schildknorpel ↑ Kehlkopf.

Schildkröten (Testudines, Chelonia),

Ordnung etwa 10–200 cm langer Reptilien mit rd. 200 Arten; leben an Land (↑Landschildkröten) sowie in Süßgewässern und Meeresgewässern (↑Wasserschildkröten, ↑Meeresschildkröten) v. a. der trop. und subtrop. Regionen; Körper kurz und breit, in einen Knochenpanzer eingehüllt, der einen Teil des Skeletts darstellt und meist mit Hornschildern, seltener mit einer lederartigen Haut bedeckt ist; die Wirbelsäule verläuft entlang der Mitte des mehr oder weniger stark gewölbten Rückenpanzers; Bauchpanzer flach; Schwanz meist sehr kurz; Kiefer zahnlos, mit Hornschneiden. - Land-S. ernähren sich hauptsächl. von Pflanzen, wasserbewohnende S. vorwiegend von Tieren. Die Eiablage erfolgt stets an Land (auch bei Wasser- und Meeres-S.) in eine Erdgrube, die vom ♀ nachher zugescharrt wird. Die Eier werden dann durch die Wärmestrahlen der Sonne „bebrütet". S. können bis 300 Jahre alt werden (bei Riesen-S. z. B. wurde in Gefangenschaft ein Alter von 180 Jahren nachgewiesen). S. sind sehr urtüml. Reptilien; die ältesten Funde stammen aus der Trias. - Man unterscheidet zwei Unterordnungen: ↑Halsberger und ↑Halswender.

Geschichte: In der chin. Kosmologie gehören die S. zu den fünf heiligen Tieren; sie verkörpern den Norden, das Wasser und den Winter. Auf Grabdenkmälern waren sie Sinnbild des Beständigen und der Unsterblichkeit. In der hinduist. Tradition werden S. als die zweite Inkarnation Wischnus verehrt. - S.galle war seit alters ein beliebtes Heilmittel bei Epilepsie, Augen-, Hals-, Ohren- und Mundkrankheiten.

Schildkrötenpflanze, svw. ↑Elefantenfuß.

Schildläuse (Coccina, Coccinea), Unterordnung der ↑Gleichflügler mit rd. 4000 fast weltweit verbreiteten 0,8–6 mm großen Arten. Die mit Mundwerkzeugen ausgestatteten, Pflanzensäfte saugenden ♀♀ sind wenig segmentiert, meist flügellos und bei den Deckelschildläusen durch Reduktion der Beine unbewegl. geworden; sie bilden Schutzhüllen aus, die aus Wachs, einer Lackschicht (Schellack) oder einem von erstarrendem Honigtau getränkten Gespinstnetz bestehen oder als Bildung der Rückenkutikula einen harten Rückenschild darstellen. Die ♂♂ sind segmentiert, meist geflügelt und besitzen keine Mundwerkzeuge. Die Eier bleiben durch Sekret am Körper des ♀ haften oder entwickeln sich unter dessen Rückenschild, wobei das Muttertier abstirbt. Die aus dem Ei schlüpfenden „Wanderlarven" sorgen für die Verbreitung der S. und saugen sich an neuen Orten fest. Die S. sind gefürchtete Pflanzenschädlinge, v. a. die Deckelschildläuse, Napfschildläuse und Schmierläuse.

Schildmotten, svw. ↑Mottenschildläuse.

Schildottern, svw. ↑Kobras.

Schildwanzen (Baumwanzen, Pentatomidae), Fam. der Landwanzen mit gedrungenem, verhältnismäßig breitem Körper und großem bis sehr großem Schildchen; paarige Stinkdrüsen in der Hinterbrust produzieren ein durchdringend und übel riechendes Sekret; fast 6000 Arten (einheim. etwa 70) von 0,5–5 cm Länge, vielfach auf Gesträuch und Kräutern, manche auch am Boden; vorwiegend Pflanzensauger, z. T. an Nutzpflanzen schädl., u. a. die Rüsselwanzen und die Beerenwanzen.

Schildzecken (Ixodidae), Fam. der ↑Zekken mit hartem Rückenschild auf dem Vorderkörper (♀) bzw. über den ganzen Rükken reichend (♂); blutsaugende Ektoparasiten an Reptilien, Säugetieren und Vögeln; v. a. in den Tropen z. T. gefährl. Krankheitsüberträger; vollgesogen bis 3 cm lang; einheim. S. (rd. 20 Arten) nüchtern 1,5–4 mm, vollgesogen 11 mm lang. Hierher gehören u. a. der ↑Holzbock und die **Hundezecke** (Rhipicephalus sanguineus), die v. a. Haushunde, Raubtiere und Kaninchen befällt.

Schilf, Bez. für das Schilfrohr und die schilfrohrähnl. bestandbildenden Pflanzen (Rohrkolben, Großseggen u. a.), die in der Verlandungszone von Gewässern wachsen.

Schilfkäfer (Donaciinae), Unterfam. schlanker, metall. kupferfarbener oder grüner, 5–13 mm großer Blattkäfer mit rd. 25 einheim. Arten; Lebensweise amphibisch auf und in Wasserpflanzen; Larven ständig unter Wasser, saugen (mit dem Kopf in Stengel oder Blätter eingebohrt) Pflanzensäfte; Atemluft wird den Gefäßen der Wasserpflanzen entnommen.

Schilfrohr (Phragmites), weltweit verbreitete Gatt. ausdauernder Gräser mit drei formenreichen Arten. Von bes. Bed. ist das auch in Deutschland häufig (an stehenden und langsam fließenden Gewässern) vorkom-

Schimpansenmännchen mit Jungem

mende, bis 4 m hohe **Gemeine Schilfrohr** (Phragmites communis): mit langen Ausläufern am Stengelgrund, langen, scharfrandigen Blättern und ästiger Rispe aus rotbraunen Ährchen. Seine Halme werden zur Herstellung von Matten und Geflechten, als Wandbelag (für Wärmeschutz), zum Dachdecken und anderweitig verwendet. Oft wird es auch als Uferschutz und zur Landgewinnung kultiviert.

Schilfrohrsänger ↑Rohrsänger.

Schillerfalter (Apatura), Gatt. der Tagfalter (Fam. Edelfalter) mit zahlr. Arten, v. a. in den Tropen; zwei Arten in M-Europa: **Großer Schillerfalter** (Apatura iris; 6,5 cm Spannweite; ♀ schwarzbraun, mit weißer Fleckenzeichnung; ♂ violettblau schillernd); **Kleiner Schillerfalter** (Apatura ilia; 6–6,5 cm spannend; ♀ mit weißer oder gelbl. Fleckenzeichnung; ♂ mit violettblauem Schimmer); in feuchten, lichten Laubwäldern.

Schillergras (Koeleria), Gatt. der Süßgräser mit rd. 60 Arten auf der Nord- und Südhalbkugel; einjährige oder ausdauernde Gräser mit ährenförmigen Rispen; Ährchen mit unbegrannten Deckspelzen. Das auf Sanddünen, in sandigen Wäldern und Heiden wachsende **Blaugrüne Schillergras** (Koeleria glauca) wird auch in Heidegärten angepflanzt. Die **Kammschmiele** (Schlankes S., Koeleria gracilis) wächst in dichten Rasen an Wegen und in Kiefernwäldern; bis 50 cm hoch, Blätter schmal, graugrün.

Schimmel [zu mittelhochdt. schemeliges perd „Pferd mit der Farbe des Schimmels"], weißhaariges Pferd, das im Unterschied zu Albinos stets dunkelhaarig geboren wird. Die Umfärbung *(Schimmelung)* dauert etwa 10 Jahre. Während dieser Zeit der Stichelhaarigkeit bis zum vollen Farbverlust unterscheidet man nach der ursprüngl. Fellfärbung: *Braun-, Fuchs- (Rot-)* und *Rappschimmel (Schwarzschimmel)*. Beim *Forellenschimmel* ist das Fell des ursprüngl. Braun- oder Fuchs-S. mit rötl. Flecken durchsetzt.

Schimmelkäfer (Cryptophagidae), Fam. sehr kleiner, im Durchschnitt 1–2 mm messender, längl.-ovaler Käfer mit fast 1 000 Arten, v. a. in den gemäßigten Zonen der Erde (etwa 100 einheim. Arten); an feuchtem, faulendem oder schimmelndem Holz u. a. pflanzl. Substrat, nicht selten auch an feuchten Stellen in Häusern; als Nahrung dienen hpts. Schimmelpilze.

Schimmelpilze, Sammelbez. für zahlr. mikroskop. kleine Pilze aus verschiedenen systemat. Gruppen (Algenpilze, Jochpilze, Schlauchpilze, Deuteromyzeten), die als Saprophyten, Gelegenheitsparasiten oder Parasiten tote oder lebende Tiere und Pflanzen oder sonstige organ. Materialien mit Schimmel überziehen. Die S. sind im allg. sehr starkwüchsig und produzieren ungeheure Mengen von Sporen. Als anpassungsfähige Ernährungsspezialisten können sie auch bei hohen Salz- und Zuckerkonzentrationen, Wassermangel und extremen pH-Werten gedeihen. Viele sind deshalb auch gefährl. Vorratsschädlinge, die beträchtl. wirtschaftl. Schäden, insbes. bei der Vorratshaltung von Nahrungsmitteln, anrichten können. Einige S. besitzen erhebl. kommerzielle Bedeutung als Lieferanten von Antibiotika (Pinselschimmel), von Enzymen wie Amylasen, Pektinasen, Lipasen und Proteasen (hpts. Gießkannenschimmel), von organ. Säuren und Mykotoxinen wie den hochgiftigen Aflatoxinen (Pinsel- und Gießkannenschimmel) und bei der Schimmelreifung von Camembert und Roquefort (durch Penicilliumarten) sowie bei der in Ostasien gebräuchl. Fermentierung von Sojabohnen und Reis.

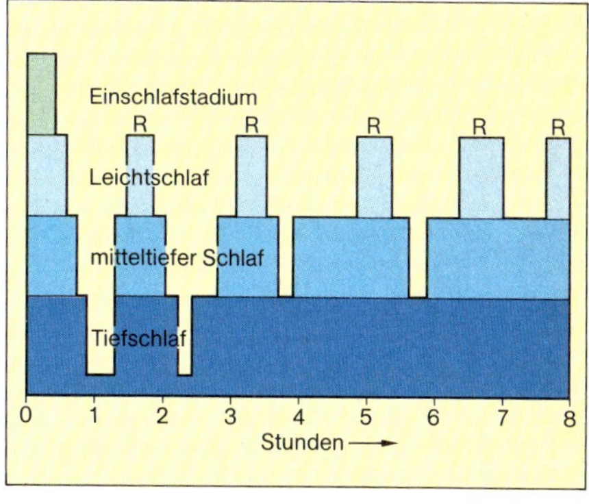

Schlaf. Schematische Darstellung der Schlafstadien während eines achtstündigen Schlafes.
R = REM-Phase

Schimpanse [afrikan.] (Pan troglodytes), in Wäldern und Savannen Äquatorialafrikas lebender ↑Menschenaffe; Körperlänge bis über 90 cm, Körperhöhe (aufrecht stehend) rd. 130 (♀) bis 170 (♂) cm; Körperbau kräftig; Arme länger als Beine; freie Hautstellen hell bis dunkel, auch fleckig; Fell schütter bis sehr dicht, schwarzbraun bis schwarz, meist seidig glänzend, individuell sehr variabel; Gesicht, After- und Geschlechtsregion, Hand- und Fußflächen sowie Finger und Zehen unbehaart. - Der S. ist ein Wald- und Savannenbewohner, der gesellig in Großfamilien mit strenger Hierarchie lebt. Er frißt überwiegend Früchte, nimmt aber auch tier. Nahrung (selbst Säugetiere bis Gazellengröße) zu sich. Der S. ist vorwiegend (aber möglicherweise nicht ursprüngl.) Baumbewohner, der Schlafnester in Bäumen baut. Auf dem Boden bewegt er sich, indem er (bei etwas aufgerichtetem Körper) auf den Hintergliedmaßen läuft und sich auf die umgeknickten Handknöchel der Vordergliedmaßen stützt. Die innerartl. Verständigung erfolgt sowohl durch oft laute, sehr unterschiedl. Rufe, als auch v. a. durch ausgeprägtes Mienenspiel (bes. der Mundregion). Das Geschlechtsleben führt beim S. zu keiner engeren Bindung zw. den Partnern (brünstige ♀♀ können sich mit mehreren ♂♂ paaren). Nach einer Tragzeit von etwa acht Monaten wird meist ein (anfangs völlig hilfloses) Junges geboren. Die Geschlechtsreife tritt erst nach sieben bis neun Jahren ein. - Der S. ist neben dem ↑Bonobo zweifellos das nach dem Menschen geistig weitaus höchstentwickelte Säugetier. Bei ihm ist Werkzeuggebrauch zum Nahrungserwerb und zur Abwehr von Feinden sehr verbreitet. Der S. kann komplizierte Aufgaben offensichtl. durch Nachdenken lösen und ist in der Lage, Wörter und deren Bedeutung zu erlernen.

Schimper, Karl Friedrich, * Mannheim 15. Febr. 1803, † Schwetzingen 21. Dez. 1867, dt. Naturforscher. - Wurde durch seine Arbeiten über die Blattstellung der Pflanzen zum Mitbegründer einer idealist. Pflanzenmorphologie. Bei der geolog. Erforschung der Alpen prägte er 1837 den Begriff „Eiszeit".

Schinkenbirne ↑Birnensorten Bd. 1, S. 107.

Schirmalge (Acetabularia), Grünalgengatt. mit rd. 20 Arten in den trop. und subtrop. Meeren; der querwandlose, schirmförmige Thallus ist in Rhizoid, Stiel und Hut gegliedert; nur ein großer Zellkern, der erst bei der geschlechtl. Fortpflanzung in mehrere Kerne zerfällt. Die im Mittelmeer heim. Art *Acetabularia mediterranea* und einige andere Arten werden heute in vielen Laboratorien als Modellorganismen zur Lösung biochem. Probleme der pflanzl. Morphogenese gezüchtet.

Schirmbaum (Regenschirmbaum, Musanga smithii), einzige Art der Maulbeergewächsgatt. Musanga im trop. Afrika; schnellwachsender Baum mit sehr leichtem Holz und großen, schirmförmigen, bis zum Stengel geteilten Blättern, die das Regenwasser gut ableiten.

Schirmflieger, in der Botanik Bez. für Samen oder Früchte mit kegel- oder schirmartigen, häutigen oder aus Haaren gebildeten Anhängseln zur Erleichterung der Verbreitung durch Wind (z. B. bei vielen Korbblütlern).

Schirmlinge (Schirmpilze), ↑Lamellenpilze mit weißen Sporen und freistehenden, nicht am Stiel angewachsenen Lamellen; der Fruchtkörper gleicht in erwachsenem Zustand einem aufgespannten Schirm. In M-Europa und N-Amerika rd. 50 Arten.

Schirmrispe ↑Blütenstand.

Schirmtanne (Sciadopitys), Gatt. der Taxodiengewächse mit der einzigen rezenten Art **Japan. Schirmtanne** (Quirlblättrige S., Sciadopitys verticillata) in Japan, im Tertiär auch in M-Europa häufig (wesentl. Bestandteil der Braunkohlenwälder als „Graskohle"); immergrüner, bis 40 m hoher Baum mit schmalpyramidenförmiger Krone und waagrecht abstehenden Ästen; Langtriebe mit kleinen, spiralig stehenden Schuppenblättern; Kurztriebe als nadelförmige, 6–10 cm lange, 2,5–3 mm breite, in der Mitte tief gefurchte Flachsprosse („Doppelnadeln"), fast in Quirlen um den Zweig angeordnet; Zapfen aufrecht; winterharter Zierbaum.

schizogen [ʃi..., sçi...], durch lokales Auseinanderweichen bzw. Aufspalten von Zellwänden entstanden; z. B. Hohlräume wie Öl-, Harz- und Schleimgänge in pflanzl. Geweben.

Schizogonie [ʃi..., sçi...; griech.], ungeschlechtl. Vermehrung durch Zerfall eines vielkernigen Stadiums (**Schizont**) in zahlr. einkernige Fortpflanzungszellen bei Einzellern, v. a. bei den Sporentierchen.

Schizokarp [ʃi..., sçi...; griech.], svw. ↑Spaltfrucht.

Schizomyzeten [ʃi..., sçi...; griech.], svw. ↑Bakterien.

Schizont [ʃi..., sçi...; griech.] ↑Schizogonie.

Schlaf, durch Änderungen des Bewußtseins, entspannte Ruhelage und Umstellung verschiedener vegetativer Körperfunktionen gekennzeichneter Erholungsvorgang des Gesamtorganismus, insbes. des Zentralnervensystems, der von einer inneren, mit dem Tag-Nacht-Wechsel synchronisierten *(zirkadianen)* Periodik gesteuert wird. - Der **Schlaf-wach-Rhythmus** des Menschen und der Tiere entspricht einem selbsterregten Oszillator mit der 24-Stunden-Tagesperiodik als äußerem Zeitgeber. Die verschiedenen vegetativen und psych. Tagesrhythmen (tagesperiod. Schwankungen sind am Menschen u. a. für die Körpertemperatur, für die Herz- und Atemfrequenz und insgesamt für mehr als 100 Körperfunktionen festgestellt worden) gehorchen einer ganzen Reihe solcher zirkadianer Oszillatoren (oft mit unterschiedl. Periodendauer), die z. T. miteinander, z. T. durch äußere Zeitgeber (neben der Hell-dunkel-Periodik z. B. auch soziale Faktoren) synchronisiert sind. Daß die erwähnten tagesrhythm. Abläufe nur indirekt vom S.-wach-Rhythmus abhängen, geht z. B. daraus hervor, daß ihre Tagesperiodik auch bei S.entzug weiterläuft und bei Schichtarbeitern eine Dissozation zw. der S.-wach-Periodik und verschiedenen vegetativen Rhythmen beobachtet werden kann. Wird der äußere Zeitgeber versuchshalber oder durch einen Flug nach Osten oder Westen einmalig verstellt, so dauert es häufig mehrere Perioden, bis die Synchronisation mit der endogenen Periodik wiederhergestellt ist.

Lückenhaft sind noch die Einsichten in die Bedeutung des S. als Erholungsphase des Organismus, insbes. des Zentralnervensystems. S. ist nicht einfach ein Ausdruck von Inaktivität und Ruhe im Bereich größerer Gehirngebiete, sondern eher eine Umstellung der Gehirnfunktionen. Die Theorien des S.-wach-Verhaltens gingen früher häufig von der Annahme aus, daß es Ermüdungsstoffe gebe, die sich während des Wachzustandes im Gehirn anhäufen und auch im Blut nachzuweisen seien (*chem. Theorie* vom Wachen und Schlafen); gegen eine solche Annahme sprechen u.a. die Beobachtungen an siames. Zwillingen, deren S.-wach-Rhythmen nicht aneinander gekoppelt sind. - Die *biochem. Theorie* des Wachens und Schlafens geht davon aus, daß die Monoamine Serotonin und Noradrenalin, die im Bereich bestimmter Kerngebiete des Gehirnstamms als Überträgersubstanzen vorkommen, für die regelrechte Abfolge bestimmter S.phasen entscheidend sind. - Nach der neueren Forschung spricht manches für eine bes. Rolle des Zwischenhirns im Rahmen des S.-wach-Rhythmus, für den offensichtl. verschiedene Gehirngebiete verantwortl. sein können (↑Schlafzentrum).

Ebenso wie die Aufmerksamkeit im Wachen variieren kann, ändert sich auch die **Schlaftiefe,** kenntlich an der Stärke des zur Unterbrechung des S. erforderl. Weckreizes. Mit Hilfe des Elektroenzephalogramms (EEG) lassen sich die folgenden *S.stadien* unterscheiden: **Tiefschlaf** (Stadium E): fast ausschließl. mit langsamen, großamplitudigen Deltawellen; **mitteltiefer Schlaf** (Stadium D): mit Deltawellen und K-Komplexen; **Leichtschlaf** (Stadium C): mit Deltawellen und sog. S.spindeln; **Einschlafen** (Stadium B): mit flachen Thetawellen (und Rückgang des Alpharhythmus); das entspannte **Wachsein** (Stadium A) schließlich ist durch Vorherrschen des Alpharhythmus gekennzeichnet. Während einer Nacht werden die verschiedenen S.stadien (bei insgesamt abnehmender S.tiefe) drei bis fünfmal durchlaufen, begleitet von phasischen Schwankungen zahlr. vegetativer Funktionen. Auffallende vegetative Schwankungen werden beobachtet, wenn das Stadium B durchlaufen wird: Der Muskeltonus erlischt, und auch die Weckschwelle ist hoch (ganz ähnl. wie im Stadium E), obwohl das EEG Einschlafcharakteristika aufweist *(paradoxer Schlaf)*. Bezeichnend ist ferner das salvenartige Auftreten rascher Augenbewegungen („rapid eye movements"), daher auch die Bez. **REM-Phase** des S. oder *REM-S.* für den paradoxen S. (dauert mehrere Minuten bis etwa $^1/_2$ Stunde, drei- bis sechsmal während der Nacht), im Ggs. zu den übrigen Phasen (*NREM-S.* [= Non-REM-S.], auch synchronisierter oder Slow-wave-S., SW-S.). Charakteristisch für den REM-S. ist weiter die lebhafte Traumtätigkeit (jedoch kommen Träume auch im NREM-S. vor).

Im Verlauf des menschl. Lebens nimmt die **Schlafdauer** ab (beim Neugeborenen tägl. etwa 16 Stunden, beim Kleinkind 14–13, bei Kindern und Jugendlichen 12–8, bei Erwachsenen bis zu 40 Jahren 8–7 und im späten Alter etwa sechs Stunden). Mit dem Lebensalter nimmt nicht nur die Gesamtschlafzeit, sondern auch der Anteil des REM-S. an der S.zeit ab (bei Neugeborenen etwa 50%, bei Kindern und Jugendlichen etwa 25–20%, bei Erwachsenen etwa 20% der Gesamtschlafzeit). - Abb. S. 71.

📖 *Passouant, P./Rechniewski, A.: Der S. Düss. 1981. - Faller, R.: Gesünder schlafen - aber wie? Niedernhausen 1980. - Dunkell, S.: Körpersprache im S. Mchn. 1979. - Fink, N.: Lehrb. der S.- u. Traumforschung. Mchn. ²1979. - Schubert, F. C.: Einschlafverlauf u. Einschlafstörungen. Ffm. 1978. - The nature of sleep. Die Natur des S. La nature du sommeil. Mit dt., engl. u. frz. Beitr. Hg. v. U. J. Jovanović. Stg. 1973. - Koella, W. P.: Physiologie des S. Stg. 1973.*

Schlafapfel (Rosenapfel, Rosenkönig, Rosenschwamm, Bedeguar), Bez. für rundl. Gallen auf der Hundsrose, die durch Larvenfraß der Gemeinen Rosengallwespe verursacht werden; bis 5 cm dick, tanninhaltig, mit grüner oder gelber bis rötl., moosähnl., zottiger Oberfläche; enthalten eine oder mehrere Larvenkammern. - Abb. S. 74.

Schläfen [Mrz. von Schlaf zur Bez. der Stelle, auf der man beim Schlafen liegt] (Tempora), die bei den Wirbeltieren beiderseits oberhalb der Wange zw. Auge und Ohr gelegene Kopfregion. Beim Menschen liegt im S.bereich die flache Grube (*S.grube*, Fossa temporalis) des ↑Schläfenbeins, über die der mächtige S.muskel hinwegzieht. An den S. verlaufen die von der äußeren Halsvene ausgehenden oberflächl. *S.venen* und die an der äußeren Halsschlagader entspringende *S.schlagader* (*S.arterie*, Aorta temporalis).

Schläfenbein (Temporale, Os temporale), paariger Schädelknochen verschiedener Säugetiere, auch des Menschen, der zw. Hinterhaupts-, Keil- und Scheitelbein liegt; bildet den knöchernen Anteil der Schläfen sowie einen Teil der Schädelbasis und entsteht aus der Verschmelzung von Felsenbein, Paukenbein und Schuppenbein; zu diesen Knochenelementen kommt noch der ursprüngl. dem Zungenbeinbogen zugehörige Griffelfortsatz. Das S. trägt den äußeren Gehörgang sowie die Gelenkgrube für den Unterkiefer. Am **Warzenfortsatz** (Processus mastoideus) hinter dem äußeren Gehörgang setzt der Kopfwendemuskel an.

Schläfenlappen ↑Gehirn.

Schlafmäuse, svw. ↑Bilche.

Schlafmohn ↑Mohn.

Schlafmoose, svw. ↑Astmoose.

Schlaftiefe ↑Schlaf.

Schlaf-wach-Rhythmus ↑Schlaf.

Schlafzentrum, nicht einheitl. Steuerungszentrum für den Schlaf-wach-Rhythmus, vermutlich mehrere Strukturen im Gehirnstamm, v.a. im mittleren Thalamus, dessen elektr. Reizung Schlaf auslöst. Dasselbe wird auch bei Reizung des vordersten Bereichs (Vorderhörner) der Seitenventrikel des Endhirns erreicht. Reizung in der Formatio reticularis (maschenförmig angeordnete Zellverbände des Zentralnervensystems im Thalamus, Gehirnstamm und oberen Rückenmark aus von Nervenzellfasern durchbrochenen Nervenzellen) bewirkt demgegenüber das Aufwachen aus dem Schlaf unter Aktivierung der Gehirnzentren und der Muskelmotorik, so daß dieser Bereich als **Weck-** bzw. **Wachzentrum** angesehen wird.

Schlag, in der *Tierzucht* Teilgruppe einer Haustierrasse, die sich durch typ., einheitl. abweichende, vorwiegend genet. fixierte Merkmale (z. B. Größe, Zeichnung) von der Norm des Rassetypus unterscheidet.

◆ bei *Singvögeln* ein lautes, in abgesetzten Strophen vorgetragenes Lied.

Schlagadern, svw. ↑Arterien.

Schlammfisch ↑Kahlhechte.

Schlammfliegen, (Großflügler, Megaloptera) seit dem Perm bekannte Insektenordnung (Überordnung ↑Netzflügler), die heute mit ca. 120 Arten in den beiden folgenden Fam. weltweit verbreitet ist: **Wasserflorfliegen** (Sialidae): ungefähr 40 Arten; 1–2 cm Länge und 2–4 cm Flügelspannweite; mit breiten, bräunl., netzadrigen Flügeln, die in Ruhe dachförmig über dem Hinterleib zusammengelegt werden; **Corydalidae** (Großflügler i. e. S.): in den Tropen; bis 7 cm Länge und bis 16 cm Flügelspannweite. Die Imagines beider Fam. leben meist in Wassernähe an Pflanzen. Die Larven ernähren sich räuber.; sie leben in Gewässern, ältere mehr im Bodenschlamm.

◆ (Eristalinae) Unterfam. 5–15 mm spannender Schwebfliegen von oft täuschend bienenähnl. Aussehen (*„Mistbienen"*); Imagines Blütenbesucher, v. a. an Korbblütlern.

Schlammhüpfer, svw. ↑Schlammspringer.

Schlammkraut (Limosella), fast weltweit verbreitete Gatt. der Rachenblütler mit annähernd 15 Arten an Flußufern und Teichrändern; mit Ausläufern kriechende Pflanzen mit sehr kleinen, fleischfarbenen oder grünl. Blüten.

Schlammpeitzger (Schlammbeißer, Beitzger, Bißgurre, Misgurnus fossilis), etwa 20–30 cm lange Schmerle, v. a. in flachen stehenden (auch sauerstoffarmen) Süßgewässern M- und O-Europas; Körper sehr langgestreckt, walzenförmig, nach hinten seitl. zusammengedrückt; am Oberkiefer sechs, am Unterkiefer vier Barteln; überwiegend braun bis gelbbraun, mit dunklen Längsbändern.

Schlammschildkröten (Kinosternidae), artenreiche Fam. der Schildkröten in Amerika (außer Kanada); Rückenpanzer meist flach, glatt oder mit Längskielen, Bauchpanzer entweder groß und dann mit je einem Vorder- und Hinterlappen (↑Klappschildkröten) oder stark reduziert.

Schlammschnecken (Lymnaeidae), weltweit verbreitete Fam. der Wasserlungenschnecken mit zahlr. Arten in Süß- und Brackgewässern (meist auf schlammigem Grund); Schale fast durchweg dünnwandig, je nach Standort sehr variabel, ohne Deckel; u. a.: **Große Schlammschnecke** (Lymnaea stagnalis), Gehäuse bis 6 cm hoch, spitzkegelig, hell; **Kleine Schlammschnecke** (Galba truncatulata), Gehäuse ca. 15 mm hoch, braun, Zwischenwirt des Großen Leberegels.

Schlammspringer (Schlammhüpfer, Periophthalmus), Gatt. der Knochenfische (Fam. Grundeln) an trop. und subtrop. Küsten der Alten Welt (bes. am Pazif. und Ind. Ozean), v. a. in der Mangrovezone; Körper langgestreckt; Brustflossen armartig verlän-

Schlafapfel

Schlangenadler. Gaukler

gert, mit muskulösem Stiel; Bauchflossen zu Haftorgan verwachsen oder als zwei unabhängig voneinander bewegl. Hebelarme entwickelt; Augen an der Kopfoberseite, ungewöhnl. stark vorgewölbt, unter und über Wasser voll sehtüchtig. - S. verlassen häufig das Wasser. Sie springen und klettern sehr geschickt. Ihre Haut ist gegen Austrocknung geschützt.

Schlammteufel ↑Riesensalamander.

Schlangen (Serpentes, Ophidia), Unterordnung der Schuppenkriechtiere mit rd. 2500, etwa 15 cm bis 10 m langen Arten; Körper stets langgestreckt; Extremitäten fast immer vollständig rückgebildet; Schultergürtel und Brustbein stets fehlend; Wirbel sehr zahlreich, etwa 180 bis 435; bis über 400 frei endende, bewegl. Rippenpaare; Haut trocken, mit hornigen Schuppen und Schildern bedeckt, wird bei der Häutung als Ganzes abgeworfen; äußeres Ohr rückgebildet, Trommelfell stets fehlend; S. sind daher taub und können ledigl. „Substratschall" (Bodenerschütterungen) wahrnehmen (bei S.beschwörern reagieren S. nicht akust. auf die Töne einer Flöte, sondern opt. auf deren Bewegungen); Augenlider unbewegl., zu einer „Brille" verwachsen; Nickhaut fehlend; Sehtüchtigkeit des Auges gering; Tast- und Geruchssinn bzw. Geschmackssinn gut entwickelt. Die lange, zweizipfelig gespaltene, am Grund in eine Scheide zurückziehbare Zunge nimmt Riechstoffe auf und überträgt diese zum ↑Jacobson-Organ („Züngeln" der Schlangen). Manche S. haben hochempfindl. Temperatursinnesorgane, die Wärmestrahlung wahrnehmen und dem Aufsuchen warmblütiger Beutetiere dienen. Die Knochen des Oberkiefers sind nur locker miteinander verbunden und verschiebbar, ebenso die Unterkieferhälften. So können S. unter starker Dehnung des Mund- und Schlundbereichs ungewöhnl. große Beutetiere verschlingen. Da auch der Magen der S. außerordentl. dehnbar ist, können S. nach der Nahrungsaufnahme unförmig anschwellen und anschließend eine wochenlange Verdauungsruhe durchmachen. Alle S. leben von tier. Nahrung, hpts. von Wirbeltieren. Ihre Kloakenöffnung ist quergestellt. Die Begattungsorgane sind (wie bei den Echsen) paarig („Hemipenes"), von denen bei der Kopulation nur eines in die Geschlechtsöffnung des ♀ eingeführt wird. Viele innere Organe sind bei S. extrem langgestreckt, z. B. Herz, Speiseröhre, Magen, Leber, Niere und Geschlechtsorgane. Auch die Lunge ist sehr lang, doch ist der linke Lungenflügel sehr viel kleiner als der rechte oder fehlt vollständig. Die Lunge geht an ihrem hinteren Ende in einen stark dehnbaren Luftsack über, der bei Entleerung das kennzeichnende Zischen der S. hervorruft. Der Schwanz ist knapp körperlang bis sehr viel kürzer; er kann nicht (wie bei den Eidechsen) abgeworfen und regeneriert werden. Fast alle S. legen Eier, nur manche sind lebendgebärend (u. a. Boaschlangen, die Kreuzotter und manche Seeschlangen). - Die Fortbewegung der S. erfolgt üblicherweise durch „Schlängeln" (↑Fortbewegung). Etwa ein Drittel aller S.arten ist so giftig, daß die Bißwirkung für den Menschen oft sehr gefährl. ist (↑Giftschlangen). Das Gift (↑Schlangengifte) dient bei S. weniger der Verteidigung als der Erbeutung von Nahrungstieren und der Einleitung der Verdauung durch Enzymwirkung des Gifts.
Geschichte: Wegen ihrer eigentüml. Gestalt und Bewegungsweise sind S. seit den ältesten Zeiten Gegenstand myth. Vorstellungen (z. B. Midgardschlange). Sie werden als Trägerinnen übersinnl. Kräfte, als Seelentiere, als Orakeltiere und als häusl. Schutzgeister verehrt. - In der christl. Kunst blieb die Verbindung von Schlange und Sündenfall erhalten.

🕮 *Hdb. der Reptilien u. Amphibien Europas. Bd. 3/1: S. Wsb. 1987. - Kundert, F.: das neue S.buch in Farbe. Rüschlikon 1984. - Griehl, K.: S. Mchn. 1982. - Engelmann, W.-E./Obst, F.: Mit gespaltener Zunge. Biologie und Kulturgeschichte der Schlange. Freib. 1981.*

Schlangenadler (Circaetinae), Unterfam. bis 70 cm langer, vorwiegend Schlangen und Amphibien fressender Greifvögel mit 14 Arten in Wäldern, Savannen, Steppen und felsigen Landschaften der subtrop. und trop. Alten Welt. Eine bekannte Art ist der bussardgroße, bis 60 cm lange **Gaukler** (Terathopius ecaudatus) in M- und S-Afrika.

Schlangengifte, die von Giftschlangen durch die Giftzähne übertragenen, für Mensch und Tier hochtox. Substanzen. Sie lassen sich nach ihren physiolog. Wirkungen in zwei Gruppen unterteilen: die v.a. bei Seeschlangen und Giftnattern, ferner bei den Klapperschlangen vorkommenden *Nervengifte (Neurotoxine)*, die zu Lähmungen des Nervensystems (u. a. Atemnot; Tod durch Ersticken) führen, jedoch beim Überleben keine

Schlankaffen. Nasenaffe

Schäden hinterlassen, und die v. a. bei Vipern und Grubenottern (ausgenommen Klapperschlangen) vorkommenden *Blutgifte (Hämotoxine)*, die v. a. Schmerzen und Blutungen (Tod durch Herz- und Kreislaufversagen) hervorrufen und die beim Überleben umfangreiche Gewebsnekrosen verursachen. Neben der eigentl. Giftwirkung hängen die Folgen eines Giftschlangenbisses beim Menschen sehr stark von dessen Verfassung ab (Alter, Gesundheitszustand, psych. Faktoren; Schocktod bei an sich mäßiger Giftwirkung). Einzige sichere Gegenmittel bei Schlangenbissen sind die spezif. Schlangenseren sowie auch Seren, die gegen die Gifte von Schlangen eines bestimmten Großraums wirken. Als Sofortmaßnahmen bei Schlangenbissen sind v. a. die Verzögerung der Giftresorption (Abbinden der betroffenen Gliedmaßen) und das Entfernen des Giftes aus der Bißwunde (Ausschneiden) wichtig; vielfach wird eine Unterstützung der Atmung empfohlen (Koffein, Kreislaufmittel). - S. bestehen aus Gemischen von bis zu 40 Einzelsubstanzen, unter denen jedoch nur wenige für sich allein tox. sind. Bes. zahlreich sind in den S. Enzyme enthalten, v. a. Peptidasen, Esterasen und Carbohydrasen sowie Aminosäure-Oxidase; sie haben v. a. für den Abbau der Gewebsbestandteile und das Eindringen der Giftstoffe Bedeutung; eine spezielle Giftwirkung haben Phospholipasen, die durch Spalten von Phospholipiden Struktur und Funktion von Zellmembranen schädigen und damit zur Hämolyse führen. Neben den Enzymen finden sich v. a. Polypeptide mit spezif. Giftwirkungen. - S. werden heute vielfach von in sog. Schlangenfarmen gehaltenen Giftschlangen durch vorsichtigen Druck auf die seitl. am Kopf gelegenen Giftdrüsen gewonnen. Das dabei aus den Giftzähnen austretende Gift (0,05 bis 2 cm^3 einer farblosen bis gelben Flüssigkeit) wird meist sofort durch Gefriertrocknung konserviert. S. werden v. a. für die Gewinnung von Schlangenseren benötigt; ferner sind sie ein wichtiges Ausgangsmaterial für die Gewinnung von Enzymen.

🕮 *Born, G. V. R./Farah, A., u. a.: Handbook of Experimental Pharmacology, Vol. 52, Snake Venoms. New York 1979. - Tier- u. Pflanzengifte. Hg. v. E. Kaiser. Mchn. 1973. - Donovan, J. B.: Schlangengift. Dt. Übers. Stg. 1967.*

Schlangengürtelechsen ↑Gürtelechsen.

Schlangenhalsschildkröten (Chelidae), Fam. der Schildkröten in S-Amerika, Australien und Neuguinea; Hals oft stark verlängert.

Schlangenhalsvögel (Anhingidae), Fam. etwa 90 cm langer, schlanker Ruderfüßer mit zwei Arten an Seen und Flüssen der Tropen und Subtropen; gesellig lebende, bräunl. bis schwarze, an den Flügeln weiß und dunkel gezeichnete Vögel; Hals sehr lang; Kopf sehr schlank, mit langem, geradem, dolchartig spitzem Schnabel.

Schlangenkaktus, (Peitschenkaktus, Aporocactus) Gatt. reichverzweigter, epiphyt. Kakteen mit nur wenigen Arten in Mexiko; mit langen, kriechenden oder hängenden, schlanken Trieben und bis 10 cm langen, rotvioletten Blüten.

◆ (Schlangencereus, Nachtkaktus, Selenicereus) Gatt. kletternder oder rankender Kakteen mit rd. 20 Arten in S- und N-Amerika; strauchig oder säulig wachsende, oft Luftwurzeln ausbildende Pflanzen mit fünf- bis siebenkantigen, langen Trieben und meist großen, nur eine Nacht geöffneten Blüten; bekannteste Art ↑Königin der Nacht.

Schlangenkopffische (Channidae, Ophiocephalidae, Ophicephalidae), Fam. der Knochenfische mit rd. 25, etwa 15 bis 100 cm langen räuber. Arten im trop. Afrika, in S- und SO-Asien; Körper langgestreckt, mit sehr langer Rücken- und Afterflosse; oft bunt gezeichnet; Nasenöffnungen röhrenförmig verlängert; atmen zusätzl. atmosphär. Luft, wodurch sie selbst sehr kleine, flache und verschlammte Gewässer besiedeln können; z. T. geschätzte Speisefische.

Schlangenkraut, svw. ↑Drachenwurz.

Schlangenmoos, svw. ↑Keulenbärlapp.

Schlangensterne (Ophiuroidea), mit rd. 1900 Arten formenreichste Klasse der Stachelhäuter; z. T. leuchtend gefärbte und gezeichnete Meerestiere (von der flachen Küstenregion bis in Tiefen von fast 7000 m); mit langen, zylindr., manchmal stark verzweigten Armen (meist fünf, seltener sechs oder sieben), die (im Unterschied zu den ↑Seesternen) scharf von der Körperscheibe abgesetzt sind; Arme meist sehr bewegl., oft auch sehr leicht brechend, Spannweite 1 cm bis 1,50 m; Darmkanal ohne After.

Schlankaffen (Colobidae), Fam. etwa 45–85 cm körperlanger, schlanker Affen (Gruppe ↑Schmalnasen); Körper mit meist sehr langem, etwa 15–110 cm messendem Schwanz, langen Gliedmaßen und verkürzten bis vollständig verkümmerten Daumen; Kopf rundl.; Gesicht mehr oder minder unbehaart; Backentaschen fehlend; ausgeprägte Blattfresser mit sehr spezialisiertem, mehrkammerigem Magen und stark gerieften Backenzähnen. Zu den S. gehören u. a. ↑Languren und **Nasenaffe** (Nasalis larvatus), etwa 60–75 cm körperlang, leuchtend rotbraun mit weißl. Schwanz, mit unbehaartem Gesicht und (bei alten ♂♂) bis 10 cm langer, gurkenförmiger Nase; in Regenwäldern Borneos. - Abb. S. 75.

Schlankbären (Makibären, Olingos, Bassaricyon), Gatt. der ↑Kleinbären mit fünf Arten, v. a. in den trop. Regenwäldern M- und des nördl. S-Amerikas; Gesamtlänge 75–95 cm bei einer Schwanzlänge von etwa 40–50 cm; Körper schlank, mit rundl., spitzschnauzigem Kopf; überwiegend graubraun.

Schlanklibellen (Schlankjungfern, Coenagrionidae, Agrionidae), artenreiche Fam. schlanker, zarter Kleinlibellen (↑ Libellen) mit 18 einheim. Arten; Hinterleib rot oder blau (♂) bzw. gelbgrün, ocker oder orangefarben (♀) mit schwarzer Zeichnung; schlechte Flieger; oft in großer Zahl auf Uferpflanzen. Die bekannteste und häufigste Art ist die 23–30 mm lange **Hufeisenazurjungfer** (Coenagrion puella).

Schlanklori ↑ Loris.

Schlauchalgen (Röhrengrünalgen, Siphonales), Ordnung der Grünalgen in den gemäßigten und wärmeren Meeren mit sehr vielgestaltigen, aber immer querwandlosen Thalli; Zellwand umschließt einen einzigen Protoplasten mit vielen Zellkernen; nur die Fortpflanzungsorgane sind durch Querwände abgetrennt.

Schlauchflechten (Askomyzetenflechten), Bez. für diejenigen Flechten, bei denen ein Schlauchpilz den Partner bei der Symbiose bildet. Zu den S. gehört der weitaus größte Teil der heute bekannten rd. 16 000 Flechtenarten. - Ggs. ↑ Ständerflechten.

Schlauchpilze (Askomyzeten, Ascomycetes), größte Klasse der höheren Pilze, mit rd. 30 000 heute bekannten Arten weltweit verbreitet; systemat. Einteilung noch nicht völlig abgesichert. Gemeinsames Merkmal aller S. ist die geschlechtl. Fortpflanzung durch Gametangiogamie von Antheridium und *Askogon* (einem blasenförmig angeschwollenen, später die Aszi ausbildenden Oogonium). - Viele S. sind Pflanzenschädlinge, z. B. Erstikkungsschimmel und Mehltaupilze. Der Pinselschimmel liefert Antibiotika. In der Lebensmitteltechnologie werden Hefepilze, als Speisepilze Trüffel und Morchel verwendet.

Schlauchwürmer (Rundwürmer, Nemathelminthes, Aschelminthes), sehr uneinheitl. Tierstamm, in dem Klassen zusammengefaßt sind, deren natürl. Verwandtschaft fragl. ist; rd. 12 500 bekannte, unter 0,1 mm bis mehrere Meter (maximal über 8 m) lange Arten; Körper meist ungegliedert und wurmförmig langgestreckt, größtenteils oder vollständig von einer Kutikula bedeckt; zw. Darm und Hautmuskelschlauch fast immer ein flüssigkeitserfüllter, nahezu zellfreier Raum (primäre Leibeshöhle); Blutgefäßsystem fehlend; Darm (wenn vorhanden) mit After; fast stets getrenntgeschlechtl; im Meer, Süßwasser oder an Land, oft parasit. lebend (z. B. Medinawurm bei der Drakunkulose).

Schlehdorn (Schwarzdorn, Prunus spinosa), Rosengewächs, verbreitet von Europa bis W-Asien; bis 3 m hoher, sparriger Strauch mit in Dornen auslaufenden Kurztrieben, doppelt gesägten Blättern und kleinen, weißen, einzeln oder zu zweien im Vorfrühling an laubblattlosen Blütenkurztrieben erscheinenden Blüten; Steinfrüchte (**Schlehen**) klein, kugelig, schwarzbläul. bereift, mit grünem, saurem, sich nicht vom Steinkern lösendem Fruchtfleisch; roh erst nach mehrmaligem Durchfrieren genießbar.

Schlei ↑ Schleie.

Schleichen (Anguidae), mit Ausnahme von Australien weltweit verbreitete Fam. der Echsen mit rd. 70, etwa 20–140 cm langen Arten; Körper schlangenförmig; Schwanz körperlang oder länger, kann abgeworfen werden; mit bewegl. Augenlidern; Gliedmaßen wohl ausgebildet bis vollkommen reduziert (letzteres ist z. B. bei der ↑ Blindschleiche der Fall).

Schleichkatzen (Viverridae), Fam. primitiver, meist recht schlanker, zieml. kurzbeiniger Raubtiere mit über 80 bis etwa fuchsgroßen Arten in Afrika (auf Madagaskar die einzigen Raubtiere), Asien und (mit zwei Arten) in Europa; vorwiegend fleischfressende, in Lebensräumen fast jegl. Art lebende Tiere mit mittellangem bis sehr langem Schwanz, meist mehr oder weniger spitzschnauzigem Kopf und ursprüngl. (wenig differenziertem), vielzähnigem Gebiß. - Zu den S. gehören u. a. ↑ Ginsterkatzen, ↑ Musangs, ↑ Frettkatze und ↑ Mangusten.

Schleiden, Mathias Jacob (Jakob), * Hamburg 5. April 1804, † Frankfurt am Main 23. Juni 1881, dt. Botaniker. - Prof. in Jena und in Dorpat; bed. Arbeiten auf dem Gebiet der Zellforschung. S. erkannte, daß die Zelle in Doppelfunktion die Basis des Lebensprozesses bildet: als in sich abgeschlossene Funktionseinheit einerseits und andererseits als integraler Bestandteil aller Organe bzw. Organismen.

Schleie (Schlei, Tinca tinca), bis 60 cm langer (jedoch mit 20–30 cm Länge meist kleiner bleibender) Karpfenfisch, v. a. in ruhigen, warmen, pflanzenreichen Süßgewässern Eurasiens; Körper relativ gedrungen, mit auffallend kleinen Schuppen, Rücken dunkelgrün bis grünlichbraun, Seiten heller, messingfarben schimmernd; Mundöffnung klein, mit zwei kurzen Barteln; geschätzter Speisefisch.

Schleier, bes. die Augenregion bestimmter Vögel umgebender Kranz kurzer Federn, der sich häufig über das gesamte Gesicht ausdehnt *(Gesichts-S.)*; v. a. bei Eulenvögeln.

Schleiereulen ↑ Eulenvögel.

Schleierkraut ↑ Gipskraut.

Schleierling (Cortinarius), artenreiche Gatt. der Lamellenpilze; mit einem in der Jugend zw. Stiel und Hut ausgespannten, zarten, spinnwebenartigen Schleier *(Cortina)* und rostbraunen Sporen. Die Gatt. wird heute in sieben Untergatt. aufgeteilt, von denen die Untergatt. *Schleimkopf* (Phlegmacium; schleimiger Hut; rd. 60 Arten), *Schleimfuß* (Myxacium; Hut und Stiel schleimig-schmierig; 12 Arten) und *Schleierling* i. e. S. (trockener, kahler, filzig-schuppiger Hut; 18 Arten) bes. auffällig sind.

Schleierschwanz (Schleierfisch), Zuchtform des ↑Goldfischs mit verkürztem, rundl. Körper und stark verlängerten Flossen.

Schleifen (Wetzen), wm. und ornitholog. Bez. für den letzten Teil des Balzliedes von Auer- und Birkhahn; ähnelt dem beim Wetzen einer Sense entstehenden Geräusch.

Schleifenblume (Bauernsenf, Iberis), Gatt. der Kreuzblütler mit rd. 30 Arten im Mittelmeergebiet und in M-Europa; niedrige Kräuter oder Halbsträucher mit weißen, violetten oder roten Blüten (mit zwei größeren äußeren und zwei kleineren inneren Kronblättern) in traubigen Blütenständen. Neben der immergrünen, halbstrauchigen Art *Iberis sempervirens* werden v. a. die anspruchslosen einjährigen Arten als Beetblumen und für Einfassungen kultiviert.

Schleim, (Mukus, Mucus) bei *Tier* und *Mensch* das vorwiegend aus ↑Muzinen bestehende, kolloid-visköse (muköse) Produkt der S.zellen und S.drüsen bzw. der Schleimhaut. Dem S. kommen Schutzfunktion (z. B. im Schleimbeutel oder als Gelenkschmiere [↑Gelenk] für reibungslose Bewegungen von Körperteilen bzw. Gelenken oder z. B. an der Magenwand gegen die Magensalzsäure) sowie Transportfunktion zu (z. B. im Speichel für die Nahrung oder auf der Darmschleimhaut als Gleitschicht für den Darminhalt). Bei Schnecken unterstützt die S.absonderung der Epidermis das Haften des Fußes an der Unterlage und verringert bei der Kriechbewegung als Gleitmittel die Reibung; sie ist auch, ebenso bei den Amphibien, ein Schutz gegen Austrocknung. Bei den Fischen ist die schlüpfrige S.schicht auf der Haut eine Schutzeinrichtung, die zugleich die Reibung beim Schwimmen herabsetzt.

◆ bei *Pflanzen* mehr oder weniger zähe, nicht fadenziehende Substanzen aus Kohlenhydraten, meist als Reservestoffe in Vakuolen (z. B. bei Zwiebeln, Orchideenknollen, Blättern von Aloearten) und S.gängen (viele Kakteen) enthalten oder aus teilweise verschleimenden Zellwänden gebildet (z. B. Leinsamen).

Schleimbeutel (Synovialbeutel, Bursa mucosa, Bursa synovialis), zw. aufeinander gleitenden Organteilen ausgebildete, von einer stellenweise mit Plattenepithel belegten Wand aus Bindegewebe umschlossene Lükken, die mit einer hochviskösen, der Gelenkschmiere ähnl. Flüssigkeit (Schleim) gefüllt sind. S. stellen Polster gegen Druck und Reibung dar, v. a. an Stellen, wo Muskeln bzw. deren Sehnen und Faszien oder Haut Skeletteile überziehen, z. B. an der Kniescheibe, am Ellbogen, an der Ferse.

Schleimfischartige (Blennioidei), seit dem Eozän bekannte Unterordnung meist aalförmiger Knochenfische (Ordnung Barschartige) mit zahlr. Arten in trop., gemäßigten und arkt. Meeren (gelegentl. auch in Süßgewässern); wenige cm bis 1,2 m lange Grundfische mit stark oder völlig reduzierten Schuppen, sehr schleimiger Haut und sehr langer (vom Kopfhinterende bis zur Schwanzflosse sich erstreckender) Rückenflosse; Bauchflossen weit nach vorn (in die Nähe der Brustflossen) gerückt, zu fünf Flossenstrahlen oder völlig rückgebildet. Zu den S. gehören u. a. die ↑Butterfische.

Schleimfische, svw. ↑Inger.

◆ bis 65 cm lange, arten- und formenreiche Knochenfische in allen Meeren; vorwiegend bodenbewohnende, z. T. räuber. lebende, z. T. sich pflanzl. (bes. von Algen) ernährende Tiere mit meist langgestrecktem Körper, dessen Haut sehr schleimig ist; Schnauze stumpf; Rückenflosse sehr lang; Schwimmblase fehlt.

Schleimhaut (Mukosa, Tunica mucosa), durch das schleimige Sekret von Schleimzellen (Becherzellen) bzw. Schleimdrüsen stets feucht und schlüpfrig gehaltenes, ein- oder mehrschichtiges Epithel (oft ein Flimmerepithel) als Auskleidung von Hohlorganen des Körpers, v. a. des Darms (↑Darmschleimhaut), der Mund- und Nasenhöhle, der Luftwege und Geschlechtsgänge.

Schleimhefen, Sammelbez. für hefeartige Schlauchpilze, die sich durch Bildung von Polysaccharidschleimen auszeichnen und von ihnen befallene Flüssigkeiten zäh-viskos machen (Froschlaichgärung). Die S. gären selbst nicht und werden von gärenden Hefepilzen rasch unterdrückt. Sie entwickeln sich bes. in alkohol- und gerbstoffarmen Pflanzensäften, z. B. in Süßmost.

Schleimkopffische (Schleimkopfartige, Beryciformes), den Barschartigen nahestehende, primitive Ordnung der Knochenfische; seit dem Jura bekannt; Körper seitl. abgeplattet, am Kopf meist große, schleimerfüllte, von einer dünnen Haut bedeckte Kanäle; verbreitet Stacheln an verschiedenen Körperteilen; Meeresbewohner, auch in der Tiefsee; z. T. geschätzte Speisefische. - Zu den S. gehören u. a. die Laternenfische.

Schleimpilze (Myxomyzeten), Klasse der Pilze mit rd. 500 Arten in etwa 60 Gattungen. Charakteristisch für die S. ist ihr Vegetationskörper, der eine vielkernige, querwandlose Protoplasmamasse *(Plasmodium)* ist. Dieses Plasmodium entsteht durch Verschmelzung vieler amöboider Zellen, die zu Fruchtkörpern (Sporangien) werden. Die ungeschlechtl. Vermehrung der S. erfolgt durch in den Fruchtkörpern gebildete Sporen, die auf feuchtem Untergrund zu *Schwärmern* (Myxoflagellaten) auskeimen. Diese können sich zu einer Zygote vereinigen oder sich durch Geißelverlust zu kriechenden *Myxamöben* entwickeln, die sich ihrerseits durch einen Geschlechtsakt zu einer Zygote vereinigen. Schwärmer und Myxamöben können sich auch durch Teilung vermehren. - Die meisten Arten der S. leben saprophytisch. Die Plasmodien kommen erst bei der Sporenbildung ans Licht.

Schleuderfrucht, Öffnungsfrucht (↑Fruchtformen), deren Samen durch eine Schleuderbewegung verbreitet werden (z. B. beim Springkraut).

Schleuderzungenmolche (Schleuderzungensalamander, Höhlensalamander, Hydromantes), Gatt. etwa 10–15 cm langer Lungenloser Salamander mit fünf Arten, v. a. an feuchten Felswänden von Gesteinshöhlen Kaliforniens, Sardiniens, NW-Italiens und SO-Frankreichs; Körper mäßig schlank, mit zieml. großem Kopf und langer, blitzschnell aus dem Maul herausklappbarer Schleuderzunge, an deren klebriger Oberfläche die Beutetiere (z. B. Spinnen, Käfer) haftenbleiben.

Schliefer (Klippschlieferartige, Klippdachse, Hyracoidea), den Rüsseltieren nahestehende Ordnung nagetierähnl. Säugetiere, die den Höhepunkt ihrer stammesgeschichtl. Entwicklung (Ende Tertiär; erste Funde stammen aus dem Oligozän) überschritten haben; waren damals auch in Europa verbreitet; es hatten sich bis tapirgroße Formen gebildet. S. sind heute nur noch durch die Fam. **Klippschliefer** (Procaviidae; etwa 40–50 cm körperlang, Schwanz rückgebildet; Sohlengänger; gesellig lebende, wiederkäuende Pflanzenfresser) in Afrika und SW-Asien vertreten; bekannte Gatt. sind *Wüstenschliefer* (Procavia) und *Waldschliefer* (Dendrohyrax).

Schließfrucht, aus einem oder mehreren Fruchtblättern gebildete pflanzl. Einzelfrucht, deren Wand sich bei der Reife bzw. Verbreitung nicht sofort öffnet, sondern erst nach ihrer Verrottung die Samen freigibt.

Schließhanf ↑Faserhanf.

Schließmundschnecken (Clausiliidae), artenreiche Fam. der ↑Landlungenschnecken; mit etwa 5–20 mm langem, spindelförmig hochgetürmtem Gehäuse (rd. 30 Arten in M-Europa); Gehäusemündung durch Lamellen- oder Faltenstruktur gekennzeichnet, stets mit kalkiger Verschlußplatte.

Schließmuskel, allg. Bez. für Muskeln, deren Kontraktion einen Verschluß an Hohlorganen (z. B. Gallenblase, Magen, After) durch Verengen des Lumens oder an deren Mündung (z. B. Ringmuskel) bewirkt.
◆ (Schalen-S.) als Adduktor dem Verschluß der beiden Schalenklappen bei den Muscheln dienender Muskel als Antagonist des elast. Schalenbands; besitzt außerordentl. Kräfte und die Fähigkeit, über lange Zeiträume hinweg ohne Ermüdungserscheinungen die Kontraktion aufrechtzuerhalten; von den zwei Anteilen, aus denen sich der Schalen-S. zusammensetzt, einem schnell arbeitenden *Schließer* und einem trägen *Sperrmuskel*, ist es letzterer, der mit sehr geringem Energieverbrauch und hoher Effektivität arbeitet (bei der Auster könnte er pro cm^2 ein Gewicht von 12 kg heben).

Schließzellen, in der Epidermis der oberird. krautigen Teile der Moos-, Farn- und Samenpflanzen gelegene, meist bohnenförmige, paarweise einander zugekehrte, Chloroplasten (↑Plastiden) enthaltende Zellen, die zw. sich einen Spalt (Porus) einschließen, mit dem zus. sie eine ↑Spaltöffnung bilden. Formveränderungen der S. und damit verbundene Änderungen der Spaltweite (Öffnung bei Vollspannung, Schließung bei Erschlaffen) regeln den Gasaustausch und die Transpiration zw. Pflanze und Außenwelt.

Schlinger, Tiere, die einzelne, oft sehr große Nahrungsbrocken (z. T. ganze Lebewesen) unzerkleinert herunterschlucken; z. B. Polypen, Medusen, viele Fische, Lurche, Schlangen, Vögel, Raubtiere.

Schlingnattern (Coronella), Gatt. zieml. kleiner, ungiftiger Nattern in Eurasien; relativ schlank, mit kleinem, wenig abgesetztem Kopf; umschlingen ergriffene Beutetiere mit ihrem Körper; relativ häufig ist die **Glattnatter** (Coronella austriaca): rd. 75 cm lang, Grundfärbung meist braun bis rotbraun oder bräunlichgrau mit dunkler Strich- und Fleckenzeichnung (Verwechslung mit der Kreuzotter); ernährt sich v. a. von Eidechsen.

Schlingpflanzen ↑Lianen.

Schlitzblume (Spaltblume, Schizanthus), Gatt. der Nachtschattengewächse mit rd. zehn Arten in Chile; einjährige, drüsig-klebrige Kräuter mit meist fiederschnittigen Blättern und roten Blüten (in Rispen) mit zweilippiger Blütenkrone. Eine bekannte Art ist die **Gefiederte Schlitzblume** (Schizanthus pinnatus) mit zierl., gelben Blüten und roter Fleckenzeichnung sowie tiefgeteilten Blütenblättern.

Schlucken, angeborener, nach der Auslösung unwillkürl., durch das oberhalb des Atemzentrums liegende Schluckzentrum gesteuerter Reflexvorgang (**Schluckreflex**). Bei Berührung der Gaumenbögen, des Zungengrundes oder der hinteren Rachenwand durch feste oder flüssige Stoffe kommt es zum reflektor. Verschluß der Luftröhre (mechan. Abdichtung gegen den Nasen-Rachen-Raum und die Mundhöhle), worauf die Nahrung durch die Schlundmuskulatur in die Speiseröhre gepreßt und (nach Kreuzen des Atemwegs und Öffnung des unteren Speiseröhrenschließmuskels) durch die peristalt.-wellenförmigen Kontraktionen der Speiseröhrenmuskulatur in den Magen befördert wird. Durch die Peristaltik der Speiseröhrenringmuskulatur ist S. auch möglich, wenn der Kopf tiefer liegt als der Magen. Das Reflexzentrum (**Schluckzentrum**) im verlängerten Rückenmark wird aufsteigend vom IX. Hirnnerv erregt, absteigend wirkt es über den V., IX., X. und XII. Hirnnerv auf die Muskeln der Mundhöhle, des Rachens, des Kehlkopfs und der Speiseröhre.

Schlund, svw. ↑Pharynx.

Schlundegel (Pharyngobdellodea, Pharyngobdellae), Überfam. der ↑Blutegel mit mehr als 50 meist kleinen Arten im Süßwasser und in feuchter Erde; ohne Rüssel und Kiefer, mit stark verlängertem Schlund; verschlingen kleine Wirbellose (u.a. Mückenlarven).

Schlundganglien, die im Kopfbereich der Ringelwürmer und Gliederfüßer als ↑Oberschlundganglion und ↑Unterschlundganglion ausgebildeten Nervenknoten.

Schlundkopf, vorderer, im Durchmesser und in der Muskelausstattung erweiterter, den ↑Pharynx darstellender Abschnitt des Darmtrakts bei vielen Wirbellosen, z. B. bei Schnecken und beim Regenwurm.

Schlundzähne ↑Zähne.

Schlupfwespen, (Ichneumonoidea) Überfam. der Hautflügler; Fühler stets mehr als 16gliedrig und niemals „gekniet"; Entwicklung parasit. an Insekten und Spinnen.
◆ (Ichneumonidae) weltweit verbreitete Fam. der Überfam. Ichneumonoidea mit rd. 20000 bekannten Arten (in M-Europa rd. 3000 Arten); Körper bis 5 cm lang (ohne den meist langen Legebohrer des ♀, der auf der Unterseite des Hinterleibs entspringt); schlank, überwiegend dunkel, oft jedoch mit gelber Zeichnung; Larven leben als Innen- oder Außenparasiten ausschließl. bei anderen Gliederfüßern, v.a. Schmetterlingsraupen, Blattwespenlarven, aber auch bei anderen Hautflüglern sowie bei Spinnen und deren Eiern. Viele S. sind sehr nützl. als Vertilger land- und forstwirtschaftl. Schadinsekten.

Schlüsselbein (Klavikula, Clavicula), stabförmiger, mehr oder weniger gekrümmter, jederseits zw. Brustbein und Schulterblatt (mit jeweils gelenkiger Verbindung) verlaufender Knochen des Schultergürtels der meisten Wirbeltiere (bei den niederen Wirbeltieren als *Thorakale* bezeichnet); dient als Abstützung des Schulterblatts. Bei schnell laufenden Vierfüßern (z. B. bei Huf- und Raubtieren) ist das S. nur mehr als Rudiment vorhanden oder fehlt völlig. - Beim *Menschen* ist das 12–15 cm lange S. leicht S-förmig gekrümmt; es setzt gelenkig oben seitl. am Brustbein an, verläuft vorn über den Brustbeinansatz der ersten Rippe hinweg in annähernd horizontaler Richtung, den Rabenschnabelfortsatz überbrückend, zum Gelenkansatz des Schulterblatts. Es spreizt das Schultergelenk vom Rumpf ab, so daß die Arme freier bewegt werden können, und kann aus der Normalstellung gehoben oder etwas gesenkt sowie nach vorn oder nach hinten geführt werden.

Schlüsselbeinarterie (Schlüsselbeinschlagader, Subklavia, Arteria subclavia), Schlagader an jeder Körperseite zur Blutversorgung der oberen Extremitäten sowie von Hals und Kopf.

Schlüsselbeinvene (Vena subclavia), starke Vene für das gesamte Blut von Arm und Schulter sowie teilweise für das Blut von der Brustwand.

Schlüsselblume, volkstüml. Bez. für die Frühlingsschlüsselblume (↑Primel).

Schlüsselreiz (Signalreiz, Kennreiz), spezif. Informationsreiz in Gestalt eines Form-, Farb-, Duft- oder Lautmerkmals, der ein bestimmtes, insbes. instinktives Verhalten (↑Instinkt) in Gang setzt (↑auch Auslösemechanismus). Spezieller S.: ↑Auslöser.

Schmalblättrige Lupine (Blaue Lupine), im Mittelmeergebiet heim. ↑Lupine.

Schmalböcke (Schlankböcke, Lepturinae), Unterfam. der Bockkäfer mit zahlr. schlanken, langgestreckten, kleinen bis mittelgroßen Arten; z. B. der 11–19 mm lange **Vierstreifenschmalbock** (Strangalia quadrifasciata; schwarz mit vier gelben oder gelbroten Querbinden auf den Flügeldecken; häufig auf Blüten) und der **Gesäumte Schmalbock** (Strangalia melanura; 6–9 mm lang, Flügeldecken gelbbraun [♂] oder rot [♀], mit schwarzen Innenrändern und dunklen Spitzen; im Sommer auf blühenden Pflanzen an Waldrändern und -wiesen).

Schmalfrucht (Stenocarpus), Gatt. der Proteusgewächse mit rd. 20 Arten in Australien, auf Neuguinea, Neukaledonien und auf den Molukken; Bäume oder Sträucher mit immergrünen, ganzrandigen oder fiederspaltigen Blättern, kleinen Einzelblüten in Schirmdolden und lederartigen, schmalen Früchten. Einige Arten werden kultiviert.

Schmalkäfer, svw. ↑Plattkäfer.

Schmalnasen (Altweltaffen, Catarrhina), rein altweltl. Gruppe der Affen mit zwei Überfam. (↑Hundsaffen und ↑Menschenartige) in Afrika (einschl. Magot auf den Felsen von Gibraltar) und in S-Asien; mit schmaler Nasenscheidewand und dicht beieinander stehenden, nach vorn gerichteten Nasenlöchern; Schwanz nicht als Greiforgan entwickelt.

Schmalschnabelsittiche ↑Keilschwanzsittiche.

Schmalwand (Gänserauke, Arabidopsis), Gatt. der Kreuzblütler mit rd. zehn in Eurasien bis ins arkt. Amerika heim. Arten. In Deutschland an trockenen Hängen, auf Schutt und Brachäckern verbreitet ist die **Akker-Schmalwand** (Arabidopsis thaliana) mit dicht behaarter Blattrosette und kleinen, weißen Blüten; Schoten 10–20 mm lang.

Schmalzblume, volkstüml. Bez. für verschiedene Pflanzenarten, v. a. für gelbblühende Arten wie Sumpfdotterblume, Trollblume, Scharbockskraut und Buschwindröschen.

Schmalzüngler (Engzüngler, Neuschnecken, Stenoglossa, Rhachiglossa), seit der Kreidezeit bekannte Unterordnung fast ausschließl. in Meeren lebender Vorderkiemerschnecken; mit kräftigem, durch einen langen Sipho gekennzeichnetem, spiraligem Gehäuse und meist drei Zähnen pro Radulaquerreihe. Von den rd. 16000 Arten gehören hierher u. a. Kegelschnecken, Purpurschnekken, Olivenschnecken und Reusenschnecken.

Schmarotzer, svw. ↑Parasiten.

Schmarotzerbienen, svw. Kuckucksbienen (↑Bienen).

Schmarotzerblumen, svw. ↑Rafflesiengewächse.

Schmarotzerhummeln (Psithyrus), Gatt. der Bienen mit zehn einheim. Arten, die als Brutschmarotzer bei Hummeln leben; die Arbeiterinnen ziehen die Larven der S. zus. mit der eigenen Brut auf.

Schmarotzerpflanzen, als ↑Parasiten in andere Pflanzen eindringende und ihnen Nährstoffe entziehende Gewächse.

Schmarotzerwespen (Ceropalidae), Fam. der Hautflügler mit vier einheim. Arten, darunter die im sandigen Gelände vorkommende 5–11 mm lange Art *Ceropales maculatus*. Die ♀♀ legen ihre Eier in von Wegwespenweibchen erbeuteten Spinnen ab.

Schmätzer (Saxicolinae), Unterfam. etwa buchfinkengroßer Drosseln; mit rd. 50 Arten, v. a. in offenen oder parkartigen Landschaften Afrikas und Eurasiens; z. T. farbenprächtige Vögel, zu denen u. a. ↑Steinschmätzer, ↑Braunkehlchen und ↑Schwarzkehlchen gezählt werden.

Schmeil, Otto, * Großkugel (Saalkreis) 3. Febr. 1860, † Heidelberg 3. Febr. 1943, dt. Biologe und Pädagoge. - Urspr. Lehrer, ab 1904 Prof. in Heidelberg. S. reformierte den Biologieunterricht, in den er auch morpholog., physiolog. und ökolog. Gesichtspunkte einbezog. Verf. weitverbreiteter Lehrbücher, u. a. „Lehrbuch der Botanik" (2 Bde., 1901/02), „Flora von Deutschland" (1904; mit J. Fitschen).

Schmeißfliegen (Calliphoridae), rd. 1 500 Arten umfassende, weltweit verbreitete Fam. der Zweiflügler (↑Deckelschlüpfer); u. a. mit den metall. blauen, bis 14 mm großen Arten der Gatt. Calliphora *(Brummer, Brummfliegen, Blaue Schmeißfliegen)* und den etwa stubenfliegengroßen, goldgrün glänzenden Arten der Gatt. Lucilia (**Goldfliegen**). S. sind häufig Aasfliegen (z. B. die 8–10 mm lange, schwach glänzende, dunkelblaue bis schwarze **Glanzfliege** [Phormia regina]). Sie finden sich ferner oft an tier. und menschl. Exkrementen sowie an Nahrungsmitteln (v. a. Fleischwaren, Fisch) und übertragen pathogene (v. a. Darmkrankheiten verursachende) Keime. - Abb. S. 82.

Schmelz ↑Zahnschmelz.

Schmelzschupper (Ganoidea, Ganoidei), (veraltete) zusammenfassende Bez. für Flösselhechte, Störe, Löffelstöre und Knochenhechte; Haut ist von Ganoidschuppen oder Knochenplatten bedeckt.

Schmerkraut, svw. ↑Schmerwurz.

Schmerlen (Cobitidae), Fam. etwa 3–30 cm langer Knochenfische mit rd. 200 Arten in fließenden und stehenden Süßgewässern Eurasiens; vorwiegend Bodenfische; Körper teils kurz und gedrungen, teils langgestreckt und walzig, mit kleinen, von der Haut überdeckten Schuppen; Mund unterständig, mit fleischigen Lippen und meist drei Paar Barteln. Zu den S. gehört neben den ↑Steinbeißern die **Gewöhnl. Schmerle** (Bachschmerle, Bartgrundel, Steingrundel, Noemacheilus barbatulus; 10–15 cm lang; oberseits gelblich- bis graubraun mit dunkler Fleckenzeichnung).

Schmerling (Körnchenröhrling, Suillus granulatus), in Kiefernwäldern häufig vorkommender, mittelgroßer, schmackhafter Pilz (Röhrling); mit leuchtend braungelbem, bei nassem Wetter schmierig glänzendem Hut; Röhren zuerst gelb mit weißl. Flüssigkeitstropfen, später olivfarben; Stiel blaßgelb.

Schmerwurz (Schmerkraut, Tamus), Gatt. der Jamswurzelgewächse mit vier Arten auf den Azoren, den Kanar. und Kapverd. Inseln und auf Madeira sowie im Mittelmeergebiet. In Deutschland, in schattigen Wäldern und Gebüschen, wächst die mediterrane **Gemeine Schmerwurz** (Tamus communis); mit großer unterird. Sproßknolle, windendem Stengel, herzförmigen Blättern, grünlichgelben Blüten in blattachselständigen Trauben und scharlachroten, erbsengroßen Beeren.

Schmerwurzgewächse, svw. ↑Jamswurzelgewächse.

Schmerz (Schmerzsinn, Nozizeption, Dolor), durch bestimmte äußere oder innere Reize (S.reize, nozizeptive Reize) ausgelöste unangenehme Empfindung beim Menschen und bei vielen Tieren (bes. höheren Tieren). S. informiert v. a. über Bedrohungen des Organismus, indem er auf gewebsschädigende Reize (Noxen) anspricht und den Organismus so vor Dauerschäden bewahrt. Als **Eingeweideschmerz** *(viszeraler S.)* wird eine S.empfindung bezeichnet, die durch die rasche und/oder starke Dehnung innerer Hohlorgane oder durch starke Kontraktionen (Spasmen) glattmuskeliger Organe, bes. im Zusammenhang mit einer Unterbrechung der Durchblutung, ausgelöst wird. *Somat. S.* geht als **Oberflächenschmerz** von der Haut oder als **Tiefenschmerz** von Muskeln, Knochen oder Gelenken aus. Oberflächen-S. ist einerseits von hellem, „schneidendem" Charakter und gut zu orten, andererseits wird er als dumpf empfungen, ist schlecht zu lokalisieren und dauert länger an. Ähnl. wie dieser sind auch der Tiefen-S. und der Eingeweide-S. dumpf, schlecht lokalisierbar und können in die Umgebung ausstrahlen. Hinzu kommt, daß diese S.qualitäten von starker Unlust und von Krankheitsgefühl begleitet sind und oft vegetative Reaktionen wie Übelkeit und Blutdruckabfall auslösen. - Neurophysiolog. und bes. klin. wichtig ist die Beobachtung, daß die S.empfindung (im Ggs. zu den anderen Sinnesempfindungen) bei Fortbestehen des S.reizes nicht nachläßt, im Gegenteil oft sogar leicht zunimmt (fehlende Adaptation). -

S.punkte nennt man auf S.reize ansprechende Hautstellen. Sie sind der Sitz von *S.rezeptoren (Nozizeptoren)*, wahrscheinl. freien Nervenendigungen. Der erste Oberflächen-S. wird wahrscheinl. von schnell leitenden Nervenfasern, der zweite von marklosen, langsam leitenden Fasern zentralwärts übermittelt. Ebenso wird der Eingeweide-S. dem Zentralnervensystem wahrscheinl. über marklose afferente Fasern zugeleitet. Im Rückenmark verläuft die für die S.empfindung zuständige Bahn (nach Kreuzung auf die Gegenseite) im Vorderseitenstrang in Richtung Thalamus.

🕮 *S. - Eine interdisziplinäre Herausforderung. Hg. v. A. Doenicke. Ffm. 1986. - Der S. u. seine Behandlung. Hg. v. K. Hutschenreuther. Ffm. 1986. - S.diagnostik u. Therapie. Hg. v. G. Sehhati-Chafai. 3 Bde. Bochum 1985–86. - Schmidt, Robert F./Struppler, A.: Der S. Mchn. [2]1983.*

Schmerzschwelle, subjektiv stark schwankende Grenze der Schmerzempfindung, bei deren Überschreitung ein Reiz als Schmerz empfunden wird.

Schmetterlinge (Schuppenflügler, Falter, Lepidoptera), seit der oberen Trias bekannte, heute mit mehr als 150 000 Arten weltweit (v. a. in den Tropen) verbreitete Ordnung etwa 0,3–30 cm spannender Insekten (davon 3 000 Arten in M-Europa); gekennzeichnet durch dachziegelartig überlappende, feine Schuppen auf den beiden Flügelpaaren und durch Umbildung der Mundteile (v. a. der Unterkiefer [Maxillen]) zu einem in Ruhestellung nach unten eingerollten Saugrüssel; Kopf mit einem Paar meist großer Facettenaugen, deren Formenwahrnehmung auf nur einige Meter beschränkt ist, während das Farbunterscheidungsvermögen gut entwickelt ist; zw. den Augen ein Paar unterschiedl. geformter, meist fadenförmiger Fühler als Träger des hochentwickelten Geruchssinns sowie des Tast- und Erschütterungssinnes; am letzten Brust- oder am ersten Hinterleibssegment auf Ultraschall ansprechende Hörorgane (Tympanalorgane), ermöglichen den dämmerungs- oder nachtaktiven Arten ein Ausweichen (plötzliches Sichfallenlassen) vor Ultraschallpeillaute ausstoßenden Fle-

Schmeißfliegen.
Goldfliege (Lucilia caesar)

Schmierling. Kuhmaul

dermäusen; Flügel in der Form sehr verschieden, Vorder- und Hinterflügel meist durch Bindevorrichtungen gekoppelt (synchrones Schlagen); artcharakterist. Zeichnungs- und Farbmuster kommen durch spezif. Anordnung farbiger Flügelschuppen zustande. S. sind z. T. sehr gute Flieger, die als Wanderfalter (der bekannteste ist der Monarch) weite Strecken zurücklegen. - S. sind überwiegend von Nektar, Honig und Obstsäften lebende Säftesauger. Der Saugrüssel ist bei manchen Arten (z. B. bei vielen Spinnern) teilweise oder völlig rückgebildet, so daß die Imagines keine Nahrung mehr aufnehmen können. - Die Metamorphose ist vollkommen. Die ↑ Raupen sind walzen- bis asselförmig, nackt, behaart oder mit Dornen besetzt, oft bunt, meist aber umgebungs- oder tarngefärbt. Die Verpuppung der erwachsenen Raupen erfolgt in einem gesponnenen Kokon. Die Puppenruhe dauert v. a. in trop. Gebieten meist wenige Tage. Beim Schlüpfen sprengt die Imago den Kopf- und Brustabschnitt der Puppenhülle und preßt in die noch schlaffen Flügel Blutflüssigkeit und Luft ein. Dadurch strecken sich die (aus Chitin bestehenden) Flügel und erhärten nach etwa 4 bis 7 Stunden. Erst dann ist der S. flugfähig. Die Überwinterung ist in unterschiedl. Entwicklungsphasen möglich. - Zu den S. gehören u. a. Ritterfalter, Weißlinge, Edelfalter, Bläulinge, Dickkopffalter, Augenspinner, Wickler und Zünsler.

🕮 *Novak, I./Severa, F.: Der Kosmos-S.führer. Dt. Übers. Stg. [3]1985. - Guggisberg, C. A., u. a.: S. und Nachtfalter. Bern u. Stg. [12]1981. - Danesch, O./Dierl, W.: S. Stg. 1965–68. 2 Bde. - Forster, W./Wohlfahrt, T. A.: Die S. Mitteleuropas. Stg. [1-2]1960–81. 5 Bde.*

Schmetterlingsagame (Leiolepis bellina), bis 50 cm lange, oberseits dunkle, rötlichgelb gefleckte Agame in SO-Asien.

Schmetterlingsblütler (Fabaceae, Papilionaceae, Papilionazeen), weltweit verbreitete Pflanzenfam. aus der Ordnung der Hülsenfrüchtler mit rd. 9 000 Arten in annähernd 400 Gatt.; in den Tropen meist holzige, in

Schnabeltier

den außertrop. Gebieten überwiegend krautige Pflanzen mit unpaarig gefiederten Blättern oder vergrößerten Nebenblättern und *Schmetterlingsblüten.* Diese bestehen aus einem fünfblättrigen, verwachsenen Kelch und fünf verschieden gestalteten Blumenblättern. Von diesen wird das größte als *Fahne,* die beiden seitl. als *Flügel* und die beiden vorderen werden als *Schiffchen* bezeichnet. Frucht ist eine in zwei Hälften aufspringende Hülse oder eine in einsamige Teilstücke zerfallende Gliederhülse; Samen mit harter Schale und mächtig entwickelten Keimblättern, die Stärke, Eiweiß und Fett enthalten. - Bekannte S., die als Futterpflanzen und auch zur Gründüngung verwendet werden, sind z. B. Klee, Luzerne, Esparsette, Serradella und Lupine. Nahrungsmittel liefern u. a. Erbse, Linse, Gartenbohne, Sojabohne und Erdnuß. Als Gehölze und Ziersträucher werden u. a. Robinie, Goldregen, Ginster und Glyzinie angepflanzt. Als Heilpflanzen werden u. a. Besenginster, Hauhechel und Bockshornklee verwendet.

Schmetterlingsfische, svw. ↑ Gauklerfische.

◆ (Pantodontidae) Fam. bis 15 cm langer, bräunl. bis gelbl. dunkel gefleckter Knochenfische in den Flüssen des trop. W-Afrika; mit dem *Schmetterlingsfisch* (Pantodon buchholzi) als einziger Art; Brustflossen flügelartig vergrößert, kann bis zu 2 m weite Sprünge über der Wasseroberfläche ausführen; Warmwasseraquarienfisch.

Schmetterlingshafte (Ascalaphidae), Fam. der Netzflügler (Unterordnung Hafte) mit rd. 300 Arten, v. a. in trop. und subtrop. Gebieten; mit sehr langen, am Ende keulenförmig verdickten Fühlern und z. T. schmetterlingsähnl. bunten Flügeln von 3–11 cm Spannweite. Die einzige einheim. Gatt. ist *Ascalaphus* mit drei nur in warmen Gebieten Süddeutschlands verbreiteten Arten. Die schönste Art ist Ascalaphus macaronius mit 5 cm Flügelspannweite.

Schmetterlingsmücken (Mottenmükken, Psychodidae), Fam. 1–4 mm langer Zweiflügler mit rd. 450 weltweit verbreiteten Arten; der stark behaarte Körper und die ebenfalls stark behaarten, in Ruhe dachartig über dem Körper getragenen Flügel lassen die Tiere motten- bzw. schmetterlingsähnl. erscheinen; laufen flink, sind jedoch ungeschickte Flieger. - Die blutsaugenden ♀♀ von Arten der Gatt. ↑ Phlebotomus sind gefährl. Krankheitsüberträger. - Die Larven der S. entwikkeln sich meist im Wasser.

Schmetterlingsporling (Schmetterlingstramete, Bunter Lederporling, Trametes versicolor), ganzjährig bes. auf alten Laubholzstümpfen in dachziegelartigen Reihen wachsender dünnfleischiger Pilz (Porling); von etwa 6 cm Durchmesser; samtfilzig, lederartig, in konzentr. Zonen hellgrau, graublau und dunkelbraun gefärbt; Poren weißl., fein.

Schmetterlingsstrauch (Falterblume, Fliederspeer, Sommerflieder, Buddleja), Gatt. der *Buddlejaceae* mit über 100 Arten in den Tropen und Subtropen; Sträucher mit großen, meist behaarten Blättern und röhrenförmigen Einzelblüten in meist großen, lebhaft gefärbten Blütenständen. Einige Arten sind als Gartenziersträucher in Kultur.

Schmidt, Wilhelm, * Bonn 21. Febr. 1884, † Langen 14. Febr. 1974, dt. Zoologe. - Prof. in Bonn und Gießen; grundlegende Untersuchungen tier. Zellen und Gewebe mit polarisationsopt. Methoden.

Schmiele (Schmeile, Schmele, Deschampsia), Gatt. der Süßgräser mit rd. 50 Arten in den gemäßigten Gebieten der N-Halbkugel; ausdauernde Gräser mit schlankem Stengel und lockerer Rispe mit meist zweiblütigen, kleinen Ährchen. In trockenen Kiefernwäldern und auf Heidewiesen wächst die bis 1 m hohe **Drahtschmiele** (Flitter-S., Wald-S., Deschampsia flexuosa); mit fast blattlosen, zierl. Halmen; die braunroten oder silbrigen Ährchen sind an geschlängelten, haarfeinen Ästen in lockerer Rispe. Auf Wiesen und Flachmooren kommt die **Rasenschmiele** (Gold-S., Deschampsia caespitosa) vor; mit gerillten, rauhen Blättern und violett gefärbten, am Rand gelbl. Ährenrispen; dichte Horste bildend. Beide Arten sind lästige Grünlandunkräuter.

Schmielenhafer (Nelkenhafer, Zwergschmiele, Aira), Gatt. der Süßgräser mit rd. zehn Arten, v. a. im Mittelmeergebiet; zierl. einjährige Gräser mit schmalen Blättern und lockerer Rispe; mit haarförmigen Ästen und zweiblütigen, begrannten Ährchen; z. T. Ziergräser.

Schmierläuse (Wolläuse, Pseudococcidae), Fam. der Schildläuse mit über 1 000 Arten (davon über 50 in M-Europa); 3–6 mm lang, meist mit mehligem oder fädigem Wachs bedeckt; ♀♀ oval, asselähnl., zeitlebens frei bewegl.; Fortpflanzung durch Jungfernzeugung; Eier in einem fädigen Säckchen am Körperende. - Unter den S. finden sich zahlr.

Pflanzenschädlinge, z. B. die **Gewächshausschmierlaus** (Planococcus citri).

Schmierling (Gelbfuß, Gomphidius), Gatt. der Blätterpilze mit dicken, den Stiel herablaufenden Lamellen, schwarzbraunen Sporen und dickem, schleimigem Schleierrest, der sich leicht abziehen läßt. Bekannte Speisepilze sind das **Kuhmaul** (Großer S., Gomphidius glutinosus; mit braun- bis grauviolettem Hut und zitronengelber Stielbasis) und der etwas kleinere, braunrote **Kupferrote Schmierling** (Gomphidius viscidus; mit weinrot anlaufendem Fleisch); beide Arten in Nadelwäldern. - Abb. S. 82.

Schminkwurz, (Färberkraut, Alkanna tinctoria) im Mittelmeergebiet heim. Alkannaart; Halbrosettenstrauch mit 10–20 cm langen, aufsteigenden, dicht grauhaarigen Sprossen und kleinen, blauen Blüten in dichten Wickeln. Die Wurzel liefert Alkannarot.
◆ volkstüml. Bez. für Schöllkraut, Ackersteinsame und Weißwurz.

Schmirgel, volkstüml. Bez. für verschiedene saftige Pflanzen, u. a. Sumpfdotterblume und Scharbockskraut.

Schmuckfliegen (Otitidae), Fam. kleiner bis mittelgroßer Zweiflügler mit z. T. schwarz, braun oder gelb gemusterten Flügeln; rd. 500 Arten (in M-Europa rd. 50), meist auf Wiesen, in Buschwerk und Röhricht.

Schmuckjochalge (Cosmarium), Gatt. der Zieralgen mit rd. 800 Arten; einzellige und einkernige, grüne Süßwasseralgen mit rundl. bis scheibenförmigem, in der Mitte eingeschnürtem Thallus und je einem großen, zentralen Chloroplasten in jeder Hälfte.

Schmuckkörbchen (Kosmee, Cosmos, Cosmea), Gatt. der Korbblütler mit rd. 30 Arten v. a. in Mexiko; Stauden mit Wurzelknollen oder einjährige Kräuter; mit oft fein zerschlitzten Blättern und langgestielten Blütenköpfchen mit halbkugeligem Hüllkelch und randständigen großen, an der Spitze oft gezähnten Strahlenblüten. Einige Arten sind beliebte Sommergartenblumen und Schnittblumen, u. a. das *Doppeltgefiederte Schmuckkörbchen* (Cosmos bipinnatus): bis 1,2 m hohe Pflanze mit tiefrosaroten Strahlenblüten und gelborangefarbenen, kleinen Scheibenblüten; auch weiß- oder lilablühende Sorten.

Schmucklilie (Liebesblume, Agapanthus), Gatt. der Liliengewächse mit rd. zehn Arten in Südafrika; Pflanzen mit kurzem, kriechendem Rhizom, breit-linealförmigen, ledrigen, grundständigen Blättern und zahlr. trichterförmigen, blauen Blüten in endständigen Dolden auf langem Schaft. Einige Arten werden als Kübelpflanzen kultiviert.

Schmucksalmler (Hyphessobrycon ornatus), bis 4 cm langer Salmler im unteren Amazonasbecken; grünl. mit rosafarbener bis roter Tönung; Flossen größtenteils rot, Rükkenflosse mit schwarzem Fleck, beim ♂ wimpelartig; Warmwasseraquarienfisch.

Schmuckschildkröten (Pseudemys), Gatt. der Sumpfschildkröten mit 8 Arten und zahlr. Unterarten, verbreitet in ganz Amerika (einschließl. Antillen); Panzer etwa 20–40 cm lang; der Panzer wie auch die Weichteile meist kontrastreich, oft leuchtend bunt gezeichnet, bes. bei Jungtieren. Diese kommen (wenige Zentimeter groß) in riesigen Mengen in den Handel.

Schmucksittich ↑Grassittiche.

Schmuckvögel (Kotingas, Cotingidae), Fam. kleiner bis krähengroßer, träger, vorwiegend Früchte und Insekten fressender Sperlingsvögel (Unterordnung Schreivögel) mit über 90 Arten, in den Wäldern Mexikos bis N-Argentiniens; ♂♂ oft sehr bunt, mit Schmuckfedern oder fleischigen, bei der Balz anschwellenden Kopfanhängen.

Schnabel (Rostrum), Bez. für die bes. ausgebildeten, mit Hornscheiden bewehrten Kiefer bei verschiedenen Wirbeltieren, v. a. den Vögeln, als Ersatz für entwicklungsgeschichtl. nicht mehr vorhandene Zähne. Bei den Vögeln dient der S. hauptsächl. als Greifwerkzeug zur Aufnahme bzw. zum Abreißen, Abschneiden der Nahrung (bei Greifvögeln), außerdem zum Nestbau, bei den Spechten als Meißel; für Papageien ist der gekrümmte S. eine wichtige Kletterhilfe. Bei verschiedenen Vögeln ist der S. gefärbt, auch bes. verziert oder seltsam geformt bzw. übermäßig groß (z. B. bei Tukanen, Nashornvögeln). Das (bes. leichte) knöcherne Skelett des Vogel-S. wird im *Ober-S.* (Oberkiefer) von den Ober- und Zwischenkieferknochen und den Nasenbeinen gebildet, das des *Unter-S.* (Unterkiefer) von den Unterkieferknochen. An der *Hornscheide (Rhamphothexa)* des Ober-S., der die beiden Nasenlöcher trägt, unterscheidet man den von den Oberschnabelseiten (Paranotum) abgesetzten *S.rücken (S.firste, Culmen)*, den gekrümmten Vorderteil *(S.kuppel)* und die oft (z. B. bei Greifvögeln) scharfe und jederseits mit einem oder zwei zahnartigen Vorsprüngen versehene oder auch (bes. bei Sägern) gezähnelte *S.kante (Tomium).* Am Ober-S. schlüpfreifer Tiere kann noch eine ↑Eischwiele ausgebildet sein. Am Unter-S. werden die Spitze als *Dille (Myxa)* und die S.kante als *Dillenkante (Gonys)* bezeichnet. Bei vielen Vögeln (z. B. Papageien, Greifvögeln, Tauben) ist die Oberschnabelwurzel von einer weichen, meist gelbl. oder auch lebhaft gefärbten Haut, der *Wachshaut* (Cera, Ceroma), bedeckt. Die Substanz der Hornscheiden wächst ständig nach, so daß die abgenutzten Stellen laufend ersetzt werden. Ein jährl. Abwerfen der Hornscheiden kommt bei den Rauhfußhühnern vor. Außer bei den Vögeln finden sich S.bildungen in Form von Hornscheiden an Ober- und Unterkiefer u. a. bei Schildkröten, ferner beim S.tier und Ameisenigel.

Schnabelbinse, svw. ↑Schnabelried.

Schnabelfliegen (Schnabelhafte, Mecoptera), rd. 300 Arten umfassende, weltweit verbreitete Ordnung 2,5–40 mm langer Insekten (davon neun Arten in M-Europa); mit senkrechtem, schnabelartig verlängertem Kopf und kauenden Mundwerkzeugen am Ende des „Schnabels". - S. leben (ebenso wie die raupenähnl. Larven) von toten Gliedertieren und pflanzl. Substanzen. - Die einheim. Arten gehören den Fam. Skorpionsfliegen, Mückenhafte und Winterhafte an.

Schnabeligel, svw. ↑Ameisenigel.

Schnabelkerfe (Halbflügler, Rhynchota), Überordnung der Insekten mit den beiden Ordnungen ↑Wanzen und ↑Gleichflügler; mit unvollständiger Verwandlung und mit in einem „Schnabel" vereinigten stechend-saugenden Mundwerkzeugen.

Schnabelried (Schnabelbinse, Schnabelsimse, Rhynchospora), Gatt. der Riedgräser mit rd. 250 Arten, v.a. in den Tropen und Subtropen; meist Ausläufer bildende Stauden mit wenigblütigen, büschelig gehäuften Ährchen in Spirren (↑Blütenstand); Blüten zwittrig; Früchte geschnäbelt. Die beiden europ. Arten, das **Weiße Schnabelried** (Rhynchospora alba; weiße Ährchen; nur kurze Ausläufer) und das **Braune Schnabelried** (Rhynchospora fusca; gelbbraune Ährchen; verlängerte, unterird. Ausläufer), kommen selten in Mooren und an ähnl. Standorten vor.

Schnabelsimse, svw. ↑Schnabelried.

Schnabeltier (Ornithorhynchus anatinus), bis etwa 45 cm langes (einschl. des dorsoventral abgeplatteten Schwanzes rd. 60 cm messendes) Kloakentier, v.a. an Ufern stehender und fließender Süßgewässer O-Australiens und Tasmaniens; Fell kurz und sehr dicht, dunkelbraun; Füße mit Schwimmhäuten; die Fersen des ♂ haben je einen Dorn, in den eine Giftdrüse mündet (Gift für den Menschen nicht tödl.); mit breitem, zahnlosem Hornschnabel. - Das S. ernährt sich von im Wasser lebenden Würmern, Schnecken, Muscheln, Krebsen. Es bewohnt selbstgegrabene Höhlen an Gewässerrändern. S. schwimmen und tauchen sehr gewandt. In einer bes. Bruthöhle legt das ♀ meist 2 knapp 2 cm große Eier ab, die 7–10 Tage bebrütet werden. - Abb. S. 83.

Schnabelwale (Spitzschnauzendelphine, Ziphiidae), Fam. der Zahnwale mit rd. 15 etwa 4,5 bis knapp 13 m langen Arten; Schnauze schnabelartig verlängert; Zähne weitgehend rückgebildet; ernähren sich überwiegend von Tintenfischen; Brustflossen kurz, Rückenfinne zieml. klein, dreieckig. - Zu den S. gehören u.a. ↑Entenwale und ↑Schwarzwale.

Schnaken (Erdschnaken, Schnauzenmücken, Tipulidae), mit rd. 12 000 Arten weltweit verbreitete Fam. schlanker, mittelgroßer bis großer ↑Mücken; Kopf schnauzenförmig verlängert; Fühler und Beine lang und dünn; Flügel schmal, bis 10 cm spannend. - S. ernähren sich von „äußerl." Pflanzensäften (z.B. von freiliegendem Nektar), können aber nicht stechen oder Blut saugen. (Regional unterschiedl. werden Stechmücken auch „S." genannt.) Die grauen oder graubraunen Larven leben meist im Boden. S. können an Kulturpflanzen schädl. werden, z.B. die bis 2,5 cm lange **Kohlschnake** (Tipula oleracea), mit hellgelben Streifen am Vorderrand der Flügel. Zu den S. gehören auch die 1–3 cm langen Arten der Gatt. **Kammücken** (Kamm-S., Ctenophora); meist glänzend schwarzrot oder schwarzgelb; Fühler der ♂♂ kammförmig.

Schnäpel [niederdt.] (Blaunase), bis 50 cm langer Lachsfisch (Gatt. ↑Felchen).

Schnapper (Lutianidae), Fam. schwarmbildender Barschfische mit rd. 250 kleinen bis mittelgroßen Arten, v.a. an Korallenriffen und in flachen Küstengewässern trop. Meere; Körper barschähnl., mit großer Mundöffnung; häufig (auf silberweißer Grundfärbung) rot bis gelb gezeichnet; Speisefische.

Schnappschildkröten (Chelydridae), Fam. bis 75 cm panzerlanger Schildkröten (Unterordnung ↑Halsberger) mit zwei Arten, v.a. in Süßgewässern S-Kanadas bis Ecuadors; meist auf Gewässerböden umherlaufende Tiere, die sich vorwiegend tier. ernähren; Bauchpanzer reduziert, Rückenpanzer höckerig; Schwanz fast panzerlang; Kopf relativ groß, mit scharfschneidigen Kiefern; neben der ↑Alligatorschildkröte die **Gewöhnl. Schnappschildkröte** (Chelydra serpentina): Rückenpanzer schwarz bis hellbraun, 20–30 cm lang; Gewicht gewöhnl. bis rd. 15 kg; wird häufig zu Schildkrötensuppe verarbeitet.

Schnapskopf (Lophophora), Kakteengatt. mit zwei oder drei Arten in Mexiko und Texas; weichfleischige, graugrüne Kugelkakteen mit wenigen Rippen, pinselartigen Haarbüscheln ohne Dornen an den ↑Areolen und dicker Rübenwurzel; Blüten klein, blaßrosa *(Lophophora williamsii)* oder gelbl. *(Lophophora lewinii)*. Erstere Art liefert Peyotl (Mescal-buttons; meskalinhaltige, als Halluzinogen verwendete getrocknete Stammteile).

Schnarrheuschrecke (Rotflügelige Schnarrschrecke, Psophus stridulus), 20–34 mm lange ↑Feldheuschrecke, v.a. auf sonnigen, trockenen Hängen und Wiesen großer Teile Eurasiens; Körper und Vorderflügel hell- bis dunkelbraun oder schwarz, Hinterflügel lebhaft rot mit dunkelbraunem Saum; fliegt mit lautem Schnarrgeräusch.

Schnatterente ↑Enten.

Schnauze, die vorspringende Mund-Nase-Partie bei Tieren, z.B. beim Hund.

Schnauzer (Mittel-S., Rauhhaarpinscher), Rasse kräftiger, 40–50 cm schulterhoher Haushunde mit gedrungenem, quadrat. Rumpf; Kopf langgestreckt, mit dichten Brauen und kennzeichnendem kräftigem Schnauzbart; Stehohren und Rute kupiert;

Haar drahtig, rauh, schwarz oder grau (in „Pfeffer-und-Salz“); lebhafte, kluge, als Wach- und Begleithund geeignete Tiere; hervorragende Ratten- und Mäusefänger. Der **Zwergschnauzer** ist mit 30–35 cm Schulterhöhe ohne jegl. körperl. Verbildung das verkleinerte Abbild des Schnauzers. - ↑auch Riesenschnauzer.

Schnecke ↑Schnecken.
◆ (Cochlea) ↑Gehörorgan.

Schnecken [zu althochdt. snecko, eigtl. „Kriechtier“] (Gastropoda), seit dem Kambrium bekannte, heute mit über 45 000 Arten in Meeren, Süßgewässern und auf dem Land weltweit verbreitete Klasse 1 mm bis 60 cm langer Weichtiere; sehr formenreiche Tiere, deren Körper vielfach gegliedert ist in einen mehr oder weniger abgesetzten *Kopf* (mit Augen, Tentakeln und Mundöffnung; letztere meist mit Radula), einen *Fuß* (mit einer der Fortbewegung dienenden Kriechsohle) und in eine *Hautduplikatur* (Mantel) an der Rükkenseite des Fußes, die den Eingeweidesack umhüllt und nach außen eine mehrschichtige Kalkschale (aus Konchiolin und Aragonit) abscheidet. Die Kalkschale kann teilweise oder völlig reduziert sein (z. B. bei Nacktschnecken). Bei starkem Längenwachstum des Eingeweidesacks kommt es zur spiraligen Einrollung und damit zur Bildung eines aufgetürmt-eingerollten Gehäuses (z. B. Weinbergschnecke, Turmschnecken). Primitive S. weisen zudem einen Schalendeckel *(Operculum)* am Fußrücken auf, der (bei zurückgezogenem Weichkörper) dem Verschließen des Gehäuses dient. Zw. Mantel und Körper bildet sich ein Hohlraum *(Mantelhöhle, Mantelraum)* aus, in dem Atmungsorgane (Kiemen, „Lungen“) und Ausführgänge für Darm, Nieren und Geschlechtsorgane liegen. Während der individuellen Entwicklung vieler S. dreht sich der Mantel-Eingeweide-Komplex um fast 180° (Torsion), so daß bei den Lungenschnecken und den urspr. Vorderkiemern ein kopfwärts gelegener Mantelraum entsteht. Dabei kommt es zur Überkreuzung der Längsnervenstränge. Durch stufenweise Rückdrehung (Detorsion) und Abflachung des Mantel-Eingeweide-Komplexes entstehen die ↑Hinterkiemer. - S. sind Zwitter mit komplizierten Geschlechtsorganen. - Viele landbewohnende Arten werden schädl. an Kulturpflanzen, andere in Süßgewässern lebende S. sind Zwischenwirte für viele Eingeweidewürmer (bes. Bandwürmer und Leberegel) der Wirbeltiere.

Geschichte: Nach der griech. Sage bliesen Wind- und Meergötter, Helden und Kentau-

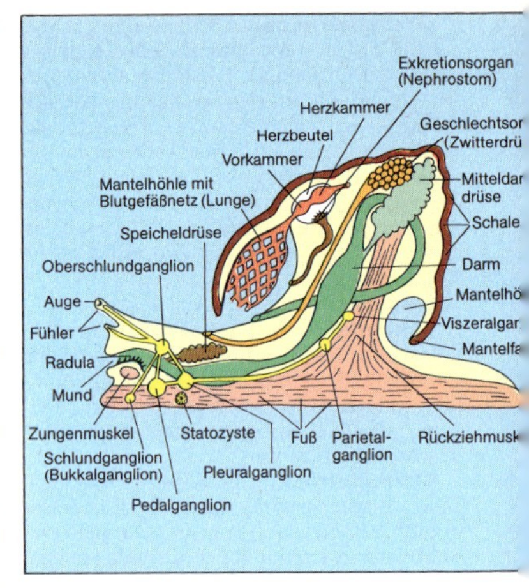

Schnecken. Lungenschnecke (Längsschnitt)

Schnirkelschnecken. Gartenbänderschnecke

Zwergschnauzer

ren auf großen Tritonshörnern, die noch heute in buddhist. Klöstern als Musikinstrumente dienen. In der Antike waren die Purpur-S. für die Farbstoffherstellung von größter wirtsch. Bed. In Teilen Asiens und Afrikas dienten die Kauri-S. als Zahlungsmittel. - S. als Nahrungsmittel waren bereits in der röm. Küche bekannt. Im MA schätzte man v.a. die in Klöstern gezüchteten Weinberg-S. als Fastenspeise. Neben verschiedenen Meeres-S. werden im Mittelmeerraum und an der frz. Atlantikküste bes. die Strand-S. gegessen. - In der *Volksmedizin* wurde S.fleisch bei Wassersucht, Leber- und Milzkrankheiten, bei Lungenleiden und gegen Auswurf empfohlen. Blutende Wunden oder nässende Ausschläge wurden mit dem Pulver zerstoßener S.gehäuse bestreut, während man Warzen mit dem Schleim lebender S. behandelte.

📖 *Kerney, M., u.a.: Die Land-S. Nordeuropas u. Mitteleuropas. Hamb. 1982. - Lindner, G.: Muscheln u. S. der Weltmeere. Mchn. [2]1982.*

Schneckenfliegen, svw. ↑Hornfliegen.

Schneckengang ↑Gehörorgan.

Schneckenklee (Medicago), Gatt. der Schmetterlingsblütler mit rd. 100 Arten in Europa, N- und S-Afrika, Vorder- und Zentralasien; ausdauernde und einjährige Kräuter, selten Halbsträucher oder Sträucher, mit dreizähligen Blättern und überwiegend gelben, aber auch violetten oder bunten Blüten in blattachselständigen, kurzen, oft kopf- oder doldenförmigen Trauben; Früchte meist geschlossen bleibende, spiralig eingerollte oder sichelförmige Hülsen. Einheim. Arten sind: **Hopfenklee** (Gelbklee, Medicago lupulina), 7–60 cm hoch, kleine, hellgelbe Blüten in langgestielten, achselständigen Trauben, Fruchthülsen nierenförmig, schwarz; **Luzerne** (Blaue Luzerne, Ewiger Klee, Medicago sativa); bis 80 cm hohe, dürre- und winterfeste Staude mit tiefer, verzweigter Pfahlwurzel und blauen bis violetten Blüten in dichten, kurzen Trauben; wichtige Futter- und Gründüngungspflanze mit hohem Eiweißgehalt; **Sichelklee** (Gelbe Luzerne, Medicago falcata), 20–60 cm hoch, gelbe Blüten in großer, kopfförmiger Traube, Hülsen sichelförmig.

Schneckennattern (Dipsadinae), Unterfam. der Nattern mit rd. 50 Arten im trop. Amerika und in SO-Asien; Kopf dick, mit großen Augen, stark abgesetzt von dem sehr schlanken Hals; Körperlänge 40–80 cm; auf Gehäuseschnecken spezialisiert; im Ggs. zu allen anderen Schlangen ist der rechte Lungenflügel anstelle des linken rückgebildet.

Schneckling (Hygrophorus), artenreiche Gatt. der Lamellenpilze. Der Stiel und oft auch der Hut sind schleimig-schmierig, die Stielbasis mehlig oder schuppig. Die dicken, wachsartigen und entfernt voneinander stehenden Lamellen laufen den Stiel herab. - Bekannte Vertreter sind der **Elfenbeinschneckling** (Hygrophorus eburneus; mit zunächst reinweißem, später chromgelbem Hut; im Sommer gruppenweise in Laub- und Nadelwäldern) und der **Frostschneckling** (Hygrophorus hypothejus; ebenfalls in größeren Gruppen; v.a. in Kiefernwäldern; von Frostbeginn bis Dez.; Hut olivbraun, Lamellen weiß, Stiel hell gelbbraun); wohlschmeckende Speisepilze.

Schneealgen, Bez. für einige in den Alpen und den Polargebieten auf Altschnee lebende, kälteliebende Blau-, Grün- und Kieselalgen. Durch Massenvermehrung kommt es im Sommer zu charakterist. Schneeverfärbungen (Blutschnee).

Schneeammer (Plectrophenax nivalis), bis über 15 cm lange, im ♂ Geschlecht vorwiegend weiße Ammer in felsigen Tundren und an Meeresküsten N-Eurasiens und des nördl. N-Amerika; mit schwarzen Handschwingen und schwarzen mittleren Schwanzfedern sowie schwärzl. geflecktem Rücken; ♀ graubräunl.; Nest napfförmig, in Felsspalten, un-

Echtes Schneeglöckchen

Schneeziege

ter Felsbrocken oder (in menschl. Siedlungen) in künstl. Höhlungen (z. B. Dächer, Nistkästen); Teilzieher; Irrgast in M-Europa.

Schneeball (Viburnum), Gatt. der Geißblattgewächse mit rd. 120 Arten in den gemäßigten Gebieten der Nordhalbkugel, sommer- oder immergrüne Sträucher, selten kleine Bäume, mit gegenständigen Blättern; Blüten mit oder ohne sterile, auffällige Randblüten, weiß oder rosafarben, in Doldentrauben oder in Rispen angeordnet; Blütenkrone radförmig, 5spaltig; trockene oder saftige Steinfrucht. Einheim. Arten sind der **Wollige Schneeball** (Viburnum lantana, 60–80 cm hoch, mit lanzettförmigen Blättern und bräunl., innen braun oder violett geäderten Blüten in Trauben) und der an Flußufern und in feuchtem Gebüsch an Waldrändern wachsende **Gemeine Schneeball** (Drosselbeere, Gichtbeere, Viburnum opulus; mit rundl., 3- bis 5lappigen Blättern und rahmweißen Blüten in 8–10 cm breiten, flachen Trugdolden); als Ziersträucher kultiviert.

Schneebeere (Sankt-Peters-Strauch, Symphoricarpos), Gatt. der Geißblattgewächse mit 15 Arten, v. a. in N-Amerika; niedrige, sommergrüne Sträucher mit gegenständigen, ganzrandigen oder gelappten Blättern; Blüten klein, mit glockiger oder trichterförmiger Krone, in end- oder achselständigen, kurzen Ähren oder Trauben; Früchte beerenartige, zweisamige Steinfrüchte. Einige Arten und Hybriden werden oft als Zierstäucher kultiviert, v. a. die **Gemeine Schneebeere** (Symphoricarpos rivularis; rosafarbene bis weiße Blüten; zahlr., 8–12 mm dicke, schneeweiße Früchte; „Knallbeeren"), die **Korallenbeere** (Symphoricarpos orbiculatus; gelblichweiße, rosa überlaufene Blüten; 4–6 mm dicke, purpurrote Früchte) und die **Bastardschneebeere** (Bastard aus Symphoricarpos microphyllus und Symphoricarpos orbiculatus; rosafarbene Blüten; kugelige, teils rote, teils weiße und rot gepunktete Früchte).

Schneebirne (Lederbirne, Pyrus nivalis), Art der Gatt. Birnbaum an Wald- und Straßenrändern und in Hecken in O-Europa; mittelhoher Baum mit anfangs filzig behaarten Zweigen, ellipt., nur an der Spitze gezähnten Blättern und kleinen, birnenförmigen oder kugeligen, gelben oder rötl. Scheinfrüchten, die erst nach den ersten Frösten eßbar sind; Zierbaum.

Schnee-Enzian ↑Enzian.

Schnee-Eule ↑Eulenvögel.

Schneeflockenbaum (Schneeflockenstrauch, Schneeblume, Chionanthus virginicus), Ölbaumgewächs im sö. N-Amerika; Strauch oder Baum mit gegenständigen, ganzrandigen Blättern und vierzähligen, weißen Blüten in lockeren, bis 20 cm langen, überhängenden Rispen; Steinfrüchte einsamig, eiförmig, dunkelblau; winterharter, leicht zu kultivierender Zierstrauch.

Schneefloh (Gletschergast, Isotoma nivalis), schwärzliches Urinsekt (Unterklasse Springschwänze), das in Lebensweise, Verbreitung und Biotop dem Gletscherfloh stark ähnelt.

Schneegans, svw. Große S. (↑Gänse).

Schneegemse, svw. ↑Schneeziege.

Schneeglöckchen, (Galanthus) Gatt. der Amaryllisgewächse mit 10 schwer zu unterscheidenden Arten in Europa und W-Asien; zwiebelbildende Stauden mit wenigen lineal- oder lanzettförmigen Blättern; Blüten meist einzeln, nickend, mit äußerer Blütenhülle aus 3 längl.-eirunden Blütenblättern. Das geschützte, wild nur noch vereinzelt in Laubmisch- und Auenwäldern vorkommende, formenreiche **Echte Schneeglöckchen** (Schneetröpfchen, Märzglöckchen, Galanthus nivalis) mit einblütigen Stengeln und grün gefleckten inneren Blütenblättern wird in vielen Sorten in Gärten und Parks kultiviert. - Abb. S. 87.

◆ volkstüml. Bez. für verschiedene, meist zu Beginn des Frühjahrs blühende Pflanzen, z. B. Frühlingsknotenblume und Alpenglöckchen.

Schneeglöckchenbaum (Halesia), Gatt. der Styraxbaumgewächse mit nur wenigen Arten, verbreitet in N-Amerika und China; sommergrüne Bäume oder Sträucher mit wechselständigen, ungeteilten Blättern und weißen Blüten in Büscheln am vorjährigen Holz; Steinfrüchte.

Schneehase ↑Hasen.

Schneeheide ↑Glockenheide.

Schneehühner (Lagopus), Gatt. rebhuhnähnl., jedoch größerer (bis 40 cm langer) Rauhfußhühner mit nur 3 Arten, v. a. in Hochgebirgen, Mooren und Tundren N-Amerikas und Eurasiens; vorwiegend Bodenvögel, deren Gefieder (mit Ausnahme der häufig weißen Flügel) im Sommer zumindest oberseits erdfarben braun bis grau gefärbt ist, dagegen im Winter meist völlig weiße Färbung hat (Tarnfärbung). S. legen im Winter oft lange Gänge unter dem Schnee an, um an ihre Nahrungsquellen (Zweigspitzen und Knospen von Sträuchern) zu gelangen. Zu den S. gehören u. a. Alpenschneehuhn und Moorschneehuhn.

Schneeleopard (Irbis, Uncia uncia), Großkatze in den Hochgebirgen des südl. Z-Asien; Körperlänge 1,2–1,5 m, Schulterhöhe etwa 60 cm, Schwanz etwa 90 cm lang, buschig behaart; Fell sehr dicht und lang, fahl gelblichgrau, mit leopardenähnl. schwärzl. Fleckenzeichnung; Kopf auffallend klein und rund; Pfoten groß, mit starker Behaarung; größtenteils tagaktiv, überwiegend einzelnlebend. Die Bestände sind bedroht.

Schneemensch (Yeti, Kangmi), angebl. affenähnl. Großsäugetier in den Hochgebirgsregionen Z-Asiens (Himalaja, Pamir), für dessen umstrittene Existenz Fußspuren, Exkremente und Haare (angebl. sogar Begegnungen) zeugen sollen; wiss. Expeditionen aus jüngster Zeit konnten keine Bestätigung seiner Existenz erbringen, Photographien wurden z. T. als Fälschungen entlarvt.

Schneerose, svw. ↑Christrose.

Schneewürmer, volkstüml. Bez. für Larven der Weichkäfer, die nach der Überwinterung oft schon beim ersten Tauwetter in großer Anzahl auf Schneestellen anzutreffen sind.

Schneeziege (Schneegemse, Oreamnos americanus), ziegenähnlich aussehende, der Gemse nächstverwandte Art der Ziegenartigen in Hochgebirgen des nw. N-Amerika; Körperlänge 150–175 cm; Schulterhöhe rd. 1 m; mit schwarzen, leicht nach hinten gebogenen, bis etwa 25 cm langen Hörnern; Fell rein weiß, dicht, teilweise mähnenartig verlängert; nicht sehr flinker, aber ungewöhnl. sicherer Kletterer, fast stets oberhalb der Baumgrenze. - Abb. S. 87.

Schnegel, svw. ↑Egelschnecken.

Schneider, (Alandblecke, Breitblecke, Alburnoides bipunctatus) bis 15 cm langer, schwarmbildender Karpfenfisch in klaren, schnellfließenden Süßgewässern W-Europas bis W-Asiens; Rücken bräunlichgrün, Seiten heller, mit dunklem Längsband, Brust- und Bauchflossen gelbl. (während der Fortpflanzungszeit mit orangefarbener Basis); als Köderfisch verwendet.

◆ (Echte Weberknechte, Phalangiidae) Fam. sehr langbeiniger Spinnentiere (Ordnung Weberknechte) mit zahlr., v. a. auf der Nordhalbkugel verbreiteten Arten (davon rd. 25 einheim. Arten); Beine, die fast immer wenigstens 5- bis 7mal so lang wie der Körper sind, können leicht abgeworfen werden.

Schneidermuskel (Sartorius, Musculus sartorius), von einer Faszienscheide umhüllter, schwacher, schmaler, langer Oberschenkelmuskel (längster Muskel des Menschen), der vom vorderen oberen Darmbeinstachel des Darmbeinkamms schräg über die Vorderfläche des Oberschenkels und an der Innenseite des Knies entlang zum Schienbein zieht, an dem er von hinten her ansetzt; er beugt (zus. mit anderen Muskeln) das Bein im Hüft- und im Kniegelenk und rollt den Unterschenkel einwärts. Der S. kann beim Menschen völlig fehlen oder verdoppelt sein.

Schneidervögel, Bez. für zwei Gatt. (*Orthotomus* und *Phyllergates*) der Grasmükken mit 7 Arten, v. a. in Gärten, Obstplantagen, Rohrdickichten und Wäldern S- und SO-Eurasiens; oberseits vorwiegend grünl., unterseits hellere Singvögel. S. können große Blätter mit Pflanzenfasern tütenförmig zusammennähen, um dort ihr oben offenes Nest einzubauen.

Schneidezähne ↑Zähne.

Schnellkäfer (Elateridae), mit rd. 8 500 Arten (davon mehr als 100 in Deutschland) weltweit verbreitete Käferfam.; Körper flach, langgestreckt, 2–70 mm lang; können mit einer bes. Apparatur (in eine Höhlung der Mittelbrust einrastender Dorn der Vorderbrust) aus der Rückenlage emporschnellen; einige amerikan. Arten mit Leuchtorganen an der Vorderbrust (Leuchtschnellkäfer); Larven sehr lang, kurzbeinig und mit hartem Chitinpanzer (Drahtwürmer), leben von zerfallenden pflanzl. Stoffen im Boden oder Holzmulm, z. T. auch räuber. (indem die Larven anderen Insektenlarven nachstellen). Bekannt ist der 6–8 mm lange, schwarzbraune, dicht grau behaarte **Salatschnellkäfer** (Agriotes sputator); Larven schädl. an jungen Salatpflanzen.

Schnepfen, Gattungsgruppe über 40 cm langer Schnepfenvögel mit 10 Arten, v. a. in Wäldern und sumpfigen Landschaften Eurasiens, der Auckland Islands sowie N- und S-Amerikas; mit langem, geradem Schnabel, dessen Spitze sehr tastempfindl. ist, so daß Beutetiere im Boden (bes. Würmer und Insekten) ertastet werden können. S. werden wegen ihres wohlschmeckenden Fleischs (einschl. der Eingeweide: *S.dreck*) stark bejagt. - Die einzige in M-Europa brütende Art ist die **Waldschnepfe** (Scolopax rusticola), bis 35 cm lang, dämmerungs- und nachtaktiv; Oberseite rötlichbraun mit schwarzer Zeichnung, Unterseite gelbl. mit feiner, dunkler Querbänderung; Teilzieher. Als Durchzügler kommt die in Skandinavien und N-Asien lebende **Zwergschnepfe** (Lymnocryptes minimus) vor, die sich von der ↑Bekassine durch einen schwarzen Mittelstreif unterscheidet.

Schnepfenaale (Nemichthyidae), Fam. bis etwa 1 m langer aalartiger Fische in größeren Tiefen aller Meere (bes. der trop. und subtrop. Regionen); Körper sehr langgestreckt, bandförmig, nach hinten stark verjüngt; Kiefer auffallend dünn und pinzettenähnl. verlängert.

Schnepfenfische (Macrorhamphosidae), in Meeren (bes. der trop. und subtrop. Regionen) weit verbreitete Fam. bis etwa 25 cm großer Knochenfische; Körper seitl. abgeflacht, relativ hoch; Bauchkante und Vorderkörper mit Knochenplatten; Schnauze röhrenartig verlängert; u. a. **Schnepfenfisch** (Meerschnepfe, Seeschnepfe, Macrorhamphosus scolopax): bis 15 cm lang; im Mittelmeer und O-Atlantik; Rücken braunrötl., Bauch silberglänzend.

Schnepfenfliegen (Rhagionidae, Leptidae), rd. 500 Arten umfassende, weltweit verbreitete Fam. schlanker, langbeiniger, 2–14 mm großer Fliegen mit räuber. Lebensweise; Imagines saugen gefangene Insekten aus, z. T. saugen sie beim Menschen und bei Wirbeltieren Blut; häufig in Wäldern an feuchten Stellen; Larven ernähren sich ebenfalls räuberisch, sie leben teils im Wasser, teils auf dem Land. - Zu den S. gehört u. a. die **Ibisfliege** (Atherix ibis), etwa 1 cm groß, mit 3 grauen Querbinden auf den Flügeln.

Schnepfenstrauße, svw. ↑ Kiwis.

Schnepfenvögel (Scolopacidae), Fam. bis 65 cm langer, relativ hochbeiniger Watvögel mit über 80 Arten, v. a. an Küsten, Ufern, auf Mooren und in Wäldern der Nordhalbkugel, S-Amerikas und SO-Asiens (bis Neuseeland); hervorragend fliegende, mit Ausnahme der Waldschnepfe schmal- und spitzflügelige Vögel, die mit ihrem dünnen und langen Schnabel bei der Suche nach Nahrung (bes. Wirbellose) in weichen Böden stochern; meist Bodenbrüter und Zugvögel, die oft weite Wanderungen unternehmen. - Zu den S. gehören u. a. Brachvögel, Pfuhlschnepfe, Uferschnepfe, Schnepfen, Wasserläufer, Strandläufer, Kampfläufer und Bekassinen.

Schnirkelschnecken (Hainschnecken, Helicidae), mit rd. 800 Arten weltweit verbreitete Fam. der Landlungenschnecken; gekennzeichnet durch vielfach kugeliges, nur selten getürmtes Gehäuse und Liebespfeile im Genitalsystem; zahlr. Arten in M-Europa, z. B. ↑ Weinbergschnecke, **Gartenbänderschnecke** (Gartenschnecke, Gartenschnirkelschnecke, Cepaea hortensis, mit rundl., etwa 2 cm breitem Gehäuse, weißlichgelb bis gelb oder braun, ohne oder mit dunklen Spiralbändern, v. a. an Felsen, in Hecken und Gebüschen) und **Hainschnirkelschnecke** (Hainbänderschnecke, Cepaea nemoralis, etwa 2 cm groß, Gehäuse flach kegelförmig, sehr ähnl. dem der Gartenbänderschnecke, aber mit dunklem Saum um die Gehäusemündung; in Gärten und Parks). - Abb. S. 86.

Schnittlauch (Graslauch, Allium schoenoprasum), in Europa, Asien und N-Amerika weit verbreitete, ausdauernde Art des Lauchs; mit röhrigen Blättern, blattlosen oder wenigblättrigen, 5–50 cm hohen Schäften und hellrosa bis purpurrot gefärbten Blüten in kugeligen Blütenständen. Der in M-Europa v. a. in Stromtälern wild vorkommende S. wird auf kalkreichen, humosen Lehmböden in vielen Kultursorten angebaut; vielseitiges Gewürz.

Schnittsalat ↑ Lattich.

Schnurbaum, (Kordon) Spalierobstbaum (v. a. bei Kernobst), der als senkrecht, schräg aufwärts oder waagerecht wachsender, 2–3 m langer Leittrieb gezogen ist. Das Fruchtholz sitzt hierbei dem Leittrieb unmittelbar an.

◆ (Sophora) Gatt. der Hülsenfrüchtler mit rd. 60 Arten in den gemäßigten und trop. Gebieten Asiens und N-Amerikas; sommer- oder immergrüne Bäume oder Sträucher mit wechselständigen, unpaarig gefiederten Blättern und in Trauben oder Rispen angeordneten Blüten; Frucht eine fleischige Hülse.

Schnüren, wm. Bez. für das Traben v. a. von Fuchs und Wolf (weniger ausgeprägt bei Luchs, Katze und Hund), wobei die Hinterpfoten in die Tritte der Vorderpfoten gesetzt werden. Die Tritte der Spur bzw. Fährte erscheinen (meist nicht ganz exakt) wie an einer Schnur (mit bestimmtem Abstand) hintereinander aufgereiht.

Schraubenbaum. Pandanus utilis

Schnurfüßer (Julidae), rd. 8 000 Arten umfassende Fam. bis 6 cm langer, drehrunder, langgestreckter Tausendfüßer (Unterklasse ↑ Doppelfüßer), v. a. auf der nördl. Halbkugel; mit 30 bis über 70 Körperringen, z. T. stark gepanzert; ernähren sich von modernden Pflanzenstoffen, einige Arten werden schädl. an Kulturpflanzen (häufig auch in Gewächshäusern); etwa 50 einheim. Arten, u. a. **Sandschnurfüßer** (Schizophyllum sabulosum; bis 4,5 cm lang, glänzend dunkelbraun bis schwarz).

Schnurrbartmeerkatze ↑ Meerkatzen.

Schnurrhaare (Spürhaare), im Querschnitt runde, kräftige, seitl. lang abstehende Tasthaare im Schnauzenbereich von Raubtieren (z. B. Katzen und Mardern). Die Distanz zw. den Haarspitzen der rechten und der linken Kopfseite entspricht etwa dem größten Körperdurchmesser der Tiere, was ein Aufspüren von Durchschlupflücken, z. B. im Gesträuch bei Dunkelheit, bes. erleichtert.

Schnurwürmer (Nemertini), den Plattwürmern nahestehender Tierstamm mit rd. 800 sehr dünnen, schnurförmigen, seltener bandartig abgeflachten Arten von wenigen cm bis 30 m Länge (längstes wirbelloses Tier: *Lineus longissimus*); meist auffällig gefärbte oder gemusterte, vorwiegend an Meeresküsten, seltener in Süßgewässern oder in feuchter Erde lebende Tiere, deren Blutgefäßsystem (im Unterschied zu den Plattwürmern) geschlossen ist; Vorderende mit langem, ausstülpbarem Rüssel. S. ernähren sich räuber. von Wassertieren, die ausgesaugt oder ganz verschlungen werden. Die Entwicklung der

S. erfolgt direkt oder über ein schwimmendes Larvenstadium.

Schollen (Pleuronectidae), von der Arktis bis zur Antarktis verbreitete Fam. meerbewohnender Knochenfische (Ordnung ↑ Plattfische) mit zahlr., etwa 25 cm bis weit über 2 m langen Arten; Augen fast stets auf der rechten Körperseite; z. T. wirtsch. sehr bed. Speisefische, z. B.: **Flunder** (Butt, Elbbutt, Sandbutt, Graubutt, Platichthys flesus), bis 45 cm lang, in Küstengewässern, Brackwasser und in die Flüsse aufsteigend, Körper oval, stark abgeplattet, oben olivgrün bis dunkelbraun, mit gelben Flecken, unten weiß; Grundfisch; **Goldbutt** (Scholle i. e. S., Pleuronectes platessa), 25–40 cm (selten bis 1 m) lang; an den Küsten SW- bis N-Europas (einschl. westl. Ostsee, auch um Island); oberseits mit orangeroten Flecken auf graubraunem Grund; **Heilbutt** (Riesenscholle, Hippoglossus hippoglossus), bis über 4 m lang (bis 300 kg schwer), im nördl. Atlantik und im N-Pazifik, oberseits graubraun bis schwärzl., Raubfisch; Grundfisch (in 50–2 000 m Tiefe); **Kliesche** (Pleuronectes limanda), 20–40 cm lang, v. a. in der Nordsee, hellgelb bis bräunl. oder grünl. mit dunkler Fleckung.

Schöllkraut (Schellkraut, Schminkwurz[el], Chelidonium), Gatt. der Mohngewächse mit der einzigen Art **Großes Schöllkraut** (Chelidonium majus) auf Schuttstellen, Wegen, an Mauern und Zäunen in Eurasien und im Mittelmeergebiet: bis 1 m hohe Staude mit ästigen Stengeln und gefiederten Blättern (mit rundl., buchtigen oder gezähnten Blattabschnitten) und gelben, doldig angeordneten Blüten; Früchte schotenförmig, mit schwarzen Samen; wird wegen des im Kraut und in der Wurzel vorkommenden gelbroten, alkaloidhaltigen, giftigen Milchsafts vielfach in der Volksmedizin verwendet.

Schönbären (Callimorphinae), in Europa, Afrika sowie in S- und O-Asien verbreitete Unterfam. meist prächtig gefärbter, am Tage fliegender Schmetterlinge (Fam. ↑ Bärenspinner) mit knapp 50 Arten; einheim. die beiden Arten **Schönbar** (Panaxia dominula; mit etwa 5 cm spannenden, grünschwarz glänzenden, weiß und gelb gefleckten Vorderflügeln sowie roten, schwarz gezeichneten Hinterflügeln) und **Russ. Bär** (Span. Fahne, Panaxia quadripunctaria; Flügelspannweite bis 6,5 cm; Vorderflügel grünschwarz mit gelbl. Schräg- und Querstreifen, Hinterflügel auf gelbroter Grundfärbung schwarz gefleckt).

Schönblatt (Calophyllum), Gatt. der Guttibaumgewächse mit rd. 80 Arten, v. a. in den Tropen der Alten Welt, nur wenige Arten im trop. Amerika; Bäume mit gegenständigen Blättern und in Trauben oder Rispen stehenden Blüten.

Schönfrucht (Callicarpa), Gatt. der Eisenkrautgewächse mit über 100 Arten in den Tropen und Subtropen (Asien, Australien und

Schreiadler

Amerika); immer- oder sommergrüne Bäume oder Sträucher mit gegenständigen, gezähnten Blättern; Blüten klein, in achselständigen Trugdolden; Früchte etwa erbsengroße Steinfrüchte; z. T. dekorative Ziersträucher.

Schönjungfern (Prachtjungfern, Calopteryx), Gatt. bis 4 cm langer, etwa 7 cm spannender Kleinlibellen (Fam. Seejungfern) mit zwei einheim. Arten: **Blauflügelprachtlibelle** (Calopteryx virgo; bes. an rasch fließenden Bächen; Flügel der ♀♀ blau- oder grünschillernd, die der ♂♂ rauchbraun) und **Gebänderte Prachtlibelle** (Calopteryx splendens; v. a. an langsam fließenden Gewässern; Flügel der ♂♂ mit breiter blauer Binde, die der ♀♀ grünl. durchsichtig).

Schönmalve (Samtmalve, Sammetmalve, Abutilon), Gatt. der Malvengewächse mit rd. 150 Arten in allen wärmeren Gebieten der Erde; Kräuter oder Sträucher mit meist herzförmigen, ganzen oder gelappten Blättern und achselständigen Blüten.

Schönorchis (Calanthe), Gatt. erdbewohnender oder epiphyt. Orchideen mit etwa 150 Arten in den Tropen und Subtropen; Blüten verschiedenfarbig, Lippe zu einer trompetenförmigen Röhre verwachsen.

Schonung, junger und gehegter Waldbestand, der durch Tafeln oder Einfriedung gekennzeichnet und gesetzl. gegen willkürl. Störungen (auch gegen Wildverbiß) geschützt ist.

Schönwanzen (Calocoris), Gatt. 6–11 mm langer, oft bunt gezeichneter ↑ Blindwanzen mit 14 mitteleurop. Arten, darunter die häufige, weitverbreitete, 6–8 mm lange **Norweg. Schönwanze** (Kartoffelwanze, Zweipunktige Grünwanze, Calocoris norvegicus; grün oder gelbgrün mit zwei schwarzen Punkten auf dem Vorderrücken).

Schonzeit (Hegezeit), wm. Bez. für den Zeitraum, in dem Jagd und Fang einzelner jagdbarer Tierarten gesetzl. verboten sind. Er umfaßt v. a. die Zeit, in der die Jungtiere geboren werden, und die Brutzeiten sowie die Zeit der Aufzucht, häufig auch die Paarungszeit und immer die winterl. Notzeit. Manche Wildarten sind ganzjährig geschont.

Schopf, die langen Stirnhaare bei Pferden.
◆ wm. Bez. für die verlängerten Federn am Hinterkopf einiger Vogelarten (auch *Holle* genannt), z. B. beim Eichelhäher, Wiedehopf und ♂ Haselhuhn.

Schopfadler (Lophoaetus occipitalis), bis über 50 cm langer, überwiegend braunschwarzer, den Echten Adlern (↑ Adler) nahestehender Greifvogel, v. a. in Galeriewäldern Afrikas (südl. der Sahara); nach Art eines Hühnerhabichts nach Nagetieren, Schlangen und Eidechsen jagender, z. T. auch Insekten fressender Vogel mit langer, spitzer Federhaube und weiß gebändertem Schwanz; Horst relativ klein, auf Bäumen.

Schopfantilopen, svw. ↑ Ducker.

Schopffische (Lophotidae), Fam. bis über 2 m langer, in allen Meeren verbreiteter Knochenfische (Ordnung Glanzfischartige); Körper langgestreckt, seitl. bandartig abgeplattet, unbeschuppt, ohne Bauchflossen; übrige Flossen schwach entwickelt, mit Ausnahme der nahezu körperlangen Rückenflosse, deren erster Strahl auf dem Kopf stark verlängert ist und wie ein kleiner Schopf aussieht.

Schopfgibbon ↑ Gibbons.

Schopfhühner (Opisthocomi), Unterordnung etwa krähengroßer, langschwänziger Hühnervögel mit dem **Hoatzin** (Zigeunerhuhn, Schopfhuhn, Stinkvogel, Opisthocomus hoazin) als einziger Art, verbreitet in den Überschwemmungswäldern des nördl. S-Amerika; in Trupps auftretende, schlanke Vögel mit kleinem Kopf, auffallender Haube und langem Hals; Körper überwiegend braun und schwärzlicholiv mit weißer Zeichnung.

Schopfmangabe ↑ Mangaben.

Schopfpalme (Schirmpalme, Corypha), Gatt. der Palmen mit acht Arten in SO-Asien; bis 50 m hohe Bäume mit geringeltem oder gefurchtem Stamm, bis 5 m langen und 4 m breiten, fast kreisrunden, bis etwa zur Mitte strahlenförmig gespaltenen Fächerblättern an der Stammspitze; Blüten in endständigen, großen Blütenständen. Einige Arten, z. B. die *Talipotpalme* (Corypha umbraculifera), sind Nutzpflanzen. Das Mark liefert Sago.

Schopfschwamm (Glasschopf, Hyalonema), Gatt. der Glasschwämme mit bis 13 cm langem, becherförmigem Körper von etwa 8 cm Durchmesser, der mit einem Schopf spiralig umeinandergewundener, bis 40 cm langer Kieselnadeln im Meeresuntergrund verankert ist.

Schopfstirnmotten (Tischeriidae), Fam. der Kleinschmetterlinge mit sieben einheim. Arten; Spannweite 7–9 mm; Kopf mit abstehenden Schuppen; Raupen an Eiche, Kastanie und Rosengewächsen in großen, blasigen Minen, in denen sie sich auch verpuppen.

Schopftintling ↑ Tintling.

Schorfmilben (Räudemilben, Saugmilben, Psoroptidae), Fam. hautparasit., blutsaugender Milben; bohren sich nicht in die Haut ein, sondern sind stets auf der Hautoberfläche, stechen von hier ihre langen Kieferfühler ein; befallen u. a. Schafe, Pferde, Esel, Rinder (rufen durch Saugen Hautverletzungen hervor; befallene Tiere magern ab), Katzen und Hunde (erzeugen in den äußeren Gehörgängen unerträgl. Juckreiz; durch dauerndes Kratzen treten Blutergüsse und starke Schorfbildung auf).

Schoß, svw. ↑ Schößling.

Schoßhunde, zusammenfassende Bez. für verschiedene Rassen kleiner, zierl. Zwerghunde, die bevorzugt als Luxushunde gehalten werden; z. B. Pekinese, Zwergpinscher und Zwergpudel.

Schößling (Schoß), bei Sträuchern der aus einer Knospenanlage (ruhendes Auge; v. a. an der Sproßbasis) entspringende Langtrieb.

Schote [eigtl. „die Bedeckende"], längl. Kapselfrucht (↑ Fruchtformen) aus zwei miteinander verwachsenen Fruchtblättern und falscher Scheidewand; von dieser lösen sich bei der Reife die Fruchtblätter ab, während die Samen an ihr wie an einem Rahmen stehenbleiben.

Schöterich (Schotendotter, Erysimum), Gatt. der Kreuzblütler mit rd. 80 Arten in Europa und im Mittelmeergebiet; Kräuter mit meist grau behaarten Stengeln, grau behaarten, linealförmigen, meist ungeteilten, zuweilen fiederspaltigen Blättern und gelben Blüten. In Deutschland heimisch ist u. a. der ↑ Ackerschotendotter.

Schottischer Schäferhund (Collie), aus Schottland stammende Schäferhundrasse mit Windhundcharakter; mittelgroße, 50–60 cm schulterhohe Hunde mit langem, edlem Kopf, kleinen Kippohren und langer, behaarter Hängerute; Haar in den verschiedensten Farben (oft mit weißen Abzeichen), entweder dicht und kurz oder (häufiger) lang und etwas steif und dann um den Hals eine dichte Mähne bildend.

Schottischer Terrier (Scotchterrier, Scotch), kleiner, gedrungener Niederlaufterrier mit kräftigem, schnauzbärtigem Kopf, spitzen Stehohren und mittellanger, aufrecht getragener Rute; langes, zottiges und drahtiges Haar (Unterwolle kurz), schwarz, weizenfarben oder in jeder Farbe gestromt.

Schramm, Gerhard, * Jokohama 27. Juni 1910, † Tübingen 3. Febr. 1969, dt. Biochemiker. - Direktor des Max-Planck-Instituts für Virusforschung in Tübingen; Arbeiten bes. über den Aufbau und den Vermehrungsmechanismus der Viren. Zus. mit W. Weidel gelang es ihm, die ersten elektronenmikroskop. Aufnahmen vom Befall eines Bakteriums durch Bakteriophagen zu machen.

Schrätzer (Schratz, Schrätz, Acerina schraetzer), bis 25 cm langer Barsch im Stromgebiet der Donau; Körper zitronengelb.

Schraubenalge (Spirogyra), Gatt. der ↑Jochalgen mit rd. 300 weltweit verbreiteten, ausschließl. im Süßwasser lebenden Arten; fädige, unverzweigte Grünalgen mit relativ großen, tonnenförmigen Zellen mit gut sichtbarem Kern und einem oder mehreren bandförmigen, spiralig gewundenen Chloroplasten. S.arten bilden im Hoch- und Spätsommer freischwebende, fädige, grüne „Watten" in stehenden Gewässern.

Schraubenbaum (Schraubenpalme, Pandanus), größte Gatt. der S.gewächse mit über 600 Arten in Afrika, SO-Asien und Australien; in Wäldern oder an Stränden wachsende Bäume oder Sträucher mit zahlr. starken Luftwurzeln mit großen Wurzelhauben; Blätter lang, schmal, in drei schrägen, regelmäßig um den Stamm gedreht verlaufenden Zeilen. Mehrere Arten sind wichtige Nutzpflanzen, u. a. die vielfach angebaute, aus Madagaskar stammende schraubenartig wachsende Art *Pandanus utilis* mit bis 1,50 m langen Blättern (mit roten Stacheln), die zu Flechtwerk verarbeitet oder zur Fasergewinnung für Netze, Taue u. a. verwendet werden. Vielseitig genutzt, z. T. auch als Obstpflanzen (Früchte bzw. Saft schmecken apfelähnl.), werden die Varietäten und Sorten der asiat. und austral. Art *Pandanus odoratissimus*. - Abb. S. 90.

Schraubenbaumgewächse (Schraubenpalmengewächse, Pandanaceae), Pflanzenfam. der Einkeimblättrigen mit rd. 900 Arten in drei Gatt., verbreitet in den Tropen der Alten Welt, nördl. bis S-China, südl. bis Neuseeland; zweihäusige Bäume, Sträucher oder Lianen, oft mit zu Stütz- oder Haftwurzeln umgebildeten Luftwurzeln; Blätter deutl. spiralig angeordnet, schmal, dornig gezähnt, schopfig gedrängt stehend; Blütenstände meist kopf- oder kolbenförmig; Fruchtstände ananasähnl., aus Beeren oder Steinfrüchten zusammengesetzt, z. T. eßbar.

Schraubenschnecken (Pfriemenschnecken, Terebridae), Fam. der Vorderkiemerschnecken (Unterordnung Schmalzüngler) mit rd. 150 Arten, v. a. in trop. Meeren; Gehäuse sehr schlank und spitz, hochtürmig, bis 25 cm hoch; Radulazähne als Stilette mit Giftdrüsen ausgebildet.

Schrecklähmung, bei manchen Tieren (v. a. Insekten) vorkommende, durch einen plötzl. Reiz (z. B. Erschütterung, Berührung) ausgelöste Bewegungslosigkeit (↑Akinese).

Schreckstellung, 1. bei der Abwehr von Feinden zu deren Abschreckung eingenommene, bes. ausgeprägte, starre Körperhaltung mancher Tiere (v. a. Insekten bzw. Raupen), bei der zusätzl. eine Schreckfärbung zur Wirkung gebracht wird; 2. das „Sichtotstellen" (↑Akinese) bei vielen Insekten.

Schreckstoffe (Abwehrstoffe), in der Haut mancher schwarmbildender Fische (z. B. Elritzen und andere Karpfenfische) lokalisierte chem. Substanzen, die bei einer Verletzung frei werden und (als Warnsignal) bewirken, daß die übrigen Tiere des Schwarms sich fluchtartig aus dem Bereich des verletzten Tiers entfernen.

◆ (Abwehrstoffe) von manchen Tieren, v. a. Insekten, in bestimmten Drüsen *(Wehrdrüsen)* produzierte, übelriechende oder ätzend wirkende Sekrete, die Feinde abstoßen bzw. abschrecken; auch zu diesem Zweck erbrochener Magen- bzw. Kropfinhalt.

Schreiadler (Aquila pomarina), bis etwa 65 cm langer, brauner Greifvogel (Gatt. Adler), v. a. in Wäldern wasserreicher und sumpfiger Landschaften O-Europas (in O-Deutschland nur noch selten), Kleinasiens und Indiens; unterscheidet sich vom ähnl., aber größeren Schelladler bes. durch helleres Gefieder (v. a. an Scheitel und Unterseite); jagt seine Beutetiere (v. a. Ratten, Mäuse, Frösche, Eidechsen) am Boden laufend. - Abb. S. 91.

Schreiatmung, Atemtyp des lebenskräftigen Neugeborenen, das kurz nach der Geburt bei jedem Atemzug einen kräftigen Schrei ausstößt.

Schreitvögel, svw. ↑Stelzvögel.

Schreivögel (Clamatores), Unterordnung 7–50 cm langer Sperlingsvögel mit rd. 1 000 Arten, v. a. in den Tropen (bes. Amerikas); primitive Vögel, die sich von den höher entwickelten Singvögeln durch einfacheren Bau ihres Stimmorgans unterscheiden. - Von den 12 Fam. sind am bekanntesten: Ameisenvögel, Tyrannen, Schmuckvögel, Pittas.

Schriftfarn (Milzfarn, Schuppenfarn, Ceterach), Gatt. der Tüpfelfarngewächse mit nur 4 Arten in den wärmeren Gebieten Europas, Asiens und Afrikas; Blätter lanzettförmig, fiederspaltig bis gefiedert, dick, oberseits dunkelgrün und kahl, unterseits dicht mit graubraunen, breiten Spreuschuppen bedeckt.

Schriftflechten (Graphidaceae), Fam. krustenartig auf Baumrinde und Steinen wachsender Flechten mit über 1 000 Arten in 12 Gatt.; der bekannteste Vertreter ist die an glatten Baumrinden (z. B. Buchenrinden) vorkommende, grauweiß gefärbte **Schriftflechte** i. e. S. (Graphis scripta) mit unregelmäßig schriftartig angeordneten, schwarzen, strichförmigen, etwa 5 mm langen und 0,2 mm breiten Sporenlagern.

Schrittmacher, Automatiezentrum (↑Automatismen) eines Organs, v.a. des Herzens (↑Herzautomatismus), das in diesem Organ den höchsten Automatiegrad einnimmt, also den anderen dort vorhandenen Automatiezentren übergeordnet ist und deren Rhythmus bestimmt.

Schröter [eigtl. „der Abschneider" (nach den Zangen)], svw. ↑Hirschkäfer.

Schulter, die seitl., obere, über jedem der beiden Schulterblätter gelegene Rückengegend; beim Menschen die Körperregion zw. Halsansatz und Schultergelenk, mit der **Schulterhöhe** *(Akromion, Acromion)* als dem höchsten Punkt, der von einem die Gelenkpfanne für den Oberarmknochen überwölbenden Fortsatz der S.gräte des ↑Schulterblatts gebildet wird.

Schulterblatt (Skapula, Scapula), paariger dorsaler, meist breiter, flacher, auch (bei Vögeln) langer, schmaler Hauptknochen des Schultergürtels der Wirbeltiere; ohne direkte Verbindung zum übrigen Rumpfskelett, nur an Muskeln aufgehängt und durch das ↑Schlüsselbein (bzw. Thorakale), soweit vorhanden, abgestützt; mit Gelenkfläche für den Oberarmknochen, bei Säugetieren mit Rabenschnabelfortsatz sowie häufig mit Knochenkamm (*Schulter[blatt]gräte*, Spina scapulae) auf seiner äußeren (dorsalen) Fläche zur Vergrößerung der Muskelansatzfläche. Beim Menschen ist das S. dreieckig ausgebildet.

Schultergelenk, Gelenk (Kugelgelenk) des Schultergürtels zw. Schulterblatt und Oberarmknochen, in dem sich die Vorderextremität bzw. der Oberarm dreht (dessen Beweglichkeit noch zusätzl. durch die des Schulterblatts und der Schlüsselbeingelenke erweitert wird).

Schultergürtel, aus beiderseits mehreren Knochen zusammengesetzter, der (beweglichen) Befestigung der Vorderextremitäten dienender Teil des Skeletts der Wirbeltiere (einschl. Mensch). Von den Amphibien an aufwärts ist der S., ausgenommen bei den Säugern, jederseits dreiteilig (Schulterblatt, Schlüsselbein und Rabenbein). Er hat keine direkte Verbindung mehr mit dem Schädel. Für die Vordergliedmaßen ist jederseits eine Gelenkgrube als Teil des Schultergelenks ausgebildet. Bei den Säugern (einschl. Mensch) ist das Rabenbein nur noch als Fortsatz (Rabenschnabelfortsatz) des Schulterblatts vorhanden und damit der S. beiderseits nur noch zweiteilig oder auch (bei rückgebildetem Schlüsselbein) einteilig. Im Unterschied zum Beckengürtel ist der S. nur indirekt (über den

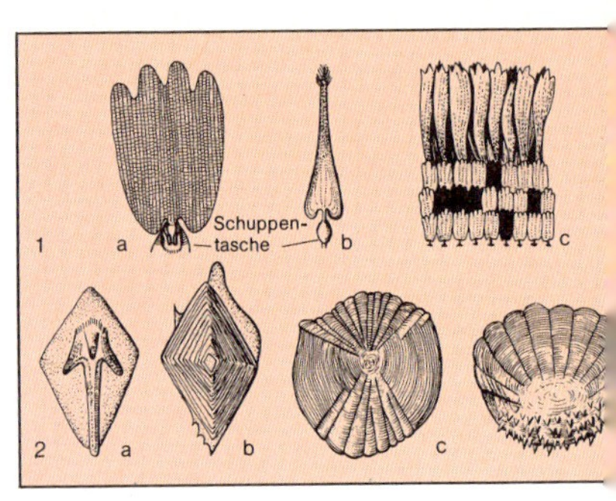

Schuppen. 1 Schmetterlingsschuppen (a Flügelschuppe, b Duftschuppe, c Anordnung der Schuppen auf den Flügeln), 2 Fischschuppen (a Plakoidschuppe, b Ganoidschuppe, c Zykloidschuppe, d Kammschuppe)

Mehlschwalbe

Rauchschwalbe

Brustkorb bzw. das Brustbein) mit der Wirbelsäule verbunden.

Schulterhöhe, Abk. Sh, ein Körpermaß, das beim stehenden vierfüßigen Wirbeltier den durch den obersten Rand der Schulter gegebenen Punkt größter Höhe des Rumpfes über dem Boden angibt. Bei landw. genutzten Säugetieren (nicht ganz korrekt auch beim Hund) spricht man von *Widerristhöhe* (Abk. Wh).

Schultze, Max, * Freiburg im Breisgau 25. März 1825, † Bonn 16. Jan. 1874, dt. Anatom. - Prof. in Halle und in Bonn; erkannte 1861 die Bed. des Protoplasmas als des eigtl. Trägers des Lebens und die Bed. des Zellkerns.

Schupp [russ.], svw. ↑Waschbär.

Schuppen, (Squamae) bei Tieren morpholog., strukturell und in der Substanz sehr unterschiedl., mehr oder weniger große, flache Bildungen der Haut, die die Körperoberfläche ganz oder z. T. bedecken und u. a. Schutzfunktion haben. Bei den Insekten sind die S. abgeplattete, zuletzt hohle, luftgefüllte epidermale Chitinhaare. Die **Flügelschuppen** der Schmetterlinge sind 0,07–0,4 mm lang, bilden mehrere Schichten aus (als Tiefen-, Mittel- und Deck-S.), sind dicht dachziegelartig angeordnet und leicht abstreifbar. Der S.stiel sitzt in einer S.tasche. Die Pigmentierung der Deck-S., auch der Mittel-S., ergibt die Flügelfärbung und -zeichnung. Bes. S.bildungen sind die Interferenzerscheinungen zeigenden Schiller-S. (↑Pigmente) sowie die Duftsekret im Lumen aufweisenden Duft-S. an Flügeln, Beinen oder am Abdomen und die mit primären Sinneszellen in Verbindung stehenden Sinnesschuppen (v. a. auf den Flügeladern). Bei den Wirbeltieren sind am verbreitetsten die **Fischschuppen.** Es sind mehr oder weniger ausgedehnte knochen- bzw. dentinartige, z. T. mit einer schmelzartigen Substanz überzogene und mit einer Pulpahöhle versehene Bildungen der Lederhaut, bei Haifischen und Rochen auch der Epidermis. Es handelt sich bei diesen Fisch-S. wahrscheinl. um Reste des ehem. Hautpanzers. Man unterscheidet verschiedene Typen, so die v. a. bei den urtüml., ausgestorbenen Fischen verbreiteten *Plakoid-S.* (Hautzähne, von denen sich unsere Zähne ableiten lassen), rhomb. *Ganoid-S.* (Flösselhechte, Knochenhechte), rundl. *Zykloid-S.*, am Hinterrand kammartig gestaltete *Ktenoid-S.* sowie die bei den meisten in der Gegenwart lebenden Fischen als dünne, knochenartige, von Epidermis überzogen bleibende Plättchen ausgebildeten *Elasmoidschuppen.*
Bei Reptilien, Vögeln (an den Beinen) und manchen Säugern (z. B. S.- und Gürteltiere und bei vielen Nagetieren, so am Schwanz von Ratte und Maus) sind die (nicht mit den Fisch-S. homologen) S. als **Hornschuppen** Bildungen der Epidermis. Bei der period. Häutung streifen die Schlangen ihre Haut ab.
◆ beim *Menschen* durch den Nachschub neu gebildeter Zellen aus der Keimschicht und Abstoßung der obersten Hornhautschicht anfallendes, je nach Dicke gelbl. bis grauschwarzes, je nach Größe kleienförmiges, blättriges oder glimmerförmiges Abschilferungsprodukt der Haut, das im Krankheitsfall vermehrt, gelegentl. jedoch auch vermindert abgestoßen werden oder verändert sein kann.
◆ in der *Botanik* Bez. für: 1. flächenhaft ausgebildete Haare (S.haare, z. B. bei der Ölweide); 2. die unterschiedl. Niederblattausbildungen wie Zwiebel- und Knospen-S.; 3. die reduzierten weibl. Blüten (Samen-S.) der Nadelhölzer.

Schuppenameisen (Formicidae), Fam. der Ameisen mit eingliedrigem, deutlich schuppenartig verlängertem Hinterleibsstiel; Stachel zurückgebildet; verspritzen Gift (Ameisensäure); rd. 4 000 Arten, v. a. in den Tropen; einheim. rd. 40 Arten. - Zu den S. gehören u. a. Waldameisen, Amazonenameisen, Wegameisen.

Schuppenbäume (Lepidodendrales), v. a. im Oberkarbon sehr häufig vorkommende baumförmige Vertreter der Bärlappe, die auf Grund ihrer großen Stoffproduktion die Hauptmasse der karbon. Steinkohle gebildet haben. Nach den nach dem Abfallen der Blätter am Stamm erscheinenden schuppen- oder siegelartigen Narben werden die Fam. der Schuppenbaumgewächse und der Siegelbaumgewächse unterschieden. Wichtigste Gatt. ist der *Schuppenbaum* (Lepidodendron) mit fischschuppenähnl. Rindenmuster.

Schuppenbaumgewächse (Lepidodendraceae), vom Unterkarbon bis zum oberen Oberkarbon vorkommende, dann aussterbende Fam. der Schuppenbäume, v. a. in der euromer. Karbonflora (umfaßte u. a. N- und S-Amerika und Europa); bis 30 m hohe und bis über 2 m dicke, oben reich verzweigte Bäume mit meist beinahe linealförmigen, einadrigen, nadelförmigen Blättern und Blüten in meist endständigen Zapfen.

Schuppendrachenfische ↑Drachenfische.

Schwalbenschwanz

Schuppenfarn, svw. ↑ Lepidopteris.

Schuppenkarpfen ↑ Karpfen.

Schuppenkriechtiere (Squamata), weltweit verbreitete, rd. 5500 Arten umfassende Ordnung der Reptilien mit den beiden Unterordnungen Echsen und Schlangen; gekennzeichnet durch einen langgestreckten, von Schuppen bedeckten Körper mit oder ohne Gliedmaßen.

Schuppenmiere (Spärkling, Spergularia), Gatt. der Nelkengewächse mit mehr als 20 Arten von fast weltweiter Verbreitung; einjährige bis ausdauernde, meist rasenbildende, niederliegende oder auch aufsteigende Kräuter mit weißen oder rosafarbenen Blüten in armblütigen Trugdolden. Von den vier in Deutschland vorkommenden Arten sind v. a. die **Rote Schuppenmiere** (Spergularia rubra; mit rosenroten Blüten, in Unkrautgesellschaften und an Wegrändern) sowie die **Salzschuppenmiere** (Spergularia marina; mit blaßroten Blüten) und die **Flügelsamige Schuppenmiere** (Spergularia media; mit weißen oder blaßroten Blüten; an der Nord- und Ostseeküste) verbreitet.

Schuppenmolch (Südamerikan. Lungenfisch, Lepidosiren paradoxa), bis etwa 1,25 m langer Lungenfisch (Fam. ↑ Molchfische) in S-Amerika; aalähnl. langgestreckt, graubraun.

Schuppennaht (Sutura squamosa), in der Anatomie: 1. die beim Menschen zw. dem Schläfen- und Scheitelbein jeder Schädelseite gelegene Schädelnaht; 2. im Unterschied zur glatten Naht *(Sutura plana)* und Sägenaht (↑ Schädelnähte) eine Knochennaht, bei der sich die abgeschrägten Knochenränder überlappen.

Schuppenrindenhickory ↑ Hickorybaum.

Schuppentiere (Tannenzapfentiere, Pangoline, Pholidota), Ordnung der Säugetiere mit sieben Arten in Afrika südl. der Sahara und in S-Asien; etwa 75–175 cm lang, davon knapp die Hälfte bis $^2/_3$ auf den Schwanz entfallend; Haarkleid weitgehend rückgebildet; Körper, Kopf und Schwanz oberseits von sehr großen, dachziegelartig angeordneten Schuppen bedeckt, hell- bis dunkelbraun; Kopf klein, spitzschnäuzig, mit enger Mundöffnung; Kiefer zahnlos; Zunge ungewöhnl. lang, wurmförmig; ernähren sich von Ameisen und Termiten, deren Bauten mit den mächtigen Grabklauen der Vorderfüße aufgebrochen werden; nachtaktiv, tagsüber in Erdbauten; rollen sich bei Gefahr zusammen; größte Art ist das **Riesenschuppentier** (Manis gigantea), mit 75–80 cm Körperlänge und 50–65 cm langem Schwanz, Schuppen sehr groß, graubraun, Bauchseite weißlich.

Schuppenzwiebel ↑ Zwiebel.

Schuppiger Porling (Polyporus squamosus), exzentr. gestielter Pilz (↑ Porling) mit ockergelbem, 10–30 cm breitem, dunkelbraun beschupptem, nierenförmigem Hut und schmutzigweißen Poren, die den dicken, kurzen, schwärzl. Stiel herablaufen; verbreitet von Mai bis August an totem und lebendem Laubholz; Erreger der Weißfäule.

Schusterpalme (Schildblume, Schildnarbe, Fleischerpalme, Aspidistra), Gatt. der Liliengewächse mit acht Arten im östl. Himalaja, in China, Japan und auf Formosa; Pflanzen mit dickem, kurzem, aufrechtem oder kriechendem Erdstamm, großen, grundständigen, in einen aufrechten Blattstiel zusammengezogenen Blättern und einzelnen, nicht oder kaum über die Erdoberfläche tretenden Blüten. Die aus dem südl. Japan stammende **Hohe Schusterpalme** (Aspidistra elatior) mit immergrünen, ledrigen, einschl. Blattstiel bis 70 cm langen und in der Mitte rd. 10 cm breiten Blättern sowie mit schmutzigvioletten, z. T. in den Boden eingesenkten Blüten mit scheibenförmiger Narbe ist eine leicht zu kultivierende, beliebte Zimmerpflanze.

Schuttpflanzen, svw. ↑ Ruderalpflanzen.

Schutzanpassung, dem Schutz vor Feinden dienende ↑ Anpassung bei Tieren dergestalt, daß ihr Körper mit Schutzeinrichtungen (Gehäuse, Hüllen, Chitinpanzer, Stachelbildungen usw.) versehen ist oder daß die Tiere (durch entsprechende Tarnung) in Gestalt, Färbung *(Schutzfärbung)* und/oder Zeichnung entweder unscheinbar erscheinen, d. h. sich kaum von ihrer Umgebung abheben, ja Teile aus ihr sogar nachahmen (↑ Mimese), oder aber bes. auffällig und dann abstoßend oder gefährl. aussehen (↑ Mimikry).

Schützenfische (Toxotidae), Fam. der Barschfische mit vier Arten, v. a. in Mangroven und brackigen Flußmündungen (z. T. auch in Süßgewässern) SO-Asiens; Körper seitl. stark abgeplattet; Mundspalte weit, auffallend nach oben gerichtet. S. „schießen" aus über 1 m Entfernung mit gezieltem Wasserstrahl Insekten von Pflanzen über der Wasseroberfläche herunter.

Schutzepithel, svw. Deckepithel (↑ Epithel).

Schwaden (Süßgras, Glyceria), Gatt. der Süßgräser mit rd. 30 Arten, v. a. auf der N-Halbkugel, einige Arten auch in S-Amerika und Australien; ausdauernde, feuchtigkeitsliebende Gräser mit stielrunden oder seitl. zusammengedrückten Ährchen in lockeren Rispen. In Deutschland einheim. sind 6 Arten; bekannt sind der in langsam fließenden und stehenden Gewässern wachsende **Flutende Schwaden** (Manna-S., Glyceria fluitans), dessen Früchte früher für Grütze *(S.grütze)* verwendet wurden, sowie der bis 2 m hohe, rohrartige, in Verlandungszonen vorkommende **Wasserschwaden** (Großer S., Glyceria maxima).

Schwalben (Hirundinidae), mit Ausnahme von Neuseeland, Arktis und Antarktis

weltweit verbreitete, rd. 75 Arten umfassende Fam. 10–23 cm langer Singvögel, vorwiegend Fluginsekten fressende, schnell und gewandt fliegende, i.d.R. braune oder weiß und schwarz gefärbte Vögel mit großen Augen, kurzem Schnabel, weit aufreißbarer Mundöffnung und langen, spitzen, schmalen Flügeln; Beine kurz, dienen nur dem Aufsetzen, z.B. auf Dachfirsten und Telefonleitungen; Schwanz gerade abgeschnitten oder gegabelt; meist kein Geschlechtsdimorphismus; häufig gesellige Koloniebrüter. Die meisten S.arten bauen (häufig auch an Gebäuden) aus Speichel und Lehm sog. Mörtelnester. Bekannte Arten sind: **Felsenschwalbe** (Ptyonoprogne rupestris), etwa 15 cm lang, oberseits bräunl., unterseits schmutzig weiß, in felsigen Landschaften S-Europas, Vorder- und Z-Asiens und Afrikas; **Mehlschwalbe** (Hausschwalbe, Delichon urbica), etwa 13 cm lang, oberseits (mit Ausnahme des weißen Bürzels) blauschwarz, unterseits weiß, in menschl. Siedlungen und offenen Landschaften Eurasiens (Zugvogel) und NW-Afrikas; **Rauchschwalbe** (Hirundo rustica), etwa 20 cm lang, oberseits blauschwarz, unterseits rahmweiß, in offenen Landschaften N-Afrikas, Eurasiens und N-Amerikas; Schwanz tief gegabelt; Nest napfförmig, an Gebäuden; brütet 2mal; Zugvogel; **Uferschwalbe** (Riparia riparia), etwa 12 cm lang, oberseits erdbraun, unterseits (mit Ausnahme eines braunen Brustbandes) weiß; Verbreitung wie Rauch-S.; gräbt sich zum Nisten bis 1,5 m tiefe, horizontale Röhren in senkrechte Erdwände (Flußufer); Zugvogel.
Geschichte: Im Altertum wurden S. als Frühlingsboten von singenden Kindern begrüßt. Weitverbreitet ist der Glaube, daß ihr Erscheinen Glück bringe und ihre Nester Blitz, Sturm und Hagel abwehren. - Abb. S. 94.

Schwalbenschwanz (Papilio machaon), bis 7 cm spannender Ritterfalter; von N-Afrika über Europa und das gemäßigte Asien bis Japan verbreitet; Flügel gelb mit schwarzen Zeichnungen (darunter von gelben Mondflecken durchsetzter, schwarzer Saum); Hinterflügelrand bogig gezahnt, mit schwanzartiger Spitze, schwarzblauer Saumbinde und rotem, blau gerandetem Augenfleck; Raupen grün, mit schwarzen Querstreifen, roten Punkten und vorstreckbarer, fleischiger Nakkengabel; fressen an Doldengewächsen. - Abb. S. 95.

Schwalbenwurz (Schwalbwurz, Hundswürger, Cynanchum), Gatt. der S.gewächse mit mehr als 150 Arten in allen wärmeren und gemäßigten Gebieten; in Deutschland kommt vereinzelt in lichten Wäldern und Gebüschen nur die **Weiße Schwalbenwurz** (Cynanchum vincetoxicum) vor: 0,3 bis 1,2 m hohe Staude mit gegenständigen, dreieckigen, eiförmigen, lang zugespitzten Blättern; Blüten zu mehreren in den Blattachseln, sternförmig, gelblichweiß; Frucht als langer, schmaler Balg ausgebildet; Samen mit weißem Haarschopf; giftig.

Schwalbenwurzgewächse (Seidenpflanzengewächse, Asclepiadaceae), Pflanzenfam. der Zweikeimblättrigen mit rd. 2000 Arten in 250 Gatt., v.a. in den Tropen (v.a. in Afrika); meist mehr oder weniger windende Halbsträucher, seltener Stauden oder Sträucher, mit oft reduzierten Blättern und saftigfleischigen, kakteenartigen Sprossen; Blüten 5zählig, einzeln oder in doldenartigen Blütenständen; Frucht als 2 Balgfrüchtchen ausgebildet; Samen mit Haarschopf. Die S. zeichnen sich durch ungegliederte Milchröhren und durch den Gehalt an Alkaloiden und giftigen Glykosiden aus. Bekannte Gatt. sind Schwalbenwurz, Seidenpflanze und Wachsblume.

Schwalme (Podargidae), Fam. etwa 20–55 cm langer, lang- und spitzflügeliger, kurzfüßiger Nachtschwalben mit 12 Arten, v.a. in Wäldern und Baumsteppen SO-Asiens bis Australiens; vorwiegend Insekten, Schnekken, Frösche und Früchte fressende, baumrindenartig gezeichnete, dämmerungs- und nachtaktive Vögel, die bei Störungen am Tage eine typ. Schreckstellung einnehmen, die die Tiere wie einen abgebrochenen Ast erscheinen lassen.

Schwämme (Porifera, Spongiae), Stamm vorwiegend meerbewohnender Wirbelloser (Abteilung Parazoa) mit nahezu 5000 Arten, von wenigen Millimetern bis etwa 2 m Größe (eine Fam. in Süßgewässern: ↑Süßwasserschwämme); auf dem Untergrund festsitzende, krusten-, strauch-, becher-, sack- oder pilzförmige Tiere von ungewöhnl. einfacher Organisation und ohne echte Gewebe und Organe. Der Körper der S. besteht aus zahlr. Zellen, die in eine gallertartige Grundsubstanz eingebettet sind. Diese wird stets durch eine Stützsubstanz aus Kalk *(Kalkschwämme)*, Kieselsäure *(Kieselschwämme)* oder aus hornartigem Material *(Hornschwämme*, darunter der *Badeschwamm)* gestützt. S. besitzen eine oder mehrere Ausströmöffnungen; ihre Körperwand ist von zahlr. Poren durchsetzt. Der höhlenförmige Binnenraum und die Porenkanäle werden von einer Schicht Kragengeißelzellen ausgekleidet. Durch die synchrone Tätigkeit der darin schwingenden Geißeln wird ein Strom erzeugt, der Wasser durch die Poren einströmen und durch die Ausströmöffnungen ausströmen läßt. Die dabei mitgeführten Kleinstlebewesen und Gewebeteilchen bleiben am klebrigen, die Geißel umgebenden Plasmakragen der Geißelzellen haften und werden dem Körper als Nahrung zugeführt. - S. sind äußerst regenerationsfähig; viele Zellen *(Archäozyten)* bleiben undifferenziert und können sich zu allen anderen Zelltypen umwandeln. Die ungeschlechtl. Fortpflanzung erfolgt entweder durch Knospung oder (v.a. bei Süßwasser-S.) durch Bildung von Gemmulae (↑Gemmula). Geschlechtl. vermehren sich die S. über eine hohle, begeißelte, sich später festsetzende Schwimmlarve *(Amphiblastula)* oder eine größere (bis 2 mm lange), von Zellen erfüllte und bereits teilweise differenzierte, ebenfalls begeißelte, anfangs schwimmfähige *Parenchymula*. - Die Färbung der S. ist sehr variabel (gelb, rot, violett bis blau, braun bis grau). - S. kennt man bereits aus dem Kambrium. Sie bildeten bes. in der Trias und im Jura häufig Riffe.

Schwammgurke (Schwammkürbis, Luffa), Gatt. der Kürbisgewächse mit 8 Arten in den Tropen, v.a. der Alten Welt; 1jährige Kletterkräuter mit 5–7lappigen Blättern und 2–5spaltigen Ranken; Blüten meist gelb und einhäusig; Frucht gurkenähnl., trockene Beere, an der Spitze mit einem Deckel aufspringend (unreif als Gemüse verwendet).

Schwammparenchym ↑Laubblatt.

Singschwan

Höckerschwan mit Jungen

Schwäne (Cygninae), Unterfam. bis 1,8 m langer, kräftiger, langhalsiger Entenvögel mit 5 Arten, v.a. auf vegetationsreichen Süßgewässern der gemäßigten und kalten Regionen aller Kontinente (mit Ausnahme von Afrika). S. ernähren sich vorwiegend von Wasserpflanzen, die sie gründelnd abweiden. Sie bauen im Schilfgürtel ein Schwimmnest aus Wasserpflanzen und können zur Brutzeit sehr aggressiv werden; Zugvögel. - Zu den S. gehören u.a. **Höckerschwan** (Cygnus olor), mit ausgestrecktem Hals rd. 1,5 m lang, rein weiß, Schnabel orangerot, oben mit schwarzem Höcker; ♀ wie ♂ gefärbt; Hals wird beim Schwimmen meist S-förmig gekrümmt, beim Drohen werden die Flügel segelartig über dem Rücken aufgestellt; die Jungvögel haben graubraunes Gefieder; **Schwarzhalsschwan** (Cygnus melanocoryphus), etwa 1,2 m lang, Kopf und Hals schwarz, sonst weiß, ♂♂ haben einen stark aufgetriebenen, roten Schnabelhöcker; auf Süßgewässern S-Amerikas; **Singschwan** (Cygnus cygnus), etwa 1,5 m lang, weiß, Schnabel ohne Höcker, schwarz mit gelber Basis; ruft häufig im Flug laut und wohlklingend; in Sümpfen Islands und N-Eurasiens; **Trauerschwan** (Schwarzer S., Cygnus atratus), etwa 1,1 m lang, mit Ausnahme der weißen Handschwinge schwarz, mit weißer Binde am roten Schnabel; in Australien und Tasmanien.

Geschichte: In der Antike war der S. der heilige Vogel des Apollon. Zeus erschien Leda in Gestalt eines Schwans. In Sagen und Märchen nord. Völker wird von Schwanenjungfrauen berichtet, von Nornen und Walküren, die Schwanengestalt annehmen.

Schwangerschaft [zu althochdt. swangar, eigtl. „schwerfällig"] (Gravidität), in der Humanmedizin Bez. für die Zeitspanne zw. der Einnistung (↑Nidation) einer befruchteten Eizelle und der Geburt. Vom biolog. Standpunkt aus gesehen beginnt die Entwicklung der Leibesfrucht mit der Besamung der Eizelle und der nachfolgenden Befruchtung. Vom mütterl. Organismus aus betrachtet, beginnt die eigtl. S. *(Gestationsphase)* jedoch erst nach erfolgter Nidation. Der Zeitabstand vom Eisprung bis zur Nidation wird daher in Abgrenzung zur eigtl. S. auch Progestationsphase gen. - Das befruchtete Ei erreicht die Gebärmutterhöhle gewöhnl. am 18. Tag des Menstruationszyklus. Die Nidation des Eies in die vorbereitete Gebärmutterschleimhaut beginnt wahrscheinl. am 22. Tag. Es folgt die Differenzierung des Trophoblasten in *Zytotrophoblast* und *Synzytiotrophoblast*,

der durch enzymat. Einschmelzung der oberen Schichten der Gebärmutterschleimhaut den Vorgang der Nidation am 27. Tag beendet. 4 Tage später wird der Keimling an die mütterl. Blutgefäße angeschlossen; es beginnt die Ausbildung einer ↑Plazenta. Die am 28. Tag erwartete Menstruation bleibt aus, die S.tests werden um den 38. Tag herum positiv. Der Ort der Implantation der Leibesfrucht ist gewöhnl. die Hinterwand des oberen Gebärmutterabschnitts.
Unter dem Einfluß des (plazentären) Choriongonadotropins (HCG) bleibt der schwangerschaftserhaltende Gelbkörper im mütterl. Eierstock erhalten, bis die Plazenta vom 3. S.monat an selbst ausreichende Progesteron- und Östrogenmengen produzieren kann; die Stimulierung dieser Steroidhormonsynthese ist möglicherweise die wichtigste Wirkung von Choriongonadotropin überhaupt. Ein 2. plazentäres Peptidhormon ist *HPL* (Abk. für engl.: human placental lactogen [laktogenes Hormon des Mutterkuchens]), das prolaktinähnl. Wirkungen hat. Progesteron erhält vom 3. S.monat an allein die S., es ist darüber hinaus zus. mit den Östrogenen v.a. auch an den S.veränderungen des mütterl. Körpers wesentl. beteiligt (Größenzunahme der Gebärmutter, Auflockerung auch der übrigen Genitalorgane, Brustwachstum). Der mütterl. Körper macht während der S. eine Reihe von Veränderungen durch, die sich v.a. an den Genitalorganen, z.T. aber auch extragenital abspielen und v.a. durch die hormonellen Umstellungen, bes. durch die Funktion der Plazenta als Hormondrüse, zu erklären sind. Bis zum Ende der S. nimmt die Muskelmasse der *Gebärmutter* durch Vergrößerung der glatten Muskelzellen von etwa 50 g auf über 1 000 g zu, entsprechend ist auch die Durchblutung des Uterus verstärkt. In der 16. Woche steht der Gebärmuttergrund in der Mitte zw. Nabel und Schambeinfuge, in der 24. Woche in Nabelhöhe, in der 32. Woche zw. Nabel und Schwertfortsatz, um in der 36. Woche den höchsten Stand am Rippenbogen zu erreichen.

Lunarmonat (28 Tage; Ende)	tatsächl. Länge der Frucht (in cm)	Gewicht der Frucht (in g)
2	3,0	1,1
3	9,8	14,2
4	18,0	108,0
5	25,0	316,0
6	31,5	630,0
7	37,1	1 045,0
8	42,5	1 680,0
9	47,0	2 375,0
10	50,0	3 405,0

Während der S. kommt es am *Herz-Kreislauf-System* der Mutter zu einer Verlagerung und Vergrößerung des Herzens, zur Zunahme des Blut- und Herzzeitvolumens und der Pulsfrequenz. Die wachsende Leibesfrucht verursacht schließl. eine Zunahme des Venendrucks in den unteren Körperpartien mit der Gefahr der Entstehung von Krampfadern in den Beinen. Auch die *Atemtätigkeit* ist (entsprechend einer Erhöhung des Sauerstoffverbrauchs und Grundumsatzes) um rd. 20% gesteigert. Der Calciumbedarf der Schwangeren ist durch den Knochenaufbau des Fetus auf 1,5 g tägl. gesteigert, ein Mehrbedarf, der v.a. durch Milch und Milchprodukte gedeckt werden kann. Auch der Eisenbedarf ist im letzten Drittel der S. auf 12–15 mg tägl. erhöht. Die *Gewichtszunahme* der Schwangeren beträgt normalerweise rd. 10–12 kg. Davon entfallen auf das ausgetragene Kind 3–3,5 kg, auf das Fruchtwasser in der Fruchtblase und den Mutterkuchen 1,5–2 kg, auf die vergrößerte Gebärmutter 1 kg, auf die Brüste rd. 0,5–1 kg, auf Flüssigkeitsansammlungen etwa 4 kg. - Der Embryo bzw. der Fetus wird während der S. über die Plazenta ernährt. Diese ist allerdings zugleich auch durchgängig für Immunstoffe, manche Medikamente, Alkohol, Nikotin und die Erreger bestimmter Krankheiten (z. B. Syphilis, Toxoplasmose). - Die S. endet mit der Geburt des Kindes und der folgenden Nachgeburt.
S.dauer und Errechnung des Geburtstermins: Die S.dauer rechnet man von der Nidation bis zur Geburt; im allg. vergehen beim Menschen durchschnittl. 260 Tage (sog. *wahre Tragezeit*). Da das befruchtete Ei vorher noch etwa 5 Tage durch den Eileiter wandert, wären von der Befruchtung der Eizelle bis zur Geburt rd. 265 Tage anzunehmen. Für den prakt. Gebrauch, z.B. zur Berechnung des wahrscheinl. Geburtstermins, geht man dagegen vom 1. Tag der letzten Regelblutung aus; von diesem Zeitpunkt an beträgt die durchschnittl. *Periodentragzeit* rd. 280 Tage. Nach der sog. *Naegele-Regel* (nach dem dt. Gynäkologen F. K. Naegele, * 1777, † 1851) errechnet man den zu erwartenden Geburtstermin unter den gleichen Voraussetzungen noch einfacher so, daß man vom 1. Tag der letzten Regelblutung 3 Monate abzieht und 7 Tage hinzuzählt. Beispiel: 10. Juni 1969 (Beginn der letzten Regel), weniger 3 Monate = 10. März 1969, plus 7 Tage (und 1 Jahr) = 17. März 1970 (voraussichtl. Geburtstermin).

Schwangerschaftshormone ↑Gestagene.

Schwann, Theodor, * Neuss 7. Dez. 1810, † Köln 14. Jan. 1882, dt. Anatom und Physiologe. - Prof. in Löwen und Lüttich; Arbeiten u.a. über Verdauung (Entdeckung des Pepsins, 1836), über Muskeln und Nerven. S. erkannte die prinzipielle Gleichheit der pflanzl. und tier. Zellen und gilt - mit dem Botaniker M. J. Schleiden - als Begründer der Zelltheorie.

Schwann-Scheide [nach T. Schwann] (Neurilemm) ↑ Nervenzelle.

Schwanz, (Cauda) bei Wirbeltieren eine oberhalb des Afters nach hinten verlaufende, verschmälerte, von den S.wirbeln gestützte und mit Muskulatur versehene Verlängerung des Körpers im Anschluß an den Rumpf; ohne Leibeshöhlen- und Eingeweideanteil. Bei verschiedenen Wirbeltieren ist der S. weitgehend (bis auf nur wenige S.wirbel) reduziert und tritt nicht mehr als S. in Erscheinung (v.a. bei erwachsenen Froschlurchen, bei Menschenaffen und beim Menschen). Bei den Fischen ist kein eigener S.teil abgrenzbar, da auch keine bes. S.wirbel unterschieden werden können. - Die S.länge bzw. die Anzahl der S.wirbel ist von Art zu Art sehr verschieden, auch innerhalb der Arten variabel. Bes. starke Unterschiede (auch in bezug auf die Ausbildungsform) finden sich bei den Rassen verschiedener Haustiere, v.a. bei denen des Haushunds.
Urspr., d.h. bei den primitiven wasserbewohnenden Wirbeltieren mit schlängelnder Fortbewegung wie den S.lurchen, aber auch bei Reptilien, ist der S. Hauptfortbewegungsorgan. Bei den höheren Landwirbeltieren ist der S., soweit er nicht bedeutungslos geworden ist, ein Balancierorgan (z.B. bei Mäusen, Meerkatzen) oder ein Steuerorgan (bei Weitspringern wie Katzen, Eichhörnchen), oder er bildet eine Sitzstütze (z.B. bei Riesenkänguruhs, Erdferkeln und Springmäusen). Als Greif-S. ist er z.B. bei den Neuweltaffen, aber auch beim Chamäleon ausgebildet. Mit Endquaste versehen (z.B. bei den Rindern), kann er (wie auch der Pferdeschweif) als Fliegenwedel dienen. Eine bes. Haltung oder bes. Bewegungen des S. können auf Artgenossen Signalwirkung haben bzw. Ausdruck einer bestimmten Stimmungslage sein (z.B. das S.wedeln als Ausdruck der Freude beim Hund).
◆ Bez. für das Hinterleibsende (Abdomenende) vieler Wirbelloser.

Schwanzagutis (Myoprocta), Gatt. etwa 30–40 cm körperlanger (einschl. Schwanz bis 45 cm messender) Nagetiere (Fam. Agutis) mit 2 Arten in Wäldern und buschreichen Landschaften des nördl. und zentralen S-Amerika; überwiegend tagaktiv; graben Erdbaue.

Schwanzborsten (Cerci, Afterraife, Analraife, Raife, Aftergriffel, Afterfühler), bei vielen primitiven Insekten (z.B. den Borstenschwänzen, Schaben) ein Paar kurzer, z.T. zangenförmiger (z.B. bei Ohrwürmern, Libellen-♂♂), eingliedriger oder mehr- bis vielgliedriger, antennenartiger Extremitäten des letzten (11.) Hinterleibssegments.

Schwanzdrüsen, an der Schwanzwurzel verschiedener Säugetiere (z.B. bei Bisamrüßlern an der Schwanzunterseite) mündende Hautdrüsen, die als Duftorgane dienen und deren Sekret (Pheromone) während der Paarungszeit zur Abgrenzung des Reviers (Duftmarkierung) und zur Anlockung bzw. Stimulation des Geschlechtspartners eingesetzt wird.

Schwänzeltanz ↑ Honigbienen.

Schwanzfedern (Steuerfedern, Rectrices), bes. lange, breite Federn am Schwanz der Vögel; mit steifem Schaft und fester Fahne, wobei die seitl. S. durch eine schmalere, steifere Außenfahne und eine breitere, weichere Innenfahne unsymmetr. gebaut sind. Meist trägt der Schwanz 10–12 S.; i.d.R. dienen die S. als Seiten- und Höhensteuer beim Flug, auch als Bremse bei der Landung (durch Nachuntenschwenken des aufgefächerten Schwanzes) und als Stützorgan (beim Specht). Ein auffälliges Zurschaustellen bei der Balz gibt den S. bei den ♂♂ vieler Vögel (z.B. Fasanen, manche Paradiesvögel, Auer- und Birkhuhn, Leierschwanz) Schmuckfedercharakter. - ↑ auch Vogelfeder.

Schwanzflosse (Pinna caudalis), i.e.S. der bei Fischen seitl. abgeplattete, der Fortbewegung (Vortrieb durch Rückstoß) und als Steuerruder dienende hinterste Teil des Körpers, der den unpaaren Flossen zuzurechnen ist. Den Fischen entsprechende S. kommen noch bei den Fischechsen vor und, rückentwickelt, bei den geschwänzten Amphibien. - Der Fisch-S. nicht entsprechend sind die waagrecht stehenden „Schwanzflossen" der Wale: Ihr Schwanzteil *(Fluke)* ist im Anschluß an eine sehr muskulöse, im Querschnitt ovale Schwanzwurzel an den Seiten ausgezogen und wird so beim Auf- und Abwärtsschlagen zum Hauptfortbewegungsorgan.

Schwanzlurche (Caudata, Urodelen, Urodela), mit wenigen Ausnahmen (höhere Gebirgslagen S-Amerikas) auf die gemäßigten Regionen der N-Halbkugel beschränkte, rd. 220 knapp 4 cm bis maximal 150 cm (Jap. Riesensalamander) lange Arten und viele Unterarten umfassende Ordnung der Lurche; leben erwachsen meist an Land, v.a. in feuchten Lebensräumen, z.B. auf der Laub- und Moosschicht des Waldbodens, sind vorwiegend nachtaktiv und ernähren sich v.a. von Gliederfüßern und Würmern; Körper langgeschwänzt und langgestreckt, mit vom Rumpf abgesetztem Kopf und mit nackter, drüsenreicher Haut, deren äußere Hornschicht mehrmals im Jahr, meist in einzelnen Fetzen, abgestreift und erneuert wird; ausgenommen bei den Armmolchen, sind 2 kurze, schwache Gliedmaßenpaare ausgebildet, mit vorn 4 Fingern, hinten 5 Zehen; der Rachen ist bezahnt; äußeres Ohr, Trommelfell und Paukenhöhle fehlen; die Besamung erfolgt über Spermatophoren. Die Entwicklung verläuft meist über eine Metamorphose, wobei die im Wasser von verschiedenen Kleinlebewesen lebenden Larven äußere Büschelkiemen und wohlausgebildete Gliedmaßen besitzen. Manche zeitlebens im Wasser verbleibende S. behalten neben den Kiemen auch ihr larvales Aussehen bei und werden in diesem Stadium geschlechtsreif (z. B. ↑Axolotl). Die Entwicklung kann auch innerhalb der am Land abgelegten Eier oder innerhalb der im Mutterleib verbleibenden Eier erfolgen, wobei dann fertig ausgebildete Larven (z. B. beim Feuersalamander) oder kleine Jungsalamander (z. B. beim Alpensalamander) geboren werden. - Man unterscheidet v. a. folgende Fam.: Aalmolche, Armmolche, Lungenlose Salamander, Olme, Querzahnmolche, Riesensalamander, Winkelzahnmolche.

Schwanzmeise ↑Meisen.

Schwanzwirbel (Kaudalwirbel, Vertebrae coccygeae), die letzten (hintersten) Wirbel der Wirbelsäule im Anschluß an die Sakralwirbel bzw. das Kreuzbein, d. h. den Bereich, in dem der Beckengürtel befestigt ist. Die S. bilden die Stütze des Schwanzes oder können reduziert und miteinander verschmolzen sein (z. B. bei den höheren Affen und beim Menschen zum Steißbein).

Schwarm, bei verschiedenen Tierarten von einer unterschiedl. Individuenzahl gebildete Gruppe, die z. B. bei Insektenarten einen kugeligen bis wolkenartigen (z. B. bei Wanderheuschrecken), bei Fischarten einen ellipsoiden bis langgestreckten Raum unterschiedl. Ausdehnung einnimmt. Der oft nur kurzfristig bestehende, zu artspezif. Zeiten und an artspezif. Orten gebildete S. von Insektenarten dient häufig der Kopulation, z. B. bei vielen Stech- und Zuckmückenarten, bei den geflügelten Geschlechtstieren vieler Ameisenarten und bei den geflügelten ♂♂ von Glühwürmchen. Soziale Bienen (↑Honigbienen) bilden einen S. zur Gründung eines neuen Staates. - Teils große Schwärme bilden verschiedene Vogelarten, z. B. Seeschwalben, kleinere und nur kurzzeitige u. a. Kormorane und Meisen. Schwarmfische bilden einen S. als dauerhafte soziale Ordnung, andere Fische nur als kurzfristige Schutzformation *(Flucht-* oder *Angst-S.)* und Raubfische (z. B. Haifischarten) zum Angriff *(Raubschwarm).*

Schwärmen ↑Honigbienen.

Schwärmer (Sphingidae), Fam. z. T. sehr stattl. (bis knapp 20 cm spannender) Schmetterlinge mit rd. 1 000 Arten, v. a. in den Tropen (davon etwa 30 Arten in Europa); Vorderflügel schmal, kräftig, in Ruhe dachförmig zurückgelegt; Hinterflügel wesentl. kleiner als die Vorderflügel; kräftige, pfeilschnelle Flieger, die als Wanderfalter oft weite Strecken zurücklegen; meist dämmerungs- und nachtaktive, einige Arten auch tagaktive Besucher von Schwärmerblumen, vor denen sie häufig im Rüttelflug „stehen“, um an den oft tief in der Blüte verborgenen Nektar zu gelangen; Saugrüssel deshalb z. T. extrem lang, z. T. kurz und sehr kräftig wie bei dem zu piepsenden Lautäußerungen fähigen Totenkopfschwärmer; Raupen glatt oder mit gekörnelter Haut, oft auffallend bunt (z. B. die des Wolfsmilchschwärmers), mit einem spitzen Horn oder (seltener) nur einer stumpfen Erhebung auf dem vorletzten Segment; Verpuppung meist in einer Erdhöhle. - Zu den europ. Arten der S. gehört das Abendpfauenauge.

Schwärmerblumen (Nachtfalterblumen, Sphingophile), Pflanzen, deren Blüten regelmäßig von Schwärmern besucht und bestäubt werden. S. haben meist weiße, gelbe oder blaß purpurfarbene Blüten mit waagrechten oder hängenden, engen, oft sehr langen Kronröhren, in deren Tiefe der Nektar liegt. Ihr Duft ist süßlich. Bekannte S.: Wunderblume, Nachtkerze, Abendlichtnelke.

Schwarmfische, Bez. für Fische, die in mehr oder weniger großen Verbänden (manchmal, z. B. bei den Wanderzügen der Elritze, sind es Mill. von Tieren) ohne Rangordnung zusammengeschlossen sind, häufig gleichgerichtet schwimmen und auf bestimmte Reize hin einheitl. reagieren; es kommt zu keiner Paarbildung von Dauer. S. sind die Hauptbeute der Raubfische und haben daher i. d. R. hohe Eizahlen. Meist bestehen die Schwärme aus nur einer Fischart; es können sich aber auch gemischte Schwärme bilden. Häufig sind die Schwärme nach Geschlechtern oder Altersstufen (sog. Schulen) getrennt, oft leben nur die Jungfische im Schwarm. Bekannte S. sind (außer der Elritze) z. B. Heringe, Sardinen, Sardellen, Sandaale und zahlr. Salmlerarten.

Schwarmzeit, die artspezif. Zeit des Schwärmens bei verschiedenen Insektenarten, bes. bei der Honigbiene (Mai–Juli). Der Imker unterscheidet in dieser Zeit *Vorschwarm* (mit der alten Königin), *Nachschwarm* (mit der jungen Königin) und *Jungfern-* oder *Heidschwarm* (der sich im gleichen Jahr von den zuvor gen. abzweigt).

Schwarzbär (Baribal, Ursus americanus), in N-Amerika weitverbreitete Bärenart; kleiner und gedrungener als der Braunbär; Körperlänge etwa 1,5–1,8 m, Schulterhöhe bis knapp 1 m; Kopf schmal, mit relativ spitzer Schnauze; Färbung sehr variabel: schwarz, silbergrau („Silberbär“) oder braun („Zimtbär“) bis fast weiß; hält Winterruhe; klettert sehr gut; weitgehend allesfressend; wird in Schutzgebieten sehr zutraul., kann jedoch für den Menschen gefährl. werden. - Abb. S. 102.

Schwarzbeerige Zaunrübe ↑Zaunrübe.

Schwarzbüffel ↑Kaffernbüffel.

Schwarzbuntes Niederungsvieh ↑Niederungsvieh.

Schwarzdorn, svw. ↑Schlehdorn.

Schwarzdrossel, svw. ↑Amsel.

Schwarze Bohnenblattlaus, svw. ↑Bohnenblattlaus.

Schwarze Drachenfische ↑Drachenfische.

Schwarzbär

Schwarze Fliegen, svw. ↑Kriebelmücken.

Schwarze Johannisbeere ↑Johannisbeere.

Schwarze Krähenbeere ↑Krähenbeere.

Schwärzender Bofist, svw. ↑Eierbofist.

Schwärzender Saftling (Hygrocybe nigrescens), vom Sommer bis Herbst in Wäldern und auf Grasplätzen wachsender Blätterpilz: Hut stumpfkegelförmig, 4–6 cm breit, wachsartig, rot bis orange, im Alter schwarz werdend; Stiel faserig gestreift und zitronen- bis orangegelb; Lamellen dick, gelb, weit auseinanderstehend; der an verletzten Stellen austretende Saft verfärbt sich an der Luft schwärzl. violett; Speisepilz.

Schwarze Nieswurz, svw. ↑Christrose.

Schwarzer Apollo ↑Apollofalter.

schwarze Rasse ↑Negride.

Schwarzer Brüllaffe ↑Brüllaffen.

Schwarzer Dornhai ↑Dornhaie.

Schwarzer Germer ↑Germer.

Schwarzer Holunder ↑Holunder.

Schwarzer Klammeraffe ↑Klammeraffen.

Schwarzer Kornwurm ↑Kornkäfer.

Schwarzerle ↑Erle.

Schwarzer Maulbeerbaum ↑Maulbeerbaum.

Schwarzer Milan ↑Milane.

Schwarzer Moderkäfer ↑Moderkäfer.

Schwarzer Nachtschatten (Solanum nigrum), weltweit verbreitete Nachtschattenart; einjährige, 10–80 cm hohe Ruderalpflanze mit verzweigten, dunkelgrünen Stengeln, breit dreieckig-rautenförmigen Blättern und weißen Blüten in kurzgestielten, doldenartigen Wickeln; Früchte schwarze, glänzende, erbsengroße, giftige Beeren.

Schwarzer Panther ↑Leopard.

Schwarzer Rübenaaskäfer ↑Rübenaaskäfer.

Schwarzer Schwan, svw. Trauerschwan (↑Schwäne).

Schwarzer Senf (Senfkohl, Brassica nigra), wahrscheinl. im Mittelmeergebiet beheimatete, heute auch in S-, O- und M-Europa z. T. kultivierte, verwilderte und eingebürgerte Art des Kohls; 0,5–1,5 m hohe, einjährige Pflanze mit gestielten, leierförmigen, gezähnten unteren und lanzettförmigen oberen, blaugrünen Blättern; Blüten goldgelb, in lockeren Doldentrauben. Die runden, kurzgeschnäbelten, etwa 2 cm langen Schoten liegen angedrückt am Stengel. Das in den dunkelbraunen Samen enthaltene Senfölglykosid *Sinigrin* wird u. a. zur Herstellung von Senf und hautreizenden Pflastern verwendet.

Schwarzer Spitz ↑Großspitze.

Schwarzes Bilsenkraut, svw. ↑Bilsenkraut.

Schwarze Schafgarbe ↑Schafgarbe.

Schwarzes Kohlröschen ↑Kohlröschen.

Schwarzes Kopfried ↑Kopfried.

Schwarzes Nashorn, svw. Spitzmaulnashorn (↑Nashörner).

Schwarze Susanne ↑Thunbergie.

Schwarze Witwe (Latrodectus mactans), von S-Kanada bis Argentinien und Chile verbreitete, etwa 0,3 (♂)–1,2 cm (♀) lange Kugelspinne mit roten bis rötlichgelben Flekken auf dem schwarzen Hinterleib; Anzahl und Form dieser Flecken sehr unterschiedl., am beständigsten die uhrglasförmige Zeichnung auf der Unterseite des Hinterleibs. S. W. sind ausgesprochene Kulturfolger, die ihre Netze (sackförmige Röhren) und lockeren, unregelmäßigen Fangfäden in wenig benutzten Räumen weben. Die ♂♂ leben im Netz der ♀♀; sie werden unmittelbar nach der Paarung vom ♀ gefressen (Name!). Der Biß der S. W. ist auch für den Menschen gefährlich.

Schwarzfersenantilope, svw. ↑Impala.

Schwarzforelle ↑Bachforelle.

Schwarzhalsschwan ↑Schwäne.

Schwarzhalstaucher ↑Lappentaucher.

Schwarzkäfer (Dunkelkäfer, Schattenkäfer, Tenebrionidae), mit rd. 20000 Arten weltweit verbreitete, v. a. in Steppen und Wüsten der Tropen und Subtropen vorkommende Fam. etwa 2 bis über 30 mm langer Käfer von größtenteils dunkler bis schwarzer Färbung; vorwiegend nachtaktive, von Pflanzenstoffen (auch faulenden Substanzen) lebende Insekten mit meist stark verkümmerten Flügeln und unbewegl. Flügeldecken; können z. T. schädl. werden durch Fraß an Kulturpflanzen und Lebensmittelvorräten (z. B. ↑Mehlkäfer).

Schwarzkehlchen (Saxicola torquata), bis 12 cm langer, im ♂ Geschlecht oberseits schwarzer, unterseits weißer und orangefarbener Singvogel (Unterfam. Schmätzer); v. a. in offenen, trockenen Landschaften großer Teile

Eurasiens und Afrikas; Bodennest, bes. an Böschungen.

Schwarzkiefer ↑ Kiefer.

Schwarzkümmel (Nigella), Gatt. der Hahnenfußgewächse mit rd. 20 Arten, v.a. im Mittelmeergebiet; einjährige Kräuter mit fiederteiligen Blättern und einzelnstehenden, verschiedenfarbigen Blüten; Blüten und Früchte sind von einer haarförmig zerschlitzten Hochblatthülle umgeben. Eine bekannte Art ist **Gretel im Busch** (Jungfer im Grünen, Braut in Haaren, Nigella damascena), einjährig, 40–50 cm hoch, Stengel aufrecht verzweigt, Blätter fein zerteilt, Blüten einzeln, endständig, hell- bis dunkelblau oder weiß, von einem Kranz fein zerteilter Hochblätter umgeben, Fruchtblätter zu einer aufgeblasenen Frucht zusammengewachsen, seit dem 16. Jh. kultiviert.

Schwarznuß ↑ Walnuß.

Schwarzpappel ↑ Pappel.

Schwarzpinseläffchen ↑ Pinseläffchen.

Schwarzriesling ↑ Burgunderreben.

Schwarzschimmel ↑ Schimmel (Pferd).

Schwarzspecht (Dryocopus martius), mit 50 cm Länge etwa krähengroßer, schwarzer Specht in größeren Wäldern Europas und N-Asiens; nicht sehr häufiger, vorwiegend Ameisen und holzbewohnende Käferlarven fressender Vogel mit hornfarbenem Schnabel und im ♂ Geschlecht roter Kopfplatte (♀ mit rotem Hinterhauptsfleck).

Schwarzstorch, svw. Waldstorch (↑ Störche).

Schwarzwale (Berardius), Gattung der Schnabelwale mit je 1 Art im nördl. und südl. Pazifik; Körperlänge etwa 9–13 m; meist einheitl. braunschwarz, Unterseite manchmal mit helleren Flecken; Kopf relativ klein.

Schwarzwurzel (Scorzonera), Gatt. der Korbblütler mit rd. 100 Arten in Eurasien und N-Afrika; milchsaftführende Kräuter mit ganzrandigen Blättern und gelben, hellroten oder hellviolettfarbenen Blüten in langgestielten, einzelnen Köpfchen. Eine bekannte Art ist die als Gemüsepflanze kultivierte **Gartenschwarzwurzel** (Scorzonera hispanica; bis 120 cm hohe Staude, mit dicker, bis 30 cm langer, außen schwärzl., innen weißer Wurzel, die als Wintergemüse verwendet wird). Der Milchsaft der in Z-Asien heim. Art Scorzonera tau-saghyz wird zu Kautschuk verarbeitet. Auf steinigen Hängen in Süddeutschland kommt vereinzelt die **Purpurschwarzwurzel** (Scorzonera purpurea; weinrote, nach Vanille duftende Blüten) vor.

Gartenschwarzwurzel

Schwebfliegen (Schwirrfliegen, Syrphidae), mit rd. 4 500 Arten fast weltweit verbreitete Fam. durchschnittl. 1,5 cm langer Fliegen (Unterordnung Deckelschlüpfer), davon rd. 300 Arten einheim.; meist metall. glänzende oder auffallend schwarz-gelb gefärbte Insekten, von denen einige Arten (z. B. Hummel-S., „Mistbienen") wehrhafte Bienen, Wespen oder Hummeln nachahmen; ausgezeichnete Flieger, die im Schwirrflug fast bewegungslos in der Luft stehen und bei Beunruhigung seitl. „wegschießen"; Imagines wichtig als Blütenbestäuber (bes. bei Doldenblütlern); Larven z. T. nützl. durch Vertilgen von Blattläusen, z. T. schädl. in Blumenzwiebeln. Einige Larven (z. B. die der Hummelschwebfliegen) leben räuber. in Hummel- und Wespennestern.

Schwebrenken ↑ Felchen.

Schwedenklee ↑ Klee.

Schwefelbakterien, Bakterien, die Schwefel, Schwefelwasserstoff u. a. Schwefelverbindungen oxidieren. Die Oxidationsenergie wird zur ↑ Chemosynthese (z. B. bei Thiobazillen) verwendet. Die phototrophen S. (z. B. Chlorobakterien) benutzen den Schwefel als Elektronendonator bei der Photosynthese (statt Wasser). Die Gatt. *Sulfolobus* wird heute zu den ↑ Archebakterien gestellt.

Schwefelfreie Purpurbakterien (Athiorhodaceae), Fam. begeißelter, orange, rot oder gelbgrün gefärbter Purpurbakterien (Stäbchen oder Spirillen). Sie können anaerob als phototrophe Bakterien leben (mit organ. Säuren, Wasserstoff oder Thiosulfaten als Elektronendonatoren bei den Stoffwechselprozessen), oder sie können aerob als heterotrophe Bakterien im Dunkeln oder im Licht leben und werden dann farblos. Sie sind in Binnengewässern weit verbreitet.

Schwefelkopf (Nematoloma), in M-Europa mit rd. 10 Arten vertretene Gatt. der Lamellenpilze; mit rötl., schwefel- oder grüngelbem Hut, anfangs gelbl., später grauvioletten bis dunkelbraunen Lamellen, schlankem Stiel und mehr oder weniger deutl. ausgeprägtem Ring; meist gruppenweise auf Laub- und Nadelholzstümpfen, z. B. der von Frühling bis Spätherbst bes. auf Fichtenstümpfen gehäuft wachsende **Rauchblättrige Schwefelkopf**

(Nematoloma capnoides); blaß ockergelb, Hut gewölbt, blaßgelb, in der Mitte braungelb; Speisepilz. Ebenfalls eßbar ist der von Sept. bis Nov. büschelig, oft dicht gedrängt auf morschen Laubholzstümpfen wachsende **Ziegelrote Schwefelkopf** (Nematoloma sublateritium); Hut 5–12 cm breit, ziegelrot mit blaßgelbem Rand. Wegen seines bitteren Geschmacks ungenießbar ist der büschelig wachsende **Grünblättrige Schwefelkopf** (Nematoloma fasciculare), der auf Eichen- und Buchenstümpfen wächst: Hut bis 6 cm groß, dünnfleischig, schwefelgelb bis ockerbraun; Lamellen schwefelgelb bis grüngrau.

Schwefelporling (Eierporling, Polyporus sulphureus), vom Frühjahr bis in den Sommer recht häufig an Laubbäumen auftretender, parasit. Pilz (Porling); Hut mit kurzem, strunkartigem Stiel, schwefel- bis orangegelb, 30 bis 40 cm groß; Poren schwefelgelb, fein; Fleisch jung gelbl., saftig; eßbar.

Schwefelpurpurbakterien (Thiorhodaceae), zu den Purpurbakterien zählende Fam. von gramnegativen, begeißelten, phototrophen Bakterien, die Schwefelwasserstoff oder elementaren Schwefel oxidieren; leben in anaeroben Gewässerzonen.

Schwefelritterling (Tricholoma sulphureum), verbreiteter, mittelgroßer, schwefelgelber Ritterling der herbstl. Laubwälder; mit voneinander relativ weit entfernt stehenden, dicken Lamellen; von unangenehmem, gasartigem Geruch (Schwefeldioxid); Hutmitte oft bräunlichgelb; ungenießbar.

Schweifaffen (Sakis, Sakiwinkis, Pithecia), Gatt. der Kapuzineraffenartigen mit 2 Arten in Wäldern des zentralen und nw. S-Amerika; Fell grob und langhaarig; Schwanz lang und buschig; Gesicht weitgehend nackt; Körper schlank, mit langen Gliedmaßen; gut springende Baumbewohner. Etwa 40 cm lang, grau und weiß meliert ist der **Mönchsaffe** (Zottelaffe, Pithecia monachus); mit langen Schulterhaaren und perückenähnl. Kopffell.

Schweifrübe (Schwanzrübe), der kurze, dicke, basale, von den Schwanzwirbeln gebildete Teil des Schweifs der Pferde.

Schweine (Altweltl. S., Borstentiere, Suidae), Fam. etwa 50–180 cm langer Paarhufer (Unterordnung Nichtwiederkäuer) mit 8 Arten in Eurasien und Afrika, kräftige, meist in kleinen Gruppen lebende Allesfresser mit rüsselartiger Schnauze; Körper gedrungen, Beine relativ kurz, Kopf groß, mehr oder weniger langgestreckt, häufig mit Warzen oder Höckern sowie (bes. bei den ♂♂) stark verlängerten Eckzähnen; Fell borstig, oft mit Nacken- oder Rückenmähne. Die Sauen werfen einmal pro Jahr meist viele Junge *(Ferkel, Frischlinge)*. - Zu den S. zählen ↑Wildschweine (mit dem Euras. Wildschwein als Stammform des ↑Hausschweins), ↑Flußschwein, ↑Riesenwaldschwein und ↑Warzenschwein.

Geschichte: Die Domestikation des Schweins, ab etwa dem 7. Jt. v. Chr. beginnend, wurde v. a. durch das soziale [Rangordnungs]verhalten der Wildschweine begünstigt. Im Iran war das Schwein bereits im 5. Jt. und in Mesopotamien im 4. Jt. v. Chr. Haustier. Im ägypt. Raum ist die S.zucht vom Neolithikum bis in die Spätzeit nachweisbar. In Palästina wurde noch während der sog. kanaanäischen Epoche intensiv S.zucht betrieben. Erst die Hebräer, die wegen ihrer halbnomad. Lebensweise keine S. halten konnten, lehnten den Genuß von S.fleisch ab. Später wurde diese Haltung durch strenge Speisegesetze verstärkt und von den islam. Völkern übernommen. - Bei den Griechen und Römern war S.fleisch sehr beliebt. Neben dem Schaf und dem Stier war das S. auch das wichtigste Opfertier.

Volksglauben und Volksbrauch: Die Redensart „Schwein haben“ ([unverdientes] Glück) war urspr. eine iron. Feststellung, da bei ma. Wettspielen ein Schwein der Trostpreis war. Das S. war sowohl Dämon als auch Glücksbringer, z. B. als Amulettanhänger (Glücksschwein) bei den Ehrenketten der dem Antonius geweihten Schützenbruderschaften.

Schweinebandwurm (Taenia solium), meist 2–4 m langer Bandwurm im Dünndarm von Fleischfressern und des Menschen (heute selten); Kopf mit vier Saugnäpfen und einem Hakenkranz. Die reifen, in kleinen Gruppen sich ablösenden Glieder (Proglottiden) werden meist vom Hausschwein mit der Nahrung aufgenommen. Aus den Eiern entwickelt sich eine Larve, aus dieser eine (sich in der Muskulatur festsetzende) ↑Finne. Durch Genuß von rohem, finnigem Schweinefleisch bildet sich dann im Endwirt der fertige Bandwurm aus.

Schweinsaffe ↑Makaken.

Schweinsfisch (Anisotremus virginicus), etwa 40 cm langer Barschfisch im trop. W-Atlantik; Vorderkörper mit zwei dunklen Querbinden, dahinter hellblaue und gelbe Längsstreifen; Flossen gelb; kann durch Aneinanderreiben der Schlundzähne Töne hervorbringen.

Schweinsfuß (S.nasenbeutler, Stutzbeutler, Chaeropus exaudatus), etwa 25 cm langer Beuteldachs in Australien; mit 10–15 cm langem Schwanz, stark zugespitztem Kopf, langen Ohren und langen, dünnen Extremitäten; an den Vorderfüßen ledigl. die zweite und dritte Zehe entwickelt und miteinander verwachsen, an den Hinterfüßen nur die vierte Zehe voll ausgebildet; Fell rauh, oberseits grau bis gelbbraun, unterseits hell.

Schweinshai ↑Hundshai.

Schweinsohr (Keulenpfifferling, Cantharellus clavatus), von Aug. bis Okt. bes. in Weißtannenwäldern in büscheligen, Hexenringe bildenden Gruppen wachsender Leistenpilz; Fruchtkörper bis 6 cm hoch, kurzgestielt, zunächst violettpurpurn, später fleischrötl. bis ockergrau gefärbt, mit weißem Fleisch; Speisepilz.

Schweinsschnauzenfledermaus (Hummelfledermaus, Craseonycteris thonglongyai), mit knapp 3 cm Länge und einem Gewicht von 1,7–2 g kleinstes Fledertier und zugleich das kleinste rezente Säugetier; Fell bräunlich; Insektenfresser. Erstmals 1973 in Thailand entdeckt.

Schweinswale (Phocaenidae), Fam. vorwiegend fischfressender Zahnwale mit sieben bis etwa 2 m langen Arten; Kopf kurz, abgerundet, ohne vorgezogene Schnauze, mit kleinen Hautverknöcherungen als vermutl. Reste eines Hautpanzers. An den Küsten S-Afrikas bis Japans kommt der **Kleine Tümmler** (Finnen-S., Meerschwein, Phocaena phocaena) vor; bis etwa 1,8 m lang, schwarz, ohne Rückenfinne.

Schweiß (Sudor), das farblose, (unzersetzt und ohne das Sekret von Duftdrüsen) weitgehend geruchlose, salzig schmeckende, wäßrige Absonderungsprodukt der ↑Schweißdrüsen, das neutral bis schwach sauer reagiert. Neben Wasser enthält S. je nach Tierart und auch beim Menschen unterschiedl. Mengen an Mineralsalzen, bes. Kochsalz, außerdem geringe Mengen organ. Verbindungen wie Harnstoff, Harnsäure, Glucose, Milchsäure, Aceton, Kreatin, Aminosäuren, Fettsäuren. Verschiedene organ. Substanzen im S. entstammen dem Sekret von Duftdrüsen bzw. sind bakterielle Zersetzungsprodukte. Sie ergeben zus. mit Milchsäure, Komponenten aus der aufgenommenen Nahrung (z. B. nach Knoblauchgenuß) den (individuell) unterschiedl. S.- bzw. Körpergeruch. Der S. spielt eine wichtige Rolle im Rahmen der Temperaturregulation des Körpers (↑Schweißsekretion) und hat daneben auch eine (geringe) exkretor. Funktion. Außerdem bildet der S. einen schützenden (antibakteriellen) Säuremantel auf der Haut.

Schweißdrüsen (Glandulae sudoriferae), meist über die gesamte Haut verteilte, jedoch auch lokal konzentrierte, unverzweigte, tubulöse Hautdrüsen beim Menschen und den meisten Säugetieren in Form von ↑Schweiß absondernden Knäueldrüsen, deren knäuelförmig aufgewundener, sezernierender Hauptteil im Unterhautbindegewebe liegt und von glatten Muskelzellen umgeben ist. Die 2–4 µm weite Mündung *(Schweißpore)* liegt zw. den Haaren bzw. auf den Hautleisten. Die ↑Schweißsekretion wird nerval gesteuert. - Die S. des Menschen, die zu den ekkrinen ↑Drüsen gehören, sind über den gesamten Körper verteilt; bes. dicht stehen sie am Handteller und an der Fußsohle.

Schweißsekretion (Schweißabsonderung, Diaphorese, Transpiration), die über cholinerg. Fasern des Sympathikus und sog. *Schweißzentren* im Zwischenhirn, verlängerten Mark und in den Seitenhörnern des Rükkenmarks gesteuerte Ausscheidung von Schweiß aus den Schweißdrüsen der Säugetiere. Beim Menschen beträgt die durchschnittl. S. bei trockener Haut etwa 0,1 l pro Tag, sonst normalerweise 0,3–0,7 l, bei starker körperl. Arbeit bzw. starker Erwärmung aber auch bis 5 l, in den Tropen sogar bis 15 l pro Tag. V. a. bei trockener Luft verdunstet der von den Drüsen fortgesetzt abgegebene Schweiß sofort wieder auf der Haut und wird nicht bemerkt. Kommt es (bei feucht werdender Haut) zu einer spürbaren S., so spricht man von *Schwitzen.* In einer Schrecksituation kann durch eine plötzl. Kontraktion der Schweißdrüsenmuskeln sehr rasch sog. *kalter Schweiß* in Tropfenform ausgepreßt werden. - Bei starkem Schwitzen kommt es zu einem beträchtl. Verlust an Kochsalz, das dem Körper umgehend wieder zugeführt werden muß.

Schweizer Mannsschild ↑Mannsschild.

Schweizer Sennenhunde, in der Schweiz gezüchtete, vier sehr alte Rassen umfassende Gruppe kräftiger Treib- und Hütehunde mit breitem Kopf und Hängeohren; charakterist. Fellfärbung: schwarz mit gelben oder rotbraunen und symmetr. weißen Abzeichen. Zu den S. S. zählen der **Appenzeller Sennenhund** (bis knapp 60 cm Schulterhöhe; mit glänzendem, kurzem und dichtem Haar und Ringelrute), der **Große Schweizer Sennenhund** (bis 70 cm schulterhoch; stockhaarig; mit langer Hängerute), der **Entlebucher Sennenhund** (bis 50 cm Schulterhöhe; mit glänzendem, kurzem Haar und [angeborenem] Stummelschwanz) und der ↑Berner Sennenhund.

Schwelle, svw. ↑Reizschwelle.

Schwellkörper (Corpora cavernosa), bei Säugetieren (einschl. Mensch) die Harn-Samen-Röhre umschließende, den Penisschaft bildende Bluträume (Ruten-S. und Harnröhren-S.), die sich bei geschlechtl. Erregung mit Blut füllen und die ↑Erektion des ↑Penis bewirken. - S. befinden sich auch im ↑Kitzler, in den Schamlippen und im Scheideneingang.

Schweresinn, svw. ↑Gleichgewichtssinn.

Schwerkraftsinn, svw. ↑Gleichgewichtssinn.

Schwerle, svw. ↑Kopfried.

Schwertfisch ↑Makrelenartige.

Schwertlilie (Schilflilie, Iris), Gatt. der S.gewächse mit rd. 200 Arten in der nördl. gemäßigten Zone; ausdauernde Pflanzen mit Rhizomen, Knollen oder Zwiebeln; Laubblätter schwertförmig, grasähnl. oder stielrund; Blüten groß, einzeln oder in wenigblütigen Trauben. Blütenhülle zweiteilig. In Deutschland heim. sind u. a.: **Sibirische Schwertlilie** (Iris sibirica), 0,3–1 m hoch, schilfähnl., leicht bräunl., am Grund weinrote Blätter, äußere Blütenhüllblätter hellblau, innere violett; **Sumpfschwertlilie** (Gelbe S., Wasser-S., Iris pseudacorus), 0,5–1 m hoch, Blüten gelb, Zipfel der äußeren Blütenhüllblätter eiförmig, der inneren linealförmig, schmal. - Die Rhizome der aus dem Mittelmeergebiet stammenden, blaßblau blühenden **Dt. Schwertlilie** (Iris germanica) und der blau blühenden **Florentiner Schwertlilie** (Iris florentina) liefern Iriswurzel. Zahlr. Arten und Sorten der S. sind beliebte Gartenblumen, u.a. die frühblühende, meist niedrig bleibende, Zwiebeln ausbildende **Netziris** (Stammart ist Iris reticulata) sowie v.a. die vielen hohen oder niedrigen Sorten der Rhizome bildenden **Bartiris** (Iris barbata), deren hängende Blütenblätter einen Bart aus Haaren tragen.

Schwertliliengewächse (Iridaceae), Pflanzenfam. der Einkeimblättrigen mit rd. 1 500 Arten in etwa 70 Gatt. in den Tropen und Subtropen, im N bis in die gemäßigten Gebiete; Kräuter, selten niedrige Halbsträucher, überwiegend mit Rhizomen oder Knollen, seltener mit Zwiebeln; Blüten mit 6 blumenblattartigen Hüllblättern in 2 Kreisen; Fruchtknoten unterständig. Bekannte Gatt., v.a. als beliebte Gartenzierpflanzen, sind Schwertlilie und Krokus.

Sumpfschwertlilie

Schweizer Sennenhunde.
Entlebucher Sennenhund

Schwertträger (Xiphophorus helleri), etwa 7 cm (♂) bis 12 cm (♀) langer Lebendgebärender Zahnkarpfen in S-Mexiko und Guatemala; unterste Strahlen der Schwanzflosse beim ♂ zu schwertartigem, bis körperlangem Fortsatz ausgezogen; Rücken olivfarben, Seiten grünl., mit 3 roten Längslinien; „Schwert" des ♂ orangefarben, schwarz gesäumt; bei Zuchtformen viele Farbvarianten; verbreiteter Warmwasseraquarienfisch.

Schwertwale, Bez. für 2 Arten mit Ausnahme der Polarmeere weltweit verbreiteter Delphine, die große kegelförmige spitze Zähne besitzen: **Großer Schwertwal** (Schwertwal, Mörderwal, Mordwal, Raubwal, Orka, Orcinus orca; 4,5–9 m lang) und **Kleiner Schwertwal** (Kleiner Mörderwal, Pseudorca crassidens; 4,5–6 m lang).

Schwidetzky, Ilse [...ki], *Lissa (= Leszno) 6. Sept. 1907, dt. Anthropologin. - Prof. in Mainz; Arbeiten v.a. zur Völkerbiologie und Rassenkunde sowie zur Sozial- und Kulturanthropologie. - *Werke:* Grundzüge der Völkerbiologie (1950), Das Menschenbild der Biologie (1959), Hauptprobleme der Anthropologie (1972), Grundlagen der Rassensystematik (1974).

Schwielensohler (Tylopoda), Unterordnung wiederkäuender Paarhufer mit kleinen, nagelartigen Hufen; treten im Unterschied zu fast allen anderen Paarhufern nicht nur auf der Spitze der letzten Zehenglieder, sondern auf den beiden letzten Gliedern auf, die eine Sohlenfläche aus einer dicken, federnden Schwiele ausbilden; einzige rezente Fam. ↑ Kamele.

Schwimmbeutler (Yapok, Wasseropossum, Chironectes minimus), bis 40 cm körperlange Beutelratte in bzw. an stehenden oder langsam fließenden Süßgewässern Guatemalas bis S-Brasiliens; Schwanz nackt, schuppig, über körperlang, abgeplattet; mit Schwimmhäuten an den Hinterfüßen; Fell kurz und dicht, grau, mit großen, dunkelbraunen Flecken; lebt in selbstgegrabenen Erdhöhlen am Ufer; jagt unter Wasser v.a. Wirbellose; nachtaktiv; ♀ taucht auch mit Jungen im fest verschließbaren Beutel.

Schwimmblase, (Fischblase, Nectocystis, Vesica natatoria) gasgefüllter, längl. Sack, der bei allen nicht über Lungen atmenden Knochenfischen v.a. ein hydrostat. Organ darstellt. Die S. ist eine bei verschiedenen primitiven Panzerfischen trop. Süßgewässer des Devons zunächst als Lunge ausgebildete

Vorderdarmausstülpung, die dann bei den ins freie Wasser bzw. in das Meer auswandernden späteren Formen der Knochenfische wieder überflüssig wurde (sie fehlt daher von vornherein allen Knorpelfischen, da diese Freiwasserbewohnern entstammen); sie bildete sich zurück oder blieb in neuer Funktion als i. d. R. unpaare und über dem Darm liegende S. erhalten (↑auch Fische). Bei verschiedenen primitiven Knochenfischen (z. B. den Flösselhechten) ist die S. noch lungenähnl. und stellt eine Atmungshilfseinrichtung dar. Oft (v. a. bei Karpfenfischen, Welsen) übernimmt die S. auch als Schalleiter und Schallverstärker eine wichtige Rolle beim Hörvorgang der Fische und kann manchmal auch über Muskeln, die die S.wand zum Vibrieren bringen, Töne erzeugen.

◆ (Aerozyste) bei verschiedenen langen, relativ schweren Meeresalgen in Mehrzahl auftretender, mit Luft gefüllter Hohlraum (z. B. ↑Blasentang).

Schwimmen, in der Zoologie ↑Fortbewegung.

Schwimmenten (Gründelenten, Anatini), Gattungsgruppe der ↑Enten. Die meisten S. gehören der Gattung *Anas* an; tauchen im allgemeinen nicht.

Schwimmfarn (Schwimmblatt, Salvinia), einzige Gatt. der *Schwimmfarngewächse* (Salviniaceae) mit nur wenigen Arten, v. a. im trop. Amerika und Afrika; freischwimmende Wasserpflanzen auf der Oberfläche ruhiger Gewässer. Die wenig verzweigten Pflanzen haben an jedem Knoten 3 Blätter, deren 2 obere als Schwimmblätter ausgebildet sind. Das untere, untergetauchte Blatt ist fadenförmig zerschlitzt und übernimmt die Funktionen der fehlenden Wurzeln; es trägt auch die erbsengroßen Sporenbehälter.

Schwimmhaut, bei bestimmten *Wassertieren* (wie z. B. Schwimmvögeln, Lurchen) zw. allen oder nur einigen Zehen auf deren ganzer Länge oder nur ein Stück weit ausgebildete Haut, die als Ruderfläche dient.

Schwimmkäfer (Dytiscidae), mit rd. 4 000 Arten v. a. auf der Nordhalbkugel verbreitete Fam. weniger Millimeter bis 5 cm langer Käfer, davon einheim. rd. 150 Arten; Körper abgeplattet, oval; Hinterbeine als Schwimmbeine abgeflacht und mit Schwimmhaaren besetzt; mehr oder weniger gut an das Wasserleben angepaßt, kommen zum Luftschöpfen an die Wasseroberfläche; verlassen nachts das Wasser, um zu anderen Gewässern zu fliegen; Larven mit Saugzangen, ebenfalls im Wasser und wie die Käfer Beutejäger; nur wenige Arten Pflanzenfresser. - Bekannte Gatt. sind ↑Gelbrandkäfer und **Schnellschwimmer** (Agabus; gelbrandkäferähnl.; dorsoventral abgeplattet; mit über 25 einheim., 6–12 mm langen Arten).

Schwertträger

Schwimmnest ↑Nest.

Schwimmpflanzen, meist wurzellose Wasserpflanzen, die entweder frei auf der Wasseroberfläche (z. B. Wasserlinse, Froschbiß, Wasserhyazinthe) oder untergetaucht schwimmen (z. B. Tausendblatt, Wasserschlauch).

Schwimmwanzen (Naucoridae), mit rd. 150 Arten v. a. in den Tropen verbreitete Fam. der Wasserwanzen; Gestalt schwimmkäferartig; Vorderbeine meist spitze, einklappbare Fangbeine, Hinterbeine zu Schwimmbeinen umgewandelt; leben räuber. im Süßwasser; einzige einheim. Art: **Schwimmwanze** (Naucoris cimicoides), 12–16 mm lang, olivbraun, glänzend; in stehenden Gewässern zw. Wasserpflanzen; Stich für den Menschen sehr schmerzhaft.

Schwindling (Marasmius), artenreiche Gatt. der Lamellenpilze; meist zierl., schlankgestielte, bei Trockenheit stark einschrumpfende Pilze mit weißem Sporenstaub und voneinander entfernt stehenden Lamellen; mehrere geschätzte Würzpilze: z. B. **Nelkenschwindling** (Marasmius oreades; etwa 7 cm groß; lederbraun, dünnfleischig, an der Basis weißfilziger Stiel) und **Knoblauchschwindling** (Echter Mousseron, Marasmius scorodonius; etwa 5 cm langer Stiel, 2,5 cm breiter Hut; rotbraun; in Nadelwäldern).

Schwingalgen (Oscillatoria, Oszillatoria), Gatt. der Blaualgen mit rd. 100 Arten im Wasser und auf Schlamm; unverzweigte, geldrollenartige Fäden (Zellkolonien), die Kriech- und Schwingbewegungen ausführen können.

Schwingel (Festuca), Gatt. der Süßgräser mit über 200 Arten auf der ganzen Erde. In Deutschland kommen rd. 20 sehr formenreiche Arten vor; fast ausschließl. ausdauernde Rispengräser mit flachen oder zusammengerollten Blättern; Ährchen in Rispen, meist lanzenförmig, zwei- oder mehrblütig. Eine häufige einheim. Art ist der **Riesenschwingel** (Festuca gigantea): 0,60–1,50 m hoch, mit stark geöhrten (Spreitengrund trägt zwei Anhänge), unterseits glänzenden, bis etwa 15 mm breiten Blättern; Ährchen fünf- bis neunblütig, in bis 40 cm langen, schlaff überhängenden Rispen; in schattigen Auen- und Laubmischwäldern. Als Futter- und Rasengras wichtig ist der **Rotschwingel** (Festuca rubra): rasig wachsend oder horstbildend, mit vier- oder fünfblütigen Ährchen in bis 15 cm langer Rispe; in trockenen Wäldern und auf sandigen Böden. In vielen Varietäten als Gartenzierpflanze wird der ↑Schafschwingel verwendet.

Schwingen, svw. ↑Schwungfedern.

Schwingkölbchen, svw. ↑Halteren.

Schwirle (Locustella), Gatt. unscheinbar gefärbter Singvögel (Fam. Grasmücken) mit sieben Arten; v. a. auf Wiesen und in dichtem Pflanzenwuchs Eurasiens und N-Afrikas; ♂♂ mit monotonem, surrendem Gesang („Schwirren"); bauen ihre napfförmigen Nester dicht über oder auf dem Boden; meist Zugvögel, die in Afrika überwintern. - Zu den S. gehören u. a.: **Feldschwirl** (Locustella naevia), etwa 13 cm groß, oberseits olivbraun längsgefleckt, mit rostfarbenem Bürzel; in mittleren Breiten Eurasiens; **Rohrschwirl** (Nachtigallenschwirl, Locustella luscinoides), etwa 14 cm groß, oberseits rötlichbraun, unterseits gelblichweiß; in N-Afrika und Eurasien; **Schlagschwirl** (Locustella fluviatilis), etwa 13 cm groß, oberseits dunkelbraun, unterseits weißl. mit dunklen Bruststreifen; in O- und M-Europa.

Schwirrfliegen, svw. ↑Schwebfliegen.

schwitzen, Schweiß absondern.

◆ Wasser ausscheiden; auf Pflanzen bezogen (↑Guttation).

Schwungfedern (Schwingen, Remiges), die als Konturfedern zum Großgefieder zählenden großen, relativ steifen und doch elast., durch Luftanströmung Auftrieb und Vortrieb erzeugenden Flügelfedern der Vögel, von denen die bes. langen, harten äußeren Handschwingen den *Handflügel (Handfittich)*, die kürzeren, etwas breiteren und weicheren Armschwingen am Unterarm den *Armflügel (Armfittich)* des Vogelflügels bilden. Die S. werden oberseits und unterseits der Flügel zur Hälfte von Deckfedern überlagert.

Scindapsus [griech.], Gatt. der Aronstabgewächse mit rd. 20 Arten in Malesien (einem Teilareal des paläotrop. Florenreichs); meist Kletterpflanzen mit Luftwurzeln und etwas ledrigen Blättern. Eine als Zimmerpflanze beliebte Art ist **Scindapsus aureus** mit hell gefleckten Blättern, die in der Jugendform 6–10 cm lang und 6–8 cm breit, in der Altersform 20–60 cm lang und 20–50 cm breit sind.

Sclera (Sklera) [lat.], svw. Lederhaut (↑Auge).

Scolex (Skolex) [griech.], das Kopfende der ↑Bandwürmer.

Scopolamin [nach dem Nachtschattengewächs ↑Scopolia] (Skopolamin, Hyoscin), in einigen Nachtschattengewächsen vorkommendes Alkaloid mit beruhigender, krampflösender, in höheren Dosen lähmender Wirkung; auch als Mittel gegen Erbrechen (Antiemetikum) verwendet.

Scopolia [nach dem italien. Naturwissenschaftler G. A. Scopoli, * 1723, † 1788], svw. ↑Tollkraut.

Scorpiones, svw. ↑Skorpione.

Scorzonera [span.], svw. ↑Schwarzwurzel.

Scotchterrier ['skɔtʃ], svw. ↑Schottischer Terrier.

Scrophularia [lat.], svw. ↑Braunwurz.

Scrophulariaceae [lat.], svw. ↑Rachenblütler.

Scrotum [lat.], svw. ↑Hodensack.

Scrub [engl. skrʌb „Gebüsch"], trop. und subtrop. Strauchformationen Australiens.

Scyphozoa [griech.] (Schirmquallen, Scheibenquallen, Skyphozoen), Klasse meerbewohnender Nesseltiere mit rd. 200 Arten; meist mit Generationswechsel zw. der sich ungeschlechtl. fortpflanzenden, sehr kleinen (etwa 1–7 mm langen), unauffälligen Polypengeneration (*Skyphopolypen*) und der Geschlechtsorgane ausbildenden, oft sehr großen (Durchmesser bis 1 m, selten 2 m), auffälligen Medusengeneration *(Skyphomedusen)*. Die Medusengeneration tritt oft in riesigen (bis 15 km langen), oberflächennahen Schwärmen auf. Aus den befruchteten Eizellen der Medusen gehen Schwimmlarven hervor, die sich am Untergrund festsetzen und sich zu Skyphopolypen entwickeln. Zu den S. gehören u. a. Ohrenqualle, Kompaßqualle und Leuchtqualle.

Sechsender ↑Geweih.

Secundinae [lat.], svw. ↑Nachgeburt.

Sedentaria [lat.] (Röhrenwürmer), im Meer lebende Ordnung der Vielborster; Körper meist sehr deutlich in verschiedene Abschnitte gegliedert, am Vorderende manchmal mit leuchtend bunt gefärbter Tentakelkrone. Bekannt ist u. a. der ↑Köderwurm.

Sedum [lat.], svw. ↑Fetthenne.

Seeaal (Meeraal, Conger conger), bis 3 m lange Art der ↑Meeraale, in fast allen Meeren vorkommend, erwachsen in Küstennähe; Oberseite grau bis schwärzlichbraun, Bauch weißlich; Raubfisch; Fleisch geräuchert im Handel.

Seeadler (Haliaeetus, Haliaetus), mit Ausnahme S-Amerikas weltweit verbreitete Gatt. mächtiger, bis 1,1 m langer, hochschnäbeliger Greifvögel mit acht Arten, v. a. in gewässerreichen Landschaften und an Küsten; gut segelnde, rot- bis schwarzbraune, häufig an Kopf, Hals, Brust, Flügelbug und Schwanz weiß gefärbte Vögel, die sich bes. von Wasservögeln und Fischen ernähren; sehr ruffreudig (hohe und helle Rufe); bauen große Horste auf Bäumen oder Sträuchern (mitunter auch auf der Erde). - Zu den S. gehören u. a.: **Euras. Seeadler** (Haliaeetus albicilla), bis

90 cm lang, maximale Spannweite 2,4 m; in Europa (östl. der Elbe) und in den nördl. und gemäßigten Regionen Asiens; Gefieder einfarbig graubraun, mit weißem Schwanz; Teilzieher; **Schreiseeadler** (Haliaeetus vocifer), bis 70 cm lang, an Süßgewässern Afrikas südl. der Sahara; Kopf, Hals, Brust, Rücken und Schwanz weiß, Bauch und Schultern rotbraun, Flügel schwarz.

Seeanemonen (Anemonia), Gatt. der Aktinien mit bis zu 200 langen Tentakeln, die häufig leicht abbrechen und kräftig zu nesseln vermögen.

Seebader, svw. ↑Doktorfische.

Seebär, svw. ↑Bärenrobbe.

Seebären, svw. ↑Pelzrobben.

Seebarsch (Wolfsbarsch, Roccus labrax), bis etwa 80 cm langer Zackenbarsch im nö. Atlantik (einschl. Nord- und westl. Ostsee) bis NW-Afrika und im Mittelmeer, auch in Flußmündungen; Rücken grau bis schwarzgrau, Seiten gelblichsilbern; Kiemendeckel mit schwarzem Fleck; Speisefisch.

Seebull ↑Groppen.

Seedrachen (Chimären, Meerdrachen, Meerkatzen, Seekatzen, Holocephali), Unterklasse bis 1,5 m langer ↑Knorpelfische mit rd. 25, ausschließl. meerbewohnenden Arten; Körper schlank, mit auffallend großem Kopf und langem, peitschenschnurartig verlängertem Hinterkörper; ernähren sich vorwiegend von Höheren Krebsen, Muscheln und Schnekken, die sie mit ihren zu festen Platten verbundenen Zähnen zermahlen.

See-Elefanten (Elefantenrobben, Meerwölfe, Morunga, Mirounga), Gatt. der Rüsselrobben in südl. Meeren und an der nordamerikan. Pazifikküste; größte rezente Robben; ♂♂ bis 6,5 m, ♀♀ bis 3,5 m lang; Gewicht bis 3 600 kg; Nase bei ♂♂ rüsselartig verlängert (bes. bei alten Tieren), wird bei Erregung aufgebläht; sehr gesellig; ♂♂ mit „Harem"; überwiegend nachtaktiv, jagen Fische und Kopffüßer; längerer Landaufenthalt führt zum Haarwechsel, bei dem gleichzeitig die oberste Hautschicht abgestoßen wird. - Man unterscheidet zwei Arten: **Südl. See-Elefant** (Mirounga leonina; in den subantarkt. Meeren; bis 6,5 m lang; oberseits blaugrau, Unterseite heller; Rüssel mäßig lang; nicht selten in zoolog. Gärten); **Nördl. See-Elefant** (Mirounga angustirostris; Rüssel noch stärker verlängert; gelb- bis graubraun; weitgehend ausgerottet; nur noch kleine Herden im Pazifik vor Amerika).

Seefedern (Pennatularia), Ordnung der Oktokorallen mit rd. 300 Arten; bilden meist federförmige, oft große (bei Tiefseeformen bis 2,3 m hoch werdende) Kolonien, die über einen durch Wasseraufnahme stark schwellbaren Stiel im Bodengrund verankert sind; meist lebhaft gefärbt, oft mit Leuchtvermögen.

Seeforelle ↑Forellen.

Seefrosch ↑Frösche.

Seefuchs, ↑Marderhund.
◆ svw. Fuchshai (↑Drescherhaie).

Seegras (Zostera), Gatt. der Laichkrautgewächse mit rd. zehn Arten auf den Meeresböden der Küstengebiete der gemäßigten Zonen; untergetauchte, ausdauernde Pflanzen mit grasartigen, schmalen Blättern. In der Nord- und Ostsee kommen zwei Arten vor: das bis über 1 m lange *Gemeine S.* (Zostera marina), das als Polstermaterial und Düngemittel verwendet wird, und das bis 40 cm lange *Zwerg-S.* (Zostera nana).

Seegräser, Sammelbez. für einkeimblättrige, grasartig beblätterte Blütenpflanzen aus den Fam. der Froschbiß- und Laichkrautgewächse; mit kriechenden Wurzelstöcken; festsitzend auf sandig-schlammigem Meeresboden und im flachen Wasser. S. bilden die sog. unterseeischen Wiesen des ozean. Florenreichs.

Seegurken (Seewalzen, Meergurken, Holothurien, Holothuriidea), Klasse der Stachelhäuter mit über 1 000 etwa 1 cm bis 2 m langen, wurst- oder gurken- bis wurmförmigen Arten; Mund- und Afteröffnung an den Körperenden, Mundöffnung von (der Nahrungsaufnahme dienenden) Tentakeln umstellt; Haut lederartig; Skelett fast stets aus isolierten Kalkkörperchen; Enddarm mit als Wasserlungen dienenden Ausstülpungen. - S. leben fast ausschließl. am Boden. Sie werden in SO-Asien z. T. gekocht und getrocknet und kommen als *Trepang* (Nahrungsmittel; auch als Aphrodisiakum verwendet) in den Handel. - Abb. S. 110.

Seehähne, svw. ↑Knurrhähne.

Seehase (Meerhase, Lump, Cyclopterus lumpus), etwa 30 (♂) bis 50 cm (♀) langer Knochenfisch (Fam. Scheibenbäuche) an den Küsten des N-Atlantiks; Körper plump, hochrückig; Haut schuppenlos, mit Knochenhöckern und -stacheln; Bauchflossen zu einer Saugscheibe verwachsen; Schwimmblase fehlt; dunkelgrau bis schwärzl., Bauch hell, beim ♂ während der Laichzeit ziegelrot; Fleisch wenig geschätzt. Der Rogen des S. kommt, mit Geschmacksstoffen versetzt und schwarz gefärbt, als Kaviarersatz *(deutscher Kaviar)* in den Handel.

Seehasen (Aplysia), Gatt. bis 40 cm langer, plumper, meerbewohnender Schnecken (Überordnung Hinterkiemer) mit fast völlig rückgebildeter, weitgehend vom Mantel überwachsener Schale; vermögen (nach Aneinanderlegen zweier Seitenlappen des Fußes zu einem Rückenrohr) durch Rückstoß zu schwimmen.

Seehechte (Meerhechte, Hechtdorsche, Merlucciidae), weitverbreitete Fam. bis über 1 m langer (meist kleinerer) Dorschfische; Körper schlank, hechtähnl.; Raubfische mit großer, zahnbewehrter Mundöffnung; u. a. **Seehecht** (Merluccius merluccius): an den Küsten Europas und N-Afrikas; Oberseite grau-

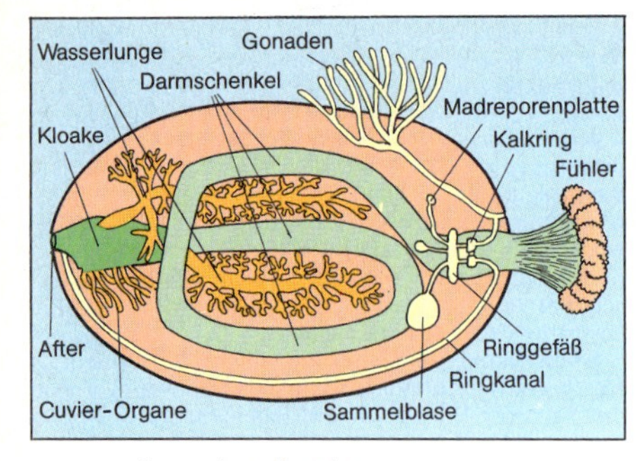

Seegurken. Bauplan

braun, mit schwarzen Punkten, sonst silbrig; Speisefisch.

Seehunde (Phocinae), Unterfam. etwa 1,2 bis über 3 m langer Robben mit 8 Arten, v. a. an Meeresküsten der N-Halbkugel; vermögen im Unterschied zu den Ohrenrobben und dem Walroß ihre Hinterfüße nicht nach vorn unter den Körper zu bringen, weswegen sie sich an Land nur äußerst ungeschickt fortbewegen können. Am bekanntesten ist der die Küsten Eurasiens und N-Amerikas bewohnende **Gemeine Seehund** (Seehund i. e. S., Meerkalb, Phoca vitulina); etwa 1,5 m (♀) bis 2 m (♂) lang, bis rd. 100 kg schwer; Fell der erwachsenen Tiere weißgrau bis dunkelgraubraun, kurzhaarig, glatt mit schwärzl. Flekken- oder Ringelzeichnung; ernährt sich v. a. von Fischen; nach einer Tragezeit von etwa 11 Monaten wird ein Junges (seltener 2) geboren mit auf silberblauem Grund dunkel granitfarben geflecktem Fell (bei der Geburt von 2 Jungen wird nur ein Jungtier von der Mutter angenommen, das andere, als „Heuler" bezeichnete Junge, geht zugrunde). Weitere Arten: **Bartrobbe** (Erignathus barbatus), bis 3 m lang, gelbbraun bis bräunlichgrau; an den Küsten N-Europas, Asiens und N-Amerikas; Oberlippe mit Bart aus auffallend langen, hellen Haaren; **Kegelrobbe** (Halichoerus grypus), 2,2–3 m lang, Oberseite hell- bis dunkelgrau mit hellerer Scheckung, Unterseite lichter; im N-Atlantik; Schnauze kegelförmig langgestreckt; **Mützenrobbe** (Klappmütze, Cystophora cristata), bis 3,8 m lang, über 400 kg schwer, blau- bis dunkelgrau, meist dunkel gefleckt; im N-Atlantik und nördl. Eismeer; mit bei Erregung aufblasbarem, mützenartigen Kopfaufsatz; Pelz jüngerer Tiere als *Blueback* im Handel; **Sattelrobbe** (Pagophilus groenlandicus), bis 2,2 m lang, oberseits grau bis gelbl., unterseits silbergrau, Gesicht schwarzbraun; im Treibeisgebiet der Arktis; an den Körperseiten mit dunkler, bandförmiger Zeichnung; S. ziehen im Frühjahr in großen Herden nach S (Sankt-Lorenz-Strom, Neufundland), wo die ♀♀ je ein weißfelliges Junges gebären, die von den Robbenfängern stark verfolgt werden. Die **Ringelrobben** (Pusa, Phoca) sind eine Gatt. kleiner, bis 1,4 m langer Robben mit 3 Arten im N-Polarmeer und in osteurop. und asiat. Binnenseen; Färbung variabel, mit Ringflecken am Rücken: *Eismeerringelrobbe* (Pusa hispida), *Kaspirobbe* (Pusa caspica, im Kasp. Meer) und *Baikalrobbe* (Pusa sibirica, v. a. im Baikalsee). - ↑auch Robben.

Seehunddarstellungen auf Knochenwerkzeugen des Magdalénien S-Frankr. und auf jungsteinzeitl. Felsbildern in Norwegen zeigen, daß die Seehundarten der europ. Küsten seit dieser Zeit gejagt wurden. Bei den Eskimo spielen S. in Mythologie und Sagenwelt eine große Rolle. - Wie die meisten Robben werden die S. wegen ihres Felles stark bejagt und sind z. T. in ihrem Bestand gefährdet.

Seeigel (Echinoidea), seit dem Silur bekannte, heute mit fast 900 Arten in allen Meeren (z. T. auch in Brackgewässern) weltweit verbreitete Klasse wenige Millimeter bis

Gemeiner Seehund

Seehunde. Kegelrobbe

32 cm großer Stachelhäuter; im Unterschied zu Seesternen ohne Arme ausgebildete, meist schwarze, dunkelbraune, violette oder schmutziggelbe Tiere. In ihre kugelige bis scheibenförmig abgeflachte Körperwandung sind fest miteinander verwachsene Skelettplatten eingelagert, so daß ein festes (jedoch stets von einer Epidermis bedecktes) Außenskelett gebildet wird, auf dem häufig lange (auf gelenkförmigen Höckern durch Muskeln bewegbare, z. T. mit Giftdrüsen versehene) Stacheln stehen. Ein Großteil der radial angeordneten Plattenreihen *(Ambulakralplatten)* ist mit Poren versehen, durch die ↑Pedizellarien und der Fortbewegung dienende (mit dem Wassergefäßsystem in Verbindung stehende) Saugfüßchen treten. - S. sind getrenntgeschlechtl. Tiere, deren Geschlechtsprodukte durch Poren der Afterregion ins Meereswasser gelangen, wo die Befruchtung stattfindet. Die Entwicklung erfolgt über eine planktont. lebende Larve *(Echinopluteus)*. - Je nach Körperform und Bauplan unterscheidet man unter den S. zwei Gruppen: 1. *Reguläre S.* (Regularia): mit kugeligem bis wenig abgeflachtem, radiär-symmetrisch gebautem Körper; Mund zum Boden gerichtet, mit kräftigem Kauapparat (↑Laterne des Aristoteles), der dem Abweiden des Aufwuchses vom Untergrund dient; After und ↑Madreporenplatte dorsal (oben) gelegen. Hierher gehören die meisten S., z. B. Strandseeigel, Steinseeigel, Lanzenseeigel, Eßbarer Seeigel und Diademseeigel. 2. *Irreguläre S.* (Irregularia): mit mäßig bis stark scheibenförmig abgeflachtem, sekundär bilateral-symmetr. Körper; ohne Stacheln; leben eingegraben in sandigem oder schlammigem Grund; ernähren sich von Mikroorganismen. Hierzu werden v. a. ↑Sanddollars und die mit über 100 Arten nahezu weltweit verbreitete Ordnung *Herzseeigel* (Spatangoidea) gerechnet; letztere meist herzförmig, mit sehr dünnen, die Schale pelzartig umgebenden Stacheln; Kiefer und Zähne fehlend (Nahrung fast ausschließl. Detritus). Im Mittelmeer und NO-Atlantik (einschließl. Nord- und Ostsee) ist der bis 6 cm große, graue bis violette *Eigentl. Herzseeigel* (Echinocardium cordatum) weit verbreitet.

Seeigelkaktus (Scheinigelkaktus, Echinopsis), Kakteengatt. mit rd. 40 Arten in S-Amerika, v. a. in Argentinien und Uruguay; zuerst kugelige, später säulige, oft stark sprossende Kakteen mit durchlaufenden oder unterbrochenen Rippen und stark bedornten Areolen; Blüten trichterförmig, meist weiß oder rot, seltener gelb, oft duftend; zahlr. Arten werden kultiviert.

Seejungfern (Prachtlibellen, Calopterygidae, Agriidae), weltweit verbreitete Fam. metall. bläulichgrün glänzender Kleinlibellen (↑Libellen) mit in M-Europa 2–7 cm spannenden Arten, die der Gatt. ↑Schönjungfern angehören.

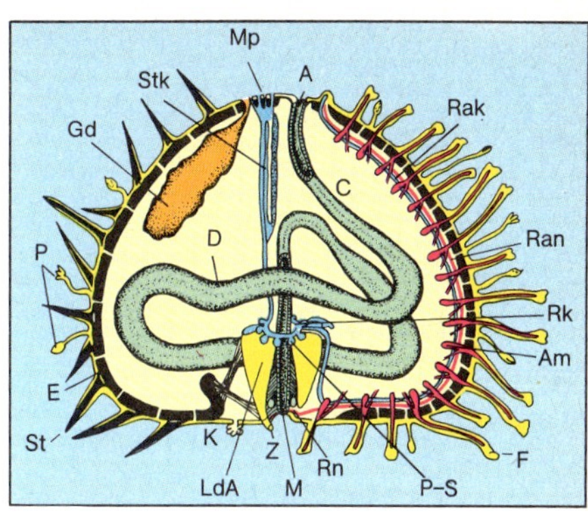

Seeigel. Querschnitt: A After, Am Ampullen, C Cölom, D Darm, E Endoskelett, F Füßchen, Gd Geschlechtsdrüsen, K Kieme, LdA Laterne des Aristoteles, M Mund, Mp Madreporenplatte, P Pedizellarien, P-S Poli-Sammelblasen, Rak Radiärkanal, Ran Radiärnerv, Rk Ringkanal, Rn Ringnerv, St Stacheln, Stk Steinkanal, Z Zahn

Seekarauschen (Cantharus), Gatt. der Meerbrassen, u. a. mit der Art **Streifenbrassen** (Brandbrassen, Seekarausche, Cantharus lineatus): bis 50 cm lang; im Mittelmeer, westl. Schwarzen Meer und an den Atlantikküsten N-Afrikas sowie W-Europas bis zur westl. Nordsee; graublau, mit feinen, blauen Längslinien und etwa neun dunklen Querbinden; Flossen blau.

Seekarpfen, svw. ↑Graubarsch.

Seekatzen, svw. ↑Seedrachen.

Seekiefer, svw. ↑Aleppokiefer.

Seekühe (Sirenen, Sirenia), Ordnung 2,5–4 m langer, maximal fast 400 kg wiegender Säugetiere mit vier rezenten Arten in küstennahen Meeresteilen der Tropen und Subtropen, auch in Flüssen und Binnenseen; Körper massig, walzenförmig, mit dicker Speckschicht; Kopf nicht durch äußerl. erkennbaren Hals vom Rumpf abgesetzt; erwachsen ohne Haarkleid; Vordergliedmaßen flossenartig, Hintergliedmaßen völlig fehlend (Skelettreste des Beckens vorhanden); Schwanz zu waagerechtem Ruder verbreitert; Zähne stark rückgebildet, mit hornigen Reibeplatten in der schräg abwärts gerichteten Vorderschnauze; Pflanzenfresser mit großem Nahrungsbedarf (können in Kanälen zum Freihalten des Wassers von Wasserpflanzen eingesetzt werden); Augen klein, Nasenlöcher verschließbar, Ohrmuscheln fehlend; ♀♀ mit zwei bruständigen Zitzen („Meerjungfrau"); gesellig lebend; verlassen nie das Wasser, in dem auch die Jungen geboren werden. - Man unterscheidet die beiden Fam. ↑Gabelschwanzseekühe und ↑Manatis.

Seelachs ↑Dorsche.

Seeleopard ↑Robben.

Seelilien ↑Haarsterne.

Seelöwen (Haarrobben), zusammenfassende Bez. für sechs Arten der Ohrenrobben, die sich von den Pelzrobben durch das Fehlen der Unterwolle, ihre größere Gestalt und ihre lauten Rufe unterscheiden. Am bekanntesten, da oft in zoolog. Gärten gehalten, ist der **Kaliforn. Seelöwe** (Zalophus californianus): vorwiegend an der kaliforn. Pazifikküste; etwa 1,8 (♀) bis 2,4 m (♂) lang; schlank, mit schmalem Kopf; dunkelbraun; schneller Schwimmer, auch an Land sehr behende; sehr spielfreudig und gelehrig.

Seemannsliebchen, svw. ↑Seemaßliebchen.

Seemaßliebchen (Seemannsliebchen, Sonnenrose, Cereus pedunculatus), bis 9 cm hohe, vorwiegend rot gefärbte Hexakoralle (Ordnung Seerosen), verbreitet von der Nordsee bis zum Mittelmeer. Die im Durchmesser bis 6 cm erreichende Mundscheibe wird von zahlr. (bis 700) weißl., bis 2 cm langen Tentakeln umgeben; Körperseiten mit weißl. Warzen.

Seemaus (Filzwurm, Seeraupe, Aphrodite aculeata), Art der Seeraupen (Fam. Vielborster) auf schlammigen Böden europ. Küsten; bis 20 cm lang, längl.-oval; Rücken mit feinem Haarborstenfilz. Körperseiten mit metall. grün und golden schillernden, langen Haarborsten, dazwischen kräftige braune Borsten.

Seenadeln (Syngnathidae), Fam. bis 60 cm langer Knochenfische (Unterordnung Büschelkiemer) mit rd. 175 Arten in allen Meeren (bes. der trop. und subtrop. Regionen); Körper entweder mäßig langgestreckt (↑Seepferdchen) oder stabförmig, unbeschuppt, mit Knochenschildern bedeckt; Mund lang, röhrenförmig, saugt Kleinkrebse u. a. Plankton ein; ♂♂ treiben Brutpflege. - Zu den S. gehören z. B. die **Große Seenadel** (Syngnathus acus; an den Küsten W- und M-Europas; bis 45 cm lang) und die **Kleine Seenadel** (Syngnathus rostellatus; mit gleicher Verbreitung; bis 17 cm lang).

Seenelke (Metridium senile), bis 30 cm hohe Seerose im nördl. Atlantik, in der Nord- und westl. Ostsee; große Mundscheibe mit zahlr. (600–1 000) kurzen, feinen Tentakeln; Kleintierfresser; Färbung rötl., orange bis gelb oder weiß bis hellblau oder braun.

Seeohren (Meerohren, Haliotis), weltweit verbreitete Gatt. bis etwa 30 cm langer Meeresschnecken (Überordnung Vorderkiemer); Pflanzenfresser; vorwiegend in der Brandungszone; mit ohrförmig gestalteten Schalen; Saugfuß mit zahlr. fädigen Fortsätzen. - Zu den S. gehören u. a. die Abalonen.

Seeperlmuscheln (Echte Perlmuscheln, Pinctada), Gatt. in trop. Meeren lebender Muscheln mit 6 Arten, die als Perlen- und Perlmutterlieferanten wirtsch. bed. sind; Schalen halbkreisförmig, stark schuppig; wichtigste Arten: **Echte Seeperlmuschel** (Große Seeperlmuschel, Pinctada margaritifera; bis über 25 cm groß; dunkel braungrün; im Ind. Ozean und angrenzenden Pazifik) und **Japan. Seeperlmuschel** (Pinctada mertensi; bis 7 cm groß; braun; im Pazifik um Japan).

Seepferdchen (Hippocampus), Gatt. der Knochenfische (Fam. Seenadeln) mit rd. 25 Arten, bes. in warmen Meeren (davon drei Arten an den Küsten S-Europas); meist in senkrechter Körperhaltung langsam schwimmend; Kopf nach vorn abgewinkelt; Schwanz stark verlängert, sehr dünn, ohne Schwanzflosse, als Greiforgan dienend; ♂ treibt Brutpflege. - Abb. S. 114.

Seepocken (Meereicheln, Balanomorpha), Unterordnung der Krebstiere mit über 250, meist 1–1,5 cm großen Arten in oft dichten, weißl. Ansiedlungen, bes. in der Gezeitenzone; Außenskelett aus kalkigen, zu einem ringmauerförmigen Rand verwachsenen Plättchen, die meist einen Deckel aus vier bewegl. Klappen einschließen, zw. denen die Extremitäten hervorgestreckt werden; bekannteste Fam. *Balanidae* (auch in der Nordsee).

Seerose (Nymphaea), Gatt. der S.gewächse mit rd. 40 fast weltweit verbreiteten Arten. In Deutschland kommen vor: **Weiße Seerose** (Nymphaea alba), in stehenden oder langsam fließenden Gewässern; mit herzförmigen Schwimmblättern und weißen Blüten. **Glänzende Seerose** (Nymphaea candida), mit kleineren, weißen, nur halbgeöffneten Blüten; beide Arten sind geschützt. Neben zahlr. winterharten, u. a. aus der Weißen S. entstandenen Sorten sind die aus N- und M-Afrika stammenden Arten **Blaue Lotosblume der Ägypter** (Nymphaea caerulea) und **Weiße Lotosblume der Ägypter** (Nymphaea lotus) sowie die aus O-Indien stammende **Rote Seerose** (Nymphaea rubra) und die **Blaue Lotosblume von Indien** (Nymphaea stellata) aus S- und SO-Asien beliebte Pflanzen für das Warmwasserbecken. - Abb. S. 114.

Seerosen (Seeanemonen, Aktinien, Actiniaria), Ordnung wenige mm langer bis maximal 1,5 m Durchmesser erreichender ↑Hexakorallen mit über 1 000 Arten in allen Meeren (bes. der trop. Regionen); oft lebhaft bunt gefärbte, meist einzeln lebende Tiere mit zylindr., skelettlosem Körper, der häufig mit einer flachen Fußscheibe am Untergrund festgeheftet ist; Fortbewegung vielfach durch wellenförmige Bewegungen der Fußscheibe; Tentakel in einem oder mehreren Kreisen um die Mundscheibe herum angeordnet, mit zahlr. Nesselkapseln, die dem Fang von Fischen, Krebsen, Weichtieren usw. dienen; Fortpflanzung getrenntgeschlechtl.; manche Arten leben in Symbiose mit Einsiedlerkrebsen, andere mit Anemonenfischen. - Zu dieser Ordnung gehören u. a. Gürtelrose, Seenelke, Riesenseerosen, Seeanemonen und **Aktinien** (Actinia) mit der Purpurseerose als bekannter Art. S. sind seit der Antike in verschiedenen Mittelmeerländern als Nahrungsmittel bekannt. Sie werden roh oder in Teig gebakken gegessen.

Seerosengewächse (Nymphaeaceae), weltweit verbreitete Pflanzenfam. der Zweikeimblättrigen mit rd. 80 Arten in 8 Gatt.; Wasser- oder Sumpfpflanzen mit Wurzelstock, selten freischwimmend; stets mit spiralig angeordneten, langgestielten, schwimmenden oder untergetauchten, meist schild- oder herzförmigen Blättern; Blüten meist groß, einzeln. Wichtige Gatt. sind Seerose, Teichrose, Lotosblume, Haarnixe.

Seesaibling (Rotforelle, Rotfisch, Ritter, Salvelinus alpinus salvelinus), Unterart des Wandersaiblings in Seen der bayr. und östr. Alpen; etwa 10 bis 75 cm lang; Färbung variabel: Rücken grünl. bis braun. Unterseite hell, während der Laichzeit meist orange- bis karminrot, Seiten stets mit hellen Tupfen; Speisefisch.

Seescheiden (Aszidien, Ascidiacea), artenreiche Klasse der Chordatiere (Unterstamm Manteltiere); erwachsen stets festsitzend, einzelnlebend oder durch Knospung Kolonien bildend; Mantel oft stark entwikkelt, oben mit Einström-, seitl. mit Ausströmöffnung. Bekannte Gatt.: Clavelina.

Seeschildkröten, svw. ↑Meeresschildkröten.

Seeschlangen (Hydrophiidae), rd. 50 Arten umfassende, nur in den warmen, küstennahen Gewässern des Ind. und Pazif. Ozeans vorkommende Fam. furchenzähniger Giftschlangen von etwa 80 cm bis knapp 3 m Länge; ernähren sich vorwiegend von Fischen, die sie durch Giftbiß lähmen.

Seeschmetterlinge, Bez. für zwei Arten der Schleimfische im Mittelmeer und im Atlantik mit sehr hoher, zweiteiliger Rückenflosse: 1. **Blennius ocellaris,** bis 25 cm lang, rötl. oder graugrün, mit breiten, braunen Querbinden und großem, schwarzem Fleck auf dem Vorderteil der Rückenflosse; 2. **Gehörnter Schleimfisch** *(Blennius tentacularis),* bis 15 cm lang, hellbraun, mit dunkler Fleckung und zwei häutigen, gefiederten Tentakeln auf der Stirn.

Seeschwalben (Sternidae), Fam. etwa 20–60 cm langer, vorwiegend (mit Ausnahme der grauen Oberseite und der schwarzen Kopfplatte) weißer Möwenvögel mit rd. 40 Arten an Meeresküsten und Binnengewässern der trop., subtrop. und gemäßigten Regionen; Schnabel gerade und spitz, Schwanz oft gegabelt; Koloniebrüter. - Zu den S. gehören u. a.: **Flußseeschwalbe** (Sterna hirundo), etwa 35 cm lang, mit gegabeltem Schwanz, dessen Spieße (im Unterschied zur Küsten-S.) die Spitzen der zusammengefalteten Flügel nicht überragen; Schnabel orangerot mit schwarzer Spitze; an Binnengewässern und flachen Meeresküsten großer Teile Eurasiens und N-Amerikas. **Küstenseeschwalbe** (Sterna macrura), etwa 38 cm lang, im Sommer grauer als die Fluß-S., Schnabel blutrot; im arkt. N bis zur Nord- und Ostsee. **Raubseeschwalbe** (Hydroprogne caspia), bis 56 cm lang, weiß mit grauen Flügeln, Schwanz schwach gegabelt, Füße schwarz, Schnabel rot; an Meeresküsten. - Abb. S. 114.

Seeskorpion ↑Groppen.

Seeskorpione, svw. ↑Drachenköpfe.

Seespinnen (Meerspinnen, Majidae), Fam. der Krabben mit zahlr. Arten in den Uferzonen fast aller Meere; Rückenschild vorn stark verschmälert, häufig in zwei Spitzen auslaufend; Beine spinnenartig lang und dünn. - Zu den S. gehören u. a. ↑Gespensterkrabben.

Seesterne (Asteroidea), Klasse der Stachelhäuter mit rd. 1 500, etwa 3 cm bis knapp 1 m spannenden Arten; meist fünf Arme; oberseits meist bestachelt, im Unterschied zu den ↑Schlangensternen wenig von der zentralen Körperscheibe abgesetzt; in Rinnen auf der Körperunterseite Saugfüßchen zur Fortbewegung; ernähren sich von Muscheln, Schnecken und Seepocken. Die ♂♂ und ♀♀ entleeren ihre Geschlechtsprodukte ins Wasser. - Die bekannteste Gatt. ist *Asterias* mit dem **Gemeinen Seestern** (Asterias rubens): vom Weißen Meer bis zur europ. und westafrikan. Atlantikküste verbreitet, auch in der Nord- und Ostsee; etwa 12–40 cm spannend; Oberseite rötl. bis braun oder violett, auch fahlgelb, grünl. oder schwarz. - Abb. S. 115.

Seestichling ↑Stichlinge.

Seestör ↑Makrelenhaie.

Seetang (Tang), Sammelbez. für derbe Braun- und Rotalgen.

Seetaucher (Gaviidae), Fam. kräftiger, etwa 60–90 cm langer Wasservögel mit 4 (in der Gatt. *Gavia* zusammengefaßten) Arten an nord. Meeren (außerhalb der Brutzeit) bzw. an Süßgewässern der Tundren (während der Brutzeit); bis 90 km/h schnell fliegende, tief und lang (maximal 5 Minuten) tauchende Vögel mit kräftigem, spitzem Schnabel und weit hinten am Körper eingelenkten Beinen. S. bauen ein Bodennest dicht am Ufer. - Etwa bis 65 cm lang ist der auf Gewässern N-Eurasiens und N-Kanadas vorkommende **Prachttaucher** (Gavia arctica); im Winter Oberseite grau und braun, Unterseite weiß. Der **Sterntaucher** (Gavia stellata) ist fast 60 cm lang; ♂ und ♀ im Brutkleid oberseits graubraun, unterseits weiß, mit aschgrauem Kopf und rotbraunem Kehlfleck. - ↑auch Eistaucher.

Seeteufel, ↑Anglerfische.

◆ svw. Seeskorpion (↑Groppen).

Seetönnchen, volkstüml. Bez. für ↑Salpen.

Seepferdchen. Hippocampus guttulatus

Weiße Seerose

Küstenseeschwalben

Seewölfe (Wolfsfische, Anarrhichadidae), Fam. der Knochenfische mit neun bis etwa 2 m langen Arten in kalten und gemäßigten nördl. Meeren; langgestreckt; Kopf auffallend plump, mit breiter Mundspalte und sehr kräftigem Gebiß; ernähren sich v. a. von Muscheln, Stachelhäutern und Krebsen. Die bekannteste Art ist der **Atlant. Seewolf** (Gestreifter Seewolf, Katfisch, Kattfisch, Anarrhichas lupus): bis 1,2 m lang, an europ. und amerikan. Küsten des N-Atlantiks; graubraun mit schwarzbraunen Querbinden; das Fleisch kommt als *Austernfisch, Karbonadenfisch* oder auch *Steinbeißer* filetiert in den Handel.

Seezungen (Zungen, Soleidae), Fam. der ↑Plattfische in gemäßigten bis trop. Meeren, verschiedene Arten in Süßgewässern; Körper gestreckt-oval; Augen auf der rechten Körperseite; geschätzte Speisefische, z. B. die **Europ. Seezunge** (Solea solea): 30–60 cm lang; an den Küsten von S-Schweden bis N-Afrika (auch im Mittelmeer); Körper grau bis graubraun, mit sehr kleinen Schuppen.

Segelbader ↑Doktorfische.

Segelechse (Soa-Soa, Hydrosaurus amboinensis), bis über 1 m lange Agame auf den Sundainseln und Neuguinea; bräunlicholiv mit schwarzer Fleckung; vordere Hälfte des hinten abgeflachten Schwanzes mit segelartigem, durch Wirbelfortsätze gestütztem Hautkamm.

Segelfalter (Iphiclides podalirius), bis 7 cm spannender Tagschmetterling (Fam. Ritterfalter) in M- und S-Europa sowie in N-Afrika und Kleinasien; Raupen gedrungen, nach hinten stark verjüngt, grün mit roten Flecken und gelben Schrägstreifen. Der S. steht in der BR Deutschland unter Naturschutz.

Segelflosser (Blattflosser, Pterophyllum), Gatt. der Buntbarsche mit drei Arten im Amazonas und seinen Nebenflüssen. Körper scheibenförmig; treiben Brutpflege; bekannteste Art: **Großer Segelflosser** (**Skalar,** Pterophyllum scalare), 12–15 cm lang, 20–26 cm (mit Flossen) hoch, silbriggrau, mit zuweilen bläul. Glanz und grauen bis tiefschwarzen Querbinden; Rücken- und Afterflossen lang, segelartig ausgezogen; z. T. beliebte Warmwasseraquarienfische.

Segelkalmare ↑Kalmare.

Segelklappen ↑Herz.

Segelträger (Segelfische, Fächerfische, Istiophoridae), bes. in warmen Meeren weit verbreitete Fam. bis über 4 m langer, fast torpedoförmiger Knochenfische (Unterordnung Makrelenartige); mit langer, meist hoher, segelartiger Rückenflosse, sichelförmiger Schwanzflosse und langem, speerförmigem Fortsatz am Oberkiefer; Raubfische; Fleisch sehr geschätzt. - Zu den S. gehören u. a. die **Marline,** z. B. der Gestreifte Marlin (Makaira audax), der Blaue Marlin (Makaira ampla) und der Weiße Marlin (Makaira albida).

Segetalpflanzen, svw. ↑Ackerunkräuter.

Segge [niederdt.] (Carex), Gatt. der Riedgräser mit rd. 1 100 Arten von weltweiter Verbreitung. In Deutschland kommen über 100 oft schwer zu unterscheidende Arten vor; überwiegend ausdauernde Pflanzen mit oft deutl. dreieckigen Stengeln; Blüten eingeschlechtig, stark reduziert, in einblütigen Ährchen, die in ährenartigen Blütenständen zusammengefaßt sind. S. sind oft bestandbildend, u.a. in Ufer- und Sumpfgebieten und auf Sauerwiesen. Bekannt sind u.a.: **Sandsegge** (Carex arenaria), Blätter starr und rauh, Ährchen (6–16) in einer dichten, bis etwa 6 cm langen, ährenartigen Rispe; v.a. auf Dünen der norddt. Küstengebiete. **Waldsegge** (Carex silvatica), 30–60 cm hoch, ♀ Ährchen langgestielt, hängend; verbreitet in Laubwäldern.

Segler (Apodidae), mit rd. 75 Arten weltweit verbreitete Fam. 10–30 cm langer, sehr schnell (bis 180 km/h) fliegender Vögel der Ordnung Seglerartige; vorwiegend graubraun bis schwärzl. befiederte, häufig mit weißen Abzeichen versehene Tiere mit schmalen, sichelförmigen Flügeln, sehr kurzen, kräftigen Beinen und sehr kleinem Schnabel. Nester meist aus Halmen und ähnl. Material, das mit zähem Speichel verklebt wird. Z.T. Zugvögel. - Zu den S. gehören u.a. ↑Stachelschwanzsegler, **Mauersegler** (Apus apus, in Großteilen Eurasiens; etwa 16 cm lang, rußschwarz, mit weißem Kinn, gegabeltem Schwanz und sehr langen, sichelförmigen Flügeln) sowie der **Alpensegler** (Apus melba; in den Alpen und in felsigen Gebirgen sowie an steilen Meeresküsten der Mittelmeerländer, SW- und S-Asiens, O- und S-Afrikas; oberseits graubraun, unterseits [außer der braunen Brustbinde] weiß). - Abb. S. 118.

Seglerartige (Schwirrvögel, Schwirrflügler, Macrochires), weltweit verbreitete Ordnung der Vögel mit den Fam. ↑Segler und ↑Kolibris.

Segment [zu lat. segmentum „Schnitt"], in der *Zoologie* svw. Metamer (↑Metamerie).

Segmentierung, svw. ↑Metamerie.

Sehen, Leistung des Lichtsinns bzw. Gesichtssinns (einschließl. des Farbensehens), die durch das Zusammenwirken opt., biochem., nervl. und psycholog. Prozesse zustande kommt und auch vom Sehobjekt selbst und dem den Raum zw. diesem und dem Lichtsinnesorgan einnehmenden Medium beeinflußt wird. Ein Objekt wird nur gesehen, wenn Größe, Leuchtdichte und Kontrast zur Umgebung ausreichend sind.
Ein **indirektes Sehen** (peripheres S., Geistersehen) erfolgt, wenn ein dunkeladaptiertes Auge ein schwaches Licht nicht fixiert, sondern danebenblickt. ↑Binokulares Sehen ist Voraussetzung für die dreidimensionale visuelle Wahrnehmung, das **räuml. Sehen** (plast. S., stereoskop. S.), also für Tiefenwahrnehmung und Erfassung räuml. Strukturen und Zusammenhänge.
Das S. macht einen langwierigen Lernprozeß während der menschl. Individualentwicklung erforderlich. Dies zeigt sich deutl. darin, daß blind aufgewachsene, nach einer späteren Operation wieder Lichtreize empfindende Menschen das opt. Erkennen der Dinge und Eigenschaften erst mühsam erlernen müssen. - ↑auch Auge.

Sehfarbstoffe (Sehpigmente), die in den Sehzellen des Auges lokalisierten Farbstoffe, v.a. Chromoproteide aus Retinal und dem Protein Opsin, die bei Belichtung mit unterschiedl. Lichtwellenlängen (Farbe) und unterschiedl. großen Lichtintensitäten zerfallen und dadurch eine Erregung in den Sehzellen auslösen. Der Sehfarbstoff für das Dämmerungssehen ist bei den meisten Wirbeltieren das ↑Rhodopsin.

Sehhügel ↑Thalamus.

Sehloch, svw. Pupille (↑Auge).

Sehnen (Tendines, Einz. Tendo), straffe, nur wenig dehnbare Bündel paralleler Bindegewebsfasern, die die Skelettmuskeln der Wirbeltiere (einschließl. Mensch) mit dem Skelett verbinden bzw. über die die Muskeln am Knochen ansetzen oder von ihm abgehen. Viele S. sind von einer doppelwandigen bindegewebigen Hülle (*S.scheide*, Vagina tendinis) umgeben.

Sehnenscheide ↑Sehnen.

Sehnerv (Nervus opticus) ↑Gehirnnerven.

Sehnervenkreuzung ↑Auge.

Sehorgane, Organe (bei Einzellern Organellen) des ↑Lichtsinns (↑Auge).

Sehpurpur, svw. ↑Rhodopsin.

Sehwinkel (Gesichtswinkel), in der *physiolog. Optik* der je nach Feinstruktur des

Gemeiner Seestern. Schema

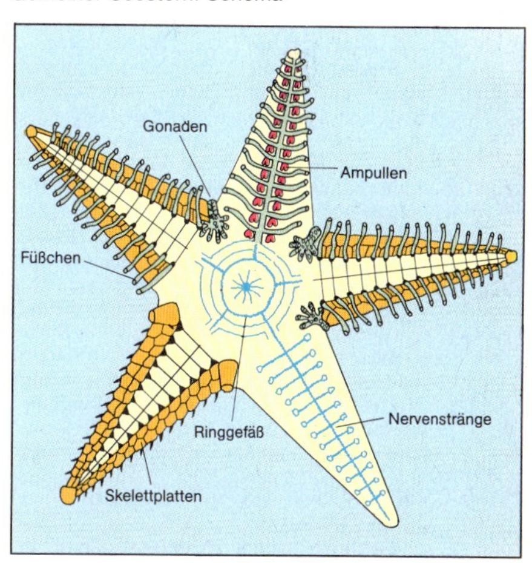

erregten Netzhautbezirks verschiedene und durch opt. Hilfsmittel (Mikroskop, Fernglas u.a.) veränderbare Winkel, unter dem die lineare Ausdehnung eines Objekts dem Auge erscheint.

Sehzellen, die die Lichtreize aufnehmenden Zellen (Photorezeptoren; z.B. Stäbchen, Zapfen) in den Lichtsinnesorganen (↑Auge) der Tiere und des Menschen, in denen bei Lichteinwirkung durch photochem. Abbau eines Pigment-Protein-Komplexes (Sehfarbstoff) Nervenimpulse ausgelöst werden.

Seide, svw. ↑Kleeseide.

Seidelbast (Daphne), Gatt. der S.gewächse mit rd. 70 Arten in Europa, N-Afrika, im gemäßigten und subtrop. Asien und in Australien; immer- oder sommergrüne Sträucher mit kurzgestielten, ganzrandigen Blättern; Blüten trichterförmig, weiß, gelb oder rot, stark duftend. In Deutschland kommen vier geschützte Arten vor. Die bekannteste einheim. Art ist der in Europa, Sibirien und Kleinasien verbreitete **Gemeine Seidelbast** (Kellerhals, Zeiland, Pfefferstrauch, Daphne mezereum): mit 0,5–1,25 m hohen Stämmchen, sommergrünen, erst nach den rosenroten, meist zu dreien in sitzenden Büscheln angeordneten Blüten erscheinenden Blättern und erbsengroßen, roten, giftigen, fleischigen Steinfrüchten. Verschiedene andere Arten, z.B. der rosenrot blühende **Rosmarinseidelbast** (Heideröschen, Daphne cneorum) werden als Zierpflanzen kultiviert.

Seidelbastgewächse (Thymelaeaceae), Pflanzenfam. der Zweikeimblättrigen mit rd. 650 Arten in knapp 50 Gatt. von fast weltweiter Verbreitung, v.a. in S-Afrika, Australien, im Mittelmeergebiet und in den Steppen Asiens; überwiegend Sträucher mit ganzrandigen Blättern; Blüten meist in Ähren oder Trauben; Bast der Rinde netzartig, sehr fest, seidenartig. Bekannte Gatt.: ↑Seidelbast.

Seidenäffchen, svw. ↑Pinseläffchen.

Seidenbienen (Colletinae), Unterfam. primitiver, mit den Urbienen nahe verwandter, einzeln lebender Bienen mit zahlr. Arten in Eurasien, Afrika und Australien; in Europa nur die Gatt. **Colletes** mit 13 einheim., etwa 10 mm großen Arten; Rüssel sehr kurz; Hinterleib kegelförmig, vorn abgestutzt, dicht dunkel behaart, oft mit hellen Querbinden; bauen mehrzellige, von einem seidenartigen Gespinst ausgekleidete Nester.

Seidengras (Ravennagras, Erianthus), Grasgatt. mit über 20 Arten in den wärmeren Gebieten der Erde; meist hohe Gräser mit schmalen, überhängenden Blättern und aus paarweisen Ährchen gebildeten Blütenrispen, die von langen, seidigen Haaren bedeckt sind. Die bekannteste Art ist **Erianthus ravennae** aus dem Mittelmeergebiet: bis 2 m hohe Staude mit anfangs violetten, später grauweiß gefärbten Rispen.

Seidenpflanze (Asclepias), Gatt. der Schwalbenwurzgewächse mit rd. 100 Arten, v.a. in N-Amerika, aber auch in M- und S-Afrika; meist sommergrüne Stauden mit weißen, rosafarbenen, orangegelben, roten oder grünl., radförmigen, fünfspaltigen Blüten in meist vielblütigen Trugdolden.

Seidenraupen ↑Seidenspinner.

Seidenreiher ↑Reiher.

Seidenschwänze (Bombycillidae), Fam. bis 24 cm langer, Insekten und Beeren fressender Singvögel mit 8 Arten, v.a. auf der Nordhalbkugel. Die bekannteste Art ist der **Europ. Seidenschwanz** (Bombycilla garrulus): 18 cm lang, v.a. in Nadelwäldern N-Eurasiens, Alaskas und großer Teile Kanadas; Färbung rötlichbraun, mit schwarzer Kehle, gelber Endbinde auf dem schwärzlichgrauen Schwanz und gelb, weiß, schwarz und rot gezeichneten Hand- und Armschwingen; Kopf mit aufrichtbarem Schopf; Zugvogel mit unregelmäßigen, invasionsartigen Wanderzügen. - Abb. S. 119.

Seidenspinnen (Nephilinae), mit rd. 70 Arten v.a. in den Tropen verbreitete Unterfam. der Radnetzspinnen; ♀♀ bis 6 cm lang; ♂♂ meist nur 4 mm groß, leben in den Netzen der ♀♀; Spinnfäden so stark, daß sich auch Vögel in den Netzen verfangen.

Seidenspinner, allg. Bez. für Schmetterlingsarten, überwiegend aus der Fam. der Augenspinner, deren Raupen (**Seidenraupen**) wirtsch. verwertbare Seide durch ihre Puppenkokons liefern. Die für die Seidenproduktion wichtigsten Arten werden v.a. in Asien gehalten. Neben ↑Maulbeerseidenspinner und ↑Eichenseidenspinner spielt der **Ailanthusspinner** (Götterbaumspinner, Philosamia cynthia) eine bes. Rolle: bis 13 cm spannend; Flügel lehmgelb bis olivbraun, mit schmalem, gebogenem Halbmond im Zentrum und weißer, innen schwarz und außen rötl. geränderter Querbinde; Hinterleib mit Reihen kleiner, weißer Wollbüschel; erwachsene Raupen bläulichgrau, dunkel gepunktet, mit sechs Reihen bläulichgrüner Fleischzapfen, fressen v.a. am Götterbaum, ferner u.a. auch an Holunder, Walnuß und Prunusarten; Kokon besteht aus äußerer loser Seide und innerem festen Gespinst; Seide grob.

Seidenwollbaum (Baumwollbaum, Bombax), Gatt. der Wollbaumgewächse mit rd. 60 Arten in den Tropen v.a. Amerikas; hohe Bäume, selten Sträucher, mit gefingerten Blättern, einzelnen oder gebüschelten Blüten mit zahlr. Staubblättern und holzigen oder ledrigen Kapselfrüchten, deren Innenwände mit kürzeren Haaren oder seidiger Wolle bedeckt sind.

Seifenbaum, (Quillaja) Gatt. der Rosengewächse mit nur drei Arten in S-Amerika; immergrüne, kleine Bäume oder Sträucher mit ledrigen Blättern. Die saponinhaltige Rinde **(Quillajarinde)** des **Chilen. S.** (Quillaja saponaria) liefert u.a. milde Waschmittel.

◆ (Sapindus) Gatt. der S.gewächse (Sapindaceae) mit rd. 15 Arten im trop. Amerika und in Asien; mittelgroße Bäume mit meist gefiederten Blättern und in Rispen angeordneten Blüten. Bekannt ist der von Mexiko bis Argentinien vorkommende **Echte Seifenbaum** (Sapindus saponaria), dessen saponinhaltiges Fruchtfleisch von den Einheimischen als Seife verwendet wird.

Seifenbaumgewächse, (Sapindusgewächse, Sapindaceae) Pflanzenfam. der Zweikeimblättrigen mit rd. 1 500 Arten in rd. 140 Gatt. in den Tropen und Subtropen, nur wenige Arten in den gemäßigten Gebieten; vielgestaltige Bäume und Sträucher, z. T. mit Sproßranken und von lianenartigem Wuchs; mit gefiederten oder einfachen Blättern; vorwiegend mit milchsaftartigen oder harzigen, saponinhaltigen Sekreten; Blüten klein, in end- oder achselständigen Blütenständen; liefern z. T. Öle oder Gifte.

◆ (Sapotagewächse, Sapotengewächse, Sapotaceae) Pflanzenfam. der Zweikeimblättrigen mit rd. 800 Arten in rd. 50 Gatt. in den Tropen und Subtropen, wenige Arten in gemäßigten Gebieten; meist immergrüne, Milchsaft führende Bäume oder Sträucher mit meist ganzrandigen, wechselständigen Blättern; Blüten mit verwachsener Krone. - Zu den S. gehören wichtige Nutzpflanzen, z. B. Guttaperchabaum.

Seifenkraut (Saponaria), Gatt. der Nelkengewächse mit rd. 30 Arten im Mittelmeergebiet und im gemäßigten Eurasien; einjährige oder ausdauernde Kräuter. In Deutschland heim. sind 3 Arten: das v. a. an Wegrändern, auf Schutt und an Ufern wachsende **Gemeine Seifenkraut** (Echtes S., Saponaria officinalis; mit 30–70 cm hohen Stengeln, längl.-lanzenförmigen Blättern und blaßrosafarbenen bis weißen Blüten in büscheligen Blütenständen), das in den östl. Z-Alpen wachsende **Niedrige Seifenkraut** (Saponaria pumila; niedrige Polster bildend, mit großen roten Blüten) und das in den Gebirgen SW-Europas und in den Alpen vorkommende **Rote Seifenkraut** (Saponaria ocimoides; bis 20 cm hoch, mit ästigen, ausgebreitet niederliegenden Stengeln und hellpurpurfarbenen Blüten).

Seilerhanf ↑ Faserhanf.

Seismonastie ↑ Nastie.

Seitenkettentheorie (Ehrlich-Seitenkettentheorie), Theorie P. Ehrlichs über die Antikörperbildung, die besagt, daß Blutzellen chem. Gruppen bzw. Seitenketten besitzen, die rein zufällig zu den chem. Gruppen der eingedrungenen Giftstoffe (Antigene) passen. Durch das Reagieren miteinander (↑ Antigen-Antikörper-Reaktion) sollen vermehrt Seitenketten (Antitoxine) gebildet und aus den Zellen in die Blutflüssigkeit abgegeben werden.

Seitenlinienorgane (Seitenorgane, Lateralisorgane), der Wahrnehmung von Geschwindigkeit und Richtung von Wasserströmungen dienende Hautsinnesorgane bei wasserbewohnenden Wirbeltieren (Fische, Amphibienlarven und ständig im Wasser lebende Amphibien); sie setzen sich zusammen aus *Neuromasten*, d. h. Gruppen von sekundären Sinneszellen, die von Gehirnzellen innerviert werden und deren haarartiger Fortsatz (Sinneshaar) in einen Gallertkegel hineinragt; dieser wird durch Wasserströmungen (z. B. von festen Körpern reflektierte oder durch sich nähernde Objekte erzeugte Wasserwellenbewegungen) in seiner Stellung verändert. Die S. liegen meist hintereinandergereiht in Rinnen oder in unter der Haut gelegenen, durch kurze Röhren mit dem umgebenden Wasser in Verbindung stehenden Kanälen am Kopf und Rumpf. Dabei tritt ein auf jeder Körperseite vom Kopf bis zum Schwanz verlaufender einzelner Sinnesstrang, die **Seitenlinie,** bes. in Erscheinung (bildet bei Fischen eine Grenzlinie zw. Rücken- und Bauchmuskulatur).

Seitenstrang (Plica salpingopalatina), lymphat. Gewebestrang beiderseits im Rachen.

Seitenwinder ↑ Klapperschlangen.

seitliche Verzweigung, Verzweigungsart des Thallus bei Lagerpflanzen durch seitl. Abgliederung einer Tochterzelle von einer Scheitel- oder Mutterzelle bzw. von Sproßsystemen bei Schachtelhalmen, Farnen und Samenpflanzen durch seitl. Ausgliederung von Tochterachsen aus der Mutterachse. Bei ↑ Wurzeln erfolgt die s. V. vom Perizykel aus. - ↑ monopodiale Verzweigung, ↑ sympodiale Verzweigung.

Seiwal [norweg.] ↑ Furchenwale.

Sekretär [mittellat.-frz.] (Sagittarius serpentarius), langbeiniger, im Stand etwa 1 m hoher, bis 2 m spannender, vorwiegend grauer ↑ Greifvogel in den Steppen Afrikas (südl. der Sahara); sich bes. von Schlangen und Eidechsen ernährender Vogel mit langen, z. T. schwarzen Schmuckfedern am Hinterkopf, schwarzen Schwingen und Unterschenkeln sowie gelbl. Füßen.

Sekrete [lat.], die bei der Sekretion v. a. von Drüsen oder einzelnen Drüsenzellen *(Sekretzellen)*, aber auch z. B. von Epidermiszellen (wenn sie eine Kutikula absondern) oder von Neurohormone bildenden Nervenzellen (↑ Neurosekretion) abgesonderten Produkte. Die S. erfüllen im Unterschied zu den ↑ Exkreten i. d. R. noch bestimmte Aufgaben für das Lebewesen. Sekrete i. e. S. sind u. a. Hormone (Inkrete), Verdauungsenzyme, Schutz-, Abwehr-, Duft- und Farbstoffe, Schleimstoffe, Nährsubstanzen (z. B. die Milch aus den Milchdrüsen), der pflanzl. Nektar, die Wuchsstoffe. Die S. werden in der Zelle in Form bestimmter Proteine von den Ribosomen in die Zisternen des endoplasmat. Retikulums hinein gebildet. Im Golgi-Apparat werden dann Kohlenwasserstoffe angelagert und die S. schließl. nach außen abgegeben.

Mauersegler

Sekretion [lat.] (Absonderung), die Ausscheidung von Sekreten nach außen oder ins Körperinnere (*innere S.;* Inkretion [↑auch Inkrete]). S. i. e. S. oder *Exozytose* nennt man das Ausschleusen intrazellulärer Substanzen, wobei substanzerfüllte Vesikel mit der Zytoplasmamembran verschmelzen und dann durch die sich öffnende Membran nach außen freigesetzt werden.

Sektion (Sectio) [lat.], in der *Systematik* ↑Artengruppe.

sekundäre Geschlechtsmerkmale ↑Geschlechtsmerkmale.

sekundäre Knochen, svw. ↑Deckknochen.

sekundärer Generationswechsel ↑Generationswechsel.

sekundäre Rinde, svw. Bast (↑Rinde).

sekundäres Dauergewebe, aus sekundärem Meristem entstehendes Dauergewebe höherer Pflanzen. Zu den sekundären D. zählen auch die aus dem faszikulären Bereich des Kambiums im Verlauf des sekundären Dickenwachstums entstehenden Holz- und Bastanteile von Sproß und Wurzel.

sekundäres Dickenwachstum ↑Dikkenwachstum.

sekundäres Kiefergelenk, das Kiefergelenk (↑Kiefer) der Säugetiere (einschließl. Mensch).

Sekundärfollikel ↑Eifollikel.

Sekundärvegetation, die sich nach Vernichtung der urspr. Vegetation *(Primärvegetation)* durch den Menschen (z. B. durch Abholzung oder Rodung) selbsttätig einstellende (oft artenärmere) natürl. Vegetation.

Selachii [...xi-i; griech.] (Selachier), svw. ↑Haifische.

Selaginella [lat.], svw. ↑Moosfarn.

Selbstbefruchter (Selbstbestäuber), Pflanzen, die sich durch ↑Selbstbestäubung befruchten. Bei Arten mit Zwitterblüten wird der Pollen innerhalb derselben Blüte übertragen (z. B. bei Erbsen, Bohnen, Kartoffeln). Bei einhäusigen Arten wird der Pollen zw. den ♂ und ♀ Blüten desselben Individuums übertragen (z. B. bei der Walnuß).

Selbstbefruchtung, Folge der ↑Selbstbestäubung; bei einer zwittrigen Blüte kann der Pollenschlauch des eigenen Pollens in die Samenanlage eindringen, und die beiden Spermakerne können die [doppelte] Befruchtung von Eizellen und sekundärem Embryosackkern durchführen. Durch S. entstehen in der Erbanlage gleiche Exemplare (Biotypus) einer Population. - S. kommt auch im Tierreich vor, z. B. bei Bandwürmern.

Selbstbestäuber, svw. ↑Selbstbefruchter.

Selbstbestäubung (Eigenbestäubung, Idiogamie), die Bestäubung unter den Blüten desselben Vegetationskörpers, neben der Nachbarbestäubung *(Geitonogamie)* zw. benachbarten Blüten derselben Pflanze v. a. die Bestäubung derselben Blüte *(Autogamie, direkte Bestäubung)*. Es gibt zwei Möglichkeiten zur S.: entweder öffnen sich die Staubbeutel und die Pollenkörner fallen auf die Narbe *(chasmanthere Blüten)*, oder die Pollenkörner treiben Schläuche aus, die aus den Staubbeutelfächern herauswachsen und in die Narbe eindringen (*Kleistogamie*, bei geschlossen bleibenden, *kleistantheren Blüten*). Nach einer S. unterbleibt vielfach die Entwicklung keimfähiger Samen (genet. Inkompatibilität). S. tritt bei einigen Arten, die unter sehr ungünstigen Klimaverhältnissen blühen, regelmäßig auf (Hochgebirgs-, Steppenpflanzen).

selbstfruchtbar (selbstfertil), samenbildend; gesagt von Pflanzen (z. B. Aprikosenbaum), deren Pollen auf der eigenen Narbe auskeimen.

Selbstreinigung, die bei gesunden Gewässern nach einer gewissen Fließzeit und Fließstärke durch biolog. Tätigkeit stattfindende Reinigung von fäulnisfähigen Schmutzstoffen (z. B. eingeleitete gereinigte oder ungereinigte Abwässer). Mikroorganismen nehmen feinverteilte organ. (teils auch anorgan.) Stoffe auf, die sie zum Aufbau der eigenen Körpersubstanz nutzen oder zur Energiegewinnung zu Wasser und Kohlendioxid bzw. einfachen chem. Stoffen abbauen (Mineralisation). Den Bakterien, Algen und Pilzen folgen in der S.kette Protozoen, Krebse, Muscheln, Würmer, Insektenlarven und Schnekken, schließl. Fische und Wasservögel. Wasserpflanzen liefern den für die aeroben Mikroorganismen notwendigen Sauerstoff und nutzen die abgebauten Minerale als Nahrung. Diese biolog. S. wird von chem. Prozessen (v. a. Oxidations- und Reduktionsvorgänge) begleitet und durch physikal. Faktoren

(Fließgeschwindigkeit, Turbulenz, Wassertiefe, Wassertemperatur, Intensität der Sonneneinstrahlung u. a.) unterstützt. Ungünstige Veränderungen schon eines einzigen Faktors können die S. empfindl. stören oder gar verhindern.

selbststeril (autosteril, selbstunfruchtbar), ohne Samenbildung; gesagt von Pflanzen, bei denen die Samenbildung nach Bestäubung mit dem eigenen Pollen von genotyp. gleichen Individuen ausbleibt. S. sind viele Stein- und Kernobstsorten, die meisten Roggenarten sowie die Kultursorten der Ananas, Banane und des Apfelbaums.

Selbstverdopplung, svw. ↑Autoreduplikation.

Selbstverstümmelung (Autotomie, Autoamputation), die Fähigkeit vieler niederer Tiere (Würmer, Weichtiere, Stachelhäuter, Gliederfüßer) und einiger Wirbeltiere (v. a. Eidechsen), Teile ihres Körpers aktiv freizugeben bzw. abzuwerfen, wenn diese irgendwie festgehalten, gequetscht oder verletzt werden; auch können überflüssig gewordene Körperanhänge abgeworfen oder abgebissen werden (z. B. bei Ameisen und Termiten die Flügel nach dem Hochzeitsflug). Die Abtrennung erfolgt häufig reflektorisch und i. d. R. an einer ganz bestimmten (präformierten) Stelle (Wundverschluß durch präformierte doppelte Membran). Durch Regeneration können die preisgegebenen Körperteile oft (wenigstens z. T.) wieder nachwachsen.

Selektion [zu lat. selectio „das Auslesen"], svw. ↑Auslese.

Selektionstheorie, zur wiss. Fundierung der Deszendenztheorie unter Überwindung der Katastrophentheorie und des Lamarckismus von C. R. Darwin begr. und dem Darwinismus zugrundeliegende Theorie, die auf dem Ausleseprinzip (Selektionsprinzip) beruht. Die prinzipiellen Überlegungen Darwins zur S. sind folgende: 1. Die Lebewesen auf der Erde produzieren eine gewaltige Menge an Nachkommen; davon müssen viele vor Erlangung der Geschlechtsreife zugrunde gehen. 2. Die Nachkommen der Lebewesen weisen Unterschiede auf, die sich manchmal positiv, manchmal negativ auswirken; manche dieser Variationen sind erbl. 3. Im ständigen Konkurrenzkampf (*Kampf ums Dasein*, engl. *struggle for life*) bleiben diejenigen Individuen am Leben und können sich vermehren, die besser an die jeweils herrschenden Bedingungen angepaßt, d. h. den anderen überlegen sind (phylet. Anpassung). Es kommt zu einer (natürl.) Auslese (*Selektion*) unter den Individuen einer Population. 4. Durch räuml. (geograph.) Barrieren (z. B. Wasserflächen, Gebirgsketten, nahrungsarme Zonen) zw. verschiedenen Populationen einer Art kann sich deren Erbgut nicht mehr mischen. Eine solche Isolation führt dementsprechend zu isolierten Entwicklungsabläufen. Es bilden sich bes.

Europäischer Seidenschwanz

Rassen aus, die zu neuen, nicht mehr untereinander fortpflanzungsfähigen Arten werden können. 5. Im Verlauf der Weiterentwicklung der Lebewesen kann auch der *Zufall* Bed. erlangen. So können rein zufällige Ereignisse, wie z. B. ein Steppenbrand oder ein Vulkanausbruch, das biolog. Gleichgewicht innerhalb eines bestimmten Lebensraumes erhebl. stören.

Sellerie [...ri; griech.-italien.] (Apium), Gatt. der Doldengewächse mit rd. 20 Arten in den gemäßigten Gebieten der Nordhalbkugel sowie in den trop. Gebirgen, nur eine Art auf der Südhalbkugel; einjährige, zweijährige oder ausdauernde Kräuter mit wechselständigen, einfachgefiederten Blättern und grünlichweißen Blüten. Eine seit langer Zeit als Nutz- und Heilpflanze bekannte, fast über die ganze Erde verbreitete Art ist der **Echte Sellerie** (Apium graveolens), eine v. a. auf Salzböden vorkommende, zweijährige Pflanze mit 0,6–1 m hohen Stengeln, langgestielten, gefiederten Grund- und dreizähligen Stengelblättern mit rauten- oder keilförmigen Blättchen und 6–12strahligen Dolden aus gelblichweißen oder grünl. Blüten. Alle Teile des Echten S. enthalten ein stark aromat. duftendes und schmeckendes äther. Öl. Echter S. wird in zahlr. Sorten angebaut: *Schnitt-S.* (Apium graveolens var. secalinum; mit krausen Blättern; für Suppengrün), *Bleich-S.* (Stiel-S., Stengel-S., Stangen-S., Apium graveolens var. dulce; mit verlängerten, fleischigen Blattstielen, die als Salat und Gemüse gegessen werden) und v. a. *Knollen-S.* (Wurzel-S., Apium graveolens var. rapaceum; mit bis rd. 20 cm dicker, eßbarer, knollenartiger Wurzel; diese wird für Salate und Gemüse sowie als Suppengewürz verwendet).

Selye, Hans ['zɛlje], * Wien 26. Jan. 1907, † Montreal 16. Okt. 1982, östr.-kanad. Mediziner und Biochemiker. - Prof. in Montreal. S. stellte fest, daß es bei starken Umweltbelastungen zu einer unspezif. Alarmreaktion des Organismus kommt, die durch schnelles Einsetzen innersekret. Leistungen die Reaktions- und Widerstandsfähigkeit des Organismus gewährleistet; prägte die Begriffe (und begr. die Lehre vom) Streß (1936) und Adaptationssyndrom.

Semen [lat.], in der *Botanik* ↑Samen.

◆ in der *Zoologie* svw. ↑Sperma.

semipermeable Membran [lat.] (halbdurchlässige Membran), bei der Osmose und Dialyse verwendete, 2 Lösungen unterschiedl. Konzentration trennende Wand, die für größere Moleküle undurchlässig, für kleinere (Lösungsmittel)moleküle aber durchlässig ist. Früher wurden Schweinsblasen als s. M. verwendet, heute dienen Zelluloseacetat-, Polyäthylen- oder Polystyrolfolien (oft mit bestimmten Porengrößen) als s. M. In der Biologie wirken häufig als s. M. tier. und pflanzl. Zellmembranen.

Semmelstoppelpilz ↑Stachelpilze.

Sempervivum [lat.], svw. ↑Hauswurz.

Senckenberg, Johann Christian, ≈ Frankfurt am Main 28. Febr. 1707, † ebd. 15. Nov. 1772, dt. Arzt. - Arzt in Frankfurt; vermachte 1763 sein Vermögen einer Stiftung (medizin. Inst., botan. Garten, chem. Laboratorium, Sammlungen und Bibliothek), mit der 1817 die ↑Senckenbergische Naturforschende Gesellschaft vereinigt wurde.

Senckenbergische Naturforschende Gesellschaft, Abk. SNG, 1817 nach einem Aufruf J. W. von Goethes gegr. und nach J. C. Senckenberg ben. naturwiss. Gesellschaft in Frankfurt am Main. Die SNG ist eine freie, unabhängige Einrichtung und Trägerin des *Naturmuseums und Forschungsinstituts Senckenberg* (größtes dt. Forschungsmuseum; Arbeitsgebiete: Zoologie, Botanik, Geologie/Paläontologie, Meeresbiologie, Anthropologie). Stiftete 1914 der Frankfurter Univ. mehrere naturwiss. Institute. Die größte Außenstation der SNG ist das 1928 gegr. *Institut für Meeresgeologie und Meeresbiologie Senckenberg* in Wilhelmshaven. Von bes. Bed. ist die *Senckenberg. Bibliothek* (Sondersammelgebiet für biolog. Wiss. und Medizin); zahlr. Veröffentlichungen.

Senecio [lat.], svw. ↑Greiskraut.

Seneszenz, der Alterungsprozeß; d.h. sämtl. Vorgänge, die zum natürl. Tod eines Organismus führen: Anreicherung schädl. Substanzen, Gewebsveränderungen, Einschränkung physiolog. Funktionen; allg. Vitalitätsverlust. - Bei Pflanzen sind Abszisin und Äthylen an der S. beteiligt.

Senf [griech.-lat.], (Sinapis) Gatt. der Kreuzblütler mit zehn Arten, v.a. im Mittelmeergebiet; einjährige oder ausdauernde Kräuter mit ungeteilten oder leierförmig-fiederspaltigen bis fiederteiligen Blättern und meist gelben Blüten. Bekannte Arten sind ↑Ackersenf und ↑Weißer Senf.

◆ Bez. für einige Arten der Gatt. Kohl (Brassica), z. B. ↑Indischer Senf.

Senfklapper (Pillenbaum, Spinnenblume, Cleome), Gatt. der Kaperngewächse mit rd. 20 Arten in wärmeren und trop. Gebieten, v.a. in Wüsten- und Steppengebieten; einjährige Kräuter oder Halbsträucher mit einfachen Blättern und weißen, gelben oder purpurfarbenen Blüten in Trauben oder einzelnstehend; Kapselfrüchte schotenartig.

Senfweißling (Leptidea sinapis), etwa 4 cm spannender, weißer, zartflügeliger, von W-Europa bis Syrien und bis zum Kaukasus verbreiteter Falter der Fam. Weißlinge; Vorderflügel beim ♂ mit großem, rundem, schwarzem Fleck an der Spitze, beim ♀ undeutl. ausgeprägt; auf Waldwiesen und an Waldrändern; Raupe grün mit gelben Seitenstreifen.

senil, im hohen Lebensalter auftretend, greisenhaft.

Senker (Haustorien), pflanzl. ↑Saugorgane.

Sensenfische (Trachipteridae), Fam. der Glanzfischartigen, v.a. in nördl. kalten Meeren; fast bandförmig langgestreckt, vorderster Teil der sehr langen Rückenflosse sensenblattartig aufgerichtet; ohne Afterflosse.

Sensibilisierung (Sensibilisation) [lat.], in der *Immunologie* ein Vorgang im Organismus, auf dem die Fähigkeit des Organismus oder eines Gewebes zur Antikörperbildung gegen ein bestimmtes Antigen beruht. Die Antikörperbildung kann auch künstl. durch Zufuhr von Antigenen erzeugt werden (z.B. bei Allergien).

◆ in der *Sinnespsychologie* die Erhöhung der Reaktionsbereitschaft.

Sensibilität [lat.], allg. svw. Empfindsamkeit, Feinfühligkeit; auch Überempfindlichkeit. - In der *Sinnesphysiologie* die Fähigkeit des Nervensystems, auf eine Auswahl von Umwelteinflüssen über die Erregung sensor. Nerven und die Integration solcher Erregungen in den sensor. Zentren in Form von Sinneseindrücken, Sinnesempfindungen und schließlich Wahrnehmungen zu reagieren (↑auch Empfindung). In Abgrenzung gegen die „höheren Sinne" (Gesichts-, Gehör-, Geruchs- und Geschmackssinn) versteht man darunter i.e.S. auch die **Oberflächensensibilität** (von den sensiblen Nervenendigungen der Haut wahrgenommene und von Hautnerven weitergeleitete Berührungs-, Schmerz-, Wärme- und Kälteempfindung) und die **Tiefensensibilität** (Empfindungen über Lage, Bewegungsrichtung und Spannungszustand des Bewegungsapparats, vermittelt v.a. über Gelenk-, Sehnen- und Muskelrezeptoren).

Sensillen (Sensilla; Einz.: Sensillum)

[lat.], bei Gliederfüßern einfache Sinnesorgane aus mehreren Zellelementen und meist mit Hilfsstrukturen; gehen durch differentielle Teilungen aus einer Stammzelle der Epidermis hervor. Man unterscheidet *Haar-S.* (z. B. Sinneshaare) und (ohne Hilfsstrukturen) *stiftführende S.* als mechano- oder chemorezeptor. S. (von denen manche auch als Thermorezeptoren wirken) sowie *opt. S.* (z. B. die Ommatidien des Facettenauges); durch den Zusammenschluß mehrerer bis zahlr. S. entstehen zusammengesetzte Sinnesorgane.

◆ bei Wirbeltieren einfache Sinnesorgane der Haut (↑ auch Hautsinne).

Sensomotorik, svw. ↑ Sensumotorik.

sensorisch (sensoriell), die Sinnesorgane oder die Aufnahme von Sinneswahrnehmungen bzw. -empfindungen betreffend.

Sensorium [lat.], der Sinnesapparat, bestehend aus Nervensystem und Sinnesorganen; i. e. S. die Großhirnrinde bzw. ihre Rindenfelder als Sitz der Sinnesempfindungen und des Bewußtseins.

Sensumotorik (Sensomotorik) [lat.], die Gesamtheit der mit dem Zusammenspiel von Sinnesorganen (Rezeptoren) und Muskeln (Effektoren) zusammenhängenden Vorgänge, die durch ein komplexes System von Reafferenzen (↑ Reafferenzprinzip) gekennzeichnet sind.

Sepia [griech.], Hauptgatt. der ↑ Sepien.

Sepien (Sepiidae) [griech.], rd. 80 Arten umfassende Fam. zehnarmiger, meerbewohnender ↑ Kopffüßer; bis mehrere Dezimeter lange, dorsoventral abgeplattete Tiere mit undulierendem Flossensaum. Von der Hauptgatt. *Sepia* ist am bekanntesten der im Mittelmeer und an den atlant. Küsten verbreitete **Gemeine Tintenfisch** (Sepie i. e. S., Sepia officinalis); bis etwa 30 cm lang, oberseits graubraun mit dunklen Querstreifen, unterseits blau oder grün schimmernd; besitzt zwei bes. lange, plötzl. vorstreckbare, nur am keulenförmigen Ende mit Saugnäpfen besetzte Fangarme, die dem Ergreifen von Beutetieren (bes. Fische, Krebse) dienen; vorwiegend dämmerungs- und nachtaktiv; wühlt sich tagsüber in den Sandboden ein; zeigt Farbwechsel; liefert die in Zoogeschäften erhältl. Sepiaschale und den bes. früher verwendeten Farbstoff „Sepia"; geschätztes Nahrungsmittel. - Abb. S. 122.

Septen [lat.] (Scheidewände, Septa; Einz.: Septum), in der zoolog. und menschl. *Anatomie:* relativ dünne häutige, bindegewebige, durch Kalkeinlagerung feste, knorpelige oder knöcherne Wände zw. zwei Hohlräumen (z. B. Nasenseptum).

Sequoia [nach Sequoyah] ↑ Mammutbaum.

Seriemas [indian.] (Schlangenstörche, Cariamidae), Fam. bis 70 cm hoher, langhalsiger Kranichvögel mit 2 Arten in Savannen und lichten Wäldern des östl. und südl. S-Amerika; schlecht fliegende, langbeinige Vögel, die sich bes. von Kleintieren, Schlangen und Früchten ernähren.

Serin [lat.] (α-Amino-β-hydroxypropionsäure), Abk. Ser; aliphat., nichtessentielle, v. a. in Keratinen enthaltene Aminosäure.

Serologie [lat./griech.], Teilgebiet der Immunologie; befaßt sich mit den erbl. Eigenschaften des Blutes (Blutgruppen-S.), zu deren Nachweis antikörperhaltige Seren menschl. oder tier. Herkunft verwendet werden, sowie mit dem Nachweis von Antikörpern, die vom Organismus nach Kontakt mit fremden Strukturen (z. B. Bakterien, Viren, Fremderythrozyten) gebildet werden.

serös [lat.], auf das Blutserum bezügl., aus diesem (wenigstens z. T.) bestehend, ihm ähnl.; von bestimmten Flüssigkeiten gesagt, die im Körper vorkommen bzw. vom Körper oder bestimmten Organen abgesondert werden (z. B. bei Entzündungen, von Wunden); auch von Organen gesagt, die solche Flüssigkeiten bilden.

Serosa [lat.] (Serolemma), die dünne, völlig durchsichtige, aus 2 Zellschichten bestehende äußere Embryonalhülle der Amnioten, die aus dem äußeren Blatt der Amnionfalte oder aus dem Trophoblast (Keimblasenwand) direkt hervorgeht (bei Ausbildung eines Spaltamnions) und auch den Dottersack sowie die (sich dicht der S. anlegende) Allantois mit einschließt. Bei den plazentalen Säugetieren (einschl. Mensch) bildet die S. Zotten aus und wird so zur Zottenhaut (Chorion; wird oft auch gleichbedeutend mit S. verwandt), die an der Plazentabildung beteiligt ist. - Entsprechend der S. bei den Amnioten, wird auch die (ihr nicht homologe) äußere Embryonalhülle bei Wirbellosen (v. a. bei Insekten und Skorpionen) S. genannt. Sie umschließt den Dotter, ist nur einzellschichtig und geht aus einem bestimmten Blastodermzellenbezirk hervor.

seröse Drüsen ↑ Drüsen.

seröse Häute (Tunicae serosae), zusammenfassende Bez. für Bauchfell, Brustfell und Herzbeutel, die die aus der sekundären Leibeshöhle (Zölom) hervorgegangenen Körperhohlräume *(seröse Höhlen)* auskleiden und eine seröse Flüssigkeit ausscheiden.

Serotonin [lat./griech.] (5-Hydroxytryptamin, 5-HT), biogenes Amin und Gewebshormon, das aus der Aminosäure Tryptophan gebildet wird und als Neurotransmitter im Zentralnervensystem, im Magen-Darm-Trakt und in den Blutplättchen vorkommt; es wirkt kontrahierend auf die glatte Muskulatur des Magen-Darm-Trakts und spielt bei der Blutstillung sowie der Schmerzempfindung eine Rolle.

Serotypen [lat./griech.], bes. bei Escherichiaarten und Salmonellen serolog. zu unterscheidende Bakterienstämme; die serolog. Eigenschaften beruhen auf den im Zellinnern, in der Zellwand, in Geißeln oder Kapseln lokalisierten Antigenen.

Serpentes [lat.], svw. ↑Schlangen.

Serpuliden (Serpulidae) [lat.], in allen Meeren weit verbreitete Fam. wenige mm bis 10 cm langer Ringelwürmer, deren Körper in zwei Abschnitte gegliedert ist: 1. unterer wurmförmiger Teil, von einer kalkigen, weißl. durchscheinenden Röhre umgeben, die meist stark gewunden und an der Unterlage festgewachsen ist; 2. aus dem oberen Ende der Röhre herausragende, oft bunt gefärbte Tentakelkrone, die dem Herbeistrudeln von Mikroorganismen dient.

Serradella [lat.-portugies.] (Vogelfuß, Krallenklee, Klauenschote, Ornithopus), Gatt. der Schmetterlingsblütler mit wenigen Arten in Europa, im Mittelmeergebiet und in Vorderasien. In Deutschland kommen vor: **Kleiner Vogelfuß** (Ornithopus perpusillus; mit weißen Blüten) und der auf Sandböden als Futter- und Gründüngungspflanze in mehreren Kultursorten angebaute **Große Vogelfuß** (Ornithopus sativus; etwa 30–60 cm hoch; mit langen, schmalen, gefiederten Blättern und bis 8 mm langen, blaß rosafarbenen, oft gelb gefleckten Blüten in Trauben).

Sertoli-Zellen ↑Hoden.

Serum [lat. „wäßriger Teil der geronnenen Milch, Molke"], svw. Blutserum (↑Blutgerinnung).

Serumeiweißkörper (Serumproteine), die im Blutserum (Blutplasma ohne Gerinnungsstoffe) und in der Lymphe enthaltenen Albumine *(Serumalbumine)* und Globuline *(Serumglobuline)*, die für den onkotischen Druck und die Pufferung des Bluts und der Lymphe wesentlich sind. Eine bes. Fraktion der S. sind die *Gammaglobuline*, bei deren Fehlen die Infektabwehr des Organismus geschwächt ist.

Serval [portugies.-frz., letztl. zu lat. cervus „Hirsch"] ([Afrikan.] Buschkatze, Leptailurus serval), hochbeinige, schlanke, 0,7–1 m körperlange (einschließlich Schwanz maximal 1,4 m messende) Kleinkatze, v. a. in Steppen und Savannen Afrikas südl. der Sahara; Kopf relativ klein, Ohren groß; auf gelbl. bis orangebräunl. Grundfärbung z. T. in Reihen angeordnete schwarze Flecke (mit Ausnahme der fast ungefleckten Unterart *Servalkatze* [Leptailurus serval liposticta]); jagt v. a. Vögel, bis mittelgroße Säugetiere, Insekten.

Sesam (Sesamum) [semit.-griech.], Gatt. der S.gewächse mit 18 Arten im trop. und subtrop. Afrika und im südl. Indien; ausdauernde oder einjährige Kräuter mit weißen bis purpurfarbenen Blüten und Kapselfrüchten. Eine in den Tropen und Subtropen angebaute alte Kulturpflanze ist der **Ind. Sesam** (Sesamum indicum), dessen 2 mm lange Samen etwa 50% fettes Öl, etwa 25% Eiweiß und rd. 7% Kohlenhydrate enthalten; liefern das hellgelbe, geruchlose und fast geschmacklose *S.öl*, das als Speiseöl und bei der Margarineherstellung verwendet wird.

Sesambeine (Sesamknochen, Ossa sesamoidea), bei Wirbeltieren (einschl. Mensch) v. a. im Verlauf von Sehnen und Bändern vorkommende, zuerst knorpelig angelegte, meist kleine, rundl., akzessor. Knochenelemente zur Verbesserung der Zugwirkung des betreffenden Muskels und bei zusätzl. seitl. Beanspruchung der Sehne (zu deren Führung oder als Stützelement). Ein großes Sesambein ist die Kniescheibe (↑Kniegelenk).

Sesamgewächse (Pedaliaceae), mit den Rachenblütlern verwandte Pflanzenfam. mit über 50 Arten in 16 Gatt. in den Tropen und Subtropen der Alten Welt; einjährige oder ausdauernde Kräuter, selten Sträucher, mit Schleimdrüsenhaaren, ganzrandigen bis fiederspaltigen Blättern und Blüten mit breitröhrenförmiger und schwach zweilippiger Krone; meist an Meeresküsten oder in Wüsten.

Seston [griech.], zus.fassende Bez. für alle im Wasser schwebenden bzw. an der Wasseroberfläche lebenden oder treibenden Organismen und toten Partikel tier., pflanzl. und anorgan. Herkunft. Zum *Bio-S.* zählen Nekton, Neuston, Plankton und Pleuston sowie als *Abio-S.* der Detritus organ. und anorgan. Herkunft.

Seta [lat.] (Kapselstiel), stielartiger, in das Gewebe der Moospflanze eingesenkter Teil der Mooskapsel. Die S. hebt die Mooskapsel an und erleichtert die Verbreitung der Sporen durch den Wind.

Setaria [lat.], svw. ↑Borstenhirse.

Setter [engl.], dem Spaniel nahestehende Rassengruppe langhaariger, etwa 65 cm schulterhoher, temperamentvoller Vorstehhunde. Zu den S. zählen u. a.: **Englischer Setter**, mittelgroß (Widerristhöhe 55 cm), mit langem, seidigem, weißem Fell mit vereinzelten dunkleren Tupfen, Rute mit langer, nichtgelockter Fahne; lebhafter Jagd- und Haushund; **Gordon Setter**, bis 70 cm Schulterhöhe, mit langem, schwarzem (mahagonifarbene Abzeichen) Fell und waagerecht getragenem Schwanz; **Irischer Setter** (Irish Setter), bis

Sepien. Gemeiner Tintenfisch

67 cm Schulterhöhe, mit mittellangem, rotbraunem, weichem Fell, Vorder- und Hinterläufe sowie Rute stark behaart; lebhafter Jagd- und Haushund.

Setzling (Setzpflanze), in der Pflanzenanzucht Jungpflanzen, die aus Anzuchtkästen, Pflanzbeeten u. a. an ihren endgültigen Standort verpflanzt werden.

Sexchromatin, svw. ↑Geschlechtschromatin.

Sexfaktor [lat.], svw. F-Faktor (↑Pili).

Sexologie [lat./griech.] (Sexuologie, Sexualwissenschaft), wiss. Disziplin, die sich mit der Erforschung der Sexualität und des Sexualverhaltens befaßt. Die Komplexität des Bereichs macht die Zusammenarbeit mit anderen Disziplinen, wie Psychologie, Soziologie, Medizin, Biologie, Ethnologie und Erziehungswiss., erforderlich. - Auf breiter Ebene setzte die Entwicklung der S. Ende des 19. Jh. ein. 1886 veröffentlichte R. von Krafft-Ebing seine „Psychopathia sexualis", in der er die Formen sexuell normalen und sexuell abweichenden Verhaltens zu beschreiben und zu systematisieren suchte. Um die Jh.wende erschienen zahlr. Werke mit sexualwiss. Themen (u. a. von M. Hirschfeld, A. Forel). Zur gleichen Zeit entwickelte S. Freud die Psychoanalyse, bei der er die überragende Bedeutung der Sexualität bzw. des Sexualtriebs erkannte. Die Tabuisierung der Sexualität gestattete den meisten Forschern jedoch nur die Auseinandersetzung mit psychiatr. Erscheinungen. Hirschfeld, Forel u. a. versuchten, auch polit. wirksam zu werden und Modifikationen im Sexualstrafrecht zu erwirken (z. B. Straffreiheit der Homosexualität). Der gesellschaftspolit. Aspekt der Sexualität wurde am stärksten durch die Sexualökonomie W. Reichs betont. - Nach 1945 sind zwei Hauptströmungen zu verzeichnen: die medizin. und die sozialwiss. orientierte Sexualforschung. - Als Hauptvertreter der modernen S. gelten A. C. Kinsey, W. H. Masters und H. Giese.

Sexpili [lat.] (Geschlechtspili) ↑Pili.

Sexualdimorphismus, svw. ↑Geschlechtsdimorphismus.

Sexualduftstoffe (Sexuallockstoffe), zu den ↑Ektohormonen zählende, artspezifisch wirkende Duftstoffe (v. a. bei Wirbeltieren und Insekten), die in Duftdrüsen (Lockdrüsen, Afterdrüsen u. a.) gebildet und in geringsten Mengen wirksam werden; dienen der Anlockung von Geschlechtspartnern.

Serval

Irischer Setter

Sexualhormone, svw. ↑Geschlechtshormone.

Sexualität [lat.] (Geschlechtlichkeit), beim *Menschen* Gesamtheit der Lebensäußerungen, die auf dem *Geschlechtstrieb,* einem auf geschlechtl. Beziehung und Befriedigung gezielten Trieb, beruhen (↑auch Geschlecht); bei *Pflanzen* und *Tieren* ist die S. ident. mit der geschlechtl. ↑Fortpflanzung. Während jedoch bei niederen Tierarten das Fortpflanzungsverhalten (↑Sexualverhalten) allein von *Geschlechtshormonen* gesteuert, artspezif. stereotyp und ausschließl. heterosexuell ist, spielt bei höheren Arten die *Großhirnsteuerung* und damit das *Lernen* sexueller Praktiken eine stetig zunehmende Rolle. Die S. wird variationsreicher; die Tiere werden auch außerhalb der Brunst und vor Eintritt der Geschlechtsreife sexuell aktiv; Selbststimulation und -befriedigung sowie homosexuelle Handlungen kommen vor (bes. bei den Menschenaffen). In der aufsteigenden Primatenreihe nimmt ferner die Bevorzugung bestimmter Paarungspartner zu. Mit der Höherentwicklung der Tiere wird somit die sinnl. Funktionslust wichtiger als das Ziel der Fortpflanzung. - Die S. des *Menschen* schließl. geht noch weit über das hinaus, was mit der Lust und den Aktivitäten in Abhängigkeit vom Funktionieren der Geschlechtsorgane sowie mit dem Verhalten, das zur Befruchtung führen kann, zusammenhängt. Neben einer größeren Variabilität sexueller Praktiken, dem Übergewicht indirekter Reizung im Vergleich zur genitalen Reizung beim Tier und Unterschieden in den Koituspositionen beim Geschlechtsverkehr, tritt die Tatsache, daß sexuelles Verhalten nicht nur körperl., sondern *psych.* Befriedigung verschafft (z. B. Hebung des Selbstwertgefühls).

Sexualität und Gesellschaft: Sexuelles Verhalten ist Teil sozialen Verhaltens; sexuelle Aktivitäten zeigen sich beim Menschen bereits in den ersten Lebensjahren *(frühkindl. S.)*, nicht erst nach der Geschlechtsreife (↑ Pubertät); diese Aktivitäten werden von der herrschenden **Sexualnorm** (Gesamtheit gesellschaftl. Verbote und Gebote hinsichtl. des sexuellen Verhaltens) der gesamten Gesellschaft oder bestimmter gesellschaftl. Gruppen (v. a. Familie, Spielkameraden) in bestimmte Bahnen gelenkt. Das bedeutet in unserer Industriegesellschaft (im Ggs. zu noch heute geübten Praktiken bei Naturvölkern) i. d. R. Verbot sexueller Aktivitäten, Erzeugung von Angst und Schuldgefühlen, krankmachende Triebverdrängung oder Umsetzung der Triebenergie (Sublimierung) in soziale und kulturelle Aktivitäten. Dabei sind Mädchen oft stärker antisexuellen Erziehungspraktiken ausgesetzt als Jungen; diese Tatsache entspricht den sozialen Rollenerwartungen, die dem Mann eher sexuelle Erfahrungen vor der Ehe und außereheliche Beziehungen zubilligen als der auf Passivität und Unterordnung vorbereiteten Frau.

Geschichte: Der Kampf der Christen für Keuschheit und Askese, ihre Geringschätzung der Frau und der S. (Abschaffung des röm. Scheidungsrechts, Einsetzung der Ehe als kirchl. Sakrament) sind bes. für das Aufkommen von Schuldgefühlen in Verbindung mit der S. verantwortlich. Das höf. Liebesideal (11. Jh.) führte beim Adel u. a. zur Tolerierung des außerehel. Geschlechtsverkehrs, bis seit dem 17. Jh. die (v. a. vom Bürgertum propagierte) Liebesheirat das elterl. Recht der Gattenwahl in Frage stellte. Die Verknüpfung von Liebe, Ehe und S. schien gefunden. Die durch die früh- und hochkapitalist. Wirtschaftsweise (17. bis 19. Jh.) erforderl. „bürgerl." Tugenden des Arbeitsfleißes, der Sparsamkeit, Nützlichkeit und Selbstbeherrschung *(Triebverzicht)* reduzierten die S. weitgehend auf ihre Fortpflanzungsfunktion. Der Sexualprüderie der „industriellen Revolution" folgte die „sexuelle Revolution" (W. Reich) unter spätkapitalist. Wirtschaftsverhältnissen, die von 1870 an auch durch Kunst (z. B. Ibsen, Strindberg, Wedekind) und Wissenschaft (z. B. R. von Krafft-Ebing, S. Freud, B. K. Malinowski) vorbereitet wurde. Die Funktion sexueller Normen bei der Aufrechterhaltung von Herrschaft wird bes. im Anschluß an W. Reich und H. Marcuse diskutiert. Nach dem 2. Weltkrieg setzte allmähl. das Ende des rigiden Sexualfunktionalismus und eine teilweise sexuelle Liberalisierung bei Abnahme der sexualmoral. Autorität der Kirchen ein. Mit der sexuellen Aufklärung und wiss. Untersuchung der S. (F. A. Beach, A. C. Kinsey, I. L. Reiss; ↑ auch Sexologie) geht jedoch auch eine neue Funktionalisierung der S. für wirtsch. Zwecke (Werbung, Mode, Film; S. als Marktlücke für neue Produkte) einher. - Im Rahmen des gesellschaftl. Liberalisierungsprozesses der Sexualmoral ist die Neufassung des Sexualstrafrechts von 1973 in der BR Deutschland zu sehen, das **Sexualstraftaten** im 13. Abschnitt des StGB als „Straftaten gegen die sexuelle Selbstbestimmung" definiert. Konsequent sind diese Änderungen, die den Sexualstraftatbestand nicht von gängigen Moralvorstellungen, sondern von der Frage, ob die sexuelle Freiheit des einzelnen verletzt wird, abhängig machen sollte, jedoch nicht durchgeführt, da z. B. die Vergewaltigung oder sexuelle Nötigung durch den Ehemann kein Straftatbestand sind, jedoch gewalt- und nötigungsfreie Formen von Homosexualität, sexuellen Handlungen Minderjähriger, Prostitution und Pornographie bestraft werden.

📖 *Forsyth, A.: Die S. in der Natur. Mchn. 1987. - Berner, W./Karlick-Bolten, E.: Verlaufsformen der Sexualkriminalität. Stg. 1986. - Zeugungsangst u. Zeugungslust. Hg. v. B. Döhring u. B. Kreß. Darmst. u. Neuwied 1986. - Biener, K.: Jugend u. S. Derendingen 1985. - Bornemann, E.: Das Geschlechtsleben des Kindes. Mchn. 1985. - Freud, S.: Drei Abhandlungen zur Sexualtheorie. Ffm. [22]1984. - S. Hg. v. M. Klökker u. a. Gött. 1984. - Haeberle, E. J.: Die S. des Menschen. Hdb. u. Atlas. Bln. 1983. - Wölpert, F.: S., Sexualtherapie, Beziehungsanalyse. Weinheim 1983. - Kentler, H.: Taschenlex. der S. Düss. 1982. - Reich, W.: Die sexuelle Revolution. Ffm. 1981. - Tiefer, L.: Die menschl. S. Einstellungen u. Verhaltensweisen. Dt. Übers. Weinheim 1981. - Eysenck, H. J.: S. u. Persönlichkeit. Dt. Übers. Bln. 1980. - Schneider, H. D.: Sexualverhalten in der zweiten Lebenshälfte. Stg. 1980. - Selg, H./Glombitza, C./Lischke, G.: Psychologie des Sexualverhaltens. Eine Einf. Stg. 1979. - Walter, H.: Sexual- und Entwicklungsbiologie des Menschen. Mchn. u. Stg. 1978. - Schelsky, H.: Soziologie der S. Rbk. [21]1977. - Schlegel, W.: Die Sexualinstinkte des Menschen. Eine naturwiss. Anthropologie der S. Hamb. 1962. - Saller, K.: Zivilisation u. S. Stg. 1956.*

Sexuallockstoffe, svw. ↑ Sexualduftstoffe.

Sexualnorm ↑ Sexualität.

Sexualorgane, svw. ↑ Geschlechtsorgane.

Sexualproportion, svw. ↑ Geschlechterverhältnis.

Sexualtrieb (Geschlechtstrieb) ↑ Sexualität.

Sexualverhalten (Fortpflanzungsverhalten), das artspezif. der geschlechtl. Fortpflanzung dienende Verhalten der Geschlechter zueinander. Es umfaßt alle Verhaltensabläufe, die der Herbeiführung der Paarung dienen sowie gegebenenfalls die Vorbereitungen zur Brutpflege bzw. -fürsorge (z. B. Nestbau). In der systemat. Reihe der Tiere ist eine kontinuierl. Höherentwicklung des S. zu beobachten. Viele zwittrige, festsitzende und wasserlebende Tiere (Schwämme, Hohltiere, Stachelhäuter, Muscheln) sowie Endoparasiten zeigen keinerlei Formen des Sexualverhaltens. Es kommt zur Selbstbefruchtung, oder die Geschlechtsprodukte werden ins Wasser abgegeben. Hochentwickelte Formen des S. treten bei Mollusken, Krebstieren, Spinnen, Insekten und Wirbeltieren auf. Es findet meist eine mit oft komplizierten Ritualen verbundene Werbung oder ein Kampf um den Partner statt (Balz, Brunst). Während bei den meisten Tieren Promiskuität (Bindungslosigkeit der Partner) vorherrscht, kommt es bei vielen Vögeln und Säugetieren zur Bindung an einen oder mehrere Partner (Haremsbildung bei Paarhufern und Robben) über eine Fortpflanzungsperiode hinweg. Die über mehrere Fortpflanzungsperioden dauernde oder lebenslange Bindung an einen Partner (↑Monogamie) ist selten und kommt bes. bei Vögeln (Entenvögel, Papageien, Greifvögel) vor.

Sexualwissenschaft, svw. ↑Sexologie.

Sexualzentrum, in einem Kerngebiet des Hypothalamus gelegenes Zwischenhirnzentrum, das die hormonellen Beziehungen zw. dem Hypophysenvorderlappen und den Keimdrüsen regelt.

sexuell [zu lat. sexus „Geschlecht"], geschlechtlich; auf das Geschlecht oder die Geschlechtlichkeit (↑Sexualität) bezogen.

sexuelle Entwicklung, i. e. S. die Entwicklung der Koitus- und Orgasmus- bzw. der Fortpflanzungsfähigkeit (↑Potenz); i. w. S. die Entwicklung der sexuellen Einstellungen, Verhaltens- und Erlebnisweisen (↑Sexualität). Die s. E. wird durch biopsycholog. und soziolog. Faktoren bestimmt. Durch ↑Akzeleration kam es (bes. in den letzten 60 Jahren) zu einer Vorverlegung der ↑Geschlechtsreife; die ↑Menopause setzt dagegen später als bisher ein.

sexuelle Reaktion, genitale Erregung durch (reale oder vorgestellte) sexuelle Reize; s. R. sind beim Menschen bereits in der Säuglingszeit und bis ins hohe Alter möglich.

sexuelle Zyklen (Sexualzyklen), durch ↑Geschlechtshormone gesteuerte period. Vorgänge (z. B. Brunst oder Menstruation).

Seychellennuß [zɛ'ʃɛlən] (Doppelkokosnuß, Maledivennuß), bis 20 kg schwere, einen von dicker Faser- und Fleischhülle umgebenen Steinkern enthaltende einsamige Frucht (von der Form einer Doppelkokosnuß) der S.palme; größte Baumfrucht der Erde; benötigt bis zur Reife etwa 10 Jahre.

Seychellennußpalme [zɛ'ʃɛlən] (Maledivennußpalme, Lodoicea), Palmengatt. mit der einzigen Art *Lodoicea sechellarum* auf den Seychellen; Stamm über 30 m hoch, säulenförmig; Blätter mächtig, fächerförmig; Blütenkolben auf armdicken Stielen; Frucht ist die Seychellennuß.

Seychellenriesenschildkröte [zɛ'ʃɛlən] ↑Riesenschildkröten.

Shepherdia [ʃɛ'pɛrdia], svw. ↑Büffelbeere.

Sherrington, Sir (seit 1922) Charles [engl. 'ʃɛrɪŋtən], * London 27. Nov. 1857, † Eastbourne (Sussex) 4. März 1952, brit. Physiologe. - Prof. in Liverpool und Oxford; ab 1920 Präs. der Royal Society. Befaßte sich mit der Physiologie des Nervensystems, insbes. mit den Reflexen. Für seine neurolog. Arbeiten erhielt er 1932 zus. mit E. D. Adrian den Nobelpreis für Physiologie oder Medizin.

Shetlandpony ['ʃɛtlant; engl. 'ʃɛtlənd] ↑Ponys.

Shift [engl. ʃɪft „Veränderung"], plötzl. Änderung des Antigenmusters eines Virus (v. a. bei Influenzaviren), wodurch neue Erregertypen entstehen (z. B. Hongkong-Grippe).

Shiga, Kiyoshi ↑Schiga, Kijoschi.

Shigellen (Shigella) [ʃi...; nach K. Schiga], Gatt. gramnegativer, unbewegl., sporenloser Enterobakterien mit mehreren menschenpathogenen Arten, darunter die Erreger der Bakterienruhr.

Shiitakepilz, svw. ↑Schiitakepilz.

Shorea ['ʃo:rea], Gatt. der Flügelfruchtgewächse mit rd. 100 Arten in Vorderindien, auf den Philippinen und auf Neuguinea; zahlr. Arten liefern Nutzhölzer und Harze. Eine wirtschaftl. wichtige Art ist der **Salbaum** (Saulbaum, Shorea robusta) mit ganzrandigen, ledrigen, immergrünen Blättern und dauerhaftem, festem Holz.

Shorthornrind [engl. 'ʃɔ:thɔ:n] (Kurzhornrind), alte engl. Rasse mittelschwerer, rotbrauner bis weißer Hausrinder; mit kleinem Kopf und kurzem Hals; wichtige Hausrindrasse. In M-Europa ist das S. v. a. in Schleswig-Holstein heimisch.

Shuttle-Transfer [engl. ʃʌtl] (Elektronen-Shuttle), Bez. für einen indirekten, vom Stoffwechsel der Zelle geregelten Transportmechanismus von Elektronen innerhalb von Zellkompartimenten und an intrazellularen Membranen, bei dem die beteiligten chem. Verbindungen bei Aufnahme der Elektronen reduziert, bei Abgabe der Elektronen wieder oxidiert werden (z. B. bei der Atmungskette und der Photosynthese).

Sialinsäuren [zu griech. síalon „Speichel" (nach dem Vorkommen in den Schleimstoffen der Speicheldrüsen)], Derivate der Neuraminsäure, kommen (meist in Form von Glykosiden) in tier. Gewebe vor. Sialinsäurehaltige Glykoproteide *(Sialoglykoproteide)* sind z. B. wesentl. Bestandteile der Schleimstoffe sowie der Oberfläche von Zellmembranen.

Sialoglykoproteide [griech.] ↑Sialinsäuren.

Siamang [malai.] ↑Gibbons.

Siamese, svw. ↑Siamkatze.

siamesische Zwillinge, lebensfähige

Sichler. Links: Roter Sichler; rechts: Heiliger Ibis

Siamkatze

Doppelmißbildung in Gestalt zweier eineiiger Zwillingsindividuen, die durch Gewebsbrükken (meist an der Brust oder am Rücken, auch an den Köpfen) miteinander verwachsen sind. Eine operative Trennung ist nur mögl., wenn keine lebenswichtigen Körperteile beiden gemeinsam sind, was nur sehr selten der Fall ist. Die Bez. geht auf die Brüder Chang und Eng Bunkes (* 1811, † 1874) aus Siam (= Thailand) zurück, die am Schwertfortsatz des Brustbeins und über einen Lebergewebestrang miteinander verwachsen waren.

Siamkatze (Siames. Katze, Siamese), aus Asien stammende Rasse mittelgroßer Kurzhaarkatzen; Kopf marderähnl., mit blauen Augen; Körper schlank, Schwanz lang und zugespitzt, Hinterbeine etwas länger als Vorderbeine. Die S. wird in sieben Farbvarianten gezüchtet, meist braun, cremefarben und weiß. Die charakterist. Zeichnung (v.a. Nasenspiegel, Ohren, Pfoten, Schwanz) ist je nach Hauptfarbe hell- oder dunkelbraun, bläul., hellgrau mit rosafarbenem Schimmer, schildpattfarben oder rotgold, stets aber an den äußersten Stellen des Körpers dunkler als die Hauptfarbe.

Sibiride (sibiride Rasse), Übergangsform zw. ↑Mongoliden und ↑Europiden; mit mittellangem Kopf, mittelbreitem Gesicht und gering ausgeprägter Mongolenfalte; v.a. im Tundrengebiet Sibiriens verbreitet.

Sibirische Schwertlilie ↑Schwertlilie.

Sicariidae [griech.], svw. ↑Speispinnen.

Sichel ↑Blütenstand.

Sichelflügler, svw. ↑Sichelspinner.

Sichelhopfe ↑Hopfe.

Sichelklee ↑Schneckenklee.

Sichelmöhre (Sichelwurz, Falcaria), Gatt. der Doldengewächse mit nur wenigen Arten in Europa, im Mittelmeergebiet und in Vorderasien. In Deutschland kommt in Unkrautgesellschaften auf trockenen, nährstoff- und kalkreichen Böden die **Gemeine Sichelmöhre** (Falcaria vulgaris) vor: meist zweijährige Pflanze mit 20 bis 90 cm hohen Stengeln, doppelt dreizählig gefiederten oder fiederteiligen Blättern mit scharf gesägten, oft schwach sichelförmig gebogenen Fiedern und mit kleinen, weißen Blüten in Dolden.

Sichelschrecken (Phaneropteridae), Fam. der Laubheuschrecken mit sieben einheim. Arten; Fühler länger als der Körper; Flügel meist stark verkürzt, beim ♀ schuppenförmig; Legeröhre sichelartig aufgebogen; u.a. die **Gemeine Sichelschrecke** (Phaneroptera falcata) in Süddeutschland, die einzige geflügelte Art, auf niedrigen Büschen in trockenen Heidegebieten; 13–18 mm lang, Flügel den Hinterleib weit überragend; Körper grün, Kopf, Halsschild und Beine oft rostrot.

Sichelspinner (Sichelflügler, Drepanidae), mit rd. 400 Arten weltweit (außer in S-Amerika) verbreitete Schmetterlingsfam. mit sieben einheim. Arten; Körper zart, mit relativ breiten, 2–2,5 cm spannenden Flügeln; Vorderflügelspitze sichelartig vorgezogen; Raupen mit aufgerichteter Spitze am Hinterende (umgewandeltes letztes Bauchfußpaar), manchmal schädl. an Laubbäumen.

Sicheltanne, svw. ↑Japanzeder.

Sichelwespen (Ophioninae), Unterfam. der Schlupfwespen mit etwa 600 einheim., durchschnittl. 2–3 cm langen, gelbbraun bis gelbrot gefärbten Arten; Hinterleib seitl. stark zusammengedrückt und sichelförmig gebogen; Larven überwiegend parasitär in Schmetterlingsraupen.

Sichelzellen (Drepanozyten), bei Sauerstoffmangel (z. B. nach minutenlanger venöser Blutstauung) sich sichelförmig deformierende rote Blutkörperchen mit stark verkürzter Lebensdauer (nur rd. 40 Tage statt vier Monate).

Sichler (Threskiornithinae), rd. 20 Arten umfassende Unterfam. bis 1 m langer ↑Ibisse, v. a. in sumpfigen und gewässerreichen Landschaften der Tropen und Subtropen; stochern mit ihrem langen, sichelförmig nach unten gebogenen Schnabel in Böden und Schlamm nach Nahrung (bes. Insekten, Würmer, Weichtiere); Koloniebrüter, die ihre Nester vorwiegend auf Bäumen bauen. - Zu den S. gehören u. a. der **Hagedasch** (Hagedashia hagedash; etwa 70 cm lang, Gefieder grau- bis olivbraun, Rücken metall. grün, Schwingen stahlblau; in Afrika südl. der Sahara), der **Heilige Ibis** (Threskiornis aethiopica; bis 75 cm lang, Gefieder weiß, Schwungfedern mit schwarzen Spitzen, innere Armschwingen schwarz, Schnabel, Kopf und Hals nackt und schwarz; in Afrika südl. der Sahara, Arabien und Mesopotamien; im alten Ägypten hl. Vogel), der **Rote Sichler** (Scharlach-S., Eudocimus ruber; etwa 65 cm lang; NO-Küste S-Amerikas), der einzige noch in Europa (bes. Donaudelta und S-Spanien) brütende **Braune Sichler** (Plegadis falcinellus; etwa 55 cm lang; Gefieder dunkelbraun mit metall. grün schimmernden Flügeln; S-Eurasien, Australien, Afrika, Westind. Inseln) und der **Waldrapp** (Schopfibis, Gerontieus eremita; bis 75 cm lang, schwarz, nackter roter Kopf und roter Schnabel; in Marokko und SW-Asien).

Siebbein (Riechbein, Ethmoid, Ethmoidale, Os ethmoidale), unpaarer, zweiseitig-symmetr. Schädelknochen zwischen den Augenhöhlen des Menschen an der Schädelbasis (↑ auch Schädel). Von einer horizontalen, längl., für den Durchtritt der Fasern des (paarigen) Riechnervs siebartig durchlöcherten Knochenplatte (**Siebplatte,** Lamina cribrosa) zw. Stirn- und Nasenhöhle ragt ein kleiner, medianer Knochenkamm (**Hahnenkamm,** Crista galli) in die Schädelhöhle vor, während nach der Nasenregion zu median eine den oberen Teil des Nasenseptums bildende Knochenlamelle verläuft. Seitl. von dieser verlaufen zwei voluminöse, von zu den Nasennebenhöhlen zählenden Hohlräumen (*S.zellen, S.höhlen,* Cellulae ethmoidales) durchsetzte Knochenkörper, die die in die Nasenhöhlen vorragenden mittleren und oberen Nasenmuscheln tragen.

Siebenpunkt ↑Marienkäfer.

Siebenschläfer (Glis glis), bes. in Laubwäldern, Obstgärten und Parkanlagen Europas und SW-Asiens weit verbreiteter ↑Bilch; Körperlänge 15–20 cm; Schwanz buschig behaart, 10–15 cm lang; Oberseite einfarbig grau, um die Augen etwas dunkler, Unterseite weiß; zieml. geselliger, überwiegend dämmerungs- und nachtaktiver, gewandter Springer und Kletterer; kommt bes. im Herbst nicht selten in Gebäude (Speicher); frißt vorwiegend Knospen, junge Blätter, Früchte, Samen und Kleintiere. Nach einer Tragezeit von etwa einem Monat bringt das ♀ 2–8 nackte, blinde Junge zur Welt. - S. halten einen langen, je nach klimat. Bedingungen 7–9 Monate dauernden Winterschlaf etwa zw. Sept./Okt. und April/Mai. Sie bauen Nester aus Pflanzenmaterial in Erdlöchern oder über der Erde in Baumhöhlen, Nistkästen o. ä., selten auch freistehende kugelförmige Nester (Kobel). S. können bis fünf (selten sieben) Jahre alt werden. Sie sind ungeeignet als Haustiere. S. galten bei den Römern als Delikatesse.

Siebenstern (Trientalis), Gatt. der Primelgewächse mit nur 3 Arten in den gemäßigten und kälteren Gebieten der Nordhalbkugel; kleine Stauden mit wechselständigen Stengelblättern, obere Stengelblätter quirlig zusammenstehend; Blüten einzeln, an fadenartigen, langen Stielen mit 7 Kronblättern. In Deutschland v. a. in Mooren, Heiden und in Nadelwäldern heim. ist der mehrjährige **Europ. Siebenstern** (Trientalis europaea): mit

Siebenschläfer

aufrechten, bis 25 cm langen Stengeln, großen, oberen Rosettenblättern und weißen Blüten.

Siebhaut, svw. ↑Decidua.

Siebold, Karl Theodor Ernst von, * Würzburg 16. Febr. 1804, † München 7. April 1885, dt. Arzt und Zoologe. - Prof. in Erlangen, Freiburg, Breslau und München. S. erarbeitete die Grundlagen der Systematik und der vergleichenden Anatomie der Wirbellosen; er erkannte die Einzeller als selbständige Gruppe und entdeckte die Jungfernzeugung bei Insekten.

Siebplatte ↑Siebbein.

Siebröhren, Transportbahnen für Assimilate (Kohlenhydrate, Aminosäuren) im Phloem der Farne und Samenpflanzen, bestehend aus langen Reihen lebender, kernloser Zellen, deren Quer- und Längswände von einer Vielzahl von Tüpfeln größeren (S.glieder der Bedecktsamer) oder kleineren Durchmessers (Siebzellen der Farne und Nacktsamer) durchbrochen sind, die eine plasmat. Verbindung über die gesamte Röhrenlänge ermöglichen. Die S. überdauern meist nur eine Vegetationsperiode.

Siegelbaumgewächse (Sigillariaceae), vom Unterkarbon bis zum Rotliegenden verbreitete, v. a. im Oberkarbon häufige, später ausgestorbene Fam. der Schuppenbäume mit der Gatt. **Siegelbaum** *(Sigillaria):* bis über 30 m hohe und über 2 m dicke, unverzweigte oder oben bis zweimal gegabelte Schopfbäume mit bandförmigen Blättern mit nur einer Mittelader. Die Blätter hinterließen nach dem Abfallen Narben, die die Stammoberfläche bienenwabenartig aussehen ließen. Die S. waren ein wichtiges Ausgangsmaterial für die Bildung der Steinkohle.

Siegwurz, (Gladiolus, Gladiole) Gatt. der Schwertliliengewächse mit rd. 250 Arten im Mittelmeergebiet, in M-Europa und im trop. und südl. Afrika. Einheim., jedoch sehr selten sind: **Sumpfsiegwurz** (Gladiolus palustris), 30–60 cm hoch, mit langen, linealförmigen Blättern; Blüten (4–6) in Ähren, purpurrot, untere Blütenhüllblätter mit einem weißen Streifen; auf kalkreichem Boden. **Wiesensiegwurz** (Gladiolus imbricatus), etwa ebenso hoch, mit purpurfarbenen, zu 5–10 in einseitswendiger Ähre stehenden Blüten; auf moorigen Wiesen.

◆ svw. ↑Allermannsharnisch.

Sigillaria [lat.], svw. Siegelbaum (↑Siegelbaumgewächse).

Sigma [griech.], svw. Sigmoid (↑Darm).

Sigmoid [griech.] ↑Darm.

Signal [frz.], in der *Verhaltensforschung* ↑Auslöser. - ↑auch Schlüsselreiz.

Signalreiz, svw. ↑Schlüsselreiz.

Sikahirsch [jap./dt.] (Cervus nippon), gedrungener, etwa 1–1,5 m langer und 85–110 cm schulterhoher Echthirsch in Wäldern und parkartigen Landschaften O-Asiens (in M-Europa und anderen Erdteilen vielerorts eingebürgert); im Sommer meist rotbraun mit weißen Fleckenreihen, im Winter dunkelbraun mit undeutl. oder fehlender Fleckung; ♂ mit relativ schwachem, 8- bis 10endigem Geweih. Man unterscheidet mehrere Unterarten (darunter z. B. der Dybowskihirsch), von denen einige in ihren Beständen bedroht sind.

Silberbaumfarn ↑Becherfarn.

Silberbisam ↑Russischer Desman.

Silberblatt (Lunaria), Gatt. der Kreuzblütler mit nur 3 Arten, verbreitet in M- und S-Europa; ein- oder zweijährige oder auch ausdauernde Kräuter mit gestielten, herzförmigen Blättern und weißen oder purpurfarbenen Blüten in Trauben; Früchte flache Schoten, von denen die beiden Fruchtklappen abfallen und nur die papierartige, silbrige, durchscheinende Scheidewand stehenbleibt. Die bekannteste, häufig als Zierpflanze kultivierte Art ist *Lunaria annua* (Mondviole, Judassilberling, Pfennigblume) mit an beiden Enden abgerundeten Schötchen. - Abb. S. 130.

Silberdachse (Amerikan. Dachse, Taxidea), Gatt. plumper Marder mit der einzigen Art **Präriedachs** (Silberdachs, Taxidea taxus) in trockenen, offenen Landschaften großer Teile N-Amerikas; Körper auffallend niedrig und kräftig, bis 70 cm lang; Fell seidenweich und dicht; Färbung oberseits silbergrau bis bräunl., mit weißem, auf der Nase beginnendem Mittelstreif; Gesicht schwarz-braun, weißl. gezeichnet, Beine schwarz; Pelz sehr geschätzt.

Silberdistel ↑Eberwurz.

Silbereiche (Austral. S.) ↑Grevillea.

Silberfasan ↑Fasanen.

Silberfelchen, volkstüml. Bez. für die silberhellen, in der Uferregion des Bodensees lebenden Felchenarten Kilch, Sandfelchen, Gangfisch und die Bastarde zw. Blaufelchen und Gangfisch.

Silberfingerkraut ↑Fingerkraut.

Silberfischchen (Lepisma saccharina), fast weltweit verbreitetes, etwa 1 cm langes Urinsekt; mit silberglänzend beschupptem Körper; in Europa v. a. in feuchtwarmen Räumen. - Abb. S. 131.

Silberfleckbläuling (Geißkleebläuling, Plebejus argus), vorwiegend auf Heideflächen und Mooren Eurasiens und Japans verbreiteter, etwa 3 cm spannender Falter der Fam. Bläulinge; Flügeloberseite des ♂ meist violettblau mit schmalem, dunklem Rand, beim ♀ braun mit blauer Basalbestäubung; Flügel unterseits hell- bis dunkelgrau mit orangegelben Flecken.

Silberfuchs ↑Füchse.

Silbergibbon ↑Gibbons.

Silbergras, (Keulenschmiele, Corynephorus) Süßgräsergatt. mit nur wenigen Arten in Europa und im Mittelmeergebiet. Die bekannteste Art ist *Corynephorus canescens*, ein 15–50 cm hohes, graugrünes, teilweise rasenbildendes Gras mit abstehenden, silbergrauen Rispen; auf Sandböden, Heiden und in Kiefernwäldern.

◆ svw. ↑Pampasgras.

Silberkarausche (Carassius auratus), bis 45 cm langer, seitl. zusammengedrückter, vorwiegend hellgelbl. gefärbter, silbrig glänzender Karpfenfisch in stehenden und langsam fließenden Süßgewässern Hinterindiens und O-Asiens; Stammform des Goldfischs.

Silberkerze ↑Cleistocactus.

◆ svw. ↑Wanzenkraut.

Silbermantel, svw. Alpenfrauenmantel (↑Frauenmantel).

Silbermotten (Argyresthiidae), Fam. kleiner, mottenähnl. Schmetterlinge mit silbriger oder goldfarbener Zeichnung. Bekannt z. B. die ↑Kirschblütenmotte.

Silbermöwe ↑Möwen.

Silbermundwespen (Crabro), Gatt. der ↑Grabwespen mit rd. 60 einheim. Arten; Körper meist schwarz-gelb gezeichnet, Gesicht mit auffallend silber- oder goldglänzender Behaarung.

Silberpappel ↑Pappel.

Silberreiher ↑Reiher.

Silberscharte (Bisamdistel, Filzscharte, Jurinea), Gatt. der Korbblütler mit rd. 120 Arten, v. a. in Vorder- und Zentralasien, nur wenige Arten im Mittelmeergebiet und in Europa; Kräuter oder Halbsträucher mit meist fiederteiligen Blättern und zweigeschlechtigen Blüten in einzelnen oder zu mehreren zusammenstehenden Köpfchen. In Deutschland kommt die 25–40 cm hohe **Sand-Silberscharte** (Jurinea cyanoides) vor: mit gefurchtem, flokkig-weißfilzigem Stengel, fiederspaltigen, oberseits spinnwebenartig behaarten Blättern und purpurfarbenen Blüten in langgestielten einzelnen Köpfchen.

Silberstrauch (Silberbusch, Perowskie, Perovskia), Gatt. der Lippenblütler mit nur wenigen Arten in den gemäßigten Gebieten N-Asiens; bekannt ist die Art **Perovskia atriplicifolia,** ein bis 1,5 m hoher Halbstrauch mit stark duftenden, weiß behaarten Blättern und himmelblauen Blüten in Quirlen; Herbstblüher.

Silberstrich, svw. ↑Kaisermantel.

Silberwurz (Dryas), Gatt. der Rosengewächse mit nur wenigen Arten in den arkt. und subarkt. Gebieten sowie in den Hochgebirgen der nördl. gemäßigten Zone; Zwergsträucher mit einfachen, gestielten, oberseits glänzenden, unterseits schneeweißen Blättern, deren Ränder umgerollt sind; Blüten groß, weiß oder gelb. In Deutschland kommt in Laubwäldern die **Achtblättrige Silberwurz** (Dryas octopetala) vor: bis 15 cm hoher Strauch mit gekerbt-gesägten, herzförmigen bis längl., runzeligen Blättern und einzelnstehenden, weißen Blüten.

Silberzwiebel, svw. ↑Perlzwiebel.

Silene [nach dem griech. Dämon Silen], svw. ↑Leimkraut.

Silvaner, mittelfrühe Rebensorte mit mittelgroßen, grünen Beeren in dichten Trauben; liefert einen milden, fast geschmacksneutralen Weißwein, oft mit Riesling verschnitten. Der Wein ist im Elsaß als *Sylvaner* oder *Grünfränkischer*, in der Schweiz (Kanton Wallis) als *Johannisberg*, in der Steiermark und um Wien als *Zierfandler* bekannt. Um 1900 nahm die Sorte etwa 60%, heute nimmt sie nur noch 17% der dt. Weinbaufläche ein.

Silvide [zu lat. silva „Wald"] (silvide Rasse), menschl. Lokalrasse, die zu den Nordindianiden (↑Indianide) gerechnet wird; mit hohem Wuchs, wuchtigem Körperbau, großem und mäßig langem Kopf, flachem Gesicht, kleinen (manchmal geschlitzten) Lidspalten und hoher (häufig konvexer) Nase; v. a. im kanad. Waldgebiet und in der Hochprärie verbreitet (bes. mit den Indianerstämmen der Algonkin und Sioux).

Simarouba [...'ru:ba; indian.], svw. ↑Quassia.

Simiae [griech.-lat.], svw. ↑Affen.

Simse (Binse, Scirpus), weltweit verbreitete Gatt. der Riedgräser mit 250 Arten; einjährige oder ausdauernde Kräuter mit ♂ und ♀ Blüten in einem Ährchen; von binsenähnl. Aussehen, auch mit ähnl. Standorten. Europ. Arten sind u. a.: **Strandsimse** (Meer-S., Scirpus maritimus), 0,3–1,3 m hoch, mit dreikantigen Stengeln und linealförmigen Blättern; Blüten in braunen Ährchen, die eine Spirre bilden; auf Schlickböden der Küstengebiete. An Ufern stehender und fließender Gewässer wächst die 0,8–3 m hohe **Teichsimse** (Flecht-S., Scirpus lacustris); mit runden Stengeln und ebenfalls braunen, in einer Spirre angeordneten Ährchen. In wärmeren Gebieten wächst das winterharte, bis 20 cm hohe **Frauenhaargras** (Nickende S., Scirpus cernuus): dichte Büsche aus fadenförmigen, später überhängenden Stengeln mit borstenförmigen Blättern und endständigen, zu mehreren zusammenstehenden Ährchen; Zimmerpflanze.

Simsenlilie (Tofieldia), Gatt. der Liliengewächse mit 20 Arten in der nördl. gemäßigten und in der arkt. Zone; ausdauernde Stauden mit grasartigen Blättern und unscheinbaren, gelbl. oder grünl. Blüten in traubigem Blütenstand.

Sinanthropus [griech.] ↑Mensch.

Sinau (Aphanes), Gatt. der Rosengewächse mit rd. 20, fast weltweit verbreiteten Arten; im Aussehen ähnl. den Frauenmantelarten; einjährige Stauden mit in den Blattachseln dicht gebüschelt stehenden Blüten. Eine früher als Heilpflanze verwendete Art ist der **Acker-Sinau** (Aphanes arvensis), eine bis 20 cm hohe Pflanze mit kleinen, grünl. Blüten und wenig geteilten Nebenblättern.

Singdrossel (Turdus philomelos), fast 25 cm langer, zweimal im Jahr brütender Singvogel (Fam. Drosseln), v. a. in Wäldern und Parkanlagen Europas und der nördl. und gemäßigten Regionen Asiens (bis M-Sibirien); oberseits braun, unterseits auf gelbl. (Brust) bzw. weißem Grund (Bauch) braun gefleckt; ♂ mit lautem Gesang; Zugvogel.

Singrün [zu althochdt. sin „dauernd"], svw. ↑Immergrün.

Singschwan ↑Schwäne.

Singvögel (Oscines), weltweit verbreitete, mit rd. 4 000 Arten fast die Hälfte aller rezenten Vögel umfassende Unterordnung der Sperlingsvögel; gekennzeichnet durch mehr (meist sieben bis neun) Paar Muskeln, die am Lautäußerungsorgan (Syrinx) ansetzen und durch deren wechselseitige Kontraktion Syrinxmembranen mehr oder weniger gespannt und mit Hilfe der ausgestoßenen Atemluft zum Vibrieren gebracht werden. Trotz der für alle S. typ. Ausbildung solcher Muskeln können nicht alle S. wirkl. „singen" (Rabenvögel z. B. können nicht singen). - Man unterscheidet 45 Fam., in systemat. Reihenfolge u. a. Lerchen, Schwalben, Stelzen, Bülbüls, Blattvögel, Würger, Seidenschwänze, Wasseramseln, Zaunkönige, Spottdrosseln, Braunellen, Timalien, Grasmücken, Fliegenschnäpper, Drosseln, Meisen, Kleiber, Baumläufer, Blütenpicker, Nektarvögel, Brillenvögel, Honigfresser, Kleidervögel, Vireos, Stärlinge, Finkenvögel, Webervögel, Prachtfinken, Stare, Drongos, Paradiesvögel, Laubenvögel und Rabenvögel.

Singzikaden (Singzirpen, Cicadidae), rd. 4 000 Arten umfassende, v. a. in den Tropen und Subtropen verbreitete Fam. bis 7 cm langer ↑Zikaden; Pflanzensauger mit meist gedrungenem Körper und großen, durchsichtigen, bis 18 cm spannenden Flügeln; ♂♂ mit lauterzeugenden Trommelorganen an der Hinterleibsbasis (beidseitig eine trommelfellartig gespannte Hautplatte, die durch Kontraktionen eines kräftigen Innenmuskels in Schwingungen versetzt wird). S. erzeugen einen artspezif. Gesang zur Anlockung der stummen ♀♀. Beide Geschlechter haben Gehörorgane am Hinterleib. Die Larven leben unterirdisch; ihre Vorderbeine sind zu Grabbeinen umgebildet; saugen an Pflanzenwurzeln. - Zu den S. gehört u. a. die 7 cm lange, auf den Großen Sundainseln vorkommende **Kaiserzikade** (Pomponia imperatoria; Flügelspannweite 18 cm, Körper dunkel, Flügel gefleckt). An wärmeren Orten M-Europas kommt die 1,6–2 cm lange **Bergzikade** (Cicadetta montana) vor; schwarz mit braungelber Zeichnung; Flügelspannweite 4–4,5 cm.

Silberblatt. Lunaria annua

Sinide [griech.] (sinide Rasse), Unterform der ↑Mongoliden; mit etwas längerem Kopf, höherem Gesicht, schmalerer Nase und höherem und schlankerem Wuchs als bei den ↑Tungiden; Hauptverbreitungsgebiet: die dichtbesiedelten Lößlandschaften Chinas (speziell des Jangtsekiang und des Hwangho).

Sinne, physiolog. die Fähigkeit von Mensch und Tier, Reize diffus über den gesamten Körper oder mittels spezieller, den einzelnen S. zugeordneter ↑Sinnesorgane zu empfinden bzw. wahrzunehmen und gegebenenfalls spezif. darauf zu reagieren. Auf Grund der Reizzuordnung können unterschieden werden: Gesichts-, Gehör-, Geruchs-, Geschmacks-, Tast-(Druck-), Temperatur-, Schmerz- und Gleichgewichtssinn.

Sinnesepithel ↑Epithel.

Sinneshaare, die Sinneshärchen der Sinneszellen, z. B. in den tier. und menschl. ↑Gleichgewichtsorganen.

◆ (Haarsensillen, Sensilla trichodea) bei Gliederfüßern haarartige, v. a. dem Tastsinn, auch dem Geruchs- und Erschütterungssinn dienende Sinnesorgane.

Sinnesnerven (sensible Nerven, Empfindungsnerven), allg. Bez. für diejenigen Nervenstränge, die die afferente (sensor.) Erregungsleitung zw. Sinnesorganen und nervösen Zentren (Ganglien, Gehirn) als Teil des peripheren Nervensystems übernehmen; bei Wirbeltieren bes. die Nervenstränge, die der Erregungsleitung dienen und die Hauptsinnesorgane (Nase, Auge, Ohr, auch die Seitenlinienorgane) mit dem Gehirn verbinden.

Sinnesorgane (Rezeptionsorgane, Organa sensuum), der Aufnahme von Reizen dienende, mit Sinnesnerven versorgte Organe bei Vielzellern (bei Einzellern sind Sinnesorganellen ausgebildet, z. B. der ↑Augenfleck), bestehend aus ↑Sinneszellen sowie diversen Hilfszellen bzw. -organen. Die Funktionsfähigkeit jedes S. beruht auf der Fähigkeit der einzelnen Sinneszelle, bestimmte, quantitativ und qualitativ begrenzte, als Reize wirkende Energieformen in neurale Erregung umzuwandeln, wodurch beliebige Energieformen in den gleichen organ. Code mit gleicher Leitungsbahn (Nervenleitung) und gleicher Reizstärkedarstellung (Aktionspotentialfrequenz) transformiert werden. Während bei indifferenten S. verschiedene Reize wahrgenommen werden können, da hier als einfachster Fall ledigl. einzelne Sinneszellen oder freie Nervenendigungen über die gesamte Körperoberfläche verstreut sind (bei verschiedenen niederen Tieren), entstehen die eigtl. S. durch Zusammenlagerung von Sinneszellen und zusätzl. Ausbildung von Hilfseinrichtungen, wie z. B. beim Auge der dioptr. Apparat und die Pigmentzellen. Dadurch sind diese S. gegenüber inadäquaten Reizen abgeschirmt. Die Zuordnung adäquater Reize zu ihren spezif. S. ermöglicht die Identifizierung der verschiedenen Sinne. Allerdings reagiert jedes Sinnesorgan nur bei normaler Reizstärke auf die ihm zugeordneten Reize. Bei überstarkem Reiz kann auch ein Fremdreiz beantwortet werden, jedoch immer nur mit der dem Sinnesorgan eigenen Sinnesempfindung. So erzeugt z. B. ein Schlag auf das Auge eine Lichtempfindung.

Culclasure, D. F.: Anatomie u. Physiologie des Menschen. Bd. 14: Die S. Dt. Übers. Weinheim [3]1984. - Pernkopf, E.: Atlas der topograph. u. angewandten Anatomie ... Mchn. [2]1980. - Taschenatlas der Anatomie. Bd. 3: Kahle, W., u. a. Nervensystem u. S. Stg. [5]1986.

Sinnesqualitäten, die Inhalte der sinnl. Empfindungen von Individuen (subjektiven Organismen) bezügl. der außersubjektiven (objektiven) Umwelt.

Sinneszellen, bes. differenzierte (ektodermale) Epithelzellen der Vielzeller, deren Protoplasma durch Reize von außen eine spezif. Zustandsänderung erfährt, die die Erregung ergibt (Nervenzellen übernehmen nur diese Erregung, bewirken sie also selbst nicht). Die S. können zerstreut in der Haut vorkommen oder in Sinnesepithelien oder Sinnesorganen angereichert sein. S. kommen in drei Typen vor: 1. *Primäre S.* leiten den Reiz durch eine eigene Nervenfaser weiter (beim Menschen Stäbchen und Zapfen im Auge). 2. *Sekundäre S.* wandeln den Reiz nur um, Synapsen übertragen die Nervenimpulse auf die Endfasern einer Nervenzelle, die die S. umgeben (z. B. Geschmacks-S. der Wirbeltiere). 3. Freie Nervenendigungen *(Sinnesnervenzellen)* sind stark verzweigte Endfasern von Nervenzellen (z. B. Tastkörperchen).

Sinningie (Sinningia) [nach dem dt. Gärtner W. Sinning, * 1792, † 1874], Gatt. der Gesneriengewächse mit 15 Arten in Brasilien; meist niedrige Kräuter mit dickem Wurzelstock, behaartem Stengel, gegenständigen, langgestielten Blättern und achselständigen, einzeln oder gebüschelt stehenden Blüten; eine bekannte Art ist die ↑Gloxinie.

Sinnpflanze (Mimose, Mimosa), Gatt. der Mimosengewächse mit rd. 450 Arten, hauptsächl. im trop. und subtrop. Amerika; Kräuter, Sträucher oder Bäume, oft dornig oder stachelig; Blätter meist doppelt gefiedert, sie reagieren auf Berührungsreize durch Zusammenklappen der Fiedern und Absenken der Blattstiele; Blüten klein (mit fünf oder zehn Staubblättern; im Ggs. zu den zahlr. Staubblättern der Akazienarten, der sog. „Mimosen", wie man sie in Blumengeschäften erhält), in gestielten, kugeligen oder walzenförmigen Ähren. Eine als Zierpflanze bekannte Art ist die **Schamhafte Mimose** (Mimosa pudica), ein 30–50 cm hoher, stacheliger Halbstrauch mit kleinen, rosaweißen oder hellroten Blüten.

Sinus [lat. „Krümmung, Bucht"], in der *Anatomie* allg. Bez. für Hohlräume in Geweben und Organen (z. B. Nasennebenhöhlen), für Erweiterungen von Gefäßen (z. B. Venensinus).

Sinushaare, bei allen Säugetieren mit Ausnahme des Menschen, bes. aber bei katzenartigen Raubtieren und bei Nagern fast stets im Kopfbereich (als Schnurrhaare auf Oberlippe und Wangen), z. T. auch an den Extremitäten und einigen anderen Körperstellen zusätzl. vorkommende steife, lange Sinneshaare als Tastsinnesorgane.

Sinusknoten ↑Herzautomatismus.

Sipho (Mrz. Siphonen) [griech.], in der Zoologie: 1. Atemröhre bei vielen Schnecken; der Einleitung des Atemwassers in die Mantelhöhle dienender, lang ausgezogener Fortsatz des Mantel- bzw. Schalenrands; 2. bei primitiven Kopffüßern (fossile Nautiloideen, Nautilus) ein das gekammerte Gehäuse durchziehender, mit Blutgefäßen ausgestatteter Fortsatz des hinteren Körperendes; scheidet das die Gehäusekammern erfüllende Gas ab bzw. resorbiert es.

Siphonophora (Siphonophoren) [griech.], svw. ↑Staatsquallen.

Sippe, Gruppe von Individuen gleicher Abstammung.

Sirenen [griech.], svw. ↑Seekühe.

Sisalagave (Sisalhanfagave, Agave sisalana), 20 cm bis 1 m hohe, etwa 20 cm

Silberfischchen

stammdicke, Ausläufer treibende Agavenart auf der Halbinsel Yucatán; mit derben, ledrigfleischigen, 110–180 cm langen Blättern mit kurzem, schwarzbraunem Endstachel; Blüten grün, etwa 6 cm lang, mit weit herausragenden, braun punktierten Staubblättern, in 6–7 m hohem, rispigem Blütenstand. Die S. wird auf Yucatán, in Brasilien, O- und W-Afrika, auf Madagaskar und in Indonesien zur Fasergewinnung (Sisal) angebaut.

Sitkafichte [nach der Stadt Sitka] ↑Fichte.

Sittiche [zu griech.-lat. psittacus „Papagei"], zusammenfassende Bez. für alle kleinen bis mittelgroßen Papageien in Amerika, Afrika, S-Asien und Australien; meist schnellfliegende, oft recht bunt gefärbte, gesellige Schwarmvögel mit langem, keilförmigem Schwanz. Hierher gehören u. a. Wellensittich, Nymphensittich, Nachtsittich, Grassittiche, Edelsittiche und Keilschwanzsittiche.

Sittidae [griech.], svw. ↑Kleiber.

Situs [lat.], in der *Anatomie* Bez. für: Lage, Stellung, v. a. der Organe im Körper.

Sitzbacken, svw. ↑Gesäß.

Skabiose [lat.] (Grindkraut, Krätzkraut, Scabiosa), altweltl., bes. mediterrane Gatt. der Kardengewächse mit rd. 80 Arten; einjährige oder ausdauernde, meist behaarte Kräuter oder Halbsträucher mit verschiedenfarbigen, in Köpfchen stehenden Blüten. Einheim. Arten sind u. a. die in den Alpen und im Mittelgebirge (über 1 000 m Höhe) wachsende **Glänzende Skabiose** (Glänzendes Grindkraut, Scabiosa lucida), eine 20–30 cm hohe Staude mit glänzenden Blättern und rotlilafarbenen, außen flaumig behaarten Blüten, und die auf Magerwiesen verbreitete **Taubenskabiose** (Scabiosa columbaria), eine bis 50 cm hohe, zweijährige oder ausdauernde Pflanze mit fiederteiligen Blättern und meist blauvioletten Blüten. Einige Arten (z. B. Purpur-S., Stern-S.) sind anspruchslose Sommerblumen.

Skalar [lat.-italien.] ↑Segelflosser.

Skarabäen [griech.-lat.] ↑Pillendreher.

Skarabäiden (Scarabaeidae) [griech.-lat.], Fam. kleiner (1 mm) bis sehr großer (15 cm), weltweit verbreiteter Blatthornkäfer mit mehr als 20 000 Arten (davon etwa 140 Arten in M-Europa); oft bunt und (wie z. B. bei Nashornkäfern) mit Fortsätzen an Kopf und Halsschild; die letzten (art- oder geschlechtsspezif. variablen) 3–7 Fühlerglieder sind blattartig verbreitert, sie können durch Blutdruck gespreizt werden; Käfer und Larven (Engerlinge) ernähren sich von frischen Pflanzenteilen oder vom Kot pflanzenfressender Säugetiere. U. a. die Unterfam. ↑Laubkäfer, ↑Mistkäfer, ↑Kotkäfer, ↑Rosenkäfer.

Skelett [griech.], im weitesten Sinne der innere und/oder äußere Stützapparat (Endo- bzw. Ekto-S.) bei tier. Organismen und dem Menschen, wobei die zur Abstützung nötige Versteifung durch den Wasserinhalt des Körpers bzw. die Zölomflüssigkeit (z. B. bei den Ringelwürmern) bewirkt werden kann *(hydrostat. S.)*, i. d. R. jedoch durch bes. Stützstrukturen zustandekommt, die durch die Einlagerung von Kieselsäure oder, häufiger, von Kalk verfestigt bis extrem verhärtet sind. Im Unterschied zum v. a. bei den Wirbellosen häufig vorkommenden ↑Ektoskelett liegt das ↑Endoskelett im Körper, der von ihm durchsetzt bzw. durchzogen wird. Es findet sich v. a. bei den Schwämmen, Blumentieren und Wirbeltieren, wobei das Knorpel- oder Knochengerüst (**Gerippe**) der Wirbeltiere (bei den Schädellosen ↑Chorda dorsalis) das S. im engeren Sinne darstellt und neben seiner stützenden Funktion auch einen passiven Bewegungsapparat darstellt, indem die [S.]muskeln des Körpers an ihm ansetzen. Eine Grobunterteilung unterscheidet etwa das S. des Stamms (Rumpf-S.) vom S. der Extremitäten (Extremitäten-S.) oder das Deckknochen-S. vom Ersatzknochenskelett. Das *S. des Menschen* besteht (ohne die etwa 50 Sesambeine) aus 208–214 Knochenteilen folgender Zusammensetzung: 29 Schädelknochen (davon sechs Gehörknöchelchen und ein Zungenbein), 28–32 Knochen der Wirbelsäule, 25 Knochen des Brustkorbs, 4 Schultergürtelknochen, 2 Hüftbeine (als Beckenknochen Verschmelzungsprodukt aus dem paarigen Darm-, Scham- und Sitzbein), 60–62 Knochen der oberen und 60 Knochen (einschließl. Kniescheiben) der unteren Extremitäten (Arm und Hand bzw. Bein und Fuß).

Skelettierfraß, charakterist. Fraßbild an Blattspreiten, wobei das Gewebe zw. den Blattadern vollständig verzehrt ist; verursacht durch verschiedene Insekten, bes. Blattkäfer und deren Larven, Schmetterlingsraupen und Afterraupen.

Skelettmuskeln, an Teilen des Skeletts der Wirbeltiere (einschl. Mensch) ansetzende ↑Muskeln; umfassen, mit Ausnahme der Herzmuskulatur, das gesamte quergestreifte Muskelgewebe.

Skinke [griech.] (Glattechsen, Walzenechsen, Wühlechsen, Scincidae), fast ausschließl. die Tropen und Subtropen (v. a. Afrika, S-Asien und Australien-Polynesien) bewohnende, rd. 700 Arten umfassende Fam. meist 20–30 cm langer (maximal 65 cm messender) ↑Echsen mit walzenförmigem, gestrecktem Körper und glatten, glänzenden, mit Knochenplättchen unterlegten Schuppen; Grundfärbung meist unscheinbar gelbl. bis grau oder braun, häufig dunkel gefleckt oder gestreift; Beine normal entwickelt oder (bei sehr langgestreckten Arten) bis zum völligen Verlust eines oder beider Paare schrittweise reduziert; Schwanz oft sehr lang, bei wenigen (baumbewohnenden) S. als Greifschwanz entwickelt. Die schlangenförmigen S. sind spezialisierte Bodenwühler, bei denen die Augen reduziert sind und die z. T. keine äußeren Ohröffnungen aufweisen. Die S. sind großenteils lebendgebärend. Sie ernähren sich v.a. von Insekten und von Pflanzenteilen.

Skinner, Burrhus Frederic [engl. 'skɪnə], * Susquehanna (Pa.) 20. März 1904, amerikan. Verhaltensforscher. - Prof. u.a. an der Harvard University, wo er, ausgehend von Lernexperimenten mit Tauben und Ratten, die wiss. Grundlagen des lerntheoret. orientierten Behaviorismus entwickelte. S. leitet von seinen (umstrittenen) Theorien Konsequenzen für die menschl. Gesellschaft ab. Schrieb u.a. „Futurum Zwei" (1948), „Wissenschaft und menschl. Verhalten" (1953), „Analyse des Verhaltens" (1961; mit J. G. Holland), „Jenseits von Freiheit und Würde" (1971).

Sklavenameisen (Serviformica), Untergatt. der Ameisengatt. Formica, deren Larven und Puppen von anderen Ameisenarten (Raubameisen) oft verschleppt werden (Sklavenraub), wobei die ausschlüpfenden Arbeiterinnen in den Nestern der Raubameisen als Hilfsameisen *(Sklaven)* beim Nahrungserwerb, Nestbau und bei der Brutpflege helfen.

Sklerenchym [griech.], Festigungsgewebe in nicht mehr wachsenden Pflanzenteilen (Ggs. ↑Kollenchym); entweder aus langgestreckt-spindelförmigen, toten Zellen mit verdickten, unverholzten, elast. oder verholzten, starren Wänden oder aus Steinzellen. S.zellen treten, zu Strängen, Bändern oder Scheiden nach dem Prinzip der Verbundbauweise vereinigt und in andere Gewebe eingebettet, in allen pflanzl. Organen auf und werden z. T. wegen ihrer Länge (Lein und Brennessel bis zu 7 cm, Ramiefasern bis 55 cm) und ihrer Dehnbarkeit als Textilfasern verwendet.

Skleroblasten [griech.], Bindegewebszellen, die bei Tier und Mensch die Hartsubstanzen der Stützgewebe bilden. Nach Art des Stützgewebes unterscheidet man Osteoblasten (↑Knochen), ↑Odontoblasten, ↑Adamantoblasten.

Sklerophyllen [griech.], Bez. für die immergrünen Holzgewächse der trop. und subtrop. Gebiete, deren dicke, lederartige, mit reichl. Festigungsgewebe versehene Blätter auch bei anhaltender Trockenheit nicht absterben (z. B. Ölbaum, Eukalyptus).

Sklerotien [...i-ɛn; griech.] (Einz. Sklerotium), mehrzellige, unter Wasserverlust und Wandverdickung gebildete Plektenchyme (↑Gewebe) bei Schlauchpilzen, die Dauerstadien (Dauermyzel) zur Überbrückung ungünstiger Vegetationsperioden darstellen; z. B. das Mutterkorn.

Sklerotome [griech.], mesenchymat. Zellmassen, die während der Embryonalentwicklung der Wirbeltiere und des Menschen von der medialen Wand jedes Ursegments in metamerer Anordnung seitl. neben der Chorda dorsalis heraufwuchern, sich dann jederseits zu einer Skelettplatte *(Skleroblastem)* vereinigen, um von beiden Seiten her Chorda und Medullarrohr zur Bildung der Wirbelsäule zu umschließen.

Skolopender [griech.] (Riesenläufer, Scolopendromorpha), Ordnung 2–26 cm langer, meist gelbl., brauner oder grüner Hundertfüßer mit rd. 550 Arten, fast ausschließl. in den Tropen und Subtropen, auch im Mittelmeergebiet verbreitet, z. B. der über 15 cm lange, meist hell- bis dunkelbraune **Gürtelskolopender** (Scolopendra cingulata); nachtaktive, sich tagsüber unter Steinen oder in Erdgängen verbergende Tiere mit 21–23 Beinpaaren und großen, zangenförmigen Kieferfüßen (Giftklauen). Der Biß der großen S.arten ist sehr schmerzhaft, die Wirkungen (Schwellungen, Fieber) klingen jedoch nach einigen Stunden wieder ab. - Abb. S. 134.

Skopolie [nach dem italien. Arzt G. A. Scopoli, * 1723, † 1788], svw. ↑Tollkraut.

Skorpione (Scorpiones) [griech.], seit dem Silur bekannte, heute mit über 600 Arten v. a. in den Tropen und Subtropen verbreitete Ordnung bis 18 cm langer Spinnentiere; primitive Tiere, deren Körper äußerl. in drei Abschnitte gegliedert ist: 1. ungegliederter *Vorderkörper*, relativ kurz und breit, mit vier Paar Laufbeinen, einem Paar kurzer, kleine Scheren tragender Kieferfühler (Chelizeren) und einem Paar langer, waagerecht getragener Greifarme mit großen, gezähnten Greifscheren; 2. *Vorderteil des Hinterkörpers* (Opisthosoma), ebenso breit wie der Vorderkörper, doch sehr viel länger, segmentiert und ohne Extremitäten; 3. *die letzten fünf Segmente des Hinterkörpers*, fast schwanzartig stark verschmälert, sehr bewegl., letztes Segment mit Giftblase und Stachel. - S. sind nachtaktive Tiere, die versteckt vorwiegend in trockenen, wasserarmen Gebieten (z. B. Sand- und Steinwüsten, Steppen) leben. Sie ernähren sich v. a. von Insekten u. a. Gliederfüßern, die mit den Pedipalpenscheren zerquetscht oder durch einen Giftstich getötet werden. S. stechen den Menschen nur, wenn sie in Bedrängnis geraten; ihr Stich ist schmerzhaft, bei einigen Arten auch gefährl.; sie sind z. T. lebendgebärend (die Jungen halten sich dann eine Zeitlang auf dem Rücken der Mutter auf). Nördlichstes Vorkommen der S. in Europa (bis 4 cm lange Arten aus der Gatt. *Euscorpius*): in Südtirol und in der S-Schweiz. - Abb. S. 135.

Skorpionsfische, svw. ↑Drachenköpfe.

Skorpionsfliegen (Panorpidae), weltweit (mit Ausnahme von S-Amerika) verbreitete, rd. 120 Arten umfassende Fam. etwa 2 cm langer ↑Schnabelfliegen; Hinterleibsende des ♂ verdickt, zangenbewehrt, nach oben gekrümmt. In M-Europa kommen u.a. die Arten Panorpa germanica und Panorpa communis *(Gemeine Skorpionsfliege)* vor.

Skorpionsklappschildkröte ↑Klappschildkröten.

Skorpionskrustenechse ↑Krustenechsen.

Gürtelskolopender

Skorpionsspinnen (Pedipalpi), mit knapp 200 Arten in trop. und subtrop. Gebieten verbreitete Ordnung der ↑Spinnentiere; Pedipalpen meist zu großen Scheren oder zu einem kräftigen Fangkorb, erstes Laufbeinpaar zu sehr langen, fühlerartigen Tastern umgebildet; Körper bis fast 8 cm lang, entweder spinnenartig, mit kompaktem Hinterleib ohne Fortsatz (↑Geißelspinnen) oder skorpionsähnl., mit gestrecktem Hinterleib und einem Fortsatz am Ende (↑Geißelskorpione).

Skorpionswanzen (Nepidae), mit rd. 150 Arten weltweit verbreitete Fam. der ↑Wasserwanzen; bes. von anderen Insekten räuber. lebende Tiere mit breit abgeplattetem oder stabartig dünnem Körper, dessen Vorderbeine zu klappmesserartig zuschlagenden Fangbeinen umgebildet sind; Hinterleibsende läuft in eine lange, dünne Atemröhre aus. Einheim. Arten sind die 3–4 cm lange braungraue **Stabwanze** (Wassernadel, Ranatra linearis) und der etwa 2 cm lange, graubaune **Wasserskorpion** (Nepa rubra).

skotopisches Sehen [griech./dt.], svw. ↑Dämmerungssehen.

Skrotum [lat.], svw. ↑Hodensack.

Skua [färöisch] ↑Raubmöwen.

Skunks [indian.-engl.], svw. ↑Stinktiere.

Skyeterrier [engl. skaɪ], von der Insel Skye stammende Rasse bis 25 cm schulterhoher, langgestreckter Niederlaufhunde mit Steh- oder Hängeohren und langer Rute; Behaarung sehr reichl., hart, lang und glatt, blau, grau und sektfarben mit schwarzen Spitzen.

Skyphomedusen [griech.] (Lappenquallen, Scyphomedusae), freischwimmende, meerbewohnende Geschlechtsgeneration der ↑Scyphozoa; größte heute lebende Quallen, die einen Schirmdurchmesser von 1 bis 2 m erreichen können; unterscheiden sich dadurch von den ↑Hydromedusen, außerdem durch das Fehlen des inneren Schirmrandsaums (Velum) und den lappenförmigen Schirmrand; Mundrohr im Querschnitt meist viereckig, wobei die Ecken als sehr lange, gekräuselte Lappen ausgebildet sein können (z. B. bei Fahnenquallen; u. a. mit ↑Kompaßqualle, ↑Leuchtqualle, ↑Ohrenqualle) oder durch Verwachsung der Lappenränder sich zu röhrenförmigen Mundarmen entwickelt haben (↑Wurzelmundquallen).

Skyphozoen ↑Scyphozoa.

Slughi [arab.] (Sloughi, Arab. Windhund), alte Rasse bis 75 cm schulterhoher Windhunde mit Hängeohren, dünner Hängerute und extrem kurzem hinterem Mittelfuß; Haar kurz, fein und weich, graugelb oder sandfarben (in allen Abstufungen), teils mit schwarzer Maske oder gestromt, ferner weiß und schwarz; beliebter Jagdhund der Araber.

Smaragdeidechse ↑Eidechsen.

Smegma [griech.], gelblichweiße, talgige bis bröckelige Masse, die sich bei Unreinlichkeit unter der Vorhaut des Penis (*Vorhautschmiere, -butter, -schmer*) bzw. bei der Frau in der Falte zw. Kitzler und kleinen Schamlippen ansammelt. Das S. besteht aus Talgdrüsensekret und abgeschilferten Epidermisschüppchen und wird von S.bakterien (Mycobacterium smegmatis) besiedelt. Durch die S.bildung kann es zu einer Entzündung der genitalen Schleimhaut kommen.

Smith, Hamilton O. [smɪθ], * New York 23. Aug. 1931, amerikan. Mikrobiologe. - Prof. an der Johns Hopkins University School of Medicine in Baltimore; grundlegende Arbeiten zur Molekularbiologie; erhielt 1978 zus. mit W. Arber und D. Nathans den Nobelpreis für Physiologie oder Medizin.

Snell, George Davis, * Haverhill (Mass.) 19. Dez. 1903, amerikan. Physiologe. - Entdeckte die erbl. Faktoren, die die Möglichkeiten bestimmen, Gewebe von einem Individuum auf ein anderes zu übertragen; erhielt 1980 den Nobelpreis für Physiologie oder Medizin (zus. mit B. Benacerraf und J. Dausset).

Sockenblume (Elfenblume, Epimedium), Gatt. der Sauerdorngewächse mit rd. 25 Arten, verbreitet von S-Europa bis Ostasien; Stauden mit z. T. immergrünen, meist zwei- bis dreifach dreizähligen Blättern; Blüten in einfachen oder verzweigten Trauben, mit meist gespornten Honigblättern (den eigtl. Blumenblättern) innerhalb von acht Hüllblättern; von diesen sind die inneren vier meist blumenblattartig ausgebildet und oft gefärbt. Eine einheim. Art ist die ↑Alpensockenblume.

Sode (Suaeda), fast weltweit (außer in den kalten Zonen) verbreitete Gatt. der Gänsefußgewächse mit rd. 100 Arten. Bekannt ist die am Meeresstrand und auf salzhaltigem Boden im Binnenland wachsende, formenreiche **Strandsode** (Suaeda maritima): bis 30 cm hohe, sukkulente Pflanze mit schmalen Blättern und unscheinbaren Blüten in kleinen Büscheln.

Sohle [letztl. zu lat. solum (mit gleicher Bed.)], (Fuß-S., Planta pedis) die Unterseite des Fußes, an der die durch stärkere Hornhaut geschützten Fußballen liegen, deren Muskelpolster ein elast. Aufsetzen des Fußes ermöglichen.

Sohlengänger ↑plantigrad.

Sojabohne [jap./dt.] (Rauhhaarige Soja, Glycine max), Hülsenfrüchtler, Art der Gatt. Glyzine; alte Kulturpflanze (Wildform: Glycine soja), die v.a. in O-Asien, aber auch in allen gemäßigt-warmen Gebieten in vielen Kulturformen angebaut wird; 30–100 cm hoher, bräunl. behaarter Schmetterlingsblütler mit kleinen, kurzgestielten, weißl. oder violetten Blüten und etwa 8 cm langen Hülsen mit etwa 8 mm langen Samen (**Sojabohnen**). Die Samen enthalten bis 40% Eiweiß und bis 20% Fette sowie bis 20% Kohlenhydrate und 2% Lezithin. Aus den Samen wird durch Extraktion das **Sojabohnenöl** *(Sojaöl)* gewonnen. Nach der Raffination ist es geruch- und geschmacklos und wird für Speiseöle und -fette sowie zur Herstellung von Seifen, Glyzerin und Firnis verwendet. Die eiweißreichen Rückstände (**Sojabohnenkuchen** und **Sojaextraktionsschrot**) werden als Viehfutter verwendet, ferner wird daraus das **Sojabohnenlezithin** gewonnen. Das Sojaeiweiß enthält alle essentiellen Aminosäuren und ist zu 97% verdaulich. Als sog. Eiweißaustauschstoff ist es heute für die menschl. Ernährung bes. wichtig; als Zusatz vielseitig verwendbar (auch zeitweilig für die Herstellung von „Kunstfleisch“).

Soja. Links: Pflanze mit Schoten; Mitte: reife Schoten; rechts: Blüte und Bohnen

Geschichte: Die Heimat der S. ist SO-Asien, von wo aus sich ihre Kultur in zahlr. Varietäten verbreitete. Erste Spuren der Kultur lassen sich in China bis um 2800 v. Chr. zurückverfolgen. Im übrigen Asien, in Amerika und in S-Europa breitete sich die Kultur erst gegen Ende des 19. Jh. aus.

Skorpione. Die Art Buthus occitanus

Solanaceae [lat.], svw. ↑Nachtschattengewächse.

Solanin [lat.], in zahlr. Arten der Gatt. Nachtschatten (u. a. in unreifen Tomaten, in den Früchten der Kartoffelpflanze, aber auch in unreifen bzw. vergrünten Kartoffelknollen und -keimen) vorkommendes, stark giftiges Alkaloid, das zu Vergiftungserscheinungen („Solanismus“), u. a. mit Übelkeit und Erbrechen, Durchfall, Benommenheit, Atemnot und Bewußtlosigkeit führen kann.

Solanum [lat.], svw. ↑Nachtschatten.

Solarplexus [– –'– –, –'– – –], svw. ↑Eingeweidegeflecht.

Soldaten, bei Termiten und Ameisen Mgl. einer Kaste mit i. d. R. bes. großem Kopf, meist auch mit bes. großen Mandibeln. Bei den Ameisen, bei denen die S. auch *Giganten* heißen, sind es bes. große Arbeiterinnen; häufig, aber nicht immer haben sie Verteidigungsfunktion.

Soldatenfische (Stachelfische, Holocentridae), Fam. bis 60 cm langer, dämmerungs- und nachtaktiver Knochenfische (Ordnung Schleimkopffische) mit rd. 70 Arten in trop. Meeren (bes. an Korallenriffen); überwiegend rote, z. T. mit weißen Fleckenlängsreihen gezeichnete Fische mit großen Augen und meist stark bestachelten Flossen und Kiemendekkeln.

Soleidae [lat.], svw. ↑Seezungen.

Solidago [lat.], svw. ↑Goldrute.

Soma [griech.], die Gesamtheit der Körperzellen eines Organismus.

somatogen [griech.], von Körperzellen (und nicht aus der Erbmasse) gebildet; von Veränderungen an Individuen gesagt.

Somatolyse [griech.], durch bes. Körperfärbung und -zeichnung wie Streifung, Fleckung, Gegenschattierung, auch durch ausgezackte Körperumrisse bewirkte Verminderung der Kontrastwirkung des Körpers gegenüber der Umgebung, so daß der Körper opt. weitgehend verschwimmt. Die S. bedeutet eine Schutzanpassung durch Tarnzeichnung bei manchen Tieren.

Somatostatin [griech./lat.], 1973 aus dem Hypothalamus isoliertes Polypeptid, das als Releaserfaktor die Freisetzung des Somatotropins und gleichzeitig auch die von Thyreotropin, Insulin, Glucagon, Gastrin und Pankreozymin hemmt.

somatotropes Hormon [griech.], auf die Körpergewebe wirkendes Hormon. - Ggs. ↑adenotropes Hormon.

◆ ↑Somatotropin.

Somatotropin [griech.] (somatotropes Hormon, STH, Wachstumshormon), bei Wirbeltieren (einschl. Mensch) artspezif., aus 188 Aminosäuren bestehendes Polypeptidhormon aus dem Vorderlappen der Hypophyse, das das Wachstum der Körpersubstanzen und damit den aufbauenden Stoffwechsel fördert. Seine Wirkung erstreckt sich auf die Erhöhung des Blutzuckerspiegels, vermehrte Proteinsynthese und erhöhte Fettspaltung zu freien Fettsäuren. Ausfall der S.sekretion bewirkt Zwergwuchs, Überproduktion an S. dagegen Gigantismus oder Akromegalie.

Somazellen (Körperzellen, somat. Zellen), Gesamtheit der diploiden Körperzellen im Ggs. zu den Geschlechtszellen.

Somiten, svw. ↑Ursegmente.

Sommeradonisröschen (Adonis aestivalis), einheim. Art der Gatt. Adonisröschen auf Äckern; kalkliebende, einjährige, 30–50 cm hohe Pflanze mit dunkelgrünen, gefiederten Blättern und einzelnstehenden, roten oder gelben Blüten.

Sommerannuelle, einjährige (hapaxanthe) Kräuter, die ihre Entwicklung von der Keimung bis zur Samenreife innerhalb einer Vegetationsperiode durchlaufen und dann absterben; z. B. Getreidearten.

Sommeraster ↑Aster.

Sommerazalee ↑Godetie.

Sommerbitterling ↑Bitterling.

Sommerblumen, allg. gärtner. Bez. für nur einmal (meist im Sommer) blühende und vor dem Winter absterbende Pflanzen.

Sommerendivie [...ɛn,diːviə], svw. Römischer Salat (↑Lattich).

Sommerflieder, svw. ↑Schmetterlingsstrauch.

Sömmeringgazelle [nach S. T. von Sömmerring] ↑Gazellen.

Sommerkleid, gemeinsprachl. Bez. für die (im Ggs. zum Winterkleid) kürzere, weniger dichte (oft auch andersfarbige) Behaarung *(Sommerfell)* vieler Säugetiere; auch Bez. bei einigen Vogelarten für das Gefieder im Sommer im Ggs. zum andersfarbigen Winterkleid.

Sommerlinde ↑Linde.

Sommerrettich ↑Rettich.

Sömmerring (Soemmering), Samuel Thomas von (seit 1808), * Thorn 25. Jan. 1755, † Frankfurt am Main 2. März 1830, dt. Arzt und Naturforscher. - Veröffentlichte [z. T. ausgezeichnet illustrierte] Werke über Anatomie, insbes. Neuroanatomie, Anthropologie und Entwicklungsgeschichte; beschrieb als erster den gelben Fleck (↑Auge).

Sommerschlaf, schlafähnl. Ruhestadium bei manchen in den Tropen und Subtropen lebenden Tieren während der Hitzeperiode im Sommer bzw. der Trockenzeit (dann auch *Trockenschlaf* bzw. *Trockenruhe* genannt). Für den S. graben sich die Tiere häufig im Boden ein; manche von ihnen können auch schützende Hüllen bilden. Die *Sommerruhe* ist ein kürzeres ähnl., nicht sehr tiefgehendes Ruhestadium.

Sommersprossen (Epheliden), anlagebedingte kleine, bräunl. Hautflecke (jahreszeitl. schwankende Pigmentanreicherung in der untersten Schicht der Oberhaut) an Körperstellen, die bes. dem Sonnenlicht ausgesetzt sind; bevorzugt bei Rotblonden.

Sommerwurz (Orobanche), Gatt. der S.gewächse mit rd. 100 schwer voneinander zu unterscheidenden Arten in den gemäßigten und subtrop. Gebieten; Parasiten an den Wurzeln von Schmetterlings-, Lippen- und Korbblütlern; Rachenblüten in mehr oder weniger dichter Ähre. Bekannte Arten sind u. a. **Kleeteufel** (Kleine S., Orobanche minor; bis 50 cm hoch, Blüten gelblich- oder rötlichweiß) und **Blutrote Sommerwurz** (Orobanche gracilis; bis 60 cm hoch; Blüten innen blutrot, außen gelb gefärbt).

Sommerwurzgewächse (Orobanchaceae), Fam. der Zweikeimblättrigen mit rd. 150 Arten in 13 Gatt., v. a. in der nördl. gemäßigten Zone; ausdauernde oder einjährige, auf den Wurzeln oft spezif. Wirtspflanzen schmarotzende Kräuter ohne Chlorophyll; mit schuppenförmigen Blättern und Saugorganen; Blüten mit mehr oder weniger gekrümmter Kronröhre, meist in Trauben oder Ähren stehend; Kapselfrüchte.

Sonchus [griech.], svw. ↑Gänsedistel.

Sonnenauge (Heliopsis), nordamerikan. Korbblütlergatt. mit nur wenigen Arten; 0,5–1,5 m hohe, sonnenblumenähnl. Kräuter mit meist gegenständigen, gezähnten oder gesägten, gestielten Blättern und in Köpfchen stehenden, blaßgelben Blüten. Einige Arten sind reichblühende Schnitt- und Gartenblumen.

Sonnenbarsche (Sonnenfische, Centrarchidae), Fam. 4–50 cm langer (maximal 90 cm messender) Barschfische mit rd. 30 Arten in fließenden und stehenden Süßgewässern von S-Kanada bis M-Amerika; farbenprächtige Fische mit ungeteilter Rückenflosse, deren vorderer Abschnitt Stachelstrahlen aufweist. S. ernähren sich v. a. von niederen Wirbeltieren, Würmern und Schnecken. Zu den S. gehören v. a. die Schwarzbarsche (mit dem **Forellenbarsch,** Micropterus salmoides; etwa 40–60 cm lang; Kopf relativ groß, Rücken dunkelgrün, Körperseite silbrig glänzend, längs der Mitte ein sehr unregelmäßig begrenzter, schwärzl. Streifen) und Diamantbarsche, der Scheibenbarsch, Pfauenaugenbarsch und der **Gemeine Sonnenbarsch** (Boratsch, Gübit, Lepomis gibbosus): 10–20 cm (selten 30 cm) lang, Körperseiten olivgrün, bläul. schimmernd, mit dunklen Querstreifen, orangefarbenen Flecken.

Sonnenblätter, bes. bei Laubbäumen die dorsiventralen Lichtblätter der äußeren Laubkrone auf der sonnigen Südseite. S. haben im Ggs. zu den Schattenblättern höhere und vielfach in mehreren Schichten übereinanderliegende Palisadenzellen. Auch die Blattform kann durch Licht beeinflußt werden.

Sonnenblume (Helianthus), Gatt. der Korbblütler mit rd. 100 Arten in Amerika; einjährige oder ausdauernde, oft hohe, meist behaarte Kräuter mit ganzrandigen oder gezähnten Blättern; Blüten gelb oder (die Scheibenblüten) purpurfarben bis violett, in mittelgroßen bis sehr großen, einzeln oder in lockerer Doldentraube stehenden Köpfchen mit Spreublättern; Hüllkelch zwei- bis mehrreihig, halbkugelig oder flach. Die bekannteste Art ist die **Gemeine Sonnenblume** (Einjährige S., Helianthus annuus): bis über 3 m hoch, mit steifen Haaren besetzt und mit großen, rauh behaarten, herzförmigen Blättern. Ihre gelben Blütenköpfe haben einen Durchmesser von 20–50 cm. Aus den Samen *(Sonnenblumenkerne)* wird Sonnenblumenöl gewonnen. Anbau v. a. in der südl. UdSSR, SO-Europa sowie N- und S-Amerika. Einige einjährige Arten sind beliebte Gartenzierpflanzen. - Eine bekannte Art der S. ist der bis über 2 m hohe **Topinambur** (Roßkartoffel, Helianthus tuberosus), Blütenkörbchen dottergelb; Knollen der unterird. Ausläufer enthalten u. a. 2,4 % Eiweiß und 15,8 % Kohlenhydrate; Verwendung als Gemüse oder Viehfutter und zur Alkoholherstellung. - Die Kulturform der Gemeinen S. entwickelte sich in vorkolumbian. Zeit im südl. Teil N-Amerikas. Aus Peru kam sie ab 1569 über Spanien nach Europa.

Sonnenbraut (Helenie, Helenium), amerikan. Korbblütlergatt. mit rd. 40 Arten; aufrechte, bis 1,5 m hohe, meist rauh behaarte Kräuter mit drüsig punktierten Blättern; Blütenköpfchen langgestielt, einzeln oder in lockeren Doldentrauben. Die Blüten haben zungenförmige, meist gelbe oder braune Randblüten und röhrenförmige, gelbe, schwarze oder purpurfarbene Scheibenblüten. Einige Arten sind beliebte Gartenzierpflanzen.

Sonnendachse (Melogale), Gatt. dämmerungs- und nachtaktiver Marder mit drei Arten, v. a. in Wäldern und Baumsteppen S- und SO-Asiens (einschließl. der Großen Sundainseln); Körper mäßig gedrungen, bis etwa 45 cm lang, Schwanz von halber Körperlänge; Fell überwiegend braun, mit hellem Mittelstreif und maskenartiger Gesichtszeichnung; gut kletternde Tiere, die sich vorwiegend von Wirbellosen und Kleinsäugern ernähren. Zu den S. gehört der **Pami** (Chin. S., Melogale moschata), etwa 35 cm lang, graubraun, mit weißer Gesichtsmaske, Bauchseite gelborange; riecht stark nach Moschus.

Sonnenfisch ↑ Mondfische.

Sonnengeflecht ↑ Eingeweidegeflecht.

Sonnenhut (Rudbeckie, Rudbeckia), nordamerikan. Korbblütlergatt. mit rd. 30 Arten; einjährige oder ausdauernde, oft rauh behaarte, hohe Kräuter mit meist wechselständigen Blättern und mittelgroßen oder großen Blütenköpfchen aus gelben Randblüten und meist purpurfarbenen Scheibenblüten. Bekannte und beliebte Gartenpflanzen sind u. a. die **Kleinblütige Sonnenblume** (Rudbeckia laciniata; bis 2,5 m hoch, mit großen, halbkugelförmigen Köpfchen, Scheibenblüten schwarzbraun, Zungenblüten gelb) und der **Rote Sonnenhut** (Rudbeckia purpurea; bis 1 m hoch, Köpfchen mit etwa 5 cm langen, weinroten, dreispitzigen Randblüten und schwarzbraunen, von den Spreublättern überragten Röhrenblüten).

Sonnenpflanzen (Starklichtpflanzen, Heliophyten), Pflanzen, die zum Erreichen der „Lichtsättigung", d. h. der größtmögl. Photosyntheseaktiviät (gemessen am CO_2-Verbrauch) eine hohe Lichtintensität benötigen; z. B. viele Süßgräser, Gänsefußgewächse, Birke. - Ggs. ↑ Schattenpflanzen.

Sonnenralle (Sonnenreiher, Eurypyga helias), etwa 45 cm langer, mit den Rallen nahe verwandter, schlanker, langhalsiger, relativ hochbeiniger Vogel, der an dichtbewaldeten Süßgewässern S-Mexikos bis SO-Brasiliens beheimatet ist; Oberseite bräunlichweiß mit zahlr. schwarzen Querstreifen und (mit Ausnahme eines weißen Über- und Unteraugenstreifs) schwärzl. Kopf; Schnabel zieml. lang; Körperunterseite gelblich-braun. Von den Indianern oft als Hausgeflügel gehalten. - Abb. S. 138.

Sonnenröschen (Helianthemum), Gatt. der Zistrosengewächse mit rd. 80 Arten, v. a. im Mittelmeergebiet; einjährige Kräuter, Stauden oder Halbsträucher mit gegenständigen Blättern und verschiedenfarbigen Blüten in traubenartigen Wickeln. In Deutschland wächst an sonnigen, trockenen Stellen das formenreiche **Gemeine Sonnenröschen** (Helianthemum nummularium), ein bis zu 10 cm hoher, niederliegender, wintergrüner Halbstrauch mit am Grunde verholzten Stengeln, eiförmigen Blättern und goldgelben Blüten; z. T. Steingartenpflanzen.

Sonnenstern (Stachel-S., Crossaster papposus), bis knapp 35 cm spannender (meist jedoch kleinerer) Seestern in allen nördl. Meeren (südl. bis zur Nord- und westl. Ostsee); Färbung variabel, mit gelbl. bis weißl. Querbinden auf den 8–14 (zieml. kurzen) Armen.

Sonnentau (Drosera), vielgestaltige Gatt. der S.gewächse mit 90 Arten, v. a. auf der Südhalbkugel; fleischfressende Pflanzen, deren Blätter mit Verdauungsdrüsen und zahlr. reizbaren, rötl., klebrige Sekrettropfen zum Festhalten der Beutetiere (kleine Insekten) ausscheidenden Tentakeln besetzt sind; Blüten weiß oder rosenrot in einfachem oder astig verzweigtem Wickel. In Deutschland kommen auf Hoch- und Flachmooren drei Arten vor: **Rundblättriger Sonnentau** (Drosera rotundifolia; Blätter kreisrund, langgestielt), **Langblättriger Sonnentau** (Drosera anglica; Blätter vier- bis achtmal so lang wie breit) und **Mittlerer Sonnentau** (Drosera intermedia; Blätter zwei- bis viermal so lang wie breit, Kapselfrucht gefurcht).

Sonnentaugewächse (Droseraceae), Fam. fleischfressender Zweikeimblättriger mit über 90 Arten in vier Gatt. in den trop., subtrop. und gemäßigten Gebieten; meist ausdauernde Kräuter mit meist wechselständigen Blättern, die mit Drüsen und reizbaren Tentakeln (zum Fang tier. Nahrung) besetzt sind; Blüten meist in Wickeln angeordnet. Die Gatt. sind Sonnentau, Taublatt, Venusfliegenfalle und Wasserfalle.

Sonnentierchen (Heliozoa), Ordnung bis 1 mm großer, kugelförmiger Einzeller, v. a. in Süßgewässern, z. T. auch in Meeren; meist freischwebende, selten mittels eines Stielchens am Untergrund festsitzende Protozoen, die nach allen Seiten (von einem Achsenfaden gestützte) Scheinfüßchen aussenden, an deren fließendem Außenplasma Kleinstorganismen klebenbleiben und in das Zellinnere gebracht werden. Neben hüllenlosen Formen kommen auch Arten mit gallertigen Schalen vor, in die Fremdkörper und selbsterzeugte Kieselplättchen eingelagert sein können.

Sonnenvögel (Leiothrix), Gatt. bis 17 cm langer, farbenprächtig gezeichneter Singvögel mit zwei Arten in Wäldern des Himalaja und Südostasiens (einschließl. Sumatra). Zu den S. gehört u. a. der ↑Chinesische Sonnenvogel.

Sonnenwende, svw. ↑Heliotrop.

Sonnenralle

Sonnenwendkäfer ↑Junikäfer.

Sonnenwolfsmilch ↑Wolfsmilch.

Sonnerathuhn [frz. sɔn'ra; nach dem frz. Naturforscher P. Sonnerat, * 1749, † 1814] ↑Kammhühner.

Sophienkraut, svw. ↑Besenrauke.

Sorauer, Paul, * Breslau 9. Juni 1839, † Berlin 9. Jan. 1916, dt. Botaniker. - Prof. in Berlin; begründete 1874 das „Handbuch der Pflanzenkrankheiten".

Sorbus [lat.], Gatt. der Rosengewächse mit rd. 100 Arten (davon 8 Arten in M-Europa) in den nördl. gemäßigten Zonen; Bäume oder Sträucher mit ungeteilten oder gefiederten Blättern; Blüten klein, weiß, in endständigen Doldentrauben. Die kleinen, apfelartigen Früchte sind rot, braun, gelb, grünl. oder weiß. Bekannte Arten sind Eberesche, Elsbeere und Mehlbeere.

Soredien (Ez. Soredium) ↑Flechten.

Sorghumhirse [italien., zu spätlat. syricum granum „Getreide aus Syrien"] (Sorgumhirse, Mohrenhirse, Sorgho, Sorgum), Gatt. der Süßgräser mit rd. 25 Arten in den Tropen und Subtropen; 1–5 m hohe Pflanzen mit großen rispigen Blütenständen, die aus in Wirteln stehenden Ährchen gebildet werden. Verschiedene Arten der S. sind neben dem Reis wichtige Nutzpflanzen der wärmeren Länder (auch in den USA und im Mittelmeergebiet), v. a. **Kaffernhirse** (Dari, Zuckerhirse, Sorgum saccharatum; bis 3 m hoch), **Kaffernkorn** (Kafir, Sorgum caffrorum), **Kauliang** (Kaoliang, Sorgum nervosum; v. a. in China angebaut), deren Früchte wie Reis gegessen, verfüttert oder gemahlen zu Brei, Fladen und zur Bierbereitung *(Pombebier)* verwendet werden. Aus den zuckerhaltigen Stengeln mehrerer Arten werden Sirup und Melasse gewonnen. Aus den Rispen werden Besen und Bürsten hergestellt; Futtergräser.

Sorte [lat.-roman.] (Kulturvarietät), Zuchtform einer Kulturpflanzenart, die auf einen bestimmten Standardtyp hin gezüchtet ist und deren Individuen physiolog. und morpholog. weitgehend übereinstimmen. Jede S. muß sich von jeder anderen durch mindestens ein morpholog. oder physiolog. Merkmal deutl. unterscheiden.

Sorus (Mrz. Sori) [griech. „Haufen"], Gruppe von Antheridien und Oogonien bei einigen Braunalgen oder verschieden gestaltete (je nach Gatt.) Ansammlung von Sporangien bei Farnen.

Sozialanthropologie (Bevölkerungsbiologie, Ethnobiologie, Sozialbiologie, Gesellschaftsbiologie), interdisziplinärer Wiss.-zweig, der sich mit den Wechselbeziehungen zw. der biolog. (bes. genet.) Beschaffenheit des Menschen und den sozialen Vorgängen befaßt. Von der S. werden u. a. die Probleme der Auslese und Siebung beim Menschen, z. B. der unterschiedl. Fortpflanzungsstärke gesellschaftl. Schichten oder der Auswirkung einer durch den wiss.-techn. bzw. medizin. Fortschritt bedingten Änderung der Selektionsbedingungen für den Menschen untersucht.

soziale Insekten (staatenbildende Insekten), Insektenarten, bei denen alle Nachkommen eines oder mehrerer ♀♀ (Königin) in einer Nestgemeinschaft mit strenger Arbeitsteilung (↑Kaste) zusammenleben. Der Zusammenhalt der einjährigen (Wespen, Hummeln) oder mehrjährigen Nestgemeinschaften (Termiten, Ameisen, Bienen) ist teils instinktgesteuert, teils hormonal (über ↑Ektohormone) gesteuert.

Sozialparasitismus (Synklopie), das Leben einer staatenbildenden (sozialen) Insektenart oder auch (häufiger) eines einzelnen Insekts auf Kosten der Bewohner eines fremden Insektenstaats und in Abhängigkeit von diesem.

Sozialverhalten (soziales Verhalten, soziale Verhaltensweisen), Sammelbez. für Verhaltensformen von Tieren, die in Gruppen leben, sowie vom Menschen als sozialem Wesen. Soziale Verhaltensweisen sind z. B. die Kind-Eltern-Beziehungen, Rangordnungs- und Statusbeziehungen sowie Sexual- und Aggressionsverhalten. Ein wesentl. Teil des S. dient der sozialen Verständigung bzw. Kommunikation. Hierzu haben viele Tierarten z. T. hochritualisierte Verhaltensweisen entwickelt. Dem tier. Kommunikationsverhalten dienen opt., akust. oder chem. Verständigungsmittel, z. B. bestimmte Körperbewegungen (etwa bei der Demuts- oder Drohgebärde oder beim Imponiergehabe), Lockrufe und Warnlaute oder das Absetzen von Duftmarken. - Das S. der Tiere wird zwar weitgehend instinktiv gesteuert und durch bestimmte Signale (↑Auslöser, ↑Schlüsselreiz) veranlaßt, doch spielen (bes. bei höherentwickelten Tieren) auch soziale Lernprozesse eine bed. Rolle. Das S. des Menschen wird überwiegend durch kulturelle Symbole (v. a. in sprachl. Hinsicht) und Normen gesteuert.

Spallanzani, Lazzaro, * Scandiano (Prov. Emilia-Romagna) 12. Jan. 1729, † Pavia 11. Febr. 1799, italien. Biologe. - Kath. Geistlicher; Prof. in Reggio nell'Emilia, Modena und Pavia (ab 1769). Wies u. a. experimentell die Befruchtung von Eiern durch Spermien nach und führte die erste künstl. Besamung (bei Hunden) durch.

Spaltalgen, svw. ↑Blaualgen.

Spaltblättling (Schizophyllum commune), meist stielloser, 2–4 cm großer, seitl. an Holz festsitzender, weitverbreiteter Ständerpilz; Hut grauweißl., filzig, undeutl. gezont; Rand eingerollt; Lamellen grauviolett bis rötlichgrau, Lamellenränder gespalten; ganzjährig v. a. auf (frisch gefälltem) Nadelholz.

Spaltfrucht (Schizokarp), bes. bei Doldenblütlern ausgebildete mehrsamige Schließfrucht (↑Fruchtformen).

Spaltfuß, für Krebstiere typ., zweiästige Extremität, die mannigfach umgewandelt sein kann; besteht in ihrer ursprüngl. Ausbildungsform aus dem Stammglied, dem die Fortsetzung des Stamms bildenden inneren Ast *(Endopodit)*, der oft als *Gehfußast* dem Gehen dient, und dem seitl. am Stamm entspringenden äußeren Ast *(Exopodit)*, der häufig als Schwimmorgan *(Schwimmfußast)* verbreitert ist. Bei vornehml. am Boden sich fortbewegenden Krebsen kann der Exopodit gänzl. fehlen. An der Außenseite des Stammgliedes entwickelte Anhänge *(Exite)* dienen häufig als Kiemen.

Spaltfüßer (Spaltfußkrebse, Mysidacea, Schizopoda), Ordnung sehr primitiver Ranzenkrebse mit rd. 450 fast ausschließl. meerbewohnenden Arten; wenige Millimeter bis 35 cm lang; Körper garnelenähnl., schlank, durchscheinend; Thoraxbeine als Spaltfüße entwickelt; Augen gestielt.

Spaltfußgans (Anseranas semipalmata), etwa 85 cm langer, gut fliegender, langhalsiger Entenvogel, v. a. in Sümpfen Australiens (einschließl. Tasmaniens) und S-Neuguineas; auf dem Schädel ein Knochenkamm; Gefieder schwarz mit weißen Rückenpartien und weißem Bauch; Schwimmhäute der langen, gelben Beine sehr klein.

Spaltkapsel ↑Kapselfrucht.

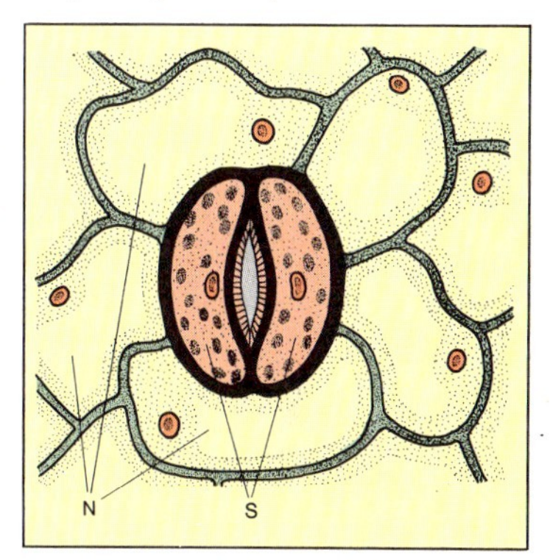

Spaltöffnungen. Aufsicht auf einen Spaltöffnungsapparat mit den beiden Schließzellen (S) und den Nebenzellen (N)

Spaltöffnungen (Stomata), in der Epidermis der grünen, oberird. Organe (krautige Sproßachsen, Laub- und z. T. auch Blütenblätter) der Farn- und Samenpflanzen sowie in den Blättchen verschiedener Moosarten in meist großer Anzahl (bis zu mehreren tausend pro mm²) auftretende Strukturen aus zwei, meist bohnen- oder hantelförmige Chloroplasten enthaltenden Schließzellen, die zw. sich einen Spalt (Porus) einschließen, der eine Verbindung zw. Außenluft und Interzellularsystem der Pflanze herstellt. Gelenkige Verbindungen der Schließzellen untereinander und ungleiche Zellwandverdickungen bewirken bei Turgoränderungen, die durch Wassergehaltsschwankungen auf Grund von Außenreizen (Wasser- und CO_2-Gehalt von Pflanze und umgebender Luft, Belichtung) gesteuert werden, Form und Stellungsänderungen der Schließzellen und damit verbundene Änderungen der Spaltweite, womit der lebenswichtige Gasaustausch (CO_2-Aufnahme und O_2-Abgabe) für Photosynthese und Atmung sowie die Transpiration geregelt werden können.

Spaltpflanzen (Schizophyta, Schizophyten), ältere Bez. für die ↑Prokaryonten.

Spaltschlüpfer (Orthorrhapha), gelegentl. Bez. für eine systemat. stark umstrittene Gruppe der ↑Fliegen, bei denen das schlüpfende Tier die Hülle der Puppe durch einen T-förmigen Längsspalt sprengt (Gegensatz ↑Dekkelschlüpfer); umfaßt u.a. Bremsen und Raubfliegen.

Spaltungsregel ↑Mendel-Regeln.

Spaniels [engl., zu frz. épagneul, eigtl. „spanisch(er Hund)"], v.a. in England und Amerika herausgezüchtete Rassengruppe etwa 40–60 cm schulterhoher Stöberhunde (z.B. ↑Cockerspaniel).

Spanische Fliege ↑Ölkäfer.

Spanische Galeere, svw. ↑Portugiesische Galeere.

Spanische Makrelen (Scomberomorus), Gatt. schlanker, mittelgroßer Thunfische im Atlantik und Pazifik, oft in großen Schwärmen; größte Art ist die **Königsmakrele** (Scomberomorus cavalla): an der amerikan. Atlantikküste, bis 1,7 m lang; Speisefisch.

Spanischer Mustang ↑Mustang.

Spanischer Sandläufer ↑Eidechsen.

Spann, Oberseite des menschl. Fußes.

Spanner (Geometridae), mit rd. 15 000 Arten weltweit verbreitete Fam. kleiner bis mittelgroßer, überwiegend dämmerungs- und nachtaktiver Schmetterlinge, davon rd. 400 Arten einheimisch; in Färbung und Zeichnung meist sehr gut an die Umgebung angepaßte, großflügelige Falter, die mit flach ausgebreiteten Flügeln ruhen; Raupen *(Spannerraupen)* schlank, unbehaart, außer den drei Brustbeinpaaren mit nur zwei Afterfüßen am hinteren Körperende; Fortbewegung durch S.bewegung (buckelndes Hochkrümmen des Körpers beim Heranziehen des Hinterendes an die Thoraxregion und anschließendes Strecken des Körpers nach vorn). Extreme Zweigähnlichkeit und eine starre, von der Unterlage steif weggestreckte Körperhaltung lassen die Raupen wie blattlose Zweiglein erscheinen.

Spannweite (Flügel-S.), Bez. für die Entfernung zw. den Spitzen der ausgebreiteten Flügel; gilt v.a. bei Vögeln als Größenmerkmal.

Sparganium [griech.], svw. ↑Igelkolben.

Spargel [griech.-roman.], (Asparagus) Gatt. der Liliengewächse mit rd. 300 Arten in den gemäßigten und subtrop. Gebieten der Alten Welt; Kräuter oder Halbsträucher mit meist stark verzweigten, zuweilen kletternden Stengeln; Blätter sehr klein, schuppenförmig; Stengel außerdem mit zahlr. blatt- oder nadelförmigen Flachsprossen (Phyllokladien); Blüten klein, grünl., am Grunde der Phyllokladien, einzeln, gebüschelt, doldig oder traubig; Frucht eine kleine, kugelige, breiige Beere. Einige Arten werden feldmäßig kultiviert und liefern Schnittgrün.

◆ (Gemüse-S., Echter S., Asparagus officinalis) in M- und S-Europa, N-Afrika, Vorderasien und W-Sibirien heim., heute überall in den gemäßigten Gebieten kultivierte Art des S.; 0,30–1,50 m hohe, reich verzweigte Staude mit 6–25 mm langen, nadelartigen Flachsprossen, grünl. Blüten und 6–9 mm dicken, scharlachroten Früchten. Das horizontal im Boden wachsende Rhizom entwickelt jedes Frühjahr bis zu sechs aufrecht wachsende, oberird. Hauptsprosse, die durch Aufschütten von Erde in der Länge von etwa 20 cm bleich und zart bleiben *(S.stangen)*. Sobald die Knospen dieser Sprosse die Erdoberfläche durchstoßen, werden die Sprosse „gestochen". Die Ernte kann im 3.–4. Jahr nach der Pflanzung beginnen und dann 15–20 Jahre lang fortgeführt werden. Die nährstoffarmen S.stangen enthalten etwa 2% Eiweiß, viel Vitamin C und Vitamine der B-Gruppe. Ihr Aroma wird durch den hohen Gehalt an freier Asparaginsäure bewirkt. - S. war bereits bei Ägyptern, Griechen und Römern beliebt, die ihn nördl. der Alpen bekanntmachten. Der Anbau war zunächst erfolglos. Erst in der Renaissance wurde er wieder bekannt (1539 als teure Delikatesse genannt, kurz darauf Verbreitung in Deutschland vom Oberrhein. Tiefland aus).

Spargelbohne (Spargelerbse, Flügelerbse, Tetragonolobus), Gatt. der Schmetterlingsblütler mit nur zwei Arten in S- und M-Europa. In Deutschland auf feuchten Wiesen und Sümpfen kommt die **Gelbe Spargelbohne** (Tetragonolobus maritimus) vor; eine rasenbildende Staude mit großen, langgestielten, hellgelben Blüten; Früchte mit vier glatten Flügeln.

Spargelfliege ↑Fruchtfliegen.

Spargelhähnchen (Crioceris asparagi), 5–7 mm langer Blattkäfer; Halsschild braunrot, Flügeldecken metall. blaugrün, mit braunrotem Seitenrand und drei blaßgelben Fleckenpaaren; Käfer und Larven werden durch Blatt- und Wurzelfraß an Spargelpflanzen schädlich.

Spargelkohl (Brokkoli, Broccoli), mit dem Blumenkohl verwandte Varietät des Gemüsekohls mit zahlr. Formen, z.B. dem **Sprossenbrokkoli** (mit zahlr. verzweigten, sproßähnl. Blütenstandsästen) und dem weniger und kürzere Blütenstandsäste aufweisenden sog. **Bukett-Brokkoli.** Am Ende jedes Asts stehen die geknäuelten Blütenknospen. Der noch unentwickelte, relativ klein bleibende Blütenstand wird herausgeschnitten und wie Spargel zubereitet.

Spark [lat.] (Spergula), Gatt. der Nelkengewächse mit fünf Arten in den gemäßigten Gebieten der Alten Welt; Kräuter mit schmalen Blättern in Scheinquirlen und kleinen, weißen Blüten. Neben dem v. a. in Sand- und Heidegebieten häufigen, nur 5–30 cm hohen **Frühlingsspark** (Spergula morrisonii) ist in Deutschland der **Spörgel** (Feld-S., Spergula arvensis; 10–50 cm hoch) verbreitet.

Sparmannia [nach dem schwed. Naturforscher A. Sparrman, * 1748, † 1820], svw. ↑Zimmerlinde.

Spatha [griech.] (Blütenscheide), großes, häufig auffallend gefärbtes, den Blütenstand (Spadix) in Ein- oder Mehrzahl scheidig überragendes Hochblatt bei Palmen und Aronstabgewächsen.

Spätreife, bei Haustieren im Ggs. zur Frühreife erbl. bedingter später Abschluß der Körperentwicklung bis zur vollen Zucht- und Nutztauglichkeit, wichtiges Beurteilungsmerkmal in der Tierzucht. Spätreife Tiere sind meist widerstandsfähiger, ausdauernder, langlebiger und fruchtbarer als frühreife.

Spatz, volkstüml. Bez. für Haus- und Feldsperling.

spec., Abk. für lat.: **spec**ies [„Art"], in der biolog. Systematik Zusatz hinter Gattungsnamen von Tieren und Pflanzen, wenn deren genaue Artzugehörigkeit nicht angegeben werden kann oder soll.

Spechte (Picinae), mit nahezu 200 Arten fast weltweit verbreitete Unterfam. (häufig auch als Fam. *Picidae* aufgefaßt) 10–55 cm langer Vögel (Ordnung Spechtvögel); ausgesprochene Baumvögel, die mit Hilfe kräftiger Greiffüße an Baumstämmen ausgezeichnet klettern können, wobei der Körper bei den Kletterbewegungen von steifen Schwanzfedern unterstützt wird. Schnabel kräftig, meißelartig, dient sowohl zum „Auszimmern" von Bruthöhlen in Stämmen als auch zum Freilegen von im Holz verborgenen Insekten, die mit Hilfe einer weit vorstreckbaren Zunge aufgespießt oder „angeleimt" werden. Der Schnabel wird außerdem zum „Trommeln" benutzt, indem das ♂ in schneller Folge an einen resonanzfähigen (häufig abgestorbenen) Ast schlägt, eine Verhaltensweise, die dem Anlocken von ♀♀ dient. - S. sind meist einzeln lebende Standvögel. Zu ihnen gehören u. a. **Buntspecht** (mit dem Großen Buntspecht, dem Mittelspecht und dem Kleinspecht), ↑Grünspecht, ↑Schwarzspecht, ↑Weißrückenspecht und **Grauspecht** (Picus canus; 25–30 cm lang, grauer Kopf und Hals, schmaler, schwarzer Bartstreif und [beim ♂] leuchtend rote Stirn).

Spechtmeisen, svw. ↑Kleiber.

Spechtvögel (Piciformes), seit der Kreidezeit bekannte, heute mit 380 Arten fast weltweit verbreitete Ordnung 8–60 cm langer Vögel; häufig bunt befiederte, sich vorwiegend von Insekten, Früchten, Sämereien und auch von Bienenwachs ernährende Tiere mit (bes. bei Spechten) einem Paar kräftiger Greiffüße (1. und 4. Zehe nach hinten, die beiden Mittelzehen nach vorn gerichtet) und einem kräftigen Schnabel; Höhlenbrüter, deren Junge blind und meist nackt schlüpfen.

Species [...tsi-es] (Spezies) ↑Art.

Speckkäfer (Dermestidae), mit fast 900 Arten weltweit verbreitete Fam. rundl. bis längl.-ovaler, 2–10 mm langer Käfer (davon 35 Arten einheim.); im Frühjahr häufig Blüten besuchende, sich bei Beunruhigung totstellende Insekten, deren meist lang behaarte Larven mit Haarbüscheln an den Seiten und am Hinterleibsende versehen sind; Larven fressen an organ. (fetthaltigen) Stoffen meist tier. Herkunft, sie werden oft schädl. in Insektensammlungen sowie an Vogel- und Säugetierbälgen. Am bekanntesten sind ↑Pelzkäfer, ↑Kabinettkäfer, **Museumskäfer** (Anthrenus museorum; 2–3 mm groß), die Vertreter der Gatt. *Dermestes* (Eigtl. S.) mit 14 einheim., 5–10 mm großen, längl. Arten (u. a. **Gemeiner Speckkäfer** [Dermestes lardarius]; 7–9 mm lang, mit hellgrauer vorderer und schwarzer hinterer Hälfte der Flügeldecken) und **Teppichkäfer** (Anthrenus scrophulariae; 3–4,5 mm groß).

Speiballen ↑Gewölle.

Speiche (Radius), Unterarmknochen an der Daumenseite der vierfüßigen Wirbeltiere; bildet mit der ↑Elle das Skelett des Unterarms, wobei es bei den Säugern häufig zur Verschmelzung beider Knochen kommt. Beim Menschen weist die S. am unteren Ende eine starke Verdickung mit einer gelenkigen Verbindung zu den Handwurzelknochen auf (↑auch Arm).

Speichel (Saliva), von Speicheldrüsen gebildetes und in die Mundhöhle oder den Anfangsteil des Darmtrakts abgegebenes Sekret von entweder wäßriger (seröser) oder schleimiger (muköser) Konsistenz. Beim S. der Säugetiere (einschließl. Mensch) aus Ohrspeicheldrüse, Unterkieferdrüse und Unterzungendrüse sowie aus Drüsen der Mundschleimhaut handelt es sich um einen *Misch-S.*, dessen chem. Zusammensetzung und Menge (beim Menschen normalerweise 1–1,5 l pro Tag; beim Rind bis zu 60 l pro Tag), abhängig von der Nahrung sowie von psych. und nervösen Einflüssen, erhebl. variieren kann (trockene Speisen, aber auch Milch, führen zur Abgabe eines mukösen *Gleit-S.;* Säuren und Laugen bewirken einen wäßrigen *Verdünnungs-* bzw. *Spülspeichel*).
Der *S. des Menschen* ist meist (durch die Tätigkeit der in der Mundhöhle vorkommenden Mikroorganismen) schwach sauer (pH 5,8–

7,8, im Mittel 6,4), wasserklar (er wird jedoch beim Stehen durch entstandenes Calciumcarbonat trüb), geruch- und geschmacklos und viskos. Er enthält zu über 99% Wasser, 0,6% feste Bestandteile (zerfallende und als *S.körperchen* Kugelform annehmende, bakterizid wirkende Leukozyten, v.a. aus den Mandeln, abgeschilferte Epithelzellen sowie Bakterien), außerdem Schleimstoffe (Muzine), ein Enzym (Ptyalin, durch das z.B. Brot bei längerem Kauen süßl. schmeckt) und andere Eiweiße sowie Salze. - Der S. stellt kein einfaches Filtrat des Blutes dar. Seine Zusammensetzung weicht z.T. wesentl. von der des Blutplasmas ab. Die Funktion des S. ist es, die Nahrung anzufeuchten, zu verdünnen und schlüpfrig zu machen, um das Schlucken zu erleichtern. Außerdem bringt der S. Geschmacksstoffe in Lösung, und die dauernde, wenn auch geringe (im Schlaf zusätzlich stark verminderte) S.abgabe hat Spülfunktion, d.h., sie dient der Selbstreinigung der Mundhöhle und führt zu ständigem Leerschlucken. Durch die S.amylase (Ptyalin) kommt es zu einer Spaltung von Stärke und Glykogen, d.h. zu einer Vorverdauung (die im Magen noch einige Zeit weitergeht). Im Ggs. zu anderen Verdauungssekreten erfolgt die Sekretion des S. unter nervöser Kontrolle. Die Auslösung kann reflektorisch (durch mechan. oder chem. Reize wie Geschmack, Geruch), mit der Tätigkeit der Kaumuskeln assoziiert oder rein psych. bedingt (über bedingte Reflexe) erfolgen (z.B. beim Anblick von Speisen). Die Innervation der S.drüsen geschieht durch das vegetative Nervensystem, v.a. den Parasympathikus.

Speicheldrüsen (Mundspeicheldrüsen, Glandulae salivales), in die Mundhöhle mündende, den Mundspeichel sezernierende Drüsen v.a. bei Landwirbeltieren; kleine und verstreut in der Mundschleimhaut liegende Drüsen und größere Drüsenkörper, die bei den Säugetieren (einschließl. Mensch) neben kleineren Drüsen in Dreizahl als paarige Ohrspeicheldrüse, Unterkieferdrüse und Unterzungendrüse vorkommen (wiegen beim Menschen insgesamt gut 60 g) und mit serösen und mukösen Drüsenzellen ausgestattet sind, die eine hohe Stoffwechselleistung erbringen. Die S. einiger Amphibien (Salamander und Blindwühlen) und v.a. der Reptilien sind als Lippendrüsen an den Kieferrändern lokalisiert. Ihr Sekret wirkt ledigl. eiweißspaltend. Bei den Giftschlangen dient es, mit den Giftzähnen übertragen, zur Tötung der Beute (die verdauende Wirkung bleibt jedoch erhalten). Die Vögel besitzen Zungen- und Unterzungendrüsen. Der Speichel dient bei der Mehlschwalbe und vielen Seglern als Bindemittel für den Nestbau. - In Analogie zu den S. bei den Wirbeltieren werden auch bei den Wirbellosen alle in den Mund oder in die Speiseröhre mündende, häufig Verdauungsenzyme produzierende Drüsen als S. bezeichnet.

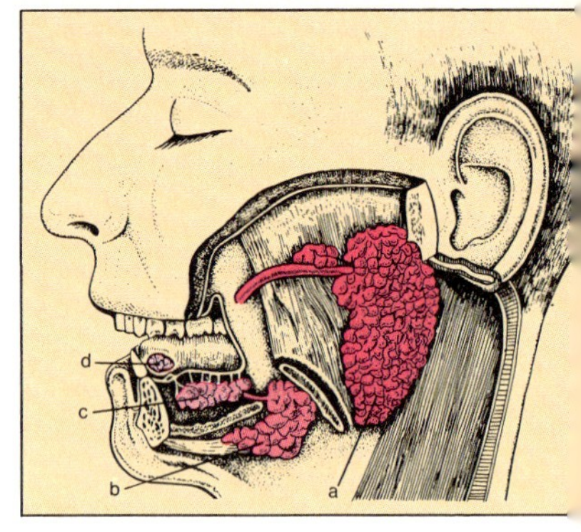

Speicheldrüsen des Menschen.
a Ohrspeicheldrüse,
b Unterkieferdrüse,
c Unterzungendrüse,
d Zungendrüse

Speicherblätter, parenchymreiche, meist verdickte pflanzl. Blattorgane, die der Speicherung von Wasser (bei Sukkulenten) oder Reservestoffen (Niederblätter bei Zwiebeln) dienen.

Speicherembryo, pflanzl. Embryo, der Nährstoffe in eigenen, verdickten Organen, z.B. in der Keimachse (u.a. bei der Paranuß) oder in den Keimblättern (bei vielen Hülsenfrüchtlern, Stein- und Kernobstarten) speichert.

Speichergewebe, funktionell differenziertes pflanzl. Grundgewebe. Die Zellen enthalten Zucker, Stärke, Öle und Eiweiß, jedoch keine Chloroplasten. Ein S. wird v.a. in Mark und Rinde von Sproß und Wurzel (Rübe, Knolle) und in Samen ausgebildet.

Speichernieren, Bez. für bestimmte Zellen, Gewebe oder Organe, die bei manchen Tieren Exkretstoffe speichern; z.B. der Fettkörper bei den Insekten.

Speicherwurzeln, Reservestoffe speichernde parenchymat. Wurzeln mehrjähriger Pflanzen; die Verdickung kann die gesamte langgestreckte Hauptwurzel (Rübe) oder nur kurze Abschnitte davon umfassen (Wurzelknollen der Orchideen).

Speierling (Sperberbaum, Zahme Eberesche, Schmerbirne, Sorbus domestica), der Eberesche ähnl. Art der Gatt. ↑Sorbus, verbreitet im Mittelmeergebiet sowie vom mittleren Frankr. über Deutschland bis zum Schwarzen Meer; 10–20 m hoher Baum, der 500 bis 600 Jahre alt werden kann; unpaarig gefiederte Blätter mit 11 bis 21 lanzettförmigen, bis 8 cm langen Fiederblättchen; weiße oder rötl., meist fünfgriffelige Blüten in Doldentrauben. Die apfel- oder birnenähnl., bis 3 cm großen, fünffächerigen Früchte (**Spier-**

äpfel) wurden früher gegessen und wegen des hohen Gerbstoffgehalts als Heilmittel gegen Durchfall, Erbrechen u. a. verwendet.

Speik [lat.], (Echter S., Gelber S., Roter S., Valeriana celtica) in den Alpen von 2 000 bis 3 500 m Höhe vorkommende Art des ↑Baldrians; 5–15 cm hohe Staude mit ungeteilten, kahlen, dunkelgrünen, längl.-eiförmigen Blättern; Blüten gelblichweiß, außen oft etwas rötlich; in traubigem, aus wenigblütigen Trugdolden gebildetem Blütenstand; auf Alpenmatten und Schutthalden. - Die Wurzel enthält etwa 1% äther. Öl und wird bei der Parfümherstellung verwendet.

◆ (Kleiner S.) svw. Echter Lavendel (↑Lavendel).

◆ (Großer S.) ↑Lavendel.

Speischlangen (Speikobras), zusammenfassende Bez. für drei Brillenschlangenarten, die in offenen Landschaften (bes. Savannen) Afrikas südl. der Sahara und S-Asiens vorkommen und die ihr Gift durch Muskeldruck über 1 m zielsicher gegen Angreifer speien (Gift ruft auf Schleimhäuten, z. B. im Auge, schmerzhafte Entzündungen hervor). Hierher gehört neben der *Eigtl. Brillenschlange* (↑Kobras) die bis 2 m lange, hell- bis dunkelbraune *Speikobra* (Schwarzhalskobra, Naja nigricollis; mit schwarzer Kehle und schwarzem „Hals").

Speitäubling

Speisetäubling

Speisebrei (Chymus), die halbflüssige, aus der mechanisch zerkleinerten und mit Speichel versetzten Nahrung unter Einwirkung des Magensaftes gebildete Masse im Magen der Wirbeltiere (einschl. Mensch). Der S. reagiert auf Grund der im Magensaft befindl. Salzsäure sauer. Kohlenhydrate und Proteine sind in ihm durch die Einwirkung von Verdauungsenzymen schon teilweise aufgespalten. Der S. wird durch den Magenpförtner portionsweise zur weiteren Verdauung in den Darm abgegeben.

Speisekürbis ↑Kürbis.

Speiselorchel, svw. ↑Frühlorchel.

Speisemorchel ↑Morchel.

Speisepilze, Sammelbez. für die eßbaren Schlauch- und Ständerpilze ohne Rücksicht auf ihre Stellung im System der Pflanzen. - Übers. S. 144.

Speiseröhre (Ösophagus, Oesophagus), meist ausschließlich als Gleitrohr dem Nahrungstransport dienender, mit Schleimhaut und gut entwickelter Muskulatur versehener Teil des Darmtrakts (Vorderdarm) der Wirbeltiere zw. Kiemenregion (bei Kiemenatmern) oder hinterer Mundhöhle bzw. Schlund und dem Mitteldarmbereich bzw. Magen. Primär ist die S. mit einem muköse Becherzellen aufweisenden Flimmerepithel ausgekleidet (bei vielen Fischen, Amphibien, Reptilien sowie embryonal auch beim Menschen). Bei den Vögeln und Säugetieren (einschl. Mensch) besitzt die S. ein mit oft nur wenigen kleinen Schleimdrüsen ausgestattetes, vielschichtiges, nicht selten auch verhorntes Plattenepithel. Oft ist die Schleimhaut in Falten gelegt und dadurch sehr erweiterungsfähig. Eine spezielle Ausstülpung der S. stellt der ↑Kropf der Vögel dar. - Beim *Menschen* ist die S. ein rd. 25 cm langer, muskulöser Schlauch, der hinter dem Ringknorpel des Kehlkopfs beginnt, etwa in der Höhe des elften Brustwirbels das Zwerchfell durchbricht und am Magenmund in den Magen übergeht. Ihre Dehnbarkeit ist an drei Stellen (hinter dem Kehlkopf, neben dem Aortenbogen und beim Durchtritt durch das Zwerchfell) beim Erwachsenen bis auf maximal 15 mm Weite eingeengt, so daß größere verschluckte Objekte steckenbleiben können.

Speisetäubling (Russula vesca), Ständerpilz (Täubling) mit regelmäßig halbkugelig bis flach ausgebreitetem Hut, 5–10 cm groß, in der Mitte niedergedrückt, fast genabelt; je nach Alter fast weiß über fleischfarben bis blutrot gefärbt, im Alter oft wieder ausblassend, feinrunzelig und glanzlos; Lamellen

SPEISEPILZE (Auswahl)

dt. Name (lat. Bezeichnung)	Aussehen	Standort
Austernseitling (Pleurotus ostreatus)	graubrauner bis schwarzer Hut, randständiger, weißer Stiel	an Laubbäumen
Birkenpilz (Leccinum scabrum)	brauner Hut, hoher, weißer Stiel mit schwarzen Schuppen	Birkenwald
Brätling (Lactarius volemus)	orangebrauner Hut, Stiel heller	Laubwald
Brauner Ledertäubling (Russula integra)	rotbrauner Hut, ockergelbe Lamellen, weißer Stiel	Nadelwald
Butterpilz (Suillus luteus)	gelbbrauner Hut mit meist schmieriger Oberhaut	Kiefernwald
Goldgelber Ziegenbart (Clavaria aurea)	hell- bis ockergelb, blumenkohl-artiges Aussehen	Nadel- und Laubwald
Goldröhrling (Suillus grevillei)	orangegelber bis goldgelber Hut, weißer, beringter Stiel	Lärchenwald
Hallimasch (Armillariella mellea)	gelber bis hellbrauner, schuppiger Hut, schuppiger Stiel	auf Baumstümpfen
Kiefernblutreizker (Lactarius deliciosus)	orangeroter, gezonter Hut, Stiel mit dunkleren Flecken	Kiefernwald
Krause Glucke (Sparassis crispa)	gelb, blumenkohlartiges Aussehen	an Kiefern
Maronenröhrling (Xerocomus badius)	brauner Hut, hellbrauner Stiel	Nadelwald
Parasolpilz (Lepiota procera)	grauer bis rötlichbrauner schuppiger Hut, Stielknolle	Nadel- und Laubwald
Perlpilz (Amanita rubescens)	fast weißer Hut mit bräunl. Warzen, hellroter Stiel mit Manschette	Nadel- und Laubwald
Pfifferling (Cantharellus cibarius)	Hut und Stiel eigelb	Nadel- und Laubwald
Rotkappe (Leccinum rufescens)	orangefarbener bis ziegelroter Hut, weißer Stiel mit dunklen Schuppen	Nadel- und Laubwald
Schafporling (Polyporus ovinus)	weißlicher Hut, dicker Stiel	Nadelwald
Schopftintling (Coprinus comatus)	hoher, walzenförmiger, schuppiger, weißer Hut	Schuttplätze, Parkanlagen
Speisemorchel (Morchella esculenta)	braungelber, tiefgrubiger Hut, blasser Stiel	Laubwald (kalkhaltige Böden)
Speisetäubling (Russula vesca)	rosa-violetter Hut, weißer Stiel	Nadel- und Laubwald
Steinpilz (Boletus edulis)	dunkelbrauner Hut, Röhren erst weiß, später gelb	Nadel- und Laubwald (saure Böden)
Stockschwämmchen (Pholiota mutabilis)	honiggelb, schuppiger Stiel	auf Baumstümpfen (Laubwald)
Totentrompete (Craterellus cornucopioides)	ganzer Pilz düster bis dunkel gefärbt, Hut tief getrichtert	Buchenwald
Waldchampignon (Agaricus silvaticus)	dunkelbrauner, schuppiger Hut, beringter Stiel	Fichtenwald
Wiesenchampignon (Agaricus campestris)	weißer, feinschuppiger Hut, rosa Lamellen (später braunschwarz), kurzer Stiel mit Ring	Wiesen, Weiden

weißl., alt braungefleckt, schmal, dicht gedrängt stehend, am Stiel angewachsen; Stiel weiß, 4–7 cm hoch, walzenförmig, runzelig; Fleisch fest, weiß, unter der Oberhaut violett; Juni bis Okt. in Wäldern, bes. unter Eichen und Buchen; sehr schmackhafter, nußartig schmeckender Speisepilz.

Speisezwiebel ↑Zwiebel.

Speispinnen (Sicariidae), überwiegend in trop. und subtrop. Gebieten heim., rd. 180 Arten umfassende Spinnenfam.; Körperlänge bis 3 cm; einheim. nur die 5,5 mm lange, auf gelbl. Grund dunkel gefleckte **Speispinne** (Scytodes thoracica) mit auffallend gewölbtem Vorderkörper: in SW-Deutschland im Freien an Felsen, Baumstämmen, sonst v. a. in Gebäuden; heftet kleine Insekten durch Bespeien mit einem klebrigen Sekret am Boden fest.

Speitäubling (Speiteufel, Kirschroter Speitäubling, Russula emetica), Ständerpilz (Täubling) mit 3–8 cm breitem, meist kirschrotem Hut, dessen Haut abziehbar ist; Lamellen rein weiß; Stiel 5–8 cm hoch, schlank; Fleisch weich, weiß und sehr scharf schmekkend; von Juli bis Nov. in Wäldern zw. Moos auf feucht-moorigem Grund; schwach giftig. - Abb. S. 143.

Spelt (Spelz), svw. ↑Dinkel.

Spelzen, trockenhäutige, zweizeilig angeordnete Hochblätter im Blütenstand der Gräser; auf die an der Basis des Ährchens (Teilblütenstand) angeordneten, schuppenförmigen, trockenhäutigen *Hüllspelzen* folgen die oft begrannten, kahnförmigen *Deckspelzen* (beide häufig paarig), in deren Achsel die mit einer meist zweikieligen *Vorspelze* beginnenden Einzelblüten stehen.

Spemann, Hans, * Stuttgart 27. Juni 1869, † Freiburg im Breisgau 12. Sept. 1941, dt. Zoologe. - Prof. in Rostock, Berlin und in Freiburg im Breisgau; führte die Entwicklungsmechanik weiter und förderte mikrochirurg. Arbeitstechniken. Für die Entdeckung des Organisatoreffekts während der embryonalen Entwicklung 1935 Nobelpreis für Physiologie oder Medizin.

Sperber ↑Habichte.

Sperbertäubchen (Zebratäubchen, Malakkatäubchen, Geopelia striata), etwa 20 cm lange, oberseits (mit Ausnahme des grauen Kopfs) braune, mit schwarzen Federrändern gezeichnete Taube in SO-Asien, Australien und S-Neuguinea; Brust rötl., Bauch weiß, zw. Körperoberseite und Unterseite mit schmalem, schwarzweiß quergebändertem (gesperbertem) Streifen; Außenfedern des Schwanzes weißspitzig; Käfigvogel.

Spergula [lat.], svw. ↑Spark.

Sperlinge (Passerinae), mit rd. 25 Arten weltweit verbreitete Unterfam. 12–20 cm langer, meist unscheinbar gefärbter Singvögel (Fam. ↑Webervögel), die sich vorwiegend von Sämereien, z. T. auch von Kerbtieren (bes. zur Aufzucht der Jungen) ernähren; mit kräftigem, kegelförmigem Schnabel; brüten entweder in Baumhöhlen oder in frei gebauten Nestern (z. B. an Mauern oder in Büschen), die, im Unterschied zu denen der Finken, überdacht sind. S. bewohnten urspr. trockene, warme Landschaften Afrikas und S-Asiens, von wo aus sie (als einzige Gruppe der Webervögel) in die nördl. gemäßigten Regionen der Alten Welt vorgedrungen sind. - Zu den S. gehören u. a.: **Schneefink** (Montifringilla nivalis; bis knapp 20 cm lang, unterscheidet sich vom ♂ der ↑Schneeammer v. a. durch die etwas grauere Unterseite mit schwarzem Kehlfleck, dem grauen Kopf und dem braunen Rücken), **Steinsperling** (Petronia petronia; fast 15 cm lang, oberseits graubraun, dunkel gestreift, unterseits heller; ♀ und ♂ mit undeutl. gelbem Kehlfleck; v. a. an felsigen Berghängen, an Ruinen und in Städten der Mittelmeerländer und Asiens) und die Hauptgatt. *Passer* (Sperling i. e. S.) mit dem **Feldsperling** (Passer montanus; etwa 14 cm lang, lebhafter gefärbt als der Haus-S., mit schwarzem Fleck auf den weißen Wangen; lebt im offenen Gelände), dem **Haussperling** (Passer domesticus; knapp 15 cm groß, Oberseite dunkelstreifig braun, Unterseite graubraun, ♂ mit grauem Scheitel, kastanienbraunem Nacken und schwarzer Kehle) und dem **Weidensperling** (Passer domesticus hispaniolus; ♂ mit charakterist. „Kehlfleck" und braunem Scheitel).

Sperlingskauz ↑Eulenvögel.

Sperlingsvögel (Passeriformes), stammesgeschichtlich die jüngste, seit dem Tertiär bekannte, heute mit über 5 000 Arten in fast allen Lebensräumen weltweit verbreitete Ordnung 7 bis 110 cm langer Vögel, deren Junge blind schlüpfen und Nesthocker sind. Man unterscheidet vier Unterordnungen: Zehenkoppler, Schreivögel, *Primärsingvögel* (Leierschwanzartige, Suboscines; mit Leierschwänzen und Dickichtschlüpfern als einzigen Fam.) und Singvögel.

Sperma [griech.] (Samenflüssigkeit, Samen, Semen), das beim Samenerguß (↑Ejakulation) vom ♂ Begattungsorgan abgegebene Ejakulat: eine die Spermien enthaltende schleimige, alkal. reagierende Flüssigkeit mit Sekret v. a. aus dem Nebenhoden, der Prostata u. der Bläschendrüse. Außer den Spermien kommen im menschl. S. noch 1 % andersartige Zellelemente vor wie Spermatogonien, Spermatozyten, Sertoli-Zellen, vereinzelt auch Leukozyten; außerdem finden sich im S. u. a. Fett- und Eiweißkörper, die Amine Spermin und Spermidin (die dem S. den charakterist. Geruch verleihen), Fructose (als Energiequelle für die Spermienbewegung), Inosit und Zitronensäure (bis 0,6 %). Beim Abkühlen und Eintrocknen des S. entstehen sehr verschieden gestaltete Sperminphosphatkristalle *(Böttcher-Kristalle)*. Das menschl. S. enthält im Normalfall pro Ejakulation rd. 200–300 Mill. Spermien.

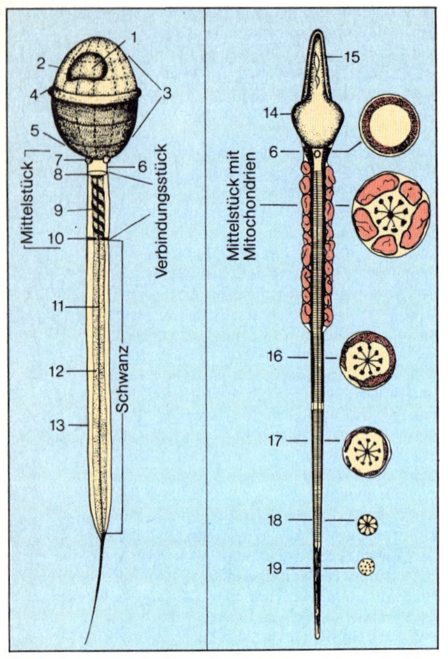

Spermien. Menschliches Spermium in verschiedenen Seitenansichten. 1 Vakuole, 2 Kopfkappe mit Fibrillen, 3 Kopf, 4 Randreifen, 5 Becherhülse, 6 Hals, 7 Kopfscheibe, 8 Querscheibe, 9 Spiralfaden, 10 Schlußring, 11 Zentralfibrille, 12 Achsenfaden, 13 Schwanzfibrille (Plasma), 14 Zellkern, 15 Akrosom, 16 mittlerer Teil des Schwanzes, 17 hinterer Teil des Schwanzes, 18 Schwanzende mit Zentral- und Mantelfibrillen, 19 Schwanzende (Fibrillen ungeordnet)

Spermatogenese (Spermiogenese, Spermatogonie) [griech.], der Prozeß der Bildung und Reifung der Samenzellen (Spermien), der bei den Säugetieren (einschl. Mensch) in den Hodenkanälchen der ♂ Keimdrüsen (↑Hoden) unter der Einwirkung des follikelstimulierenden Hormons (FSH; ↑Geschlechtshormone) aus dem Hypophysenvorderlappen vor sich geht. Die von den Urgeschlechtszellen der Keimbahn durch zahlr. mitot. Teilungen (Vermehrungsphase) entstehenden, sehr kleinen, diploiden *Ursamenzellen (Spermatogonien, Spermiogonien)* werden nach einer Wachstumsphase zu relativ großen (diploiden) *Spermatozyten (Spermiozyten, Spermienmutterzellen, Samenbildungszellen) erster Ordnung;* diese wiederum werden nach einer ersten meiot. Teilung (erste Reifeteilung) zu je zwei (kleineren) *Spermatozyten zweiter Ordnung (Spermatoden, Präspermatiden).* Am Ende der sofort darauf folgenden zweiten Reifeteilung sind aus jeder urspr. Spermatozyte erster Ordnung vier (wieder sehr kleine) haploide *Spermatiden* entstanden. Erst nach einem Differenzierungsprozeß *(Spermiozytogenese, Spermiohistogenese)* gehen aus den Spermatiden funktions-, d. h. befruchtungsfähige, reife Spermien hervor.

Spermatophore [griech.] (Samenpaket, Samenträger), bei verschiedenen Tiergruppen (viele Würmer, Gliederfüßer, Weichtiere, Schwanzlurche) von den ♂♂ abgegebenes, eine oft bizarr geformte, auch gestielte Kapsel aus erhärtetem Sekret (von Anhangsdrüsen der ♂ Geschlechtsorgane) darstellendes Gebilde, das eine größere Menge loser Spermien oder mehrere Spermienbündel *(Spermiozeugmen, Spermiodesmen)* enthält. Die S. wird entweder bei der ↑Kopulation durch primäre oder sekundäre Kopulationsorgane (Penis, Hectocotylus, Spadix) direkt in die ♀ Geschlechtsöffnung oder Begattungstasche übertragen, oder das ♀ übernimmt aktiv die bereits vom ♂ auf dem Untergrund abgesetzte S., wobei die Partner ein kompliziertes Verhalten an den Tag legen können (z. B. bei Skorpionen, Molchen). Das Platzen der S. wird meist durch einen einfachen Quellungsvorgang bewirkt.

Spermatophyten [griech.], svw. ↑Samenpflanzen.

Spermatozoen [griech.], svw. ↑Spermien.

Spermidin [griech.], zu den biogenen Aminen zählendes aliphatisches Triamin mit charakterist. Amingeruch; kommt u. a. im Sperma, in pflanzl. Geweben (vermutl. Wachstumsfaktor) und in Pilzen vor; stabilisiert die DNS und stimuliert die Proteinbiosynthese.

Spermien [griech.] (Einz. Spermium; Spermatozoen, Samenzellen), aus den Spermatiden über eine Spermiozytogenese (↑Spermatogenese) entstehende, nicht mehr teilungsfähige, i. d. R. bewegl. ♂ Geschlechtszellen der tier. Vielzeller (einschl. Mensch). S. sind je nach Art charakterist. gestaltet. Meist sind sie durch eine lange Geißel (bei manchen Strudelwürmern kommen auch zwei Geißeln vor) fadenförmig *(Samenfäden, Geißel-S., Flagello-S.)*, so bei Hohltieren, Stachelhäutern, Ringelwürmern, Insekten und Wirbeltieren (einschl. Mensch). Beim typischen menschl. **Geißelspermium,** das 0,05–0,06 mm lang ist, unterscheidet man drei Hauptabschnitte: 1. den Kopf (3–5 μm lang, 2–3 μm breit, abgeplattet-oval, in Kantenansicht birnenförmig) mit dem sehr kompakten Zellkern, dem (unter einem dünnen Zytoplasmaüberzug) ein vom Golgi-Apparat gebildetes kappenförmiges

Gebilde (Akrosom) aufliegt; 2. das Mittelstück aus dem Hals und dem Verbindungsstück: Im Hals liegt ein Zentriol, aus dem in der Eizelle der Teilungsapparat (Spindel, Polstrahlen, Zugfasern) für die Furchungsteilung hervorgeht. Im Verbindungsstück verläuft ein Achsenfaden aus den Geißelfibrillen, der von einem Mantel schraubig angeordneter Mitochondriensubstanz umhüllt ist; 3. den langen Schwanz *(Geißel, S.geißel)* als Bewegungsorganell, dessen Zytoplasma von einem Achsenfaden aus einer zentralen Doppelfibrille und neun weiteren, diese im Kreis umstehenden Doppelfibrillen durchzogen ist. - Die S. werden in sehr großer Anzahl in den Hodenkanälchen gebildet und, noch bewegungsunfähig, in den Nebenhoden gespeichert (bei den Säugern). Die Lebensdauer der menschl. S. beträgt in der Vagina etwa 60 Minuten, in den übrigen ♀ Geschlechtswegen einen bis drei Tage. Die Bewegungsfähigkeit ist nur im schwach alkal. Milieu (pH 7,14–7,37) des Sekrets der Prostata und der Bläschendrüse (↑Samenblase) gegeben. Die Geschwindigkeit der menschl. S. liegt bei etwa 3,5 mm pro Minute.

Spermiodesmen [griech.] ↑Spermatophore.

Spermiogonien [griech.] ↑Spermatogenese.

Spermiohistogenese [griech.] ↑Spermatogenese.

Spermiozeugmen [griech.] ↑Spermatophore.

Spermiozyten [griech.] ↑Spermatogenese.

Spermiozytogenese [griech.] ↑Spermatogenese.

Spermium, Einz. von ↑Spermien.

Sperrkraut (Himmelsleiter, Jakobsleiter, Polemonium), Gatt. der S.gewächse mit über 20 Arten, v.a. im westl. N-Amerika, einige Arten auch in Asien und Europa; meist Stauden mit fiederteiligen Blättern und blauen, violetten oder weißen Blüten in endständigen, locker doldentraubigen oder köpfchenförmigen Blütenständen. In Deutschland wächst vereinzelt im Alpenvorland das **Blaue Sperrkraut** (Polemonium coeruleum), eine 30–80 cm hohe Staude mit unpaarig gefiederten Blättern und glockigen, himmelblauen Blüten in endständigen Rispen; auch Gartenpflanze.

Sperrkrautgewächse (Himmelsleitergewächse, Polemoniaceae), Pflanzenfam. mit rd. 320 Arten in 18 Gatt., fast ausschließl. in Amerika; meist einjährige Kräuter (selten Sträucher oder Lianen) mit fünfzähligen Blüten (Kronblätter miteinander verwachsen) in Trugdolden, Doldentrauben oder Köpfchen. Wichtige Gatt. (v.a. als Zierpflanzen) sind ↑Phlox und ↑Sperrkraut sowie als Kletterpflanze die ↑Glockenrebe.

Sperry, Roger Wolcott [engl. 'spɛrɪ], * Hartford (Conn.) 20. Aug. 1913, amerikan. Psychobiologe. - Seit 1954 Prof. am California Institute of Technology in Pasadena; erhielt 1981 für seine Entdeckung der Funktionsspezialisierung der Gehirnhälften den Nobelpreis für Physiologie oder Medizin (zus. mit D. H. Hubel und T. N. Wiesel).

Spießbock. Weiße Oryx

Spezialisation [lat.], in der Phylogenie Bez. für die Umformung von Organismen in Richtung einer zunehmenden Eignung für bes., enger gefaßte Lebensbedingungen.

Speziation [lat.], svw. ↑Artbildung.

Spezies (Species) [lat.] ↑Art.

Sphagnum [griech.], svw. ↑Torfmoos.

Sphingidae [griech.], svw. ↑Schwärmer.

Sphinkter [griech. „Schnürer"], svw. ↑Ringmuskel.

Sphinx [griech.], Gatt. der Schwärmer mit zahlr. Arten auf der Nordhalbkugel; einzige Art in M-Europa ↑Ligusterschwärmer.

Sphinxpavian (Guineapavian, Roter Pavian, Papio papio), mit 50–60 cm Körperlänge kleinste Art der Paviane (Gruppe ↑Babuine) in W-Afrika; Fell rotbraun bis ockerfarben; ♂ mit kräftig entwickelter Rückenmähne; in Savannen, bes. in felsigem Gelände.

Sphyrnidae [griech.], svw. ↑Hammerhaie.

Spiegelgänse ↑Halbgänse.

Spiegelkarpfen ↑Karpfen.

Spierstrauch [griech./dt.] (Spiraea), Gatt. der Rosengewächse mit über 90 Arten in der nördl. gemäßigten Zone; sommergrüne Sträucher mit einfachen, meist gesägten Blättern, ohne Nebenblätter; Blüten klein, mit 4–5 Blütenblättern, zahlr. Staubblättern und meist 5 freien Fruchtblättern, die sich zu mehrsamigen Balgfrüchten entwickeln; Blütenstände doldig oder traubig; z.T. als Ziersträucher kultiviert.

Spießblattnase (Große S., Falsche Vampirfledermaus, Vampyrus spectrum), größte Art der neuweltl. Kleinfledermäuse (Fam. Blattnasen) im trop. S- und M-Amerika; Körperlänge etwa 12–14 cm; Flügelspannweite rd. 70 cm; mit großen, weit abstehenden Ohren und sehr großem, dolchähnl. Nasenaufsatz.

Spießbock, (Oryxantilope, Oryxgazelle) früher (mit Ausnahme der Regenwaldgebiete) über ganz Afrika und die Arab. Halbinsel verbreitete Art der Pferdeböcke, heute im N und äußersten S ausgerottet; etwa 1,6–2,3 m körperlange und 0,9–1,4 m schulterhohe Tiere mit sehr langen, spießförmigen Hörnern; überwiegend braun bis sandfarben, meist mit schwarz-weißer Zeichnung an Kopf und Beinen; mehrere Unterarten, u. a. **Beisaantilope** (Oryx gazella beisa; etwa 1,2 m schulterhoch, rötl.-braungrau mit schwarzweißer Gesichtszeichnung), **Säbelantilope** (Oryx gazella dammah; bis 1,3 m schulterhoch, gelblichweiß mit rostfarbenem Hals, Hörner bis 1,2 m lang, nach hinten geschwungen), **Weiße Oryx** (Oryx gazella leucoryx; blaß sandfarben, wahrscheinl. ausgerottet). - Abb. S. 147.

◆ svw. ↑Heldbock.

◆ (Spießer) ↑Geweih.

Spieße ↑Geweih.

Spießente ↑Enten.

Spießflughuhn (Pterocles alchata), über 30 cm lange, einem kleinen, hellen Rebhuhn ähnl., jedoch lange, nadelartig zugespitzte Mittelschwanzfedern, einen weißen Bauch und eine weiße Flügelbinde besitzende Art der Flughühner in S-Europa (v. a. S-Spanien, Portugal, untere Rhone), Vorderasien.

Spießhirsche (Mazamas, Mazamahirsche, Mazama), Gatt. kleiner bis sehr kleiner Hirsche mit vier Arten (↑auch Neuwelthirsche).

Spießtanne (Cunninghamia), Gatt. der Sumpfzypressengewächse mit drei Arten im südl. China und auf Taiwan; immergrüne, in ihrer Heimat bis 15 m hohe Bäume mit unregelmäßig in Quirlen stehenden Ästen; Blätter schmal, ledrig, spiralig in zwei Zeilen angeordnet; Blüten endständig, entwickeln sich zu kugeligen Zapfen mit locker dachziegelartig angeordneten Schuppen.

Spina [lat.], in der *Anatomie* Bez. für einen spitzen oder stumpfen, meist knöchernen Vorsprung in Form eines Dorns, Stachels, Höckers, einer Leiste oder eines Kamms.

spinal [lat.], in der *Anatomie* und *Medizin:* zur Wirbelsäule, zum Rückenmark gehörend, im Bereich der Wirbelsäule liegend oder erfolgend.

Spinalkanal, svw. Wirbelkanal.

Spinalnerven (Rückenmarksnerven, Nervi spinales), paarige, meist in jedem Körpersegment vorhandene, dem Rückenmark über je eine ventrale (vordere; *Radix ventralis*) und eine dorsale (hintere; *Radix dorsalis*) Wurzel entspringende Nerven der Wirbeltiere (einschl. Mensch, der 31 Paar S. besitzt). In den ventralen Wurzeln verlaufen efferente Fasern, deren Zellkörper als graue Substanz im Rückenmark liegen. In den dorsalen Wurzeln verlaufen nur afferente Fasern, deren Zellkörper im Spinalganglion dieser Wurzeln lokalisiert sind. Jeder Spinalnerv teilt sich wiederum (am Ende des Zwischenwirbellochs) in zwei Hauptäste, von denen der hintere (obere; *Ramus dorsalis*) die Streckmuskulatur des Rückens sowie die darüberliegenden Hautbezirke innerviert, der vordere (untere; *Ramus ventralis*) dagegen die ventrale Rumpfmuskulatur, die Extremitätenmuskulatur und die entsprechenden Hautbezirke. Ein weiterer kleinerer Ast mit vegetativen Fasern zieht zum ↑Grenzstrang. Während die S. für den Rumpfbereich meist selbständige Einheiten darstellen, bilden sie für die Innervation der Extremitäten untereinander Verflechtungen *(Plexus)*, die die Versorgung eines Extremitätenmuskels durch mehrere S. ermöglichen.

Spinat [pers.-arab.-span.], (Spinacia) Gatt. der Gänsefußgewächse mit nur drei Arten, verbreitet vom Mittelmeergebiet bis Zentralasien. Die wichtigste Art ist der als Wildpflanze nicht bekannte, einjährige **Gemüsespinat** (Echter S., Spinacia oleracea; weltweit verbreitet) mit 20–30 cm hohen Stengeln und langgestielten, dreieckigen, kräftig grünen Blättern. Der Gemüse-S. ist eine in vielen Sorten als *Winter-* oder *Sommer-S.* kultivierte Gemüsepflanze. Durch den hohen Gehalt an Vitaminen (Provitamin A, Vitamine der B-Gruppe und Vitamin C) sowie an Chlorophyll (der Eisengehalt ist wesentl. geringer als man lange Zeit annahm) wird der Gemüse-S. als Kochgemüse verwendet.

◆ (Engl. S.) svw. ↑Gartenampfer.

◆ (Ind. S.) svw. ↑Malabarspinat.

Spindelapparat, svw. ↑Kernspindel.

Spindelbaumgewächse (Baumwürgergewächse, Celastraceae), Pflanzenfam. mit rd. 850 Arten in 60 Gatt., v. a. in den Tropen und Subtropen; Bäume oder Sträucher, auch Dorn- oder Kettersträucher, mit einfachen Blättern; einige Arten mit guttaperchahaltigem Milchsaft; Blüten meist klein, in verschiedenartigen Blütenständen; Früchte als Kapseln, Steinfrüchte oder Beeren; Samen häufig mit lebhaft gefärbtem Samenmantel. Die wichtigsten Gatt. sind Baumwürger und Spindelstrauch.

Spindelstrauch (Pfaffenbaum, Euonymus), Gatt. der Spindelbaumgewächse mit über 200 Arten in den gemäßigten Zonen, den Subtropen und Tropen; Hauptverbreitung in SO-Asien; sommer- oder immergrüne, oft niederliegende oder kletternde Sträucher mit meist vierkantigen Zweigen und überwiegend gegenständigen Blättern; Blüten vier- bis fünfzählig, zwittrig oder eingeschlechtig, meist unscheinbar; Frucht eine drei- bis fünffächerige Kapsel, je Fach mit einem bis zwei von einem fleischigen, roten oder gelben Samenmantel umhüllten Samen. Neben dem einheim. **Pfaffenhütchen** (Gemeiner S., Euonymus europaeus; 3–6 m hoch, mit gelblichgrünen Blüten, vierkantigen roten Kapselfrüchten und weißen Samen; alle Pflanzenteile sind giftig) werden zahlr. Arten und Sorten als Ziersträucher angepflanzt.

Spinnapparat (Arachnidium), dem Herstellen von Gespinsten dienende Einrichtung am Hinterleib der Spinnen: Die Ausführungsgänge der über hundert (bis mehrere tausend) **Spinndrüsen,** von denen es bis zu sechs verschiedene, jeweils eine ganz spezielle Fadenqualität liefernde Arten geben kann (im Hinterleib von Radnetzspinnen), verlaufen zu mehrgliedrigen, sehr bewegl., verschieden langen **Spinnwarzen** hin; diese sind aus den Anlagen der beiden Beinpaare des 10. und 11. Körpersegments hervorgegangen. Die Ausmündung der einzelnen Spinndrüsen erfolgt auf den abgeschrägten Kuppen (**Spinnfelder**) der Spinnwarzen, oft auch auf einer modifizierte Spinnwarzen darstellenden Porenplatte (Spinnsieb) zw. oder vor den Spinnwarzen über entsprechend zahlr. feine, bewegbare, hohle, kanülenartige Haare (**Spinnröhren, Spinnspulen**). Durch das Zusammenwirken von bis zu 200 Spinnspulen entstehen die bes. dicken, gleichsam ein Kabel aus entsprechend vielen Einzelfäden darstellenden Haltefäden (Sicherheitsfäden) der Kreuzspinnen. Hilfsorgane beim Spinnen sind die beiden Klauen am Endglied der Beine, die zu kammförmig gezahnten **Webeklauen** ausgebildet sind. Bei Vorhandensein eines Spinnsiebs ist außerdem oben auf dem vorletzten Fußglied beider Hinterbeine noch eine als *Calamistrum* (Kräuselkamm) bezeichnete Doppelreihe kammförmig angeordneter, starrer Borsten anzutreffen, die zur Bildung der sog. Fadenwatte dienen.

Spinndrüsen, Sammelbez. für bestimmte tier. Drüsen, die ein an der Luft erhärtendes Sekret aus Proteinen in Form eines Spinnfadens ausscheiden. S. besitzen v.a. viele Insekten bzw. deren Larven.

Spinnen (Webespinnen, Araneae), seit dem Devon bekannte, heute mit über 30 000 Arten weltweit (bes. in warmen Ländern) verbreitete Ordnung etwa 0,1–9 cm langer Spinnentiere; getrenntgeschlechtige Gliederfüßer, deren Körper (ähnl. wie bei den Insekten) von einem chitinigen Außenskelett umgeben ist (muß bei wachsenden Tieren öfter durch Häutung gewechselt werden), aber (im Unterschied zu den Insekten) äußerl. nur in zwei Abschnitte gegliedert ist: Von einem einheitl. Kopf-Brust-Stück (Cephalothorax) ist ein weichhäutiger, ungegliederter Hinterleib deutl. abgesetzt. Der vordere Abschnitt weist in der Brustregion (im Unterschied zu den Insekten) stets vier Laufbeinpaare auf und in der Kopfregion ein Paar ↑Kieferfühler (mit einschlagbaren Giftklauen), ein Paar Kiefertaster (↑Pedipalpen) sowie zwei bis (meist) acht Augen. Der Gesichtssinn ist im allgemeinen gut ausgebildet, bes. bei den frei jagenden Arten. Daneben spielen der Tastsinn (Sinneshaare) und der Erschütterungssinn (Vibrationsorgane an den Beinen) eine große Rolle. Im Hinterleib finden sich fast stets zwei Paar Atemorgane, von denen das vordere meist als Fächer-, das hintere als Röhrentrachee angelegt ist. Am Hinterleibsende stehen die Spinnwarzen des ↑Spinnapparats. Die ♂♂ sind meist kleiner als die ♀♀ und tragen an den Pedipalpen einen bes. Kopulationsapparat. Die Paarung erfolgt oft mit einleitendem Vorspiel („Tänze“ oder Übergabe eines Beutetiers durch das ♂), mit dem der Beutetrieb des ♀ ausgeschaltet werden soll. Nach der Begattung wird das ♂ mitunter von dem ♀ gefressen. Die Eier werden in Kokons abgelegt, die entweder in einem Gespinst aufgehängt oder vom ♀, zw. den Kieferfühlern oder an den Spinnwarzen befestigt, umhergetragen werden. Auch die ausgeschlüpften Jung-S. können noch eine Zeitlang auf dem Rücken des Muttertiers verbleiben. Bei vielen Arten verbreiten sich die Jung-S. durch „Fliegen“ an Spinnfäden, bes. während des sog. Altweibersommers. S. können mehr als 10 Jahre alt werden (z. B. bestimmte Vogelspinnen), die meisten einheim. Arten sind jedoch einjährig. - Als Beutetiere werden Insekten bevorzugt, die in unterschiedl. angelegten Netzen gefangen werden. Bei anderen Gruppen werden die Beutetiere beschlichen und im Sprung gefangen. - Die Giftwirkung des Bisses kann bei wenigen Arten auch für den Menschen gefährl. werden (↑Giftspinnen).

Geschichte: Im Altertum glaubte man, S. seien aus dem Blut eines Ungeheuers, der Titanen oder der Gorgonen hervorgegangen. Nach der griech. Mythologie wurde die Weberin Arachne von der eifersüchtigen Athene in eine Spinne verwandelt. Im Christentum wurden S. zu Symbolen des Satans; man glaubte, sie kündigen die Pest an, führen zu Wahnsinn und rufen Ausschlag hervor. Nur die Kreuzspinne hielt man wegen ihres sichtbaren Zeichens für ein Glückstier, das Haus und Hof vor Blitzschlag bewahre. - In der Volksmedizin wurden S. gegen Fieber, Gelbsucht, Augenkrankheiten und Nasenbluten verabreicht. - Abb. S. 150.

🕮 *Bellmann, H.: S. Melsungen 1984. - Pfletschinger, H.: Einheim. S. Stg. ³1983. - Stern, H./Kullmann, E.: Leben am seidenen Faden. Neuausg. Mchn. 1981.*

Spinnenasseln (Spinnenläufer, Scutigeromorpha), mit rd. 130 Arten in den Tropen und Subtropen verbreitete Ordnung der Hundertfüßer, davon eine Art (die bis 2,6 cm lange *Scutigera coleoptrata*) aus S-Europa in warme Gegenden Deutschlands vordringend, in

Weinbergen oder auch Gebäuden; mit 15 Paar sehr langen Beinen; sehr flinke Läufer; verwenden zum Fang von Insekten die bewegl. Endglieder der Beine.

Spinnenfische, (Leierfische, Callionymidae), Fam. bis 40 cm langer Knochenfische (Ordnung Barschartige) mit rd. 50 Arten im gemäßigten und warmen N-Atlantik, im Ind. und im östl. Pazif. Ozean; meist langgestreckte Bodenbewohner mit großem, abgeflachtem Kopf, großen Augen und kleiner, am oberen Rand des Kiemendeckels ausmündender Kiemenspalte; Rückenflosse lang, beim ♂ zur Fortpflanzungszeit die vorderen Stachelstrahlen lang ausgezogen.

◆ (Bathypteroidae) Fam. langgestreckter, kleinäugiger, etwa 10–30 cm langer Lachsfische mit mehr als zehn tiefseebewohnenden Arten; erste Strahlen der Brust- und Bauchflossen meist stark verlängert, dienen dem Aufsetzen am Untergrund, möglicherweise auch als Tastorgane.

Spinnenfresser (Mimetidae), Fam. der Spinnen mit fast 100 weltweit verbreiteten, keine Netze, sondern höchstens einzelne Fäden spinnenden Arten, davon drei Arten in Deutschland; mit stark bestachelten Endgliedern der beiden vorderen Beinpaare zum Ergreifen anderer Spinnen.

Spinnenkrabben, svw. ↑Gespensterkrabben.

Spinnennetz, aus feinsten (bei der Seidenspinne z. B. nur 0,007 bis 0,008 mm starken) Spinnenfäden gefertigte Fanggewebe der Spinnen, die zum Festhalten der Beutetiere entweder mit feinen Leimtröpfchen (Klebfäden) oder mit feiner Fadenwatte ausgerüstet sind. Die verschiedenen Netzformen sind erbl. festgelegt. Das Bauen der S. ist eine erbbedingte Verhaltensweise.

Spinnenpflanze (Cleome spinosa), im trop. und subtrop. Amerika beheimatetes Kaperngewächs der Gatt. Senfklapper; Halbstrauch oder einjähriges, bis 1,2 m hohes Kraut mit weicher, klebriger Behaarung, z. T. bestacheltem Stengel; mit aus fünf bis sieben Blättchen handförmig zusammengesetzten Blättern und zahlr. langgestielten, purpur-, rosafarbenen oder weißen Blüten; beliebte, in vielen Sorten kultivierte Gartenzierpflanze.

Spinnenspringer (Dicyrtomidae), Fam. der Urinsekten mit rd. zehn europ. Arten von 1,5–3 mm Länge; leben in der Bodenvegetation, bes. von Wäldern.

Spinnentiere (Arachnida), weltweit verbreitete Klasse der Gliederfüßer mit rd. 45 000 bisher beschriebenen, knapp 1 mm bis 18 cm langen Arten; Körper in Kopf-Brust-Stück und Hinterleib gegliedert (nur bei den Milben sind beide Abschnitte verschmolzen); Kopf mit ↑Kieferfühler und Kiefertaster (↑Pedipalpen), z. T. scherenförmig; meist mit vier Beinpaaren; atmen durch Röhrentracheen oder Tracheenlungen; hauptsächl. landbewohnend, vorwiegend räuber., auch als Parasiten an Tieren und Pflanzen (Milben). - Die S. umfassen u. a. Walzenspinnen, Afterskor-

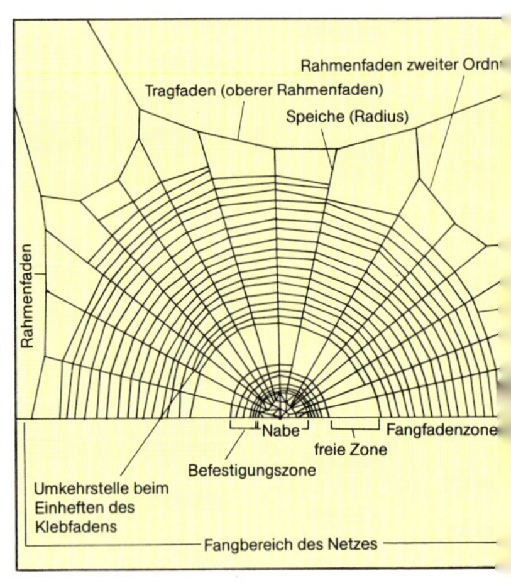

Spinnennetz; unten: Spinnen. Querschnitt

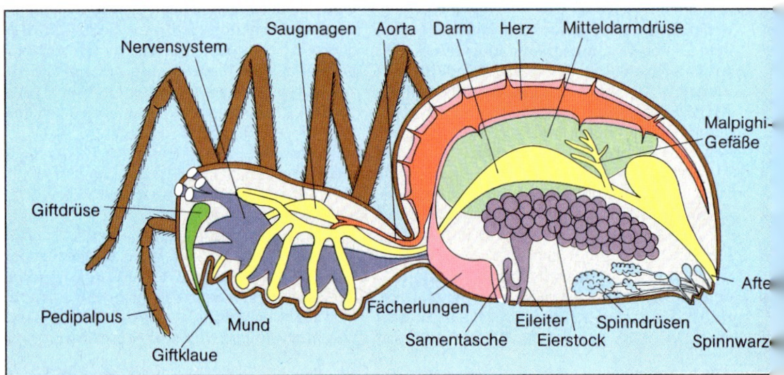

pione, Skorpione, Skorpionsspinnen, Weberknechte, Spinnen und Milben.

Spinner (Bombyces), veraltete, doch noch sehr verbreitete Sammelbez. für verschiedene Schmetterlingsfam., deren Fühler als Träger des hochentwickelten Geruchssinnes sowie des Tast- und Erschütterungssinnes oft stark gekämmt oder gefiedert sind. Weiter sind die S. dadurch gekennzeichnet, daß ihre Raupen Puppenkokons spinnen (z. B. die Seidenspinner).

Spinnfüßer, svw. ↑Embien.

Spinngewebshaut, svw. ↑Arachnoidea.

Spinnhanf ↑Faserhanf.

Spinnmilben (Blattspinnmilben, Tetranychidae), Fam. 0,25 bis knapp 1 mm großer, je nach Entwicklungsstadium, Ernährungszustand oder Geschlecht wechselnd gelbl., grünl. oder bräunl. bis rot gefärbter, weichhäutiger Milben von rundl. bis birnenförmiger Gestalt; fast ausschließlich schädl. Pflanzenparasiten; sitzen v. a. auf den Blattunterseiten, saugen die Pflanzenzellen aus und überziehen die Blätter mit einem Gespinst. Eine bekannte Art ist die ↑Obstbaumspinnmilbe.

Spinnwebenhauswurz (Sempervivum arachnoideum), 5–10 cm hohe, dichte Polster bildende Art der Gatt. Hauswurz, verbreitet von den Pyrenäen über die Alpen bis zum Apennin und zu den Karpaten; Rosetten 5–25 mm breit, mit lanzettförmigen, an der Spitze mit spinnwebartigen Haaren besetzten Blättern; Blüten mit 12–18 ausgebreiteten, karminroten Kronblättern.

Spinnwebhaut, svw. ↑Arachnoidea.

Spiraea [griech.], svw. ↑Spierstrauch.

Spiräengewächse [griech./dt.] ↑Rosengewächse.

Spiralwuchs, svw. ↑Drehwuchs.

Spirifer [griech.-lat.], ausgestorbene, vom Silur bis zum Jura bekannte Gatt. der ↑Armfüßer, die ihre stärkste Artenentfaltung im Devon und Karbon erlebten; gekennzeichnet durch einen langen, gerade verlaufenden Schloßrand, radial gefaltete Schalen und durch ein spiralig aufgerolltes Kalkgerüst für die fleischigen Arme der Tiere; stellen als ehem. Bewohner der küstennahen Flachmeere viele Leitfossilien.

Spirillen [griech.], allg. Bez. für schraubig gewundene Bakterien.

◆ (Spirillum) Bakteriengatt. aus der Fam. *Spirillaceae:* gramnegative, starre, schraubig gewundene Bakterien mit Geißelbüscheln an beiden Enden.

Spirochaeta [...'çɛ:ta; griech.] ↑Spirochäten.

Spirochäten [griech.], Bakterien der Ordnung *Spirochaetales* mit rd. 40 Arten. Wichtige Gatt. sind Spirochaeta, Cristispira, Treponema, Borrelia und Leptospira. Die schraubig gewundenen, flexiblen und sehr bewegl. Zellen werden z. T. bis 500 µm lang und bestehen aus einem Protoplasmazylinder,

Spinnenpflanze

einem aus Fibrillen aufgebauten Axialfilament und einer Außenhülle. Viele S. sind krankheitserregend (Syphilis, Frambösie, Rückfallfieber u. a.). Die Arten der Gatt. *Spirochaeta* sind saprophytische, meist anaerobe Bewohner von Gewässern.

Spirre [niederdt.] ↑Blütenstand.

Spitzahorn (Acer platanoides), bis 30 m hoher, im gemäßigten Europa bis zum Kaukasus und Ural heim. Baum der Gatt. Ahorn mit dichter Krone; Rinde frühzeitig mit schwärzl., längsrissiger, nicht abblätternder Borke; Blätter milchsaftführend, handförmig; Blüten mit gelbgrünen Kronblättern, in fast aufrechten, reichblütigen, kurzen Doldentrauben; verbreitet auf nährstoffreichen Böden in Laubmischwäldern; häufig als Park- und Alleebaum.

Spitze, Sammelbez. für Hunderassen mit spitzen Stehohren und Ringelrute. Man unterscheidet: *Europ. S.* (Großspitze, Kleinspitze, Wolfsspitz, Lappenspitz, Isländer Spitz), *Chin. S.* (Chow-Chow) und *Jap. S.*, unter denen der massige, bis knapp 70 cm schulterhohe *Akita-Inu* (kurzhaarig, in vielen Farben) der größte Spitz überhaupt ist.

Spitzhörnchen (Tupajas, Tupaiidae), (von manchen Systematikern zu den Halbaffen gestellte) relativ hochentwickelte Fam. der Insektenfresser mit 18 Arten in S- und SO-Asien, v. a. im Malaiischen Archipel; äußerl. hörnchenähnl.; Körperlänge etwa 15–20 cm; Schwanz ebensolang, meist buschig behaart; Fell dicht, meist bräunl.; Schnauze lang und spitz; Schädel teilweise mit Halbaffenmerkmalen; Gebiß insektenfresserartig; tagaktive Allesfresser.

Spitzkiel (Fahnenwicke, Oxytropis), Gatt. der Schmetterlingsblütler mit mehr als

300 Arten in der nördl. gemäßigten Zone, v.a. in Vorder- und Zentralasien; Kräuter oder niedrige Sträucher mit unpaarig gefiederten Blättern; Blütenstände in den Blattachseln, traubig, ährig oder köpfchenförmig; Blüten mit stachelspitzigem Schiffchen. In Deutschland kommen drei Arten vor, u.a. der in den Alpen verbreitete, niederliegend wachsende, violett blühende *Berg-S.* (Oxytropis montana).

Spitzklette (Xanthium), in Amerika beheimatete, nach Europa, W-Asien und Afrika eingeschleppte Korbblütlergatt.; Pflanzen mit mehrblütigen ♂ und ein- oder mehrblütigen ♀ Blütenköpfchen, die zu mehreren in endständigen Ähren stehen; Früchte wie die ♀ Blüten mit z.T. widerhakig bedornten Hüllblättern umgeben; einjährige, windblütige Unkräuter. Auf Schuttplätzen und an Wegrändern wächst die **Dornige Spitzklette** (Choleradistel, Xanthium spinosum) mit dreilappigen, unterseits weißfilzig behaarten Blättern und gelben Dornen an den Blattstielen.

Spitzkrokodil ↑Krokodile.

Spitzmaulnashorn ↑Nashörner.

Spitzmausartige (Soricoidea), Überfamilie der Insektenfresser mit langgestrecktem, schlankem bis walzenförmigem, etwa 3,5–22 cm langem Körper mit dichtem, weichem, kurzhaarigem Fell; insekten- bis allesfressend; zwei Fam.: Spitzmäuse und Maulwürfe.

Spitzmausbeutelratten, svw. ↑Beutelspitzmäuse.

Spitzmäuse (Soricidae), mit Ausnahme von Australien nahezu weltweit verbreitete Fam. vorwiegend nachtaktiver Insektenfresser mit über 250, etwa 3–18 cm langen Arten; mäuseähnl., jedoch mit stark verlängerter, zugespitzter Schnauze und kurzem, sehr dichtem Fell; oberseits meist einfarbig braun bis schwarz, unterseits hell; fressen überwiegend Insekten. Einige Arten erzeugen Ultraschalltöne zur Peilorientierung. Einheim. Arten sind u.a. Waldspitzmaus, Zwergspitzmaus, Wasserspitzmaus, Feldspitzmaus und die geschützte Hausspitzmaus (Crocidura russula; Unterfam. Weißzahnspitzmäuse); letztere oft in Siedlungsnähe vorkommend; in Europa (mit Ausnahme des N und O) und in weiten Teilen Asiens und Afrikas verbreitet; 6,5 bis 10 cm lang; Schwanz etwa von halber Körperlänge; Fell oberseits braungrau mit zimtfarbener Tönung, unterseits hellgrau (nicht scharf abgesetzt, im Ggs. zur ↑Feldspitzmaus).

Spitzmorchel (Morchella conica), bis 10 cm hohe Art der ↑Morcheln (Schlauchpilz) mit kegelförmigem, braungrauem Hut, der durch erhabene Längsrippen unregelmäßig gefeldert ist; Stiel kleiig, schmutziggelbl., hohl; wohlschmeckender Speisepilz.

Spitzrüßler (Spitzmäuschen, Apioninae), Unterfam. 1,2–5 mm großer Rüsselkäfer mit der über 100 einheim. Arten umfassenden Gatt. *Apion;* meist schwarz, oft mit Metallglanz; Imagines erzeugen Lochfraß an Blättern; Larven oft in Samen von Hülsenfrüchten.

Spitzschwanz-Doppelschleichen (Trogonophidae), nur wenige Arten umfassende, von NW-Afrika bis zum Iran verbreitete Fam. der Doppelschleichen von maximal 25 cm Körperlänge; mit zugespitztem, nach unten gekrümmtem Schwanz.

Spitzwegerich ↑Wegerich.

Splanchna [griech.], svw. ↑Eingeweide.

Splanchnocranium [griech.] (Splanchnokranium, Viszeralskelett, Viscerocranium, Viszerokranium), ventraler Abschnitt des knorpeligen oder knöchernen Kopfskeletts (Schädel) der Wirbeltiere, der funktionell dem Mundraum und damit dem Nahrungserwerb zugeordnet ist (Kieferbildung, Bezahnung) und sich bei wasserbewohnenden Formen aus dem Lippenbogen (Prämandibulare), dem Kieferbogen (Mandibulare) und dem Zungenbeinbogen (Hyomandibulare) in wechselnder Ausformung zusammensetzt.

Splen [griech.], svw. ↑Milz.

Splint (Splintholz) ↑Holz.

Splintholzbäume (Splintbäume) ↑Holz.

Splintholzkäfer (Holzmehlkäfer, Schattenkäfer, Lyctidae), Fam. kleiner (weniger als 1 cm großer), längl. abgeflachter Käfer mit rd. 60 Arten, davon sechs einheimisch; Larven engerlingähnl., in Drogen und gefälltem, entrindetem Holz. Die Larven des gelbbraunen, 2,5–5 mm langen europ. **Parkettkäfers** (Lyctus linearis) fressen Gänge in den Splint von trockenem, bereits verarbeitetem Holz und werden v.a. in Eichenfurnierholz und Parkettholz schädlich.

Splintkäfer (Scolytus), Gatt. der Borkenkäfer mit 14 1,5–7 mm großen Arten in Europa; legen ihre Brutgänge im Splintholz, oft auch von Obstbäumen, an.

Spöke [niederdt.] (Seeratte, Heringskönig, Chimaera monstrosa), bis knapp 1,5 m langer Knorpelfisch (Unterklasse Seedrachen) im nö. Atlantik sowie im westl. und mittleren Mittelmeer; Leber sehr groß, liefert ein hochwertiges Öl.

Spondylus [griech.] ↑Wirbel.

Spongia [griech.] (Euspongia), Gatt. der Schwämme mit mehreren Arten, darunter der ↑Badeschwamm.

Spongiae (Spongien) [griech.], svw. ↑Schwämme.

Spongilla [griech.], Gatt. der Süßwasserschwämme mit zwei einheim. Arten: krustenförmig bis strauchig verzweigt, Kolonien bis 1 m ausgebreitet; Färbung variabel, meist gelbl., grau oder bräunl.; häufig auf Steinen, Wurzeln und dergleichen, in Flüssen und Seen.

Spongillidae [griech.], svw. ↑Süßwasserschwämme.

Spongin [griech.], hornartiges, elast. Gerüsteiweiß der Schwämme, das bis zu 1,5%

Jod (gebunden v. a. an Tyrosin) enthält. Bei Hornschwämmen ist S. die einzige Stützsubstanz, bei Kalk- und Kieselschwämmen verbindet es die Skelettnadeln miteinander.

Spongiosa [griech.] ↑Knochen.

Spongozöl (Spongiozöl) [griech.], zentraler, mit Kragengeißelzellen ausgekleideter Hohlraum im Innern einfach organisierter Schwämme.

spontane Mutationsrate ↑Mutationsrate.

Sporangien (Einz. Sporangium) [griech.], vielgestaltige, einzellige (bei vielen Algen und Pilzen) oder mehrzellige (bei Moosen und Farnen) Behälter, in denen die Sporen (**Sporangiosporen**) gebildet und aus denen sie bei der Reife durch deren Öffnung freigesetzt werden. S. treten häufig gruppenweise (z. B. im Fruchtkörper der Pilze und im Sorus der Farne) auf und können auf bestimmte Organe der Pflanze beschränkt sein.

Sporen [zu griech. spóros „das Säen, Saat, Samen"], ein- oder (seltener) mehrkernige, meist dickwandige, auch bewegl. kleine Vermehrungs- und Verbreitungszellen, die keine Geschlechtszellen (Gameten) darstellen; bei Kryptogamen, Schleimpilzen und manchen Protozoen. Ebenfalls als S. bezeichnet werden die Dauerformen von Bakterien.

Sporenblätter, svw. ↑Sporophylle.

Sporenpflanzen, svw. ↑Kryptogamen.

Sporentierchen (Sporozoen, Sporozoa), Stamm der ↑Protozoen (Urtierchen) mit sehr geringer Zelldifferenzierung, was vermutl. mit der ausschließl. entoparasit. Lebensweise der S. in Zusammenhang steht; fast immer mit Generationswechsel (Metagenese), nicht selten auch mit Wirtswechsel; oft Ausbildung von Infektionskeimen mit widerstandsfähiger Hülle (Sporen), z. T. gefährl. Krankheitserreger bei Tier und Mensch.

Spörgel [lat.] ↑Spark.

Sporn (Calcar), in der *zoolog. Anatomie* und *Morphologie* allg. Bez. für spitze knöcherne oder knorpelige Bildungen an verschiedenen Organen bei manchen Wirbeltieren. Sporne stehen häufig mittelbar oder unmittelbar im Dienst des Sexualverhaltens, können jedoch auch allgemein der Verteidigung dienen (z. B. bei ♂ Hühnervögeln). In Analogie zum S. bei den Wirbeltieren werden bei Insekten dicke, starre, bewegl. eingelenkte Chitinborsten an den Schienen (Tibien) der Beine ebenfalls als S. bezeichnet.

◆ in der *Botanik* hohle, spitzkegelförmige Aussackung der Blumen- und Kelchblätter bei verschiedenen Pflanzenarten (z. B. Akelei, Rittersporn, Veilchen, einige Orchideen).

Spornblume (Kentranthus, Centranthus), Gatt. der Baldriangewächse mit rd. 10 Arten im Mittelmeergebiet; Stauden, Halbsträucher oder einjährige, stark verzweigte Kräuter; Blüten rot oder weiß, mit dünner, gespornter Kronröhre, fünfspaltigem Kronsaum und nur einem Staubblatt, in endständigen Trugdolden, Doldentrauben oder Rispen.

Spornveilchen ↑Veilchen.

Spornzikaden (Delphacidae, Araeopidae), weltweit verbreitete Fam. der Zikaden; in M-Europa mit rd. 90 meist zw. 4 und 6 mm großen Arten von gelbbräunl. bis schwarzer Färbung vertreten; Flügel oft verkürzt, mit großem, unbewegl. Sporn an den Schienen der Hinterbeine.

Sporoblasten [griech.], Entwicklungsstadium bei Sporentierchen im Verlauf der Sporogonie: Zellen, aus denen Sporen bzw. Sporozoiten hervorgehen.

Sporocytophaga [griech.], Gatt. gleitender Bakterien mit einer Art. Die schlanken, gramnegativen Stäbchen können trockenresistente, kugelige Mikrozysten bilden; im Boden und in Gewässern weit verbreitet und als aerober Zellulosezersetzer ökolog. bedeutend.

sporogen [griech.], in der Botanik svw. sporenerzeugend.

Sporogonie [griech.] (Sporogenese, Sporie), Bez. für eine spezielle Form der ↑Fission, bei der im Anschluß an eine mehrfach hintereinander erfolgende Kernteilung in einer Zelle bzw. Zygote zahlr. Sporen bzw. Sporozoiten gebildet werden.

Sporophylle [griech.] (Sporenblätter), Blattorgane der höheren Pflanzen, die die in Sporangien gebildeten Sporen tragen. Die S. dienen neben der Sporangienausbildung zugleich auch der Photosynthese (*Tropho-S.* der meisten Farne) oder sind gegenüber den assimilierenden Laubblättern *(Trophophylle)* bes. durch Reduktion der Blattspreite deutl. abgewandelt (z. B. Straußfarn, Rippenfarn) und dann meist am Sproß zu end- oder seitenständigen Sporophyllständen („Blüten") vereinigt (bei Bärlapp- und Schachtelhalmgewächsen sowie bei den Samenpflanzen).

Sporophyt [griech.] (Sporobiont), die die Sporen hervorbringende diploide, ungeschlechtlich aus der befruchteten Eizelle hervorgehende Generation im Fortpflanzungszyklus der Moose und Farne und Samenpflanzen; im Ggs. zur geschlechtl. Generation (↑Gametophyt).

Sporopollenine [griech./lat.], verwitterungsbeständige, vermutl. aus hochpolymeren Fettsäuren und Hydroxyfettsäureestern aufgebaute Hauptbestandteile der Zellwand (Polyterpene) pflanzl. Sporen und Pollenkörner; ermöglichen die Pollenanalyse.

Sporozoa [griech.], svw. ↑Sporentierchen.

Sporozyste [griech.], Entwicklungsstadium vieler Saugwürmer; geht durch Verlust des Wimperkleids und der inneren Organe aus dem vom Zwischenwirt aufgenommenen ↑Miracidium hervor.

Spottdrosseln (Mimidae), Fam. bis 30 cm langer, gut singender, häufig „spottender“ (↑Spotten), langschwänziger, meist unauffällig brauner oder grauer Singvögel mit rd. 30 Arten in Amerika (S-Kanada bis Feuerland).

Spotten, ornitholog. Bez. für die völlige oder teilweise Übernahme artfremder Gesangsmotive oder von Lauten aus der Umwelt durch Vögel (bei vielen Vögeln, u.a. Spötter, Spottdrosseln, Eichelhäher, Stare). S. kann im extremen Fall zum Nachsprechen von Sätzen des Menschen führen, z.B. bei den Papageien.

Spötter ↑Grasmücken.

spp., in der Systematik im Anschluß an den Gattungsbegriff verwendete Abkürzung, die besagt, daß es sich hier um mehrere, nicht im einzelnen zu nennende Arten (Species) der betreffenden Gatt. handelt.

Sprachzentrum, Bez. für verschiedene zusammenwirkende Assoziationsfelder v.a. in der Großhirnrinde, die den Prozessen der Sprachbildung und des Sprachverständnisses zugeordnet sind. Bei Rechtshändern liegen diese Felder in der linken, bei Linkshändern in der rechten Gehirnhemisphäre und können in ein *motor. S. (Broca-Windung, Broca-Zentrum)* für die Steuerung und Kontrolle der beim Sprechen notwendigen Muskelbewegungen, in ein *sensor. S.* zur Aufnahme und zum Erkennen (akust. Sprachverständnis) gehörter Worte und Wortklänge sowie in ein *opt. S.* unterteilt werden. Letzteres ist für das Lesenkönnen, außerdem für opt. fundierte Gedankengänge (opt. Denken, Ortsgedächtnis u.a.) zuständig.

Spreite, svw. Blattspreite (↑Laubblatt).

Spreizklimmer ↑Lianen.

Spreublätter, schuppenförmige, trokkenhäutige Tragblätter der Einzelblüten in den Blütenköpfchen vieler Kardengewächse und Korbblütler.

Springantilopen (Antilopinae), Unterfam. der Antilopen mit rd. 20 Arten, v.a. in trockenen, offenen Landschaften Afrikas und Asiens. In den Steppen Indiens lebt die etwa damhirschgroße **Hirschziegenantilope** (Sasin, Antilope cervicapra); oberseits schwarzbraun (♂) oder gelblichbraun (♀, Jungtiere), unterseits weiß; mit breitem, weißem Augenring; ♂♂ mit bis 0,5 m langen, korkenzieherartig gewundenen, geringelten Hörnern. Wichtigste Gatt. ↑Gazellen.

Springbeutler, svw. ↑Känguruhs.

Springbock (Antidorcas), Gatt. der Gazellenartigen mit der einzigen Art *Antidorcas marsupialis* in Südafrika; vielerorts ausgerottet; Länge 1,2–1,5 m, Schulterhöhe etwa 70–90 cm; Rücken braun, durch schwarzbraunes Längsband von der weißen Unterseite abgesetzt; längs der hinteren Rückenmitte mit weiß behaarter, ausfaltbarer Hauttasche (dient als Signal bei der Flucht); ♂♂ und ♀♀ mit etwa 30 cm langen, leierförmigen Hörnern; kann weit und hoch springen.

Springerspaniel, etwa 50 cm schulterhoher Stöberhund; etwas größer und hochbeiniger als der Cockerspaniel; Haar schlicht und glatt anliegend, bevorzugt weiß-braun und weiß-schwarz gescheckt.

Springfrosch ↑Frösche.

Springkraut (Balsamine, Impatiens), Gatt. der Balsaminengewächse mit über 400 Arten; meist im trop. Afrika und im trop. und subtrop. Asien; nur acht Arten in den gemäßigten Bereichen der Nordhalbkugel; Kräuter oder Halbsträucher; Frucht eine bei Berührung elast. mit fünf Klappen aufspringende, die Samen wegschleudernde Kapsel. In Deutschland kommen drei Arten vor, u.a. **Rührmichnichtan** (Großes S., Wald-S., Impatiens noli-tangere), einjährig, bis 1 m hoch, mit durchscheinenden Stengeln und Blättern; Blüten zitronengelb, innen rot punktiert. Bes. bekannt sind die aus Indien stammende **Gartenbalsamine** (Impatiens balsamina), eine einjährige, bereits im 16. Jh. eingeführte und in mehreren Sorten verbreitete, 20–60 cm hohe Sommerblume mit meist gefüllten, verschiedenfarbigen Blüten, sowie als Garten- und Topfpflanze das aus den Gebirgen des trop. Afrikas stammende **Fleißige Lieschen** (Impatiens walleriana) mit 30–60 cm hohen dickfleischigen Stengeln und bis 4 cm breiten, meist roten, langgespornten Blüten.

Springmäuse (Springnager, Dipodidae), Fam. der Mäuseartigen mit rd. 25 Arten in Trockengebieten und Wüsten Asiens und N-Afrikas; Länge 4–15 cm; Schwanz weit über körperlang, mit Endquaste, wird beim Sitzen oft henkelförmig auf den Boden gestützt; Hinterbeine stark verlängert, Vorderbeine kurz. - Die S. bewegen sich in großen Sprüngen (auf zwei Beinen) sehr rasch fort. Sie graben im Boden und sind nachtaktiv. Die oberseits bräunl. bis grauen Arten der Gatt. **Pferdespringer** (Allactage) sind etwa 9–15 cm lang; Schwanz rd. 16–22 cm lang, mit weißer Endquaste; Kopf rundl., mit sehr langen Ohren und großen Augen. Rd. 10–15 cm lang sind die Arten der Gatt. **Wüstenspringmäuse** (Jaculus). Am bekanntesten ist die Art *Dscherboa*

Springböcke

(Jaculus jaculus), mit hellbrauner Ober- und weißl. Unterseite.

Springratten, Bez. für die beiden Gatt. *Mesembriomys* und *Conilurus* der Echtmäuse mit sechs Arten in Australien; bis etwa wanderrattengroß; Hinterbeine verlängert; gute Springer und Kletterer, größtenteils baumbewohnend.

Springschrecken, svw. ↑Heuschrecken.

Springschwänze (Kollembolen, Collembola), mit rd. 3500 (einheim. rd. 300) Arten weltweit verbreitete Unterordnung primär flügelloser Insekten (Ordnung Urinsekten) von 0,3–10 mm Länge; Körper langgestreckt, entweder deutl. gegliedert (Überfam. *Arthropleona*) oder kugelig und undeutlich gegliedert (Überfam. *Symphypleona*); behaart oder glänzend beschuppt; durch Körperpigmente blau, violett, rotbraun, gelb, grün oder schwarz gefärbt; Kopf mit meist viergliedrigen Fühlern; schabende oder stechende Mundwerkzeuge in die Kopfkapsel eingesenkt; Augen einfach gebaut oder völlig rückgebildet; Hinterleib aus sechs Segmenten zusammengesetzt, von denen drei umgewandelte Gliedmaßenreste tragen; viertes oder fünftes Abdominalsegment mit in Ruhestellung unter dem Hinterleib eingeschlagener Sprunggabel, mit der sich die Tiere bei Beunruhigung vom Boden abschnellen. - S. leben in oft riesigen Mengen an feuchten Orten in und auf der Erde, in Blumentöpfen, auf der Wasseroberfläche oder auch auf Schneefeldern (z. B. ↑Gletscherfloh). Sie ernähren sich v. a. von zerfallenden organ. Substanzen und spielen eine wichtige Rolle bei der Humusbildung.

Springspinnen (Hüpfspinnen, Salticidae), weltweit verbreitete, mit rd. 3000 Arten größte Fam. 2–12 mm langer ↑Spinnen (davon 70 Arten einheim.); Körper gedrungen, oft sehr bunt gefärbt (z. B. Harlekinspinne). S. weben keine Fangnetze. Sie beschleichen ihre Beute (Insekten) und packen sie dann im Sprung.

Springkraut. Fleißiges Lieschen

Springtamarin (Goeldi-Tamarin, Callimico goeldii), den Krallenaffen nahestehende Art der Breitnasen in den Regenwäldern des oberen Amazonasbeckens; Körperlänge um 25 cm, Schwanz etwas länger; Fell sehr dicht und seidig, schwarz mit Goldschimmer; mit Kopf- und Nackenmähne; Großzehe mit flachem Nagel, alle anderen Zehen und Finger mit Krallen; Baumbewohner, guter Springer; Bestand gefährdet.

Springtamarins (Callimiconidae), Fam. der Breitnasen mit nur einer Art: ↑Springtamarin.

Springwanzen (Uferwanzen, Saldidae), Fam. 2–7 mm langer Wanzen mit rd. 150 großäugigen Arten, bes. an Teichufern, moorigen Stellen und Meeresküsten (davon fast 30 Arten einheim.); äußerst lebhafte, schnell auffliegende Tiere, die gut springen können; ernähren sich räuberisch von anderen Gliederfüßern. Eiablage in Pflanzenteilen.

Spritzgurke (Eselsgurke, Ecballium), Gatt. der Kürbisgewächse mit der einzigen Art *Ecballium elaterium:* in S-Europa auf Ödland verbreitetes, mehrjähriges, rankenloses Kraut von etwa 60 cm Höhe; mit dicken, grobgezähnten, unterseits weiß behaarten Blättern und glockenförmigen, gelben, eingeschlechtigen Blüten; Frucht enthält den glykosid. Bitterstoff Elaterin.

Spritzloch (Spiraculum), kleine verkümmerte vorderste Kiemenspalte hinter jedem Auge und vor den eigtl. Kiemenspalten v. a. bei Knorpelfischen und einem Teil der Knochenfische. Bei den bodenbewohnenden Rochen ist das S. wichtig als Wasserdurchtrittsöffnung. Die zum S. umgebildete Kiemenspalte wurde bei den vierfüßigen Wirbeltieren zum Mittelohr und zur Eustachi-Röhre.

◆ bei Walen paarige oder unpaare Nasenöffnung, die (mit Ausnahme des Pottwals) weit nach hinten auf die Körperoberseite verschoben ist und beim Ausatmen der verbrauchten Luft eine (durch Kondensation) mehrere Meter hohe Dampffontäne hochsteigen läßt.

Spritzwürmer (Sipunculida), fast ausschließl. mariner Stamm der Wirbellosen mit rd. 250, etwa 1–50 cm langen, wurmförmigen Arten; unsegmentiert; Vorderende einstülpbar, rüsselartig, mit Tentakelkranz.

Sproß (Trieb), der aus den Grundorganen ↑Sproßachse und ↑Blatt gebildete, aus der zw. den Keimblättern liegenden Sproßknospe hervorgehende Teil des Vegetationskörpers der Sproßpflanzen. Er entwickelt sich meist oberird. (Luft-S.), bei Wasserpflanzen untergetaucht (Wasser-S.) oder ganz bzw. teilweise unterird. (Rhizom, S.knolle, Zwiebel). Je nach

Art des Wachstums und der Funktion der Blätter werden Laubsprosse und Blüten unterschieden. In Anpassung an verschiedenartige Standortbedingungen zeigt der S. zahlr. morpholog. Abwandlungen, die als *Sproßmetamorphosen* bezeichnet werden (u. a. ↑Zwiebel, ↑Dornen, ↑Ranken, ↑Rosette, ↑Knolle).

Sproßachse (Achsenkörper), neben Blatt und Wurzel eines der Grundorgane der Sproßpflanzen (↑Kormophyten); Trägersystem für die assimilierenden Blätter bzw. Fortpflanzungsorgane. Die S. entwickelt sich von einem an ihrer Spitze gelegenen Vegetationskegel. In diesem Urmeristem werden durch Teilung laufend Zellen nach unten und seitl. abgegliedert. Kurz hinter dieser Zone entstehen die Anlagen für Seitensprosse und Blätter. Es folgt die Zone des größten Längenwachstums, das auf Streckungswachstum der Zellen sowie auf der Bildung neuer Zellen in interkalaren Vegetationszonen (eingeschobene Wachstumszonen) von kurzer Lebensdauer beruht. Gleichzeitig erfolgt die Differenzierung der Zellen in Epidermis, Rinde und Zentralzylinder. Im Bereich des Zentralzylinders bilden sich durch Längsteilung von Zellen Initialbündel, aus denen die Leitbündel hervorgehen. Innerhalb des Zentralzylinders bleibt bei ausdauernden S. der Nacktsamer und Zweikeimblättrigen ein teilungsfähiger Gewebszylinder, das Kambium, erhalten, von dem im Zuge des sekundären Dickenwachstums die Bildung verholzter S. ausgeht (Stamm; Ggs.: Stengel der krautigen Pflanzen). - Die Verzweigung der S. kann sowohl gabelig (↑Dichotomie) als auch seitl. erfolgen. Die Beblätterung entlang der S. umfaßt im vollständigen Fall Keim-, Nieder-, Folge- bzw. Laub- und Hochblätter. Die Anordnung der Blätter am Knoten erfolgt entweder einzeln, wobei sie längs der S. alternierend in zwei Reihen übereinander (distich; v. a. bei Einkeimblättrigen) oder wechselständig (zerstreut, spiralig) stehen, oder unter Bildung von Wirteln in Zweizahl bzw. Mehrzahl.

Sproßdornen ↑Dornen.

Sprosser (Poln. Nachtigall, Luscinia luscinia), mit der Nachtigall nah verwandte Drossel (Gatt. Erdsänger); etwa 17 cm lang; Oberseite olivbraun, Unterseite hellbräunl. mit dunklerer Brust; verbreitet von N- und O-Europa bis nach W-Sibirien.

Sproßknolle ↑Knolle.

Sproßmetamorphosen ↑Sproß.

Sproßmutationen (Knospenmutationen, Sports), in der Botanik Bez. für Gen- oder Genommutationen in einer Zelle des Vegetationskegels. S. haben eine bes. Bed. in der Pflanzenzucht, da durch sie neue Kultursorten gewonnen werden können, deren Eigenschaften bei vegetativer Vermehrung erhalten bleiben (z. B. Obst, Kartoffeln). Bei geschlechtl. Vermehrung können die neuen Eigenschaften nur dann auf die Nachkommen übertragen werden, wenn durch die Mutation mindestens zwei Zellschichten erfaßt worden sind.

Sproßpflanzen, svw. ↑Kormophyten.

Sprossung, bei mehrzelligen Organismen svw. ↑Knospung.

◆ bes. Zellteilungsvorgang v. a. bei Hefepilzen und bei der Exosporenbildung vieler Pilze. Bei der S. bildet sich vor der Kernteilung von der Mutterzelle aus ein Auswuchs, dann erfolgt die Einwanderung des Tochterkerns und die Abschnürung der Tochterzelle.

Sprotten [niederdt.] (Sprattus), Gatt. bis 20 cm langer, schwarmbildender Heringsfische mit sechs Arten, v. a. im S-Pazifik. Die einzige Art an den Küsten Europas und N-Afrikas ist der *Sprott* (*Sprotte*, Sprattus sprattus): wichtiger Speisefisch, v. a. als Fischkonserve; z. B. mariniert als Anschovis und geräuchert als *Kieler Sprotten.*

Sprungbein (Talus, Astragalus), Fußwurzelknochen des Menschen und der Säugetiere.

Sprunggelenk ↑Fuß.

Sprungschicht (Metalimnion), eine in den meisten tiefen Süßwasserseen der gemäßigten und subtrop. Zone während des Sommers auftretende, v. a. durch starkes Temperaturgefälle charakterisierte Wasserschicht *(Thermokline)* zw. dem erwärmten Epilimnion und dem unteren, kühlen Hypolimnion.

Spulwürmer (Askariden, Ascarididae), Fam. der Fadenwürmer mit zahlr., bis maximal 40 cm langen, im Darm von Wirbeltieren (insbes. Säugetieren, einschl. Mensch) parasitierenden Arten; ♂♂ kleiner als ♀♀, am Hinterende ventral eingerollt; erwachsen im Dünndarm; Entwicklung ohne Zwischenwirt. Die sehr widerstandsfähigen Eier gelangen mit dem Kot ins Freie und werden mit verschmutzter Nahrung aufgenommen. Die Larven schlüpfen im Darm, sie benötigen jedoch für ihre weitere Entwicklung Sauerstoff. Die Larven durchbohren deshalb die Darmwand und gelangen mit dem Blutstrom in die Lungen, von dort in die Mundhöhle und werden verschluckt. Erst danach verbleiben die S. im Dünndarm und werden geschlechtsreif. - Bekannte Gatt. ist *Ascaris* mit dem etwa 25 (♂)–40 cm (♀) langen *Menschenspulwurm* (Ascaris lumbricoides); parasitiert im Dünndarm des Menschen. Im Dünndarm des Haushundes (gelegentl. auch beim Menschen) parasitiert der 5 (♂)–18 cm (♀) lange *Hundespulwurm* (Toxacara canis). Der *Pferdespulwurm* (Parascaris equorum) ist etwa 15 (♂) bis 35 cm (♀) lang.

Spurenelemente (Mikronährstoffe), Bez. für eine Reihe von chem. Elementen, die für die menschl., tier. und pflanzl. Ernährung und den Stoffwechsel unentbehrl. sind, und in sehr geringen Mengen benötigt werden. S. für Mensch und Tier sind: Eisen, Mangan, Kupfer, Kobalt, Zink, Fluor, Jod, Selen.

Bei Pflanzen sind es Eisen, Mangan, Kupfer, Zink, Molybdän, Bor und Chlor. Die S. sind meist Bestandteile von Enzymen, Vitaminen und Hormonen. Ihr Fehlen (durch einseitige Ernährung bzw. Bodenmüdigkeit) ruft Mangelkrankheiten hervor.

Squamae [lat.] ↑Schuppen.

ssp., Abk. für lat.: Subspecies (svw. ↑Unterart).

staatenbildende Bienen ↑Bienen.

staatenbildende Insekten, svw. ↑soziale Insekten.

Staatsquallen (Röhrenquallen, Siphonophora), Ordnung mariner Nesseltiere (Klasse Hydrozoen) mit rd. 150 Arten; bilden wenige Zentimeter bis über 3 m lange, freischwimmende Kolonien, glasartig durchscheinend, oft schimmernd bunt gefärbt; am oberen Teil mit Schwimmglocken, die übrigen meist sehr zahlr. Individuen sind sehr unterschiedl. ausgebildet und haben jeweils spezif. Funktion, z. B. Nährpolypen, Deckstücke (Schutzfunktion), Geschlechtstiere und *Palponen* (mundlos, v. a. der intrazellulären Verdauung dienend); das Nesselgift mancher Arten ist außerordentl. wirksam und auch für den Menschen gefährlich.

Stäbchen (Sehstäbchen) ↑Auge.

Stabheuschrecken, heute nicht mehr übl. Bez. für die Stabschrecken (↑Gespenstschrecken).

Stabschrecken ↑Gespenstschrecken.

Stabwanze ↑Skorpionswanzen.

Stachelaale, svw. ↑Pfeilschnäbel.

Stachelalge (Stacheltang, Desmarestia aculeata), meist unterhalb des niedrigsten Wasserstandes in der Gezeitenzone von Küsten kälterer Meere vorkommende Braunalge; Thallus bis über 1 m lang, wechselständig verzweigt und im Frühjahr bis Frühsommer mit goldbraunen, haarbüschelähnl. Ausgliederungen bedeckt, die während des Sommers abfallen; die Alge erhält danach ein stachelartig gezacktes Aussehen.

Stachelameisen (Stechameisen, Poneridae), weltweit verbreitete, jedoch vorwiegend in warmen Regionen vorkommende Fam. kleiner Ameisen mit deutl. Einschnürung zw. dem zweiten und dritten Hinterleibssegment und mit Giftstachel am Hinterleibsende.

Stachelannone (Sauersack, Annona muricata), im trop. Amerika heim. Baum der Gatt. ↑Annone mit bis 2 kg schweren, zapfenförmigen Sammelfrüchten mit Reihen von Stachelspitzen (Griffelreste) auf sonst glatter Oberfläche.

Stachelbärenklau (Acanthus mollis), Art der Gatt. Bärenklau im Mittelmeergebiet; bis 1 m hohe Staude mit bis 50 cm langen, stark gebuchteten bis fiederspaltigen, unbedornten Blättern; Blüten mit bedornten Tragblättern, in lockerer, langer Ähre, weißl., lilafarben geädert.

Stachelbeere, (Ribes) Gatt. der Stachelbeergewächse mit rd. 150 Arten in der nördl. gemäßigten Zone und den Gebirgen S-Amerikas; Sträucher mit wechselständigen Blättern, meist kleinen, fünf- oder vierzähligen Blüten und ganz oder fast ganz unterständigen Fruchtknoten; Früchte als Beeren ausgebildet. Die wichtigsten Arten sind neben den eigtl. Stachelbeeren die ↑Johannisbeeren.

◆ (Heckenbeere, Ribes uva-crispa) in Eurasien bis zur Mandschurei heim., niedriger Strauch in Gebüschen und Bergwäldern oder an Felsen; Langtriebe mit wechselständigen, meist behaarten Blättern und unter den Blättern stehenden, einfachen Stacheln; grünl. Blüten in beblätterten Kurztrieben; Beerenfrüchte derbschalig, behaart oder glatt, mit zahlr. Samen. S. enthalten neben Kohlenhydraten v. a. Vitamin C (35 mg/100 g) und Vitamine der B-Gruppe. Sie werden (unreif) zum Einmachen oder für Gelee, ferner (reif) zum Rohessen oder für Saft und Marmelade verwendet.

◆ (Chin. S.) ↑Kiwifrucht.

Stachelbeergewächse (Johannisbeergewächse, Ribesiaceae), meist als Unterfam. *Ribesioideae* zur Fam. Steinbrechgewächse gezählte Gruppe von Sträuchern, die in der Gatt. Stachelbeere (Ribes) zusammengefaßt sind; zahlr. Nutzpflanzen, z. B. ↑Johannisbeere und ↑Stachelbeere.

Stachelbeerspanner (Harlekin, Abraxas grossulariata), bis 4 cm spannender einheim. Schmetterling (Fam. Spanner); Flügel auf weißem Grund schwarz gefleckt (Vorderflügel mit schmalem, dottergelbem Querstreifen). - Abb. S. 158.

Stachelechsen (Stachelskinke, Dornschwanzskinke, Egernia), Gatt. der Skinke mit rd. 20 Arten in Australien; bis 50 cm Gesamtlänge; Schwanz stark stachelschuppig oder mit glatten Schuppen.

Stachelflosser (Acanthopterygii), svw. ↑Strahlenflosser.

Stachelgurke (Sechium), Gatt. der Kürbisgewächse mit der einzigen, in Brasilien beheimateten, heute auch in Westindien, Kalifornien und Westafrika kultivierten Art *Sechium edule* (Stachelgurke i. e. S.; Chayote, Schuschu); mit Blattranken kletternde, über 10 m lange Sprosse bildende Pflanze; Früchte 10–15 cm lang, bis 1 kg schwer, birnenförmig, etwas stachelig, die wegen ihres Stärke- und Vitamingehalts gegessen oder als Viehfutter verwendet werden. Die bis 10 kg schweren, bis 20% Stärke enthaltenden Wurzelknollen werden wie Kartoffeln gekocht.

Stachelhaie (Dornhaie, Akanthoden, Acanthodes, Acanthodii), ausgestorbene Ordnung der Panzerfische vom Unterdevon bis Perm; haiähnl., aber mit Knochenschuppen und verknöchertem Skelett; mit großem Stachel vor jeder Flosse; an der Bauchseite mehrere Flossenpaare.

Stachelhäuter (Echinodermata), Stamm

Stachelbeerspanner

Stachelschwein

ausschließl. mariner wirbelloser ↑ Deuterostomier mit rd. 6 000, wenige mm bis über 1 m großen Arten; meist freilebende Bodenbewohner mit im Erwachsenenstadium mehr oder minder ausgeprägter fünfstrahliger Radiärsymmetrie; Mundseite (Oralseite) meist dem Boden zugekehrt; After auf der gegenüberliegenden Seite (Aboralseite); meist getrenntgeschlechtlich; Fortbewegung durch *Ambulakralfüßchen*, die durch Ein- und Auspressen von Flüssigkeit aus dem die S. kennzeichnenden Wassergefäßsystem (Ambulakralsystem) bewegt werden. - Das Kalkskelett der S. besteht aus einzelnen Plättchen oder (meist) einem festen Panzer. Es ist häufig mit Stacheln besetzt. Die Larven sind bilateralsymmetr., sie leben planktontisch. - S. sind seit dem Kambrium bekannt und waren in früheren Erdperioden weitaus formenreicher als heute. - Die fünf rezenten Klassen sind: Haarsterne, Seegurken, Seeigel, Seesterne und Schlangensterne.

Stachelhummer ↑ Langusten.

Stachelige Aralie ↑ Aralie.

Stacheligel ↑ Igel.

Stachelige Rose, svw. ↑ Dünenrose.

Stachelkäfer, (Mordellidae) weltweit verbreitete, jedoch bes. in den Tropen und Subtropen vorkommende Käferfam. mit rd. 1 500 Arten, davon etwa 50 einheimisch; 2–9 mm lang, meist schwarz, feinbehaart, bei größeren Arten Hinterleibsspitze stachelförmig verlängert.

◆ ↑ Igelkäfer.

Stachelleguane (Sceloporus), Gatt. (einschl. Schwanz) etwa 10–20 cm langer Leguane mit über 30 Arten, v. a. in Wüsten, Steppen und Wäldern N- und Z-Amerikas; wärmebedürftige Reptilien, die sich gern auf Felsen, Baumstrünken oder Zaunpfählen (**Zaunleguane:** Sceloporus undultus und Sceloporus occidentalis) sonnen; Körper mit kurzem Kopf und stark gekielten, stacheligen Schuppen.

Stachellose Bienen (Meliponini), rd. 350 Arten umfassende, in den Tropen der Alten und Neuen Welt verbreitete Gattungsgruppe der Bienen; Körperlänge von 1,5 mm bis etwa Honigbienengröße; rotbraun oder schwarz, Hinterleib nur schwach behaart, oft gelb gezeichnet; Stachel der Königin und der Arbeiterin stark rückgebildet; Nester unregelmäßig, oft in Baumhöhlen, aus Wachs. Im Ggs. zu den Honigbienen kann ein Volk mehrere friedl. nebeneinanderlebende Königinnen haben. S. B. haben keine ausgeprägte „Tanzsprache“ wie die Honigbiene, um Informationen über Trachtquellen den Nestgenossinnen weiterzugeben.

Stachelmakrelen (Carangidae), Fam. der Barschfische mit über 100 Arten in allen trop. und gemäßigten Meeren; Körper meist langgestreckt, spindelförmig oder seitl. abgeflacht; Schwanzflosse tief eingeschnitten; schnelle, z. T. weit wandernde Raubfische; sehr geschätzte Speisefische, u. a. **Lotsenfisch** (Pilotfisch, Naucrates ductor; 70–160 cm lang, mit spindelförmigem, blausilbernem Körper und 5–6 breiten, schwarzblauen Querbinden) und **Stöcker** (Bastardmakrele, Caranx trachurus; bis 50 cm lang, mit blaugrauem bis grünl. Rücken, silberglänzenden Seiten und ebensolchem Bauch).

Stachelmohn (Argemone), Gatt. der Mohngewächse mit zehn Arten in N- und S-Amerika und auf den Hawaii-Inseln; meist einjährige, aber auch ausdauernde, bis 1 m hohe Kräuter mit gelbem Milchsaft und graugrünen, fiederteiligen, stachelig gezähnten Blättern; Blüten weiß oder gelb; Kapselfrüchte längl., borstig behaart.

Stacheln, bei *Tieren* spitze Gebilde unterschiedl. Herkunft und Bedeutung, häufig mit Schutzfunktion. Bei Gliederfüßern können S. als durch Kalk oder Gerbstoffe verhärtete, spitze Chitinvorsprünge des Außenpanzers mit allg. Abwehrfunktion gegen Freßfeinde oder auch (bei zahlr. Krebsen) als Ansatzstelle für einen die Tiere tarnenden Schwamm- und Algenbewuchs vorhanden sein. Umgebildete Hinterleibsextremitäten können bei ♀ Insekten als Lege-S. (↑ Legeröhre) oder Gift-S. fungieren. Bei Stachelhäutern, v. a. den Seeigeln, können den Kalkplatten des Außenskeletts häufig durch Muskeln bewegte S. zur Feindabwehr, aber auch zur stelzenartigen Fortbewegung aufsitzen. - Sehr unterschiedliche ektodermale stachelartige Hautbildungen kommen bei Wirbeltieren vor, so z. B. bei Fischen entsprechend umgebildete Schuppen, Hautzähne, Flossenstrahlen, die bei Giftfischen auch als Giftwaffen ausgebildet sein können. In eine Spitze ausgezogene Hornschuppen kommen bei vielen Echsen vor. Bei Säugetieren bilden Borsten in Form von dikken, steifen Haaren aus Hornsubstanzen den Übergang zu den noch festeren, spitzen S., so z. B. bei Ameisenigeln, Borstenigeln, Stacheligeln, Baumstachlern und Stachelschweinen.

◆ bei *Pflanzen* harte, spitze Anhangsgebilde der pflanzl. Oberhaut und z. T. darunterliegender Gewebe, die im Ggs. zu den ↑ Dornen bauplanmäßig keine Sproß- oder Blattmetamorphosen sind. S. hat z. B. die Rose.

Stachelpilze (Stachelschwämme, Hydnaceae), Fam. der Ständerpilze mit mehreren einheim. Gatt. Die S. tragen die Fruchtschicht auf der Oberfläche von freistehenden Stacheln, Warzen oder Zähnen, meist auf der Unterseite eines mehr oder weniger regelmäßig geformten, gestielten Huts. Die Fruchtkörper sind häutig dünn, leder- oder korkartig, filzig oder fleischig dick. Eßbare Arten sind: **Habichtspilz** (Hirschling, Sarcodon imbricatum), mit graubraunem, grobschuppigem, 5–20 cm breitem, gestieltem Hut und dichtstehenden, zerbrechl., graubraunen Stacheln; **Semmelstoppelpilz** (Hydnum repandum), mit blaßgelbem, buckligem Hut, auf der Unterseite mit zahlr. Stacheln besetzt.

Stachelrochen, svw. ↑ Stechrochen.

Stachelsalat, svw. Kompaßlattich (↑ Lattich).

Stachelschnecken, svw. ↑ Purpurschnecken.

Stachelschwanzsegler (Chaeturinae), Unterfam. der Segler mit rd. 50 Arten in S- und O-Asien, Afrika und Amerika; die Schäfte der Schwanzfedern sind über die Federfahnen hinaus stachelartig verlängert und dienen als Stütze beim Sichanklammern an senkrechten Wänden; u. a. **Kaminsegler** (Chaetura pelagica; oberseits braun, unterseits weißl., brütet in nicht benutzten Schornsteinen).

Stachelschwein (Gewöhnl. S., Hystrix cristata), Stachelschweinart in N-Afrika und (möglicherweise von den Römern eingeführt) in Italien sowie in SO-Europa; Körperlänge etwa 60–70 cm; Grundfärbung schwarzbraun; Vorderrücken mit langen, weißen

Stachelseestern

Haaren; Mittel- und Hinterrücken mit bis 40 cm langen, schwärzl. und weiß geringelten, z. T. sehr spitzen Stacheln; kauert sich bei Gefahr zus.; dämmerungs- und nachtaktiv.

Stachelschweinartige (Hystricomorpha), sehr formenreiche, als systemat. Einheit nicht unumstrittene Unterordnung der Nagetiere; mit rd. 180 Arten (außer in Australien) nahezu weltweit verbreitet.

Stachelschweine (Altweltstachelschweine, Erdstachelschweine, Hystricidae), Fam. der Nagetiere mit fünf Gatt. und 15 Arten in Afrika, S-Asien und S-Europa; Körperlänge rd. 35–80 cm; Körperform gedrungen, kurzbeinig; bes. am Rücken mit oft sehr langen Stacheln, die in Abwehrstellung aufgerichtet werden; u. a. ↑ Stachelschwein, ↑ Quastenstachler.

Stachelseestern (Oreaster nodosus), sehr großer, bis 90 cm spannender Seestern im Pazif. und Ind. Ozean; Außenskelett sehr fest; Arme breit ansetzend, mit stachelartigen Erhebungen; auffallend bunt, meist rot auf weißl. Grund.

Stachelweichtiere (Aculifera), Unterstamm der Weichtiere, der durch mehrere ursprüngl. Merkmale (Mantelbedeckung mit chitinöser Kutikula und einzelnen Kalkkörpern, Fehlen von Kopftentakeln und Schweresinnesorganen) von den ↑ Schalenweichtieren unterschieden wird. Zu den S. zählen Schildfüßer, Furchenfüßer, Käferschnecken.

Stachelwelse (Bagridae), Fam. der Welse in Afrika, S- und O-Asien; Körperlänge 8–60 cm; mit vier Paar Barteln und oft sehr großer Fettflosse; erster Rückenflossenstrahl hart und spitz; z. T. Aquarienfische.

Stallhase, volkstüml. Bez. für ↑ Hauskaninchen.

Stamen (Mrz. Stamina) [lat.], svw. ↑ Staubblatt.

Staminodien [lat./griech.] ↑ Staubblatt.

Stamm, in der *Botanik* Bez. für die verdickte und verholzte ↑ Sproßachse von Bäumen und Sträuchern.

◆ (Phylum) in der biolog., hauptsächl. der

zoolog. Systematik Bez. für die zweithöchste (nach dem Reich) oder dritthöchste Kategorie (nach der S.gruppe bzw. dem Unterreich); S. des Tierreichs sind z. B. Ringelwürmer und Gliederfüßer.

Stammbaum, Bez. für die bildliche Darstellung der natürl. Verwandtschaftsverhältnisse zw. systemat. Einheiten des Tier- bzw. Pflanzenreichs in Gestalt eines sich verzweigenden Baums; davon abgeleitet allg. die graph. Darstellung solcher Verhältnisse.

Stammblütigkeit, svw. ↑Kauliflorie.

Stammesentwicklung ↑Entwicklung.

Stammhirn, svw. Hirnstamm (↑Gehirn).

Stammkohl ↑Gemüsekohl.

Standard [engl.], bei Tieren ↑Rassenstandard.

Ständerflechten (Basidiolichenes), artenarme, vorwiegend in den Tropen vorkommende Klasse der Flechten mit unscheinbarem Thallus aus Ständerpilzen und Blaualgen. Die auffälligste Ständerflechte ist die in den Gipfeln trop. Bäume lebende *Pfauenflechte* (Cora pavonia).

Ständerpilze (Basidiomyzeten, Basidiomycetes), Klasse der höheren Pilze mit rd. 30000 Arten. Die S. haben ein umfangreiches Myzel, dessen Zellwände vorwiegend aus Chitin bestehen. Sie sind Fäulnisbewohner (Saprophyten) oder Parasiten vorwiegend an Pflanzen. Ihre Sporen (Basidiosporen) werden i. d. R. nach außen in charakterist. Fruchtkörpern auf Ständern (Basidien) gebildet. Neben anderen Merkmalen spielen für ihre systemat. Gruppierung die Basidientypen und Fruchtkörperformen die wichtigste Rolle. In die Unterklasse *Holobasidiomycetes* (ungeteilte Basidie) gehören u. a. ↑Bauchpilze und ↑Lamellenpilze, von denen zahlr. Hutpilze eßbar sind (z. B. Champignon, Pfifferling, Reizker, Steinpilz), andere dagegen sind hochgiftig (z. B. Fliegenpilz, Grüner Knollenblätterpilz). Zur Unterklasse *Phragmobasidiomycetes* (Basidien sind durch Längs- oder Querwände gegliedert) rechnet man neben ↑Gallertpilzen und ↑Ohrlappenpilzen die oft massenhaft auftretenden parasit. ↑Brandpilze und ↑Rostpilze. - Die S. sind weltweit verbreitet und zus. mit den Schlauchpilzen, niederen Pilzen (z. B. Algenpilze) u. Bakterien maßgebl. an der Mineralisation beteiligt, die den Stoffkreislauf in der Biosphäre in Gang hält.

Standort ↑Lebensraum.

Standvögel, Vögel, die im Ggs. zu den ↑Strichvögeln und ↑Zugvögeln während des ganzen Jahres in der Nähe ihrer Nistplätze bleiben; z. B. Dompfaff, Haussperling, Amsel, Buchfink.

Stange ↑Geweih.

Stangenbohne ↑Gartenbohne.

Stanley, Wendell Meredith [engl. 'stænlı], * Ridgeville (Ind.) 16. Aug. 1904, † Salamanca 15. Juni 1971, amerikan. Biochemiker. - Prof. in Berkeley; Arbeiten v. a. zur Virusforschung; 1935 gelang ihm die erste Isolierung eines Virus (Tabakmosaikvirus, TMV). S. vertrat die Ansicht, daß Krebs durch onkogene Viren ausgelöst wird. Für seine Virusuntersuchungen erhielt er 1946 (mit J. H. Northrop und J. B. Sumner) den Nobelpreis für Chemie.

Stapelia [nach dem niederl. Botaniker J. B. van Stapel, † 1636] (Stapelie, Aasblume, Ordenskaktus, Ordensstern), Gatt. der Schwalbenwurzgewächse mit rd. 100 Arten v. a. in S- und SW-Afrika; stammsukkulente Pflanzen mit zahlr. einfachen, vierkantigen, kakteenartigen Sprossen; Blättchen schuppenförmig; Blüten meist am Grund der Sprosse einzeln oder zu mehreren, 3–30 cm im Durchmesser, einem fünfarmigen Seestern ähnl., meist trübrot oder bräunl. gefärbt; die unangenehm riechenden Blüten locken Aasfliegen an.

Stapes [lat.] ↑Steigbügel.

Staphylea [griech.], svw. ↑Pimpernuß.

Staphylokokken [griech.], Bakterien der Gatt. *Staphylococcus* mit drei Arten. Die unbewegl., kugeligen Zellen (Kokken) bilden traubige Aggregate. Die S. sind die am häufigsten vorkommenden Eitererreger und leben auf der Oberhaut von Warmblütern. *Staphylococcus aureus* verursacht beim Menschen eitrige Abszesse (Staphylodermie) und Allgemeininfektionen (Blutvergiftung, Lungenentzündung) und ist die Ursache von infektiösem Hospitalismus. Enterotoxinbildende Stämme verursachen Lebensmittelvergiftungen.

Star, Bez. für die einzelnen Vogelarten der Fam. ↑Stare, v. a. für den einheim. Gemeinen Star.

Stare (Sturnidae), Fam. sperlings- bis dohlengroßer Singvögel mit über 100 Arten, v. a. in den Tropen und Subtropen der Alten Welt; meist gesellig lebende, häufig in Kolonien brütende Vögel, die sich v. a. von Insekten, Würmern, Schnecken und Früchten ernähren; Gefieder meist schwarz bis braun, oft metall. glänzend; Flügel spitz auslaufend; vorwiegend Höhlenbrüter. Einige Arten (z. B. der Gemeine Star) können außerhalb der Brutzeit durch massenweisen Einfall in Obstbaugebiete zu Ernteschädlingen werden. - Zu den S. gehören u. a. ↑Glanzstare, ↑Madenhakker, **Beo** (Gracula religiosa; etwa 30 cm lang, mit gelbem Schnabel und leuchtendgelbem Fleischlappen am Hinterkopf; in den Wäldern Ceylons bis Hainan), ferner der **Gemeine Star** (Star i. e. S., Sturnus vulgaris) in Eurasien bis Sibirien; Gefieder auf schwarzem Grund grünl. und blau schillernd. In den Steppen SO-Europas und SW-Asiens kommt der etwa 22 cm lange **Rosenstar** (Pastor roseus) vor; mit Ausnahme des schwarzen Kopfes, schwarzen Schwanzes und der schwarzen Flügel rosarot. - Abb. S. 162.

Stärke (Amylum), von Pflanzen bei der Photosynthese gebildetes Polysaccharid, allg.

Formel $(C_6H_{10}O_5)_n$, das aus zwei Komponenten besteht: zu 80–85% aus wasserunlösl. Amylopektin (mit verzweigten Kettenmolekülen aus Glucoseresten) und zu 15–20% aus wasserlösl. Amylose (mit schraubig gewundenen, unverzweigten Kettenmolekülen aus Glucoseresten). Die S. wird zu einem geringen Teil sofort in den pflanzl. Stoffwechsel eingeführt, zum größten Teil jedoch als Reservestoff in den Leukoplasten verschiedener Organe (Speichergewebe in Mark, Früchten, Samen, Knollen) in Form artspezif. geformter S.körner abgelagert. S.gehalt einiger Pflanzenteile: Kartoffeln 17–24%, Weizen 60–70%, Roggen, Gerste, Hafer 50–60%, Mais 65–75%, Reis 70–80%.
Die mit der Nahrung aufgenommene S. wird bei Mensch und Tier zunächst bis zu Glucose gespalten, in der Leber wird daraus wieder als Vorratsstoff ↑Glykogen (tier. Stärke) aufgebaut. S. ist das wichtigste Nahrungsmittel-Kohlenhydrat; der menschl. Bedarf liegt bei 500 g pro Tag.

Stärlinge (Icteridae), Fam. finken- bis krähengroßer Singvögel mit fast 100 Arten, bes. in S-Amerika; Körper vorwiegend schwarz befiedert, mit großen, gelb- bis rotgefärbten Flächen und länglichspitzem Schnabel, bei dem die Oberschnabelbasis häufig plattenförmig bis zur Stirn verlängert ist; brüten entweder in muldenförmigen Bodennestern oder in an Zweigenden hängenden Beutelnestern. - Neben dem **Reisstärling** (Dolichonyx oryzivorus; ♂ mit schwarzem Kopf und weißen Schultern; in S-Kanada und den nördl. USA) und der Gatt. **Trupiale** (Icterus; ♂♂ häufig gelb, orange und schwarz gefärbt) gehören zu den S. u. a. auch die **Kuhstärlinge** (Molothrus; starengroß; ♂ meist schwarz, ♀ braun; picken Ungeziefer von weidendem Vieh auf).

Starre, gewöhnlich reversibler, reflexbedingter oder durch ungünstige Umweltbedingungen (Hitze, Gifte, Hunger) hervorgerufener Zustand eines Organismus, in dem verschiedene Lebensäußerungen, bes. die Beweglichkeit des Körpers, die Stoffwechseltätigkeit und die Erregbarkeit, stark eingeschränkt sind bzw. fehlen, z. B. ↑Kältestarre.

statische Organe, svw. ↑Gleichgewichtsorgane.

statischer Sinn, svw. ↑Gleichgewichtssinn.

Statolithen [griech.], beim *Menschen* und bei *Tieren* in den ↑Gleichgewichtsorganen einem Sinneszellenbezirk aufliegendes Schwerekörperchen.
◆ bei *Pflanzen* in der Wurzelhaube und bestimmten Zellschichten der Stengel vorkommende Stärkekörner, die mit dem Geotropismus (durch Schwerkraft bestimmter Tropismus) in Zusammenhang gebracht werden.

Statozyste [griech.] ↑Gleichgewichtsorgane.

Staubbeutel ↑Staubblatt.

Staubblatt (Stamen), zu einem ♂ Geschlechtsorgan umgebildetes Blattorgan (Mikrosporophyll) in der Blüte der Samenpflanzen; die Gesamtheit der Staubblätter bildet das Andrözeum der Blüte. Die Staubblätter der Nacktsamer sind meist schuppenförmig, die der Bedecktsamer gegliedert in den *Staubfaden* (Filament) und den an seiner Spitze stehenden *Staubbeutel* (Anthere), der meist aus zwei durch ein Konnektiv verbundenen Hälften (Theken) mit je zwei Pollensäcken (Mikrosporangien) besteht, in deren innerem Gewebe (Archespor) der Blütenstaub (Mikrosporen, Pollenkörner) gebildet wird. Gelegentl. treten unfruchtbare S. *(Staminodien)* ohne Pollensäcke auf.

Staubblüten (männliche Blüten), wenig gebräuchl. Bez. für Blüten, die nur Staubblätter haben.

Staubfaden (Filament) ↑Staubblatt.

Staubgefäß, umgangssprachl. Bez. für das ↑Staubblatt.

Staubhafte (Coniopterygidae), mit rd. 100 Arten weltweit verbreitete Fam. sehr kleiner Insekten (Ordnung Netzflügler), davon rd. zehn Arten einheim.; 2–4 mm lang, 5–8 mm Flügelspannweite; Körper und Flügel von weißen oder braunen, staubartigen Wachsausscheidungen bedeckt; fliegen nur selten.

Stäublinge (Staubpilze, Lycoperdon), zur Ordnung der Bauchpilze gehörende, weltweit verbreitete Gatt. mit rd. 50 Arten; Fruchtkörper kugelig-birnenförmig; Außenwand mehlig oder warzig bestäubt oder rissig. Die dünne Innenwand öffnet sich nur, um die reifen staubartigen Sporen zu entlassen. Bekannte Arten sind Hasenbofist, Flaschenbofist und Riesenbofist; jung sind alle drei Arten eßbar.

Stauden, ausdauernde Pflanzen mit meist stark entwickelten unterird. Sproßorganen (als Speicherorgane), deren meist krautige oberird. Sproßsysteme (Laub- und Blütensprosse) jährl. am Ende der Vegetationsperiode teilweise (bis auf überlebende bodennahe Teile; z. B. Rosetten bei Hemikryptophyten) oder vollständig (Geophyten) absterben. Der Neuaustrieb der Luftsprosse erfolgt aus den jeweils dicht über oder unter der Erdoberfläche liegenden Erneuerungsknospen.

Staudenphlox ↑Phlox.

Staudenrittersporn ↑Rittersporn.

Steady state [engl. 'stɛdɪ 'stɛɪt], in der *Molekularbiologie* und *Biophysik* svw. ↑Fließgleichgewicht.

Stechapfel (Dornapfel, Stachelapfel, Datura), Gatt. der Nachtschattengewächse mit rd. 20 Arten in den trop. bis gemäßigten Gebieten; giftige Kräuter, Sträucher oder kleine Bäume mit großen Blättern, großen, trichterförmigen, oft stark duftenden Blüten und meist stacheligen oder dornigen, vielsamigen

Kapselfrüchten. Urspr. in N-Amerika heim., heute weltweit verbreitet ist der einjährige **Gemeine Stechapfel** (Datura stramonium; mit aufrechten weißen, bis 10 cm langen Blüten und derbstacheligen Kapseln). Seine Blätter und Samen enthalten Alkaloide (Hyoscyamin, Atropin, Scopolamin) und sind hochgiftig; beliebte Kübelpflanze: ↑Engelstrompete.

Stechborsten, die zu langen, nadelscharfen, borstenartigen Chitinbildungen umgewandelten Mundwerkzeuge der stechend-saugenden Insekten.

Stechdorn (Paliurus), Gatt. der Kreuzdorngewächse mit 7 Arten in W- und O-Asien und einer Art, dem ↑Christdorn, im Mittelmeergebiet; sommergrüne Bäume oder Sträucher mit wechselständigen, ganzrandigen oder gesägten, eiförmigen Blättern und je zwei zu Dornen umgewandelten Nebenblättern; Blüten unscheinbar, achselständig.

Stechfichte (Picea pungens), etwa 30–50 m hohe Fichtenart in den südl. Rocky Mountains; Äste waagrecht abstehend; Nadeln spitz, 1,5–3 cm lang; Zapfen 8–10 cm lang, hellbraun. Als Park- und Gartenbäume sind v.a. die blaugrün benadelten Formen **(Blaufichte, Blautanne)** beliebt.

Stechfliegen (Stomoxydinae), rd. 50 Arten umfassende, fast ausschließl. in trop. Gebieten verbreitete Unterfam. etwa 3–9 mm langer Echter Fliegen von stubenfliegenähnl. Aussehen, jedoch mit langem, waagrecht gehaltenem Stechrüssel und in Ruhe stärker gespreizten Flügeln; blutsaugende, oft für Menschen und Haustiere sehr lästige Insekten, z.T. auch Krankheitsüberträger. Bekannteste Art ist der weltweit verbreitete **Wadenstecher** (Stallfliege, Stomoxys calcitrans), bis 8 mm lang.

Gemeiner Star

Stechginster (Stachelginster, Gaspeldorn, Ulex), Gatt. der Schmetterlingsblütler mit 15 Arten in W-Europa; Sträucher mit in scharfen Dornspitzen endenden Zweigen und bis auf den zu einem Dorn gewordenen Blattstiel oder eine kleine Schuppe reduzierten Blättern; Blüten gelb; Hülsenfrucht zweiklappig. Die einzige Art in Deutschland (nur in Zwergstrauchheiden des NW) ist der **Europ. Stechginster** (Ulex europaeus): mit 1–1,5 m hohen Zweigen, 6–12 cm langen Dornen, goldgelben Blüten und 1 cm langen, zottig behaarten Hülsen; auch als Zierstrauch.

Stechimmen (Stechwespen, Aculeata), Gruppe der ↑Taillenwespen; Legeröhre der ♀♀ in Verbindung mit Giftdrüsen zu einem Wehrstachel umgewandelt. Hierher gehören u.a. Bienen, Ameisen, Bienenameisen, Faltenwespen, Grabwespen, Wegwespen und Goldwespen.

Stechmücken (Gelsen, Moskitos, Culicidae), weltweit, v.a. in den Tropen, verbreitete Fam. mittelgroßer, schlanker, langbeiniger Mücken mit rd. 2500 Arten; Flügel beschuppt, Fühler (bei ♂♂ sehr lang) behaart, zweites Fühlerglied weist ein Hörorgan auf, das auf Schallwellen fliegender ♀♀ anspricht; ♀♀ mit langem Saugrüssel, z.T. Blutsauger und gefährl. Krankheitsüberträger (z.B. von Malaria, Gelbfieber); ♂♂ nehmen nur Wasser und Pflanzensäfte auf. Bei dem Einstich des ♀ wird Speicheldrüsensekret in die Wunde abgegeben (zur Verhinderung der Blutgerinnung); nach Anstechen eines Blutgefäßes pumpt eine bes. gestaltete Einrichtung des vorderen Verdauungstrakts das Blut in den Mitteldarm der Stechmücke, so daß der Hinterleib anschwillt und sich rötl. verfärbt. - Wichtige einheim. Gatt. sind die ↑Aedesmükken sowie die Gatt. *Culex* mit der etwa 1 cm langen, braunen, weiß geringelten **Gemeinen Stechmücke** (Hausmücke, Culex pipiens).

Stechpalme (Ilex), Gatt. der zweikeimblättrigen Pflanzenfam. *Stechpalmengewächse* (Aquifoliaceae) mit über 400 Arten, v.a. in den Tropen und Subtropen Asiens und Amerikas, wenige Arten in der gemäßigten Zone; immer- oder sommergrüne Bäume oder Sträucher mit wechselständigen, einfachen, ganzrandigen oder gesägten, oft dornig gezähnten Blättern; Blüten meist zweihäusig, einzeln oder in kleinen Büscheln; Frucht eine beerenartige Steinfrucht. Die bekannteste, in W-, im westl. M- und in S-Europa bis N-Afrika und Iran verbreitete Art ist die **Stecheiche** (S. im engeren Sinne, Hülse, Hülsdorn, Ilex aquifolium), ein immergrüner Strauch oder kleiner Baum von 3–10 m Höhe mit derb ledrigen, oben dunkelgrünen und glänzenden, meist wellig gerandeten, dornig gezähnten Blättern; Blüten zweihäusig, weiß oder rötl.; Früchte korallenrot, 7–10 mm groß, giftig; zahlr. Gartenformen. - Als Nutzpflanze ist die ↑Matepflanze von Bedeutung.

Gemeine Stechmücke

Stechrochen (Stachelrochen, Dasyatidae), Fam. vorwiegend nachtaktiver (sich tagsüber in den Boden eingrabender) Rochen mit rd. 90 überwiegend marinen, bis etwa 3 m langen Arten im Flachwasser; Körper scheibenförmig, mit sehr langem, peitschenförmigem Schwanz, auf dessen Oberseite ein Giftstachel sitzt, dessen Giftwirkung auch dem Menschen gefährl. werden kann; u. a. **Gewöhnl. Stechrochen** (Feuerflunder, Dasyatis pastinaca): im Atlantik und Mittelmeer; bis 2,5 m lang; oberseits gelbl. bis graugrün; Giftstachel auf der Schwanzmitte.

Stechwespen, svw. ↑Stechimmen.

Stechwinde (Smilax), Gattung der Liliengewächse mit rd. 300 Arten, v. a. in den Tropen, aber auch in O-Asien, N-Amerika und im Mittelmeergebiet; meist windende Pflanzen mit in Ranken übergehenden Blattscheiden; Ranken und Zweige mehr oder weniger stachelig; Blüten zweihäusig, klein, in Rispen, Dolden oder Trauben. Mehrere Arten liefern die Sarsaparillwurzeln. Einige winterharte Arten sind als Gartenkletterpflanzen beliebt. - Die Wurzeln der amerikan. S.art Smilax utilis (Sarsaparillwurzel) war bei den Eingeborenen als Arnzei gebräuchl. und wurde in Europa seit der Mitte des 16. Jh. zu einem der wichtigsten Arzneimittel.

Steckenkraut (Ferula), Gatt. der Doldengewächse mit rd. 50 Arten in den Trockengebieten S-Europas, N-Afrikas sowie Vorder- und Z-Asiens; kahle, meist graugrüne, oft sehr hohe Stauden mit mehrfach gefiederten Blättern; Blüten gelb, in rispig oder traubig verzweigten Dolden. Bekannt ist u. a. die **Moschuswurzel** (Ferula sumbul), deren Wurzeln in der Medizin als Tonikum und Stimulanz verwendet werden. Bis 5 m hoch wird der **Riesenfenchel** (Ferula communis) aus dem Mittelmeergebiet; nicht winterharte Freilandzierpflanze.

Stecklinge (Schnittlinge), zur vegetativen Vermehrung von Pflanzen abgetrennte Teile, die durch Bildung von Adventivsprossen und -wurzeln zu neuen selbständigen Pflanzen heranwachsen.

Steinadler

Steckmuscheln (Pinna), Gatt. längsgerippter, grauer bis brauner Muscheln mit meist großen, keilförmigen, am einen Ende stark konisch zugespitzten Schalenklappen, mit denen die Tiere mittels eines stark entwikkelten ↑Byssus im Meeressediment festgeheftet sind. Von den drei europ. Arten ist am bekanntesten die ausschließl. mediterrane **Große Steckmuschel** (Pinna nobilis): mit bis zu 80 cm langen Schalen; bildet Perlen; ihr Fleisch wird als delikates Nahrungsmittel geschätzt.

Steckrübe, svw. ↑Kohlrübe.

Stegocephalia [griech.], svw. ↑Labyrinthzähner.

Stegosaurier (Stegosauria) [griech.], ausgestorbene, vom unteren Jura bis zur unteren Kreide bekannte Unterordnung etwa 5–10 m langer Dinosaurier; pflanzenfressende, auf vier Beinen sich fortbewegende Kriechtiere mit sehr kleinem Schädel, relativ kurzen Vorderbeinen und hochgewölbtem Rücken, der in der Mitte zwei Längsreihen aufrichtbarer Knochenplatten aufwies; Schwanz mit langen Endstacheln.

Stegoselachier [griech.] ↑Panzerfische.

Stegozephalen [griech.], svw. ↑Labyrinthzähner.

Steifgras (Scleropoa), in W-Europa und im Mittelmeergebiet heim. Gatt. der Süßgräser; einjährige Pflanzen mit starren, niederliegenden oder aufsteigenden Halmen und einfachen oder verzweigten Ähren; Ährchen klein, vielblütig; in Deutschland zwei eingeschleppte Arten, zerstreut auf sandigen Böden.

Steigbügel (Stapes), bei Säugetieren (einschließl. Mensch) eines der drei Gehörknöchelchen (↑Gehörorgan); nimmt die Schwingungen des Trommelfells auf und leitet sie weiter.

Steinadler (Aquila chrysaëtos), bis 80 cm (♂) bzw. 90 cm (♀) langer, etwa 2 m spannender, ausgezeichnet segelnder Adler, v.a. in unzugängl. Hochgebirgslagen, in Steinwüsten und an Waldrändern NW-Afrikas, großer, nichttrop. Teile Eurasiens (in Deutschland nur noch in den Alpen rd. 15 Paare, in S-Europa hauptsächl. in Spanien und den Balkanstaaten) und N-Amerikas; vorwiegend dunkelbrauner Greifvogel mit (im erwachsenen Zustand) goldgelbem Hinterkopf und Nakken, gelber Wachshaut und gelben Zehen; bei Jungvögeln Flügelunterseite in der Region der basalen Handschwingen weiß gefleckt; Schwanzunterseite weiß mit breiter, schwarzer Endbinde. - Der S. jagt meist in niedrigen Überraschungsflügen, wobei er bes. Wildhühner und mittelgroße Säugetiere (z. B. Murmeltiere, Hasen, Füchse) mit seinen sehr kräftigen, spitzkralligen Fängen ergreift und tötet. Jedes S.paar baut mehrere Horste, die abwechselnd benutzt werden; sie stehen unter Naturschutz.

Steinbeere (Felsenbeere, Rubus saxatilis), 10–30 cm hohe Art der Gatt. Rubus in den Gebirgen Europas und Asiens; Stauden mit ausläuferartigen, niederliegenden, stachellosen, nichtblühenden Schößlingen; Blütenstengel aufrecht, bestachelt, einjährig, mit dreizähligen Blättern und gesägten Blättchen; Blüten zu drei bis zehn in einer Rispe, klein, weiß; Früchte aus wenigen glänzend roten, fade schmeckenden Steinfrüchtchen zusammengesetzt. Die S. kommt in Deutschland u. a. in Wäldern und Gebüschen der Mittelgebirge und der Alpen vor.

Steinbeißer (Cobitinae), Unterfam. überwiegend kleiner Schmerlen mit rd. 50 Arten in raschfließenden bis stehenden Süßgewässern Eurasiens (einschließl. der Sundainseln) und N-Afrikas; Körper langgestreckt, mit drei Paar Bartfäden. - Zu dieser Gruppe gehören u. a. Schlammpeitzger, Dornaugen und der **Euras. Steinbeißer** (S. im engeren Sinne, Steinpeitzger, Dorngrundel, Cobitis taenia): letzterer bis 12 cm lang; bevorzugt klare Gewässer mit Sandboden in Marokko, Europa und weiten Teilen Asiens; Körper grünlichbraun mit dunkler Fleckung am Rücken und je zwei Fleckenreihen längs der Körperseiten; bohrt sich bei Gefahr in den Sand ein; Kaltwasseraquarienfisch.

Steinbock (Capra ibex), geselliges, in Hochgebirgen Eurasiens und NO-Afrikas lebendes, gewandt kletterndes und springendes Säugetier (Gatt. Ziegen); Länge etwa 1,1–1,7 m; Schulterhöhe rd. 0,6–1,0 m; Gewicht 35–150 kg; ♂ mit sehr großen, bis über 1 m langen, zurückgebogenen Hörnern, meist mit ausgeprägten Querwülsten, ♀ mit kleinen Hörnern; Färbung grau- bis gelb- oder dunkelbraun; kommt oft in großer Höhe oberhalb der Baumgrenze vor; zieht sich im Winter in tiefere Lagen zurück. - Man unterscheidet mehrere Unterarten, z. B. ↑Alpensteinbock, **Nubischer Steinbock** (Capra ibex nubiana; knapp 80 cm schulterhoch, auf der Arab. Halbinsel, in Israel und im nö. Afrika; mit auffallend schwarz-weiß gezeichneten Läufen, im ♂ Geschlecht mit langem Kinnbart). In Bergwäldern und oberhalb der Baumgrenze gelegenen Regionen des Kaukasus lebt der **Tur** (Capra ibex cylindricornis; Färbung rotbraun, Beine schwärzlich). Der **Sibir. Steinbock** (Capra ibex sibirica) kommt im Hochgebirge von Afghanistan bis O-Sibirien vor; größer als der Alpen-S.; mit schwärzl. Rückenstreif und längeren, weiter ausladenden, mit starken Querwülsten versehenen Hörnern. - Abb. S. 166.

Steinbohrer (Felsenbohrer, Saxicava), in allen Meeren verbreitete Gatt. etwa 1–5 cm langer Muscheln; Schalen kräftig, langgestreckt, an den Enden klaffend, oft sehr unregelmäßig geformt; Außenschicht dunkel- bis rotbraun, oft abgeblättert, mit konzentr. Leisten; Bohrmuscheln, die sich mechan. in weiches Gestein einbohren können.

Steinbrech (Saxifraga), Gatt. der S.gewächse mit rd. 350 Arten, überwiegend in den Hochgebirgen der arkt. und der nördl. gemäßigten Zone und in den Anden; meist ausdauernde, häufig rasen- oder rosettenbildende Kräuter mit oft ledrigen oder fleischigen Blättern; Blüten weiß, gelb oder rötlich. Neben einer Reihe alpiner Arten kommt in Deutschland auf sandigen Wiesen der bis 40 cm hohe **Körnige Steinbrech** (Saxifraga granulata) vor; mit weißen, sternförmigen Blüten, nierenförmigen Grundblättern und kleinen, unterird. Brutzwiebeln. Als Topfpflanze kultiviert wird der **Judenbart** (Rankender S., Saxifraga sarmentosa) aus O-Asien; mit nierenförmigen Blättern und fadenförmigen Ausläufern; Blüten weiß, in aufrechten Rispen.

Steinbrechgewächse (Saxifragaceae), Fam. der Zweikeimblättrigen mit rd. 1 200 Arten in etwa 80 Gatt., meist in den gemäßigten Gebieten; überwiegend ausdauernde Kräuter oder Sträucher mit meist wechselständigen Blättern; Blüten überwiegend radiär, in verschiedenartigen Blütenständen; Früchte meist Kapseln. Die wichtigsten strauchigen Gatt. sind Hortensie und Pfeifenstrauch sowie Stachelbeere und Johannisbeere, die wichtigsten krautigen Gatt. sind Herzblatt, Steinbrech sowie als Zierpflanze u. a. Purpurglöckchen.

Steinbutte (Scophthalmidae), Fam. etwa 0,1–2 m langer Knochenfische (Ordnung Plattfische) an den Küsten des N-Atlantiks (einschließl. Nebenmeere); im Unterschied zu den meisten Schollen Augen auf der linken Körperseite; geschätzte Speisefische, z. B. der bis 70 cm lange, schwarzbraun und hell marmorierte **Glattbutt** (Scophthalmus rhombus); Haut im Ggs. zum Steinbutt mit kleinen, glatten Schuppen, aber ohne Knochenhöcker, und der **Steinbutt** (Scophthalmus maximus), bis 1 m lang; an den Küsten Europas und N-Afrikas; Körperumriß fast kreisrund; Haut schuppenlos, oberseits gelblichgrau mit dunkler Fleckung.

Steindattel (Seedattel, Meerdattel, Lithophaga mytiloides), bis 8 cm lange, braune, dattelförmige Muschel im Mittelmeer und an der span. Atlantikküste; bohrt sich mit Hilfe von Säuredrüsen, die auf dem Mantelrand und den Siphonen liegen, in Kalkgesteine ein.

Steineibe (Stielfruchteibe, Podocarpus), Gatt. der Steineibengewächse (Podocarpaceae; Fam. der Nadelhölzer) mit rd. 80 Arten in den Tropen und Subtropen (überwiegend der Südhalbkugel); immergrüne Bäume, seltener Sträucher, mit breit-nadelförmigen oder auch lanzenförmigen, geraden oder sichelförmig gebogenen Blättern; Blüten ein- oder zweihäusig; Samenhülle den Samen bei der Reife einschließend, daher einer „Frucht" ähnlich. Viele Arten liefern Nutzholz, einige Arten sind Zierpflanzen.

Steineiche (Quercus ilex), immergrüner, bis 20 m hoher Baum des Mittelmeergebiets; Blätter ledrig, meist ellipt. bis schmal-eiförmig, 3–7 cm lang, ganzrandig oder gezähnt bis stachelig gesägt, oberseits dunkelgrün, glänzend, unterseits weißfilzig; Eicheln 2–3 cm lang, vom Becher halb umgeben; Holz sehr hart.

Steinfliegen (Uferfliegen, Uferbolde, Plecoptera), mit rd. 2 000 Arten v. a. in den gemäßigten Zonen verbreitete Ordnung sehr urspr., bereits aus dem Perm bekannter Insekten von 3,5–30 mm Länge (darunter rd. 100 einheim. Arten); düster gefärbte, meist graubraune Tiere mit zwei Paar großen, häutigen, in Ruhe flach auf dem Rücken gelegten Flügeln, fadenförmigen Fühlern und zwei langen Schwanzborsten; Mundwerkzeuge der Imagines meist schwach entwickelt, die vermutl. bei vielen Arten keine Nahrung mehr aufnehmen. Die Larven sind abgeflacht und haben zwei lange Schwanzborsten. Sie leben zumeist in Fließgewässern und ernähren sich von Algen oder räuber. von Kleintieren. Die Entwicklung verläuft über eine vollkommene Metamorphose.

Steinfrucht, Schließfrucht, deren reife Fruchtwand in einen inneren, den Samen enthaltenden *Steinkern* und einen äußeren, entweder fleischig-saftigen (Kirsche, Pflaume) oder ledrig-faserigen (Mandel, Walnuß und Kokosnuß) Anteil differenziert ist. - ↑auch Fruchtformen.

Steingarnele ↑Garnelen.

Steingarten, Gartenanlage für Felsbzw. Alpenpflanzen; mit Steinen, oft mit Trockenmauern oder Felsgruppen, auf Humus über Geröll und Steinschutt. - ↑auch Alpinum.

Steinhuhn ↑Feldhühner.

Steinhummel ↑Hummeln.

Steinkauz ↑Eulenvögel.

Steinkern ↑Fossilisation.

Steinklee (Melilotus), Gatt. der Schmetterlingsblütler mit rd. 25 Arten im gemäßigten und subtrop. Eurasien und in N-Afrika bis Äthiopien; meist ein- oder zweijährige Kräuter mit dreizählig gefiederten Blättern; Blüten gelb oder weiß, in achselständigen, oft langen, vielblütigen Trauben; in Deutschland u. a. der gelbblühende, nach Honig duftende, 30–100 cm hohe **Echte Steinklee** (Melilotus officinalis), auf Schuttgelände, Äckern und an Wegen. Bis 1,5 m hoch wird der ebenfalls gelbblühende **Hohe Steinklee** (Melilotus altissimus), in Unkrautgesellschaften und auf salzhaltigen, feuchten Böden. Weiße Blüten hat der bis 1,25 m hohe **Weiße Steinklee** (Bucharaklee, Melilotus albus), Ruderalpflanze.

Steinkorallen (Madreporaria), Ordnung der Korallen (Unterklasse Hexakorallen) mit rd. 2 500 Arten in allen Meeren trop. bis gemäßigter Regionen; vorwiegend stockbildende, in den Tropen meist prächtig gefärbte Hohltiere mit kleinen, sich von Meeresplankton ernährenden Polypen von etwa 1–30 mm Durchmesser; scheiden mit der Fußscheibe stets ein Kalkskelett ab, wodurch die S. (bes. die der trop. Meere) die wichtigsten Riffbildner darstellen.

Steinkrabben (Lithodidae), Fam. krabbenähnl. Krebse (v. a. in kalten Meeren) mit Merkmalen von Einsiedlerkrebsen; Panzerlänge bis über 20 cm; Hinterleib häufig unter den Cephalothorax geschlagen. Am bekanntesten ist der im N-Pazifik vorkommende **Kamtschatkakrebs** (Königskrabbe, Paralithoides camtschatica): Carapax (♂) bis 23 cm lang; maximale Spannweite der Beine 1,2 m; ♀ sehr viel kleiner; wird auf seinen Wanderungen zur Fortpflanzungszeit gefangen (bes. die bis 8 kg schweren ♂♂); das konservierte Fleisch kommt in Dosen als *Crabmeat* in den Handel.

Steinkraut (Steinkresse, Schildkraut, Alyssum), mit rd. 100 Arten in M-Europa und vom Mittelmeergebiet bis Z-Asien verbreitete Gatt. der Kreuzblütler; Kräuter oder Halbsträucher mit meist ganzrandigen, lineal- oder spatelförmigen Blättern; Stengel und Blätter oft mit sternförmigen Haaren besetzt und dadurch graufilzig; meist gelbe, in Trauben stehende Blüten; Schötchenfrüchte; in Steingärten das *Felsen-S.* (Alyssum sataxile).

Steinkrebs (Astacus torrentium), mit rd. 8 cm Körperlänge kleinste Art der ↑Flußkrebse in klaren Gebirgsbächen in Europa.

Steinkresse, svw. ↑Steinkraut.

Steinläufer (Lithobiomorpha), mit über 1 000 Arten weltweit verbreitete Ordnung der ↑Hundertfüßer von 3 bis rd. 50 mm Körperlänge; ähneln den ↑Skolopendern, Rumpf jedoch kürzer, gedrungener und Beine (15 Paare) relativ länger; erstes Beinpaar zu Kieferfüßen umgestaltet, mit starken Giftklauen; letztes Beinpaar stark verlängert und kräftig be-

Nubischer Steinbock

stachelt. Einheim. ist der bis 32 mm lange **Braune Steinläufer** (Gemeiner Steinkriecher, Lithobius forficatus): unter Steinen, Brettern, morschem Holz; nachtaktiv, erbeutet Insekten, Spinnen, Asseln und andere wirbellose Tiere.

Steinlinde (Phillyrea), Gatt. der Ölbaumgewächse mit vier Arten, verbreitet vom Mittelmeergebiet bis nach Kleinasien und zum Kaukasus; immergrüne Sträucher mit gegenständigen, ganzrandigen oder gezähnten Blättern; Blüten klein, weiß, wohlriechend, in achselständigen Büscheln. Die S. gehören zu den typ. Sträuchern der Macchie.

Steinmarder (Hausmarder, Martes foina), über fast ganz Europa (mit Ausnahme des N) und weite Teile Asiens verbreiteter Marder; Länge etwa 40–50 cm; Schwanz rd. 25 cm lang; dunkelbraun mit weißem, hinten gegabeltem Kehlfleck (im Ggs. zum Edelmarder); dämmerungs- und nachtaktives Raubtier; frißt hauptsächl. Mäuse und Ratten.

Steinmispel (Zwergmispel, Steinquitte, Quittenmispel, Cotoneaster), Gatt. der Rosengewächse mit knapp 100 Arten im gemäßigten Asien, vereinzelt auch in Europa und N-Afrika; immer- oder sommergrüne Sträucher mit ganzrandigen Blättern und schmalen Nebenblättern; Blüten klein, meist rötl. oder weiß. In Deutschland kommen drei Arten vor, u. a. die bis 1,5 m hohe **Gemeine Steinmispel** (Cotoneaster integerrima) mit unterseits stark filzigen Blättern, kleinen blaßroten Blüten und purpurroten Früchten.

Steinnelke (Waldnelke, Dianthus sylvestris), in den Alpen und in S-Europa heim., dicht rasig wachsende, mehrjährige Nelkenart mit nur 1–2 mm breiten, hell- oder bläulichgrünen Blättern und rosafarbenen Blüten, die einzeln oder bis zu vieren auf 5–40 cm hohen Stengeln stehen; in Deutschland nur in den Allgäuer Alpen von 1 600–1 800 m Höhe.

Steinnußpalme, svw. ↑Elfenbeinpalme.

Steinobst, Bez. für Obstsorten aus der Gatt. Prunus (v. a. Kirsche, Pflaume, Mirabelle, Reneklode, Pfirsisch, Aprikose), deren Früchte einen Steinkern enthalten.

Steinpeitzger ↑Steinbeißer.

Steinpicker ↑Panzergroppen.

Steinpilz (Eichpilz, Edelpilz, Herrenpilz, Boletus edulis), bekannter Röhrling der Laub- und Nadelwälder mit mehreren schwer unterscheidbaren Unterarten; Hut bis 35 cm breit, anfangs weißl., später leber-, nuß- oder schwarzbraun, gelegentl. auch grau oder rot getönt; Oberhaut glatt oder feinrunzelig, bei feuchtem Wetter etwas schmierig; Röhrchen unter dem Hut sehr fein, zuerst weiß, im Alter gelblich- bis olivgrün, leicht abtrennbar; Stiel anfangs rundl., weiß, sehr derb, später langgestreckt, bis 30 cm lang, mit weißen, erhabenen Adern auf hellbraunem bis weißem Untergrund; Fleisch rein weiß, auch beim Anschneiden nie blau werdend, roh von angenehm nußartigem Geschmack; geschätzter Speisepilz.

Steinpilze

Steinquitte, svw. ↑Steinmispel.

Steinrötel (Monticola), Gatt. häufig farbenprächtiger Drosseln (Unterfam. Schmätzer) mit rd. 10 Arten in Eurasien und Afrika, darunter der fast 20 cm lange **Steinrötel** (Monticola saxatilis): v. a. in warmen, sonnigen Gebirgslagen und in Steppen der subtrop. Regionen Eurasiens; ♂ mit blauem Kopf und Vorderrücken, ebensolcher Kehle, orangeroter Unterseite und rostrotem Schwanz.

Steinsame (Lithospermum), mit rd. 50 Arten in Eurasien, N- und S-Amerika verbreitete Gatt. der Rauhblattgewächse; Kräuter, z.T. auch Halbsträucher und Sträucher, mit glocken- oder trichterförmigen Blüten in verschiedenen Farben und mit Nüßchenfrüchten. Einheim. sind u.a. ↑Ackersteinsame und **Echter Steinsame** (Lithospermum officinale), eine 30–100 cm hohe Staude mit grünlichgelben Blüten.

Steinschmätzer (Oenanthe), Gatt. vorwiegend weiß, schwarz, hellbräunl. und ockerfarben gefärbter Drosseln (Unterfam. Schmätzer) mit 17 Arten in Eurasien (eine Art in N-Amerika), darunter der **Euras. Steinschmätzer** (Oenanthe oenanthe); in felsigen und steppenartigen Landschaften NW-Afrikas, Eurasiens, Alaskas und Grönlands; bis 15 cm lang; mit (beim ♂) grauer Oberseite, schwarzem Wangenfleck und Schwanz, schwarzen Flügeln sowie gelblichweißer Unterseite; ♀ unscheinbarer gefärbt.

Steinseeigel (Paracentrotus lividus), etwa 4–5 cm großer, häufigster Seeigel im Atlantik und Mittelmeer; Färbung goldbraun bis violett oder schwarz; Stacheln dichtstehend, mäßig lang; nagt in Kalk- oder Sandsteinfelsen halbkugelförmige Höhlungen, in denen er sich festsetzen kann.

Steinsperling (Petronia petronia), fast 15 cm langer, oberseits graubrauner, dunkel gestreifter, unterseits hellerer Sperling, v.a. an felsigen Berghängen, an Ruinen und in Städten der Mittelmeerländer und Asiens; ♂ und ♀ mit undeutl. gelbl. Kehlfleck.

Steintäschel (Aethionema), Gatt. der Kreuzblütler mit rd. 40 Arten, überwiegend im östl. Mittelmeergebiet; Kräuter, Stauden oder Halbsträucher; in Deutschland (Alpen und Voralpen) nur das 30–60 cm hohe **Felsen-Steintäschel** (Aethionema saxatile) mit schmalen, blaugrünen Blättern, rötl. oder weißen Blüten und ringsum mit breiten Flügeln versehenen Schötchen. Mehrere Arten sind als Zierpflanzen für Steingärten und Trockenmauern in Kultur.

Steinwälzer (Arenariinae), Unterfam. der Strandvögel (Fam. Regenpfeifer) mit drei Arten, v.a. an steinigen Meeresküsten der Nordhalbkugel; drehen bei der Nahrungssuche bes. Muscheln und kleine Steinchen um, um Insekten oder Krebstiere aufzustöbern; in Deutschland nur der **Gewöhnl. Steinwälzer** (Arenaria interpres): fast 25 cm lang, im Brutkleid (♂ und ♀) rostbraune Oberseite, gelbe Beine, weiße Unterseite und weißer Kopf mit schwarzer Zeichnung, die auf Brust und Oberseite übergeht; im Winter oberseits graubraun, unterseits weiß.

Steppenrind

Steinweichsel, svw. ↑Felsenkirsche.

Steinzellen (Sklereiden), bes. in Nußschalen, in den Steinkernen der Steinfrüchte und in verschiedenen Früchten (v.a. in der Quitte) vorkommende tote, sehr druckfeste Sklerenchymzellen mit stark verdickten, meist verholzten Zellwänden.

Steiß, hinteres (kaudales) Rumpfende der Vierfüßer, das sich meist in einen Schwanz fortsetzt; beim Menschen und den anderen Primaten bildet das ↑Steißbein den Skelettanteil.

Steißbein (Os coccygis), bei Menschenaffen und beim Menschen ausgebildeter, auf das Kreuzbein folgender letzter Abschnitt der Wirbelsäule aus mehr oder weniger miteinander verschmolzenen, rückgebildeten Wirbeln *(Steiß[bein]wirbeln)*; ein Rest des Schwanzskeletts. Beim Menschen besteht das S. aus drei bis fünf Wirbelkörperrudimenten, von denen die letzten knorpelig bleiben können.

Steißfüße, svw. ↑Lappentaucher.

Steißhühner (Tinamiformes), über 40 Arten umfassende Ordnung bis rebhuhngroßer Bodenvögel in Z- und S-Amerika; äußerl. hühnerartige Vögel mit schwach entwickelten Flügeln. - Zu den S. gehört u.a. das etwa 40 cm lange, oberseits braune, schwarz und weiß gescheckte, unterseits gelbl. **Pampashuhn** (Rhynchotus rufescens).

Stellaria [lat.], svw. ↑Sternmiere.

Steller, Georg Wilhelm, eigtl. G. W. Stoeller, * Windsheim (= Bad Windsheim) 10. März 1709, † Tjumen 12. Nov. 1746, dt. Naturforscher. - Ab 1737 Teilnahme an der Großen Nord. Expedition V. J. Berings („Beschreibung von dem Lande Kamtschatka", hg. 1774); 1741/42 reiste er nach Alaska; 1742–44 erneut in Kamtschatka. In dem Werk „Ausführl. Beschreibung von besondern Meerthieren" (hg. 1753) nennt er u.a. auch die von ihm 1741 entdeckte Stellersche Seekuh.

Stellersche Seekuh [1741 von G. W. Steller entdeckt] ↑Gabelschwanzseekühe.

Stellungsempfindung, svw. ↑Lagesinn.

Stelzen (Motacillidae), mit rd. 50 Arten fast weltweit in Gras- und Sumpflandschaften sowie an Flußufern und in Felsgebieten verbreitete Fam. 12–23 cm langer Singvögel; schlanke, relativ langschwänzige Tiere, die in napfförmigen Nestern am Boden und in

Felsspalten brüten. - Man unterscheidet die beiden Gruppen ↑Pieper und *Motacilla* (Eigentl. S.; gegenüber den Piepern bunteres Gefieder und längerer Schwanz). Zu den letzteren gehören u. a. ↑Bachstelze und die bis über 15 cm lange **Schafstelze** (Wiesen-S., Motacilla flava; ♂ mit Ausnahme des blaugrauen Kopfes oberseits olivgrün, unterseits gelb, mit weißem Überaugenstreif und schwarzbraunem Schwanz; ♀ oberseits olivgrün, unterseits gelb; auf Wiesen und Äckern N-Afrikas, Eurasiens und Alaskas.

Stelzenläufer ↑Säbelschnäbler.

Stelzmücken (Sumpfmücken, Limoniidae), Fam. der Mücken mit zahlr. schlanken, langbeinigen Arten bes. in Gewässernähe; ernähren sich ausschließl. von Pflanzensäften; tanzen oft in Schwärmen, manche Arten schon an milden Wintertagen *(Wintermükken)*.

Stelzvögel (Schreitvögel, Ciconiiformes), seit dem Eozän bekannte, heute mit über 100 Arten weltweit v. a. an Ufern und in Sümpfen verbreitete Ordnung meist langbeiniger und langhalsiger Vögel. - Zu den S. gehören Reiher, Schuhschnäbel, Störche und Ibisse.

Stelzwurzeln (Stützwurzeln), starke, den Stamm seitl. abstützende, sproßbürtige Luftwurzeln an der Stammbasis von Mangrove- und Schraubenbaumarten.

Stempel (Pistillum), das aus einem oder mehreren Fruchtblättern gebildete, in Fruchtknoten, Griffel und Narbe gegliederte ♀ Geschlechtsorgan in der Blüte der Samenpflanzen.

Stendelwurz, (Breitkölbchen, Kukkucksblume, Waldhyazinthe, Platanthera) Gatt. der Orchideen mit mehr als 50 Arten auf der Nordhalbkugel, v. a. in N-Amerika; Stauden mit ungeteilten Knollen und oft nur zwei Laubblättern; Blüten mit ungeteilter Lippe und langem Sporn; in Deutschland zwei Arten, darunter die recht häufige **Zweiblättrige Stendelwurz** (Platanthera bifolia) mit 2 Stengelblättern und weißen, in lockerer Traube stehenden, nach Hyazinthen duftenden Blüten mit langer, schmaler zugespitzter Lippe; auf moorigen Wiesen, Heiden und in lichten Laubwäldern.

◆ (Serapias) Orchideengatt. mit zehn Arten im Mittelmeergebiet; Blüten meist groß, mit zu einem Helm verwachsenen äußeren Blütenhüllblättern; Lippe lang, zungenförmig.

Stengel, die gestreckte ↑Sproßachse krautiger Samenpflanzen. - Ggs. ↑Stamm.

Stenodictya [griech.], ausgestorbene, nur aus dem Oberkarbon in Frankr. bekannte Gatt. bis fast 6 cm langer Urflügelinsekten; Thorax mit zwei Paar maximal 16 cm spannender, starr vom Körper abgespreizter, nicht anlegbarer Flügel und kleineren Seitenlappen.

Stenoglossa [griech.], svw. ↑Schmalzüngler.

stenohalin [griech.], empfindl. gegen Änderungen des Salzgehalts; von vielen Wassertieren und -pflanzen gesagt, die einen nur engen Toleranzbereich gegenüber dem Salzgehalt des Wassers aufweisen.

stenök (stenözisch) [griech.], nur unter ganz bestimmten, eng begrenzten, gleichbleibenden Umweltbedingungen lebensfähig; von Tier- und Pflanzenarten mit geringer ökolog. Potenz gesagt; z. B. Ren, Lama, Grottenolm. - Ggs. ↑euryök.

stenophag [griech.], in bezug auf die Nahrung entweder einseitig spezialisiert (monophag) oder ledigl. innerhalb einer Gruppe chem. sehr ähnl. Substanzen bzw. einander verwandtschaftl. sehr nahestehender Wirte auswählend (oligophag); von Tieren, v. a. vielen Insekten, gesagt. - Ggs. ↑euryphag bzw. ↑polyphag.

Steppe, in außertrop. kontinentalen Trockengebieten vorherrschende, baumlose Vegetationsformation, die v. a. aus dürreharten Gräsern gebildet wird, denen Halbsträucher, Stauden, Kräuter, bei ausreichender Niederschlagsmenge auch Sträucher beigemischt sind. Die sog. **Waldsteppe** ist das Übergangsgebiet von der S. zum geschlossenen Wald, in dem Grasland und Waldinseln mosaikartig, jedoch scharf voneinander getrennt, ineinandergreifen.

Steppenadler (Aquila nipalensis), bis 75 cm langer, dunkelbrauner Adler, v. a. in Steppen und Halbwüsten SO-Europas bis Z-Asiens sowie Indiens und großer Teile Afrikas; brütet in einem Horst am Boden. Die bekannteste Unterart ist der *Raubadler* (Aquila nipalensis rapax) in Afrika und Indien.

Steppenducker, svw. Kronenducker (↑Ducker).

Steppenelch (Breitstirnelch, Alces latifrons), ausgestorbener, ledigl. aus dem älteren und mittleren Pleistozän Europas bekannter Vorfahre des Elchs; großes Säugetier mit schaufelartigem Geweih, dessen Stangen jedoch relativ kurz waren (nach Funden bis zu 2 m Spannweite).

Steppenfuchs, svw. Korsak (↑Füchse).

Steppenheide, strauch- und baumarme Fels- und Trockenrasengesellschaft meist flachgründiger, kalkreicher Standorte in warmtrockenen Binnenlandschaften M-Europas.

Steppenhuhn ↑Flughühner.

Steppenigel (Langohrigel, Hemiechinus), Gatt. nachtaktiver ↑Igel (Unterfam. Stacheligel) mit nur zwei kleinen, etwa 20 cm langen Arten, verbreitet v. a. in Steppen und wüstenartigen Landschaften N-Afrikas und SW-Asiens bis SO-Europas; Körper zierl. und hochbeinig; Ohren groß und beweglich.

Steppeniltis ↑Iltisse.

Steppenkatze, svw. ↑Manul.

◆ Sammelbez. für eine Gruppe etwa 50–70 cm langer (einschließl. Schwanz 1 m erreichender)

Unterarten der ↑Wildkatze in Steppen, Buschdickichten und wüstenartigen Landschaften SW- bis Z-Asiens; Fell dicht und weichhaarig, auf hell sandfarbenem bis gelblichgrauem Grund dunkel gefleckt (im Unterschied zur einheim. Wildkatze [↑Waldkatze]); stets ohne schwarzen Aalstrich.

Steppenkerze (Lilienschweif, Steppenlilie, Eremurus), Gatt. der Liliengewächse mit rd. 30 Arten in den Steppen W- und M-Asiens; Stauden mit kurzem Rhizom und zahlr. grundständigen, schmalen Blättern; Blüten weiß, gelb oder rosafarben, glockig oder sternförmig, in langer, reichblühender Traube an einem bis 3 m hohen Schaft. Mehrere Arten sind Zierpflanzen.

Steppenmurmeltier (Bobak), in O-Europa und M-Asien heim. ↑Murmeltier.

Steppenpaviane, svw. ↑Babuine.

Steppenraute (Peganum), Gatt. der Jochblattgewächse mit 6 Arten, verbreitet von den Steppen des westl. und östl. Mittelmeergebiets bis in die Wüstengebiete Z-Asiens. Die bekannteste, in S-Frankr. eingebürgerte Art ist **Peganum harmala** (S. im engeren Sinne, Harmalraute, Syr. Raute), ein 30–40 cm hohes Kraut mit unregelmäßig fiederspaltigen Blättern und großen, langgestielten Blüten. Die Samen enthalten Alizarin. Die Samenschale enthält außerdem das Alkaloid Harmin.

Steppenrind (Podol. Steppenrind), v. a. zur Arbeitsleistung und Fleischerzeugung gehaltene Rasse des Hausrinds in O- und SO-Europa bis Z-Asien, bes. in der östl. Ukraine, in Ungarn und Rumänien; langbeinige, 138 cm widerristhohe, etwa 500 kg schwere, spätreife Tiere mit nach vorn geschwungenen Hörnern; meist silber- bis dunkelgrau. - Abb. S. 167.

Steppenzebra ↑Zebras.

stereoskopisches Sehen, svw. plastisches ↑Sehen.

steril [lat.], svw. unfruchtbar (Ggs. fertil).

Sterilisation [lat.], das Unfruchtbarmachen beim Menschen und bei Tieren durch Unterbinden der Samenstränge bzw. Eileiter, wobei (im Ggs. zur Kastration) der Sexualtrieb erhalten bleibt; sicherste Methode der Empfängnisverhütung.

Sterilität [lat.], in der *Mikrobiologie, Medizin* und *Lebensmitteltechnik* die Keimfreiheit, d. h. das Freisein von lebenden Mikroorganismen (einschl. Sporen) in oder auf einem Material, Gegenstand, Substrat u. a.
◆ (Unfruchtbarkeit) in der *Biologie* und *Medizin* die Unfähigkeit, Nachkommen über eine Befruchtung zu erzeugen (Ggs. ↑Fertilität). Als natürliche Ursache gelten Krankheiten und Mißbildungen der Geschlechtsorgane, Hormonstörungen, Mutationen, chem. und chromosomale Unterschiede und Unverträglichkeiten zw. den Gameten sowie beim Menschen auch psych. Störungen (Impotenz). - ↑auch Sterilisation.

Sterkobilin [lat.] ↑Gallenfarbstoffe.

Sterkuliengewächse [lat./dt.] (Stinkbaumgewächse, Sterculiaceae), Pflanzenfam. der Zweikeimblättrigen mit rd. 1 000 Arten, überwiegend in den Tropen; Bäume, Sträucher oder Kräuter mit Schleimzellen oder Schleimgängen; Blätter einfach, gelappt oder gefiedert; Blüten meist in komplizierten Blütenständen; Kronblätter oft fehlend; Früchte verschieden, häufig in Teilfrüchte zerfallend. Die wichtigsten Gatt. sind Stinkbaum, Kakaobaum und Kolabaum.

Sterlet [russ.] (Sterlett, Acipenser ruthenus), rd. 1 m langer, schlanker Stör in Gewässern O-Europas, oberseits grünlichgrauer bis -brauner, unterseits gelblich- bis rötlichweißer Süßwasserfisch; Schnauze lang und spitz, mit vier Bartfäden; Speisefisch.

Stern, Horst, * Stettin 24. Okt. 1922, dt. Journalist und Schriftsteller. - Wurde populär durch die Fernsehserie „*Sterns Stunde*" (ab 1969) v. a. über die tierquäler. Praktiken der Nutztierhaltung, falsche Hegemethoden, Experimente mit Tieren (bes. in der Pharmaindustrie); seit etwa 1970 zunehmend für den Natur- und Umweltschutz engagiert. Zahlr. populärwiss. Veröffentlichungen.

Sternanis (Illicium), einzige Gatt. der Illiziumgewächse mit mehr als 40 Arten in SO-Asien, Japan, im sö. N-Amerika, in W-Indien und Mexiko; Sträucher oder kleine Bäume mit immergrünen, durch Öldrüsen durchsichtig punktiert erscheinenden Blättern. Bekannt ist der **Echte Sternanis** (Illicium verum), ein in S-China und Hinterindien heim. und kultivierter kleiner Baum mit lanzenförmigen Blättern; Blüten außen rosafarben, innen rot; Blätter und Zweige duften durch Anethol nach Anis. In Japan und Korea heim. ist der **Japan. Sternanis** (Illicium anisatum) mit einzelnen, grünlichgelben Blüten. Die Rinde wird zur Herstellung von Weihrauch verwendet.

Sternapfel, svw. ↑Goldblatt.

Sternblume, svw. ↑Sterndolde.

Sterndolde (Sternblume, Strenze, Astrantia), Gatt. der Doldengewächse mit 9 Arten in Europa und W-Asien; Stauden mit meist handförmig gelappten oder eingeschnittenen Blättern; Blüten in Dolden. Von den zwei einheim. Arten kommt die **Große Sterndolde** (Astrantia major) in Schluchtwäldern und auf Bergwiesen in S-Deutschland vor.

Sterngiraffe ↑Giraffen.

Sterngladiole (Abessinische Gladiole, Acidanthera bicolor), in Äthiopien heim. Schwertliliengewächs der Gatt. Acidanthera; mit schmalen, schwertförmigen Blättern und 30–50 cm hohen Stengeln; Blüten in sehr lokkerer, wenigblütiger Ähre, weiß, innen purpurfarben gefleckt. Beliebte Garten- und Schnittblume ist v. a. *Acidanthera bicolor var. murielae* mit größeren Blüten.

Sternjasmin (Schnabelsame, Trachelo-

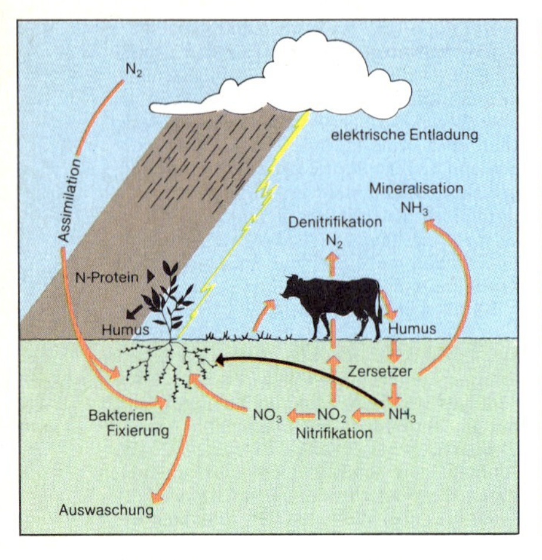

Stickstoffkreislauf (schematisch)

Stieglitz

spermum), mit rd. 20 Arten von O-Indien bis Japan verbreitete Gatt. der Hundsgiftgewächse; Lianen mit gegenständigen Blättern und weißen, gelbl. oder dunkelroten Blüten in Scheindolden.

Sternkaktus (Astrophytum), Gatt. der Kakteen mit vier Arten in Mexiko; flachkugelige bis zylindr. Kakteen mit oft ausgeprägten Rippen; Blüten trichterförmig, gelb beschuppt und meist wollig behaart. Beliebt sind die als ↑Bischofsmütze bezeichneten Arten.

Sternmiere (Sternkraut, Stellaria), Gatt. der Nelkengewächse mit rd. 100 weltweit verbreiteten Arten; meist ausdauernde Pflanzen mit niederliegenden, aufsteigenden oder dichtrasigen, zuweilen kletternden Stengeln, meist schmalen Blättern und kleinen Blüten. In Deutschland kommen acht Arten vor, u. a.: **Vogelmiere** (Mäusedarm, Stellaria media) mit niederliegendem oder aufsteigendem Stengel, gestielten, eiförmigen Blättern und kleinen, weißen Blüten; verbreitetes Unkraut. **Große Sternmiere** (Stellaria holostea), mit vierkantigen Stengeln, sitzenden, gegenständigen, lanzenförmigen Blättern und weißen Blüten, in Laubwäldern und Hecken.

Sternmulle (Sternnasenmaulwürfe, Condylurinae), Unterfam. der Maulwürfe mit der einzigen Art **Condylura cristata,** v. a. in Süßgewässernähe des östl. N-Amerika; Länge (ohne Schwanz) etwa 10–13 cm; Fell dicht, schwarzbraun bis schwarz; an der Rüsselspitze ein Kranz nackter, fingerförmiger Fortsätze als Tastorgan.

Sternrochen ↑Rochen.

Sternschnecken (Anthobranchia), Ordnung schalenloser, meist abgeflachter Meeresschnecken; mit (in der Afterregion) rückenständiger, rosettenförmiger Kieme und vielfach (durch unterlagerte Kalkkörperchen) warziger Rückenhaut; u. a. **Warzige Sternschnecke** (Archidoris tuberculata; bis 10 cm lang, mit braunen bis violetten Flecken auf gelbl. bis ockerfarbenem Grund; in der Nordsee, im Nordatlantik und Mittelmeer).

Sternseher ↑Himmelsgucker.

Sterntaucher ↑Seetaucher.

Sternum [griech.], svw. ↑Brustbein.

Stern von Bethlehem ↑Milchstern.

Sternwinde (Quamoclit), Gatt. der Windengewächse mit wenigen Arten in Indien und im trop. Amerika; windende Kräuter mit einfachen, herzförmigen oder fiederteiligen Blättern und roten oder gelben Blüten in wenigblütigen Dolden oder Trauben; z. T. Zierpflanzen für Wände und Spaliere.

Sternwürmer, svw. ↑Igelwürmer.

Steroide [griech.], große Gruppe natürl. vorkommender (heute auch synthet. hergestellter) Verbindungen, deren Molekülen das Cyclopentanoperhydrophenanthren *(Gonan, Steran)* als Grundgerüst zugrunde liegt. Zu den S. gehören die S.hormone (Geschlechtshormone und Nebennierenrindenhormone), einige Glykoside (z. B. die Digitalisglykoside), die Sterole, die Gallensäuren, die Vitamine der D-Gruppe sowie einige Alkaloide.

STH, svw. ↑Somatotropin.

Stichelhaare, svw. ↑Grannenhaare.

Stichlinge (Gasterosteidae), Fam. etwa 4–20 cm langer Knochenfische mit wenigen Arten in Meeres-, Brack- und Süßgewässern der Nordhalbkugel; Körper schlank, schuppenlos, mit Knochenplatten, 2–17 freistehenden Stacheln vor der Rückenflosse und sehr dünnem Schwanzstiel; ♂♂ treiben Brutpflege. Hierher gehört u. a. der 10–20 cm lange **Seestichling** (Meerstichling, Spinachia spi-

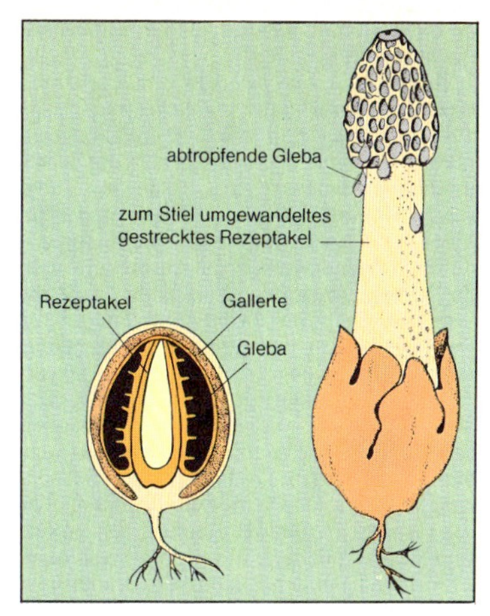

Stinkmorchel

Stockmalve. Stockrose

nachia; an den Küsten W- bis N-Europas, auch in der Ostsee; schlank, mit sehr dünnem Schwanzstiel; bräunl. bis grünlich.

Stickstoffassimilation ↑ Assimilation.

stickstoffixierende Bakterien (Stickstoffbakterien), Bakterien, die mittels eines ↑ Ferredoxine enthaltenden Multienzymsystems (sog. Nitrogenase; bestehend aus einem Molekül Molybdän-Eisen-Schwefel-Protein [Molybdoferredoxin] und zwei Molekülen Eisen-Schwefel-Protein [Azoferredoxin]) Luftstickstoff zu Ammonium (NH_4^+) reduzieren. S. B. leben teils frei in Böden und Gewässern (z. B. Azotobacter), teils in Symbiose mit Pflanzen (↑ Knöllchenbakterien der Hülsenfrüchtler, ↑ Strahlenpilze bei Erlen und Sanddorn). Der Stickstoffgewinn pro ha und Jahr beträgt bei Hülsenfrüchtlern 100–200 kg.

Stickstoffkreislauf, die zykl. Umsetzung des Stickstoffs und seiner Verbindungen (v. a. Aminosäuren und Proteine) in der Natur. Der elementare Luftstickstoff kann nur von einigen frei im Boden oder symbiont. lebenden Mikroorganismen (↑ Knöllchenbakterien) gebunden und nach deren Absterben dem Boden in Form organ. Stickstoffverbindungen zugeführt werden. Die höheren Pflanzen nehmen über die Wurzeln die im Bodenwasser gelösten Nitrate (bzw. Ammoniumverbindungen) auf und legen den Stickstoff im Verlauf der assimilator. Nitratreduktion und der anschließenden reduktiven Aminierung in den Aminogruppen der Proteine und in anderen Verbindungen fest. Deren Abbauprodukte gelangen direkt oder über die Nahrungskette als Aminosäuren, Harnstoff u. a. in den Boden zurück. Dort werden diese Stoffe z. T. vorübergehend im Humus festgelegt, oder ihr Stickstoff wird bei der Verwesung durch desaminierende Bakterien zu Ammoniak mineralisiert **(Ammonifikation).** Dieses Ammoniak wird durch aerobe nitrifizierende Bakterien über Nitrit wieder in Nitrat zurückverwandelt **(Nitrifikation).** Über Nitrat und Ammoniak ist dieser Teil des S. an die Atmosphäre, die Hydrosphäre und die Lithosphäre angeschlossen.

Stictomys [griech.] ↑ Pakas.

Stiefmütterchen (Wildes S., Feld-S., Acker-S., Viola tricolor), formenreiche Sammelart der Gatt. Veilchen im gemäßigten Europa und in Asien, meist auf Äckern und Wiesen; einjähriges oder ausdauerndes, 5–30 cm hohes Kraut mit aufsteigenden oder aufrechten Stengeln, ei- bis lanzenförmigen, gekerbten Blättern und tief fiederspaltigen Nebenblättern; Blüten gestielt, meist bunt, blauviolett, gelb und weiß, selten einfarbig gelb mit bläul. Sporn; Frucht eine dreiklappige Kapsel. Zur Züchtung der **Gartenstiefmütterchen** (Pensée; mit samtartigen, ein- oder mehrfarbigen, auch gefleckten, gestreiften, geflammten oder geränderten Blüten) wurde neben dieser Art auch das **Gelbe Veilchen** (Viola lutea; mit gelben, violetten oder mehrfarbigen Blüten; auf Gebirgswiesen im M- und W-Europa) verwendet.

Stieglitz [slaw.] (Distelfink, Carduelis carduelis), bis 12 cm langer Finkenvogel, v. a. auf Wiesen, in lichten Auenwäldern, Parkanlagen und Gärten NW-Afrikas, Europas, SW- und Z-Asiens; eingebürgert in Australien, Neuseeland und in den USA; vorwiegend Sämereien und Knospen fressender Singvogel mit roter Gesichtsmaske, schwarzem Oberkopf und Nacken, weißen Kopfseiten, weißl. Bauch sowie braunem Rücken und Brustband; Schwanz und Flügel schwarz, letztere mit gelber Bandzeichnung; beide Geschlechter fast gleich gefärbt; nistet auf Bäumen; Teilzieher.

Stielaugenfliegen (Diopsidae), Fam. der Fliegen mit rd. 150, etwa 1 cm langen Arten, v. a. in den Tropen Asiens und Afrikas; stielförmige Kopfseiten, an deren Ende Augen und Fühler sitzen.

Stieleiche ↑Eiche.

Stier ↑Bulle.

Stierkäfer (Dreihornkäfer, Typhoeus typhoeus), 12–24 mm langer, glänzend schwarzer Mistkäfer v. a. in sandigen Heidegebieten und lichten Kiefernwäldern W- und M-Europas; Halsschild des ♂ mit drei hornförmigen Auswüchsen (mittleres „Horn" kurz, die beiden „Seitenhörner" lang).

Stierkopfhaie (Hornhaie, Doggenhaie, Schweinshaie, Heterodontidae), Fam. der Haifische mit meist nicht über rd. 2 m messenden Arten im Pazif. und Ind. Ozean; Fische mit plumpem Körper, breitem Kopf, abgerundeter Schnauze und Pflasterzähnen; vor den beiden Rückenflossen je ein großer Stachel. Bes. in den Gewässern um Australien kommt der bis 1,5 m lange **Doggenhai** (Heterodontus philippi) vor; am Kopf und Vorderkörper braungestreift.

Stigma [griech. „Stich, Punkt, Brandmal"] (Mehrzahl Stigmen), (Spiraculum) bei Stummelfüßern, Spinnentieren, Tausendfüßern und Insekten in den membranösen Körperseiten vorhandene Atemöffnung, die in die Atemröhren (Tracheen) einmündet.
◆ ↑Augenfleck.

Stilettfliegen (Luchsfliegen, Therevidae), weltweit verbreitete Fam. der Fliegen mit rd. 500 etwa 5–15 mm langen Arten (davon etwa 60 einheim.); Körper schlank, dunkel gefärbt, meist dicht gold- oder silberglänzend behaart, mit kegelförmig zugespitztem Hinterleib.

Stimmapparat (Stimmorgan), die Stimme (z. B. in Form des Gesangs, des Sprechens) als charakterist. Lautäußerung vieler Tiere und des Menschen hervorbringendes Organ bzw. Organsystem. Der S. ist entweder als Blasorgan ausgebildet, und zwar meist in Verbindung mit Resonanzhöhlen (z. B. Mund-, Nasen- und Rachenhöhle, Schallblasen, Kehlsäcke), wobei Membranen oder Lippen durch strömende Luft in Schwingungen gebracht werden (bei dem mit einer Glottis ausgestatteten Kehlkopf), oder er fungiert als ein durch Muskelbewegungen in Aktion gesetztes Trommelorgan oder auch Zirporgan.

Stimmbänder ↑Kehlkopf.

Stimmbruch (Mutation, Mutierung, Stimmwechsel), das Tieferwerden (um etwa eine Oktave) der Stimmlage in der Pubertät beim männl. Geschlecht; wird hervorgerufen durch das Wachstum des Kehlkopfs und die dadurch bedingte Verlängerung der Stimmbänder. Die beiden Stimmbänder können während der Phase des S. nicht ganz gleichmäßig gespannt werden; dadurch wechselt die Stimmlage häufig.

Stimme, im *physiolog.* Sinn die durch einen ↑Stimmapparat hervorgebrachte ↑Lautäußerung mit einem bestimmten Klangcharakter (und Signalwert im Dienste der Kommunikation mit Artgenossen oder mit anderen Lebewesen). Bei vielen Tieren und beim Menschen wird die den Stimmapparat durchströmende Luft beim Ausatmen durch die schwingungsfähigen Gebilde, v. a. die Stimmbänder im Kehlkopf und die Resonanzhöhlen des Stimmapparats unter- und oberhalb der Stimmritze, zu Schallschwingungen angeregt. Die Tonhöhe kann durch mehr oder weniger starkes Anspannen der Stimmbänder kontinuierl. verändert werden; die Klangfarbe der Laute ist durch Änderung von Form und Größe der Resonanzhöhlen regulierbar. Bei der Bildung der Vokale sind die Stimmbänder die eigentl. Schallquelle, während bei der Bildung der stimmlosen Konsonanten und beim Flüstern die Stimmbänder unbeteiligt sind.

Stimmorgan, svw. ↑Stimmapparat.

Stimmritze ↑Glottis, ↑Kehlkopf.

Stimmwechsel, svw. ↑Stimmbruch.

Stinkandorn (Ballota), mit 25 Arten in Europa und Kleinasien bis zum Iran verbreitete Gatt. der Lippenblütler; behaarte Kräuter oder Stauden mit herzförmigen, gesägten Blättern und rötl. Blüten. Die einzige einheim. Art ist die bis 1 m hohe **Schwarznessel** (Ballota nigra); mehrjährige, stinkende Pflanze mit oft rot überlaufenen Stengeln und dunkellilafarbenen Blüten; in Hecken und auf Schuttplätzen.

Stinkasant (Teufelsdreck, Asant, Asa foetida), nach Knoblauch riechender eingetrockneter (in Form von Körnern oder Klumpen vorliegender) Milchsaft aus der Wurzel einiger in den Salzsteppen Irans und Afghanistans heim. Steckenkrautarten. - S. war schon den alten Indern und Ägyptern bekannt und galt im Altertum als vielseitig wirksames Arzneimittel; im Orient war er auch Gewürz. Die Araber führten die Droge in den mitteleurop. Arzneischatz ein. Bis ins 19. Jh. war S. Bestandteil mehrerer Arzneimittel.

Stinkbaum (Sterculia), Gatt. der Sterkuliengewächse mit rd. 200 Arten in den Tropen; oft mächtige Bäume mit gefingerten, gelappten oder auch ganzrandigen Blättern und holzigen Balgfrüchten; Blätter und Blüten häufig unangenehm riechend. Einige Arten liefern Nutzholz.

Stinkdrüsen, der Haut eingelagerte Drüsen (oft ↑Afterdrüsen) bei manchen Tieren (z. B. bei Wanzen, Schaben u. a. Insekten sowie z. B. beim Stinktier); sie sondern bei Bedrohung des Tiers zur Abwehr ein stark und unangenehm riechendes Sekret ab.

Stinkfrucht (Stinknuß, Durianfrucht), bis kopfgroße, stachelige, gelbbraune Kapselfrucht eines malai. Wollbaumgewächses; mit zahlr. kastaniengroßen Samen, die einen gutschmeckenden, aber übelriechenden Samenmantel haben.

Stinkmorchel (Aasfliegenpilz, Gichtmorchel, Leichenfinger, Phallus impudicus), von Juni an in Gärten und Wäldern vorkommender Rutenpilz; Fruchtkörper in jungem Zustand als weißl., kugel- bis eiförmiges Gebilde *(Hexenei, Teufelsei)*, an derbem Myzelstrang sitzend. Bei der Reife platzt die äußere Hülle an der Spitze auf, und innerhalb weniger Stunden entsteht ein poröser, hohler, kegelförmiger Stiel von 10–20 cm Länge, auf dessen Spitze fingerhutförmig der rd. 3 cm hohe Hut sitzt; dieser ist außen mit der dunkelolivfarbenen, klebrigen Sporenmasse bedeckt, die bald herabtropft und einen widerl., aasartigen Geruch ausströmt. - Abb. S. 171.

Stinktiere (Skunks, Mephitinae), Unterfam. der Marder mit neun Arten in N-, M- und S-Amerika; Körperlänge etwa 25–50 cm; Schwanz halb- bis knapp körperlang, buschig; Körper relativ plump, Kopf klein und spitzschnauzig; Fell dicht und langhaarig, meist schwarz mit weißen Streifen oder mit Fleckenreihen; Stinkdrüsen am After sehr stark entwickelt, sondern ein stark und anhaltend riechendes Sekret ab.

Stinkwanze (Grüne S., Faule Grete, Palomena prasina), 11–14 mm lange, grüne, während der Überwinterung braune oder rotbraune Schildwanze in Europa und Vorderasien; Larven saugen bes. an Himbeeren und hinterlassen oft einen widerl. Geruch.

Stinte [niederdt.] (Osmeridae), Fam. kleiner, silberglänzender, heringförmiger Lachsfische mit rd. zehn Arten im N-Pazifik und N-Atlantik; steigen auch in Süßgewässer auf, z. B. der **Europäische Stint** (Stint, Seestint, Spierling, Osmerus eperlanus), der von der W- und N-Küste Europas in Flußunterläufe und Binnenseen wandert; wird bis 30 cm lang; Körper silberglänzend mit graugrünem Rükken, durchscheinend; Jungtiere werden als „Heil-S.“ bezeichnet. S. haben wirtsch. Bed. (v. a. zur Futtermittel- und Trangewinnung).

Stipa [griech.], svw. ↑Federgras.

Stipeln [zu lat. stipula „Halm“], svw. ↑Nebenblätter.

Stirn (Frons), über den Augen gelegene, von zwei Schädelknochen (Frontalia) bzw. dem Stirnbein geformte Gesichtspartie beim Menschen und bei anderen Wirbeltieren.

Stirnauge ↑Scheitelauge.

Stirnbein (Frontale, Os frontale), der bei vielen Reptilien, manchen Affen und beim Menschen als einheitl. Deckknochen in Erscheinung tretende vordere Teil des Schädeldachs im Anschluß an das paarige Scheitelbein; Verwachsungsprodukt aus zwei (bei den übrigen Wirbeltieren, manchmal auch beim Menschen noch vorhandenen) Schädelknochen (Frontalia); bildet die knöcherne Grundlage der Stirn und wird urspr. nach vorn bzw. unten durch die Nasenbeine (Nasalia), nach hinten durch die Scheitelbeine (Parietalia) und nach hinten seitl. durch die Hinter-S. (Postfrontalia) begrenzt. Zwei Erhebungen auf dem S. bilden beim Menschen die Stirnhöcker.

Stirnhöhle ↑Nasennebenhöhlen.

Stirnlappenbasilisk (Federbuschbasilisk, Basiliscus plumifrons), bis 70 cm langer, sehr langschwänziger und langbeiniger Leguan (Gatt. Basilisken) auf Bäumen an Flußufern M-Amerikas (Costa Rica); Körper grün mit hellgrünen und bläulichweißen Flecken und (bei den ♂♂) kleinem Hautlappen vor dem großen „Kopfhelm“ sowie mit hohem Kamm auf dem Rücken und der Vorderhälfte des Schwanzes.

Stirnnaht ↑Schädelnähte.

Stirnwaffenträger (Pecora), Teilordnung der Wiederkäuer, umfaßt mit rd. 140 Arten den überwiegenden Teil der Paarhufer; fast stets (zumindest die ♂♂) mit Geweih oder Hörnern; obere Schneidezähne fehlen, untere Eckzähne schneidezahnförmig. Man unterscheidet vier Fam.: Hirsche, Giraffen, Gabelhorntiere und Rinder.

Stock ↑Tierstock.

Stockausschlag, an der Rinde von Baumstümpfen aus schlafenden Knospen oder aus Adventivknospen am Übergang zw. Rinde und Holzkörper gebildete Sprosse. Starken S. bilden z. B. Birke, Eiche, Hainbuche, Linde und Ulme, Nadelhölzer zeigen diese Eigenschaft dagegen nur selten.

Stockente ↑Enten.

Stöcker ↑Stachelmakrelen.

Stockhaar, aus mittellangen Grannenhaaren mit dichter Unterwolle gebildetes Haarkleid bei Hunden, z. B. beim Dt. Schäferhund.

Stockmalve (Eibisch, Althaea), Gatt. der Malvengewächse mit 25 Arten im gemäßigten Eurasien; stark behaarte Kräuter oder Stauden mit handförmig geteilten Blättern und einzeln oder in Trauben stehenden, großen radiären Blüten. Bekannte Arten sind die bis 3 m hohe **Stockrose** (Roter Eibisch, Althaea rosea) aus dem östl. Mittelmeergebiet, mit verschiedenfarbigen Blüten in bis 1 m langer Ähre, und der **Echte Eibisch** (Althaea officinalis), eine bis 1,5 m hohe, v. a. auf salzhaltigen Böden vorkommende Staude mit weißen oder rosafarbenen Blüten. - Abb. S. 171.

Stockrose ↑Stockmalve.

Stockschwämmchen (Laubholzschüppling, Pholiota mutabilis), sehr häufiger, v. a. im Herbst auf Laubholzstubben büschelig wachsender Lamellenpilz; Hut 3–7 cm breit, bräunlichgelb mit heller Mitte und dunklerer Randzone, in feuchtem Zustand zimtfarben; Lamellen zimtbraun, Stiel schuppig, mit hautartigem, kleinem Ring; Speisepilz.

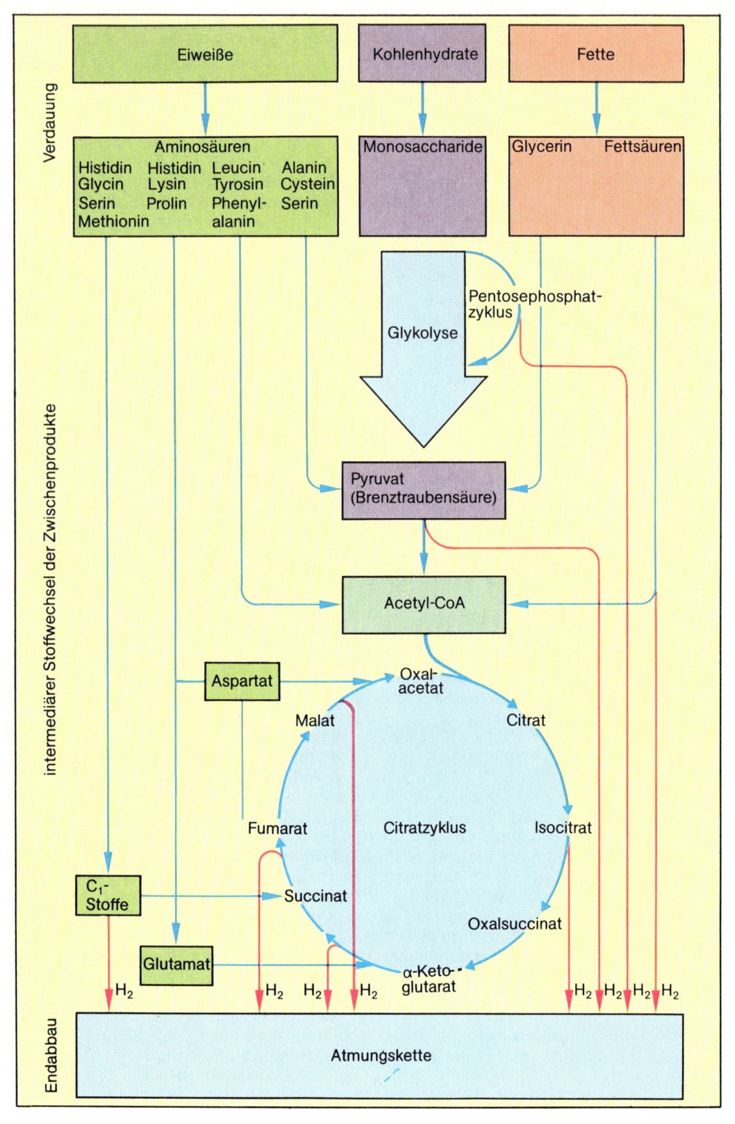

Stoffwechsel. Vereinfachte schematische Darstellung

Stoffkreislauf, durch Auf- und Abbau biolog. Substanz in einem Ökosystem bewirkter Kreislauf der chem. Elemente. - Die bei der Photosynthese gebildeten organ. Verbindungen werden über die Nahrungsketten zu Kohlendioxid abgebaut, wobei auch der bei der Photosynthese freigesetzte Sauerstoff wieder verbraucht wird (Sauerstoffkreislauf). Durch die S. der einzelnen chem. Elemente wird das Ökosystem zu einem relativ stationären Gleichgewichtssystem. - ↑Kohlenstoffkreislauf, ↑Stickstoffkreislauf, ↑Wasserkreislauf.

Stoffwechsel (Metabolismus), sämtl. biochem., enzymat. gesteuerten Vorgänge, die im pflanzl., tier. u. menschl. Organismus oder in Teilen davon ablaufen und dem Aufbau, Umbau und der Erhaltung der Körpersubstanz sowie der Aufrechterhaltung der Körperfunktionen dienen. Die S.prozesse verbrauchen Energie, die durch Abbau zelleigener Substanzen exergon (energiefreisetzend, katabolisch) im Vorgang der ↑Dissimilation gewonnen wird. Die durch die Dissimilation verbrauchten Substanzen und die für Aufbau und Wachstum erforderl. Zellsubstanzen werden durch endergone (energieverbrauchende, anabolische) Reaktionen im Vorgang der ↑Assimilation ersetzt. - Sämtl. Körpersubstanzen werden im S. aus den Elementen Kohlenstoff (C), Sauerstoff (O), Wasserstoff (H), Stickstoff (N), Schwefel (S), Natrium (Na), Kalium (K), Calcium (Ca), Magnesium (Mg), Chlor (Cl), Eisen (Fe), Kupfer (Cu), Mangan (Mn), Zink (Zn), Kobalt (Co), Jod (I) und Phosphor (P) synthetisiert. Je nach der Herkunft der Elemente C, N und S in der organ. Substanz werden Organismen mit zwei S.typen unterschieden: die autotrophen (sich ausschließl. von anorgan. Substanzen ernährenden) und die heterotrophen (auf organ. Nahrung angewiesene) Organismen. - Praktisch lassen sich alle S.vorgänge nach Funktionskreisen in Assimilation, Ernährung, Atmung, Verdauung, Resorption und Exkretion unterteilen. Generell unterschieden werden der **Baustoffwechsel** (Aufbau-S., Anabolismus bzw. heute meist Assimilation genannt) vom *Energie-* oder **Betriebsstoffwechsel,** der auch als Katabolismus, abbauender S. bzw. Dissimilation bezeichnet wird und die beiden Vorgänge der inneren Atmung und der Gärung umfaßt. Die zw. Stoffaufnahme und -abgabe liegenden S.prozesse werden als **Intermediärstoffwechsel (innerer Stoffwechsel)** bezeichnet. Ein **Hungerstoffwechsel** tritt bei mehr oder weniger großem Nahrungsmangel auf. Er basiert auf dem Abbau von Energiereserven (Kohlenhydrate, Fette) und Körpersubstanz (Eiweiß). Am schnellsten wird zu Anfang des Hungerns der nur sehr geringe Kohlenhydratvorrat verbraucht. Im Blut und im Harn erscheinen vom 4. bis 5. Tag an die sog. Ketonkörper als Anzeichen des intrazellulären Glucosemangels. Im zweiten Stadium wird auch das Depotfett in Anspruch genommen. Sind die Fettreserven aufgebraucht, so wird schließl. auch Körpereiweiß zur Verbrennung herangezogen. Der Eiweißabbau beträgt in dieser Phase 50–70 g täglich. Das Struktureiweiß der Zelle wird erst kurz vor dem Tod in stärkerem Ausmaß angegriffen.

Nach den im S. umgesetzten Substanzen unterscheidet man: den „aufbauenden“ Kohlenhydrat-S. und den „abbauenden“ Kohlenhydrat-S., den Fett-S., den Eiweiß-S., den Nukleinsäure-S. und den Mineralstoffwechsel. Eine zentrale Stelle im S.geschehen nehmen die an der Phosphorylierung der Substrate beteiligten ↑Adenosinphosphate (als sog. Phosphatpumpe bezeichnet) ein.

Unter **Fettstoffwechsel** *(Lipid-S.)* versteht man die Vorgänge zum Auf- und Abbau der Fette oder fettartigen Substanzen im Organismus. Diese Substanzen gelangen in der Form von Chylomikronen, als ungebundene Moleküle oder an Plasmaeiweiße als Trägerstoffe gekoppelt (d. h. als Lipoproteide) auf dem Blut- oder Lymphweg zu den Orten des Fett-S. (Leber, Körperfettgewebe). - *Der Fettstoffwechsel i. e. S.* umfaßt den S. der Neutralfette und der Fettsäuren. Etwa 60% der v. a. mit der Nahrung aufgenommenen Neutralfette werden als ↑Depotfett (Energiereserve, Wärmeschutz) abgelagert. Der Rest wird zu Synthesen von komplexeren Lipiden verwendet bzw. in der Leber durch Lipasen in Glycerin und Fettsäuren gespalten. Der Abbau der Fettsäuren erfolgt durch *Betaoxidation* und mehrere Zwischenreaktionen bis zu Acetyl-CoA bzw. bei Fettsäuren mit einer ungeraden Anzahl von Kohlenstoffatomen bis zu Propionyl-CoA. Über Acetyl-CoA können aus den Fettsäuren Kohlenhydrate oder Aminosäuren aufgebaut werden, umgekehrt aber auch Fettsäuren aus Kohlenhydraten und Eiweiß entstehen; ebenso erfolgen der Abbau der Fette zu Kohlendioxid und Wasser sowie die Ketogenese (Bildung von Ketonkörpern) über Acetyl-CoA. - Der *Fettstoffwechsel i. w. S.* umfaßt den S. der komplexen Lipide, d. h. der Phospholipide, Glykolipide, Karotinoide und des Cholesterins, in dem die Fettsäuren als Ausgangsmaterial dienen. Dieser eigentl. *Lipid-S.* wird wesentl. durch Hormone wie Thyroxin, Insulin, Adrenalin, die Glukokortikoide, das adrenokortikotrope Hormon, Somatotropin und die Geschlechtshormone beeinflußt. Thyroxin erhöht den Fettumsatz und führt so zu einer Erniedrigung der Gesamtlipide, bes. des Cholesterins und der Karotinoide im Blut. Insulin bewirkt die vermehrte Umwandlung von Kohlenhydraten in Fettsäuren und hemmt deren Abbau; außerdem beschleunigt es die Aufnahme und Verwertung der im Blut zirkulierenden freien Fettsäuren durch das Fettgewebe. Das Somatotropin beschleunigt den Abbau der Fette; Adrenalin führt zu einer Mobilisierung des Depotfetts, verstärkt die Spaltung der Neutralfette und bewirkt somit einen erhöhten Blutplasmaspiegel an Neutralfetten, freien Fettsäuren und Glycerin. Die Glukokortikoide beeinflussen die Verlagerung der Lipide aus dem Depot des Fettgewebes in die Leber und steigern den Fettabbau.

Bei Pflanzen (außer Mikroorganismen) sind die Fette ausschließl. Reservestoffe, die bei Bedarf im ↑Glyoxylsäurezyklus abgebaut werden.

Unter **Eiweißstoffwechsel** versteht man die

Gesamtheit aller biolog. Vorgänge und biochem. Umsetzungen, die den Auf- und Abbau von Proteinen bei Pflanzen und Tieren sowie beim Menschen betreffen. Die Proteine sind lebenswichtige Bestandteile sämtl. Zellbestandteile; Pflanzen können Proteine als Reservestoffe speichern. Die biolog. Proteinbiosynthese erfolgt in den Zellen des Organismus aus Aminosäuren. Der Abbau der (mit der Nahrung aufgenommenen) Proteine erfolgt bei Tieren und beim Menschen im Magen-Darm-Trakt durch eiweißspaltende Enzyme (Proteasen) bis hin zu den resorptionsfähigen Aminosäuren. Die zu Aminosäuren abgebauten Proteine werden in den S. eingeschleust, weiter abgebaut oder für Synthesen verwendet. Die Abbauprozesse verlaufen bei Pflanzen ähnlich.
Der **Nukleinsäurestoffwechsel** *(Nukleotid-S.)* umfaßt die ↑DNS-Replikation und die Biosynthese von RNS. Der Abbau der Nukleinsäuren erfolgt bei pflanzl. und tier. Organismen über die DNasen und RNasen. Das Endprodukt ist bei allen Tieren und beim Menschen Harnsäure.
Der **Mineralstoffwechsel** umfaßt die chem. Umsetzungen der Mineralstoffe und Spurenelemente in den Geweben und Gewebsflüssigkeiten bei Pflanzen, Tieren und beim Menschen. Bei allen Organismen sind die Mineralstoffe Bestandteile von Zellstrukturen und Enzymen. Bei Tieren und beim Menschen wird der Mineral-S. hormonell durch Mineralokortikoide geregelt. Bei Pflanzen fehlt eine derartige Regelung; sie können die Mineralstoffe nur relativ selektiv aufnehmen und/oder ausscheiden. - Für die Lebensfunktionen sind v. a. der Natrium-, Kalium- und Calcium-S. (Kalzium-S., Kalk-S.) bedeutend; insbes. ist die Erregbarkeit des tier. und menschl. Organismus ursächl. mit einem Natrium-Kalium-Ungleichgewicht verbunden. Das Kalium ist verantwortl. für die Erregbarkeit der Nerven und Muskeln. Die Calciumionen sind ein wichtiger Faktor bei enzymat. Reaktionen und mitverantwortl. für die Permeabilität der Zellmembranen. Bei Pflanzen sind Calciumionen die Träger des Aktionsstroms bei Erregungsvorgängen. Bei Wirbeltieren und beim Menschen steuern die Calciumionen über die Beeinflussung des Erregungsablaufs die Nervenfunktion und die Muskelkontraktilität, ferner ist das Calcium ein wichtiger Faktor bei der Blutgerinnung und bei der Knochen- und Zahnbildung.

🕮 *Richter, G.: S.physiologie der Pflanzen. Stg. [4]1982. - Collatz, K. G.: S.physiologie der Tiere. Freib. u. Stg. 1979. - Berg, G.: Ernährung u. S. Paderborn 1978. - Cohen, G.: Der Zellstoffwechsel u. seine Regulation. Dt. Übers. Braunschweig 1972. - Tepperman, J.: Physiologie des S. u. des Endokrinums. Dt. Übers. Stg. u. New York 1972. - Luckner, M.: Der Sekundärstoffwechsel in Pflanze u. Tier. Stg. 1969.*

Stolo (Stolon, Mrz. Stolonen) [lat.], in der *Botanik* svw. ↑Ausläufer.
◆ in der *Zoologie* die bei Moostierchen und einigen Nesseltierpolypen (Hydrozoen und Scyphozoa) auftretenden, der ungeschlechtl. Fortpflanzung dienenden, wurzelartig im oder auf dem Substrat wachsenden Ausläufer, an denen neue Tiere ausknospen.

Stoma (Mrz. Stomata) [griech.], in der *Zoologie* svw. ↑Mund.
◆ in der *Botanik* ↑Spaltöffnungen.

Stomachus [griech.], svw. ↑Magen.

Stomata, Mrz. von Stoma.

Stomochordata [griech.], svw. ↑Kragentiere.

Stoppelrübe, svw. Wasserrübe (↑Rübsen).

Stör ↑Störe.

Storaxbaum, svw. ↑Styraxbaum.

Störche (Ciconiidae), Fam. bis etwa 1,4 m hoher, häufig schwarz und weiß gefiederter Stelzvögel mit annähernd 20 Arten, v. a. in ebenen, feuchten Gegenden der gemäßigten und warmen Regionen; gut segelnde, hochbeinige und langhalsige Vögel, die sich v. a. von Fröschen, Kleinsäugern, Eidechsen und Insekten ernähren; Schnabel sehr lang. S. können ledigl. klappern und zischen. Sie fliegen (im Unterschied zu den Reihern) mit ausgestrecktem Hals (Ausnahme: Marabus). S. errichten umfangreiche Reisighorste auf Bäumen oder am Boden, einige Arten auch auf Hausdächern und Felsen. - Zu den S. gehören u. a. ↑Nimmersatte, ↑Marabus und der bis 1,1 m lange, über 2 m spannende **Weiße Storch** (Hausstorch, Ciconia ciconia); weiß mit schwarzen Schwungfedern; v. a. in feuchten Landschaften Europas, NW-Afrikas, Kleinasiens sowie M- und O-Asiens; baut seinen Horst auf Bäumen und Dächern, brütet 3–6 Eier aus. In Wäldern, Auen und Sümpfen großer Teile Eurasiens und S-Afrikas kommt der etwa 1 m lange **Waldstorch** (Schwarzstorch, Ciconia nigra) vor; oberseits bräunlichschwarz, unterseits weiß; mit rotem Schnabel und roten Beinen; in der BR Deutschland noch einige Kolonien in Schleswig-Holstein und Niedersachsen; baut sein Nest meist auf hohen Bäumen. Der schwarz und weiß gefärbte **Sattelstorch** (Ephippiorhynchus senegalensis) ist rd. 1,3 m hoch; in Sümpfen und an Seen des trop. Afrika; am Schnabel ein sattelförmiger Aufsatz. Die Arten der Gatt. **Klaffschnäbel** kommen in sumpfigen und wasserreichen Landschaften des trop. Afrika, Indiens und SO-Asiens vor; bei geschlossenem Schnabel klaffen die beiden Schnabelhälften in der Mitte auseinander. An Flußufern und Sümpfen S-Mexikos bis Argentiniens lebt der etwa hausstorchgroße, vorwiegend weiße **Jabiru** (Jabiru mycteria); mit schwarzem Kopf und Oberhals und rosafarbenem Halsring. - Abb. S. 178.
Geschichte: In der Antike waren S. Sinnbild

kindl. Dankbarkeit. Man glaubte, daß die flügge gewordenen Jung-S. ihre Eltern ernährten. Der Hausstorch gilt seit alters als Glücksbringer, dessen alljährl. Ankunft im Frühjahr freudig begrüßt wird. Im jüngeren (insbes. dt.) Volksglauben gelten S. auch als Kinderbringer. Man spricht davon, daß sie die Kinder aus Brunnen holen und daß sie die Mütter ins Bein beißen (**Klapperstorch**). Ursache dieser Vorstellung ist wohl der Storchenschnabel, der als sexuelles Symbol aufgefaßt wird.

Storchschnabel (Schnabelkraut, Geranium), Gatt. der S.gewächse mit rd. 300 Arten, überwiegend in den gemäßigten Gebieten; Kräuter oder Stauden mit gezähnten, gelappten oder geschlitzten Blättern, meist mit Nebenblättern; Blüten zu 1–2, gestielt, mit fünfblättriger Krone, radiär-symmetr.; Teilfrüchte mit verlängertem Fortsatz („Granne"), der sich bei der Reife spiralig zusammenrollt und dabei den Samen ausschleudert. Die häufigsten der 15 einheim. Arten sind das 20–50 cm hohe **Ruprechtskraut** (Stinkender S., Geranium robertianum); mit drüsig behaarten, meist blutroten Stengeln, drei- bis fünfzählig gefiederten Blättern und kleinen, rosafarbenen Blüten von widerl. Geruch; in Wäldern, an Mauern und in Felsspalten. In Hochstaudengesellschaften Eurasiens wächst der 30–60 cm hohe **Waldstorchschnabel** (Geranium silvaticum); mit im oberen Teil drüsig behaartem Stengel und siebenlappigen Blättern; Blüten rotviolett.

Storchschnabelgewächse (Geraniaceae), Pflanzenfam. mit knapp 800 Arten in 11 Gatt. v.a. in den gemäßigten Gebieten der Erde; meist Kräuter oder Halbsträucher; Blüten überwiegend in achselbürtigen Blütenständen, meist radiär und fünfzählig. Die wichtigsten Gatt. sind Reiherschnabel und Storchschnabel. Als Zierpflanzen bekannt sind Arten der Gatt. Pelargonie.

Störe (Knorpelganoiden, Knorpelschmelzschupper, Chondrostei), seit der Oberkreide bekannte Überordnung bis fast 9 m langer, spindelförmiger Knochenfische in den Meeren (z.T. auch in Süßgewässern) der Nordhalbkugel; Schwanzflosse asymmetr.; Haut nahezu schuppenlos (↑Löffelstöre) oder mit fünf Reihen großer Knochenschilde (Echte S.); Schädel setzt sich in einem mehr oder minder verlängerten Fortsatz (Rostrum) fort; um die unterständige Mundöffnung stehen vier Barteln, mit denen die S. ihre Nahrung (Weichtiere, Krebse, Insektenlarven) aufspüren; Maul meist zahnlos; Nahrung wird, zumindest bei den Echten S., durch kräftiges Einsaugen der Beutetiere aufgenommen; Skelett überwiegend knorpelig. Die meisten Arten (rd. 25) gehören zu den **Echten Stören** (Rüssel-S., Acipenseridae): etwa 1,5–8,5 m lang; wandern häufig zum Laichen bis in die Oberläufe der Flüsse, u.a. der bis über 3 m lange **Gemeine Stör** (Balt. S., Acipenser sturio); an der sibir. und europ. Küste des Atlantiks und seiner Nebenmeere; Rücken blaugrau bis grünl., Seiten silbergrau, Unterseite weißl.; Schnauze relativ breit und kurz; Speisefisch.

Stoßtaucher, Bez. für Vögel, die sich mehr oder weniger senkrecht ins Wasser stürzen, um ihre Beute (meist Fische) mit dem Schnabel zu packen. S. sind v.a. viele Wassereisvögel, die meisten Seeschwalben und der Meerespelikan.

Stoßzähne, die mehr oder weniger mächtigen, beständig weiterwachsenden, nach oben, unten oder vorn gerichteten Schneidezähne im Ober- und/oder Unterkiefer v.a. bei den Rüsseltieren, bei den ♂♂ der Gabelschwanzseekühe und beim Narwal. S. sind bei den ♀ Tieren schwächer entwickelt oder fehlen ganz. Sie dienen als Angriffs- und Verteidigungswaffen sowie auch als Werkzeug.

Strahlenbiologie (Radiobiologie) ↑Biophysik.

Strahlenflosser (Aktinopterygier, Actinopterygii), Unterklasse der Knochenfische, bei denen das basale Skelett der paarigen Flossen im Ggs. zu den Fleischflossern so weit verkürzt ist, daß keine Flossenstiele auftreten und die Flossen nur noch von Flossenstrahlen getragene Hautfalten darstellen. Mit Ausnahme der Quastenflosser und Lungenfische sind alle rezenten Arten der Knochenfische Strahlenflosser.

Strahlenparadiesvögel ↑Paradiesvögel.

Strahlenpilze (Aktinomyzeten, Actinomycetales), Ordnung von v.a. im Boden lebenden Bakterien: grampositive, teilweise säurefeste Zellen, die zu Hyphen und Myzelien auswachsen können; haben charakterist. Oberflächen- und Substratmyzelien mit typ. erdig-muffigem Geruch; zahlr. Arten liefern Antibiotika, einige rufen Strahlenpilzkrankheiten hervor.

Strahlensame (Heliosperma), Gatt. der Nelkengewächse mit 7 Arten in den Alpen und auf dem Balkan, in Deutschland nur eine Art; lockere Rasen bildende Stauden mit schmalen, linealförmigen Blättern; Blüten in lockeren Trugdolden, weiß oder rötl., mit gezähnten Kronblättern. Der in den sö. Kalkalpen und in Bosnien heim. **Alpen-Strahlensame** (Heliosperma alpestre) ist eine beliebte Zierpflanze für Steingärten und Trockenmauern.

Strahlentierchen (Radiolarien, Radiolaria), mit rd. 5000 Arten in allen Meeren verbreitete Klasse sehr formenreicher, meist mikroskop. kleiner Einzeller (Stamm Wurzelfüßer); Zellkörper meist kugelig, bildet aus Kieselsäure oder Strontiumsulfat häufig kugel- oder helmförmige Gehäuse, die mit zahlr. Öffnungen durchsetzt sind. Die S. ernähren sich entweder von Mikroorganismen, die an ihren fadenförmigen, durch die Gehäuseöffnungen gestreckten Scheinfüßchen haften bleiben, oder durch Symbiose mit Algen (Zooxanthellen). Die Fortpflanzung erfolgt ungeschlechtl. durch Zweiteilung (wobei eine Tochterzelle einen Teil des Gehäuses oder das gesamte Gehäuse neu bilden muß) oder vielfach auch geschlechtl. durch Bildung von Schwärmern. Die großen Arten vermögen Kolonien zu bilden. Die Anhäufung der Gehäuse abgestorbener S. führt zu Radiolarienschlamm.

Strandauster, svw. Sandklaffmuschel (↑Klaffmuscheln).

Stranddistel ↑Mannstreu.

Strandflieder ↑Widerstoß.

Strandflöhe (Talitridae), Fam. bis 3 cm langer Krebse (Ordnung Flohkrebse) mit zahlr. Arten in trop. und gemäßigt warmen Meeres-, Brack- und Süßgewässern sowie auf bzw. in feuchten Sandstränden; meist nachtaktive Tiere, die sich von angespülten Pflanzen und verendeten Kleintieren ernähren. Am bekanntesten sind der etwa 2 cm große **Küstenhüpfer** (Orchestia gammarellus) und der bis 1,5 cm lange **Strandhüpfer** (Gemeiner Strandfloh, Sandhüpfer, Talitrus saltator); Körper seitl. stark zusammengedrückt mit braunen oder blauen Flecken auf grauem Grund; springt bis 30 cm weit.

Strandgerste ↑Gerste.

Strandgrundel (Strandküling, Pomatoschistus microps), bis 5 cm langer Knochenfisch (Fam. Meergrundeln) in der Ostsee, bes. im Brackwasser, auch im Süßwasser; sandfarben; Körperseiten mit einer Längsreihe schwarzer Flecken, häufig auch mit Querbinden; Schwarmfisch.

Strandhafer (Helmgras, Sandrohr, Ammophila), Gatt. der Süßgräser mit drei Arten an den Küsten Europas, N-Afrikas und N-Amerikas; in Deutschland einheim. ist der **Gemeine Strandhafer** (Ammophila arenaria), eine 0,6–1 m hohe, weißlichgrüne, lange Ausläufer bildende Pflanze mit steif aufrechten Stengeln, von den Seiten her eingerollten Blättern und dichter gelber Ährenrispe; häufig zur Dünenbefestigung gepflanzt. Charakterpflanze der Dünen an der Nordsee- und Ostseeküste.

Strandhüpfer ↑Strandflöhe.

Strandigel, svw. ↑Strandseeigel.

Strandkasuarine ↑Keulenbaum.

Strandkiefer ↑Kiefer.

Strandkrabbe (Carcinus maenas), in gemäßigten und warmen Meeren beider Hemisphären weit verbreitete Krabbe, häufigste Krabbe in der Nordsee; Rückenpanzer 5,5 (♀) bis 6 cm (♂) breit; olivgrün bis bräunl., Unterseite oft rötl.; schlecht schwimmendes, an Land sehr flinkes, stets seitwärts laufendes Tier, das sich v. a. von Weichtieren, Flohkrebsen, Würmern und kleinen Fischen ernährt.

Strandkresse (Lobularia), Gatt. der Kreuzblütler mit nur wenigen Arten im Mittelmeergebiet. Die Art **Duftsteinrich** (Lobularia maritima), ein behaarter rasenbildender Halbstrauch mit lineal- bis lanzenförmigen Blättern und duftenden weißen Blüten, wird in Deutschland als einjährige Gartenzierpflanze kultiviert.

Strandküling, svw. ↑Strandgrundel.

Strandläufer (Calidris), Gatt. meisen- bis amselgroßer, relativ kurzbeiniger Schnepfenvögel mit rd. 20 Arten, v. a. an Meeres- und Süßwasserstränden N-Eurasiens und N-Kanadas (nichtbrütende Tiere auch an der dt. Nordseeküste); trippelnd laufende Watvögel mit oberseits vorwiegend grauem oder braunem bis rostrotem, unterseits weißl. Gefieder; Zugvögel, die weit wandern und sich oft in großen Scharen an südl. Küsten sammeln. Zu den S. gehört u. a. der häufig an der Nord- und Ostsee überwinternde, etwa 20 cm lange **Meerstrandläufer** (Calidris maritima), oberseits überwiegend grau, unterseits weiß; Beine und Schnabelwurzel gelb.

Strandnelke, svw. ↑Grasnelke.

Strandnelkengewächse, svw. ↑Bleiwurzgewächse.

Störche. Von links: Weißer Storch; Waldstorch; Sattelstorch

Strandroggen ↑Haargerste.

Strandsalzmiere ↑Salzmiere.

Strandschnecken (Littorinidae), Fam. der Schnecken, v.a. in den Gezeitenzonen der nördl. Meere; Gehäuse dickwandig, kugel- bis kegelförmig, mit hornigem Deckel; wichtigste Gatt. **Littorina,** zu der 6 Arten in europ. Meeren gehören; Gehäuse bis 4 cm lang, Algenfresser.

Strandseeigel (Strandigel, Psammechinus miliaris), bis etwa 4 cm großer, abgeflachter, grünl. Seeigel im nördl. Atlantik sowie in der Nord- und westl. Ostsee; Stacheln kurz, dunkelgrün, meist mit violetter Spitze.

Strasburger, Eduard, * Warschau 1. Febr. 1844, † Bonn 19. Mai 1912, dt. Botaniker. - Prof. in Jena und Bonn; bed. Arbeiten zur Zytologie, bes. über „Zellbildung und Zellteilung" (1875); auch wichtige Beiträge zur Gewebelehre der Pflanzen. 1894 begründete er (mit F. Noll u.a.) das „Lehrbuch der Botanik für Hochschulen".

Stratifikation (Stratifizierung), Einlagern von Samen oder Früchten in feuchtem Sand oder Torf bei niedrigen Temperaturen zur Verkürzung der Zeit der Samenruhe.

Stratum [lat.], in der Anatomie: flache, ausgebreitete Schicht von Zellen.

Strauch (Busch, Frutex), Holzgewächs, das sich vom Boden an in mehrere, etwa gleich starke Äste aufteilt, so daß es nicht zur Ausbildung eines Hauptstammes kommt.

Strauchbirke (Niedrige Birke, Nord. Birke, Betula humilis), von N-Deutschland bis Z-Asien und im nördl. Alpengebiet in Torfmooren vorkommende, 0,5–1,5 m hohe, strauchig wachsende Birkenart mit rutenförmigen Ästen und rundl. bis eiförmigen, hellgrünen, unregelmäßig gesägten Blättern.

Strauchbohne (Straucherbse, Taubenerbse, Cajanus), Gatt. der Schmetterlingsblütler mit der einzigen Art **Cajanus cajan;** bis 4 m hoher Halbstrauch mit gelben oder rotgelben Blüten in lockeren Trauben; Hülsen dicht behaart, mit drei bis acht erbsengroßen Samen.

Strauchflechten ↑Flechten.

Strauchpappel (Lavatere, Lavatera), Gatt. der Malvengewächse mit rd. 25 Arten, v.a. im Mittelmeergebiet; Kräuter, Sträucher oder Bäume mit meist behaarten, mehr oder weniger gelappten Blättern; Blüten einzeln, achselständig oder in endständigen Trauben, purpurrot bis blaß rosafarben. Neben der einjährigen **Sommer-Strauchpappel** (Sommerlavatere, Lavatera trimestris) mit großen rosafarbenen Blüten wird auch die blaßrot blühende **Thüringer Strauchpappel** (Lavatera thuringiaca) als Zierpflanze kultiviert.

Strauß [griech.-lat.] (Afrikan. S., Struthio camelus), bis fast 3 m hoher, langhalsiger und langbeiniger, flugunfähiger Vogel, v.a. in Halbwüsten, Steppen und Savannen Afrikas südl. der Sahara; an schnelles Laufen angepaßter Laufvogel (Höchstgeschwindigkeit 50 km/h), der gesellig lebt und sich vorwiegend von Blättern, Früchten und Kleintieren ernährt; Kopf klein, Beine stark bemuskelt, an den Füßen nur die dritte und vierte Zehe entwickelt; Gefieder des ♂ schwarz mit weißen Schmuckfedern an Flügeln und Schwanz *(„S.federn")*, die bei der Balz durch Abspreizen der Flügel dem einfarbig graubraunen ♀ gezeigt werden. - In eine Bodenmulde werden häufig von mehreren ♀♀ bis 20 Eier abgelegt, die vorwiegend vom ♂ bebrütet werden. Nach einer sechswöchigen Brutzeit führt und bewacht das ♂ die Jungen, die erst nach 3–4 Jahren geschlechtsreif werden.

Geschichte: Im alten Ägypten waren die Federn des S. Attribut der Göttin Maat. Nur der Pharao und die Mitglieder seiner Familie durften sich mit ihnen schmücken. In der christl. Symbolik dagegen wurde der S. zum Sinnbild der Heuchler und Simulanten, weil

Strauß

Meerstrandläufer

das Schlagen seiner Flügel ihn nicht zum Flug zu erheben vermag. Nicht der Realität entspricht, daß der S. bei Gefahr seinen Kopf in den Sand steckt (sog. *Vogel-S.-Politik*). - Im 19. Jh. spielten *S.federn* in der Mode eine große Rolle. Deshalb wurden S. in S.farmen gezüchtet, von denen die erste 1838 in S-Afrika angelegt wurde. Vom 15. bis zum 18. Jh. wurden *S.eier* in edle Metalle gefaßt, zu Prunkpokalen verarbeitet oder mit Reliefschnitzereien versehen.

Straußfarn (Trichterfarn, Matteuccia), Gatt. der Tüpfelfarngewächse mit nur wenigen Arten in der nördl. gemäßigten Zone; Blätter gefiedert (Wedel), verschiedengestaltig; Fiedern der sterilen Blätter gelappt, die der sporangientragenden Blätter ganzrandig und an der Spitze eingerollt. Die einzige einheim. Art ist der **Deutsche Straußfarn** (Matteuccia struthiopteris) mit bis 1,5 m hohen, trichterförmig um die sporangientragenden Blätter angeordneten, sterilen Blättern; häufig als dekorative Zierpflanze kultiviert.

Straußgras (Agrostis), Gatt. der Süßgräser mit rd. 200 Arten, v. a. im gemäßigten Bereich der N-Halbkugel und in den Gebirgen der Tropen; einjährige oder ausdauernde Gräser mit flachen oder borstenförmigen Blättern; Ährchen einblütig, meist in zierl., stark verzweigten, pyramiden- oder eiförmigen Rispen. Von den in Deutschland vorkommenden sechs Arten sind häufig das 10–60 cm hohe **Rote Straußgras** (Agrostis tenuis; Blütenrispe violett, auf Magerrasen, Heiden und in lichten Wäldern) und das als gutes Futtergras geschätzte, lange oberird. Ausläufer bildende **Weiße Straußgras** (Agrostis stolonifera). In den Hochgebirgen Europas ist das 20–30 cm hohe **Alpen-Straußgras** (Agrostis alpina) verbreitet: mit unterird. kriechenden, knieartig aufsteigenden Stengeln und oft schwarzvioletten Ährchen. Das ebenfalls heim., bis 1,5 m hohe **Fioringras** (Großes S., Agrostis gigantea) wird in Europa und N-Amerika häufig als Rasengras verwendet.

Streber (Aspro streber), etwa 12–18 cm langer, nachtaktiver Barsch im Stromgebiet der Donau; Körper spindelförmig langgestreckt, gelbbraun, mit vier bis fünf dunklen Querbinden und dünnem, langem Schwanzstiel.

Streckerspinnen (Kieferspinnen, Tetragnathidae), mit über 450 Arten fast weltweit verbreitete Fam. meist radförmige, zarte Netze webender Spinnen, darunter zehn einheim., bis 11 mm lange Arten; Körperform auffallend langgestreckt. S. nehmen bei Gefahr eine sog. *Streckstellung* ein (zwei Beinpaare nach vorn, zwei nach hinten), wodurch sie einem Stengel ähneln.

Streckmuskeln (Extensoren), Muskeln, die durch Kontraktion die gelenkig miteinander verbundenen Skeletteile, v. a. von Extremitäten, zum Strecken bringen und daher v. a. als Antagonisten zu den ↑Beugemuskeln fungieren.

Streckungswachstum, bei Pflanzen im Ggs. zum embryonalen Wachstum (Wachstum durch Zellvermehrung, v. a. in den Vegetationspunkten von Sproß und Wurzel) das nur auf Volumenvergrößerung durch Wasseraufnahme und Vakuolenbildung sowie plast. Zellwanddehnung beruhende Wachstum im Bereich der wenige Millimeter langen Streckungszonen, wodurch die pflanzl. Organe ihre definitive Länge erreichen. Das S. wird durch Pflanzenhormone gesteuert.

Streifenbachling (Rivulus strigatus), bis 3,5 cm langer Eierlegender Zahnkarpfen in den fließenden Süßgewässern Boliviens und N-Brasiliens (bes. im mittleren Amazonasgebiet); ♂ prächtig bunt: Rücken dunkeloliv, Seiten indigoblau mit Längsreihen kleiner, roter Tupfen und karminroten Querbinden, Kehle und Bauch orangefarben; ♀ blasser; Warmwasseraquarienfisch.

Streifenbarbe ↑Meerbarben.

Streifenbuntbarsch (Aequidens portalegrensis), bis 25 cm langer Buntbarsch in langsam fließenden und stehenden Süßgewässern S-Brasiliens und Paraguays; Körper seitl. zusammengedrückt, bläulich-, braun- bis rötlichschimmernd, mit breiter, dunkler Längsbinde an den Körperseiten und dunklem Fleck an der Schwanzwurzel; ♂ und ♀ zur Laichzeit oft ganz schwarz; Warmwasseraquarienfisch.

Streifenfarn (Asplenium), weltweit verbreitete Gatt. der Tüpfelfarngewächse mit rd. 700, teilweise epiphyt. lebenden Arten; Blätter einfach, gefiedert oder geteilt, gabelnervig. Von den elf einheim. Arten sind am bekanntesten der **Braune Streifenfarn** (Asplenium trichomanes) mit schwarzbraunen Blattstielen, der auf Kalkfelsen der Alpen vorkommende **Grüne Streifenfarn** (Asplenium viride) mit grünen Blattstielen, die ↑Mauerraute und der auf Bäumen siedelnde **Nestfarn** (Asplenium nidus; von O-Afrika über Asien bis Australien verbreitet; mit lanzenförmigen, pergamentartigen Blättern). Zahlr. Arten werden als Zierpflanzen kultiviert.

Streifengans ↑Gänse.

Streifengnu ↑Gnus.

Streifenhörnchen, Bez. für längsgestreifte, bes. in Asien, N-Amerika und Afrika beheimatete Nagetiere (Fam. Hörnchen), die häufig vom Menschen gehalten werden; z. B. Burunduk, Chipmunks und **Rotschenkelhörnchen** (Funisciurus); letztere mit rd. 15 Arten (Länge: 15–20 cm) in Afrika, südl. der Sahara.

Streifenhügel (Basalganglien), stammesgeschichtl. alter, basal gelegener Endhirnabschnitt der Säugetiere. Der S. besteht vorwiegend aus grauer Substanz und ist durch zahlr. Nervenfasern mit der Großhirnrinde verbunden. Als wichtiger Teil des extrapyramidalen Systems stellt er neben der Großhirnrinde eine zusätzl. Schaltstelle für Muskeltätigkeit und Bewegungskoordination dar.

Streifenhyäne ↑Hyänen.

Streifenschakal ↑Schakale.

Streifenskunk (Mephitis mephitis), einschließl. des buschig behaarten Schwanzes bis 70 cm langes, vorwiegend schwarzes Raubtier (Unterfam. Stinktiere), v. a. in buschreichen Landschaften N-Kanadas bis Mexikos; nachtaktives Tier mit breitem, weißem Längsstreif auf dem Nacken, der sich auf dem Vorderrücken in zwei weiße, bis zur Schwanzwurzel ziehende Bänder gabelt.

Streifenwanzen (Graphosoma), Gatt. rot-schwarz längsgestreifter Schildwanzen mit 7 Arten in Eurasien, davon zwei einheim.: **Graphosoma lineatum** (8–12 mm lang; nördl. bis zum Harz) und **Graphosoma semipunctatum** (10–13 mm lang; Binden auf dem Halsschild in Flecken aufgelöst; in Deutschland nur in S-Bayern).

Strelitzie (Strelitzia) [nach Charlotte Sophia Prinzessin von Mecklenburg-Strelitz, * 1744, † 1818], Gatt. der Bananengewächse mit vier Arten in S-Afrika; bis 5 m hohe, am Grunde verholzende Gewächse mit sehr großen, ledrigen, längl.-eiförmigen oder lanzenförmigen Blättern; Blüten prächtig, weiß und blau, von einer kahnförmigen, rötl. oder grünen Blütenscheide umgeben; vogelblütig; Frucht eine vielsamige Kapsel. Die bekannteste Art ist die 1–2 m hohe **Paradiesvogelblume** (Papageienblume, Strelitzia reginae), deren Blüten von einer grünen, rot gerandeten Blütenscheide umgeben sind; äußere Blütenhüllblätter orangefarben, die inneren sind zu einem blauen, die Staubblätter und den Griffel einschließenden, pfeilförmigen Organ umgebildet. - Abb. S. 182.

Streptococcus [griech.] ↑Streptokokken.

Streptokokken [griech.], Bakterien der Gatt. Streptococcus mit rd. 20 Arten aus der Gruppe der Milchsäurebakterien. Einige S. gehören zur normalen Flora der Schleimhäute des Nasen-Rachen-Raums und des Darms (↑Enterokokken). Streptococcus pyogenes und Streptococcus viridans rufen gefährl. Infektionen wie Kindbettfieber, Sepsis, Mittelohrentzündung, Wundeiterung und Entzündung der Herzinnenhaut hervor; toxigene hämolysierende Stämme verursachen Scharlach. Streptococcus lactis, Streptococcus cremoris und Streptococcus thermophilus spielen in der Milchwirtschaft als Säurewecker oder Starterkultur sowie bei der Herstellung von Gärfutter eine wichtige Rolle.

Streptolysine [griech.], von krankheitserregenden Streptokokken gebildete Exotoxine. Man unterscheidet zw. *Streptolysin O*, ein sauerstofflabiles Protein mit Antigencharakter, das im menschl. Organismus die Bildung von *Antistreptolysin O* (Infektionsnachweis!) bewirkt und von den Serotypen A, C und G gebildet wird, und *Streptolysin S* ohne Antigencharakter und Sauerstofflabilität, das bei sämtl. Serotypen vorkommt.

Streptomyces [griech.], artenreiche Gatt. der Streptomyzeten, die zahlr. Antibiotikabildner (Chloramphenikol, Streptomyzin u. a.) und zellulose- und chitinzersetzende Arten sowie Knallgasbakterien enthält.

Streptomyzeten (Streptomycetaceae) [griech.], Fam. der Strahlenpilze. Die pilzartigen Kolonien dieser Bakterien bestehen aus einem Substratmyzel und einem Oberflächenmyzel mit Konidienketten. Die S. sind überall verbreitete Bodenbewohner. Aus den rd. 500 Arten der Gatt. ↑Streptomyces und Streptoverticillium wurden Tausende von Antibiotika isoliert.

Stresemann, Erwin, * Dresden 22. Nov. 1889, † Berlin 20. Nov. 1972, dt. Ornithologe. - Prof. in Berlin; Arbeiten zur Tiergeographie, zur Systematik und Ökologie der Vögel und zur Geschichte der Ornithologie.

Streß [engl., zu distress „Qual, Erschöpfung"], von H. Selye 1936 geprägter Begriff für ein generelles Reaktionsmuster, das Tiere und Menschen als Antwort auf erhöhte Beanspruchung zeigen. Diese Beanspruchungen (**Stressoren**) können z. B. physikal. (Kälte, Hitze, Lärm), chem. (Schadstoffe, Drogen), medizin. (Infektionen) oder psych. Art (Isolation, Prüfungen, Belastungen in der Familie, der Schule oder in der Berufswelt) sein. In allen Fällen treten ähnl. Körperreaktionen auf. Diese umfassen eine über den Hypothalamus im Zwischenhirn ausgelöste Überfunktion der Nebennieren (erhöhter Tonus des sympath. Nervensystems, Ausschüttung von Adrenalin, Vergrößerung der Nebennierenrinde mit erhöhter Kortikosteroidproduktion) und Schrumpfung des Thymus und der Lymphknoten. - Ein gewisses Maß an S. *(Eustreß)* ist lebensnotwendig und ungefährlich. Langdauernder starker S. (**Disstreß**) kann jedoch gesundheitl. Schäden vielfältiger Art verursachen; häufig entstehen Magengeschwüre, Bluthochdruck oder Herzinfarkt.

Stressoren [engl.] ↑Streß.

Streufrüchte ↑Fruchtformen.

Strichvögel, Bez. für Vögel, die nach der Brutzeit meist schwarmweise in weitem Umkreis umherschweifen (z. B. Bluthänfling, Grünling, Goldammer, Stieglitz).

Strickleiternervensystem, das bei den Ringelwürmern und Gliederfüßern unterhalb des Darms als Bauchmark verlaufende Zentralnervensystem mit hintereinanderliegenden paarigen Ganglien.

Stridulationsorgane [lat./griech.] (Zirporgane), der Lauterzeugung dienende Einrichtungen bei Insekten; funktionieren durch Gegeneinanderstreichen von Kanten, Leisten und dergleichen (*Stridulation;* z. B. bei Grillen und Feldheuschrecken anzutreffen).

Stringocephalus [lat./griech.], ausge-

Strelitzie. Paradiesvogelblume

storbene, nur aus dem Mitteldevon bekannte Gatt. etwa 5–8 cm großer Armfüßer; mit stark gewölbten, dickschaligen Klappen.

Strobe [griech.] ↑Kiefer (Baum).

Strobilanthes [griech.], Gatt. der Akanthusgewächse mit rd. 200 Arten im trop. Asien und auf Madagaskar; Sträucher oder Halbsträucher mit oft bunten Blättern und violetten, blauen oder weißen Blüten in Ähren.

Strobilation [griech.], bei den Scheibenquallen vorkommende Form der ungeschlechtl. Fortpflanzung: Vom oberen Ende des Polypenstadiums werden durch ringförmige Einschnürungen scheibenförmige Vorstufen der späteren Medusengeneration abgegliedert.

Stroh, die trockenen Blätter und Stengel von gedroschenem Getreide, Hülsenfrüchtlern oder Öl- und Faserpflanzen.

Strohblume (Helichrysum), Gatt. der Korbblütler mit rd. 500 (außer in Amerika) weltweit verbreiteten Arten; Kräuter, Halbsträucher oder Sträucher mit ganzrandigen Blättern; Blütenköpfchen einzeln oder doldentraubig; Hüllblätter mehrreihig, dachziegelartig angeordnet, trockenhäutig, oft gefärbt. Neben der einheim., auf trockenen, kalkarmen Sandböden wachsenden **Sandstrohblume** (Sonnengold, Helichrysum arenarium; 10–30 cm hoch, weißwollig-filzig behaart; mit kugeligen, 6–7 cm großen Blütenköpfchen in Doldentrauben; zahlr. gold- oder zitronengelbe, trockenhäutige Hüllblätter, Blüten goldgelborange) werden verschiedene Arten, v. a. die in Australien heim. **Gartenstrohblume** (Helichrysum bracteatum; mit bis 8 cm breiten Köpfchen und verschiedenfarbigen Hüllblättern), zur Verwendung als Trockenblumen kultiviert.

Strohblumen, svw. ↑Immortellen.

Stroma [griech. „Decke, Lager"], (Grundgewebe) in der *Zoologie* und *Medizin* das die inneren Organe umhüllende und durchziehende, bindegewebige Stützgerüst.
◆ (Matrix) in der *Botanik* aus Proteinen bestehende, amorphe, pigmentfreie Grundsubstanz in allen photosynthet. aktiven Chromatophoren (↑Plastiden) mit dem in ihm eingebettet liegenden Chlorophyll.
◆ bei einigen *Schlauchpilzen* (z. B. Mutterkornpilz) vorkommender, plektenchymat., harter, artspezif. geformter Myzelkörper, der mehrere Fruchtkörper umschließt.

Stromanthe [griech.], Gatt. der Marantengewächse mit 13 Arten im trop. S-Amerika; Stauden mit großen, längl.-eiförmigen oder lanzenförmigen, bunten Blättern und großen Blütenständen mit lebhaft gefärbten Tragblättern.

Stromatolithen [griech.], Kalkausscheidungen von Blaualgen, ca. 3,5 Mrd. Jahre alt, zählen zu den ältesten Lebensspuren.

Stromatoporen (Stromatoporoidea) [griech.], fossile Ordnung der Nesseltiere vom Kambrium bis zur Kreide; mit kalkigem Skelett, massiv knollig bis ästig, auch Krusten bildend; z. T. riffbildende Hohltiere.

Strömer (Laugen, Friedfisch, Leuciscus agassizi), bis 25 cm langer, gestreckter Karpfenfisch im Oberlauf von Rhein und Donau; silbrig mit schwärzlichgrauem Rücken und blaurot glänzender Längsbinde.

Strömling (Balt. Hering), kleinwüchsige, bis 20 cm lange Rasse des Atlant. Herings in der östl. Ostsee.

Strömungssinn, die Fähigkeit im Wasser lebender Tiere, mit Hilfe spezif. (Seitenlinienorgane der Fische und Amphibienlarven) oder unspezif. (druckempfindl. Haare bei Wasserinsekten) mechan. Sinnesorgane Strömungen wahrzunehmen und sich in ihnen zu orientieren.

Strophanthine [griech.], Sammelbez. für mehrere, v. a. in Strophanthusarten enthaltene, früher als Pfeilgifte verwendete, bei intravenöser Anwendung herzwirksame Glykoside. Therapeut. wichtig sind v. a. das aus Strophanthus gratus und dem ostafrikan. Ouabaio-Baum gewonnene *g-S.* (**Ouabain**) und die aus Strophanthus kombe gewonnenen Verbindungen *k-S.* und *k-Strophanthosid.*

Strophanthus [griech.], Gatt. der Hundsgiftgewächse mit 50 Arten in den trop. Gebieten Afrikas und Asiens; Lianen mit glockenförmigen Blüten und Balgfrüchten. Die Samen enthalten giftige, herzwirksame Glykoside (↑Strophanthine).

Strubbelkopf (Schwarzer Schuppenröhrling, S.röhrling, Strobilomyces floccopus), seltener Röhrling (Schuppenröhrling), von Sommer bis Herbst in Laubwäldern vorkommend; Hut 8–15 cm breit, grobschuppig, graubraun bis braunschwarz; Röhren grob, blaßgrau bis graubraun; Stiel beringt, unter dem Ring schwarzschuppig, oben glatt und grau; Fleisch blaßgrau, rötl. anlaufend; eßbar.

Strudelwürmer (Turbellaria), mit rd. 3 000 Arten weltweit v. a. in Meeres-, Brack- und Süßgewässern verbreitete Klasse etwa 0,05 bis maximal 60 cm langer Plattwürmer; vorwiegend freilebende, sich teils von Mikroorganismen, teils räuber. ernährende Tiere mit dichtem, häufig den ganzen Körper bedeckendem Wimpernkleid, mit dessen Hilfe sie sich schwimmend fortbewegen; verschiedene Arten können auch kriechen; Körper oft dorsiventral stark abgeflacht. - Zu den S. gehören u. a. die Planarien und Acoela.

Strudler, meist festsitzende Tiere, die durch Wimpern- oder Gliedmaßenbewegungen einen Wasserstrom in die Mundöffnung hinein erzeugen und sich damit kleine, im Wasser schwebende Organismen und organ. Substanzen als Nahrung zuführen; z. B. Wimpertierchen, Schwämme, Röhrenwürmer, Rankenfüßer, Muscheln, Manteltiere und Lanzettfischchen.

Strughold, Hubert, * Westtünnen (= Hamm) 15. Juni 1898, dt.-amerikan. Physiologe. - 1935–45 Direktor des Luftfahrtmedizin. Forschungsinst. in Berlin; ab 1962 Prof. für Luftfahrtmedizin in Brooks Air Force Base (Tex.); bed. Arbeiten über die humanphysiolog. bzw. medizin. Bedingungen und Probleme bei der Luft- und Raumfahrt.

Strukturgen ↑Genregulation.

Strukturtauben, durch charakterist. Gefiederstrukturen ausgezeichnete Haustaubenrassen, z. B. **Perückentaube** (mit mächtigem, kugeligem Federbausch [Perücke], der den Kopf und den Hals bis zur Brust umschließt, läßt Stirn und Gesicht frei) und **Pfautaube** (beim Imponiergehabe bilden die gespreizten Schwanzfedern ein senkrecht getragenes [pfauenartiges] Federrad).

Strumpfbandfisch (Lepidopus caudatus), bis etwa 2 m langer Knochenfisch im Mittelmeer und östl. Atlantik; Körper bandförmig, mit sehr langer Rücken- und kleiner Schwanzflosse.

Strumpfbandnattern (Thamnophis), Gatt. der Echten Nattern mit zahlr., 50–150 cm langen Arten, verbreitet von S-Kanada bis Mexiko; schlank, viele Arten mit drei hellen Längsstreifen; lebendgebärende Schlangen, die sich v. a. in der Nähe von Gewässern aufhalten.

Strychnin [griech.], giftiges, farblose, schwer wasserlösl. Kristalle bildendes Alkaloid aus den Samen des Brechnußbaumes; lähmt bei Säugetieren und beim Menschen hemmende Synapsen, so daß es schon bei geringen Reizen zu heftigen Krämpfen kommt; der Tod tritt durch Atemlähmung ein (tödl. Dosis für einen Erwachsenen: 100–300 mg).

Strychnos [griech.], Gatt. der Loganiengewächse mit rd. 150 Arten in den Tropen; Bäume, Sträucher oder Lianen mit häutigen oder ledrigen, drei- bis fünfnervigen Blättern; Blüten radiär, in Trugdolden oder Trauben stehend; Beerenfrüchte. Zur Gatt. S. gehören zahlr. durch Alkaloide giftige Arten, z. B. der Brechnußbaum, aus dessen Samen Strychnin gewonnen wird. Mehrere in S-Amerika heim. Arten liefern Kurare. Aus der Rinde afrikan. Arten werden Pfeilgifte hergestellt.

Stubenfliege, (Große S., Gemeine S., Musca domestica) v. a. in menschl. Siedlungen weltweit verbreitete, etwa 1 cm lange Echte Fliege; Körper vorwiegend grau mit vier dunklen Längsstreifen auf der Rückenseite des Thorax; sehr lästiges, als Krankheitsüberträger gefährl. Insekt, dessen ♀ jährl. bis zu 2 000 Eier an zerfallenden organ. Substanzen

Stummelfüßer. Längsschnitt

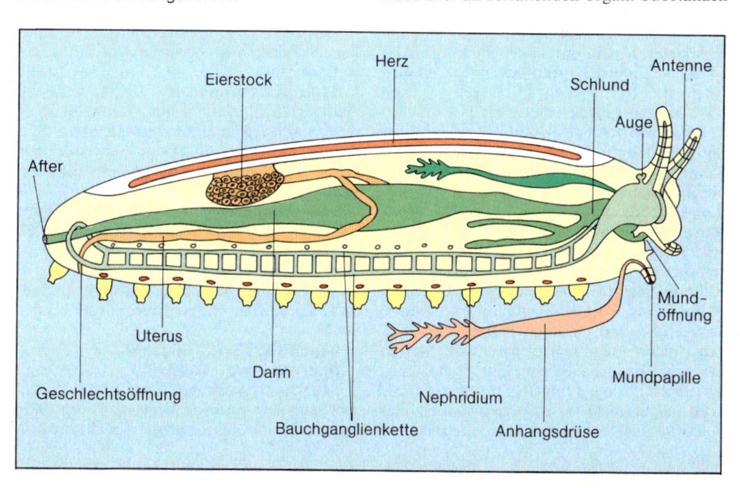

ablegt, wo sich auch die Larven entwickeln. Die Nahrung wird durch Speichel verflüssigt und mit Hilfe des polsterförmigen Rüsselendabschnitts aufgenommen.
◆ (Kleine S., Hundstagsfliege, Fannia canicularis) 4–6 mm lange ↑Blumenfliege; unterscheidet sich von der Großen S., außer durch die geringere Größe u. a. durch gelbl. Flecken am Hinterleib.

Studentenblume, svw. ↑Sammetblume.

Studentenröschen, svw. Sumpfherzblatt (↑Herzblatt).

Stuhl, svw. ↑Kot.

Stuhlentleerung (Stuhlgang, Defäkation), die Ausscheidung von v. a. unverdaul., nicht aus dem Darm resorbierten, unlösl. Stoffen (Ballaststoffe, ↑auch Kot) durch die Afteröffnung nach außen. Die unverdaul. Reste der intrazellulären Verdauung werden ebenfalls über den Darmtrakt ausgeschieden. Die S. ist ein reflektor., willkürl. kontrollierbarer Vorgang, der nach sog. großen Dickdarmbewegungen durch die Füllung des Mastdarms eingeleitet wird. Der dadurch ausgelöste Stuhldrang wird von Dehnungsrezeptoren in der Darmwand über afferente Nerven zum Sakralmark vermittelt, dessen Reflexzentrum vom zweiten Lebensjahr an unter der Kontrolle des Großhirns steht. Zur S. wird der innere (glatte) Afterschließmuskel reflektor., der äußere (quergestreifte) zusätzl. willkürl. entspannt und außerdem die Bauchpresse zur Unterstützung der aktivierten Darmmuskulatur in Tätigkeit gesetzt. - **Stuhlverstopfung** kann sich entwickeln, wenn der Defäkationsreflex öfter willkürl. unterdrückt wird.

Stülpnasenotter (Vipera latasti), bis 60 cm lange Viper in trockenen, von Felsen durchsetzten Gebieten SW-Europas und NW-Afrikas; Schnauzenspitze nach oben gebogen; Rücken grau (♂), braun oder rötlichbraun (♀), mit wellenförmigem Band aus dunkelbraunen, schwarz gerandeten Rauten; Flanken jederseits mit einer Reihe dunkler Flecken; Unterseite grau oder gelbl., dunkel gesprenkelt; Giftschlange, die sich v. a. von Mäusen und Eidechsen ernährt.

Stummelaffen (Colobus), Gatt. der Schlankaffen mit drei Arten in den Wäldern des trop. Afrika (darunter die als *Guerezas* bezeichneten zwei Arten Colobus abyssinicus und Colobus polykomos), Länge 50–80 cm, mit etwa ebensolangem Schwanz; Daumen rückgebildet; baumbewohnende, gut kletternde und springende Blattfresser.

Stummelfüßer (Onychophora), seit dem Kambrium bekannter, heute mit rd. 70 Arten in feuchten Biotopen der Tropen und südl. gemäßigten Regionen verbreiteter Stamm der Gliedertiere; Körper 1,5–15 cm lang, wurmförmig, eng geringelt, entweder dunkelgrau bis braunrot (Fam. *Peripatidae*) oder blaugrün gefärbt (Fam. *Peripatopsidae*); mit einem Paar Fühler an dem kaum abgesetzten Kopf und 14–43 Paar Stummelfüßen (verkürzte und kaum gegliederte Anhänge mit Extremitätenfunktion) mit chitinigen Klauen; nachtaktive Tiere mit Wehrdrüse, die ein schleimiges, an der Luft sofort klebrig werdendes Sekret (kann bis 50 cm weit gespritzt werden) absondert. - Abb. S. 183.

Stummelfußfrösche (Stummelfußkröten, Atelopodidae), Fam. kleiner bis mittelgroßer Froschlurche in M- und S-Amerika mit über 30 Arten in Gebirgswäldern und in Gewässernähe; sehr auffällig gelb, rot und schwarz gefärbt; Gliedmaßen meist lang und dünn, innere oder die beiden innersten Zehen teilweise oder völlig rückgebildet. Zu den S. gehört u. a. die in SO-Brasilien vorkommende, leuchtend gelbe, etwa 2 cm große **Sattelkröte** (Brachycephalus ephippium), mit kreuzförmiger Knochenplatte in der Rückenhaut.

Stummelschwanzagutis (Dasyprocta), Gatt. vorwiegend tagaktiver Nagetiere (Fam. Agutis) mit sieben Arten in M- und S-Amerika (mit Ausnahme des S); Länge 40 bis 60 cm; Schwanz stummelförmig; graben Erdbaue; am bekanntesten der ↑Guti.

Stummelschwänzigkeit, durch mutationsbedingte Verringerung der Schwanzwirbelzahl bei Haussäugetieren auftretende Schwanzverkürzung. Durch Weiterverwendung der Mutanten zur Zucht entstanden stummelschwänzige Rassen, z. B. beim Haushund der Rottweiler (mit *Stummelrute*).

Stumpfdeckelmoose (Amblystegiaceae), Fam. der Laubmoose mit 15 Gatt. und rd. 240 Arten in den gemäßigten Zonen der N- und S-Halbkugel und in trop. Hochgebirgen; auf Grund der überwiegend zweizeiligen Verzweigung und Beblätterung fiederblattähnliches Aussehen; Sporenkapsel mit stumpfkegelförmigem Deckel. Bekannte heim. Gatt. sind das mit vier Arten vertretene **Stumpfdeckelmoos** (Amblystegium) und das in Sümpfen und auf feuchten Wiesen vorkommende **Spießmoos** (Acrocladium) mit zugespitzten Stämmchen.

Stumpfnasenaffen (Rhinopithecus), Gatt. der Schlankaffen mit vier Arten, v. a. in Bergwäldern und Bambusdickichten SO-Asiens; Länge rd. 50–80 cm, Schwanz über körperlang; Färbung auffallend kontrastreich; Nase aufgebogen.

Sturmhauben (Cassidae), Fam. oft bunt gefärbter Meeresschnecken, deren Schalen durch die letzte umfangreiche Windung helm- oder „sturmhaubenförmig" aussehen; z. B. **Große Sturmhaube** (Cassis cornuta) im Ind. und Pazif. Ozean, mit bis 25 cm langer, bunter Schale.

Sturmhut, svw. ↑Eisenhut.

Sturmmöwe ↑Möwen.

Sturmschwalben (Hydrobatidae), Fam. sperlings- bis amselgroßer, meist schwärzlicher oder braunschwarzer (teilweise weißlicher) ↑Sturmvögel (Röhrennasen) mit fast 20 Arten im Bereich aller Weltmeere. Zu den S. gehören u. a. der **Wellenläufer** (Oceanodroma leucorrhoa), über 20 cm lang, v. a. über dem N-Atlantik und N-Pazifik; unterscheidet sich von der gewöhnl. S. durch den tief gegabelten Schwanz; die **Gewöhnl. Sturmschwalbe** (Hydrobates pelagicus), über dem östl. N-Atlantik und Mittelmeer; mit schwärzl. Gefieder und weißem Bürzel.

Sturmtaucher (Procellariinae), Unterfam. etwa 25–50 cm langer, vorwiegend braun bis grau gefärbter Sturmvögel mit mehr als 40 Arten über allen Meeren; häufig nach Fischen und Kopffüßern tauchende Vögel, die bevorzugt auf Inseln warmer und gemäßigter Regionen brüten. - Zu den S. gehört u. a. der etwa krähengroße, oberseits graubraune, unterseits weiße **Gelbschnabelsturmtaucher** (Puffinus diomedea); mit gelbem Schnabel; über dem N-Atlantik und Mittelmeer.

Sturmvögel, (Röhrennasen, Procellariiformes) Ordnung etwa 15–130 cm langer, meist sehr gewandt fliegender Vögel mit rd. 90 Arten über allen Meeren von der Arktis bis zur Antarktis; Schnabel aus mehreren schmalen, längs verlaufenden Hornstücken zusammengesetzt; Füße mit Schwimmhäuten; ernähren sich vorwiegend von Fischen, Kopffüßern und Quallen. Die meisten Arten können eine von den Drüsenmagenzellen sezernierte ölige Flüssigkeit Angreifern meterweit entgegenspritzen. Man unterscheidet vier Fam.: Albatrosse, S. im engeren Sinne, Sturmschwalben und Tauchersturmvögel.

◆ (S. im engeren Sinne, Möwen-S., Procellariidae) Fam. möwenähnl. aussehender Hochseevögel mit rd. 50 Arten über allen Meeren; bis 85 cm lang. Hierher gehören u. a. ↑Sturmtaucher und die etwa 36 cm große **Kaptaube** (Kap-S., Daption capensis); mit schwarzem Kopf, schwarzweiß gescheckter Oberseite und weißer Unterseite; über den Südmeeren.

Stute, Bez. für ein geschlechtsreifes ♀ Tier der Fam. Pferde und der Kamele. - ↑auch Hengst.

Stützblatt, svw. ↑Braktee.

Stützgewebe, pflanzl., tier. und menschl. Gewebe, das dem Organismus Festigkeit und Stütze gibt. Bei den Pflanzen wird das S. i. d. R. ↑Festigungsgewebe genannt. Bei den Tieren und beim Menschen ist es das ↑Bindegewebe, das die Aufgabe eines S. hat, v. a. (bei den Wirbeltieren) in Form des Knorpel- und Knochengewebes.

Stutzkäfer (Histeridae), weltweit verbreitete Käferfam. mit über 3 500 Arten, davon rd. 80 einheim.; Körper meist gedrungen, 1–10 mm lang, sehr hart gepanzert, glänzend schwarz, mit hinten abgestutzten, oft rot gefleckten Flügeldecken.

Stützwurzeln, svw. ↑Stelzwurzeln.

Stygal [griech.], in der Ökologie Bez. für ein mit Sauerstoff und organ. Zerfallsprodukten versorgtes Grundwasser im Hohlraumsystem wasserführender Bodenschichten (Sand, Kies, Schotter) als Lebensraum angepaßter Organismen, der Stygobionten (u. a. Ruderfußkrebse, Ringel- und Fadenwürmer, Brunnenkrebse, Höhlenasseln).

Stygobionten [griech.] ↑Stygal.

Styli, Mrz. von ↑Stylus.

Stylus (Mrz. Styli) [lat.], in der Zoologie griffelartiges Rudiment von Gliedmaßen am Hinterleib mancher Insekten.

◆ in der *Botanik* ↑Griffel.

Styracosaurus [griech.], ausgestorbene, nur aus der Oberkreide (bes. N-Amerika) bekannte Gatt. etwa 3–4 m langer Dinosaurier; pflanzenfressende, auf ihren vier Beinen sich fortbewegende Reptilien, die gegen Angriffe räuber. Dinosaurier mit horn- und stachelförmigen Auswüchsen am Kopf (v. a. am Nackenschild) ausgerüstet waren.

Styraxbaum (Storaxbaum, Styrax), Gatt. der S.gewächse mit rd. 100 Arten in den Tropen und Subtropen (mit Ausnahme Afrikas); immergrüne oder laubabwerfende Sträucher oder Bäume, deren Zweige und Blätter mit sternförmigen Haaren besetzt sind; Blüten weiß, einzeln, achselständig oder in endständigen Trauben. Bekannte Arten sind der ↑Benzoebaum und der **Echte Styraxbaum** (Styrax officinalis), ein in S-Europa und Kleinasien beheimateter kleiner Baum; aus ihm wurde früher durch Einschneiden der Rinde das Balsamharz Storax gewonnen.

subalpine Stufe ↑Vegetationsstufen.

Subcutis, svw. Unterhaut (↑Haut).

Suberine (Korkstoffe), hochmolekulare, gas- und wasserundurchlässige pflanzl. Stoffe in den Zellwänden von Korkgeweben; chem. Ester gesättigter und ungesättigter Hydroxy- und Dicarbonsäuren.

Subitaneier [lat./dt.] (Sommereier), in Anpassung an die klimat. Umweltbedingungen von manchen (zweierlei Arten von Eiern produzierenden) niederen Tieren (z. B. Rädertiere, Strudelwürmer, Wasserflöhe, Blattläuse) in der wärmeren Jahreszeit meist in größerer Anzahl abgelegte dünnschalige, schnell (oft parthenogenet.) sich entwickelnde, dotterarme und daher kleinere Eier im Ggs. zu den ↑Dauereiern; dienen der raschen Ausbreitung der Art im Frühjahr und Sommer.

Subletalfaktor (Semiletalfaktor), ein ↑Letalfaktor, der mehr als 50% der betroffenen Individuen vorzeitig absterben läßt.

submers [lat.], untergetaucht; unterhalb der Wasseroberfläche befindl. oder lebend. - Ggs. ↑emers.

Subregion, Teilgebiet einer ↑tiergeographischen Region.

subsp., Abk. für: **Subspecies** (↑Unterart).

Subspezies, svw. ↑Unterart.

Substantia [lat.], in der *Anatomie:* Stoff (Substanz), Material, Struktur, woraus ein

Organ bzw. Organteil oder ein Gewebe besteht, z. B. *S. alba, S. grisea* (die weiße Substanz bzw. graue Substanz im Zentralnervensystem).

Substitution [lat.], in der *Neuro[physio]logie* die Übernahme von Funktionen durch unbeschädigte Hirnareale bei gehirnorgan. Ausfällen.
◆ bei der *Konditionierung* der Ersatz des unbedingten Reizes durch einen bedingten Reiz (↑ bedingter Reflex).

Substrat [lat.], in der *Mikrobiologie* svw. ↑ Nährboden.

Subungulata [lat.] (Paenungulata), seit dem Paläozän bekannte Überordnung massiger, etwa nashorn- bis elefantengroßer Säugetiere, aus denen sich möglicherweise die rezenten Rüsseltiere, Schliefer und Seekühe entwikkelt haben; mit hufähnl. Nägeln an den mehrzehigen Gliedmaßen.

Suctoria [lat.], svw. ↑ Flöhe.

Südamerikanische Riesenkröte, svw. ↑ Agakröte.

Südamerikanischer Lungenfisch, svw. ↑ Schuppenmolch.

Südamerikanische Sardelle, svw. ↑ Anchoveta.

Südamerikanisches Opossum ↑ Opossums.

Sudanide, negrider Menschenrassentyp; mittelgroß, dunkelbraun, langschädelig; mit dichtem, braunschwarzem Kraushaar und breiter, flacher Nase; in offenen Savannengebieten des Sudans und an der Guineaküste.

Südfrösche (Leptodactylidae), sehr artenreiche Fam. etwa 1–20 cm langer Froschlurche in Amerika (S-Amerika bis südl. N-Amerika), S-Afrika, Australien und Neuguinea; Eier werden in Schaumnestern im Wasser, häufig aber auch an Land abgelegt. - Zu den S. gehören u. a. Pfeiffrösche, Nasenfrösche, Gespenstfrösche.

Südkaper ↑ Glattwale.

Sudor [lat.] ↑ Schweiß.

Südrobben (Lobodontinae), Unterfam. etwa 2–4 m langer Robben mit vier Arten in antarkt. Meeren; häufig in großen Meerestiefen schwimmende Tiere, die sich nach dem Echolotprinzip (ähnl. wie die Fledermäuse) orientieren und mit dem Treibeis nach N wandern; Krallen an den Hinterflossen rückgebildet. - Zu den S. gehört u. a. der Seeleopard (↑ Robben).

Suidae [lat.], svw. ↑ Schweine.

Sukkulenten [lat.] (Fettpflanzen, Saftpflanzen), v. a. in Trockengebieten verbreitete Pflanzen (↑ Xerophyten), die Wasser über lange Dürreperioden hinweg in bes. großzelligem Grundgewebe speichern können. Je nach Lage des wasserspeichernden Gewebes im Pflanzenkörper unterscheidet man: *Blatt-S.* mit fleischig verdickten Blättern (z. B. Aloe, Agave, Fetthenne), *Stamm-S.*, deren mehr oder weniger verdickte Sproßachsen wegen fehlender oder reduzierter Blätter auch der Assimilation dienen (v. a. Kaktus- und Wolfsmilchgewächse) und *Wurzel-S.* (einige Arten der Pelargonie).

Sukkulenz [lat.], fleischig-saftige Beschaffenheit pflanzl. Organe durch reichl. Ausbildung wasserspeichernden Grundgewebes.

Sukzession [lat.], in der *Ökologie* die zeitl. Abfolge der an einem Standort einander ablösenden Pflanzen- oder/und Tiergesellschaften, indem diese auf eine Folge einseitig gerichteter (irreversibler) Vorgänge (Umweltveränderungen) reagieren. S. finden sich z. B. anläßl. der Verlandung eines Sees oder in der Folge eines Waldbrandes.

Sulcus (Mrz. Sulci) [lat.], Bez. für eine Furche auf einem Organ oder der Haut.

Sulfatatmung, svw. ↑ Desulfurikation.

Sumach [arab.] (Rhus), Gatt. der Anakardiengewächse mit rd. 60 Arten im gemäßigten Asien, im Mittelmeergebiet und in N-Amerika; sommer- oder immergrüne Bäume oder Sträucher, z. T. kletternd; Blätter dreizählig oder unpaarig gefiedert; Blüten meist unscheinbar, in Rispen; mit kleiner, trockener Steinfrucht. Viele Arten sind giftig, v. a. der **Kletternde Giftsumach** (Rhus radicans). Als Ziergehölz wird u. a. der **Hirschkolbensumach** (Rhus typhina, *Essigbaum*) angepflanzt; 5–12 m hoher Baum mit samtig behaarten Zweigen und gefiederten Blättern; Herbstfärbung orange bis scharlachrot; Blüten grünl., in 15–20 cm langen, dichten Rispen; Früchte rot, in kolbenartigen Ständen. Der **Sizilian. Sumach** wurde seit der Antike vielfach verwendet: Die Blätter dienten zum Gerben von Leder und als Haarfärbemittel, die Rinde zum Färben von Wolle; die Früchte wurden als Gewürze verwendet. Die Blätter und jungen Triebe dienen noch heute zum Gerben des Saffianleders.

Sumatrabarbe [zu'ma:tra, 'zu:matra] (Viergürtelbarbe, Puntius tetrazona tetrazona), bis 6 cm lange Gürtelbarbe in den Süßgewässern Sumatras und Borneos; Körper hochrückig, seitl. zusammengedrückt, gelb, mit vier breiten, schwarzen Querstreifen und roten Zeichnungen auf Bauch- und Rückenflosse; gegenüber anderen Arten aggressiver Warmwasseraquarienfisch.

Sumatraelefant [zu'ma:tra, 'zu:matra] ↑ Elefanten.

Sumatranashorn [zu'ma:tra, 'zu:matra] ↑ Nashörner.

Sumatratiger [zu'ma:tra, 'zu:matra] ↑ Tiger.

Sumpfbiber, svw. ↑ Biberratte.

Sumpfbinse, svw. ↑ Sumpfried.

Sumpfblume (Limnanthes), Gatt. der Sumpfblumengewächse (Limnanthaceae; acht Arten in zwei Gatt.) mit sieben Arten im westl. N-Amerika; einjährige, niederliegende Kräuter mit wechselständigen, fiederteiligen Blättern; Blüten einzeln, achselständig, fünfzählig. Die Art *Limnanthes douglasii* (S. im engeren Sinn) aus Kalifornien mit zahlr. gelben, duftenden Blüten wird als Sommerblume und gelegentl. auch als Salatpflanze kultiviert.

Sumpfdeckelschnecken (Viviparidae), Fam. im Süßwasser lebender Schnecken (Unterklasse Vorderkiemer) mit zwei einheim. Arten: die **Gemeine Sumpfdeckelschnecke** (Viviparus contectus) in stehenden Gewässern und die **Stumpfe Sumpfdeckelschnecke** (Viviparus viviparus) in fließenden Gewässern; beide Arten lebendgebärend; Gehäuse bauchig gewunden (bei der Stumpfen S. mit abgerundeter Spitze); bis 4 cm hoch, grünlichbraun mit dunkleren Bändern; Dekkel hornartig.

Sumpfdotterblume ↑Dotterblume.

Sumpfeibe, svw. ↑Sumpfzypresse.

Sumpfenzian ↑Tarant.

Sumpffliegen (Ephydridae), mit rd. 1 000 Arten (in Europa über 200) weltweit verbreitete Fam. meist kleiner bis sehr kleiner, unscheinbar grauer oder brauner Fliegen, v. a. in der Nähe von Gewässern oder Sümpfen, wo die Imagines vorwiegend räuber. von kleinen Insekten leben. Die Larven minieren meist in Wasser- oder Landpflanzen.

Sumpffreund (Limnophila), Gatt. der Rachenblütler mit rd. 40 Arten in O-Afrika, S-Asien und Australien; teilweise untergetaucht lebende Wasserpflanzen; Aquarienpflanzen.

Sumpfherzblatt ↑Herzblatt.

Sumpfhühner (Sumpfhühnchen, Porzana), weltweit verbreitete Gatt. etwa 15–25 cm langer Rallen mit 13 Arten in vegetationsreichen Sümpfen und Sumpfgewässern; Oberseite vorwiegend bräunl. bis schwarzbraun, oft weiß getüpfelt; Unterseite hell, mit schwarz und weiß gestreiftem Bauch. - Zu den S. gehört u. a. das kaum starengroße **Zwergsumpfhuhn** (Porzana pusilla); Oberseite braun, Unterseite (mit Ausnahme des schwarz-weiß gestreiften Bauchs) blaugrau; in manchen Gegenden des gemäßigten und südl. Europas und Asiens, ferner in Australien, Neuseeland sowie in O- und S-Afrika.

Sumpfklee, svw. ↑Fieberklee.

Sumpfkrebs (Galiz. Krebs, Stachelkrebs, Astacus leptodactylus), 11–14 cm langer Flußkrebs in Flüssen O-Europas; dunkeloliv- bis rotbraun; Kopfbruststück und Scheren schmaler als beim Edelkrebs; Panzer nur schwach verkalkt.

Sumpfkresse (Rorippa), Gatt. der Kreuzblütler mit fünf einheim. Arten; Kräuter oder Stauden mit fiederteiligen oder einfachen Blättern und gelben Blüten; auf feuchten Wiesen.

Sumpfkrokodil ↑Krokodile.

Sumpflilien (Helobiae), Unterklasse der Einkeimblättrigen mit über 400 weltweit verbreiteten Arten in neun Fam.; ausschließl. Wasser- und Sumpfpflanzen. - Zu den S. gehören u. a. die Froschlöffel-, Schwanenblumen-, Froschbiß-, Blumenbinsen-, Wasserähren-, Laichkraut- und Nixenkrautgewächse.

Sumpfmeise ↑Meisen.

Sumpfmücken, svw. ↑Stelzmücken.

Sumpfohreule (Asio flammeus), annähernd 40 cm lange, braune Art der Ordnung ↑Eulenvögel.

Sumpfpflanzen (Helophyten, pelogene Pflanzen), Pflanzen, deren Wurzeln und untere Sproßteile sich meist ständig im Wasser bzw. in wasserdurchtränkter Erde befinden.

Sumpfquendel (Peplis), Gatt. der Weiderichgewächse mit drei Arten in den gemäßigten Gebieten der Nordhalbkugel. Die einzige einheim. Art ist der einjährige **Gewöhnl. Sumpfquendel** (Peplis portula) mit niederliegenden, 5–30 cm langen, roten Stengeln, gegenständigen, eiförmigen Blättern und rötlichweißen, kleinen Blüten; auf feuchten Böden an Ufern und auf Äckern.

Sumpfreis ↑Reis.

Sumpfried (Sumpfsimse, Sumpfbinse, Eleocharis), weltweit verbreitete Gatt. der Riedgräser mit über 100 Arten; meist ausdauernde Pflanzen mit gefurchten Stengeln und endständigen, mehrblütigen Ährchen. Eine bekannte Art ist die 8–60 cm hohe **Gemeine Sumpfbinse** (Eleocharis palustris; mit nur einem einzigen, 5–20 mm langen, braunen Ährchen; in Verlandungszonen und Flachmooren).

Sumpfschildkröten (Emydidae), mit rd. 80 Arten umfangreichste Fam. der Schildkröten (Unterordnung ↑Halsberger), v. a. in den wärmeren Zonen der nördl. Erdhalbkugel; überwiegend wasserbewohnende Reptilien mit meist flach gewölbtem, ovalem Panzer. - Neben den ↑Schmuckschildkröten und den ↑Scharnierschildkröten gehört hierher die **Europ. Sumpfschildkröte** (Emys orbicularis): urspr. an vegetationsreichen stehenden und langsam fließenden Süßgewässern großer Teile Europas, NW-Afrikas und W-Asiens (in M-Europa heute nur noch in der Mark Brandenburg, im Oder-Weichsel-Gebiet und an einigen Stellen W-Deutschlands); Panzerlänge bis 30 cm; Rückenpanzer fast schwarz, gelb getüpfelt oder mit strahlenförmiger Zeichnung; Bauchpanzer bräunl., mit verwaschenen gelbl. Flecken; Kopf und Hals dunkel, ebenfalls gelb gefleckt; ernährt sich v. a. von Wirbellosen, Amphibien und kleinen Fischen; steht in Deutschland unter Naturschutz.

Sumpfschnepfen (Gallinago), Gatt. etwa 30–40 cm langer Schnepfenvögel mit zwölf Arten, deren äußere Schwanzfedern durch beiderseitige Verengung harte Federschäfte besitzen, mit deren Hilfe die Tiere während des Balzflugs durch die Anströmung artspezif. schrille bis meckernde Töne hervorbringen. -

Zu den S. gehören in M-Europa ↑Bekassine, ↑Doppelschnepfe und Zwergschnepfe.

Sumpfschrecke (Mecostethus grossus), 1,6–3,5 cm große, von M-, N- und O-Europa bis Sibirien verbreitete Feldheuschrecke auf nassen Wiesen, an Teich- und Seeufern; grünl. bis grünlichgelb, manchmal zart weinrot, Hinterschenkel teilweise leuchtend rot, innen schwarz gefleckt, Hinterschienen gelblich.

Sumpfwurz, (Stendelwurz, Epipactis) Orchideengatt. mit rd. 20 Arten in den gemäßigten Gebieten der Nordhalbkugel; Blüten mit ungespornter Lippe und rötl. oder grünl. Blütenhüllblättern. Die bekannteste einheim. Art ist die auf Sumpfwiesen vorkommende, 20–50 cm hohe **Echte Sumpfwurz** (Weiße S., Epipactis palustris): Blüten mit rötlichbraunen Hüllblättern und weißer, rot geäderter Lippe in lockerer, nach einer Seite gewendeter Traube.

◆ svw. ↑Drachenwurz.

Sumpfzypresse (Sumpfeibe, Sumpfzeder, Taxodium), Gatt. der S.gewächse mit drei Arten im südl. N-Amerika einschl. Mexiko; hohe Bäume mit nadelförmigen Blättern, die zus. mit den Kurztrieben im Herbst, bei der halbimmergrünen **Mexikan. Sumpfzypresse** (Taxodium mucronatum) erst nach mehreren Jahren, abgeworfen werden; Blüten einhäusig. Die wichtigste Art ist *Taxodium distichum*, ein Charakterbaum der Sümpfe und Flußufer des sö. N-Amerika: 30–50 m hoch, mit schmal-kegelförmiger Krone; Äste waagerecht abstehend; Nadeln 10–17 mm lang, hellgrün; Stamm mit knieförmigen Atemwurzeln. - Die Gatt. S. war im Tertiär auch in M-Europa verbreitet und bildet einen wichtigen Bestandteil der Braunkohle.

Sumpfzypressengewächse (Taxodiaceae), Fam. der Nadelhölzer mit nur 15 Arten in acht Gatt. im südl. N-Amerika einschließl. Mexiko, O-Asien sowie auf Tasmanien; meist große Bäume mit schuppen-, nadel- oder sichelförmigen Blättern. Die heutigen S. sind die Reste einer in der Kreidezeit und im Tertiär formenreich vertretenen und weit verbreiteten Gruppe. Die wichtigsten Gatt. sind Mammutbaum, Metasequoia, Japanzeder, Spießtanne, Schirmtanne und Sumpfzypresse.

Suni [afrikan.], svw. ↑Moschusböckchen.

Supercoil-DNS [...kɔɪl...; zu engl. coil „Rolle, Spirale"], in der Genetik Bez. für ringförmige DNS-Doppelstrangmoleküle mit einer Verdrillung *(Supertwist)*. Alle natürl. vorkommenden ringförmigen DNS-Moleküle liegen als S.-DNS vor, z. B. die der Mitochondrien und Plasmide und die Genome der Bakterien.

superfizielle Furchung [lat./dt.] ↑Furchungsteilung.

Superpositionsauge ↑Facettenauge.

Supination [lat.], Auswärtsdrehung einer Extremität, Bewegung einer Extremität um ihre Längsachse nach außen. - Ggs. Pronation.

Suppenschildkröte (Chelonia mydas), mit einer Panzerlänge bis 1,4 m und einem Gewicht bis zu 200 kg größte Meeresschildkröte, bes. in der Tropenzone des Atlantiks sowie im Ind. und Pazif. Ozean; Rükkenpanzer olivgrünl. bis graubraun mit bräunl. oder gebl. Flecken; Kopf zieml. groß; ernährt sich überwiegend von Seegras, Tangen und Algen. - Während der Brutsaison setzt das ♀ bis zu fünf Gelege mit jeweils bis zu 200 Eiern in Nestgruben außerhalb der Gezeitenzone an Land ab. Die Eier werden als begehrte Delikatesse vom Menschen und von Tieren geraubt, so daß der Bestand der S. trotz ihrer Fruchtbarkeit äußerst gefährdet ist. Außerdem wird die S. ihres Fleisches wegen gejagt. - Abb. S. 190.

Surenbaum (Toona), Gatt. der Zedrachgewächse mit 15 Arten in O- und SO-Asien sowie in Australien; Bäume mit gefiederten Blättern, kleinen, in endständigen Rispen stehenden Blüten und Kapselfrüchten. Der 20–25 m hohe **Chinesische Surenbaum** (Toona sinensis) mit cremeweißen, duftenden Blüten wird als winterharter Parkbaum gepflanzt.

Surinamkirsche (Pitanga), weinrote, kirschgroße, süßsauer schmeckende Beerenfrucht der im trop. S-Amerika heim., in allen trop. Ländern kultivierten Kirschmyrtenart Eugenia uniflora; Verwendung als Obst, zur Getränke- und Marmeladeherstellung.

Sus [lat.], svw. ↑Wildschweine.

Süßdolde (Myrrhis), Gatt. der Doldengewächse mit der einzigen Art *Myrrhis odorata* in den Gebirgen Europas; bis 1,2 m hohe, behaarte, nach Anis duftende Staude mit zwei- bis dreifach gefiederten Blättern und weißen Blüten; als Gewürz- und Gemüsepflanze angebaut.

Süßgras, svw. ↑Schwaden.

Süßgräser, systemat. Bez. für die in der Umgangssprache Gräser gen. Fam. Gramineae der Einkeimblättrigen.

Süßholz (Lakritzenwurzel, Radix Liquiritiae), Bez. für die gelben, bes. durch den Gehalt an Glycyrrhizinsäure, Glucose und Rohrzucker süß schmeckenden Wurzeln v. a. der Süßholzstrauchart *Glycyrrhiza glabra;* dient zur Gewinnung von Lakritze.

Süßholzstrauch (Glycyrrhiza), Gatt. der Schmetterlingsblütler mit rd. 15 Arten im Mittelmeergebiet, im gemäßigten und subtrop. Asien sowie vereinzelt im gemäßigten N- und S-Amerika und in Australien; oft drüsenhaarige Kräuter oder Halbsträucher mit unpaarig gefiederten Blättern und weißen, gelben, blauen oder violetten Blüten in achselständigen Trauben oder Ähren. - Die mediterrane Art *Glycyrrhiza glabra*, eine Ausläufer treibende Staude mit bis 1,50 m hohen Stengeln und lilafarbenen Blüten, liefert Süßholz; wird in S-Europa und S-Rußland angebaut.

Süßkartoffel, svw. ↑Batate.

Süßkirsche, Bez. für die zahlr. Sorten der ↑Vogelkirsche, die in die Kulturformen Herz- und Knorpelkirsche untergliedert werden. Die **Herzkirsche** (Prunus avium var. juliana) hat größere Blätter und größere Früchte als die Wildform. Das Fruchtfleisch ist weich, saftig und meist schwärzlich. Die **Knorpelkirsche** hat schwarzrote, bunte oder gelbe Früchte mit festem, hartem Fruchtfleisch.
Geschichte: Durch Ausgrabungen ist die Verwendung der S. seit der Jungsteinzeit in fast ganz Europa nachgewiesen. Kultiviert wurde sie wahrscheinl. schon im 4. Jh. v. Chr. in Kleinasien. Diese veredelte Sorte wurde von den Römern nach M-Europa gebracht.
◆ svw. ↑Vogelkirsche.

Süßklee (Hedysarum), Gatt. der Schmetterlingsblütler mit über 150 Arten in der nördl. gemäßigten Zone, v. a. im Mittelmeergebiet und in Z-Asien; meist Stauden oder Halbsträucher mit kahlen oder behaarten Sprossen; Blätter unpaarig gefiedert; Blüten purpurfarben weiß oder gelb, in achselständigen Trauben. Wichtige Futterpflanzen sind ↑Alpensüßklee und ↑Hahnenkamm.

Süßlippen (Pomadasyidae), Fam. der Barschfische mit über 250 meist mittelgroßen Arten in trop. und subtrop. Meeren; oft bunt gefärbt; können durch Aufeinanderreiben der Zähne Laute hervorbringen; Speise- und Aquarienfische.

Süßwasserbiologie, svw. ↑Limnologie.

Süßwasserdelphine, svw. ↑Flußdelphine.

Süßwassergarnelen (Atyidae), Fam. fast ausschließl. im Süßwasser lebender, überwiegend trop. Garnelen mit rd. 140 Arten. Die etwa 3 cm lange, durchsichtige Art *Atyaephyra desmaresti* ist in jüngster Zeit aus den Mittelmeerländer vermutl. in den Oberrhein eingeschleppt worden und hat sich von hier aus über zahlreiche Flüsse und Kanäle verbreitet.

Süßwassermilben (Hydrachnellae), Bez. für eine Gruppe von rd. 40 Fam. mit zus. rd. 2400 Arten 1–8 mm großer, meist auffallend bunt gefärbter Milben in fließenden und stehenden Süßgewässern; entweder am Grund von Fließgewässern (wo sie sich mit langen Krallen festhalten) oder schwimmend (mit langen Haaren an den Ruderbeinen) in stehenden Gewässern.

Süßwasserpolypen (Hydridae), Fam. süßwasserbewohnender Nesseltiere (Klasse Hydrozoen) mit etwa 1–30 mm langen einheim. Arten (ausgestreckt, ohne die etwa 1–25 cm langen Tentakeln); ohne Medusengeneration, einzelnlebend; Fortpflanzung überwiegend ungeschlechtl. durch Knospung; sehr verbreitet ist die Gatt. *Hydra* mit den einheim. Arten **Braune Hydra** (Hydra vulgaris), **Graue Hydra** (Hydra oligactis) und **Grüne Hydra** (Grüner S., Hydra viridissima; etwa 1,5 cm lang, mit 6–12 kurzen Tentakeln; durch grüne einzellige Algen grün gefärbt). - Abb. Bd. 2, S. 230.

Süßwasserschwämme (Spongillidae), Fam. der Kieselschwämme mit mehreren einheim. Arten; bilden meist krustenförmige Kolonien auf Wasserpflanzen oder Steinen in Flüssen und Seen; meist unscheinbar bräunl., manchmal durch symbiont. Algen grün gefärbt.

Süßweichsel ↑Sauerkirsche.

Sutherland, Earl [engl. 'sʌðələnd], * Burlingame (Kans.) 29. Nov. 1915, † Miami (Fla.) 9. März 1974, amerikan. Physiologe. - Prof. in Cleveland (Ohio), Nashville (Tenn.). Arbeitete ab etwa 1950 auf dem Gebiet der Hormonforschung. Er entdeckte das ↑Cyclo-AMP, dessen entscheidende Bed. für die Wirksamkeit von Adrenalin u. a. Hormonen er erkannte. Hierfür erhielt er 1971 den Nobelpreis für Physiologie oder Medizin.

Sutur [lat.] (Naht, Sutura), in der *Anatomie* und *Morphologie* Bez. für verschiedene furchen- oder nahtartige Strukturen an der Oberfläche von Organen oder Körperteilen; bei Wirbeltieren und beim Menschen in Form einer ↑Knochennaht.

Swertia [nach dem niederl. Botaniker E. Swert (Sweert), 16./17. Jh.], svw. ↑Tarant.

Swietenia [nach dem östr. Mediziner G. van Swieten, * 1700, † 1772], Gatt. der Zedrachgewächse mit fünf Arten (ausschließl. Bäume) im trop. Amerika; die wirtsch. bedeutendsten Arten *S. mahagoni* und *S. macrophylla* liefern das echte Mahagoniholz.

Sykomore [griech.], svw. ↑Maulbeerfeigenbaum.

Sykonschwamm [griech./dt.], Bauplantyp der Schwämme, bei dem die Kragengeißelzellen seitl. Ausstülpungen des zentralen Hohlraums auskleiden; steht in der Organisationshöhe zw. Askonschwamm und Leukonschwamm; tritt nur bei Kalkschwämmen auf.

Sylvius ['zʏl..., 'zɪl...], Jacobus, eigtl. Jacques Dubois, * Louvilly bei Amiens 1478, † Paris 13. Jan. 1555, frz. Anatom. - Prof. am Collège Royal in Paris; sezierte als einer der ersten menschl. Leichen zum Studium der Anatomie und entdeckte u. a. die Venenklappen.

Symbionten [griech.], in ↑Symbiose lebende Organismen.

Symbiose [griech.], das Zusammenleben artverschiedener, aneinander angepaßter Organismen zu gegenseitigem Nutzen. Die bekanntesten Beispiele für *pflanzl. S.* bieten die Flechten (S. zw. Algen und Pilzen), die Knöllchenbakterien in den Wurzeln von Hülsenfrüchtlern und die Mykorrhiza (S. zw. Pilzen und zahlr. Baum- bzw. Orchideenwurzeln). - Die Gemeinschaft von Ameisenpflanzen und Ameisen, die Pilzgärten der Blattschneiderameisen und die S. zw. einzelligen

Grünalgen und Hohl-, bzw. Weichtieren stellen *S. zw. Pflanzen und Tieren* dar. - Beispiele für *tier. S.* sind das Zusammenleben des Einsiedlerkrebses Eupagurus bernhardus mit der Seerose Calliactis parasitica und der Putzerfische mit Raubfischen. Nahrungsspezialisten, z. B. Pflanzenfresser und blutsaugende Tiere, leben in S. mit Mikroorganismen, die entscheidend bei der Verdauung mitwirken (Bakterien im Pansen der Wiederkäuer). - Die S. ist manchmal schwer von ↑Kommensalismus und ↑Parasitismus abzugrenzen. Die ↑Endosymbiose leitet zu letzterem über.

Sympathikus [griech.] (sympath. Nervensystem), (S. im weiteren Sinne) svw. vegetatives (autonomes) Nervensystem (Eingeweidenervensystem), das sich aus dem Ortho-S. (S. im engeren Sinne) und dem ↑Parasympathikus zusammensetzt.

◆ (Ortho-S.) im Unterschied zum Para-S. der efferente (viszeromotor.) Anteil des vegetativen Nervensystems der Wirbeltiere (einschl. Mensch), der meist als Antagonist zum Parasympathikus wirkt. Der S. nimmt seinen Ursprung von den Ganglienzellen in den Seitenhörnern der grauen Substanz des Rükkenmarks im Bereich der Brust- und Lendensegmente, deren Neuriten als *präganglionäre sympath. Fasern* die ventralen (vorderen) Wurzeln der Spinalnerven bilden und als „weißer Verbindungsstrang" (markhaltiger Spinalnervenast) zu den Ganglien des ↑Grenzstrangs *(paravertebrale Ganglien)* oder, diese durchziehend, zu peripherer liegenden *prävertebralen Ganglien* (Bauchganglien) weiterleiten. Von diesen Umschaltstellen des S. aus stellen *postganglionäre sympath. Fasern* als (meist relativ langer) „grauer Verbindungsstrang" (marklose Fasern) die eigentl. Verbindung (über Adrenalin bzw. Noradrenalin ausscheidende [adrenerge] Synapsen) zu den Erfolgsorganen (die glatte Muskulatur, das Herz, die Drüsen) her. - Der S. befindet sich auf Grund ständiger Impulse, die von bestimmten übergeordneten Regionen des Zentralnervensystems (v. a. vom Hypothalamus sowie von Bezirken des Mittelhirns und des verlängerten Marks) ausgehen, in einem variablen Zustand der Erregung *(Sympathikotonus)* und kann allein oder (meist) im Wechselspiel mit dem Para-S. zahlr. Organfunktionen beeinflussen. Dabei bewirkt der S. allg. eine Leistungssteigerung (augenblickl. Höchstleistung) des Gesamtorganismus (ergotrope Wirkung, im Unterschied zur trophotropen des Para-S.), die sich in erhöhter Aktivität, Kampfbereitschaft, Bewältigung von Streßsituationen oder auch in einer gesteigerten Lebensfreude auswirkt. Im einzelnen bewirkt der gesteigerte Sympathikotonus v. a.: Pupillenerweiterung, die (schwache) Ausscheidung von schleimigem Speicheldrüsen- und von klebrigem Schweißdrüsensekret (Angstschweiß), die Erweiterung der Bronchien, eine Steigerung der Herztätigkeit, die Erweiterung der Herzkranzgefäße, eine Hemmung der Aktivität der Drüsen des Magen-Darm-Trakts und seiner Peristaltik, eine Mobilisierung des Leberglykogens, die Kontraktion des Afterschließmuskels, das Erschlaffen der Wandmuskulatur und die Kontraktion des inneren Schließmuskels der Harnblase, die Kontraktion des Samenleiters und der Samenblase (führt zur Ejakulation) sowie allg. eine Verengung der Blutgefäße, wodurch zusätzl. die Blutzirkulation beschleunigt wird.

Suppenschildkröte bei der Eiablage

sympathisch, zum vegetativen Nervensystem bzw. zum Sympathikus gehörend, diese betreffend.

Sympatrie [griech.], das Nebeneinandervorkommen nahe miteinander verwandter Tier- oder Pflanzenarten (oder Unterarten bzw. Sorten) im selben geograph. Gebiet (Ggs. Allopatrie). - ↑auch Artbildung.

sympatrische Artbildung ↑Artbildung.

Sympetalae [griech.] (Metachlamydeae), in der älteren Pflanzensystematik Bez. für eine Unterklasse der Zweikeimblättrigen mit meist doppelter Blütenhülle und meist, zumindest am Grunde verwachsenen Kronblättern, die vorwiegend Teller-, Glocken- oder Röhrenformen bilden.

Symphyse (Symphysis) [griech.], in der Anatomie allg. Bez. für feste, faserig-knorpelige Verbindungen (Verwachsungen) zweier Knochenstücke (v. a. zweier Knochenflächen); i. e. S. svw. Schambeinfuge (Symphysis pubica).

Symphyta [griech.], svw. ↑Pflanzenwespen.

sympodiale Verzweigung [griech./dt.] (zymöse Verzweigung), Verzweigungsform pflanzl. Sproßsysteme, die im Ggs. zur ↑monopodialen Verzweigung auf der Förderung der Seitenachsen gegenüber der (gehemmten) Hauptachse beruht. Die Endknospen stellen jährl. ihre Weiterentwicklung ein, sterben ab oder bilden Blüten, während die Fortsetzung des Systems durch spitzennahe

Seitenachsen erfolgt. Je nach Anzahl der Fortsetzungssprosse entsteht ein **Monochasium** (pro Verzweigung ist nur eine Seitenachse entwickelt), ein **Dichasium** (jeweils zwei sich gegenüberstehende Seitenzweige setzen die Verzweigung fort) oder ein (v. a. in Blütenständen) **Pleiochasium** (der Blütenstand schließt mit einer Blüte die Hauptachse ab und bildet mehr als zwei Seitenachsen aus, z. B. Holunder).

Synapse [zu griech. sýnapsis „Verbindung"], Struktur, über die eine Nervenzelle oder (primäre) Sinneszelle mit einer anderen Nervenzelle oder einem Erfolgsorgan (z. B. Muskel, Drüse) einen Kontakt für die Erregungsübertragung bildet. Die S. setzt sich demnach aus zwei Zellanteilen zusammen: der *Prä-S.* als dem Endbläschen der Nervenfaser, das mit der folgenden Zellstruktur, der *Post-S.*, in Verbindung tritt. Im menschl. Gehirn bildet im Durchschnitt jede Nervenzelle mehrere hundert synapt. Kontakte aus. Die Erregungsübertragung erfolgt auf chem. Weg durch Freisetzung von Neurotransmittern aus den in der Prä-S. eingeschlossenen synapt. Vesikeln. Die Transmitter werden von spezif. Rezeptoren der *subsynapt. Membran* (der Anteil der Post-S., der mit der Prä-S. den eigtl. Kontakt bildet) gebunden und verursachen eine Änderung der Membranströme.

Synästhesie [griech.] (Mitempfindung), die [Mit]erregung eines Sinnesorgans durch einen nichtspezif. Reiz; z. B. subjektives Wahrnehmen opt. Erscheinungen (Farben) bei akust. und mechan. Reizeinwirkung.

synästhetisch, die Synästhesie betreffend; durch einen nichtspezif. Reiz erzeugt; z. B. von Sinneswahrnehmungen gesagt.

Synergist [griech.], (Agonist) in der *Physiologie* im Ggs. zum ↑Antagonisten ein Muskel, der einen anderen Muskel bei einem Bewegungsvorgang unterstützt.

◆ in der *Biochemie* ein Stoff, der die Wirkung eines anderen in additiver oder verstärkender Weise ergänzt.

Synkaryon [griech.], der durch die Vereinigung eines ♂ und ♀ Gametenkerns entstehende diploide Kern einer ↑Zygote.

◆ das die sog. Paarkernphase der höheren Pilze kennzeichnende Paar nicht miteinander verschmelzender, sich jedoch gleichsinnig teilender Gametenkerne.

Synökie (Synözie) [griech.], das Zusammenleben zweier oder mehrerer Arten von Organismen in der gleichen Behausung, ohne daß die Gemeinschaft (im Ggs. zu Symbiose und Parasitismus) den Wirtstieren nützt oder schadet. Die Gasttiere heißen *Einmieter.*

Synökologie ↑Ökologie.

Synözie [griech.], svw. ↑Synökie.

◆ svw. Einhäusigkeit (↑Monözie).

Synzytium (Syncytium) [griech.], mehrkerniger Zellkörper, der im Unterschied zum ↑Plasmodium durch Verschmelzung (Fusion) mehrerer Zellen entsteht; z. B. die quergestreifte Muskelfaser.

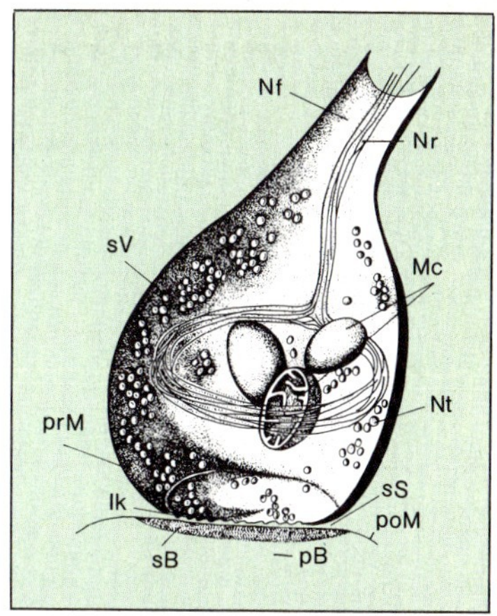

Synapse. Schematische Darstellung des Zellinneren eines Endbläschens einer Nervenfaser. Ik Ionenkanäle, Mc Mitochondrium, Nf Nervenzellfortsatz, Nr Neurotubuli, Nt Neurotransmitter in den synaptischen Vesikeln, pB postsynaptischer Bereich der Zielzelle, poM postsynaptische Membran, prM präsynaptische Membran, sB subsynaptischer Bereich, sS synaptischer Spalt (etwa 120 Å), sV synaptische Vesikel (etwa 500 Å ∅)

Syringa [griech.], svw. ↑Flieder.

Syrinx [griech. „Röhre"], für die Vögel (mit Ausnahme der Störche, Strauße und Neuweltgeier) charakterist. Stimmbildungsorgan, das - neben dem eigentl., hier allenfalls zur Erzeugung von Zischlauten (z. B. bei der Gans) geeigneten, stimmbandlosen Kehlkopf - an der Gabelung der Luftröhre in die beiden Hauptbronchien als sog. *unterer Kehlkopf* ausgebildet ist.

System [griech.], in der biolog. Systematik: übersichtl., hierarchisch nach dem Grad der (natürl.) verwandtschaftl. Zusammengehörigkeit geordnete und dementsprechend in verschiedene systemat. Kategorien (↑auch Taxonomie) gegliederte Zusammenstellung der verschiedenartigen Tiere bzw. Pflanzen, die deren stammesgeschichtl. Entwicklung widerspiegeln soll. Die systemat. Grundeinheit ist die ↑Art. In einer *Art* werden diejenigen Organismen zusammengefaßt, die in allen wesentlichen Merkmalen übereinstimmen. Die nächsthöhere Einheit ist die *Gattung*, in der mehrere Arten zusammengefaßt werden. Mehrere Gattungen bilden eine *Familie*, mehrere Familien eine *Ordnung*, mehrere Ordnungen eine *Klasse* und mehrere Klassen eine

SYSTEM DER PFLANZEN UND TIERE

Die systematischen Kategorien

Reich *(Regnum)*
Unterreich *(Subregnum)*
Stamm/Abteilung *(Phylum/Divisio)*
Unterstamm/Unterabteilung *(Subphylum/Subdivisio)*
Überklasse *(Superclassis)*
Klasse *(Classis)*
Unterklasse *(Subclassis)*
Überordnung *(Superordo)*
Ordnung *(Ordo)*
Unterordnung *(Subordo)*
Überfamilie *(Superfamilia)*
Familie *(Familia)*
Unterfamilie *(Subfamilia)*
Gattung *(Genus)*
Art *(Species)*
Unterart (Rasse) *(Subspecies)*

System, Pflanzenreich
(nach Lehrbuch der Botanik, 32. Aufl., 1983)

	Prokaryonten
1. Abteilung	Archebacteria
2. Abteilung	Eubacteria
	Prokaryontische Algen
1. Abteilung	Cyanophyta (Blaualgen, 2000*)
2. Abteilung	Prochlorophyta
	Eukaryontische Algen
1. Abteilung	Euglenophyta (800)
2. Abteilung	Cryptophyta (120)
3. Abteilung	Dinophyta (1000)
4. Abteilung	Haptophyta (250)
5. Abteilung	Chlorophyta (Grünalgen, 7000)
6. Abteilung	Heterokontophyta (Chrysophyta, 9500)
7. Abteilung	Rhodophyta (Rotalgen, 4000)
	Schleimpilze (600)
1. Abteilung	Acrasiomycota
2. Abteilung	Myxomycota (500)
3. Abteilung	Plasmodiophoromycota
	Pilze
1. Abteilung	Oomycota (500)
2. Abteilung	Eumycota
1. Klasse	Chytridiomycetes (500)
2. Klasse	Zygomycetes (500)
3. Klasse	Ascomycetes (Schlauchpilze, 30000)
4. Klasse	Basidiomycetes (Ständerpilze, 30000)
Organisationstyp:	Lichenes (Flechten, 20000)
	Moose und Gefäßpflanzen
1. Abteilung	Bryophyta (Moose, 15000)
2. Abteilung	Pteridophyta (Farnpflanzen)
1. Klasse	Psilophytatae (Urfarne †)
2. Klasse	Psilotatae (Gabelblattgewächse, 4)
3. Klasse	Lycopodiatae (Bärlappgewächse, 1200)
4. Klasse	Equisetatae (Schachtelhalmgewächse, 32)
5. Klasse	Filicatae (Farne, 9200)
3. Abteilung	Spermatophyta (Samenpflanzen)
1. Unterabteilung	Coniferophytina (gabel- und nadelblättrige Nacktsamer, 600)
1. Klasse	Ginkgoatae
2. Klasse	Pinatae
2. Unterabteilung	Cycadophytina (fiederblättrige Nacktsamer, 200)
1. Klasse	Lyginopteridatae (Samenfarne †)
2. Klasse	Cycadatae
3. Klasse	Bennettitatae (†)
4. Klasse	Gnetatae
3. Unterabteilung	Angiospermae (Bedecktsamer)
1. Klasse	Dicotyledonae (Zweikeimblättrige, 170000)
2. Klasse	Monocotyledonae (Einkeimblättrige, 65000)

* alle Zahlen geben nur die ungefähre Anzahl der rezenten Arten an
† ausgestorben

System, Tierreich
(nach A. Remane, V. Storch und U. Welsch, 1976, und E. Steitz und G. Stengel, 1984)

1. Unterreich	PROTOZOA (EINZELLER, 27100*)
1. Klasse	Flagellata (Geißeltierchen, 5890)
2. Klasse	Rhizopoda (Wurzelfüßer, 11100)
3. Klasse	Sporozoa (Sporentierchen)
4. Klasse	Cnidosporidia
5. Klasse	Ciliata (Wimpertierchen, 5500)
2. Unterreich	METAZOA (VIELZELLER)
Stamm	Porifera (Schwämme, 5000)
Stamm	Cnidaria (Nesseltiere, 8900)
1. Klasse	Hydrozoa (2700)
2. Klasse	Scyphozoa (200)
3. Klasse	Anthozoa (Blumentiere, 6000)
Stamm	Ctenophora (Rippenquallen, 80)
	Reihe: Deuterostomia
Stamm	Chaetognatha (Pfeilwürmer, 80)
Stamm	Pogonophora (Bartwürmer, 115)
Stamm	Hemichordata (Kragentiere, 80)
Stamm	Echinodermata (Stachelhäuter, 6000)
Stamm	Chordata (Chordatiere, 48600)
1. Unterstamm	Tunicata (Manteltiere, 2100)
2. Unterstamm	Copelata (60)
3. Unterstamm	Acrania (Schädellose, 30)
4. Unterstamm	Vertebrata (Wirbeltiere, 46500)
1. Überklasse	Agnatha (Kieferlose, 50)
2. Überklasse	Gnathostomata (Kiefermäuler)
1. Klasse	Placodermi (†)
2. Klasse	Acanthodii (†)
3. Klasse	Chondrichthyes (Knorpelfische, 625)
4. Klasse	Osteichthyes (Knochenfische, 24000)
5. Klasse	Amphibia (Lurche, 3140)
6. Klasse	Reptilia (Kriechtiere, 6000)
7. Klasse	Aves (Vögel, 8600)
8. Klasse	Mammalia (Säugetiere, 5000)
	COELOMATA (BILATERIA)
	Reihe: Protostomia
Stamm	Tentaculata (Tentakelträger, 4300)
Stamm	Plathelminthes (Plattwürmer, 15600)
1. Klasse	Turbellaria (Strudelwürmer, 3300)
2. Klasse	Trematoda (Saugwürmer, 6250)
3. Klasse	Cestoda (Bandwürmer, 3400)
4. Klasse	Mesozoa (50)
Stamm	Gnathostomulida (80)
Stamm	Nemertini (Schnurwürmer, 850)
Stamm	Aschelminthes (Schlauchwürmer, 13
Stamm	Kamptozoa (Kelchtiere, 100)
Stamm	Mollusca (Weichtiere, 130000)
1. Klasse	Polyplacophora (Käferschnecken, 1
2. Klasse	Aplacophora (Wurmmollusken, 240)
3. Klasse	Monoplacophora (Napfschaler, 15)
4. Klasse	Gastropoda (Schnecken, 105000)
5. Klasse	Lamellibranchiata (Muscheln, 20000)
6. Klasse	Scaphopoda (Kahnfüßer, 350)
7. Klasse	Cephalopoda (Kopffüßer, 730)
Stamm	Articulata (Gliedertiere)
1. Unterstamm	Annelida (Ringelwürmer, 17000)
1. Klasse	Polychaeta (Vielborster, 13000)
2. Klasse	Clitellata (Gürtelwürmer, 3400)
3. Klasse	Echiurida (Igelwürmer, 140)
2. Unterstamm	Pentastomida (Zungenwürmer, 70)
3. Unterstamm	Tardigrada (Bärtierchen, 400)
4. Unterstamm	Arthropoda (Gliederfüßer, 960000)
1. Überklasse	Trilobitomorpha (†)
2. Überklasse	Chelicerata (Fühlerlose, 35000)
1. Klasse	Merostomata (5)
2. Klasse	Arachnida (Spinnentiere, 36000)
3. Klasse	Pantopoda (Asselspinnen, 500)
5. Unterstamm	Mandibulata
1. Überklasse	Crustacea (Krebstiere, 35000)
2. Überklasse	Antennata (Tracheentiere)
1. Klasse	Chilopoda (Hundertfüßer, 2800)
2. Klasse	Progoneata (Tausendfüßer, 7680)
3. Klasse	Insecta (Insekten, 854000)

Abteilung. Die zoolog. Systematik kennt die Kategorie Abteilung nicht oder verwendet diesen Begriff im Sinne von *Stamm.*
Reichen die systemat. Kategorien *(Taxa)* nicht aus, werden Zwischenkategorien (z. B. Unterfamilie, Unterart) eingeschoben. Innerhalb einer Art können geograph. Unterarten unterschieden werden.
Nach dem verwendeten Ordnungsprinzip unterscheidet man *künstliche Systeme* mit der Anordnung nach Ähnlichkeit und *natürliche Systeme* mit der Anordnung nach Verwandtschaft.
Die wiss. Systematik arbeitet mit der vergleichenden Morphologie. Sie erlaubt es, die auf gemeinsamer Abstammung beruhenden Ähnlichkeiten (Homologien) von Konvergenzen (Analogien) zu unterscheiden. Zur Aufklärung der verwandtschaftl. Beziehungen werden auch die Zytologie, Anatomie, Embryologie, Biochemie und Genetik herangezogen.
Geschichte: Um 350 v. Chr. stellte Aristoteles, den man als den Vater der biolog. Klassifikation bezeichnen kann, sein *Tier-S.* zusammen. Er unterschied acht Tierklassen (Säuger, Vögel, Eierlegende Vierfüßer, Fische, Weichtiere, Krustentiere, Insekten und Schalentiere), die er in Bluttiere (heute: Wirbeltiere) und Blutlose (heute: Wirbellose) unterteilte. Das demgegenüber primitive S. von Plinius d. Ä. ordnete die Tiere nach ihrer Größe. Erst 2000 Jahre nach Aristoteles (um 1650) war es J. Ray (* 1628, † 1705), der das Aristotel. S. wiederentdeckte und in der Zeit vor Linné das natürlichste S. erreichte. Darauf folgte das Systema naturae von C. von Linné, von dem die moderne Systematik ihren Ausgang nahm. Es wurde v. a. unter dem Einfluß Ch. R. Darwins (etwa ab 1859) und E. Haeckels (etwa ab 1866) zunehmend erweitert und zu einem Abbild der Stammesgeschichte entwickelt. In neuerer Zeit erhielt das S. weitere wesentl. Impulse in dieser Richtung durch E. Mayr (1963, 1969). – Die Klassifizierung der *Pflanzen* erfolgte im Altertum und MA zunächst nach Wuchsformen: z. B. Bäume, Sträucher, Stauden, Kräuter. Die Einteilung in natürl. Gruppen (z. B. Gräser, Korbblütler) erscheint bei M. Lobelius (* 1538, † 1616) und A. Cesalpino. J. Ray leistete einen bed. Beitrag zum S. der Pflanzen, indem er die Einteilung in Einkeimblättrige und Zweikeimblättrige einführte. C. von Linné schuf bei den Pflanzen ein künstl. S., das auf der Ausbildung der Geschlechtsorgane in der Blüte beruhte. Nach B. de Jussieu (* 1699, † 1777), A. de Candolle (1819) und S. Endlicher (* 1804, † 1849), die sich um ein die Verwandtschaftsgrade zw. den Gruppen ausdrükkendes S. bemühten, entwickelten A. Braun und A. Engler (1912) ein von der Evolutionstheorie geprägtes S. der Pflanzen.

Systematik [griech.], in der *Zoologie* (*Tier-S., systemat. Zoologie;* als Teilgebiet der speziellen Zoologie) und *Botanik* (*Pflanzen-S., systemat. Botanik;* als Teilgebiet der speziellen Botanik) umfassender Begriff für die Wiss. und Lehre von der Vielfalt der Organismen mit der übersichtl. Erfassung dieser Vielfalt in einem hierarch., der Abstammungslehre gerecht werdenden Ordnungsgefüge (↑ System). Ausgehend von der ↑ Taxonomie, wird auf Grund abgestufter Ähnlichkeiten in den Merkmalen bzw. einer abgestuften stammesgeschichtl. Verwandtschaft eine wiss. begründete Hierarchie von Taxa ermittelt, die als (systemat.) Kategorien in das Ordnungsschema der Klassifikation umgesetzt werden. Zur Benennung der Tiere und Pflanzen bedient sich die S. der ↑ Nomenklatur. - Begründer der S. ist C. von Linné.

systematische Kategorie (systemat. Einheit, Taxon [Mrz. Taxa]), Ordnungseinheit (z. B. Art, Gatt., Fam., Ordnung usw.) der botan. bzw. zoolog. ↑ Taxonomie, die einen bestimmten Verwandtschaftsgrad innerhalb einer Gruppe von Organismen angibt.

Systole [ˈzʏstole, zʏsˈtoːlə; griech.], in der *Physiologie* die mit der ↑ Diastole (als Ruhephase) rhythm. wechselnde Kontraktionsphase des Herzmuskels (i. e. S. die der Herzkammer) vom Beginn der Anspannungszeit bis zum Ende der Austreibungszeit. Die Dauer der S. beträgt beim Menschen je nach Herzfrequenz zw. 0,25 und 0,45 Sekunden.

systolischer Blutdruck ↑ Blutdruck.

Syzygium [griech.], Gatt. der Myrtengewächse mit rd. 100 Arten im trop. Afrika, Asien, in Australien und auf Hawaii; immergrüne Bäume oder Sträucher mit längl.-eiförmigen Blättern und weißen oder roten, in Trugdolden stehenden Blüten. Die wichtigste Art ist der ↑ Gewürznelkenbaum. Einige andere Arten liefern Obst (↑ Jambuse).

Szent-Györgyi von Nagyrapolt, Albert [ungar. ˈsɛndjørdji, ˈnɔtj...; engl. sɛntˈdʒɜːdʒɪ], * Budapest 16. Sept. 1893, † Woods Hole (Mass.) 22. Okt. 1986, amerikan. Biochemiker ungar. Herkunft. - Prof. u. a. in Budapest und Waltham (Mass.); Arbeiten über den Mechanismus der biolog. Oxidation, über Zellatmung, zur Muskelforschung und zur Erforschung von Vitaminen, speziell von Vitamin P und Vitamin C (letzteres wurde von ihm erstmals in kristalliner Form isoliert); erhielt 1937 den Nobelpreis für Physiologie oder Medizin.

Szilla [griech.] (Blaustern, Scilla), Gatt. der Liliengewächse mit rd. 100 Arten in Europa, im gemäßigten Asien und in den trop. Gebirgen Asiens und Afrikas; bis 30 cm hohe Stauden mit grundständigen, lineal- oder längl.-eiförmigen Blättern und stern- oder glockenförmigen, blauen, rosa- oder purpurfarbenen, in Trauben stehenden Blüten. Bekannte Arten: **Hasenglöckchen** (Scilla nonscripta), in Laubwäldern v. a. W-Europas; mit zahlr. blauen, weißen, roten oder rosafarbenen Blütenglöckchen in überhängender Traube; wird häufig in Gärten kultiviert.

T

Tabak [zu indian. tobako (span. tabaco) „Rauchrohr"] (Nicotiana), Gatt. der Nachtschattengewächse mit rd. 100 Arten, v.a. im trop. und subtrop. Amerika, wenige Arten auch auf den Sundainseln, den Pazif. Inseln und in Australien; meist Kräuter mit großen, einfachen, oft drüsig behaarten Blättern und in endständigen Trauben oder Rispen stehenden, weißen, gelben, roten oder rosafarbenen, oft stark duftenden Blüten mit langröhriger oder glockiger Krone. Die beiden wirtsch. bedeutendsten Arten sind der *Virgin. T.* (Nicotiana tabacum), ein bis 3 m hohes Kraut mit lanzettförmigen, zugespitzten Blättern und rosafarbenen Blüten, und der bis 1,2 m hohe *Bauern-T.* (Machorka, Nicotiana rustica) mit rundl.-eiförmigen Blättern und grünlichgelben Blüten. Einige Arten werden als Zierpflanzen kultiviert. Alle T.arten enthalten in allen Teilen (mit Ausnahme der reifen Samen) das Alkaloid ↑Nikotin. Zur *T.gewinnung* (für Rauch-T., Schnupftabak, Kautabak) wird der Virgin. T. heute in zahlr., nach Klima- und Bodenansprüchen sehr unterschiedl. Sorten (z.B. Virginia-, Orient-, Burley-, Kentucky-, Havanna-, Sumatra-, Brasil-T., die jeweils zur Herstellung bestimmter T.erzeugnisse verwendet werden) von den Tropen bis in die gemäßigten Zonen (38° südl. Breite bis 56° nördl. Breite) angebaut. In der BR Deutschland findet sich T.anbau v.a. in der Vorderpfalz, im Hess. Ried, im Kraichgau, in der Ortenau sowie in Franken. Bauern-T. wird in der UdSSR und in Polen (sowie in den USA zur Nikotingewinnung) kultiviert.

Tagpfauenauge

Geschichte: Nach Europa gelangten die ersten Nachrichten über den T. durch Begleiter des Kolumbus, nachdem sie T. rauchende Indianer gesehen hatten. Von den nordamerikan. Indianern wurde der T. in der Pfeife geraucht, von den südamerikan. Indianern auch geschnupft und gekaut. Der T.genuß diente v.a. kult. Zwecken. - Der Bauern-T. wurde zuerst durch F. Hernández de Toledo, den Leibarzt König Philipps II., nach Spanien gebracht, wo der T. v.a. als Zierpflanze kultiviert wurde. Der frz. Gesandte in Portugal, Jean Nicot, schickte 1560 T.samen nach Paris, wo in der Folgezeit am Hof das Schnupfen in Mode kam. - T.rauchen wurde um 1570 bei niederl. Seeleuten übl., 1586 machte es Sir W. Raleigh in England bekannt. Im Dreißigjährigen Krieg verbreiteten schwed. Soldaten das Rauchen in Europa. Obwohl viele Ärzte T. als Arzneimittel für verschiedene Krankheiten empfahlen, wurden Anbau und Genuß von T. in vielen Ländern verboten, im Osman. Reich sogar mit dem Tode bestraft. Das Pfeiferauchen, Schnupfen und T.kauen breitete sich im 18. Jh. trotzdem weiter aus. Rauchen auf der Straße blieb allerdings in Deutschland bis 1848 verboten.

📖 *Maronde, C.: Rund um den T. Ffm. 1977. - Hdb. der Landwirtschaft u. Ernährung in den Entwicklungsländern. Hg. v. P. v. Blanckenburg u. H. D. Cremer. Bd. 2. Stg. 1971. - Akehurst, B. C.: Tobacco. New York 1970. - Furton, P. P.: T. Gütersloh 1968.*

Tabakmotte, svw. ↑Kakaomotte.

Tabakspfeife ↑Pfeifenfische.

Tabascoschildkröten (Dermatemydidae), Fam. pflanzenfressender Schildkröten (Unterordnung ↑Halsberger) mit der einzigen Art *Dermatemys mawii*, v.a. in oder an größeren Flüssen des östl. Mexiko bis Guatemala und Honduras. Zw. dem mäßig gewölbten, bräunl., bis 40 cm langen Rückenpanzer und dem etwas helleren Bauchpanzer liegt eine Reihe kleiner Schilde.

Tabatiere [indian.-frz.], in der menschl. *Anatomie* Trivialbez. für eine Vertiefung, die sich beim seitl. Abspreizen des Daumens zw. den beiden Sehnen seiner Extensormuskeln an der Innenseite des Handgelenkrückens ausbildet und zum Schnupfen mit Schnupftabak beschickt wird.

Tacca [malai.], Gatt. der einkeimblättrigen Pflanzenfam. Taccagewächse (Taccaceae) mit rd. 30 Arten in der males. Florenregion, im trop. Afrika und in S-Amerika; Stauden mit großen, gestielten Blättern und in Scheindolden stehenden Blüten. Die 100–350 g schweren, rd. 30% Stärke enthaltenden Sproßknollen der in den Tropen vielfach angebauten Art **Tacca pinnatifida** mit ihren langgestielten, fingerartig geteilten Blättern liefern *T.stärke* oder werden gekocht gegessen.

tachytroph [griech.], gut mit Blutgefäßen versorgt, mit hohem Stoffwechsel und raschen Stoffaustauschvorgängen; von Geweben gesagt. Zu den *t. Geweben* gehört z. B. die Muskulatur. - ↑auch bradytroph.

Taenia [griech.-lat.], Gatt. der Bandwürmer mit zahlr. Arten, u. a. Rinderbandwurm, Schweinebandwurm, Quesenbandwurm.

tagaktive Tiere, svw. ↑Tagtiere.

Tagblüher, Pflanzen, deren am Tag geöffnete Blüten v. a. durch opt. Reize (Farbe, Form) tagaktive Tiere (viele Insekten, Vögel) anlocken und von ihnen bestäubt werden. - Ggs. ↑Nachtblüher.

Tagessehen (photopisches Sehen), die Fähigkeit des menschl. Auges bzw. jedes Wirbeltierauges, bei Tageslicht von bestimmten Lichtintensitäten bzw. Leuchtdichten ab (Mensch: 0,006 cd/m^2) den Sehvorgang zu vollziehen. - ↑auch Dämmerungssehen.

Tagetes [lat.; nach dem etrusk. Gott Tages, der einer Furche entstieg], svw. ↑Sammetblume.

Taggeckos ↑Geckos.

Taghafte (Hemerobiidae), weltweit verbreitete Fam. der Insekten mit rd. 750 meist kleinen, florfliegenähnl. Arten (davon etwa 40 Arten in M-Europa); Vorderflügel glasig hell, grau oder braun, mit leicht vorgezogener Spitze, bei rezenten Arten bis 30 mm spannend; dämmerungsaktive Tiere. - Zu den T. gehören u. a. die ↑Florfliegen.

Taglichtnelke ↑Nachtnelke.

Taglilie (Hemerocallis), Gatt. der Liliengewächse mit 16 Arten in S-Europa und im gemäßigten Asien; Stauden mit grundständigen, linealförmigen Blättern und großen, trichterförmigen, gelben oder orangefarbenen, nur einen Tag lang geöffneten Blüten. Zahlr. Arten sind Gartenzierpflanzen.

Tagpfauenauge (Inachis io), etwa 5–6 cm spannender, von W-Europa bis Japan verbreiteter Tagschmetterling; Flügel oberseits rotbraun mit je einem großen, blau, gelb und schwarz gezeichneten Augenfleck, unterseits schwärzlich; ♀ etwas größer als ♂.

Tagschläfer (Nyctibiidae), Fam. bis bussardgroßer ↑Nachtschwalben mit fünf Arten in Z- und S-Amerika; nachtaktive Vögel, die tagsüber unbewegl. auf Ästen sitzen. Am bekanntesten ist der durch seine melod., an Menschenrufe erinnernde Stimme auffallende **Urutau** (Grauer T., Nyctibius griseus; von Mexiko bis Argentinien verbreitet; bis 35 cm lang).

Tagschmetterlinge (Tagfalter, Diurna), zusammenfassende Bez. für die am Tage fliegenden Schmetterlinge: 1. *Echte Tagfalter* (Rhopalocera) mit den wichtigsten einheim. Fam. Ritterfalter, Weißlinge, Augenfalter, Edelfalter und Bläulinge; 2. *Unechte Tagfalter* (Grypocera) mit der Fam. Dickkopffalter. - Ggs. ↑Nachtschmetterlinge.

Tagtiere (tagaktive Tiere), überwiegend oder ausschließl. am Tage aktive Tiere, die ihre Lebens- und Verhaltensgewohnheiten v. a. tags entwickeln und nachts schlafen; z. B. die meisten Vögel und Reptilien. T. können zu ↑Dämmerungs- oder ↑Nachttieren werden, wenn sie tags ständig gestört werden (z. B. Reh, Braunbär).

Taguan [indones.] ↑Flughörnchen.

Tahre [Nepali] (Thare, Halbziegen, Hemitragus), Gatt. der Horntiere mit drei Arten in Gebirgen S- und SW-Asiens; Körperlänge 1,3–1,7 m, Schulterhöhe 0,6–1,0 m; Hörner kurz, stark zurückgebogen, mit auffallend stark gekielter Vorderkante; stehen verwandtschaftl. zw. Schafen und Ziegen; größte Art: **Nilgiri-Tahr** (Hemitragus hylocrius); in S-Indien; mit kurzhaarigem, dunkelbraunem Fell; bedrohte Restbestände.

Taillenwespen ['taljən] (Apocrita), weltweit verbreitete Unterordnung der Hautflügler, von den Pflanzenwespen äußerl. unterschieden v. a. durch die deutl. Abschnürung des Hinterleibs vom Vorderkörper („Wespentaille“) unter Bildung eines bes. Mittelsegments; Larven madenähnl., fußlos, oft parasit. lebend. - Zu den T. gehören die Legwespen und die Stechimmen.

Taipan [austral.] (Oxyuranus scutellatus), bis 4 m lange, braune bis schwarzbraune Giftnatter in NO-Australien und Neuguinea; gefährlichste austral. Giftschlange.

Takin [tibet.] (Rindergemse, Budorcas), Gatt. der Horntiere mit der einzigen Art *Budorcas taxicolor* in Gebirgen S- und O-Asiens; Länge 1,7–2,2 m, Schulterhöhe 1,0–1,3 m; Körper massig, rinderähnl., mit kurzen, stark zurückgebogenen Hörnern; Beine sehr kräf-

Tamandua

tig; Fell kurz und dicht, goldgelb bis graubraun; geschickte Kletterer.

taktil [lat.], das Tasten, den ↑Tastsinn betreffend.

Talg (Hauttalg) ↑Talgdrüsen.

Talgdrüsen (Glandulae sebaceae), neben den Schweißdrüsen auf dem Körper weit verbreitete, mehrschichtige Hautdrüsen der Säugetiere (einschl. Mensch); holokrine, azinöse ↑Drüsen, die zumindest urspr. immer den Haarbälgen der Haare (als *Haarbalgdrüsen*) zugeordnet sind. Das talgige, v. a. aus Neutralfetten, freien Fettsäuren und zerfallenden Zellen sich zusammensetzende Sekret (*Hauttalg*, Sebum cutaneum) dient zum Geschmeidighalten der Haut und der Haare. Mit Ausnahme der *freien T.* (beim Menschen in der Lippenhaut, an den Nasenflügeln, im Warzenhof der Brustwarzen, am After sowie die T., die das ↑Smegma produzieren, und die ↑Meibom-Drüsen an den Augenlidern) münden die T. in den oberen Haarbalgabschnitt der Haare. Soweit keine freien T. ausgebildet sind, fehlen daher die T. an den haarfreien Körperstellen, wie z. B. an den Handflächen und Fußsohlen. Bei den freien T. können die Ausmündungen als *Poren* trichterförmig eingezogen sein. Ein Verschluß der Mündungsöffnung führt zu einer Sekretstauung in Form von Mitessern.

Talpidae [lat.], svw. ↑Maulwürfe.

Tamanduas (Tamandua) [indian.], Gatt. baum- und bodenbewohnender, vorwiegend dämmerungs- und nachtaktiver Ameisenbären mit der einzigen Art *Tamandua* (Caguare, Tamandua tetradactyla) in Z- und S-Amerika; Länge bis knapp 60 cm, mit etwa ebensolangem Greifschwanz; Fell kurz, borstig, Färbung meist gelbl. mit überwiegend kastanienbraunem Rumpf; Schnauze stark verlängert. - Abb. S. 195.

Tamarack (Amerikan. Lärche, Larix laricina), in N-Amerika heim., bis 20 m hoch werdende Lärchenart mit schmalkegelförmiger Krone; Nadeln zu 12–30 am Kurztrieb, 2–3 cm lang, hellgrün; Zapfen sehr klein.

Tamarinde (Tamarindus) [arab.], Gatt. der Caesalpiniengewächse mit der einzigen, vermutl. im trop. Afrika heim. Art *Tamarindus indica:* bis 25 m hoher und bis 8 m Stammumfang erreichender Baum mit paarig gefiederten, immergrünen Blättern; Blüten gelbl., rot gezeichnet, in endständigen Trauben; Früchte mit breiig-faserigem Fruchtfleisch, das zu Heilzwecken, aber auch als Nahrungsmittel Verwendung findet. Die T. wird heute als Zier- oder Nutzpflanze vielfach in den Tropen und Subtropen kultiviert.

Tamarins [indian.] (Saguinus), Gatt. gesellig lebender Krallenaffen mit rd. 15 Arten, v. a. im trop. Regenwald des Amazonastieflandes; Länge etwa 20–30 cm, Schwanz über körperlang; Färbung oft kontrastreich; Fell dicht und weich, bei manchen Arten Mähnen- oder Bartbildungen; Gesicht größtenteils unbehaart.

Tamariske (Tamarix) [lat.], Gatt. der T.gewächse mit rd. 80 Arten, verbreitet vom Mittelmeergebiet bis O-Asien und in S-Afrika; Sträucher oder Bäume mit schuppenförmigen Blättern und kleinen, rosafarbenen, in Trauben stehenden Blüten. Einige Arten werden als winterharte Ziergehölze kultiviert.

Tamariskengewächse (Tamaricaceae), Fam. der Zweikeimblättrigen mit vier Gatt. und rd. 100 Arten in M- und S-Europa, im gemäßigten Asien und in Afrika; kleine Bäume, Sträucher oder Stauden mit schuppenartigen, häufig mit Salzdrüsen versehenen Blättern; Blüten radiär, einzeln oder in Trauben stehend; v. a. in Steppen- und Wüstengebieten sowie auf salzhaltigen Böden verbreitet. Die wichtigsten Gatt. sind Tamariske und Rispelstrauch.

Tang, svw. ↑Seetang.

Tangaren [indian.] (Thraupinae), Unterfam. 10–25 cm langer, häufig farbenprächtiger, finkenähnl. Singvögel mit mehr als 200 Arten, verbreitet in Amerika (im N bis Kanada, im S bis Argentinien). Man unterscheidet neben den *Echten T.* (Thraupini) mit den meist recht bunten *Organisten* (z. B. **Violettblauer Organist** [Euphonia violacea]; mit Ausnahme der orangengelben Stirn und Unterseite violettblau, ♀ grünlich) u. a. den *Schwalben-T.* (Tersina viridis) und den **Türkisvogel** (Cyanerpes cyaneus, ♂ zur Brutzeit türkisfarben [Oberkopf] und blau, ♀ grün).

Tangerinen [nach Tanger] ↑Mandarine.

Tangfliegen (Coelopidae), Fam. 4–6 mm langer, stark beborsteter, grauer oder tief dunkelbrauner Fliegen, von denen rd. zehn Arten v. a. auf angeschwemmtem Tang an europ. Meeresküsten vorkommen.

Tangorezeptoren [lat.], svw. ↑Tastsinnesorgane.

Tanne (Abies), Gatt. der Kieferngewächse mit rd. 40 Arten in den außertrop. Gebieten, v. a. in den Gebirgen der N-Halbkugel; immergrüne, meist pyramidenförmig wachsende, bis 80 m hohe Bäume mit nadel- bis schmallinealförmigen, zerstreut oder zweizeilig stehenden Blättern, unterseits meist mit zwei weißl. Wachsstreifen, am Grund verschmälert, dann in ein kreisrundes, dem Langtrieb ansitzendes Polster verbreitert; Zapfen aufrecht, bei der Reife zerfallend, mit oft langen, schmalen Deck- und breiten, holzigen Samenschuppen; Samen einseitig geflügelt. - Wichtige Waldbäume sind u. a.: **Weißtanne** (*Edeltanne*, Silber-T., Abies alba), bis 50 m hoch und bis 500 Jahre alt werdend; Nadeln flach, 15–30 mm lang und bis 2 mm breit, an der Spitze meist eingekerbt, zweizeilig an den Kurztrieben stehend; ♀ Zapfen fast nur in der Wipfelregion, aufrecht, 10–15 cm lang; in den Gebirgen S- und M-Europas. Das Holz ist weich, gelblichweiß bis hellrötl., ohne

Harzgänge, der Fichte ähnl., jedoch elast.; Verwendung für Innenausstattungen, Möbel. Die Weiß-T. wird häufig als Weihnachtsbaum verwendet. **Nordmannstanne** (Abies nordmanniana), bis 30 m hoch, mit schwärzlichgrauer Rinde und glänzenden, dichtstehenden Nadeln mit zwei weißl. Streifen auf der Unterseite; Zapfen bis 16 cm lang und stark mit Harz bedeckt; im westl. Kaukasus, heute auch in M-Europa verbreitet. **Himalajatanne** (Abies spectabilis), bis 50 m hoch, mit breiter Krone und weit abstehenden Ästen; Nadeln 2,5–5 cm lang, lederartig, steif, gescheitelt, unterseits mit zwei weißen Bändern; Zapfen 12–15 cm lang, jung violettpurpurn; im Himalaja, in Sikkim und Bhutan.

Tännel (Elatine), weltweit verbreitete Gatt. der zweikeimblättrigen Pflanzenfam. Tännelgewächse (Elatinaceae) mit zwölf Arten, davon vier in Deutschland; meist einjährige Sumpf- und Wasserpflanzen mit quirl- oder gegenständigen Blättern mit Nebenblättern und grünlich- oder rötlichweißen Blüten; Landformen nur wenige Zentimeter hoch, Wasserformen 15–50 cm lang.

Tännelkraut (Kickxia), in Europa und vom Mittelmeergebiet bis NW-Indien verbreitete Gatt. der Rachenblütler mit rd. 30 Arten. Im südl. Deutschland kommt in Getreideunkrautgesellschaften das **Echte Tännelkraut** (Kickxia elatine) vor, eine einjährige Pflanze mit dünnen, niederliegenden Stengeln und hellgelben Blüten.

Tannenbärlapp (Huperzia), Gatt. der Bärlappgewächse mit mehreren Arten; ausdauernde Pflanzen mit gabelig verzweigten Sprossen; Sporangien in der Achsel von Laubblättern, Sporophylle daher keine abgesetzte Ähre bildend. Die einzige Art in Deutschland ist **Huperzia selago** mit 5–20 cm langen, aufsteigenden bis aufrechten, stark verzweigten Sprossen; zerstreut in Nadelwäldern und alpinen Zwergstrauchheiden. - Abb. S. 198.

Tannenhäher (Nucifraga), Gatt. 30–34 cm langer Rabenvögel mit zwei Arten in den Nadelwäldern großer Teile Eurasiens und N-Amerikas, darunter der auf dunkelbraunem Grund weiß gefleckte **Eurasiat. Tannenhäher** (Nußhäher, Nußknacker, Zirbelkrähe, Nucifraga caryocatactes): bes. in Gebirgen; Flügel sehr breit, schwarz; Schwanz schwarz mit weißem Endsaum; ernährt sich bevorzugt von Samen der Nadelhölzer. - Abb. S. 199.

Tannenläuse (Fichtenläuse, Adelgidae), Fam. sehr kleiner, ausschließl. auf Nadelbäumen lebender Blattläuse; Flügel der Sexuparae (↑Blattläuse) in Ruhe dachförmig gehalten; stets mit Wirtswechsel. Auf dem Hauptwirt (Fichte) werden von der Stammuttergeneration zapfenähnl. Gallen erzeugt, in die die Larven einwandern. - Abb. S. 198.

Tannenmeise ↑Meisen.

Tannenpfeil (Kiefernschwärmer, Sphinx pinastri), in Eurasien weit verbreitete, 7–8 cm spannende Art der Schwärmer; Vorderflügel aschgrau mit schwarzbrauner Zeichnung, Hinterflügel einfarbig dunkelgrau; am Tage v. a. an Nadelholzstämmen ruhend; Raupen bes. an Kiefern. Nur vereinzelt auftretend und deshalb nicht bes. schädlich.

Tannenwedel (Hippuris), Gatt. der zweikeimblättrigen Pflanzenfam. Tannenwedelgewächse (Hippuridaceae) mit der einzigen, formenreichen Art **Gemeiner Tannenwedel** (Hippuris vulgaris); mit Ausnahme S- und O-Asiens weltweit verbreitete, ausdauernde, meist halb untergetaucht lebende Wasser- oder Sumpfpflanze mit linealförmigen, in Wirteln angeordneten Blättern und sehr kleinen, achselständigen Blüten ohne Kronblätter. - Abb. S. 198.

Tannin [frz., zu mittellat. tan(n)um „Gerberlohe"] (Gallusgerbsäure), in Holz, Rinde und Blättern zahlr. Pflanzen (z. B. ↑Quebracho) sowie in Pflanzengallen (z. B. ↑Galläpfel) enthaltene Substanz aus Gemischen von Verbindungen, in denen mehrwertige Alkohole oder Zucker (v. a. Glucose) mit Phenolcarbonsäuren (z. B. Gallussäure) verestert sind.

Tanreks [Malagassi] ↑Borstenigel.

Tanzfliegen (Empididae), mit rd. 3 000 Arten weltweit verbreitete Fam. 1–15 mm langer Fliegen; teils räuber. lebende (mit langem Rüssel), teils blütenbesuchende Insekten, deren ♂♂ in auffallenden Schwärmen bes. über Waldwegen, Gewässern oder Gebüsch tanzen.

Tanzmaus, durch Mutation aus der ostasiat. Hausmaus (Mus musculus wagneri) hervorgegangene, meist schwarzweiß gescheckte Zuchtform, die infolge krankhafter Veränderungen im Labyrinth Zwangsbewegungen ausführt und sich dabei im Kreise dreht („tanzt").

Tapetum [mittellat., zu griech. tápēs „Teppich, Decke"], in der *Zoologie:* lichtreflektierende Struktur in den Augen von Gliederfüßern und manchen Wirbeltieren.

◆ in der *Botanik:* ein ein- oder mehrschichtiges Gewebe aus plasmareichen Zellen an der Innenwand der Sporangien der Farnpflanzen bzw. der Pollensäcke der Samenpflanzen. Das T. dient der Ernährung der Sporen bzw. Pollenkörner.

Tapezierbienen [mittellat.-italien./dt.], svw. ↑Blattschneiderbienen.

Tapezierspinnen [mittellat.-italien./dt.] (Atypidae), v. a. in den Tropen und Subtropen (mit Ausnahme von S-Amerika und Australien) verbreitete, 20 Arten umfassende Fam. bis 3 cm langer Spinnen, davon drei Arten einheim.; ♀♀ zeitlebens in von Spinnfäden austapezierten Erdröhren, die sich in oberird. Fangschläuchen fortsetzen.

Tapioka [indian.] ↑Maniok.

Tapiokastrauch, svw. ↑Maniok.

Tapire (Tapiridae) [indian.], seit dem Eozän bekannte, heute nur noch mit vier Arten (Gatt. *Tapirus*) in den Wäldern SO-Asiens, M- und S-Amerikas vertretene Fam. der Unpaarhufer; primitive, fast nashorngroße Säugetiere mit zieml. plumpem, rd. 1,8–2,5 m langem, bis 1,2 m schulterhohem Körper, dessen Kopf einen kurzen Rüssel aufweist; Extremitäten stämmig, am Vorderfuß mit vier, am Hinterfuß mit drei funktionstüchtigen Zehen; ♀ setzt ein Junges mit heller, frischlingsähnl. Zeichnung. - Zu den T. gehört u. a. der **Schabrackentapir** (Tapirus indicus; Fell auffallend kurzhaarig; vorderes Körperdrittel und Hinterbeine schwarz, übriger Körper grauweiß; auf Malakka und Sumatra).

Tarant [italien.] (Swertia), Gatt. der Enziangewächse mit rd. 90 Arten, v. a. in den Gebirgen Eurasiens, Afrikas und Amerikas; ausdauernde oder einjährige aufrechte Kräuter mit grund- oder gegenständigen Blättern; Blüten blau, seltener gelb, in traubigen oder doldentraubigen Rispen. Die einzige einheim. Art ist der bis 50 cm hohe **Sumpfenzian** (Swertia perennis) mit meist schmutzig violetten Blüten; in Flachmooren und Sumpfwiesen v. a. der Gebirge Eurasiens und N-Amerikas.

Taranteln [italien., nach Taranto, dem italien. Namen von Tarent], zusammenfassende Bez. für verschiedene trop. und subtrop., z. T. giftige Arten bis 5 cm langer ↑Wolfsspinnen; am bekanntesten die **Apulische Tarantel** (Tarantelspinne, Lycosa tarentula): etwa 3–4 cm lang; verbreitet im Mittelmeergebiet; hält sich tagsüber in Erdröhren auf; fängt nachts Insekten; Biß für den Menschen schmerzhaft, aber ungefährlich. - Abb. S. 202.

Tarantelskorpione (Tarantula), in M- und S-Amerika verbreitete Gatt. der ↑Geißelspinnen; Länge etwa bis 2 cm; erstes Beinpaar zu riesigen, fadendünnen Geißeln verlängert; Biß ungiftig.

Taraxacum [arab.] ↑Löwenzahn.

Tardigrada [lat.], svw. ↑Bärtierchen.

Target-Organe [engl. 'tɑ:gɪt], zusammenfassende Bez. für die in einem Organismus liegenden Zielorgane einer natürl. physiolog. oder induzierten, z. B. therapeut. (medikamentösen) Einwirkung. Z. B. sind Schilddrüse, Nebennierenrinde und Keimdrüsen T.-O. der Hypophysenvorderlappenhormone.

Tarnung, in der *Zoologie* bei (v. a. wehrlosen) Tieren eine Schutzanpassung gegenüber Feinden in Form von Schutzfärbungen und -zeichnungen des (zuweilen auch bes. gestalteten) Körpers, die bis zur ↑Somatolyse führen können oder eine ↑Mimese oder eine abschreckende ↑Mimikry darstellen. Zusätzl. zu solchen *Tarntrachten* bzw. *Schutztrachten* kann es bei diesen Tieren noch zu einer ↑Akinese kommen.

Taro [polynes.], (Kolokasie, Blattwurz, Zehrwurz, Colocasia) Gatt. der Aronstabgewächse mit 6 Arten im trop. Asien; große Stauden mit meist knollig verdicktem Rhizom und langgestielten, schild-, herz- oder pfeilförmigen Blättern; Blütenkolben mit großer Blütenscheide. Mehrere Arten sind dekorative Warmhauspflanzen. Die bis 4 kg schweren, knolligen Rhizome der auf den Sundainseln beheimateten, in den gesamten Tropen angebauten Art **Colocasia esculenta** (Taro i. e. S.) werden als Stärkelieferant (15-26 % Stärke) genutzt (gekocht, geröstet oder zu Mehl zermahlen bzw. als Futtermittel).

Tarpan [kirgis.-russ.], Bez. für zwei ausgerottete Unterarten des ↑Prschewalskipferdes.

Tarpune (Megalopidae), Fam. der Knochenfische mit zwei etwa 1–2,5 m langen Arten im trop. Atlant., Pazif. und Ind. Ozean, auch in die Flüsse aufsteigend; Körper seitl. abgeplattet, langgestreckt, mit gegabelter Schwanzflosse; Mundspalte groß; letzter Rückenflossenstrahl schmal schwertartig verlängert. Der 2–2,5 m lange *Tarpun* (Megalops atlanticus) im Atlant. Ozean ist einer der beliebtesten Sportfische.

Tannenbärlapp. Huperzia selago

Tannenlaus mit Eigelege

Gemeiner Tannenwedel

Eurasiatischer Tannenhäher

Tarsenspinner [griech./dt.], svw. ↑Embien.

Tarsier [griech.] (Fußwurzeltiere, Koboldmakiartige, Tarsiiformes), seit dem Tertiär bekannte, weit verbreitete (auch in Europa, N-Amerika), mit Ausnahme der ↑Koboldmakis ausgestorbene Teilordnung der Halbaffen; sehr gewandt springende Baumbewohner mit stark verlängerten, röhrenknochenähnl. Teilen der Fußwurzelknochen (Fersenbein, Kahnbein) und verwachsenem Schien- und Wadenbein; mit gut entwickeltem Gehör- und Gesichtssinn.

Täschelkraut ↑Pfennigkraut.

Taschenkrebs (Cancer pagurus), bis etwa 20 cm breite, rotbraune, teilweise schwärzl. Krabbe an den europ. und nordafrikan. Küsten; Panzer glatt, am Rand leicht gekerbt, Scheren kräftig; wird wegen des sehr schmackhaften Fleisches in großen Mengen gefangen.

Taschenmäuse (Heteromyidae), Nagetierfam. mit rd. 70 mäuse- bis rattengroßen Arten, verbreitet in ganz Amerika; Fortbewegung häufig hüpfend. - Zu den T. gehören u. a. ↑Taschenspringer.

Taschenratten (Geomyidae), Nagetierfam. mit rd. 40 Arten in N- und M-Amerika; Körper 12–23 cm lang, plump und kurzbeinig, mit sehr kleinen Augen und stark rückgebildeten Ohrmuscheln; Backentaschen groß, innen behaart; obere Schneidezähne sehr stark entwickelt; Lebensweise überwiegend unterird., legen umfangreiche Erdbaue an, sammeln Vorräte.

Taschenspringer (Känguruhratten, Dipodomys), Gatt. nachtaktiver, vorwiegend bräunl. bis dunkelbrauner Taschenmäuse mit rd. 20 Arten in N-Amerika; Länge etwa 10–20 cm; Schwanz mit pinselartigem Ende; Fortbewegung fast ausschließl. hüpfend.

Taster [lat.-roman.], bei Tieren svw. ↑Palpen.

Tastermotten (Palpenmotten, Gelechiidae), über 4 000 Arten umfassende, weltweit verbreitete Fam. bis etwa 20 mm spannender Kleinschmetterlinge (davon rd. 350 Arten einheim.); Lippentaster meist sehr lang und sichelförmig aufgebogen; Vorderflügel schmal, Hinterflügel breiter; Raupen können durch Minierfraß in Früchten und Samen schädl. werden (z. B. ↑Getreidemotte).

Tasthaare, bei den *Säugetieren* die als Tastsinnesorgane fungierenden ↑Sinushaare (z. B. die ↑Schnurrhaare).

◆ (Fühlhaare) bei *Pflanzen* haarartige Bildungen, die Berührungsreize registrieren (z. B. bei der Venusfliegenfalle).

Tastkörperchen, Tastsinnesorgane in der Haut der höheren Wirbeltiere (einschl. Mensch), v. a. in Form der ↑Meißner-Körperchen und ↑Vater-Pacini-Körperchen.

Tastorgane, svw. ↑Tastsinnesorgane.

Tastsinn (Fühlsinn), mechan. Sinn, der Organismen (Tier und Mensch) befähigt, Berührungsreize wahrzunehmen (zu tasten, fühlen). Die sensor. Basis des T. kann eine einzige Zelle sein, wenn diese den Körper eines einzelligen Organismus bildet, oder es handelt sich um freie Nervenendigungen der Haut oder innerer Organe und um spezielle Tastsinnesorgane.

Tastsinnesorgane (Tastorgane, Fühlorgane, Tangorezeptoren, Organa tactus), bei *Tieren* und beim *Menschen:* mechan. Einwirkungen auf den Körper in Form von Berührungsempfindungen (Tastempfindungen) registrierende Sinnesorgane; v. a. Hautsinnesorgane, die bevorzugt an Stellen lokalisiert sind, die für die Reizaufnahme entsprechend exponiert liegen, so beim Menschen gehäuft an den Händen bzw. den Fingerspitzen, bei Tieren v. a. am Kopf bzw. an der Schnauze

Schabrackentapir

(als Tasthaare), an den Antennen (Fühlern) oder Tentakeln sowie an den Beinen bzw. Pfoten und an den Flügeln (bei Gliederfüßern). Die T. kommen aber auch weit über den Körper verstreut vor, bei niederen Tieren in Form einzelner primärer Sinneszellen. Bei den Vögeln und Säugetieren wird der Feder- bzw. Haarbalg von freien Nervenendigungen umsponnen, so daß die Feder und das einzelne Haar bewegungsempfindl. sind. Die zw. den Zellen der Epidermis vieler Tiere (auch des Menschen) verteilt vorkommenden freien Nervenendigungen sind v. a. Schmerzrezeptoren.

◆ bei manchen *Pflanzen* Berührungsreize (Tastreize) aufnehmende Organe, wie *Fühlhaare* (Tasthaare) bei der Venusfliegenfalle, die Köpfchen der Randtentakel beim Sonnentau.

Tatum, Edward Lawrie [engl. 'tɛɪtəm], * Boulder (Colo.) 14. Dez. 1909, † New York 5. Nov. 1975, amerikan. Biochemiker und Genetiker. - Prof. an der Yale University, an der Stanford University in Palo Alto und an der Rockefeller University in New York; entdeckte in Zusammenarbeit mit G. W. Beadle, daß bestimmte chem. Vorgänge beim Aufbau der Zelle durch Gene reguliert werden. Hierfür erhielten beide Forscher (zus. mit J. Lederberg) 1958 den Nobelpreis für Physiologie oder Medizin.

Tauben (Columbidae), seit dem Miozän bekannte, heute mit rd. 300 Arten v. a. in Wäldern und Baumsteppen nahezu weltweit verbreitete Fam. etwa 15–80 cm langer Taubenvögel; fluggewandte Tiere mit relativ schmalen, spitzen Flügeln und variabel gefärbtem Gefieder (häufig blaugrau oder braun); Schnabel kurz, mit Wachshaut an der Oberschnabelbasis. - T. ernähren sich vorwiegend von Samen und grünen Pflanzenteilen. Sie bauen meist im Gebüsch oder in Bäumen lockere Nester aus feinen Zweigen. Die Jungvögel der T. sind Nesthocker, die als erste Nahrung ↑ Kropfmilch erhalten. - Zu den T. gehören u. a.: **Felsentaube** (Columba livia), bis 33 cm lang, v. a. in felsigen Landschaften großer Teile S-Eurasiens sowie N- und M-Afrikas; Gefieder blaugrau, an den Halsseiten metall. grün und/oder blauviolett schillernd, mit weißem Bürzel, zwei schwarzen Flügelbinden und weißer Flügelunterseite; Stammform der ↑ Haustaube. **Lachtaube** (Streptopelia roseogrisea), etwa 26 cm lang, in NO-Afrika und SW-Arabien; mit schwarzem Nackenband; Ruf dumpf lachend. **Ringeltaube** (Columba palumbus), rd. 40 cm lang, oberseits grau, unterseits bläulich- bis rötlichgrau; in Wäldern und Parkanlagen Europas, NW-Afrikas sowie SW-Asiens; mit breiter, weißer Querbinde auf den Flügeln, je einem weißen Fleck an den rot und grün schillernden Halsseiten und breiter, dunkelgrauer Endbinde am Schwanz. **Türkentaube** (Streptopelia decaocto), fast 30 cm lang, in Gärten und Parkanlagen Europas, des Sudans und S-Asiens; oberseits graubraun, unterseits heller. **Turteltaube** (Streptopelia turtur), fast 30 cm lang, v. a. in lichten Wäldern, Gärten und Parkanlagen NW-Afrikas und Eurasiens bis Turkestan; mit grauem Oberkopf, braunem, dunkel geflecktem Rücken, rötl. Vorderhals, ebensolcher Brust und je einem großen, schwarzweiß gestreiften Fleck an den Halsseiten.

Geschichte: In der Religions- und Kulturgeschichte gilt die T. schon sehr früh - die ältesten Darstellungen von T. stammen aus dem Irak (4. Jt. v. Chr.) - als Seelentier und hat viele symbol. Bed.: als Prinzip des Weiblichen, Symbol der Liebe. Im N. T. wird sie zum Sinnbild des Hl. Geistes, während die christl. Kirche sie zudem als Symbol für die Kirche selbst, für Maria und für die Eucharistie kennt. In der Dichtung sind T. Zeichen der Treue, des Friedens und der Trauer.

Taubenbaum (Davidia), einzige Gatt. der zweikeimblättrigen Pflanzenfam. Taubenbaumgewächse (Davidiaceae) mit der einzigen, in O-Tibet und W-China heim. Art *Davidia involucrata;* in der Heimat bis 25 m, in M-Europa kaum 10 m hoher Baum mit breiteiförmigen Blättern und roten Blattstielen; Blüten in Köpfchen aus ♂ und meist nur einer einzigen ♀ Blüte, umgeben von zwei ungleich großen, hängenden, gelblichweißen Hochblättern; Park- und Gartenbaum für wärmere Lagen.

Taubenkropf, (Beerennelke, Hühnerbiß, Cucubalus) Gatt. der Nelkengewächse mit der einzigen Art *Cucubalus baccifer* in Auenwäldern des gemäßigten Eurasiens; bis 2,5 m hohe, kletternde Staude mit länglich-eiförmigen Blättern, grünlichweißen Blüten mit bauchigem Kelch und schwarzen Beerenfrüchten. ◆ ↑ Leimkraut.

Taubenrassen, durch Züchtung gewonnene Rassen der ↑ Haustaube. Zur Erleichterung der Übersicht hat man die über 200 Rassen (in der BR Deutschland) in einer Anzahl Rassengruppen zusammengefaßt: u. a. Feldtauben, Formentauben (u. a. Brieftauben), Kropftauben, Strukturtauben, Tümmler und Warzentauben (Bagdetten).

🕮 *Mackrott, H.: Rassetauben. Zucht, Haltung u. Flugsport. Stg. 1985. - Vogel, K.: Die Taube. Biologie, Haltung, Fütterung. Melsungen ²1984. - Müller, Erich: Rassetauben. Rassen, Haltung, Zucht. Reutlingen 1982. - Schütte, J.: Hdb. der T. Melsungen ³1981.*

Taubenschwänzchen (Taubenschwanz, Macroglossum stellatarum), bis 4,5 cm spannender, in Eurasien weit verbreiteter Schmetterling (Fam. Schwärmer) mit fächerartig ausbreitbarem, dunklem Haarbusch am Hinterleibsende; tagaktiver, pfeilschnell fliegender Schmetterling, der unvermittelt vor Blüten im Rüttelflug „steht", um mit Hilfe seines langen Saugrüssels an den Nektar zu gelangen; Raupen grün oder rötlichbraun, hell längsgestreift.

Taubenvögel (Columbiformes), mit über 300 Arten weltweit verbreitete (Polargebiete ausgenommen) Ordnung bis 80 cm langer Vögel mit großem Kropf, relativ kleinem Kopf und nackter oder fehlender Bürzeldrüse. Man unterscheidet drei Familien: ↑Flughühner, ↑Tauben und ↑Dronten.

Taubenzecke (Argas reflexus), derbhäutige, in vollgesogenem Zustand bis etwa 9 mm große (♀), braune Lederzecke; saugt Blut vorwiegend an Tauben und Hausgeflügel, geht bei Nahrungsmangel auch auf den Menschen über, bei dem sie oft schwer heilende Hautentzündungen hervorruft. T. sterben jedoch nach dem Genuß von Menschenblut meist innerhalb von 9 Tagen ab.

Taublatt (Drosophyllum), Gatt. der Sonnentaugewächse mit der einzigen Art *Drosophyllum lusitanicum* in Portugal, im sw. Spanien und in N-Marokko; bis 50 cm hoher Halbstrauch mit klebrigen Haaren (zum Insektenfang) an den lineal- bis lanzettförmigen, bis 25 cm langen Blättern; Blüten schwefelgelb, in Doldentrauben.

Täublinge (Russula), mit rd. 250 Arten weltweit verbreitete Gatt. der Ständerpilze. Gemeinsame Merkmale aller T. sind das mürbe, bröckelige, trockene Fleisch ohne Milchsaft und die weißen bis dunkelgelben, spröden, leicht splitternden Lamellen. Die Hutfarbe ist sehr veränderlich. Die meisten der einheim. T. sind eßbar.

Taubnessel (Lamium), Gatt. der Lippenblütler mit rd. 40 Arten in Europa, N-Afrika sowie im gemäßigten und subtrop. Asien; Kräuter oder Stauden mit herzförmigen, gesägten Blättern und purpurroten, gelben oder weißen Blüten in achselständigen Quirlen. Bekannteste von den sechs einheim. Arten sind die 30–60 cm hohe **Weiße Taubnessel** (Lamium album, mit weißen, in Quirlen stehenden Blüten; häufige Ruderalpflanze), und die bis 30 cm hohe, in feuchten Laubwäldern verbreitete **Goldnessel** (Lamium galeobdolon; mit goldgelben Blüten, oft hellgrau gefleckten, eiförmigen Blättern und vierkantigem Stengel). - Abb. S. 202.

Tauchenten ↑Enten.

Tauchersturmvögel (Lummensturmvögel, Pelecanoididae), Fam. bis 25 cm langer, oberseits dunkel, unterseits heller gefärbter Meeresvögel (Ordnung Sturmvögel) mit fünf Arten über kälteren Meeren der Südhalbkugel; niedrig über der Wasseroberfläche fliegende Vögel, die flügelschlagend nach kleinen Meerestieren tauchen.

Taufliegen (Essigfliegen, Drosophilidae), weltweit verbreitete, rd. 750 Arten umfassende Fam. 1–5 mm langer Fliegen (davon rd. 50 Arten in Europa); Körper meist gelbl. oder rötlichbraun, häufig rotäugig; leben bes. in der Nähe faulender und gärender Stoffe (v. a. von Früchten). Die Larven entwickeln sich überwiegend in gärenden und säuernden Pflanzensäften. Die bekannteste Art ist *Drosophila melanogaster* (Taufliege i. e. S.; etwa 2,5 mm lang) mit (bei der Wildform) roten Augen, rötlichgelbem Thoraxrücken und gelbschwarz gezeichneten Hinterleibssegmenten; bed. für die genet. Forschung.

Taumelkäfer (Drehkäfer, Kreiselkäfer, Gyrinidae), weltweit verbreitete, über 800 Arten umfassende Fam. (Unterordnung ↑Adephaga) etwa 5–10 mm langer Wasserkäfer (davon zwölf Arten einheim.); Körper längl.-oval mit Doppelaugen und kurzen, flossenartig verbreiterten Mittel- und Hinterbeinen; schwimmen gesellig v. a. auf der Wasseroberfläche von Bächen und Flüssen, tauchen bei Gefahr; Larven asselähnl., im Bodenschlamm der Gewässer.

Taumelkerbel ↑Kälberkropf.

Taumellolch ↑Lolch.

Tausendblatt (Myriophyllum), weltweit verbreitete Gatt. der Meerbeerengewächse mit zahlr. Arten (davon drei einheim.); ausdauernde, mehr oder weniger untergetaucht lebende Wasserpflanzen (auch Landformen) mit in Quirlen angeordneten, gefiederten Wasserblättern; Blätter über dem Wasser meist anders gestaltet; Blüten unscheinbar. Einige Arten sind beliebte Aquarienpflanzen.

Tausendfüßer (Myriapoda, Myriapoden), seit dem Silur bekannte, heute mit über 10 000 Arten v. a. in feuchten Biotopen weltweit verbreitete Klasse landbewohnender Gliederfüßer, deren Chitinkutikula keine vor Verdunstung schützende Wachsschicht enthält; gekennzeichnet durch einen deutl. abgesetzten Kopf, ein Paar Fühler und einen weitgehend gleichförmig gegliederten Körper, dessen Segmente fast alle ausgebildete Laufbeine tragen (bis zu 340 Beinpaare). - Zu den T. gehören ↑Hundertfüßer, ↑Doppelfüßer, ↑Zwergfüßer und ↑Wenigfüßer.

Tausendgüldenkraut (Centaurium), Gatt. der Enziangewächse mit rd. 40 Arten auf der nördl. Halbkugel, in S-Amerika und Australien; meist einjährige Kräuter mit einfachen, ganzrandigen Blättern und rosafarbenen, gelben oder weißen Blüten mit sehr langer Kronröhre. Die bekannteste einheim. Art ist das 10–50 cm hohe **Echte Tausendgüldenkraut** (Centaurium minus, mit hellroten Blüten; auf Wiesen und Waldlichtungen).

Tausendschön ↑Gänseblümchen.

Taxa ↑Taxon.

Taxaceae [lat.], svw. ↑Eibengewächse.

Taxie (Taxis, Mrz. Taxien) [griech.], Ortsbewegungen frei beweglicher tier. und pflanzl. Lebewesen, die von der Richtung abhängen, aus der ein Reiz auf den Organismus einwirkt. Bewegt sich das Lebewesen zur Reizquelle hin, spricht man von *positiver Taxie*, bewegt es sich von der Reizquelle fort, von *negativer*

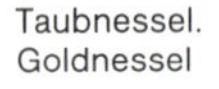
Taubnessel. Goldnessel

Weiße Taubnessel

Apulische Tarantel

Taxie. Wird die Reizquelle auf dem kürzesten Weg angesteuert, handelt es sich um eine *topische Reaktion.* Bei der *phobischen Reaktion* dagegen (*Schreckreaktion*, **Phobotaxis**) wird das Ziel erreicht, indem das Lebewesen beim richtungslosen Umherirren jedes Mal zurückschreckt und eine Wendung macht, wenn es in einen Bereich kommt, der ihm weniger angenehm ist. Man unterscheidet einzelne T. nach der Art des Reizes: Viele Einzeller (z. B. Pantoffeltierchen) und Spermatozoide reagieren mit phobischen oder topischen Orientierungsbewegungen im Wasser auf ein Konzentrationsgefälle der unterschiedlichsten Substanzen (**Chemotaxis**). - Das gleiche gilt für die Einstellung auf einseitig einfallendes Licht (**Phototaxis**). Wird die Beleuchtung zu stark, wandelt sich die positive in eine negative Taxie um. Berührt ein Pantoffeltierchen beim Umherschwimmen ein Hindernis, wendet es sich sofort ab (negative *Thigmotaxis*). - Mit Hilfe kleiner, fester Inhaltskörper im Zytoplasma ist es in der Lage, die Richtung der Schwerkraft festzustellen; unter bestimmten Bedingungen bewegt es sich von ihr fort (negative *Geotaxis*). - Weitere bed. Reize sind Wärme (Thermotaxis), Wasser (Hydrotaxis), das Magnetfeld der Erde (Magnetotaxis) sowie Schallwellen unterschiedl. Frequenzen (**Phonotaxis**) bei der Ultraschallortung der Fledermäuse u.a. Besitzt ein Tier ein Sinnesorgan doppelt, kann sein Weg einen bestimmten Winkel mit der direkten Richtung zur Reizquelle bilden (**Tropotaxis**).

Taxis, svw. ↑Taxie.

Taxodium [lat./griech.], svw. ↑Sumpfzypresse.

Taxon (Mrz. Taxa) [griech.], svw. ↑systematische Kategorie. - ↑auch Taxonomie.

Taxonomie [griech.], in *Zoologie* und *Botanik* als Zweig der ↑Systematik die Wiss. und Lehre von dem prakt. Vorgehen bei der Einordnung der Organismen in systemat. Kategorien (*Taxa;* Einz.: *Taxon*). Die so gebildeten Organismengruppen stellen Einheiten dar, deren Vertreter in stammesgeschichtl. Hinsicht unmittelbar miteinander verwandt sind. Das elementare Taxon ist die ↑Art. Dem stammesgeschichtl. Gefüge entsprechend werden verwandte Arten zu hierarchisch abgestuften höheren Taxa (Gattungen, Familien usw.) zusammengefaßt. - ↑auch System.

Taxus [lat.], svw. ↑Eibe.

Tazette [italien.], Bez. für mehrere Arten der Gatt. Narzisse mit doldenartig angeordneten Blüten. T. sind in M-Europa nicht winterhart, als Topfpflanzen jedoch sehr verbreitet.

Teakbaum [ti:k; über portugies. teca zu Malajalam tekka] (Tectona), Gatt. der Eisenkrautgewächse mit vier Arten in SO-Asien und auf den pazif. Inseln. Die wirtsch. bedeutendste Art ist *Tectona grandis*, ein heute überall in den Tropen forstl. kultivierter, bis 50 m hoher Baum mit bis 60 cm langen, ellipt. Blättern und weißen, in Rispen stehenden Blüten; sein Holz (**Teakholz**) ist hart und termitenfest

Teckel [niederdt.], svw. ↑Dackel.

Tectona, svw. ↑Teakbaum.

Tee [chin.] (echter T.), die getrockneten Blattknospen und jungen Blätter des ↑Teestrauchs, die je nach Herkunft und Qualität 1–5% Koffein, ferner Theobromin, Theophyllin, etwas äther. Öl und 7–12% Gerbstoffe enthalten. Beim Aufbrühen werden das Koffein und die Aromastoffe rasch, die Gerbstoffe, die auch die Bräunung bestimmen, erst nach und nach ausgezogen. Je nach Behandlung der frisch gepflückten jungen Triebe wird schwarzer, grüner und Oolong-T. unterschieden.

Geschichte: Der T. soll in China schon um 2700 v. Chr. bekannt gewesen sein, er fand aber erst im 6. Jh. n. Chr. allg. Verbreitung, zunächst wohl als Arzneimittel. Um 1000 n. Chr. war der T. in China zum Nationalgetränk geworden. Durch Vermittlung der

Teichhuhn

Teestrauch. Zweig mit Blüten

Gelbe Teichrose

Araber kam der T. im MA nach Europa, wo er zuerst im 9. Jh. erwähnt, aber erst im 17. Jh. zur Handelsware wurde. Die Ostind. Kompanie verbreitete den T. ab 1660 auch in England.

Teegewächse, svw. ↑Teestrauchgewächse.

Teehybriden ↑Rose.

Teerose ↑Rose.

Teestrauch (Camellia sinensis), in Assam und Oberbirma beheimatete Art der ↑Kamelie; kleiner Baum oder Strauch mit wechselständigen, immergrünen, etwas ledrigen, lanzettförmigen, 4–10 cm langen Blättern; Blüten weiß, bis 3 cm im Durchmesser, zu 1–4 in den Blattachseln. Der T. wird in zwei Varietäten gegliedert: in den 10 bis 15 m hoch werdenden **Assamteestrauch** (Camellia sinensis var. assamica) und den meist nur 3–4 m hohen **Chin. Teestrauch** (Camellia sinensis var. bohea). In Kultur wird der T. durch Schnitt in einer Höhe von 1–2 m gehalten, um die Ernte zu erleichtern. Außer zur Erzeugung von Tee wird der T. auch für die Gewinnung von Koffein für Medikamente und für Colagetränke angebaut.

Teestrauchgewächse (Teegewächse, Theaceae), Pflanzenfam. mit rd. 600 Arten in 35 Gatt.; überwiegend in Gebirgswäldern der Tropen und Subtropen, einige Arten auch in den gemäßigten Breiten N-Amerikas und O-Asiens; meist immergrüne Bäume oder Sträucher mit einfachen Blättern; Blüten meist einzeln in den Blattachseln; Früchte als Kapseln, Steinfrüchte oder Beeren ausgebildet. Als Ziersträucher werden u. a. Arten der ↑Kamelie verwendet. Die wichtigste Art ist der Teestrauch.

Teichfrosch (Rana lessonae), Bastardpartner des Wasserfroschs (↑Frösche).

Teichhuhn (Grünfüßiges T., Gallinula chloropus), über 30 cm lange, fast weltweit verbreitete ↑Ralle, v. a. auf stehenden Süßgewässern, in deren Uferdickicht und in Sümpfen; brütet in einem Bodennest meist an vegetationsreichen Ufern; Teilzieher.

Teichjungfern (Lestidae), mit über 100 Arten bes. an Tümpeln und Teichen weltweit verbreitete Fam. schlanker, metall. grüner, bronze- oder kupferfarbener Kleinlibellen (↑Libellen); Flügel farblos, werden in Ruhe schräg nach hinten ausgebreitet. Die acht einheim. Arten werden zu den *Binsenjungfern* (Lestes) bzw. *Winterlibellen* (Sympecma) gestellt.

Teichkarpfen ↑Karpfen.

Teichläufer ↑Wasserläufer.

Teichlinse (Spirodela), Gatt. der Wasserlinsengewächse mit drei fast weltweit verbreiteten Arten. Die einzige einheim. Art ist die **Vielwurzelige Teichlinse** (Spirodela polyrrhiza) mit oberseits grünem, unterseits rotem, blattartigem Sproß.

Teichmolch (Grabenmolch, Triturus vulgaris), 8–11 cm langer, schlanker ↑Molch in Europa und Asien (bis Sibirien); Oberseite beim ♂ gelblichbraun bis olivgrün, mit runden, braunen Flecken, Unterseite weißlich; ♂ zur Paarungszeit mit Rückenkamm; häufigste einheim. Molchart in Tümpeln und Wassergräben.

Teichmuschel (Schwanenmuschel, Anodonta cygnaea), bis 20 cm lange Muschel, v.a. in ruhigen Süßgewässern M-Europas; Schalen außen bräunlichgrün, mehr oder weniger oval, Innenschicht mit Perlmutter bekleidet; Schalenschloß ohne „Zähne".

Teichnapfschnecke (Acroloxus lacustris), kleine, bis 7 mm lange ↑Wasserlungenschnecke (keine Napfschnecke!) in stehenden Süßgewässern Europas (mit Ausnahme von Skandinavien) und gemäßigter Regionen Asiens; Schale länglich-schildförmig bis flachmützenförmig.

Teichrohrsänger ↑Rohrsänger.

Teichrose (Mummel, Nuphar), Gatt. der Seerosengewächse mit wenigen Arten auf der nördl. Halbkugel; ausdauernde Wasserpflanzen mit herzförmigen Blättern; Blüten mit gelben oder roten Hüllblättern und zahlr. Staubblättern. Die bekanntere der beiden einheim. Arten ist die **Gelbe Teichrose** (Nuphar luteum) mit wohlriechenden, gelben, kugeligen Blüten (5 cm im Durchmesser). - Abb. S. 203.

Teichschildkröte, svw. Europ. Sumpfschildkröte (↑Sumpfschildkröten).

Teilmauser (partielle Mauser), bes. Art des Gefiederwechsels (↑Mauser) bei vielen Vögeln (v. a. den Singvögeln), bei der im Unterschied zur **Vollmauser** (Klein- und Großgefieder werden zusammen gemausert) nur das Klein- oder das Großgefieder mehr oder weniger weitgehend gewechselt wird. Die T. erfolgt i. d. R. im Winter als zweite Mauser nach einer Vollmauser im Sommer (nach der Brutzeit).

Teilung ↑Zellteilung.

Teilungsgewebe, svw. ↑Bildungsgewebe.

Teilungsspindel (Kernteilungsspindel), svw. ↑Kernspindel.

Teilzieher, Vogelarten, bei denen nur ein Teil der Individuen (meist die nördl. Populationen) einer Art nach S zieht (z. B. Star, Ringeltaube, Kiebitz, Teich- und Bläßhuhn). - ↑auch Strichvögel.

Tejus [brasilian. te'ʒu; indian.-portugies.] (Echte T., Groß-T., Tupinambis), Gatt. der ↑Schienenechsen mit vier Arten in Südamerika, darunter der **Bänderteju** (Solompenter, Tupinambis teguixin); bis 1,4 m lang, oberseits schwarz, mit 9–10 Querbändern aus runden, gelben Flecken; kommt auch in die Nähe menschl. Siedlungen und wird von den Indianern seines Fleisches wegen gejagt.

Tela [lat.], in der Anatomie svw. Gewebe, Gewebsschicht, Gewebsblatt.

Teleostei [...te-i; griech.] (Teleostier, Echte Knochenfische), seit dem Lias bekannte, heute mit rd. 20000 Arten in Meeres- und Süßgewässern weltweit verbreitete Überordnung wenige Zentimeter bis etwa 4 m langer Knochenfische, die sich aus den Strahlenflossern entwickelt hat; mit meist vollständig verknöchertem Skelett, vorstülpbarem Maul und Schuppen ohne Ganoidüberzug. - Zu den T. gehört die überwiegende Mehrzahl (rd. 30 Ordnungen) aller rezenten Knochenfische.

Teleskopaugen, stark hervortretende bis röhrenförmig ausgezogene Augen bei manchen Fischen und Kopffüßern, bes. bei Tiefseebewohnern, auch bei Schlammbewohnern flacherer Gewässer.

Teleskopfisch (Teleskopgoldfisch), Zuchtform des ↑Goldfischs mit stark vortretenden, nach oben gerichteten Augen.

Teleskopfische (Giganturidae), Fam. schlanker, etwa 5–10 cm langer Knochenfische; Tiefseefische mit stark vortretenden Augen, weit nach hinten gerückter Rücken- und Afterflosse und peitschenförmig ausgezogenem unterem Teil der Schwanzflosse.

Tellerschnecken (Planorbidae), Fam. der Wasserlungenschnecken, v. a. in stehenden Süßgewässern; Schale meist planspiralig linksgewunden. T. bilden in den Tropen und Subtropen Hauptzwischenwirte für Saugwürmer (z. B. für die Erreger der Bilharziose). Die größte und bekannteste in Deutschland lebende Art ist die ↑Posthornschnecke.

Tellmuscheln [griech./dt.], svw. ↑Plattmuscheln.

telolezithale Eier [griech./dt.] ↑Ei.

Telome [griech.], Grundorgane fossiler Urlandpflanzen (↑Nacktpflanzen). T. sind ungegliedert, radiärsymmetr. und bestehen aus einem einfachen, zentralen Leitgewebsstrang, einem Rindenmantel aus Grundgewebe und einer kutinisierten Epidermis. Die Verzweigung ist dichotom (gabelig).

Telomere [griech.], in der *Genetik* Bez. für die beiden Enden eines Chromosoms.

Telophase [griech.], letztes Stadium einer Zellteilung (Mitose oder Meiose), gekennzeichnet durch die Entspiralisierung der Chromosomen und die Bildung zweier Tochterkerne und Tochterzellen.

Temin, Howard Martin, * Philadelphia 10. Dez. 1934, amerikan. Biologe. - Prof. für Onkologie an der University of Wisconsin in Madison; klärte bei Stoffwechseluntersuchungen an durch Viren infizierten Tumorzellen den Chemismus der Virusreplikation auf und wies ein Enzym (die reverse Transkriptase) nach, das die „Umschreibung" der Virus-RNS in eine entsprechende Zellen-DNS bewirkt. T. erhielt 1975 (mit D. Baltimore und R. Dulbecco) den Nobelpreis für Physiologie oder Medizin.

Temperatursinn (Thermorezeption, Thermoperzeption), die Fähigkeit (wahrscheinl.) aller Tiere und des Menschen, mittels

Thermorezeptoren in der Körperoberfläche bzw. Haut (auch Mund- und Nasenschleimhaut) [örtl.] Unterschiede in der Umgebungstemperatur bzw. Änderungen derselben wahrzunehmen. Der T. dient dem Aufsuchen der optimalen Umgebungstemperatur und bei Parasiten dem Auffinden des Wirts und steht bei Warmblütern im Dienst der Thermoregulation. Beim Menschen kann man objektiv und subjektiv eine Kälteempfindung, erfaßt durch die Kälterezeptoren des sog. *Kältesinns*, und eine Wärmeempfindung, erfaßt durch die Wärmerezeptoren des *Wärmesinns*, unterscheiden. Bei lokaler Einwirkung von Temperaturen über 45 °C wird eine schmerzhafte Hitzeempfindung durch bes. Hitzerezeptoren hervorgerufen.

temperente Phagen [lat./griech.] (temperierte Phagen, gemäßigte Phagen), Bakteriophagen, deren DNS bei Infektion von Bakterien im Ggs. zu virulenten Phagen keinen Vermehrungszyklus startet, sondern als Prophage in das Genom des Wirtes integriert und mit diesem vermehrt wird. Der Prophage vermittelt Resistenz gegen verwandte Phagen. T. P. sind als Modellsysteme für Tumorviren von allgemeinerem Interesse. Zellen, die einen Prophagen enthalten, heißen *lysogen*.

Tendo (Mrz. Tendines) [lat.] ↑Sehnen.

Tenebrio [lat.], svw. ↑Mehlkäfer.

Teneriffe, Unterrasse des ↑Bichon.

Tenrecidae [Malagassi] ↑Borstenigel.

Tenreks [Malagassi], svw. Madagaskarigel (↑Borstenigel).

Tentakel [lat.], in der *Zoologie* Bez. für meist in der Umgebung der Mundöffnung stehende, mehr oder weniger lange, schlanke, sehr bewegl. Körperanhänge bei niederen Tieren, v.a. bei Nesseltieren, Kopffüßern (mit Saugnäpfen), Schnecken, Bartwürmern, Tentakelträgern. Die reich mit Sinnesorganen versehenen T. dienen als Tastorgane *(Fühler)* v.a. dem Aufspüren der Beutetiere und (als *Fangarme, Fangfäden*) zu deren Ergreifen, Festhalten und Einbringen in die Mundöffnung.

◆ in der *Botanik* Bez. für die bei den Arten des Sonnentaus auf der Blattoberfläche angeordneten haarähnl., berührungsempfindl. ↑Emergenzen mit endständigen, ein klebriges Sekret absondernden Drüsenköpfchen.

Tentakelträger (Kranzfühler, Tentaculata), Stamm der Wirbellosen mit rd. 5000 etwa 0,5 mm bis 30 cm (meist jedoch nur wenige mm) langen Arten im Meer und (seltener) im Süßwasser; fast ausschließl. festsitzende, häufig koloniebildende Tiere; Mundöffnung von einem Tentakelkranz umgeben; Darmkanal U-förmig. T. ernähren sich durch Herbeistrudeln von Kleinplankton mit Hilfe des Wimperepithels der Tentakel.

Teppichkäfer ↑Speckkäfer.

Terebinthe [griech.], svw. ↑Terpentinpistazie.

Terebratuliden (Terebratulida) [lat.], Ordnung der Armfüßer mit rundl. bis ovaler Schale; Vorkommen vom oberen Gotlandium bis heute.

Terebridae [lat.], svw. ↑Schraubenschnecken.

Tergum [lat.] (Rückenschild), der dorsale, sklerotisierte Teil (Sklerit) jedes Rumpfsegments der Insekten im Unterschied zum ventralen Sternum.

terminal [lat.], bes. in der Botanik für: das Ende, die Grenze betreffend; endständig.

Terminalia [lat.], svw. ↑Almond.

Termiten [lat.] (Isoptera), mit rd. 2000 Arten in den Tropen und Subtropen verbreitete Ordnung staatenbildender Insekten, nächstverwandt mit den Schaben und Fangheuschrecken (nicht dagegen mit den Ameisen); Körper etwas abgeflacht, 0,2–10 cm lang (eierlegende ♀♀); Geschlechtstiere mit Facettenaugen und zeitweise geflügelt; Arbeiter und Soldaten ungeflügelt, fast stets augenlos, meist weißlich; Mundwerkzeuge beißend-kauend (mit Ausnahme der Soldaten). - Bei T. gibt es ausgeprägte Kasten: 1. *Primäre Geschlechtstiere* (geflügelte ♂♂ und ♀♀): Diese erscheinen einmal im Jahr. Nach kurzem Hochzeitsflug und anschließendem Abwerfen der Flügel gründen je ein ♂ und ein ♀ eine neue Kolonie. Nach der Begattung und Eiablage werden die ersten Larven aufgezogen, die dann als Helfer fungieren. ♂ und ♀ bleiben als König bzw. Königin zusammen und erzeugen alle anderen Koloniemitglieder. 2. *Ersatzgeschlechtstiere* (mit kurzen Flügelanlagen oder völlig ungeflügelt): Diese können bei Verlust der primären Geschlechtstiere aus Arbeiterlarven nachgezogen werden. 3. *Arbeiter* (fortpflanzungsunfähige, stets ungeflügelte ♂♂ und ♀♀): Sie machen normalerweise die Masse des Volks aus und übernehmen gewöhnlich (zus. mit den Larven) alle Arbeiten, v.a. die Ernährung der übrigen Kasten; ihre Nahrung besteht nur aus pflanzl. Substanzen. 4. *Soldaten* (fortpflanzungsunfähige ♂♂ und ♀♀): Mit meist großem, stark sklerotisiertem Kopf, sehr kräftigen Mandibeln und entsprechend starker Kiefermuskulatur *(Kiefersoldaten)* bzw. schwachen Mandibeln und nasenartigem Stirnzapfen, an dessen Spitze eine mächtige, zur Verteidigung ein klebriges Sekret ausscheidende Stirndrüse mündet *(Nasensoldaten, Nasuti)*. - Die lichtscheuen T. legen ihre *Nester* meist unterird. oder in Holz an; mit zunehmendem Alter ragen die bei manchen Arten steinharten Bauten über den Erdboden hinaus, z.T. bis 6 m hoch und in arttyp. Struktur und Gestalt. Das Baumaterial besteht aus zerkautem Holz, mit Speichel vermischtem Sand bzw. Erde oder Kotteilchen. Im Innern der Bauten finden sich zumeist konzentr. um den zentralen Wohnraum der Königin angeordnete Kammern für Eier, Larven und Pilzgärten. - In trop. Gebieten sind einige Arten der T. wegen der Zerstörung von Holz (Möbel, ganze Gebäude) sehr schädl. und gefürchtet. Nach M-Europa wurde aus Nordamerika die *Gelbfußtermite* (Reticulitermes flavipes) in den 1950er Jahren eingeschleppt. Nach S-Europa (Mittelmeergebiet) sind zwei Arten vorgedrungen: die *Erdholztermite* (Reticulitermes lucifugus) und die *Gelbhalstermite* (Kalotermes flavicollis).

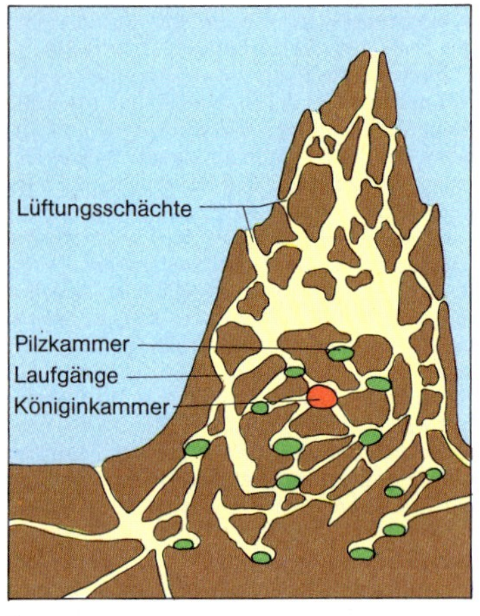

Termiten. Oben: Schnitt durch ein Hügelnest pilzzüchtender Termiten; unten: Termitenbau

Termitenfliegen (Termitoxeniidae), rd. 30 sehr kleine Arten umfassende Fliegenfam., ausschließl. in Termitenbauten vorkommend (↑Termitengäste); Flügel stummelförmig, Hinterleib der ♀♀ durch die stark entwickelten Ovarien stark angeschwollen.

Termitengäste (Termitophilen), verschiedene Insektenarten sowie manche Spinnen und Milben, die sich zeitweilig oder dauernd als Parasiten, Räuber oder Kommensalen in den Nestern von Termiten aufhalten. Manche T. geben auch Körpersekrete an ihre Wirte ab, die diese begierig aufnehmen.

Termone [Kw.], hormonähnl., geschlechtsbestimmende Stoffe bei bestimmten niederen Pflanzen und Tieren, v. a. bei Flagellaten. Das Mengenverhältnis in den Zellen zw. den das ♂ Geschlecht bestimmenden *Androtermonen* und den das ♀ Geschlecht bestimmenden *Gynotermonen* entscheidet über die endgültige Ausprägung des Geschlechts bei einem Kopulationsprodukt.

Terpentinpistazie [...tsi-ə] (Terebinthe, Pistacia terebinthus), im Mittelmeergebiet heim. Art der ↑Pistazie; 2–5 m hoher, laubabwerfender Strauch oder Baum mit duftenden Zweigen, unpaarig gefiederten Blättern und bräunlichgelben Blüten mit roten Staubbeuteln und Griffeln. Aus der rötl. Rinde wird das wohlriechende **Chios-Terpentin,** aus den Gallen werden Gerbstoffe gewonnen.

Terrapene [indian.] ↑Dosenschildkröten.

Terrarium [lat.], Behälter zur Haltung bes. von Lurchen und Kriechtieren entweder in Räumen *(Zimmer-T.)* oder im Freien *(Freiland-T.)*. Zimmerterrarien bestehen meist aus einem Metallrahmen (gelegentl. auch Holzrahmen) mit Glasverkleidung, die zur besseren Durchlüftung meist teilweise durch Metall- oder Kunststoffgaze ersetzt ist. Neben einer biotopgerechten Bepflanzung sind v. a. geeignete Bodenbeschaffenheit, das Vorhandensein von Versteck- und Klettermöglichkeiten, ausreichende Belüftung, Belichtung und (bei wärmebedürftigen Arten) Heizung von Bedeutung. Für viele Kriechtiere und die meisten Lurche ist ein Wasserbekken im T. erforderlich. - Eine Kombination von T. und Aquarium wird als *Aqua-T.* bezeichnet; es wird in Verbindung mit einer Sumpfpflanzenzone zum *Sumpfaquarium.* - Als T. werden auch ganze Gebäude von öffentl. Schauanlagen bezeichnet, die Lurche und Kriechtiere zeigen.

Terrier ['tɛriər; engl., eigtl. terrier dog „Erdhund" (zu lat. terra „Erde")], sehr alte, aus England stammende, formenreiche Rassengruppe von Haushunden (urspr. Jagdhunde) mit länglich-schmalem Kopf und meist kleinen Kippohren; häufig drahthaarig. Nach der Größe unterscheidet man *hochläufige T.* (z. B. ↑Airedalterrier, ↑Bedlingtonterrier, ↑Bullterrier) und *niederläufige T.* (z. B. ↑Schottischer Terrier).

terrikol [lat.], auf oder im Erdboden lebend; auf Tiere bezogen.

Territorialverhalten (Revierverhalten), Bez. für tier. Verhaltensweisen zum Erwerb und Erhalt eines eigenen Lebensraums, des ↑Reviers, das sie gegen Artgenossen verteidigen und dessen Grenzen sie auf arttyp. Weise markieren. Zum T. gehören ↑Aggression, ↑Drohverhalten und Markierverhalten. ↑auch Revier.

Territorium [lat.], in der *Ökologie* begrenztes Gebiet innerhalb des Lebensraums einer Tierart.

Tertiärfollikel ↑Eifollikel.

Testa [lat.], svw. Samenschale.

Testis [lat.], svw. ↑Hoden.

Testosteron [Kw.], wichtigstes männl. ↑Geschlechtshormon (Androgen) beim Menschen und bei den übrigen Wirbeltieren. Chem. Strukturformel:

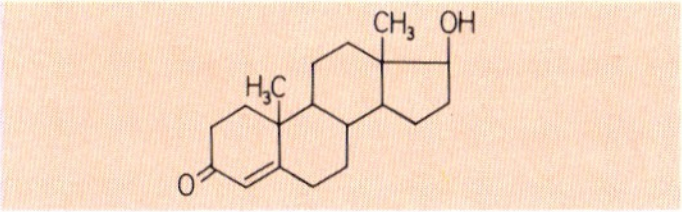

Testudines [lat.], svw. ↑Schildkröten.

Testudinidae [lat.], svw. ↑Landschildkröten.

Testudo [lat.], Hauptgatt. der Landschildkröten mit zahlr. Arten, darunter Griech. Landschildkröte, Breitrandschildkröte, Riesenschildkröte.

Tetrabranchiata [griech.] ↑Kopffüßer.

Tetraodontidae [griech.], svw. ↑Kugelfische.

Tetraodontiformes [griech./lat.], svw. ↑Haftkiefer.

Tetrapoden (Tetrapoda) [griech.], svw. ↑Vierfüßer.

Tetrapodili [griech.], svw. ↑Gallmilben.

Tettigonioidea [griech.], svw. ↑Laubheuschrecken.

Teuerlinge (Cyathus), weltweit verbreitete Gatt. der ↑Nestpilze mit zwei Arten in M-Europa: **Gestreifter Teuerling** (Cyathus striatus; mit innen senkrecht gestreiftem [geripptem] Fruchtkörper) und der etwas größere **Topfteuerling** (Cyathus olla; mit innen ungestreiftem [glattem] Fruchtkörper); beide Arten ab Spätsommer auf humusreichen Böden oder (faulendem) Holz.

Teufelsabbiß (Gemeiner T., Succisa pratensis), Kardengewächs der Gatt. ↑Abbiß in Europa, W-Sibirien und N-Afrika; 0,15 bis 0,80 m hohe Staude mit lanzettförmigen, ganzrandigen oder gesägten Blättern und dunkelblauen Blüten in kugeligen Köpfchen; verbreitet auf Magerwiesen.

Teufelsauge, svw. ↑Adonisröschen.

Teufelsbart ↑Alpenkuhschelle.

Teufelsblumen, Bez. für verschiedene Arten der ↑Fangheuschrecken, deren stark verbreiterte, farbenprächtige Vorderbeine (Fangbeine) bunten Blütenblättern gleichen und dadurch Insekten anlocken.

Teufelsei (Hexenei), volkstüml. Bez. für das Jugendstadium des Fruchtkörpers der Stinkmorchel und anderer Rutenpilze; weiße, eigroße, von komplizierter Hülle umschlossene Gebilde, die in ihrem Innern den noch nicht gestreckten Fruchtkörper beherbergen.

Teufelskrabbe (Meerspinne, Große Seespinne, Maia squinado), größte Krabbenart (Fam. Seespinnen) im Mittelmeer; Körperlänge bis 12 cm; mit langen, schlanken Scheren und rotem, zottig behaartem Rücken mit Warzen und Höckern; tarnt sich u. a. mit Muschelschalen und Steinchen; wird gegessen.

Teufelskralle (Rapunzel, Phyteuma), in Europa heim. Gatt. der Glockenblumengewächse mit rd. 30 Arten; Stauden mit in Ähren oder Köpfchen stehenden, blauen, weißen, purpurfarbenen oder gelben Blüten; z. T. Gartenzierpflanzen. Bekannte Arten sind u. a. **Halbkugelige Teufelskralle** (Phyteuma hemisphaericum), bis 30 cm hoch, Blätter lanzettförmig, Blütenköpfchen halbkugelig, mit schwärzl.-blau-violetten Blüten; verbreitet in den Alpen; **Hallers Teufelskralle** (Phyteuma halleri), 0,3–1 m hoch, mit herzförmig-dreieckigen unteren und eiförmig-lanzettförmigen oberen Blättern, Blütenköpfchen etwa 6 cm lang, walzenförmig, mit schwarzvioletten bis schwarzblauen Blüten; in den Voralpen und Alpen.

Teufelsnadel (Blaugrüne Mosaikjungfer, Aeschna cyanea), in Europa bis Kleinasien verbreitete, 5–6 cm lange Libelle (Fam. Teufelsnadeln); Körper grün, blau gefleckt, mit schwarzen Linien, Flügel farblos; an Tümpeln.

Teufelsnadeln (Edellibellen, Aeschnidae), weltweit verbreitete Fam. der Libellen mit über 600 schlanken, meist sehr bunten Arten, davon 13 in Mitteleuropa. - Zu den T. gehören u. a. die Mosaikjungfern (↑Aeschna) und die ↑Königslibellen.

Teufelsrochen (Mantarochen, Hornrochen, Meerteufel, Mobulidae), Fam. der Rochen mit wenigen Arten, v. a. in trop. und subtrop. Meeren; meist sehr große Tiere mit je einem löffelartigen Lappen an jeder Seite der breiten Mundöffnung; ovovivipar oder lebendgebärend. Die größte Art mit fast 7 m Brustflossenspannweite ist der harmlose **Riesenmanta** (Manta, T., Manta birostris), der nur in warmen Meeren vorkommt und ein Gewicht bis zu 2 000 kg erreichen kann.

Teufelszwirn, svw. ↑Bocksdorn.
◆ svw. ↑Kleeseide.

Teuthoidea [griech.], svw. ↑Kalmare.

Texanischer Brunnenmolch ↑Brunnenmolche.

Texasklapperschlange ↑Klapperschlangen.

Textur [lat.], in der *Zytologie* ↑Zellwand.

Thalamus [zu griech. thálamos, eigtl. „Wohnung, Frauengemach"], i. w. S. zusammenfassende Bez. für die den dritten Gehirnventrikel umschließenden Wände des Zwischenhirns († Gehirn) der Wirbeltiere. Die beiden seitl. Wände, der (paarige) *T. i. e. S.*, weisen meist eine beträchtl. Dicke auf; bei primitiven Vertebraten, v. a. den Lurchen, enden im T. (also dem primären Sehzentrum) noch die Fasern des (paarigen) Sehnervs, weshalb der T. auch als (paariger) *Sehhügel* bezeichnet wird. Kennzeichnend für den Säuger-T. sind v. a. die efferenten, phylogenet. jungen Faserverbindungen zur Großhirnrinde, die beim Menschen ihre höchste Ausbildung erreicht haben. Allg. darf der T. mit seinen zahlr. afferenten sensor. Bahnen als wichtigste subkortikale (also unbewußt arbeitende) Sammel-, Umschalt- und Integrationsstelle der allg. körperl. Sensibilität (Tastempfindung, Tiefensensibilität, Temperatur- und Schmerzempfindung, Seh-, Gehör- und Riechfunktionen) angesehen werden, als ein Ort, den alle zum Bewußtsein gelangenden Impulse passieren müssen und an dem gleichzeitig „unwesentliche", die Konzentration störende Meldungen abgeschirmt werden.

Thallophyta [griech.], svw. † Lagerpflanzen.

Thallus (Mrz. Thalli) [griech.], vielzelliger Vegetationskörper der niederen Pflanzen († Lagerpflanzen), der im Ggs. zum Kormus († Kormophyten) der höheren Pflanzen nicht in echte Organe gegliedert ist und keine oder eine nur wenig ausgeprägte Gewebsdifferenzierung aufweist. Die Gestaltung des T. reicht von einfachen Zellfäden über verzweigte und flächige, jeweils mittels einer Scheitelzelle wachsende Formen (Grünalgen) bis zu dem aus gewebeähnl. Zellverbänden (Plektenchym) bestehenden T. der Rotalgen bzw. der Fruchtkörper vieler Pilze und den morpholog. hochdifferenzierten Formen mit Ansätzen zu echter Gewebsbildung (Braunalgen, Moose).

Thalluspflanzen, svw. † Lagerpflanzen.

Theaceae [chin.], svw. † Teestrauchgewächse.

Theileria [nach dem brit. Bakteriologen Sir A. Theiler, * 1867, † 1936], Gatt. mikroskop. kleiner, stäbchen- oder scheibenförmiger Sporentierchen, die durch Parasitismus in Erythrozyten und Lymphozyten bei Säugetieren z. T. gefürchtete Krankheiten hervorrufen; werden durch Zecken übertragen.

Thein (Tein) [chin.], Bez. für das in den Blättern des Teestrauchs enthaltene Alkaloid † Koffein.

Theißblüte (Palingenia longicauda), größte europ. Art der † Eintagsfliegen mit 35 (♂) bis 38 mm (♀) langem Körper und (beim ♂) bis 8 cm langen Schwanzborsten; bes. im Niederungsgebiet von Theiß und Donau, meist in riesigen Mengen.

Thekamöben [griech.], svw. † Schalamöben.

thekodonte Zähne [griech./dt.], Zähne, die im Unterschied zu † haplodonten Zähnen in Höhlungen (Alveolen) der Kieferknochen verankert sind; bei Säugetieren (einschl. Mensch) und beim Krokodil.

Thekodontier (Thecodontia) [griech.], ausgestorbene Ordnung formenreicher Reptilien, die vom Oberperm bis zum Ende der Trias lebten; etwa 0,2–5 m lange, durch thekodonte Zähne gekennzeichnete, teilweise biped auf den Hinterbeinen laufende Tiere, aus denen sich u. a. die Stammgruppen für die späteren Dinosaurier, Flugsaurier und Vögel entwickelten.

Theobroma [griech.], svw. † Kakaobaum.

Theobromin [griech.] (3,7-Dimethylxanthin), in Kakaobohnen, schwarzem Tee und Kolanüssen enthaltenes Alkaloid; farblose, bitter schmeckende Kristalle mit leicht harntreibender und herzkranzgefäßerweiternder Wirkung.

Theophyllin [griech.] (1,3-Dimethylxanthin), Alkaloid aus der Gruppe der Purinbasen, das in geringen Mengen in Teeblättern enthalten ist; koffeinähnl. Wirkung.

Theorell, Hugo [schwed. teu'rɛl], * Linköping 6. Juli 1903, † Stockholm 15. Aug. 1982, schwed. Biochemiker. - Prof. in Uppsala und Stockholm (dort zugleich Leiter des medizin. Nobelinstituts); arbeitete v. a. über Enzyme. 1934 stellte er erstmals das zuerst 1932 isolierte gelbe Atmungsferment rein dar († Flavoproteide, † auch Atmungskette). Kurz danach gelang es ihm, dieses Enzym reversibel in Flavinfarbstoff (Koenzym) und Trägerprotein (Apoenzym) zu spalten. Für seine Arbeiten über Struktur und Wirkungsweise der Oxidasen erhielt er 1955 den Nobelpreis für Physiologie oder Medizin.

Therapsida [griech.], ausgestorbene, formenreiche Ordnung säugetierähnl. Reptilien, die vom mittleren Perm bis in die Obertrias v. a. S-Afrikas und der Kontinente der Nordhalbkugel verbreitet waren. Die T. näherten sich in zahlr. Entwicklungslinien dem Bau der Säugetiere, die sich wohl aus ihnen entwickelt haben. Die T. waren meist mittelgroß, teils fleisch-, teils pflanzenfressend und höchstwahrscheinl. in gewissem Ausmaß warmblütig.

thermobiotische Bakterien, thermophile und oft auch acidophile Archebakterien, die in marinen und kontinentalen Vulkangebieten bei ungewöhnl. hohen Temperaturen nicht nur wachsen können, sondern hohe Temperaturen für ihre Lebensabläufe geradezu benötigen. Aus Solfataren isolierte Arten besitzen Zellmembranen aus Ätherlipiden sowie hitzestabile Enzyme, sind meist anaerob, lithoautotroph, z. T. auch organothroph; die Temperaturoptima liegen zw. 80 °C (Gatt. Sulfolobus, Thermoproteus, Thermofilum, Desulfurococcus) und 105 °C (Pyrodictium occultum) bzw. 350 °C (chemolithotrophe, bei

265 atm wachsende Arten aus ostpazif. Sulfidkaminen; bilden Methan, Wasserstoff, Kohlenmonoxid).

Thermokline [griech.] ↑ Sprungschicht.

Thermonastie [griech.], durch Temperaturänderung ausgelöste Bewegung (↑ Nastie) pflanzl. Organe (z. B. das Sichöffnen und Sichschließen der Blüten des Frühlingskrokus).

thermophil, wärmeliebend; von Mikroorganismen gesagt, die bevorzugt in einem Temperaturbereich von 40 bis 55 °C leben bzw. in diesem Bereich ihr Wachstumsoptimum haben.

Thermoregulation (Temperaturregulation, Wärmeregulation), die Fähigkeit homöothermer (gleichbleibend warmer) Organismen, ihre Körpertemperatur unter wechselnden Umweltbedingungen und unterschiedl. eigenen Stoffwechselleistungen bei geringen Schwankungen konstant zu halten. Abweichungen von der normalen Körpertemperatur werden zum einen durch Wärmebildung, zum anderen durch Wärmeabgabe, daneben auch durch Wärmeisolierung des Organismus (Fettschicht, Haarkleid, Gefieder) und bes. Verhalten (Aufsuchen von schattigen, kühlen bzw. sonnigen, warmen Plätzen) weitgehend verhindert. - Die Wärmebildung im Dienst der T. wird v. a. durch eine Zunahme der motor. Nervenimpulse mit einer entsprechenden Steigerung des Skelettmuskelstoffwechsels (Zunahme des reflektor. Muskeltonus bis zum Kältezittern) bewerkstelligt. Mechanismen der Wärmeabgabe an die Umgebung sind die Wärmeleitung, Konvektion und die Wärmeabstrahlung von der Haut (sie sind variabel durch Aufrichten von Haaren bzw. Federn und können durch Zunahme der Hautdurchblutung gesteigert werden) sowie schließl. die Abkühlung durch Wasserverdunstung von der Hautoberfläche (aktiv geregelt durch die Schweißsekretion). Auch die Schleimhäute der Atemwege können durch Wasserverdunstung an der Wärmeabgabe beteiligt sein, bes. bei hechelndem Atmen. - Die T. erfolgt über zentralnervöse Steuerungsvorgänge, v. a. über Thermoenterorezeptoren (↑ Thermorezeptoren). Im vorderen Hypothalamus und im Rückenmark gibt es ein „Kühlzentrum“, das Abwehrreaktionen gegen höhere Erwärmung einleitet, sowie ein „Heizzentrum“ gegen eine Abkühlung des Körperkerns.

Thermorezeptoren (Temperaturrezeptoren), nervale Strukturen des tier. und menschl. Körpers, die Temperaturänderungen registrieren. Bei den homöothermen Lebewesen unterscheidet man **Thermoenterorezeptoren** *(Temperaturenterorezeptoren)*, die als Innenrezeptoren die Temperatur im Körperinnern (v. a. die des Bluts) kontrollieren und daher bei der Thermoregulation eine entscheidende Rolle spielen, von den **Thermoexterorezeptoren** *(Temperaturexterorezeptoren)*, die als Außenrezeptoren in der Körperperipherie, d. h. der Haut, liegen und die Temperaturreize aus der Umwelt aufnehmen und daher (neben ihrer Bed. auch bei der Thermoregulation) v. a. den Temperatursinn repräsentieren, der auf das äußere Verhalten der Organismen Einfluß nimmt. Funktionsweise und anatom. Struktur der Thermoenterorezeptoren sind noch weitgehend ungeklärt. Die T. der Haut sind in Form von **Temperaturpunkten** nachweisbar. Diese kommen in erhöhter Dichte im Bereich des Gesichts (v. a. an der Nasenspitze und am Mund) sowie an den Händen und Füßen, außerdem in der Mund- und Nasenhöhle vor. Man kann *Kaltpunkte (Kältepunkte)*, die eine Kaltempfindung auslösen, von bes. *Warmpunkten (Wärmepunkte)* unterscheiden. Beide Rezeptortypen haben je nach Temperatur bestimmte stationäre [Nerven]impulsfrequenzen. Beim Abfall des Temperaturniveaus reagieren die Kaltrezeptoren zunächst mit einer erhebl. Steigerung der Impulsfrequenz („überschießende Erregung“), während bei den Warmrezeptoren die Frequenz stark abfällt oder ganz aufhört („überschießende Hemmung“). Bei einer Temperaturerhöhung zeigen dagegen die Warmrezeptoren eine überschießende Erregung, die Kaltrezeptoren eine überschießende Hemmung. Die jeweilige Reaktion ist um so stärker, je rascher der Temperaturwechsel erfolgt. Anschließend stellt sich dann bei den Rezeptoren der für die neue Temperatur charakteristische neue Frequenzwert ein. Ihre maximale Empfindlichkeit (höchste stationäre Impulsfrequenz) haben die Kaltrezeptoren des Menschen bei Temperaturen um 25 °C, die Warmrezeptoren bei solchen um 43 °C. Bes. viele Kältepunkte (10–20 pro cm^2) finden sich beim Menschen im Bereich des (bes. kälteempfindl.) Gesichts und hier wiederum v. a. an den Lippen. Demgegenüber besitzen die Handinnenflächen nur 1–5 Kältepunkte pro cm^2. Wärmepunkte sind im allgemeinen seltener; sie sind beim Menschen an den Augenlidern und am Ellbogen bes. angehäuft. - Die Zuordnung der T. zu bestimmten histolog. Strukturen ist bislang noch nicht restlos gelungen. Möglicherweise handelt es sich um freie Nervenendigungen.

Thermotaxis (Thermotaxie) [griech.], bei freibewegl. Organismen eine durch Temperaturdifferenzen ausgelöste phobische oder gerichtete Orientierungsbewegung.

Theromorphen [griech.] (Theromorpha, Synapsiden, Synapsida, Theropsiden), Bez. für einen der beiden (phylogenet.) Hauptäste, die sich im Oberkarbon aus einer Gruppe primitiver Saurier (↑ Kotylosaurier) abgespalten haben; etwa 2–4 m lange Tiere, die zu den Säugetieren (etwa Wende zum Jura) geführt haben. - ↑ auch Sauromorphen.

Therophyten [griech.], wiss. Bez. für die ↑ Kräuter.

Thunbergie. Schwarze Susanne

Thevetie (Thevetia) [nach dem frz. Mönch A. Thevet, * 1503/04, † 1592], Gatt. der Hundsgiftgewächse mit neun Arten im trop. Amerika; kleine Bäume oder Sträucher mit großen, gelben, in Trugdolden stehenden Blüten mit trichterförmiger Krone. Die wichtigste, in den Tropen häufig als Zierstrauch angepflanzte Art ist der **Gelbe Oleander** (Thevetia peruviana) mit linealförmigen Blättern und zahlr. duftenden Blüten.

Thiamin [Kw.], svw. Vitamin B_1 (↑ Vitamine).

Thigmomorphose [griech.], durch mechan. Kontakt (Berührung) mit einer Unterlage ausgelöste Gestaltänderung an Pflanzen bzw. pflanzl. Organen; z. B. Bildung von Haftscheiben bei der Jungfernrebe nach Kontakt der Ranken mit einer rauhen Oberfläche.

Thigmotaxis [griech.], durch Berührungsreize ausgelöste (positive oder negative) Orientierungsbewegung frei beweglicher Organismen; z. B. das Bestreben mancher Tiere, ihren Körper in möglichst engen Kontakt mit einem festen Gegenstand zu bringen.

Thigmotropismus [griech.], svw. Haptotropismus (↑ Tropismus).

Thomsongazelle [engl. tɔmsn; nach dem schott. Entdecker Joseph Thomson (* 1858, † 1895)] ↑ Gazellen.

Thorax [griech.], svw. ↑ Brustkorb.

Threonin [Kw.] (2-Amino-3-hydroxybuttersäure), Abk. Thr (auch T), eine essentielle Aminosäure.

Thrombin [griech.], für die ↑ Blutgerinnung wichtiges eiweißspaltendes Enzym im Blut, das aus Prothrombin entsteht und Fibrinogen in Fibrin umwandelt.

Thromboplastin [griech.] (Thrombokinase, Faktor III), in den Thrombozyten gespeichertes Lipoproteid, das bei der Blutgerinnung als proteolyt. Enzym in Gegenwart von Calciumionen über die Umwandlung von Prothrombin in Thrombin die Fibrinbildung veranlaßt.

Thrombozyten [griech.] (Blutplättchen) ↑ Blut.

Thuja [griech.] ↑ Lebensbaum.

Thunbergie (Thunbergia) [nach dem schwed. Botaniker C. P. Thunberg, * 1743, † 1828], Gatt. der Akanthusgewächse mit rd. 150 Arten in den Tropen und Subtropen der Alten Welt; oft windende Sträucher, Stauden oder Kräuter mit einfachen Blättern und trichterförmigen Blüten. Die bekannteste der zahlr. in Kultur befindl. Arten ist die **Schwarze Susanne** (Thunbergia alata); bis 2 m hohes windendes Kraut mit eiförmigen Blättern; Blüten braungelb, trichterförmig.

Thunfische [griech.-lat./dt.], zusammenfassende Bez. für die Gatt. *Thunnus* und einige weitere nah verwandte Gatt. etwa 0,5–5 m langer Makrelen in Meeren der nördl. bis südl. gemäßigten Regionen; Körper spindelförmig, mäßig schlank; Beschuppung weitgehend rückgebildet; Rücken von Hautverknöcherungen unterlagert; Schwanzflosse annähernd mondsichelförmig gestaltet. - T. können ihre Körpertemperatur bis über 10 °C über die Umgebungstemperatur erhöhen. Es sind kraftvolle, gesellige Schwimmer, die sich räuber. von kleineren Schwarmfischen ernähren. Z. T. geschätzte Speisefische, u. a. ↑ Bonito und der Unechte ↑ Bonito.

Thyatiridae [griech.], svw. ↑ Eulenspinner.

Thylakoide [griech.], Membranstapel der Chloroplasten; enthalten die ↑ Chlorophylle.

Thyllen [griech.] (Füllzellen), im Kernholz verschiedener Laubbäume auftretende blasenartige Ausstülpungen von Zellen des Holzparenchyms (↑ Holz), die in das Lumen benachbarter, funktionslos gewordener Gefäße eindringen und diese vollständig verschließen. T. dienen daneben auch der Reservestoffspeicherung oder als Gefäßverschluß nach Verletzung.

Thymallinae [griech.], svw. ↑ Äschen.

Thymian (Thymus) [griech.-lat.], Gatt. der Lippenblütler mit über 30 Arten in Eurasien und N-Afrika; durch den Gehalt an äther. Ölen aromat. duftende Halbsträucher oder Zwergsträucher mit kleinen, ganzrandigen Blättern und blattachsel- oder endständigen Blüten in Scheinquirlen. Bekannte Arten: **Feldthymian** (Feldkümmel, Thymus serpyllum), in Europa und Asien verbreitet; polsterbildender Halbstrauch (bis 30 cm hoch) mit rosafarbenen Blüten; Steingartenpflanze; **Gemeiner Thymian** (Garten-T., Thymus vulgaris), ästiger Halbstrauch (20–40 cm hoch) mit grausamtig behaartem Stengel und unterseits dicht weißfilzig behaarten Blättern; Blüten lilarosa; Gewürz- und Heilpflanze (Bronchial-, Magen-, Darmerkrankungen).

Thymidin [griech.] (Desoxythymidin, Thymin-2-desoxyribosid) ↑Thymin.

Thymin [griech.] (5-Methyluracil), zu den Nukleinsäurebasen zählende Pyrimidinverbindung (Pyrimidinbase), die in Form ihres Desoxyribosids *Thymidin* in der ↑DNS, stets gepaart mit Adenin, vorkommt.

Thymosin [griech.], Trivialname für ein aus Thymusdrüsen isoliertes Peptidhormon, das die T-Lymphozyten (Thymozyten) befähigt, eigene von fremden Gewebszellen zu unterscheiden; zirkuliert im Blut; spielt eine wichtige Rolle bei Abstoßungsreaktionen von Transplantaten. - ↑auch Immunsystem.

Thymus, svw. ↑Thymian.

Thymus [griech.] (T.drüse, Brustdrüse), paarige, im Hals- und/oder Brustbereich vor dem Herzbeutel liegende, aus Epithelwucherungen der embryonalen Kiementaschen hervorgehende „endogene Drüse“ (ohne eigtl. Drüsenzellen) der Wirbeltiere, mit Ausnahme der Rundmäuler. Der T. ist während der Embryonal- bzw. Jugendzeit stark entwickelt, wird jedoch während der Geschlechtsreife und danach nahezu völlig rückgebildet (nicht bei Robben, Delphinen und verschiedenen Nagetieren, v. a. nicht bei Ratten und Mäusen). Der T. ist ein lymphat. Organ (↑Lymphsystem), das auch beim neugeborenen Menschen gut entwickelt ist und unter dem Einfluß der Geschlechtshormone wieder verschwindet, indem es sich bis auf einen Restkörper in Fettgewebe umwandelt. Der T.wirkstoff (vermutl. ein Wachstumshormon) ist noch unbekannt. - Der T. spielt eine nicht unwesentl. Rolle für das Wachstum. Er hemmt die (körperl.) Geschlechtsreife (als Antagonist zu den Keimdrüsen) und ist durch die Bildung weißer Blutkörperchen bzw. die Antikörperbildung wichtig für Immunreaktionen des Körpers (z. B. auch für die „verzögerte“ Abstoßung von Gewebstransplantationen).

Thyreocalcitonin [griech./lat.], svw. ↑Calcitonin.

Thyreoglobulin [griech./lat.], kolloides jodhaltiges Glykoproteid, v. a. Sekretionsprodukt der ↑Schilddrüse.

thyreotropes Hormon [griech.] (Thyreotropin, thyreoidstimulierendes Hormon, TSH, Thyrotropin), Hormon (Glykoproteid) des Hypophysenvorderlappens, das die Jodidaufnahme durch die Schilddrüse und die Freisetzung der Schilddrüsenhormone aus Thyreoglobulin stimuliert. Seine Sekretion wird durch ein Neurohormon des Hypothalamus angeregt und durch Somatostatin gehemmt.

Thyroxin [griech.] (3,3',5,5'-Tetrajodthyronin, T_4), wichtigstes, v. a. an Thyreoglobulin gebundenes Schilddrüsenhormon; Wirkung: Steigerung des Grundumsatzes und die Erhöhung der Ansprechbarkeit des Organismus auf Catecholamine (↑auch Schilddrüse).

Thysanoptera [griech.], svw. ↑Blasenfüße.

Thysanura [griech.], svw. ↑Borstenschwänze.

Tibetanischer Halbesel ↑Halbesel.

Tibia [lat.], svw. Schienbein (↑Bein).

Tiefensehen ↑binokulares Sehen.

Tiefensehschärfe (Tiefenwahrnehmungsschärfe), der kleinste Abstand zweier hintereinanderliegender Objektpunkte, die beim binokularen (beidäugigen) Sehen einem Beobachter noch verschieden weit von ihm entfernt erscheinen.

Tieflandrind, svw. ↑Niederungsvieh.

Tiefseeanglerfische (Ceratioidei), Unterordnung der Armflosser mit über 100, wenige Zentimeter bis etwa 1 m langen Arten, überwiegend in der Tiefsee (bis 4 000 m Tiefe); nur die ♀♀ haben Angelorgan und ein Leuchtorgan an dessen Ende; bei vielen Arten sind die ♂♂ zwerghaft klein (Zwergmännchen), sie heften sich an den größeren ♀♀ fest und verwachsen mit diesen. - ↑auch Anglerfische.

Tiefseefauna, die Tierwelt der Tiefsee mit Vertretern aus fast allen Tierstämmen, die jedoch auf unterschiedl. maximale Wassertiefen verteilt sind; z. B. Fische bis in Tiefen von rd. 7 600 m, Schwämme bis etwa 8 660 m, Foraminiferen, manche Korallen, Faden- und Ringelwürmer, verschiedene niedere Krebstiere, Weichtiere und Seegurken bis über 10 000 m Tiefe. Der meist zarte, leichte Körper der Tiefseetiere ist häufig bizarr gestaltet, besitzt oft lange Körperanhänge sowie rückgebildete oder ungewöhnl. große, hochentwikkelte Augen (Teleskopaugen). Die Fische der Tiefsee haben häufig eine extrem große Mundöffnung mit langen, spitzen Zähnen und längs des Körpers nicht selten artspezifisch angeordnete Leuchtorgane; ihre Schwimmblase ist meist rückgebildet oder mit einer

Feldthymian

fettartigen Substanz angefüllt. Alle Vertreter der T. leben räuberisch oder von Detritus (absinkende, abgestorbene Tier- und Pflanzenreste), da autotrophe Organismen wie die Pflanzen als Produzenten von organ. Substanz in den lichtlosen Tiefen des Meeres nicht zu existieren vermögen (Braun- und Rotalgen kommen nur bis in rd. 200 m Tiefe vor).

Tierblumen (Zoogamen, Zoophilen), Pflanzen, die von Tieren bestäubt werden und diesen Nahrung bieten. Neben den ↑Pollenblumen unterscheidet man **Nektarblumen** (in den meisten Fällen), wobei der Nektar entweder offen und sichtbar abgeschieden wird und die Blüten von vielen Insektenarten besucht werden oder der Nektar mehr oder weniger verborgen in der Blüte liegt, so daß nur bestimmte Insekten (oder Vögel) ihn erreichen können, und **Ölblumen** (z. B. Pantoffelblume), die ein ölartiges Sekret abscheiden, das von bestimmten Pelzbienen als Larvennahrung gesammelt wird.

Tierblütigkeit (Zoogamie, Zoophilie), Bestäubung von Blüten durch Tiere (bei den meisten Samenpflanzen). - Ggs. ↑Windblütigkeit.

Tiere (Animalia), Lebewesen, die sich im Ggs. zu den (meist) autotrophen Pflanzen ↑heterotroph ernähren, ökologisch also stets der Klasse der Konsumenten (↑Nahrungskette) angehören. T. sind fast immer freibewegl. und mit Sinnesorganen zur Aufnahme von Reizen sowie einem Erregungsleitungssystem (Nervensystem) ausgestattet. Rd. 20 000 der 1,2 Mill. heute bekannten Tierarten sind ↑Einzeller, die übrigen mehrzellig. Die Zellen haben (im Unterschied zur Zellulosezellwand der Pflanzen) nur eine sehr dünne Zellmembran und sind (bei den Mehrzellern) fast stets gegeneinander abgegrenzt. T. haben (im Unterschied zu den Pflanzen mit großer äußerer Oberfläche) eine eher kompakte Form mit reich gegliederten inneren Oberflächen (Körperhohlräumen), an denen der Stoffaustausch mit der Umgebung überwiegend stattfindet („geschlossenes System" der T.). Da tier. Zellen meist keinen ausgeprägt hohen Turgor (Zelldruck) haben, wird die Ausbildung von bes. Stützorganen notwendig (Außen-, Innen-, Hydroskelett). Im Unterschied zu vielen Pflanzen ist das Wachstum bei Tieren i. d. R. zeitl. begrenzt (↑auch Lebensdauer), da die teilungsfähigen, undifferenzierten Zellen größtenteils aufgebraucht werden. Ein hoher Differenzierungsgrad und eine ausgeprägte Anpassungsfähigkeit haben vielen T. die Besiedlung auch extremer Lebensräume ermöglicht. Eine oft hoch entwickelte ↑Brutpflege ist für Tierarten aus den verschiedensten Stämmen kennzeichnend. - In M-Europa kommen rd. 40 000 Tierarten vor, von denen jede vierte parasit. lebt. Ausgestorben sind nach sehr grober Schätzung rd. 500 Mill. Arten.

Kulturgeschichte: In verschiedenen Religionen werden T. wegen der ihnen eigenen Kraft und Stärke wie auch aus Scheu vor Anthropomorphismus oft als Erscheinungsformen von Gottheiten angesehen. Ihre daraus entstehende Verehrung im **Tierkult** ist charakterist. für Jägerkulturen, die einen Herrn der Tiere verehren. Ferner war die Tierverehrung kennzeichnend für die Spätzeit der ägypt. Religion, in der ganze Tiergattungen als heilig galten. Ähnl. genießen noch im heutigen Indien die „hl. Kühe" bes. kult. Verehrung. T. erscheinen auch als Attribute von Gottheiten (Adler des Zeus, Eule der Athena). Als *Symboltier* der christl. Religion gilt das Lamm für Christus, die Taube für den Hl. Geist. Der dämon., widergöttl. Aspekt des Tieres verbindet sich meist mit der Schlange und mit Mischgestalten. Tieropfer treten bisweilen an die Stelle urspr. Menschenopfer. - Abb. S. 214.

📖 *Grzimeks Tierleben. Mchn. 1985. 13 Bde. - Merwald, F., u. a.: T. der Welt. Linz [1-2]1969–76. 3 Bde. - Findeisen, H.: Das Tier als Gott, Dämon u. Ahne. Stg. 1956.*

Tiergeographie (Zoogeographie, Geozoologie), als Teilgebiet der Geobiologie bzw. der Zoologie, auch der [Bio]geographie, die mit der Ökologie eng verknüpfte Wiss. und Lehre von der Verbreitung der Tiere auf der Erde und von den Ursachen, die dieser Verteilung zugrunde liegen (wobei die Eingriffe des Menschen zunehmende Bed. erlangen). Man unterscheidet eine *histor. T.*, die sich mit der geograph. (regionalen) Verteilung der Tiere befaßt, von einer *ökolog. T.*, die die Bed. der direkten Umweltfaktoren für den jeweiligen Lebensbereich einer Tierart oder Tiergruppe bes. berücksichtigt, d. h. den Naturraum (die *Bioregion;* z. B. Tundra, Steppe, trop. Regenwald) und den engeren Lebensraum (das eigentl. Biotop) bis hinab zum *Habitat*, dem Ort des regelmäßigen Auftretens von Tierarten oder Einzeltieren.

tiergeographische Regionen (Tierregionen, Faunenregionen), in der Tiergeographie bestimmte, mehr oder weniger in sich abgeschlossene oder über Durchmischungsgebiete ineinander übergehende geograph. Verbreitungsräume der Tiere mit jeweils charakterist. Fauna. Große, wenig einheitl. t. R. werden auch als **Tierreiche** (tiergeograph. Reiche, Faunenreiche), kleinere Untereinheiten als **Subregionen** bezeichnet. Die t. R. stimmen oft in ihren Kerngebieten mit den ↑Florenreichen überein. Man unterscheidet in bezug auf das Festland: ↑Holarktis, bestehend aus der ↑Paläarktis und der ↑Nearktis; Paläotropis (↑paläotropisches Tierreich), bestehend aus der äthiop. Region und der ↑orientalischen Region; Neotropis (↑neotropische Region); Notogäa (↑australische Region); Antarktika (*antarkt. Region*, auch *Archinotis* genannt) als Bereich der (vom Gondwanaland abgedrifteten) Antarktis. - Bes. Bereiche der

Gewässer sind ↑Pelagial und ↑Benthal; hinzu kommt v.a. in den Ozeanen das ↑Abyssal. - Karte S. 215.

Tiergesellschaften (Tiersozietäten) ↑Tiersoziologie.

tierische Stärke ↑Glykogen.

Tierkunde, svw. ↑Zoologie.

Tierläuse (Phthiraptera), weltweit verbreitete Überordnung der Insekten mit über 3 500 Arten, davon rd. 450 einheimisch; Körper abgeflacht, selten über 6 mm lang, mit beißend-kauenden (Federlinge) oder stechend-saugenden Mundwerkzeugen (Läuse); stets ungeflügelt; ständige Außenparasiten im Haar- oder Federkleid von Säugetieren (einschl. Mensch) bzw. Vögeln; blutsaugend oder hornfressend, mit meist ausgeprägter Wirtsspezifität. - Man unterscheidet ↑Federlinge und ↑Läuse; zu den letzteren gehören u.a. die an Rindern blutsaugenden, 2–3 mm langen *Rinderläuse.*

Tier-Mensch-Übergangsfeld, von G. Heberer eingeführte Bez. für die entscheidende Phase der Menschwerdung im oberen Pliozän, d.h. vor mehr als 3 Mill. Jahren. Das T.-M.-Ü. liegt in der menschl. Stammesgeschichte zw. der *subhumanen Phase* (Vormenschen) und der *humanen Phase* (Echtmenschen) der Menschheitsentwicklung (↑auch Mensch).

Tierpsychologie, nicht mehr gebräuchl. allg. Bez. für die vergleichende Untersuchung tier. Verhaltens, v.a. hinsichtl. Intelligenz, Orientierungs- und Sozialverhalten. - ↑auch Verhaltensforschung.

Tierregionen, svw. ↑tiergeographische Regionen.

Tierreich (Regnum animale), oberste Kategorie der zoolog. Systematik; umfaßt die Gesamtheit aller Tiere (einschließl. Mensch).
◆ (tiergeograph. Reich, Faunenreich) Bez. für die tiergeograph. Großeinheiten unter den ↑tiergeographischen Regionen.

Tierschutz, im Unterschied zu Maßnahmen zur Erhaltung von Tierarten und deren Lebensmöglichkeiten (↑Naturschutz) Bez. für Bestrebungen zum Schutz des Lebens und zur angemessenen Behandlung von Tieren (insbes. der Haus- und Laborversuchstiere). *T.vereine* (zusammengefaßt im Deutschen Tierschutzbund) unterhalten *Tierheime* (zur Unterbringung herrenloser Tiere) und wirken aufklärend in der Bev., und zwar sowohl im Hinblick auf die Vermeidung von Tierquälereien als auch im Hinblick auf die nutzbringende Funktion freilebender Tiere. Der T. in der BR Deutschland wurde durch das *T.gesetz* vom 18. 8. 1986 und die Verordnung über das Halten von Hunden im Freien vom 6. 6. 1974 neu geregelt. Verboten sind u.a. das Töten ohne einsichtigen Grund, Tierquälerei (unnötiges, rohes Mißhandeln von Tieren), das Schlachten und Kastrieren ohne vorhergehende Betäubung, die Verwendung schmerzbereitender Tierfallen, die zwangsweise Fütterung und das Aussetzen von Tieren, um sich ihrer zu entledigen. Genauen Vorschriften sind mit etwaigen Schmerzen und Leiden verbundene wiss. Versuche mit Wirbeltieren, der gewerbsmäßige Tierhandel (außerhalb der Landw.) und die Massentierhaltung unterworfen. - Als Strafen für Zuwiderhandlungen sind Freiheitsentzug bis zu zwei Jahren und Geldbußen bis zu 10 000 DM vorgesehen. Als Ordnungswidrigkeit gelten u.a. die Vernachlässigung bei der Haltung und Pflege, das Abverlangen übermäßiger Arbeitsleistungen sowie Dressur oder Schaustellung, wenn damit erhebl. Schmerzen verbunden sind.
Österreich hat den T. durch Vorschriften landesgesetzlich geregelt. Tierquälerei ist durch Bundesgesetz vom 9. 7. 1971 strafbar. In der *Schweiz* wird vorsätzl. Tierquälerei durch Art. 264 StGB mit Gefängnis oder Geldbuße bedroht.

🕮 *Lorz, A.: T.gesetz. Kommentar. Mchn. 1985. - T. Testfall unserer Menschlichkeit. Hg. v. U. Händel. Stg. 1984. - Drawer, K.: T. in Deutschland. Lübeck 1980. - T.praxis. Hg. v. K. Drawer u. K. J. Ennulat. Stg. 1977.*

Tiersoziologie (Zoosoziologie, Zoozönologie), Teilgebiet der Zoologie bzw. Verhaltensforschung; befaßt sich mit den Formen des (sozialen) Zusammenlebens von Tieren, z.B. als Familienverband, Herde, Schwarm, Tierstaat, als Wander-, Schlaf-, Überwinterungs-, Fraß- oder Brutgesellschaft, und mit dem Verhalten der in einer solchen Gemeinschaft lebenden Tiere untereinander (↑auch Rangordnung). Solche Verbände *(Tiergesellschaften, Tiersozietäten)* können aus artgleichen Individuen *(homotyp. Sozietäten)* oder aus verschiedenen Tierarten *(heterotyp. Sozietäten)* zusammengesetzt sein. Die Bindungen in der Gemeinschaft können vorübergehend sein *(akzidentelle Gesellschaften)* oder auf Grund anhaltender gegenseitiger Abhängigkeit fortdauern *(essentielle Gesellschaften).* Die tier. Vergesellschaftung dient v.a. dem Schutz und der Lebensverbesserung der Individuen und damit der Arterhaltung.

Tierstaaten, Nestgemeinschaften sozialer Insekten, die aus den Nachkommen eines Elternpaares bzw. eines befruchteten ♀ entstehen und deren Individuen für den Nestbau, die Aufzucht der Larven, Nahrungsbeschaffung, Verteidigung usw. für längere Zeit zusammenbleiben.

Tierstock, durch Knospung und ausbleibende Ablösung der neu gebildeten Individuen entstehendes Gebilde aus zahlr. Einzeltieren als bes. Form einer Tierkolonie, bes. ausgeprägt z.B. bei manchen Einzellern, den Schwämmen, vielen Nesseltieren und fast allen Moostierchen.

Tierversuch, das wiss. Experiment am lebenden Tier, eine wichtige Arbeitsgrundlage

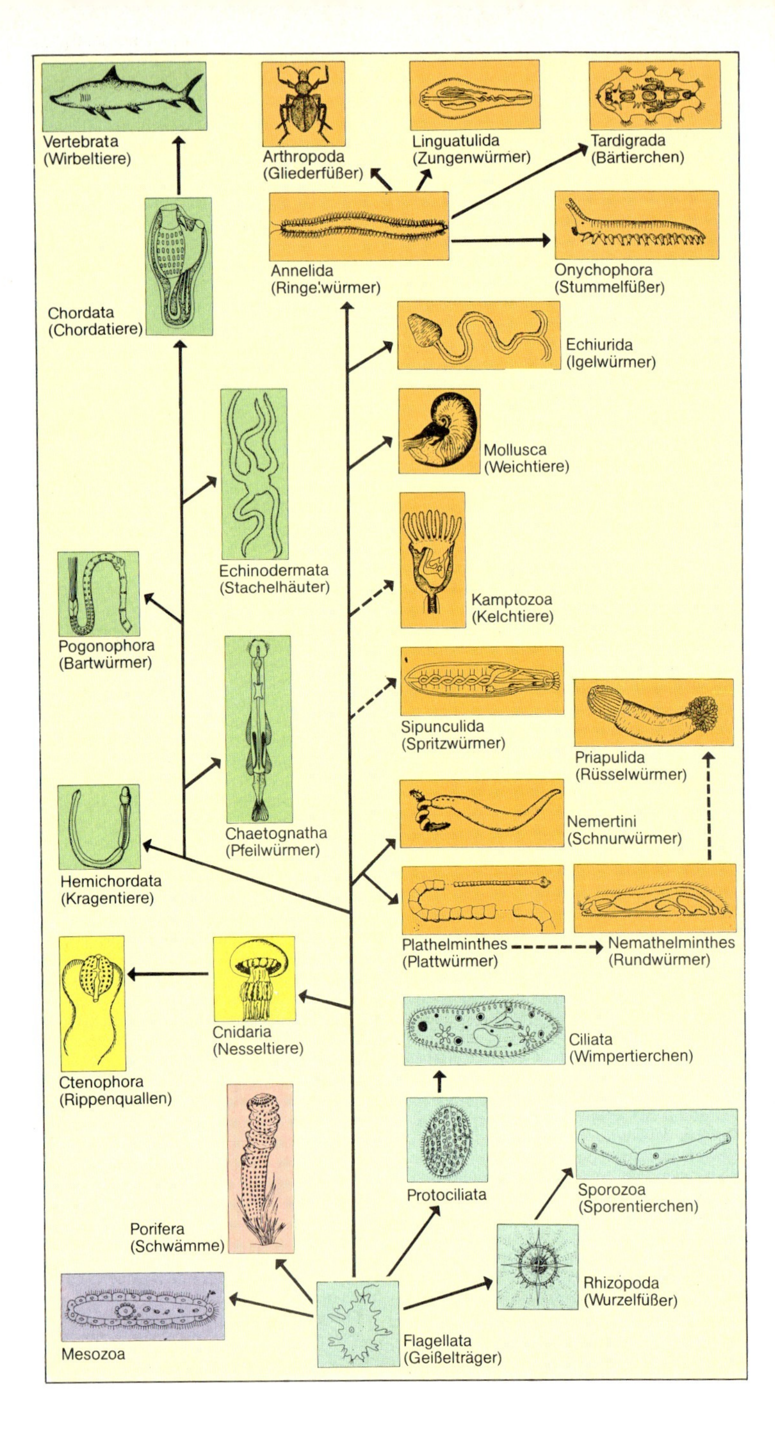
Vertebrata
(Wirbeltiere)
Arthropoda
(Gliederfüßer)
Linguatulida
(Zungenwürmer)
Tardigrada
(Bärtierchen)
Annelida
(Ringelwürmer)
Onychophora
(Stummelfüßer)
Chordata
(Chordatiere)
Echiurida
(Igelwürmer)
Mollusca
(Weichtiere)
Echinodermata
(Stachelhäuter)
Kamptozoa
(Kelchtiere)
Pogonophora
(Bartwürmer)
Sipunculida
(Spritzwürmer)
Priapulida
(Rüsselwürmer)
Chaetognatha
(Pfeilwürmer)
Nemertini
(Schnurwürmer)
Hemichordata
(Kragentiere)
Plathelminthes
(Plattwürmer)
Nemathelminthes
(Rundwürmer)
Cnidaria
(Nesseltiere)
Ctenophora
(Rippenquallen)
Ciliata
(Wimpertierchen)
Protociliata
Sporozoa
(Sporentierchen)
Porifera
(Schwämme)
Rhizopoda
(Wurzelfüßer)
Mesozoa
Flagellata
(Geißelträger)

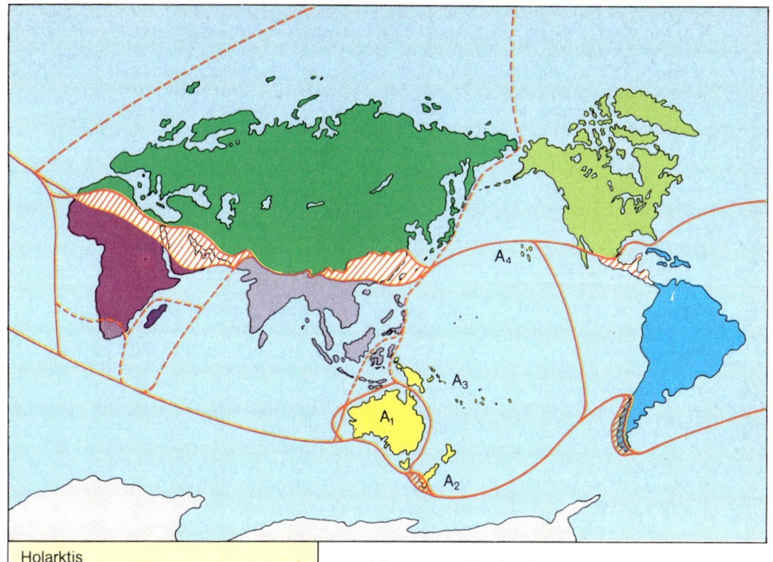

Holarktis
- Paläarktis
- Nearktis

Paläotropis
- Äthiopis
- Capensis
- Madegassis
- Orientalis
- australische Region

A_1 Australien
A_2 neuseeländische Region
A_3 ozeanische Region
A_4 hawaiische Region

- Neotropis
- Archinotis (Antarktika)
- Übergangsgebiete

Tiergeographische Regionen. Übersichtskarte

Linke Seite:
Tiere. Stammbaum des Tierreichs

- Protozoa (20000 Arten)
- Mesozoa (50)
- Parazoa (5000)
- Coelenterata, Protostomia, Deuterostomia: Eumetazoa (1200000)

verschiedener medizin. und biolog. Teildisziplinen. T. dienen der Gewinnung und Erprobung von Seren, dem Nachweis von Krankheitserregern, der Erprobung von therapeut. Verfahren und Arzneimitteln sowie der Erforschung von natürl. und krankhaften Vorgängen im Organismus. - ↑ auch Tierschutz.

Tierwanderungen, bei vielen Tierarten führen meist ganze Populationen *(Massenwanderung)*, z. T. auch einzelne Tiere Wanderungen aus, die oft weit über die Grenzen ihres eigentl. Lebensbezirks hinausgehen. Die Gründe für diese Wanderaktivität sind einerseits Umwelteinflüsse, andererseits endogene Stoffwechselrhythmen. Zum Teil hängen die T. mit dem Fortpflanzungstrieb zusammen oder bedeuten ein Ausweichen vor der Winterkälte; auch ein Nahrungsmangel kann Tiere veranlassen, ein bestimmtes Gebiet zu verlassen *(Massenemigrationen)*, ebenso eine Massenvermehrung mit einer daraus resultierenden Übervölkerung, die ebenfalls zu Nahrungsmangel führt, aber auch eine nervöse Überreizung der Tiere einer Population bewirken kann, die die Tiere dann in einer Wanderaktivität abzureagieren suchen. - Bei T. unterscheidet man aperiod. und period. Wanderungen. *Aperiod. Wanderungen* finden sich z. B. bei den Lemmingen (Lemmingzüge), den Wanderheuschrecken (Heuschreckenschwärme), bei Kreuzschnäbeln, beim Tannenhäher, bei Wanderameisen und vielen Wanderfaltern. *Period. Wanderungen* kommen u. a. vor als (indirekt von der Sonneneinstrahlung abhängige) tagesperiod. Vertikalbewegungen von Zooplankton, die sich im Meer auf mehr als 100 m täglich erstrecken können (nächtl. Aufsteigen zur Wasseroberfläche), als ↑Vogelzug und in Form der Laichwanderungen vieler Amphibien (↑auch Fischwanderungen). Jahreszeitlich (der Trokken- und Regen-, der Winter- und Sommerzeit entsprechend *[Saisontranslokation]*) wandern auch manche Fledermäuse, die Herden vieler Huftiere in den Steppen, Savannen und Tundren (z. B. das Ren) sowie das Reh- und Rotwild des Hochgebirges, auch manche Wanderfalter (z. B. der Monarch). Zur Fortpflanzung an Land vollziehen die Seeschildkröten, Pinguine und Robben entsprechende Wanderungen.

📖 *Cloudsley-Thompson, J.: Wanderzüge im Tierreich. Mchn. 1980. - Animal migration, navigation, and homing. Hg. v. K. Schmitt-Koenig u. W. T. Keeton. Bln. u. a. 1978. - Die Straßen der Tiere. Hg. v. H. Hediger. Braunschweig 1967.*

Tiger [awest.-griech.-lat.] (Panthera tigris), mit maximal 2,8 m Körperlänge größte, sehr kräftige Großkatze in verschiedenen, bes. nahrungsreichen, viel Deckung bietenden Biotopen SW- bis O-Asiens (einschl. der Sundainseln); Kopf rundl., mit Backenbart (bes. beim ♂); Schwanzlänge 60–95 cm; Färbung blaß rötlichgelb bis rotbraun mit schwarzen Querstreifen. - Der T. ist ein Einzelgänger, der Beutetiere (bes. Huftiere, Vögel) v. a. nachts durch lautloses Anschleichen bis auf kürzeste Entfernung jagt. Nach einer Tragzeit von dreieinhalb Monaten werden 2–4 Junge geboren. - Man unterscheidet 8 (teilweise von der Ausrottung bedrohte) Unterarten, darunter **Sibir. Tiger** (Panthera tigris altaica; Amur-Ussuri-Gebiet; größte T.unterart), **Inseltiger** (zusammenfassende Bez. für die auf den Sundainseln vorkommenden **Sumatratiger** [Panthera tigris sumatrae, bis 170 cm Körperlänge], **Javatiger** [Panthera tigris sondaica; fast ausgerottet] und **Balitiger** [Panthera tigris balica; vermutl. ausgerottet]) und ↑Königstiger. - Abb. S. 218.

Tigerblume (Tigridia), Gatt. der Schwertliliengewächse mit 15 Arten in Mittelamerika, Peru und Chile; Zwiebelpflanzen mit wenigen grundständigen, schmalen oder schwertförmigen Blättern und großen schalenförmigen Blüten. Die bekannteste Art ist die **Pfauenblume** (Tigridia pavonia), mit bis 15 cm langen, verschiedenfarbigen Blüten, die nur einen Tag blühen; beliebte Gartenblumen. - Abb. S. 218.

Tigerfink (Amandava amandava), fast 10 cm langer, im ♂ Geschlecht zur Brutzeit roter, weiß getüpfelter Prachtfink, verbreitet von Indien und S-China bis Java; ♀ (und ♂ im Ruhekleid) graubraun. - Abb. S. 218.

Tigerhai (Galeocerdo cuvieri), bis 6 m langer, lebendgebärender Haifisch, v. a. in flachen Küstengewässern trop. und subtrop. Meere; Körperseiten mit auffallender Flekkenzeichnung; im Alter verblassend; Allesfresser, u. U. dem Menschen gefährlich.
◆ svw. Sandtiger (↑Sandhaie).

Tigerkatze, svw. ↑Ozelotkatze.

Tigerlilie ↑Lilie.

Tigerpython ↑Pythonschlangen.

Tigerschmerle (Botia hymenophysa), etwa 20 cm langer, schlanker asiat. Knochenfisch (Fam. Schmerlen); Oberseite bräunl., Körperseiten graugelb mit zahlr. graublauen, schwarz eingefaßten Querbinden; Warmwasseraquarienfisch.

Tigerschnecke (Cypraea tigris), bis 10 cm lange ↑Porzellanschnecke im trop. Pazifik; Gehäuse eiförmig, mit dunkelbraunen, z. T. zusammenfließenden Flecken auf weißl. Untergrund.

Tight-junction [engl. 'tait ˌdʒʌŋkʃən] ↑Zellkontakte.

Tigon [Kw. aus engl. **tig**er und li**on** „Löwe“], Bez. für einen nur in zoolog. Gärten vorkommenden Artbastard zw. Tiger-♂ und Löwen-♀.

Tilia [lat.], svw. ↑Linde.

Tiliaceae [lat.], svw. ↑Lindengewächse.

Tillandsie (Tillandsia) [nach dem finn. Botaniker E. Tillands, * 1640, † 1693], Gatt. der Ananasgewächse mit rd. 350 Arten im trop. und subtrop. Amerika; meist epiphyt. lebende Pflanzen ohne oder mit nur schwach entwickelten Wurzeln; Blätter schmal, ganzrandig; Blüten meist in endständiger, einfacher oder zusammengesetzter Ähre. Bekannt ist v. a. die Art **Greisenbart** (Louisianamoos, Tillandsia usneoides), in wärmeren Gebieten Amerikas; Blätter schmal, 3–8 cm lang; hängt von Bäumen.

Timalien (Timaliinae), Unterfam. 9–40 cm langer Singvögel mit fast 250 Arten, verbreitet in Afrika, S- und SO-Asien, Australien. - Zu den T. gehört u. a. die ↑Bartmeise.

Timofejew-Ressowski, Nikolai Wladimirowitsch [russ. timaˈfjejɪfrɪˈsɔfskij], * Moskau 20. Sept. 1900, † Obninsk 28. März 1981, sowjet. Biologe. - 1925–45 am Kaiser-Wilhelm-Institut für Hirnforschung in Berlin tätig, 1955–69 an biolog. und radiolog. Instituten in der UdSSR; grundlegende Arbeiten zur Genetik und Evolutionstheorie (Gegner T. D. Lyssenkos) und zur Strahlenbiologie.

Tinbergen, Nikolaas (Niko) [niederl. ˈtɪnbɛrxə], * Den Haag 15. April 1907, niederl. Zoologe. - Prof. in Leiden und Oxford; seit 1962 Mgl. der Royal Society. T. ist Mitbegr. der vergleichenden ↑Verhaltensforschung („Instinktlehre“, 1950). Bes. beschäftigte er sich mit dem Verhalten von Insekten, Fischen und Seevögeln (u. a. „Die Welt der Silbermöwe“, 1953). - Für seine grundlegenden verhaltensphysiolog. Forschungen, deren Ergebnisse auch für Psychiatrie und

Psychosomatik bedeutsam sind und die zugleich die Möglichkeit eröffnen, präventiv die Umwelt so zu verändern, daß sie auch der biolog. und etholog. Ausstattung des Menschen entspricht, erhielt er (mit K. Lorenz und K. von Frisch) 1973 den Nobelpreis für Physiologie oder Medizin. - *Weitere Werke:* Tiere untereinander (1953), Tiere und ihr Verhalten (1965), Das Tier in seiner Welt (1973).

Tineidae [lat.], svw. ↑Motten.

Tingidae, svw. ↑Gitterwanzen.

Tintenbaum (Semecarpus), Gatt. der Anakardiengewächse mit rd. 40 Arten in Indien, SO-Asien und Australien. Die bekannteste Art ist der ↑Markfruchtbaum.

Tintenchampignon ↑Champignon.

Tintenfische, i. w. S. svw. ↑Kopffüßer; i. e. S. svw. ↑Sepien (v. a. Sepia officinalis).

Tintenpilz, svw. Schopftintling (↑Tintling).

Tintling (Coprinus), Gatt. der Tintlinge mit rd. 80 Arten (z. T. Koprophilen), die teilweise, zus. mit Alkohol genossen, eine Giftwirkung entfalten; Fruchtkörper bis 10 cm hoch, weiß, grau bis braun; Hut faltig gefurcht und wie die Lamellen im Alter manchmal zerfließend; Sporen schwarz oder schwarzbraun; bekannte Arten: **Radtintling** (Coprinus plicatilis), Hut bis 3 cm groß, grau bis blaß ockerbraun, gefaltet-gerieft; **Schopftintling** (Tintenpilz, Spargelpilz, Porzellantintling, Coprinus comatus), etwa 20 cm hoch, junger Hut weiß, walzenförmig, Lamellen weiß (dann eßbar!), später rosa und schwarz werdend.

Ti-Plasmid (tumorinduzierendes Prinzip, TIP), extrachromosomales DNS-Segment von Agrobacterium tumefaciens, das, in ein Wirtsgenom eingebaut, Wucherungen des Wirtsgewebes (Pflanzenkrebs) verursacht. Als Genfähre zur Übertragung fremder Gene in der Genmanipulation benutzt.

Tipulidae [lat.] ↑Schnaken.

Titanenwurz (Amorphophallus titanum), auf Sumatra heim. Art der Gatt. ↑Amorphophallus mit 2–5 m hohem Blattstiel und bis 3 m im Durchmesser erreichender, dreiteiliger Blattspreite; Blütenkolben bis 1,5 m hoch, mit außen grünlicher, innen bräunlich purpurfarbener Spatha.

T-Lymphozyten (T-Zellen), an der zellulären Immunität beteiligte Lymphozyten, deren lymphat. Stammzellen im Knochenmark entstehen und die ihre spezif. immunolog. Aktivität erst beim Passieren des Thymus erhalten. Die T-L. bilden Antikörper, die an ihrer Membranoberfläche lokalisiert sind und vorwiegend mit den Oberflächenantigenen von Viren und Bakterien in einer Antigen-Antikörper-Reaktion reagieren und diese damit unschädlich machen.

Tochtergeneration, svw. ↑Filialgeneration.

Tocopherole [griech.], svw. Vitamin E (↑Vitamine [Tabelle]).

Tod (Exitus), der Stillstand der Lebensfunktionen bei Mensch, Tier und Pflanze. Ledigl. einzellige Lebewesen besitzen *potentielle Unsterblichkeit,* da ihr Zellkörper durch Teilung immer wieder vollständig in den Tochterzellen aufgeht, so daß kein Leichnam zurückbleibt; auch über sehr lange Zeiträume hin konnten keine erkennbaren Alterungsvorgänge in ihrem Zellplasma festgestellt werden. *Medizin. gesehen* tritt der Stillstand der Lebensfunktionen in den verschiedenen Organen und Geweben zeitlich versetzt ein (mit unterschiedl. Folgen für den Gesamtorganismus. Bei einer akuten Schädigung (z. B. Kreislaufstillstand) kann man für die einzelnen Organe eine sog. *Funktionserhaltungszeit* (bis zum Erlöschen der Organfunktionen), eine sog. *Wiederbelebungszeit* (in der eine Wiederbelebung durch geeignete Maßnahmen noch möglich ist) und eine *Strukturerhaltungszeit* (bis zum Untergang der funktionsunfähigen Zellverbände) definieren. Diese Zeiten sind bes. kurz bei hoher Stoffwechselrate und geringem Energiereservoir eines Organs (z. B. beim Gehirn), sie sind umgekehrt bei niedrigem Stoffwechsel bes. lang (z. B. bei ↑bradytrophen Geweben). Das Schicksal des Organismus als Ganzes hängt kurzfristig vom Schicksal seiner lebenswichtigen Organe ab, die ihrerseits voneinander nicht unabhängig sind. Diesem komplexen System von Gegebenheiten und Interdependenzen entsprechend unterscheidet man verschiedene Arten des T.: Unter **klin. Tod** versteht man den Status in einer Zeitspanne von etwa drei Minuten nach einem Herz- und Atemstillstand, während der im Prinzip eine Wiederbelebung v. a. durch Herzmassage und künstl. Beatmung noch möglich ist. Das Absterben einzelner lebenswichtiger Organe (**Partialtod, Organtod**) kann den Untergang anderer Organe und des gesamten Organismus nach sich ziehen (z. B. Hirn-T. als **zentraler Tod**), wenn keine Maßnahme zum Ersatz der betreffenden Organfunktion getroffen werden kann (z. B. Wiederherstellung der Kreislauffunktion). Ohne Reanimation geht der klin. T. in den **biolog. Tod** (endgültiger, allg. T.) über, mit irreversiblem Untergang aller Organe und Gewebe (Stoffwechselstillstand, Ausfall von Zellteilung, Erregbarkeit und Kontraktilität, schließlich Ausbildung der Todeszeichen und Strukturverfall).

📖 *Fritsche, P.: Grenzbereich zw. Leben u. T. Klin., jurist. u. eth. Probleme. Stg. [2]1979. - Jüngel, E.: T. Gütersloh 1979.*

Todesotter (Acanthophis antarcticus), bis 1 m lange, breitköpfige, gedrungene ↑Giftnatter in Australien und Neuguinea; hellgrau bis rotbraun, mit unregelmäßigen, dunklen Querbändern; sehr gefährl., vorwiegend dämmerungsaktive Giftschlange, die durch zukkende Schwanzbewegungen Beutetiere anlockt.

Links oben: Sibirischer Tiger
rechts oben: Tigerblume, unten: Tigerfink

Todeswurm (Necator americanus), etwa 1 cm langer, dem ↑Grubenwurm sehr ähnl. Fadenwurm (Fam. ↑Hakenwürmer), v. a. in weiten Teilen der Tropen und Subtropen; Erreger der Hakenwurmkrankheit.

Tokopherole [griech.], svw. Vitamin E (↑Vitamine).

Tollkirsche (Atropa), Gatt. der Nachtschattengewächse mit 5 Arten im gemäßigten Eurasien. Die bekannteste Art ist die in Laubwäldern vorkommende **Schwarze Tollkirsche** (Belladonna, Atropa belladonna), eine bis 1,5 m hohe, sparrig verzweigte, drüsig behaarte Staude mit großen, eiförmigen Blättern und einzelnstehenden, rötlichbraunen, glockenförmigen Blüten. V. a. die schwarzen, glänzenden Beerenfrüchte sind durch ihren hohen Alkaloidgehalt (Hyoscyamin, Atropin, Scopolamin) sehr giftig. Der Extrakt aus Wurzeln und Blättern wird medizin. als krampflösendes, gefäß- und pupillenerweiterndes Mittel verwendet.

Tollkraut (Skopolie, Scopolia), Gatt. der Nachtschattengewächse mit 4 Arten im gemäßigten Eurasien. In Deutschland eingebürgert ist das in Laubwäldern O- und SO-Europas heim. **Krainer Tollkraut** (Scopolia carniolica): bis 60 cm hohe Staude mit ellipt. Blättern und einzelnstehenden, bräunlich lilafarbenen, hängenden Blüten. Das alkaloidhaltige giftige Rhizom wurde im MA zu Liebes- und Rauschtränken verarbeitet.

Tölpel (Sulidae), Fam. vorwiegend schwarz-weiß gefärbter, bis 1 m langer Meeresvögel (Ordnung Ruderfüßer) mit 9 Arten, v. a. an trop. bis gemäßigten Küstenregionen; stoßtauchende Fischfresser mit relativ langem, keilförmig zugespitztem Schnabel; brüten kolonieweise in Bodennestern, meist auf Inseln; am bekanntesten der ↑Baßtölpel.

Tomate [aztek.] (Liebesapfel, Paradiesapfel, Lycopersicon esculentum, Solanum lycopersicum), wahrscheinl. aus Peru und Ecuador stammendes, heute zur Gatt. ↑Nachtschatten gestelltes, früher zur 10 Arten umfassenden Gatt. *Lycopersicon* gehörendes Nachtschattengewächs; 0,3–1,5 m hohe, einjährige, sehr frostempfindl. Pflanze mit großen, unterbrochen gefiederten Blättern; Blüten gelb, in Wickeln; Frucht eine vielsamige, rote oder gelbe Beere. Die Früchte enthalten pro 100 g eßbaren Anteil etwa 94 g Wasser, nur wenig Kohlenhydrate, v. a. aber 24 mg Vitamin C sowie Vitamine der B-Gruppe. Das im grünen Zustand vorhandene giftige Alkaloid Solanin wird während der Reife abgebaut. Die T. wird heute in zahlr. Kultursorten fast weltweit angebaut. Neben den *Stock-* oder *Stab-T.* (Pflanzen müssen an Stäben hochgebunden werden) werden, v. a. in trockenen Klimazonen, niedrig bleibende *Busch-T.* gepflanzt. Hauptproduktionsländer sind die USA und Italien.

Geschichte: Die T. wurde bereits in vorkolumb. Zeit von den Indianern Mexikos und Perus kultiviert. Im 16. Jh. wurde sie in Europa bekannt und 1557 von R. Dodoens, 1576 von M. Lobelius in Kräuterbüchern abgebildet. Zunächst wurde die T. - wegen der vermuteten Giftigkeit der Früchte - nur als Zierpflanze gezogen. Erst Anfang des 20. Jh.

erlangte sie in Deutschland Bed. als Nutzpflanze.

Tonegawa, Susumu, * Nagoya 5. Sept. 1939, japan. Virologe. Studium der Chemie und Virologie in Kioto; 1971–81 Mitglied des Inst. für Immunologie in Basel; seither als Prof. für Biologie am Krebsforschungsinstitut des Massachusetts Institut of Technology in Cambridge bei Boston tätig. Er erhielt 1987 den Nobelpreis für Physiologie oder Medizin für „die Erforschung der genet. Grundlagen der Antikörpervielfalt".

Tonkabohnen [indian./dt.], die Samen des in Brasilien und Guayana heim. *T.baums* (Dipteryx odorata). Die schwarzbraunen, bitter schmeckenden, nach Kumarin duftenden T. werden zum Aromatisieren von Tabak und als Gewürz verwendet.

Tonnenbaum (Cavanillesia), Gatt. der Wollbaumgewächse mit drei Arten im trop. S-Amerika; Bäume mit (durch Wasserspeicherung) tonnenförmig verdicktem Stamm. Der *Barriguda* (Cavanillesia arborea) ist ein Charakterbaum der Trockenwälder O-Brasiliens.

Tonnensalpen (Doliolida), Ordnung kleiner, bis etwa 1 cm langer, freischwimmender Manteltiere (Klasse ↑Salpen) mit rd. 15 Arten, v. a. in trop. und subtrop. Meeren; Körper faßförmig, glasartig durchsichtig, mit ringförmig angeordneten Muskelbändern.

Tonnenschnecken (Tonnoidea), Familiengruppe ziemlich großer ↑Vorderkiemer, zu der u. a. die Sturmhauben, Tritonshörner und die Faßschnecke gehören.

Tonoplast, eine Zellmembran in der pflanzl. ↑Zelle (↑auch Vakuole).

Tonsillen [lat.] ↑Mandeln.

Tonus [griech.-lat. „das Spannen"], in der *Human-* und *Tierphysiologie* svw. ↑Muskeltonus; i. w. S. svw. Spannungs[zustand] von Geweben.

◆ in der *Pflanzenphysiologie* der durch innere oder äußere Faktoren beeinflußbare Zustand der Empfindlichkeit gegenüber Außenreizen.

Topfbaum, svw. ↑Topffruchtbaum.

Schwarze Tollkirsche

Töpfervögel (Furnariidae), Fam. bis amselgroßer, meist brauner Schreivögel mit über 200 Arten in Z- und S-Amerika. Am bekanntesten ist der **Töpfervogel** (Furnarius rufus), der aus Lehm, Gras und Kuhmist bis 30 cm große, harte Kugelnester mit Flugloch baut.

Töpferwespen (Trypoxylon), Gatt. der ↑Grabwespen mit drei einheim. Arten; ♀♀ bauen durch Lehmwände abgekammerte Niströhren in alte Bohrgänge im Holz oder in markhaltigen Zweigen von Sträuchern und tragen Spinnen als Larvenfutter ein.

Topffruchtbaum (Topfbaum, Lecythis), Gatt. der Topffruchtbaumgewächse mit rd. 50 Arten im trop. S-Amerika, v. a. im Amazonasgebiet; Sträucher oder Bäume mit topfförmigen, kinderkopfgroßen Früchten; Samen bei mehreren Arten ölhaltig und wohlschmekkend *(Sapucajanüsse)*.

Topffruchtbaumgewächse (Lecythidaceae), Pflanzenfam. mit rd. 450 Arten in 24 Gatt. in den Tropen, v. a. in den Regenwäldern S-Amerikas; Bäume oder Sträucher mit ganzrandigen Blättern und meist großen, einzeln, in Trauben oder Doldentrauben stehenden Blüten; Frucht häufig eine holzige, mit einem Deckel aufspringende Kapsel. Die wichtigsten Gatt. sind ↑Paranußbaum und ↑Topffruchtbaum.

Topi [afrikan.] ↑Leierantilopen.

Topinambur ↑Sonnenblume.

Torfbeere, svw. ↑Moltebeere.

Torfglanzkraut ↑Glanzkraut.

Torfgränke (Zwerglorbeer, Chamaedaphne), Gatt. der Heidekrautgewächse mit der einzigen Art **Chamaedaphne calyculata** auf Hochmooren Nordeurasiens und des nördl. Nordamerika; bis 1 m hoher, immergrüner Strauch mit aufrechten, rutenförmigen Zweigen, ei- bis lanzettförmigen Blättern und weißen Blüten; Steingartenpflanze.

Krainer Tollkraut

Torfhund (Torfspitz, Pfahlbauspitz, Canis familiaris palustris), erstmals 1861 in den jungneolith. Ufersiedlungen der Schweizer Seen entdeckter ausgestorbener kleiner Urhaushund, der später auch in älteren Steinzeitablagerungen Europas gefunden wurde.

Torfmoos (Sphagnum), Gatt. der Laubmoose mit knapp 350 Arten in den gemäßigten und kalten Zonen der Nord- und Südhalbkugel sowie in den Gebirgen der Tropen; rhizoidlose, bleichgrüne oder bräunl. Pflanzen mit spiralig um das Stämmchen angeordneten, zu drei bis fünf zusammengefaßten Seitenästen, die mit dachziegelartig angeordneten Blättchen besetzt sind. Blättchen und Stämmchen mit großen, toten, wasserspeichernden Zellen (T. vermögen bis zum 40fachen ihres Eigengewichts an Wasser aufzunehmen). Charakterpflanzen der Hochmoore und extrem saurer, nährstoffarmer Böden; wichtigste Torfbildner.

Torfspitz, svw. ↑Torfhund.

Torpedo [lat.] ↑Zitterrochen.

Torulahefen [lat./dt.], hefeartige, den ↑Deuteromyzeten zugeordnete Pilze aus der Gatt. Candida, die in großem Maßstab zur Gewinnung von eiweiß- und fettreichen Futterhefen gezüchtet werden. Mit *Candida utilis* können z. B. wertlose Abfallprodukte wie Sulfitablauge aus der Zellstoffind. und auch andere kohlenhydratreiche Abfälle in hochwertige Futtermittel umgewandelt werden.

totale Furchung ↑Furchungsteilung.

Totemannshand ↑Lederkorallen.

Totenflecke (Livores, Leichenflecke), nach dem Tod einsetzende Verfärbung der Haut infolge Absinkens des Blutes in die tiefer gelegenen Körperstellen.

Totengräber (Necrophorus), Gatt. der Aaskäfer mit acht etwa 1,5–3 cm langen einheim. Arten; schwarz, oft mit zwei rostbraunen Querbinden; leben an Kadavern kleiner Wirbeltiere, die sie in vorbereitete Erdgruben ziehen und zu Kugeln formen. - Abb. S. 222.

Totenkopfäffchen (Saimiri), Gatt. kleiner Kapuzineraffen mit vier Arten in Regenwäldern M- und S-Amerikas; Körperlänge etwa 30 cm, Schwanz rd. 40 cm lang; Fell dicht und kurzhaarig; Färbung überwiegend braun mit auffallender weißer Gesichtszeichnung; geschickt kletternde und springende Baumbewohner, die in großen Verbänden leben.

Totenkopfschwärmer (Acherontia atropos), bis 13 cm spannender Schmetterling (Fam. Schwärmer) in Afrika und S-Europa; Rücken mit totenkopfähnl. Zeichnung; Vorderflügel vorwiegend schwarzbraun, Hinterflügel und Hinterleib gelb mit schwarzer oder schwarzblauer Zeichnung; fliegt alljährl. aus dem trop. Afrika nach Deutschland ein; Raupe bis 13 cm lang, grün, vorn und hinten gelb mit blauen Schrägstreifen, frißt an Nachtschattengewächsen (bes. an Blättern der Kartoffel).

Totenstarre (Leichenstarre, Rigor mortis), die Erstarrung der Muskulatur nach dem Tode durch Anhäufung saurer Metabolite (v. a. Milchsäure) als Folge des Stillstands der Blutzirkulation sowie durch feste, irreversible Verknüpfung von ↑Aktin und ↑Myosin in der Muskelfaser als Folge einer Verarmung an muskeleigenem ATP (↑Muskeln).
Die T. beginnt *beim Menschen* etwa eine Stunde nach dem Tode an den Lidern, der Kaumuskulatur und den Muskeln der kleinen Gelenke. Sie breitet sich innerhalb von 8 Stunden über Kopf, Rumpf und Extremitäten nach unten fortschreitend aus. 48–96 Stunden nach dem Tode erschlafft die Muskulatur in der gleichen Reihenfolge, in der die T. eingetreten ist.

Totentrompete (Füllhorn, Herbsttrompete, Craterellus cornucopioides), im Herbst in Laubwäldern vorkommender, 5–15 cm hoher, trichter- oder trompetenförmiger Leistenpilz; in feuchtem Zustand fast schwarz, sonst schiefergrau; etwas zäher, schmackhafter Speisepilz; getrocknet als Würzpilz.

Totenuhr, Bez. für verschiedene ↑Klopfkäfer, bes. für die bis 4 mm lange, rotbraune Art *Anobium punctatum* (mit feinen Punktstreifen auf den Flügeldecken); erzeugt ein klopfendes Geräusch, das im Volksglauben als Zeichen für einen bevorstehenden Todesfall gedeutet wird.

toter Punkt, vorübergehender Leistungsabfall zu Beginn einer längerdauernden körperl. Belastung infolge örtl. Anhäufung von Milchsäure bei zunächst noch unzureichender Durchblutungssteigerung der betreffenden Muskelpartien; die Überwindung des toten P. wird durch entsprechende Kreislaufumstellung erreicht (sog. „second wind").

totipotent [lat.] ↑omnipotent.

Totstellreflex ↑Akinese.

Tournefort, Joseph Pitton de [frz. turnəˈfɔːr], * Aix-en-Provence 5. Juni 1656, † Paris 28. Nov. 1708, frz. Botaniker und Mediziner. - Lehrte am Collège de France in Paris; unternahm zahlr. Reisen zur Erforschung der Pflanzenwelt Europas, auf denen er mehr als 1 300 neue Arten entdeckte; begründete eine Systematik der Pflanzen auf Grund der Blütenverhältnisse, die eine der Grundlagen für C. von Linnés Systematik wurde.

Toxine [griech.], Gifte, die von Gifttieren, Giftpflanzen, Giftpilzen oder Bakterien ausgeschieden bzw. aus diesen freigesetzt werden. T. sind meist Proteine oder Lipopolysaccharide, die als Antigene wirken und deren chem. Struktur noch nicht vollständig aufgeklärt ist.

Toxophoren [griech.] ↑Brennhaare.

Trab, mittelschnelle Gangart bei diagonaler Fußfolge, hauptsächl. des Pferdes und anderer Huftiere (↑auch Fortbewegung).

Trabekeln [lat.] (Trabeculae, Bälkchen), bälkchen- oder strangartig ausgebildete Gewebs- bzw. Muskelfaserbündel oder bogenartig vorspringende entsprechende Wülste innerhalb der Herzkammern, in den Schwellkörpern des (menschl.) Penis oder als verästelte, untereinander verbundene Milzbälkchen in der Milz.

Traber, seit Ende des 18. Jh. für Trabrennen gezüchtete, teilweise auf das Engl. oder Arab. Vollblut zurückgehende Pferderassen, u.a. Orlowtraber und Hackney; der *Deutsche T.*, der seit 1940 gezüchtet wird, ist auch als Wirtschaftspferd geeignet.

Trachea [griech.], svw. ↑Luftröhre.

Tracheata (Tracheaten) [griech.] ↑Tracheentiere.

Tracheen [griech.], bei *Pflanzen* Elemente des Leitgewebes: zus. mit den ↑Tracheiden im Gefäßteil der ↑Leitbündel der Bedecktsamer und einiger Farne verlaufendes, die gesamte Pflanze durchziehendes Röhrensystem, das dem Transport von Wasser und der darin gelösten Nährsalze dient. T. sind aus meist kurzen, tonnenförmigen, nach der Ausdifferenzierung absterbenden, hintereinanderliegenden Zellen aufgebaut, die durch weitgehende Auflösung der Querwände zu 0,1–1 m (bei Lianen und manchen Laubhölzern mehr als 5 m) langen Röhren von 0,03–0,7 mm Durchmesser fusionieren. Im allg. sind T. nur für wenige Vegetationsperioden funktionsfähig. Ältere T. sind luftgefüllt oder dienen der Reservestoffspeicherung.

◆ bei *Tieren* Atmungsorgane der Stummelfüßer, Spinnentiere, Tausendfüßer und Insekten, wobei die der Tausendfüßer und Insekten zweifellos unabhängig von denen der beiden anderen Gruppen entstanden sind. Bei den typ. röhrenartigen T. handelt es sich um Hauteinstülpungen, die von den Stigmen (Atemöffnungen) ausgehen, sich als mit Luft gefüllte Röhren immer feiner bis zu den ↑Tracheolen verästeln und dem Gastransport dienen. Die *T.wand* setzt sich zusammen aus Basalmembran (außen), T.epithel (T.matrix; die einschichtige Epidermis) und einer zarten, chitinigen T.intima; letztere entspricht der Kutikula (wird daher mitgehäutet) und weist eine ringförmig oder spiralig verdickte Exokutikula *(Spiralfaden, Tänidie, Taenidium)* zur Wandversteifung auf. Häufig sind die T., v.a. die bei den höheren Insekten ausgebildeten T.längsstämme, zu *T.säcken (Luftsäcke, T.blasen)* erweitert, die als Luftreservoir dienen, aber auch einen hydrostat. Apparat darstellen können (bei manchen im Wasser lebenden Larven) oder schallverstärkend wirken. Bei vielen im Wasser lebenden Insektenlarven kommen Tracheenkiemen, bei den Spinnentieren auch noch ↑Fächertracheen vor.

Tracheenkiemen ↑Kiemen.

Tracheenlungen, svw. ↑Fächertracheen.

Tracheentiere (Röhrenatmer, Tracheaten, Tracheata), seit dem Silur bekannter Unterstamm heute mit nahezu 800 000 Arten vorwiegend auf dem Land, z.T. auch in Gewässern weltweit verbreiteter, etwa 0,2 mm bis 33 cm langer Gliederfüßer; bes. gekennzeichnet durch ein System sich verzweigender Tracheen; umfaßt Tausendfüßer und Insekten.

Tracheiden [griech.], im Gefäßteil der ↑Leitbündel bei Farngewächsen und Samenpflanzen (bei Bedecktsamern zus. mit ↑Tracheen) auftretende tote Zellen, die dem Transport von Wasser und darin gelösten Nährsalzen, bei Nadelhölzern auch der Festigung der Sproßachse dienen.

Tracheolen [griech.] (Tracheenkapillaren), äußerst dünne, kapillare, membranöse, blind endende, flüssigkeitserfüllte, bei erhöhtem Sauerstoffbedarf auch luftführende Endverzweigungen der tier. ↑Tracheen; in den T. erfolgt der Gasaustausch mit den Geweben.

Tracht, von Bienen, v.a. Honigbienen, eingetragene Nahrung; bes. Nektar, Honigtau.

Trächtigkeit (Gestation), von der Befruchtung bis zur Geburt der Jungtiere dauernder Zustand ♀ Säugetiere. Die *T.dauer (Trag[e]zeit)* korreliert i.d.R. mit der Körpergröße der betreffenden Art, sie kann jedoch ernährungs- oder witterungsbedingte Abweichungen erfahren. Durch Stillstand der Embryonalentwicklung (Keimruhe) für eine bestimmte Zeit kann die T.dauer unverhältnismäßig lang sein *(verlängerte Tragezeit;* z.B. beim Reh und bei einigen Marderarten). Liegt zw. Begattung und Befruchtung ein längerer, durch eine Ruhezeit der Spermien (Spermienruhe) im ♀ Genitaltrakt bedingter Zeitraum (bei einigen Fledermausarten der nördl. gemäßigten Zone), spricht man von *verschobener Tragezeit.* Extrem kurz ist die Tragezeit bei Beuteltieren, deren Junge im Embryonalzustand geboren werden.

Trachtpflanzen, in der Imkerei Bez. für Pflanzen, die als Bienenweide dienen (z.B. Raps, Linden, Akazien).

Tractus (Traktus) [lat.], in der Anatomie: Zug, Strang, Bündel von Nervenfasern des Zentralnervensystems oder von Muskelfasern.

Tragant [griech.-lat.] (Astragalus), Gatt. der Schmetterlingsblütler mit rd. 1 600, überwiegend in trockenen Gebieten der Nordhalbkugel, v.a. in Vorder- und Zentralasien, verbreiteten Arten; davon zehn in Deutschland, z.B. ↑Bärenschote. Mehrere T.arten liefern den für Klebstoffe, Emulsionen u.a. (früher auch als Bindemittel für Konditorwaren) verwendeten **Tragant** (Tragacantha), ein aus Polysacchariden bestehendes, hornartig erhärtendes und gallertartig quellbares Produkt.

Tragblatt ↑Braktee.

Tragezeit (Tragzeit), svw. Trächtigkeitsdauer (↑Trächtigkeit).

Tragopogon [griech.] ↑Bocksbart.

Trägspinner (Wollspinner, Schadspinner, Nonnenspinner, Lymantriidae), mit rd. 3 000 Arten (davon 17 einheim.) weltweit verbreitete Fam. meist nachtaktiver, mittelgroßer Schmetterlinge. Die oft buntgefärbten, teilweise mit bürstenartigen Haarbüscheln auf der Rückenmitte und seitl. Haarpinseln *(Bürstenraupen)* versehenen Raupen sind oft gefürchtete Wald- oder Gartenschädlinge.

Trakehner (Ostpreuß. Warmblutpferd, Ostpreuße), nach dem Ort Trakehnen (russ. Jasnaja Polnaja) in Ostpreußen, RSFSR▼, ben. edelste Rasse dt. Warmblutpferde aus Ostpreußen; 162–168 cm widerristhohe, elegante Renn-, Spring- und Dressurpferde von lebhaftem Temperament. - Die Rasse geht zurück auf die seit 1732 in Trakehnen veredelten Schweiken, in die seit 1786 planmäßig Arab. und Engl. Vollblut eingekreuzt wurden. Seit 1945 wird die Rasse mit Hilfe der aus Ostpreußen geretteten Tiere überall in der BR Deutschland (v. a. in Holstein und Niedersachsen) als Spezialrasse des Dt. Reitpferdes gezüchtet, v. a. als Füchse und Braune.

Traminer [nach dem Ort Tramin (italien. Tremeno), Prov. Bozen] (Roter T., Savagnin, Clevner), anspruchsvolle, spätreife Rebsorte; schwachwüchsig, kleine Beeren mit rötl. angehauchter Schale. Der Weißwein gleichen Namens hat starkes Bukett, hohes Mostgewicht, viel Süße und geringen Säuregehalt, weshalb er oft mit Riesling verschnitten wird. Die Spielart des **Gewürztraminers** nimmt über die Hälfte der Anbaufläche des T. ein.

Trampeltier ↑Kamel.

Tränen ↑Tränendrüsen.

Tränendes Herz (Herzblume, Frauenherz, Dicentra), Gatt. der Mohngewächse mit 17 Arten im westl. China und in N-Amerika; Stauden mit meist fiederteiligen Blättern und roten, gelben oder weißen bilateral-symmetr. Blüten. Die bekannteste, im nördl. China heim. Art ist *Dicentra spectabilis (Tränende Herzblume, Brennende Liebe, Flammendes Herz)*, eine 60–90 cm hohe Pflanze mit dreizähligen Blättern und herzförmigen, meist rosafarbenen, hängenden Blüten in langen, einseitswendigen Trauben; beliebte Gartenzierpflanze.

Gemeiner Totengräber (Necrophorus vespillo)

Tränendrüsen (Glandulae lacrimales), Tränenflüssigkeit absondernde Drüsen bei Reptilien (außer Schlangen), Vögeln und Säugetieren. Froschlurche besitzen vergleichbare kleinere T., bei vielen Säugern kommen noch zusätzl. (akzessor.) T. vor.
Beim *Menschen* liegen die T. als durch die Sehne des Lidhebers zweigeteilter, etwa bohnengroßer, Drüsenkomplex jeweils hinter dem äußeren, oberen Rand der Augenhöhlen. Das Sekret (tägl. Menge etwa 1–3 ml) ist wäßrig, schwach salzig (rd. 660 mg Natriumchlorid pro 100 ml) und in geringem Umfang eiweißhaltig; es wirkt auf Grund von Lysozymen leicht antibakteriell. Das Sekret wird über zahlr. kleine Ausführgänge in die Bindehautfalte des oberen Augenlids ausgeschieden und dann mit Hilfe des Lidschlags über die Hornhaut des Auges (die dabei angefeuchtet und gereinigt wird) nach dem inneren Augenwinkel hin befördert. Von dort aus fließt die Tränenflüssigkeit über eine kleine Öffnung in die beiden zu einem unpaaren Gang zusammenlaufenden **Tränenkanälchen** *(Tränenröhrchen)* und dann in den **Tränensack** (Saccus lacrimalis) ab. Dieser bildet die in einer der Augenhöhle zugewandten Bucht des Tränenbeins gelegene, erweiterte obere Verlängerung des **Tränen-Nasen-Gangs** (Ductus nasolacrimalis), der unter der unteren Nasenmuschel in den unteren Nasengang mündet. - Die Absonderung der Tränenflüssigkeit erfolgt unter nervaler Steuerung.

Transaminasen [Kw.] (Aminotransferasen), Enzyme (Transferasen) in pflanzl. und tier. Geweben, die Aminogruppen übertragen (Transaminierung). Im menschl. Organismus tritt bei Zellschädigung ein vermehrter, enzymdiagnostisch zu bestimmender Gehalt an T. im Blut auf, z. B. bei Leberentzündung.

Transaminierung, die Übertragung von Aminogruppen durch ↑Transaminasen, die im lebenden Organismus durch den reversiblen, im Gleichgewicht stehenden Übergang von α-Ketosäuren zu α-Aminosäuren von großer Bed. für die Verknüpfung des Eiweißstoffwechsels mit dem Kohlenhydrat- bzw. mit dem Fettstoffwechsel sind.

Transduktion [lat.], in der *Genetik* die Übertragung bakterieller Gene von Zelle zu Zelle mit Hilfe von Phagen als Trägerorganismen; Form der ↑Parasexualität.
◆ in der *Sinnesphysiologie* die der Reizaufnahme folgende Reizumwandlung in die Energieform einer Erregung.

Transfektion, Phageninfektion; das Eindringen der Bakteriophagen-DNS in ein geeignetes Bakterium, während die Proteinhülle des Phagen an der Oberfläche des Bakteriums haften bleibt, mit dem Beginn der Phagenreproduktion im Bakterium.

Transferasen [lat.], Sammelbez. für eine

Gruppe von ↑Enzymen, die Molekülteile reversibel von einem Molekül *(Donator)* auf ein anderes *(Akzeptor)* übertragen.

Transfer-RNS ↑RNS. - ↑auch Proteinbiosynthese.

Transformation [lat.], die Übertragung vererbbarer Eigenschaften von einem Bakterienstamm auf einen anderen durch freie DNS (Form der Parasexualität).

Transkriptasen, bei RNS-Tumorviren entdeckte Polymerasen vom Typ der matrizenabhängigen (meist DNS-abhängigen) RNS-Polymerasen. Bei RNS-Viren kommen virusspezif. T. vor, die an doppelsträngiger RNS oder an einsträngiger, als Matrize dienender aktiver RNS eine m-RNS synthetisieren. - **Revertasen (reverse T.)** synthetisieren DNS an RNS-Matrizen und kehren damit den übl. genet. Informationsfluß um.

Transkription [zu lat. trans „hinüber" und scribere „schreiben"], in der Molekularbiologie die Synthese der m-RNS (↑RNS) an der ↑DNS im Kern, wobei die m-RNS die ↑genetische Information des Gens „abschreibt". Die Kontrolle der T. erfolgt durch die ↑Genregulation nach dem Jacob-Monod-Modell. - ↑Proteinbiosynthese.

Translation, in den Ribosomen ablaufender Prozeß, in dem die Basensequenz der m-RNS (↑RNS) in die Aminosäuresequenz der Proteine „übersetzt wird (↑auch Proteinbiosynthese).

Translokation [lat.], Form der ↑Chromosomenaberration, bei der ein Stück eines Chromosoms nach dem Prinzip von Bruch und Wiedervereinigung seinen Platz wechselt, und zwar entweder innerhalb desselben Chromosoms **(intrachromosomale T.)** oder von einem Chromosom zum anderen **(interchromosomale T.).** Oft erfolgt die T. reziprok, d. h., während eines Rekombinationsprozesses tauschen zwei Chromosomen gegenseitig (ungleiche) Stücke aus. Durch den Prozeß der T. werden häufig Gene inaktiviert. Auf Grund dieser mit der T. verquickten Mutation von Genen führen T. während der Embryogenese häufig zu Erbanomalien (↑Chromosomenanomalien). T. lassen sich genet. (z. B. durch Testkreuzungen) und mikroskop. an Hand des Chromosomenbildes (als illegitimes Crossing-over; ↑Chromosomenaberration) nachweisen.

◆ in der *Ökologie* Ortsveränderung bei Tieren durch Tierwanderungen.

Transmitter [lat.-engl.], in der *Physiologie* svw. ↑Neurotransmitter.

Transphosphatasen (Phosphokinasen), zu den Transferasen gehörende Enzyme, die den Phosphatrest des ATP übertragen, z. B. die Ketohexokinase und die Hexokinase.

Transpiration [lat.], bei *Pflanzen* die physikal. und physiolog. gesteuerte Abgabe von Wasserdampf (Verdunstung) durch oberird. Organe. Zweck der T. ist der Schutz gegen Überhitzung bei starker Sonneneinstrahlung (Ausnutzung der Verdunstungskälte). Die Intensität der T. ist abhängig vom Wassersättigungsgrad der Pflanze sowie von der relativen Feuchte, Temperatur und Bewegung der Luft. Die physiolog. Regulation der T., die meist eine Tagesrhythmik zeigt, erfolgt hauptsächl. durch die in großer Zahl v. a. auf den Blattunterseiten angeordneten Spaltöffnungen, durch die die Hauptmenge des T.wassers verdunstet und deren Öffnungsgrad je nach Wasserversorgung der Pflanze und Außenbedingungen verändert werden kann. Die pro Tag abgegebene T.wassermenge kann bei Bäumen bis 50 l, maximal bei starker Sonneneinstrahlung bis 400 l, bei Kräutern bis etwa 1 l betragen. - ↑CAM-Pflanzen beschränken ihre T. bei eingeschränkter Wasserversorgung, indem sie die Spaltöffnungen am Tag geschlossen halten. - ↑auch Guttation. - Bei Tieren und beim Menschen ↑Schweißsekretion.

Transposons, Bez. für Gene bzw. Gengruppen, die ihre Position zw. verschiedenen Chromosomen oder zw. einem Chromosom und einem Plasmid gewechselt haben.

Trapezmuskel, svw. ↑Kapuzenmuskel.

Trappen (Otididae), mit den Kranichen nah verwandte Fam. etwa haushuhn- bis truthahngroßer Bodenvögel (Standhöhe 30 bis 110 cm) mit über 20 Arten, v. a. in ausgedehnten Feldern, Steppen und Halbwüsten Eurasiens und Afrikas (eine Art in Australien); auffällige Balzspiele der Hähne. Zu den T. gehören u. a.: **Großtrappe** (Otis tarda), bis 100 cm lang, in Eurasien; Kopf und Hals des ♂ hellgrau, Rücken und Schwanz rötlichbraun, schwarz quer gebändert, Bauch weiß; ♀ etwas matter gefärbt; Bestände stark bedroht; **Riesentrappe** (Koritrappe, Ardeotis kori), bis 130 cm lang, in den Steppen O- und S-Afrikas; **Senegaltrappe** (Eupodotis senegalensis), bis 60 cm lang, von Senegal bis Tansania verbreitet; **Zwergtrappe** (Tetrax tetrax), etwa 30 cm lang, in den Mittelmeerländern, O-Europa und W-Asien. - Abb. S. 226.

Traube ↑Blütenstand.

◆ gemeinsprachl. Bez. für den Fruchtstand der Weinrebe, der morpholog. jedoch eine Rispe ist.

Traubeneiche ↑Eiche.

Traubenholunder ↑Holunder.

Traubenhyazinthe (Träubelhyazinthe, Muscari), Gatt. der Liliengewächse mit rd. 50 Arten im Mittelmeergebiet (einige Arten in Deutschland eingebürgert); Zwiebelpflanzen mit wenigen grundständigen, linealförmigen Blättern und in Trauben stehenden (am Traubenende geschlechtslosen) Blüten; Gartenzierpflanzen.

Traubenkirsche (Ahlkirsche, Prunus padus), im gemäßigten Eurasien heim. Rosengewächs der Gatt. ↑Prunus; Strauch oder kleiner Baum mit großen, ellipt., gesägten Blättern und wohlriechenden, weißen Blüten in überhängenden Trauben; in Mischwäldern auf feuchten Böden; auch als Zierstrauch gepflanzt.

Traubenwickler, Bez. für zwei Schmetterlingsarten der Fam. ↑Wickler (*Einbindiger T.* [Eupoecilia ambiguella] und *Bekreuzter T.* [Bunter T., Lobesia botrana]); ihre Raupen fressen in der ersten Generation (als *Heuwürmer* bezeichnet) an Knospen und Blüten, in der zweiten und dritten Generation (als *Sauerwürmer* bezeichnet) an Beeren eingesponnener Trauben der Weinstöcke.

Traubenziegenbart, svw. ↑Hahnenkamm (ein Ständerpilz).

Traubenzucker, svw. ↑Glucose.

Trauerbaum, svw. Säulenzypresse (↑Zypresse).
◆ allg. Bez. für eine natürl. vorkommende oder durch Züchtung entstandene Baumform mit hängenden Zweigen.

Trauerbienen (Melecta), Gatt. der ↑Bienen mit rd. 30 etwa 1–1,5 cm langen, plumpen, lang behaarten, meist schwarzen Arten, davon zwei einheimisch; Brutschmarotzer bei Pelzbienen.

Trauerbuche, svw. ↑Hängebuche.

Trauerente (Melanitta nigra), fast 50 cm lange, im ♂ Geschlecht (mit Ausnahme eines großen, gelben Schnabelflecks) völlig schwarze Ente (Gattungsgruppe ↑Meerenten), die zur Brutzeit in einem Bodennest an stehenden Süßgewässern des Nadelwaldgürtels und der Tundren N-Eurasiens sowie W-Alaskas brütet und die übrige Zeit ausschließl. auf dem Meer verbringt.

Trauermantel (Nymphalis antiopa), etwa 8 cm spannender Tagschmetterling (Gruppe ↑Eckflügler) in Eurasien und N-Amerika; Flügel oberseits samtig braunschwarz mit gelbem bis weißem Außenrand, davor eine Reihe hellblauer Flecke; Dornraupen schwarz mit roten Rückenflecken, an Weiden und Birken.

Trauermücken (Lycoriidae), weltweit verbreitete, über 500 Arten umfassende Fam. kleiner (selten größer als 5 mm), meist schwärzl. Mücken an feuchten, schattigen Orten; Larven können in Pilzkellern oder Gewächshäusern schädlich werden, führen teilweise bemerkenswerte Massenwanderungen aus (*Heerwurm:* zuweilen aus Tausenden von Individuen bestehend).

Trauerschnäpper ↑Fliegenschnäpper.

Trauerschwan ↑Schwäne.

Trauerseeschwalbe (Binnenseeschwalbe, Chlidonias niger), etwa 25 cm lange, zur Brutzeit an Kopf und Unterseite graue Seeschwalbe in den gemäßigten Regionen Eurasiens und N-Amerikas; Zugvogel, der in den Tropen überwintert.

Trauerweide ↑Weide.

Trauerzypresse ↑Zypresse.

Traunsteinera, svw. ↑Kugelknabenkraut.

Träuschling (Stropharia), Lamellenpilzgatt. (Schwarzblättler) mit über zehn einheim. Arten, darunter der **Riesenträuschling** (Stropharia rugosoannulata; Hut gelb bis rötlichbraun, bis 25 cm breit, auf moderndem Laub oder Stroh; ausgezeichneter Speisepilz) und der häufige und auffällige, eßbare **Grünspanträuschling** (Stropharia aeruginosa), der vom Spätsommer bis Spätherbst in lichten Wäldern vorkommt (Hut 2–8 cm breit, grünspanfarben oder verblassend bis gelblichgrün).

Treiberameisen ↑Wanderameisen.

Trematoden [griech.], svw. ↑Saugwürmer.

Tremellales [lat.], svw. ↑Gallertpilze.

Treponemen [griech.], Bakterien (Spirochäten) der Gatt. *Treponema* mit elf nachgewiesenen anaeroben, in Säugetieren parasitierenden Arten; Erreger u. a. von Syphilis.

Trespe (Bromus), Gatt. der Süßgräser mit rd. 100 Arten in den gemäßigten Gebieten der Nord- und Südhalbkugel; ein-, zwei oder mehrjährige Gräser mit vielblütigen, in Rispen stehenden Ährchen. Von den 14 in Deutschland vorkommenden Arten sind v. a. die *Aufrechte T.* (Bromus erectus) und die *Weiche T.* (Bromus mollis) sowie in Laub- und Nadelwäldern die *Wald-T.* (Bromus ramosus) verbreitet.

Trial-and-error-Methode [ˈtraɪəl ənd ɛrə „Versuch und Irrtum"] (Methode von Versuch und Irrtum), (idealisiertes) Lernverfahren für solche Situationen, bei denen 1. ein Ziel (d. h. ein Erfolgskriterium der Problemlösung) feststeht, 2. eine Reihe von alternativen Lösungsversuchen mögl. ist, von denen unbekannt ist, welche zum Erfolg führt, und 3. bekannt ist, daß sie alle gleichwahrscheinlich erfolgreich (bzw. erfolglos) sind. In solchen Situationen sind beliebige Lösungsversuche zu unternehmen, bis nach irrtüml. Versuchen die erste erfolgreiche Wahl getroffen ist. - In der Kybernetik wurde die T.-a.-e.-M. als Zusammenwirken von zielstrebigen Methoden mit „Black-Box-Methoden" beschrieben.

Tribus [lat.] (Gattungsgruppe), in der *zoolog.* und *botan. Systematik* zw. Fam. bzw. Unterfam. und Gatt. stehende systemat. Kategorie, die näher verwandte Gatt. zusammenfaßt.

Trichiinae [griech.], svw. ↑Pinselkäfer.

Trichine [engl., zu griech. thríx (Genitiv: trichós) „Haar"] (Trichinella spiralis), parasit., etwa 1,5 (♂) bis 4 mm (♀) langer Fadenwurm im Menschen und in fleisch- sowie in allesfressenden Säugetieren (z. B. Schweine, Ratten und viele Raubtierarten). Durch den Verzehr von trichinösem Fleisch (mit im Muskelgewebe eingekapselten T.) gelangen T. in den Darm (*Darm-T.*), wo sie geschlechtsreif werden. Begattete ♀♀ bohren sich in die Darmwand ein und gebären dort bis über 1 000 Larven von 0,1 mm Länge, die über das Blutgefäßsystem in stark durchblutete

Muskeln (bes. Zwerchfell, Zunge, Rippenmuskeln) gelangen *(Muskel-T.)*. Dort entwickeln sie sich, werden von dem Wirtsgewebe eingekapselt und bleiben viele Jahre lebensfähig. Der Genuß trichinenhaltigen Fleisches ruft beim Menschen die sog. **Trichinose** (Trichinenkrankheit), eine schwere, oft tödl. verlaufende, meldepflichtige Infektionskrankheit hervor. Infektionsquelle ist trichinenhaltiges rohes oder ungenügend gekochtes Schweine-, Wildschwein- oder Bärenfleisch. - Abb. S. 226.

Trichogasterinae [griech.] ↑Fadenfische.

Trichomonas [...'mo:nas, ...'ço:monas] (Trichomonaden) [griech.], Gatt. der Flagellaten; mit vier nach vorn gerichteten Geißeln, undulierender Membran und einem am Hinterende des Zellkörpers herausragenden Achsenstab; z. T. Krankheitserreger.

Trichophyton [griech.], Gatt. der Deuteromyzeten mit tier- und menschenpathogenen Hautpilzen; rufen Fußpilz und Haarkrankheiten hervor.

Trichoptera [griech.] ↑Köcherfliegen.

Trichostrongylidae [griech.], svw. ↑Magenwürmer.

Trichothecene [griech.], Gruppe von *Mykotoxinen* (Pilzgiften), die bes. von Arten der als Parasiten auf Mais und Weizen auftretenden Pilzgatt. Fusarium gebildet werden, chem. Terpenverbindungen nahestehend; infizierter Mais führt beim Verfüttern zu schweren bis tödl. Vergiftungen.

Trichozysten [griech.], spezielle ausstoßbare Organellen im Ektoplasmabereich des Zellkörpers vieler Wimpertierchen und einiger mariner Dinoflagellaten; stellen in Form von quellfähigen Stäbchen *(Spindel-T.)* oder ein Gift enthaltenden Hohlfäden *(Nesselkapsel-T., Trichiten)* Verteidigungs- bzw. Angriffswaffen dar.

Trichterlilie (Paradieslilie, Paradisea), Gatt. der Liliengewächse mit zwei Arten. Die in Südeuropa heim. Art *Schneeweiße T. (Paradisea liliastrum)* mit langen, linealförmigen Blättern und duftenden, trichterförmigen Blüten wird als Gartenzierstaude kultiviert.

Trichterling (Clitocybe), zur Fam. Tricholomataceae gehörende Pilzgatt. mit über 60 Arten in Europa und N-Amerika; Hut flach, später meist trichterförmig nach oben gerichtet, mit am Stiel herablaufenden Lamellen. Einheimisch ist u. a. der eßbare und häufig vorkommende **Mönchskopf** (Clitocybe geotropa; ledergelblich; bis 30 cm hoch; oft in Hexenringen).

Trichtermalve (Sommermalve, Malope), Gatt. der Malvengewächse mit drei Arten im Mittelmeergebiet. Die einjährige, über 1 m hoch werdende Art *Malope trifida* (mit großen, hellpurpurroten Blüten mit dunklerer Aderung) wird als Sommerblume kultiviert.

Trichterspinnen (Agelenidae), weltweit verbreitete Fam. kleiner bis mittelgroßer Spinnen mit über 500 Arten, davon 23 einheimisch; weben meist große, waagrechte Netze, die trichterförmig in die Wohnröhre übergehen, in der die Spinne auf Beute lauert. - Zu den T. gehören u. a. die ↑Hausspinnen und die ↑Wasserspinne, bekannt ist die *Labyrinthspinne* (Agelena labyrinthica), die 8–14 mm groß wird.

Trichterwinde (Prunkwinde, Purpurwinde, Ipomoea), Gatt. der Windengewächse mit rd. 400 Arten in den Tropen und Subtropen; meist einjährige oder ausdauernde, windende Kräuter mit großen, meist einzelnstehenden Blüten. Eine als Kulturpflanze wichtige Art ist die ↑Batate.

Trieb, in der *Verhaltensforschung* und *Psychologie* die Bereitschaft, eine bestimmte Handlung (insbes. ein Instinktverhalten) ablaufen zu lassen. Die innere Erregung dafür wird nach den Vorstellungen der modernen Verhaltenslehre fortlaufend zentralnervös produziert und staut sich auf (**Triebstau**). Bei starkem T.stau reicht schon ein schwacher spezif. Reiz (↑Auslöser, ↑Schlüsselreiz) aus, der die innere Sperre über einen Auslösemechanismus (angeborener ↑Auslösemechanismus) beseitigt, um die Handlung ablaufen zu lassen (**Triebbefriedigung**).
Bleibt der Reiz aus, wird die angestaute Erregung in einer ↑Leerlaufhandlung aufgebraucht. Erfolgt eine Instinkthandlung mehrmals hintereinander, kann sie auch durch sehr starke Reize nicht mehr ausgelöst werden.
◆ in der *Botanik* Bez. für den jungen ↑Sproß.

Triele (Dickfüße, Burhinidae), Fam. bis über 50 cm langer, dämmerungs- und nachtaktiver Watvögel mit neun Arten an Ufern, Küsten und in Trockengebieten der gemäßigten bis trop. Regionen; in Deutschland nur der **Gewöhnl. Triel** (Brachhuhn, Burhinus oedicnemus): etwa 40 cm lang; brütet (meist ohne Nistmaterial) auf dem Boden; Teilzieher.

Trifolium [lat.], svw. ↑Klee.

Trigeminus [lat.] (Kurzbez. für: Nervus trigeminus; Drillingsnerv) ↑Gehirn.

Triglidae [griech.], svw. ↑Knurrhähne.

Triglochin [griech.] ↑Dreizack.

Trijodthyronin [griech./frz./griech.] (T_3, Liothyronin), Schilddrüsenhormon, das drei- bis viermal wirksamer ist als Thyroxin; entsteht aus Dijodtyrosin; Therapeutikum.

Trilobiten [griech.] (Dreilapper, Trilobita), ausgestorbene, seit Anfang des Kambriums bis Mitte des Perms bekannte Klasse meerbewohnender Gliederfüßer, die nicht näher mit den Krebsen verwandt sind (die Bez. *Dreilappkrebse* ist daher irreführend); bis 50 cm lange Tiere, deren Oberseite gepanzert war. T. bevorzugten küstennahe Flachwasserregionen. Blütezeit im Oberkambrium und Ordovizium. Viele T. lieferten Leitfossilien.

Triözie [griech.] (Dreihäusigkeit), selten vorkommende Form der Getrenntgeschlechtigkeit bei Samenpflanzen, bei der ♂, ♀ und zwittrige Blüten auf verschiedene Individuen einer Art verteilt sind (z. B. beim Spargel).

Triplett [lat.-frz.], svw. ↑Codon.

triploid [griech.], mit dreifachem Chromosomensatz versehen; von Zellkernen bzw. den entsprechenden Zellen oder den Lebewesen mit solchen Körperzellen gesagt.

Trisomie [griech.] ↑Chromosomenanomalien.

Triticum [lat.], svw. ↑Weizen.

Tritonie (Tritonia) [griech., nach der gleichnamigen griech. Meergottheit], heute meist in zwei Gatt. *(Tritonia* und *Crocosmia)* aufgeteilte Gruppe der Schwertliliengewächse mit rd. 50 Arten in S- und O-Afrika. Eine beliebte Gartenzierpflanze ist die aus den Arten Crocosmia pottsii und Crocosmia aurea gezüchtete **Montbretie** (Crocosmia crocosmiflora) mit meist orangeroten Blüten.

Tritonshörner [nach der gleichnamigen griech. Meergottheit] (Trompetenschnecken, Charonia, Tritonium), Gatt. räuber. Meeresschnecken (Überordnung Vorderkiemer) der wärmeren Regionen; Gehäuse schlank kegelförmig, bis 40 cm lang, wurden früher als Signalhorn bzw. Alarm- oder Kriegstrompete verwendet.

Trizeps [lat.], Kurzbez. für: *Musculus triceps,* anatom. Bez. für zwei Muskeln, den *dreiköpfigen Wadenmuskel* (Musculus triceps surae) und den *dreiköpfigen Oberarmmuskel* (Musculus triceps brachii). Die Sehne des letzteren setzt am Ellbogenhöcker an. Er ist Armtragemuskel und Armstrecker (und damit Antagonist des ↑Bizeps).

Trochilidae [griech.], svw. ↑Kolibris.

Trochiten [griech.] (Bonifatiuspfennige, Bischofspfennige), versteinerte, rädchenähnl. Stielglieder von Seelilien (↑Haarsterne); kommen oft in großer Zahl in Kalksteinschichten des oberen Muschelkalks in M-Europa vor *(T.kalk).*

Trochoidea [griech.], svw. ↑Kreiselschnecken.

Trochophora [griech.], bis etwa 1 mm große, in typ. Ausbildung eiförmige freischwimmende Larve der meisten ↑Vielborster, ↑Urringelwürmer und Igelwürmer; mit prä- und postoralem Wimpernkranz, Augenflekken, seitl. Mund- und entständiger Afteröffnung sowie einem Wimpernschopf am Vorderpol.

Trichine. a Darmtrichinen, b eingekapselte Muskeltrichine

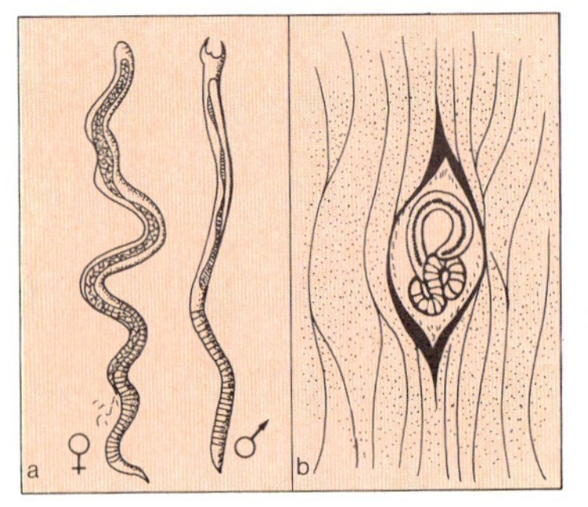

Riesentrappe

Großtrappe

Trockenbeere, in der *botan. Morphologie:* Beerenfrucht (↑Beere) mit bei der Reife eintrocknender Fruchtwand; z. B. die Paprikafrucht („Paprikaschote").

Trockenrasen, gehölzarme Rasen- und Halbstrauchformation trockener Standorte mit flachgründigen, mageren Böden; typ. Pflanzenformation der Steppenheide.

Trockensavanne, Vegetationstyp der Savanne in Gebieten mit 5–7 trockenen Monaten; die geschlossene Grasdecke erreicht 1–2 m Höhe, die Bäume sind regengrün. Die T. schließt sich als breiter Gürtel polwärts an die Feuchtsavanne an und geht in die Dornstrauchsavanne über.

Trockenschlaf, ein länger andauerndes, schlafähnl. Ruhestadium mancher Tiere (v. a. von Feuchtlufttieren wie Schnecken und Lurchen, bei Schildkröten, Lungenfischen, manchen Gliederfüßern) bei großer Trockenheit, v. a. in Trockengebieten während der Trokkenzeit *(Trockenzeitschlaf)*.

Trockenstarre, ein der ↑ Kältestarre entsprechender, bei großer Trockenheit eintretender Starrezustand des Körpers bei manchen Tieren.

Trockenwald, regengrüner, lichter Wald der wechselfeuchten Tropen und Subtropen in Gebieten mit 5–7 trockenen Monaten. Die 8–20 m hohen, meist laubabwerfenden, regengrünen Bäume weisen geringe Wuchsleistung und dicke Borke, Verdornung, teilweise immergrünes Hartlaub auf; Unterwuchs aus Dorn- und Rutensträuchern sowie Büschelgräsern.

Trocknis, Bez. für Schäden an Waldbäumen (u. a. Flachwurzler; z. B. Fichte) durch fehlenden Wassernachschub infolge Mangels an Bodenwasser oder Frost **(Frost-T.)**; nach Laub- bzw. Nadelfall erhöhter Dürrholzanfall. Im Extremfall sterben die Bäume ganz ab **(Stammtrocknis)**.

Troddelblume (Alpenglöckchen, Soldanella), Gatt. der Primelgewächse mit sechs Arten in den Alpen; kleine Stauden mit grundständigen, herz- oder nierenförmigen Blättern und nickenden Blüten mit blauvioletten oder rosafarbenen, geschlitzten Kronblättern; bekannte Art ↑ Alpenglöckchen.

Troglobionten [griech.], svw. ↑ Höhlentiere.

Troglon (Troglobios) [griech.], die Organismengemeinschaft von Höhlen.

Trogons [griech.] (Nageschnäbler, Trogonidae), Fam. bis etwa 40 cm langer, oft prächtig bunt gefärbter Vögel mit über 30 Arten in trop. Wäldern der Alten und Neuen Welt; Schnabel kurz und kräftig; Körper etwas gedrungen, mit je zwei nach vorn und hinten gerichteten Zehen; brüten in Baumhöhlen. Bekannt u. a. der ↑ Quetzal.

Troll, Wilhelm, * München 3. Nov. 1897, † Mainz 28. Dez. 1978, dt. Botaniker. - Prof. in München, Halle und Mainz. Widmete sich v. a. der Systematik und Morphologie der Pflanzen.

Trollblume (Trollius), Gatt. der Hahnenfußgewächse mit rd. 20 Arten in den kalten und gemäßigten Gebieten der Nordhalbkugel. Die in Europa auf feuchten Wiesen und Bergwiesen heimische, 10–50 cm hohe, ausdauernde **Europ. Trollblume** (Goldranunkel, Schmalzblume, Trollius europaeus; mit handförmig geteilten Blättern und kugeligen, goldgelben Blüten) wird auch als Zierpflanze kultiviert.

Trollinger (Blauer Trollinger), seit Anfang des 18. Jh. auch in Württemberg angebaute, anspruchsvolle, spät reifende Rebsorte aus Tirol; Tafeltraube (bes. bekannt als Meraner Kurtraube); Keltertraube eines herzhaften Rotweins.

Trommelfell (Membrana tympani) ↑ Gehörorgan.

Trompetenbaum (Katalpa, Catalpa), Gatt. der Bignoniengewächse mit 13 Arten in O-Asien, N-Amerika und auf den Westind. Inseln; sommergrüne Bäume mit meist sehr großen Blättern; Blüten in endständigen Rispen oder Trauben, mit zweilippiger Krone; z. T. Parkbäume.

Trompetenfische (Aulostomus), Gatt. bis 60 cm langer Knochenfische mit drei Arten, v. a. an Korallenriffen des Karib. Meeres, des Ind. und Pazif. Ozeans; meist bunt gezeichnete, stabförmige Tiere mit langer, röhrenförmiger Schnauze.

Trompetentierchen (Stentor), Gattung bis etwa ein mm langer, trichterförmiger Wimpertierchen mit mehreren einheimischen Arten in nährstoffreichen Süßgewässern; farblos bis blaugrün, meist festsitzend, gelegentlich sich ablösend und freischwimmend; Bakterienfresser.

Trompetervögel (Jacamins, Psophiidae), Fam. bis 50 cm langer, relativ langhalsiger und langbeiniger Vögel mit drei Arten in N-Brasilien; dunkel gefärbte, dumpf trommelnd rufende Bodenvögel.

Troparium [griech.-lat.], svw. ↑ Tropenhaus.

Tropenhaus (Troparium, Tropicarium), Bez. für eine Warm- oder Treibhausanlage, in der im öffentl. oder privaten Bereich bes. trop. Pflanzen, Tiere (v. a. Fische, Lurche und Kriechtiere) oder auch beide zusammen in möglichst natürlicher Umgebung gepflegt und ausgestellt werden.

Haustruthuhn

trophisch [griech.], gewebsernährend, die Ernährung [des Gewebes] betreffend.

Trophobiose [griech.], Form des ↑Mutualismus, einer Art Symbiose, bei der der eine Symbiont dem anderen Nahrung bietet; z. B. T. zw. Blattläusen und Ameisen.

Trophoblast [griech.] (Nährblatt, Nährschicht), die periphere Zellschicht des ↑Keimbläschens (Blastozyste) der plazentalen Säugetiere (einschl. Mensch), die nach Anlagerung des Keims an die Uterusschleimhaut und seiner Einbettung (Nidation) als Organ der Nährstoffaufnahme fungiert.

trophogene Zone [griech.] (trophogene Region), in der Ökologie die obere, lichtdurchlässige Schicht der Gewässer, in der durch Photosynthese organ. Substanz aufgebaut wird. Die lichtlose Tiefenzone, in der keine Photosynthese mehr stattfinden kann und in der der Abbau organ. Substanz begünstigt wird, heißt *tropholyt. Zone.*

trophotrop [griech.] (histiotrop), den Stoffwechsel- bzw. Ernährungszustand eines Organismus oder einzelner Teile beeinflussend bzw. im Sinne einer Erholung und Wiederherstellung seiner Leistungsfähigkeit verändernd; bes. auf die Wirkung des Parasympathikus bezogen.

Trophozyten [griech.], (Nährzellen, Nähreier), bei Plattwürmern und Insekten umgebildete Eizellen mit hohem Dottergehalt, die der Ernährung der heranreifenden Eizellen dienen.

Tropicarium [griech.-lat.], svw. ↑Tropenhaus.

Tropikvögel [griech./dt.] (Phaethontidae), Fam. bis fast 50 cm langer, weißer, teilweise schwarz gezeichneter Seevögel mit drei Arten über trop. Meeren; vorwiegend nach Fischen und Tintenfischen stoßtauchende Tiere mit leicht gebogenem, spitzem, gelblichrotem Schnabel; brüten in Kolonien v. a. auf Felseninseln.

Tropischer Rattenfloh, svw. Pestfloh (↑Rattenflöhe).

tropischer Regenwald ↑Regenwald.

Tropismus [zu griech. trópos „Wendung"], durch verschiedene Außenreize verursachte, im Ggs. zur ↑Nastie in Beziehung zur Reizrichtung stehende Orientierungsbewegung von Teilen festgewachsener Pflanzen bzw. bei sessilen Tieren (z. B. Moostierchen). Hinwendung zur Reizquelle wird als *positiver T.*, Abwendung als *negativer T.* bezeichnet. Die Bewegung kommt bei Pflanzen meist durch unterschiedl. (auf ungleicher Verteilung von Wuchsstoffen beruhende) Wachstumsgeschwindigkeiten der Organseiten zustande (↑Nutationsbewegungen). Nach Art des auslösenden Reizes unterscheidet man u. a.: **Chemotropismus,** eine durch chem. Reize (durch gasförmige und in wäßrigem Medium gelöste Stoffe) verursachte Bewegung (z. B. Wachstumsbewegung der Wurzeln). **Geotropismus,** Bewegungsreaktion auf den Reiz der Erdschwerkraft; von *Orthogeotropismus* spricht man bei Einstellung der Sproßachse parallel zur Lotrichtung, als *Transversal-, Plagio-* oder *Horizontalgeotropismus* bezeichnet man die mehr oder weniger schräge Einstellung von Seitenachsen und -wurzeln. **Haptotropismus,** durch Berührungsreiz ausgelöste Wachstumsbewegung mit in deutl. Beziehung zur Reizrichtung stehender Bewegungsrichtung (bes. bei Rankenpflanzen); die Ranken wachsen zunächst unter autonom im freien Raum kreisenden Nutationsbewegungen und beginnen sich nach Berührung einer Stütze durch sehr rasches Wachstum der dem Berührungspunkt gegenüberliegenden Rankenseite konkav einzurollen. **Phototropismus** (Heliotropismus), durch einseitige Lichtreize ausgelöste, zur Reizquelle gerichtete Lageveränderung oberird. Pflanzenteile; die Reizaufnahme beruht vermutl. auf einer photochem. Reaktion (Lichtabsorption durch eine bestimmte Substanz [meist Riboflavin], an den weiteren Prozessen sind Phytohormone [bes. ↑Auxine] beteiligt).

Tropophyten [griech.], Pflanzen (v. a. der gemäßigten Zonen und der Savannengebiete), die im Ggs. zu den an mehr oder weniger gleichbleibende Standortbedingungen angepaßten ↑Hygrophyten und ↑Xerophyten jahreszeitl. wechselnden Temperatur- und/oder Feuchtigkeitsverhältnissen unterworfen sind und ein entsprechend wechselndes Erscheinungsbild (z. B. durch Laubabwurf) aufweisen.

Trottellumme ↑Lummen.

Trüffel [lat.-frz.] (Tuber), Gatt. der Trüffelpilze mit rd. 50 Arten in Europa und N-Amerika; Fruchtkörper unterirdisch, kartoffelähnlich, mit rauher, dunkler Rinde. T. sind die kostbarsten Speise- und Gewürzpilze, z. B. **Perigord-Trüffel** (Tuber melanosporum; kugelig, schwarzbraun, bis 15 cm groß, mit warziger Oberfläche; von leicht stechendem, pikantem Geruch), **Wintertrüffel** (Muskat-T., Tuber brumale; warzig rotbraun bis schwarz, rundl., bis 5 cm groß; aromat. duftend) und die außen grobwarzige, schwarze, innen hellbraune **Sommertrüffel** (Tuber aestivum). Wo Trüffeln in größeren Mengen vorkommen (z. B. S-Frankreich), werden sie mit Hilfe von Hunden und Schweinen aufgespürt.

Trüffelpilze (Tuberales), Ordnung der Scheibenpilze mit knolligen unterird. Fruchtkörpern, in deren Innerem in gekammerten Hohlräumen die Fruchtschicht entsteht; rd. 30 Gatt. in vier Fam.: *Hohltrüffeln* (Pseudotuberaceae), *Blasentrüffeln* (Geneaceae), *Echte Trüffeln* (Eutuberaceae; mit der Gatt. ↑Trüffel) und *Edeltrüffeln* (Terfeziaceae).

Trugbienen (Zottelbienen, Panurgus), Gatt. der ↑Grabbienen mit zwei 8–10 mm langen einheim. Arten; Hinterleib längl., schwarz, glänzend; Kopf (♂) und Hinterbeine

(♀) dicht behaart; legen ihre Erdnester in kleinen Kolonien an.

Trugdolde ↑Blütenstand.

Trughirsche (Odocoileinae), Unterfam. etwa hasen- bis rothirschgroßer Hirsche mit rd. 15 Arten in Eurasien, N- und S-Amerika; ♂♂ mit Geweih; unterscheiden sich von den Echthirschen v. a. durch einen abweichenden Bau des Mittelhandknochens; obere Eckzähne sind meist verkümmert oder völlig reduziert. Die T. umfassen Rehe, Ren, Elch und Neuwelthirsche.

Trugmotten (Eriocraniidae), artenarme, auf der Nordhalbkugel verbreitete Fam. bis 15 mm spannender, urtüml. Tagschmetterlinge mit rd. zehn Arten in M-Europa; Vorderflügel goldgelb und violett gemustert; fliegen mitunter in kleinen Schwärmen.

Trugnattern (Boiginae), bes. in den Tropen verbreitete Unterfam. der Nattern, deren hinterer Teil des Oberkiefers verlängerte Giftzähne trägt; Biß für den Menschen meist ungefährlich mit Ausnahme der ↑Boomslang und der schlanken, spitzköpfigen **Lianenschlange** (Thelotornis kirtlandii). - Zu den T. gehören ferner u. a. ↑Eidechsennatter, **Kapuzennatter** (Macroprotodon cucullatus; etwa 50 cm lang, am Hinterkopf schwarzbrauner kapuzenförmiger Fleck; auf der Pyrenäenhalbinsel und in N-Afrika) und **Katzennatter** (Telescopus fallax; etwa 80 cm lang, Pupillen senkrecht schlitzförmig; in SW-Asien und auf dem Balkan).

Trugratten (Octodontidae), mit den Meerschweinchen nah verwandte Fam. ratten- oder wühlmausähnl. Nagetiere mit acht 12–20 cm langen (einschl. Schwanz bis 40 cm messenden) Arten im westl. und südl. S-Amerika; graben teilweise weit verzweigte Erdbaue.

Trunkelbeere, svw. ↑Rauschbeere.

Truthahn, das ♂ der ↑Truthühner.

Truthühner (Meleagridinae), Unterfam. bis fast 1,3 m langer, in kleinen Trupps lebender, ungern auffliegender Hühnervögel (Fam. Fasanenartige) mit nur zwei Arten in Wäldern Z-Amerikas und des südl. N-Amerika; Kopf und Hals nackt, rötlichviolett, mit Karunkelbildungen und lappenförmigen Anhängen; Lauf des ♂ mit Sporn; brüten in Bodennestern, leben gesellig. Das **Wildtruthuhn** (Meleagris gallopavo) ist die Stammform des *Haustruthuhns* mit etwa acht Schlägen, darunter *Bronzeputen* (♂ bis 15 kg, ♀ bis 8 kg schwer) und *Beltsville-Puten* (♂ bis 12 kg, ♀ bis 6 kg schwer). In Z-Amerika kommt das kleinere **Pfauentruthuhn** (Agriocharis ocellata) vor. - Abb. S. 227.

Geschichte: Neben dem Hund war das Haustruthuhn das einzige Haustier indian. Kulturen. Es war zugleich Opfer- und Schlachttier. Zu Beginn des 16. Jh. wurde es nach Spanien gebracht und von hier aus über ganz Europa verbreitet.

Trypanosomen [griech.], farblose parasit. Flagellaten der Fam. Trypanosomatidae. Die T. besitzen nur eine Geißel, die über eine undulierende Membran mit der Zelloberfläche verbunden sein kann. Die meisten Arten treten in morpholog. Varianten auf, oft verbunden mit einem Wirtswechsel zw. Insekten oder Egeln und Wirbeltieren. Wichtige Gatt. sind Leishmania, Leptomonas und Trypanosoma mit etwa 200 Arten, darunter gefährl. Krankheitserreger beim Menschen (Schlafkrankheit) und bei Haustieren (Beschälseuche).

Trypetidae [griech.], svw. ↑Fruchtfliegen.

Trypsin [griech.], aus dem Proenzym Trypsinogen der Bauchspeicheldrüse durch Enteropeptidase und Calciumionen aktivierte Proteinase im Dünndarmsaft; spaltet die Peptidketten an den Lysin- und Argininguppen. T. wird aus Bauchspeicheldrüsen von Schlachttieren isoliert und als Enzympräparat zur Substitution von Verdauungsenzym, zur Wundheilung, ferner in [enzymat.] Waschmitteln verwendet.

Tryptophan [griech.] (2-Amino-3(3-indolyl)-propionsäure), essentielle (Tagesbedarf des Menschen 0,25 g), heute auch synthet. hergestellte Aminosäure, die u. a. als Futterzusatz verwendet wird.

Tschakma [afrikan.] (Bärenpavian, Papio ursinus), mit einer maximalen Körperlänge von 1 m größte und stärkste Pavianart in S-Afrika; Körper relativ schlank und hochbeinig; Fell ziemlich kurz, dunkel grauoliv, Unterseite hell, fast unbehaart; Schwanz kurz, oberhalb der Basis scharf abgeknickt; lebt gesellig in offenem Gelände, v. a. in felsigen Gebieten.

Tschermak, Erich, Edler von Seysenegg, * Wien 15. Nov. 1871, † ebd. 11. Okt. 1962, östr. Botaniker. - 1903 Prof. für Pflanzenzüchtung an der Hochschule für Bodenkultur in Wien. Durch Bastardisierungsversuche an Erbsen gelangte T. 1900 (gleichzeitig mit H. de Vries und C. E. Correns) zur Wiederentdeckung der Mendel-Regeln, die er später planmäßig auf die Züchtung von Kulturpflanzen anwandte.

Tsetsefliegen [Bantu/dt.] (Glossina), Gatt. etwa 1 cm langer Echter Fliegen mit rd. 25 Arten im trop. Afrika; blutsaugende Insekten, die durch ihren Stich Krankheiten (u. a. Schlafkrankheit) übertragen. - Abb. S. 230.

Tsuga [jap.], svw. ↑Hemlocktanne.

Tuatera [polynes.] (Tuatara, Brückenechse, Sphenodon punctatus), einzige rezente, bis etwa 60 cm lange Art der ↑Brückenechsen auf einigen kleinen, N-Neuseeland vorgelagerten Inseln; Körper olivbräunl., dicht hellgrau gefleckt, mit Nacken- und Rückenkamm aus flachen Dornen; bewohnt zus. mit Sturmvögeln deren Bruthöhlen; dämmerungs- und nachtaktives Tier mit einem für

Tsetsefliege

Reptilien ungewöhnl. niedrigen Wärmebedarf (größte Aktivität bei nur 10–14 °C); lebt räuber. von Insekten, Würmern und Schnecken. Die Jungen schlüpfen erst nach 12–15 Monaten aus den Eiern, haben also die längste Entwicklungsdauer von allen Reptilien. Sie werden vermutl. erst mit etwa 20 Jahren geschlechtsreif.

Tubawurzeln [Tagalog/dt.] ↑Derris.

Tube (Tuba) [lat.], in der *Anatomie* Bez. für den trichterförmigen menschl. ↑Eileiter und die Eustachi-Röhre (Ohrtrompete).

Tuber [lat.], in der *Anatomie:* Höcker, Vorsprung, Anschwellung, v.a. an Knochen.

Tuberales [lat.], svw. ↑Trüffelpilze.

Tuberculum [lat.], in der *Anatomie:* Knötchen, Höckerchen an Knochen oder Organen.

Tuberkelbakterium [lat./griech.] (Tuberkelbazillus), gemeinsprachl. Bez. für das *Mycobacterium tuberculosis* (var. hominis und var. bovis); Erreger der menschl. Tuberkulose und der Rindertuberkulose, ein unbewegl. Stäbchen von $3 \times 0{,}4\,\mu m$. Das T. ist leicht kultivierbar. Nur Stämme, deren Zellwand den sog. *Kordfaktor* (kenntl. an der zopfartig gewundenen Zusammenlagerung mehrerer Bakterien) enthält, sind virulent. - Das T. wurde 1882 von R. Koch entdeckt und isoliert.

Tuberose [lat.] (Polianthes tuberosa), vermutl. in Mexiko heim. Agavengewächs; Zwiebelpflanze mit bandförmigen Blättern und stark duftenden, weißen Blüten an bis 1 m hohem Stengel.

Tubifex [lat.] (Gemeiner Schlammröhrenwurm, Bachröhrenwurm, Tubifex tubifex), ca. 8 cm langer, sehr dünner, durch Hämoglobin rot gefärbter Ringelwurm im Schlamm von stehenden und fließenden Süßgewässern (z.T. auch im Meer); in selbstgebauten (von Hautschleim zusammengehaltenen) Schlammröhren lebende Tiere mit Darmatmung; bilden große Kolonien, die auf dem Schlammgrund als rote Flecke erscheinen. Wichtiges Lebendfutter für Aquarienfische.

Tubuli, Mrz. von ↑Tubulus.

tubulös (tubulär) [lat.], in der Anatomie und Medizin: röhrenförmig, schlauchartig, aus kleinen Röhren oder Kanälen aufgebaut.

tubulöse Drüsen ↑Drüsen.

Tubulus (Mrz. Tubuli) [lat.], in der *Anatomie:* röhrenartiger Kanal.

Tukotukos [span.] (Ctenomys), einzige Gatt. der Kammratten mit rd. 25 Arten in S-Amerika; Körperlänge ca. 15–25 cm, Schwanz 6–11 cm lang; Nagezähne ragen aus der Mundöffnung heraus; mit stark entwickelten Grabklauen, mit denen sie umfangreiche Gangsysteme graben.

Tui [polynes.], svw. Priestervogel (↑Honigfresser).

Tukanbartvogel ['tu:ka:n, tu'ka:n] (Semnornis ramphastinus), rd. 20 cm langer, relativ hochschnäbeliger Spechtvogel (Fam. ↑Bartvögel) in Wäldern der Anden Kolumbiens und Ecuadors.

Tukane [indian.], svw. ↑Pfefferfresser.

Tulpe (Tulipa) [pers.-frz.-niederl.], Gatt. der Liliengewächse mit rd. 60 Arten in Vorder- und Zentralasien, S-Europa und N-Afrika; Zwiebelpflanzen mit meist einblütigen Stengeln; Blüten groß, meist aufrecht, glockig oder fast trichterförmig mit 6 Blütenhüllblättern, 6 Staubblättern und einem dreiteiligen Stempel. Neben der eigtl. **Gartentulpe** (Tulipa gesneriana; mit breiten, lanzettförmigen Laubblättern, in vielen Formgruppen [u.a. Lilienblütige T., Darwin-T., Papageientulpe]) sind zahlr. Wild-T. in Kultur, v.a. die aus den Gebirgen des Iran stammende **Damentulpe** (Tulipa clusiana; mit am Grund violetten und außen rot gestreiften Blüten), die in zahlr. Sorten verbreitete **Fosterianatulpe** (Tulipa fosteriana), die **Greigiitulpe** (Tulipa greigii; aus Turkestan; mit beim Austrieb braunrot gezeichneten Blättern) und die **Seerosentulpe** (Tulipa kaufmanniana; mit bei Sonnenlicht sternförmig ausgebreiteten Blüten). Die einzige in Deutschland wild vorkommende Art ist die **Waldtulpe** (Tulipa sylvestris; 20–40 cm hoch, mit meist einzelnstehender grünlichgelber Blüte; vereinzelt in Weinbergen).

Geschichte: Die Garten-T. war Wappenblume der Osmanen und wurde in der Türkei schon früh kultiviert. In der pers. Literatur wird sie 1123 erstmals erwähnt. 1554 wurde sie vermutl. von O. G. de Busbecq nach Europa gebracht und von C. Gesner beschrieben und abgebildet. Um 1570 war die Garten-T. in den Niederlanden bekannt, die sich seither zum Zentrum der T.zucht entwickelten. Die Garten-T. diente als Zierpflanze; die Blüten wurden aber auch eingemacht gegessen. 1629 gab es schon 140 T.sorten; in Deutschland wurde die T.zucht 1647 von niederl. Emigranten eingeführt.

Tulpenbaum (Liriodendron), Gatt. der Magnoliengewächse mit je einer Art in N-Amerika und China; sommergrüne Bäume mit vier- bis sechslappigen, großen Blättern und einzelnstehenden, tulpenähnl. Blüten. Die nordamerikan. Art *Liriodendron tulipifera* mit gelbgrünen Blüten wird in M-Europa als beliebter Parkbaum angepflanzt (bis 40 m hoch); in den USA liefert diese Art Nutzholz *(Whitewood)*.

Waldtulpe

Tulpenmagnolie ↑Magnolie.

Tümmler ↑Delphine.

◆ (Flugtauben) an Rassen und Schlägen zahlenreichste Rassengruppe von Haustauben; im Extremfall langschnäbelig mit flacher oder kurzschnäbelig mit hoher Stirn. T. vermögen ausdauernd und hoch zu fliegen (sog. *Hochflieger*); z. T. Flugsporttauben.

tumorinduzierendes Prinzip, svw. ↑Ti-Plasmid.

Tumorviren (onkogene Viren), Viren, die infizierte tier. (auch menschl.) Zellen zu tumorigem Wachstum veranlassen können. T. finden sich unter den DNS-Viren (u. a. ↑Adenoviren) und RNS-Viren (Leukoviren). Bei der Transformation wird ein Teil des viralen Genoms in das der Zelle integriert, wodurch die Steuerung des Zellwachstums gestört wird. - T. sind als Ursache zahlr. tier. Krebserkrankungen nachgewiesen. Auch bei verschiedenen menschl. Krebsarten kommen sie wahrscheinl. als Ursache in Betracht.

Tundra [finn.-russ.], baumloser, artenarmer Vegetationstyp jenseits der polaren Baumgrenze auf Böden, die im Sommer nur kurzzeitig auftauen. Das Übergangsgebiet zum geschlossenen Wald wird **Waldtundra** genannt; hier durchdringen sich Tundrenflächen und Waldinseln.

Tungbaum [chin./dt.] ↑Lackbaum.

Tungide, zum Rassenkreis der ↑Mongoliden zählende Menschenrasse; von mittelhohem, kräftigem und untersetztem Körperbau, mit kurzem und niedrigem Kopf, zurückweichender Stirn, typ. mongolidem Flachgesicht und stark ausgeprägter Mongolenfalte. Hauptverbreitungsgebiet der tungiden Völker (u. a. Kalmücken, Mongolen und Tungusen) ist das nördl. Zentralasien.

Tulpenbaum. Liriodendron tulipifera

Tunicata [lat.], svw. ↑Manteltiere.

Tunikaten [lat.], svw. ↑Manteltiere.

Tupajas [malai.], svw. ↑Spitzhörnchen.

Tupelobaumgewächse [indian./dt.] (Nyssaceae), Pflanzenfam. der Zweikeimblättrigen mit 2 Gatt. und 9 Arten in O- und SO-Asien sowie im östl. N-Amerika. Die wichtigste Gatt. mit 8 Arten ist der *Tupelobaum* (Nyssa). Die Art *Nyssa sylvatica* ist neben der Sumpfzypresse ein Charakterbaum der Sumpfwälder des südöstl. N-Amerika.

Tüpfel, v. a. dem Stoffaustausch dienende Aussparungen in der Sekundärwand (↑Zellwand) pflanzl. Zellen. Die T. benachbarter Zellen grenzen paarweise aneinander und werden durch eine dünne, aus zwei Primärwänden und einer Mittellamelle bestehende Schließhaut voneinander getrennt. Mit zunehmender Dicke der Zellwand werden die urspr. muldenförmigen T. röhrenförmig *(T.kanäle)*. Bei den für die Wasserleitungsbahnen typ. *Hof-T.* wird die Schließhaut entweder einseitig oder beidseitig durch einen von der Sekundärwand gebildeten Ring blendenartig überdeckt.

Tüpfelbärbling (Brachydanio nigrofasciatus), bis 4 cm langer, schlanker ↑Karpfenfisch in Süßgewässern Birmas; Rücken bräunl., Unterseite orangefarben (♂) bzw. weißl. (♀), Körperseiten mit goldenem Längsstreif (oben und unten blauschwarz gesäumt), darunter eine blaue Punktreihe; Warmwasseraquarienfisch.

Tüpfelbeutelmarder (Dasyurus quoll), bis 45 cm langer Beutelmarder in SO-Australien und Tasmanien; nachtaktives Raubtier mit gelblichweißen oder weißen Flecken auf graubraunem bzw. braunschwarzem Fell.

Tüpfelbuntbarsch (Aequidens curviceps), bis 8 cm langer, seitl. stark zusammengedrückter Buntbarsch in den Süßgewässern des Amazonasstromgebiets; Grundfärbung grünl. oder bläul., mit dunkel umrandeten Schuppen und (an den Körperseiten) einem dunklen Fleck, der oft in Form eines Längsbandes bis zur Stirn zieht; Kiemendekkel mit blauen Tupfen; Warmwasseraquarienfisch.

Tüpfelfarn (Polypodium), Gatt. der T.gewächse mit rd. 50 v.a. in den Tropen verbreiteten, vielgestaltigen, häufig epiphyt. Arten. Die bekannteste der beiden einheim. Arten ist der auf kalkarmen Böden vorkommende **Gemeine Tüpfelfarn** (Engelsüß, Polypodium vulgare) mit einfach gefiederten, derben, immergrünen Blättern. Das süß schmeckende oberirdisch kriechende Rhizom wird in der Volksheilkunde als Hustenmittel sowie als Abführmittel verwendet. - Abb. S. 234.

Tüpfelfarngewächse (Tüpfelfarne, Polypodiaceae), größte Fam. der Farne mit 7 000 überwiegend trop., häufig epiphyt. Arten in 170 Gatt.; Blätter meist einfach gefiedert, fiederteilig oder ganzrandig; Sporangiengruppen oft klein und rund (tüpfelförmig). - Die bekanntesten Gatt. sind Adlerfarn, Frauenhaarfarn, Geweihfarn, Schildfarn, ↑Tüpfelfarn und ↑Wurmfarn.

Tüpfelhyäne ↑Hyänen.

Tüpfeljohanniskraut ↑Johanniskraut.

Turakos [afrikan.] (Bananenfresser, Musophagidae), mit den Kuckucken nah verwandte Fam. etwa 40–70 cm langer Vögel mit fast 20 Arten v.a. in Afrika; Gefieder v.a. grün und rot sowie blau und violett gefärbt; mit langem Schwanz, kurzen, abgerundeten Flügeln und häufig helmartig aufgerichteter Federhaube (bes. bei **Helmvögeln** [Helm-T., Tauraco]; bis 45 cm lang, vorwiegend grün befiedert; mit purpurroten Schwingen). Außerdem gehören zu den T. u.a. die ↑Lärmvögel.

Turanide, zum Rassenkreis der ↑Europiden zählende Menschenrasse; von mittelhohem und schlankem Körperbau, mit kurzem und hohem Kopf, mittelhohem, ovalem Gesicht und dunklen Augen und Haaren. Hauptverbreitungsgebiet der T. ist das südl. W-Turkestan.

Turdidae [lat.], svw. ↑Drosseln.

turgeszent [lat.], prall, gespannt (durch hohen Flüssigkeitsgehalt); in der Pflanzenphysiologie von Zellen und Geweben gesagt.

Turgor [lat. „das Aufgeschwollensein“] (Turgordruck, Turgeszenz, Saftdruck), der von innen auf die Zellwand lebender pflanzl. Zellen ausgeübte Druck. Er entsteht durch osmosebedingte Wasseraufnahme in die Vakuole, wodurch der Protoplast (Zelleib) zunehmend gegen die Zellwand gedrückt und diese gedehnt wird. Die maximal gedehnte Zellwand bzw. der Gegendruck benachbarter Zellen verhindert die weitere Wasseraufnahme. Die prallen (turgeszenten) Zellen bewirken eine Festigung krautiger Pflanzenteile. Bei Wasserverlust (sinkendem T.) tritt Erschlaffung *(Welken)* ein.

Türkenbohne, svw. ↑Feuerbohne.

Türkenbund ↑Lilie.

Türkenente, svw. ↑Moschusente.

Türkensattel ↑Schädel.

Türkentaube ↑Tauben.

Türkische Hasel (Baumhasel, Corylus colurna), in SO-Europa und Kleinasien heim. Art der Gatt. ↑Hasel; bis 20 m hoher Baum mit kegelförmiger Krone; Blätter breit, herzförmig; Früchte sehr dickschalig, mit eßbarem Samen; Straßen- und Parkbaum.

Turmfalke (Falco tinnunculus), fast 35 cm langer Greifvogel (Fam. ↑Falken), v.a. in offenen Landschaften Europas sowie in großen Teilen Asiens und Afrikas; ♂ mit blaugrauem Oberkopf und ebensolchem Schwanz sowie dunklen Flecken auf dem rotbraunen Rücken und der weißl. Unterseite; ♀ ähnl. gezeichnet, allerdings ohne blaugraue Färbung und anstelle der Rückenflecken mit dunklen Querbändern. Der T. ist heute der häufigste Greifvogel Deutschlands. Er späht oft im Rüttelflug (Standrütteln, Platzrütteln) nach seiner Nahrung (v.a. Mäuse) aus, die er mit den Fängen ergreift und auf einem Pfosten, Baum oder dgl. kröpft. Der T. brütet in verlassenen Krähen- und Elsternestern auf Bäumen oder in Höhlungen und Nischen von Gebäuden (bevorzugt in Türmen) und Felswänden; Teilzieher. - Abb. S. 235.

Turmkraut (Turritis), Gatt. der Kreuzblütler mit 3 Arten in Eurasien und in den Hochgebirgen Afrikas. Die einzige Art in Deutschland ist das zweijährige **Kahle Turmkraut** (Turritis glabra) mit gezähnten oder ganzrandigen Grundblättern und pfeilförmigen Stengelblättern; Blüten gelblichweiß; verbreitet an warmen, trockenen Standorten.

Turmschnecken (Turritellidae), seit der Kreide bekannte, heute mit rd. 50 Arten in allen Meeren verbreitete Schneckenfam.; Gehäuse hochgetürmt, schlank und spitz; sehr häufig in Schlammböden europ. Meere die **Gemeine Turmschnecke** (Turritella communis) mit bis 5 cm hohem, auf rotviolettem bis rosafarbenem Grund meist braun gezeichnetem („geflammtem“) Gehäuse.

Turneragewächse (Turneraceae) [nach dem engl. Botaniker W. Turner, * 1515, † 1568], Fam. der Zweikeimblättrigen mit rd. 120 Arten in acht Gatt. im subtrop. und trop. Amerika sowie im trop. Afrika.

Turnover [engl. 'tə:n,oʊvə], die Umsetzung eines Stoffes im Organismus durch stoffwechselphysiolog. Vorgänge.

Turteltaube [zu lat. turtur „Turteltaube“] ↑Tauben.

Tussahspinner [Hindi/dt.] (Tussahseidenspinner, Ind. T., Antheraea mylitta), bis 15 cm spannende Art der ↑Augenspinner in Vorderindien und Ceylon; ♂ gelbrot, ♀ gelbbraun gefärbt mit großem zentralem Augenfleck auf beiden Flügelpaaren; Raupen grün mit roten, borstenbesetzten Warzen, fressen an Blättern verschiedener Laubbäume; der Kokon ähnelt einer an einem langen Seidenstiel hängenden Nuß von etwa 4–6 cm Länge.

Tussilago [lat.], svw. ↑Huflattich.

Tympanalorgane [griech.] (tympanale Skolopalorgane, tympanale Skoloparien, Trommelfellorgane), unterschiedl. hoch differenzierte, symmetr. angeordnete paarige Gehörorgane am Körper verschiedener Insekten, die im Unterschied zu den atympanalen Skolopalorganen (↑Chordotonalorgane) mit einem „Trommelfell" (*Tympanum:* straff gespannter, dünner, einer Tracheenblase *[Tympanalblase]* anliegender Kutikularbezirk) ausgestattet sind.

Typologie [griech.], die Lehre von der Gruppenzuordnung auf Grund einer umfassenden Ganzheit von Merkmalen (innerhalb einer Variationsbreite), die einen Menschentyp kennzeichnen. Bei Vorliegen einer Anzahl typencharakterist. Merkmale wird auf das Vorhandensein auch anderer einem bestimmten Typusbild zugehörender Merkmale geschlossen; dies führt bei Nichtüberprüfung der abgeleiteten Annahmen häufig zur unkrit. *Stereotypie.* - Es lassen sich drei Hauptklassen von T. unterscheiden: 1. die *Konstitutions-T.;* 2. die *Wahrnehmungs- und Erlebnis-T.;* 3. die *geisteswiss.-weltanschaul. T.,* z. B. die an W. Dilthey u. a. anknüpfende „Lebensformen"-T. E. Sprangers, in der in bezug auf kulturelle Wertausrichtung sechs Menschentypen (theoret., ökonom., ästhet., soziale, religiöse und polit. Menschen) unterschieden werden.

Typus (Typ) [zu griech. týpos „Schlag, Abdruck, Form, Vorbild"], in der *Biologie allg.* die für eine bestimmte systemat. Kategorie (Art, Gatt. usw.) charakterist., durch einen entsprechenden Bauplan *(Urbild)* gekennzeichnete Grundform *(Urform).*

◆ in der *zoolog.* und *botan. Nomenklatur* dasjenige Exemplar einer Art bzw. Unterart, das bei deren Entdeckung und erstmaligen Beschreibung vorlag und seitdem als Richtmaß (Belegexemplar) für die betreffende Art bzw. Unterart gilt.

◆ in der *Tierzucht* und *Tierhaltung* die Gesamtheit der äußerl. erkennbaren Körpereigenschaften eines Tiers, v. a. als Ausdruck seiner Nutzungseigenschaften und seiner Leistungsfähigkeit.

◆ in der *Anthropologie* die Summe der (phys. und psych.) Merkmale, die einer Gruppe von menschl. Individuen gemeinsam sind und eine bestimmte Ausprägung darstellen. Reine Typen, die alle diese Merkmale und keine anderen aufweisen, sind (gedachte) Idealfälle *(Idealtypen);* in der Realität gibt es nur Mischtypen.

Tyrannen (Tyrannidae) [griech.], formenreiche Fam. 7–30 cm langer Sperlingsvögel mit über 350 Arten in fast allen Biotopen N- und S-Amerikas; meist unscheinbar braun, grau und grünl. befiedert; teils Standvögel (trop. Arten), teils Zugvögel (außertrop. Arten).

Tyrosin [griech.] (p-Hydroxyphenylalanin), nicht essentielle Aminosäure, die in den meisten Proteinen vorkommt und die u. a. als Vorstufe für die Biosynthese der Catecholamine und Melanine dient.

U

Uakaris, svw. ↑Kurzschwanzaffen.

Überfamilie (Superfamilia), v. a. in der zoolog. Systematik eine zw. Ordnung bzw. Unterordnung und Fam. stehende, mehrere Fam. zusammenfassende Kategorie; höchste Kategoriestufe, die den internat. zoolog. Nomenklaturregeln noch unterworfen ist. Ü. sind charakterisiert durch die Endung -oidea.

Überfruchtung (Superfetation), die Befruchtung von zwei oder mehr Eiern aus aufeinanderfolgenden, getrennten Ovulationszyklen. Hierbei muß es bei bereits bestehender Schwangerschaft zu einem weiteren Follikelsprung kommen. Beim Menschen ist die Ü. bis jetzt nicht eindeutig nachgewiesen. Zweieiige Zwillinge könnten aber durchaus von verschiedenen Sexualpartnern stammen.

Überklasse (Superclassis), in der biolog. (insbes. botan.) Systematik eine zw. Stamm bzw. Unterstamm und Klasse stehende, mehrere Klassen zusammenfassende Kategorie.

übernormaler Schlüsselreiz, Reiz, der durch Überbetonung (insbes. von Größe, Form und Farbe[n]) eine bestimmte Verhaltensweise besser auslöst als ein normaler (natürl.) ↑Schlüsselreiz. Das Phänomen des Übernormalen ist in der Natur weit verbreitet. So übertrifft der Auslösewert des aufgesperrten Rachens beim Kuckuck in Größe und Auffälligkeit hinsichtl. der Färbung bei weitem denjenigen der Wirtsartennestlinge. - Es gibt zahlr. Hinweise dafür, daß auch der Mensch für übernormale Schlüsselreize sehr empfängl. ist. Dies wird - bewußt oder unbewußt - in Werbung (z. B. durch betonte Reizsignale auf der Verpackung), Kosmetik (Benutzung von Lippenstift oder künstl. Wimpern) und Mode sowie in Kunst und Literatur, Theater und Film (bes. bei den Zeichentrickfilmen) und speziell in der Karikatur durch überdeutl. Abhebung bestimmter Elemente wirkungsvoll genutzt (Tendenz zum Reizextremismus).

Überordnung (Superordo), v. a. in der zoolog. Systematik eine zw. Klasse bzw. Unterklasse und Ordnung stehende, mehrere Ordnungen zusammenfassende Kategorie.

Überschwängerung (Superfekundation), die Befruchtung zweier Eier derselben Ovulation aus zwei Begattungsakten. Auch beim Menschen sind Fälle bekannt, bei denen die beiden zweieiigen Zwillingskinder durch zwei Männer gezeugt wurden, deren Beischlaf einige Tage auseinanderlag. Bei doppelt angelegtem Uterus ist eine Ü. ebenfalls möglich.

Übersprungbewegung (Übersprunghandlung), bes. Verhaltensweise bei Tieren (auch beim Menschen) im Verlauf eines Verhaltenskomplexes (Funktionskreis) ohne sinnvollen Bezug zu diesem, d. h. zur gegebenen Situation. Zur Ü. kann es kommen, wenn der normale Ablauf einer Instinkthandlung gestört ist, u. a. durch eine Verhinderung der Triebbefriedigung bei Ausbleiben eines „erwarteten" Antwortreizes (z. B. während der Balz) oder durch ein zu plötzl. Erreichen des Ziels der Handlung (z. B. zu frühe, „unerwartete" Flucht des Gegners). Eine weitere häufige Ursache für eine Ü. ist gegeben, wenn gegenläufige Impulse (z. B. Flucht und Angriff) miteinander in Konflikt geraten. Solche einer völlig anderen Triebhandlung zugehörigen Ausweichhandlungen (Ersatzhandlungen) sind z. B. das plötzl. Gefiederputzen oder In-den-Boden-Picken bei kämpfenden Vögel-♂♂ sowie die menschl. Verlegenheitsgeste des Sich-am-Kopf-Kratzens (ohne Juckreiz).

Überträgerstoffe (Überträgersubstanzen), svw. ↑Neurotransmitter.

Übervölkerung, abnorm hohe Individuenzahl (↑Abundanz) im Territorium einer Tierart auf Grund einer ↑Massenvermehrung, so daß das ökolog. Gleichgewicht erhebl. gestört ist. Kann neben Aggressionshandlungen eine Massenabwanderung der Tiere (↑Tierwanderungen) auslösen.

Ubichinone [lat./indian.] (Koenzym Q), in der Mitochondrienmembran tier. und pflanzl. Zellen vorkommende Derivate des para-Benzochinons, deren Moleküle jeweils eine aus 6 bis 10 Isoprenresten bestehende Seitenkette besitzen. Die U. sind als Wasserstoffüberträger in der Atmungskette wichtig.

Ubiquisten [zu lat. ubique „überall"], nicht an einen bestimmten Biotop gebundene, in verschiedenen Lebensräumen auftretende Pflanzen- oder Tierarten.

ubiquitär [lat.], überall verbreitet; von Pflanzen- oder Tierarten gesagt.

Uexküll, Jakob Baron von ['ʏkskʏl], * Gut Keblas (Estland) 8. Sept. 1864, † auf Capri 25. Juli 1944, balt. Biologe. - Unternahm Forschungs- und Studienreisen (u. a. nach Afrika), wurde 1926 Prof. in Hamburg und richtete hier das „Institut für Umweltforschung" ein. - U. ist der Begründer einer neuen *Umwelttheorie* (Bedeutungslehre), in der die subjektive, artspezif. Umwelt als Teil einer über ↑Funktionskreise geschlossenen, sinnvollen biolog. Einheit dargestellt wird („Umwelt und Innenwelt der Tiere", 1909; „Theoret. Biologie", 1920). Wichtiger Vorläufer der Verhaltensforschung.

Uferläufer, (Raschläufer, Elaphrus) Gatt. der Laufkäfer mit fünf 6,5–9 mm langen einheim. Arten, v. a. an Ufern stehender oder fließender Süßgewässer; Flügeldecken bronzefarben, mit vier Reihen meist rotvioletter Flecken; jagen in schnellem Lauf kleinere Insekten oder Spinnen.

◆ (Fluß-U., Tringa hypoleucos) etwa 20 cm langer, schnell trippelnd laufender, oberseits olivbrauner, unterseits weißer Schnepfenvogel (Gatt. Wasserläufer), v. a. an Flußufern großer Teile Eurasiens und N-Amerikas; Zugvogel, der bis in die Tropen zieht.

Uferschnepfe (Limosa limosa), etwa 40 cm langer, hochbeiniger, (mit Ausnahme des weißen Bauches) auf rostbraunem Grund schwarz und grau gezeichneter ↑Schnepfenvogel, v. a. auf Sümpfen und nassen Wiesen sowie an Flüssen und Seen der gemäßigten Region Eurasiens; mit sehr langem, geradem Schnabel, weißer Flügelbinde und schwarzer Endbinde auf dem weißen Schwanz; brütet in einem Bodennest; Zugvogel, der in den Subtropen und Tropen überwintert.

Uferschwalbe ↑Schwalben.

Gemeiner Tüpfelfarn

Turmfalke

Uhu [lautmalend], svw. Eurasiat. Uhu (↑Eulenvögel).

Uhus (Bubo), Gatt. der Eulen mit rd. 10 weltweit verbreiteten Arten; wichtigste einheim. Art ist der Uhu (↑Eulenvögel).

Ukelei [slaw.] (Laube, Blinke, Laugele, Albola, Alburnus alburnus), kleiner, meist 10–15 cm langer, heringsförmiger Karpfenfisch in langsam fließenden und stehenden Süßgewässern (z. T. auch Brackgewässern) Europas (mit Ausnahme des S und hohen N); stark silberglänzend, Rücken blaugrün.

Ulex [lat.], svw. ↑Stechginster.

Ulmaceae [lat.], svw. ↑Ulmengewächse.

Ulme [lat.] (Rüster, Ulmus), Gatt. der U.gewächse mit rd. 25 Arten in der nördl. gemäßigten Zone und in den Gebirgen des trop. Asiens; sommergrüne, seltener halbimmergrüne Bäume oder Sträucher; Blätter eiförmig, häufig doppelt gesägt, an der Basis meist unsymmetrisch; Blüten unscheinbar, meist vor den Blättern erscheinend; Frucht eine von einem breiten Flügelrand umgebene Nuß. Wichtige einheim. Arten sind: **Bergulme** (Bergrüster, Ulmus montana), bis 30 m hoch, v. a. in Bergregionen; Blätter doppelt gesägt, oberseits rauh; **Feldulme** (Feldrüster, Ulmus campestris), 10–40 m hoch, in Wäldern und Flußauen tieferer Lagen; mit reichästiger, breiter Krone; **Flatterulme** (Flatterrüster, Ulmus laevis), bis 35 m hoch, v. a. in feuchten Wäldern; Blätter doppelt gesägt, unterseits behaart. Die aus dem östl. N-Amerika stammende **Amerikanische Ulme** (Ulmus americana) wird als Parkbaum angepflanzt.

Geschichte: Die Feld-U. wurde in der Antike v. a. als Stütze für Weinreben angepflanzt. Ihr Holz diente bes. zur Herstellung von Türen. - In der frühchristl. Symbolik erscheinen U. und Weinstock als Symbol für arm und reich.

Ulmenblasenlaus (Ulmenblattgallenlaus, Byrsocrypta ulmi), in M-Europa häufige Blattlaus (Fam. ↑Blasenläuse), die durch ihre Saugtätigkeit bohnenförmige, glattwandige, meist kurzgestielte Gallen auf der Oberseite der Ulmenblätter bildet; mit Wirtswechsel auf Gräsern.

Ulmengewächse (Ulmaceae), Pflanzenfam. mit mehr als 150 Arten in 15 Gatt., v. a. in den Tropen Asiens und Amerikas, seltener im trop. Afrika; Bäume und Sträucher mit einfachen, oft asymmetr. Blättern und meist kleinen Blüten. Bekannte Gatt. sind Ulme und Zürgelbaum.

Ulmensplintkäfer, Bez. für einige ↑Borkenkäfer der Gatt. *Scolytus* (z. B. der 7 mm große, schwarze oder dunkelbraune einheim. *Große U.*, Scolytus scolytus), deren ♀♀ v. a. unter der Rinde kränkelnder Ulmen Gänge anlegen, bei dünner Rinde bis tief in den Splint.

Ulmensterben, durch den Schlauchpilz Ceratocystis ulmi verursachte Krankheit bei Ulmen, wobei das wachsende Myzel die Gefäße verstopft. Symptome: eingerollte Blätter, abwärts gekrümmte Zweigspitzen, Bildung von Wasserreisern; die Pilzsporen und damit die Infektion werden durch Arten der ↑Ulmensplintkäfer verbreitet.

Ulmus [lat.], svw. ↑Ulme.

Ulna [lat.], ↑Elle.

Ultraschallortung (Echoortung, Ultraschallpeilung), die Orientierung mancher Tiere durch selbstausgesandte Laute, die von den Gegenständen ihrer Umgebung zurückgeworfen werden sowie deren Empfang durch bes. Organe, so daß eine Lagebestimmung des eigenen Körpers aus dem Echo erfolgen kann. U. ist nachgewiesen für Fledermäuse, einige Fliegende Hunde, Delphine und Spitzmäuse, die sich mit für den Menschen nicht hörbaren Ultraschallsignalen räuml. orientieren. Glattnasen erzeugen Ultraschall einer Frequenz von 30–120 kHz, Hufeisennasen von 80–100 kHz, Delphine von 200 kHz. Die U. dient daneben auch der Nahrungssuche bzw. dem Nahrungserwerb und, bes. bei Delphinen, der innerartl. Kommunikation.

Umbelliferae [lat.], svw. ↑Doldengewächse.

Umberfische (Adlerfische, Sciaenidae), Fam. bis etwa 3 m langer Barschfische mit über 150 Arten, v. a. in küstennahen Meeresregionen der trop. bis gemäßigten Zonen, selten in Süßgewässern; Körper seitl. zusammengedrückt, mit großem Kopf; vermögen durch sehr rasche Kontraktionen besonderer Muskeln krächzende bis trommelnde Laute zu erzeugen („Trommelfische“), wobei die Schwimmblase als Resonanzkörper dient. - Zu den U. gehören u. a. **Meerrabe** (Corvina nigra; etwa 40 cm lang, gelblichbraun bis schwarz) und **Ritterfische** (Equetus; bis 50 cm lang, braun bis schwarz, Rückenflosse auffallend verlängert, säbelartig).

Umbilicus [lat.], svw. Nabel (↑Nabelschnur).

Umbridae [lat.], svw. ↑Hundsfische.

Umwelt, im engeren biolog. Sinn *(physiolog. U.)* die spezif., lebenswichtige Umgebung einer Tierart, die als *Merkwelt* (Gesamtheit ihrer Merkmale) wahrgenommen wird und als *Wirkwelt* (Gesamtheit ihrer Wirkungen) das Verhalten der Artvertreter bestimmt (↑Funktionskreise). Als einziges Wesen (und alleinige Art) ist der Mensch nicht an eine spezif. Natur-U. gebunden. - Im kulturell-zivilisator. Sinn *(Zivilisations-U., Kultur-U.)* versteht man unter U. auch den vom Menschen existentiell an seine Lebensbedürfnisse angepaßten und v. a. durch Technik und wirtsch. Unternehmungen künstl. veränderten Lebensraum, wodurch eine Art künstl. Ökosystem geschaffen wurde (mit den heute zu einer Krisensituation angewachsenen lebensbedrohenden Gefahren).

Umweltbelastung, die negative (belastende) Beeinflussung und Veränderung der natürl. Umwelt durch physikal., chem. und techn. Eingriffe. Verunreinigungen (z. B. durch Staub, Mikroorganismen, Chemikalien, Strahlen) können zur Umweltverschmutzung führen, wenn sie über die natürl. Regenerationskraft der verschmutzten Medien hinausgehen.

Umweltfaktoren, die biot. und abiot. Gegebenheiten und Kräfte, die als mehr oder minder komplexe Erscheinung die Umwelt eines Lebewesens bilden und auf dieses einwirken. Zu den biot. U. zählen Pflanzen, Tiere und Menschen sowie deren biolog. Lebensäußerungen und Beziehungen zueinander. Zu den abiot. Faktoren gehören: als *natürl. U.* v. a. Boden, Wasser, Luft, Klima, Erdmagnetismus und Schwerkraft, als *künstl. U.* alle vom Menschen gestalteten oder produzierten dingl. Gegebenheiten und Energien, z. B. Äcker, Weiden, Häuser, Fabrikanlagen, Abwärme, künstl. Licht, Abfälle usw. U. sind die Ursache für die Entstehung von ↑Modifikationen unter den Lebewesen.

Umweltforschung, im biolog. Sinne svw. ↑Ökologie; im soziolog. Sinne die Untersuchung und Erforschung der durch die Tätigkeit des Menschen auftretenden Veränderungen seiner Umwelt und der komplexen Wechselwirkungen zw. dieser künstl. Umwelt und dem natürl. Ökosystem. Die Ergebnisse der U. finden ihre prakt. Anwendung in Maßnahmen zur Erhaltung unserer Lebensgrundlagen (↑Umweltschutz). An der interdisziplinären U. sind v. a. die Naturwiss., Medizin, Psychologie und Soziologie, ferner Technologie und Wirtschaftswiss. beteiligt. Die *Environtologie* versucht v. a. festzustellen, welche Veränderungen in der Umwelt durch den wiss.-techn. Fortschritt zu erwarten sind und wie diese Veränderungen auf den Menschen zurückwirken könnten.

Umweltschutz, die auf Umweltforschung und Umweltrecht basierende Gesamtheit der Maßnahmen (und Bestrebungen), die dazu dienen, die natürl. Lebensgrundlagen von Pflanze, Tier und Mensch zu erhalten bzw. ein gestörtes ökolog. Gleichgewicht wieder auszugleichen; i. e. S. der Schutz vor negativen Auswirkungen, die von der ökonom. Tätigkeit des Menschen, seinen techn. Einrichtungen und sonstigen zivilisator. Gegebenheiten ausgehen, wobei die Umweltvorsorge (d. h. Maßnahmen und Techniken, die Schäden gar nicht erst aufkommen lassen) effektiver und billiger ist als nachträgl. Maßnahmen des techn. Umweltschutzes. Der U. geht damit über den bloßen ↑Naturschutz und Maßnahmen zur Vermeidung oder Beseitigung von Zerstörungen durch Naturgewalten hinaus. Zum U. gehören nicht nur die Verhinderung fortschreitender Verkarstung, Versteppung und Verwüstung (z. B. durch Grundwasserabsenkung oder Überweidung) oder der Schutz des Bodens vor Erosion und Deflation, sondern v. a. die zahlr. und umfangreichen Maßnahmen z. B. zur Bewahrung von Boden und Wasser (Wasserrecht) vor Verunreinigung durch chem. Fremdstoffe, durch Abwasser (Abwasserbeseitigung, Abwasserreinigung), durch Auslaugung abgelagerter Stoffe auf Deponien und durch Erdöl. Zum U. gehören ferner Vorschriften und Auflagen z. B. zur Erreichung größerer Umweltverträglichkeit von Wasch- und Reinigungsmitteln, zum Transport und zur grundwasserungefährl. Lagerung von Erdöl und Kraftstoffen sowie zur Rekultivierung ausgebeuteter Rohstofflagerstätten; dabei können auch Rechte aus Grundeigentum eingeschränkt werden. Ein engmaschiges Netz von Rechtsvorschriften und Auflagen dient auch dem Schutz der Bevölkerung und der Umwelt vor Gefährdung durch Pflanzenschutzmittel und Tierseuchen. Der Verunreinigung der Luft und Rauchschäden durch Emissionen (v. a. von Industriebetrieben und Kfz. und aus dem Wohnbereich) wird durch den Immissionsschutz entgegengewirkt. In vielen Fällen, z. B. bei der Einhaltung der Vorschriften zur Luftreinhaltung und zur Lärmbekämpfung sind die Polizeibehörden eingeschaltet. Eine bes. Aktualität hat der Strahlenschutz im Hinblick auf die Standortwahl von Kernkraftwerken und die Lagerung von radioaktivem Abfall gewonnen. Eine bed. Rolle spielt die Wiedergewinnung von Abfallstoffen (Recycling) und Abwärme. Zu einem wirksamen U. gehört schließl. die Aufklärung der Bevölkerung (Entwicklung des Umweltbewußtseins) und deren Mitwirkung. Teilaspekte des U. sind in zahlr. Gesetzen,

Rechtsverordnungen und Verwaltungsvorschriften des Bundes und der Länder geregelt. Dazu gehören v.a. das Atomgesetz, das Altölgesetz, das Abfallbeseitigungsgesetz, das DDT-Gesetz vom 7. 8. 1972, das Bundes-Immissionsschutzgesetz vom 15. 3. 1974 sowie die Immissionsschutzgesetze der Länder, das Wasserhaushaltungsgesetz vom 26. 4. 1976 sowie die Wassergesetze der Länder, das Abwasserabgabengesetz vom 13. 9. 1976, das Waschmittelgesetz vom 20. 8. 1975, das Bundesnaturschutzgesetz vom 20. 12. 1976 sowie die Naturschutz-, Landschaftspflege- und Denkmalschutzgesetze der Länder; einzelne Vorschriften, die dem U. zu dienen bestimmt sind, enthalten ferner (u.a.) das Bundesjagdgesetz und die Jagdgesetze der Länder, das Bundesfernstraßengesetz und die Straßengesetze der Länder, das Städtebauförderungsgesetz, das Bundeswaldgesetz vom 2. 5. 1975 sowie die Waldgesetze der Länder. Durch das Gesetz zur Bekämpfung der Umweltkriminalität vom 28. 3. 1980 werden schwerwiegende Schädigungen und Gefährdungen der Umwelt mit umfassenden strafrechtl. Sanktionen bedroht (im Höchstfall Freiheitsstrafe bis zu 10 Jahren). Neue Straftatbestände des U. sind: 1. Freisetzen ionisierender Strahlen unter Verletzung verwaltungsrechtl. Pflichten (§ 311 d StGB); 2. fehlerhafte Herstellung einer kerntechnischen Anlage (§ 311 e StGB); 3. Verunreinigung eines Gewässers (§ 324 StGB); 4. Luftverunreinigung und Lärm (§ 325 StGB); 5. umweltgefährdende Abfallbeseitigung (§ 326 StGB); 6. unerlaubtes Betreiben von Anlagen (§ 327 StGB); 7. unerlaubter Umgang mit Kernbrennstoffen (§ 328 StGB); 8. Gefährdung schutzbedürftiger Gebiete (§ 329 StGB); 9. schwere Umweltgefährdung (§ 330 StGB; lückenfüllender Tatbestand); 10. schwere Gefährdung durch Freisetzen von Giften (§ 330 a StGB).

Geplante und bewußte **Umweltpolitik** erfolgt erst seit dem Beginn der 1970er Jahre. Während in der Bundesregierung v. a. das Bundesministerium des Innern für den U. zuständig ist, dem das Umweltbundesamt nachgeordnet ist, gibt es bei den Landesreg. z.T. eigene Umweltministerien, z.T. liegt die Zuständigkeit für den U. bei den Landw.ministerien. Internat. Bemühungen um den U. verfolgen u.a. die UN sowie die EG.

🕮 *Daten zur Umwelt 1986/87. Hg. v. Umweltbundesamt. Bln. 1987. - Michelsen, G./Siebert, H.: Ökologie lernen. Ffm. ³1986. - Rest, A.: Luftverschmutzung u. Haftung in Europa. Kehl 1986. - Kloepfer, M.: U. Textsammlung des Umweltrechts der BR Deutschland. Stand 1985. Mchn. 1985. - Der Fischer-Öko-Almanach. Hg. v. G. Michelsen u.a.: Ffm. 1984/85. - Ahlhaus, O., u.a. Taschenlex. U. Düss. ⁸1984. - Koch, E. R.: U. zu Hause. Mchn. 1984. - Koch, E. R./Vahrenholt, F.: Die Lage der Nation. Hamb. 1983. - Knodel, H./Kull, U.: Ökologie u. U. Stg. ²1981. - Wie funktioniert das? Die Umwelt des Menschen. Hg. v. K.-H. Ahlheim. Mannheim ²1981. - Baum, F.: Praxis des U. Mchn. 1979.*

Umweltverschmutzung, extreme ↑Umweltbelastung der Natur als Zivilisationsfolge; ↑Luftverunreinigungen, ↑Ölpest, ↑Meeresverschmutzung.

Umweltwissenschaften, seit 1981 bestehender zweijähriger Aufbaustudiengang nach einem abgeschlossenen Studium in Biologie, Chemie oder Geographie; vermittelt einen vertieften wissenschaftl. Einblick in die moderne Biogeographie und deren Methoden für die Raumbewertung und Umweltplanung.

Unau [indian.] (Choloepus didactylus), bis 65 cm langes Faultier, v.a. in den Regenwäldern Zentral- und Südamerikas; Fell graubraun, langhaarig und strähnig, das unbehaarte Gesicht dunkler gefärbt.

unbedingte Reflexe, Bez. für ↑Reflexe, die - im Ggs. zu bedingten Reaktionen (sog. ↑bedingte Reflexe) - als Reflexe im eigtl. Sinn angeboren (erbl.) und damit von Lernvorgängen unabhängig sind.

Unechte Karettschildkröte ↑Karettschildkröte.

Unfruchtbarkeit, die Unfähigkeit zur Zeugung (Impotenz) bzw. zum Gebären lebender Nachkommen (Sterilität).

Ungarischer Enzian, svw. Brauner Enzian (↑Enzian).

ungeschlechtliche Fortpflanzung ↑Fortpflanzung.

Ungeziefer, aus hygien. Gründen bekämpfte tier. Schädlinge (z. B. Flöhe, Läuse, Wanzen, Milben, Schaben, Motten), die als Blutsauger und Hautschmarotzer bei Menschen und Haustieren sowie als Schädlinge in Wohnräumen, Ställen, Speichern und in Räumen der Lebensmittelbetriebe, ferner als Textil- oder Vorratsschädlinge und an Zimmer- und Gartenpflanzen auftreten. Eine strenge Abgrenzung zu Feld- und Forstschädlingen ist nicht gegeben.

Ungka [malai.] ↑Gibbons.

Ungula [lat.] ↑Huf.

Ungulata (Ungulaten) [lat.], svw. ↑Huftiere.

unguligrad [lat.], auf den Zehenspitzen (bzw. Hufen) gehend; von Tieren (*[Zehen]spitzengänger, Unguligrada*) gesagt, deren Füße nur mit dem letzten Zehenglied (der Zehenspitze) auf dem Boden aufsetzen. U. sind Einhufer und Paarhufer.

unifazial [lat.], einseitig gestaltet; in der Botanik von Blättern oder Blattstielen gesagt, deren Oberfläche im Ggs. zum normalen *bifazialen* Bau (Ober- und Unterseite verschieden gestaltet) nur aus der stärker wachsenden Unterseite der Blattanlage gebildet wird. Die auf diese Weise entstehenden Rundblätter (z. B. bei Laucharten) zeigen im Querschnitt ringförmig angeordnete Leitbündel. Durch

Fischers Unzertrennlicher

sekundäre Abflachung entstehen Flachblätter (z. B. bei den Schwertlilienarten).

Uniformitätsregel [lat.] ↑ Mendel-Regeln.

Unken (Feuerkröten, Bombina), Gatt. der Froschlurche mit mehreren, etwa 3,5–7 cm großen Arten in Eurasien; Körper plump, flach, mit warziger Rückenhaut, ohne Trommelfell; Oberseite schwarzgrau bis olivgrünl., manchmal gefleckt, Unterseite grau bis blauschwarz mit leuchtend gelber bis roter Fleckung. In M-Europa kommen zwei Arten vor: ↑ Gelbbauchunke und ↑ Rotbauchunke.

Unkräuter (Segetalpflanzen), Stauden *(Wurzel-U.)* oder ein- bzw. zweijährige Kräuter *(Samen-U.)*, die in Kulturpflanzenbestände eindringen und mit den Nutz- bzw. Zierpflanzen um Bodenraum, Licht, Wasser und Nährstoffe konkurrieren und damit deren Ertrag mindern. U. besitzen gegenüber den Kulturpflanzen meist eine kürzere Entwicklungszeit, höhere Widerstandsfähigkeit (z. B. gegen Trockenheit) sowie hohe Regenerations- und Ausbreitungsfähigkeit. U. gehören z. T. zur urspr. heim. Flora (z. B. die Brennessel) und fanden dann im Kulturland gute Lebensbedingungen (Stickstoffanreicherung durch Düngung), oder es sind bereits seit langer Zeit eingebürgerte, aus anderen Florengebieten (vorderasiat. Steppen, Mittelmeergebiet) stammende Zuwanderer; z. T. sind sie auch als Kulturpflanzenbegleiter – in neuerer Zeit auch verstärkt aus Übersee – eingeschleppt worden. Als U. gelten ferner zahlr. ↑ Ruderalpflanzen.

Unpaarhufer (Unpaarzeher, Perissodactyla, Mesaxonia), seit dem Eozän bekannte, im Miozän sehr formenreiche, heute nur noch mit 17 Arten vertretene Ordnung der Säugetiere (Gruppe Huftiere); große bis sehr große, nicht wiederkäuende Pflanzenfresser, deren stammesgeschichtl. Entwicklung aus den Urhuftieren getrennt von der der Paarhufer verlaufen ist; gekennzeichnet durch eine ungerade Anzahl der Zehen mit deutl. Tendenz zur Verstärkung oder alleinigen Ausbildung der mittleren (dritten) Zehe. Von den U. leben heute noch die Pferde, Nashörner und Tapire.

Unsterblichkeit (potentielle U.) ↑ Tod.

Unterarm ↑ Arm.

Unterart (Subspezies, Abk. subsp., ssp., Rasse), systemat. Einheit, in der innerhalb einer Tier- oder Pflanzenart Individuen mit auffallend ähnl. Merkmalen zusammengefaßt werden.

Unterblatt ↑ Laubblatt.

Unterhaar, in der Haustier- und Pelztierhaltung sowie im Fell- und Pelzhandel Bez. für die im Unterschied zum Oberhaar (↑ Deckhaar) meist kürzeren, der Wärmedämmung dienenden ↑ Wollhaare der Säugetiere. Bei der Mehrzahl der pelzwirtschaftl. genutzten Tiere ist es reichlich vorhanden, stark wollig ausgebildet und hält das Haarkleid vliesartig zusammen.

Unterhaut ↑ Haut.

Unterkiefer ↑ Kiefer.

Unterlegenheitsgeste, svw. ↑ Demutsgebärde.

Unterleib, der untere Bereich des menschl. Bauchs, bes. die (inneren) weibl. Geschlechtsorgane.

Unterschenkel ↑ Bein.

Unterschlundganglion, im Kopfteil unterhalb des Schlunds gelegener, mit dem ↑ Oberschlundganglion bzw. Gehirn verbundener Ganglienkomplex aus Ganglienknoten des Bauchmarks.

Unterwerfungsgebärde, svw. ↑ Demutsgebärde.

unvollkommene Verwandlung, svw. Hemimetabolie (↑ Metamorphose).

Unzertrennliche (Agapornis), Gatt. bis 17 cm langer, kurzschwänziger, vorwiegend grüner, meist an Kopf, Bürzel und Schwanz bunt gezeichneter Papageien mit rd. zehn Arten in Steppen, Savannen und Wäldern Afrikas (einschl. Madagaskar); brüten teils in Baumhöhlen, teils in verlassenen Vogelnestern, eine Art (*Orangeköpfchen,* Agapornis pullaria; mit orangerotem Vorderkopf und hellblauem Bürzel) auch in Bauten von Baumtermiten; können gelegentl. an Kulturpflanzen (bes. Mais, Reis) schädl. werden; mehrere Arten sind beliebte Stubenvögel, z. B. *Fischers Unzertrennlicher* (Agapornis fischeri).

Upasbaum [malai./dt.] (Antiaris toxicaria), Maulbeerbaumgewächs der Gatt. Antiaris in SO-Asien. Der giftige Milchsaft enthält die herzwirksamen Glykoside *Antiarin* und *Antiosidin* und liefert das *Ipopfeilgift.*

Ur, svw. ↑ Auerochse.

Uracil (2,4(1H,3H)-Pyrimidindion), als

Nukleinsäurebase (in Form des Ribosids **Uridin**) ausschließl. in der ↑RNS enthaltene Pyrimidinverbindung; mit Glucose-1-phosphat bildet *Uridintriphosphat* (UTP; dreifach phosphoryliertes U.) unter Abspaltung eines Phosphatrests die biochem. wichtige *Uridindiphosphatglucose* (UDP-Glucose).

Uratoxidase, svw. ↑Uricase.

Uräusschlange [griech./dt.] (Naja haje), bis 2 m lange Kobra in Trockengebieten von N- bis SO-Afrika sowie auf der Arab. Halbinsel; einfarbig hellbraun bis fast schwarz, ohne Brillenzeichnung in der Nackenregion; wird oft von Schlangenbeschwörern zur Schau gestellt; Giftwirkung für den Menschen sehr gefährlich. - In der *altägypt. Kunst* v.a. königl. Symbol (an der Krone), zugleich bes. Symbol der Göttin Uto.

Urbienen (Prosopinae), weltweit verbreitete Unterfam. primitiver, einzeln lebender Bienen mit rd. 600 etwa 5–20 mm langen (in der einzigen Gatt. ↑Maskenbienen zusammengefaßten) Arten.

Urbild ↑Typus.

Urdarm (Archenteron, Progaster), der die *U.höhle* (Gastrozöl) umschließende Entodermanteil der ↑Gastrula, mit dem Urmund als Mündung nach außen. Der U. stellt die erste Anlage des späteren Darmtrakts bei den Vielzellern dar.

Urdbohne [Hindi/dt.] (Phaseolus mungo), vermutl. in Indien heim. und dort in vielen Sorten kultivierte Bohnenart mit 80–100 cm hohen, mit kurzen, braunen Haaren besetzten Stengeln; Blüten hellgelb, Hülsen etwa 7 cm lang, mit 7–10 meist schwarzen Samen.

Urease [griech.], Enzym, das Harnstoff in Kohlendioxid und Ammoniak spaltet; kommt bes. in Samen und Pilzen sowie in Bakterien, Krebsen und marinen Muscheln vor. U. wird in der klin. Chemie zur quantitativen Bestimmung von Harnstoff in Blut und Harn verwendet. J. Sumner stellte sie 1926 als erstes Enzym in reiner kristalliner Form dar.

Uredinales [lat.], svw. ↑Rostpilze.

ureotelisch [griech.], Harnstoff als hauptsächl. Endprodukt des Eiweißstoffwechsels im Urin ausscheidend; von Tieren gesagt; z. B. sind Haie, terrestr. Lurche, einige Schildkröten, Regenwürmer und alle Säuger ureotelisch.

Urese [griech.], svw. Harnentleerung (↑Harn).

Urethra [griech.], svw. ↑Harnröhre.

Urfarne (Psilophytatae), im Devon verbreitete Klasse der Farnpflanzen mit der einzigen Ordnung ↑Nacktpflanzen. Die gabelig verzweigten, blatt- und wurzellosen U. sind die ältesten Landpflanzen.

Urflügler (Urflüglerinsekten), Sammelbez. für einige ausgestorbene, vom Oberdevon bis Perm bekannte Ordnungen etwa 5–10 (maximal 40) cm langer, maximal 50 cm spannender Insekten, libellenähnl., schwerfällig fliegende Tiere mit starren, nicht zusammenlegbaren Flügeln, häufig unbewegl., flügelartigen Fortsätzen am Prothorax und entweder einem Saugrüssel zum Aufsaugen von Pflanzensäften oder einem kurzen Stechrüssel, der auf räuber. Lebensweise schließen läßt. - Die U. waren wahrscheinl. nicht die direkten Vorfahren der heutigen Insekten, sondern bildeten einen frühen Seitenzweig.

Urfrösche (Leiopelmatidae), ursprünglichste Fam. der Froschlurche mit nur 4 bekannten, bis 5 cm langen, grau getönten Arten, davon 3 in Neuseeland und eine im nw. N-Amerika (*Schwanzfrosch*, Ascaphus truei); in höheren, kalten Gebirgslagen.

Urgeschlechtszellen (Urkeimzellen, Urgenitalzellen), (diploide) Zellen der ↑Keimbahn, die schon zu Beginn der Keimesentwicklung vorhanden sind. Aus ihnen entwikkeln sich Ursamen- bzw. Ureizellen und später die entsprechenden Keimzellen.

Urhuftiere (Protungulata), seit der Oberkreide bekannte, mit Ausnahme des Erdferkels ausgestorbene Überordnung kleiner bis sehr großer Säugetiere, deren Zehenendglieder bei primitiven Formen bekrallt waren, bei höherentwickelten Tieren dagegen hufähnl. Bildungen aufwiesen. Von den vielen ausgestorbenen Ordnungen lebten vom Paläozän bis Oligozän die *Condylarthra*, primitive, kurzbeinige Tiere von raubtierhaftem Gesamtgepräge, aus denen sich stammesgeschichtl. aus zwei Seitenzweigen die ↑Unpaarhufer und ↑Paarhufer entwickelt haben.

Uricase (Uratoxidase), kupferhaltiges Enzym, das in Leber, Milz und Nieren der meisten Säugetiere (mit Ausnahme der Primaten und des Menschen) sowie auch bei vielen wirbellosen Tieren und in bestimmten Mikroorganismen (u.a. Candida utilis) vorkommt. U. katalysiert im Purinstoffwechsel den Abbau der Harnsäure und der harnsauren Salze (Urate) zu Allantoin. Aus Schweineleber und Mikroorganismen gewonnene U. dient in der klin. Diagnostik zum Nachweis des bei Gicht erhöhten Harnsäurespiegels.

Uridin (Uracilribosid) ↑Uracil.

Uridindiphosphatglucose ↑Uracil.

Uridintriphosphat ↑Uracil.

urikotelisch [griech.], Harnsäure als hauptsächl. Endprodukt des Eiweißstoffwechsels ausscheidend; von Tieren gesagt; Insekten, Tausendfüßer, Eidechsen, Schlangen und Vögel sind urikotelisch.

Urin [lat.], svw. ↑Harn.

Urinsekten (Flügellose Insekten, Apterygoten, Apterygota), zusammenfassende Bez. für die ursprünglichsten und ältesten Ordnungen primär flügelloser, in ihrer Individualentwicklung kein bes. Larvenstadium durchlaufender Insekten: Doppelschwänze, Beintastler, Springschwänze, Borstenschwänze.

Urkeimzellen ↑Urgeschlechtszellen.

Urmenschen, svw. Australopithecinae (↑ Mensch, Abstammung).

Urmotten (Micropterygidae), in den gemäßigten Klimaten weit verbreitete Fam. sehr urspr. Schmetterlinge mit kauenden Mundwerkzeugen; einheim. sind sieben Arten mit etwa 7–10 mm spannenden, goldvioletten oder bronzefarbenen, im Flug miteinander gekoppelten Flügeln; Imagines Pollenfresser, Larven fressen sich zersetzende Pflanzenteile.

Urmund (Prostoma, Blastoporus), bei der Gastrulation sich ausbildende, in den ↑ Urdarm führende Öffnung. Je nachdem, ob der U. zum definitiven Mund oder zum After wird, unterscheidet man ↑ Protostomier und ↑ Deuterostomier.

Urmundtiere, svw. ↑ Protostomier.

Urobilin [griech./lat.] (Mesobilin) ↑ Gallenfarbstoffe.

Urobilinogen [griech./lat./griech.], svw. Mesobilirubinogen (↑ Gallenfarbstoffe).

Urodela (Urodelen) [griech.], svw. ↑ Schwanzlurche.

urogenital [griech./lat.], die Harn- und Geschlechtsorgane betreffend.

Urogenitalsystem (Urogenitaltrakt, Harn-Geschlechts-Apparat), zusammenfassende Bez. für zwei bei den Wirbeltieren (einschl. Mensch) morpholog.-funktionell miteinander verknüpfte Organsysteme, das der Exkretion und das für die Geschlechtsprodukte. Eine direkte Verbindung zw. den beiden Systemen besteht jedoch nur im ♂ Geschlecht bei der Bildung des Nebenhodens aus der Urniere und beim Funktionswechsel des Urnierengangs zum Samenleiter, bei den Säugern (einschl. Mensch) auch hinsichtl. des Harn-Samen-Leiters.

Urokinase, von den Nierenzellen gebildetes Enzym, das an α-Globulin gebunden im Plasma transportiert wird und die Umwandlung von Profibrinolysin (Plasminogen) in Fibrinolysin bewirkt. Fibrinolytikum.

Uropoese [griech.], svw. Harnbildung (↑ Harn).

Urpilze (Archimycetes), früher Bez. für parasit. Arten der ↑ Chytridiales und ↑ Schleimpilze mit zellwandlosen Entwicklungsstadien.

Urrassen, svw. ↑ Primitivrassen.

Urraubtiere (Kreodonten, Creodonta), ausgestorbene, von der Oberkreide bis zum Miozän bekannte Ordnung primitiver Säugetiere mit raubtierartig differenziertem Gebiß; entweder Insektenfresser (kleinere Arten) oder Raubtiere und Aasfresser von Fuchs- bis Wolfgröße; aus letzteren hat sich im nordamerikan. und europ. Paläozän und Eozän ein Seitenzweig entwickelt *(Miacidae)* als Stammesgruppe der heutigen Raubtiere.

Urringelwürmer (Archiannelida), Ordnung meist 0,3–10 mm langer (maximal 10 cm messender) Ringelwürmer (Klasse Vielborster), v. a. im Sandlückensystem der Meere; in ihrer Organisation larvenartig stark vereinfachte Tiere mit homonomer Körpergliederung, völlig oder weitgehend reduzierten Parapodien und Borsten sowie stark vereinfachtem Nerven- und Blutgefäßsystem; bewegen sich (mit Ausnahme der wenigen größeren Arten) durch Wimpernschlag fort.

Ursegmente (Somiten), bei Wirbeltierembryonen die aus rückennahen Teilen des mittleren Keimblatts (Mesoblastem) entstehenden Primitivanlagen für die Entwicklung von Unterhautbindegewebe (Dermatom), Muskulatur (Myotom), Knorpel- und Knochengewebe (Sklerotom; insbes. Wirbelsäule).

Urtica [lat.], svw. ↑ Brennessel.

Urticaceae [lat.], svw. ↑ Nesselgewächse.

Urtierchen, svw. ↑ Protozoen.

Urvogel, svw. ↑ Archäopteryx.

Urwald, im Ggs. zum Wirtschaftswald bzw. Naturwald der vom Menschen nicht oder wenig beeinflußte Wald der verschiedenen Vegetationszonen der Erde. U. ist heute nur noch in begrenzter, in den einzelnen Vegetationszonen unterschiedl. Ausdehnung vorhanden. Durch Rodung (zur Gewinnung landw. Nutzflächen) und Raubbau an Nutzhölzern sind bes. in dichtbesiedelten Gebieten (S-, SO- und O-Asien, M- und S-Europa, später auch N-Amerika) die urspr. Wälder (Hartlaubwald und Lorbeerwald des Mittelmeerraums, Vorderasiens und S-Chinas, Monsunwald Indiens und die sommergrünen Laubwälder M-Europas und O-Asiens) schon früh zerstört und durch eine artenärmere Sekundärvegetation (z. B. Macchie, Garrigue, Kultursteppe) ersetzt worden. Seit 200 Jahren werden auch der schwer zugängl. Regenwald der inneren Tropen und der boreale Nadelwald im N Amerikas und Eurasiens großflächig ausgebeutet. Durch Schaffung von Reservaten versucht man noch U.restbestände zu schützen (in der BR Deutschland z. B. im Nationalpark Bayerischer Wald).

Urwildpferd, svw. ↑ Prschewalskipferd.

Urzeugung (Abiogenese, Archigonie), die spontane, elternlose Entstehung von Lebewesen aus anorgan. *(Autogonie)* oder organ. Substanzen *(Plasmogonie)*, im Ggs. zur Erschaffung von Lebewesen durch einen göttl. Schöpfungsakt. Eine U. wurde bis zur Erfindung leistungsfähiger Mikroskope bes. für einfache Organismen, wie Würmer und einige Schmarotzer, als mögl. angesehen. Daß das Phänomen der U. für die Mikrowelt Gültigkeit haben könnte, wurde endgültig durch L. Pasteur im 19. Jh. widerlegt. Es darf heute als gesichert angesehen werden, daß sich (ausgenommen die erste Entstehung von ↑ Leben überhaupt) ein lebender Organismus nur aus Lebendigem entwickeln kann.

Usambaraveilchen [nach den Usambara Mountains] (Saintpaulia), in O-Afrika heim. Gatt. der Gesneriengewächse mit rd. 20 Arten; kleine Stauden mit in Rosetten stehenden, rundl., meist fleischigen, weich behaarten Blättern und blauvioletten, fünfzähligen, zweiseitig-symmetr. Blüten in wenigblütigen Trugdolden; v.a. die Art **Saintpaulia ionantha** ist eine beliebte Zimmerpflanze mit zahlr. blau, rosafarben oder weiß blühenden Sorten; Vermehrung durch Blattstecklinge.

Usnea [arab.] ↑ Bartflechten.

Ustilaginales [lat.], svw. ↑ Brandpilze.

uterin [lat.], zur Gebärmutter gehörend.

Uterinmilch (Uterusmilch, Embryotrophe), Nährflüssigkeit für den Keim bzw. Embryo lebendgebärender Wirbeltiere, die in der Gebärmutter aus enzymat. abgebauten Schleimhautzellen und Leukozyten, bei Säugern (einschl. Mensch) v.a. auch aus dem Sekret von Drüsen der Gebärmutterwand gebildet wird.

Uterus [lat.], svw. ↑ Gebärmutter.

Utriculus [lat.], in der *Anatomie* ↑ Labyrinth.

Uvea [lat.], zusammenfassende Bez. für Aderhaut, Ziliarkörper und Regenbogenhaut des Auges.

Uvula [lat.], Kurzbez. für U. palatina (Gaumenzäpfchen).

v., Abk. für: varietas (Varietät; ↑ Abart).

Vaccinium [vak'tsi...; lat.], svw. ↑ Heidelbeere.

vagil [lat.], freilebend, bewegl., umherschweifend; gesagt von Lebewesen, die nicht festsitzend (sessil) sind.

Vagina [lat.], svw. ↑ Scheide.

◆ Gewebsscheide, Gewebshülle, bindegewebige Hülle von Organen; z. B. *V. tendinis*, svw. Sehnenscheide.

vaginal [lat.], zur weibl. Scheide gehörend, die Scheide betreffend.

Vagus [lat. „umherschweifend, unstet"; Kurzbez. für: Nervus vagus] (Eingeweidenerv) ↑ Gehirn.

Vakuole [lat.] (Zellvakuole), von einer Elementarmembran umschlossener, flüssigkeitsgefüllter Hohlraum in tier. und pflanzl. Zellen. I.e.S. die von einer dünnen semipermeablen Plasmahaut (Tonoplast) umschlossene V. ausdifferenzierter, lebender Pflanzenzellen, die aus Bläschen des embryonalen Protoplasmas mit fortschreitender Zelldifferenzierung unter Wasseraufnahme und unter Verschmelzung zu meist einer V. hervorgeht. Der V.inhalt *(Zellsaft)* ist für die osmot. Eigenschaften der pflanzl. Zelle bestimmend. In ihm können Farbstoffe (z.B. Anthozyane) gelöst sein, Reservestoffe (z.B. Kohlenhydrate, Eiweiß) gespeichert und für die Pflanze wertlose oder giftige Stoffwechselprodukte (z.B. Salze) abgelagert sein und dadurch unschädl. gemacht werden. Spezielle V. entsprechen funktionell lyt. Kompartimenten, d.h. ↑ Lysosomen. Bei Einzellern und tier. Zellen dienen V. v.a. der Nahrungsaufnahme und Verdauung *(Nahrungs-, Verdauungsvakuolen)*.

Valeriana [mittellat.], svw. ↑ Baldrian.

Valerianella [mittellat.], svw. ↑ Feldsalat.

Valin [Kw.] (2-Amino-3-methylbuttersäure), Abk. Val, eine essentielle Aminosäure.

Vallisneria (Vallisnerie) [nach dem italien. Botaniker A. Vallisnieri, * 1661, † 1730], svw. ↑ Wasserschraube.

Vallote (Vallota) [nach dem frz. Arzt und Botaniker A. Vallot, * 1594, † 1671], Gatt. der Amaryllisgewächse mit der einzigen Art *Vallota speciosa* im kapländ. Florenreich; Staude mit längl.-eiförmiger Zwiebel, linealförmigen Blättern und großen, scharlach- bis tiefroten Blüten; Zimmerpflanze.

Valva (Mrz. Valvae) [lat.], in der *Anatomie* Bez. für klappenartige Schleimhautfalten zur Regulierung des Flüssigkeitsstromes im Organismus; z. B. *V. aortae* (Aortenklappe).

Valvula (Mrz. Valvulae) [lat.], in der *Anatomie* Bez. für kleinere, klappen- bzw. faltenartige Strukturen in Blut- und Lymphgefäßen.

Vampire [slaw.] (Echte V., Desmodontidae), Fam. der Fledermäuse mit drei Arten, v.a. in trockenen Landschaften und feuchten Wäldern der amerikan. Tropen und Subtropen (von der südl. Grenze der USA bis nach Argentinien); Körperlänge 6,5–9 cm, ohne äußerl. sichtbaren Schwanz; fliegen aus den Tagesquartieren (Felshöhlen, auch hohle Bäume und unbewohnte Gebäude) erst bei völliger Dunkelheit aus; ernähren sich ausschließl. vom Blut von Säugetieren (v.a. Haustiere, selten auch Menschen) oder Vögeln; sie schneiden dabei an wenig oder unbehaarten Körperstellen mit ihren messerscharfen Schneide- und Eckzähnen (völlig schmerzlos) eine Wunde und lecken das ausfließende Blut auf; manchmal tritt längeres Nachbluten durch den gerinnungshemmenden Speichel der V. auf. V. können gefährl. [Haustier]krankheiten (z.B. auch Tollwut) übertragen. - Am bekanntesten ist der **Gemeine Vampir** (Desmodus rotundus).

Vane, John Robert [engl. vɛɪn], * Tardebigg (Worcestershire) 29. März 1927, brit. Pharmakologe. - Erhielt für die Entdeckung und Erforschung der mit den Prostaglandinen verwandten Prostazykline (verhindern die Entstehung von Blutgerinnseln) 1982 den Nobelpreis für Physiologie oder Medizin (zus. mit S. Bergström und B. Samuelsson).

Vanessa, mit zahlr. Arten weltweit verbreitete Gatt. der Tagschmetterlinge (Fam. Edelfalter), davon in M-Europa als einzige Arten ↑Admiral und ↑Distelfalter.

Vanille (Vanilla) [va'nıljə, va'nılə; span., eigtl. „kleine Scheide, kleine Schote" (zu lat. vagina „Scheide")], Gatt. der Orchideen mit rd. 100 Arten im trop. Amerika, in W-Afrika, auf Malakka und Borneo; Lianen mit Luftwurzeln, fleischigen Blättern, in Trauben stehenden Blüten und schotenähnl. Kapselfrüchten. Die wirtsch. wichtigste Art ist die im trop. Amerika heim., in den gesamten Tropen kultivierte **Gewürzvanille** (Echte V., Vanilla planifolia) mit bis 25 cm langen, ellipt. Blättern und gelblichweißen, duftenden Blüten. Die zu Beginn der Reife geernteten, bis 30 cm langen Früchte liefern die Vanillestangen *(Bourbon-* und *Mexiko-V.).* Die ebenfalls in den Küstenwäldern des trop. Amerika vorkommende, v. a. auf Tahiti angepflanzte *Pompon-V.* (Vanilla pompona) liefert Vanillons *(Tahitivanille).*

var., in der Botanik Abk. für: **var**ietas (Varietät; ↑Abart).

Vari [Malagassi] ↑Lemuren.

Variabilität [lat.], die Eigenschaft der Veränderlichkeit der Lebewesen, die Fähigkeit zum Abweichen von der Norm (↑Variation).

Pomponvanille. Blüten

Variation [lat.], die bei einem Lebewesen im Erscheinungsbild (Phänotyp) zutage tretende Abweichung von der Norm, die der betreffenden Art bzw. einer entsprechenden Population eigen ist, oder die bei gleicher Erbanlage und gleicher Umwelt im Rahmen der V.breite vom Mittelwert abweichende (streuende) Merkmalsausbildung (z. B. in bezug auf die Größe der Früchte ein und derselben Pflanze). Die individuelle V. ist durch innere (physiolog. oder genet. [Mutation]) und/oder äußere Faktoren (Modifikation) bedingt. Die abweichenden Individuen werden als *Varianten* bezeichnet.

Variationsbewegungen (Turgorbewegungen), bei Pflanzen durch reversible Änderungen des in bestimmten Zellen oder Gewebszonen herrschenden Turgors hervorgerufene, meist ungerichtete Bewegungen. - ↑auch Nutationsbewegungen.

Varietät [...i-e...; lat.], svw. ↑Abart.

Vas (Mrz. Vasa) [lat.], in der *Anatomie* Bez. für röhrenartige Strukturen, v. a. bestimmte Blut- und Lymphgefäße. - **Vas deferens,** svw. ↑Samenleiter.

vaskulär [lat.], zu den Körpergefäßen gehörend, Gefäße enthaltend.

vasomotorisch [lat.], auf die Gefäßnerven bezüglich; von den Gefäßnerven gesteuert, durch sie ausgelöst.

Vasopressin [lat.] (Adiuretin, ADH), Peptidhormon des Hypophysenhinterlappens. V. wird im Hypothalamus gebildet und auf dem Weg der Neurosekretion aus dem Hypophysenhinterlappen freigesetzt. Eine Mehrausschüttung von V. erfolgt v. a. bei Erhöhung des osmot. Drucks der Körperflüssigkeiten, z. B. bei Wasserverlust infolge Schweißsekretion. Das Hormon hemmt die Diurese, d. h., es fördert die Rückresorption des Wassers in der Niere und damit eine Konzentrierung des Harns. Höhere Dosen von V. führen zum Blutdruckanstieg.

Vater-Pacini-Körperchen (Vater-Pacini-Tastkörperchen, Vater-Pacini-Lamellenkörperchen) [italien. pa'tʃiːni; nach dem dt. Arzt A. Vater, * 1684, † 1751, und F. Pacini], in der Unterhaut sowie im Bindegewebe zahlr. innerer Organe lokalisierte Drucksinnesorgane bei Reptilien, Vögeln und Säugetieren (einschl. Mensch). Die beim Menschen v. a. in den Fingerbeeren vorkommenden, bis 4 mm langen und 2 mm dicken, kolbenförmigen V.-P.-K. bestehen aus bis zu 60 konzentr. Bindegewebslamellen, die einen von Nervenfasern umsponnenen Innenkolben umgeben.

Vegetation [zu lat. vegetatio „Belebung, belebende Bewegung"] (Pflanzendecke), Gesamtheit der Pflanzen, die die Erdoberfläche bzw. ein bestimmtes Gebiet mehr oder weniger geschlossen bedecken. Die V. der Erde bzw. eines Teilgebietes läßt sich nach verschiedenen Kriterien gliedern: 1. pflanzengeograph.-systemat. nach Florenreichen; 2.

pflanzensoziolog. nach Pflanzengesellschaften; 3. physiognom.-ökolog. nach Pflanzenformationen. Diese Gliederung spiegelt sich in der räuml. Verteilung der V. über die Erde in Form von ↑Vegetationszonen wider.

Vegetationsgeographie, Teilgebiet der Biogeographie bzw. geograph. Forschungsrichtung der Geobotanik, die die räuml. Verbreitung der Pflanzen auf der Erde darzustellen und ursächl. zu erklären versucht.

Vegetationsgürtel, svw. ↑Vegetationszonen.

Vegetationskunde ↑Geobotanik.

Vegetationsorgane, in der Botanik Bez. für diejenigen Teile der Pflanze, die im Ggs. zu den Geschlechtsorganen nur der Lebenserhaltung und nicht der geschlechtl. Fortpflanzung dienen. Die V. der höheren Pflanzen sind Sproßachse, Laubblätter und Wurzel.

Vegetationsperiode (Vegetationszeit), derjenige Zeitraum des Jahres, in dem Pflanzen photosynthetisch aktiv sind, d. h. wachsen, blühen und fruchten; im Ggs. zu der durch Trockenheit oder Kälte verursachten **Vegetationsruhe.**

Vegetationspunkt (Vegetationskegel), kegel- oder kuppenförmige Spitzenregion von Sproß und Wurzel bei Farn- und Samenpflanzen. Der *Sproß-V.* besteht aus primärem Bildungsgewebe, das, von einer einzelnen Scheitelzelle (bei den meisten Farnpflanzen) bzw. von einer Gruppe von Initialzellen (bei den Samenpflanzen) ausgehend, durch fortlaufende Zellteilungen das Ausgangsmaterial für die in der anschließenden Differenzierungszone stattfindende Organbildung und Gewebsdifferenzierung liefert. Der *Wurzel-V.* wird von einer sich ständig erneuernden Wurzelhaube geschützt. Der V. gewährleistet das lebenslang anhaltende Wachstum der Pflanze. Nur bei der Blütenbildung wird der Sproß-V. vollständig in Dauergewebe übergeführt.

Vegetationsstufen (Höhenstufen), durch Temperatur und Niederschlag bedingte Vegetationszonen (auch Wirtschaftszonen), die an einem Gebirgshang (vertikal) aufeinander folgen. In den gemäßigten Breiten (von unten): **kolline Stufe** (Hügellandstufe), umfaßt das Hügelland und die Hanglagen der Mittelgebirge bis 500 (maximal 800) m; Standorte für wärmeliebenden Eichenmischwald und Kiefernwald; in sehr trockenen Lagen Ausbildung von Steppenheidevegetation. **Montane Stufe** (Bergwaldstufe), im allg. von einer charakterist. Waldformation gebildet; bis etwa 1 400–1 600 m. **Alpine Stufe,** von der Baumgrenze bis zur klimat. Schneegrenze; bis etwa 2 500 m. Nach den Wuchsformen der vorherrschenden Pflanzen werden unterschieden (von unten nach oben aufeinanderfolgend): Krummholz-, Zwergstrauch-, Matten- *(subalpine Stufe)* und Polsterpflanzengürtel. **Nivale Stufe** (Schneestufe), die hier noch wachsenden Moose und Flechten treten in Gruppen oder nur noch einzeln an schneearmen Standorten (Grate, Felswände) auf; in den Alpen von 2 700–3 100 m.

Vegetationszeit, svw. ↑Vegetationsperiode.

Vegetationszonen (Vegetationsgürtel, Vegetationsgebiete), den Klimazonen der Erde zugeordnete, mehr oder weniger breitenkreisparallel verlaufende Gebiete, die von bestimmten, für die jeweiligen klimat. Bedingungen charakterist. Pflanzenformationen besiedelt werden (z. B. Regenwald und Savanne der Tropen, Laubwald der gemäßigten Zonen, Tundra der subpolaren Gebiete).

vegetativ [lat.], ungeschlechtlich; nicht mit der geschlechtl. Fortpflanzung in Zusammenhang stehend.

◆ unwillkürlich, unbewußt; bes. in der Physiologie von den Funktionen des vegetativen Nervensystems gesagt.

vegetative Fortpflanzung ↑Fortpflanzung.

vegetative Funktionen, die für den inneren Betrieb des Organismus zuständigen, vom vegetativen Nervensystem gesteuerten, i. d. R. unbewußt-unwillkürlich ablaufenden Funktionen; im Ggs. zu den vom animal. Nervensystem gesteuerten *animal. Funktionen,* die für die Auseinandersetzung mit der Umwelt zuständig sind.

vegetative Muskulatur, svw. glatte Muskulatur (↑Muskeln).

vegetative Phase, die der ↑reproduktiven Phase vorausgehende Entwicklungs- und Wachstumsphase eines Lebewesens.

vegetatives Nervensystem (autonomes Nervensystem, Eingeweidenervensy-

Hundsveilchen

stem), bei den Wirbeltieren (einschl. Mensch) der v.a. die Funktionen der Eingeweideorgane steuernde und kontrollierende (unwillkürl.) Teil des peripheren ↑Nervensystems; setzt sich aus ↑Sympathikus und ↑Parasympathikus zusammen.

Veilchen [zu lat. viola „Veilchen"] (Viola), Gatt. der V.gewächse mit rd. 450 Arten in der nördl. gemäßigten Zone und den Gebirgen der Tropen und Subtropen; meist Stauden, seltener Halbsträucher; Blätter wechsel- oder grundständig, oft ei- oder herzförmig, mit Nebenblättern; Blüten meist einzeln, zweiseitig-symmetr. (zygomorph), mit Sporn, oft blau bis violett oder gelb. - Die häufigsten der in Deutschland vorkommenden 22 Arten sind **Hundsveilchen** (Viola canina, niedrige Staude mit kriechendem Stengel, lanzettförmigen Blättern und blauen, duftlosen Blüten mit gelbl. Sporn; auf Heiden und in Wäldern mit sauren Böden), **Waldveilchen** (Viola reichenbachiana, 5–20 cm hohe Staude mit aufsteigenden Stengeln und längl.-eiförmigen Blättern mit lang gefransten Nebenblättern; Blüten violett, mit langem, geradem, meist tiefviolettem Sporn, geruchlos; in Mischwäldern), **Spornveilchen** (Viola calcarata, 4–10 cm hoch, mit unverzweigten Stengeln; Blüten 2,5–4 cm lang, meist dunkelviolett, mit meist 8–15 mm langem Sporn; in den Alpen ab etwa 1600 m). Zur Gatt. V. gehören auch das ↑Stiefmütterchen und das **Hornveilchen** (Viola cornuta, 20–25 cm hoch, mit beblättertem Stengel; Blüten violett). - Abb. S. 243.

Veilchengewächse (Violaceae), Fam. der Zweikeimblättrigen mit rd. 850 Arten in 16 Gatt., v.a. in den Tropen und Subtropen; einzelne Gatt., v.a. die Gatt. ↑Veilchen, auch in den gemäßigten Zonen bis in die Arktis; Bäume, Sträucher, Halbsträucher oder Kräuter; Blätter mit Nebenblättern; Blüten in Trauben, Ähren, Rispen oder einzeln achselständig.

Veilchenschnecken (Floßschnecken, Janthina), Gatt. 1–5 cm langer, die Hochsee bewohnender Vorderkiemer mit dünnwandigem, rundl., violett gefärbtem Gehäuse ohne Deckel. Die räuber. lebenden Tiere treiben an der Wasseroberfläche an einem selbstgebauten lufterfüllten, gekammerten, aus erhärtetem Schleim gebildeten „Schwimmfloß".

Veliger [lat.], bis 7 mm großer, bes. im Plankton frei schwimmender Larventyp bei Meeresschnecken und vielen Meeresmuscheln, nur selten bei (sekundären) Süßwasserformen (z.B. bei der Wandermuschel); mit dorsaler, bei Schnecken gewundener Embryonalschale; im Bereich der Mundöffnung Wimpernkranzepithel als Velum ausgebildet.

Velum [lat.], segelartige Strukturen am oder im Körper verschiedener Lebewesen.

Venen [lat.] (Blutadern, Venae), bei Wirbeltieren (einschl. Mensch) diejenigen Blutgefäße, die im Unterschied zu den Arterien (mit denen sie über ↑Kapillaren in Verbindung stehen) das Blut dem Herzen zuführen. Ihre dreischichtige Wand ähnelt der der Arterien, sie weist jedoch weniger elast. Fasern und Muskelzellen auf. Mit Ausnahme der Lungen-V. führen die V. mit Kohlensäure beladenes (venöses) Blut, dessen Druck geringer ist als in den Arterien und dessen Strömungsrichtung zusätzl. durch Venenklappen gesteuert wird.

venös [lat.], venenreich; zu den Venen gehörend.

ventral [lat., zu venter „Bauch"], in der Anatomie: an der Bauchseite (Vorderseite) gelegen, zur Bauchseite (Vorderseite) hin.

Ventriculus [lat.] ↑Ventrikel.
◆ svw. ↑Magen.

Ventrikel (Ventriculus) [lat., eigtl. „kleiner Bauch"], Bez. für: Kammer, Hohlraum, bes. von Organen; z.B. *Gehirn-V.* (↑Gehirn).

Venturia [nach dem italien. Botaniker A. Venturi, 19. Jh.], artenreiche Schlauchpilzgatt. mit der Nebenfruchtform *Fusicladium.* Z.T. gefährl. Pflanzenparasiten, an Früchten, Blättern und Zweigen (verursachen Schorf).

Venusberg, svw. ↑Schamberg.

Venusfliegenfalle [nach der röm. Göttin] (Dionaea), Gatt. der Sonnentaugewächse mit der einzigen Art *Dionaea muscipula* auf Mooren von North Carolina und South Carolina (USA); fleischfressende, ausdauernde, krautige Pflanze; Blätter grundständig, mit flachem, keilförmig verbreitertem Stiel; Blattspreite in zwei rundl., am Rand mit langen, steifen Haaren besetzte Klappen umgebildet; Blüten weiß, in langgestielter Doldentraube stehend. Auf der Innenseite jeder Blattspreitenhälfte stehen drei Fühlhaare, bei deren Reizung (durch Berührung oder Stoßreize) die Blatthälften sehr schnell (0,01–0,02 s) zusammenklappen. Die steifen Randborsten verschränken sich hierbei, so daß ein Entkommen der gefangenen Tiere (v.a. Insekten) nicht mehr mögl. ist. Durch auf der Blattinnenseite befindl. Drüsen werden Enzyme ausgeschieden, die die Beute zersetzen.

Venusgürtel ↑Rippenquallen.

Venushügel, svw. ↑Schamberg.

Venusmuscheln [nach der röm. Göttin] (Veneridae), Fam. der Muscheln, v.a. auf Sand- und Weichböden küstennaher Meeresregionen; Schalen rundl. bis längl., 0,5–8 cm lang, oft gefärbt, teils gerippt; können mit Hilfe ihres Fußes zentimeterweise springen. Zu den V. gehört u.a. die in der Nordsee vorkommende *Venus gallina.* Einige Arten sind eßbar.

Venusschuh [nach der röm. Göttin] (Paphiopedilum), Gatt. der Orchideen mit rd. 50 Arten im trop. Asien; erdbewohnende Pflanzen mit meist einzeln an einem Schaft stehenden, prächtigen Blüten mit schuhförmiger Lippe. Zahlr. Arten und Hybriden sind für Zimmerkultur geeignet.

Veratrum [lat.], svw. ↑Germer.

Verbänderung (Fasziation), durch Wachstumsstörungen am Vegetationskegel hervorgerufene abnorme bandartige Verbreiterung pflanzl. Sproßachsen. Als erbl. Mißbildung kommt V. z. B. beim Spargel vor.

Verbascum [lat.], svw. ↑Königskerze.

Verbena [lat.], svw. ↑Eisenkraut.

Verborgenrüßler (Ceutor[r]hynchinae), weltweit verbreitete, sehr artenreiche Unterfam. kleiner, gedrungener Rüsselkäfer, die ihren Rüssel in einer Rinne der Vorderbrust (von oben unsichtbar) verbergen können. Die Larven entwickeln sich im Innern krautiger Pflanzen. Einige Arten (z. B. ↑Kohlgallenrüßler) schädigen Nutzpflanzen.

Verdauung (Digestion), Abbau der organ. Grundnahrungsstoffe Kohlenhydrate, Eiweiße und Fette in einfache und für den Organismus bzw. eine einzelne Zelle resorbierbare Bausteine des Stoffwechsels durch die Einwirkung von ↑Verdauungsenzymen. Bei Einzellern, Schwämmen, Hohltieren, Strudelwürmern, einigen Muscheln und Schnecken erfolgt die V. innerhalb der Zellen *(intrazellulare Verdauung)*. Bei höheren Tieren erfolgt die V. im Darm *(extrazellulare Verdauung)*. Dabei kann die Nahrung bereits außerhalb des Körpers durch nach außen abgegebene V.enzyme vorverdaut und dann verflüssigt in den Darm aufgenommen werden (*extraintestinale V.;* z. B. bei Spinnen).

Verdauungsenzyme, i. w. S. alle Enzyme, die eine ↑Verdauung bewirken; i. e. S. nur die von in den Darmtrakt mündenden Verdauungsdrüsen bzw. aus Darmepithelzellen stammenden Enzyme. Man unterscheidet die zu den Hydrolasen zählenden Carbohydrasen, Proteasen und Lipasen. Bei den *Carbohydrasen* unterscheidet man Polyasen, Oligasen, Glykosidasen. Zu den Polyasen zählen die die Stärke und das Glykogen bis zu den Oligo- bzw. Disacchariden abbauenden Amylasen, die die Zellulose bis zur Glucose abbauenden Zellulasen und die Chitinasen, die Chitin zu einfachen Zuckern spalten. Die Oligasen (v. a. Maltase, Lactase) spalten Glykoside und Oligosaccharide zu Monosacchariden. Bei den *Proteasen* unterscheidet man Proteinasen (Endopeptidasen; Pepsin, Trypsin, Chemotrypsin), die Proteine und höhere Polypeptide in niedermolekulare Eiweißstoffe spalten, und die Peptidasen i. e. S. (Exopeptidasen), die v. a. niedermolekulare Eiweißstoffe in die einzelnen Aminosäuren zerlegen. Die die Fette in Glycerin und Fettsäuren spaltenden *Lipasen* können erst nach Einwirken der Gallensäuren wirksam werden. - Bei manchen Tieren werden bestimmte V., die sie nicht selbst produzieren können, von symbiont. Mikroorganismen geliefert (v. a. die Zellulasen und Chitinasen).

Verdursten ↑Durst.

Vererbung, die Übertragung von Merkmalsanlagen (d. h. von genet. Information) von den Elternindividuen auf deren Nachkommen bei Pflanzen, Tieren und beim Menschen. Die Entstehung eines neuen Organismus aus Strukturen seiner Eltern kann vegetativ oder sexuell (über ↑Geschlechtszellen) erfolgen (↑Fortpflanzung). Immer ist der materielle Träger der im Erbgut enthaltenen, als Gene bezeichneten „Anweisungen" zur Ausbildung bestimmter Eigenschaften die DNS bzw. (bei einigen Viren) die virale RNS. Bei Organismen mit echtem Zellkern, den Eukaryonten, ist die genet. Information v. a. in den einzelnen Chromosomen bzw. deren Genen lokalisiert, die dann beim V.vorgang von Generation zu Generation weitergegeben werden (*chromosomale V., karyont. V.;* im Unterschied zur *akaryont. V.* bei den Prokaryonten [Bakterien, Blaualgen]). Je nachdem, ob entsprechende (allele) Erbanlagen (allele Gene), die die Nachkommen von ihren Eltern mitbekommen haben, gleich oder ungleich sind, spricht man von rein- oder von mischerbigen Merkmalen bzw. Individuen (↑Homozygotie, ↑Heterozygotie); bei Mischerbigkeit kann das eine allele Gen dominant (↑Dominanz) und damit das andere rezessiv sein (↑Rezessivität), oder beider Einfluß auf die Merkmalsausbildung ist etwa gleich stark *(intermediäre Vererbung)*. Auf diesen Verhältnissen beruhen die klass. ↑Mendel-Regeln, die in reiner Ausprägung jedoch durch Faktorenaustauschvorgänge, auch durch Mutationen, meist nicht verwirklicht sind. Von einer *geschlechtsgebundenen V.* wird dann gesprochen, wenn im V.gang ↑geschlechtsgebundene Merkmale eine bes. Rolle spielen. Die Ausbildung des jeweiligen Geschlechts erfolgt v. a. durch die Geschlechtschromosomen. Ein einzelnes Merkmal kann durch ein einzelnes Gen, durch mehrere oder durch viele Gene bedingt sein. Neben der chromosomalen V. gibt es noch die (nicht den Mendel-Regeln folgende) *extrachromosomale V. (Plasmavererbung)* über sog. im Zellplasma lokalisierte Plasmagene. Die Plasma-V. höherer Organismen zeigt, entsprechend den Plasmaanteilen von Eizelle und Spermien, bei der Zygote einen mütterl. Erbgang. Außer den chromosomalen und extrachromosomalen Genen nehmen noch weitere zytoplasmat. Faktoren zusätzl. Einfluß auf die V. (sie kommen v. a. bei Artkreuzungen zu erkennbarer Wirkung, da hierbei die Gene mit dem gebotenen Zytoplasma nicht mehr harmon. übereinstimmen). Die den ↑Genotyp ergebenden V.faktoren führen zus. mit (modifizierenden) Umweltfaktoren zur Ausbildung des jeweiligen ↑Phänotyps. - Die Wiss. und Lehre von der V. ist die ↑Genetik.

📖 *Gottschalk, W.: Allg. Genetik. Stg. [2]1984. - Heß, D.: Genetik. Grundll. - Erkenntnisse - Entwicklungen der modernen Vererbungsforschung. Freib. [9]1982. - Knodel, H./Kull, U.: Genetik u. Molekularbiologie. Stg. [2]1980. - Murken,*

Ackervergißmeinnicht

J. D./Cleve, H.: Humangenetik. Dt. Übers. Stg. [2]1979. - Smith, A.: Das Abenteuer Mensch. Die Herausforderung der Genetik. Dt. Übers. Ffm. 1978.

Vererbungslehre, svw. ↑Genetik.

Vergeilung ↑Etiolement.

Vergißmeinnicht (Myosotis), Gatt. der Rauhblattgewächse mit rd. 80 Arten im gemäßigten Eurasien, in den Gebirgen des trop. Afrika bis zum Kapland, auf Neuguinea, in Australien und Neuseeland; einjährige, zweijährige oder ausdauernde Kräuter mit rauhhaarigen Blättern; Blüten in trauben- bis ährenförmigen Wickeln; Blütenkrone blau, rosafarben oder weiß. Von den in Deutschland vorkommenden 11 formenreichen Arten sind v. a. das **Sumpfvergißmeinnicht** (Myosotis palustris; bis 50 cm hohe Staude mit blauen oder weißen Blüten; auf feuchten Böden) und das **Ackervergißmeinnicht** (Myosotis arvensis) häufig. Vom **Waldvergißmeinnicht** (Myosotis silvatica) leiten sich zahlr. zweijährig gezogene Gartenformen ab. - Das V. galt bei den Germanen als Symbol der Freundschaft und Erinnerung.

Verhalten, i. w. S. die Gesamtheit aller beobachtbaren (feststellbaren oder meßbaren) Reaktionsweisen oder Zustandsänderungen von Materie, insbes. das Reagieren lebender Strukturen auf Reize; i. e. S. die Gesamtheit aller Körperbewegungen, Körperhaltungen und des Ausdrucksverhaltens (Lautäußerungen, Setzen von Duftmarken u. a.) eines lebenden tier. Organismus in seiner Umwelt. Dieses letztere V. ist der Untersuchungsgegenstand der vergleichenden ↑Verhaltensforschung. Der klass. Behaviorismus unterschied zw. offenem (Overt-behavior, umfaßt diejenigen Verhaltenselemente, die der direkten Beobachtung zugängl. sind, z. B. Fortbewegung, Lachen, Lautäußerung) und verborgenem oder verdecktem V. (Covert-behavior, umfaßt alle jene [meist physiolog.] Veränderungen, wie z. B. des Blutdrucks, des Muskeltonus, die sich der direkten Beobachtung entziehen und erst mit Hilfe von Instrumenten als Reaktionen auf bestimmte Reize objektiv festgestellt werden können). Heute unterscheidet man im allg. Kategorien bestimmter V.weisen. So versteht man unter *autochthonem V.* die Gesamtheit der Reaktionen, die auf einem spezif. Antrieb beruhen und durch einen passenden Schlüsselreiz ausgelöst werden. Im Unterschied dazu wird V., dem auch individuelle Lernvorgänge zugrunde liegen, als *allochthones V.* bezeichnet. Des weiteren wird etwa zw. *spontanem V.*, *agonist. V.* (V. im Zusammenhang mit [kämpfer.] Auseinandersetzungen) und *appetitivem V.* (↑Appetenzverhalten) unterschieden. Bes. Interesse wird dem insgesamt *artspezif. V.* in seiner Angepaßtheit (Funktion) und stammesgeschichtl. Entwicklung (Evolution) entgegengebracht, das bei der Mehrzahl der einer bestimmten Tierart zugehörigen Individuen in relativ ähnl. Situationen und unter relativ ähnl. Begleitumständen regelmäßig auftritt. Zu grundlegend neuen Aspekten in den V.wiss. haben in den letzten Jahren Ansätze geführt, die aus der Kybernetik und Systemanalyse hervorgegangen sind. Es werden hierbei kybernet. Modelle der *V.organisation* entwickelt, in denen der Organismus weniger ein Wesen ist, das auf seine (inneren) Bedürfnisse und (äußeren) Verhältnisse oder Situationen nach einer durch Vererbung und Erfahrung entstandenen Vorprogrammierung und Programmierung reagiert, als vielmehr ein in hohem Grade aktives System, das sich Reizen zuwendet, sie aufnimmt, umformt, koordiniert und verarbeitet und die Verarbeitungsergebnisse in neue Aktivitäten umsetzt; dadurch wiederum wird die äußere Reizsituation beeinflußt. V. ist damit kein Mechanismus, der an einer bestimmten Stelle beginnt und dann abläuft, sondern eine Ganzheit in einem geschlossenen System von Organismus und Umwelt, die voneinander abhängig sind und sich gegenseitig modifizieren.

📖 *Eibl-Eibesfeldt, I.: Liebe u. Haß. Zur Naturgesch. elementarer V.weisen. Mchn. [12]1987. - Morris, D.: Der Mensch, mit dem wir leben. Ein Hdb. unseres V. Dt. Übers. Mchn. 1981. - Thiel, W.: Der codierte Mensch. Vererbung, Umwelt, V.; Gefahren der Manipulation. Freib. u. a. 1973. - Alland, A.: Evolution u. menschl. V. Dt. Übers. Ffm. 1970.*

Verhaltensforschung (vergleichende V., Ethologie), Teilgebiet der Biologie, das sich mit der objektiven Erforschung des ↑Verhaltens der Tiere *(Tierethologie)* und des Menschen *(Humanethologie)* befaßt. Die deskriptive V. beobachtet und registriert Verhaltensabläufe in möglichst natürl. Umgebung. Demgegenüber arbeitet die analyt. (experimentelle) V. mit veränderten Untersuchungsbedingungen, um Einblick in die Kausalzusammenhänge zu gewinnen. Insgesamt werden von der *allg. V.* v.a. die neuro- und sinnesphysiolog. sowie u.a. die hormonalen und auch morpholog. Grundlagen des Verhaltens untersucht. Die *spezielle V.* befaßt sich u.a. mit den Formen der Orientierung, des Erkundens, des territorialen Verhaltens, des stoffwechselbedingten Verhaltens (z.B. Nahrungserwerb und -aufnahme), des Fortpflanzungsverhaltens (z.B. Balz, Kopulation, Brutpflege), des sozialen Verhaltens (z.B. Vergesellschaftung, Sozialstrukturen, Kommunikation), der baul. Tätigkeit (z.B. Nestbau, Netzbau), der Lautäußerung, des Neugier- und Spielverhaltens.

Geschichte: Die V. im heutigen Sinn (als Biologie des Verhaltens) wurde 1895 von L. Dollo begründet. Als eigtl. Begründer der modernen V. gilt K. Lorenz, ein Schüler Heinroths, der sich v.a. mit dem Instinktverhalten beschäftigte. Erst E. von Holst allerdings konnte 1937 nachweisen, daß es angeborene, arteigene Bewegungsfolgen gibt, die nicht - wie viele andere tier. und menschl. Verhaltensweisen - den bedingten und unbedingten Reflexen zuzuordnen sind, sondern auf der automat.-rhythm. Erzeugung von Reizen im Zentralnervensystem beruhen. Mit diesem wohl wichtigsten Forschungsergebnis begann der endgültige Eigenweg der Verhaltensforschung. - Die Ergebnisse der V. faßte erstmals N. Tinbergen in einem Lehrbuch („Instinktlehre", 1952) zusammen. Zentrale Forschungsstätte der V. in der BR Deutschland ist das *Max-Planck-Institut für Verhaltensphysiologie* in Seewiesen bei Starnberg; es unterhält eine eigene *Arbeitsgruppe für Humanethologie*, die von I. Eibl-Eibesfeldt geleitet wird.

📖 *Eibl-Eibesfeld, I.: Grundr. der vergleichenden V., Ethologie. Mchn. [7]1986. - Immelmann, K.: Einf. in die V. Bln. u. Hamb. [3]1983. - Lamprecht, J.: Verhalten. Grundll., Erkenntnisse, Entwicklungen der Ethologie. Freib. [10]1982. - Tembrock, G.: Grundr. der Verhaltenswissenschaften. Stg. [3]1980. - Tinbergen, N.: Instinktlehre. Dt. Übers. Hamb. u. Bln. [6]1979.*

Verholzung, Verfestigung (und damit verbundene Verdickung) der Zellwände im Festigungs- und Leitgewebe der Sproßachsen und Wurzeln mehrjähriger Pflanzen durch Einlagerung von Lignin.

Verknöcherung (Knochenbildung, Ossifikation) ↑Knochen.

Verlegenheitsgeste (Verlegenheitsgebärde), ritualisierte Verhaltensweise in Form einer ↑Übersprungbewegung.

Vermainkraut, svw. ↑Leinblatt.

Vermes [lat.], svw. ↑Würmer.

Veronica [nach der hl. Veronika], svw. ↑Ehrenpreis.

Verschuer, Otmar Freiherr von [fɛr-'ʃy:r], * Richelsdorferhütte (= Wildeck, Landkr. Hersfeld-Rotenburg) 16. Juli 1896, † Münster 8. Aug. 1969, dt. Genetiker. - Prof. in Frankfurt, Berlin und Münster; 1927–45 am Kaiser-Wilhelm-Institut für Anthropologie, menschl. Erblehre und Eugenik in Berlin tätig; Arbeiten zur Zwillingsforschung und zur Eugenik.

Versteinerung, 1. Vorgang der ↑Fossilisation; 2. zu Stein gewordene Überreste von Tieren und Pflanzen, d.h. ↑Fossilien.

Versuch und Irrtum ↑Trial-and-error-Methode.

Vertebrae [lat.] ↑Wirbel.

vertebral [lat.], in der Anatomie und Medizin für: zu einem oder mehreren Wirbeln gehörend, einen Wirbel betreffend.

Vertebrata (Vertebraten) [lat.], svw. ↑Wirbeltiere.

Vertex [lat.], in der *Anatomie* und *Morphologie* ↑Scheitel.

Verwachsenkiemer (Septibranchia), Ordnung 4–40 mm langer Muscheln mit rd. 600 Arten in der Tiefsee; mit an den Innenseiten der Mantellappen angewachsenen Fadenkiemen und einer (im Unterschied zu allen übrigen Muscheln völlig andersartigen) Atemstromtechnik, die wegen fehlender Wimpern durch Heben und Senken der muskulösen Kiemensepten erfolgt, wobei mit dem Atemwasser bis 2 mm große Beutetiere eingesaugt werden.

Verwerfen, das vorzeitige Ausstoßen der (nicht lebensfähigen) Leibesfrucht bes. bei Haustieren; u.a. verursacht durch häufig seuchenhaft auftretende Infektionen z.B. der Geschlechtsorgane, durch ansteckende Allgemeinkrankheiten (z.B. Rinderpest, Leptospirose, Maul- und Klauenseuche), Vergiftungen, Überanstrengung.

Verwesung, Bez. für den mikrobiellen (durch Bakterien und Pilze bewirkten) Abbau organ. (menschl., pflanzl., tier.) Substanzen unter Luftzufuhr zu einfachen anorgan. Verbindungen. Sie geht bei mangelndem Sauerstoffzutritt in Fäulnis über. - ↑auch Gärung.

Victoria amazonica

Verzweigung (Ramifikation), die räuml. Aufgliederung der Sproßachse und Wurzel (bei höheren Pflanzen) bzw. des Thallus (bei Lagerpflanzen) nach bestimmten Ordnungsprinzipien: bei niederen Pflanzen durch gabelige Teilung des Thallus (↑Dichotomie), bei höheren Pflanzen durch ↑seitliche Verzweigung der Sproßachse, die in ↑monopodiale Verzweigung und ↑sympodiale Verzweigung unterteilt werden kann.

Vesal, Andreas, latin. A. Vesalius, * Brüssel in der Silvesternacht 1514/15, † auf Sakinthos um den 15. Okt. 1564, fläm. Mediziner dt. Abstammung. - Prof. der Chirurgie und Anatomie in Padua. Zus. mit dem Maler J. S. van Kalkar, der die anatom. Tafeln anfertigte, schuf er das erste vollständige Lehrbuch der menschl. Anatomie („De humani corporis fabrica libri septem", 1543). Später war er u. a. Leibarzt Kaiser Karls V.

Vesica [lat.], in der Anatomie svw. ↑Blase.

Vesicula [lat.], in der *Anatomie:* bläschenförmiges Organ oder entsprechender Organteil; z. B. *V. seminalis* (Samenblase).

Vesikel [lat.] (Vesicula), in der *Zytologie:* submikroskop. kleine, bläschenartige, membranumschlossene Bildungen im Zellplasma; z. B. die Golgi-V. des Golgi-Apparats (↑Golgi, C.), die synapt. V. (↑Synapse).

Vespa [lat.], Gatt. der Wespen mit der ↑Hornisse als einziger Art.

Vester, Frederic ['fɛstər], * Saarbrücken 23. Nov. 1925, dt. Biochemiker und Umweltfachmann. - Lehrte in Saarbrücken, Konstanz, Essen und Karlsruhe (Kernforschungszentrum); gründete 1970 und leitet seither die private „Studiengruppe für Biologie und Umwelt GmbH" in München. V. wurde v. a. durch seine biokybernet. Arbeiten, Fernsehsendungen und Buchpublikationen bekannt (u. a. „Denken, Lernen, Vergessen", 1975; „Phänomen Streß", 1976; „Das Ei des Kolumbus", 1978; „Neuland des Denkens", 1980).

Vestibularapparat, Gleichgewichtsorgan im Ohr, bestehend aus dem Vorhof (Vestibulum) und den häutigen Bogengängen.

Vestibulum [lat.], in der *Anatomie* als Vorhof eine den Eingang zu einem Organ bildende Erweiterung; i. e. S. Vorhof im Innenohr.

Vetiveria [Tamil-frz.], Gatt. der Süßgräser mit zehn paläotrop. verbreiteten Arten. Die bekannteste, in Vorderindien, auf Java und den Philippinen heim., in den gesamten Tropen kultivierte Art ist **Vetiver** (Vetiveria zizanioides) mit harten, bestachelten Hüllspelzen und in Rispen stehenden Ährchen. Das Rhizom und die Wurzeln liefern das u. a. in der Parfümerie verwendete Vetiveröl.

Vibrationssinn (Erschütterungssinn), mechan. Sinn (bes. Form des Tastsinns), der zahlr. Tiere und den Menschen befähigt, rhythm. mechan. Schwingungen (Erschütterungen; beim Menschen 50–500 Hz) mit Hilfe von *Vibrorezeptoren* (v. a. Vater-Pacini-Körperchen) wahrzunehmen und in Nervenimpulse umzusetzen.

Vibrionen [lat.], allg. Bez. für kommaförmige Bakterien.

◆ Bakterien der Gatt. *Vibrio;* gekrümmte oder gerade, polar begeißelte, fakultativ anaerobe, gramnegative Stäbchen. Die fünf bekannten V.arten leben in Süß- und Salzgewässern. Einige können sich im Verdauungssystem des Menschen und von Tieren vermehren und zu Krankheitserregern werden (verursachen u. a. Cholera, Dünndarmentzündung).

Viburnum [lat.], svw. ↑Schneeball.

Vicia [lat.], svw. ↑Wicke.

Victoria [nach Königin Viktoria von England], Gatt. der Seerosengewächse mit 2 Arten im trop. S-Amerika. Die bekannteste, im Amazonasgebiet heim. Art ist *Victoria amazonica* mit bis 2 m im Durchmesser erreichenden, kreisrunden Schwimmblättern mit bis 6 cm hoch aufgebogenem Rand und kupferroter Unterseite; Blattunterseite, Blatt- und Blütenstiele sowie die Außenseite der Kelchblätter stark bestachelt; Blüten 25–40 cm im Durchmesser, duftend, nur zwei Nächte geöffnet, beim ersten Erblühen weiß, beim zweiten Erblühen dunkelrot; Samen unter Wasser reifend; wird in großen Warmwasserbecken kultiviert. – Abb. S. 247.

Viehfliegen, svw. ↑Bremsen.

Vielborster (Polychäten, Polychaeta), Klasse fast ausschließl. meerbewohnender Ringelwürmer mit rd. 5 300 Arten von weniger als 1 mm bis etwa 3 m Länge; Gliederung primitiv und homonom, jedes Segment mit einem Paar wohlentwickelter Zölomsäckchen und meist einem Paar mit Borstenbüscheln versehener Stummelfüße; Kopflappen meist mit einem Paar antennenähnl. Anhänge oder mit Tentakelkrone; überwiegend getrenntgeschlechtige Tiere, deren Entwicklung über eine Trochophoralarve verläuft.

Vielfraß [umgedeutet aus norweg. fjeldfross „Bergkater"] (Gulo), Gatt. der Marder mit dem *Järv* (Jerf, Carcajou, Gulo gulo) als einziger Art; plumpes, bärenähnl. aussehendes Raubtier v. a. in Wäldern und Tundren N-Eurasiens und großer Teile N-Amerikas; Körperlänge rd. 65–85 cm; Schulterhöhe etwa 45 cm; Fell sehr dicht und lang, dunkelbraun, mit breitem, gelblichbraunem Seitenstreifen; vorwiegend Bodentier, das kleinere Säugetiere sowie Jungtiere größerer Säuger und Vögel jagt, daneben auch Aas und pflanzl. Substanzen (bes. Beeren) frißt; ♀ bringt im Februar/März zwei bis vier (zunächst noch blinde) Junge in Baum- oder Erdhöhlen zur Welt; legt Vorratsgruben an.

Vielfrüchtler (Polycarpicae, Ranales), Ordnung der Zweikeimblättrigen mit zahlr. urspr. Merkmalen, daher meist an den Anfang des Systems der Bedecktsamer gestellt; Blüten meist mit vielteiligem freiblättrigen

Gynözeum. Zu den V. gehören u. a. Magnolien-, Hahnenfuß- und Seerosengewächse.

Vielstachler, Bez. für verschiedene Arten der ↑Nanderbarsche.

Vielzähner, svw. ↑Löffelstöre.

Vielzeller (Metazoen, Metazoa), in allen Lebensräumen weltweit verbreitetes Unterreich des Tierreichs, dessen über 1 Million Arten im Ggs. zu den Protozoen aus zahlr. Zellen zusammengesetzt sind, die in mindestens zwei Schichten angeordnet und im Erwachsenenzustand in Körperzellen (Somazellen) und Keimzellen (Geschlechtszellen) gesondert sind. Zu den V. zählen die Mesozoen, Parazoa und die echte Gewebe aufweisenden *Gewebetiere* (Eumetazoa, Histozoa). Die letzteren umfassen die überwiegende Masse der Tiere, von den Hohltieren bis zu den Wirbeltieren, deren Gewebe ursprüngl. auf Ektoderm und Entoderm zurückgehen.

Vielzitzenmäuse (Vielzitzenratten, Mastomys), Gatt. der Echtmäuse mit weiter Verbreitung in Afrika südl. der Sahara sowie in Marokko; Körperlänge etwa 10–15 cm, mit ebenso langem Schwanz; Färbung braun bis grau, Unterseite heller; mit 12–24 Zitzen.

Vieraugenfische (Anablepidae), den Zahnkarpfen nahestehende Fam. bis 30 cm langer, längl.-walzenförmiger Knochenfische, v. a. in Süß- und Brackgewässern Mittel- und des nördl. S-Amerikas; breitköpfige Oberflächenfische mit (zum gleichzeitigen Sehen in der Luft sowie unter der Wasseroberfläche) zweigeteilten Augen.

Viereckflosser (Tetras, Tetragonopterinae), mit einigen hundert Arten größte Unterfam. 2–15 cm langer, häufig prächtig gefärbter Salmler in fließenden und stehenden Süßgewässern S- und M-Amerikas. Hierher gehören viele beliebte Warmwasseraquarienfische, bes. aus den Gatt. **Neonfische** (Neons); u. a. der **Rote Neon** (Cheirodon axelrodi) mit grünlichbraunem Rücken, der von der durchgehend roten Bauchseite durch ein grünlichblaues Längsband getrennt ist; Körperseite mit je einem gelbgrün bis türkisfarben schillernden Längsband.

Vierfarbentheorie ↑Farbensehen.

Vierfingerfurche, svw. ↑Affenfurche.

Vierfleck (Wanderlibelle, Libellula quadrimaculata), bis fast 9 cm spannende Segellibelle an stehenden Süßgewässern Europas, Vorderasiens und des westl. N-Amerika; am Vorderrand der vier Flügel je ein auffallender schwarzer Mittelfleck; Hinterleib gelbbraun, dunkle Rückenbinde auf der hinteren Hälfte.

Vierfüßer (Tetrapoden, Tetrapoda), zusammenfassende Bez. für alle Wirbeltiere mit Ausnahme der Fische und Rundmäuler; zu den V. zählen Lurche, Kriechtiere, Vögel und Säugetiere; primär mit vier zum Gehen geeigneten Gliedmaßen (*Quadrupedie;* z. T. rück- oder umgewandelt); erwachsen über Lungen atmend; größtenteils Landbewohner.

Vierlinge, vier gleichzeitig ausgetragene und kurz nacheinander geborene Kinder; selten eineiig. Häufigkeit rd. 1:1 Mill.

Vierpunkt (Ameisensackkäfer, Clytra quadripunctata), etwa 1 cm langer europ. Blattkäfer mit vier bläulichschwarzen Punkten auf den leuchtend gelben Flügeldecken; das ♀ klebt an jedes abgelegte Ei mehrere Kotballen, bis es tannenzapfenähnl. aussieht; wird direkt auf Ameisenhaufen abgelegt oder fällt von Gebüsch auf ein solches Nest, von wo es von Ameisen eingetragen wird; die Larve entwickelt sich als Ameisengast.

Vierstreifennatter (Streifennatter, Elaphe quatuorlineata), bis 2,4 m lange, muskulöse Kletternatter, v. a. in steinigem, buschreichem Gelände S-Europas und W-Asiens; erwachsene V. graubraun mit zwei dunklen Längsstreifen auf jeder Körperseite oder (bei der östl. Unterart) mit dunkler Fleckenzeichnung.

Vierzehnpunkt ↑Marienkäfer.

Vigneaud, Vincent du [engl. vɪn'joʊ], * Chicago 18. Mai 1901, † White Plains (N. Y.) 11. Dez. 1978, amerikan. Biochemiker. - Prof. an der Cornell University. Für die Isolierung, Aufklärung der chem. Struktur und Synthetisierung der Hormone Oxytozin und Vasopressin erhielt er 1955 den Nobelpreis für Chemie.

vikariierende Pflanzen [lat.], nah verwandte Pflanzen (zwei Arten einer Gatt. oder zwei Unterarten einer Art), die auf Grund unterschiedl. Standortansprüche nicht gemeinsam vorkommen, aber am jeweiligen Standort einander vertreten; z. B. Rostrote Alpenrose auf sauren Böden, Behaarte Alpenrose auf Kalkböden der Alpen.

Vikunja [indian.] (Lama vicugna), kleinste Kamelart in den Anden Perus, Boliviens, Argentiniens und Chiles, zw. etwa 3 500 und knapp 6 000 m Höhe; Länge 125–190 cm, Schulterhöhe 70–110 cm; mit dichtem, oberseits bräunlichgelbem bis braunem, unterseits weißl. Fell; liefert kostbare, feine und leichte Wolle; früher weit verbreitet; wurde von den Inkas in Farmen gehalten und geschoren, später jedoch von den Europäern zur Wollgewinnung rücksichtslos bejagt; Fortbestand in Reservaten gesichert.

Vinca [lat.], svw. ↑Immergrün.

Viola [lat.], svw. ↑Veilchen.

Viole [lat.] (Nelke, Veilchendrüse), die nahe der Schwanzwurzel auf dem Rücken des Schwanzes befindl. Duftdrüse des Rotfuchses, die (bes. stark in der Ranzzeit) ein nach Veilchen duftendes Sekret abscheidet.

Viper [lat.], gemeinsprachl. Kurzbez. für die ↑Aspisviper; auch Bez. für andere Giftschlangenarten (↑Vipern).

Viperfische (Chauliodontidae), Fam. tiefseebewohnender Knochenfische (Unterordnung Großmäuler) mit wenigen, bis etwa 25 cm langen Arten; langgestreckt, an den

Körperseiten Leuchtorgane; Mundspalte weit, mit sehr langen Zähnen.

Vipern [lat.] (Ottern, Viperidae), Fam. meist gedrungener, kurzschwänziger, 30 cm bis 1,8 m langer Giftschlangen (Gruppe Röhrenzähner) mit rd. 60 Arten in Afrika und in wärmeren Regionen Eurasiens; durch bestimmte Drohreaktionen (S-förmig angehobener Hals, lautes Zischen, schnelles Vorstoßen des Kopfes) und typ. Beuteerwerbsverhalten gekennzeichnete Reptilien mit breitem, dreieckförmigem, deutl. vom Hals abgesetztem Kopf, meist senkrecht-ellipt. Pupille. Mit Ausnahme weniger primitiver, eierlegender Arten ist die Mehrzahl der V. lebendgebärend (ovovivipar). - Zu den V. gehören u. a. ↑Aspisviper, ↑Pfeilotter, ↑Sandotter, ↑Wiesenotter, ↑Hornvipern, ↑Puffotter und die ca. 1,6 m lange **Kettenviper** (Vipera russellii) in S-Asien; mit drei Reihen großer, rotbrauner, schwarz gesäumter Ringflecke auf braunem Grund.

Vipernatter (Natrix maura), bis knapp 1 m lange Natter, v. a. in und an Süßgewässern SW-Europas und NW-Afrikas; Oberseite meist grau- bis rötlichbraun mit dunklen Fleckenreihen und an den Körperseiten mit je einer Reihe dunkler, weißl. gekernter Augenflecke; Bauchseite gelbl., rötl. oder grünl., mit verwaschener dunkler Fleckung; frißt v. a. Fische und Frösche.

virale RNS [lat.] (Virus-RNS), die die genet. Information enthaltende ein- oder doppelsträngige RNS der ↑RNS-Viren.

Viren (Einz. Virus) [zu lat. virus „Schleim, Saft, Gift"], urspr. allg. Bez. für Krankheitserreger, seit etwa 1900 nur noch Bez. für [krankheitserregende] Partikel, die bakteriendichte Filter passieren und deren Größe zw. 10 und 300 nm liegt. V. sind in Proteinhüllen verpackte Stücke genet. Materials, die den biochem. Apparat geeigneter Wirtszellen auf Produktion neuer V. derselben Art umprogrammieren können. V. haben keinen eigenen Stoffwechsel; sie sind für ihre Vermehrung ganz auf chem. Bausteine, Energie und Enzyme lebender Zellen angewiesen und daher nicht als primitive Organismen, sondern eher als „außer Kontrolle geratene Gene" aufzufassen. Die Grenze zw. V. und zellulärem genet. Material ist fließend: Manche V. können über lange Zeit frei oder ins Genom einer Wirtszelle integriert existieren und dabei symptomlos oder unter Transformation der Zelle im Rhythmus der Zellteilung mitvermehrt werden. Auch kennt man nackte (d. h. von keiner Proteinhülle umgebene) infektiöse Nukleinsäuren *(Viroide)*. V. bestehen im wesentl. aus Nukleinsäuren und Protein. Jedes Virus enthält nur eine Art von Nukleinsäure, entweder doppel- oder einsträngige DNS bzw. RNS. Isolierte virale Nukleinsäure ist in vielen Fällen infektiös, da die Virusvermehrung oft nur durch spezielle im Viruspartikel mitgebrachte Enzyme eingeleitet werden kann. Die meisten V. sind entweder stäbchenförmig oder annähernd kugelig. Bei allen ist die Nukleinsäure von einer Proteinhülle, dem ↑Kapsid, umgeben. Bei der Infektion gelangt entweder nur die Nukleinsäure (z. B. bei Bakteriophagen) oder (meistens) das intakte Viruspartikel *(Virion)* in die Zelle, in der dann die Nukleinsäure freigegeben wird. Während der folgenden Periode der Eklipse (während dieser Zeit werden in der Zelle neue Viren produziert) läßt sich kein infektiöses Virus mehr nachweisen: dieses ist in seine Teile zerfallen. Die in die Zelle gelangte virale Nukleinsäure dirigiert den Zellstoffwechsel so um, daß v. a. Virusbausteine synthetisiert werden. Die Syntheseorte sind nicht immer mit den Sammelstellen ident., wo sich die Bausteine zuletzt zu neuen Virionen zusammenlagern. Diese sind in der Zelle oft nach Anfärben erkennbar und von diagnost. Wert (Negri-Körperchen bei Tollwut, Guarnieri-Körperchen bei Pokken). Die Virionen werden entweder durch Zellyse frei oder treten unter Knospung durch die Zellmembran. Man kennt heute rd. 1 500 V.; sie werden mit Trivialnamen bezeichnet, die auf Wirt, Krankheitssymptome und Vorkommen anspielen (z. B. Afrikan. Schweinefiebervirus), doch wird eine Nomenklatur mit latinisierten Gattungsnamen und Kurzbezeichnungen für die einzelnen Typen angestrebt (Orthopoxvirus b-1 für Kuhpockenvirus). - Die sog. *großen V.* (↑Chlamydien) und die ↑Rickettsien sind entgegen früherer Ansicht echte Bakterien. - V. können bei fast allen Lebewesen auftreten. Manche V. haben ein enges Wirtsspektrum (das menschl. Pokkenvirus befällt nur den Menschen), andere besiedeln sehr viele Arten. - Eine Virusvermehrung gelingt nur in lebenden Wirtsorganismen oder Zellkulturen. - V. werden durch Hitze, Desinfektionsmittel, oft auch durch organ. Lösungsmittel zerstört.

Geschichte: Die V. wurden erst um die Jh.wende als Krankheitserreger bes. Art erkannt. Der Aufbau der V. und die Vorgänge bei ihrer Vermehrung wurden erst ab 1930 allmähl. aufgeklärt, wobei als Modellsysteme das Tabakmosaikvirus und die Bakteriophagen eine entscheidende Rolle spielten.

🕮 *Horzinek, M.: Kompendium der allgemeinen Virologie. Hamb. u. Bln. [2]1985. - Antiviral chemotherapy, interferons and vaccines. Hg. v. D. O. White. Germering 1984. - Wedemeyer, F. W.: Viruserkrankungen. Leitf. f. Kinderärzte, Allgemeinärzte u. Internisten. Köln 1984. - Koch, William F.: Das Überleben bei Krebs- u. Viruskrankheiten. Dt. Übers. Hdbg. [2]1981. - Grafe, A.: V. Parasiten unseres Lebensraumes. Bln. u. a. 1977.*

Virginiahirsch [vɪrˈdʒiːnia] ↑Neuwelthirsche.

Virginiawachtel [vɪrˈdʒiːnia] (Colinus virginianus), über 20 cm langer, mit Ausnahme eines breiten, weißen Überaugenstreifs

VITAMINE

Name	Tagesbedarf (Erwachsene)	Funktion	Vitaminmangel-erkrankungen	Vorkommen
A, Retinol	0,8–1,0 mg	Schutz und Regeneration epithelialer Gewebe; Aufbau des Sehpurpurs	Nachtblindheit, Epithelschädigungen von Auge und Schleimhaut	Lebertran, Kalbsleber, Eidotter, Milch, Butter; Provitamin Karotin in Karotten und Tomaten
B_1, Thiamin (Aneurin)	1,2–1,4 mg	Regulation des Kohlenhydratstoffwechsels	Beriberi; Störungen der Funktionen von Zentralnervensystem und Herzmuskel	Hefe, Weizenkeimlinge, Schweinefleisch, Nüsse
Riboflavin (B_2-Gruppe)	1,5–1,7 mg	Regulation von Atmungsvorgängen; Wasserstoffübertragung	Haut- und Schleimhauterkrankungen	Hefe, Leber, Fleischextrakt, Nieren
Folsäure (B_2-Gruppe)	0,16–0,4 mg	Übertragung von Einkohlenstoffkörpern (C_1) im Stoffwechsel	Blutarmut	Leber, Niere, Hefe
Pantothensäure	8 mg	Übertragung von Säureresten im Stoffwechsel	unbekannt	Hefe, Früchte
Nikotinsäure, Nikotinsäureamid (Niacin, PP-Faktor)	15–18 mg	Regulation von Atmungsvorgängen; Wasserstoffübertragung; Baustein der Koenzyme NAD und NADP	Pellagra	Hefe, Leber, Reiskleie
Biotin	ca. 0,25 mg	Koenzym von an Carboxylierungsreaktionen beteiligten Enzymen	Hautveränderungen, Haarausfall, Appetitlosigkeit, Nervosität	Hefe, Erdnüsse, Schokolade, Eidotter
B_6 (Adermin, Pyridoxin)	1,6–1,8 mg	Übertragung von Aminogruppen im Aminosäurestoffwechsel	Hautveränderungen	Hefe, Getreidekeimlinge, Kartoffeln
B_{12} (Cobalamin)	0,005 mg	Reifungsfaktor der roten Blutkörperchen	perniziöse Anämie	Leber, Rindfleisch, Austern, Eidotter
C, Ascorbinsäure	75–100 mg	Redoxsubstanz des Zellstoffwechsels	Skorbut, Moeller-Barlow-Krankheit	Zitrusfrüchte, Johannisbeeren, Paprika
D, Calciferole	0,01–0,005 mg	Regulation des Calcium- und Phosphatstoffwechsels	Rachitis, Knochenerweichung	Lebertran, v. a. von Thunfisch, Heilbutt, Dorsch; Eidotter, Milch, Butter
E, Tocopherole	12 mg	antioxidativer Effekt (u. a. in Keimdrüsenepithel, Skelett- und Herzmuskel)	Mangelsymptome beim Menschen nicht sicher nachgewiesen	Weizenkeimöl, Baumwollsamenöl, Palmkernöl
K	1–4 mg	Bildung von Blutgerinnungsfaktoren; v. a. von Prothrombin	Blutungen, Blutgerinnungsstörungen	grüne Pflanzen (u. a. Kohl, Spinat)

und der weißen Kehle vorwiegend brauner Hühnervogel in den USA, in Mexiko und Kuba.

Virion [lat.], Bez. für ein einzelnes reifes Viruspartikel.

Viroide [lat./griech.] ↑Viren.

Virologie [lat./griech.], die Wiss. und Lehre von den Viren.

Virus [lat.] ↑Viren.

Viscacha [vɪsˈkatʃa; indian.-span.] (Große Chinchilla, Lagostomus maximus), geselliges, nachtaktives Nagetier (Fam. Chinchillas), v. a. im trockenen Flachland des südl. S-Amerika; Körperlänge knapp 50–65 cm, Schwanz etwa 15–20 cm lang; Kopf auffallend groß, mit schwarz-weißer Zeichnung; übrige Färbung braungrau mit weißl. Bauchseite; Fell steifhaarig; Pflanzenfresser, die umfangreiche Gangsysteme in der Erde graben.

Viscaria [lat.], svw. ↑Pechnelke.

Viscera [lat.], svw. ↑Eingeweide.

Viscum [lat.], svw. ↑Mistel.

visuell [lat.], das Sehen, den Gesichtssinn betreffend.

viszeral [lat.], die Eingeweide betreffend.

Vitalität [lat.-frz.], die genet. und von Umweltbedingungen beeinflußte Lebenstüchtigkeit eines Organismus oder einer Population; äußert sich in Anpassungsfähigkeit an die Umwelt, Widerstandskraft gegen Krankheiten, körperl. und geistiger Leistungsfähigkeit sowie Fortpflanzungsfähigkeit.

Vitalkapazität, Fassungsvermögen der Lunge an Atemluft (etwa 3,5–5 l), bestehend aus inspirator. Reservevolumen, Atemzugvolumen und exspirator. Reservevolumen.

Vitamine [Kw. aus lat. vita „Leben" und Amine], zusammenfassende Bez. für eine Gruppe von chem. sehr unterschiedl., v. a. von Pflanzen und Bakterien synthetisierten Substanzen, die für den Stoffwechsel der meisten Tiere und des Menschen unentbehrlich *(essentiell)* sind, die aber vom tier. und menschl. Organismus nicht synthetisiert werden können und daher ständig mit der Nahrung zugeführt werden müssen. Die V.eigenschaft bezieht sich nicht auf eine bestimmte chem. Struktur, sondern allein darauf, ob der betreffende Stoff von einem Tier (bzw. vom Menschen) gebraucht wird. Ascorbinsäure z. B. ist für Menschen, Affen und Meerschweinchen ein V., nicht jedoch z. B. für Ratten, die es selbst synthetisieren können. Einige V. können vom tier. Organismus aus bestimmten biolog. Vorstufen, den *Pro-V.*, in einem letzten Syntheseschritt hergestellt werden, z. B. die Vitamine A_1 und A_2 aus β-Karotin, die Vitamine D_2 und D_3 aus Ergosterin bzw. Dehydrocholesterin und die Nikotinsäure aus Tryptophan. Ein Mangel an V. kann zu verschiedenen patholog. Zuständen (Vitaminmangelkrankheiten) führen; jedoch sind bei einigen V. (Vitamin A und D) auch Störungen und Vergiftungen durch Vitaminüberdosierung bekannt. Bei den anderen V. treten ähnl. Erscheinungen nicht auf, da der menschl. Organismus die V. nicht speichern kann und einen Überschuß meist rasch wieder ausscheidet oder abbaut.

Die V. zeigen bereits in kleinsten Dosierungen (1 mg und weniger) biolog. Aktivitäten. Ihre biochem. Wirkung konnte in vielen Fällen aufgeklärt werden. Sie beruht v. a. bei den V. der B-Gruppe auf ihrer Funktion als Koenzyme; Vitamin A bildet in Form des Retinals zus. mit dem Eiweißstoff Scotopsin das für den Sehvorgang wichtige Rhodopsin.

Die V. werden üblicherweise mit einem Buchstaben und/oder einem Trivialnamen bezeichnet und nach ihrer Löslichkeit in die Gruppen der *fettlösl.* (Vitamin A, D, E, K; ihre Resorption hängt von der Funktionstüchtigkeit der Fette ab) und der *wasserlösl. V.* (Vitamine der B-Gruppe, Vitamin C) eingeteilt. Daneben werden häufig auch einige weitere Substanzen, die z. T. ebenfalls als essentielle Nahrungsbestandteile angesehen werden, zu den V. gerechnet, u. a. das [wasserlösl.] *Vitamin P* (Rutin; wirkt gegen die Brüchigkeit von Blutkapillaren); ferner einige Substanzen, die heute vielfach zu den V. der B-Gruppe gezählt werden, insbes. p-Aminobenzoesäure, Cholin, Myoinosit und Liponsäure.

V. sind in den meisten Nahrungsmitteln, insbes. in frischem Gemüse, Milch, Butter, Eidotter, Leber, Fleisch, Getreide, in ausreichender Menge enthalten, so daß bei einer ausgewogenen Ernährung keine Vitaminmangelerkrankungen auftreten. Durch unsachgemäße Lagerung oder Zubereitung der Lebensmittel kommt es jedoch zu einer beträchtl. Zerstörung der vielfach sauerstoffempfindl. und hitzelabilen V. (*Vitaminverlust*, bei Vitamin C und Folsäure bis zu 90%, bei den Vitaminen B_1, B_2, B_{12} und Nikotinsäure bis 30%). Vitamin E und C büßt bei längerer Lagerung an Aktivität ein. Ein überhöhter Vitaminbedarf kann u. a. im Wachstumsalter, bei Schwangerschaft, Krankheit und Rekonvaleszenz sowie bei Resorptionsstörungen im Alter vorliegen. - Für die meisten V. sind heute Methoden zur Synthese bzw. Partialsynthese bekannt, und für eine Vitaminsubstitutionstherapie stehen zahlr. Vitaminpräparate zur Verfügung. - Übersicht S. 251.

📖 *Günther, W.: Das Buch der V. Südergellersen 1984. - Faelten, S.: Gesund durch V. Dt. Übers. Stg. 1983. - Isler, O./Brubacher, G.: V. Bd. 1: Fettlösl. V. Stg. u. New York 1982. - Bässler, K.-H./Lang, K.: V. Darmst. 1981. - Lang, K.: Biochemie der Ernährung. Darmst. [4]1979. - Fermente, Hormone, V. u. die Beziehungen dieser Wirkstoffe zueinander. Hg. v. R. Ammon u. W. Dirschel. Bd. 3. Stg. u. New York [3]1974–82. 3 Tle.*

Vitellus [lat.], svw. ↑Dotter.

Vitex [lat.], svw. ↑Mönchspfeffer.

Vitis [lat.], svw. ↑Weinrebe.

Vivarium [lat.], Anlage, in der v. a. wechselwarme lebende Tiere gezeigt werden; z. B. Aquarium, Terrarium.

vivipar [lat.], svw. ↑lebendgebärend; ↑auch Viviparie.

◆ auf der Mutterpflanze auskeimend; von Pflanzensamen z. B. des Mangrovebaums gesagt.

Viviparie [lat.], in der *Zoologie* im Ggs. zur ↑Oviparie und ↑Ovoviviparie das Gebären von lebenden Jungen, die die Eihüllen schon vor oder während der Geburt durchbrechen. V. ist kennzeichnend für die Säugetiere einschl. Mensch (Ausnahme sind die Kloakentiere) und kommt auch bei manchen Kriechtieren (z. B. Boaschlangen), Lurchen (z. B. Alpensalamander), Fischen (z. B. Lebendgebärende Zahnkarpfen) sowie bei Wirbellosen (z. B. manche Fadenwürmer, Spinnentiere, Stummelfüßer und Insekten) vor.

Vivisektion [lat.], der zoolog. und medizin. Forschungszwecken dienende Eingriff am lebenden, meist narkotisierten (oder örtl. betäubten) Tier. V. unterliegen den Bestimmungen des Tierschutzgesetzes.

Vlies [niederl.] (Wollvlies), die zusammenhängende Haarmasse der Wollschafe. Die Haare sind ungleichmäßig auf der Haut verteilt. Durch Kräuselung und Fettschweiß sind jeweils mehrere eng zusammenstehende Haare zu sog. *Strähnchen* verbunden. Beim bes. dichten V. der Merinoschafe ist jeweils eine größere Anzahl von Strähnchen durch *Schleierhaare* und gröbere *Bindehaare* zu einem *Stapel* vereinigt.

Vögel (Aves), von Reptilien abstammende, heute mit rd. 8 600 Arten in allen Biotopen weltweit verbreitete Klasse warmblütiger, befiederter, meist flugfähiger Wirbeltiere, deren Vordergliedmaßen (unter starker Reduktion der fünf Finger) zu Flügeln umgebildet sind; bei einigen Arten sekundärer Verlust des Flugvermögens (z. B. Flachbrustvögel, Pinguine); Skelett teilweise lufthaltig (relative Verringerung des Körpergewichts); Haut ohne Schweißdrüsen und (mit Ausnahme einiger Vogelgruppen, z. B. Reiher) mit einer meist großen ↑Bürzeldrüse; im Unterschied zu den Reptilien vollständig getrennte Herzkammern, daher Trennung von arteriellem und venösem Blut; Lunge relativ klein, wenig dehnbar, ohne Lungenbläschen, jedoch mit z. T. sich in die Röhrenknochen erstreckenden, blasebalgartig wirkenden Luftsäcken; Stoffwechsel sehr intensiv; Körpertemperatur hoch (gegen 42 °C); entsprechend der Ernährung Schnabel unterschiedl. geformt; unverdaul. Nahrungsreste (z. B. Fellstücke, kleine Federn, z. T. auch Knochen) werden bes. von Eulen und Greifvögeln als ↑Gewölle ausgeschieden; mit Ausnahme von Strauß, Gänsevögeln und wenigen anderen Gruppen kein Penis vorhanden, dafür haben alle V. eine ↑Kloake; Harnblase fehlend, es wird Harnsäure ausgeschieden. Beim Eintritt der Brutzeit vergrößern sich die ♂ Keimdrüsen enorm. V. legen stets von Kalkschalen umschlossene Vogeleier in häufig kunstvoll gebaute Nester ab (Ausnahmen: einige Meeresvögel, z. T. auch Falken, die ihre Eier einfach auf dem Boden ablegen). Brütende V. bilden stets einen sog. ↑Brutfleck aus. Ihre Jungen schlüpfen entweder als Nesthocker oder Nestflüchter. Bei den Witwen und einem Teil der Kuckucke findet Brutparasitismus statt. - An Sinnesorganen steht bei den V. der Gesichtsinn im Vordergrund (Farbensehen im allg. ähnl. wie beim Menschen; Sehvermögen sonst dem Menschenauge überlegen hinsichtl. Größe des Gesichtsfeldes, z. B. bei Schnepfen, Singvögeln, und hinsichtl. der Sehschärfe, bes. bei Greifvögeln). Der gut ausgebildete Gehörsinn entspricht (mit Ausnahme der vermutl. besser hörenden Eulen) etwa dem des Menschen, wohingegen der Geruchssinn sehr schwach entwickelt ist (Ausnahme: Kiwis, Neuweltgeier). - Die Lauterzeugung erfolgt meist durch einen bes. Kehlkopf (↑Syrinx). - Unter den V. unterscheidet man bezüglich ihrer Zuggewohnheiten Standvögel, Strichvögel, Zugvögel und Teilzieher. Zu den rezenten V. gehören (neben den bereits erwähnten Gruppen) u. a. Steißhühner, Hühnervögel, Rallen, Kraniche, Trappen, Watvögel, Flamingos, Stelzvögel, Ruderfüßer, Sturmvögel, Pinguine, Steißfüße, Taubenvögel, Papageien, Nachtschwalben, Trogons, Rackenvögel, Seglerartige, Spechtvögel und Sperlingsvögel. - Abb. S. 254.

🕮 *Perrins, C.: Vogelbuch. Hamb. 1987. - Cerny, W./Drchal, K.: Welcher Vogel ist das? Stg. [5]1984. - Grzimeks Tierleben. Bd. 7–9; V. Mchn. Neuaufl. 1984. - Nicolai, J., u. a.: Großer Naturführer der V. Mchn. 1984. - Bezzel, E.: V. Mchn. 1983–85. 3 Bde. - King, A. S., u. a.: Anatomie der V. Dt. Übers. Stg. 1978. - Hdb. der V. Mitteleuropas. Hg. v. U. N. Glutz v. Blotzheim. Wsb. 1966 ff. Bis 1986 11 Bde. erschienen. - Naturgesch. der V. Hg. v. B. Berndt u. W. Meise. Stg. 1959–66. 3 Bde.*

Vogelbeerbaum, gemeinsprachl. Bez. für die Eberesche.

Vogelbeere, Bez. für die Frucht der Eberesche.

Vogelerbse, svw. Vogelwicke (↑Wicke).

Vogelfeder (Feder), charakterist. Epidermisbildung der Vögel. V. sind Horngebilde von nur geringem Gewicht. Sie dienen v. a. der Wärmeisolation und sind eine notwendige Voraussetzung für das Fliegen. Man unterscheidet ↑Dunen und bei erwachsenen Tieren über den Pelzdunen (vielästige Dunen) liegende Konturfedern (den Körperumriß, die Kontur bestimmende Federn), die in Schwungfedern, Deckfedern und Schwanzfedern unterteilt werden. Eine Konturfeder besteht aus einem *Federkiel* (Federachse, Federschaft,

Rhachis, Scapus), der die *Federfahne* (Vexillum) trägt; sie ist bei den schwung- und Schwanzfedern asymmetr. ausgebildet. Die Federfahne wird aus *Federästen* (Rami) gebildet, die nach oben *(Hakenstrahlen)* und unten *(Bogenstrahlen)* gerichtete, kürzere *Federstrahlen* (Radii) tragen. Die Hakenstrahlen sind mit Häkchen *(Radioli)* besetzt, die in die Bogenstrahlen greifen (Reißverschlußprinzip), so daß die Federfahne eine geschlossene Fläche bildet. Der unterhalb der Federfahne anschließende Abschnitt des Federkiels steckt teilweise in dem in die Epidermis eingesenkten *Federbalg* und wird als *Federspule* (Calamus) bezeichnet. Die hohle Federspule enthält im Innern die Reste des bei der Federentwicklung beteiligten Unterhautbindegewebes, die sog. *Federseele*. - Die V. ist der Reptilienschuppe (nicht dem Haar der Säugetiere) homolog und entsteht wie diese aus einer Epidermisausstülpung, die sich mit ihrer Basis in die Haut einsenkt. Der innere, aus Unterhautbindegewebe bestehende Teil der Ausstülpung, die *Federpapille* (Pulpa), enthält Nerven und Blutgefäße und ernährt die sich entwickelnde Feder, die von einer zylinderförmigen Hornschicht, der *Federscheide*, umhüllt ist. In deren Innerem entsteht zunächst der Federkiel. Die Federäste werden als spiralig an der Innenwand der Federscheide verlaufende Hornleisten angelegt; das dazwischenliegende Gewebe geht zugrunde. Die Entfaltung der fertigen Feder erfolgt nach Platzen der Federscheide. Die Federn werden ein- oder zweimal im Jahr gewechselt (↑Mauser). - Die Farben der Federn werden meist durch das Zusammenspiel von auf Interferenzerscheinungen beruhenden Strukturfarben mit den Pigmenten hervorgerufen.

Vogelfuß, svw. ↑Serradella.

Vogelkirsche (Süßkirsche, Prunus avium), in Europa, W-Sibirien und Vorderasien heim. Rosengewächs der Gatt. Prunus; bis 20 m hoher Baum mit unterseits behaarten Blättern; Früchte der Wildform nur bis 1 cm im Durchmesser, bei der Reife schwarz, bittersüß schmeckend. Die V. wird unter der Bez. ↑Süßkirsche in den beiden Kulturformen Herzkirsche und Knorpelkirsche angepflanzt.

Vogelspinne

Vögel. 1 Körper, 2 Skelett

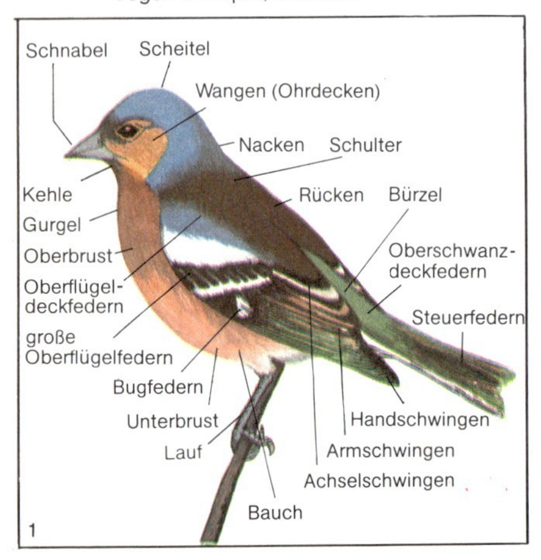

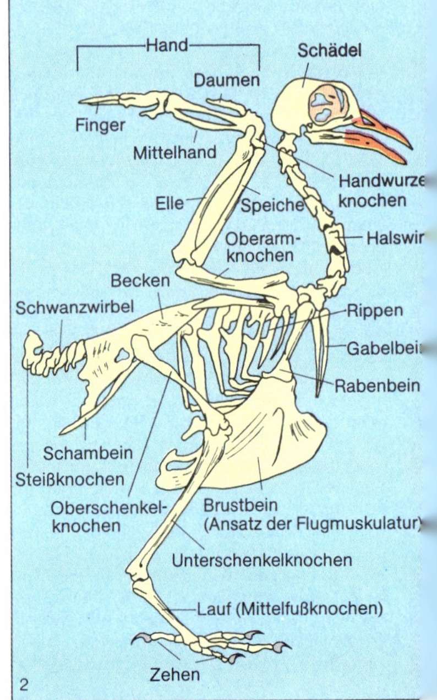

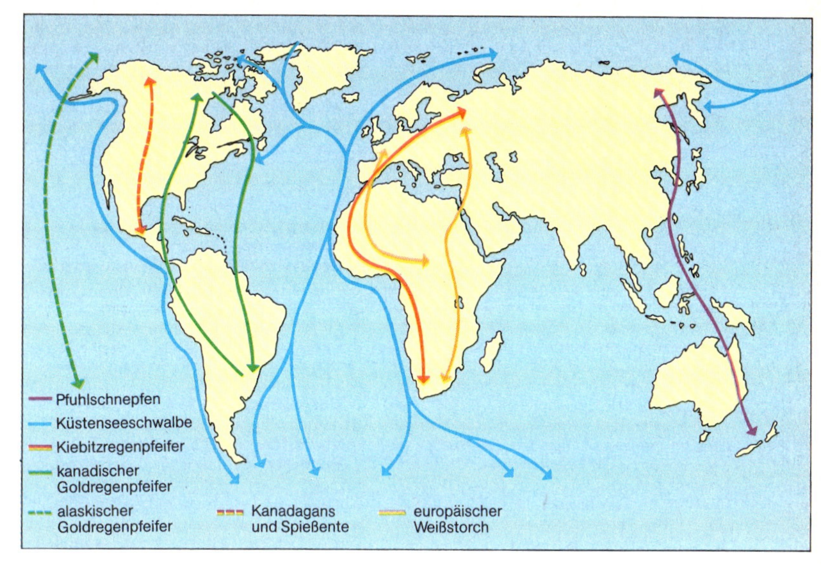

Vogelzug. Ausgewählte Beispiele

Vogelkunde, svw. ↑Ornithologie.

Vogelmiere ↑Sternmiere.

Vogelmilbe (Rote V., Hühnermilbe, Dermanyssus gallinae), etwa 0,75 mm lange Milbe; saugt nachts Blut, v. a. an Hühnern und Stubenvögeln.

Vogelmuscheln (Pteria), Gatt. meerbewohnender Muscheln mit stark ungleichklappigen, innen perlmutterartig glänzenden Schalen und schnabelartig verlängertem hinterem Schloßrand; im Mittelmeer die 6–8 cm lange *Pteria hirundo.*

Vogelschutz, Schutz der wildlebenden (nicht jagdbaren) Vögel (↑auch geschützte Tiere). Dazu gehören einerseits Verbote (z. B. den Fang oder Abschuß einschränkend), andererseits die Einrichtung von Nistgelegenheiten und die Bekämpfung der natürl. Feinde von Vögeln. Viele Vögel benötigen einen spezif. Lebensraum; deshalb wurden bes. Vogelschutzgebiete geschaffen, die als Regenerationsräume, Brut- und Raststätten für Vögel, aber auch für andere Tiere dienen. In der BR Deutschland gibt es über 1 000 i. d. R. nicht sehr große V.gebiete, deren Betreten gewissen Beschränkungen unterliegt.

Vogelschutzwarte, staatl. Inst., das sich (im Unterschied zur ↑Vogelwarte) dem Vogelschutz und der angewandten Vogelkunde widmet. In der BR Deutschland bestehen V. in Essen, Frankfurt am Main, Garmisch-Partenkirchen, Hamburg, Hannover, Kiel und Karlsruhe.

Vogelspinnen (Orthognatha), Unterordnung 6–100 mm langer Spinnen mit rd. 1 500, vorwiegend trop. und subtrop. Arten; gekennzeichnet durch lange Basalglieder der Kieferfühler, die den Stirnrand überragen, und durch annähernd parallel zur Körperlängsachse einschlagbare Giftklauen. Zu den V. gehören u. a. die *Eigentl. V.* (Buschspinnen, Aviculariidae): im Extremfall bis 9 cm lang, dämmerungs- und nachtaktiv, dicht braun bis schwarz behaart; laufen z. T. auf Büschen und Bäumen umher, wo sie (da sie keine Fangnetze weben) ihre Beutetiere (bes. Gliederfüßer) im Sprung (bis über $^1/_2$ m) überwältigen.

Vogelwarte, Inst. für wiss. Vogelkunde, das sich als „Beringungszentrale" vorwiegend mit der Aufklärung des Vogelzugs befaßt. In der BR Deutschland gibt es die *V. Helgoland* (Sitz: Wilhelmshaven) und die *V. Radolfzell* (Sitz: Schloß Möggingen), in der DDR die *V. Hiddensee,* in Österreich die *V. Neusiedler See,* in der Schweiz die *V. Sempach.*

Vogelwicke ↑Wicke.

Vogelzug, bei vielen Vogelarten (↑Zugvögel) regelmäßige, jahreszeitlich bedingte Wanderung zw. zwei (häufig weit voneinander entfernt gelegenen) Gebieten (Brutgebiet und Winterquartier). Das Zugziel ist v. a. bei nah miteinander verwandten Vogelarten häufig durch die geograph. Lage ihrer Brutgebiete festgelegt: Die in den nördlichsten Regionen brütenden Arten ziehen am weitesten nach Süden. Entgegen der früheren Ansicht, daß der Zug auf einer schmalen Route („Zugstraße") verlaufe, weiß man heute, daß die meisten Zugvögel in breiter, mehr oder weniger lockerer Formation über Länder und Meere ziehen. Gelegentl. verdichtet sich die Formation an bestimmten geograph. Richtmarken (z. B. Küsten, Gebirge, Flüsse), die dann Leitlinien darstellen. Größere Hindernisse ohne entsprechendes Nahrungsangebot wie Meere und Wüsten werden überflogen (v. a. viele Kleinvogelarten) oder auf Umwegen umflogen (manche Großvögel). Als Auslösefaktoren für den V. kommen wahrscheinl. innere Faktoren in Betracht, wie hormonelle Einflüsse, ausgelöst durch Stoffwechseländerungen oder Lichtintensitätsab- bzw. -zunahme. Sie bewirken beim Vogel eine Zugunruhe, die das „Ziehen" einleitet. Ebenfalls noch nicht befriedigend geklärt ist, woran sich die Vögel beim V. orientieren. Tagzieher (die meisten Zugvögel) orientieren sich nach der Sonne und nach landschaftl. Richtmarken, während sich die Nachtzieher (z. B. Nachtigall, Nachtschwalben, viele Grasmücken) vermutl. v. a. nach den Sternen orientieren. Für Rotkehlchen und Dorngrasmücke wurde nachgewiesen, daß für sie das Magnetfeld der Erde richtungweisend ist.

🕮 *Schmidt-Koenig, K.: Das Rätsel des V. Bln. 1986. - Avian navigation. Hg. v. F. Papi u. H. G. Wallraff. Bln. u. a. 1982.*

Voliere [lat.-frz.], bes. großer Vogelkäfig, in dem Vögel auch frei fliegen können.

Vollblut (Vollblutpferd), in zwei Rassen (Arab. Vollblut, Engl. Vollblut) gezüchtetes, bes. edles Hauspferd; v. a. als Rennpferd.

Volvox [lat.] (Gitterkugel, Kugelalge), Gatt. der Grünalgen mit über zehn frei im Süßwasser lebenden Arten; hohlkugelförmige Kolonien aus bis zu 20 000 jeweils mit zwei Geißeln ausgestatteten Zellen, die durch Plasmastränge miteinander in Verbindung stehen. Die Zellen des bei der Bewegung nach vorn gerichteten vegetativen Pols teilen sich nicht und weisen größere Augenflecke auf als die Zellen des hinteren, generativen Pols, die der ungeschlechtl. und geschlechtl. Fortpflanzung (durch Oogamie) dienen. Auf Grund dieser Arbeitsteilung können die V.arten als echte vielzellige Organismen aufgefaßt werden.

Vorblatt (Brakteole, Bracteola), das dem Tragblatt (↑Braktee) folgende Blatt an Seitensprossen.

vorderasiatische Rasse, den Europiden zuzurechnende Menschenrasse von mittelhohem Körperwuchs; mit extrem kurzem Kopf, hohem und reliefreichem Gesicht, großer Nase und dicken Lippen, leicht bräunl. Haut, schwarzbraunem Haar und braunen Augen; Hauptverbreitungsgebiet: Armenien, Iran und östl. Mittelmeerraum.

Vorderkiefer, svw. ↑Mandibeln.

Vorderkiemer (V.schnecken, Prosobranchia, Streptoneura), seit dem Kambrium bekannte Unterklasse primitiver, fast ausschließl. getrenntgeschlechtiger Schnecken mit rd. 20 000 Arten, v. a. in Meeren; Gehäuse im allg. vorhanden, kräftig entwickelt, meist mit Deckel; Mantelhöhle stets vorn (hinter dem Kopf) gelegen mit vor dem Herzen ausgebildeten Kiemen und Längsnervenüberkreuzung. - Zu den V. gehören u. a. Nadelschnekke, Porzellan-, Kreisel-, Pantoffel-, Flügel-, Tonnen-, Strand-, Sumpfdeckel-, Veilchenschnecken, Seeohren und Schmalzüngler (u. a. mit Reusen-, Harfen-, Kegel-, Purpur-, Oliven-, Mitra-, Schraubenschnecken).

Vorhaut ↑Penis.

Vorhof, svw. Vorkammer (↑Herz).

Vorkammer ↑Herz.

Vorkeim, Bez. für den Gametophyten der Farnpflanzen (↑Prothallium) und für das ↑Protonema der Moose.

◆ (Proembryo) bei den Samenpflanzen die aus der befruchteten Eizelle durch Querteilungen hervorgehende Zellreihe, aus der sich der Embryo entwickelt.

Vormensch, svw. Ramapithecus (↑Mensch, Abstammung).

Vormilch, svw. ↑Kolostrum.

Vorniere (Stammniere, Pronephros), ontogenet. zuerst und am weitesten vorn (in der Kopf- und Halsregion) angelegter (paariger) Abschnitt des primitiven Nierengewebes der Wirbeltiere. Auf die V. folgt kaudal die Hinterniere (Opisthonephros). Im Unterschied zu dieser ist die V. beim erwachsenen Wirbeltier meist völlig rückgebildet.

Vorratsmilben (Acaridae), weltweit verbreitete Fam. bis etwa 1 mm großer, weißl. oder gelbl. Milben. V. befallen in oft riesigen Mengen Vorräte und Möbel; derartige Massenansammlungen können beim Menschen allerg. Erscheinungen hervorrufen. Bekannt ist die Mehlmilbe.

Vorsteherdrüse, svw. ↑Prostata.

Vorstehhunde (Hühnerhunde), Sammelbez. für meist mittelgroße Jagdhunde, die Niederwild durch *Vorstehen* (Stehenbleiben in charakterist. Körperhaltung) anzeigen; u. a. Deutsch Drahthaar, Deutsch Kurzhaar, Deutsch Langhaar, Griffon, Münsterländer sowie Pudelpointer; engl. Rassen sind für das Vorstehen auf Flugwild spezialisiert: u. a. Pointer und die Gruppe der Setter.

Vorticellidae [lat.], svw. ↑Glockentierchen.

Vorwehen ↑Geburt.

Vriesea ['fri:zea; nach dem niederl. Botaniker W. H. de Vriese, * 1807, † 1862], Gatt. der Ananasgewächse mit rd. 200 Arten im trop. Amerika; meist Epiphyten mit in Rosetten angeordneten, oft marmorierten, quergebänderten oder gitterartig strukturierten Blättern; Blüten gelb, weiß oder grün, in oft schwertförmigen Ähren, mit leuchtend gefärbten Deckblättern. Zahlr. Arten und Hybriden sind beliebte Zimmerpflanzen.

Vulva [lat.], die äußeren Geschlechtsorgane der Frau, bestehend aus den großen und kleinen Schamlippen, die den Scheidenvorhof mit der Schamspalte umgrenzen.

Wabe, vielzelliger, aus körpereigenem Wachs gefertigter Bau von Bienen; dient zur Aufzucht der Larven und zur Speicherung von Honig und Pollen.

Wabenkröten (Pipa), Gatt. der Zungenlosen Frösche mit 5 etwa 5–20 cm großen Arten im trop. Amerika; Körper extrem abgeflacht, mit dreieckigem Kopf; reine Wasserbewohner. Die Eier entwickeln sich zu Larven oder Jungtieren in wabenartigen Vertiefungen der Rückenhaut des ♀, die bei der Paarung kissenartig anschwillt. Die bekannteste Art ist die bis 20 cm lange *Wabenkröte* (Pipa pipa) in Guayana und N-Brasilien.

Wacholder (Juniperus), Gatt. der Zypressengewächse mit rd. 60 Arten auf der N-Halbkugel; immergrüne, meist zweihäusige Sträucher oder Bäume; Blätter entweder immer nadelartig (dann meist zu dreien quirlig angeordnet und oberseits oft weißstreifig) oder nur bei den Jungpflanzen (dann bei den älteren Pflanzen schuppenförmig und gegenständig); Zapfen zur Samenreife beerenartig, aus mehreren verwachsenen Schuppen gebildet; meist giftige Pflanzen. Einheim. Arten: **Heidewacholder** (Gemeiner W., Machandel, Kranewitt, Juniperus communis), säulenförmiger Strauch oder bis 12 m hoher Baum mit abstehenden, stechenden Nadeln und schwarzblauen, bereiften, dreisamigen Beerenzapfen *(Wacholderbeeren);* auf Sand- und Heideböden der nördl. gemäßigten und kalten Zonen. Die W.beeren werden zur Herstellung von Säften und Schnäpsen sowie als Gewürz verwendet. **Sadebaum** (Sade-W., Juniperus sabina), niedriger Strauch, Blätter an dünnen Zweigen, beim Zerreiben unangenehm riechend; Früchte kugelig bis eirund, blauschwarz, bereift; niederliegende Formen werden als Ziersträucher angepflanzt. Zahlr. aus N-Amerika und O-Asien stammende Arten und deren Zuchtformen werden als Ziergehölze kultiviert, u. a. die bis 30 m hohe **Rote Zeder** (Juniperus virginiana, mit grau- bis rotbrauner Rinde).

Wacholderdrossel (Krammetsvogel, Ziemer, Turdus pilaris), in M-Europa und im nördl. Eurasien heim. Drosselart; bis 25 cm langer Singvogel mit hellgrauem Kopf und Bürzel, kastanienbraunem Rücken und rostfarbener, schwarzgefleckter Kehle und Brust; Teilzieher.

Wachsblume, (Cerinthe) Gatt. der Rauhblattgewächse mit rd. 10 Arten im Mittelmeergebiet und in M-Europa (2 Arten in Deutschland); einjährige oder ausdauernde Kräuter mit bläul. bereiften Stengeln und Blättern; Blüten gelb.

◆ (Porzellanblume, Hoya [falscher dt. Name Asklepias, falsche lat. Gatt.bezeichnung Asclepias]) Gatt. der Schwalbenwurzgewächse mit rd. 100 Arten im trop. Asien, in Australien und Ozeanien; meist windende Sträucher mit fleischigen Blättern und in Trugdolden stehenden Blüten. Die Art *Hoya carnosa* mit weißen oder blaß fleischfarbenen, in der Mitte rotgefleckten, wohlriechenden Blüten ist eine beliebte Zimmerpflanze.

Wachsbohne, Zuchtsorte der Gartenbohne mit gelben (wachsfarbenen) Hülsen.

Wachshaut (Cera, Ceroma), nackte, oft auffällig gefärbte, verdickte, weiche, sehr tastempfindl. Hautpartie an der Oberschnabelbasis bestimmter Vögel (v. a. Papageien, Greifvögel, Tauben), die i. d. R. die Nasenöffnungen umschließt.

Wachsmotten (Wachszünsler, Galleriinae), weltweit verbreitete Unterfam. mottenähnl. Kleinschmetterlinge (Fam. Zünsler) mit 6 einheim. Arten; Raupen oft schädl. in Bienenstöcken oder an Trockenfrüchten. Eine bekannte Art ist die graubraune, etwa 3 cm spannende *Große Wachsmotte* (Galleria mellonella).

Wachspalme, (Copernicia) Gatt. der Palmen mit über 40 Arten im trop. S-Amerika. Die wirtsch. wichtigste Art ist die Karnaubapalme (C. cerifera), liefert Karnaubawachs (für Leder- und Fußbodenpflegemittel).

◆ (Ceroxylon) Gatt. der Palmen mit rd. 20 Arten im westl. S-Amerika. Die wichtigste Art ist *Ceroxylon andicola,* ein bis 30 m hoher Baum, dessen Stamm von einer dicken Wachsschicht bedeckt ist. Das Wachs findet ähnl. Verwendung wie das Karnaubawachs.

Wachsschildlaus (Ericerus pela), bis etwa 5 mm große, in O-Asien gezüchtete Schildlausart; ♀♀ mit dunkelbraunem Schild. Die ♂ Larven scheiden Pelawachs aus (Verwendung v. a. in O-Asien z. B. für Kerzen).

Wachsschildläuse, svw. ↑Napfschildläuse.

Wachstum (somat. W.), irreversible Volumenzunahme einer Zelle oder eines Organismus bis zu einer genet. festgelegten Endgröße. Das W. beruht auf dem Aufbau körpereigener Substanz und ist daher eine Grundeigenschaft des Lebens; es wird (zu-

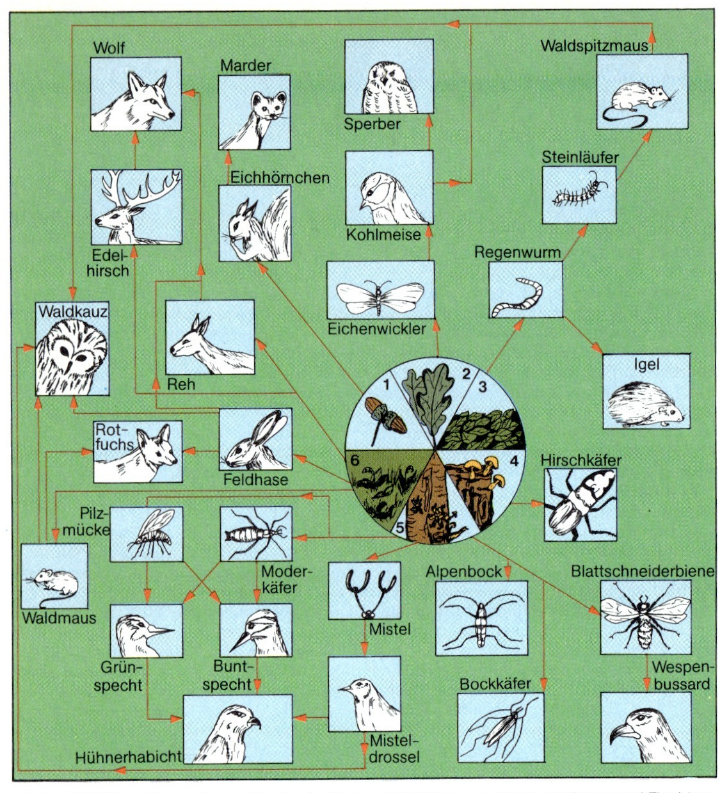

1 Eiche **2** Blätter **3** Laubstreu **4** faulendes Holz und Hutpilze **5** Rinde mit Pilzen und Flechten **6** Grasdecke des Waldbodens

Wald. Artengefüge im Eichenwald

mindest bei mehrzelligen Organismen) hormonell gesteuert. Bei den Wirbeltieren (einschließl. Mensch) z. B. wirken das W.hormon Somatotropin und das Schilddrüsenhormon Thyroxin wachstumssteigernd, während die Geschlechtshormone das W. beenden. Bei den höheren Pflanzen wird das W. durch verschiedene Phytohormone (Indolylessigsäure, Gibberelline, Zytokinine) geregelt. Das W. ist in seiner Intensität auch abhängig von äußeren Faktoren (v. a. Ernährung, Temperatur, bei Pflanzen auch Licht). Bei einzelligen Lebewesen ist das W. nach Erreichen einer bestimmten Kern-Plasma-Relation abgeschlossen. Bei mehrzelligen Tieren und beim Menschen beruht das W. (das sich hier v. a. als Zunahme der Körperlänge bzw. -höhe [Längenwachstum] äußert) auf Zellvermehrung und damit verbundener Plasmaneubildung. Die W.intensität ist daher während der Embryonalentwicklung (d. h. während der Zeit der größten Zellteilungsaktivität) am stärksten und nimmt nach dem Schlüpfen bzw. nach der Geburt ab (mit Ausnahme des ersten extrauterinen Lebensjahrs beim Säugling). Die W.geschwindigkeit der einzelnen Organe und Körperteile ist unterschiedl., woraus die unterschiedl. Körperproportionen von juvenilen und adulten, männl. und weibl. Vertretern einer Art resultieren. Kurz nach der Geschlechtsreife ist das W. gewöhnl. weitgehend abgeschlossen. Bei Pflanzen dagegen hält das W. die gesamte Lebensdauer über an, bewirkt durch ständig teilungsfähige, undifferenzierte (embryonale) Zellen. Das W. der Pflanzen beruht im Ggs. zu dem der Tiere weniger auf der Zunahme der Zellenzahl als vielmehr auf einer starken Streckung der Zellen. Das Dickenwachstum der höheren Pflanzen wird entweder durch Zellvermehrung im Bereich des Sproßscheitels oder durch ein spezielles Bildungsgewebe in der Sproßachse bewirkt.

📖 *Jentzsch, K. D.: Regulation des Wachstums u. der Zellvermehrung. Stg. 1983. - Black, M./ Edelmann, J.: Plant growth. Cambridge (Mass.) 1970. - Butterfass, T.: Wachstums- u. Entwicklungsphysiologie der Pflanze. Hdbg. 1970. - Tanner, J. M., u. a.: W. Dt. Übers. Rbk. 1970.*

Wachstumshormon, svw. ↑Somatotropin.

Wachszünsler, svw. ↑Wachsmotten.

Wachtelkönig (Crex crex), im gemäßigten Eurasien auf Wiesen und in Getreidefeldern lebende, bis 27 cm lange Ralle; Gefieder mit Ausnahme der rostbraunen Flügel gelbbraun, am Rücken schwarz gefleckt; dämmerungsaktiv; Zugvogel, der im S Afrikas und Asiens überwintert.

Wachteln ↑Feldhühner.

Wachtelweizen (Melampyrum), Gatt. der Rachenblütler mit rd. 25 Arten in der nördl. gemäßigten Zone; einjährige Halbschmarotzer mit lanzettförmigen Blättern und gelben, purpurfarbenen oder weißl. Blüten. Einheim. Arten sind u. a. der ↑Ackerwachtelweizen und die sehr formenreichen, in Wäldern, an Waldrändern, in Gebüschen und Magerrasen vorkommenden Arten **Wiesenwachtelweizen** (Melampyrum pratense) mit gelbl.-weißen Blüten und **Waldwachtelweizen** (Melampyrum silvaticum) mit gelben, in einseitswendigen Trauben stehenden Blüten.

Wachzentrum ↑Schlafzentrum.

Wade (Sura), die durch den kräftigen dreiköpfigen Wadenmuskel stark muskulöse Rückseite des Unterschenkels des Menschen.

Wadenbein ↑Bein.

Wadenstecher ↑Stechfliegen.

Waffenfliegen (Stratiomyidae), weltweit verbreitete Fam. der Fliegen mit rd. 1 500 etwa 0,5–1,5 cm großen Arten; meist metall. glänzend oder schwarz-gelb gezeichnet; Hinterleib breit und flach; Blütenbesucher; Larven im Boden an faulenden Substanzen oder im Wasser (hängen zum Atmen mit röhrenförmig ausgezogenem Hinterende an der Wasseroberfläche). - Zu den W. gehören u. a. ↑Chamäleonfliege und ↑Dornfliegen.

Waid (Isatis), Gatt. der Kreuzblütler mit rd. 30 Arten, verbreitet von M-Europa bis Z-Asien und im Mittelmeergebiet; einjährige oder ausdauernde Kräuter mit gelben Blüten

Wald. Artengefüge im Mischwald

und hängenden, flachen, geflügelten Früchten. In Deutschland heimisch ist nur der bis 1,4 m hohe, an Wegen und in Schuttunkrautgesellschaften wachsende **Färberwaid** (Dt. Indigo, Isatis tinctoria); wurde früher zur Gewinnung des Farbstoffs Indigo angebaut.

Wal ↑Wale.

Walaat (Walaas, Clione limacina), bis 4 cm lange, schalenlose Schnecke (Ordnung Ruderschnecken) in polaren Meeren; kommt zeitweise in so großen Schwärmen vor, daß sie als Hauptnahrung der Bartenwale dient.

Wald, George [engl. wɔːld], * New York 18. Nov. 1906, amerikan. Biochemiker. - Prof. an der Harvard University in Cambridge (Mass.); entdeckte die Vitamine A_1 und A_2 in der Netzhaut des Auges und arbeitete über den Mechanismus des Farbensehens. Für seine Untersuchungen über die Primärprozesse im Auge erhielt er (zus. mit R. A. Granit und H. K. Hartline) 1967 den Nobelpreis für Physiologie oder Medizin.

Wald, natürl. Lebensgemeinschaft und Ökosystem von dicht stehenden Bäumen mit spezieller Tier- und Pflanzenwelt sowie mit bes. Klima- und Bodenbedingungen. Hinsichtl. der Entstehung des W. unterscheidet man zw. dem ohne menschl. Zutun gewachsenen *natürl. Wald* (Urwald), dem nach menschl. Eingriffen (z. B. Rodung) natürl. nachwachsenden *Sekundärwald* und dem vom Menschen angelegten *Wirtschaftswald*, hinsichtl. des Baumbestandes zw. *Reinbestand* (eine einzige Baumart) und *Mischbestand* (mehrere Baumarten; *Mischwald*). Nach der Höhe des Bewuchses unterscheidet man pflanzensoziolog. Moos-, Kraut-, Strauch- und Baumschicht. Die Pflanzen stehen miteinander in ständiger Wechselbeziehung, indem sie sich gegenseitig fördern oder miteinander um Licht, Wasser und Nährstoffe konkurrieren. Als Tief- und Flachwurzler schließen sie den Boden auf, verändern und entwickeln das Bodenprofil und schaffen einen Oberboden, in dem eine spezielle Mikroflora und Mikrofauna gedeihen und ihre Wirkung entfalten. Das *Waldklima* zeichnet sich im Verhältnis zum Klima offener Landschaften durch gleichmäßigere Temperaturen, höhere relative Luftfeuchtigkeit, geringere Lichtintensität und schwächere Luftbewegung aus. Der W. hat einerseits eine sehr hohe Transpirationsrate, andererseits vermag er in seinen Boden große Wassermengen schnell aufzunehmen und darin zu speichern (Abb. Bd. 2, S. 243).

Unter entsprechenden Klimabedingungen gilt der W. als dominierende pflanzl. Formation. Er entwickelt sich ganz allmähl. in größeren Zeiträumen. Im natürl. W. stellt sich diese Entwicklung wie folgt dar: *Vorwald* (Pionierbaumarten sind z. B. Birke, Robinie, Espe, Erle, Pappelarten) besiedelt ein baumfreies Gelände. Der dadurch verbesserte Frost- und Strahlungsschutz läßt zunehmend schattenertragende Baumarten *(Zwischenwald)* gedeihen. Diese wachsen zum Gefüge des *Hauptwaldes* heran, bis das oberste Kronendach keinen Jungwuchs mehr aufkommen läßt. Wird dieser *Schlußwald* etwa durch Feuer, Sturm oder Schädlingskatastrophen zerstört, so wiederholt sich der ganze Vorgang der *Waldbildung*. - In der Randzone eines W. *(W.saum, W.mantel, W.trauf)*, in der die Bäume gewöhnl. fast bis zum Boden beastet sind, wächst eine reichhaltige Strauch- und Krautvegetation. Die Randzone bietet somit Schutz gegen Wind, übermäßige Sonneneinstrahlung und Bodenerosion. - Die Ausbreitung des natürl. W. wird durch „waldfeindliche" klimat. Faktoren begrenzt.

Die Wälder der Erde unterscheiden sich wesentl. in ihrem Baumbestand, der durch die

Waldbestände auf der Erde (in Auswahl), jeweils in % der Gesamtfläche eines Landes

Land	%	Land	%
Europa			
BR Deutschland	29,5		
Baden-Württemberg	36,4	Nordrhein-Westfalen	24,5
Bayern	33,6	Rheinland-Pfalz	38,8
Berlin (West)	16,0	Saarland	33,2
Bremen	1,7	Schleswig-Holstein	8,7
Hamburg	4,1		
Hessen	39,5		
Niedersachsen	20,6		
DDR	27,3	Österreich	39,1
Finnland	69,2	Polen	27,8
Frankreich	26,6	Rumänien	26,7
Großbritannien	8,6	Schweden	58,7
Island	1,2	Schweiz	25,5
Italien	21,1	Spanien	30,9
Niederlande	7,8		
Afrika			
Ägypten	0,0	Nigeria	15,2
Äthiopien	2,6	Südafrika	3,8
Algerien	1,8	Zaïre	75,3
Libyen	0,4		
Amerika			
Argentinien	21,6	Kolumbien	44,6
Brasilien	66,7	Mexiko	23,8
Guatemala	39,6	USA	28,3
Kanada	32,9		
Asien			
China	13,6	Malaysia	65,7
Indien	20,5	Saudi-Arabien	0,7
Iran	10,9	Thailand	30,2
Japan	67,7		
Australien und Ozeanien			
Australien	13,8	Neuseeland	38,3

jeweils unterschiedl. ökolog. Faktoren bedingt ist. Der *trop. Wald* in den niederschlagsreichen Gebieten ist durch üppiges Wachstum und Artenreichtum charakterisiert. In den *Subtropen* erscheinen mit zunehmender Trokkenheit Hartlaubgehölze. Die *gemäßigte Region* ist durch sommergrüne Laubwälder (in Gebirgslagen bes. durch Nadelwälder) charakterisiert, die auf der *Nordhalbkugel* in einen breiten Nadelholzgürtel übergehen. Im einzelnen lassen sich folgende *Waldformationsklassen* unterscheiden: (trop. oder subtrop.) ↑ Regenwald (grundwasserbedingt sind die Unterklassen Mangrove und Galeriewald), regengrüner Wald (auch Monsunwald), regengrüner ↑ Trockenwald, Lorbeerwald, Hartlaubwald, sommergrüner Laubwald und ↑ borealer Nadelwald.

Die einzelnen W.flächen (davon rd. $^1/_3$ wirtsch. genutzt und rd. $^1/_7$ planmäßig bewirtschaftet) sind ungleichmäßig über die Erde verteilt. Der größte Teil der W.fläche entfällt auf die beiden breiten (heute nicht mehr ganz so geschlossenen) Gürtel des trop. Regen-W. und des borealen Nadel-W., die zus. rd. 80% des Gesamtwaldbestandes der Erde ausmachen. - In *Deutschland* gibt es, von gewissen ↑ Naturwaldreservaten abgesehen, nur den nach waldbaul. Grundsätzen angelegten Wald. Dabei unterscheidet man (als Bewirtschaftungsformen) *Niederwald* (Laubwald, bei dem sich der Baumbestand aus Stökken und Wurzeln der gefällten Bäume erneuert), *Hochwald* (der Baumbestand wird durch Anpflanzen oder Saat erneuert) und *Mittelwald* (in ein dichtes, alle 10–15 Jahre geschlagenes und immer wieder neu austreibendes Unterholz sind besser geformte Stämme eingestreut). Die BR Deutschland liegt in der Zone des sommergrünen Laub-W., in den montane Nadelwaldareale eingestreut sind. - Über seine Funktion als Holzlieferant und Lebensstätte des Wildes hinaus kommen dem W. u. a. noch wichtige landeskulturelle und soziale Funktionen zu, z. B. als Schutzwald und als Erholungsraum.

Geschichte: Die urspr. ausgedehnten mitteleurop. Wälder wurden etwa seit der Völkerwanderung (4. Jh. n. Chr.) durch extensive Rodungen auf rd. ein Drittel der Bestände reduziert. Mit den Rodungen wurden die vielfältigen urspr. Versorgungsfunktionen des W. für den Menschen (z. B. Lieferung von Brenn- und Bauholz, Schutz vor Feinden und Naturgewalten, Viehmast, Energieversorgung durch Holzkohle, Lieferung chem.-techn. Ausgangsstoffe wie Pottasche zur Seifen- und Glasherstellung, Rinden für die Gerberei, Früchte und Blätter zur Nahrungs- und Arzneimittelgewinnung, Imkerei) zunehmend beeinträchtigt. Seit dem 15. Jh. gibt es in M-Europa keinen besitzlosen W. mehr. Auch die dann erlassenen Rodungsverbote konnten den andauernden Raubbau, der Ende des 18. Jh. schließl. katastrophale Ausmaße annahm, nicht verhindern. Zur Versorgung Europas mit Holzkohle und Pottasche mußten damals russ. und amerikan. Wälder zerstört werden. Im 19. Jh. wurde abermals viel W. vernichtet, um den hohen Holzbedarf (u. a. Eisenbahnschwellen, Leitungsmasten, Holz für den Grubenausbau) zu decken. Eine „rationelle Forstwirtschaft" setzte sich erst in der 2. Hälfte des 19. Jh. durch; abgeholzter Laub-W. wurde jetzt zunehmend durch Nadel-W. ersetzt. - Abb. S. 258 und 259.

🕮 Devivere, B. v.: Der letzte Garten Eden. Zerstörung der trop. Regenwälder u. die Vertreibung ihrer Ureinwohner. Ffm. 1984. - Dylla, K./Krätzner, G.: Das biolog. Gleichgewicht in der Lebensgemeinschaft W. Hdbg. [4]1984. - Life Planet Erde. Wälder. Mchn. u. a. 1984. - Mayer, Hannes: Wälder Europas. Stg. 1984. - Johnson, H., u. a.: Das große Buch der Wälder u. Bäume. Stg. 1983. - Leibundgut, H.: Der W. Eine Lebensgemeinschaft. Frauenfeld u. Stg. [3]1983.

Waldameisen (Formica), Gatt. der Ameisen (Fam. Schuppenameisen) mit rd. 15 z. T. schwer unterscheidbaren einheim. Arten. Am bekanntesten ist die geschützte **Rote Waldameise** (Formica rufa; ♂ und ♀ 9 bis 11 mm lang, Arbeiterinnen 4–9 mm lang). Sie baut aus Kiefern- oder Fichtennadeln ein bis 1,8 m hohes Nest, dessen Hauptteil aus unterird. angelegten Gängen und Kammern besteht, in denen die Eier aufbewahrt und die Larven gepflegt werden. Eine Kolonie umfaßt zw. 100 000 und 1 Mill. Arbeiterinnen sowie zahlr. Königinnen und ♂♂. Im Frühsommer schwärmen ♂♂ und ♀♀ aus; die befruchteten ♀♀ verbleiben im alten Nest oder gründen eine neue Kolonie. - ↑ auch Abb. Bd. 1, S. 34.

Waldbaumläufer (Certhia familiaris), etwa 13 cm langer Singvogel (Fam. Baumläufer), v. a. in Wäldern Eurasiens, N- und Z-Amerikas; unterscheidet sich vom sonst sehr ähnl. ↑ Gartenbaumläufer v. a. durch weiße (anstelle bräunl.) Flanken und den etwas kürzeren Schnabel.

Waldböcke (Tragelaphinae), Unterfam. reh- bis rindergroßer, schlanker und hochbeiniger Paarhufer (Fam. Horntiere) mit rd. zehn Arten, v. a. in Wäldern, Dickichten und Savannen Afrikas und Indiens. Zu den W. gehören u. a. die ↑ Drehhornantilopen.

Waldchampignon ↑ Champignon.

Waldeyer-Hartz, Wilhelm von [...daɪər], * Hehlen (Landkr. Holzminden) 6. Okt. 1836, † Berlin 23. Jan. 1921, dt. Anatom. - Prof. in Breslau, Straßburg und Berlin; vertrat gegen R. Virchows Auffassung vom Bindegewebe als Mutterboden aller Geschwulstbildung die (richtige) Anschauung vom epithelialen Ursprung der Krebsentstehung. Er prägte die Bez. Chromosom und Neuron.

Waldgärtner (Kiefernmarkkäfer, Blastophagus), Gatt. der Borkenkäfer mit 2 einheim. Arten: **Großer Waldgärtner** (Blastophagus piniperda) in N-Amerika, Europa, O-Asien (einschließl. Japan); 3,5–5 mm lang, schwarzbraun; Larven unter der Rinde von Kiefern, fressen als Käfer in den Astspitzen, die dadurch absterben; gefährl. Forstschädling; **Kleiner Waldgärtner** (Blastophagus minor) in Eurasien; 3,5–4 mm lang, schwarzbraun mit rotbraunen Flügeldecken.

Waldgrenze, klimat. bedingte Grenzzone, bis zu der geschlossener Wald noch gedeiht.

Waldhühner, wm. Sammelbez. für Auer-, Birk-, Hasel- und Schneehühner.

Waldiltis ↑Iltisse.

Waldkatze, andere Bez. für die Mitteleurop. Wildkatze (Felis silvestris silvestris); Länge 50–80 cm, Schwanz bis 35 cm lang, schwarzspitzig und schwarz geringelt.

Waldkauz ↑Eulenvögel.

Waldmeister ↑Labkraut.

Waldnashorn, svw. Mercknashorn (↑Nashörner).

Waldohreule ↑Eulenvögel.

Waldpferd (Equus caballus robustus), vom Ende des Pleistozäns bis zum Anfang des Holozäns verbreitete Unterart großer, schwerer, insbes. waldbewohnender Pferde; vermutl. Stammform des ↑Kaltbluts.

Waldportier [...pɔrtje:] (Waldpförtner), Bez. für verschiedene einheim. Arten der Augenfalter; u. a. **Großer Waldportier** (Hipparchia fagi): 6 cm spannend, dunkelbraun, mit heller Flügelbinde; **Kleiner Waldportier** (Hipparchia alcyone): 5 cm spannend, braun, mit weißl. Flügelbinde; **Blauäugiger Waldportier** (Minois dryas): 6 cm spannend, braun, Vorderflügel mit zwei bläulichweißen, schwarz umrandeten Augenflecken; **Weißer Waldportier** (Brintesia circe): 6,5 cm spannend, braunschwarz, mit weißl., auf den Vorderflügeln unterbrochener Binde.

Waldrebe (Klematis, Clematis), Gatt. der Hahnenfußgewächse mit rd. 300 weltweit verbreiteten Arten; sommer- oder immergrüne, meist kletternde Sträucher oder auch aufrechte Halbsträucher oder Stauden; Blätter einfach, dreizählig oder gefiedert, Blattstiele oft windend; Blüten glockig bis tellerförmig, einzeln oder in Rispen, oft weiß oder violett. Die häufigste einheim. Art ist neben der ↑Alpenwaldrebe die **Gemeine Waldrebe** (Hexenzwirn, Clematis vitalba) mit bis 7 m hoch kletternden Zweigen, unpaarig gefiederten Blättern und in Trugdolden stehenden, kronblattlosen Blüten mit weißl. Kelchblättern.

Waldreservat, zusammenfassende Bez. für Schonwald und Naturwaldreservat.

Waldschliefer (Baumschliefer, Dendrohyrax), Gatt. der Säugetiere (Ordnung Schliefer) mit 3 Arten in Afrika südl. der Sahara; Körperlänge 45–55 cm; ohne äußerl. sichtbaren Schwanz; Färbung braun, grau- oder schwarzbraun; nachtaktive Baumbewohner.

Waldspitzmaus ↑Rotzahnspitzmäuse.

Walroß

Waldsterben (Baumsterben), in M-Europa regional unterschiedl. stark auftretende Erkrankung von Waldbäumen; wahrscheinl. Ursachen: Nährstoffarmut und Übersäuerung des Bodens (↑auch saurer Regen), Immissionen von Schwefeldioxid, Stickoxiden, Fluor- und Chlorverbindungen, Ozon.

Waldstorch, svw. Schwarzstorch (↑Störche).

Waldtulpe ↑Tulpe.

Waldveilchen ↑Veilchen.

Waldvögelein (Cephalanthera), Gatt. der Orchideen mit 14 Arten im gemäßigten Eurasien und in N-Amerika; Erdorchideen mit beblättertem Stengel und in lockerer Ähre stehenden Blüten; die Blütenhüllblätter verdecken teilweise die Lippe. Einheim. sind 3 Arten, u. a. das in lichten Buchenwäldern vorkommende **Weiße Waldvögelein** (Cephalanthera damasonium) mit länglich-eiförmigen Blättern und gelbweißen Blüten.

Waldzecke, svw. ↑Holzbock.

Waldziegenantilopen (Nemorhaedini), Gatt.gruppe der Ziegenartigen mit 2 etwa ziegengroßen Arten, v. a. in dichten Gebirgs- und Bambuswäldern S- und O-Asiens. Etwa 90–130 cm lang und rd. 55–75 cm schulterhoch ist der **Goral** (Naemorhedus goral); beide Geschlechter mit kurzen, spitzen, leicht nach hinten gekrümmten Hörnern; Fell dicht und lang; Färbung überwiegend rotbraun bis dunkelbraun.

Wale (Cetacea), seit dem mittleren Eozän bekannte, heute mit rd. 90 Arten weltweit verbreitete Ordnung der Säugetiere von etwa 1,25–33 m Körperlänge und rd. 25 kg bis über 135 t Gewicht; mit Ausnahme weniger Zahnwalarten ausschließl. im Meer; Gestalt torpedoförmig, fischähnl. (von den Fischen jedoch stets durch die waagrecht gestellte Schwanzflosse unterscheidbar); Vorderextremitäten zu Flossen umgewandelt, Hinterextremitäten vollständig rückgebildet, Becken nur rudimentär erhalten; Rückenfinne fast stets vorhanden; mit Ausnahme von zerstreuten Borsten am Kopf (Sinneshaare) Haarkleid rückgebildet; Haut ohne Schweiß- und Talgdrüsen, von mehr oder minder stark ausgebildeter Fettschicht („Blubber") unterlagert, die der Wärmeisolierung dient und aus der v. a. bei ↑ Bartenwalen Tran gewonnen wird; äußeres Ohr fehlend; Augen sehr klein; Nasenlöcher („Spritzlöcher") paarig (Bartenwale) oder unpaar (Zahnwale), weit nach hinten auf die Kopfoberseite verschoben (ausgenommen Pottwal); Gesichtssinn schwach, Geruchs- und Gehörsinn gut entwickelt (ausgenommen Zahnwale, bei denen der Geruchssinn völlig reduziert ist); Verständigung zw. Gruppenmitgliedern der meist sehr gesellig lebenden W. durch ein umfangreiches, teilweise im Ultraschallbereich liegendes Tonrepertoire, auch Ortung durch Ultraschall; Kopf groß, vom Rumpf kaum oder gar nicht abgesetzt; Gebiß aus zahlr. gleichförmigen, kegelartigen Zähnen (fischfressende Zahnwale), teilweise rückgebildet (tintenfischfressende Zahnwale) oder völlig reduziert und funktionell durch Barten ersetzt (Bartenwale); Knochen von schwammartigem Aufbau, Hohlräume ölgefüllt, Halswirbel teilweise verschmolzen, übrige Wirbel relativ gleichförmig, Beckenreste ohne Verbindung zur Wirbelsäule. - W. sind ausgezeichnete Schwimmer und Taucher (können z. T. bis rd. 1 000 m Tiefe [z. B. Pottwal] und u. U. länger als eine Stunde tauchen). Die nach dem Auftauchen durch die Spritzlöcher ausgestoßene Luft *(Blas)* wird durch kondensierenden Wasserdampf erkennbar, wobei die Form des Blas oft arttypisch ist. - Nach einer Tragzeit von rd. 11–16 Monaten wird meist nur 1 Junges geboren, das bei der Geburt etwa $^1/_4$–$^1/_3$ der Länge der Mutter hat und sehr schnell heranwächst. Die Zitzen liegen in einer Hautfalte. Die Milch wird dem saugenden Jungtier durch Muskelkontraktion eingespritzt. - Die W. zählen zu den intelligentesten und lernfähigsten Tieren. Wegen verschiedener industriell nutzbarer Produkte (z. B. Walrat, Amber, Fischbein, Vitamin A [aus der Leber], Öl [aus „Blubber", Fleisch und Knochen]) werden Wale mit modernen Walfangflotten stark bejagt, was zu drast. Bestandsabnahmen (bes. bei Blau-, Grau-, Buckel- und Glattwalen) geführt hat. Einige Arten (z. B. Grönland-, Blauwal, Nordkaper) sind vom Aussterben bedroht.

Um ein Überleben der W. zu sichern, werden die Fangquoten jährl. von einer internat. Walfangkommission neu festgelegt. Ein indirekter Schutz wurde durch das Washingtoner Artenschutzübereinkommen vom 3. 3. 1973 erreicht, das den Handel mit Tierarten, die von der Ausrottung bedroht sind, einer strengen Regelung unterwirft.

🕮 *Hunter, R. L./Weyler, R.: Rettet die W. Bln. 1982. - Cousteau, J. Y./Diole, P.: W. - Gefährdete Riesen der See. Dt. Übers. Mchn. 1976. - Slijper, E. J.: Riesen des Meeres. Eine Biologie der W. u. Delphine. Dt. Übers. Bln. u. a. 1962.*

Walfische, falsche Bez. für Wale.

Wallabys [engl. 'wɔləbɪz] (Wallabia), Gatt. mittelgroßer ↑ Känguruhs.

Wallace [engl. 'wɔlɪs], Alfred Russel, * Usk (Monmouth) 8. Jan. 1823, † Broadstone (Dorset) 7. Nov. 1913, brit. Zoologe und Forschungsreisender. - Forschungsreisen u. a. im Amazonas- und Río-Negro-Gebiet sowie im Malaiischen Archipel. W. untersuchte bes. die geograph. Verbreitung von Tiergruppen und teilte die Erde in tiergeograph. Regionen ein (↑ Wallacea). Er stellte unabhängig von C. Darwin die Selektionstheorie auf.

Wallacea [vala'tse:a; nach A. R. Wallace] (oriental.-austral. Übergangsgebiet, indoaustral. Zwischengebiet), in der Tiergeographie ein Übergangsgebiet zw. der oriental. und der austral. Region und daher mit einem Gemisch oriental. und austral. Faunenelemente; hinzu kommt eine große Zahl von Endemiten (z. B. Hirscheber, Anoa, Celebesmakak, Schopfmakak). W. wird im W von der sog. *Wallace-Linie* (verläuft durch die Lombokstraße zw. Bali und Lombok), im O durch die *Lydekker-Linie* (verläuft südl. der kleinen

Von links nach rechts: Wandelröschen (Lantana camara), Wanderalbatros und Wanderfalke

Sundainseln und der Tanimbarinseln und dann östl. zw. Molukken und Westirian) begrenzt.

Wallach [nach der Walachei], kastriertes ♂ Pferd.

Wallnister (Thermometerhuhn, Leipoa ocellata), etwa 60 cm langes ↑Großfußhuhn in S-Australien; Oberseite braun mit weißl. Querbänderung, Unterseite mit schwärzlichem Längsstreifen auf bräunlichweißem Grund; nutzt zum Ausbrüten der in einer zentralen Eikammer abgelegten Eier (5–35) die Gärungswärme eines Laubhaufens aus, den es über einer rd. 1 m tiefen und im Durchmesser 3 m großen Erdmulde aufschichtet.

Walnuß [niederdt., zu althochdt. walah „Welscher" (da die W. aus Italien kam)] (Juglans), Gatt. der W.gewächse mit rd. 15 Arten im sö. Europa, im gemäßigten Asien, in N-Amerika und in den nördl. Anden; sommergrüne Bäume mit großen, unpaarig gefiederten Blättern und einhäusigen Blüten; ♂ Blüten in hängenden Kätzchen, ♀ Blüten einzelnstehend oder in wenigblütigen Knäueln oder Ähren; Steinfrucht mit dicker, faseriger Außen- und holziger Innenschale sowie einem sehr fetthaltigen, eßbaren Samen; wichtige Holzlieferanten. Bekannte Arten der Gatt. sind: **Gemeine Walnuß** (W.baum, Nußbaum, Juglans regia), ein bis 30 m hoher, aus SO-Europa stammender Baum mit aus 5–9 längl.-eiförmigen, ganzrandigen Blättchen zusammengesetzten Blättern; Früchte kugelig, grün mit hellbraunem, gefurchtem Steinkern. Der Samen liefert ein wertvolles Speiseöl. **Schwarznuß** (Schwarze W., Juglans nigra), bis 50 m hoch, im östl. N-Amerika; Borke tief rissig, Blätter 30–60 cm lang, mit 15–23 ei- bis lanzettförmigen, 6–12 cm langen Fiederblättchen; Früchte kugelig, 4–5 cm groß, mit rauher, sehr dicker, in reifem Zustand dunkelbrauner Schale und schwarzer, dickschaliger Nuß; Kern süßl. und ölreich.

Walnußgewächse (Juglandaceae), Fam. der Zweikeimblättrigen mit rd. 60 Arten in acht Gatt. in der nördl. gemäßigten Zone, v. a. im östl. N-Amerika und in O-Asien; meist Bäume mit unpaarig gefiederten Blättern und windbestäubten, eingeschlechtigen Blüten. Die wichtigsten Gatt. sind ↑Hickorybaum und ↑Walnuß.

Walroß (Odobenus rosmarus), plumpe, etwa 3 (♀)–3,8 m (♂) lange, gelbbraune bis braune Robbe im N-Pazifik und Nordpolarmeer; Haut dick, von einer starken Fettschicht unterlagert; nur schwach behaart, auf der Oberlippe Schnauzbart aus dicken, starren Borsten; obere Eckzähne stark verlängert, zeitlebens nachwachsend, beim ♀ bis 60 cm, beim ♂ bis 1 m lang, liefern Elfenbein, was zu übermäßiger Bejagung und gebietsweiser Ausrottung geführt hat; Bestände noch immer teilweise gefährdet, Bejagung nur noch den Eskimos und anderen Anwohnern der arkt. Meere zu ihrer Ernährung gestattet; überwiegend Muschelfresser. - Man unterscheidet drei Unterarten, u. a. *Polarmeer-W.* (Odobenus rosmarus rosmarus): von der Jenisseimündung über Spitzbergen und Grönland bis Kanada (Hudsonbai) verbreitet. - Abb. S. 262.

Walzenechsen, svw. ↑Skinke.

Walzenskinke (Chalcides), Gatt. bis etwa 45 cm langer Reptilien (Fam. Skinke) mit drei Arten im Mittelmeergebiet; Körper kräftig bis schlangenförmig; Gliedmaßen wohlentwickelt oder stummelförmig. In sonnigen, steinigen Gebieten des westl. Mittelmeergebietes kommt die bis etwa 40 cm lange **Erzschleiche** (Chalcides chalcides) vor; Körper blindschleichenförmig, oberseits meist auf metall. grauem bis olivgrünem Grund mehrfach hell-längsgestreift mit langem Schwanz und stummelförmigen, dreizehigen Gliedmaßen.

Walzenspinnen (Solifugae), Ordnung bis etwa 7 cm langer, meist brauner oder grauer Spinnentiere mit rd. 800 Arten, v. a. in Wüsten und Steppen der Subtropen und Tropen; Hinterleib walzenförmig; Beine lang, mit auffallend langen Sinneshaaren; Kieferfühler sehr stark entwickelt; Biß für den Menschen schmerzhaft, doch ungefährlich.

Wamme, in der *Tierzucht* Bez. für die von der Kehle bis zur Brust reichende Hautfalte an der Unterseite des Halses verschiedener Tierarten (v. a. der Rinder).

Wandelklee (Desmodium), Gatt. der Schmetterlingsblütler mit rd. 200 Arten, v. a. im trop. und subtrop. Amerika und in Asien; Kräuter oder Halbsträucher mit meist dreizähligen Fiederblättern und blauen, roten oder weißen Blüten. Als winterharte Zierpflanze wird zuweilen der **Kanad. Wandelklee** (Desmodium canadense), ein bis 2 m hoher Halbstrauch mit blauroten Blüten, kultiviert.

Wandelnde Blätter ↑Gespenstschrekken.

Wandelröschen (Lantana), Gatt. der Eisenkrautgewächse mit rd. 160 Arten im trop. und subtrop. Amerika, in O-Afrika und Indien. Die bekannteste, im trop. Amerika heim., als Rabattenpflanze kultivierte Art ist **Lantana camara,** ein 0,3–1 m hoher Strauch mit zugespitzt-eiförmigen, runzeligen Blättern und kleinen, dicht in Köpfchen stehenden Blüten, deren Farbe je nach Entwicklungsstand wechselt. - Abb. S. 263.

Wanderalbatros (Diomedea exulans), bis 1,3 m langer Sturmvogel (Fam. Albatrosse) über den Meeren der Südhalbkugel; mit maximal 3,5 m Flügelspannweite und 8 kg Gewicht größter heute lebender Meeresvogel; ♂ und ♀ im erwachsenen Zustand weiß mit vorwiegend schwarzbrauner Flügeloberseite, Jungvögel dunkelbraun mit hellem Gesicht. - Abb. S. 263.

Wanderameisen (Dorylidae), Fam. räuber. lebender Ameisen, die in langen Kolonnen durch Wald, Busch und Grasland der südamerikan. und afrikan. Tropen ziehen. Man unterscheidet zwei Unterfam.: *Afrikan. W.* (*Treiberameisen*, Dorylinae), die bis zu 200 m lange Kolonnen bilden, und die diesen in Größe, Aussehen (meist schwarzbraun) und Lebensweise stark ähnelnden *Südamerikan. W.* (Heeresameisen, Ecitoninae), deren Kolonnen (gegenüber den Treiberameisen) kürzer (maximal 100 m Länge) und breiter (mehrere Meter) sind.

Wanderfalke (Taubenstößer, Falco peregrinus), bis 48 cm (♀) bzw. 40 cm (♂) langer, v. a. in Wald- und Gebirgslandschaften sowie in Tundren und an Meeresküsten fast weltweit verbreiteter Falke; im erwachsenen Zustand Oberseite (mit Ausnahme des schwarzen Oberkopfs und eines kräftigen, schwarzen, von oben nach unten über die Wange verlaufenden „Bartstreifens") vorwiegend schiefergrau, Unterseite weißl., an Brust und Bauch dunkel quergebändert. - Abb. S. 263.

Wanderfalter, Bez. für Schmetterlinge, die regelmäßig einzeln oder in großen Mengen im Laufe des Jahres ihr Ursprungsgebiet verlassen und über oft sehr weite Strecken in andere Gegenden einfliegen. Zu den bekanntesten W., die aus S-Europa einwandern, zählen Admiral, Distelfalter, Postillion, Goldene Acht, Totenkopfschwärmer, Oleanderschwärmer, Taubenschwänzchen und Gammaeule. - Der bekannteste W. N-Amerikas ist der Monarch.

Wanderheuschrecken, Bez. für verschiedene Arten bes. subtrop. und trop. Feldheuschrecken, die unter günstigen Ernährungs- und klimat. Bedingungen zur Massenvermehrung neigen. In z. T. riesigen Schwärmen wandern sie, als Larven auf der Erde kriechend, als erwachsene Tiere im Flug aus ihrem Ursprungsgebiet aus, wobei von den Imagines nicht selten Entfernungen von 1 000 bis 2 000 km überwunden werden. Die wichtigsten Arten der W. sind: *Wüstenheuschrecke* (Schistocerca gregaria; in N-Afrika und Vorderasien; bis 8 cm lang); *Marokkan. Wanderheuschrecke* (Dociostaurus maroccanus; im Mittelmeergebiet; etwa 2–3 cm lang; fliegt wie die folgende Art gelegentl. nach M-Europa ein); *Europ. Wanderheuschrecke* (Locusta migratoria; mit mehreren Unterarten in verschiedenen Teilen Asiens, Afrikas und regelmäßig auch in S-Europa; bis 6 cm lang).

Wanderigel (Alger. Igel, Aethechinus algirus), schlanker, relativ hochbeiniger, dämmerungsaktiver Igel, v. a. in felsigen und steppenartigen Landschaften SW-Europas (einschließl. Balearen) und N-Afrikas; Körperlänge 20–25 cm, mit deutl. vom Rumpf abgesetztem Kopf und relativ großen Ohren; Stachelkleid blaßbräunl., auf der Kopfoberseite gescheitelt; Körperunterseite bräunlichweiß; hält keinen Winterschlaf.

Wandermuschel (Dreieckmuschel, Dreikantmuschel, Dreissena polymorpha), 2–4 cm lange Muschel die in histor. Zeit vom Schwarzen und Kasp. Meer in fließende Süßgewässer Eurasiens eingewandert ist; weit verbreitet, bes. in Wolga, Donau, Rhein, Weser, Elbe; mit dreikantig-kahnförmiger, mit dunklen Wellenlinien gezeichneter Schale.

Wanderratte ↑Ratten.

Wandersaibling (Rotforelle, Salvelinus alpinus), meist 50–60 cm langer Lachsfisch, v. a. im Nordpolarmeer (einschließl. seiner Zuflüsse) und im Alpengebiet; Rücken blaßblau, Seiten blaugrau oder grün, mit kleinen, roten bis orangegelben Flecken, Bauchseite leuchtend rot (bes. während der Laichzeit); geschätzter Speisefisch.

Wandertrieb, durch endogene Reize ausgelöster Antrieb, der bestimmte Tierarten zu gelegentl., period. oder permanenten Wanderungen veranlaßt (↑Tierwanderungen, ↑Vogelzug).

Wanderungen, in der *Zoologie* ↑Tierwanderungen. - ↑auch Migration.

Wanderzellen, sich selbständig (amöboid) fortbewegende, v. a. als Freßzellen fungierende Zellen des tier. und menschl. Organismus, bes. die *Histiozyten (Gewebs-W.)*, Monozyten *(Blut-W.)* und Granulozyten.

Wange (Backe, Bucca), der die seitl. Mundhöhlenwand bildende, mehr oder weniger fleischige Teil des Kopfes bzw. Gesichts v. a. der Säugetiere; liegt beim Menschen zw. W.bein und Unterkiefer und weist als abgegrenztes Fettgewebe zw. *W.muskel* (Backenmuskel, Trompetermuskel) und Kaumuskel den *W.fettpfropf* auf.

Wangenbein (Jochbein, Backenknochen, Jugale, Os zygomaticum), meist spangenförmiger paariger Deckknochen des Gesichtsschädels der Wirbeltiere, der jederseits den Oberkiefer mit der seitl. Schädeldachwand verbindet. Beim Menschen faßt das (kompaktere) W. die Augenhöhlen von der Seite ein, wobei es oben mit dem Stirnbein in Verbindung steht.

Wanst, svw. Pansen (↑Magen).

Wanzen (Halbflügler, Ungleichflügler, Heteroptera), seit dem Perm bekannte, heute mit fast 40 000 Arten weltweit verbreitete Ordnung land- oder wasserbewohnender Insekten (davon rd. 800 Arten einheim.); Körper meist abgeflacht, 1 mm bis 12 cm lang; Kopf mit stechend-saugenden Mundwerkzeugen und entweder langen (Land-W.) oder sehr kurzen Fühlern (Wasser-W.); Brustsegment durch großen ersten Abschnitt gekennzeichnet, der (z. B. bei Schild-W.) zu einem sehr großen Halsschild werden kann; Vorderflügel zu Halbdeckflügel (etwa $^2/_3$ sklerotisiert) umgebildet, Hinterflügel weichhäutig. Die Beine der W. sind meist als Schreitbeine entwickelt, bei Raub-W. können die Vorderbeine zu Raubbeinen und bei vielen Wasser-W. die

Hinterbeine zu langen Schwimmbeinen umgebildet sein. Stinkdrüsen (Wehrdrüsen) sind bei W. sehr verbreitet. Die Fortpflanzung der W. erfolgt meist durch Eiablage; selten sind W. lebendgebärend. Die Larven machen im allg. fünf Entwicklungsstadien durch. Die Verwandlung ist unvollkommen. - Die meisten W. sind Pflanzensauger, andere Arten saugen Körpersäfte erbeuteter anderer Insekten und von deren Larven, wieder andere können Blutsauger bei Vögeln und Säugetieren (einschließl. Mensch) sein (im letzteren Fall z. B. Bettwanze); häufig kommt es dabei zur Übertragung von Krankheitserregern. - Man unterscheidet zwei Unterordnungen: ↑ Landwanzen und ↑ Wasserwanzen.

Wanzenkraut (Silberkerze, Cimicifuga), Gatt. der Hahnenfußgewächse mit rd. 10 Arten in O-Europa, im gemäßigten Asien und in N-Amerika. Bekannt ist das in Deutschland eingeschleppte **Stinkende Wanzenkraut** (Europ. W., Cimicifuga europaea), eine unangenehm riechende Staude mit sehr großen, zwei- bis dreifach gefiederten Blättern und grünl. Blüten, sowie das in N-Amerika heim. **Echte Wanzenkraut** (Cimicifuga racemosa), dessen Wurzelstock in der Homöopathie als Beruhigungsmittel verwendet wird.

Wapiti [indian.] ↑ Rothirsch.

Warane [arab.] (Varanidae), Fam. etwa 20 cm bis über 3 m langer Echsen mit rd. 30 Arten, v. a. in Wüsten, Steppen, Wäldern und in der Nähe von Gewässern in Afrika, S-Asien (einschl. der Sundainseln) und Australien; tagaktive, räuber. lebende Tiere mit langgestrecktem, oft sehr massigem Körper, kräftigen, scharf bekrallten Beinen und langem, rundlich oder seitlich abgeplattetem Schwanz; Zunge lang und (wie bei Schlangen) sehr tief gespalten. W. laufen, klettern, graben und schwimmen sehr gut; jagen Beutetiere. - Zu den W. gehören u. a. der etwa 3 m lange, grauschwarze **Komodowaran** (Varanus komodoensis) und der bis über 2 m lange **Nilwaran** (Varanus niloticus), mit meist gelbl. Querbinden-Fleckenzeichnung auf grünlichschwarzem Grund; v. a. in und an Gewässern Afrikas südl. der Sahara.

Warburg, Otto, * Freiburg i. Br. 8. Okt. 1883, † Berlin 1. Aug. 1970, dt. Biochemiker. - Prof. für Chemie in Berlin, ab 1931 Direktor des dortigen Kaiser-Wilhelm-Instituts bzw. (ab 1953) des Max-Planck-Instituts für Zellphysiologie. W. arbeitete u. a. über Atmungsenzyme, über Stoffwechselvorgänge in Körperzellen und über die Photosynthese. 1955 stellte er die Atmungstheorie der Krebsentstehung auf. Für seine Arbeiten zur Zellatmung erhielt er 1931 den Nobelpreis für Physiologie oder Medizin.

Warmblut (Warmblutpferd), Bez. für die durch Einkreuzung von Vollblutpferden in Pferdeschläge des heim. Kaltbluts gezüchteten ausdauernden, temperamentvolleren und anspruchsvolleren Rassen des Hauspferds mit teils schweren, teils leichteren (und schnelleren) Formen. Bekannte dt. W.schläge sind u. a. Hannoveraner, Holsteiner, Oldenburger Warmblutpferd und Trakehner.

Warmblüter (eigenwarme Tiere, homöotherme Tiere), im Ggs. zu den ↑ Kaltblütern Tierarten (auch der Mensch ist W.), die ihre Körpertemperatur unabhängig von der Außentemperatur oder einer erhöhten Wärmebildung im Körper (z. B. durch körperl. Anstrengung) durch Temperaturregulation in engen Grenzen konstant zu halten vermögen, ausgenommen bei W. mit ↑ Winterschlaf. Zu den W. gehören die Vögel (Temperaturen zw. 38 und 44 °C) und die Säugetiere (30–41 °C).

Wärmeregulation, svw. ↑ Thermoregulation.

Wärmesinn ↑ Temperatursinn.

Warzenbeißer ↑ Laubheuschrecken.

Warzenfortsatz ↑ Schläfenbein.

Warzenschwein

Nordamerikanischer Waschbär

Warzenkaktus (Mamillenkaktus, Mammillaria), Gatt. der Kaktusgewächse mit rd. 300 Arten, v. a. in Mexiko und den angrenzenden Ländern; kugelförmige bis zylindrische Kakteen mit runden oder eckigen, in spiraligen Reihen angeordneten Höckern; Areolen filzig oder wollig behaart; Blüten gelb oder rot; beliebte Zierpflanzen.

Warzenschwein (Phacochoerus aethiopicus), tagaktive Schweineart in Savannen Afrikas (südl. der Sahara); Länge rd. 1,5–1,9 m (♂), Schulterhöhe etwa 65–85 cm (♂), braungrau, mit Ausnahme der schwärzl. Nacken- und Rückenmähne kaum behaart; Körper massig, der große Kopf mit großen, warzenartigen Hauthöckern im Gesicht und extrem stark verlängerten, gekrümmten Eckzähnen (bes. im Oberkiefer); leben meist in Familienverbänden.

Waschbären (Schupp, Procyon), Gatt. der Kleinbären mit 7 Arten in N-, M- und S-Amerika; Länge rd. 40–70 cm; Färbung grau bis schwärzl. mit schwarzer Gesichtsmaske; geschickt kletternde und gut schwimmende Allesfresser; bekannteste Art: **Nordamerikan. Waschbär** (Procyon lotor): in busch- und waldreichen Landschaften (auch im Kulturland) N- und M-Amerikas; anderenorts als Pelztier gehalten und stellenweise verwildert; in M-Europa nach gezielter Einbürgerung im Gebiet des Edersees (1934) rasche Ausbreitung (BR Deutschland, Anrainerstaaten); Länge rd. 50–70 cm, Schwanz etwa 20–25 cm lang, buschig, braun und schwarz geringelt; Gestalt gedrungen, zieml. kurzbeinig; hält Winterruhe in Erd- oder Baumhöhlen; reibt seine Nahrung häufig mit rollenden Bewegungen der Vorderpfoten auf einer Unterlage oder im flachen Wasser.

Washingtoner Artenschutzabkommen [engl. 'wɔʃɪŋtən], internat. Abkommen vom 3. März 1973 (für die BR Deutschland in Kraft seit 20. Juni 1976), nach dem der gewerbsmäßige Handel und Andenkenerwerb mit Exemplaren gefährdeter Arten freilebender Tiere und Pflanzen verboten ist und behördl. kontrolliert wird.

Wasseragame (Physignathus lesueurii), etwa 70 cm lange Agame, v. a. an Gewässerrändern O-Australiens; grau oder graubraun mit dunklem Schläfenstrich und dunklen Querbinden über Körper und Schwanz; Baumbewohner, schwimmt und taucht sehr gut.

Wasseraloe [...alo-e] ↑Krebsschere.

Wasseramseln (Cinclidae), Fam. bis fast 20 cm langer, kurzschwänziger, meist braun, grau und weiß gefärbter Singvögel mit 5 Arten, v. a. an schnell strömenden Gebirgs- und Vorgebirgsbächen großer Teile Eurasiens, N-, M- und S-Amerikas; in Europa als einzige Art die **Eurasiat. Wasseramsel** (Wasserschwätzer, Cinclus cinclus): 18 cm lang; oberseits (mit Ausnahme des dunkelbraunen Oberkopfs) schwärzl., an Kehle und Vorderbrust weiß, am Bauch dunkelbraun gefärbt; taucht und läuft zur Nahrungssuche (bes. Insekten, Würmer) unter Wasser.

Wasserasseln, zusammenfassende Bez. für verschiedene Gruppen wasserbewohnender Asseln: 1. Gatt. **Meerasseln** (Ideota): 20–40 mm lange Tiere; einige Arten parasitieren an Meeresfischen; 2. Fam. **Süßwasserasseln** (Asellidae): pflanzenfressende Krebse mit zahlr. Arten in stehenden und langsam fließenden Süßgewässern, darunter in M- und N-Europa die *Gemeine Wasserassel* (Asellus aquaticus; bis über 1 cm lang, auf grauem Grund weißl. gefleckt).

Wasserblüte, Massenentwicklung von Phytoplankton in nährstoffreichen Gewässern, die dadurch intensiv grün, bräunl. oder rot gefärbt werden.

Wasserböcke, svw. ↑Riedböcke.

Wasserbüffel (Arni, Bubalus arnee), massig gebautes Wildrind, v. a. in sumpfigen Landschaften S- und SO-Asiens; Länge rd. 2,5–3 m, Schulterhöhe etwa 1,5–1,8 m; grau bis schwärzl., mit kurzer, spärl. Behaarung; Hörner sehr stark entwickelt, sichelförmig, flach nach hinten geschwungen, mit kräftigen Querwülsten auf der flachen Oberseite, bei ♂♂ und ♀♀ nahezu gleich stark entwickelt (bis etwa 1,2 m ausladend); Hufe groß, stark spreizbar. - Der W. wurde vermutl. bereits im 3. Jt. v. Chr. in N-Indien oder Indochina zum *Hausbüffel* (Ind. Büffel, Kerabau, Bubalus arnee bubalis) domestiziert; dieser meist mit weniger stark entwickelten Hörnern; eines der wichtigsten trop. Haustiere, heute in fast allen warmen Ländern gehalten; v. a. Zugtier, kann wegen seiner breiten Hufe v. a. auch zum Pflügen in sumpfigen [Reis]feldern eingesetzt werden.

Wasserdost (Eupatorium), Gatt. der Korbblütler mit rd. 600 Arten in Amerika und Eurasien; meist Stauden oder Sträucher mit ausschließl. röhrenförmigen, purpurnen, roten, blauen oder weißen Blüten in Köpfchen, die meist zu Trauben oder Doldentrauben angeordnet sind. Die einzige einheim. Art ist der auf feuchten Böden verbreitete, bis etwa 1,70 m hohe **Gemeine Wasserdost** (Wasserhanf, Eupatorium cannabinum) mit handförmigen Blättern und rosafarbenen Blüten in wenigblütigen Köpfchen.

Wasserfalle (Aldrovanda), Gatt. der Sonnentaugewächse mit der einzigen Art **Aldrovanda vesiculosa** in Eurasien, im oberen Nilgebiet und in NO-Australien; frei schwimmende, wurzellose Pflanzen mit zu 8–9 quirlig stehenden Blättern, deren Spreite blasig aufgetrieben und als Klappfalle zum Fang kleiner Insekten und Krebstiere ausgebildet ist.

Wasserfarn, svw. ↑Algenfarn.
◆ ↑Hornfarn.

Wasserfeder (Hottonia), Gatt. der Primelgewächse mit 2 Arten im gemäßigten Eurasien. Einheim. ist die **Sumpf-Wasserfeder** (Hottonia palustris), eine bis 30 cm hohe Staude mit fiederteiligen Blättern und in Quirlen stehenden, weißen oder rötl. Blüten; in stehenden oder langsam fließenden Gewässern.

Wasserflöhe (Cladocera, Kladozeren), Unterordnung im Durchschnitt etwa 0,4–6 mm langer Krebstiere (Unterklasse Blattfußkrebse) mit über 400 Arten in Süß- und Meeresgewässern; gekennzeichnet durch hüpfende Schwimmweise; u.a. Daphnia.

Wasserflorfliegen ↑Schlammfliegen.

Wasserfrosch ↑Frösche.

Wassergefäßsystem, svw. ↑Ambulakralsystem. - ↑auch Stachelhäuter.

Wasserhaushalt, die physiolog. gesteuerte Wasseraufnahme und -abgabe bei allen Organismen. Der W. ist eng mit dem Ionenhaushalt (↑auch Stoffwechsel) gekoppelt und wird zus. mit diesem bei Mensch und Tier sowie bei Salzpflanzen durch Osmoregulation (↑Osmose) im Gleichgewicht gehalten. Wasser ist ein Hauptbestandteil des pflanzl., tier. und menschl. Körpers. Auf dem Land lebende Tiere und der Mensch bestehen zu 60–70% aus Wasser, manche Algen und Hohltiere bis zu 98%. Ein Wasserverlust von 10% ist bei Wirbeltieren tödlich; einige Wirbellose dagegen können einen Wasserverlust von 85% überdauern. - Die Wasseraufnahme im Süßwasser lebender Tiere erfolgt meist über die Körperoberfläche, bei vielen Meeresfischen, den landbewohnenden Tieren und beim Menschen über die Nahrung bzw. durch Trinken. Einige Tiere können ihren Wasserbedarf dauernd (z. B. die Kleidermotte) oder zeitweise (z. B. das Kamel) durch das bei der Zellatmung anfallende Wasser decken. - Überschüssiges Wasser wird vom tier. Organismus durch ↑Exkretionsorgane ausgeschieden. Bei Säugetieren (einschl. Mensch) ist die Wasserverdunstung über die Haut wichtig zur Temperaturregelung. Höhere Landpflanzen nehmen Wasser über die Wurzel auf. Die Wasserabgabe geschieht bei Landpflanzen v.a. durch die ↑Transpiration.

Wasserhyazinthe (Eichhornia), im trop. und subtrop. Amerika heim. Gatt. der Pontederiengewächse mit sechs Arten. Die bekannteste, heute in den gesamten Tropen und Subtropen als lästiges Wasserunkraut auftretende Art ist **Eichhornia crassipes** mit starker Ausläuferbildung, Rosettenblättern mit blasenartig aufgetriebenen Blattstielen und großen, violettpurpurfarbenen bis blauen Blüten in Scheinähren.

Wasserjungfern, svw. ↑Libellen.

Wasserkäfer, zusammenfassende Bez. für vorwiegend im Wasser lebende Käfer, z. B. Schwimm-, Haken- und Taumelkäfer, **Eigentl. Wasserkäfer** (Hydrophilidae; mit rd. 2300 Arten, darunter die Kolbenwasserkäfer) und die Fam. **Hydraenidae** (mit rd. 300 1–3 mm langen Arten, davon rd. 40 Arten in Deutschland; düster gefärbt; bewegen sich nur laufend, nicht schwimmend fort; ernähren sich von Algen).

Wasserkelch ↑Cryptocoryne.

Wasserkreislauf, die natürl., auch mit Änderungen des Aggregatzustands verbundene Bewegung des Wassers auf der Erde zw. Ozeanen, Atmosphäre und Festland. Erwärmte Luft nimmt bis zu einem gewissen Grad durch Verdunstung entstandenen Wasserdampf auf. Bei Abkühlung gibt die Luft Wasser ab, das unter Wolkenbildung kondensiert oder sublimiert. Weitere Abkühlung führt zum Niederschlag. Das Niederschlagswasser fließt entweder oberird. ab oder versikkert. - Abb. Bd. 2, S. 243.

Wasserkultur, svw. ↑Hydrokultur.

Wasserläufer, (Tringa) Gatt. lerchenbis hähergroßer, langbeiniger Schnepfenvögel mit 15 Arten, v.a. an Süßgewässern, auf Sümpfen und nassen Wiesen Eurasiens und N-Amerikas; schlanke, gesellige, melod. pfeifende Watvögel, die mit Hilfe ihres langen, geraden Schnabels im Boden nach Nahrung (bes. Insekten, Würmer) stochern; Zugvögel. - Hierher gehört u. a. der fast 30 cm lange, oberseits hellbraune, dunkel gezeichnete, unterseits weiße **Rotschenkel** (Tringa totanus); mit roten Beinen, rotem Schnabel und weißem Bürzel; auf nassen Wiesen Eurasiens.

◆ Bez. für einige Familien der ↑Landwanzen, die auf der Wasseroberfläche laufen können: 1. **Stoßwasserläufer** (Bachläufer, Veliidae): mit rd. 200 meist flügellosen, längl. Arten, von denen vier 2–8 mm lange Arten in Deutschland vorkommen. 2. **Teichläufer** (Hydrometridae): rd. 70 Arten (2 einheim.), mit Stelzbeinen. 3. **Wasserschneider** (Wasserreiter, Gerridae): rd. zehn Arten auf Süß- und Meeresgewässern M-Europas; Länge 5–20 mm; Körper spindelförmig gestaltet, braun bis schwarz; Vorderbeine als „Fangbeine" normal entwickelt, Mittel- und Hinterbeine extrem lang und dünn, unterseits (wie die Körperunterseite) mit haarigem, luftführendem Filz bedeckt, der die betreffenden Körperstellen vor Benetzung (und damit die Tiere vor dem Einsinken ins Wasser) bewahrt; ernähren sich vorwiegend von auf die Wasseroberfläche gefallenen Insekten.

Wasserlinse (Entengrütze, Entenlinse, Lemna), Gatt. der einkeimblättrigen Pflanzenfam. *Wasserlinsengewächse* (Lemnaceae) mit rd. zehn fast weltweit verbreiteten Arten; kleine Wasserpflanzen mit blattartigen Sproßgliedern und bis auf ein Staub- bzw. ein Fruchtblatt reduzierten, einhäusigen Blüten. Die häufigste der drei einheim. Arten ist die **Kleine Wasserlinse** (Lemna minor) mit 2–3 mm langen, rundl., schwimmenden Sproßgliedern.

Wasserlunge, Atmungsorgan der Seegurken mit Darmatmung: meist paarige, baumförmig verästelte Ausstülpungen des zur

Kloake erweiterten Enddarms in die Leibeshöhle hinein. Beim Atmungsvorgang wird das Wasser in die Kloake eingesaugt und dann in die W. hineingepreßt. Nach Abgabe des Sauerstoffs an die Leibeshöhlenflüssigkeit wird das dann CO_2-haltige Wasser wieder ausgestoßen.

Wasserlungenschnecken (Basommatophora), Ordnung primitiver, in Gewässern lebender Lungenschnecken mit rd. 4000 Arten; stets mit Schale; Augen an der Basis der Fühler. Man unterscheidet je nach ihrem Vorkommen **Süßwasserlungenschnecken** (ohne Schalendeckel; z. B. Tellerschnecken, Schlammschnecken) von den nur durch wenige Arten vertretenen **Meereswasserlungenschnecken.**

Wassermann, August von, * Bamberg 21. Febr. 1866, † Berlin 16. März 1925, dt. Mediziner und Bakteriologe. - Prof. und ab 1913 Leiter des Inst. für experimentelle Therapie der Kaiser-Wilhelm-Gesellschaft in Berlin; Arbeiten v. a. zur Serologie. War wesentl. an der Entwicklung der modernen Immunitätslehre beteiligt. Er entdeckte die nach ihm benannte Blutreaktion bei Syphilis (Wassermann-Reaktion).

Wassermarder, svw. ↑Otter.

Wassermelone (Citrullus), Gatt. der Kürbisgewächse mit vier Arten, verbreitet im trop. und südl. Afrika sowie vom Mittelmeergebiet bis Indien; einjährige oder ausdauernde Kräuter mit niederliegenden Stengeln, gelappten Blättern und einzelnstehenden Blüten. Die wichtigsten Arten sind: **Echte Zitrulle** (Koloquinte, Citrullus colocynthis) mit bis 10 cm dicken, grün bis gelblichweiß gezeichneten etwa orangengroßen, hartschaligen Früchten; das bitter schmeckende Fruchtfleisch wird in der Medizin bei Gicht, Rheuma und Neuralgien sowie als Abführmittel verwendet. **Wassermelone** (Arbuse, Dschamma, Citrullus vulgaris), wird in allen wärmeren Ländern angebaut; Früchte mit dunkelgrüner, glatter Schale und hellrotem, säuerlich schmeckenden Fruchtfleisch, das bis zu 93% Wasser enthält. Auch die braunschwarzen Samen sind eßbar.

Wasserminze ↑Minze.

Wassermolche ↑Molche.

Wassermotten ↑Köcherfliegen.

Wassernabel (Hydrocotyle), Gatt. der Doldengewächse mit rd. 80 fast weltweit verbreiteten Arten. In Deutschland kommt zerstreut auf Flachmooren der **Gemeine Wassernabel** (Hydrocotyle vulgaris) vor: mit kriechenden Stengeln und langgestielten, kreisrunden Schildblättern sowie sehr kleinen, weißl. oder rötlichweißen Blüten.

Wasserpest (Elodea, Helodea), Gatt. der Froschbißgewächse mit rd. 15 Arten in N- und S-Amerika; untergetaucht lebende, zweihäusige Wasserpflanzen mit quirligen oder gegenständigen Blättern. Weltweit kommt in stehenden oder langsam fließenden Gewässern die bis 3 m lange Sprosse bildende **Kanad. Wasserpest** (Elodea canadensis) vor; in Deutschland nur mit ♀ Pflanzen, daher sich nur vegetativ vermehrend.

Wasserpflanzen (Hydrophyten), höhere Pflanzen mit bes. morpholog. und physiolog. Anpassungen an das Leben im Wasser. W. treten als wurzellose Schwimmpflanzen oder im Boden verankert, submers (ganz untergetaucht) oder an der Wasseroberfläche schwimmend auf. Die Versorgung submerser W. mit Kohlendioxid, Sauerstoff und Nährsalzen erfolgt aus dem Wasser durch Diffusion über die häufig durch starke Zerteilung der Wasserblätter vergrößerte Oberfläche. Die in den Interzellularen enthaltenen Gase bewirken einen Auftrieb und damit eine Stabilisierung der Pflanzen.

Wasserratten ↑Schermaus.

Wasserreis, (Zizania) Gatt. der Süßgräser mit drei Arten an See- und Flußufern N-Amerikas und O-Asiens; die bekannteste Art ist der **Tuscarorareis** (Indianerreis, Zizania aquatica), dessen Früchte von den Indianern gegessen werden; heute v. a. als Fischfutter verwendet.

◆ ↑Reis.

Wasserreiser (Wasserschosse), auf Grund anomaler Bedingungen (z. B. Störung des Triebspitzenwachstums) aus schlafenden Augen hervorgehende Seitensprosse mit stark verlängerten Internodien; bes. bei Laubbäumen.

Wasserrübe ↑Rübsen.

Wasserschierling (Cicuta), Gatt. der Doldengewächse mit 7 Arten auf der N-Halbkugel. Die einzige einheim., auf nassen Böden vorkommende Art ist **Cicuta virosa,** eine bis 1,5 m hohe, unangenehm riechende Staude mit 2- bis 3fach gefiederten Blättern, weißen Blüten und knollig verdicktem, hohlem, innen gekammertem Rhizom. Die Pflanze enthält das Alkaloid *Cicutoxin* und ist sehr giftig.

Wasserschildkröten, nichtsystemat. zusammenfassende Bez. für süßwasserbewohnende Schildkröten.

◆ (Clemmys) Gatt. etwa 10–25 cm langer Sumpfschildkröten mit rd. 10 Arten in Europa, Asien, N-Afrika und N-Amerika; Rükkenpanzer nur flach gewölbt; u. a. **Kaspische Wasserschildkröte** (Clemmys caspica), v. a. in Süßgewässern, Entwässerungsgräben und Brackgewässern Spaniens, NW-Afrikas und SO-Europas bis Vorderasiens; Panzer bis 20 cm lang, Rückenpanzer olivgrün bis braun, mit großen, dunkelbraunen, häufig gelblich umrandeten Flecken; ernährt sich von kleinen Fischen und Wassertieren.

Wasserschimmelpilze (Saprolegniaceae), Fam. der Ordnung Saproleginales (sog. Algenpilze). Die Pilze leben meist saprophyt. im Wasser auf toten Insekten und Pflanzenresten, einige sind Parasiten bes. auf Fischen.

Wasserschlauch (Wasserhelm, Utricularia), Gatt. der W.gewächse mit rd. 250 v.a. in den Tropen verbreiteten Arten; sowohl Wasser- als auch Landpflanzen oder Epiphyten; Wasserblätter bzw. (bei landbewohnenden Arten) Seitensprosse mit dem Fang von Insekten oder Kleinkrebsen dienenden Blasen; Blüten häufig gelb, meist in Trauben stehend. Die häufigste einheim. Art ist der **Gemeine Wasserschlauch** (Utricularia vulgaris) mit 0,30–2 m langen, flutenden Sprossen.

Wasserschlauchgewächse (Lentibulariaceae), Fam. der Zweikeimblättrigen mit rd. 300 weltweit (v. a. in den Tropen) verbreiteten Arten in fünf Gatt.; überwiegend im Wasser und in Sümpfen, aber auch epiphyt. lebende, fleischfressende Pflanzen. Die wichtigsten Gatt. sind Fettkraut und Wasserschlauch.

Wasserschosse, svw. ↑Wasserreiser.

Wasserschraube (Sumpfschraube, Vallisneria), Gatt. der Froschbißgewächse mit wenigen Arten in den Tropen und Subtropen; untergetaucht lebende Pflanzen mit langen, bandförmigen Rosettenblättern; ♂ Blüten lösen sich vor dem Aufblühen ab und schwimmen auf der Wasseroberfläche; ♀ Blüten auf spiralig gewundenen Stielen, beim Erblühen an die Oberfläche gelangend. Die wichtigste Art, v.a. als Aquarienpflanze, ist die nördl. bis zu den oberitalien. Seen vorkommende **Schraubenvallisnerie** (Gemeine Sumpfschraube, Vallisneria spiralis) mit bis 80 cm langen, grasartigen Blättern.

Wasserschweine, svw. ↑Riesennager.

Wasserskorpion ↑Skorpionswanzen.

Wasserspinne (Silberspinne, Argyroneta aquatica), 1–1,5 cm lange, braune Trichterspinne, v.a. in sauerstoffreichen Süßgewässern Europas, N- und Z-Asiens; lebt unter dem Wasserspiegel, wo sie zw. Pflanzen nach unten offene Gespinstglocken anlegt, die sie mit von der Wasseroberfläche geholter Luft füllt und in der sich alle Lebensvorgänge abspielen; jagt vorwiegend Wasserasseln, Flohkrebse und Insektenlarven.

Wasserspitzmaus ↑Rotzahnspitzmäuse.

Wasserstern (Callitriche), einzige Gatt. der zweikeimblättrigen Pflanzenfam. *Wassersterngewächse* (Callitrichaceae) mit rd. 30 weltweit verbreiteten Arten. Von den 7 einheim. Arten ist nur der **Teich-Wasserstern** (Callitriche stagnalis) mit 6–8 in Rosetten angeordneten, breit-ellipt. oder kreisrunden Schwimm- und ellipt. bis spatelförmigen Wasserblättern häufig.

Wasserstoffbakterien, svw. ↑Knallgasbakterien.

Wassertreter (Phalaropodidae), Fam. bis etwa amselgroßer, gesellig lebender Watvögel mit drei Arten, v.a. auf Süßwasserseen und an Meeresküsten N-Eurasiens und N-Kanadas; Zehenseiten mit verbreiterten Schwimmlappen; ♀♀ etwas größer und farbenprächtiger als die ♂♂. - Zu den W. gehört u.a. das etwa 18 cm lange, oberseits graue, unterseits weiße **Odinshühnchen** (Phalaropus lobatus); mit zierl., langem, spitzem Schnabel.

Wasserwanzen (Hydrocorisae), seit dem Jura bekannte, heute mit über 1 000 Arten in stehenden und fließenden Süßgewässern weltweit verbreitete Unterordnung der Wanzen; wenige Millimeter bis 10 cm lange, sekundär zum Wasserleben übergegangene Insekten, die sich von den ↑Landwanzen v.a. durch kurze, in Gruben verborgene Fühler und häufig zu Schwimmbeinen umgebildete Laufbeine unterscheiden. - Zu den W. gehören u.a. Rückenschwimmer, Ruder-, Schwimm-, Skorpions- und Riesenwanzen.

Watson, James Dewey [engl. wɔtsn], * Chicago 6. April 1928, amerikan. Biochemiker. - Prof. für Biologie an der Harvard University in Cambridge (Mass.). Bereits 1953 postulierte er (zus. mit F. H. C. Crick) das Modell der ↑Doppelhelix (↑auch DNS), das später durch eingehende Forschungen bestätigt werden konnte. W. untersuchte bes. die Rolle der RNS bei der Proteinbiosynthese. Er erhielt (mit Crick und M. H. F. Wilkins) 1962 den Nobelpreis für Physiologie oder Medizin.

Watt [niederdt.], an flachen Gezeitenküsten vom Meer tägl. zweimal überfluteter und wieder trockenfallender Meeresboden. Die vom Meer transportierten und abgelagerten W.sedimente sind Sand und Schlick, deren Korngröße mit zunehmender Annäherung an die Küste abnimmt. Die Vegetation des W. besteht ausschließl. aus Wattpflanzen (u.a. Queller, Salzmelde). Zur reichen Tierwelt gehören Würmer, Muscheln, Schnecken, Garnelen u.a. Krebse, Fische, Vögel, Seehunde.

Watussirinder

Watussirind [nach dem ostafrikan. Volk Watussi (Tussi)], sehr großwüchsige, schlanke Hausrindrasse mit bis über 1 m langen, weit ausladenden, leierförmigen Hörnern; Färbung meist braun; wird v.a. im östl. Afrika in großen Herden gehalten.

Watvögel (Regenpfeiferartige, Charadrii,

Limikolen), mit rd. 200 Arten weltweit verbreitete Unterordnung meist zieml. hochbeiniger Vögel, die in flachen Süß- und Salzgewässern waten bzw. in Sümpfen, Mooren oder in feuchten Landschaften leben. - Zu den W. gehören u.a. Schnepfenvögel, Regenpfeifer, Säbelschnäbler, Wassertreter, Rallenschnepfen, Blatthühnchen, Austernfischer, Brachschwalben.

Wau, svw. ↑Reseda.

Weber, Ernst Heinrich, * Wittenberg 24. Juni 1795, † Leipzig 26. Jan. 1878, dt. Anatom und Physiologe. - Prof. in Leipzig; bedeutende Arbeiten im Grenzgebiet zw. Sinnesphysiologie und -psychologie; Versuche, um die Stärke von Reizen mit der Stärke von Empfindungen in Beziehung zu setzen und Schwellenwerte zu ermitteln.

Weberameisen (Smaragdameisen, Oecophylla), Gatt. etwa 1 cm langer, gelbbrauner Schuppenameisen in Afrika und S-Asien; bauen in Baumkronen Nester, indem die Arbeiterinnen die ein klebriges Speicheldrüsensekret abgebenden Larven in den Mandibeln halten und sie von Blatt zu Blatt führen und diese so zusammenspinnen.

Weber-Fechnersches Gesetz (Webersches Gesetz, Fechnersches Gesetz), umstrittene, von G. T. Fechner 1880 vorgenommene mathemat. Formulierung der physiolog. Gesetzmäßigkeit des Zusammenhangs von Reiz und menschl. Sinnesempfindung, die eine Erweiterung des von E. H. Weber 1834 aufgestellten Gesetzes darstellt, wonach die für eine eben merkl. Zunahme der Empfindungsstärke erforderl. Reizsteigerung dem Ausgangsreiz proportional ist.

Weberknechte (Kanker, Afterspinnen, Opiliones), mit über 3 000 Arten (einheim. rd. 35 Arten) weltweit verbreitete Ordnung bis über 2 cm langer, landbewohnender Spinnentiere mit z.T. extrem (bis 16 cm) langen, dünnen Beinen (brechen leicht an einer vorgebildeten Stelle ab und lenken dann durch Eigenbewegungen einen Angreifer ab); Hinterleib gegliedert, in voller Breite dem Vorderkörper ansitzend; Spinn- und Giftdrüsen fehlen; fressen Pflanzenstoffe und kleine Wirbellose. Bekannt ist die Fam. **Fadenkanker** (Nemastomatidae) mit etwa 50 Arten, v.a. in Gebirgen und feuchten Wäldern Europas, Kleinasiens, N-Afrikas und N-Amerikas (in M-Europa etwa sechs 1–5 mm große Arten).

Webervögel (Ploceidae), Fam. etwa 10–20 cm langer (mit den Schmuckfedern des Schwanzes oft bis fast 70 cm messender) Singvögel mit rd. 150 Arten in Steppen und Savannen Afrikas und S-Asiens, von wo aus einige Arten (der Sperlinge) bis nach Europa vorgedrungen und heute weltweit verbreitet sind; gesellige, im ♂ Geschlecht während der Fortpflanzungszeit oft prächtig gefärbte Vögel mit meist kleinem, kegelförmigem Schnabel; brüten häufig in Kolonien auf Bäumen, in Büschen und im Schilf; bauen oft kunstvoll gewebte Beutel- oder Kugelnester aus feinen Pflanzenfasern mit langer, abwärts gerichteter Einflugsröhre. - Zu den W. gehören u.a. ↑Sperlinge, ↑Witwen und die *Eigtl. Weber* (Ploceinae) mit rd. 70 Arten, darunter u.a. der über 15 cm lange **Textorweber** (Textor cucullatus). W. sind z.T. Stubenvögel.

Wechseljahre (Klimakterium), die Zeitspanne etwa zw. dem 45. und 55. Lebensjahr der Frau, während der es gewöhnl. zum allmähl. Versiegen der Geschlechtsfunktion kommt. Die W. äußern sich zum einen meist in bestimmten, normalerweise harmlosen Blutungsanomalien, zum anderen in vegetativen und psych. Beschwerden, die man auch *klimakter. Ausfallserscheinungen* nennt. Beides wird durch die verminderte Ansprechbarkeit der Eierstöcke auf die gonadotropen Hormone aus der Hirnanhangsdrüse hervorgerufen. Auf Grund dieser Störung kommt

Wechselkröte

Gemeine Wegwarte

es zu einer zunehmenden Verminderung der Eierstockhormone (Östrogen und Gestagen). Dies führt anfangs zu unregelmäßigen Regelblutungen und am Ende der W. zu einem vollständigen Versiegen der Blutungen. Das Fehlen der Eierstockhormone bewirkt weiterhin eine Schrumpfung der Geschlechtsorgane und eine vermehrte Neigung zu Fettansatz, Haarausfall und degenerativen Gelenkerkrankungen. Daneben können als Folge der hormonellen Umstellungen Hitzewallungen und Schweißausbrüche auftreten. Bei psych. gefestigten Frauen beeinträchtigen die W. die Leistungsfähigkeit und das Allgemeinbefinden nur wenig. Nervöse und vegetativ labile Frauen jedoch neigen während der W. zu Schwindelanfällen, Herzrasen und Atemnot, Ohnmachten, Schlaflosigkeit, Depressionen und sogar zu Psychosen. - Die Behandlung der durch die W. bedingten Störungen erfolgt durch die Gabe von Östrogenen. Stehen die psych. Störungen im Vordergrund, ist eine zusätzl. Sedierung angebracht.

🕮 *Schrage, R.: Therapie des klimakter. Syndroms. Weinheim 1985. - Utian, W. H.: W. Ein Ratgeber für die Frau ... Dt. Übers. Stg. 1981.*

Wechselkröte (Grüne Kröte, Bufo viridis), bis 10 cm lange Kröte in Europa (außer W-Europa), in W- und Z-Asien sowie in N-Afrika; Oberseite hellgrau bis hell olivfarben mit großen, dunkelgrünen Flecken und zahlr. kleinen, roten Warzen; ♀♀ durch hellere Grundfärbung meist kontrastreicher. - Abb. S. 271.

wechselständig ↑Laubblatt.

Wechseltierchen, svw. ↑Nacktamöben.

wechselwarm, svw. ↑poikilotherm. - ↑auch Kaltblüter.

Weckzentrum ↑Schlafzentrum.

Weddide, zum europiden Rassenkreis gehörende Menschenrasse; Menschen mit kleinem, grazilem und untersetztem Körper, mittelbrauner Haut, welligem schwarzem Haar, großem, rundl. und niedrigem Gesicht und herabgebogenem, dicklippigem Mund. Die W. sind in den Waldgebirgen Vorderindiens und den Außenzonen Hinterindiens, auf der Insel Ceylon sowie in östl. Randgebieten der indones. Inseln verbreitet.

Wedel, umgangssprachl. Bez. für die großen Fiederblätter der Farne und Palmen.

Wegameisen (Lasius), Gatt. der Schuppenameisen mit mehreren einheim. Arten; Nester in Holz oder im Boden; ernähren sich v. a. von Honigtau der Blattläuse, die von den W. betreut werden. Die 3–5 mm (♂) lange **Schwarzgraue Wegameise** (Gartenameise, Lasius niger) ist die häufigste Ameisenart in M-Europa; Nest oft als bis 30 cm hoher Erdkuppelbau oder unter Steinen.

Wegerich (Plantago), fast weltweit verbreitete Gatt. der W.gewächse mit über 250 Arten; Kräuter oder Halbsträucher mit parallelnervigen, oft in Rosetten stehenden Blättern und unscheinbaren Blüten in Köpfchen oder Ähren. Von den acht einheim. Arten sind am häufigsten der in Trittflur- und Schuttunkrautgesellschaften vorkommende, ausdauernde **Große Wegerich** (Breit-W., Plantago major) mit einer Rosette aus langgestielten, breiteiförmigen, stark längsnervigen Blättern und bräunl. Blüten in langen Ähren, und der 5–50 cm hohe **Spitzwegerich** (Plantago lanceolata); mit Rosetten aus lanzettlinealförmigen 10–30 cm langen Blättern; Blüten klein, in dichter Ähre; in Fettwiesen und an Wegrändern.

Wegerichgewächse (Plantaginaceae), Fam. der Zweikeimblättrigen mit über 250 fast weltweit verbreiteten Arten in drei Gatt.; einjährige oder ausdauernde Kräuter sowie Halbsträucher mit unscheinbaren Blüten; wichtigste Gatt. ist ↑Wegerich.

Wegschnecken (Arionidae), Fam. 2–15 cm langer Nacktschnecken mit 6 einheim. Arten (zusammengefaßt in der Gatt. *Arion*), v. a. in Gärten und Wäldern; unterscheiden sich von den äußerl. sehr ähnl. ↑Egelschnekken dadurch, daß ihre auf der rechten Körperseite gelegene Atemöffnung vor der Mitte des Mantelschilds liegt; ernähren sich vorwiegend von Pflanzenblättern und Pilzen. - Zu den W. gehören u. a. die 10–13 cm lange *Schwarze Wegschnecke* (Arion ater) und die bis 15 cm lange *Rote Wegschnecke* (Arion rufus).

Wegwarte (Zichorie, Cichorium), Gatt. der Korbblütler mit 8 Arten in Europa und im Mittelmeergebiet. Die bekannteste Art ist die **Gemeine Wegwarte** (Kaffeezichorie, Cichorium intybus), eine an Wegrändern häufig vorkommende, 30–130 cm hohe Staude mit schrotsägeförmigen Grundblättern, lanzettförmigen oberen Stengelblättern und meist hellblauen Zungenblüten. Sie wird in zwei Kulturvarietäten angebaut: als ↑Salatzichorie und als *Wurzelzichorie*, deren Wurzel geröstet als Kaffee-Ersatz verwendet wird. Eine Sorte der Wurzelzichorie ist der *Radicchio*, dessen rote Blätter roh als Salat gegessen werden. - Abb. S. 271.

Wegwespen (Psammocharidae), mit rd. 3 000 Arten weltweit verbreitete Fam. der Hautflügler (Unterordnung Stechimmen), davon rd. 100 Arten einheim.; 1–1,5 cm (trop. Arten bis 6 cm) lang, schwarz mit meist roter Zeichnung, langbeinig, sehr flink; einzelnlebende Spinnenjäger; auf Wegen.

Wehen ↑Geburt.

Wehrvögel (Anhimidae), Fam. bis 90 cm langer, zieml. hochbeiniger, gut fliegender und schwimmender Vögel (Ordnung Gänsevögel) mit drei Arten, v. a. an Süßgewässern und in Sümpfen S-Amerikas; haben am Flügelbug je zwei spitze, wehrhafte Sporne; brüten in Bodennestern. Zu den W. gehört u. a. der **Tschaja** (Chauna torquata; Oberseite grau mit schwarzem Hals, weißl. Kopf, gelbem

Schnabel und roter Augenumgebung; Unterseite weißl. und grau).

Weichbofiste (Weichboviste, Lycoperdaceae), Fam. der Ständerpilze (Unterklasse Bauchpilze) mit keulig-knollenförmigen Fruchtkörpern, die jung weich-schwammig sind; rd. 200 Arten in den Gatt. Stäublinge, Bofist und Erdstern.

Weichen, Bez. für zwei Regionen beiderseits am Bauch von Säugetieren: den seitl. der Nabelgegend und medial der (vom Knie zum Bauch ziehenden) Kniefalte jeder Körperseite gelegenen unteren Teil der ↑Flanke und die weiche Bauchgegend längs des Rippenbogens.

Weichholz, svw. Splintholz (↑Holz).

Weichkäfer (Soldatenkäfer, Kanthariden, Cantharidae), mit über 4 000 Arten weltweit verbreitete Fam. häufig bunter Käfer, davon etwa 80 Arten einheim.; Körper meist sehr langgestreckt; Flügeldecken weich, dem Körper flach aufliegend; im Sommer oft massenhaft auf Doldenblütlern. W. leben räuber. von Blattläusen, Raupen u. a.; einige können durch Fraß an Baumblüten oder -trieben schädl. werden. Die Larven sind meist nützl., weil sie holzzerstörende Insekten fressen. Ein bekannter W. ist der **Gemeine Weichkäfer** (Cantharis fusca): etwa 1,5 cm lang mit grauschwarzen Flügeldecken und gelbrotem Prothorax, dieser meist mit schwarzem Mittelfleck.

Weichschildkröten, Sammelbez. für die Vertreter zweier Schildkrötenfam. der Unterordnung ↑Halsberger, deren Panzer anstelle von Hornschilden aus einer dicken, lederartigen Haut besteht; leben meist in Süßgewässern Afrikas, S- und O-Asiens sowie N-Amerikas: 1. **Echte Weichschildkröten** (Lippen-W., Trionychidae): rd. 25 Arten; v. a. Fische, Weichtiere und Wasserinsekten fressende Reptilien, deren Knochenpanzer weitgehend reduziert ist; mit rüsselartig verlängerter Nase und fleischigen Lippen; jede Extremität trägt drei freie Krallen. 2. **Neuguinea-Weichschildkröten** (Carettochelyidae): mit der einzigen, bis 50 cm langen Art *Carettochelys insculpta* in S-Neuguinea und N-Australien; mit noch vollständigem Knochenpanzer (von einer dicken, weichen Haut überzogen).

Weichselkirsche, svw. ↑Sauerkirsche.
◆ svw. ↑Felsenkirsche.

Weichstendel (Einblattorchis, Kleingriffel, Malaxis), Gatt. der Orchideen mit rd. 250 Arten in den gemäßigten Gebieten der N-Halbkugel und in den Tropen; Erdorchideen mit bisweilen bunten Blättern und kleinen Blüten in vielblütigen Trauben. Die einzige einheim. Art, der 8–30 cm hohe **Einblättrige Weichstendel** (Malaxis monophyllos) mit gelblichgrünen Blüten, kommt (selten) in Bruchwäldern und auf moorigen Wiesen NO-Deutschlands und der Alpen vor.

Weichteile, in der medizin. Anatomie Bez. für alle nicht knöchernen Teile des Körpers wie Muskeln, Eingeweide, Sehnen, Bindegewebe.

Weichtiere (Mollusken, Mollusca), seit dem Unterkambrium nachgewiesener, heute mit rd. 125 000 Arten in Meeren, Süßgewässern und auf dem Land weltweit verbreiteter Tierstamm; sehr formenreiche, 1 mm bis 8 m lange (bei Kopffüßern einschließl. Arme maximal 20 m messende) Wirbellose, deren Körper (mit Ausnahme der sekundär asymmetr. Schnecken) bilateralsymmetr. gebaut ist und sich z. T. (Schnecken, Kahnfüßer, Kopffüßer) in einen mehr oder weniger abgesetzten Kopf, Fuß und Eingeweidesack gliedert. Der Bauplan des Körpers kann stark abgewandelt sein: Bei den sog. *Urmollusken* (Archimollusca) ist der Körper abgeflacht und mit einer voll bewimperten Gleitsohle sowie einer kutikulären, von eingelagerten Kalkschuppen bedeckten Rückenhaut versehen, die am Hinterkörper eine Hautduplikatur bildet, in der die Atemorgane, der After und die paarigen Ausfuhröffnungen der Harn- und Geschlechtswege liegen. Bei den höherentwickelten W. ist die Gleitsohle im mittleren und/oder hinteren Fußabschnitt erhalten geblieben. Der Fuß kann unterschiedl. Funktionen übernehmen (z. B. Graborgan bei Muscheln und Kahnfüßern, Rückstoßorgan bei den Kopffüßern). Aus der urspr. Mantelbedekkung entwickelte sich über 7–8 dachziegelartig angeordnete Schalenplättchen in der Rückenmitte (Käferschnecken) eine einheitl. Schale (Schalenweichtiere). Durch Ausdehnung des Mantelraums nach vorn entstand stufenweise ein Kopf mit Tentakeln oder (bei Kopffüßern) Fangarmen. Zw. Mantel und Fuß hat sich ein System von Muskeln ausgebildet. Das Nervensystem setzt sich aus Gehirn und je einem seitl. Körperlängsstrang auf der Ventralseite zusammen. Die meisten W. haben eine ↑Radula zur Nahrungsaufnahme. Die Körperhöhle ist mit einem lockeren Mesenchymgewebe ausgefüllt, durch dessen Lücken vom rückenständigen Herzen im Hinterkörper Blut (Hämolymphe) nach vorn gepumpt wird („offener Blutkreislauf"). Einen annähernd geschlossenen Blutkreislauf haben nur die hochentwickelten Kopffüßer (mit zusätzl. Kiemenherzen). An Sinnesorganen stehen die Osphradien (kiemenähnl.; Chemorezeptoren) im Vordergrund. - Die Fortpflanzung der W. erfolgt ausschließl. geschlechtl.; bei Zwittern treten Geschlechtshilfsorgane (z. B. ↑Liebespfeil) hinzu. - Man unterscheidet zwei Unterstämme: Stachelweichtiere und Schalenweichtiere. - Verschiedene W. haben kulturelle und ökonom. Bed. erlangt (z. B. Perlmuscheln, Kaurischnecken, Miesmuscheln, Weinbergschnecke). Einige Gruppen sind ausgestorben, z. B. Ammoniten, Belemniten.

🕮 *Salvini-Plawen, L. v.: W. In Grzimeks Tierle-*

Weihnachtskaktus. Blüten

Weihnachtsstern

ben. Bd. 3. Mchn. 1984. - Götting, K.: Malakozoologie. Stg. 1974.

Weichwanzen, svw. ↑Blindwanzen.

Weide (Salix), Gatt. der W.gewächse mit rd. 300 Arten, v.a. in der nördl. gemäßigten und subarkt. Zone, einige Arten auch in S-Amerika; meist sommergrüne Bäume oder Sträucher mit meist lanzettförmigen, mit Nebenblättern versehenen Blättern; Blüten zweihäusig, meist in Kätzchen; Frucht eine zweiklappige Kapsel; Samen mit Haarschopf. Einheim. sind 30 Arten und zahlr. Artbastarde, u.a.: **Korbweide** (Salix viminalis), Strauch oder bis 10 m hoher Baum mit biegsamen, gelbl. Zweigen und kätzchenartigen Blütenständen; Blätter mattgrün, unterseits weiß behaart; in Auengebüschen auf nassen Böden. Die Zweige werden zum Korbflechten verwendet. **Salweide** (Palmweide, Salix caprea), bis 3 m hoher Strauch oder bis 7 m hoher Baum mit zuerst grau behaarten, dann kahlen und glänzend rotbraunen Zweigen, bei ♀ Pflanzen meist grün; Blätter bis 10 cm lang, oberseits runzelig und mattgrün, unterseits bläul. bis graufilzig; Blüten vor dem Aufblühen in zottigen, silberweiß glänzenden Kätzchen (Palmkätzchen); ♂ Kätzchen bis 4,5 cm lang, dick, goldgelb; ♀ Kätzchen grünlich. Die an Flüssen, Waldrändern und auf Lichtungen verbreiteten Sal-W. sind die ersten Bienenfutterpflanzen des Jahres. **Purpurweide** (Salix purpurea), bis 6 m hoher Strauch oder Baum mit dünnen, biegsamen, oft purpurroten, kahlen Zweigen; die 3–4 cm langen ♂ Blütenkätzchen, die gleichzeitig mit den schmalen Blättern erscheinen, haben anfangs purpurrote Staubbeutel, die später gelb bzw. schwarz werden; in Auwäldern und auf feuchten Wiesen. **Reifweide** (Salix daphnoides), großer Strauch oder bis 10 m hoher Baum mit gelbbraunen bis roten, oft stark blau bereiften Zweigen; Kätzchen bis 3 cm groß, silbrig; in den Alpen. Als **Trauerweide** bezeichnet man die durch hängende Zweige gekennzeichneten Kulturformen verschiedener W.arten. **Weißweide** (Salix alba), 6–25 m hoher, raschwüchsiger Baum mit in der Jugend behaarten Zweigen und 6–10 cm langen, lanzettförmigen, seidig behaarten, unterseits bläul. Blättern; eine beliebte Untersorte ist die *Dotterweide* (Goldweide) mit dottergelben, biegsamen Zweigen. **Glanzweide** (Salix lucida), kleiner Strauch oder Baum mit glänzenden, kahlen, gelbbraunen Zweigen, ei- bis lanzettförmigen, 7–12 cm langen, glänzenden Blättern und goldgelben Kätzchen.

Weide, mit Gräsern, Klee u.a. bestandene, zum Abhüten oder mit natürl. (Hecken, Gräben) oder künstl. (Einzäunungen) Grenzen versehene, zum Abweiden durch landw. Haustiere bestimmte Flächen. Die W. wird als vorübergehend genutzte *Wechsel-W.* oder als *Dauer-W.* betrieben. Die gesamte W.fläche sollte in möglichst kleine Koppeln aufgeteilt werden, da bei schnellerem Umtrieb stets junges, nährstoffreiches Gras zur Verfügung steht.

Weidelgras, svw. ↑Lolch.

Weidenbohrer (Cossus cossus), bis 9 cm spannender Schmetterling (Fam. Holzbohrer) in Europa, östl. bis zum Amur verbreitet; Vorderflügel braun und weißgrau, gemischt mit zahlr. schwarzen Querstrichen; Raupen bis 8 cm lang, fleischrot, an den Seiten gelbl., leben zweijährig im Holz von Laubbäumen (v.a. Weiden, Pappeln), werden jedoch nur selten schädlich.

Weidengewächse (Salicaceae), Pflanzenfam. der Zweikeimblättrigen mit rd. 350 Arten in den beiden Gatt. ↑Pappel und ↑Weide; Bäume, Sträucher und Zwergsträucher, vorwiegend in der nördl. gemäßigten und subarkt. Zone, nur wenige Arten in den Tropen; Blüten ohne Blütenhülle, zweihäusig, in ährigen Kätzchen.

Weidenmeise ↑Meisen.

Weidenröschen (Epilobium), Gatt. der Nachtkerzengewächse mit rd. 200 Arten in den außertrop. Gebieten der Erde; aufrechte oder kriechende Stauden oder Halbsträucher mit längl., ganzrandigen oder gezähnten Blättern und roten, purpurnen oder weißen, achselständigen Blüten; Samen mit Haarschopf. Eine bekannte einheim. Art ist das in Hochstaudengesellschaften verbreitete **Zottige Weidenröschen** (Epilobium hirsutum), eine bis 1,5 m hohe Staude mit drüsig behaartem Stengel, stengelumfassenden Blättern und purpurfarbenen Blüten. Einige Arten sind Gartenzierpflanzen.

Weidensperling ↑Sperlinge.

Weidenspinner, svw. ↑Pappelspinner.

Weiderich (Lythrum), weltweit verbreitete Gatt. der W.gewächse mit rd. 30 Arten; überwiegend Kräuter oder Stauden mit sitzenden Blättern an vierkantigen Stengeln; Blüten mit röhrenförmiger Blütenhülle, in Trauben oder Ähren stehend. Von den zwei einheim. Arten ist nur der bis 1,2 m hohe **Blutweiderich** (Lythrum salicaria; mit bläul.-purpurroten Blüten, an Ufern und sumpfigen Stellen) häufig.

Weiderichgewächse (Lythraceae), Fam. der Zweikeimblättrigen mit rd. 500 Arten in 22 Gatt., v. a. im trop. Amerika; meist Kräuter oder Stauden. Bekannte Gatt. sind ↑Weiderich und ↑Sumpfquendel.

Weigelie (Weigelia) [nach dem dt. Naturwissenschaftler C. E. von Weigel, *1748, †1831], Gatt. der Geißblattgewächse mit elf Arten in O-Asien; Sträucher mit ellipt., gesägten Blättern und roten oder rosafarbenen, glockenförmigen Blüten; beliebte Ziersträucher.

Weihen (Circinae), mit 17 Arten in offenen Landschaften weltweit verbreitete Unterfam. recht schlanker, langschwänziger, lang- und schmalfüßiger Greifvögel (Fam. Habichtartige); vorwiegend Reptilien, Eier und warmblütige Wirbeltiere (bes. Mäuse, Kleinvögel, Wasservögel) fressende Tiere, die ihre Beutetiere aus niedrigem Flug erjagen; häufige Unterbrechung des Ruderflugs durch Gleitflugphasen mit V-förmig aufgeschlagenen Flügeln (typ. für W.); brüten in einem Horst bes. am Boden und im Röhricht. - In Deutschland kommen vor: **Kornweihe** (Circus cyaneus), etwa 50 cm groß; ♂ aschgrau mit weißem Bauch und Bürzel, ♀ bussardähnl. braun (mit weißem Bürzel); v. a. auf Feldern und Mooren; **Rohrweihe** (Circus aeruginosus), etwa 55 cm lang; ♂ oberseits hell- und dunkelbraun, mit dunklen Längsstreifen am Hals, blaugrauen Armschwingen und hellgrauem Schwanz, unterseits rostrot; ♀ kontrastreicher, Gefieder (mit Ausnahme des hellen Oberkopfs und der hellen Kehle) dunkelbraun; an stehenden Süßgewässern und in Rohrsümpfen; **Wiesenweihe** (Circus pygargus), etwa 45 cm groß; ähnelt stark der Kornweihe; ♂ mit schwarzem Flügelstreif, grauem Bürzel und (auf weißem Grund) braun gestreifter Unterseite; v. a. auf Feldern und Wiesen.

Weihnachtskaktus (Gliederkaktus, Zygocactus), Kakteengatt. mit mehreren Arten in O-Brasilien; epiphyt., kleine Sträucher mit aus zweikantig geflügelten Gliedern zusammengesetzten Flachsprossen; Blüten groß, mit zurückgebogenen Blütenhüllblättern, Staubblätter und Griffel hervorragend. Bekannteste Art ist *Zygocactus truncatus* mit rosafarbenen bis tiefroten Blüten (auch weißblühend); beliebte Topfpflanze.

Weihnachtsstern (Adventsstern, Poinsettie, Euphorbia pulcherrima), in Mexiko und M-Amerika heim. Art der Gatt. Wolfsmilch; bis 1 m hoher (in seiner Heimat bis 4 m hoher) Strauch mit 7–15 cm langen, eiförmigen, gelappten Blättern und unschein-

Weinbergschnecke

Mittlerer Weinschwärmer

baren, von leuchtend roten, rosafarbenen, gelben oder gelblichweißen Hochblättern umgebenen Scheinblüten; beliebte Zimmerpflanze.

Weihrauchbaum (Weihrauchstrauch, Boswellia), Gatt. der Balsambaumgewächse mit über 20 Arten in den Trockengebieten O-Afrikas, der Arab. Halbinsel und Indiens; kleine Bäume oder Dornsträucher mit am Ende der Zweige stehenden, unpaarig gefiederten Blättern und meist weißl. oder rötl. Blüten in zusammengesetzten Trauben. Verschiedene Arten liefern Harz, das als Weihrauch Verwendung findet.

Weinbergschnecke (Helix pomatia), große Landlungenschnecke (Fam. Schnirkelschnecken) auf kalkhaltigen, vegetationsreichen Böden M- und SO-Europas; Gehäuse kugelig, bis 4 cm groß, meist mit braunen Streifen; gräbt sich in der kühleren Jahreszeit in den Boden ein, verschließt danach ihr Gehäuse mit einem kalkigen Deckel. W. sind Zwitter, die sich im Mai/Juni wechselseitig begatten. Im Juli/August werden 40–60 kalkbeschalte Eier in einem selbstgegrabenen Erdloch abgelegt. - Die als Delikatesse geschätzte W. wird vielerorts in sog. *Schneckengärten (Kochlearien)* gezüchtet. - Abb. S. 275.

Weinen, die einerseits durch körperl. Schmerz oder psych. Erregung (Schmerz, Trauer, Freude), andererseits durch phys. Reize (Schälen von Zwiebeln, Kälte) gesteigerte Absonderung der Tränenflüssigkeit (↑Tränendrüsen). Das W. als Ausdruck bestimmter Stimmungslagen ist eine dem Menschen eigentüml. Verhaltensweise; es ist wie das Lachen eine Entspannungsreaktion. Die Neigung und Fähigkeit zum W. ist individuell unterschiedl. entwickelt, daher kann vom W. bzw. Nicht-W. in bestimmten Situationen nicht auf bestimmte Charakterzüge („weich" bzw. „hart") geschlossen werden. Das W. galt bis in die Gegenwart als geschlechtsspezif. Merkmal der (hilflosen) Frau, während es beim Mann als ein Zeichen der Schwäche angesehen wurde. - W. kann auch durch Anlässe ausgelöst werden, bei denen eigentl. kein Grund zu Trauer oder bes. großer Freude gegeben ist (z. B. beim Betrachten von Bildern und Filmen); dabei wird vermutlich durch äußere Ähnlichkeit die [unbewußte] Erinnerung an Ereignisse geweckt, die tatsächl. Schmerz oder Freude auslösen mußten.

Weinhefe (Saccharomyces ellipsoides), auf Weinbeeren in mehreren Wildrassen lebender Hefepilz, der im abgepreßten Traubensaft zur Spontangärung führt. Von der W. werden einige Stämme als ↑Kulturhefen kultiviert, die auch zur Vergärung von anderen Obstsäften verwendet werden.

Weinpalme, (Borassus) Gatt. der Palmen mit 9 Arten im trop. Afrika und Asien; bis 30 m hohe Fächerpalmen mit kleinen, in die Blütenstandachse eingesenkten, zweihäusigen Blüten; Früchte kugelig, mit Steinkern. Wirtschaftl. wichtig ist die u. a. Palmwein liefernde **Palmyrapalme** (Borassus flabellifer; in S-Asien).

◆ Bez. für verschiedene Palmwein liefernde Palmen, u. a. für Arten der Gatt. ↑Raphiapalme.

Weinraute ↑Raute.

Weinrebe (Rebe, Vitis), Gatt. der W.gewächse mit rd. 60 Arten in der nördl. gemäßigten Zone, v. a. in N-Amerika und O-Asien; meist sommergrüne, mit Ranken kletternde Sträucher mit streifig abfasernder Borke; Blätter meist einfach, gelappt oder gezähnt; Blüten fünfzählig, in Rispen stehend; Frucht eine Beerenfrucht. Die wirtsch. bedeutendste, sehr formenreiche Art ist die **Echte Weinrebe** (Weinstock, Vitis vinifera), aus deren beiden wild vorkommenden Unterarten die zahlr. Sorten der **Kulturrebe** (Edelrebe, Vitis vinifera ssp. vinifera), z. B. durch Einkreuzung von in N-Amerika heim. W.arten (↑Amerikanerreben), entstanden sind. Die eine Unterart ist *Vitis vinifera ssp. sylvestris*, die von M-Frankr. über das Oberrheingebiet und das sö. Europa bis Palästina und NW-Afrika vorkommt; aus ihr sind wahrscheinl. einige der älteren dt. Kultursorten hervorgegangen. Die andere Unterart ist die von der Ukraine bis zum Kaukasus, in Kleinasien, Iran, Turkestan und Kaschmir vorkommende *Vitis vinifera ssp. caucasica*, die an der Entstehung der meisten modernen Sorten der Kulturrebe beteiligt ist. Die Sprosse der Kulturrebe sind ein aus Lotten (Langtrieben) und Geiztrieben (Kurztrieben) bestehendes Sympodium (Scheinachse). Die Blätter sind rundl. herzförmig, 7–15 cm breit und 3- bis 5lappig. Die zwittrigen, duftenden Blüten haben an den Spitzen mützenförmig zusammenhängende, gelblichgrüne Kronblätter. Die Kulturrebe wird vegetativ durch Ableger vermehrt. - Die Früchte *(Weinbeeren)* sind je nach Sorte blau, rot, grün oder gelb. Die Fruchtstände werden als Trauben *(Weintrauben)* bezeichnet.

Weinrebengewächse (Rebengewächse, Vitaceae), Fam. der Zweikeimblättrigen mit rd. 700 v. a. in den Tropen verbreiteten Arten in 12 Gatt.; meist Lianen mit häufig gefiederten, mit Nebenblättern versehenen Blättern und Ranken, die Blütenständen entsprechen; Blüten meist 4- bis 5zählig; Beerenfrüchte. Bekannte Gatt. sind ↑Doldenrebe, ↑Jungfernrebe, ↑Klimme und ↑Weinrebe.

Weinrose ↑Rose.

Weinschwärmer, Bez. für 3 Arten dämmerungs- bis nachtaktiver Schmetterlinge (Fam. Schwärmer) mit 4–7 cm Flügelspannweite: *Kleiner W.* (Kleiner Weinvogel, Deilephila porcellus; v. a. im wärmeren M- und S-Europa; Flügel olivgrün mit roter Randbinde); *Mittlerer W.* (Mittlerer Weinvogel, Deilephila elpenor; v. a. in Heidegebieten Europas und N-Asiens; Vorderflügel blaß weinrot, olivgrün gezeichnet, Hinterflügel rot und schwarz); *Großer W.* (Hippotion celerio; Vorderflügel vorwiegend olivgrün, mit Zeichnung, Hinterflügel weinrot und schwarz; im trop. Afrika heim., selten bis M-Europa vordringend). Die grün- bis dunkelbraunen Raupen aller Arten fressen u. a. auch an Weinreben. - Abb. S. 275.

Weisel [zu weisen], die Königin bei den ↑Honigbienen.

Weisheitszahn ↑Zähne.

Weismann, August, * Frankfurt am Main 17. Jan. 1834, † Freiburg im Breisgau 5. Nov. 1914, dt. Zoologe. - Prof in Freiburg; entwickelte die Keimplasmatheorie, wonach im Keimplasma die gesamte Erbsubstanz in Form sog. Anlageteilchen oder Determinanten enthalten ist. Begründete den Neodarwinismus, welcher die Vererbung erworbener Eigenschaften ablehnt, die Selektion als entscheidenden Vererbungsfaktor betont.

Weißbuche, svw. ↑Hainbuche.

Weißdorn (Crataegus), Gatt. der Rosengewächse mit rd. 200 Arten in der nördl. gemäßigten Zone. In Deutschland heim. sind der **Eingriffelige Weißdorn** (Crataegus monogyna), ein Strauch oder kleiner Baum mit bedornten Zweigen, drei- bis siebenlappigen Blättern, behaarten Blütenstielen und reinweißen, in Doldenrispen stehenden Blüten, sowie der **Zweigriffelige Weißdorn** (Mehldorn, Gemeiner W., Crataegus oxyacantha) mit drei- bis fünflappigen, gesägten Blättern, kahlen Blütenstielen und weißen oder rosafarbenen, unangenehm riechenden Blüten, die ebenso wie Blätter und Früchte *(Mehlbeeren)* medizin. als Herz- und Kreislaufmittel verwendet werden. Eine Kulturform des Zweigriffeligen W. ist der ↑Rotdorn. - Abb. S. 278.

weiße Blutkörperchen ↑Blut.

Weiße Fliege ↑Mottenschildläuse.

Weiße Maus, svw. Labormaus (↑Hausmaus).

Weiße Nessel ↑Boehmeria.

Weißer Amur (Chinakarpfen, Graskarpfen, Chin. Graskarpfen, Ctenopharyngodon idella), bis etwa 1 m langer, langgestreckter Karpfenfisch in fließenden und stehenden Süßgewässern O-Asiens; unscheinbar gefärbt, silberglänzend, mit abgeplattetem Kopf; durch Vertilgen von überschüssigen Wasserpflanzen wirtsch. wichtiger Nutzfisch.

Weißer Knollenblätterpilz, Bez. für zwei reinweiße, 10–15 cm hohe, lebensgefährl. giftige Knollenblätterpilze: 1. **Weißlicher Frühlingswulstling** (Amanita verna; Stiel glatt, mit ausdauerndem, anliegendem Ring; auf Kalkböden in Südeuropa, selten in M-Europa); 2. **Spitzhütiger Knollenblätterpilz** (Amanita virosa; Stiel wollig-faserig, mit unvollständigem, vergehendem Ring; auf sauren Böden in M-Europa).

Weißer Senf (Sinapis alba), im Mittelmeergebiet und im sw. Asien heim. Kreuzblütler der Gatt. Senf; 30–60 cm hohes, einjähriges Kraut mit fiederspaltigen bis gefiederten Blättern und gelben Blüten; häufig verwilderte Kulturpflanze. Die Samen werden als Gewürz und zur Herstellung von Tafelsenf verwendet.

Weißer Storch ↑Störche.

Weiße Rübe, svw. Wasserrübe (↑Rübsen).

Weißesche ↑Esche.

weiße Substanz ↑Rückenmark.

Weißfische, volkstüml. Bez. für einige silberglänzende, häufig kleinere Karpfenfische; z. B. Elritze, Ukelei, Döbel, Rotfeder und Plötze.

Weißfuchs ↑Füchse.

Weißfußmäuse (Hirschmäuse, Peromyscus), Gatt. maus- bis rattengroßer, oberseits rotbrauner, unterseits weißer Neuweltmäuse mit über 50 Arten in N-Amerika.

Weißhaie (Carcharodon), Gatt. in allen warmen und gemäßigten Meeren verbreiteter ↑Makrelenhaie; können dem Menschen gefährl. werden („Menschenhai"), bes. wenn sie bei der Verfolgung von Fischschwärmen in Küstennähe gelangen.

Weißhandgibbon ↑Gibbons.

Weißklee ↑Klee.

Weißkohl (Weißkraut, Brassica oleracea var. capitata f. alba), Kulturvarietät des Gemüsekohls mit Kopfbildung und grünlichweißen Blättern, die roh als Salat und zur Sauerkrautherstellung, gekocht als Gemüse verwendet werden.

Weißlachs (Stenodus leucichthys), bis über 1 m langer Lachsfisch in N-Amerika, Asien und O-Europa einschl. angrenzender Meere; Schuppen groß, silberglänzend, Rükken dunkler; Speisefisch.

Weißlinge (Pieridae), mit über 1 500 Arten weltweit verbreitete Fam. der Schmetterlinge (davon etwa 15 Arten einheim.); Flügel meist weiß, gelb und/oder rot gefärbt; wenig gewandte Flieger; Raupen meist grün, kurzbehaart, an Kreuz- bzw. Schmetterlingsblütlern. - Zu den W. gehören u. a. Kohlweißling, Resedafalter, Aurorafalter, Zitronenfalter und Gelblinge.

Weißmoos (Ordenskissen, Leucobryum), Gatt. der Laubmoose mit rd. 100 überwiegend trop. Arten. Die einzige bis in die gemäßigte Zone der Nordhalbkugel vordringende Art ist *Leucobryum glaucum*, ein auf sauren Heide- und Bruchwaldböden vorkommendes, große Polster bildendes, weißlichgrünes Moos.

Weißrückenspecht (Elsterspecht, Dendrocopos leucotos), etwa 25 cm langer Specht in S-Skandinavien, den Alpen, O- und SO-Europa und Asien; anders als beim sonst sehr ähnl. Großen Buntspecht mit weißem Unterrücken (im ♂ Geschlecht).

Weißtanne ↑Tanne.

Weißwal ↑Gründelwale.

Eingriffeliger Weißdorn

Weißwurz, svw. ↑Salomonsiegel.

Weißzahnspitzmäuse (Wimperspitzmäuse, Crocidurinae), Unterfam. der Spitzmäuse mit rd. 180 Arten in Europa, Asien und Afrika; Zähne (im Ggs. zu denen der ↑Rotzahnspitzmäuse) weiß; Schwanz mit langen, feinen Wimperhaaren; 3 einheim. Arten: Hausspitzmaus (↑Spitzmäuse), **Feldspitzmaus** (Crocidura leucodon; 7–9 cm lang, Schwanz rd. 3–4 cm lang, Oberseite braungrau bis dunkelbraun, Unterseite scharf abgesetzt weißl.; lebt v. a. im trockenen Gelände) und **Gartenspitzmaus** (Crocidura suaveolens; 6–8 cm lang, mit 2,5–4,5 cm langem Schwanz; Färbung oberseits braun bis graubraun, Unterseite dunkelgrau bis ockerfarben; in den gemäßigten und südl. Regionen Eurasiens, Vorderasiens und N-Afrikas).

Weizen (Triticum), Gatt. der Süßgräser mit 18 Arten in Kleinasien, Z-Asien und Äthiopien; einjährige oder winterannuelle Ährengräser mit zweizeilig stehenden, begrannten oder unbegrannten Ährchen. Zahlr. Arten sind wichtige Getreidepflanzen, die in die Gruppen Nacktweizen (die Früchte lösen sich bei der Reife von den Spelzen ab, z. B. Saat-W.) und Spelzweizen (die Körner sind fest von den Spelzen umschlossen, z. B. Emmer) eingeteilt werden können. - Der Anbau von W. erstreckt sich von den Subtropen bis in ein Gebiet etwa 60° n. Br. und 27–40° s. Br., Hauptanbaugebiete sind Europa, N-Amerika und Asien. - Nach ihrer Genetik und Züchtungsgeschichte werden die W.arten gegliedert in die diploiden Arten der *Einkornreihe*, von denen nur das ↑Einkorn (heute sehr selten) kultiviert wird, in die tetraploiden Arten der *Emmerreihe* mit ↑Emmer, **Gommer** (Triticum polonicum, mit großen, blaugrünen Ähren und schmalen Körnern; wird v. a. in Marokko, Äthiopien und Kleinasien angebaut), **Hartweizen** (Glas-W., Triticum durum, mit längl., zugespitzten, harten und glasigen Körnern; wird in allen heißen Steppengebieten angebaut) und **Rauhweizen** (Triticum turgidum, mit dichten, dicken, langen Ähren, Körner dick und rundl.; selten noch im Mittelmeergebiet, SO-Europa und M-Asien angebaut) und in die hexaploiden Arten der *Dinkelreihe* mit dem ↑Dinkel und dem heute überwiegend angebauten **Saatweizen** (Gemeiner W., Weicher W., Triticum aestivum). Der Saat-W. hat eine zähe Ährenspindel und bei Reife aus den Spelzen fallende, vollrunde bis längl.-ovale Körner. Er wird in zahlr. Sorten als Sommer- oder Winter-W. angebaut. Hohe Ansprüche stellt der Saat-W. an das Klima und den Nährstoffgehalt sowie an das Wasservermögen des Bodens. Die Körner enthalten etwa 70% Stärke und etwa 10–12% Eiweiß. Saat-W. und ein kleinerer Anteil Hart-W. umfassen 36,4% der gesamten Weltgetreideanbaufläche und 29% der Getreideproduktion. Hauptanbaugebiete sind Europa, N-Amerika, die UdSSR und O-Asien. Die Weltproduktion betrug 1985 505,1 Mill. t; davon entfielen auf Europa 208,1 Mill. t, Asien 155,8 Mill. t, UdSSR 78,1 Mill. t, Amerika 109,4 Mill. t, Australien 16,4 Mill. t, Afrika 8,6 Mill. t. Die angebauten W.arten werden als Brotgetreide, für Grieß, Graupen, Teigwaren (v. a. aus Hart-W.), zur Stärkegewinnung sowie zur Bier- und Branntweinherstellung (Weißbier, Whisky) und als Viehfutter verwendet.

Saatweizen (a unbegrannte, b begrannte Ährenform)

Geschichte: Die ältesten W.arten sind Emmer, Einkorn und Dinkel, die seit der Jungsteinzeit in Kultur waren. Diese W.arten waren in der Antike neben der Saatgerste das Hauptnahrungsgetreide; sie finden sich in Ägypten als Grabbeigabe und in bildl. Darstellungen auf Gräbern. Der Saat-W. entstand in Europa zu Beginn der Eisenzeit durch Züchtung. Seit dem MA hat der Saat-W. in Europa die alten W.arten allmähl. verdrängt.

Wellensittich

🕮 *Inglett, G. E.: Wheat: Production and utilization. Westport (Conn.) 1974. - Lehrb. der Züchtung landw. Kulturpflanzen. Hg. v. Walther Hoffmann u. a. Bd. 2. Bln. u. Hamb. 1970.*

Wellenläufer ↑Sturmschwalben.

Wellensittich (Melopsittacus undulatus), fast 20 cm langer Papageienvogel (Gruppe Sittiche), v. a. in offenen, buschreichen, von Bäumen durchsetzten Landschaften Australiens; in Schwärmen auftretende Tiere, die regelmäßige Wanderungen durchführen und in Baumhöhlen brüten; beliebter Stubenvogel, aus dessen gelbköpfiger, ansonsten grüner, oberseits dunkel gewellter Wildform (mit blauen Beinen) seit 1840 viele Farbschläge gezüchtet wurden; ♂ unterscheidet sich vom ♀ durch eine blaue ↑Wachshaut.

Wellhornschnecke (Buccinum undatum), nordatlant. Schnecke mit 8–12 cm langem, gelblichbraunem, stark gerieftem Gehäuse.

Welpe, junger, noch nicht entwöhnter Hund, Fuchs oder Wolf.

Welse (Siluriformes), Ordnung der Knochenfische mit rd. 2000 weltweit (v. a. in S-Amerika) verbreiteten, fast ausschließl. im Süßwasser lebenden Arten; Haut stets schuppenlos, häufig mit darunterliegenden Knochenplatten, Mundöffnung mit Barteln umstellt, die als Geschmacks- und Tastorgane dienen; überwiegend dämmerungs- und nachtaktive, Brutpflege treibende Fische. Zu den W. gehören u. a. ↑Katzenwelse, ↑Stachelwelse, ↑Panzerwelse und die *Echten W.* (Siluridae) mit der einzigen einheim. Art **Wels** (Waller, Flußwels, Silurus glanis): Körper bis 2,5 m lang; Rücken schwarzblau bis dunkel olivgrün, Seiten heller mit dunkler Fleckung; Bauch weißl., dunkel marmoriert, ohne Hautknochenplatten; Afterflosse sehr lang; Kopf breit, mit großer Mundspalte und zwei sehr langen Barteln am Oberkiefer und vier kurzen Barteln am Unterkiefer; räuber. lebend; überwintert ohne Nahrungsaufnahme im Bodenschlamm der Gewässer; Speisefisch.

Welsh Corgi [engl. 'wɛlʃ 'kɔːgɪ „Hund aus Wales" (walis. corgi „kleiner Hund")], aus Wales stammender, kurzbeiniger, bis zu 30 cm schulterhoher, lebhafter, kurz- bis mittellanghaariger Zwergschäferhund in zwei Varietäten: 1. *Cardigan:* mit mäßig langer, horizontal getragener, fuchsähnl. Rute; Fell in allen Farben außer Reinweiß, bevorzugt rot gescheckt und blau marmoriert; 2. *Pembroke:* mit meist angeborener Stummelrute; Fell rot oder braun (auch weiße Abzeichen).

Welwitschia [nach dem östr. Botaniker F. Welwitsch, *1806, †1872], einzige Gatt. der Nacktsamerfam. Welwitschiagewächse (Welwitschiaceae) mit der einzigen Art *Welwitschia mirabilis* in der Namib, Südwestafrika; ausdauernde Pflanze mit nur wenig aus dem Erdboden hervortretender, verholzter, bis 1 m Durchmesser erreichender Sproßachse und nur zwei bis mehrere Meter langen, bandförmigen Laubblättern, die durch ein Bildungsgewebe am Blattgrund ständig wachsen und von der Spitze her absterben; Blüten in Zapfen, mit je zwei Blütenhüllblättern.

Welwitschia

Wendehals (Jynx torquilla), bis über 15 cm langer Specht, v. a. in lichten Laubwäldern, Feldgehölzen und Gärten fast ganz Europas sowie der nördl. und gemäßigten Regionen Asiens; zieml. kurzschnäbliger, oberseits graubrauner, unterseits weißl. und rostgelber Vogel, der bes. bei Gefahr charakterist. pendelnde und drehende Kopfbewegungen ausführt; ernährt sich mit Hilfe seiner weit vorstreckbaren, klebrigen Zunge bes. von Ameisen.

Wendelähre (Drehwurz, Spiranthes), Orchideengatt. mit über 30 mit Ausnahme S-Amerikas weltweit verbreiteten Arten, davon zwei einheim.: die selten auf Magerweiden vorkommende **Herbstwendelähre** (Spiranthes spiralis) mit grundständigen Blättern und grünl. Blüten und die in Flachmooren vorkommende **Sommerwendelähre** (Spiranthes aestivalis) mit beblättertem Stengel und weißen Blüten. Die Blüten beider Arten sind spiralig in einer Ähre angeordnet.

Wenigborster (Oligochaeta), Ordnung der Ringelwürmer (Klasse Gürtelwürmer) mit über 3 000 Arten, überwiegend im Süßwasser und an Land. Körper drehrund, weitgehend homonom segmentiert; Parapodien (lappenartige Stummelfüße) bis auf Borstenbündel zurückgebildet; stets zwittrig. - Zu den W. gehören u. a. Regenwürmer und Enchyträen.

Wenigfüßer (Pauropoda), mit rd. 60 Arten weltweit verbreitete Unterklasse bis 1,5 mm langer Tausendfüßer, davon 10 Arten einheim.; mit 9 Beinpaaren; kommen v. a. unter Steinen, Holz und Laub vor.

Werftkäfer (Lymexylonidae), mit rd. 75 Arten fast weltweit verbreitete Fam. schlanker, mittelgroßer Käfer (davon zwei Arten einheim.); Flügeldecken oft mehr oder weniger stark verkürzt; an gefällten Laubholzstämmen; Larven fressen horizontale Gänge ins Holz; zuweilen in Schiffswerften eingeschleppt: **Schiffswerftkäfer** (Lymexylon navale; 7–13 mm groß; rotgelb mit schwärzl. Kopf und schwärzl. Flügeldecken).

Wermut, svw. ↑ Echter Wermut.

Wespen (Echte W., Vespinae), Unterfam. der Faltenwespen mit zahlr. v. a. in den Tropen verbreiteten, staatenbildenden, stechenden Arten. Unter den elf einheim. Arten ist neben der ↑ Hornisse v. a. die (auch im übrigen Europa, in N-Afrika, im gemäßigten Asien und in Indien häufige) bis 2 cm lange *Dt. Wespe* (Paravespula germanica) zu nennen. Sie zeigt eine typ. schwarz-gelbe Zeichnung. Ihre Staaten bestehen aus durchschnittl. 1 500 Tieren (ein ♀ Geschlechtstier [Königin], Arbeiterinnen und ♂♂). Nur die im Laufe des Sommers entstandenen, im Herbst begatteten ♀♀ überwintern und gründen im Frühjahr neue Völker. Die meist unterird. angelegten Nester aus grauem, papierähnl. Material werden von den Arbeiterinnen aus mit Speichel vermischten Holzfasern hergestellt. Die Imagines ernähren sich von süßen Pflanzensäften, die Larvennahrung besteht aus Insekten.

Wespenbussarde (Pernis), mit den Bussarden eng verwandte Gatt. der Greifvögel mit über zehn Arten in Wäldern Eurasiens, Afrikas, Z- und S-Amerikas. Die einzige einheim. Art ist der *Eurasiat. Wespenbussard* (Pernis apivorus): von SW-Europa bis W-Asien verbreitet; 50–60 cm lang; oberseits dunkelbraun mit graubraunem Kopf, unterseits (meist) auf weißl. Grund kräftig braun gefleckt; frißt gern Wespen und Hummeln (jedoch ohne die Hinterleibsspitze mit dem Stechapparat) und deren Larven, wozu er im Boden angelegte Wespennester aufscharrt.

Wespenspinne (Argiope bruennichi), einzige Art der Gatt. Argiope, eine ↑ Radnetzspinne.

Wetterdistel, svw. ↑ Eberwurz.

Wettermoos ↑ Drehmoos.

Wettstein, Richard, Ritter von Westersheim, * Wien 30. Juni 1863, † Trins (Tirol) 10. Aug. 1931, östr. Botaniker. - Prof. in Prag und Wien. Einer der wichtigsten Vertreter der phylogenet. Forschungsrichtung der Pflanzensystematik (u. a. „Handbuch der systemat. Botanik", 1901–08).

Weymouthskiefer ['vaɪmu:t, engl. 'wɛɪməθ; nach T. Thynne, Viscount of Weymouth, † 1714] ↑ Kiefer.

Whippet [engl. 'wɪpɪt] (Englischer Windhund, Englisches Windspiel), in England gezüchteter kleiner Windhund; bis 48 cm schulterhoher, zierl. Hund mit Rosenohren und sichelförmig herabhängender, dünner Rute; Behaarung kurz, fein, dicht anliegend, in den Farben Rot, Schwarz, Weiß, Rotbraun und Blau, gestromt und in Farbkombinationen.

Wicke (Vicia), Gatt. der Schmetterlingsblütler mit mehr als 150 Arten, v. a. in der nördl. gemäßigten Zone, einige Arten auch im südl. S-Amerika, in den Anden und den Gebirgen O-Afrikas; einjährige oder ausdauernde, meist kletternde Kräuter mit paarig gefiederten Blättern (obere Fiederblättchen und Endfieder meist in Ranken umgewandelt) und einzeln oder in Trauben stehenden Blüten. Bekannte, teilweise als Futter- und Gründüngungspflanzen genutzte Arten sind: **Saatwicke** (Vicia sativa), 30–90 cm hoch, mit behaartem, vierkantigen Stengel und behaarten Blättern; Blüte rotviolett, einzeln oder zu zweien in den Blattachseln sitzend. **Vogelwicke** (Vicia cracca), mit bis über 1 m langen Stengeln und blauvioletten Blüten in dichten Trauben; auf nährstoffreichen Böden. **Zottelwicke** (Sand-W., Vicia villosa), 0,3 bis 1,2 m hoch, zottig behaart, mit meist violetten Blüten.

Wickel ↑ Blütenstand.

Wickelbären (Honigbären, Cercoleptinae), Unterfam. der Kleinbären mit der einzigen Gatt. *Potos* und der einzigen Art **Kinkaju** (Wickelbär, Potos flavus) in M- und S-Amerika; Länge rd. 40–60 cm, mit etwa ebensolangem Greifschwanz; olivfarben bis gelbbraun; Kopf rundl.; nachtaktiver, v. a. Pflanzen fressender Baumbewohner.

Wickler, Wolfgang, * Berlin 18. Nov. 1931, dt. Verhaltensforscher. - Direktor am Max-Planck-Institut für Verhaltensphysiologie in Seewiesen (bei Starnberg); Arbeiten v. a. zur stammesgeschichtl. Entwicklung, Anpassung und Ritualisierung des Verhaltens. - *Werke:* Stammesgeschichte und Ritualisierung. Zur Entstehung tier. und menschl. Verhaltensmuster (1970), Das Prinzip Eigennutz. Ursachen und Konsequenzen sozialen Verhaltens (1977; mit U. Seibt), Die Biologie der zehn Gebote. Neuaufl. Mchn. 1981.

Wickler (Tortricidae), mit mehr als 5 000 Arten weltweit verbreitete Fam. etwa 1–3 cm spannender, meist dämmerungs- oder nachtaktiver Schmetterlinge, darunter rd. 400 Arten einheim.; mit oft bunten, in Ruhe flach über den Rücken gelegten Vorderflügeln;

Raupen meist in eingerollten (Name!) oder zusammengesponnenen Blättern, auch im Innern von Pflanzen und Früchten; können an Nutzpflanzen schädl. werden (z. B. Apfelwickler, Fruchtschalenwickler, Traubenwickler, Eichenwickler).

Widder (Schafbock) ♂ Schaf.

Widderbären (Fleckwidderchen, Syntomidae), weltweit (v.a. im trop. S-Amerika) mit zahlr. Arten verbreitete Fam. mittelgroßer Schmetterlinge mit schlanken, oft lebhaft gefärbten und gefleckten, z. T. auch durchsichtigen Vorderflügeln und kleinen Hinterflügeln (den ↑ Widderchen ähnl.); Flügel in Ruhehaltung dachförmig; Raupen behaart, fressen v.a. an krautigen Pflanzen. In M-Europa kommen 6 Arten vor, darunter am bekanntesten das **Weißfleckwidderchen** (Amata phegea) mit weißen Flecken auf den schwarzblauen Flügeln.

Widderböcke (Clytus), Gatt. der Bockkäfer mit vier etwa 5–20 mm langen, schwarzen bis braunschwarzen einheim. Arten; mit auffallend gelben Querbinden; Larven in Baumstümpfen und gefälltem Holz.

Widderchen (Blutströpfchen, Zygaenidae), mit rd. 1 000 Arten weltweit verbreitete Fam. etwa 2–4 cm spannender (in den Tropen auch größerer) Schmetterlinge, darunter rd. 30 Arten einheim.; Vorderflügel lang und schmal, einfarbig metall. grün oder auf dunklem Grund lebhaft rot gefleckt; Fühler lang, am Ende keulenförmig verdickt; tagaktive Insekten, deren Imagines Blüten besuchen und deren Flügel dachförmig über den Körper zusammengelegt werden.

Widerbart (Epipogium), Gatt. der Orchideen mit 5 Arten in Eurasien, Australien, Neukaledonien und im trop. W-Afrika; blattlose Saprophyten. Die einzige europ. Art ist die (selten) in schattigen Buchen-, Fichten- und Tannenwäldern vorkommende Art *Epipogium aphyllum* mit gelbl., nach Bananen duftenden Blüten mit rot punktierter Lippe und fleischrotem Sporn.

Widerrist, Bez. für den erhöhten Teil des Rückens landw. Nutztiere.

Widerstoß (Limonium), Gatt. der Bleiwurzgewächse mit rd. 200 Arten, verbreitet v.a. vom östl. Mittelmeergebiet bis zum Hochland von Iran; oft in Küsten-, Steppen- und Wüstengebieten vorkommende einjährige oder ausdauernde Kräuter oder Halbsträucher mit großen Blütenständen aus zahlr. kleinen, meist blauen oder weißen Blüten mit trockenhäutigen Kelchen. Mehrere Arten werden als Trockenblumen für den Schnitt kultiviert, u.a. der 20–50 cm hohe **Strandflieder** (Limonium vulgare); Blätter ledrig, 5–15 cm lang, spatelförmig, in Rosetten; Blüten blauviolett; auf Salzwiesen an den Küsten W-Europas, N-Afrikas und N-Amerikas sowie an der Nord- und Ostsee.

Wiedehopf (Stinkhahn, Stinkvogel, Kotvogel, Upupa epops), fast 30 cm langer Rakkenvogel (Gatt. Hopfe), v.a. in Wäldern, parkartigen Landschaften und Steppen Afrikas sowie der gemäßigten und südl. Regionen Eurasiens; mit Ausnahme der schwarz-weiß gebänderten Flügel und des fast ebenso gezeichneten Schwanzes Gefieder hellbraun, mit aufrichtbarer Haube; frißt bes. Maden, Erdraupen, Engerlinge und Käfer, die er mit seinem langen Schnabel aus dem Boden oder aus dem Dung des Weideviehs holt; brütet in faulenden Baumstämmen, Höhlungen von Gebäuden und Erdwällen; Nestlinge verspritzen bei Störungen dünnflüssigen Kot; Zugvogel. - Abb. S. 282.

Wiederkäuen (Rumination) ↑ Magen.

Wiederkäuer (Ruminantia), Unterordnung der Paarhufer mit rd. 170 weltweit verbreiteten Arten; hochspezialisierte Pflanzenfresser, die ihre Nahrung wiederkäuen und mit einem entsprechenden Wiederkäuermagen (↑ Magen) ausgerüstet sind. - Zu den W. gehören fünf Fam.: Zwergmoschustiere, Hirsche, Giraffen, Gabelhorntiere und Horntiere.

Wiener, Alexander Solomon, * New York 16. März 1907, † ebd. 8. Nov. 1976, amerikan. Hämatologe. - Prof. an der University School of Medicine in New York; entdeckte 1940 mit K. Landsteiner das Rhesussystem (↑ Blutgruppen).

Wiese, gehölzfreie oder -arme, v.a. aus Süßgräsern und Stauden gebildete Pflanzenformation. *Natürl. W.* sind an bestimmte Standorte gebunden. Die landw. *Nutz-W.* sind dagegen meist künstl. angelegt (durch Aussaat bestimmter Futtergräser und Kleearten). Sie werden im Ggs. zur ↑ Weide regelmäßig gemäht und dienen der Heugewinnung. Man unterscheidet *Fett-W.* (mit zweimaliger Mahd pro Jahr und hohem Heuertrag; auf nährstoffreichen Böden mit hohem Grundwasserstand) und *Mager-W.* (mit einmaliger Mahd pro Jahr und geringem Heuertrag; an trockenen, nährstoffarmen Standorten).

Wiesel, Torsten Nils [schwed. 'vi:səl], * Uppsala 3. Juni 1924, schwed. Neurobiologe. - Professor für Neurobiologie an der Harvard Medical School in Boston (Mass.). Für ihre grundlegenden Entdeckungen hinsichtl. der Informationsverarbeitung opt. Reize durch das Gehirn erhielten W. und D. H. Hubel zusammen mit R. W. Sperry 1981 den Nobelpreis für Physiologie oder Medizin.

Wiesel (Mustela), Gatt. der Marder mit über zehn Arten in Europa, N-Afrika, Asien und N-Amerika; Körper sehr schlank, kurzbeinig; flinke Raubtiere, jagen v.a. Kleinsäuger. - Bekannte Arten sind u.a.: ↑ Mink; **Hermelin** (Großes W., Mustela erminea), etwa 22–30 cm lang, Schwanz 8–12 cm lang, mit schwarzer Spitze; Fell im Sommer braun mit weißer bis gelbl. Unterseite, im Winter weiß, in milden Klimagebieten braun; in Eurasien sowie im nördl. und mittleren N-Amerika.

Mauswiesel (Kleines W., Mustela nivalis), bis 23 cm lang, mit oberseits braunem, unterseits weißem Fell (weißes Winterfell nur bei nördl. und alpinen Populationen); in Eurasien, N-Afrika und Kanada. - Abb. S. 282.

Wieselartige (Mustelinae), Unterfam. der Marder mit über 30, mit Ausnahme Australiens weltweit verbreiteten Arten. Bekannte Vertreter sind ↑Edelmarder, ↑Steinmarder, ↑Zobel, ↑Iltisse, ↑Nerze, ↑Wiesel und ↑Vielfraß.

Wieselmakis ↑Lemuren.

Wiesenchampignon [ʃampɪnjõ, ʃã:pɪnjõ] ↑Champignon.

Wiesenfuchsschwanzgras (Kornschmiele, Alpopecurus pratensis), im nördl. Eurasien heim. Süßgras der Gatt. Fuchsschwanzgras; 30–100 cm hohes Ährenrispengras mit zottig bewimperten Hüllspelzen und begrannten Deckspelzen; häufig auf Wiesen.

Wiesenhafer, svw. ↑Glatthafer.

Wiesenklee ↑Klee.

Wiesenknopf (Sanguisorba), Gatt. der Rosengewächse mit rd. 30 Arten in der nördl. gemäßigten Zone. In Deutschland kommen zwei ausdauernde Arten vor: auf Feuchtwiesen der 30–90 cm hohe **Große Wiesenknopf** (Sanguisorba officinalis) mit herzförmigen bis ellipt. Fiedern und dunkelbraunroten Blüten in längl. Köpfchen; auf Trockenrasen der 20–60 cm hohe **Kleine Wiesenknopf** (Bibernelle, Sanguisorba minor) mit eiförmigen Fiedern und rötl. Blüten in kugeligen Köpfchen.

Wiesenmargerite ↑Margerite.

Wiesenotter (Spitzkopfotter, Vipera ursinii), bis 50 cm lange Viper, verbreitet in offenen Landschaften vom südl. M-Europa (v. a. Neusiedler See, Abruzz. Apennin) bis Z-Asien; vorwiegend Insekten fressende Giftschlange mit dunklem, wellenförmigem Rükkenlängsband auf hellgrünem bis -braunem Grund; Hals kaum vom Kopf abgesetzt.

Wiedehopf

Mauswiesel

Wiesenraute (Thalictrum), Gatt. der Hahnenfußgewächse mit rd. 120 Arten, v. a. auf der Nordhalbkugel; Stauden mit mehrfach gefiederten Blättern und in Rispen oder Trauben stehenden Blüten mit unscheinbaren Blütenhüllblättern und zahlr. Staubblättern mit oft auffällig gefärbten Staubfäden. In Deutschland kommt zerstreut auf Feuchtwiesen die **Gelbe Wiesenraute** (Thalictrum flavum) vor. Einige Arten sind als Zierpflanzen in Kultur.

Wiesenschaumkraut ↑Schaumkraut.

Wilde Möhre ↑Möhre.

Wildenten, volkstüml. Sammelbez. für alle wildlebenden Enten, in Deutschland bes. die Stockente.

Wilder Apfelbaum, svw. ↑Holzapfelbaum.

Wilder Birnbaum (Holzbirne, Pyrus communis), wichtigste Stammart des ↑Gemeinen Birnbaums mit mehreren Varietäten; 15–20 m hoher Baum von breitem, pyramidalem Wuchs; Kurztriebe z. T. in Dornen endigend; Blätter rundl. bis eiförmig, 2–8 cm lang, ganzrandig oder fein gesägt; Blüten in Doldentrauben, weiß oder blaßrosa, mit roten Staubbeuteln; Früchte klein, hart, mit zahlr. Steinzellennestern; zerstreut bis selten v. a. im mittleren, östl. und südl. Deutschland, in S-Europa, Kleinasien, Kaukasien und Iran.

Wilder Wein ↑Jungfernrebe.

Wildfrüchte, Bez. für die eßbaren Früchte wild wachsender Pflanzen; z. B. Hagebutten, Holunderbeeren, Preiselbeeren.

Wildgänse, volkstüml. Bez. für alle wild lebenden Echten Gänse, i. e. S. für die Graugänse.

Wildhefen, im Ggs. zu den Kulturhefen in der freien Natur auf zuckerhaltigen Stoffen (z. B. Nektar, Blutungssäfte von Bäumen, auch auf reifenden Früchten) sowie in Böden vorkommende Schlauchpilze (Hefepilze, hefeartige Pilze), die eine alkohol. Gärung bewirken.

Wildhunde, Sammelbez. für verschiedene wildlebende Vertreter der Hundeartigen: Afrikan. Wildhund (↑Hyänenhund), Asiat. W. (↑Rothunde) und ↑Dingo.

Wildkaninchen (Oryctolagus), Gatt. der Hasen mit der einzigen, urspr. in SW-Europa heim., heute über weite Teile Europas verbreiteten, in Australien, Neuseeland und Chile eingebürgerten Art *Europ. W.* (Oryctolagus cuniculus): 35–45 cm Körperlänge, 7–8 cm lange Ohren; oberseits graubraun, unterseits weißl.; lebt gesellig in ausgedehnten Erdröhrensystemen und neigt zu starker Vermehrung; Tragzeit 30 Tage. Das W. ist die Stammform der zahlr. Hauskaninchenrassen. Es läßt sich nicht mit dem Feldhasen kreuzen.

Wildkatze (Felis silvestris), in Europa, N-Afrika und SW-Asien heim. Kleinkatze; Länge 45–80 cm, Schwanz 25–40 cm lang, mehr oder minder buschig behaart, mit dunkler Ringelung und schwarzer Spitze; Körperfärbung je nach Vorkommen hell sandfarben bis graubraun oder rötlichbraun, mit mehr oder weniger ausgeprägter, dunkler Flecken- und Streifenzeichnung; Unterarten sind ↑Falbkatze, ↑Steppenkatze und ↑Waldkatze.

Wildpferd, svw. ↑Prschewalskipferd.

◆ Bez. für halbwilde oder wildlebende Hauspferde (z. B. Camarguepferd).

Wildpflanzen, im Ggs. zu den Kulturpflanzen die innerhalb ihres Verbreitungsgebietes ohne menschl. Zutun lebenden Pflanzenarten.

Wildschweine (Sus), Gatt. der Schweine mit vier Arten in Europa, Asien und N-Afrika. Die bekannteste Art ist das *Euras. Wildschwein* (Sus scrofa) mit 100–180 cm Körperlänge, 55–110 cm Schulterhöhe und (bei einheim. Keilern) bis rd. 200 kg Körpergewicht; Kopf groß, langgestreckt; Eckzähne (bes. beim ♂) verlängert, die des Oberkiefers nach oben gekrümmt (Gewaff), Fell mit langen, borstigen Haaren, braunschwarz bis hellgrau; frißt Pflanzen, Samen, Schnecken, Würmer und Insekten; Jungtiere (Frischlinge) braun und gelbl. längsgestreift. Die ♀♀ bilden mit den Frischlingen zus. Gruppen. Die ♂♂ sind außerhalb der Paarungszeit Einzelgänger. Das Euras. Wildschwein ist die Stammform des ↑Hausschweins.

Wildtyp ↑Mutante.

Williams Christbirne ↑Birnensorten (Übersicht Bd. 1, S. 107).

Wimperepithel, svw. Flimmerepithel (↑Epithel).

Wimperfarn (Woodsia), Gatt. der Tüpfelfarngewächse mit rd. 40 terrestr. Arten in den subpolaren und gemäßigten Zonen der Nordhalbkugel. In Deutschland kommen in den Mittelgebirgen und den Alpen drei seltene Arten vor, darunter der **Südl. Wimperfarn** (Woodsia ilvensis) mit rotbraunen Blattstielen und einfach gefiederten Blättern mit gebuchteten Fiedern und in lange Wimperhaare zerteilten Indusien (die Sporangien umgebende zarte Hülle).

Wimperlarven (Flimmerlarven), Bez. für bewimperte, im Wasser lebende Larven verschiedener Wirbelloser; u. a. das Coracidium der Bandwürmer.

Wimpern, (Augen-W., Cilia) das Auge gegen das Eindringen von Fremdkörpern schützende, kräftige (markhaltige) Haare an der Vorderkante des Rands der Augenlider vieler Säugetiere, beim Menschen am oberen Lid aufwärts, am unteren abwärts gekrümmt, bis etwa 1 cm lang, tief in die Lederhaut reichend und in zwei bis drei Reihen angeordnet. W. werden beim Menschen etwa 4–6 Wochen alt.

◆ svw. ↑Zilien.

Wimpertierchen (Infusorien, Ziliaten, Ciliata), Klasse freischwimmender oder festsitzender, zuweilen Kolonien bildender Protozoen im Meer und Süßwasser, aber auch parasit. oder symbiont. in Wirbeltieren lebend. Zur Fortbewegung und zum Nahrungserwerb dienen Wimpern (Zilien). Charakterist. sind der Kerndimorphismus (in Form eines Großkerns und eines Kleinkerns) und die geschlechtl. Fortpflanzung durch ↑Konjugation. Die ungeschlechtl. Fortpflanzung erfolgt durch Querteilung oder Knospung. Zu den W. gehören z. B.: Pantoffeltierchen, Glokkentierchen, Trompetentierchen.

Windblütigkeit (Anemophilie), die Verbreitung des Pollens durch den Wind, v. a. bei Bäumen sowie bei Süß- und Riedgräsern.

Winde (Convolvulus), Gatt. der W.gewächse mit rd. 250 Arten, v. a. in den subtrop. und gemäßigten Gebieten; aufrechte, niederliegende oder windende Kräuter oder aufrechte, bisweilen dornige Halbsträucher oder

Eurasisches Wildschwein

kleine Sträucher mit meist einzelnstehenden Blüten; Blütenkrone glockenförmig, mit meist fünfeckigem Saum. Die einzige einheim. Art ist die ↑Ackerwinde.

Windei (Fließei), ein Hühnerei (Vogelei) ohne oder mit nur dünner Schalenanlage.

Windengewächse (Convolvulaceae), Fam. der Zweikeimblättrigen mit rd. 1 600 Arten in 51 Gatt., v. a. in den Tropen und Subtropen; aufrechte oder windende Kräuter oder Sträucher, selten kleine Bäume; Blüten meist fünfzählig, fast stets radiärsymmetrisch. Die wichtigsten Gatt. sind Winde, Bärwinde, Trichterwinde und Kleeseide.

Windenschwärmer (Windig, Herse convolvuli), bis 11 cm spannender, dämmerungsaktiver Schwärmer in den Subtropen und Tropen Afrikas, Australiens und Eurasiens (in M-Europa als Wanderfalter); vorwiegend Winden- und Phloxblüten besuchender Schmetterling mit graubraunen Flügeln sowie roten und schwarzen Hinterleibsquerbinden; Saugrüssel bis 10 cm lang; Raupen (meist braun mit gelber Zeichnung) fressen v. a. an Windenarten.

Windepflanzen, svw. Schlingpflanzen (↑Lianen).

Windhalm (Ackerschmiele, Apera), Gatt. der Süßgräser mit 3 Arten in Eurasien. In Deutschland kommt als Getreideunkraut auf Ödland und an Wegrändern häufig der einjährige **Gemeine Windhalm** (Apera spica-venti) mit 0,3–1 m hohen Stengeln und in lockerer, breiter Rispe stehenden Ährchen vor.

Windhunde [eigtl. wohl „wendische Hunde"], Rassengruppe sehr schneller, urspr. für die Hetzjagd gezüchteter Haushunde; Kopf und Körper lang und schmal; Brust tief; Rute lang und kräftig; meist mit Rosenohren (die Ohrmuschel ist auf der Rückseite nach innen gefaltet und der obere Rand ist nach rückwärts gebogen). Im Unterschied zu anderen Jagdhunden (die der Fährte mit der Nase nachspüren) verfolgen W. das Wild mit den Augen. Bekannte Rassen sind: Afghanischer Windhund, Barsoi, Saluki und Whippet.

Windröschen, svw. ↑Anemone.

Windspiel, svw. Engl. Windspiel (↑Whippet).

Winkelspinnen, svw. ↑Hausspinnen.

Winkelzahnmolche (Hynobiidae), Fam. bis 25 cm langer Schwanzlurche mit rd. 30 Arten, v. a. an und in Bächen der Tiefebenen und Berge Asiens; urtüml. in Körperbau und Fortpflanzung (äußere Befruchtung); Gaumenzähne winkelförmig angeordnet; z. B. *Sibir. Winkelzahnmolch* (Hynobius keyserlingii): bis 13 cm lang; olivgrün mit Bronzeschimmer, schwarzer Rückenlinie und dunklen Seitenflecken; am weitesten nach N (bis über 66°) vordringende Amphibienart.

Winkerkrabben (Geigerkrabben, Uca), Gatt. vorwiegend Schlick, Algen und Fischleichen fressender Krabben mit rd. 65 meist etwa 1–3,5 cm breiten, teilweise leuchtend bunt gefärbten Arten an den Küsten warmer, bes. trop. Meere, fast ausschließl. in der Gezeitenzone; ♂♂ mit meist über körperlanger Schere, mit der die Tiere winkende Bewegungen (u. a. zum Herbeilocken von ♀♀) ausführen.

Winterannuelle, Kräuter, deren Samen im Herbst keimen und die im folgenden Sommer blühen und fruchten (z. B. Wintergetreide). - Ggs. ↑Sommerannuelle.

Winterastern, svw. ↑Chrysanthemen.

Winterblüte (Chimonanthus), Gatt. der Gewürzstrauchgewächse mit vier in China heim. Arten (ausschließl. Sträucher). Die Art *Chimonanthus praecox* mit vor dem Laub erscheinenden, außen hellgelben, innen bräunl. bis purpurfarbenen, duftenden Blüten wird als Zierstrauch kultiviert.

Wintergrün (Pyrola), Gatt. der W.gewächse mit rd. 40 Arten, überwiegend in der nördl. gemäßigten Zone sowie in den Hochgebirgen der Subtropen und Tropen; ausdauernde Kräuter oder kleine Halbsträucher mit derben, immergrünen, ganzrandigen oder schwach gekerbten Blättern; Blüten klein, einzeln oder in Trauben. In Deutschland kommen in Nadelwäldern sechs Arten vor, darunter das *Nickende W.* (Pyrola secunda) mit glockigen, gelblichweißen Blüten.

Wintergrüngewächse (Pyrolaceae), Fam. der Zweikeimblättrigen mit rd. 75 Arten in 16 Gatt., v. a. auf der Nordhalbkugel sowie in den Gebirgen der Tropen und Subtropen verbreitet. Kräuter oder Halbsträucher mit einfachen, immergrünen Blättern; Blüten vier- bis fünfzählig, in endständigen Trauben oder einzeln. Die wichtigsten Gatt. sind ↑Wintergrün, ↑Winterlieb, ↑Fichtenspargel.

Winterhafte (Schneeflöhe, Boreidae), Fam. wenige mm langer, häufig dunkel gefärbter Insekten mit rd. 25 Arten in Eurasien und N-Amerika (davon zwei Arten in Deutschland); bes. beim ♀ Flügel stark rückgebildet; Imagines wenig kälteempfindl., kommen im Winter auf Schnee vor; können bei Störungen mit Hilfe der langen Hinterbeine wegspringen.

winterhart, von Pflanzen gesagt, die winterl. Witterung gut überstehen können.

Winterlieb (Chimaphila), Gatt. der Wintergrüngewächse mit vier Arten in Europa, Japan und N-Amerika; niedrige Halbsträucher mit immergrünen, derben, gesägten Blättern; Blüten weiß oder rosafarben, meist in Doldentrauben. Die einzige Art in Deutschland ist das zerstreut auf Sandböden, v. a. in Kiefernwäldern vorkommende *Dolden-Winterlieb* (Chimaphila umbellata) mit glänzenden Blättern und rosafarbenen, nickenden Blüten.

Winterlinde ↑Linde.

Winterling (Eranthis), Gatt. der Hahnenfußgewächse mit acht Arten in S-Europa und

O-Asien; Kräuter mit grundständigen, handförmig geteilten Blättern; Blüten mit gelben oder weißen Hüllblättern und einem Hüllkelch aus zerschlitzten, grünen Hochblättern. Eine frühblühende Zierpflanze ist der 10–15 cm hohe *Kleine Winterling* (Eranthis hiemalis) mit goldgelben Blüten. - Abb. S. 286.

Wintermücken (Winterschnaken, Petauristidae), Fam. etwa 4–7 mm langer, schnakenähnl. Mücken, v.a. auf der Nordhalbkugel; im ♂ Geschlecht an sonnigen Wintertagen und im zeitigen Frühjahr in Schwärmen auftretende Insekten.

Winterpilz, svw. Samtfußrübling (↑Rüblinge).

Winterruhe, im Unterschied zum ↑Winterschlaf ein nicht allzu tiefer, oft und auch für längere Zeit (für die Nahrungssuche) unterbrochener Ruhezustand bei verschiedenen Säugetieren (z.B. Eichhörnchen, Dachs, Braunbär, Eisbär) während des Winters, wobei die Körpertemperatur nicht absinkt und der Stoffwechsel normal bleibt.

Winterschlaf, schlafähnl., z.T. hormonal gesteuerter und unter Mitwirkung der Tag-Nacht-Relation und der Außentemperatur ausgelöster Ruhezustand bei manchen Säugetieren, v.a. der gemäßigten Gebiete und der Gebirge, während des Winters. Im Unterschied zur ↑Winterruhe wird der W. nur selten durch kurze Pausen (v.a. zum Harnlassen) unterbrochen. Während des W. sinkt bei den sonst homöothermen Winterschläfern (↑Warmblüter) die Körpertemperatur tief unter die Normaltemperatur bis auf eine bestimmte, artspezif., unter 5 °C liegende Grenztemperatur ab, bei der wieder eine mäßige zusätzl. Wärmeproduktion einsetzt oder das Tier aufwacht. Mit der Temperaturerniedrigung geht eine Verlangsamung des Herzschlags und der Atmung einher; bei dem (stark verlangsamten) Stoffwechsel wird v.a. das Depotfett verwertet, woraus eine größere Gewichtsabnahme resultiert; bei verminderten Sinneswahrnehmungen bleibt jedoch im Unterschied zur ↑Winterstarre anderer Tiere die Reflextätigkeit erhalten. Winterschläfer sind u.a. Hamster, Murmeltier, Igel, Ziesel, Fledermäuse, Bilche. - Einen W. bei den Vögeln hält eine Nachtschwalbenart in Mexiko.

Winterstarre, bewegungsloser (starrer) Zustand bei wechselwarmen Tieren (↑Kaltblüter) der gemäßigten und kalten Gebiete während der Winterzeit. Bei einer solchen *Kältestarre* kann die Körpertemperatur im Unterschied zu der beim ↑Winterschlaf extrem tief (entsprechend der Umgebungstemperatur) absinken, so daß alle Aktivitäten (auch die Reflexe) zum Erliegen kommen. Zur Vermeidung eines *Kältetods*, der bei längerer Einwirkung von Temperaturen unter 0 °C eintritt, suchen die Tiere zum Überwintern möglichst frostfreie Schlupfwinkel auf; ein weiterer Kälteschutz ist die Verminderung des Wassergehalts des Körpers. Der bei dem äußerst minimalen Stoffwechsel anfallende Harn wird bis zum Winterende im Körper gespeichert.

Winterzwiebel (Winterlauch, Johannislauch, Schnittzwiebel, Hackzwiebel, Allium fistulosum), wahrscheinl. aus China stammende Lauchart, die v.a. in O-Asien und in den Tropen kultiviert wird. Die W. besitzt eine längl. Zwiebel, immergrüne, röhrenförmige Blätter und weißlichgrüne Blüten in kugeliger Scheindolde. Blätter und Stengel werden als Gemüse und Gewürz verwendet.

Wippmotten (Rundstirnmotten, Glyphipterygidae), weltweit verbreitete Fam. kleiner, durchschnittl. 12 mm spannender Schmetterlinge mit rd. 25 Arten in M-Europa; Flügel oft metall. glänzend gefleckt; meist tagaktiv; wippen z.T. im Sitzen mit den Flügeln.

Wirbel (Spondyli [Einzahl: Spondylus], Vertebrae), die im Verlauf der Individual- und Stammesentwicklung die ↑Chorda dorsalis verdrängenden und ersetzenden knorpeligen und knöchernen Einheiten, aus denen sich die ↑Wirbelsäule der Wirbeltiere (einschl. Mensch) zusammensetzt. Beim Menschen haben alle W. (mit Ausnahme der ersten beiden Hals-W. Atlas und Axis) die gleiche Grundform. Jeder W. besteht aus dem Wirbelkörper, dem Wirbelbogen, einem Dornfortsatz, zwei Querfortsätzen und zwei oberen und unteren Gelenkfortsätzen. Die Gesamtheit der W.-löcher bildet den Rückenmarkskanal. Je zwei W.bogen bilden Zwischenwirbellöcher, durch die die Rückenmarksnerven austreten. In den Zwischenwirbellöchern liegen auch die Spinalganglien. Die W.körper und die Querfortsätze der Brust-W. tragen Gelenkflächen für die Rippen; sie sind für die Atembewegungen von Bedeutung. Die nach hinten abwärts gerichteten Dornfortsätze sind als gratförmige Erhebungen zu tasten („Rückgrat“). Die Kreuzbein-W. *(Sakralwirbel)* sind zum Kreuzbein verwachsen und mit dem Beckengürtel verbunden. Die Form der Dornfortsätze, die Stellung der W.gelenke und damit auch deren Beweglichkeit je nach Ausmaß und Richtung sind innerhalb der verschiedenen Abschnitte der W.säule verschieden. - Die Beweglichkeit der W.körper wird u.a. auch durch die Zwischenwirbel- oder Bandscheiben gewährleistet. Sie liegen zw. den W.körpern und tragen die volle Last.

Wirbellose (wirbellose Tiere, niedere Tiere, Invertebrata, Evertebrata), i.w.S. alle tier. Organismen ohne Wirbelsäule (also einschl. Einzeller), i.e.S. Sammelbez. für alle Vielzeller ohne Wirbelsäule. Den W. fehlt i.d.R. ein Innenskelett, dagegen ist oft ein Außenskelett ausgebildet, das durch seine Schwere einen begrenzenden Faktor hinsichtl. der Körpergröße darstellt. W. sind meist kleiner

Kleiner Winterling

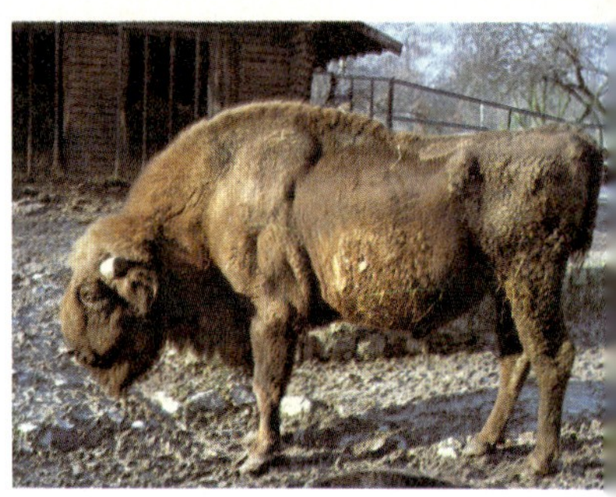

Wisent

als Wirbeltiere. Die W. sind meist einfach organisiert (z. B. Schwämme, Hohltiere, Plattwürmer, Ringelwürmer); die am höchsten entwickelten W. sind die Kopffüßer, Spinnen und Insekten. Die zu den Chordatieren zählenden Manteltiere und Schädellosen leiten zu den Wirbeltieren über. Die W. umfassen 95% aller bekannten Tierarten. Die wichtigsten Stämme der Wirbellosen sind: Nesseltiere, Plattwürmer, Schlauchwürmer, Ringelwürmer, Weichtiere, Gliederfüßer und Stachelhäuter.

Wirbelsäule (Rückgrat, Columna vertebralis, Spina dorsalis), knorpelige oder (meist) knöcherne dorsale Achse des Skeletts der Wirbeltiere, die den Schädel trägt und (soweit ausgebildet) mit einem Schultergürtel (indirekt) und einem Beckengürtel in Verbindung steht. Die W. setzt sich zus. aus gelenkig und durch Bänder und Muskeln miteinander verbundenen ↑Wirbeln (beim Menschen 33–34 [wovon 5 Wirbel zum einheitl. Kreuzbein verschmolzen sind]) sowie aus (zwischengeschalteten) knorpeligen ↑Bandscheiben. Die Neuralbögen (obere Knochenfortsätze) der Wirbel bilden zus. den Wirbelkanal (Canalis vertebralis), in dem das Rückenmark verläuft. Bei den höheren Wirbeltieren kann die W. in verschiedene Abschnitte gegliedert werden: Hals-W., Brust-W., Lenden-W., Kreuzbein und Schwanz-W. Die W. ist der individual- und stammesentwicklungsgeschichtl. Nachfolger der ↑Chorda dorsalis. - Die W. des Menschen ist in der Seitenansicht doppelt s-förmig gekrümmt und besteht aus 7 Hals-, 12 Brust-, 5 Lenden-, 5 Kreuzbein- und 4–5 Steißbeinwirbeln.

Wirbeltiere (Vertebraten, Vertebrata), Unterstamm der ↑Chordatiere mit bilateralsymmetrischem, in Kopf, Rumpf und Schwanz (soweit vorhanden) gegliedertem Körper und meist verknöchertem Innenskelett mit charakterist. ↑Wirbelsäule, die die embryonal stets vorhandene Chorda dorsalis ersetzt, sowie mit knorpeligem oder knöchernem Schädel. Die W. besitzen urspr. zwei Paar Gliedmaßen (Ausnahme: Rundmäuler), die bei wasserlebenden W. meist als Flossen entwickelt, bei Landbewohnern sehr verschiedenartig ausgebildet, gelegentlich stark umgestaltet (z. B. zu Flügeln), manchmal auch weitgehend oder vollständig rückgebildet sind (z. B. bei Schlangen). Das Gehirn ist deutl. vom übrigen Nervensystem abgegliedert und wie die Sinnesorgane (soweit nicht rückgebildet) hoch entwickelt. Die Epidermis ist mehrschichtig. Das Blut (mit Ausnahme der Eisfische) enthält stets rote Blutkörperchen. W. sind fast immer getrenntgeschlechtlich. Je nach Fehlen oder Vorhandensein von Embryonalhüllen werden Anamnier (*niedere W.;* mit Fischen und Lurchen) und Amnioten (*höhere W.;* mit Reptilien, Vögeln und Säugetieren) unterschieden.

Wirkstoffe, körpereigene oder -fremde Substanzen, die in biolog. Vorgänge eingreifen (und/oder als Arzneimittel wirken), z. B. Biokatalysatoren wie Enzyme, Hormone und Vitamine.

Wirsing [lombard., zu lat. viridia „grüne Gewächse"] (W.kohl, Savoyerkohl, Pörschkohl), Kulturvarietät des Gemüsekohls mit gekrausten, sich zu einem lockeren Kopf zusammenschließenden Blättern, die als Kochgemüse verwendet werden.

Wirt, in der Biologie ein Lebewesen, das einem bestimmten Parasiten als Lebensstätte dient und ihn ernährt. - ↑auch Wirtswechsel.

Wirtel (Quirl), in der *Botanik* Bez. für die Gesamtheit (mindestens zwei) der an einem Knoten der Sproßachse stehenden Laub- oder Blütenblätter.

Wirtswechsel, in der Biologie der bei vielen Parasiten regelmäßig mit Erreichen eines bestimmten Entwicklungsstadiums erfolgende Übergang von einem Wirtsorganismus *(Wirt)* auf einen anderen. Beim letzten Wirt *(Endwirt)* erreicht der Parasit seine Geschlechtsreife; alle vorausgehenden Wirte, bei denen die Jugendstadien parasitieren, heißen *Zwischenwirte.*

Wisent (Bison bonasus), urspr. in Eu-

Polarwolf

ropa, Asien und N-Afrika v.a. in Wäldern weit verbreitete Rinderart; sehr groß und kräftig gebaut, Höchstgewicht 1 000 kg, Länge 3,1 bis 3,5 m, Schulterhöhe bis 2 m (Schulterregion auffallend erhöht); Färbung dunkelbraun, Kopf und Vorderkörper lang wollig behaart, Hinterkörper kurzhaarig; relativ kurze, aufgebogene Hörner bei ♂♂ und ♀♀; Pflanzenfresser; zu Beginn des 20. Jh. fast ausgerottet, heute wieder über 1 000 reinblütige Tiere, die gezüchtet wurden und z. T. wieder in freier Wildbahn leben.

Wisteria [nach dem amerikan. Anatomen C. Wistar, * 1761, † 1818], svw. ↑Glyzine.

Wittling [niederdt.] ↑Dorsche.

Witwen (Viduinae), Unterfam. bis 15 cm langer Webervögel im trop. Afrika; Brutschmarotzer, die ihre Eier in den Nestern von Prachtfinken ablegen; ♂♂ zur Brutzeit prächtig gefärbt, im Ruhekleid sperlingsähnlich. - Zu den W. gehören u. a. Dominikanerwitwe und die **Paradieswitwe** (Steganura paradisaea); oberseits schwarz; mit ockergelbem Genickband und ebensolcher Brust; Körperlänge 15 cm; Schwanz bis 40 cm lang; in Savannen Afrikas südl. der Sahara.

Witwenblume, svw. ↑Knautie.

Wobble-Hypothese [engl. wɔbl; = schwanken, wackeln], 1966 von F. H. C. Crick aufgestellte Hypothese, nach der das Ausmaß der Degeneration des genetischen Codes hinsichtlich des Translationsvorganges geringer ist als die Annahme einer streng komplementären Basenpaarungsrate von 64 Codonen minus 3 Terminatorcodonen = 61 Codonen, weil die dritte Base eines Codons im Gegensatz zu den beiden anderen Basen jeweils mit mehreren Basen paaren kann, ohne daß die genetische Information verlorengeht. Das heißt, die ersten beiden Basen des Codons determinieren die einzubauende Aminosäure, die dritte, variable Basenpaarung bewirkt, daß eine Transfer-Ribonukleinsäure mehrere synonyme Codonen erkennen kann; statt 61 gibt es daher nur etwa 40 verschiedene Transfer-Ribonukleinsäuren.

Wohlverleih, svw. ↑Arnika.

Wolf (Canis lupus), in unterschiedl. Biotopen lebendes, früher in ganz Eurasien und N-Amerika weit verbreitetes Raubtier (Fam. Hundeartige), das heute durch weitgehende Ausrottung nur noch in Rückzugsgebieten vorkommt (größere W.bestände gibt es nur noch in den asiat. Teilen der UdSSR, in Alaska und Kanada); Größe und Färbung sind je nach Verbreitungsgebiet sehr unterschiedl., Länge rd. 100–140 cm, Schulterhöhe 65–90 cm. Schwanz etwa 30–50 cm lang, Höchstgewicht 75 kg (♂ größer und stärker als ♀); sehr geselliger, in Rudeln mit ausgeprägter Rangordnung lebender Hetzjäger, der auch große Beutetiere (bis zu Hirschgröße) zur Strecke bringt; Angriffe auf Menschen sind nicht einwandfrei nachgewiesen. Brunstzeit Ende Dezember bis April; nach einer Tragezeit von etwa 9 Wochen bringt das ♀ in einem selbstgegrabenen unterird. Bau 5–7 zunächst noch blinde Junge zur Welt. Man unterscheidet zahlr. Unterarten, darunter den **Rotwolf** (Canis lupus niger; in küstennahen, sumpfigen Prärien von O-Texas und Louisiana; Bestände stark bedroht), die **Timberwölfe** (einige große, schwarz gefärbte Unterarten in den nordamerikan. Wäldern) und den **Polarwolf** (Canis lupus tundrarum; große Unterart im äußersten NW N-Amerikas; mit dichtem, langhaarigem, fast weißem Fell).

Geschichte: Steinzeitl. Wandbilder deuten darauf hin, daß die Domestikation des W. zum Haushund spätestens im frühen Mesolithikum begann. In der Bibel wird von Überfällen durch W. auf [Schaf]herden berichtet.

Springwolfsmilch

Jesus warnt in seiner Bergpredigt vor falschen Propheten, die er als W. im Schafpelz bezeichnet. Bei den Griechen war der W. dem Apollon Lykeios, bei den Römern dem Mars heilig. Zu einem Wahrzeichen der Stadt Rom wurde die Kapitolin. Wölfin. Im Aberglauben des MA erschienen Zauberer, Hexen und auch Teufel als Wölfe. Eine beachtl. Rolle spielt seit Äsop der W. als Fabeltier.

📖 *Zimen, E.: Der W. Mythos u. Verhalten. Mchn. 1978. - Fox, M.: Vom W. zum Hund. Dt. Übers. Mchn. 1975. - Pimlott, D. H./Rutter, R. J.: The world of the wolf. Philadelphia (Pa.) 1968.*

Wolfsauge (Lycopsis), Gatt. der Rauhblattgewächse mit 3 Arten in Europa und W-Asien. Die einzige einheim. Art ist der auf Sandböden verbreitete *Ackerkrummhals* (Lycopsis arvensis), ein 20–40 cm hohes Kraut mit runzeligen, borstig behaarten, schmal lanzettförmigen Blättern und hellblauen, in Wickeln stehenden Blüten.

Wolfsbarsch, svw. ↑Seebarsch.

Wolfsfische, svw. ↑Seewölfe.

Wolfshund, volkstüml. Bez. für den ↑Deutschen Schäferhund.

◆ (Ir. W.) ir. Windhundrasse; bis 95 cm schulterhohe, rauhhaarige Hunde mit langem Windhundkopf; Fell grau, gelbl., rot, schwarz, weiß.

Wolfsmilch (Euphorbia), Gatt. der W.gewächse mit rd. 1 600 Arten, v. a. in den Tropen und Subtropen (v. a. in Afrika); Kräuter, Sträucher oder Bäume mit giftigem Milchsaft in ungegliederten Milchröhren. Die zu je einem Staub- bzw. Fruchtblatt reduzierten Blüten stehen in stark verkürzten, von Hochblättern umgebenen, daher Einzelblüten vortäuschenden Blütenständen. Viele Arten, v. a. afrikan., sind stammsukkulent und ähneln Kakteen. Bekannte Zierpflanzen sind ↑Christusdorn und ↑Weihnachtsstern. Von den 18 einheim. Arten sind häufig: **Gartenwolfsmilch** (Euphorbia peplus), Stengel 10–30 cm hoch, mit gestielten, eiförmig-rundl. Blättern und gelblichgrünen Blüten; Garten- und Ackerunkraut. **Sonnenwolfsmilch** (Euphorbia helioscopia), bis 40 cm hoch, mit keilförmigen bis verkehrt eiförmigen, vorn fein gesägten, am Stengel nach oben an Größe zunehmenden Blättern und Scheinblüten in fünfstrahliger, gelblichgrüner Scheindolde; Ackerunkraut. **Zypressenwolfsmilch** (Euphorbia cyparissias), 15–30 cm hoch, mit dünnen, hellgrünen, schmal-linealförmigen, bis 3 mm breiten Blättern; Hüllblätter der Teilblütenstände gelb bis rötl.; auf trockenen, sandigen Böden. **Springwolfsmilch** (Kreuzblättrige W., Euphorbia lathyris), bis 1,5 m hoch, mit gekreuzt-gegenständigen, schmalen Blättern und haselnußgroßen, knackend aufspringenden Kapselfrüchten; wird häufig in Gärten angepflanzt, da sie Wühlmäuse vertreiben soll. Im Sudan wächst die sukkulente, 6–10 m hohe **Kandelaberwolfsmilch** (Euphorbia candelabrum) mit kandelaberförmig verzweigten Ästen. - Abb. S. 287.

Wolfsmilchgewächse (Euphorbiengewächse, Euphorbiaceae), Fam. der Zweikeimblättrigen mit rd. 7 500 Arten in 290 Gatt., überwiegend in den Tropen und Subtropen; Bäume, Sträucher, Stauden oder einjährige Kräuter mit bisweilen giftigem Milchsaft; sehr vielgestaltige Pflanzen, oft sukkulent und kakteenähnl.; Blüten meist klein und eingeschlechtig, in zusammengesetzten Blütenständen. Wichtigste Gatt. sind Parakautschukbaum, Maniok, Rizinus, Wolfsmilch und Wunderstrauch.

Wolfsmilchschwärmer (Celerio euphorbiae), dämmerungsaktiver, 7–8 cm spannender Schmetterling (Fam. Schwärmer) in Eurasien und N-Afrika; Vorderflügel meist graugrün gefärbt, mit je einer olivgrünen Querbinde; Raupen bis 9 cm lang, überwiegend schwarzgrün mit roten Rückenstreifen und großen, gelben Seitenflecken, fressen an Wolfsmilcharten.

Wolfsspinnen (Lycosidae), mit rd. 1 500 Arten weltweit verbreitete Fam. bis 5 cm langer Spinnen, davon 65 Arten einheim.; z. T. in (mit Spinnfäden austapezierten) Erdröhren lebende Tiere, die keine Netze weben und ihre Beute im Sprung fangen. Zu den W. gehören u. a. die ↑Taranteln.

Wolfsspitz, sehr alte dt. Hunderasse; bis 50 cm schulterhohe Großspitze mit üppiger, wolfsgrauer Behaarung, Stehohren und Ringelrute.

Wollaffen (Lagothrix), Gatt. der Kapuzineraffenartigen mit zwei Arten bes. am oberen Amazonas; Körper rd. 50–70 cm lang, mit etwa körperlangem Greifschwanz; Fell sehr dicht, kurz und wollig, dunkel rötlichbraun bis grau oder schwärzl.; Gesicht fast unbehaart, schwärzl.; gesellige Baumbewohner. Die bekannteste Art ist der 50–70 cm lange **Graue Wollaffe** (Schieferaffe, Lagothrix lagotricha), Fell schwärzl.- bis bräunlichgrau.

Wolläuse, svw. ↑Schmierläuse.

Wollbaum, svw. ↑Kapokbaum.

Wollbaumgewächse (Baumwollbaumgewächse, Bombacaceae), Fam. der Zweikeimblättrigen mit rd. 200 Arten in 28 Gatt. in den Tropen, vorwiegend im trop. Amerika; Bäume mit oft dickem, wasserspeicherndem Stamm (Flaschenbäume), gefingerten oder ungeteilten Blättern und zuweilen großen Blüten. Wichtigste Gatt. sind: Affenbrotbaum, Balsabaum, Kapokbaum und Seidenwollbaum.

Wollbienen (Anthidium), v. a. auf der N-Halbkugel verbreitete Gatt. einzeln lebender Bienen mit rd. 10 etwa 0,6–1,8 cm langen, meist wespenartig schwarz und gelb gezeichneten einheim. Arten; Nest v. a. in Erdlöchern, Mauerspalten oder hohlen Pflanzenstengeln mit Zellen aus eingetragener „Pflanzenwolle".

Wollblume, svw. ↑Königskerze.

Wollgras (Eriophorum), Gatt. der Riedgräser mit 15 Arten in Torfmooren der nördl. gemäßigten Zone; ausdauernde, rasenbildende Kräuter mit meist stielrunden Blättern und in endständiger Ähre stehenden, vielblütigen Ährchen; Blütenhülle nach der Blüte in lange, weiße Haare auswachsend. Von den fünf einheim. Arten ist das bis 60 cm hohe *Schmalblättrige Wollgras* (Eriophorum angustifolium) am häufigsten.

Wollhaare (Flaumhaare), im Unterschied zu den ↑Deckhaaren kürzere, bes. dünne, weiche, i. d. R. gekräuselte, zur Erhaltung der Körperwärme meist dicht zusammenstehende und das Unterhaar bildende Haare des Haarkleids der Säugetiere.

Wollhandkrabbe (Chin. W., Eriocheir sinensis), nachtaktive, 8–9 cm breite, bräunl. Krabbe in Süßgewässern Chinas; auch in zahlr. dt. Flüsse verschleppt; mit einem Paar großer, bes. bei ♂♂ dicht behaarter Scheren; wandern zur Fortpflanzung ins Meer.

Wollkäfer (Lagriidae), mit rd. 2000 Arten weltweit verbreitete Fam. vorwiegend trop. Käfer; in M-Europa nur wenige Arten.

Wollmaki ↑Indris.

Wollmäuse ↑Chinchillas.

Wollmispel (Japanmispel, Loquat, Eriobotrya japonica), in China und Japan heim. Rosengewächs (Unterfam. Apfelgewächse) der rd. 25 Arten umfassenden Gatt. Eriobotrya; immergrüner Strauch oder kleiner Baum mit 20–25 cm langen, unterseits filzig behaarten Blättern und rosafarbenen, in Trauben stehenden Blüten. Die W. wird wegen ihrer wohlschmeckenden Sammelfrüchte *(Loquats)* in den Subtropen angebaut.

Wollnashorn ↑Nashörner.

Wollraupenspinner, svw. ↑Glucken.

Wollrückenspinner (Tethea), Gatt. der ↑Eulenspinner mit vier einheim. Arten, darunter der bis 35 mm spannende *Pappeleulenspinner* (OR-Eule, Tethea or): mit schwärzl. Querlinien und heller Zeichnung in Form der Buchstaben OR auf den grauen Vorderflügeln; Raupen blaßgrün mit gelbem Kopf, fressen an Blättern von Pappeln und Weiden.

Wollschweber (Hummelschweber, Hummelfliegen, Bombyliidae), mit rd. 3000 Arten weltweit verbreitete Fam. etwa 1–2,5 cm langer Zweiflügler, davon rd. 100 Arten in M-Europa; sehr schnelle Flieger, deren Körper oft durch starke pelzige Behaarung an Hummeln erinnert und vielfach düster gefärbt ist; manche Arten mit fast körperlangem Rüssel, mit dem die Insekten im Rüttelflug Nektar aus Blüten saugen.

Wollspinner, svw. ↑Trägspinner.

Wombats [austral.] (Plumpbeutler, Vombatidae), Fam. etwa 65–100 cm langer, plumper Beuteltiere mit zwei Arten in O- und S-Australien (einschl. Tasmanien); kurzbeinige, stummelschwänzige Bodenbewohner mit dickem Kopf und fünf kräftigen Krallen an jeder Extremität, mit denen sie weitverzweigte Erdbaue graben; Gebiß nagetierähnl., mit je zwei verlängerten, stetig nachwachsenden Schneidezähnen im Ober- und Unterkiefer. Die W. ernähren sich ausschließl. von Pflanzen (bes. Wurzeln). Bekannteste Art ist der bis 1 m lange **Nacktnasenwombat** (Vombatus ursinus) mit unbehaarter, schwarzer Nase. - Abb. S. 290.

World Wildlife Fund [engl. 'wəːld 'waildlaif 'fʌnd], Abk. WWF, 1961 gegr. unabhängige internat. Organisation (Sitz: Gland, Schweiz), die Naturschutzprojekte durchführt und sich um die Beschaffung von Mitteln für solche Projekte kümmert; arbeitet eng mit der International Union for Conservation of Nature and Natural Resources zusammen; heute gibt es (einschl. der BR Deutschland) rd. 25 (ebenfalls private) nat. WWF-Organisationen.

Wruke, svw. ↑Kohlrübe.

Wucherblume (Chrysanthemum), Gatt. der Korbblütler mit rd. 200 Arten auf der Nordhalbkugel und in S-Afrika, Hauptverbreitung im Mittelmeergebiet und in Vorderasien; einjährige oder ausdauernde Kräuter oder Halbsträucher, seltener Sträucher; Blütenköpfchen meist mit ♀ Zungenblüten und zwittrigen, röhrenförmigen Scheibenblüten, klein und in Doldentrauben angeordnet oder groß, einzelnstehend und langgestielt; Hüllblätter der Blütenköpfchen dachziegelartig angeordnet, an den Rändern trockenhäutig. Die bekanntesten der 6 einheim. Arten sind ↑Margerite und ↑Rainfarn. Zahlr. Arten und Sorten sind beliebte Garten- und Schnittpflanzen, u. a. die zahlr. Sorten der ↑Chrysanthemen.

Wuchsstoffe, gemeinsprachl. Sammelbez. für die ↑Pflanzenhormone.

Wühler (Cricetidae), mit Ausnahme von Australien weltweit verbreitete Fam. der Mäuseartigen mit rd. 600 Arten von etwa 10–60 cm Länge; Gestalt sehr unterschiedl.; Lebensweise überwiegend grabend; manche Arten zeigen zeitweise auffallende Massenvermehrung. Zu den W. gehören z. B. ↑Neuweltmäuse, ↑Blindmulle, ↑Madagaskarratten, ↑Rennmäuse, ↑Wühlmäuse und ↑Hamster.

Wühlmäuse (Microtinae), Unterfam. meist plumper, kurzschwänziger ↑Wühler mit über 100 Arten in Eurasien, N-Afrika sowie N- und M-Amerika; Körper 10–40 cm lang, mit stumpfer Schnauze. Die W. graben unterird. Gangsysteme, in die sie für den Winter pflanzl. Vorräte eintragen und so häufig schädl. werden. Zu den W. gehören z. B. ↑Feldmaus, ↑Erdmaus, ↑Schermaus, ↑Bisamratte, ↑Lemminge, ↑Mullemminge.

Wulstlinge (Amanita), Gatt. der Lamellenpilze (Klasse Ständerpilze) mit rd. 60 Arten (in M-Europa 27 Arten); junger Fruchtkörper mit becherförmiger Stielscheide (Volva), deren Reste beim ausgewachsenen Pilz oft auf dem Hut als Hautfetzen oder Schuppen, am Stielgrund als Scheide oder am Stiel als Ring zurückbleiben; Sporen meist weiß, Lamellen freistehend, hell; viele bekannte Gift- und Speisepilze wie ↑ Knollenblätterpilz, ↑ Fliegenpilz, ↑ Pantherpilz, ↑ Perlpilz.

Wunderbaum ↑ Rizinus.

Wunderblume (Mirabilis), Gatt. der W.gewächse mit rd. 60 Arten in Amerika und einer Art im westl. Himalaja und in SW-China; Kräuter mit meist in Trugdolden stehenden Blüten mit schmal trichterförmiger oder glockiger Blütenhülle in verschiedenen Farben. Die bekannteste, in M-Europa einjährig kultivierte Art ist die in Mexiko heim. **Echte Wunderblume** (Mirabilis jalapa), eine 60–100 cm hohe Staude mit zu 3–6 zusammenstehenden, trichterförmigen, nur für eine Nacht geöffneten Blüten.

Wunderblumengewächse (Nyctaginaceae), Familie der Zweikeimblättrigen mit rd. 300 v. a. trop. Arten in 30 Gatt., v. a. verbreitet in Amerika; meist Bäume und Sträucher mit ungeteilten, ganzrandigen, gegenständigen Blättern; Blütenstände vielgestaltig, Blüten oft mit blumenblattähnl. Hochblättern; wichtigste Gatt. sind ↑ Wunderblume und ↑ Bougainvillea.

Wunderstrauch, (Quisqualis) Gatt. der Langfadengewächse mit 17 Arten in den Tropen der Alten Welt und in S-Afrika. Die bekannteste Art ist *Quisqualis indica*, ein mit Hilfe der nach dem Laubfall stehenbleibenden, zu Dornen umgewandelten Blattstiele kletternder Strauch mit duftenden, in Ähren stehenden, beim Aufblühen weißen, beim Verblühen dunkelroten Blüten.

◆ (Codiaeum) Gatt. der Wolfsmilchgewächse mit 14 Arten im trop. Asien und in Ozeanien; Bäume oder Sträucher mit ledrigen, oft bunten Blättern; Blattspreite zuweilen spiralig gedreht. Die wichtigste, auf Sumatra heim. Art ist *Codiaeum variegatum*, ein 2,5 m hoher Strauch mit stets unsymmetr. Blättern. Dessen zahlr. im Handel als *Croton* bezeichnete Zuchtsorten mit gelappten oder bandförmigen, leuchtend gefärbten Blättern sind beliebte Zimmerpflanzen.

Wundklee (Anthyllis), Gatt. der Schmetterlingsblütler mit über 50 Arten in Europa, Vorderasien und N-Afrika. Die wichtigste, sehr formenreiche Art ist der **Gelbe Klee** (Gemeiner W., Anthyllis vulneraria), ein ausdauerndes oder zweijähriges, 6–60 cm hohes Kraut mit aufrechten, niederliegenden oder aufsteigenden Stengeln, einfachen oder unpaarig gefiederten Blättern (Endfieder meist viel größer als die übrigen Fiedern) und gelben oder roten Blüten in köpfchenförmigen Blütenständen; Futterpflanze.

Wurf, bei Tieren, die gewöhnl. Mehrlinge zur Welt bringen (z. B. Haushund und Hauskatze), die Gesamtheit der nach einer Trächtigkeitsperiode geborenen (geworfenen) Jungen.

Würfelbein (Kuboid, Os cuboideum), etwa würfelförmiger, den vierten und fünften Mittelfußknochen tragender Fußwurzelknochen des Menschen (auch anderer Säuger).

Würgadler (Morphnus guianensis), bis 80 cm langer, über 1,5 m spannender, adlerartiger Greifvogel in Z- und S-Amerika; oberseits dunkel- und hellgrau, mit aufrichtbarer Haube; am Bauch weißl.; jagt Leguane, Vögel und kleinere Affen.

Würger (Laniidae), Fam. bis 30 cm langer, gut fliegender, häufig ihre Beute (vorwiegend Insekten, kleine Wirbeltiere) auf Dornen oder Ästen aufspießender Singvögel mit fast 75 Arten, v. a. in offenen Landschaften Afrikas, Eurasiens und N-Amerikas; Oberschnabelspitze häufig hakig nach unten gekrümmt, dahinter mit kräftigem Hornzahn, der in eine entsprechende Auskerbung des Unter-

Wunderstrauch. Codiaeum variegatum

Nacktnasenwombat

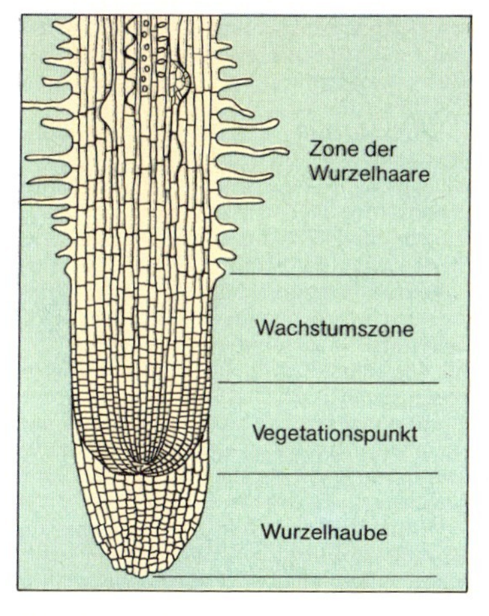

Wurzelspitze der Gerste

schnabels paßt. In Europa kommen u. a. vor: ↑Neuntöter; **Rotkopfwürger** (Lanius senator), bis knapp über 15 cm lang, oberseits überwiegend schwarz, unterseits weißl., mit rostbraunem Oberkopf und Nacken, großen, weißen Flügelflecken und weißem Bürzel; ♀ unscheinbar braun.

Würgereflex, v. a. durch Berühren der Rachenhinterwand reflektor. ausgelöstes Würgen (Rachenreflex), z. B. bei willentl. herbeigeführtem Erbrechen.

Würmer (Vermes), volkstüml. Sammelbez. für langgestreckte, bilateralsymmetr. Wirbellose sehr verschiedener, untereinander nicht näher verwandter systemat. Kategorien, z. B. ↑Plattwürmer, ↑Schlauchwürmer, ↑Schnurwürmer, ↑Ringelwürmer.

Wundklee. Gelber Klee

Wurmfarn (Dryopteris), Gatt. der Tüpfelfarngewächse mit rd. 150 v. a. auf der Nordhalbkugel verbreiteten, meist terrestr. Arten, davon sieben Arten einheimisch. Eine in Laub- und Nadelwäldern des gemäßigten Eurasiens häufige Art ist der **Gemeine Wurmfarn** (Dryopteris filix-mas) mit sommergrünen, einfach gefiederten, 0,5–1,5 m langen Blättern und hellbraun beschuppten Blattstielen. Aus dem Wurzelstock wurde früher ein giftiges Farnextrakt als Bandwurmmittel hergestellt.

Wurmfortsatz ↑Blinddarm.

Wurmschlangen (Schlankblindschlangen, Leptotyphlopidae), Fam. etwa 15–30 cm langer, primitiver Schlangen mit rd. 40 Arten, v. a. in Afrika; Körper glatt, walzenförmig; ernähren sich vorwiegend von Ameisen und Termiten.

Wurmschleichen, svw. ↑Doppelschleichen.

Wurmschnecken (Vermetidae), Fam. auf dem Untergrund festgewachsener Meeresschnecken (Unterklasse Vorderkiemer); Gehäuse weitspiralig bis unregelmäßig gewunden, vom Untergrund aufragend; als Nahrung werden Kleinstlebewesen herbeigestrudelt oder in einem feinen „Schleimnetz" aus Fußdrüsensekret gefangen. In europ. Meeren kommt am häufigsten die **Mittelländ. Wurmschnecke** (Serpulorbis arenaria) vor, mit braunem, bis zu 10 cm aufragendem Gehäuse.

Wurmzüngler, svw. ↑Chamäleons.

Wurstkraut ↑Majoran.

Wurzel, neben ↑Sproßachse und ↑Blatt eines der drei Grundorgane der Sproßpflanzen, das der Verankerung im Boden und der Aufnahme von Wasser und darin gelöster Nährsalze dient. Auch können W. wie die Sproßachse und die Blätter Reservestoffe speichern. Der morpholog. Unterschied zw. W. und Sproß besteht darin, daß W. keine Blatt- und Knospenanlagen ausbilden. Der anatom. Unterschied beruht auf der zentralen

Gemeiner Wurmfarn

Anordnung der ↑Leitbündel. An der noch wachsenden W. können schon äußerl. drei Zonen unterschieden werden: der an der W.spitze liegende Vegetationspunkt, die sich anschließende Wachstumszone und die darauf folgende Zone der W.haare: Der *Vegetationspunkt* hat zum Schutz für die zarten embryonalen Zellen eine W.haube (Kalyptra) ausgebildet. Die äußeren Zellen der Haube lösen sich nach Verschleimung der Mittellamellen ab, werden aber immer wieder vom Urmeristem nachgebildet. Die verschleimten, abgestoßenen Zellen erleichtern der W. das Weiterkriechen im Boden. Die *Wachstumszone* beginnt an der Basis des Vegetationskegels (↑Vegetationspunkt). In ihr erfolgt die Umwandlung der jungen Zellen in Dauerzellen bei einem gleichzeitigen Streckungswachstum. Die Wachstumszone geht über in die Zone der *Wurzelhaare*. Diese sind Ausstülpungen der Rhizodermis, die den W. die Wasser- und Nährsalzaufnahme erleichtern. Sie vergrößern die Oberfläche. Die W.haare leben nur wenige Tage und werden immer wieder nachgebildet.
Innerer Bau der Wurzel: Die jungen W.teile werden nach außen durch eine dünne Epidermis (Rhizodermis) begrenzt. Ebenso wie die W.haare stirbt die Rhizodermis bald ab. Dafür bildet sich nun ein sekundäres Abschlußgewebe, die ↑Exodermis. Das restl. Gewebe wird in Rinde (mit ↑Endodermis) und Zentralzylinder eingeteilt. Die äußerste Zellschicht des Zentralzylinders ist das Perikambium oder der *Perizykel*. Es bildet nachträgl. neue Zellen, die Seiten-W. sowie ein sekundäres Abschlußgewebe beim sekundären ↑Dickenwachstum aus. Die Leitungsbahnen sind im Zentralzylinder als zentrales, radiales ↑Leitbündel angeordnet. Die Seiten-W. bilden mit der *Hauptwurzel* ein W.system.
Die *Wasseraufnahme* erfolgt durch W.haare. Das osmot. in sie eindringende Wasser gelangt durch das zw. den Zellen des Zentralzylinders und der Rhizodermis bestehende, durch den Sog des Transpirationsstroms aufrechterhaltene osmot. Gefälle bis zur Endodermis, deren Zellen durch *Caspary-Streifen* (ein für wasserlösl. Stoffe durch Einlagerung korkähnl. Substanzen schwer durchlässiger Mittelstreifen) gegen ein unkontrolliertes Eindringen von Wasser und Ionen geschützt sind. Am Sproß ausgebildete W. heißen sproßbürtig. Gehören sproßbürtige W. zum normalen Entwicklungsverlauf, bezeichnet man sie als Nebenwurzeln. Werden Neben-W. künstl. erzeugt, nennt man sie Adventivwurzeln.
🕮 *Böhm, W.: Methods of studying root systems. Bln. u. a. 1979.*

Wurzelbohrer (Hepialidae), mit rd. 400 Arten weltweit verbreitete, primitive Fam. bis über 20 cm spannender, oft bunter Schmetterlinge vorwiegend in der austral. Region; einheim. sieben etwa 3–6 cm spannende (meist unscheinbar gelbl., braune oder weiße) Arten; Saugrüssel stark rückgebildet; Raupen fressen oft in Wurzeln, können an Kulturpflanzen schädl. werden (z. B. ↑Hopfenmotte).

Wurzeldruck, Bez. für den Druck, unter dem das Wasser aus den lebenden Wurzelzellen aktiv in den Gefäßteil (Xylem) der Pflanze gepreßt wird. Der W. ist die Ursache für das Bluten verletzter Pflanzenteile. Die Stärke des W. erreicht etwa 1 bar (bei Birken bis 2 bar).

Wurzelfliegen (Phorbia), Gatt. 5–7 mm langer, schwärzl. bis grauer Blumenfliegen mit zahlr. Arten, v. a. auf der N-Halbkugel; Larven bes. in organ. gedüngten, feuchten Böden, gehören zu den gefährlichsten landw. Schädlingen durch Fraß an keimenden Samen und Keimlingen zahlr. Kulturpflanzen. Zu den W. gehören u. a. Zwiebelfliege, Kohlfliege, Rübenfliege.

Wurzelfüßer (Rhizopoda), Stamm vorwiegend freilebender ↑Protozoen mit zahlr. Arten in Süß- und Meeresgewässern sowie in feuchten Lebensräumen an Land; mit oder ohne Gehäuse; bewegen sich mit ↑Scheinfüßchen fort, die auch dem Nahrungserwerb dienen; Zellkörper wenig differenziert, ohne Zellmund. Die Fortpflanzung erfolgt überwiegend ungeschlechtl. durch Zwei- oder Mehrfachteilung. Man unterscheidet vier Klassen: ↑Amöben, ↑Foraminiferen, ↑Sonnentierchen und ↑Strahlentierchen.

Wurzelhaut (Zahn-W.) ↑Zähne.

Wurzelknöllchen, durch Eindringen stickstoffbindender Bakterien (↑Knöllchenbakterien) an den Wurzeln der Schmetterlingsblütler, Erlenarten und des Echten Sanddorns hervorgerufene hirse- bis erbsengroße Wucherungen.

Wurzelmilbe (Kartoffelmilbe, Rhizoglyphus echinopus), 0,5–1 mm langes Spinnentier (Ordnung Milben) mit kurzen, dicken, stark bedornten Beinen; schädl. an Blumenknollen, Zwiebeln und Kartoffeln.

Wurzelmundquallen (Rhizostomae), Ordnung oft großer Nesseltiere (Klasse ↑Scyphozoa) mit rd. 80 Arten in allen Meeren, v. a. der trop. und subtrop. Gebiete; Schirmdurchmesser bis 80 cm, Schirmrand ohne Tentakel, Mundarme relativ lang, teilweise oder völlig gekräuselt, bis auf zahlr. Poren und Röhren (durch die als Nahrung Plankton aufgenommen wird) miteinander verwachsen. Hierher gehört z. B. die im Mittelmeer vorkommende **Lungenqualle** (Rhizostoma pulmo, Schirm gelbl. bis blau, mit dunkelblauem Saum; Durchmesser 30–60 cm).

Wurzelpflanzen (Rhizophyten), seltenere Bez. für die (echte Wurzeln besitzenden) Sproßpflanzen, im Ggs. zu den (nur wurzelähnl. Haftorgane [Rhizoide] ausbildenden) Lagerpflanzen.

Wurzelratten (Rhizomyidae), Fam. der Mäuseartigen mit fast 20 Arten in offenen Landschaften, Bambusdickichten und Wäldern SO-Asiens und O-Afrikas; Körper 15–45 cm lang, plump, mit kurzen Gliedmaßen und sehr kleinen Augen und Ohren; Nagezähne sehr groß. W. haben eine unterird. grabende Lebensweise.

Wurzelstock, svw. ↑Rhizom.

Wüstenfuchs, svw. Fennek (↑Füchse).

Wüstengecko ↑Geckos.

Wüstenläufer, svw. ↑Rennvögel.

Wüstenmäuse, svw. ↑Rennmäuse.

Wüstenrenner (Eremias), artenreiche Gatt. bis 22 cm langer Eidechsen, v. a. in Steppen und Wüsten Asiens und Afrikas; Körper grün bis braun mit auffälligen dunklen, weißkernigen Flecken oder mit schwärzl. Netzmuster. Viele Arten können bei Gefahr schnell laufen.

Wüstenspringmäuse ↑Springmäuse.

Wüstenteufel, svw. ↑Dornteufel.

WWF, Abk. für: ↑World Wildlife Fund.

Xanthophyll [griech.] (Lutein, Blattgelb), gelber bis bräunl. Naturfarbstoff (Karotinoid), der zus. mit Chlorophyll in allen grünen Teilen der Samen- und Farnpflanzen sowie in zahlr. Algen vorkommt.

X-Chromatin, svw. ↑Geschlechtschromatin.

X-Chromosom ↑Chromosomen.

Xenien [griech.], durch Kreuzen zweier Pflanzenarten derselben Gatt. oder zweier Varietäten derselben Art erzielte Bastardformen, v. a. bei Samen und Früchten.

Xeranthemum [griech.], svw. ↑Papierblume.

xeromorph [griech.], an Trockenheit angepaßt; in der Botanik von Pflanzen mit bes. morpholog. und physiolog. Anpassungen an trockene Standorte gesagt.

Xerophyten [griech.], Pflanzen mit bes. morpholog. und physiolog. Anpassungen an Standorte mit zeitweiligem (z. B. in sommertrockenen oder winterkalten Gebieten) oder dauerndem Wassermangel (z. B. in Wüsten). Um den Wasserverlust durch die Transpiration einzuschränken, haben X. bes. Schutzeinrichtungen, z. B. verdickte Epidermis, Ausbildung von Wachs- und Harzüberzügen. Die Spaltöffnungen werden verkleinert und versenkt oder mit Haaren überzogen. Der wirksamste Transpirationsschutz ist die Verkleinerung der transpirierenden Oberflächen (z. B. Blattabwurf zu Beginn der Trockenzeit). Auch eine Verzwergung (Nanismus) der ganzen Pflanzen kommt vor. Mit einer Verkleinerung der Blattoberfläche nimmt auch die Assimilation ab. Um diesen Verlust auszugleichen, besitzen auch die Sproßachsen Assimilationsgewebe. Viele X. (z. B. ↑Sukkulenten) schränken nicht nur die Transpiration ein, sondern speichern außerdem während der kurzen Regenzeiten Wasser für die längeren Trockenzeiten. Typ. X. sind u. a. die ↑Hartlaubgewächse.

Xylem [zu griech. xýlon „Holz"], svw. Gefäßteil (↑Leitbündel).

Xylophagen [griech.] (Holzfresser, Lignivoren), zur Gruppe der Pflanzenfresser zählende Tiere (v. a. Insektenlarven), die an bzw. in Holz leben und sich von Holz ernähren.

Yak (eine Rinderart) ↑Jak.

Yalow, Rosalyn [engl. 'jɛɪloʊ], * New York 19. Juli 1921, amerikan. Physikerin und Nuklearmedizinerin. - Prof. an der Mount Sinai School of Medicine in New York. In Zusammenarbeit mit dem amerikan. Mediziner S. A. Berson (* 1918, † 1972) hat sie eine Indikatormethode entwickelt zur Bestimmung der (nur in geringsten Mengen im Körper auftretenden) Peptidhormone über deren Antikörper bzw. über die entsprechende Antigen-Antikörper-Reaktion (sog. Radioimmunoassay). Hierfür erhielt sie 1977 den Nobelpreis für Physiologie oder Medizin (zus. mit R. Guillemin und A. Schally).

Yams ↑Jamswurzel.

Y-Chromosom ↑Chromosomen.

Yerbabaum [span., zu lat. herba „Gras"], svw. ↑Matepflanze.

Yerkes, Robert Mearns [engl. 'jə:ki:z], * Breadysville (Pa.) 26. Mai 1876, † New Haven (Conn.) 3. Febr. 1956, amerikan. Psychologe und Verhaltensforscher. - Prof. an der Harvard University und an der Yale University. Y. befaßte sich bes. mit Intelligenzuntersuchungen (sowohl bei Tieren als auch bei Menschen); gründete 1929 die Yale Laboratories of primate biology (heute *Y. Laboratories*) in Orange Park (Fla.), die zu einem Forschungszentrum für die neurobiolog. und physiolog. Grundlagen des Verhaltens wurden.

Yersinia [nach dem schweizer. Tropenarzt A. Yersin, * 1863, † 1943], Gatt. gramnegativer, kurzstäbchenförmiger, z.T. unbegeißelter Bakterien (Fam. Brucellaceae) mit tier- und menschenpathogenen Arten (z.B. Erreger der Pest und der Pseudotuberkulose).

Yeti [nepales.] ↑Schneemensch.

Ylang-Ylang-Baum ['i:laŋ'i:laŋ; malai.] (Ilang-Ilang-Baum, Canangabaum, Cananga odorata), Annonengewächs der vier Arten umfassenden Gatt. *Cananga* in S- und SO-Asien; kleiner Baum oder Strauch mit großen, wohlriechenden, zu 2–4 in den Blattachseln stehenden Blüten, die Ylang-Ylang-Öl für die Parfümindustrie liefern.

Yohimbinbaum (Yohimbebaum), Bez. für zwei Gatt. der Rötegewächse: *Corynanthe* (mit neun Arten) im trop. Afrika und *Pausinystalia* (mit sechs Arten) im trop. W-Afrika.

Yoldia [nach dem span. Grafen A. d'Aguirre de Yoldi, * 1764, † 1852], seit dem Eozän bekannte Gatt. primitiver Muscheln, v.a. in sandigen Küstenregionen aller Meere; sich in den Untergrund eingrabende Tiere mit langen Siphonen; z.B. *Yoldia arctica* in nord. Meeren; Leitform für einen nacheiszeitl. Abschnitt der Ostsee.

Young, Thomas [engl. jʌŋ], * Milverton (Somerset) 13. Juni 1773, † London 10. Mai 1829, brit. Naturwissenschaftler. - Y. ging bei seinen opt. Untersuchungen vorwiegend von mechan. bzw. akust. Überlegungen aus. Er erklärte die Akkommodation des Auges richtig und stellte die Hypothese des Dreifarbensehens auf.

Ypsiloneule ↑Eulenfalter.

Ysop ['i:zɔp; semit.-griech.] (Isop, Josefskraut, Hyssopus), Gatt. der Lippenblütler mit der einzigen, vom Mittelmeergebiet bis zum Altai verbreiteten Art *Hyssopus officinalis;* 20–70 cm hoher Halbstrauch mit aufsteigenden Stengeln, derben, längl. Blättern und meist dunkelblauen Blüten in dichten, endständigen Scheinähren. Der Y. wurde früher als Heil- und Gewürzpflanze kultiviert.

Z

Zackelschaf, in zahlr. Schlägen auf Gebirgsweiden in SO-Europa und S-Rußland verbreitete Rasse mischwolliger Landschafe mit 20–35 cm langer, grober Wolle.

Zackenbarsche (Sägebarsche, Serranidae), überwiegend in trop. und warmen Meeren weit verbreitete Fam. meist räuber. lebender Barschfische mit über 500 rd. 3–300 cm langen, gestreckten, seitl. mehr oder minder zusammengedrückten Arten; Mundöffnung groß; Rückenflosse sägeartig gestaltet; Kiemendeckel mit ein bis zwei Dornen oder Stacheln. - Zu den Z. gehören u.a. Seebarsch, Judenfische und der **Schwarze Sägebarsch** (Centropristis striatus) an der amerikan. Küste des Nordatlantiks, bei dem (nach etwa 5 Jahren) eine teilweise Geschlechtsumwandlung vom ♀ zum ♂ eintritt.

Zackenhirsch (Barasingha, Cervus duvauceli), etwa 1,8 m langer, bis 1,1 m schulterhoher Echthirsch, v.a. in sumpfigen Gebieten N- und Z-Indiens sowie Thailands; im Sommer auf goldbraunem Grund hell gefleckte, im Winter einheitl. dunkel- bis schwarzbraune Tiere, deren ♂♂ ein bis über 1 m langes, vielendiges, leierartig geschwungenes Geweih tragen; Klauen spreizbar; Bestände bedroht.

Zackenmuscheln, svw. ↑Riesenmuscheln.

Zähmung, Sammelbez. für alle Maßnahmen, die geeignet sind, wildlebende Tiere an den Menschen zu gewöhnen (insbes. Aufzucht von jung auf, auch Prägung auf den Menschen). Die Z. ist eine der wichtigsten Bedingungen für die Dressur und für die Domestikation.

Zahn ↑Zähne.

Zahnarme (Edentata), Ordnung sehr primitiver Säugetiere in S- bis N-Amerika; Zähne entweder vollständig fehlend (Ameisenbären) oder bis auf wenige rückgebildet (Faultiere), ledigl. bei Gürteltieren in großer Anzahl vorhanden, aber sehr klein; einzige rezente Unterordnung: ↑Nebengelenker.

Zahnbein (Dentin, Substantia eburnea), der sehr feste, i. d. R. zum einen Teil von Zahnschmelz, zum anderen von Zahnzement überzogene Hauptbestandteil der Zähne der Wirbeltiere (einschließl. Mensch). Das Z. der Zähne mancher Tiere wird auch als Elfenbein bezeichnet.

Zahnbrasse (Dentex), Gatt. der Meerbrassen (↑Brassen) mit der einzigen, bis 1 m langen und maximal 10 kg schweren Art *Dentex dentex;* vorwiegend andere Fische fressender Raubfisch im Mittelmeer und O-Atlantik; mit goldrotem Kopf, kleinen, leuchtend blauen Flecken auf dem meist blaugrauen Rücken und häufig vier breiten, dunkelgrauen Querbinden an den rötlichsilbernen Körperseiten; Speisefisch.

Zähne (Dentes; Einz.: Dens), in der Mundhöhle der meisten Wirbeltiere und des Menschen vorhandene harte Gebilde, die in ihrer Gesamtheit das Gebiß bilden. Sie dienen dem Ergreifen, Anschneiden, Zerreißen und Zermahlen der Nahrung. Die Ausbildungsform des Gebisses und der einzelnen Z. entspricht der jeweiligen Aufgabe. Das Gebiß kann spezialisiert sein auf das ausschließl. Ergreifen der Beute (*Greifgebiß;* z. B. bei Robben), das Abrupfen der Nahrung (*Rupfgebiß;* z. B. bei Kühen), Nagen (*Nagegebiß;* z. B. bei Nagetieren), Quetschen (*Quetschgebiß;* z. B. bei Flußpferden), Knochenbrechen, Schneiden und Reißen (*Brechscherengebiß;* bei Raubtieren), Zerkauen der Nahrung (*Kaugebiß;* z. B. bei Affen, beim Menschen). Verschiedene wirbellose Tiere und viele Knochenfische haben zahnartige Hartgebilde im Schlund *(Schlundzähne)*, die zugespitzt oder hakenförmig (z. B. bei Karpfenfischen) oder flach sein können.

Das Gebiß kann in einer *Zahnformel* dargestellt werden, z. B. beim Menschen:

	I	C	P	M
Oberkiefer	2	1	2	3
Unterkiefer	2	1	2	3

(I = Inzisivi [Schneide-Z.], C = Kanini [Eck-Z.], P = Prämolaren [Vorbacken-Z.], M = Molaren [Backen-Z.]).

Äußerl. gliedern sich die Z. in die aus dem Zahnfleisch ragende **Zahnkrone** (Krone), den im Zahnfleisch sitzenden **Zahnhals** und die im **Zahnfach** (Alveole) des Kieferknochens verankerte **Zahnwurzel.** An der Wurzelspitze liegt die Öffnung zum Wurzelkanal, in dem Gefäße und Nerven zur Zahnhöhle (Pulpahöhle) verlaufen, um dort zus. mit lockerem Bindegewebe und Zahnbeinzellen die Zahnpulpa (Pulpa, Zahnmark; umgangssprachl. „Zahnnerv") zu bilden. - Der Kern des Zahns besteht aus lebendem, knochenähnl. ↑Zahnbein. Die Wurzel ist außen von einer dünnen Schicht geflechtartiger Knochensubstanz, dem *Zahnzement*, umgeben, von dem aus Kollagenfasern der bindegewebigen, gefäß- und nervenreichen *Wurzelhaut* zum Zahnfach des Kiefers ziehen und den Zahnhalteapparat bilden. Die Krone ist von Zahnschmelz, der härtesten Substanz des Körpers überhaupt, dünn überzogen. Am Zahnhals stoßen Zahnzement und Zahnschmelz aneinander.

Zähne. Links: obere Hälfte des bleibenden Gebisses; rechts: Bau und Verankerung eines Schneidezahns

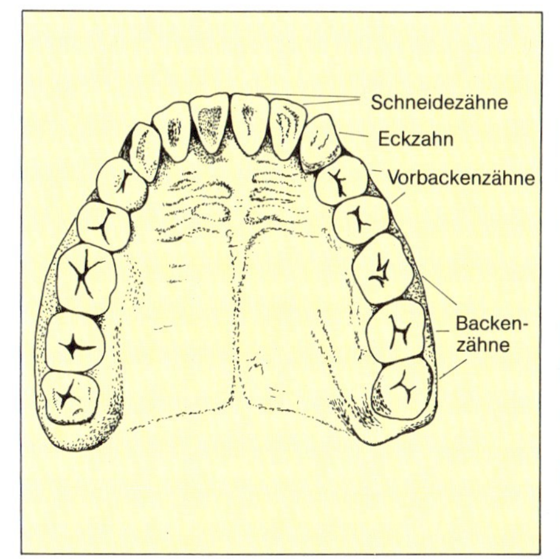

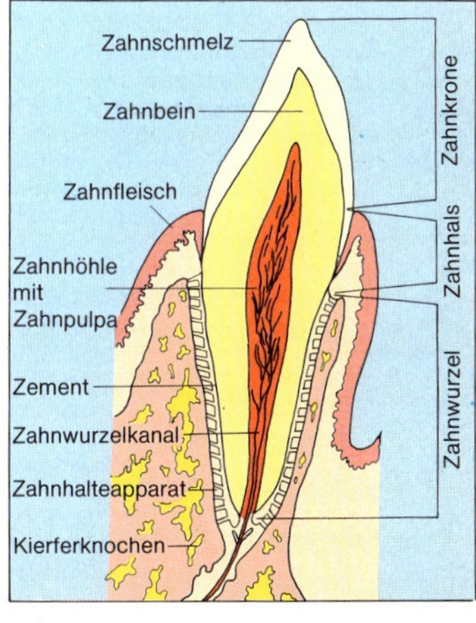

Die *Zähne des Menschen* bilden in Ober- und Unterkiefer je einen Zahnbogen. In jeder Hälfte liegen vorn 2 Schneidezähne, 1 Eckzahn, 2 Vorbackenzähne und 3 Backenzähne, insgesamt also 32 Zähne im bleibenden Gebiß. Dem Milchgebiß fehlen die Backenzähne, so daß es nur aus 20 Zähnen besteht. Die **Schneidezähne** (Inzisivi) besitzen eine scharfe Schneidkante zum Abbeißen der Nahrung. Sie haben eine langgezogen-dreieckige Form und nur eine Wurzel. - Die **Eckzähne** (Kanini) stehen bei den Tieren mehr oder weniger stark vor. Sie sind durch eine sehr lange Wurzel im Kiefer verankert und sind meist vorn zugespitzt. - Die **Vorbackenzähne** (Vormahlzähne, Prämolaren) zerkleinern die Nahrung mit ihrer beim Menschen zweihöckrigen Krone. Die unteren sind mit einer, die oberen mit zwei Wurzeln im Kiefer befestigt. - Die **Backenzähne** (Mahlzähne, Molaren) zermahlen mit ihrer beim Menschen vierhöckrigen Krone die Nahrung. Die oberen Mahlzähne haben drei, die unteren zwei Wurzeln. Spitzhökkerige Vorbacken- oder Backenzähne, die bei Raubtieren dem Zerteilen der Beute dienen, nennt man *Reißzähne.* Die hintersten (dritten) Backenzähne (**Weisheitszähne**) des Menschen werden erst im 4. oder 5. Lebensjahr angelegt. Ihr Durchbruch (der ausbleiben kann) erfolgt nach dem 16. Lebensjahr. Ihre Form, v.a. in bezug auf die Wurzeln, variiert oft stark. Die meisten Säuger bekommen zweimal Zähne. Zuerst erscheint das noch unvollständige Milchgebiß. Zum **Zahnwechsel** werden die relativ kleinen Milchzähne von der Wurzel her abgebaut, während darunter die Z. des bleibenden Gebisses heranwachsen. Diese lokkern den noch vorhandenen, hauptsächl. nur noch aus der Krone bestehenden Rest der Milchzähne so weit, daß sie ausfallen.

Die Schneidezähne des Oberkiefers greifen bei normalem Gebiß etwas über die des Unterkiefers. Die Höcker der Kauflächen der oberen Backenzähne kommen vor die Höcker der unteren zu liegen.

Zur **Zahnentwicklung** senkt sich beim Menschen im 2. Embryonalmonat im Ober- und Unterkiefer je eine bogenförmige Zahnleiste (Schmelzleiste) ins Bindegewebe. Diese Zahnleiste wölbt sich an zehn Stellen zu glockenförmigen sog. Schmelzorganen (Schmelzglocken) auf, die innen wie eine Negativform die Gestalt der späteren Zahnkrone annehmen. Von unten her wächst embryonales Bindegewebe mit Nerven und Blutgefäßen (Pulpa) in die Schmelzorgane ein. Im vierten Monat bildet die Pulpa Zahnbein und Zahnzement. Das innere Epithel der Schmelzorgane sondert den Zahnschmelz ab.

🕮 *Schumacher, G. H./Schmidt, Hans: Anatomie u. Biochemie der Z. Stg. [3]1983. - Kraus, B./Jordan, R. E.: The human dentition before birth. Philadelphia (Pa.) 1965. - Peyer, B.: Die Z. Ihr Ursprung, ihre Gesch. u. ihre Aufgabe. Bln. u.a. 1963. - Meyer, Wilhelm: Lehrb. der normalen Histologie u. Entwicklungsgesch. der Z. des Menschen. Mchn. [2]1951.*

Zahnfleisch (Gingiva), an Blut- und Lymphgefäßen bes. reicher, drüsenloser Teil der Mundschleimhaut, der die Knochenränder der Kiefer überzieht und sich eng dem Zahnhals der Zähne anlegt.

Zahnkarpfen (Zahnkärpflinge, Cyprinodontoidei), artenreiche, v.a. in Süßgewässern, in Salinen oder warmen Quellen der Tropen und Subtropen (ausgenommen austral. Region) verbreitete Unterordnung der Knochenfische, von denen einige Arten in die gemäßigten Regionen vorgedrungen sind; meist kleine Tiere von hecht- bis karpfenähnl. Gestalt, von denen viele prächtig gefärbt sind (beliebte Warmwasseraquarienfische). Von den sieben Fam. sind am wichtigsten Lebendgebärende Zahnkarpfen und Eierlegende Zahnkarpfen.

Zahnlilie, svw. ↑Hundszahn.

Zahnschmelz (Schmelz, [Zahn]email, Enamelum, Substantia vitrea, Substantia adamantina), von den ↑Adamantoblasten gebildete, dünne, glänzende, außerordentl. harte (härteste Körpersubstanz; entspricht der Mohshärte 5), das Zahnbein der Zahnkrone der Zähne der Amnioten (auch des Menschen) sowie einzelner Amphibien vollständig oder einseitig überziehende, nicht regenerationsfähige, unempfindl. Schicht.

Zahnspinner (Notodontidae), mit über 2000 Arten weltweit verbreitete Fam. meist mittelgroßer Schmetterlinge (darunter rd. 35 Arten einheim.); Vorderflügel bei vielen Arten mit einem aus langen Haarschuppen bestehenden Fortsatz am Hinterrand, der bei der dachförmigen Ruhehaltung der Flügel als aufrechter „Zahn" nach oben ragt. - Zu den Z. gehören z.B. ↑Mondvogel, ↑Gabelschwänze.

Zahnwachteln (Odontophorini), Gattungsgruppe wachtel- bis rebhuhngroßer Feldhühner mit über 30 Arten in offenen und geschlossenen Landschaften der USA, M- und S-Amerikas (bis N-Argentinien); meist gedrungen gebaute Bodenvögel mit kurzem Schnabel und Hornzähnen an der Unterschnabelspitze; Kopf mit Federhaube, die oft sichelförmig verlängert sein kann; brüten in Bodennestern. Zu den Z. gehören Schopfwachteln, Baumwachteln und Zahnhühner.

Zahnwale (Odontoceti), vielgestaltige Unterordnung der Wale mit rd. 80 Arten von etwa 1–18 m Länge (♂♂ größer als ♀♀); überwiegend im Meer, teilweise nahezu weltweit verbreitet, einige Arten im Süßwasser (↑Flußdelphine); Schädel asymmetr.; Nasenlöcher zu einer unpaaren Öffnung verschmolzen; Geruchssinn völlig reduziert; Zähne meist stark vermehrt, von gleichartig kegelförmiger Gestalt; Gehirn hochentwickelt, ungewöhnl. leistungsfähig; Körper meist torpedoförmig, schlank. Z. sind schnelle Schwimmer und recht gesellig. Sie verfügen über ein umfangreiches Lautrepertoire. - Zu den Z. gehören u. a. ↑ Delphine, ↑ Schnabelwale, ↑ Schweinswale, ↑ Gründelwale und ↑ Pottwale.

Zahnwechsel ↑ Zähne.

Zährte (Rußnase, Blaunase, Näsling, Halbfisch, Vimba vimba), meist 20–30 cm langer, schlanker Karpfenfisch, v. a. im Unterlauf größerer Flüsse, die in die östl. Nordsee, die Ostsee sowie ins Schwarze und Kasp. Meer münden; grau mit helleren Körperseiten, zur Laichzeit schwarz mit orangefarbener Bauchseite; Schnauze nasenartig verlängert; Speisefisch.

Zäkotrophie [lat./griech.], die Aufnahme von proteinhaltigem, mit Vitaminen bakterieller Herkunft angereichertem Blinddarmkot (↑ Blinddarm) bei Hasen und Nagetieren; lebensnotwendig zur Vitaminversorgung.

Zäkum [zu lat. caecus „blind"], svw. ↑ Blinddarm.

Zander (Hechtbarsch, Stizostedion lucioperca), meist 40–50 cm langer, schlanker, räuber. lebender Barsch in Süß- und Brackgewässern M-, N- und O-Europas sowie W-Asiens; Rückenflosse in Vorder- und Hinterflosse aufgeteilt, Ober- und Körperseiten graugrün bis bleigrau mit meist dunklen Querbinden; Speisefisch.

Zanthoxylum (Xanthoxylum) [griech.], Gatt. der Rautengewächse mit rd. 15 Arten in O-Asien und N-Amerika; sommergrüne Bäume oder Sträucher mit bestachelten Zweigen, unpaarig gefiederten oder dreizähligen, aromat. duftenden Blättern und eingeschlechtigen, unscheinbaren, gelbgrünen Blüten. Die pfefferartig schmeckenden Samen der ostasiat. Arten *Z. piperitum* und *Z. simulans* sind als *jap. Pfeffer* bekannt und werden als Gewürz verwendet.

Zäpfchen, svw. Gaumenzäpfchen (↑ Gaumensegel).

Zapfen (Sehzapfen) ↑ Auge.
◆ ↑ Blütenstand.

Zaubernuß (Hamamelis), Gatt. der Z.gewächse mit 8 Arten, verbreitet vom östl. N-Amerika bis Mexiko und in O-Asien; sommergrüne Sträucher oder kleine Bäume mit asymmetr., fast runden, gezähnten Blättern und gelben, in Büscheln stehenden Blüten, die nach dem Blattfall im Herbst oder im Spätwinter vor dem erneuten Austrieb der Blätter erscheinen. Neben zahlr. als Gartenziersträucher verwendeten Arten und Sorten ist v. a. die *Virgin. Zaubernuß* (Hamamelis virginiana) aus dem östl. N-Amerika wirtschaftl. wichtig. Der Extrakt aus ihrer Rinde ist Bestandteil von Arzneimitteln und Kosmetikpräparaten.

Zaubernußgewächse (Hamamelidaceae), Fam. der Zweikeimblättrigen mit über 100 Arten in 26 Gatt. v. a. in Ostasien; Bäume oder Sträucher mit einfachen Blättern und in Köpfchen, Ähren oder Trauben stehenden Blüten. Bekannte Gatt. sind ↑ Amberbaum, ↑ Zaubernuß.

Zaunkönige (Troglodytidae), Fam. etwa 10–20 cm langer Singvögel mit rd. 60 Arten, v. a. in unterholzreichen Wäldern und Dickichten Amerikas (eine Art auch in Eurasien); meist oberseits auf braunem Grund hell gezeichnete, unterseits blaß gefärbte Vögel, die mit ihrem schlanken, spitzen Schnabel bes. Insekten und Spinnen fangen; Flügel kurz, abgerundet; in Europa, NW-Afrika, S- und O-Asien sowie in N-Amerika der *Europ. Zaunkönig* (Troglodytes troglodytes): rd. 10 cm lang; mit kurzem, bei Erregung steil aufgestelltem Schwanz; brütet in einem großen, häufig in Spalten und Höhlungen versteckten Kugelnest. - Abb. S. 298.

Zaunleguane ↑ Stachelleguane.

Zaunrübe (Bryonia), Gatt. der Kürbisgewächse mit 10 Arten in Europa, im Mittelmeergebiet und in W-Asien. Zwei Arten sind einheim.: die *Rotbeerige Zaunrübe* (Gichtrübe, Teufelsrübe, Zweihäusige Z., Bryonia dioica; mit rankenden 2–3 m langen Sprossen, gelblichgrünen Blüten und scharlachroten Beerenfrüchten; an Wegrändern und Hecken, v. a. im südl. und westl. Teil Deutschlands) und die in NO-Deutschland an Wegrändern vorkommende *Schwarzbeerige Zaunrübe* (Weiße Z., Bryonia alba), eine bis 3 m hohe, ausdauernde, einhäusige Kletterpflanze mit grünlichweißen Blüten und schwarzen, giftigen Beerenfrüchten.

Zaunwinde (Gemeine Z., Calystegia sepium), einheim. Art der Gatt. ↑ Bärwinde; eine häufig vorkommende, bis 3 m hohe, windende Staude mit langgestielten, dreieckigen Blättern und großen, weißen, selten rosafarbenen Blüten.

Zea [griech.], svw. ↑ Mais.

Zeatin [griech.], zu den Zytokininen gehörendes Pflanzenhormon; wurde als erstes natürl. vorkommendes Zytokinin im Mais entdeckt.

Zebra (Tigerpferd) ↑ Zebras.

Zebraducker ↑ Ducker.

Zebrafink (Taeniopygia guttata), etwa 10 cm langer Singvogel (Unterfam. Prachtfinken) im Grasland Australiens und der Kleinen Sundainseln; beliebter Stubenvogel, der in vielen Farbrassen gezüchtet wird.

Zebramanguste ↑ Mangusten.

Zebras [afrikan.-portugies., eigtl. „Wildesel"] (Tigerpferde), Gruppe wildlebender, auf weißl. bis hellbraunem Grund dunkel bis schwarz quergestreifter Pferde mit vier Arten in Savannen Afrikas südl. der Sahara; meist in großen Herden lebende Unpaarhufer mit aufrechtstehender Nackenmähne, relativ großen Ohren und einem nur an der hinteren Hälfte behaarten Schwanz. Außer dem ausgerotteten ↑ Quagga kennt man noch drei weitere (rezente) Arten: 1. *Bergzebra* (Equus zebra): in gebirgigen Gebieten S-Afrikas; kleinwüch-

Europäischer Zaunkönig

Chapmanzebras

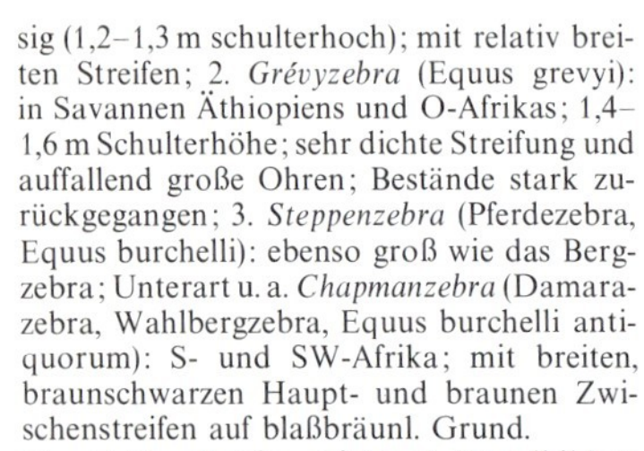

Zebu

sig (1,2–1,3 m schulterhoch); mit relativ breiten Streifen; 2. *Grévyzebra* (Equus grevyi): in Savannen Äthiopiens und O-Afrikas; 1,4–1,6 m Schulterhöhe; sehr dichte Streifung und auffallend große Ohren; Bestände stark zurückgegangen; 3. *Steppenzebra* (Pferdezebra, Equus burchelli): ebenso groß wie das Bergzebra; Unterart u. a. *Chapmanzebra* (Damarazebra, Wahlbergzebra, Equus burchelli antiquorum): S- und SW-Afrika; mit breiten, braunschwarzen Haupt- und braunen Zwischenstreifen auf blaßbräunl. Grund.
Geschichte: Bereits auf ägypt. Wandbildern sind pferdeartige Tiere abgebildet, die wegen ihrer auffallenden Streifung als Z. gedeutet werden. Seit dem späten Pleistozän begannen sich die Z. in den Steppen O- und S-Afrikas in mehrere Arten und Unterarten aufzuspalten.

Zebraspinne, svw. Harlekinspinne (↑Mauerspinnen).

Zebroide [afrikan.-portugies./griech.], Bez. für Bastarde aus Kreuzungen zw. Zebras und Pferden *(Pferde-Z.)*, Eseln *(Esel-Z.)* oder Halbeseln. Die Z. vereinigen Merkmale beider Eltern, besitzen meist eine deutl. ausgeprägte Streifung und sind mitunter auch fortpflanzungsfähig. Sehr scheu, kaum zähmbar.

Zebu [frz.] (Buckelrind, Buckelochse, Bos indicus), in vielen einfarbigen und gescheckten Farbschlägen gezüchtetes Hausrind mit auffallendem buckelartigem Schulterhöcker (ein mächtig entwickelter Muskel); sehr früh in S-Asien domestizierte Form des Auerochsen, heute zahlr. Zuchtrassen bes. in Asien.

Zecken (Ixodidae), mit zahlr. Arten weltweit verbreitete Gruppe mittelgroßer bis sehr großer Milben; flache, derbhäutige, an Reptilien und Warmblütern blutsaugende Ektoparasiten, deren Hinterleib beim Saugen stark anschwillt. Z. fallen, wenn sie vollgesogen sind, von ihrem Wirt ab. Sie befallen meist in jedem Entwicklungsstadium eine andere Wirtsart. Durch den Stich der Z. können auf Mensch und Haustiere (bes. Rinder, Schafe) gefährl. Krankheiten übertragen werden (z. B. Gallenfieber, Küstenfieber, Rickettsiosen, Texasfieber). - Man unterscheidet zwei Fam.: Schildzecken und Lederzecken.

Zeder [griech.-lat.] (Cedrus), Gatt. der Kieferngewächse mit vier Arten in den Gebirgen N-Afrikas und Vorderasiens; hohe, immergrüne Bäume mit unregelmäßig ausgebreiteter Krone und dunkelgrauer, an jungen Bäumen glatter, an älteren Bäumen rissigschuppiger Borke; Nadeln 3–6 Jahre bleibend, an Langtrieben spiralig angeordnet, an Kurztrieben in dichten Büscheln, steif; Zapfen aufrecht, eiförmig bis zylindr., bei der Reife zerfallend; u. a. **Atlaszeder** (Cedrus atlantica), bis 40 m hoch, in den Gebirgen N-Afrikas. **Himalajazeder** (Cedrus deodara), bis 50 m hoch, im Himalaja. **Libanonzeder** (Echte Z., Cedrus libani), bis 40 m hoch, im östl. Kleinasien und im Libanon. **Cedrus brevifolia,** ähnl. der Libanon-Z., auf Zypern.

Zedrachbaum [pers./dt.] (Melia), Gatt. der Zedrachgewächse mit rd. 10 Arten im subtrop. und trop. Asien und in Australien; sommergrüne oder halbimmergrüne Bäume oder Sträucher mit doppelt gefiederten Blättern und in großen, meist achselständigen Rispen stehenden Blüten. Die wichtigste, aus dem Himalaja stammende Art ist *Melia azeda-*

rach; sie ist seit alters als Zier- und Straßenbaum in Kultur und wird in China und Indien sowie in S- und M-Amerika bei Aufforstungen verwendet.

Zedrachgewächse [pers./dt.] (Meliaceae), Fam. der Zweikeimblättrigen mit rd. 1 400 Arten in rd. 50 Gatt., v. a. in den Tropen; Bäume, Sträucher oder Halbsträucher mit meist einfach, aber auch doppelt gefiederten Blättern und kleinen Blüten in Rispen, Trauben oder Dolden. Zahlr. Arten liefern wertvolle Nutzhölzer. Bekannte Gatt. sind ↑Surenbaum, ↑Zedrachbaum und ↑Zedrele.

Zedrele (Cedrela) [griech.-lat.], Gatt. der Zedrachgewächse mit sieben Arten in den Tropen der Neuen Welt. Die wichtigste Art ist die **Wohlriechende Zedrele** (Cedrela odorata) auf den Antillen und in Guayana; das rote aromat. riechende Holz wird oft als Zigarrenkistenholz verwendet.

Zehen (Digiti), urspr. in Fünfzahl vorhandene, bewegl., in kurze Röhrenknochen als Skelettelemente gegliederte Endabschnitte der Gliedmaßen der vierfüßigen Wirbeltiere; beim Menschen und den übrigen Primaten wird von Z. nur im Zusammenahng mit den unteren bzw. hinteren Extremitäten gesprochen. Beim Menschen entsprechen die Z. den Fingern. Die zweigliedrige erste Zehe wird als *große Zehe* (Großzehe, Hallux), die dreigliedrige fünfte Zehe als *kleine Zehe* (Kleinzehe, Digitus minimus) bezeichnet. Die zweiten bis vierten Z. sind beim Menschen ebenfalls dreigliedrig.

Zehengänger (Digitigrada), Säugetiere, die im Unterschied zu den Sohlengängern (↑plantigrad) mit der Ventralfläche ihrer Zehen auftreten, z. B. viele Raubtiere wie Hunde und Katzen.

Himalajazeder

Zehennagel ↑Nagel.

Zehnarmer (Zehnfüßer, Zehnarmige Tintenschnecken, Decabrachia), mit zahlr. Arten in allen Meeren verbreitete Ordnung kleiner bis sehr großer (einschl. Fangarme 1 cm bis maximal 20 m messender) Kopffüßer; haben im Unterschied zu den Achtarmigen Tintenschnecken (↑Kraken) meist zehn Fangarme (acht kürzere und zwei lange). Zu den Z. gehören u. a. ↑Sepien und ↑Kalmare.

Zehnfußkrebse (Dekapoden, Decapoda), weltweit verbreitete Ordnung der Höheren Krebse mit rd. 8 500, bis etwa 60 cm langen Arten, vorwiegend im Meer; vordere drei Beinpaare des Thorax zu Kieferfüßen (Nahrungsaufnahme) differenziert; die folgenden fünf Paare sind Schreitbeine, von denen das vorderste Paar bei fast allen Arten Scheren trägt. Die Abdominalbeine sind weniggliedrige, fast funktionslose ↑Spaltfüße. Die Entwicklung der Z. erfolgt häufig über typ. Larvenstadien. Als Nahrungsmittel sind Z. auch für den Menschen von großer Bed. - Die Z. gliedern sich in die vier Unterordnungen Garnelen, Panzerkrebse, Mittelkrebse und Krabben.

Zehrwespen, (Proctotrupoidea) mit rd. 4 000 Arten weltweit verbreitete Überfam. etwa 0,5–10 mm langer Hautflügler (Gruppe Legwespen); überwiegend schwarze Insekten, deren ♀♀ zur Eiablage mit Hilfe eines langen, an der Hinterleibsspitze entspringenden Legebohrers Eier, Larven oder Puppen anderer Insekten anstechen, in denen sich dann ihre Larven endoparasit. entwickeln.

◆ svw. ↑Erzwespen.

Zeiland ↑Seidelbast.

Zeisige [tschech.], zusammenfassende Bez. für mehrere Arten (aus unterschiedl. Gatt.) der Finkenvögel in geschlossenen und offenen Landschaften Eurasiens sowie N- und S-Amerikas; kleine, häufig in Schwärmen umherziehende Singvögel, von denen in M-Europa neben dem Birkenzeisig (↑Hänflinge) v. a.

Erlenzeisig

der **Erlenzeisig** (Zeisig i.e.S., Carduelis spinus) vorkommt: 11 cm lang; bewohnt bes. Nadelwälder N-, M- und O-Europas sowie O-Asiens; ♂ oberseits vorwiegend grünl. mit schwarzem Scheitel, unterseits gelb (Brust) und weiß (Bauch), mit schwarzem Kehlfleck; ♀ unscheinbarer gezeichnet.

Zeitgedächtnis, svw. ↑physiologische Uhr.

Zeitlose (Colchicum), Gatt. der Liliengewächse mit rd. 60 Arten, verbreitet von Europa bis Z-Asien und in N-Afrika; Knollenpflanzen mit einzelnstehenden, lilafarbenen, rötl. oder weißen (nur bei einer Art gelben) Blüten auf sehr kurzem Schaft und nach der Blüte erscheinenden, grundständigen, linealförmigen Blättern. Zahlr. Arten sind Gartenzierpflanzen. Die einzige einheim. Art ist die **Herbstzeitlose** (Wiesensafran, Colchicum autumnale), auf feuchten Wiesen und Auwäldern; Blüten hell lilarosa, krokusähnl.; Blütezeit im Herbst; enthält das giftige Alkaloid Kolchizin.

Zeitschwelle, (absolute Z.) kleinster zeitl. Abstand zw. zwei Reizen, der es gerade noch erlaubt, diese als zwei unverschmolzene Reize wahrzunehmen; bei akust. Reizen etwa 0,002 Sekunden, bei opt. Reizen 0,01–0,04 Sekunden.

◆ (relative Z., Unterschiedsschwelle) kleinster Unterschied zw. zwei durch Reize abgesteckten Zeitstrecken, der es eben noch gestattet, diese als unterschiedl. lang wahrzunehmen.

Zeitsinn, svw. ↑physiologische Uhr.

Zellatmung ↑Atmung.

Zelle [zu lat. cella „Vorratskammer, Gefängniszelle"] (Cellula), kleinste eigenständig lebensfähige und daher über einen eigenen Energie- und Stoffwechsel verfügende, Grundeinheit aller Lebewesen von den Einzellern bis zum Menschen. Spezielle Funktionen der Z. sind an bestimmte Zellstrukturen gebunden. Man unterscheidet prinzipiell zwei Zelltypen: die Protozyten der Prokaryonten (u.a. Bakterien, Blaualgen) und die Euzyten der Eukaryonten (alle übrigen Organismen). Die *Protozyten* sind sehr viel einfacher gebaut als die Euzyten. Ihre Größe liegt zw. 0,2 µm und 10 µm. Ihr Protoplasma ist von einer ↑Zellmembran begrenzt und von einer ↑Zellwand umgeben. Sie enthalten nur sehr wenig zytoplasmat. Membranen. Stets fehlen Zellkern (Nukleus), Mitochondrien, Plastiden, endoplasmat. Retikulum, Golgi-Apparat und Lysosomen. Die DNS liegt in einem besonderen, Nukleoid genannten Bereich der Zelle. - *Euzyten* sind meist größer als Protozyten (8 µm Durchmesser beim menschl. roten Blutkörperchen, über 1 m Länge bei Nerven-Z. mit entsprechend langem Neuriten, mehrere Meter Länge bei pflanzl. Milchröhren; mittlerer Durchmesser der Euzyten 10–100 µm). Euzyten kommen ebenso als Einzeller wie auch in vielzelligen Organismen vor (der Mensch hat fast 10^{14} Euzyten). Sie sind ebenfalls von einer Zellmembran (Pflanzen-Z. zusätzl. von einer festen Zellwand) umgeben und enthalten in ihrem Protoplasma i.d.R. eine große Anzahl von Organellen (als bes. Reaktionsräume, Kompartimente) sowie Strukturelemente (u.a. Zellkern, Mitochondrien, Golgi-Apparat, endoplasmat. Retikulum, Ribosomen). Im einzelnen zeigen sich auch Unterschiede zw. tier. und pflanzl. Zellen.

Tierische Zelle: Die Z. der Tiere sind nur von der dünnen Zellmembran begrenzt, die das Protoplasma (↑Plasma) umschließt. Neben oft im Zellplasma eingeschlossenen Reservestoffen (z.B. Fetttröpfchen) und Fibrillen (in Muskelzellen) liegen im Protoplasma v.a. die verschiedenen Zellorganellen: Der Zellkern (↑Nukleus) nimmt meist eine zentrale Lage ein. Befindet sich der Kern nicht in Teilung, so sind die ↑Chromosomen als aufgelockertes Netzwerk erkennbar. Gegen das Zellplasma wird der Kern durch eine Doppelmembran abgegrenzt. Diese Kernmembran (Kernhülle) enthält Poren, durch die vermutl. die genet. Information über die Boten-RNS aus dem Kern zu den Ribosomen in der Z. gelangt. Die Chromosomen liegen im Kern eingebettet im Kernplasma (Karyoplasma). Außerdem findet man in jedem Interphasekern wenigstens ein Kernkörperchen (Nebenkern, Nukleolus). In der Nähe des Kerns befindet sich das Zentrosom (↑Zentriol), das bei der Zellteilung von großer Bed. ist. In enger Beziehung zum Zellkern bzw. zur (doppelten) Kernmembran steht das ↑endoplasmatische Retikulum mit den ↑Ribosomen. Vermutl. eng verknüpft mit dem endoplasmat. Retikulum ist der Golgi-Apparat (↑Golgi, Camillo). Die bestuntersuchten Organellen der Z. sind die ↑Mitochondrien. Weiterhin findet man in der Z. die ↑Lysosomen.

Pflanzliche Zelle: Der augenfälligste Unterschied zur tier. Z. ist das Vorhandensein einer aus 4 Schichten bestehenden ↑Zellwand (statt nur einer Zellmembran), die bei der ausgewachsenen Z. ein starres Gebilde darstellt und für das osmot. System der Pflanzen-Z. mit seinem beträchtl. Binnendruck ein Stabilisierungselement darstellt. Als weitere Besonderheit besitzt die differenzierte Pflanzen-Z. eine große, mit Zellsaft gefüllte Zellvakuole, die das Zytoplasma, d.h. den Protoplasten, an die Wand drückt. Dieser wird von zwei Zellmembranen begrenzt, zur Tertiärwand hin vom Plasmalemma, zur Vakuole hin vom Tonoplasten. Im Protoplasten findet man die gleichen Strukturen bzw. Organellen wie in der tier. Z., außerdem noch die ↑Plastiden in Form von Chloro-, Chromo- und Leukoplasten. - Die Wiss., die sich speziell mit der Z. befaßt, ist die *Zytologie*. - Abb. S. 302.

🕮 *Gunning, B. E./Steer, M. W.: Bildatlas zur Biologie der Pflanzenzelle. Stg. [3]1986.* -

Jahn, T./Lange, H.: Die Z. Freib. [2]1982. - Ude, J./Koch, M.: Die Z. Atlas der Ultrastruktur. Stg. 1982. - Die Z. Struktur u. Funktion. Hg. v. H. Metzner. Stg. [3]1981.

Zellfusion ↑Fusion.

Zellkern ↑Nukleus.

Zellkolonie (Zellverband, Zönobium, Coenobium), bei zahlr. Bakterien, Blaualgen und einzelligen Algen (seltener bei tier. Einzellern) vorkommender, oft artspezif. (zu Ketten, Platten oder [Hohl]kugeln) geformter Verband von Einzelzellen, die meist durch Gallerte miteinander verbunden sind und keine Arbeitsteilung aufweisen (d. h., jede Zelle stellt ein selbständiges Lebewesen dar). Die vegetative Fortpflanzung erfolgt entweder durch Zerteilung der Z., wobei die Bruchstücke durch Zellteilungen wieder zu vollständigen Z. ergänzt werden, oder durch Zerfall in die Einzelzellen.

Zellkonstanz, die obligator. z. B. bei Bärtierchen, Fadenwürmern und Rädertieren vorkommende ident. Anzahl der Körperzellen bei allen Individuen einer Art.

Zellkontakte (Junctions), bes. Verbindungen zw. den ↑Zellmembranen zweier benachbarter Zellen: Die sog. **Tight-junction** (Zonula occludens) ist eine sehr enge Verbindung, die den Interzellularraum abdichtet und somit eine Barriere für die Diffussion von Substanzen im Interzellularraum darstellt. - Die sog. **Gap-junction** (Nexus) ist ein mit Poren versehenes kleines Areal, das dem Molekültransport von einer Zelle in die andere dient. - ↑auch Synapse, ↑Plasmodesmen.

Zellmembran (Plasmamembran; bei Pflanzen auch: Plasmalemma), Bestandteil und äußere Begrenzung der ↑Zellen aller Organismen. Die Z. ist etwa 10 nm dick und wie alle übrigen biolog. Membranen nach dem Prinzip der aus zwei monomolekularen Lipoproteidschichten bestehenden **Elementarmembran** *(Unit membrane)* aufgebaut. Die Z. ist als Begrenzung der Zelle Vermittler zw. Zelle und Umwelt der Zelle und besitzt entsprechende Eigenschaften und Funktionen: 1. Sie ist semipermeabel, d. h. durchlässig für Wasser und kleine Moleküle, nicht aber für Ionen, Zucker und große Moleküle, wie u. a. Proteine. 2. Die Z. besitzt jedoch spezielle Transportsysteme *(Carrier-Proteine)* für ganz bestimmte Moleküle und Ionen, die die Zelle benötigt oder die aus der Zelle hinausgeschafft werden müssen (Glucosetransport, Na^+-K^+-Transport u. a.). 3. Die Z. besitzt Signalempfänger, d. h. Rezeptoren für Hormone und andere Signalmoleküle und -systeme, die die Signale in die Zelle hineinleiten. 4. Sie besitzt an ihrer äußeren Oberfläche Strukturen (meist Oligosaccharidseitenketten von Proteinen und Lipiden), die die Zelle als eine ganz bestimmte Zelle ausweisen und ihr entsprechende antigene Eigenschaften geben, die immunolog. von großer Bed. sind. 5. Die Z. besitzt ein Membranpotential von rd. 100 mV (innen negativ); durch kurzfristige Veränderungen solcher Membranpotentiale geschieht die Erregungsleitung an den Nervenzellen. 6. Die Z. kann zur Z. einer anderen Zelle bestimmte Zellkontakte (Junctions) herstellen. 7. Bei Prokaryonten enthält die Z. die Atmungskette und dient damit der Energiekonservierung, d. h. der Bildung von ATP über einen Protonengradienten. Bei den Zellen der Eukaryonten ist diese Funktion der inneren Membran der Mitochondrien vorbehalten.

Zellplasma ↑Plasma.

Zellteilung (Zytokinese), die Aufteilung einer lebenden Zelle in zwei neue, selbständige Zellen im Zuge einer Zellvermehrung bzw. Fortpflanzung. Man unterscheidet: 1. bei *Prokaryonten* (Bakterien und Blaualgen): Nach Verdoppelung der (nicht von einer Kernmembran umschlossenen) DNS und Trennung der beiden Tochter-DNS-Anteile wird zw. diesen ein Septum angelegt, das schließl. die Teilung der Zelle in zwei Tochterzellen bewirkt; 2. bei *Eukaryonten:* Die Z. setzt nach oder bereits während der Schlußphase einer Kernteilung ein. Bei der Kernteilung handelt es sich i. d. R. um eine ↑Mitose. Die meisten *tier. Zellen* teilen sich von einer äquatorialen Ringfurche aus durch eine einfache Durchschnürung. Bei den mit einer Zellwand ausgestatteten *pflanzl. Zellen* entsteht zunächst zw. den Tochterkernen senkrecht zur Teilungsebene eine Plasmadifferenzierung (Phragmoplast), in dem sich zahlr. Golgi-Vesikeln mit Zellwandmaterial ansammeln. Durch Verschmelzen dieser Vesikeln entstehen die beiden neuen Zellmembranen und dazwischen die Zellplatte als erste Wandanlage. - Eine bes. Teilungsform stellt die ↑Sprossung (z. B. bei Hefepilzen) dar. Im allg. folgt einer Z. eine Wachstumsperiode der neuen Zellen. Bei der Steuerung der Z. scheint das Verhältnis von Kerngröße und Zytoplasmamenge *(Kern-Plasma-Relation)* eine Rolle zu spielen. - ↑auch Amitose.

Zelltheorie, biolog. und medizin. Lehrmeinung, die besagt, daß Zellen (und nicht, wie man bis zum 19. Jh. glaubte, Fasern) die elementaren morpholog. Einheiten der - normalen oder patholog. - Lebensfunktionen sind.

zellulär [lat.] (zellig), aus Zellen aufgebaut, auf eine Zelle bezüglich, zellenförmig.

Zellulasen (Cellulasen) [lat.], die Zellulose zu D-Glucose hydrolysierende Enzyme (Carbohydrasen); kommen v. a. bei Pflanzen (einschließl. Bakterien und Pilzen) und Tieren vor; fehlen den Wirbeltieren.

Zellulose (Cellulose) [lat.], v. a. von Pflanzen neben der Hemi-Z. als wichtigster Bestandteil der Zellwand gebildetes Polysaccharid mit der allg. Formel $(C_6H_{10}O_5)_n$, dessen Kettenmoleküle aus mehreren hundert bis zehntausend 1,4-β-glykosid. gebundenen Glucoseresten bestehen.

Zellwand, vom Zytoplasma nach außen abgeschiedene (d. h. außerhalb der ↑Zellmembran liegende), starre, durch Appositionswachstum (↑Apposition) geschichtete Hülle pflanzl. Zellen. Sie gliedert sich von außen nach innen in 4 Schichten: 1. Die *Mittellamelle* besteht aus Pektinen und bildet sich bei der Zellteilung zw. den beiden Tochterzellen aus. - 2. Die *Primärwand*, in deren Grundsubstanz (Pektin und Hemizellulosen) Zellulosefäden (Mikrofibrillen) netzartig eingelagert sind (Streuungstextur), ist in jungem Zustand elast. und dehnbar und zeigt Wachstum durch Anlagerung von Lamellen von innen her. - 3. Auf eine dünne Übergangslamelle folgt die *Sekundärwand.* Diese kann z. B. in Festigungsgeweben durch starke Einlagerung von Zellulose (unter Einengung des Zellumens) bes. massiv werden, wobei mehrere Schichten mit Paralleltextur entstehen. Außerhalb der Primärwand kann sich bei Zellen der Pflanzenoberfläche durch Ausbildung einer Kutikula oder einer Korkschicht zusätzl. noch eine weitgehend zellulosefreie Wandschicht ausbilden. Die Anordnung der Mikrofibrillen in der Primär- und Sekundärwand wird als *Textur* bezeichnet. - 4. Abschließend nach innen folgt die *Tertiärwand,* die wiederum aus Pektin und Hemizellulosen besteht, chem. bes. resistent ist und eine eigene Textur aufweist. - ↑auch Inkrustierung.

Zellzyklus (Mitosezyklus), gesetzmäßiger, artspezif. Zyklus der eukaryont. Zellen: Auf die Zellteilung, die↑ Mitose **(Mitosephase, M-Phase)** folgt die Interphase. Sie beginnt mit der **präsynthet. Phase** (**G_1-Phase** [G. von engl. gap = Lücke]), in der die Zelle wächst und die Replikation des genet. Materials vorbereitet wird. Es schließt sich die DNS-Synthese- und -Reduplikationsphase **(S-Phase)** an, in der die gesamte DNS im Zellkern verdoppelt wird. Zw. der S-Phase und der nächsten Zellteilung (M-Phase) liegt bei allen Zellen obligatorisch noch eine weitere Phase, die **postsynthet. Phase (G_2-Phase),** die der weiteren Vorbereitung für die Zellteilung dient. Die im Zyklus variabelste Phase ist die G_1-Phase, in der sich auch alle die Zellen befinden, die sich nicht weiter teilen, sondern bestimmte Funktionen zu erfüllen haben (u. a. Leber-, Muskel- und Nervenzellen). Man bezeichnet diese Arbeitsphase dann als **G_0-Phase.**

Zentifolie [lat.] ↑Rose.

Zentralide, zum mongoliden Rassenkreis gehörende nordindianide Menschenrasse; von mittelhohem, untersetztem und grazilem Wuchs, mit kurzem Kopf, schmaler Stirn, breiter Nase, wenig vorstehenden Wangenbeinen, breitem Untergesicht und relativ dunkler Haut. Hauptverbreitungsgebiete der Z. (darunter die Azteken- und Mayastämme) sind der S der USA, Mexiko und das nördl. Z-Amerika.

Zentralnervensystem (zentrales Nervensystem), Abk. ZNS, durch Anhäufung von Ganglienzellen entstehende übergeordnete Teile des ↑Nervensystems, die einerseits ein ↑Gehirn, andererseits ein ↑Rückenmark (bei den Wirbeltieren einschl. Mensch) bzw. ein ↑Bauchmark (bei Ringelwürmern und Gliedertieren) bilden.

Zentriol [lat.] (Zentralkörperchen, Zentralkorn), meist nur elektronenmikroskop. nachweisbare Organelle, die in tier. Zellen paarig in der Nähe des Zellkerns vorkommt. Bei den höheren Pflanzen besitzen die Zellen kein Z., dafür ist bei ihnen eine Polkappe ausgebildet. Das Z. ist ein 0,3–0,5 µm langes, zylindr. Körperchen, das aus neun kreisför-

Zelle. Schematische Darstellung einer Protozyte (Bakterium; links) und einer Euzyte (junge Pflanzenzelle; rechts)

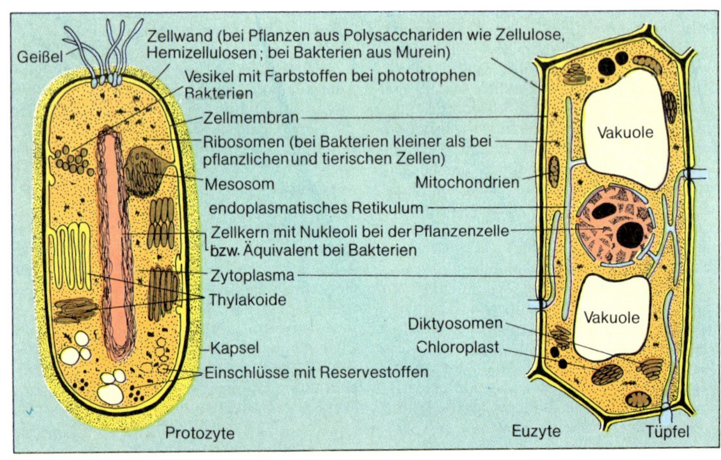

mig angeordneten, aus zwei oder (meist) drei ↑Mikrotubuli bestehenden Strukturen gebildet wird. Das Z. ist am Aufbau der Polstrahlen und der Kernspindel bei der Kernteilung (Mitose) beteiligt, nachdem sich in der Nähe seines einen Endes ein Tochter-Z. ausgebildet hat und die Z. dann polwärts gewandert sind.

Zentromer [griech.] (Kinetochor, Kin[et]omer, Kinetonema), Ansatzstelle der bei der Kernteilung sich ausbildenden Spindelfasern am Chromosom. - ↑auch Kernspindel.

Zeratiten ↑Ceratites.

Zerebellum, eindeutschende Schreibung für Cerebellum (Kleinhirn, ↑Gehirn).

zerebral [zu lat. cerebrum „Gehirn"], das Gehirn betreffend, zu ihm gehörend.

Zerebralganglion, svw. ↑Oberschlundganglion.

Zerebralisation [lat.] (Zerebration, Enzephalisation, Kephalisation), in der *Zoologie* die Ausbildung des ↑Gehirns im Verlauf der Stammesgeschichte der Tiere durch die Konzentration von Nervengewebe bzw. von Ganglien in der vorderen Körperregion im Zusammenhang mit einer Anhäufung von Sinnesorganen an einem immer deutlicher sich ausdifferenzierenden Kopf. Die Z. setzt ein bei den Strudel- und Ringelwürmern, den Muscheln und Schnecken.

◆ in der *Anthropologie* die progressive Entwicklung (Vergrößerung und Differenzierung) des Groß- und Kleinhirns im Verlauf der Evolution des Menschen.

Zerebroside (Cerebroside) [lat.], v. a. in der Gehirnsubstanz enthaltene, zu den Glykolipiden zählende fettähnl. Substanzen, bestehend aus Sphingosin, aus einer an die Aminogruppe des Sphingosins gebundenen Fettsäure und aus einem Zucker (meist Galaktose oder Glucose).

Zerebrospinalflüssigkeit, svw. ↑Gehirn-Rückenmarks-Flüssigkeit.

Zerkarie (Cercaria) [griech.], das innerhalb einer ↑Sporozyste bzw. ↑Redie parthenogenet. aus einer Eizelle entstehende, v.a. durch einen Ruderschwanz und die unvollkommen entwickelten Geschlechtsorgane von den erwachsenen Tieren unterschiedene Entwicklungsstadium (Generation) bei Saugwürmern der Ordnung ↑Digenea; schwimmt oder kriecht nach Verlassen des Zwischenwirts im Wasser umher und enzystiert sich dann entweder an Pflanzen oder in einem neuen Zwischenwirt, in den es sich zuvor einbohrte. Durch Aufnahme der Zysten *(Metazerkarien)* mit der Nahrung gelangt der Parasit schließl. in den Endwirt.

Zertation [zu lat. certatio „Kampf, Streit"], in der Genetik das Phänomen der unterschiedl. Befruchtungschancen der das ♂ und ♀ Geschlecht bestimmenden Y- und X-Spermien (auf Grund größerer Beweglichkeit der Y-Spermien); die Z. führt zu einer Verschiebung des Geschlechterverhältnisses.

Zerumen [zu lat. cera „Wachs"], svw. ↑Ohrenschmalz.

zervikal [lat.], zum Nacken, Hals gehörend; den Nacken, Hals betreffend.

◆ den Gebärmutterhals betreffend, zu ihm gehörend.

Zervix ↑Cervix.

Zeugung (Generatio), die Hervorbringung eines Lebewesens durch Befruchtung, der meist eine Begattung vorausgeht.

Zezidien [griech.], svw. ↑Gallen.

Zibet [arab.-roman.], salbenartiges, gelbl. bis braunes, intensiv moschusartig riechendes Sekret der Zibetdrüsen der Afrikan. und Ind. Zibetkatze

Zibetkatzen (Viverrinae), Unterfam. schlanker, meist auf hellerem Grund dunkel gefleckter oder gezeichneter ↑Schleichkatzen mit rd. 20 Arten in unterschiedl. Lebensräumen S-Europas, Afrikas sowie S- und SO-Asiens; nachtaktive Raubtiere, die ihre Reviere mit einem Duftstoff (Zibet) markieren; Kopf zugespitzt, Schwanz lang, Krallen scharf, halb rückziehbar. - Zu den Z. gehören neben ↑Ginsterkatzen, ↑Linsange u. a. auch die *Echten Z.* (Viverra): mit fünf Arten in S-Asien und Afrika (südl. der Sahara) vertreten, darunter z. B. die **Ind. Zibetkatze** (Zibete, Viverra zibetha; in Hinterindien, Malakka, SO-Asien; Körper bis 80 cm lang, grau, mit dunkler Zeichnung und schwarz geringeltem Schwanz) und die **Afrikan. Zibetkatze** (Civette, Viverra civetta; in Afrika weit verbreitet; Körper etwa 70 cm lang, grau bis gelbl., mit schwärzl. Bänder- oder Fleckenzeichnung).

Zichorie [...i-ɛ; griech.-lat.-italien.], svw. ↑Wegwarte.

Ziege, ↑Ziegen, ↑Hausziege.

◆ (Sichling, Sichel-, Säbel-, Schwert-, Messer-

Ziegen. Markhor

fisch, Dünnbauch, Pelecus cultratus) bis 50 cm langer (meist kleiner bleibender), heringsförmiger Karpfenfisch, v. a. in Brackgewässern der Ostsee und der asiat. Binnenmeere, von wo er zur Laichzeit in die angrenzenden Flüsse wandert; Rücken braun bis schwarz, metall. glänzend, Körperseiten silbrig; Speisefisch.

Ziegelroter Rißpilz ↑Rißpilze.

Ziegen (Capra), mit den Schafen eng verwandte, mit diesen aus der altpliozänen Stammform *Tossunorio* (in China) hervorgegangene Gatt. wiederkäuender Paarhufer (Gattungsgruppe Böcke) mit nur 4 rezenten Arten, v. a. in Gebirgen Eurasiens und N-Afrikas; mittelgroße, trotz ihres etwas gedrungenen Körperbaus geschickt kletternde Tiere, deren ♂♂ einen Kinnbart und große, meist türkensäbelförmig nach hinten gekrümmte Hörner tragen (Hörner der ♀♀ klein, wenig gekrümmt). Wildlebende Z. *(Wildziegen)* sind außer ↑Steinbock und ↑Bezoarziege der **Span. Steinbock** (Capra pyrenaica), etwa 1 m (♀) bis 1,4 m (♂) lang und bis 75 cm schulterhoch, in span. Hochgebirgen; Fell im Sommer hell- bis rotbraun, im Winter graubraun; **Markhor** (Capra falconeri), 1,4–1,7 m lang und über 1 m schulterhoch, im Himalajagebiet.

Ziegenartige (Caprinae), Unterfam. der Horntiere mit verschiedengestaltigen, überwiegend gebirgsbewohnenden Arten, zu denen u. a. Gemse, Schneeziege, Serau, Goral, Takin und die Ziegen gehören.

Ziegenbart, svw. ↑Keulenpilz.

Ziegenlippe (Filziger Röhrling, Mooshäuptchen, Xerocomus subtomentosus), von Juni bis Okt. an moosigen Waldrändern der Laub- und Nadelwälder häufig wachsender, meist einzelnstehender Pilz; Hut 5–12 cm breit, halbkugelig bis flach, samtig-weichfilzig, gelbl. bis olivbraun, alt mit feldartig zerrissener Oberfläche; Röhren zitronengelb; Stiel 6–12 cm hoch; Fleisch weiß; Speisepilz.

Ziegenmelker (Caprimulgidae), Fam. bis 40 cm langer, lang- und schmalflügeliger Nachtschwalben mit rd. 70 Arten, v. a. in Wäldern und Savannen der trop. bis gemäßigten Regionen der Alten und Neuen Welt; dämmerungs- und nachtaktive, kurz- und breitschnäbelige Vögel, die sich bes. von Nachtschmetterlingen und Käfern ernähren; Füße kurz; sitzen in Längsrichtung auf Ästen; brüten am Boden ohne Nestunterlage. Die wichtigste Gatt. ist *Caprimulgus* mit rd. 40 Arten, davon in M-Europa der **Europ. Ziegenmelker** (Europ. Nachtschwalbe, Caprimulgus europaeus): etwa amselgroß; Gefieder oberseits baumrindenartig gefärbt, unterseits grau quergebändert.

Zieralgen (Bandalgen, Desmidiaceae), zu den ↑Jochalgen zählende Grünalgenfam. mit einzelligen, zuweilen Zellkolonien bildenden, nur in Süßgewässern vorkommenden Arten; Zellwand meist aus zwei Hälften bestehend; Zellen scheibenförmig, zylindr. oder halbmondförmig (Closteriumarten) mit einem oder zwei oft reich skulpturierten Chloroplasten). - ↑auch Schmuckjochalge.

Zierfandler ↑Silvaner.

Zierfische, Süßwasser- oder Meeresfische, die bes. wegen ihrer Schönheit und/oder ihrer eigenartigen Lebensweise in Aquarien gehalten werden.

Zierläuse (Callaphididae), weltweit, v. a. jedoch in der nördl. gemäßigten Zone verbreitete Fam. kleiner, meist mit Wachsdrüsen ausgestatteter Blattläuse bes. an Laubbäumen; produzieren Honigtau (↑Ahornlaus).

Ziermotten (Scythridiidae), mit rd. 900 Arten weltweit verbreitete Fam. etwa 1–2 cm spannender, schlanker Kleinschmetterlinge, rd. 50 Arten in M-Europa; mit schmalen, oft metall. glänzenden Vorderflügeln und mit langen Fransen besetzten Hinterflügeln.

Zierpflanzen ↑Kulturpflanzen.

Zierschildkröten (Chrysemys), Gatt. bis 25 cm langer Sumpfschildkröten mit der einzigen Art **Gemalte Zierschildkröte** (Chrysemys picta), v. a. in langsam fließenden, flachen, pflanzenreichen Süßgewässern N-Amerikas; Oberseite olivgrün mit variabler Zeichnung und oft roten Linien.

Ziesel [slaw.] (Citellus), Gatt. etwa 15–40 cm langer (einschl. Schwanz bis 65 cm messender) Nagetiere (Fam. Hörnchen) mit rd. 30 Arten, v. a. in wüsten-, steppen- und prärieartigen Landschaften Eurasiens und N-Amerikas; schlanke, häufig auf graubraunem bis sandfarbenem Grund hell gefleckte oder gestreifte Bodentiere mit rundl. Kopf, kleinen Ohren und zieml. großen Backentaschen (dienen zum Eintragen von Wintervorräten); legen umfangreiche Erdbaue an; halten je nach Klima Winterschlaf, einige Arten auch Sommerschlaf. - Zu den Z. gehören u. a. Sandziesel, Streifenziesel und zwei europ. Arten: **Schlichtziesel** (Z. im engeren Sinne, Einfarbziesel, Citellus citellus; in steppenartigem Gelände SO-Europas bis zum östl. M-Europa; etwa 20 cm körperlang; Fell graubraun, teils undeutl. gefleckt) und **Perlziesel** (Citellus suslicus; in Steppen W-Asiens bis O-Europas; rd. 20–25 cm körperlang; Körperoberseite braun mit weißl., perlförmiger Fleckenzeichnung).

Zigarrenkäfer (Zigarettenkäfer, [Kleiner] Tabakkäfer, Lasioderma serricorne), in den Tropen und Subtropen verbreiteter, gedrungener, fast halbkugeliger, rotbrauner, etwa 2–4 mm langer Klopfkäfer; in M-Europa v. a. in Lagerhäusern (an Tabak) schädlich.

Zikaden [lat.] (Zirpen, Cicadina), seit der Kreide bekannte, heute mit rd. 35 000 Arten weltweit verbreitete Unterordnung 0,1–18 cm spannender Insekten, davon rd. 400 Arten einheim.; Pflanzensauger (Larven, Imagines), deren größte und meist bunt gefärbte Formen in den Subtropen und Tropen vorkommen, während die mitteleurop. Arten klein und vorwiegend grünl., bräunl. oder schwarz gefärbt sind; mit stechend-saugenden Mundwerkzeugen sowie (als Imagines) mit zwei Paar in Ruhestellung dachförmig über dem Hinterleib zusammengelegten Flügeln und häufig bizarren, z.T. aufgetriebenen Körperfortsätzen. Im Unterschied zu den meist stummen ♀♀ erzeugen die ♂♂ vieler Z. (bes. Sing-Z.) mit Hilfe von Trommelorganen am Hinterleib artspezif. Schrill- und Zirplaute, deren Frequenzen (1–8 kHz) von beiden Geschlechtern mit dem an den Bauchschildern des Hinterleibs gelegenen paarigen Gehörorgan wahrgenommen werden. - Die ♀♀ stechen zur Eiablage Pflanzengewebe mit einer Legeröhre an.

Ziliarmuskel [lat.], der für die ↑Akkommodation des Auges verantwortl., ringförmig im Ziliarkörper (Strahlenkörper) verlaufende Muskel um die Augenlinse.

Ziliaten [lat.], svw. ↑Wimpertierchen.

Zilien [...i-ɛn; lat.] (Wimpern, Flimmern, Cilia), in der Grundstruktur mit den ↑Geißeln übereinstimmende, jedoch sehr viel kürzere, feinere und in größerer Anzahl ausgebildete Zellfortsätze (Organellen), die durch rasches Schlagen der Fortbewegung der Organismen (v.a. bei Wimpertierchen, Strudelwürmern und vielen planktont. Larven), dem Herbeistrudeln von Nahrung oder in (mit Flimmerepithel ausgekleideten) Körper- bzw. Organhohlräumen (z.B. im Darmlumen, in Atem-, Exkretions- und Geschlechtskanälen) dem Transport von Partikeln und Flüssigkeiten dienen.

Zilpzalp ↑Laubsänger.

Zimmeraralie (Fatsia), Gatt. der Araliengewächse mit der einzigen, in Japan heim. Art *Fatsia japonica*; immergrüner, 2–5 m hoher Strauch mit tief 7- bis 9fach gelappten, ledrigen, glänzenden Blättern und unscheinbaren weißen Blüten in Dolden; Beerenfrüchte schwarz; Zimmerpflanze.

Zimmerhafer (Billbergie), Gatt. der Ananasgewächse mit etwa 50 Arten im trop. Amerika; meist Epiphyten; Blätter in Rosetten, Blüten in Ähren oder Trauben mit roten Hochblättern; z.T. Zimmerpflanzen.

Zimmerhopfen (Beloperone), Gatt. der Akanthusgewächse mit rd. 30 Arten im subtrop. und trop. Amerika; meist Sträucher oder Halbsträucher mit zweilippigen, in den Achseln oft großer und dachziegelig übereinanderliegender Deckblätter stehenden Blüten. Die wichtigste Art ist die oft als Zimmerpflanze gezogene *Beloperone guttata* aus Mexiko, ein bis 1 m hoher Halbstrauch mit eiförmigen Blättern und endständigen, überhängenden, vierkantigen Ähren aus braunroten Deckblättern und weißen Blüten.

Zimmerkalla (Zantedeschia), Gatt. der Aronstabgewächse mit acht Arten in S-Afrika; Sumpfpflanzen mit spieß- oder pfeilförmigen, bisweilen weißgefleckten Blättern mit starker Mittelrippe; Blütenkolben dick, von einer aufrechten Blütenscheide umgeben. Die Art *Zantedeschia aethiopica* mit weißer Blütenscheide und gelbem Blütenkolben ist eine beliebte Zimmerpflanze.

Zimmerlinde (Sparmannia), Gatt. der Lindengewächse mit drei Arten im trop. und südl. Afrika. Die bekannteste, als Zimmerpflanze kultivierte Art ist *Sparmannia africana*, ein Strauch mit großen, herzförmigen, gezähnten, weichhaarigen Blättern und weißen Blüten mit gelbbraunen, auf Berührungsreize reagierenden Staubblättern.

Zimmermannsbock, (Acanthocinus aedilis) in Europa und Asien verbreiteter, bis 2 cm langer, auf graubraunem Grund dicht grau behaarter Bockkäfer; ♂♂ mit dünnen, bis 10 cm langen Fühlern (Fühler der ♀♀ bis 4 cm lang); Hinterleib der ♀♀ in eine lange Legeröhre verlängert; Larven fressen in den obersten Holzschichten dicht unter der Rinde abgestorbener oder gefällter Nadelbäume.
◆ svw. ↑Mulmbock.

Zimmertanne (Norfolktanne, Schmucktanne, Araucaria excelsa), auf Norfolk Island heim. Araukarienart; in der Heimat bis 70 m hoher Baum mit pyramidaler Krone; Äste in Quirlen zu 4–7; Nadeln bei jungen Bäumen weich, bis 1,5 cm lang, sichelförmig gebogen, im Alter viel kürzer und derber, einander dicht überdeckend; Kalthauspflanze.

Zimtapfel (Süßsack, Annone, Annona squamosa), auf den Westind. Inseln heim. Annonenart; Baum mit etwa apfelgroßen, zimtähnl. schmeckenden Früchten mit schuppiger Oberfläche; als Obstbaum in den gesamten Tropen kultiviert.

Zimtbaum (Cinnamomum), Gatt. der Lorbeergewächse mit über 250 Arten in S-, O- und SO-Asien, Australien und Melanesien; immergrüne Bäume und Sträucher. Die wirtschaftl. wichtigste Art ist der **Ceylonzimtbaum** (Cinnamomum zeylanicum), ein bis 12 m hoher Baum mit ovalen oder lanzettförmigen, bis 12 cm langen Blättern; die rötl. Rinde, v.a. von jungen Zweigen, ist reich an äther. Öl und liefert den Zimt. Die Rinde des **Chin. Zimtbaums** (Zimtkassie, Cinnamomum aromaticum) aus S- und SO-Asien liefert den *Chinazimt* sowie - zus. mit Früchten und Blättern - das Kassiaöl. Kultiviert wird auch der ↑Kampferbaum.

Zimtrose ↑Rose.

Zinerarie [...i-ɛ; lat.] (Aschenpflanze, Senecio cruentus), auf den Kanar. Inseln vorkommende Greiskrautart; 40–60 cm hohe Staude mit weichhaarigem Stengel, herzförmigen, behaarten Blättern und zahlr. in Doldentrauben stehenden Blütenköpfchen.

Zingel [lat.] (Aspro zingel), 15–20 cm langer, spindelförmig gestreckter Barsch in Donau, Dnjestr und Pruth; gelbbraun mit dunkler, brauner Fleckung. Nachtaktiver Grundfisch; ohne wirtsch. Bedeutung.

Zinnie (Zinnia) [nach dem dt. Botaniker J. G. Zinn, *1727, †1759], Gatt. der Korbblütler mit 17 Arten in Amerika (v.a. Mexiko); einjährige oder ausdauernde Kräuter oder Halbsträucher mit ganzrandigen, sitzenden Blättern und verschiedenfarbigen Blütenköpfchen. Zahlreiche Zuchtformen von *Zinnia elegans* sind beliebte Gartenblumen.

Zinnkraut ↑Ackerschachtelhalm.

Zipfelfalter (Theclinae), weltweit verbreitete (bes. in S-Amerika sowie in der oriental. und austral. Region vorkommende) Unterfam. der Bläulinge; Spannweiten um 3 cm; sehr bunt gefärbt (v.a. auch die Flügelunterseiten); an den Hinterflügeln meist ein oder zwei Paar zipfelige Anhänge; in M-Europa z. B. der ↑Brombeerzipfelfalter.

Zipolle [lat.-roman.], svw. Küchenzwiebel (↑Zwiebel).

Zirbeldrüse (Epiphyse, Pinealdrüse, Corpus pineale, Glandula pinealis, Epiphysis cerebri), vom hinteren der beiden ↑Pinealorgane des Zwischenhirndachs niederer Wirbeltiere ableitbares und daher wohl urspr. wie das Parietalauge ein Lichtsinnesorgan darstellendes, vermutl. als neurosekretor. tätige Hormondrüse fungierendes unpaares Organ bei Vögeln und den meisten Säugern.
Bei *niederen Wirbeltieren* stellt das der Z. entsprechende ↑Pinealorgan ein lichtempfindl. Organ dar. Bei Fischen, Amphibien und Reptilien sendet der Pinealkomplex überdies durch Lichtreize beeinflußbare nervale Impulse über bes. Nervenbahnen zum Gehirn. Beim *Menschen* ist die ovale, pinienzapfenähnl., 8–14 mm lange Z. um das achte Lebensjahr herum am stärksten entwickelt. Sie liegt der Vierhügelplatte des Mittelhirns im Bereich der Vierhügel (Corpora quadrigemina) auf. Mit der hinteren Region des Zwischenhirndachs steht sie über einen „Stiel" in Verbindung. Über die Funktion der Z. beim Menschen (und auch bei Säugetieren) liegen z.T. nicht gänzl. abgeklärte Befunde und Theorien vor. Wahrscheinl. ist eine die Reifung der Geschlechtsorgane hemmende Funktion.

Zirbelkiefer, svw. ↑Arve.

zirkadiane Uhr, svw. ↑physiologische Uhr.

Zirpen, volkstüml. Bez. für Zikaden, bes. Singzikaden.

Zirporgane, svw. ↑Stridulationsorgane.

Zirren, Mrz. von ↑Zirrus.

Zirrus (Mrz. Zirren; Cirrus) [lat., eigtl. „Haarlocke"], bei *Plattwürmern* das gekrümmte, oft mit Widerhaken versehene ♂ Kopulationsorgan.
◆ bei *Wirbellosen* sind Zirren fädige, fühler- oder rankenartige Körperanhänge oder entsprechend umgebildete Gliedmaßen.

Zisterne (Cisterna) [lat.], in der *Anatomie* und *Zytologie:* Erweiterung, Höhle, Hohlraum in Organen oder Zellen.

Zistrose [griech./lat.] (Cistus), Gatt. der Z.gewächse mit rd. 20 Arten im Mittelmeergebiet; immergrüne, niedrige Sträucher mit meist drüsig oder zottig behaarten Zweigen, ganzrandigen, oft ledrigen Blättern und großen, weißen, rosafarbenen oder roten Blüten; Charakterpflanzen der Macchie.

Zistrosengewächse (Cistaceae), Fam. der Zweikeimblättrigen mit über 150 Arten in acht Gatt., v. a. in den gemäßigten Gebieten der Nordhalbkugel; niedrige Sträucher oder Kräuter mit einfachen, meist äther. Öle enthaltenden Blättern und großen Blüten; auf trockenen, warmen Standorten. Die wichtigsten Gatt. sind ↑Sonnenröschen und ↑Zistrose.

Zitratzyklus, svw. ↑Zitronensäurezyklus.

Zitronatzitrone, die bis 25 cm lange, bis 2,5 kg schwere Zitrusfrucht des *Z.baums* (Citrus medica); mit sehr dicker, warzig-runzeliger Schale und wenig Fruchtfleisch; die Schale der unreifen Frucht liefert Zitronat.

Zitrone [italien., zu lat. citrus „Zitronenbaum"] (Limone), die meist längl. Frucht des ↑Zitronenbaums, eine Zitrusfrucht mit unterschiedl. stark vorspringender Fruchtspitze und gelber (auch grüner), dünner Schale. Das saftige, saure Fruchtfleisch enthält rd. 3,5–8 % Zitronensäure und viel Vitamin C. Die Z. wird in der Küche und zur Herstellung von Getränken verwendet. Außerdem werden aus Z. Z.säure, äther. Öl und Pektin gewonnen.

Zitronellgras (Lemongras), Sammelbez. für verschiedene Arten der Gatt. Cymbopogon, v.a. für die nur in Kultur auf Ceylon, Java und der Halbinsel Malakka bekannte, Zitronellöl liefernde Art *Cymbopogon nardus* sowie für die in Vorderindien und auf Ceylon vorkommende Art *Cymbopogon confertiflorus.* Als Z. wird auch das in den gesamten Tropen kultivierte *Seregras* (Cymbopogon citratus; liefert das westind. Lemongrasöl) bezeichnet.

Zitronenbaum (Citrus limon), in Vorderindien oder China heim., seit langem im subtrop. Asien und seit rd. 1000 n. Chr. auch im Mittelmeergebiet in zahlr. Varietäten kultivierte Art der ↑Zitruspflanzen; etwa 3–7 m hohe Bäume mit bedornten Zweigen, hellgrünen, eiförmigen Blättern und großen, rosafarbenen bis weißen Blüten und gelben Früchten (↑Zitrone). Hauptanbauländer sind Italien, USA, Indien, Mexiko, Argentinien, Spanien, Griechenland und die Türkei.

Zitronenfalter (Gonepteryx rhamni), in NW-Afrika, Europa und in den gemäßigten Zonen Asiens verbreiteter, etwa 5–6 cm spannender, leuchtend gelber (♂) oder grünlichweißer (♀) Tagschmetterling (Fam. Weißlinge) mit je einem kleinen, orangeroten Tupfen in der Mitte beider Flügelpaare. Die Falter überwintern und pflanzen sich erst im folgenden Frühjahr fort. Die Raupen fressen an Blättern des Faulbaums.

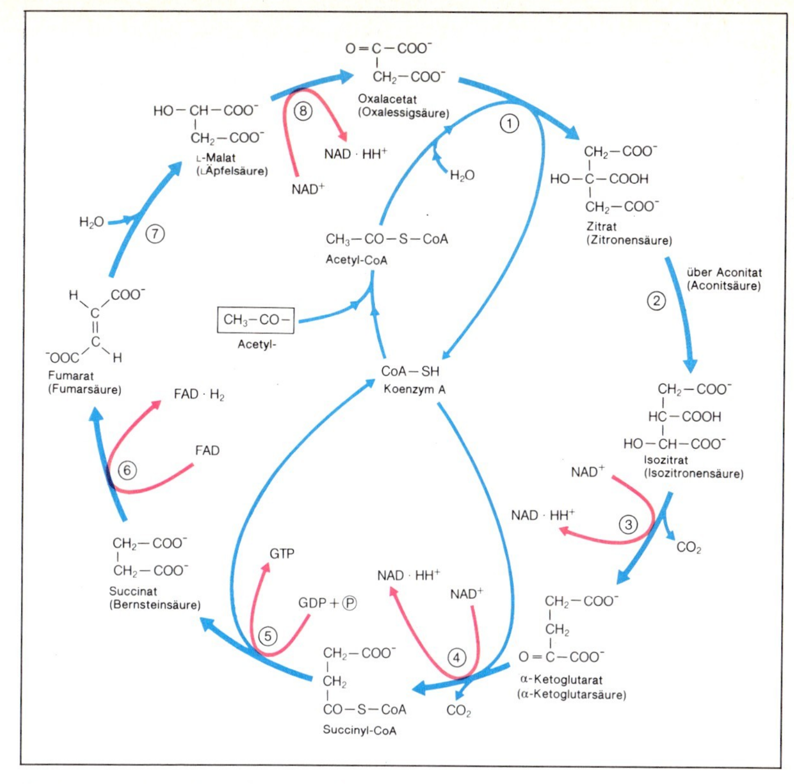

Zitronensäurezyklus. Ausgehend vom Zitrat wird (unter Abspaltung von zwei Molekülen Kohlendioxid und insgesamt acht Wasserstoffatomen) über die Zwischenstufen Isozitrat, Oxalsuccinat, α-Ketoglutarat, Succinyl-Koenzym A, Succinat, Fumarat und L-Malat das Oxalacetat zurückgebildet. Die an den Reaktionen beteiligten Enzyme: 1 Zitrat-Synthase (Condensing-Enzym), 2 Aconitase, 3 Isozitrat-Dehydrogenase, 4 Multienzymkomplex aus α-Ketoglutarat-Decarboxylase, Lipoylreduktase-Transsuccinylase und Dihydrolipoyl-Dehydrogenase („Diaphorase"), 5 Succinyl-CoA-Synthetase (Bildung von GTP aus GDP und Phosphorsäure), 6 Succinat-Dehydrogenase, 7 Fumarase, 8 Malat-Dehydrogenase

Zitronenkraut, svw. Zitronenmelisse (↑ Melisse).
◆ svw. ↑ Eberraute.

Zitronensäurezyklus (Zitratzyklus, Citratzyklus, Tricarbonsäurezyklus, Krebs-Zyklus), in den Mitochondrien der tier. und pflanzl. Zellen ablaufender Teilprozeß der der Energiegewinnung dienenden inneren Atmung. Im Z. laufen die Abbauwege aller energieliefernden Stoffe (Kohlenhydrate, Fette, Proteine) zusammen, wobei das Prinzip des Z. die Abspaltung von Wasserstoffatomen, d. h. die Dehydrierung (mit Hilfe der Koenzyme NAD^+ und FAD^+), die zur Energiegewinnung (unter aeroben Bedingungen) der Atmungskette zugeführt werden, und die Abspaltung des Stoffwechselendprodukts Kohlendioxid ist. Der Z. dient aber nicht nur dem Abbau von Substanzen, sondern auch (ausgehend von einigen Zwischenprodukten des Z.) dem Aufbau (z. B. von Aminosäuren, Fettsäuren, Glucose und Häm); er nimmt daher im Zellstoffwechsel eine zentrale Stellung ein. Der Z. beginnt mit der Kondensation von Acetyl-CoA („aktivierte Essigsäure") mit Oxalessigsäure zu Zitronensäure, die über sieben enzymat. katalysierte Reaktionsschritte (unter mehrfacher Umlagerung und Abspaltung zweier Kohlendioxidmoleküle sowie von acht Wasserstoffatomen) zu Oxalessigsäure abgebaut wird, mit der der Kreislauf wieder beginnt. - Der Z. wurde nach Vorarbeiten von A. Szent-Györgyi sowie C. Martius und F. Knoop 1937 durch H. A. Krebs aufgeklärt. -

Zitrusfrüchte [lat./dt.] (Agrumen), die Früchte (Beeren) der ↑ Zitruspflanzen. Das

ZOOLOGISCHE UND BOTANISCHE GÄRTEN IN DER BUNDESREPUBLIK DEUTSCHLAND

Ort (Gründungsjahr)	Besonderheiten (Auswahl)
zoologische Gärten	
Berlin (West) (1844)	Freisichtgehege, Nachttierhaus, Tropenhaus, Aquarienhaus mit Terrarium und Insektarium, Robbenfreianlage, großes Vogelhaus mit Freiflughalle
Bremerhaven (1913)	Tiere des europ. Nordens, des Atlantiks, Tropenhaus, Aquarium
Darmstadt (1961)	Tierarten der afrikan. Steppe und trop. Inseln, Aquarium, Terrarium, Volieren
Dortmund (1953)	Tiergeograph. besetzte Freigehege, Tropenhaus (Aquarien, Terrarien, Vogelhaus), Seelöwenanlage
Duisburg (1933)	Freigehege, Äquatorium, Aquarium, Delphinarium, Arabergestüt, Schlittenhundezwinger
Düsseldorf (1904)	seltene Fischarten, Reptilien, Amphibien, Wirbellose
Essen (1952)	Aquarien- und Terrarienhaus
Frankfurt am Main (1858)	Freisichtgehege, Nachttierhaus, Exotarium (Polarlandschaft; trop. Regenwald; zahlr. Schauaquarienbecken; Reptilienhalle; Insektarium), Vogelhaus mit Freiflughalle
Gelsenkirchen (1949)	Freigehege für afrikan. Steppentiere
Hamburg (1907) Hagenbecks Tierpark	Biotopgemäße Freigehege, Fjordlandschaft, Tropenhaus, Delphinarium, Volieren, jap. Inselgarten
Hannover (1865)	Freisichtgehege, Bärenanlage, Gibbonfreianlage
Heidelberg (1934)	Freigehege, Innen- und Außenvolieren
Karlsruhe (1865)	Nordatlant. Fauna, Robbenfreianlage
Köln (1856)	Afrika- und Südamerikaanlage, Kleinsäugetiere, Aquarienhaus mit Terrarium und Insektarium
Krefeld (1938)	Seltene Raubkatzen, südamerikan. Tierwelt, Affenhaus, Reptilienhaus, Vogelhaus
München (1911) Tierpark Hellabrunn	Tiergeograph. angelegte Freigehege, Tropenhaus, Polarium, Großflugkäfig
Münster (1875)	Afrikapanorama, Delphinarium, Polarium, Terrarium, Aquarium, Tropenhaus mit Flughalle
Nürnberg (1911)	Huftiergruppen, Delphinarium, Tropenhaus, Greifvögel
Osnabrück (1936)	Dromedarpark, Damwildpark, Südamerikagehege, Robbenbecke
Rheine (1937)	Affengehege, Seehunddressur
Saarbrücken (1932)	Afrikahaus mit Nachttierabteilung, Tropenhaus, Vögel SO-Asier
Straubing (1938)	Freigehege für Eis- und Braunbären, Großflugkäfig, Aquarium, Terrarium, Nachttierabteilung
Stuttgart (Wilhelma) (1949)	Aquarium, Terrarium, Nachttierabteilung
Wuppertal (1879)	Freianlagen für Huftiergruppen, Pinguinanlage, Aquarien- und Terrarienhaus
botanische Gärten	
Aachen (1963)	
Augsburg (1936)	Tropenhäuser
Berlin-Dahlem (1900)	pflanzengeograph. Abteilung, großes Tropenhaus
Bielefeld (1911)	Wildrhododendron, Japan. Azaleen, Wildstauden aus aller Welt, Alpinum
Bochum (1968)	geobotan. Abteilung, Arboretum, Rhododendrontal
Bonn (1818)	
Braunschweig (1840)	Wasser- und Sumpfpflanzen in Freilandbecken
Bremen (1937 [1905])	Rhododendron-Park (16 ha), Pflanzen N-Deutschlands, geograph. Abteilungen für Pflanzen N-Amerikas, O-Asiens, Australiens und des Mittelmeergebietes
Darmstadt (1814)	Freilandgehölze aus Europa, N-Amerika, China, Japan
Dortmund (1930)	Arboretum, trop. Regenwald, Kohleflora
Duisburg	
1. Botan. Garten Duisburg-Duissern (1890)	Norddt. Dünenlandschaft, Moorbeetpflanzen, Heideformation
2. Botan. Garten Duisburg-Alt Hamborn (1905)	Wasserpflanzen, trop. Seerosen
Erlangen-Nürnberg (1828 [1743])	Pflanzen der Kanar. Inseln und mediterraner Hochgebirge
Essen (1927)	Orchideen-, Kakteensammlung, Rhododendrontal

Zoologische und botanische Gärten (Forts.)

rt (Gründungsjahr)	Besonderheiten (Auswahl)
rankfurt am Main (1763)	geograph.-ökolog. Pflanzengemeinschaften der mitteleurop. Flora, Sammlungen der mediterranen, nordamerikan. und ostasiat. Flora
reiburg im Breisgau (1620 [1912])	Farnpflanzen, Gehölze der arktotertiären Flora N-Amerikas und O-Asiens, phylogenet. Stammbaum der Blütenpflanzen
ießen (1609)	trop. Nutzpflanzen, systemat.-, kulturhistor.-, biolog.-, pharmazeut.-, pflanzengeograph. Abteilungen
öttingen (1738)	
ütersloh (1915)	
amburg (1821)	Masdevallia-Sammlung
eidelberg (1593 [1915])	Sukkulenten-, Bromelien-, Orchideen-Sammlung
arlsruhe (1883)	
assel (1913)	
iel (1669)	afrikan. Sukkulenten
öln (1864)	Arznei-, Nutz-, Gift-, Gewürzpflanzen
refeld (1928)	seltene Kakteen, fleischfressende Pflanzen
ainz (1946)	Arboretum, Kakteen- und Sukkulentensammlung
arburg (1786)	Alpinum (2 ha), Farnschlucht, Rhododendronanlage
önchengladbach (1904)	Koniferensammlung, Laubholzsammlung, Blindengarten
ünchen (1914)	Aquarienpflanzen, fleischfressende Pflanzen, Baum- und Geweihfarne
ünster (1804)	
ldenburg (1913)	Moorlandschaft, Pflanzen des Weser-Ems-Gebietes
egensburg (1977)	
aarbrücken (1966)	
tuttgart-Hohenheim	
1. alter botan. Garten (1829)	Arboretum
2. neuer botan. Garten (1977)	prähistor. Nutz- und Kulturpflanzen
übingen (1969)	Pflanzengesellschaften der Alpen und der Schwäb. Alb
ilhelmshaven (1947)	Freilandorchideen
uppertal (1910)	Schwertlilien-Sammlung
ürzburg (1965 [1960])	pflanzengeograph.-soziolog. Abteilungen, „Pflanzensystem"

Fruchtfleisch besteht aus Saftschläuchen (entstehen aus der inneren Fruchtwand); die Fruchtschale setzt sich aus dem farbigen, zahlr. Öldrüsen aufweisenden (äußeren) Exokarp und dem schwammigen Endokarp zusammen. Die Samen enthalten i. d. R. mehrere Embryonen. Die v. a. als Frischobst sowie zur Herstellung von Säften und Marmeladen verwendeten Z. sind reich an Vitaminen (bes. Vitamin C) und Mineralstoffen (v. a. Kalium). Die Hauptanbaugebiete liegen in den Subtropen.

Zitruspflanzen [lat.] (Citrus), Gatt. der Rautengewächse mit rd. 60 in China, S- und SO-Asien heim. Arten, die in zahlr. Kulturformen in allen subtrop. und trop. Gebieten angebaut werden; immergrüne kleine Bäume oder Sträucher mit blattachselständigen Sproßdornen, einfachen, durch Öldrüsen punktierten Blättern und weißen oder rosafarbenen Blüten mit meist fünf Kronblättern; Fruchtknoten 8–15fächerig, eine kugelige oder längl. Beere bildend (↑Zitrusfrüchte). Die bekanntesten Arten sind: Pampelmuse, Grapefruitbaum, Zitronenbaum, Zitronatzitronenbaum, Pomeranze, Mandarinenbaum, Orangenpflanze. Daneben spielt die ↑Limette eine wirtsch. Rolle.

Zitteraale (Electrophoridae), Familie nachtaktiver Knochenfische mit dem *Elektr. Aal* (Zitteraal i. e. S., Electrophorus electricus) als einziger Art, in Süßgewässern des nördl. S-Amerika (bes. Amazonas); Körper bis etwa 2,3 m lang, (mit Ausnahme des dickeren Kopfes) aalähnl., braun und unbeschuppt; Brustflossen klein; Fortbewegung durch wellenförmige Bewegung der extrem verlängerten Afterflosse (die vom dicht hinter dem Kopf mündenden After bis zur Schwanzspitze reicht); übrige Flossen rückgebildet; Raubfische, die ihre Nahrung (v. a. Fische) durch Stromstöße aus den (zu elektr. Organen umgebildeten) Schwanzmuskeln lähmen oder töten.

Zittergras (Briza), Gatt. der Süßgräser mit 30 von Europa bis Z-Asien und in M- und S-Amerika verbreiteten Arten. Die einzige, auf trockenen Böden verbreitete Art in Deutschland ist *Briza media*, ein bis 1 m hohes, ausdauerndes Gras mit in ausgebreiteter Rispe stehenden Ährchen; Rispenäste sehr lang, dünn, hängend; wird als Ziergras kultiviert.

Zitterling (Tremella), Pilzfam. (Ordnung Gallertpilze) mit der auf abgestorbenen Laubholzästen wachsenden, leuchtend orange gefärbten Art **Goldgelber Zitterling** (Tremella mesenterica), deren unregelmäßig faltig-lappige, 2–10 cm große Fruchtkörper von Okt.–Dez. erscheinen.

Zitterpappel, svw. ↑Espe.

Zitterpilze, svw. ↑Gallertpilze.

Zitterrochen (Elektr. Rochen, Torpedinidae), Fam. etwa 50–180 cm langer Rochen mit rd. 35 Arten (zusammengefaßt in der einzigen Gatt. *Torpedo*) in warmen und gemäßigten Meeren; mit fast kreisrundem, von oben nach unten stark abgeplattetem Körper, von dem der kräftig entwickelte Schwanz scharf abgesetzt ist; Haut meist völlig unbeschuppt; Augen klein; paarige elektr. Organe an den Seiten des Kopfes und Vorderkörpers, können eine Spannung von über 200 V erzeugen, z. B. **Marmor-Z.** (Marmorrochen, Marmel-Z., Torpedo marmorata), bis 70 cm lang, im O-Atlantik und Mittelmeer; Oberseite meist grau bis bräunlichgelb, mit dunkelbrauner Fleckung.

Zitterspinnen (Pholcidae), Fam. sehr langbeiniger (weberknechtähnl.) Spinnen mit zwei graubraunen einheim. Arten von etwa 5–10 mm Länge; v. a. in Gebäuden; versetzen bei Beunruhigung Körper und Netz in schnelle, schwingende oder kreisende Bewegung, so daß sie nur noch unscharf zu sehen sind.

Zitze (Mamille, Mamilla, Papilla mammae), haarloser, warzenartiger bis fingerförmig langer Fortsatz der paarigen Milchdrüsenorgane im Bereich der Brust bzw. des Bauchs bei den höheren Säugetieren (entspricht der menschl. ↑Brustwarze); Ort der Ausmündung der Milchdrüsen. In ihrer Gesamtheit bilden die Z. das *Gesäuge* eines Tiers. Bei den Wiederkäuern sind sie ein (auch als *Strich* bezeichneter) Teil des Euters.

ZNS, Abk. für: ↑Zentralnervensystem.

Zoarien [griech.] ↑Moostierchen.

Zobel [slaw.], (Sibir. Z., Martes zibellina) ziemlich gedrungener, spitzschnauziger Marder, v. a. in Wäldern großer Teile Asiens (urspr. auch N- und NO-Europas); Länge rd. 40–60 cm, mit etwa 10–20 cm langem, buschigem Schwanz; Fell braungelb oder dunkelbraun oder fast schwarz, langhaarig und weich. Die hochwertigsten (fast schwarzen, sehr feinhaarigen) Felle wurden früher als *Kronen-Z.* (Tribut für den Zarenhof) bezeichnet. Diese Felle werden heute in der Qualität durch die Felle von in Farmen gezüchteten Z. übertroffen, die 90% der Z.felle für den Handel liefern.

◆ (Amerikan. Z.) ↑Fichtenmarder.

◆ (Dornbrachsen, Kanov, Abramis sapa) bis 30 cm langer, seitl. stark abgeplatteter Karpfenfisch (Gatt. Brassen) in Zuflüssen des Schwarzen Meers und des Kasp. Meers sowie im Ilmensee und Wolchow; weißlichgrau mit dunklem Rücken.

Zoide [griech.] ↑Moostierchen.

Zölenteraten, svw. Coelenterata (↑Hohltiere).

Zölom, die sekundäre ↑Leibeshöhle.

Zölomtheorie (Enterozöltheorie), 1881 von O. und R. Hertwig aufgestellte, auch heute noch aktuelle Theorie, nach der bei der Keimesentwicklung die seitl. Anteile des Mesoderms bzw. die ↑Somiten (deren Hohlräume das Zölom ergeben) durch Abschnürung vom Entoderm (in Form von Urdarmdivertikeln) entstehen.

Zönobien [griech.], svw. Zönobionten.

Zönobionten (Zönobien) [griech.], Einzeller, die in entwickeltem Zustand eine Zellkolonie bilden.

◆ (euzöne Arten) Tier- und Pflanzenarten, die nur oder fast ausschließl. ein bestimmtes Biotop bewohnen und als dessen Charakterarten gelten. - Ggs. ↑Ubiquisten.

Zoo Kurzbez. für ↑zoologischer Garten.

Zoochlorellen [griech.], endosymbiont. lebende einzellige Grünalgen (↑Chlorella; ↑auch Zooxanthellen).

zoogen [tso-o...], durch Tätigkeit von Tieren entstanden, aus tier. Resten gebildet.

Zoogeographie [tso-o...], svw. ↑Tiergeographie.

Zoologie [tso-o...] (Tierkunde), als Teilgebiet der Biologie die Wiss. und Lehre von den Tieren. Die Z. befaßt sich mit allen Erscheinungen des tier. Lebens, v. a. mit der Gestalt (Morphologie) und dem Bau der Tiere (Anatomie, Histologie, Zytologie), ihren Körperfunktionen (Physiologie), der Individual- (Ontogenese) und Stammesentwicklung (Phylogenese), mit den fossilen Tieren (Paläozoologie), den verwandtschaftl. Zusammenhängen (Systematik), der Benennung der Arten (Taxonomie), ihren Beziehungen zur Umwelt (Ökologie), ihrer Verbreitung (Tiergeographie) und ihrem Verhalten (Verhaltensphysiologie). - Diesen Fachdisziplinen der Z., die unter der Bez. *allg. Z.* zusammengefaßt werden, steht die *spezielle Z.* gegenüber, die sich mit bestimmten Tiergruppen befaßt. Zur *angewandten Z.* zählen die Haustierkunde, die Schädlingskunde und die Tiermedizin.

zoologischer Garten [tso-o...] (Zoo), öffentl. oder private, (im Unterschied zu manchen Tiergärten und Tierparks) wiss. geleitete, tierärztl. versorgte Einrichtung zur Haltung v. a. fremdländ. (exot.) Tierarten in Käfigen bzw. Volieren, in Freigehegen und in (entsprechend klimatisierten) Gebäuden, die insgesamt in eine gärtnerisch, häufig parkartig gestaltete Gesamtanlage eingefügt sind. Als Vorbild für den neuzeitl. Zoo gilt die erstmals von C. Hagenbeck praktizierte Haltung der Tiere in Artengruppen, die der natürl. Population eines bestimmten Lebensraums entsprechen, wobei auch der jeweilige Lebensraum möglichst naturgetreu nachgestaltet wird (z. B. Felsen-, Steppen-, Eislandschaften, Tropenvegetation). Statt störender Absperrgitter werden seit Hagenbeck häufig Trocken- oder Wassergräben mit steiler Begrenzungswand angelegt; bei Käfigen wird gelegentl. statt eines Gitters Panzerglas verwendet (v.a. bei der Affen- und Raubtierhaltung in Gebäuden). - Beim sog. *Kinderzoo* soll Kindern die Möglichkeit zum unmittelbaren Kontakt mit Tieren, v.a. Jungtieren, geboten werden. Der sog. *Themenzoo* beschränkt sich auf relativ wenige, unter einem bes. Gesichtspunkt zusammengestellte Tierarten, wie z.B. beim Alpenzoo, Heimatzoo, Wildpark, Vogelzoo. - Neben seiner ideellen Funktion (u.a. Erholungsraum für die Zoobesucher) vermittelt der Zoo auch wiss. Kenntnisse, v.a. in bezug auf das Verhalten und die Lebensbedürfnisse noch nicht ausreichend erforschter Tierarten. Darüber hinaus kommt dem Umstand, daß man im Zoo seltene, vom Aussterben bedrohte Tierarten durch Nachzucht zu erhalten versucht, große Bed. zu.

Geschichte: Der erste Tierpark wurde um 2000 v.Chr. am Hof eines chin. Kaisers aus der Hsia-Dyn., ein zweiter nach 1150 v.Chr. unter Wu Wang aus der Chou-Dyn. angelegt. Öffentl. Tiergärten sind u.a. aus Kalach (um 900 v.Chr.), Alexandria (1. Hälfte des 3.Jh. v.Chr.) und Konstantinopel (1. Viertel des 5.Jh. n.Chr.) bekannt. Im Aztekenreich gab es unter Moctezuma II. um 1500 einen Tierpark in Tenochtitlán. Von der Stadt Augsburg wurde 1580 eine Menagerie errichtet. Bis in die Neuzeit hinein gab es in vielen anderen Städten in Befestigungsgräben oder Wallanlagen z.T. größere Zwinger mit interessanten Wildtieren (z.B. Bären). Im Berliner Tiergarten bestand um 1670 eine Fasanerie, in der außer Fasanen auch Kasuare, Strauße und exot. Hirsche gehalten wurden. Das Kaiserehepaar Franz I. Stephan und Maria Theresia gründete 1752 eine Menagerie im Park von Schönbrunn; aus ihr ging der Zoolog. Garten von Wien hervor, der älteste seiner Art in Europa. In rascher Folge kam es im 19.Jh. zur Gründung zoolog. Gärten in London (1828), Antwerpen (1843), Berlin (1844), Frankfurt am Main (1858), Dresden (1861) sowie in Philadelphia (1858; erster z.G. in den USA). C. Hagenbecks 1907 in Hamburg gegründeter Tierpark gewährt den Besuchern ein ungestörtes Beobachten der Tiere. - Übersicht S. 308f.

🕮 *Das Buch vom Zoo. Mit einem Vorwort v. H. Hediger. Luzern 1978. - Hediger, H.: Zoolog. Gärten - gestern, heute, morgen. Bern u. Stg. 1977.*

Zoosporen [tso-o...] (Schwärmsporen), begeißelte, bewegl. Sporen niederer Pflanzen, die der ungeschlechtl. Fortpflanzung dienen.

Zooxanthellen [griech.], in marinen Protozoen und Wirbellosen endosymbiont. lebende ↑Dinoflagellaten. Durch ihre Photosynthese, die Assimilation von Stoffwechselprodukten des Wirts sowie die biogene Kalkausscheidungen sind sie eines der wichtigsten Glieder in der Lebensgemeinschaft der Korallenriffe. - ↑auch Zoochlorellen.

Zoozönose [tso-o...; griech.] ↑Lebensgemeinschaft.

Zope (Abramis ballerus), bis 35 cm langer Karpfenfisch (Gatt. Brassen) in Seen und Unterläufen von in die Nord- und Ostsee sowie ins Schwarze und Kasp. Meer mündenden Flüssen; Körper schlank, seitl. abgeplattet; Rücken dunkelbraun.

Zorilla [span.] (Bandiltis, Ictonyx striatus), nachtaktiver, sich tagsüber in selbstgegrabenen Erdhöhlen verbergender Marder in unterschiedl. Biotopen Afrikas südl. der Sahara; Länge rd. 30–40 cm; Schwanz etwa 20–30 cm lang, buschig und weiß behaart; Körper auf schwarzem Grund mit breiten, weißen Längsstreifen.

Zornnattern (Coluber), Gatt. der Echten Nattern mit zahlr. eierlegenden Arten, v.a. in sonnigen, felsigen, buschreichen Landschaften S-Europas, N-Afrikas, Asiens, N-

Zornnatter. Oben: Gelbgrüne Zornnatter; unten: Pfeilnatter

und M-Amerikas; meist sehr schlank, mit schmalem Kopf, großen Augen und langem Schwanz; äußerst flinke und bissige Tagtiere, die bevorzugt Eidechsen, kleine Schlangen und Mäuse jagen; Biß für den Menschen ungefährlich. - Zu den Z. gehören u.a. die bis 2 m lange **Gelbgrüne Zornnatter** (Coluber viridiflavus; Körper meist schwarz mit kleinen, gelbgrünen, häufig zu Querbändern oder Längsstreifen angeordneten Flecken), die etwa 2 m lange **Pfeilnatter** (Coluber jugularis; häufig Oberseite gelbbraun mit dunklen Quer- und Punktzeichnungen) und die **Hufeisennatter** (Kettennatter, Coluber hippocrepis; etwa 1,75 m lang, mit heller Kettenzeichnung und hufeisenförmigen Ohrenflecken).

Zottelwicke ↑Wicke.

Zotten (Villi), kleine, fingerförmige Ausstülpungen der [Schleim]haut, z. B. Darmzotten.

Zuccalmaglio [tsukal'maljo; italien.] ↑Apfelsorten (Übersicht, Bd. 1, S. 50).

Zucchini [tsu'ki:ni; italien.] (Zucchetti), Bez. für die bis 25 cm langen, grünen, gurkenähnl. Früchte einer nichtkriechenden Kulturform (Cucurbita pepo var. giromontiina) des Speisekürbisses.

Zuckerbirke (Betula lenta), im östl. N-Amerika heim. Birkenart; bis 15 m hoher Baum mit kugelförmiger Krone, dünnen Zweigen, rötlich- oder bräunlichgrauer Rinde und zugespitzt eiförmigen, gesägten Blättern.

Zuckererbse ↑Saaterbse.

Zuckerkäfer (Passalidae), v. a. in den Tropen verbreitete, rd. 600 bis 9 cm lange, meist schwarz gefärbte Arten umfassende Fam. der ↑Blatthornkäfer; Lebensweise ähnl. wie bei den Hirschkäfern.

Zuckerpalme (Sagwirepalme, Arenga pinnata), in SO-Asien verbreitete, 10–17 m hohe Palme mit bis über 6 m langen Blättern. Aus dem durch Abschneiden der ♂ Blütenstände gewonnenen Blutungssaft wird Zucker gewonnen.

Zuckerrohr (Saccharum officinarum), nur in Kultur bekannte, wahrscheinl. im trop. Asien heim. Süßgrasart; Staude mit bis zu 7 m hohen und 2–7 cm dicken Halmen, die von einem weichen, vor der Blüte etwa 13 20% Rohrzucker enthaltenden, weißen Mark erfüllt sind; Blätter 1–2 m lang; Blüten in bis 80 cm langer, pyramidenförmiger Rispe. - Das Mark liefert den wirtsch. wichtigen Rohrzucker und die Z.melasse (aus der Rum und Arrak hergestellt werden). Die zellulosehaltigen Rückstände bei der Verarbeitung der Halme *(Bagasse)* werden zur Herstellung von Karton und Papier verwendet. - Die größten Z.anbaugebiete sind Indien und Brasilien.
Geschichte: Das Z. wurde im 3. Jh. v. Chr. durch die Feldzüge Alexanders d. Gr. bekannt; der Anbau läßt sich für Indien jedoch erst seit dem 3. Jh. n. Chr. nachweisen. Der Z.anbau verbreitete sich im 5. Jh. nach S-Persien und im 7. Jh. durch die Araber im Mittelmeergebiet. Im 15. Jh. wurde Z. auf den Kanar. Inseln angepflanzt; von dort brachte Kolumbus es auf die Westind. Inseln. In der ersten Hälfte des 16. Jh. wurde es durch die Jesuiten in Brasilien und durch H. Cortés in Mexiko eingeführt. - Abb. S. 314.

Zuckerrübe, Kulturform der Gemeinen Runkelrübe in zahlr. Sorten; zweijährige Pflanze, die im ersten Jahr eine Blattrosette und eine überwiegend aus der Hauptwurzel gebildete, daher fast vollständig in der Erde steckende Rübe bildet. Die Rüben enthalten 12–21% Rübenzucker. Der Anbau erfolgt in der gemäßigten Zone in Gebieten mit genügend warmem, nicht zu feuchtem Klima. - Abb. S. 314.

Zuckertang ↑Laminaria.

Zuckerwurz (Zuckerwurzel, Sium sisarum), vermutl. aus Rußland stammender Doldenblütler der Gatt. Sium. Die knollig verdickten Wurzeln wurden früher als Gemüse gegessen und zur Herstellung von Zucker und Kaffee-Ersatz verwendet.

Zuckmücken (Federmücken, Schwarmmücken, Chironomidae), Fam. v. a. über die nördl. gemäßigte Zone verbreiteter Mücken mit weit über 5 000, etwa 2–15 mm großen, gelbl., grünen, braunen oder schwarzen Arten (davon rd. 1 200 Arten in M-Europa); häufig Stechmücken sehr ähnl., jedoch nicht stechend, ♂♂ mit lang und dicht behaarten Fühlern. Manche Arten zucken beim Sitzen mit den frei nach vorn gehaltenen Vorderbeinen. Die ♂♂ bilden zuweilen riesige, (aus der Ferne gesehen) Rauchschwaden ähnelnde arttyp. Schwärme. Die Larven sind oft rot, bis 2 cm lang und dünn; sie leben entweder frei in Salz- und Süßgewässern oder in Gespinströhren im Schlamm bzw. in feuchter, humusreicher Erde.

Zugvögel, Vögel, die alljährl. in ihre artspezif. Winter- bzw. Brutgebiete ziehen.

Zunderschwamm (Blutschwamm, Falscher Feuerschwamm, Wundschwamm, Fomes fomentarius), zu den Porlingen gehörender mehrjähriger Ständerpilz, der bes. auf Buchen und Birken Weißfäule (Kernfäule) erzeugt. An infizierten Bäumen entwickeln sich die bis zu 30 cm großen, konsolenförmigen Fruchtkörper; Oberseite gewölbt, von einer harten, meist dunkelgrauen bis braunen Kruste überzogen; Unterseite flach, mit dicker Röhrenschicht. - Die aus einer locker-filzig verwobenen Hyphenschicht bestehende Mittelschicht wurde schon in vorgeschichtl. Zeit zum Feueranzünden verwendet. Dazu befreite man sie von oberer Rinde und unterer Röhrenschicht; anschließend wurde sie mehrmals gekocht, gewalkt, mit Salpeterlösung getränkt und getrocknet. Der so präparierte *Zunder* läßt sich durch auftreffende Funken leicht zum Glimmen bringen.

Zunge (Glossa, Lingua), häufig muskulös ausgebildetes Organ am Boden der Mundhöhle bei den meisten Wirbeltieren. Als Stützelement für die Z. dient bei den Kieferlosen ein bes. Knorpel, bei den Kiefermäulern das ↑Zungenbein.
Unter den Wirbeltieren ist die Z. bei den Fischen nur wenig entwickelt. - Die Z. der Säugetiere (einschl. Mensch), deren Schleimhaut am Z.rücken mit den Sehnenfasern der Z.muskulatur unverschiebl. fest verbunden ist, ist charakterisiert durch Drüsenreichtum sowie eine sehr stark entwickelte, quergestreifte Muskulatur (Muskelmasse z. B. bei den großen Walen 200–400 kg), die die große Beweglichkeit der Säuger-Z. bewirkt. Sie fungiert als wichtiger Hilfsapparat für das Kauen, ist für den Schluckakt von Bed. und steht

auch im Dienst der Nahrungsaufnahme, wozu sie entsprechend angepaßt sein kann; außerdem wird sie für die eigene und die soziale Körperpflege eingesetzt und kann bei den Lautäußerungen mitwirken (v. a. bei der Artikulation der menschl. Sprache). Der Z.rücken trägt neben zahlr. freien Nervenendigungen, die die Z. zu einem empfindl. Tastorgan machen, zahlr. verschiedenartige Papillen, die teils dem ↑Geschmackssinn, teils mechan.-taktilen Funktionen zuzuordnen sind. Beim Menschen werden unterschieden: 1. nach hinten gerichtete, an der Spitze verhornte (daher weißl.), über den ganzen Z.rücken verstreute und diesem eine samtartig rauhe Oberfläche gebende *fadenförmige Papillen;* sie haben taktile Aufgaben; 2. beim Kleinkind bes. zahlr. vorhandene, zart rosafarbene (da nicht verhornt) *pilzförmige Papillen*, die zw. den Fadenpapillen, vermehrt auf der Z.spitze, liegen; mit Geschmacksknospen an der Papillenseitenwand; 3. die in einer Reihe vor dem Z.grund stehenden *Wallpapillen (warzenförmige Papillen)*, von denen jede von einer Furche mit den Geschmacksknospen und einem Wall umgeben ist; 4. die in Form quer liegender Schleimhautfalten am hinteren seitl. Z.rand angeordneten *Blätterpapillen (Blattpapillen)* mit bes. zahlr. Geschmacksknospen im Epithel der „Blätter“. - Die Empfindung der vier Geschmacksqualitäten ist unterschiedl. Regionen der Z.fläche zugeordnet (↑Geschmackssinn).

Züngeln, bei Eidechsen und Schlangen das schnell aufeinanderfolgende Vorstoßen, Hin- und Herbewegen und Einziehen der (gespaltenen) Zunge zum Aufspüren der Beute. Beim Z. nimmt die Zungenschleimhaut Geruchsstoffe aus der Luft auf. Mit den Geruchsstoffen beladen, werden dann die Zungenspitzen in die paarige Tasche im Mundhöhlendach, d. h. in das als Geruchsorgan fungierende Jacobson-Organ, eingebracht.

Zungen, svw. ↑Seezungen.

Zungenbein (Hyoid, Os hyoideum), knöcherne (z. T. auch knorpelige) Stützstruktur der Zunge der Wirbeltiere (beim Menschen klein und hufeisenförmig). Das frei in Muskeln eingehängte Z. erstreckt sich von der Zungenbasis über seitl. Fortsätze *(Z.hörner)* nach hinten oben zur seitl. Schlundwand. Sein basaler Teil liegt im allg. nahe am Vorderende des Kehlkopfbodens.

Zungenblüten (Strahlenblüten), bei Korbblütlern vorkommender Blütentyp mit (im Ggs. zu den ↑Röhrenblüten) dorsiventraler, aus drei oder fünf verwachsenen Kronblättern gebildeter zungenförmiger Blumenkrone. Die Z. stehen bei vielen Korbblütlerarten am Rand des Blütenstands.

Zungenlose Frösche (Pipidae), Fam. der Froschlurche (u.a. mit den afrikan. Krallenfröschen und den südamerikan. Wabenkröten), die durch eine völlig rückgebildete Zunge gekennzeichnet sind. Da die Zungenlosigkeit früher als urtüml. Merkmal gedeutet wurde, wurde diese Tiergruppe (fälschlicherweise) als bes. Unterordnung *Aglossa* den übrigen unter der Bez. *Zungenfrösche (Phaneroglossa)* zusammengefaßten Froschlurchen gegenübergestellt.

Zungenmandel (Zungentonsille, Tonsilla lingualis), beim Menschen den Zungengrund bedeckendes (ohne Zuhilfenahme eines Spiegels nicht sichtbares) unpaares Organ des lymphat. Rachenrings; Anhäufung von Zungenbalgdrüsen und Lymphgewebe.

Zungenwürmer (Pentastomida, Linguatulida), Stamm etwa 0,5–14 cm langer, wurmförmiger, meist farbloser Gliedertiere mit rd. 60 Arten, die vorwiegend in den Atemwegen der Landwirbeltiere parasitieren; Körper leicht segmentiert, mit Mundöffnung und vier Krallen (als Reste zweier Extremitätenpaare) am Vorderende; entwickeln sich (z. T. unter Wirtswechsel) über verschiedene Larvenstadien. - Abb. S. 315.

Zünsler (Lichtzünsler, Lichtmotten, Pyralidae), mit über 10 000 Arten weltweit verbreitete Fam. etwa 15–30 mm spannender, schlanker, vorwiegend dämmerungs- oder nachtaktiver Schmetterlinge (davon rd. 250 Arten einheim.); meist langbeinige Insekten mit häufig langen, schnabelartig nach vorn gerichteten Lippentastern; Raupen schwach behaart bis fast nackt, legen in Pflanzen oder organ. Stoffen meist Gespinstgänge an, können bei Massenauftreten an Kulturpflanzen und Vorräten schädl. werden.

Zürgelbaum (Celtis), Gatt. der Ulmengewächse mit rd. 80 Arten v. a. in den Tropen, einige Arten auch in der nördl. gemäßigten Zone; sommergrüne, in den Tropen auch immergrüne Bäume oder Sträucher mit ganzrandigen oder gesägten Blättern, unscheinbaren, einhäusigen oder zwittrigen Blüten und kugeligen Steinfrüchten. Die bekanntesten Arten sind der bis 25 m hoch werdende, in S-Europa, N-Afrika und W-Asien heim. **Südl. Zürgelbaum** (Celtis australis), dessen zähe, elast. Zweige früher zu Peitschenstielen verarbeitet wurden, sowie der **Westl. Zürgelbaum** (Celtis occidentalis).

Zweiblatt (Listera), Orchideengatt. mit rd. 30 Arten in der nördl. gemäßigten Zone; Erdorchideen mit nur zwei Stengelblättern; Blüten mit linealförmiger, zweizipfeliger Lippe, in Trauben stehend. Eine der beiden einheim. Arten ist das bis 20 cm hohe **Bergzweiblatt** (Kleines Z., Listera cordata); mit 6–9 grünl., innen rötl. Blüten; in feuchten Nadelwäldern und Mooren.

zweieiige Zwillinge ↑Zwillinge.

Zweiflügelfruchtbaum (Dipterocarpus), Gatt. der Flügelfruchtbaumgewächse mit rd. 70 Arten in S- und SO-Asien; große, bestandbildende Bäume. Einige Arten liefern Nutzholz und das *Gurjunbalsamöl*, das zur

Zuckerrohr in Blüte (links) und beim Abtransport der geernteten Halme

Herstellung von Firnis und in der Parfümind. verwendet wird.

Zweiflügler (Dipteren, Diptera), seit dem Lias existierende, heute mit rd. 90 000 Arten weltweit verbreitete Ordnung 1–60 mm langer Insekten (davon rd. 6 500 Arten einheim.); recht unterschiedl. gestaltete Tiere, die nur ein (meist durchsichtiges) Vorderflügelpaar haben, wohingegen das hintere Flügelpaar zu stabilisierenden Schwingkölbchen (↑Halteren) reduziert ist; Kopf frei bewegl., mit stechend-saugenden (v. a. bei den sich auf räuber. oder blutsaugende Weise ernährenden Mücken) oder mit leckend-saugenden Mundwerkzeugen (bei Fliegen); Fühler entweder lang und aus maximal 40 gleichförmigen Gliedern zusammengesetzt (Mücken) oder kurz und mit höchstens 8 Gliedern (Fliegen); Körper oft stark beborstet, wobei der Hinterleib der Mücken lang und schmal, der der Fliegen dagegen kurz und dick ist. Die Fortpflanzung der Z. erfolgt v. a. durch Ablage von Eiern. Die extremitätenlosen Larven der Z. (↑Made) leben entweder in feuchter Umgebung oder in sich zersetzender organ. Substanz (Aas, Dung), z. T. auch als Schädlinge in oder an Pflanzen.

Zweifüßer (Bipeden), Lebewesen mit vier Extremitäten (↑Vierfüßer), die sich jedoch bevorzugt oder ausschließl. auf den Hintergliedmaßen fortbewegen. Dadurch können die Vordergliedmaßen für andere Tätigkeiten eingesetzt werden, z. B. als Werkzeug (wie beim Menschen) oder, nach ihrer Umbildung zu Flügeln, zum Fliegen. I. d. R. wirkt sich die *Zweifüßigkeit (Bipedie, Bipedität)* jedoch in der Weise aus, daß die Vorderextremitäten sehr viel schwächer und auch kürzer entwikkelt sind als die Hinterbeine, so daß sie wohl nur noch für das Ausbalancieren des Körpers beim Laufen von einer gewissen Bed. sind bzw. waren, wie z. B. bei verschiedenen Echsen (auch bei ausgestorbenen Sauriern), bei den Laufvögeln und den Känguruhs.

Zweig, in der *Botanik* Bez. für die aus Seitensproßanlagen entstehende Seitenachse.

Zweigeschlechtlichkeit, svw. ↑Bisexualität.

Zweigfadenalge (Cladophora), Gatt. der Grünalgen mit über 100 vorwiegend marinen Arten; Thallus festsitzend, fädig, büschelig verzweigt, besteht aus großen mehrkernigen Zellen mit unregelmäßig netzförmigen

Zuckerrüben

Chromatophoren. Eine häufige, oft in großen Beständen vorkommende Süßwasserart ist *Cladophora glomerata:* bildet bis 25 cm lange, dunkelgrüne, auf Steinen festgewachsene, flutende Büschel.

Zweihäusigkeit, svw. ↑ Diözie.

zweijährig ↑ bienn.

Zweikeimblättrige (Zweikeimblättrige Pflanzen, Dikotylen, Dikotyledonen, Dicotyledoneae, Magnoliatae), Klasse der Bedecktsamer mit über 170 000 Arten, die bis auf wenige Ausnahmen zwei Keimblätter (↑ Kotyledonen) aufweisen. Die Hauptwurzel bleibt bei den meisten Z. zeitlebens erhalten. Die Leitbündel sind auf dem Sproßachsenquerschnitt i. d. R. in einem Kreis angeordnet und haben ein Leitbündelkambium, das Ausgangspunkt für das sekundäre Dickenwachstum ist. Die Blätter sind meist deutl. gestielt und netzadrig, oft auch zusammengesetzt; häufig sind Nebenblätter vorhanden. Die Blüten sind meist 4- oder 5zählig. - Zu den Z. gehören (mit Ausnahme der Palmen) alle Holzgewächse. - ↑ auch Einkeimblättrige.

Zweikiemer, svw. Dibranchiata (↑ Kopffüßer).

Zweikorn, svw. ↑ Emmer.

Zweipunkt (Adalia bipunctata), in Europa weit verbreiteter, etwa 3–5 mm langer ↑ Marienkäfer.

Zweiteilung, in der *Genetik:* die einfache mitot. Zellteilung (↑ Fortpflanzung).

Zweizahn (Scheindahlie, Bidens), Gatt. der Korbblütler mit knapp 250 Arten auf der ganzen Erde, v. a. in Amerika; einjährige oder ausdauernde Kräuter mit gegenständigen Blättern; Früchte mit meist 2–4 durch rückwärts gerichtete Zähnchen rauhen oder widerhakigen, bleibenden Pappusborsten (Klettfrüchte). Von den sechs in Deutschland vorkommenden Arten sind nur zwei einheim., u. a. der auf nassen Böden an Ufersäumen, Teichen, Tümpeln, in Sümpfen und auf Äkkern vorkommende, 0,15–1 m hohe, einjährige **Dreiteilige Zweizahn** (Bidens tripartitus) mit meist 3- bis 5teiligen Blättern und oft nur aus braungelben Scheibenblüten bestehenden, 15–25 mm breiten Köpfchen.

Zweizahnwale (Mesoplodon), mit rd. 10 Arten in allen Meeren verbreitete Gatt. 3–7 m langer Schnabelwale; oberseits meist schwarz bis blauschwarz, unterseits heller; Gebiß (mit Ausnahme zweier Unterkieferzähne) weitgehend rückgebildet.

Zungenwürmer. Bauplan

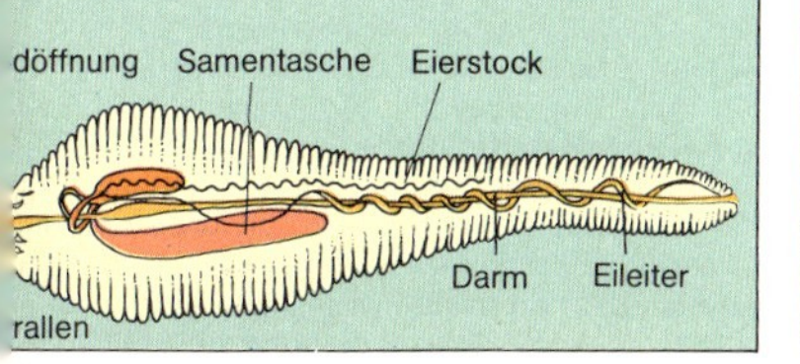

Zwenke (Brachypodium), Gatt. der Süßgräser mit rd. 25 Arten in Eurasien, M-Amerika, den Anden, S- und O-Afrika; in Deutschland zwei ausdauernde Arten: die aus kriechendem Wurzelstock wachsende, 0,5–1,2 m hohe **Fiederzwenke** (Brachypodium pinnatum) mit hell- bis blaugrünen, mehr oder weniger steifen, weichhaarigen Blättern und meist zweizeiligem, aufrechtem Blütenstand mit steifen, kurzen Grannen und rötl. Staubbeuteln; in Kalkmagerrasen und lichten Wäldern; ferner die in lockeren Horsten wachsende, 0,6–1,2 m hohe **Waldzwenke** (Brachypodium silvaticum) mit sattgrünen, schlaffen Blättern und überhängendem, zweizeiligem Blütenstand mit langen, dünnen Grannen und gelblichen Staubbeuteln; in Laubmisch- und Auenwäldern.

Zwerchfell (Diaphragma), querverlaufende, (im erschlafften Zustand) kuppelförmig in die Brusthöhle vorgewölbte Trennwand zw. Brust- und Bauchhöhle bei den Säugetieren (einschl. Mensch); besteht aus quergestreifter Muskulatur und einer zentralen, das Kuppeldach bildenden Sehnenplatte, die durch das aufliegende Herz sattelförmig (zu einer Doppelkuppel) eingedrückt ist. Das Z. wird von Speiseröhre, Aorta, unterer Hohlvene und von Nerven durchzogen. Es stellt einen wichtigen Atemmuskel (für die Z.atmung bzw. Bauchatmung) dar, da seine Kontraktion (Abflachung) bei der Einatmung den Inhalt des Brustraums vergrößert und so das Einatmen fördert. Beidseitige Z.lähmung führt zum Ersticken.

Zwergadler (Hieraaetus pennatus), mit rd. 50 cm Länge etwa bussardgroßer, adlerar-

Zwergadler

tiger Greifvogel, v. a. in Gebirgswäldern und Waldsteppen NW-Afrikas, S- und O-Europas sowie der südl. und gemäßigten Regionen Asiens; oberseits (mit Ausnahme der weißen Schultern) vorwiegend dunkelbrauner, unterseits dunkelbraun bzw. weißl. gefärbter Vogel, der in gewandtem Flug zw. Baumstämmen v. a. kleine Vögel und Wirbeltiere jagt.

Zwergantilopen, svw. ↑Böckchen.

Zwergbeutelratten (Marmosa), Gatt. etwa 8–20 cm langer (einschl. Greifschwanz maximal rd. 50 cm messender) Beutelratten mit rd. 40 Arten in Z- und S-Amerika; nachtaktive Baumbewohner mit oberseits häufig rotbraunem, unterseits weißl. bis gelbl. Fell; Kopf mit meist dunkler Augenmaske; Beutel nicht entwickelt.

Zwergbirke (Betula nana), in N-Eurasien und im nördl. N-Amerika heim. Birkenart; 20–60 cm hoher Strauch.

Zwerge ↑Zwergwuchs.

Zwergfalken, (Polihieracinae) Unterfam. meist 15–20 cm langer Falken mit fast zehn Arten in geschlossenen und offenen Landschaften der altweltl. Tropen und N-Argentiniens; jagen in schnellem Stoßflug Vögel, daneben auch Insekten und Mäuse.
◆ volkstüml. Bez. für ↑Merlin.

Zwergflachs (Zwerglein, Radiola), Gatt. der Leingewächse mit der einzigen Art *Radiola linoides* im gemäßigten Eurasien und in Afrika; einjährige, meist nur 1–5 cm hohe Pflanze mit fadenförmigen, gabelig-vielästigen Stengeln; Blätter gegenständig, eiförmig; Blüten klein, einzeln, weiß, fast knäuelartig zusammenstehend; v. a. in Heidegebieten.

Zwergfüßer (Symphyla), weltweit verbreitete Unterklasse bis 8 mm langer Tausendfüßer mit rd. 40 farblosen Arten (davon vermutl. drei Arten einheim.); nicht jedes Segment weist ein Beinpaaar auf; zwei lange Schwanzborsten am Hinterende; flinke Tiere, die v. a. in feuchter Erde vorkommen.

Zwerggalago ↑Galagos.

Zwerggras (Mibora), Gatt. der Süßgräser mit der einzigen Art *Mibora minima*, v. a. in W-Europa und im Mittelmeergebiet; einjährige oder einjährig überwinternde, nur 3–9 cm hohe, rasenartig wachsende Grasart mit fadendünnen Stengeln und ährig-traubigen Blütenständen mit purpurvioletten oder grünen Ährchen.

Zwerghirsche ↑Zwergmoschustiere.

Zwerghirschkäfer, svw. ↑Balkenschröter.

Zwergholunder, svw. ↑Attich.

Zwerghühner, zusammenfassende Bez. für sehr kleine (etwa 500–1 000 g schwere), lebhafte, oft schön gefärbte, als Ziergeflügel gehaltene Haushühner. Neben den sog. *Urzwergen* (aus urspr. zwergenhaften Landhuhnrassen) gibt es künstl. verzwergte („bantamisierte") Haushuhnrassen, z. B. Zwergitaliener.

Zwergkäfer (Palpenkäfer, Pselaphidae), weltweit verbreitete Käferfam. mit rd. 7 000 etwa 1–3 mm langen, gelb- bis dunkelbraunen Arten (davon fast 80 Arten einheim.); Flügeldecken mehr oder weniger verkürzt; meist unter faulenden Pflanzenresten, in morschem Holz, hinter Baumrinde, im Moos.

Zwergläuse (Zwergblattläuse, Phylloxeridae), Fam. sehr kleiner, an Wurzeln, Blättern und Rinde von Holzgewächsen der N-Halbkugel lebender Blattläuse; Fortpflanzung größtenteils durch Jungfernzeugung; z. T. gefährl. Schädlinge, z. B. ↑Reblaus.

Zwerglein, svw. ↑Zwergflachs.

Zwerglinse (Wolffia), Gatt. der Wasserlinsengewächse mit über zehn Arten in den trop. und gemäßigten Gebieten; schwimmende Wasserpflanzen mit wurzellosen Sprossen. Die Art **Wolffia arrhiza** ist mit 1,5 mm Länge die kleinste rezente Blütenpflanze.

Zwerglorbeer, svw. ↑Torfgränke.

Zwerglöwenmaul ↑Orant.

Zwergmakis (Microcebus), Gatt. etwa 10–25 cm langer (einschl. Schwanz bis 50 cm messender) Halbaffen mit zwei Arten (bekannt ist der 11–13 cm lange oberseits braune, unterseits weißl. **Mausmaki** [Microcebus murinus]) v. a. in Wäldern Madagaskars.

Zwergmännchen, in der *Zoologie* Bez. für ♂♂, die gegenüber ihren ♀♀ um ein Vielfaches kleiner sind. Z. sind i. d. R. in ihrer äußeren und inneren Organisation stark vereinfacht. Sie können bis zu kleinen, schlauch- oder sackförmigen Gebilden rückgebildet sein und dann nur mehr als Geschlechtsapparat für die Fortpflanzung fungieren. Z. kommen bei Wirbellosen und einigen Fischen (z. B. Tiefseeanglerfischen) vor.

Zwergmaus (Micromys minutus), sehr kleine Art der Echtmäuse in Eurasien; Länge rd. 5–8 cm; Schwanz etwas kürzer, wird als Greiforgan benutzt: Färbung rötl. gelbbraun mit weißer Bauchseite; vorzugsweise in hohen Grasbeständen, Getreidefeldern und Schilf; baut kugelförmiges Grasnest. - Abb. S. 318.

Zwergmispel, svw. ↑Steinmispel.

Zwergmoschustiere (Zwerghirsche, Hirschferkel, Tragulidae), Fam. 0,5–1 m langer und 0,2–0,4 m schulterhoher Paarhufer (Unterordnung Wiederkäuer) mit vier Arten, v. a. in Wäldern und Trockengebieten W- und Z-Afrikas sowie S- und SO-Asiens; gedrungene, auf braunem Grund meist weiß gezeichnete Tiere, deren ♂♂ säbelartig verlängerte Eckzähne aufweisen (jedoch kein Gehörn tragen). - Zu den Z. gehört die 3 Arten umfassende Gatt. **Maushirsche** (Kantschile, Tragulus); 40–75 cm lang, in S- und SO-Asien.

Zwergohreule ↑Eulenvögel.

Zwergpalme (Chamaerops), Gatt. der Palmen mit der einzigen, formenreichen Art *Chamaerops humilis*, verbreitet in den Mittelmeerländern; niedrige, sich buschig verzweigende und meist etwa 1 m hohe (im Alter auch bis 7 m hohe) Stämme bildende Fächerpalme, deren Stammteile von Blattscheiden oder Blattscheidenresten bedeckt sind; Blätter endständig, halbkreisrund oder keilartig fächerförmig, tief geschlitzt, mit scharf bedorntem Blattstiel; Blüten gelb; Früchte rötlich; oft als Zimmerpflanze kultiviert.

Zwergpferde ↑Ponys.

Zwergpinscher, aus dem Glatthaarpinscher gezüchtete dt. Hunderasse; schlanker, bis 30 cm schulterhoher Zwerghund mit spitz gestutzten Stehohren und aufrechter, kurz gestutzter Rute; Behaarung kurz, glatt, anliegend, einfarbig gelb bis hirschrot *(Rehpinscher)*, auch schwarz, braun und blaugrau (mit roten bis gelben Abzeichen).

Zwergpudel ↑Pudel.

Zwergrosen, Bez. für eine Zuchtform der Chin. Rose, deren Sorten als Freiland- und Topfrosen kultiviert werden.

Zwergschimpanse, svw. ↑Bonobo.

Zwergschwalme (Höhlenschwalme, Aegothelidae), mit den Schwalmen nah verwandte Fam. bis 30 cm langer Nachtschwalben; 8 Arten in Wäldern Australiens, Neuguineas und benachbarter Inseln; dämmerungs- und nachtaktive, sich tagsüber in Baumhöhlen verbergende Vögel mit kurzem Schnabel und breitem Rachen; ernähren sich vorwiegend von Insekten.

Zwergspinnen (Micryphantidae), Fam. meist 1–2 mm langer Spinnen mit über 1 000 Arten in den gemäßigten und kalten Zonen (davon rd. 150 Arten einheim.); ♂♂ häufig mit turmförmigen Auswüchsen am Vorderkörper, auf denen die Augen stehen.

Zwergspringer (Kleinstböckchen, Neotragus pygmaeus), mit 50 cm Länge und 25–30 cm Schulterhöhe kleinste rezente Antilope (Unterfam. Böckchen) in Regenwäldern W-Afrikas; oberseits rotbraun, unterseits weiß mit rotbraunem Querstreifen an der Kehle; Hörner der ♂♂ dünn, spitz, nach hinten gerichtet, ♀♀ ungehörnt.

Zwergstrauchformation, Vegetation aus kniehohen, an die Trockenheit angepaßten Holzgewächsen der subpolaren und alpinen Zone (bei letzterer als **Zwergstrauchgürtel** bezeichnet), der Trockengebiete und der sekundären atlant. Heiden.

Zwergwespen (Mymaridae), weltweit verbreitete Fam. der ↑Erzwespen; mehrere Hundert höchstens 1 mm große Arten; mit sehr schmalen, lang bewimperten Flügeln.

Zwergwickler (Bucculatricidae), weltweit verbreitete Fam. kleiner Schmetterlinge mit rd. 600 bis etwa 7 mm spannenden Arten. Die jungen Raupen minieren zunächst in Pflanzen, später leben sie dann frei an diesen Gewächsen und spinnen sich zu den Häutungen ein.

Zwergwuchs (Nanismus), charakterist. Erbeigentümlichkeit bestimmter Menschenrassen, die als Pygmide *(Zwerge)* zusammengefaßt werden, sowie bestimmter Tier- und Pflanzenrassen (v. a. Zuchtrassen und -formen). Bei Pflanzen kommt Z. häufig auch als klimabedingte Modifikation vor (z. B. viele Alpenpflanzen) oder als Folge von Nährstoffmangel.

Zwergzikaden (Jassidae), mit rd. 5 000 Arten weltweit verbreitete Fam. durchschnittl. 4 bis 10 mm langer Zikaden, davon über 300 Arten in M-Europa; mit z. T. kurzflügeligen ♀♀; durch die langen Hinterbeine zu kräftigen Sprüngen befähigt; saugen an zahlr. Pflanzen, einige Arten werden an Kulturpflanzen schädl. - Zu den Z. gehört u. a. die 13–17 mm große **Ohrzikade** (Ledra aurita); trägt am Halsschild oben seitl. ohrartige flache Erhebungen.

Zwetsche (Zwetschge) ↑Pflaumenbaum.

Zwiebel, (Küchenzwiebel, Speise-Z., Sommer-Z., Zipolle, Allium cepa) aus dem westl. Asien stammende, in zahlr. Sorten kultivierte Lauchart; ausdauerndes (in Kultur zweijähriges) Kraut mit grünlichweißen Blüten in kugeliger Trugdolde und einer Schalenzwiebel.

◆ (Bulbus) meist unterird. wachsender, gestauchter Sproß mit breitkegelförmig bis scheibenartig abgeflachter Sproßachse, die am Z.boden bewurzelt ist und oberseits stoffspeichernde, verdickte Blattorgane trägt. Diese können aus schuppenförmig sich überdekkenden Niederblättern hervorgegangen sein (*Z.schuppen* der *Schuppen-Z.*; z. B. bei Tulpen) oder aus den Blattscheiden abgestorbener Laubblätter, wobei übereinanderliegende, schalenartige, geschlossene Hüllen entstehen (*Z.schalen* der *Schalen-Z.*; z. B. bei der Küchenzwiebel u. a. Laucharten). Z. sind die Speicherorgane der ↑Zwiebelpflanzen. - Abb. S. 318.

Zwiebelblatt (Bulbophyllum), Gatt. der Orchideen mit rd. 1 500 Arten in den Tropen und Subtropen v. a. der Alten Welt; epiphyt. Orchideen mit kriechenden Rhizomen, auf denen ein- bis zweiblättrige Pseudobulben und der ein- bis vielblütige Blütenschaft entspringen; werden häufig kultiviert.

Zwiebelpflanzen (Zwiebelgeophyten), mehrjährige Pflanzen, die ungünstige Vegetationsbedingungen (winterl. Kälte, Trockenheit) durch Ausbildung unterird., Reservestoffe speichernder ↑Zwiebeln überdauern. Z. sind bes. bei einkeimblättrigen Pflanzen verbreitet (z. B. Lilien-, Amaryllis- und Schwertliliengewächse).

Zwillinge (Gemelli, Gemini), Mehrlinge in Form zweier Geschwister, die sich zur gleichen Zeit im Uterus des mütterl. Organismus entwickelt haben. *Eineiige Z.* (EZ; ident. Z.) gehen aus einer einzigen befruchteten Eizelle (Zygote) hervor. Bei ihnen teilt sich der Keim in einem sehr frühen Entwicklungsstadium in zwei in der Regel gleiche Teile auf, weshalb EZ immer erbgleich und daher auch gleichen

Geschlechts sind und (annähernd) gleich aussehen. Verläuft die Teilung des Keims unvollständig, so entstehen siamesische Zwillinge oder sonstige Doppelbildungen. *Zweieiige Z.* (ZZ) gehen auf zwei befruchtete Eizellen zurück; sie haben daher ungleiches Erbgut, können also auch zweierlei Geschlechts sein. Im Aussehen sind sie einander nicht ähnlicher als sonstige Geschwister. Die Tendenz zu Zwillingsgeburten beruht beim Menschen auf nicht geschlechtsgebundenen, rezessiven Erbanlagen. EZ entstehen bei allen Menschenrassen in gleicher Häufigkeit. ZZ sind dagegen bei Europiden und Negriden häufiger als bei Mongoliden. Bei eineiigen menschl. Z. ist der pränatale Tod eines Zwillings häufiger als bei zweieiigen. - ↑auch Zwillingsforschung.

Zwillingsforschung, v. a. humangenet. Spezialgebiet, das untersucht, ob und wieweit Merkmalsunterschiede (in phys., auch psych. Hinsicht) erbbedingt oder auf Umwelteinflüsse zurückzuführen sind.

Zwischenhirn ↑Gehirn.

Zwischenkieferknochen (Prämaxillare, Intermaxillarknochen, Intermaxillare, Os incisivum), in der Mitte zw. den beiden Oberkieferknochen liegender Deckknochen des Kieferschädels der Wirbeltiere, der bei den Säugetieren (einschl. Mensch) die oberen Schneidezähne trägt. Bei einigen Säugetieren (einschl. Mensch) verschmilzt der Z. völlig mit den benachbarten Oberkieferknochen. Die Grenznaht (Sutura incisiva) ist beim Menschen i. d. R. nur in den ersten Lebensjahren nachweisbar. - Der Z. des Menschen wurde von J. W. von Goethe entdeckt.

Zwischenwirt, bei Parasiten mit obligatem Wirtswechsel Bez. für Organismen, an bzw. in denen die Jugendstadien parasitieren.

Zwischenzellräume, svw. ↑Interzellularen.

Zwitter (Hermaphroditen), Organismen mit der Fähigkeit, über entsprechende Geschlechtsorgane sowohl ♂ als auch ♀ befruchtungsfähige Geschlechtsprodukte auszubilden. *Tierische Z.* finden sich v. a. bei Schwämmen, Nesseltieren, Strudel-, Saug-, Band- und Ringelwürmern (Regenwurm, Blutegel), Rankenfüßern, Kammuscheln, Hinterkiemern und Lungenschnecken. - Unter den Wirbeltieren kommen echte Z. nur bei Fischen vor, v. a. bei Zackenbarschen der Gatt. Serranus und bei Meerbrassen. - Soweit in der Medizin und Anthropologie von Zwittern (Hermaphroditen) gesprochen wird, handelt es sich um *unechte Z.* (*Schein-Z.*; ↑Intersex). *Pflanzliche Z.* sind alle Pflanzen mit Zwitterblüten und die einhäusigen Pflanzen (↑Monözie).

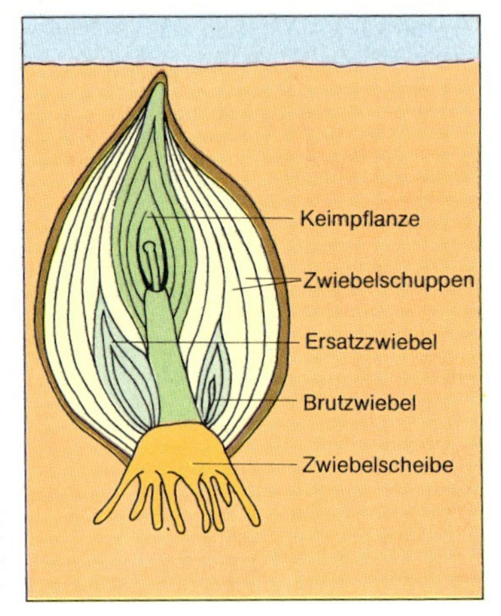

Zwiebel. Längsschnitt durch die Zwiebel einer Gartentulpe

Zwitterblüte, Blüte mit Staub- und Fruchtblättern.

Zwittrigkeit (Zwittertum, Hermaphro-

Zwergmaus

Zylinderrosen

Zymbelkraut

ditismus), das Vorhandensein funktionsfähiger ♂ und ♀ Geschlechtsorgane (bzw. einer Zwitterdrüse) in einem tier. oder pflanzl. Organismus. Die verschiedengeschlechtl. Geschlechtsapparate sind entweder gleichzeitig vorhanden, oder sie reifen nacheinander in aufeinanderfolgenden Altersstadien heran und liefern die entsprechenden Geschlechtsprodukte. - Außer dieser *echten* Z. als einer normalen Erscheinung bei den Lebewesen kennt man eine (abnorme) *Schein-Z.*, bei der allerdings die betroffenen Individuen i. d. R. unfruchtbar sind (↑ Intersexualität).

Zwölffingerdarm ↑ Darm.

zygomorphe Blüte [griech./dt.], svw. dorsiventrale ↑ Blüte.

Zygomyzeten [griech.], svw. ↑ Jochpilze.

Zygopetalum (Zygopetalon) [griech.], Gatt. der Orchideen mit rd. 20 Arten, v. a. in Brasilien; epiphyt. Pflanzen mit eingliedrigen, meist schmalen, gerippten Blättern und drei- bis zehnblütigem Blütenstand; Blüten groß, mit einer Lippe, die meist einen großen, abgerundeten Vorderlappen bildet. Mehrere Arten werden kultiviert.

Zygote [griech.], die aus einer Befruchtung (Verschmelzung zweier Gameten) hervorgehende (diploide) Zelle.

Zykloidschuppe (Rundschuppe), bei den Knochenfischen weitverbreiteter einfacher, rundl. Schuppentyp. - ↑ auch Ganoidschuppe, ↑ Plakoidschuppe.

Zyklomorphose [griech.], die period. wiederkehrende Änderung der Körpergestalt bei aufeinanderfolgenden Generationen von Planktontieren unter dem Einfluß von Licht, Temperatur, Wasserströmung und Nahrung; z. B. bei Daphnien, Ruderfußkrebsen, Rädertieren und Süßwasserdinoflagellaten.

Zyklostomen [griech.], svw. ↑ Rundmäuler.

Zyklus [zu griech. kýklos „Kreis"], svw. Menstruationszyklus (↑ Menstruation).

Zylinderepithel ↑ Epithel.

Zylinderrosen (Ceriantharia), Ordnung bis 70 cm hoher Korallen mit rd. 50 Arten in allen Meeren; einzelnlebende, keine Kolonien (scheiden auch keinen Kalk aus) bildende Tiere, die sich mit dem schwellbaren, zylindr. Fuß bis 1 m tief in lockeren Meeresboden eingraben. Um die Mundöffnung stehen zwei Kränze sehr langer, dünner Tentakel, die dem Erwerb von Nahrung (kleine Medusen, Mikrokrebse) mittels Nesselkapseln dienen.

Zymase [griech.] (Gärungsenzym), aus zellfreiem Hefepreßsaft gewonnenes Enzymsystem (rd. 20 Enzyme enthaltend), das Glucose in Kohlendioxid und Alkohol vergärt.

Zymbelkraut [griech./dt.] (Cymbalaria), Gatt. der Rachenblütler mit 10 Arten in W-Europa und im Mittelmeergebiet. Die bekannteste Art ist das **Mauerzimbelkraut** (Venusnabel, Cymbalaria muralis), eine in S-Deutschland auf Mauern und Felsen vorkommende einjährige oder ausdauernde Pflanze mit kriechendem, dünnem Stengel, fünf- bis siebenlappigen Blättern und kleinen, hellvioletten Blüten.

Zypergras (Cyperus) [nach der Insel Zypern], Gatt. der Riedgräser mit über 600 Arten in den Tropen und Subtropen, wenige Arten auch in gemäßigten Zonen; Ufer-, Sumpf- und Wasserpflanzen mit bis zum Blütenstand einfachen, meist dreikantigen Stengeln und wenigen, oft langen oder zu Blattscheiden reduzierten Blättern am Stengelgrund; Ährchen in ährigen, köpfchenförmigen oder doldigen, von Blättern umhüllten Blütenständen.

Zypresse (Cupressus) [griech.-lat.], Gatt. der Z.gewächse mit etwa 15 Arten, verbreitet vom Mittelmeergebiet bis zum Himalaja, in der Sahara und im sw. N-Amerika; immergrüne, meist hohe Bäume mit vierkantigen oder stielrunden Trieben, kleinen, schuppenförmigen, beim Keimling noch nadelförmigen Blättern und einhäusigen Blüten; die nußgroßen, kugeligen, im zweiten Jahr verholzenden Zapfen sind aus sechs bis 12 schildförmigen Schuppen zusammengesetzt. Die bekannteste Art ist die aus dem östl. Mittelmeergebiet stammende, schon im Altertum nach Italien eingeführte, heute (neben der Pinie) im gesamten Mittelmeerraum verbreitete, bis 25 m hohe **Echte Zypresse** (*Mittelmeer-Z.*, Cupressus sempervirens) mit seitl. ausgebreiteten (Wildform) oder hochstrebenden, eine dichte, schmale Pyramide formenden Ästen *(Säulenzypresse, Trauerbaum)*. In China beheimatet ist die **Trauerzypresse** (Cupressus funebris) mit ausladender Krone, hängenden Zweigen und hellgrünen Blättern.

Zypressengewächse (Cupressaceae), Fam. der Nadelhölzer mit 15 weitverbreiteten Gatt.; aufrechte oder niederliegende, reich verzweigte Bäume oder Sträucher mit kreuzgegenständigen oder zu dreien bis vieren in Quirlen stehenden, meist schuppenförmigen Blättern; ♂ Zapfen klein, meist einzeln endständig stehend, ♀ Zapfen mit wenigen fertilen und z. T. mit sterilen Deckschuppen, in reifem Zustand holzig, ledrig oder fleischig; wichtigste Gatt.: Lebensbaum, Lebensbaumzypresse, Wacholder, Zypresse.

Zyste (Cystis) [griech.], feste, widerstandsfähige Kapsel bei zahlr. niederen Pflanzen und Tieren als Schutzeinrichtung zum Überdauern ungünstiger Lebensbedingungen.

Zystin ↑ Cystin.

Zytisin [griech.] (Cytisin, Laburnin), in Schmetterlingsblütlern (z. B. Goldregen, Lupine) vorkommendes Alkaloid, das in geringen Mengen als Ganglienblocker wirkt und in größeren Mengen zum Tod durch Atemstillstand führt.

Zytochrome (Cytochrome) [griech.], Enzyme, die bei der Zellatmung, bei der Photosynthese und bei anderen biochem. Vorgängen als Redoxkatalysatoren (Oxidoreduktasen) wirken. Z. kommen in allen lebenden Zellen gebunden an Zellorganellen (Mitochondrien, Chloroplasten u.a.) vor. Die biolog. Funktion der Z. besteht in der Elektronenübertragung, wobei ihr zentral liegendes Eisenatom reversibel oxidiert bzw. reduziert wird: $Fe^{2+} \rightleftharpoons Fe^{3+} + \ominus$. Nach ihren charakterist. Absorptionsspektren unterscheidet man die Z. a, b und c: **Zytochrom a** ist mit dem Warburg-Atemferment ident. und wird auch Zytochromoxidase genannt. Es befindet sich in den Mitochondrien aller Zellen, wo es das Endglied der Atmungskette bildet. Es bindet den vom Hämoglobin in die Gewebe gebrachten Sauerstoff. - **Zytochrom b** kommt ebenfalls in den Mitochondrien, aber auch in den Mikrosomen vor, wo es am Elektronentransport beteiligt ist. - **Zytochrom c** kann nur Elektronen übertragen, aber nicht selbst mit dem Sauerstoff reagieren.

Zytokinine [griech.] (Cytokinine, Phytokinine), im gesamten Pflanzenbereich verbreitete, bes. in Wurzelspitzen und jungen Früchten synthetisierte Gruppe von Adeninderivaten mit die Zellteilung aktivierender Wirkung. Spezif. Wirkungen sind u.a. Förderung von Knospenaustrieb und Fruchtwachstum, Verzögerung von Alterungsprozessen (z.B. Blattvergilbung) und Brechung der (hemmstoffinduzierten) Samenruhe.

Zytologie (Zellenlehre, Zellforschung), die Wiss. und Lehre von der pflanzl., tier. und menschl. Zelle als Teilgebiet der allg. Biologie. Die Z. befaßt sich mit dem Bau und den Funktionen der Zelle und ihrer Organellen.

Zytopempsis [griech.] (Transzytose, Diazytose), Durchschleusung von extrazellulärer Substanz durch eine Zelle hindurch in Form eines kontinuierl. Aufnahme-Abgabe-Prozesses (*Endozytose-Exozytose-Prozeß*).

Zytoplasma (Zellplasma), der Inhalt einer Zelle, jedoch ohne Kernplasma. Das Z. setzt sich zus. aus dem Grundplasma und einer Vielzahl darin ausgebildeter, z.T. nur mit Hilfe des Elektronenmikroskops sichtbar werdender Strukturen.

Zytosin [griech.] (Cytosin, 4-Amino-2(1H,3H)-pyrimidinon, 4-Amino-2-oxopyrimidin), zu den Nukleinsäurebasen zählende Pyrimidinbase, die in Form des Ribosids *Zytidin* in der RNS, bzw. des Desoxyribosids Desoxyzytidin in der DNS enthalten und stets mit Guanin gepaart ist. Strukturformel:

NH_2
N
O N
H

Zytoskelett [griech.] (Zellskelett), innerhalb des Zytoplasmas liegende Proteinfilamente (Mikrotubuli, Muskelfibrillen, Neuro- und Gliafilamente u.a.), die oft ursächl. an Bewegungsvorgängen im Plasma beteiligt sind; z.B. Aktin-Myosin-Filamete an Organellen- und Plasmabewegungen, Tubulin-Dynein-Filamente an Mikrotubuli- (Geißel-, Zentriolen-)Bewegungen.

Zytotoxine (Zellgifte), chem. Substanzen, die schädigend auf die physiolog. Zellvorgänge einwirken bzw. die Zelle abtöten.

ZZ, Abk. für: zweieiige Zwillinge (↑ Zwillinge).

Bildquellenverzeichnis

T. Angermayer, Holzkirchen. – Animal Photography Ltd., London. – ARDEA, London. – Bavaria-Verlag Bildagentur, Gauting. – H. Bechtel, Düsseldorf. – Bibliographisches Institut, Mannheim. – H. Bielfeld, Hamburg. – Prof. H. Bremer, Wilhelmsfeld. – A. Buhtz, Heidelberg. – H. Dossenbach, Oberschlatt, Schweiz. – dpa Bildarchiv, Frankfurt am Main und Stuttgart. – A. Egner, München. – G. Ernst, Reichenau. – Dr. G. Ewald, Schriesheim. – S. Fenn, München. – E. Fischer, Hamburg. – Geopress H. Kanus, München. – Prof. Dr. K. Gößwald, Würzburg. – Dr. A. Hindorf, Gießen. – Dr. G. Jurzitza, Ettlingen. – R. Kalb, Dauchingen. – Dr. R. Kiesewetter, Mannheim. – P. Kohlhaupt, Sonthofen. – Dr. R. König, Kiel. – G. Krauss, Heidelberg. – W. Lummer, Frankfurt am Main. – Margarine Institut, Hamburg. – Bildagentur Mauritius, Mittenwald. – E. Müller (†), Oftersheim. – A. v. d. Nieuwenhuizen, Zevenaar, Niederlande. – Tierbilder Okapia, Frankfurt am Main. – K. Paysan, Bildarchiv, Stuttgart. – Pictor International Ltd., London. – Bildagentur Prenzel, Gröbenzell. – Prof. Dr. W. Rauh, Heidelberg. – Reinhard-Tierfoto, Heiligkreuzsteinach-Eiterbach. – Dr. F. Rennau, Bonn. – Dr. E. Retzlaff, Römerberg. – roebild Kurt Röhrig, Frankfurt am Main. – Dr. F. Sauer, Karlsfeld. – Prof., Dr. A. Scheibe, Göttingen. – J. Schmidt, Ludwigshafen am Rhein. – K. Schopp, Speyer. – Dr. F. Schremmer, Wien. – H. Schrempp, Breisach am Rhein. – Dr. W. Schulz, Dallas, USA. – Prof. Dr. W. Schulze, Gießen. – F. Schwäble, Eßlingen. – Filmstudio W. Tiedemann, Hannover. – Tierbildarchiv GDT, Lübeck. – Ullstein Bilderdienst, Berlin (West). – V-Dia Verlag, Heidelberg. – Verband Südbadischer Rinderzüchter, Titisee-Neustadt. – Prof. Dr. H. Wilhelmy, Tübingen. – Dr. K.-H. Willer, Walldorf. – G. Ziesler, München. – D. Zingel, Wiesbaden.